Handbuch des Straßenbaus 1

Handbuch des Straßenbaus

Herausgegeben von
B. Wehner† P. Siedek K.-H. Schulze†

Band 1 Grundlagen und Entwurf

Springer-Verlag
Berlin Heidelberg New York 1979

Dr. rer. pol. h. c. Dr.-Ing. Bruno Wehner († April 1974),

o. Professor für Straßen- u. Verkehrswesen
und Direktor des gleichnamigen Instituts der Technischen Universität Berlin

Dipl.-Ing. Peter Siedek,

Leitender Direktor und Professor i. R., ehem. Leiter der Abteilung
Bautechnik der Bundesanstalt für Straßenwesen, Köln

Dr.-Ing. Karl-Heinz Schulze († Februar 1978),

o. Professor für Straßenentwurf und Straßenbau im Institut für Landverkehrswege
der Technischen Universität Berlin

Mit 503 Abbildungen

ISBN 978-3-642-86983-9 ISBN 978-3-642-86982-2 (eBook)
DOI 10.1007/978-3-642-86982-2

CIP-Kurztitelaufnahme der Deutschen Bibliothek: Handbuch des Straßenbaus / hrsg. von B. Wehner ... — Berlin, Heidelberg, New York: Springer. NE: Wehner, Bruno [Hrsg.] Bd. 1. Grundlagen und Entwurf. — 1978.

Softcover reprint of the hardcover 1st edition 1979

2061/3020—543210

Autoren

Ahlbrecht, Heinz, Dipl.-Ing., Ministerialrat i. R., ehem. im Bundesverkehrsministerium, Bonn

Blaschke, Wolfgang, Dr.-Ing. († Juni 1975), ehem. Geschäftsführer der Hansa-Luftbild GmbH., Münster

Brunnenthaler, Franz, Dipl.-Ing., Geschäftsführer der Hansa-Luftbild GmbH., Münster

Dames, Jürgen, Dipl.-Ing., Institut für Verkehrsplanung und Verkehrswegebau der Technischen Universität Berlin

Durth, Walter, Dr.-Ing., Leitender Baudirektor, Leiter des Autobahnamtes, Frankfurt

Eymann, Herbert, Dipl.-Ing., Ministerialdirektor i.R., Biedesheim, ehem. Leiter der Abteilung Straßenbau im Bundesverkehrsministerium, Bonn

Fiala, Ernst, Dr.-Ing., Vorstandsmitglied der Volkswagenwerke Aktiengesellschaft, Wolfsburg. Ehem. o. Professor an der Technischen Universität Berlin

Goerner, Ernst W., Dr.-Ing., Rodenkirchen/Köln, ehem. Geschäftsführer der Forschungsgesellschaft für das Straßenwesen, Köln

Kalender, Ural, Dr.-Ing., Technischer Hauptreferent in der Abteilung Tiefbau — Unterabteilung Straßenwesen — beim Senator für Bau- und Wohnungswesen, Berlin

Kebschull, Werner, Dr.-Ing., Leiter des Bereiches Zentrale Technik der Philips GmbH, Licht und Anlagen, Hamburg

Köppel, Gerhard, Dipl.-Ing., Ministerialrat, Oberste Baubehörde im Bayrischen Staatsministerium des Innern, München

Krell, Karl, Dr.-Ing., Leitender Direktor und Professor, Leiter des Bereiches Verkehrstechnik, Bundesanstalt für Straßenwesen, Köln

Linkwitz, Klaus, Dr.-Ing., o. Professor, Direktor des Institutes für Anwendung der Geodäsie im Bauwesen der Universität Stuttgart

Marschall, Ernst A., München. Ministerialdirigent a. D., ehem. Bundesverkehrsministerium, Bonn

Peschl, Georg, Dipl.-Ing. († Juli 1976), Ministerialrat, Oberste Baubehörde im Bayrischen Staatsministerium des Innern, München

Reinhold, Günter, Dipl.-Phys., Reg.-Direktor, Leiter der Fachgruppe Verkehrsemmission, Bundesanstalt für Straßenwesen, Köln

Roske, Kurt, Dr.-Ing., Direktor der Kreditanstalt für Wiederaufbau Frankfurt/M. Ehem. o. Professor und Direktor des Institutes für Siedlungswasserwirtschaft der Technischen Universität, Berlin

Saam, Pankraz, Dr.-Ing., Leitender Baudirektor, Leiter der Abteilung Technik der Hessischen Zentrale für Datenverarbeitung, Wiesbaden

Schwaderer, Wolfgang, Dr.-Ing., Professor an der Amtlichen Forschungs- und Materialprüfungsanstalt für das Bauwesen, Universität Stuttgart

Stief, Klaus, Dipl.-Ing., wissenschaftlicher Direktor beim Umweltbundesamt Berlin, bis 1972 wiss. Assistent am Institut für Siedlungswasserwirtschaft der Technischen Universität Berlin

Willigerod, Friedrich, Dipl.-Ing., Leitender Baudirektor i.R., ehem. Leiter der Hauptabteilung Straßenbau in der Baubehörde, Hamburg

Vorwort zum Handbuch des Straßenbaus

Noch zu Lebzeiten von Professor Dr.-Ing. E. h. Dr.-Ing. Erwin Neumann und auf seine Empfehlung übernahm Professor Dr. rer. pol. h. c. Dr.-Ing. Bruno Wehner im Jahre 1966 die Aufgabe, beim Springer-Verlag ein Nachfolgewerk des „Neumann“ herauszugeben. Dessen letzte Auflage war im Jahre 1959 unter dem Titel „Neuzeitlicher Straßenbau“ erschienen und galt mit Recht als ein Standardwerk der Straßenbauliteratur im deutschsprachigen Raum. Zehn Jahre hat es gedauert, bis der zweite und dritte Band der drei Bände des „Handbuches des Straßenbaus“ 1976 und 1977 erscheinen konnten. Weitere zwei Jahre vergingen bis nunmehr der erste Band der Fachwelt übergeben werden kann. Damit ist das Werk abgeschlossen. Professor Wehner, der die Gliederung des Handbuches in ihren Grundzügen entworfen hat und in den ersten Jahren der Bearbeitung mit den Autoren Inhalt und Umfang ihrer Beiträge festlegte, war es nicht beschieden, dieses Ereignis noch zu erleben. Auch Professor Schulze, der vier Kapitel teils allein, teils zusammen mit Professor Wehner bearbeiten sollte, starb nach langer Krankheit Anfang 1978. Für seine Arbeit mußten andere Bearbeiter gewonnen werden, die in dankenswerter Weise die Beiträge in kürzester Zeit zur Verfügung stellten. Wenn auch Professor Schulze die ihm zugedachten Beiträge nur zum Teil fertig stellen konnte, so hat er sich durch seine außerordentlich sorgfältige redaktionelle Bearbeitung der meisten Beiträge anderer um das Handbuch große Verdienste erworben.

Auch zwei weitere Mitarbeiter, Dr.-Ing. Blaschke und Ministerialrat Peschl, weilen nicht mehr unter den Lebenden. Sie starben bald nach Fertigstellung ihrer Beiträge.

Im Gegensatz zum „Neuzeitlichen Straßenbau“ — Professor Neumann hatte nur wenige Mitarbeiter für sein Werk herangezogen — präsentiert sich dem Leser im „Handbuch des Straßenbaus“ ein Gemeinschaftswerk von nahezu fünfzig Autoren unter der Regie dreier Herausgeber. Die Aufteilung des Stoffes auf viele Autoren war bei der starken Ausweitung des Wissens unvermeidbar geworden; auch noch während der Bearbeitung erwies es sich als zweckmäßig, bestimmten Teilfragen eigene Kapitel zuzuordnen. Dies führte zu einem wesentlich größeren Umfang des Handbuches, das anfangs auf einen Band konzipiert war und schließlich auf drei Bände anwuchs.

Die Mitarbeit einer großen Anzahl von Autoren brachte zwangsläufig Heterogenität — nicht nur im Aufbau und in der Diktion der Beiträge, sondern auch in den Terminen ihrer Fertigstellung. Die Herausgeber haben daher zwei Gruppen von Autoren besonders zu danken: denen, die ihre Manuskripte schon vor vielen Jahren ablieferten und immer wieder bereit waren, sie der Entwicklung anzupassen, und jenen, die erst spät in den Kreis der Mitarbeiter eintraten und ihre Beiträge in kurzer Zeit ausgearbeitet haben. Ein Teil der Beiträge berücksichtigt den Wissensstand bis einschließlich 1975, einige früh abgeschlossene nur bis 1974. Mehrere zuletzt fertiggestellt, bzw. überarbeitete Kapitel entsprechen dem neuesten Stand. Der Zeitpunkt der Fertigstellung der einzelnen Kapitel ist jeweils aus dem zugeordneten Literaturverzeichnis ersichtlich.

Zu der langen Bearbeitungsdauer trug aber auch bei, daß die sachlich benachbarten oder sich berührenden Kapitel aufeinander abgestimmt werden mußten. Diese Phase der Vorbereitung hätte nicht ohne die bereitwillige und geduldige Mitarbeit der Autoren abgeschlossen werden können, wofür ihnen die Herausgeber auch an dieser Stelle danken möchten. Dank ist in diesem Zusammenhang aber auch den zahlreichen ungenannt bleibenden Fachkollegen abzustatten, die auf Bitten der Herausgeber oder Autoren die Mühe auf sich nahmen, Entwürfe zu Beiträgen kritisch durchzusehen, und die mit Rat und Tat geholfen haben, die endgültige Form der Kapitel zu finden. Dennoch verblieben an einzelnen Stellen voneinander abweichende Ansichten oder Darstellungen. Dies ist unseres Erachtens nicht von Nachteil für das Werk, sondern eher geeignet, den Leser zu eigener kritischer Stellungnahme anzuregen.

Die Wahl des Buchtitels gründet sich auf folgende Überlegung: Jedes Kapitel soll das betreffende Teilgebiet des Straßenbaus so umfassend und unter Angabe aller wichtigen Quellen darstellen, daß ein technisch vorgebildeter aber nicht spezialisierter Leser sich in das Gebiet einarbeiten kann. Wenn dies in der Mehrzahl der Kapitel gelungen ist, trüge das Handbuch seinen anspruchsvollen Namen zu Recht.

Abschließend möchten die Herausgeber dem Verlag, der das Wagnis der Herausgabe des Handbuches trotz immer neuer Verzögerungen mit Beharrlichkeit zu Ende geführt hat, für die vertrauensvolle Zusammenarbeit, für das Eingehen auf die zahlreichen Änderungswünsche der Herausgeber und Autoren wie auch für die vorzügliche Ausstattung des Werkes danken.

Köln, im Juni 1979 **Peter Siedek**

Einführung

Der erste Band des Handbuches des Straßenbaus enthält in seinen zwanzig Kapiteln nach einem einleitenden Beitrag über die geschichtliche Entwicklung des Straßenbaus die für die Erarbeitung des Straßenentwurfes erforderlichen Grundlagen, Richtlinien und Arbeitshilfen. Ihr Umfang ist seit dem Jahre 1959, dem Erscheinungsjahr der letzten Auflage des Neuzeitlichen Straßenbaus erheblich ausgeweitet und viele Themen werden hier erstmalig im Zusammenhang dargestellt. Der erste Band ist ein in sich abgeschlossener Teil des Handbuches und kann, wie auch die anderen beiden Bände für sich allein gelesen werden.

Im Abschnitt I ist das Kapitel über Straßenrecht und Straßenverwaltung mit ihren juristischen und verwaltungstechnischen Begriffen für ein so umfassendes Handbuch unentbehrlich geworden. Es wird nicht nur von Angehörigen der Verwaltung, sondern auch von planenden Ingenieuren und Firmeningenieuren begrüßt werden. Das anschließende Kapitel unterrichtet über die Organisation ausländischer Straßenverwaltungen und bildet den Übergang zur Internationalen Zusammenarbeit die den Austausch von Erfahrungen und Forschungsergebnissen über die Grenzen hinweg, ermöglicht. Sie steht im Zusammenhang mit den am Anfang des Buches eingefügten Ausführungen über Information und Dokumentation.

Der Abschnitt II befaßt sich mit der Fahrdynamik und den Eigenschaften der Fahrzeuge, deren Kenntnis für die Bearbeitung des Straßenentwurfes erforderlich sind. Abschnitt III behandelt Ebenheit, Verschleißfestigkeit und Griffigkeit. Hier wurde auch das Reflexionsvermögen der Straßenoberfläche und schließlich die Straßenunterhaltung eingeordnet. Diese Kapitel werden dann herangezogen, wenn die verkehrstechnischen Anforderungen an die Oberfläche der Straße oder Flugbetriebsflächen besondere Aufmerksamkeit bedürfen und/oder nähere Angaben über die zugeordneten Meßverfahren benötigt werden.

Der Schwerpunkt dieses Bandes liegt in Abschnitt IV, der auf die Elemente des Straßenentwurfes umfassend eingeht. So liefert das Kapitel 12, Linienführung und geometrische Bemessung, die Grundlagen und Berechnungsweisen für den Straßenentwurf. Das folgende Kapitel zeigt, wie die Linienführung auf ihre Wirtschaftlichkeit überprüft werden kann. Zwei weitere Kapitel befassen sich mit Umwelt und Landschaft. Während der Schutz der Landschaft und ihre Gestaltung neben der Straße seit Jahrzehnten einen festen Platz im Straßenbau einnimmt, ist die Entwicklung des Schutzes der Straßenumgebung gegen Abgase und Lärm noch stark im Fluß. Die Zusammenhänge werden hier erstmalig in geschlossener Form dargestellt. Da sich alle Kapitel dieses Abschnittes mit der Aufstellung des Straßenentwurfes von verschiedenen Gesichtspunkten aus befassen, sind Wiederholungen und Überschneidungen nicht zu vermeiden gewesen.

Der letzte Abschnitt V behandelt die Geländeaufnahmen und die Übertragung des Entwurfes in das Gelände. Das letzte Kapitel ist der Datenverarbeitung gewidmet, die heute in großem Umfang bei fast allen Schritten der Entwurfsbearbeitung eingesetzt werden muß.

Peter Siedek

Inhaltsverzeichnis

Inhaltsübersicht der weiteren Bände

Band 2: Baustoffe, Bauweisen, Baudurchführung

Band 3: Bemessungsverfahren und besondere Bauweisen

Wichtige Abkürzungen mit ihren Erklärungen

AA	Arbeitsausschuß der FG
AASHO	American Association of State Highway Officials, USA
AASHTO	American Association of State Highway and Transportation Officials, USA
AEF	Ausschuß für Einheiten und Formelgrößen im DNA
ADV	Arbeitsgemeinschaft Deutscher Verkehrsflughäfen
ADV	Automatische Datenverarbeitung
AFNOR	Association Française des Normes
AG	Auftraggeber
AG	Arbeitsgruppe der FG
AIPCR	Association Internationale Permanente des Congrès de la Route, Paris
AN	Auftragnehmer
ANAS	Azienda Nationale Autonoma delle Strade Statali, Italien
ARBIT	Arbeitsgemeinschaft der Bitumen-Industrie e.V., Hamburg
ARE	Anleitung für die Anwendung des elektronischen Rechnens bei der Entwurfsbearbeitung im Straßenbau
ASTM	American Society for Testing and Materials, Philadelphia, Pa., USA
ATR	Association Technique de la Route, Frankreich
ATV	Allgemeine Technische Vorschriften
ATV	Abwassertechnische Vereinigung
B 6	Bundesstraße 6 (Beispiel)
B 200	Bitumen 200 (Beispiel)
BAB A 29	Bundesautobahn A 29 (Beispiel)
BAM	Bundesanstalt für Materialprüfung, Berlin
BASt	Bundesanstalt für Straßenwesen, Köln
BGB	Bürgerliches Gesetzbuch
BMV	Bundesminister für Verkehr, Bonn
Bn 250	Beton der Festigkeitsklasse 250 (Beispiel)
BRD	Bundesrepublik Deutschland
BS	British Standards
BT	Bitumenteer
CAA	Civil Aeronautics Administration, USA
CBR	California Bearing Ratio
Cem-Bureau	Europäischer Zementverband
CEMT	Konferenz der Europäischen Verkehrsminister
CIE	Commission International de l'Eclairage
CRR	Centre de Recherches Routières, Brüssel
DDR	Deutsche Demokratische Republik
DEGEBO	Deutsche Forschungsgesellschaft für Bodenmechanik, Berlin
DGM	Digitales Geländemodell
DIN	Deutsche Normen
DIRR	= IDS
Diss	Dissertation
DIST	Dokumentations- und Informationsstelle
DNA	Deutscher Normenausschuß
DOT	Department of Transportation, USA
DTN	Design Traffic Number
DTV	Durchschnittlicher täglicher Verkehr
DV	Datenverarbeitung
DVA	Deutscher Verdingungsausschuß
DVWG	Deutsche Verkehrswissenschaftliche Gesellschaft, Köln

ECE	Economic Commission for Europe, Genf
EDV	Elektronische Datenverarbeitung
EG	Europäische Gemeinschaften
EMPA	Eidgenössische Materialprüfungs- und Versuchsanstalt, Dübendorf
EPS	Schaumpolystirolbeton
ESB	Europäisches Symposium über Betonstraßen
ETH	Eidgenössische Technische Hochschule, Zürich
ETRO	European Tyre and Rim Organization
EVT	Äquiviskositätstemperatur
EWG	Europäische Wirtschaftsgemeinschaft
FAA	Federal Aviation Agency, USA
FG	Forschungsgesellschaft für das Straßenwesen, Köln
FGS	Forschungsgesellschaft für das Straßenwesen im österreichischen Ingenieur- und Architektenverein
FI	Frostindex
FMPA	Forschungs- und Materialprüfungsanstalt für das Bauwesen, Stuttgart
FStrG	Fernstraßengesetz
FZ	Fahrzeug
GAEB	Gemeinsamer Ausschuß für Elektronik im Bauwesen
HAFRABA	Autobahnverbindung der Hansastädte (Lübeck, Hamburg) mit Frankfurt und Basel
HdT	Haus der Technik, Essen
HMT	Heißmischtragschicht
HRB	Highway Research Board, Washington, D.C.
HTA	Hauptausschuß Tiefbau
HZD	Hessische Landeszentrale für Datenverarbeitung, Wiesbaden
ICOH	International Civil Aviation Organisation
IDS	Internationale Dokumentation Straße
IDT	Initial Daily Traffic
IP	Institute of Petroleum
IRF	International Road Federation
IRRD	= IDS
ISO	International Organization for Standardization
ITC	Inland Transport Commission in der ECE
LCN	Load Classification Number
LCPC	Laboratoire Central des Ponts et Chaussées, Paris
Lkw	Lastkraftwagen
LP	Luftporenbildend
NASA	National Aeronautics and Space Administration, USA
OCDE	= OECD
OECD	Organisation für wirtschaftliche Zusammenarbeit und Entwicklung
OTA	Organisation des Tourismus und der Automobilclubs
PC	Portland Cement
PCA	Portland Cement Association, USA
PE	Polyäthylen
PIARC	= AIPCR
Pkw	Personenkraftwagen
PPBS	Planning, Programming, Butgeting System
PSI	Present Serviceability Index
PVC	Polyvenilchlorid
RAB	Reichsautobahn
RAS	Richtlinien für die Anlage von Stadtstraßen
RAL-L	Richtlinien für die Anlage von Landstraßen-Linienführung
RAL-Q	Richtlinien für die Anlage von Landstraßen-Querschnitte
RCR	Runway Condition Reading
RE	Richtlinien für Entwurfsgestaltung im Straßenbau

REB	Richtlinien für die elektronische Bauabrechnung
RGS	Richtlinien für die Güteüberwachung von Straßenbaustoffen
RIB	Richtlinien für die Instandsetzung von Fahrbahndecken auf Autobahnen mit bituminöser Bauweise
RILEM	Internationale Vereinigung der Forschungs- und Untersuchungslaboratorien für Baustoffe und Konstruktionen
RLW	Richtlinien für den Landwirtschaftlichen Wegebau
RRL	Road Research Laboratory, Crowthorne, Berks., England
RStO	Richtlinien für den Straßenoberbau
R u. K	Ring und Kugel
RWS	Richtlinien für wirtschaftliche Vergleichrechnungen im Straßenwesen
SA	Sandäquivalent
SETRA	Service d'Etude Techniques des Routes et des Autoroutes, Paris
SI	Système International d'Unités
SIA	Schweizerischer Ingenieur- und Architektenverein
S/L-Bahn	Start- und Landebahn
SNV	Schweizerische Normenvereinigung
SRT	Skid Resistenz Testes (britisches Pendelgerät)
STLB	Standard-Leistungsbuch
STLK	Standard-Leistungskatalog
STV	Straßenteerviskosimeter
StVO	Straßenverkehrs-Ordnung
StVZO	Straßenverkehrs-Zulassungs-Ordnung
TB	Teerbitumen
TGL	Technische Güte- und Lieferbedingungen
TH	Technische Hochschule
TRB	Transportation Research Board, Washington, D.C.
TRRL	Transport and Road Research Laboratory, Crowthorne, Berks., England
TU	Technische Universität
TV	Technische Vorschriften
TV Beton	Technische Vorschriften und Richtlinien für den Bau von Fahrbahndecken aus Beton
TVbit	Technische Vorschriften und Richtlinien für den Bau bituminöser Fahrbahndecken
TVT	Technische Vorschriften und Richtlinien für die Ausführung von Tragschichten im Straßenbau
TVV	Technische Vorschriften und Richtlinien für die Ausführung von Bodenverfestigungen und Bodenverbesserungen im Straßenbau
USC-System	Unified Soil Classification System
UV-Licht	Utraviolettes Licht
VB	Verschnittbitumen
VBI	Verein beratender Ingenieure
VDI	Verein Deutscher Ingenieure
VEB	Volkseigener Betrieb
VfT	Vereinigung für Teerverwertung
VOB	Verdingungsordnung für Bauleistungen
VOL	Verdingungsordnung für Leistungen
VSS	Vereinigung Schweizerischer Straßenfachmänner
WASHO	Western Association of State Highways Officials
W/Z-Faktor	Wasser-Zement-Faktor
WdK	Wirtschaftsverband der deutschen Kautschuk-Industrie
ZTVE	Zusätzliche Technische Vorschriften und Richtlinien für Erdarbeiten im Straßenbau
ZNStra	Zusätzliche Vertragsbedingungen für die Ausführung von Bauleistungen auf Straßen

Weitere Abkürzungen siehe Kapitel 2

Information und Dokumentation

Die den Kapiteln des Handbuches zugeordneten Literaturhinweise reichen trotz ihrer Vielzahl für eine intensive Beschäftigung mit Einzelfragen des behandelten Stoffes nicht aus. Auch erscheinen ständig neue Veröffentlichungen, die bei der Bearbeitung bestimmter Fragen wie auch bei Forschungsarbeiten berücksichtigt werden müssen. Die folgende Zusammenstellung enthält Informations- und Dokumentationsorgane, in denen fortlaufend über die im In- und Ausland erscheinende Fachliteratur berichtet wird.

Die umfangreichste Information bietet die „Internationale Dokumentation Straße“ (IDS = DIRR = IRRD), die von 21 Organisationen in 16 der 25 Mitgliedsstaaten der OECD (Sitz Paris) in Zusammenarbeit mit der International Road Federation (IRF), Washington, D.C., bearbeitet wird. Sie stellt jährlich etwa 10000 Inhaltsangaben (Abstracts) über Literatur und Forschungsvorhaben auf dem Gebiet des Straßenwesens aus etwa 60 Staaten in einer der drei Arbeitssprachen Englisch, Französisch und Deutsch zur Verfügung. Die Inhaltsangaben können in ihrer Gesamtheit oder für neun verschiedene Fachgebiete getrennt bei der

Organisation de Coopération et de Développement Economiques
(OCDE = OECD) 19, rue de Franqueville, 75775 Paris Cedex 16, Frankreich

abonniert werden. Es ist aber auch möglich, sich für die Bearbeitung eines begrenzten Problems die erforderliche Literatur in Form von Inhaltsangaben (Abstracts) bei einer der Mitgliederorganisationen, z. B. in der Bundesrepublik Deutschland für die Fachgebiete Straßenverkehrssicherheit und Unfallforschung bei der Bundesanstalt für Straßenwesen, Köln, und für die Gebiete Straßenbau- und Straßenverkehrstechnik bei der Forschungsgesellschaft für das Straßenwesen, Köln, zusammenstellen zu lassen.

Informations- und Dokumentationsorgane

Die Zahlen am rechten Rand geben die jährlich erscheinende Anzahl der Hefte an; ur *bedeutet unregelmäßig,* J *jährlich,* SR *Schriftenreihe.* D *bedeutet in deutscher,* E *in englischer Sprache und* AF *in Afrikaan.*

Bauinformation Zentrales Informationsbulletin für das Bauwesen der Deutschen Demokratischen Republik (10 Serien)	Bauakademie der Deutschen Demokratischen Republik, Bauinformation DDR-102 Berlin, Wallstr. 27	12	D
Bauselektronik 70 Allg. Fachbibliographie Bauwesen A Serie 2: Verkehrs- und Tiefbau	wie vor	12	D

Bibliographische Information aus der Technik und ihren Grundlagenwissenschaften	Bibliothek der Technischen Universität Dresden DDR-8027 Dresden, Mommsenstr. 7–11	J ?	D
Dokumentation Bodenmechanik, Grundbau, Felsmechanik, Ingenieurgeologie (dtsch. Ausg. v. Geotechnical Abstracts)	Gesellschaft für Dokumentation Bodenmechanik und Grundbau e.V. 4300 Essen, Kronprinzenstr. 35a	12	D
Dokumentation Straße, Kurzauszüge aus dem Schrifttum über das Straßenwesen	Forschungsgesellschaft für das Straßenwesen e.V. 5000 Köln 1, Maastrichter Str. 45	12	D
Forschung im Straßenwesen Zusammenstellung laufender und abgeschlossener Forschungsarbeiten	Forschungsgesellschaft für das Straßenwesen e.V. 5000 Köln 1, Maastrichter Str. 45	ur	D
Geotechnical Abtracts (engl. Ausg. v. Dokumentation Bodenmechanik, Grundbau, Felsmechanik, Ingenieurgeologie)	Deutsche Gesellschaft für Erd- und Grundbau 4300 Essen, Kronprinzenstr. 35a	12	E
Highway Research in Progress	Highway Research Information Service Transportation Research Board 2101 Constitution Avenue, N.W. Washington, D.C. 20418 USA	J	E
Informationen Straßenbau- und Straßenverkehrsforschung	Forschungsgesellschaft für das Straßenwesen e.V. 5000 Köln 1, Maastrichter Str. 45	SR	D
Ostsprachige Fachliteratur Reihe Bauwesen	Universitätsbibliothek und Technische Informationsbibliothek 3000 Hannover, Welfengarten 1 B	10	D/E
Road Abstracts	Central Road Research Institute Delhi-Mathura Road New Delhi 110020, India	2–3	E
Schrifttumkartei Bauwesen A Gesamtausgabe	Dokumentationsstelle für Bautechnik in der Fraunhofer Gesellschaft für Angewandte Forschung, Stuttgart, Verlag von Wilhelm Ernst & Sohn 1000 Berlin 31, Hohenzollerndamm 170	12	D
Technical Road Notes	National Association of Australian State Road Authorities 309 Castelreagh Street Sydney, N.S.W. 2000 Australia	ur	E
Transportation Research Abstracts	Transportation Research Board 2101 Constitution Avenue N.W. Washington, D.C. 20418 USA	12	E
Transportation Research Board Bibliography	wie vor	SR	E
Via Summaries of Reports	Council for Scientific and Industrial Research, National Institute for Road Research P.O. Box 395 Pretoria, South Africa	2	E/AF
World Survey of Current Research and Development on Roads and Road Transport	International Road Federation 1023 Washington Building Washington, D.C. 20005 USA	J	E

Anwendung des Internationalen Einheitensystems (SI)

Zur Vereinheitlichung der Einheiten physikalischer Größen wurde in internationaler Zusammenarbeit das *Internationale Einheitensystem — Système Internationale d'Unités* (*SI*) geschaffen. In vielen Ländern kommt dieses System bereits zur Anwendung. In der Bundesrepublik Deutschland wurde das „Gesetz über Einheiten im Meßwesen" am 2. Juli 1969 verkündet. Es führt die SI-Basiseinheiten (Tabelle 1) und aus ihnen abgeleitete Einheiten (zusammengefaßt SI-Einheiten) sowie weitere Einheiten (dezimale Vielfache oder Teile von SI-Einheiten) für den geschäftlichen und amtlichen Verkehr ab 1. 1. 1978 verbindlich ein („Gesetzliche Einheiten"). Bis dahin gelten für einige künftig nicht mehr zugelassene Einheiten Übergangsfristen. Für die allgemeine Anwendung sind die auf dem Internationalen Einheitensystem beruhenden Einheiten in der Norm DIN 1301 Ausgabe November 1971 festgelegt.

Tabelle 1. SI-Basiseinheiten

Größe	Einheit	Einheitenzeichen	Formelzeichen
Länge	das Meter	m	l
Masse	das Kilogramm	kg	m
Zeit	die Sekunde	s	t
Elektrische Stromstärke	das Ampere	A	I
Temperatur (thermodynamische Temperatur)	das Kelvin	K	T
Stoffmenge	das Mol	mol	c
Lichtstärke	die Candela	cd	I

Ein in der Übergangsperiode erscheinendes „Handbuch des Straßenbaus" sollte nach Auffassung der Herausgeber die Umstellung, die in der Praxis noch Jahre benötigen wird, bereits vollziehen. Dies wurde angestrebt; in den meisten Kapiteln findet der Leser aber viele Zahlenwerte physikalischer Einheiten in Klammern auch noch in der bisher gebräuchlichen Einheit angegeben. Eine Übersicht über wichtige SI-Einheiten und weitere Einheiten mit Umrechnungen, soweit bisher gebräuchliche Einheiten künftig entfallen, vermittelt Tabelle 2.

Die SI-Basiseinheiten gleichen in ihren Einheiten und in ihren Einheitenzeichen den bisher für diese Größen üblichen Einheiten; für die Temperatur wurde jedoch das Kelvin (Einheitenzeichen K) als Basiseinheit eingeführt. Das Kelvin ist die Einheit der thermodynamischen Temperatur (früher absolute Temperatur genannt). Nach wie vor können Temperaturen aber auch in Grad Celsius (Einheitenzeichen °C) angegeben, d. h. auf den Eispunkt als Nullpunkt bezogen werden. Der absolute Nullpunkt der Thermodynamik (0 K) liegt auf der Celsius-Skala bei $-273{,}15\,°C$. Da die Celsius- und die Kelvin-Temperaturskala die gleiche Teilung

Tabelle 2. Wichtige SI-Einheiten und weitere Einheiten (Beispiele)

Größe	**SI-Einheit** und weitere Einheiten		Bisherige Einheiten (soweit abweichend)		Umrechnungen	Bemerkungen
	Name	Zeichen	Name	Zeichen		
Länge, Fläche, Volumen						
Länge	**Meter**	**m**				
	Nanometer	nm	Millimikron	mμ	1 mμ = 1 nm	
	Mikrometer	μm	Mikron	μ	1 μ = 1 μm	
		mm				
		cm				
		dm				
		km				
Fläche	**Quadratmeter**	**m²**				In der Geodäsie: Ar: 1 a = 100 m² Hektar: 1 ha = 100 a
		mm²				
		cm²				
Volumen	**Kubikmeter**	**m³**				
		mm³				
		cm³				
	Liter	l (= dm)				
Dehnung	**Meter durch Meter**	**m/m**				
	Prozent	%				% ≙ cm/m
Winkel						
ebener Winkel	**Radiant**	**rad**				1 rad = 1 m/m
	Grad	(°)			1° = (π/180) rad	
	Minute	(′)				1° = 60′ = 3600″
	Sekunde	(″)				
	Gon	gon	Neugrad	(g)	1 gon = (π/200) rad 1(g) = 1 gon	
räumlicher Winkel	**Steradiant**	**sr**				1 sr = 1 m²/m²

Masse						
Masse, Gewicht	**Kilogramm**	**kg**				1 kg wirkt mit der Eigenlast 9,81 N $\approx$ 10 N
		mg				
		g				
	Tonne	t		kp s²/m	1 kp s²/m = 9,81 kg	„Gewicht“ bezeichnet Masse im Sinne von „Ergebnis einer Wägung“
Dichte (Masse/Volumen)	**Kilogramm durch Kubikmeter**	**kg/m³**				
		g/cm³				1 t/m³ = 1 g/cm³
		t/m³				
spezifisches Volumen	**Kilogramm durch Kubikmeter**	**m³/kg**				
		cm³/g				
Zeit						
Zeit, Zeitspanne, Dauer	**Sekunde**	**s**				
	Millisekunde	ms				
	Minute	min				
	Stunde	h				
	Tag	d				
Frequenz	**Hertz**	**Hz** (= 1/s)				
Kraft, Energie, Leistung						
Kraft	**Newton**	**N**				1 N = 1 kg m/s²
	Kilonewton	kN				1 MN = 10³ kN = 10⁶ N
	Meganewton	MN				
			Pond	p	1 p $\approx$ 0,01 N	
			Kilopond	kp	1 kp $\approx$ 10 N = 0,01 kN	
			Megapond	Mp	1 Mp $\approx$ 10 kN = 0,01 MN	1 Mp = 10³ kp = 10⁶ p

Tabelle 2. (Fortsetzung)

Größe	SI-Einheit und weitere Einheiten		Bisherige Einheiten (soweit abweichend)		Umrechnungen	Bemerkungen
	Name	Zeichen	Name	Zeichen		
Wichte (Eigenlast/ Volumen)	**Newton durch Kubikmeter**	**N/m^3**				Die Bezeichnung „spezifisches Gewicht" für „Wichte" soll nicht mehr angewendet werden
		N/cm^3				
		kN/m^3				
				p/cm^3	1 p/cm^3 $\approx$ 0,01 N/cm^3	
				kp/m^3	1 kp/m^3 $\approx$ 10 N/m^3	
				Mp/m^3	1 Mp/m^3 $\approx$ 0,01 MN/m^3	
Spannung, Druck, Festigkeit	**Pascal**	**Pa** (= N/m^2)				
		MN/m^2 (= N/mm^2)				
				kp/cm^2	1 kp/cm^2 $\approx$ 0,1 MN/m^2	
				kp/mm^2	1 kp/mm^2 $\approx$ 10 MN/m^2	
	Bar	bar			1 kp/cm^2 $\approx$ 1 bar	1 bar = 10^5 Pa = 0,1 MN/m^2
		mbar				
			Techn. Atmosphäre	at	1 at $\approx$ 1 bar	1 at = 1 kp/cm^2
			Meter Wassersäule	m WS	1 m WS $\approx$ 0,1 bar = 100 mbar	1 m WS $\triangleq$ 0,1 kp/cm^2
			Millimeter Quecksilbersäule	mm Hg		1 mm Hg $\triangleq$ 1 Torr
			Torr	Torr	1 Torr $\approx$ 1,33 mbar	
Arbeit, Energie, Wärmemenge	**Joule**	**J** (= N m)				
		kJ (= kN m)				
	Wattsekunde	**W s**				1 W s = 1 N m = 1 J
		W h				
		kW h				
				kp m	1 kp m $\approx$ 10 N m	
			Kalorie	cal	1 cal $\approx$ 4,2 J	
				kcal	1 kcal $\approx$ 4,2 kJ	

Leistung	**Watt**	**W** mW kW				1 W = 1 J/s = 1 N m/s
			Pferdestärke	kp m/s PS	1 kp m/s ≈ 10 W 1 PS = 0,736 kW	
Viskosimetrische Größen						
dynamische Viskosität	**Pascalsekunde**	**Pa s** (= N s/m²)				1 Pa s = 1 N s/m² = 1 kg/(m s)
			Poise Centipoise	P cP	1 P = 0,1 Pa s 1 cP = 0,001 Pa s	1 P = 1 g/(cm s)
kinematische Viskosität	**Quadratmeter durch Sekunde**	**m²/s**				
		cm²/s	Stokes	St	1 St = 1 cm²/s = 10^{-4} m²/s	1 m²/s = 1 Pa s m³/kg
		mm²/s	Centistokes	cSt	1 cSt = 1 mm²/s = 10^{-6} m²/s	
Temperatur und Wärme						
Temperatur	**Kelvin** Grad Celsius	**K** °C				273,15 K = 0°C 0 K = −273,15 °C
Temperatur-differenzen und -intervalle	**Kelvin** Grad Celsius	**K** °C	Grad	grd	1 grd = 1 K	Bei Angabe von Celsius-temperaturen mit zulässigen Abweichungen, z.B. (10 ± 2)°C
Wärme-leitfähigkeit	**Watt durch Kelvinmeter**	**W/(K m)**				
				kcal/(m h grd)	1 kcal/(m h grd) = 8,6 · 10^{-4} W/(m K)	
Spezifische Wärme		**J/(kg K)** (= W s/(kg K))				
				kcal/(kg grd)	1 kcal/(kg grd) ≈ 4,2 kW s/(kg K)	

Tabelle 2. (Fortsetzung)

Größe	**SI-Einheit** und weitere Einheiten		Bisherige Einheiten (soweit abweichend)		Umrechnungen	Bemerkungen
	Name	Zeichen	Name	Zeichen		
Temperaturleitfähigkeit	**Quadratmeter durch Sekunde**	**m^2/s**				
Temperaturdehnzahl, Wärmedehnzahl		m/(m K)		m/(m C°)		
Lichttechnische Größen						
Lichtstärke	**Candela**	**cd**				
Leuchtdichte	**Candela durch Quadratmeter**	**cd/m^2**				
Lichtstrom	Lumen	lm				1 lm = 1 cd sr
Beleuchtungsstärke	Lux	lx				1 lx = 1 lm/m^2
Akustische Größen						
Schalldruck	**Pascal**	**Pa** (= N/m^2)				
Schallintensität	**Watt durch Quadratmeter**	**W/m^2**				

Tabelle 3. Vorsätze zum Bilden dezimaler Vielfacher oder Teile von Einheiten

Zehnerpotenz	Vorsatz	Vorsatzzeichen	Zehnerpotenz	Vorsatz	Vorsatzzeichen
10^6	Mega	M	10^{-1}	Dezi	d
10^3	Kilo	k	10^{-2}	Zenti	c
10^2	Hekto	h	10^{-3}	Milli	m
10	Deka	da	10^{-6}	Mikro	μ
			10^{-9}	Nano	n

besitzen, hat eine Temperatur*differenz* auf beiden Skalen den gleichen Zahlenwert. Das Kelvin ist damit auch Einheit für Temperaturdifferenzen und -intervalle, auch wenn diese auf der Celsius-Skala abgelesen werden.

Dezimale Vielfache oder Teile von SI-Einheiten werden, soweit sie nicht besondere Einheitennamen und Einheitenzeichen haben (wie z.B. Tonne, Liter; Einheitenzeichen t, l), durch Vorsätze (Tabelle 3) gebildet. Das Vorsatzzeichen wird dem Zeichen der SI-Einheit ohne Zwischenraum vorangestellt. Eine wesentliche Änderung gegenüber dem bisher Gebräuchlichen tritt nur für die Längeneinheit 10^{-6} m ein: sie hieß bisher Mikron (Einheitenzeichen μ), jetzt heißt sie Mikrometer (Einheitenzeichen μm).

Die für das Bauwesen bedeutsamste Umstellung ergibt sich aus der Festlegung, daß nicht mehr wie im Technischen Maßsystem die Kraft, sondern die Masse Basisgröße ist. Die abgeleitete SI-Krafteinheit Newton (Einheitenzeichen N) ist gleich der Kraft, die einem Körper der Masse 1 kg die Beschleunigung 1 m/s² erteilt (1 kg · 1 m/s² = 1 kg m/s² = 1 N). Die Technische Krafteinheit Kilopond (kp) — in anderen Fachgebieten oder Ländern Kraftkilogramm (kg*) oder kilogramme-force (kgf) — soll künftig nicht mehr angewendet werden. Für die Umrechnung gilt mit der Normfallbeschleunigung $g_n = 9{,}806\,65$ m/s²:

$$1\,\text{kp} = 1\,\text{kg} \cdot 9{,}806\,65\,\text{m/s}^2 = 9{,}806\,65\,\text{N} \approx 9{,}81\,\text{N}.$$

Zur Vereinfachung beim Umrechnen wird vielfach die Fallbeschleunigung näherungsweise gleich 10 m/s² gesetzt. Den umgerechneten Zahlenwerten haftet dann ein Fehler von etwa 2% an, der im Bauwesen im allgemeinen keine Rolle spielt.

Aus der Umstellung der Krafteinheit folgt auch, daß für die mechanische Spannung (flächenbezogene Kraft) an die Stelle der bisher meistgebrauchten Einheit Kilopond durch Quadratzentimeter (kp/cm²) die Einheit Meganewton durch Quadratmeter (MN/m²) tritt. Umrechnung: 1 kp/cm² ≈ 0,1 MN/m² = 0,1 N/mm².

Literaturhinweise

— Haeder, W.; Gärtner, E.: Die gesetzlichen Einheiten in der Technik. 4. Auflage. Hrsg. v. Dt. Normenausschuß (DNA), Berlin. Berlin, Köln, Frankfurt (Main): Beuth-Vertrieb GmbH, 1974.
— DIN Taschenbuch 22: Normen für Größen und Einheiten in Naturwissenschaft und Technik — AEF-Taschenbuch. 4. geänderte und erweiterte Auflage. Berlin, Köln, Frankfurt (Main): Beuth-Vertrieb GmbH, 1974.
— Aufstellung der Einheiten im Meßwesen, die künftig in der StVZO und in den dazu veröffentlichten Richtlinien zu verwenden sind. Verkehrsblatt 27 (1973) Nr. 3, S. 92—96.
— DIN 1080 Teil 1: Begriffe, Formelzeichen und Einheiten im Bauingenieurwesen — Grundlagen. Juni 1976. Außerdem 1976 in Vorbereitung: Teil 8, Straßenwesen.

I. Geschichte und Verwaltung

1. Geschichte des Straßenbaus

H. Eymann

Inhalt

Wir sind tief beeindruckt, wenn wir einer Sammlung römischer Handwerkszeuge gegenüberstehen. Die Hämmer und Äxte, die Spitzhacken und Schaufeln, die Messer und Sicheln haben die gleiche Form wie die von uns noch heute gebrauchten Geräte; sie haben sich in zwei Jahrtausenden nicht geändert. Jeder aufmerksame Beobachter empfindet beim Betrachten dieser Gegenstände unsere Verbundenheit mit den Menschen, die vor zweitausend Jahren diese Axt, diesen Hammer, diese Spitzhacke in der Hand hatten. Unmittelbarer als in einem solchen Erlebnis kann uns die Geschichte nicht begegnen.

Für unser eigenes Leben, für das Leben in der Gemeinschaft und für alle Teilbereiche, also auch für die Straße und den Straßenbau, gilt die Gesetzlichkeit der Kontinuität. Sind wir uns dessen bewußt, so wird die Vergangenheit, die Geschichte lebendig und erweckt mit ihrer fesselnden Vielfalt unser Interesse. Dieser Beitrag will dazu anregen, aus der Geschichte der Straße und ihrer Technik Zusammenhänge zu erkennen, die in unsere Gegenwart hineinwirken [1, 2].

Nun fließen die Quellen der Vergangenheit nur sehr spärlich. Bis weit in die Neuzeit hinein finden wir über die Straße als technische Anlage nur sehr wenige Angaben in der zeitgenössischen Literatur. Dies gilt zu unserer Überraschung z.B. auch für das Schrifttum der Römer, deren Straßen doch eine ungewöhnliche Entwicklung aufzuweisen hatten. Im Mittelalter finden wir zwar in zahlreichen Urkunden und Weistümern mancherlei über die rechtliche Seite, aber nur weniges über die Technik der Straße. Doch das verstehen wir schon eher, wenn wir uns den Tiefstand des Straßenbaus jener Jahrhunderte vergegenwärtigen. Eigentlich hat erst der Merkantilismus damit begonnen, und auch er recht spät, eine technische Fachliteratur der Straße zu entwickeln [3].

Was wir über den Straßenbau des Altertums wissen, verdanken wir im wesentlichen den noch vorhandenen Resten früherer Straßen, sowie den Inschriften, und für die Römerzeit vor allem den Inschriften auf den Meilensteinen. Der beste Helfer ist hier der Archäologe. Allerdings für das Mittelalter hilft uns der Bodenfund nur ausnahmsweise, weil die leichten Baukörper der damaligen Zeit sehr vergänglich waren [3, 4].

1.1. Frühzeit und frühe Hochkulturen; Erfindung von Rad und Straße

Das Altertum hat die Straße mit ihren wesentlichen Merkmalen und Bestandteilen entwickelt und uns die damit im Zusammenhang stehenden wichtigsten Wortbegriffe überliefert. Das Wort „Straße" kommt von dem lateinischen via strata, der bestreute Weg, mit der spätrömischen Bedeutung befestigter Weg, Heerstraße. Den unter Verwendung von Kalksteinen gebauten Weg nannten die Römer via calceata, woraus das französische Wort „chaussée" geworden ist. „Weg" ist ein gemeingermanisches Wort und hängt mit den Worten „bewegen" und „Wagen" zusammen. „Gasse" ist ein sehr altes deutsches Wort und wurde ursprünglich allgemeiner verwendet als heute, bekam aber schon früh die Bedeutung des in Dorf und Stadt zwischen den Häusern laufenden Weges. „Bahn" tritt erst im Mittelhochdeutschen auf und bedeutete damals die freigeschlagene Fläche, die Schneise für den Verkehr. Auch „Pfad" begegnet uns erst im Mittelhochdeutschen, hat aber eine indogermanische Wurzel [5 bis 8].

Wenn sich viele Spuren zum Pfad vereinigen, so ist das die Urform des Weges. Freilich, eine Straße in unserem Sinne ist das noch nicht. Von einer Straße können wir erst dann sprechen, wenn der Weg nicht mehr pendelt wie ein Pfad in der Wildnis, und insbesondere wenn der Mensch körperliche und geistige Arbeit für ihre Erstellung und Erhaltung aufgewendet hat. Auch die europäischen Bernsteinstraßen und die innerasiatische Seidenstraße waren keine in der Örtlichkeit festliegenden Wege, sie folgten nur bestimmten Verkehrsrichtungen, und über ihren Verlauf können wir nur Vermutungen anstellen [9, 10].

So gesehen sind jedoch die alten Moorwege bereits als echte Straßen zu betrachten. Wir kennen Moorwege, die über einige Jahrhunderte in Benutzung waren. Manche waren einfache Gehwege, andere sind offensichtlich auch befahren worden. Neben Pfaden aus einfachen Faschinen- und Sodenlagen treffen wir gut durchdachte Konstruktionen aus Pfählen, Ankern, Langhölzern, Stoßschwellen und Bohlen an. Die Technik, durch Längsspalten von Stämmen Bohlen für die Moorwege zu gewinnen, ist bereits für die Bronzezeit erwiesen. Es gibt Beispiele von Moorwegen, die mehrere Kilometer lang waren. Heute verstehen wir die Berichte der Römer aus den Germanenkriegen über die pontes longi, die in den Mooren an Lippe und Ems angelegt waren [11 bis 13].

Bild 1.1. Holzscheibenrad, gefunden bei Antweiler, Krs. Euskirchen, Früh-Latene um 500 v. Chr.; (Photo: Rheinisches Landesmuseum, Bonn).

Erst mit der Erfindung des Rades hat aber die Entwicklung der Straße begonnen. Das Rad taucht wohl erstmals in Mesopotamien auf. Die ersten Räder waren Holzscheiben, ähnlich den auch in Europa ausgegrabenen (Bild 1.1). Die ältesten Überreste wirklicher Wagen sind im sumerischen Bereich gefunden worden; die Fahrzeuge dürften um 2600 v. Chr. gebaut worden sein. Räder mit Speichen sind erst vom 18. vorchristlichen Jahrhundert an in Altbabylonien nachweisbar. Man nimmt an, daß der zwei- und wohl auch der vierräderige Wagen im dritten Jahrtausend vom Mittelmeer bis zum Stillen Ozean bekannt waren. Die Worte „Rad" und „Wagen" finden sich, ebenso wie z.B. auch die Worte „Achse", „Nabe" und „Deichsel", in allen indogermanischen Sprachen und sind sehr alt, ein Beweis für den gemeinsamen, frühen Besitz des Wagens [5, 14].

Die Verwendung des Wagens war von geeigneten Zugtieren abhängig. Lange spannte man nur Rind und Esel ein. Von China bis zu den Ägyptern und Germanen waren vor allem das Rind, der Ochse, wichtige, vielseitig verwendbare Tiere. Das Pferd tritt in Mesopotamien erst zu Beginn des zweiten Jahrtausends auf, wohin es vermutlich vom iranischen Hochland gebracht worden ist. Doch das edle Tier wurde bei allen alten Völkern nur zum Reiten, und als Zugtier nur für den schnellen Streitwagen benützt. Erst die Römer spannten das Pferd auch vor den Lastwagen; sie waren es auch, die als erste den Handelsverkehr über Land mit Hilfe des Wagens abwickelten, während bis dahin das Tragtier allein diese Aufgabe besorgt hatte. Die Erklärung liegt in dem guten römischen Straßennetz. Es sei in diesem Zusammenhang daran erinnert, daß den alten mesopotamischen und mittelmeerischen Kulturen in den Flüssen und den ausgedehnten Küstengewässern ausgezeichnete Wasserwege für den Lastenverkehr zu Schiff zur Verfügung standen [5, 7, 14, 15, 16].

Obwohl die Völker des älteren Mesopotamien der Welt das Rad und den Wagen gebracht haben, und die älteste bekannte Schrift, die sumerische, bereits ein Zeichen für „Straße" besaß, wissen wir über die Straßen selbst nur recht wenig. Auch aus dem alten Ägypten ist nur wenig über den Straßenbau bekannt. Freilich gab es Tempelstraßen. Erstaunlich ist der Bericht Herodots über die Straße, die im Zusammenhang mit der Errichtung der Cheopspyramide um 2500 v. Chr. gebaut worden ist und auf der die Steine für das Riesenbauwerk herangebracht worden sind. Sie soll 18 m breit gewesen und aus behauenen Steinen hergestellt worden sein, zum Teil auf hohen Dämmen. Herodot berichtet weiter, man habe 10 Jahre an dieser Straße gearbeitet, und er fügt hinzu, er erachte diese Leistung kaum geringer als den Bau der Pyramide. Aber wie die eigentlichen Überlandstraßen im alten Ägypten baulich ausgesehen haben, ist uns nicht bekannt [9, 17, 18].

Im alten China bestand schon vor dem Jahre 2000 ein systematisch angelegtes Netz von Straßen. Besondere Leistungen im Straßenbau hatte China in den letzten Jahrhunderten v. Chr. aufzuweisen, vor allem im Norden des Landes, wo sich der Verkehr, im Gegensatz zum Süden, nicht des Wasserweges bedienen konnte. Aber über die Technik wissen wir nichts [7, 9, 19, 20].

In den jüngeren mesopotamischen Reichen der Assyrer und Babylonier finden wir einen bemerkenswerten Stand der Straßenbautechnik. Teile der dort gebauten

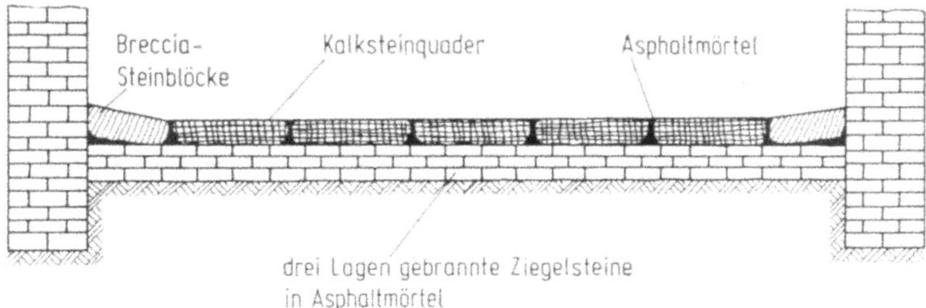

Bild 1.2. Prozessionsstraße in Babylon, erste nachgewiesene Verwendung von Asphalt im Straßenbau [18].

Prozessionsstraßen haben sich dank dem im Zweistromland schon früh bekannten Asphaltmörtel gut erhalten (Bild 1.2). Das Assyrien Sargons und Sannacheribs, um 700 v. Chr., kennt gepflasterte Königsstraßen in und außerhalb der Städte, ja es gab bereits eine Art Straßengesetz: Eine Inschrift aus jener Zeit besagt, daß derjenige, der durch eine Baumaßnahme den Straßenraum einengt, vor seinem eigenen Haus gekreuzigt werden solle; wahrlich eine strenge Anbauvorschrift! Der Babylonier Nebukadnezar, um 580 v. Chr., rühmt sich in einer Inschrift: „Ich habe unwegsame Pfade in nützliche Straßen verwandelt" [4, 7, 9, 19].

Der Perserkönig Darius I. hat um 500 v. Chr. sein großes Reich durch eine Verwaltungsreform straff organisiert und in diesem Rahmen die schon von den Zeitgenossen bewunderten persischen Königsstraßen angelegt. Sie verbanden die Provinzen mit den Königsstädten. Berühmt war die Königsstraße von Sardes nach Susa. Herodot berichtet darüber: „Der ganze Weg führt durch bewohnte und sichere Gegenden und überall sind königliche Stationen und vortreffliche Herbergen". Die Straße war gegen 2500 km lang und etwa alle 23 km fanden sich Stationen mit Herbergen und frischen Pferden für die Post.

Die großen persischen Straßen waren im eigentlichen Sinn Straßen des Königs; sie waren keine Handelsstraßen. Über ihren technischen Aufbau, von dem wir uns keine übertriebenen Vorstellungen machen dürfen, haben wir keine Nachricht [7, 9, 17, 19, 20].

Im alten Griechenland kannte die bereits vor 1000 v. Chr. zu Ende gegangene mykenische Zeit echte Straßen. Homer berichtet von Märkten, die mit Steinen gepflastert waren, und Ausgrabungen haben dies bestätigt. Auf heiligen Straßen, die zu den Heiligtümern führten, genoß der Bürger besonderen Schutz. Aber die Zerstückelung Griechenlands in viele Kleinstaaten hat eben doch die Entwicklung eines zusammenhängenden Straßennetzes verhindert [7, 9, 16, 18, 20, 21].

1.2. Römerzeit; erste Blütezeit der Straße

Man hat beim Vergleich der römischen Straßen mit denjenigen des alten Persien den Fortschritt mit Recht darin gesehen, daß es in Persien nur zur Entwicklung einzelner Linien gekommen sei, während Rom erstmals in der Geschichte ein zusammenhängendes Netz aufgebaut habe. Freilich haben sich auch die Römer die Erfahrungen ihrer älteren Nachbarn zunutze machen können. Sicher ist, daß die Etrusker Lehrmeister gewesen sind, denn bereits im 5. Jh. v. Chr. hatten diese ein gut ausgebautes Straßennetz [4].

Aber ebenso wie Rom sind auch seine Straßen nicht an einem Tag erbaut worden. Römische Schriftsteller haben berichtet, der Censor Appius Claudius habe den wichtigsten Teil der Straße von Rom nach Capua, der Via Appia, im Jahre 312 v. Chr. angelegt. Einschnitte und Dämme waren nötig, sogar Pflaster soll die Straße damals schon erhalten haben (Bild 1.3). Auf diese Leistung war man im späteren Rom sehr stolz. Nun bedeutet Pflaster bei vielen Schriftstellern so viel wie Fahrbahnbefestigung ganz allgemein. Außerdem haben neuere Forschungen gezeigt, daß das Pflaster nach 400 Jahren noch nicht durchgehend bis Capua eingebaut war. So sind zur Zeit der Bürgerkriege die Straßen derart vernachlässigt worden, daß sich z.B. Cicero wiederholt über den schlechten Zustand der Appischen Straße beklagen mußte. Aber politische Erschütterungen konnten den Ausbau der Infrastruktur nicht auf die Dauer unterbrechen. Zwischen dem Beginn der Arbeiten an der Via Appia im Jahre 312 v. Chr. und der endgültigen Teilung des Reiches im Jahre 395 n. Chr. liegen sieben Jahrhunderte, eine lange Zeit der Entwicklung. Das großartige römische Straßennetz ist ihr Ergebnis [4].

Bild 1.3. Pflaster der Via Appia, Kupferstich von Piranesi, 1784. (Photo: Deutsches Museum, München, Bildnr.: 7671).
Übersetzung des altitalienischen Textes:
Ansicht der antiken Via Appia, die an den bereits auf den vorangegangenen Tafeln des Ustrinos beschriebenen Mauern entlangführt; heute von den Überresten derselben überdeckt. A: Bett des gut gepreßten Bodens, mit Pfählen gestampft, bevor die große, einen Spann (etwa 20 cm) hohe Füllung ausgebreitet wird, ähnlich wie ein Pflaster, bestehend aus Pozzolan-Kalk und Kieselsteinsplittern und auf ihnen mit Kraft (Gewalt) die Pflastersteine (B) eingesetzt. B: Rücklings wie eine Diamantspitze geschnitten. C: Andere, nach der Art eines Keiles gesetzte Steine, die die oben genannten Pflastersteine, welche die bereits genannte Straße bepflastern, zusammenhalten und kräftig einspannen. Alle dreißig Spannen tritt ein größerer auf. D: Eminenter und mächtiger als die anderen dieser Art; dieser diente vielleicht denen, die von einem Pferd abstiegen oder es bestiegen und vielleicht als Rastplatz für die des Weges Gehenden. Dieser Stein und die anderen kleineren sind auf einer dicken Bettung aus ähnlichen Kieselsteinsplittern, aber größer als die oben erwähnten, gesetzt.

Die aufgefundenen Reste römischer Straßen schwanken in ihrem technischen Aussagewert außerordentlich. Vergeblich suchen wir nach dem Regelquerschnitt. Da und dort werden allerdings auch heute noch unter Hinweis auf den römischen Schriftsteller Vitruv Regelquerschnitte dargestellt, die einen Aufbau in Schichten zeigen, ähnlich unseren modernen Konstruktionen. Leider sagt uns die moderne Forschung, daß diese Querschnitte kein zuverlässiges Bild geben, da sie auf einer falschen Auslegung der Berichte Vitruvs beruhen [9, 18, 21, 24].

Die Straßen um die Hauptstadt waren am dauerhaftesten gebaut, und je nach dem Verkehr und der strategischen Bedeutung nahmen die Investitionen gegen die Grenzen des Reiches hin ab, dazu noch stark variiert durch die örtlich vorhandenen Baustoffe. Es ist daher oft schwer, Einzelfunde richtig zu deuten. Nur durch zeitraubende Untersuchungen gelingt es, ein ungefähres Bild vom römischen Straßennetz zu gewinnen. So sind denn auch z.B. in den für die Römer so wichtigen rheinischen Bereichen nur wenige Straßenzüge als eindeutig römisch gesichert; hier ist übrigens nicht ein einziger Name einer Straße aus dem Altertum überliefert [22 bis 25].

Aber wir besitzen, was den Verlauf der Straßen betrifft, noch andere Quellen. So gibt es die nach einem der früheren Besitzer benannte Tabula Peutingeriana, die uns in einer mittelalterlichen Abschrift erhalten ist. Sie gibt in symbolischer Weise die Hauptstraßen wieder und macht Angaben über Städte, Stationen und Entfernungen. Wichtig können für uns auch die sogenannten Itinerarien sein, Streckenverzeichnisse für den Reisenden, mit Angaben über die berührten Orte, die Unterkünfte und die Längen der Teilstrecken [26].

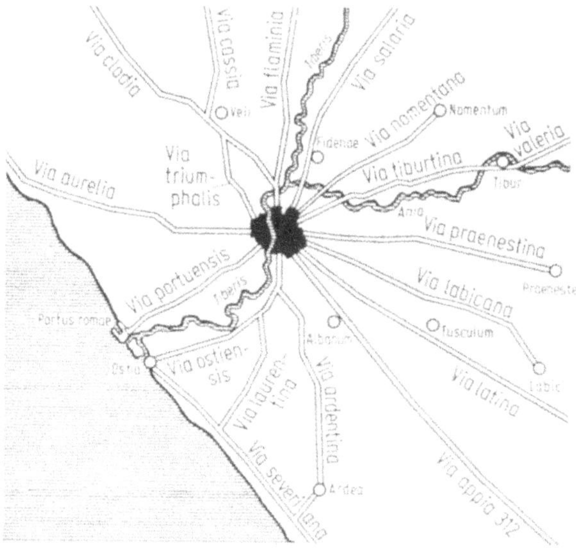

Bild 1.4. Alle großen Fernstraßen hatten in Rom ihren Anfang [18].

Der eindeutige Mittelpunkt des Straßennetzes war Rom (Bild 1.4). Bekannt sind die großen Fernstraßen, die von hier ihren Ausgang nahmen: Die berühmteste und wohl älteste, die bereits genannte Via Appia, ging in südlicher Richtung zunächst nur bis Capua und wurde später bis Brundisium (Brindisi) verlängert. Die Via Flaminia führte nach Norden, einer älteren, etruskischen Straße folgend, dann weiter durch Umbrien ans Adriatische Meer nach Ariminum (Rimini). Die dritte große Straße war die Via Aurelia, die Küstenstraße gegen Nordwesten in Richtung Genua. Andere ebenfalls schon früh angelegte, von Rom ausgehende Straßen hatten zwar nicht die große Länge wie die genannten Fernverbindungen, waren aber für die Stadt und ihr Hinterland ebenfalls von großer Bedeutung, wie die nach

Latium führende Via Latina, die Via Tiburnia und spätere Via Valeria, die nach Osten über Tibur in Richtung adriatische Küste ging, oder die Via Cassia, die nach Nordwesten mitten durch Etrurien verlief [26, 27].

Alle diese Straßen hatten später ihre Fortsetzungen in das weite römische Reich. Im östlichen Mittelmeerraum konnte die Linienführung auf alten Traditionen aufbauen. Auch in Gallien haben die Römer viele geeignete Verbindungen vorgefunden, denn die Straße war den Kelten nicht fremd, wie auch das aus ihrer Sprache stammende französische Wort „chemin" beweist [28].

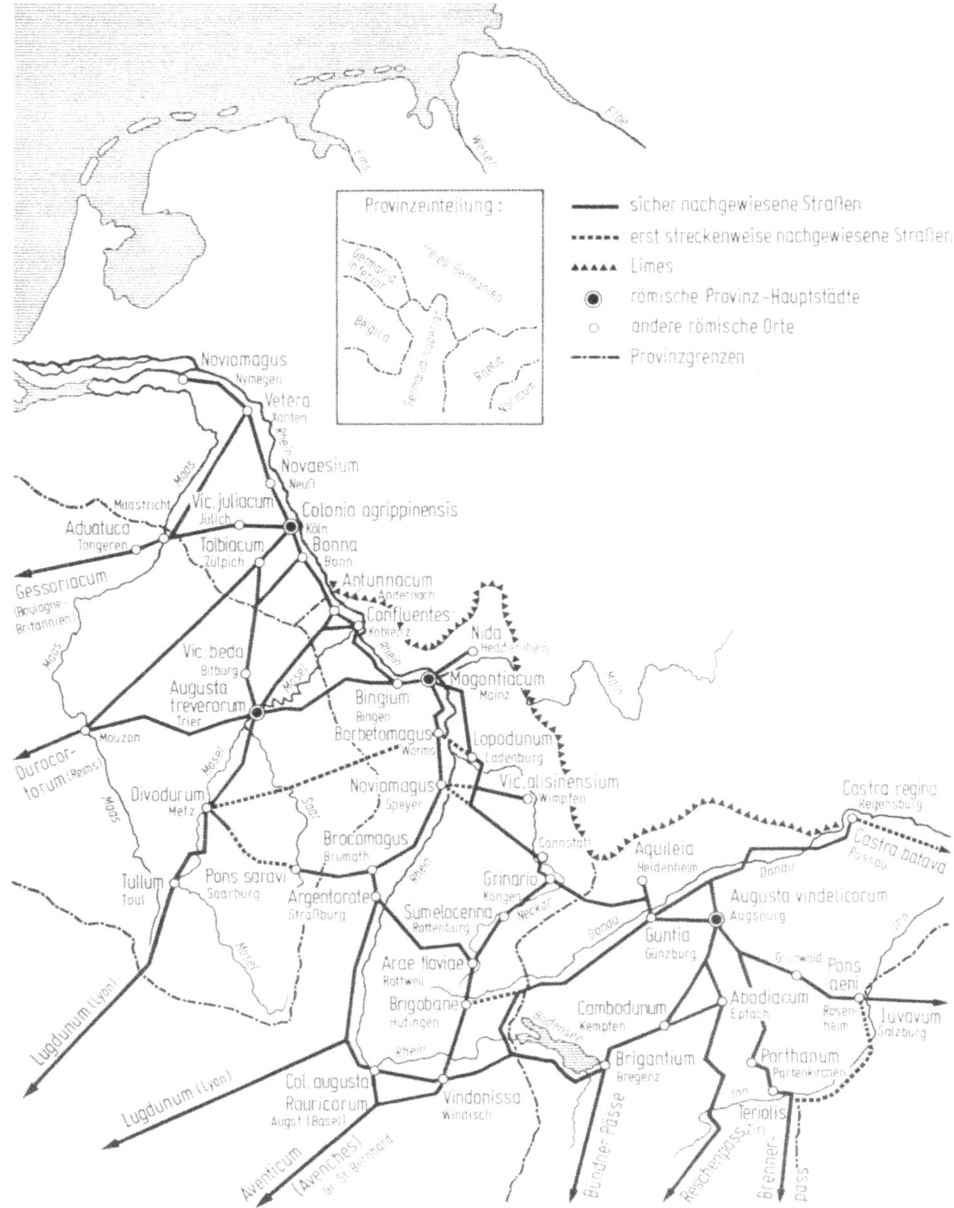

Bild 1.5. Wichtige römische Fernstraßen im deutschen Bereich [9, 18, 27, 69, 70].

Auch in den nördlichen Provinzen hat man in den Zeiten der Eroberung die vorhandenen Wege benützt und im übrigen zunächst nur einfachste Pionierstraßen angelegt. Das eigentliche Straßennetz ist erst nach der Befriedung im Laufe der Zeit entstanden (Bild 1.5). Besondere Sorgfalt haben die Römer auf die Straßen durch die Alpen, die Paßstraßen, legen müssen. Sehr wichtig war z.B. der schon von Augustus ausgebaute Große St. Bernhard, der Mons Jovis. Es gab zuletzt mehr als ein Dutzend solcher Übergänge, von denen aber nur einige für den Fahrverkehr, genauer gesagt, für den zweiräderigen Karren geeignet waren (Bild 1.6). Im übrigen war bis weit in die Neuzeit hinein das Tragtier das eigentliche Verkehrsmittel in den Hochalpen. Die Römer haben bereits fast alle Alpenpässe benutzt, die auch heute noch Bedeutung haben. Der heute so wichtige St. Gotthard allerdings wurde erst im 13. Jahrhundert begehbar [3, 15, 18, 24, 26, 27, 29].

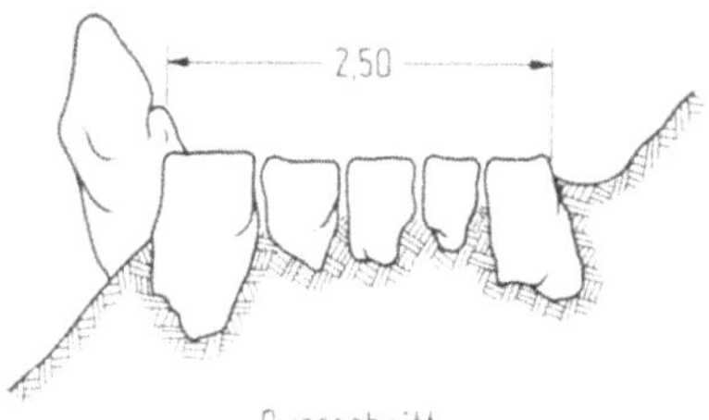

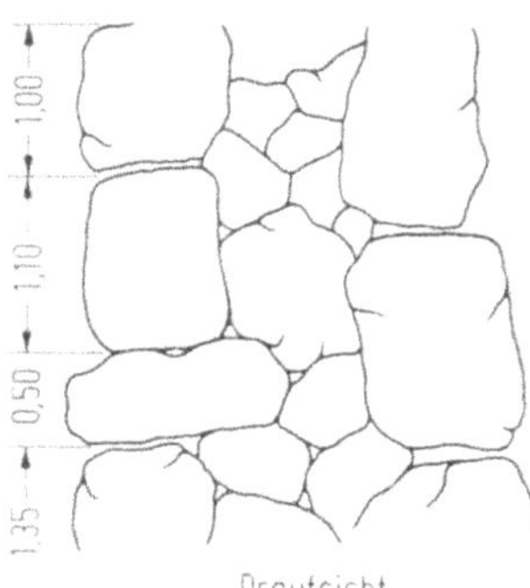

Bild 1.6. Römerstraße auf dem Septimerpaß, Querschnitt und Draufsicht [29].

Die Straßen im römischen Reich hatten eine große strategische Bedeutung. Es hat aber kein besonderes militärisches Straßennetz bestanden. Die Militärstraßen haben vielmehr zu den öffentlichen Straßen, den viae publicae, gehört. Sie haben auch in der Verwaltung keine besondere Gruppe gebildet. Neben der via publica hat es noch Privatstraßen und einfache Gemeindeverbindungswege gegeben. Schätzungen über die Netzlänge der römischen Hauptstraßen liegen, so sehr sie im einzelnen schwanken, im Mittel bei etwa 80000 km [4, 9, 20, 21].

Mit der Bedeutung der einzelnen Abschnitte, den örtlichen Geländeschwierigkeiten und den Baustoffverhältnissen wechselten neben dem konstruktiven Aufbau auch die Breiten (Bilder 1.3, 1.6 und 1.7). An den Resten der alten Straßen wurden Fahrbahnbreiten bis 8 m, ja sogar bis 12 m, aber auch solche von nur 1,8 m gemessen. Wenn römische Gesetze und Inschriften Breiten von 13 oder 17 m angeben, so geht es hier offensichtlich um den Gesamtraum von Grenze zu Grenze, denn die via publica war öffentlicher Boden. Im Aufbau waren die römischen Straßen in der Frühzeit sicherlich nur Erdwege und seit dem 2. Jh. v. Chr. zumeist einfache Schotterstraßen. In der Kaiserzeit zeigen sie alle Abstufungen von der hochentwickelten Via Appia und ihren Schwesterstraßen im Umkreis der Hauptstadt mit ihren Kunstbauten und ihrem gepflegten Steinpflaster, bis herab zur einfachen Kiesstraße in verkehrsarmen Bereichen der Provinzen, die zwar wie überall durch Quergefälle und Seitengräben gut entwässert, aber nur in bescheidenem Umfang mit zumeist hölzernen Brücken ausgestattet waren. Selbst bei einer so wichtigen Straße wie derjenigen von Argentorate (Straßburg) nach Mogantiacum (Mainz) mußten die kleineren Flüsse und Bäche in Furten überquert werden [9, 18, 21, 22, 24].

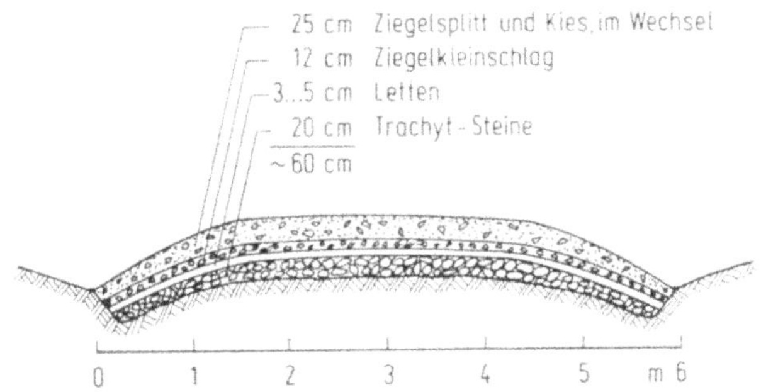

Bild 1.7. Querschnitt durch die Römerstraße Köln—Jülich—Tongern, aufgenommen bei Köln [24].

Wir wissen, daß die Römer in technischer Beziehung zwischen Erdwegen, Kiesstraßen und Pflasterstraßen unterschieden haben. Tatsächlich finden wir auch in den Provinzen nördlich der Alpen alle diese Kategorien (Bilder 1.6 und 1.7), zum Teil sogar mit Bordsteinen und Gehwegen. Auch Verbreiterungen treffen wir an, die Ausweichstellen, Umschlagplätze oder Rastanlagen vermuten lassen [9, 24, 30].

Die Brücken der Römer erregen mit Recht unsere Bewunderung. Allerdings waren nur die wichtigsten Bauwerke gewölbte Brücken. Die erste Steinbrücke Roms war im Jahre 174 v. Chr. vollendet worden. Die berühmten Brücken über den Rhein waren aber nur aus Holz. Bemerkenswert ist, daß die Römer auch schon Straßentunnel gebaut haben, wenn auch nur im Mutterland [4, 7].

Daß die römischen Straßenbauer die Gerade bevorzugt haben und daß sie, wie noch das Mittelalter, mit ihren Straßen, wenn irgend möglich, auf den Höhen geblieben sind, ist bekannt. In Abständen von einer Tagereise, etwa 30 km, befanden sich Rasthäuser (mansiones) für die Versorgung vor allem der in amtlichem Auftrag Reisenden. Dazwischen lagen ein bis zwei Stationen für den Pferdewechsel (mutationes). Meilensteine gaben nicht nur die Entfernungen an, sie enthielten auch Angaben über Bauzeit, Verwaltung und Zuständigkeiten [4, 9, 23, 24].

Bauherren waren zu Zeiten der Republik im Mutterland die Consuln und in den Provinzen die Prätoren. Später übernahmen die Kaiser diese Rolle. Aber die Kaiser traten nur ausnahmsweise als Geldgeber in Erscheinung. Wenn dies einmal geschah, wie unter Augustus oder dem einen oder anderen seiner Nachfolger, so wurde das ungewöhnliche Ereignis durch Inschriften und durch Ausgabe von Sondermünzen hervorgehoben. Offensichtlich wurden Geldzuwendungen für die berühmte Via Appia für besonders öffentlichkeitswirksam gehalten. Aber im übrigen hielt sich der Fiskus sehr zurück. Wir müssen davon ausgehen, daß die Kosten für Bau und Unterhaltung der öffentlichen Straßen von den Grundbesitzern, in erster Linie von den Anliegern, aufgebracht werden mußten. Die sehr seltenen Fälle der Erhebung von Benutzungsgebühren ändern dieses Bild nicht. Die via publica war grundsätzlich für jedermann gebührenfrei benutzbar [3, 4].

Um die Verwaltung hatten sich in den Provinzen die Statthalter zu kümmern. Nur in schwierigen Fällen wurde die kaiserliche Kanzlei in Rom eingeschaltet [3].

Die Arbeit an Ort und Stelle haben im wesentlichen die Sklaven durchgeführt, da und dort auch Lohnarbeiter, dann auch Grundeigentümer, die Pflichtarbeit zu leisten hatten. Einige Autoren nehmen schon in größerem Umfange Unternehmerarbeit an. Auch das Militär hat gelegentlich zugegriffen [3, 4, 9].

Man hat versucht, die Kosten dieser umfangreichen Straßenarbeiten zu ermitteln. Leider beziehen sich die spärlichen Angaben darüber nur auf Instandsetzungsarbeiten. Wir wissen z.B., daß die Instandsetzung einer Teilstrecke der Via Appia um 130 n. Chr. je Meile etwa 110000 Sesterzen gekostet hat. Andere Hinweise ergaben Kosten in ähnlicher Höhe, woraus man errechnet hat, daß sich die Aufwendungen einigermaßen mit denjenigen für unsere Schotterstraßen vergleichen lassen, ein interessantes Ergebnis, so vorsichtig man mit seiner Auswertung auch sein muß [4].

1.3. Mittelalter; Zeit der Erd- und Kiesstraßen

Während des ganzen Mittelalters lag das Straßenwesen sehr danieder und dieser Zustand hat sich bis ins 18. Jahrhundert hinein, also über eine Zeitspanne von mehr als tausend Jahren, nicht wesentlich geändert. Wie ist dieser Niedergang nach dem großartigen Aufschwung in der Römerzeit zu erklären?

Die spärlichen Nachrichten aus den Jahrhunderten nach der Völkerwanderung enthalten bis in die Karolingerzeit kaum Angaben über den Straßenbau. Die germanischen Völker lösten die politische Macht Roms ab, ohne in der Lage zu sein, die große zivilisatorische Tradition weiterzuführen. Auch dem Hoch- und Spätmittelalter ist es nicht gelungen, weiträumige, von einer einheitlichen, der pax romana vergleichbaren Staatsidee durchdrungene dauerhafte Reiche zu schaffen. Aber nur in einem solchen Klima hätte die römische Straße weiterbestehen können [23, 31].

In den ehemals römischen Bereichen hat man zunächst die vorhandenen Straßen weiterbenützt, ohne sie zu pflegen, bis sie nichts weiter mehr waren als einfache Erdwege, die sich kaum von denjenigen in den nicht von Rom beherrscht gewesenen Gebieten unterschieden. Auch die Ansätze zu einer Besserung unter den Karolingern, die sehr zur Bildung eines festen Fernstraßennetzes in Deutschland beigetragen haben, konnten im Grunde an der negativen Entwicklung nichts ändern, denn auch damals entstanden bestenfalls Kies- und Erdwege [18, 23, 28, 32, 33, 34].

Da die Täler bis ins Hochmittelalter wenig bewohnt und vielfach versumpft waren, bevorzugten die gegen Wasser sehr empfindlichen, schlecht unterhaltenen Straßen die Hochlagen. Nun war ja das Pferd, als Reit- und Saumtier das wichtigste Verkehrsmittel jener Zeit, nicht unbedingt auf eine gute Fahrbahnbefestigung angewiesen und auch nicht empfindlich gegen Steigungen, so daß die damalige Straße zunächst nicht als so mangelhaft erschien wie aus der heutigen Sicht. Erst im 13. und 14. Jahrhundert wurden Karren und Wagen immer häufiger. Die fortschreitende Besiedlung der Talgründe führte gleichzeitig dazu, daß Verkehr und Straße immer mehr in die Täler gingen. Erst der Wagen in Verbindung mit der schwierigen Lage der Straße in den Niederungen führte dann zu den unzureichenden Straßenverhältnissen, über die allenthalben geklagt wurde. Bei unseren westlichen Nachbarn war es nicht viel besser. Ein englischer Jurist kennzeichnete treffend die Lage, indem er schrieb, die Straße sei eigentlich nichts weiter als ein ständiges Recht des Fürsten für sich und seine Untertanen, das Land eines anderen zu überqueren [23, 35, 36].

Im Hochmittelalter standen die Königsstraßen, zumeist gleichbedeutend mit den Heerstraßen, unter dem besonderen Schutz der Könige und Kaiser. Verbrechen auf der Straße wurden besonders hart bestraft. Das Geleit für den Reisenden zum Schutz gegen Räuber und Wegelagerer war königliches Regal, auf das allerdings schon Kaiser Friedrich II. 1231 zugunsten der Landesherren verzichtet hatte. Ein Regal war auch das Recht, als Ausgleich für die Pflicht der Straßenunterhaltung Wegegeld zu erheben. Doch Geleit und Wegegeld wurden trotz der Bemühungen Kaiser Friedrichs II. auf dem berühmten Reichstag zu Mainz i. J. 1235 um eine gerechte Ordnung mehr und mehr zum Zwang, und sie waren zuletzt nur noch willkommene Einnahmequellen für die Landesherren. Man bedenke, daß daneben auch noch von jedem kleinen Gebietsherrn Grenzzölle erhoben wurden. Im übrigen Westeuropa war es nicht anders. Dieses mehrfache, verkehrshemmende Abgabensystem endete in Deutschland in seinen letzten Auswirkungen eigentlich erst mit der Bildung des Zollvereins i. J. 1834 [3, 23, 28, 35, 37, 38, 39].

Regeln für die Ausgestaltung der Straßen finden wir selten, wenn wir von den in zahlreichen Weistümern überlieferten örtlichen Behelfen absehen. Für die Königsstraße forderte der Sachsenspiegel eine Breite, die das Ausweichen zweier beladener Wagen ermöglichte. Der Schwabenspiegel gibt eine Mindestbreite von 16 Fuß, etwa 5 m an. In vielen Gebieten diente ein Speer oder die sogenannte Waldrute, 16 Fuß lang und quer über den Sattel gelegt, dazu, den Lichtraum zu überprüfen [3, 23].

Verwickelt waren die Zuständigkeiten für die Unterhaltung der Straßen, da zahllose Edikte und Verleihungen zu einer großen Rechtszersplitterung geführt hatten. Im wesentlichen lag aber die Unterhaltungspflicht, wie fast überall im Abendland, bei den Grundbesitzern. In Härtefällen durfte das erwähnte Wegegeld erhoben werden, Man versteht. daß die Pflichtigen kein Interesse daran hatten, sich für den Durchgangsverkehr anzustrengen. Das gehaßte Grundruhrrecht, das den Grundherren die verunglückten Waren zusprach und das abzuschaffen erst unter Karl V. gelang, war nicht geeignet, den Eifer zu fördern. Unter diesen Verhältnissen konnten sich straßenbauliche Fertigkeiten nicht entwickeln. Noch i. J. 1659 schrieb ein Edikt des Fürstbischofs zu Münster vor, daß schlechte Wegstellen „... mit beständigen dicken Bollen und dauerhaften und zusammengemachten Reiß- und anderem Holze ... aus und mit Erden ... angefüllt werden ...“ [15, 23, 28, 34, 35, 40].

Beim Blick auf die Städte, wo zum Teil Steinpflaster verlegt wurde, gewinnt man einen etwas günstigeren Eindruck. Zwar hatte z.B. London noch um 1100 keine festen Straßen. Wahrscheinlich haben die Mauren das Pflaster nach Spanien gebracht. So wird berichtet, daß Cordoba um 850 gepflasterte Straßen besaß. In Lübeck war um 1080 Pflaster anzutreffen, und bald wurden die wichtigsten Straßen und Gassen mit Pflaster versehen, wie etwa in Köln, Paris und London. In den deutschen Städten wurde im 15. Jahrhundert sehr häufig gepflastert [7, 9, 36].

Doch auch im Mittelalter haben die Menschen vorwärts gedrängt. So wurde bereits um 1490 von dem Nürnberger Erhard Etzlaub die erste auf wissenschaftlicher Grundlage erarbeitete Straßenkarte herausgegeben. Etwa um dieselbe Zeit wurde auch das für den Straßenbau so wichtig gewordene Verfahren der Felssprengung mittels Pulver in Tirol bereits angewandt. Das Mittelalter konnte auch große Bauleistungen hervorbringen, aber immer nur solche, die örtlich begrenzt und deren Bauzeit nicht zu lange war. Sind nicht so großartige Bauwerke wie die 1146 fertiggestellte Regensburger Donaubrücke, 1188 die Rhônebrücke bei Avignon und 1358 die Karlsbrücke in Prag Beweise dafür? Übersehen wir auch nicht, daß gegen Ende des Mittelalters die ersten festen Kurierdienste, die Vorläufer der Post, eingerichtet wurden [3, 9, 21, 41].

Das Mittelalter gibt uns auch Beispiele dafür, daß man Ingenieurleistungen zu würdigen verstand. So ist uns überliefert, daß Heinrich Kunter aus Bozen 1314 eine neue Straße oberhalb der Eisackschlucht anlegte, um den in der Brennerzufahrt liegenden Umweg über den Ritten zu vermeiden, und daß Jakob von Castelmur 1387 einen Fahrweg über den Septimer baute. Den Namen des Erbauers der alten Kesselbergstraße zwischen Kochel- und Walchensee, Heinrich Barth aus München, hat man sogar auf einer Gedanktafel vom Jahre 1492 (Bild 1.8) festgehalten, wo es doch sonst, bis in die neuere Zeit, üblich war, nur des Fürsten, des politisch Mächtigen zu gedenken [9, 42].

Bild 1.8. Das Barthsche Denkmal von 1492 zur Erinnerung an den Erbauer der alten Kesselbergstraße [42].

Allerdings, wer die Straße allein betrachtet, gewinnt kein echtes Bild vom Verkehrswesen des Mittelalters, denn von sehr großer Bedeutung waren damals die Wasserstraßen. Bereits 1438 wurde die erste Kammerschleuse gebaut. Der Stecknitzkanal, der Hamburg mit Lübeck verband, war sogar schon 1398 in Betrieb genommen worden, wahrlich, große Ingenieurleistungen [43].

Hier sind auch die Inkastraßen in Südamerika zu erwähnen, deren Bau in diese Zeit fällt und die von der Grenze Kolumbiens bis nach Südchile reichten. Sie entstanden im 15. Jahrhundert, umfaßten ein Netz von mindetens 10000 km und dienten vor allem der Verwaltung und Verteidigung des großen Reiches. Sie liefen ohne Rücksicht auf Steigungen schnurgerade über Berg und Tal, denn die Inka kannten ja Rad und Wagen noch nicht. Sie waren 6 bis 9 m breit und durch seitliche Mauern eingefaßt. Rasthäuser dienten den Reisenden und den Läuferstafetten, die einen schnellen Nachrichtendienst besorgten. Ausgerechnet Beauftragte Europas, in dem das Straßenwesen so daniederlag, bereiteten diesem Reich 1532 das Ende [44].

1.4. Neuere Zeit; Zeit der Schotterstraße

Aus der Sicht des Straßenbaus ging das Mittelalter erst im 17. oder 18. Jahrhundert zu Ende. Die Straßenverhältnisse waren mit dem Übergang vom Packpferd auf den Lastwagen immer schlimmer geworden und die Gewohnheit, in schnellen

Personenwagen und Karossen zu reisen, wuchs ständig. So bildeten sich fast gleichzeitig in verschiedenen Ländern neue Straßenbauweisen heraus. In Ländern mit zentraler politischer Führung setzte die Entwicklung früher ein und wurde energischer vorangetrieben. So war vor allem Frankreich und später auch England führend im Ausbau der Straßennetze [7, 45].

In Deutschland hatten die Kaiser seit dem 13. Jahrhundert nur noch geringen Einfluß im Straßenwesen. In Frankreich hingegen fingen um dieselbe Zeit die Könige erst so recht an, sich für die Straße zu interessieren, wenn auch zunächst nur in wenig verbindlichen Erlassen und örtlich begrenzten Maßnahmen. Vom 16. Jahrhundert an nahmen sie die Verwaltung immer fester in die Hand. Sie ließen die Unterhaltung überwachen, regelten die auf Wegegeld und Anliegerbeiträgen beruhende Finanzierung und gaben da und dort bereits Zuschüsse. 1599 wurde Sully unter Heinrich IV. erster Voyer de France, Straßenmeister Frankreichs, der sich alljährlich Voranschläge für den Straßenbau vorlegen ließ und große Verdienste um die Straße gewann. Unter Ludwig XIV. schuf dann ab 1661 Minister Colbert im Zuge seiner Merkantilpolitik die eigentlichen Grundlagen für das zum Vorbild gewordene französische Straßensystem. Er richtete die autonome Verwaltung der Straße ein, ließ eine Generalüberprüfung der Straßen durchführen und nutzte neue Hilfsmittel, allerdings auch den Frondienst. — Unter Ludwig XV. wurde Trudaine Generalintendant der Straßen. Er gründete 1747 die École des Ponts et Chaussées, jene bedeutende Hochschule, auf der die Ingenieure der französischen Straßenbauverwaltung seit jener Zeit bis zum heutigen Tag ausgebildet werden.

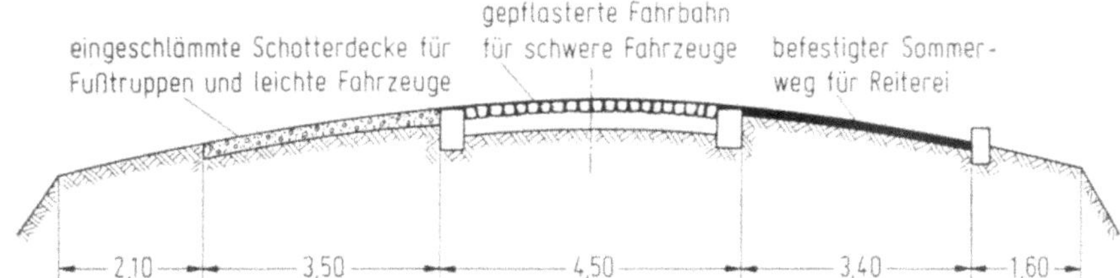

Bild 1.9. Profil einer Napoleonstraße um 1810 (Quelle: Deutsches Museum, München).

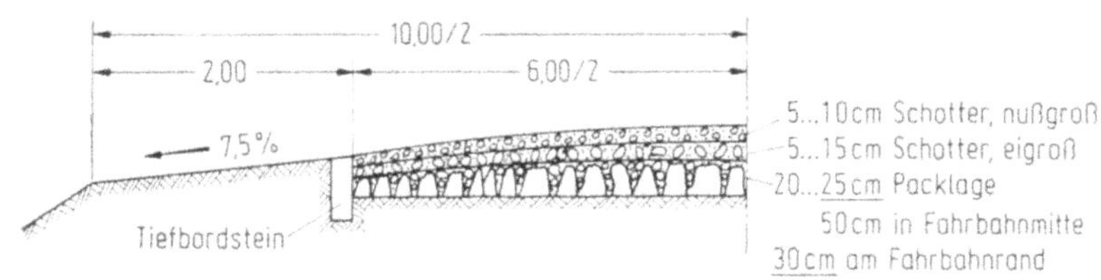

Bild 1.10. Unter Napoleon um 1800—1810 erbaute Straße Saarbrücken—Mainz, von der Bevölkerung noch heute als Kaiserstraße bezeichnet [46].

Die ebenso berühmte École Polytechnique wurde 1794 ins Leben gerufen. Trudaine übertrug Organisation und Leitung der Verwaltung „Ponts et Chaussées" dem Ingenieur Perronet, dem Erbauer der neuartigen Pont de la Concorde in Paris. Um 1774 entwickelte der als Inspecteur Général in der Straßenbauverwaltung tätige Trésaguet seine epochemachende, durch eine Packlage gekennzeichnete Bauweise. Als wichtige Ergänzung seiner technischen Neuerungen führte er für die laufenden Unterhaltungsarbeiten an der Straße den ständigen Straßenwärter ein. Die unbefriedigende Fronarbeit wurde mehr und mehr durch die Arbeit von Fachunternehmern ersetzt. — Die Zeit Napoleons war Höhepunkt in der Entwicklung der „Kunststraße“ und die damals geschaffenen Chausséen (Bild 1.9), wie etwa auch die großzügig angelegte „Kaiserstraße“ von Metz über Saarbrücken nach Mainz (Bild 1.10) oder die Straße von Wesel über Münster und Bremen nach Hamburg, blieben für viele Jahrzehnte bewunderte Vorbilder [7, 9, 28, 40, 45, 46].

Für England war die Entwicklung des Turnpikeprinzips kennzeichnend. 1663 wurde die erste Turnpikestraße auf Grund eines Parlamentsgesetzes ermöglicht. Wegegeld gab es ja auf dem Festland schon lange. Das angelsächsische Prinzip der Turnpike, so genannt nach dem Schlagbaum an der Zahlstelle, bestand darin, daß in jedem Einzelfall für einen bestimmten Straßenzug ein Gesetz erforderlich war und daß jeweils ein priviligierter Privatverein, ein Turnpiketrust, als Träger des Unternehmens gegründet wurde. Diese konnten zur Verbesserung der Straße Fremdmittel aufnehmen und zur Tilgung Wegegeld erheben. Die technischen Ergebnisse dieser neuen Form der Straßenfinanzierung waren zunächst durchaus nicht überzeugend. Erst als man um 1750 dazu überging, Ingenieure einzustellen, wurde es besser: Jetzt konnte systematische Entwicklungsarbeit geleistet werden. Schließlich schalteten sich Ausschüsse des Unterhauses ein, deren Arbeit dazu führte, daß ein weitblickender Ingenieur wie Telford seine Pläne verwirklichen und daß schließlich auch McAdam die Richtigkeit seiner Vorstellungen beweisen konnte. Das zeitgenössische Urteil über die Turnpikes war widerspruchsvoll. Neben sehr negativen Äußerungen standen Meinungen von Männern wie McAdam, der sich entschieden gegen die Nationalisierung der Straßen aussprach, weil nur der Turnpiketrust die Gewähr gäbe, daß die Zweckeinnahmen nicht in falsche Kanäle wandern. Es existierten in England schließlich über 1000 Trusts. Der letzte wurde erst 1895 aufgelöst [9, 35, 36]. Interessant ist, daß schon 1819 von einem Parlamentsausschuß des englischen Unterhauses Gewichtsbeschränkungen der Fahrzeuge im Interesse der Lebensdauer der Straßendecke diskutiert wurden. Hierbei forderte Telford eine Beschränkung der maximalen Wagenlast auf 4 t und der Radlast auf 1 t [83].

Auch die straßenbauliche Entwicklung in den USA war durch die Turnpikeunternehmen gekennzeichnet. Die erste Konzession wurde 1785 vergeben und 1795/96 wurde die damals berühmte Turnpike Philadelphia—Lancaster, die erste in den Staaten kunstgerecht entworfene und gebaute Straße, eröffnet [47, 48].

Auch in Deutschland hatte der allgemeine Aufschwung im Straßenbau dazu geführt, daß sich neue Kräfte regten. Der Anfang war schon deshalb nicht leicht, weil keine technisch vorgebildeten Fachleute zur Verfügung standen, so daß, wie in Hannover im Jahre 1764, auch Ingenieuroffiziere eingeschaltet werden mußten. Hervorzuheben sind die Bemühungen Kaiser Karls VI., in seinen österreichischen Landen die großen Fernstraßen auszubauen, wobei als erste um 1730 die wichtige Verbindung Wien—Semmering—Loibl—Triest entstanden ist. Auch haben österreichische Straßenbauer Mitte des 18. Jahrhunderts eine eigene Bauweise, gekennzeichnet durch großflächige, liegende Steine als Unterbau, entwickelt. Ob nun die österreichischen Straßen, oder die ersten größeren Straßenbauten in Hessen (1720) und in Baden (1733) wirklich moderne Bauten waren, oder ob die Straße Stuttgart —Ludwigsburg (1739) oder jene von Öttingen nach Nördlingen (1753), oder eine andere als erste Chaussee in Deutschland gelten kann, ist unerheblich. Die Ansichten über den besten Aufbau der Straße waren ja noch lange umstritten und die viel beachteten Schriften McAdams z.B. erschienen erst um 1817/24 [83]. Aber die lähmende Untätigkeit war gewichen und die Regierenden nahmen sich mehr und mehr der Straße an.

Nur wenige weitere Beispiele seien noch genannt: Im Herzogtum Zweibrücken wurde in Anlehnung an das französische Vorbild bereits 1751 ein Straßenbauprogramm aufgestellt und auch weitgehend durchgeführt. Hannover begann 1768 mit dem Chausseeausbau. Im selben Jahr hatte Kurpfalz eine Chausseekomission gebildet, deren Arbeit zur Verbesserung der Straßen führte. In seinem prächtigen „Reise-Atlas von Baiern" von 1796 berichtete der bayerische Straßen- und Wasserbaudirektor Adrian von Riedl stolz von Verlegungen und von Felssprengungen zur Straßenverbreiterung. Ähnliches haben andere Regierungen unternommen, doch blieben die Auswirkungen zumeist ohne Zusammenhang und für den Fernverkehr wenig wirksam. Bei der politischen Zersplitterung Deutschlands mußten erst recht Vorschläge wie der Generalwegeplan für das „Durchqueren Deutschlands mit Chausseen" des weitblickenden herzoglich-zweibrückischen Oberamtmanns Christian Friedrich von Lüder aus dem Jahre 1779 unbeachtet bleiben [9, 23, 33, 35, 40, 42, 49 bis 53].

In der zweiten Hälfte des 18. Jahrhunderts begannen auch die Landesherren zu erkennen, daß auch finanziell etwas geschehen müsse. Die oben genannten Programme waren noch mit Hilfe von Fron, Chausseegeldern und Anliegerbeiträgen wie in alten Zeiten durchgeführt worden. Aber z.B. in Württemberg wurden bereits seit 1770 Straßenbaufonds gebildet; Sachsen erklärte sich als erstes Land schon seit 1781 für die wichtigsten Straßen als baupflichtig. Preußen jedoch hielt sich lange Zeit sehr zurück [40].

Worin bestand nun der technische Fortschritt? Das von dem französischen Ingenieur Pierre Marie Jérôme Trésaguet (1716 bis 1796), Generalinspektor in der Straßenbauverwaltung, um 1774 entwickelte System war durch gute Entwässerung, durch eine Tragschicht aus hochkant gestellten, pyramidenförmigen, mittels kräftigen anderen Steinen verkeilten Bruchsteinen gekennzeichnet. Auf dieser Tragschicht wurden mehrere Schichten sortierter kleinerer Steine aufgebracht und das Ganze durch eine Lage nußgroßer, harter Steine abgeschlossen (Bild 1.11). Damit war die Packlage erfunden. Diese Befestigung war etwa 35 cm dick [28, 45, 49].

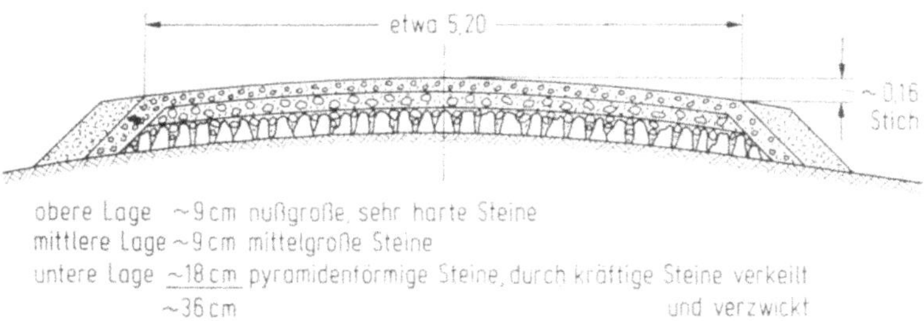

Bild 1.11. Bauweise nach Trésaguet um 1774 [7, 9, 12].

In England war der Schotte John Laudon McAdam (1756 bis 1836) nicht der einzige, der sich um die Verbesserung der Fahrbahnen bemühte. Auch Männer wie Telford, der eine packlageähnliche Tragschicht entwickelt hatte, sind hier zu nennen (Bild 1.12.) McAdam aber hat wie kein anderer sein System so klar durchgearbeitet und in seinen vielgelesenen und besonders auf dem Festland heiß umstrittenen Schriften begründet [83]. Er legte die Sohle des Koffers mindestens 10 cm über den höchsten Wasserstand und gab ihr das Quergefälle der Fahrbahn. Dann baute er eine oder zwei, zusammen 15 bis 20 cm dicke Schotterschichten mit einem Korn von höchstens 170 g Gewicht ein. Die Abschlußlage von etwa 5 cm Dicke bestand aus Splitt von 2,5 cm Korn (Bild 1.13). Besonderen Wert legte McAdam auf das sauber gebrochene Schotterkorn von gleichmäßiger Größe, denn er hatte in langjährigeren Versuchen festgestellt, daß die scharfen Kanten zu einer Verkeilung und zur festen Lage führten. Wenn überhaupt, so wurde durch Stampfen vorverdichtet, denn die eigentliche Verdichtung besorgte der Verkehr. Sehr wichtig war dann die Pflege der Straße: Jede im Verkehr entstandene Rille mußte sofort geschlossen, jeder andere Schaden unverzüglich beseitigt werden. So erhielt McAdam dichte und feste Fahrbahnen von einer bis dahin nicht gekannten Eben-

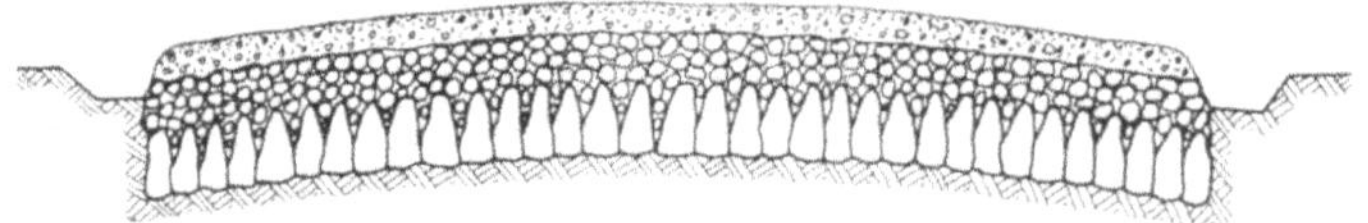

Bild 1.12. Bauweise nach Telford um 1825 [18].

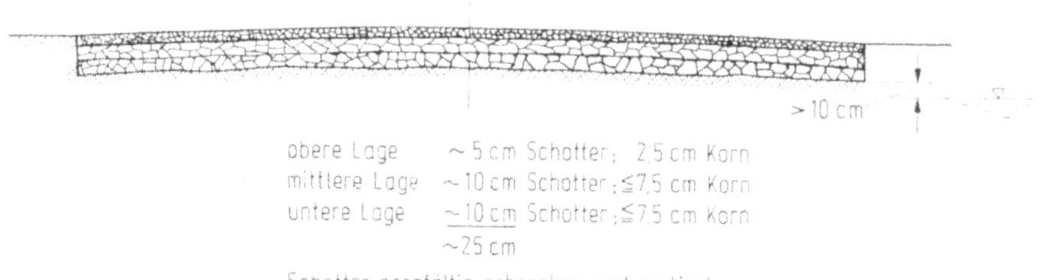

Bild 1.13. Bauweise nach McAdam um 1815 [21, 36].

heit, die ganz neue Fahrgeschwindigkeiten erlaubte. — McAdam wurde, insbesondere weil er die damals bereits sehr verbreitete Packlage als unwirtschaftlich und falsch abgelehnt hatte, heftig angegriffen und die Erfolge der Packlage schienen den Kritikern recht zu geben. Trotzdem hat McAdam große Verdienste, da er Entscheidendes zur Verbesserung der Wirtschaftlichkeit in Bau und Unterhaltung der Straßen beigetragen und die technisch-wissenschaftliche Entwicklung gefördert hat. Was die Packlage betrifft, so hat die Mechanisierung des Straßenbaus die Überlegungen McAdams auf ihre Weise bestätigt [9, 21, 35, 36, 45, 83].

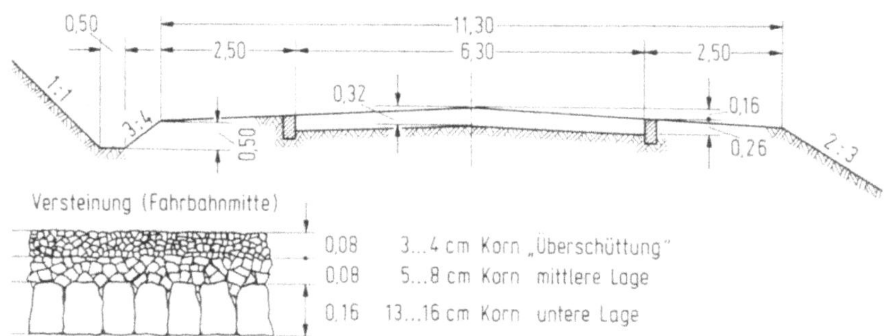

Bild 1.14. Deutsche Kunststraße um 1830; Regelquerschnitt für stark befahrene Handelsstraßen, Fuhrwerke von 180 Ztr. Ladung [56].

Die in Deutschland bis weit ins 20. Jahrhundert hinein gebräuchliche Schotterstraße hat im Grunde die Erkenntnisse von Trésaguet, Telford und McAdam verbunden (Bild 1.14), freilich verbessert durch neue technische Hilfsmittel. Hier ist besonders die Verwendung der von Pferden gezogenen Straßenwalze, später der mit Dampf angetriebenen Walze zu erwähnen. — Nach dem Wiener Kongreß setzte überall, besonders auch in Deutschland, der Bau von Chausseen in großem Umfange ein. Es war die eigentliche Zeit der Postkutsche und der schweren von Pferden gezogenen Lastwagen, für die der Straßenbau erheblich kürzere Reisezeiten und höheren Fahrkomfort ermöglichte. Erst als die Eisenbahnen von der Mitte des 19. Jahrhunderts an den Verkehr so stark an sich zogen, daß man sich, wie in Bayern schon im Jahre 1853, veranlaßt sah, die alte Klassifizierung der Straßen mit Hilfe erster Verkehrszählungen zu überprüfen, war das Ende der klassischen Chausseezeit abzusehen [54].

In den hier betrachteten Zeitabschnitt fallen auch die ersten großen Ingenieurleistungen im Straßenbau. Nicht nur in Frankreich hatte man schon früh damit begonnen, Straßenbauten ingenieurmäßig zu planen und ihre Durchführung sorgfältig zu überwachen. Vor allem muß hier *eine* überragende Ingenieurpersönlichkeit genannt werden: Der bereits erwähnte Engländer Thomas Telford (1757 bis 1834), der in seinem Heimatland erstmals ganze Straßenzüge nach neuen trassierungstechnischen Grundsätzen angelegt und dabei auch umfangreiche Erdarbeiten nicht gescheut hat. So ist z.B. die mehrere hundert Kilometer lange neue Straße von London über Coventry, Birmingham nach Holyhead an der Irischen See mit der großen Brücke über die Menai Strait unter Telfords Leitung gebaut worden. Bedeutende Ingenieurleistungen waren vor allem die neuen Paßstraßen in den Alpen, die um diese Zeit entstanden oder für den Fahrverkehr umgebaut worden sind. Beginnend mit der Simplonstraße, die auf Befehl Napoleons in Bau genommen und 1805 befahrbar wurde, entstanden nach 1815 in wenigen Jahrzehnten viele Paßstraßen, darunter die schwierige Gotthardstraße, die 1830 in Verkehr genommen wurde, und die großartige Straße über das Stilfser Joch, die nach nur sechs Bausommern sogar schon 1825 fertig war [9, 29, 35, 36, 55].

Die Zeit des Straßenbauingenieurs hatte begonnen. Zunächst besuchten die künftigen deutschen Ingenieure noch die französischen Hochschulen, und man stellte sich dann, wie der preußische Reg.- und Baurat Franz Anton Umpfenbach in seinem sehr bemerkenswerten Buch über die „Kunststraßen“ (1830), als „ehemaliger Eleve der französischen polytechnischen Schule“ vor. Aber allmählich entstanden auch in Deutschland Gewerbeakademien und technische Fachschulen, die sich etwa ab 1850 nach dem französischen Vorbild zu Polytechnika entwickelten und um 1890 zu Technischen Hochschulen umgewandelt wurden [55, 56].

1.5. Neueste Zeit; Zeit der autogerechten Straße

In der zweiten Hälfte des 19. Jahrhunderts waren Mittelstrecken- und Fernverkehr ganz auf die Schiene übergegangen. Die Straße diente nur noch dem Zubringer- und Nahverkehr. Im Jahre 1876 entwickelten Otto und Langen den betriebssicheren Viertaktmotor, der in seiner wirtschaftlichen Bedeutung durch den im Jahre 1892 patentierten Motor Rudolf Diesels ergänzt wurde. 1885 führte Gottlieb Daimler sein Motorrad vor und im selben Jahr fuhr Carl Benz erstmals in seinem dreiräderigen Motorwagen. Das Automobil war da. Niemand konnte ahnen, welche Folgen diese Erfindung haben sollte, deren praktische Verwendung durch den von Dunlop 1890 entwickelten Gummi-Luft-Reifen außerordentlich gefördert wurde [55].

Die ersten Automobile auf unseren Straßen erschienen den Zeitgenossen als harmlose Sportgeräte. Doch die Zahl der Autos wuchs rascher, als es den Anschein hatte. Eindrucksvoll zeigt dies die Entwicklung in den USA: Obwohl dort das erste Auto erst 1893 gebaut worden war, wurden allein im Jahre 1900 mehr als

4000 Wagen verkauft und Ende des Jahres verkehrten bereits 12000, 1914 über 1,7 Millionen und 1921 gar 10,5 Millionen Motorfahrzeuge, und schon im Jahre 1930 war in Kalifornien auf fünf Einwohner ein Personenkraftwagen zu verzeichnen [9, 48].

Doch mit dem Auto kam auch der Staub; denn die Landstraßen hatten bis auf wenige unbedeutende Ausnahmen nur „wassergebundene" Schotterdecken. Die saugende Wirkung der Gummireifen riß die Feinbestandteile aus der Fahrbahn und der Fahrwind wirbelte sie hoch. Die Öffentlichkeit war empört und die Fachleute beobachteten besorgt den raschen Zerfall der Schotterbahnen.

Die neue Zeit verlangte eine autogerechte Straße. Zunächst suchte man nach einem Mittel, den Staub zu binden. Freilich gab es bereits staubfreie Beläge wie das schon sehr alte Steinpflaster, den um 1832 in England gefundenen Teermakadam oder den seit 1849 bekannten Stampfasphalt, einem natürlichen Asphaltgestein, bei dem Bitumen an Kalkstein oder Sandstein gebunden ist, der gemahlen und dann heiß als Deckschicht eingestampft wird. Aber alle diese Bauweisen waren aus Kostengründen nur in den Städten möglich, und auch das um 1885 von Gravenhorst entwickelte Kleinpflaster und die erstmals um 1865 in Schottland erprobte Betondecke waren zu teuer. Bekannt sind die erfolgreichen, um 1902 begonnenen Bemühungen des Walliser Arztes Dr. Guglielminetti, des „Dr. Goudron", im Fürstentum Monaco mittels Teer den Staub zu binden, wo der Fremdenverkehr in Gefahr war, durch den Staub der Automobile fast zum Erliegen zu kommen. Dieses Verfahren fand weite Verbreitung und hat zu der noch heute

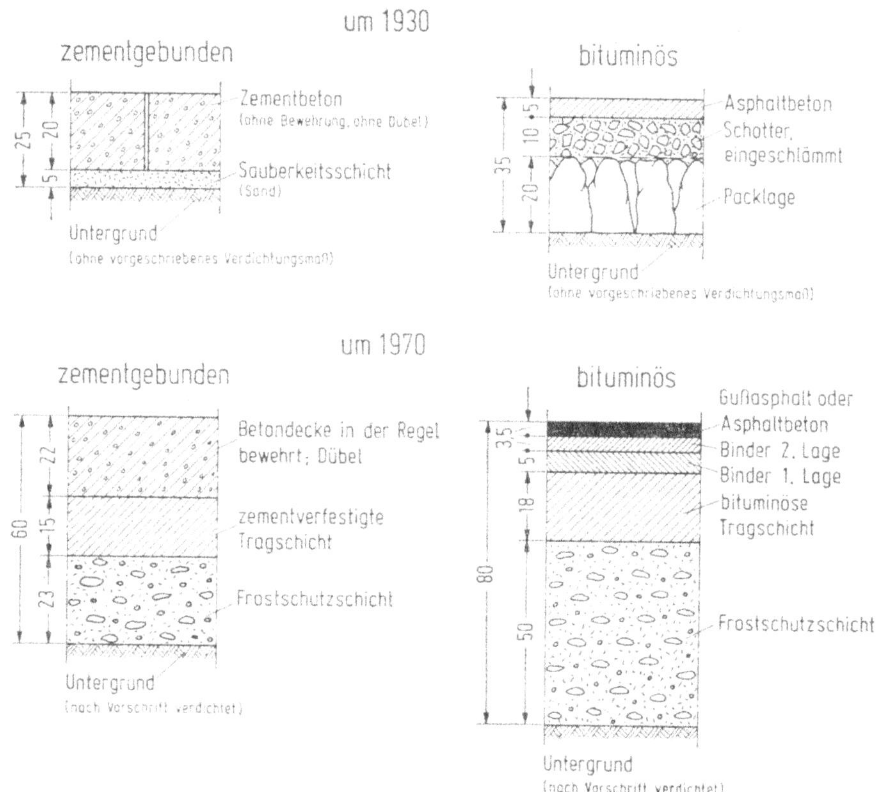

Bild 1.15. Entwicklung der Deckenkonstruktionen in vier Jahrzehnten (Beispiele).

bedeutsamen Oberflächenbehandlung geführt. Damit hatte man das erste sowohl wirksame als auch wirtschaftlich vertretbare Mittel im Kampf gegen den Staub. In den USA bekämpfte man den Straßenstaub zunächst durch Besprengen der Straßendecke mit Petroleum, das durch seinen Bitumengehalt die Verkittung der Staubteilchen begünstigte.

Durch die technische Weiterentwicklung konnten geeignete Bindemittel, wie die Straßenteere, die Bitumina oder die seit etwa 1920 verwendeten Emulsionen zur Verfügung gestellt werden. Dauerhaftere Bauweisen wie Tränkmakadam oder Streumakadam wurden in den Jahren vor und nach dem Ersten Weltkrieg erprobt, und auch für die Betondecke wurden technisch und wirtschaftlich zweckmäßigere Bauweisen gefunden [7, 51, 57].

Die neuen staubfreien Fahrbahnen erlaubten jetzt höhere Geschwindigkeiten. Damit wurden weitere Schwächen der Straßen offenbar: Engstellen, unübersichtliche Krümmungen und andere Hindernisse stellten sich als gefährliche Hemmnisse für die Entwicklung des motorisierten Verkehrs heraus. Man sah sich daher gezwungen, etwa seit den zwanziger Jahren die wichtigsten Straßen auszubauen, zunächst in örtlich begrenzten Maßnahmen, zunehmend aber auf ganze Straßenzüge ausgedehnt. Wird dieser Vorgang, in wachsendem Maße ergänzt durch den Zwang zum Bau völlig neuer Straßenzüge, jemals abgeschlossen sein können?

Die Wandlung, die der wachsende Verkehr erzwungen hat, geht besonders deutlich aus der Entwicklung unserer Fahrbahnbefestigungen hervor. Seit etwa 1930 ist die Gesamtdicke der Befestigungen bei der Betonbauweise von 25 cm auf 60 cm und bei der bituminösen Bauweise von 35 cm auf 80 cm gewachsen. So soll denn auch eine Gegenüberstellung der Konstruktionen um das Jahr 1930 und derjenigen um das Jahr 1970 diese geschichtliche Betrachtung abschließen (Bild 1.15).

1.6. Zeittafel

Jahreszahlen „vor Christus“ sind als solche bezeichnet; Jahreszahlen „nach Christus“ haben keinen Zusatz.

um 2600 v. Chr. Die Sumerer haben Wagen mit Scheibenrädern.
um 2500 v. Chr. Kunststraße bei der Cheopspyramide in Ägypten.
um 2300 v. Chr. China hat ein Straßennetz.
um 2000 v. Chr. In Mesopotamien erscheint das Pferd.
um 2000 v. Chr. Moorwege in Mitteleuropa.
um 1800 v. Chr. In Kreta gibt es bereits Steinpflaster.
um 700 v. Chr. Gepflasterte Königsstraßen in Assyrien.
um 600 v. Chr. Straßenplatten mit Asphaltfugenfüllung in Babylon.
um 515 v. Chr. Entstehung der persischen Königsstraßen.
um 312 v. Chr. Baubeginn der Via Appia Rom—Capua.
um 200 v. Chr. Beginn des Straßenbaus der Römer in größerem Umfang.
174 v. Chr. Erste steinerne Brücke in Rom fertig.
55 v. Chr. Caesar schlägt die erste feste Pionierbrücke bei Neuwied über den Rhein.
um 10 v. Chr. Erster Ausbau des Paßwegs über den Großen St. Bernhard.
um 50 Ausbau der Via Claudia Augusta über Reschenpaß und Fernpaß nach Augsburg.
92 Erste feste Dauerbrücke über den Rhein bei Mainz; Bau 71 bis 92.
um 200 Ausbau der Brennerstraße.
um 250 Peutingersche Tafel (früheste bekannte und erhaltene Straßenkarte) entsteht.
401 Stilicho zieht die letzten römischen Truppen vom Rhein ab; Straßen beginnen zu verfallen.
818 Kaiser Ludwig d. Fromme erläßt Brückenordnung, anschließend Straßenordnung.
1146 Steinerne Brücke über die Donau in Regensburg; Bau 1135 bis 1146.
1185 In Paris gepflasterte Straßen.
um 1230 Im Sachsenspiegel Regeln für die Königsstraßen.
1231 Ks. Friedrich II. verzichtet auf Wegeregal.
um 1250 Erste Nachricht über Benützung d. St. Gotthard.
1398 Erster großer Schiffahrtskanal in Deutschland: Stecknitzkanal Hamburg—Lübeck; Bau 1390 bis 1398.

um 1400 Inkastraßen entstehen.
1438 Erste Kammerschleuse; Mailand.
1481 Schwarzpulver für Sprengarbeiten im Straßenbau.
1490 Ks. Maximilian I. richtet Post ein (Fr. v. Taxis).
1492 Etzlaub gibt erste genaue Straßenkarte heraus.
1599 Sully wird erster französischer „Grand Voyer de France"; erstes gezieltes Bemühen um die Königsstraßen.
1661 Colbert wird Oberintendant der Finanzen; autonome französische Straßenverwaltung.
1663 Erste Turnpikestraße in England.
um 1700 Anfänge wissenschaftl. Bemühens um die Straßen.
1720/1750 Erste zusammenhängende Straßenbauten in Deutschland.
1730 Eröffnung der neuen Fernstraße Wien—Semmering—Loibl—Adria.
1747 Gründung der École des Ponts et Chaussées, Paris.
1751 Straßenbauprogramm im Herzogtum Zweibrücken.
1762 Turgot beseitigt in Frankreich die Straßenfron; setzt Fachunternehmer ein.
1769 Cugnot führt in Paris den ersten Straßendampfwagen vor.
1774 Der Franzose Trésaguet entwickelt die Packlage.
1775 Trésaguet führt in Frankreich den Straßenwärter ein.
1779 v. Lüder veröffentlicht seinen Generalwegeplan für Deutschland.
1779 In England erste gußeiserne Brücke.
1781 Sachsen erklärt sich baupflichtig für die großen Straßen.
1785 Erste Turnpikestraße in USA.
1787 Erste praktische Verwendung einer Straßenwalze durch den Franzosen Cessart.
1803 Erstes Dampfschiff des Amerikaners Fulton auf der Seine.
1804 Trevithick setzt in England erstmals seine Dampflokomotive für eine Industriebahn ein.
1804 Erfindung der elliptischen Wagenfeder.
1805 Smiplon, erste voll befahrbare Hochpaßstraße der Alpen; Bau 1801 bis 1805.
1811 „Kaiserstraße" Saarbrücken—Mainz; Bau 1798 bis 1811.
1817/24 Wichtige Schriften McAdams.
1825 Englisches Patent für Herstellung von Portlandzement.
1825 Straße über das Silfser Joch (2758 m); Bau 1820 bis 1825).
1825 In England erste öffentliche Eisenbahn Stockton—Darlington; Bau 1823 bis 1825.
1829 Erstmals Gußasphalt im Straßenbau, Lyon.
um 1830 Polonceau führt die Straßenwalze allgemein ein.
1830 Telford beendet die Arbeiten an der neuen Fernstraße London—Shrewsbury—Holyhead.
1832 Versuche mit Teermakadam in England.
1834 Deutscher Zollverein; Aufhebung der Binnenzölle.
1835 Erste Eisenbahn in Deutschland: Nürnberg—Fürth.
1835 In USA erstes Patent auf Dampflöffelbagger.
1849 Stampfasphalt im Val de Travers.
um 1850 Polytechnische Schulen in Deutschland.
1853 Straßenverkehrszählung in Bayern.
1853 Erster deutscher Zement.
1859 Lemoine zeigt in Paris die erste Dampfwalze.
1865 In Schottland erste Betonstraße.
1865 Erste Pipeline für Öltransport in USA.
1867 Otto und Langen erfinden den Verbrennungsmotor, 1876 den Viertaktmotor.
1870 In USA erster Walzasphalt.
1877 Steinbrechmaschinen für Schotter in Deutschland.
1885 Gravenhorst entwickelt sein Kleinsteinpflaster.
1885 Daimler führt sein Motorrad, Benz sein Auto vor.
1888 In Breslau erste deutsche Betonstraße.
um 1890 In Deutschland werden die Polytechnica zu Hochschulen.
1890 Dunlop entwickelt seinen Gummiluftreifen.
1892 Diesel erhält Patent auf seinen Motor.
1898 In USA erste Tränkdecke.
1902 Dr. Guglielminettis erste erfolgreiche Versuche mit Teer gegen die Staubplage; Oberflächenbehandlung.
1903 In USA erster Flug der Gebrüder Wright mit Motorflugzeug.
1908 In USA Schaffußwalze.
1908 Gründung des „Internationalen Ständigen Verbandes der Straßenkongresse" (AIPCR).

1913 Baubeginn an der Avus, Berlin.
1913 Erste deutsche Walzasphaltstraße.
1918 In USA erster Fertiger für Betonstraßen.
1920 In Deutschland Bitumenemulsionen im Straßenbau.
1921 Gründung des Deutschen Straßenbauverbandes. Mitglieder sind die Straßenbauverwaltungen.
1922 Kraftfahrzeugsteuergesetz; erstmals in Deutschland zweckbestimmte Steuermittel für die Straße.
1923 In USA erster Motorschürfwagen.
1924 Erste italienische Autobahn in Verkehr: Mailand—Varese.
1924 Gründung der „Studiengesellschaft für Automobilstraßenbau" (Stufa).
1924/25 Erste deutsche allgemeine Straßenverkehrszählung.
1925 Erste Vorschläge des Deutschen Straßenbauverbandes und der „Stufa" für ein Autostraßennetz.
1925 Erste deutsche Versuchsfahrbahn bei Braunschweig.
1926 Gründung des HAFRABA-Vereins zur Vorbereitung einer Autobahn zwecks Verbindung der Hansestädte (Lübeck, Hamburg) mit Frankfurt und Basel.

1.7. Literatur

1. Aubin, H.: Zur Frage der historischen Kontinuität im Allgemeinen. In: Vom Altertum zum Mittelalter, hrsg. von H. Aubin. München: Münchner Verlag (F. Bruckmann), 1949.
2. Todt, F.: Rede zur Eröffnung des VII. Internationalen Straßenkongresses in München 1934. In: Bericht über den Verlauf des Kongresses, hrsg. vom Internationalen Ständigen Verband der Straßenkongresse. München: Universitätsbuchdruckerei Dr. C. Wolf & Sohn, 1935.
3. Gasner, E.: Zum Deutschen Straßenwesen, von der ältesten Zeit bis zur Mitte des XVII. Jahrhunderts. Leipzig: Hirzel, 1889.
4. Pekary, Th.: Untersuchungen zu den Römischen Reichsstraßen. Bonn: Rudolf Habelt Verlag, 1968.
5. Kluge, F.: Etymologisches Wörterbuch der deutschen Sprache. 17. Aufl. Berlin: De Gruyter u. Co., 1957.
6. Paul, H.: Deutsches Wörterbuch. 5. Aufl. Tübingen: Max Niemeyer Verlag, 1966.
7. Speck, A.: Der Kunststraßenbau. Berlin: Wilhelm Ernst u. Sohn, 1950.
8. Wolff, Th.: Sprachliches von Straßen und Straßenbau. Straße und Verkehr 23 (1937) 207—209 und 468—470.
9. Birk, A.: Die Straße, ihre verkehrs- und bautechnische Entwicklung im Rahmen der Menschheitsgeschichte. Karlsbad-Drahowitz: Adam Kraft Verlag, 1934.
10. Speck, A.: Anachronismen und andere Fehlerquellen in der Darstellung der Straßengeschichte. Straße und Autobahn 10 (1959) 282.
11. Hayen, H.: Moorwege und Moorstraßen aus 5 Jahrtausenden. Umschau 60 (1960) 177—180.
12. Hertwig, H.: Aus der Geschichte der Straßenbautechnik. Technik-Geschichte 23 (1934) 1—5.
13. Lamer, H.: Wörterbuch der Antike. 6. Aufl. Stuttgart: Alfred Kröner Verlag, 1963.
14. Tarr, L.: Karren, Kutsche, Karosse. München: BLV Verlagsgesellschaft, 1970.
15. Goetz, W.: Die Verkehrswege im Altertum und Mittelalter. Stuttgart: Verlag Ferdinand Enke, 1888. Nachdruck: Amsterdam: Meridian Publishing, 1969.
16. Speck, A.: Straße, Verkehr und Wirtschaft. Vortrag auf der Straßenbautagung in Leipzig 1926. Hrsg. v. Messeamt Leipzig. Leipzig: Verlag Fachzeitung Baumarkt, 1926.
17. Herodotos von Halikarnassos: Das Geschichtswerk. 3. Aufl. Leipzig: Inselverlag, 1958.
18. Hitzer, H.: Die Straße, vom Trampelpfad zur Autobahn, Lebensadern von der Urzeit bis heute. München: Verlag Callwey, 1971.
19. Durant, W.: Kulturgeschichte der Menschheit. Bd. I: Das Vermächtnis des Ostens. 2. Aufl. Bern: Francke Verlag, 1956.
20. Birk, A.: Die Straßen des Altertums. Technik-Geschichte 23 (1934) 6—23.
21. Straub, H.: Die Geschichte der Bauingenieurkunst. 2. Aufl. Basel und Stuttgart: Birkhäuser Verlag, 1964.
22. Sprater, F.; Trauth, A.: Römerstraßen in der Pfalz. Speyer: Verlag des Historischen Museums der Pfalz, 1925.
23. Häberle, D.: Alte Straßen und Wege in der Pfalz. Im Wanderbuch des Pfälzerwald-Vereins 1931, S. 66—125. Neustadt a. d. W.: Verlag des Pfälzerwald-Vereins, 1931.
24. Hagen, J.: Römerstraßen der Rheinprovinz. In: Erläuterungen zum Geschichtlichen Atlas der Rheinprovinz, Bd. 8. 2. Aufl. Bonn: Verlag Kurt Schroeder, 1931.

25. Beier, H.-E.: Untersuchungen der für die Gestaltung des römischen Straßennetzes maßgeblichen Gesichtspunkte aus der Sicht der heutigen Probleme der Verkehrsnetzplanung. Manuskript, Dissertation TU Braunschweig, 1971.
26. Hagen, V. W. v.: Alle Straßen führen nach Rom. Frankfurt a. M.: S. Fischer Verlag, 1968.
27. Putzger, F. W.: Historischer Weltatlas. 83. Aufl. Bielefeld, Berlin, Hannover: Velhagen u. Klasing, 1961.
28. Berthomier, J.: Les Routes. Aus der Reihe: Que sais-je? Paris: Presses Universitaires de France, 1964.
29. Peter, C. R.: Die Straßen der Schweiz in der Geschichte. Straße und Verkehr 26 (1940) 239—245.
30. Piepers, W.: Ein Profil durch die römische Staatsstraße Köln—Jülich—Tongern, aufgenommen im Staatsforst Ville, Kreis Bergheim/E. In: Rheinische Ausgrabungen Band 3. Düsseldorf: Rheinland-Verlag, 1968.
31. Aubin, H.: Maß und Bedeutung der römisch-germanischen Kulturzusammenhänge im Rheinland. In: Vom Altertum zum Mittelalter, hrsg. von H. Aubin. München: Münchner Verlag (F. Bruckmann), 1949.
32. Fischer, W.: Linienführung und Bau spätmittelalterlicher Handelsstraßen. Technik-Geschichte 29 (1940) 154—155.
33. Würtz, L.: Die geschichtliche Entwicklung des Straßennetzes in Baden-Württemberg. Aus der Reihe: Archiv für die Geschichte des Straßenwesens. Bonn-Bad Godesberg: Kirschbaum Verlag, 1970.
34. Friehe, H.-A.: Wegerecht und Wegeverwaltung in der alten Grafschaft Schaumburg. Aus der Reihe: Archiv für die Geschichte des Straßenwesens. Bonn-Bad Godesberg: Kirschbaum Verlag, 1971.
35. Fleming, A. P. M.; Brocklehurst, H. S.: History of Engineering. London: Published by A. & C. Black Ltd., 1925.
36. Collins, H. S.; Hart, C. A.: Principles of Road Engineering. Published by Arnold, 1936.
37. Karaisl v. Karais, Fr. Frh.: Die Deutsche Straße. Leipzig: L. Staackmann Verlag, 1940.
38. Bayer, E.: Wörterbuch zur Geschichte. Stuttgart: Alfred Kröner Verlag, 1960.
39. Gebhardt, B.: Handbuch der Deutschen Geschichte. 8. Aufl. Stuttgart: Union Deutsche Verlagsgesellschaft, 1954—1960.
40. Baumeister, L.: Zur Geschichte und Problematik des deutschen Straßen- und Wegerechts. Aus der Reihe: Forschungsarbeiten aus dem Straßenwesen. Bielefeld: Kirschbaum Verlag, 1957.
41. Meine, K.-H.: Einige Höhepunkte der Straßenkartographie 1500 bis 1900. Straße und Autobahn 22 (1971) 362—368.
42. v. Riedl, A.: Reise-Atlas von Baiern. München: Im Selbstverlag, 1796.
43. Förster, K.: Wasserstraßen und Raumordnung. Aus der Schriftenreihe des Zentral-Vereins für deutsche Binnenschiffahrt, e. V. Jahrgang 1954, Heft 66.
44. Ubbelohde-Doering, H.: Auf den Königsstraßen der Inka. Berlin: Verlag Ernst Wasmuth, 1941.
45. Klein-Rebour, F.: McAdam est-il bien l'inventeur du procédé qui porte son nom?
46. Korzendorfer, A.; Syffert, O.: Die Kaiserstraße von Saarbrücken nach Mainz. Die Straße 2 (1935) 568—573.
47. Bureau of Public Roads: Our Highway History. Washington: U. S. Government Printing Office, 1951.
48. Jenkins, J. T.: The Story of Roads. American Road Builder, Sept. 1967 (Washington).
49. Gf. v. Klinckowstroem, C.: Straßenbau,; ein bibliographischer Versuch. Börsenbl. f. d. Deutschen Buchhandel 16 (1960) 1000—1002.
50. Rieckenberg, F.: Ingenieur-Offiziere als Leiter des Chausseebaues im Kurfürstentum und im Königreich Hannover. Straße und Autobahn 15 (1964) 319—325.
51. Eymann, W.: Ein Beitrag zur Geschichte der Straße. Technik-Geschichte 23 (1934) 124—126.
52. Keller, L.: Das Straßenwesen im Herzogtum Zweibrücken 1410—1792. Westricher Heimatblätter 1 (1970) 121—127.
53. Kuchenbecker, K.-G.: Die geschichtliche Entwicklung der Fernwege im südöstlichen Niedersachsen unter Berücksichtigung ingenieurmäßiger Gesichtspunkte. Manuskript, Dissertation TU Braunschweig, 1969.
54. Keller, L.: Verkehrszählung auf den Staatsstraßen im Jahre 1853. Pfälzer Heimat 20 (1969) 53—55.
55. Der Große Brockhaus. 16. Aufl. Wiesbaden: Eberhard Brockhaus, 1952—1957.
56. Umpfenbach, F. A.: Theorie des Neubaues, der Herstellung und Unterhaltung der Kunststraßen. Berlin: August Rücker, 1930.
57. Deutsches Museum: Geschichte der Straße in Tabellen. München: Ausstellungsstücke.

58. Koester, H.: Erfahrungen beim Trassieren von Reichsautobahnen. Die Straße 7 (1940) 317—332.
59. Lorenz, H.: Trassierung und Gestaltung von Straßen und Autobahnen. Wiesbaden u. Berlin: Bauverlag, 1971.
60. Speck, A.: Via Vita, Lebensgeschichte eines Straßenbauers im Zeitalter des Kraftwagens. Bad Godesberg : Kirschbaum Verlag, 1964.
61. Der Bundesminister für Verkehr: HAFRABA, Bundesautobahn Hansestädte — Frankfurt—Basel. Wiesbaden u. Berlin: Bauverlag, 1962.
62. Seifert, A.: Ein Leben für die Landschaft. Düsseldorf-Köln: Eugen Diederichs Verlag, 1962.
63. Goessler, P.: Tabula Imperii Romani, Blatt „Mainz". Archäologisches Institut des Deutschen Reichs. Frankfurt a. M.: Verl. Römisch-Germanische Kommission, 1940.
64. Koepp, F.: Die Römer in Deutschland. Bielefeld u. Leipzig: Velhagen u. Klasing, 1926.
65. Hertlein, F.; Paret, O.; Gössler, P.: Die Römer in Württemberg. Stuttgart: Kohlhammer Verlag 1928—1932. Teil II: Die Straßen und Wehranlagen des römischen Württemberg, 1930.
66. Wagner, F.: Die Römer in Bayern. München: Knorr u. Hirth 1928.
67. Kellner, H. J.: Die Römer in Bayern. München: Süddeutscher Verlag 1971.
68. Zimmermann, W.; Borger, H.; v. Klocke, F.; Bauermann, J.; Sante, G. W.; Petry, L.; Miller, M.; Bosl, K.: Handbuch der historischen Stätten Deutschlands. Stuttgart: Alfred Kröner Verlag. Bd. 3: Nordrhein-Westfalen 1963; Bd. 4: Hessen, 1960; Bd. 5: Rheinland-Pfalz und Saarland, 1959; Bd. 6: Baden-Württemberg, 1965; Bd. 7: Bayern, 1961.
69. Voigt, F.: Verkehr. Berlin: Duncker u. Humbold. II. Bd. 1. Hälfte: Die Entwicklung der Verkehrssysteme, 1965.
70. Engel, J.: Großer Historischer Weltatlas. München: Bayerischer Schulbuch-Verlag. II. Teil: Mittelalter, 1970.
71. Hitzer, H.: Die Geschichte des Asphalts. ADAC-Motorwelt 1971, S. 116—122.
72. Schmid, A.; Schmid, R.: Die Römer an Rhein und Main. Frankfurt a. M.: Sozietas-Verlag, 1972.
73. Orth, S.: Die Post; kleine Geschichte einer großen Verwaltung. Starnberg: Josef Keller Verlag, 1967.
74. Bauernfeind, C. M. v.: Grundriß der Vorlesungen über Erd- und Straßenbau. München: Verl. Theodor Ackermann, 1875.
75. Rentsch, B.: Über die Entwicklung der Straßenwalze. Teer und Bitumen 33 (1935) 203—206.
76. Goetz, W.: Propyläen-Weltgeschichte, 10 Bde. Berlin: Propyläen-Verlag, 1929—1933.
77. Goerner, E.: Taschenbuch für den Straßenbau (seit 1969: Handbuch für Straßenbau- und Straßenverkehrstechnik). Darmstadt: Otto Elsner Verlagsgesellschaft, 1954—1972.
78. Kleinlogel, A.: Betonstraßen. 3. und 4. Auflage. Halle (Saale): Wilhelm Knapp, 1949.
79. Kämpfen, W.: Docteur Goudron. Zürich: Artemis-Verlag, 1944.
80. Temme: Straßenwalze und Straßenfertiger; aus der Entwicklungsgeschichte der Straßenfertiger. Teer und Bitumen 33 (1935) 243—250.
81. Hafen, P.: Das Schrifttum über die deutschen Autobahnen. Bonn: Der Bundesminister für Verkehr 1956.
82. Gautier, H.: Traité de la construction des chemins Paris 1715.
83. McAdam, John Loudon: Remarks on the present system of road making. London 1824.

2. Straßenbaurecht und Straßenverwaltung in der Bundesrepublik Deutschland

E. A. Marschall

Inhalt

Abkürzungen

ABl.	Amtsblatt
Amtl. Anz.	Amtlicher Anzeiger
BayStrWG	Bayerisches Straßen- und Wegegesetz i. d. F. vom 25. 4. 1968 (GVBl. S. 64) u. 31. 7. 1970 (GVBl. S. 345)
BBauG	Bundesbaugesetz vom 23. 6. 1960 BGBl. I S. 341
BGB	Bürgerliches Gesetzbuch
BGBl.	Bundesgesetzblatt i. d. F. vom 18. 8. 1976 (BGBl. I S. 22256)
BImSchG	Gesetz zum Schutz vor schädlichen Umwelteinwirkungen durch Luftverunreinigungen, Geräusche, Erschütterungen und ähnliche Vorgänge (Bundes-Immissionsschutzgesetz) vom 15. März 1974 (BGBl. I S. 721)
BlnStrG	Berliner Straßengesetz i. d. F. vom 9. 6. 1964 (GVBl. S. 693)
BMV	Bundesminister für Verkehr
BWStrG	Straßengesetz für Baden-Württemberg vom 20. 3. 1964 (GesBl. S. 127) i. d. F. vom 14. 3. 1972 (GesBl. S. 92)
EKrG	Eisenbahnkreuzungsgesetz i. d. F. vom 8. 3. 1971 (BGBl. I S. 167)
FlBG	Flurbereinigungsgesetz vom 14. 7. 1953 (BGBl. I S. 591) i. d. F. v. 16. 3. 1976 (BGBl. I S. 546)
FStrG	Bundesfernstraßengesetz i. d. F. vom 4. 7. 1974 (DGBl. I S. 1401) 1. 10. 1974 mit Änderungen vom 10. 3. 1975, 25. 5. 1976 u. 18. 8. 1976 (BGBl. I 1975 S. 685, 1976 S. 1253 u. 2221)
FStrKrV	Bundesfernstraßenkreuzungsverordnung vom 2. 12. 1975 (BGBl. I S. 2984; VkBl. 1976 S. 91)
GesBl.	Gesetzblatt
GG	Grundgesetz für die Bundesrepublik Deutschland vom 23. 5. 1949 (BGBl. S. 1)
GVBl.	Gesetz- und Verordnungsblatt
HbgWG	Hamburgsiches Wegegesetz vom 4. 4. 1961 (GVBl. S. 117)
HeStrG	Hessisches Straßengesetz vom 9. 10. 1962 (GVBl. S. 437)
KrG	Eisenbahnkreuzungsgesetz vom 4. 7. 1939 (RGBl. I S. 1211)
MBl.	Ministerialblatt
NStrG	Niedersächsisches Straßengesetz vom 14. 12. 1962 (GVBl. S. 251) mit Änderung vom 30. 12. 1965 (GVBl. S. 280) u. 21. 6. 1972 (GVBl. S. 415)
NWLStrG	Straßengesetz des Landes Nordrhein-Westfalen vom 28. 11. 1961 (GVBl. S. 305) i. d. F. vom 19. 12. 1972 (GVBl. S. 432)
RGBl.	Reichsgesetzblatt
RPLStrG	Landesstraßengesetz für Rheinland-Pfalz i. d. F. vom 17. 12. 1963 (GVBl. 1964 S. 6) i. d. F. v. 22. 4. 1970 (GVBl. S. 142)
SaStrG	Saarländisches Straßengesetz vom 17. 12. 1964 (AmtsBl. 1965 S. 117) u. d. F. v. 5. 12. 1973 (AmtsBl. 1974 S. 33)
SHStrWG	Straßen- und Wegegesetz des Landes Schleswig-Holstein vom 22. 6. 1962 (GVBl. S. 237) i. d. F. vom 29. 9. 1973 (GVBl. S. 327)
UA	Um- und Ausbau
UI	Unterhaltung und Instandsetzung
VkBl.	Verkehrsblatt
WaStrG	Bundeswasserstraßengesetz vom 2. 4. 1968 (BGBl. II S. 173)

2.1. Rechtsgrundlagen*

Zum Straßenbaurecht gehören alle Rechtsvorschriften, die sich mit dem Bau und der Unterhaltung der öffentlichen Straßen befassen. Die Gesetzgebungszuständigkeit liegt nach dem Grundgesetz für die Bundesrepublik Deutschland nur für die Landstraßen des Fernverkehrs beim Bund, im übrigen liegt sie bei den Ländern[1].

---

* Die im Text auftretenden Hinweisziffern 1—107 beziehen sich auf die *Anmerkungen* S. 63.

Die Straßengesetze der Länder gelten für die Bundesfernstraßen nur insoweit, als dies in den Ländergesetzen besonders bestimmt ist.[2]

Die Ausführungen über das Straßenbaurecht in diesem Werk müssen sich auf die Rechtsverhältnisse in der Bundesrepublik Deutschland beschränken. Die Rechte anderer Staaten weichen in vielem davon ab, wenn sich auch manche ähnliche oder auch gleiche Regelungen finden lassen. Die staatsrechtlichen Verhältnisse sind in den einzelnen Staaten doch so verschieden, daß sich dies auf die Rechtsverhältnisse der öffentlichen Straßen in materiellrechtlicher und verwaltungsmäßiger Hinsicht auswirkt. Es ist in dieser Abhandlung schon nicht möglich, alle voneinander abweichenden Regelungen in den Ländern der Bundesrepublik Deutschland darzustellen, da dies den hier gesteckten Rahmen weit überschreiten würde.

2.1.1. Bundesrecht

Der Bund hat das Straßenbaurecht für die Bundesfernstraßen im Bundesfernstraßengesetz (FStrG) vom 6. August 1953 umfassend geregelt, das nunmehr in der Fassung vom 4. Juli 1974 (BGBl. I S. 1401) gilt. Hierzu treten als Rechtsverordnungen noch die Verordnung über die Polizeistunde in den Nebenbetrieben der Bundesautobahnen vom 26. Juni 1956 (BGBl. I S. 632) und die Verordnung über Kreuzungsanlagen im Zuge von Bundesfernstraßen — FStrKrV — i. d. F. vom 2. Dezember 1975 (BGBl. I S. 2984 — VkBl. 1976 S. 91)

Darüberhinaus sind für die Bundesfernstraßen noch von Bedeutung das Gesetz über den Ausbauplan für die Bundesfernstraßen vom 27. Juli 1957 (BGBl. I S. 1189), das Gesetz über den Ausbau der Bundesfernstraßen in den Jahren 1971 bis 1985 vom 30. Juni 1971 (BGBl. I S. 873), die Verkehrsfinanzgesetze 1955 und 1971 vom 6. April 1955 (BGBl. I S. 166) bzw. 28. Februar 1972 (BGBl. I S. 231) und das Straßenbaufinanzierungsgesetz vom 28. März 1960 (BGBl. I S. 201) i. d. Fassung des Änderungsgesetzes vom 20. Dezember 1963 (BGBl. I S. 995).

Zum Straßenbaurecht des Bundes muß man auch die Rechtsmaterien rechnen, die die Kreuzungsrechtsangelegenheiten zwischen den öffentlichen Straßen einerseits und den Eisenbahnen, Schienenbahnen, Wasserstraßen und Fernmeldeleitungen andererseits öffentlich-rechtlich regeln. In diesen Bereichen stützt sich die Gesetzgebungszuständigkeit des Bundes auf die ausschließliche Gesetzgebungskompetenz für die Bundeseisenbahnen und das Post- und Fernmeldewesen[3] und auf die konkurrierende Gesetzgebungskompetenz für die sonstigen Schienenbahnen und die dem allgemeinen Verkehr dienenden Wasserstraßen[4]. Einschlägige Regelungen finden sich im Telegraphenwegegesetz vom 18. Dezember 1899 (RGBl. S. 705), im Allgemeinen Eisenbahngesetz vom 9. März 1951 (BGBl. I S. 225), im Personenbeförderungsgesetz vom 21. März 1961 (BGBl. I S. 241), im Eisenbahnkreuzungsgesetz vom 14. August 1963 (BGBl. I S. 681) i. d. F. vom 8. März 1971 (BGBl. I S. 167) und der Bekanntmachung vom 22. März 1971 (BGBl. I S. 337) und im Bundeswasserstraßengesetz vom 2. April 1968 (BGBl. II S. 173).

2.1.2. Landesrecht

Die Länder haben weitgehend unter Zugrundelegung eines vom Länderfachausschuß Straßenbaurecht erarbeiteten Musterentwurfes für die öffentlichen Straßen Länderstraßengesetze erlassen[5]:

Die Länderstraßengesetze enthalten eine Reihe voneinander abweichender Regelungen, die in dieser kurzen Übersicht des Straßenbaurechts nicht alle im einzelnen behandelt werden können. Bei den grundlegenden Rechtsinstituten des Straßenbaurechts sind die Abweichungen jedoch meist nicht sehr bedeutend.

Die Straßengesetze der Städte Berlin (West), Bremen und Hamburg weichen von denen der übrigen Länder weitgehend ab und enthalten eine Reihe von Sonderregelungen, die sich zum Teil daraus ergeben, daß diese Stadtstaaten nur eine Straßenklasse kennen und es sich überwiegend um innerstädtische Straßenzüge handelt. Es gelten in Berlin das Berliner Straßengesetz vom 9. Juni 1964 (GVBl. S. 693), in Bremen das Bremische Landesstraßengesetz vom 20. 12. 1976 (GVBl. S. 341) und in Hamburg das Hamburgische Wegegesetz vom 4. April 1961 (GVBl. S. 117).

Die Länder haben ferner zum Bundesfernstraßengesetz und zu ihren Straßengesetzen Rechtsverordnungen erlassen, die unter anderem Zuständigkeiten der Landesbehörden zur Durchführung des Bundesfernstraßengesetzes und die Führung der Straßenverzeichnisse zum Gegenstand haben.[6]

Schließlich können die Gemeinden durch Satzungen das Straßenbaurecht des Bundes und der Länder ergänzende Rechtsvorschriften erlassen (z.B. für die Sondernutzungen in Ortsdurchfahrten)[7].

2.2. Rechtsinstitute des Straßenbaurechts

2.2.1. Öffentliche Straßen

Unter das Straßenbaurecht fallen nur die rechtlich-öffentlichen Straßen. Darunter werden alle Straßen, Wege und Plätze verstanden, die unter Berücksichtigung des jeweiligen Bundes- oder Landesrechts durch Verwaltungstätigkeit dem öffentlichen Verkehr gewidmet worden sind oder auf Grund besonderer Vorschriften als gewidmet gelten. Im Gegensatz hierzu erstreckt sich die Wirkung des Straßenverkehrsrechtes auch auf die tatsächlich öffentlichen Straßen, also auf die dem öffentlichen Verkehr freigegebenen Privatstraßen (z.B. Hafenstraßen, Bahnhofsvorplätze, Parkhäuser, Wirtschaftswege).

2.2.1.1. Einteilung der öffentlichen Straßen

Für die Einteilung (Klassifizierung) der Straßen ist die Verkehrsbedeutung maßgebend, nicht also die Verkehrsbelastung oder der jeweilige Ausbauzustand. Es gilt im wesentlichen die Einteilung in folgende Straßengruppen:

- *Bundesfernstraßen*, das sind die Straßen, die ein zusammenhängendes Verkehrsnetz bilden und dem weiträumigen Verkehr dienen oder zu dienen bestimmt sind.[8] Sie gliedern sich wiederum in die:
- *Bundesautobahnen* (1977 6435 km), die nur für den Schnellverkehr mit Kraftfahrzeugen bestimmt und so angelegt sind, daß sie frei von höhengleichen Kreuzungen und mit besonderen Anschlußstellen ausgerüstet sind. Sie sollen auch getrennte Fahrbahnen für den Richtungsverkehr haben.[9] Straßen, die die genannten drei Voraussetzungen erfüllen, werden regelmäßig für den Schnellverkehr mit Kraftfahrzeugen geeignet und als Bundesautobahnen zu klassifizieren sein.
- *Bundesstraßen* (1977 32460 km), das sind die übrigen Bundesfernstraßen.
- *Landesstraßen*[10], in Bayern als Staatsstraßen, in Nordrhein-Westfalen als Landstraßen und in Bremen und im Saarland als Landstraßen I. Ordnung bezeichnet (1977 65425 km).

  Die Landesstraßen sollen untereinander und zusammen mit den Bundesfernstraßen ein Verkehrsnetz bilden und vorwiegend dem Durchgangsverkehr innerhalb des Landes dienen, bzw. zu dienen bestimmt sein.

Die Länder Berlin (West), Bremen und Hamburg kennen außer den bundesgesetzlich geregelten Bundesfernstraßen nur öffentliche Straßen und Wege ohne besondere Unterteilung.

— *Kreisstraßen,* im Saarland als Landstraßen II. Ordnung bezeichnet (1975 63390 km). Die Merkmale sind in den Ländergesetzen nicht einheitlich. Die Kreisstraßen sollen dem überörtlichen Verkehr innerhalb eines Kreises oder zwischen benachbarten Kreisen dienen und auch der Verbindung der Gemeinden zu Bundesfernstraßen, Landesstraßen, Eisenbahnhaltestellen, Schiffsladeplätzen und ähnlichen Verkehrseinrichtungen dienen.

— *Gemeindestraßen* (1974 etwa 292000 km), das sind die Straßen, die dem Verkehr innerhalb einer Gemeinde (Ortsstraßen) oder zwischen Gemeinden (Gemeindeverbindungsstraßen) dienen. Straßen innerhalb eines im Zusammenhang bebauten Ortsteiles sind dann keine Gemeindestraßen, wenn sie im Zuge einer Bundes-, Landes- oder Kreisstraße liegen, da sie dann den Charakter einer Ortsdurchfahrt dieser Straßen haben.

— *Sonstige öffentliche Straßen,* das sind solche, die keiner der vorgenannten Straßenklassen angehören. Hierunter fallen insbesondere die öffentlichen Feld- und Waldwege, die beschränkt-öffentlichen Wege, wie Friedhof-, Kirchen-, Schul-, Wander- und selbständige Geh- und Radwege, neuerdings wohl auch die Straßen, die nur dem Fußgängerverkehr dienen (Fußgängerzonen). In Baden-Württemberg zählen diese öffentlichen Wege zu den Gemeindestraßen.

Die Klassifizierung hat wesentliche Bedeutung für die Fragen der Baulastträgerschaft, der Finanzierung, der Zuständigkeiten und auch der Anwendung besonderer Vorschriften.

Bei der Klassifizierung ist zu berücksichtigen, daß eine Straße selbstverständlich gleichzeitig mehrere der oben angeführten Verkehrsbedeutungen erfüllen kann. Dann ist es einmal darauf abzustellen, welche Funktion im Einzelfall überwiegt und weiterhin, ob der Straßenzug nicht für die Netzbildung bei den Bundes- oder Landesstraßen erforderlich ist.

Im Vorfeld der Städte kann der örtliche oder der Zubringerverkehr auf einer im Zuge einer Bundesstraße liegenden Straßenstrecke gegenüber dem weiträumigen Verkehr überwiegen. Gleichwohl bleibt diese Straße eine Bundesstraße, wenn sie zur Netzbildung (Bundesfernstraßennetz) erforderlich ist.

2.2.1.2. Bestandteile der öffentlichen Straßen

Die Bestandteile der Straßen sind in den Straßengesetzen enumerativ aufgezählt.[11] Dies ist von Bedeutung, weil sich die Regelungen in diesen Gesetzen nur dann auf alle Straßenteile beziehen, wenn hierüber Klarheit besteht. Zu den Straßen gehören hiernach:

— *der Straßenkörper.* Was darunter zu verstehen ist, ist nicht vollständig, sondern nur erläuternd aufgeführt. Es werden erwähnt Straßengrund, Straßenunterbau, Brücken, Tunnel, Durchlässe, Dämme, Gräben, Entwässerungsanlagen, Böschungen, Stützmauern, Trenn-, Seiten-, Rand- und Sicherheitsstreifen. Durch das 2. FStrÄndG sind nun auch die Lärmschutzanlagen als zum Straßenkörper gehörig aufgenommen worden (s. Abschnitt 2.2.7.4.). In einigen Gesetzen sind an dieser Stelle noch aufgeführt die Fahrbahnen, Haltestellenbuchten, Gehwege, Radwege, Parkplätze und Materialbuchten. Damit werden aber nicht Teile des Straßenkörpers angesprochen, sondern die Zweckbestimmung von Straßenanlagen, die ihrerseits einen Straßenkörper voraussetzen. Sie werden daher zutreffender wie in einigen Ländergesetzen bei der Einteilung der

Straßen mitaufgeführt. Bei Straßen auf Deichen ist der Umfang des Straßenkörpers in einigen Gesetzen auf die notwendigen straßenbaulichen Bestandteile (Straßenunterbau, Decke) beschränkt[12].

— *der Luftraum* über dem Straßenkörper. Damit wird der Luftraum über den Schutz des § 905 BGB hinaus geschützt.

— das *Zubehör*, das sind die Verkehrszeichen, die Verkehrseinrichtungen und -anlagen aller Art, die der Sicherheit oder Leichtigkeit des Straßenverkehrs oder dem Schutz der Anlieger dienen und die Bepflanzung (der Bewuchs). Nachdem das Straßenverkehrsrecht, neuerdings das Straßenverkehrsgesetz in der Fassung des § 5b (BGBl. 1965 I S. 388), die Aufstellung und Unterhaltung der Verkehrszeichen grundsätzlich den Trägern der Straßenbaulast überbürdet hat, erschien es geboten, diese zu den Bestandteilen der Straße zu erklären. Abweichend von allen anderen Regelungen rechnet das Land Hamburg die Straßenbeleuchtung zum Straßenzubehör schlechthin[13].

— *die Nebenanlagen*, das sind Anlagen, die überwiegend den Aufgaben der Straßenbauverwaltung dienen, z.B. Straßenmeistereien, Gerätehöfe, Lager, Lagerplätze, Entnahmestellen, Hilfsbereiche und -einrichtungen. Die meisten Ländergesetze[14] haben die Nebenanlagen nicht unmittelbar zu den Bestandteilen der Straße erklärt, wie das Bundesfernstraßengesetz, sondern nur in einem besonderen Absatz definiert, z.B. Nordrhein-Westfalen und Schleswig-Holstein. Damit ist offen geblieben, welche Vorschriften des Straßengesetzes auf die Nebenanlagen unmittelbar angewendet werden können und dürfen.

— *die Nebenbetriebe* — nur im Bundesfernstraßengesetz behandelt — sind die Betriebe an den Bundesautobahnen, die den Belangen der Verkehrsteilnehmer dienen, z.B. Tankstellen, Raststätten, Werkstätten (s. Abschnitt 2.2.10.).

2.2.1.3. Widmung und Umstufung

Eine öffentliche Straße entsteht — wie oben angeführt — in der Regel durch den Verwaltungsakt der Widmung[15].

Den Widmungsakt erläßt grundsätzlich der Träger der Straßenbaulast. Wird der Träger der Straßenbaulast nicht durch eine Behörde vertreten, dann ist für die Widmung die Straßenaufsichtsbehörde zuständig. Voraussetzung für die Widmung ist, daß eine Straße vorhanden ist, der Träger der Straßenbaulast Eigentümer der benötigten Grundstücke ist, dinglich Berechtigte zugestimmt haben oder der Träger der Straßenbaulast den Besitz durch Vertrag oder gerichtliche Einweisung erlangt hat.

Eine Straße kann auf Grund besonderer ländergesetzlicher Regelungen als gewidmet gelten, wenn im Rahmen eines anderen förmlichen Verfahrens der Bau oder die Änderung der Straße unanfechtbar angeordnet ist. In diesen Fällen gelten die Straßen mit der endgültigen Überlassung für den Verkehr als gewidmet.[16] Das gleiche gilt für Bundesfernstraßen, und in Baden-Württemberg und Schleswig-Holstein bei einer Verbreiterung, Begradigung, unerheblichen Verlegung oder Ergänzung einer Straße für die hinzukommenden Straßenteile, sofern die übrigen gesetzlichen Voraussetzungen gegeben sind[17].

Durch die Widmung werden der Träger der Straßenbaulast festgelegt, das Eigentum insoweit eingeschränkt, als durch privatrechtliche Verfügungen, Zwangsvollstreckungen oder Enteignungen der Widmungszweck nicht beeinträchtigt werden kann, der Gemeingebrauch eröffnet, die besonderen Verpflichtungen der Anlieger hinsichtlich Anbau, Duldungspflichten begründet u.a.m.

Die Umstufung setzt eine bereits vorhandene öffentliche Straße voraus; es wird nur ihre Klassifizierung geändert. Eine Aufstufung liegt vor, wenn sie in eine höhere Klasse, eine Abstufung, wenn sie in eine niedrigere Klasse eingereiht wird. Mit der Umstufung wechselt regelmäßig der Träger der Straßenbaulast, aber nicht unbedingt, nicht z.B., wenn eine Gemeindestraße zur Ortsdurchfahrt einer Bundesstraße in der Baulast der Gemeinde aufgestuft wird. Mit der Umstufung treten auch die strengeren oder leichteren Beschränkungen z.B. für Anlieger in Kraft. Ferner geht das Eigentum kraft Gesetzes über[18].

Wird eine Bundesstraße so ausgebaut, daß sie die technischen und rechtlichen Voraussetzungen einer Bundesautobahn erfüllt, dann muß sie zur Bundesautobahn aufgestuft werden[19].

Eine Umstufung ist vorzunehmen, wenn sich die Verkehrsbedeutung der Straße geändert hat. Sie kann durch die Straßenaufsichtsbehörde auch gegen den Willen des neuen Straßenbaulastträgers im Wege der Rechtsaufsicht durchgesetzt werden.

Die Zuständigkeiten für die Umstufungen sind sehr unterschiedlich geregelt (neuer Baulastträger, Straßenaufsichtsbehörde, oberste Straßenbaubehörde). Daneben bestehen noch mannigfaltige Mitwirkungsrechte.

2.2.1.4. Einziehung

Eine öffentliche Straße ist einzuziehen, wenn sie jede Verkehrsbedeutung verloren hat oder überwiegende Gründe des öffentlichen Wohles vorliegen[20]. Eine Teileinziehung liegt vor, wenn eine öffentliche Straße für bestimmte Verkehrsarten gesperrt wird. Regelfälle der Einziehung sind bei Begradigungen oder Verlegungen von Straßen gegeben, wo die nicht mehr für die Straße oder als Ersatz für unterbrochene Verbindungen benötigten Teile einzuziehen sind. Soweit öffentliche Straßen auch eine Erschließungsfunktion haben, kann eine Einziehung regelmäßig nicht durchgeführt werden, wenn dadurch Grundstücke jeglichen Zugang zu einer öffentlichen Straße verlieren würden.

Eine Einziehung bzw. Teileinziehung aus Gründen des öffentlichen Wohles kann z.B. in Frage kommen zur Förderung von Kurorten und des Bergbaues, zur Durchführung von Bebauungsplänen oder zur Schaffung von Fußgängerzonen.

Mit der Einziehung entfallen Gemeingebrauch und widerrufliche Sondernutzungen. Selbstverständlich entfallen auch die bisherigen Anliegerbeschränkungen. Da die Einziehung weitgehende Wirkungen gegenüber Dritten haben kann, ist die Absicht der Einziehung vorher (die Fristen sind nicht einheitlich) öffentlich bekanntzumachen, um Betroffenen Gelegenheit zur Erhebung von Einwendungen zu geben.

Hiervon kann in besonderen, insbesondere unbedeutenden Fällen abgesehen werden, zum Teil auch wenn andere Voraussetzungen gegeben sind, z.B. Aufhebung einer Straße in einem anderen Verfahren, durch einen Bebauungsplan oder in einem Flurbereinigungsverfahren[21].

2.2.1.5. Eigentum an öffentlichen Straßen

Durch die Widmung zur öffentlichen Straße wird das Eigentum als solches nicht berührt; es bleibt dem bürgerlichen Recht zugeordnet[18]. Der Eigentümer kann über das Eigentum verfügen, soweit dadurch die öffentlich-rechtliche Zweckbestimmung nicht beeinträchtigt wird. Er hat alle Einwirkungen zu dulden, die notwendig sind, daß die Straße funktionsfähig bleibt, insbesondere darf der Gemeingebrauch nicht eingeschränkt werden. Lediglich das Hamburgische Wegegesetz hat ausdrücklich für die Straßengrundstücke das öffentliche Eigentum der Freien und Hansestadt Hamburg begründet[22].

Grundsätzlich soll der Träger der Straßenbaulast auch Eigentümer der der Straße dienenden Grundstücke sein. Daher besteht auch das Enteignungsrecht und die Regelung, daß beim Wechsel der Straßenbaulast das Eigentum auf den neuen Träger der Straßenbaulast unentgeltlich übergeht. Dieser gesetzliche Eigentumsübergang bei Umstufungen erstreckt sich auf die Straße und alle ihre Anlagen und auf alle Rechte und Pflichten, die mit der Straße im Zusammenhang stehen. Als Äquivalent ist vorgesehen, daß für den Fall der Einziehung dem früheren Eigentümer das Recht eingeräumt ist, innerhalb eines Jahres die unentgeltliche Rückübertragung zu verlangen[23].

In den Ländern erstreckt sich dieser Eigentumsübergang nicht auf die Nebenanlagen[14]. Ausgenommen vom Übergang sind Verbindlichkeiten, die zur Durchführung früherer Straßenbaumaßnahmen eingegangen sind.

2.2.1.6. Straßenverzeichnisse, Nummerung und Benennung

Straßenverzeichnisse werden geführt für die Bundesfernstraßen nach den früheren Vorschriften der Verordnung über die Straßenverzeichnisse vom 27. September 1935 (RGBl. I S. 1193) und für die sonstigen Straßen nach entsprechenden landesrechtlichen Vorschriften. Vorgesehen ist die Erfassung der öffentlichen Straßen in einer Straßendatenbank. Für Gemeinde- und sonstige öffentliche Straßen sind meist Verzeichnisse (Bestandsverzeichnisse) in einfacherer Form zugelassen. Die Verzeichnisse geben Auskunft über die Straßengruppe, die Straßenbaulastträger, die Baulasten Dritter, Ortsdurchfahrten und freie Strecken und die Kilometer. Entgegen früheren Regelungen kommt den Eintragungen in die Straßenverzeichnisse keine rechtsbegründende (konstitutive) Wirkung zu.

Die Nummerung der Bundesfernstraßen ist dem Bundesminister für Verkehr, die der sonstigen Straßen den Landesbehörden übertragen.

Außerdem ist dem Bundesmnister für Verkehr vorbehalten die Bezeichnung der Bundesfernstraßen, worunter insbesondere die Namensgebung für Anschlußstellen, Autobahnknoten oder für besondere Bauwerke (Brücken) fällt[24]. Die Bestimmung der Straßennamen und Hausnummern ist Sache der Gemeinden für die Gemeindestraßen, aber auch für die Ortsdurchfahrten im Zuge von Bundes-, Landes- oder Kreisstraßen, da sie überwiegend der Ordnung in der örtlichen Gemeinschaft dient.

2.2.2. Straßenbaulast

Die Straßenbaulast umfaßt alle mit dem Bau und der Unterhaltung der Straße zusammenhängenden Aufgaben. Diese Regelung findet sich einheitlich in allen Straßenbaugesetzen.

2.2.2.1. Inhalt der Straßenbaulast

Der Gesetzgeber hat die Straßenbaulast absichtlich als öffentlich-rechtliche Aufgabe erklärt und damit zum Ausdruck gebracht, daß die Straßenbaulast kein Klagerecht Dritter gegen den Träger der Straßenbaulast begründet[25]. Die Regelung ist auch kein Schutzgesetz im Sinne des § 823 Abs. 2 BGB. Die Erfüllung der Aufgabe durch den Träger der Straßenbaulast wird durch die Straßenaufsicht sichergestellt (s. Abschnitt 2.2.9.). Sachlich umfaßt die Straßenbaulast den Bau, also auch den Neubau, die Erweiterung und Verbesserung sowie die Unterhaltung der Straße. Zur Unterhaltung gehört auch die Erneuerung und die Wiederherstellung, ferner der Betrieb besonderer technischer Einrichtungen, wie z.B. Tunnelentlüftung, Verkehrszeichen, Drehbrücken.

Eingeschränkt ist die Aufgabe insoweit, als ihre Erfüllung die Leistungsfähigkeit des Trägers der Straßenbaulast überschreiten würde. Die Prüfung der Leistungsfähigkeit obliegt im wesentlichen der Straßenaufsicht. Bei Bund und Ländern wird der Umfang der Mittel für den Straßenbau unter Abwägung aller Aufgaben in den Haushaltsgesetzen festgelegt.

Falls mangelnde Leistungsfähigkeit nicht alle notwendigen Maßnahmen der Verkehrssicherheit ermöglicht, ist zum Schutze der Verkehrsteilnehmer bestimmt, daß auf den nicht sicheren Zustand durch Verkehrszeichen hinzuweisen ist.

Der Umfang der Aufgabe wird weiterhin dadurch umschrieben, daß Bau und Unterhaltung dem regelmäßigen Verkehrsbedürfnis zu genügen haben. Ein Verkehrsbedürfnis, das nur gelegentlich oder vorübergehend auftritt (z.B. besondere Veranstaltungen, Umleitungen), ist nicht zu befriedigen. Hingegen gehört ein verhältnismäßig regelmäßig auftretender Wochenendverkehr zum regelmäßigen Verkehrsbedürfnis.

Die Aufstellung, Unterhaltung und der Betrieb der Verkehrszeichen obliegt den Trägern der Straßenbaulast auf Grund des Straßenverkehrsrechts, soweit nicht Dritte (z.B. Eisenbahnunternehmen, Bauunternehmen) dazu verpflichtet sind.

Nicht unmittelbar zur Straßenbaulast gehören das Schneeräumen und das Streuen bei Schnee- und Eisglätte, die Beleuchtung[13] und die polizeimäßige Reinigung[26]. Hierbei ist jedoch zu beachten, daß derartige Maßnahmen dann zur allgemeinen Verkehrssicherung der Straße durch den Straßenbaulastträger gehören können, wenn Gefahrenstellen für den Verkehrsteilnehmer vorhanden sind, mit deren Vorhandensein er nicht rechnen konnte, weil sie nicht rechtzeitig erkennbar sind (z.B. bei Kurven, Brücken, Waldstrecken).

Zur Baulast gehören nicht nur die mit dem Bau und der Unterhaltung unmittelbar zusamenmhängenden Aufgaben, sondern auch die Erfüllung der Pflichten aus Grunderwerb, Planfeststellungsbeschlüssen, Gemeinschaftsverhältnissen (Kreuzungen), Flurbereinigungen, Entwässerungsunternehmen und dergleichen.

2.2.2.2. Haftung

Die Träger der Straßenbaulast haben dafür einzustehen, daß ihre Bauten allen Anforderungen der Sicherheit und Ordnung genügen[27]. Nach dem Bundesfernstraßengesetz entfallen damit alle behördlichen Genehmigungen, Erlaubnisse und Abnahmen anderer als der Straßenbaubehörden[28].

Bei Verletzung der Sicherheitsvorschriften tritt daher Dritten gegenüber die Haftung aus Amtspflichtverletzung ein. Die Länder haben diese Frage unterschiedlich geregelt, da ihnen für ihre Straßen und für die Bauordnung die Gesetzgebungskompetenz zusteht. Sie bestimmen in der Regel, daß die allgemeine anerkannten Regeln der Baukunst zu beachten sind. Die Landesbauordnungen enthalten zum Teil besondere Vorschriften über den Bau von Brücken.

Soweit nach Landesrecht die Genehmigung von Straßenbauten schlechthin oder für bestimmte Bauten (z.B. Brücken, Stützmauern) vorgeschrieben ist, kann sie in der Planfeststellung erteilt werden. Wenn keine besondere Genehmigung erforderlich ist, hat der Träger der Straßenbaulast nach den anerkannten Regeln der Baukunst und den besonders ergangenen technischen Vorschriften der Verwaltung zu handeln. Alle technischen Vorschriften, rechtlich sind es allgemeine Weisungen, haben der Sicherung und Ordnung zu dienen.

Eine besondere Bedeutung kommt für die Straßenbauverwaltung dem Rechtsinstitut der sogenannten Verkehrssicherungspflicht zu, d.i. die Haftung für mangelnde Verkehrssicherung aus dem Rechtsgrund der unerlaubten Handlung (§ 823 BGB). Aus dem bürgerlichen Recht her haben die Gerichte entschieden, daß jeder, der eine Gefahrenlage schafft, verpflichtet ist, die Vorkehrungen zu treffen, die zur Abwendung der daraus Dritten drohenden Gefahren notwendig sind. Es handelt sich um eine Deliktshaftung nach § 823 BGB etwa in Anlehnung an die Gebäudehaftung nach § 836 BGB. Die Länder Bayern, Baden-Württemberg, Hamburg, Niedersachsen und Schleswig-Holstein haben in den Straßengesetzen diese Haftung durch Einführung der Amtspflichthaftung im Sinne des Art. 34 GG ausgeschaltet[29].

Hiernach obliegen den Organen und Bediensteten der Straßenbaubehörden die Pflichten aus der Straßenbaulast als Amtspflichten in Ausübung hoheitlicher Tätigkeit. Das hat zur Folge, daß Ansprüche Dritter nicht mehr aus § 823 BGB (Verkehrsssicherungspflicht) hergeleitet werden können, sondern nur noch aus § 839 BGB mit Art. 34 GG. Bei Fahrlässigkeit entfällt dann jede Haftung, wenn der Geschädigte auf andere Weise (z.B. von einer Versicherung) Ersatz bekommen kann (§ 839 Abs. 1 Satz 2 BGB). An Stelle des Beamten oder Angestellten haftet nur der Staat oder die Körperschaft, in deren Diensten sie stehen. Letztere haben einen Regreßanspruch gegen den Beamten oder Angestellten nur, wenn bei diesen Vorsatz oder grobe Fahrlässigkeit vorgelegen hat. Als grob fahrlässig ist im allgemeinen ein Handeln zu werten, bei dem die erforderliche Sorgfalt nach den ganzen Umständen des Falles in ungewöhnlich hohem Maße verletzt worden und bei dem das unbeachtet geblieben ist, was im gegebenen Falle jedem hätte einleuchten müssen. Die Haftung nach § 839 BGB erfaßt im Gegensatz zu der nach § 823 Abs. 2 BGB auch den Vermögensschaden.

Straßenbaulast und Verkehrssicherungspflicht decken sich nicht. Dritte können auch aus der sogenannten Verkehrssicherungspflicht nicht gegen den Träger der Straßenbaulast auf ein bestimmtes Tun oder Unterlassen klagen, da § 823 BGB kein Handeln, sondern nur einen Schadensersatzanspruch regelt. Die Haftung aus der Verkehrssicherungspflicht trifft in der Regel den Träger der Straßenbaulast. Dies gilt aber nicht immer; denn die Deliktshaftung setzt ein Verschulden des Schadensersatzpflichtigen voraus. Im Rahmen der Auftragsverwaltung trifft daher die Haftung die Länder, da die Verwaltung abgesehen vom Weisungsrecht nach Art. 85 GG bei den Ländern liegt, der Bund daher in der Regel weder rechtlich noch tatsächlich die Möglichkeit hat, durch eigene Behörden für die Verkehrssicherheit zu sorgen. Dies gilt natürlich nicht, wenn besondere Weisungen des Bundes für das Schadensereignis ursächlich gewesen sind. Der Schaden kann verschuldet sein durch den verfassungsmäßigen Vertreter der zuständigen Körperschaft oder durch den von diesem bestellten Verrichtungsgehilfen. Als verfassungsmäßige Vertreter werden vor allem in Betracht kommen die Straßenbauamtsvorstände und ihre Vertreter sowie die Straßenmeister. Sind keine verfassungsmäßigen Vertreter bestellt, haftet die Körperschaft aus Organisationsmangel ohne Möglichkeit des Entlastungsbeweises. Bei Verschulden von Verrichtungsgehilfen (Straßenwärter, Hilfsarbeiter, Kraftfahrer) kann sich die Körperschaft entlasten, wenn sie beweist, daß sie bei der Auswahl die im Verkehr erforderliche Sorgfalt beobachtet hat, oder daß der Schaden auch bei Anwendung dieser Sorgfalt entstanden sein würde (§ 831 BGB). Die Haftung aus der Verksehrssicherungspflicht kann aber auch Dritte treffen, z.B. den Bauunternehmer, die Bundespost, das Energieversorgungsunternehmen, die auf der Straße Baumaßnahmen durchführen.

Für die Haftung sind zu Gunsten der Verantwortlichen folgende Gesichtspunkte als beachtenswert zu erwähnen. Grundsätzlich hat sich der Straßenbenutzer den gegebenen Straßenverhältnissen anzupassen und die Straße so hinzunehmen, wie sie sich ihm erkennbar anbietet. Die Anforderungen an die Verkehrssicherungen werden maßgebend bestimmt durch die Art und die Häufigkeit der Benutzung der Straße und ihrer Verkehrsbedeutung. Nur für solche Gefahren muß gehaftet werden, die mit der bestimmungsgemäßen üblichen Benutzung der Straße verbunden sind. Die Rechtssprechung zur Verkehrssicherungspflicht ist so umfangreich, daß nur einige typischen Fälle aufgeführt werden können.

Schäden, die durch nicht ohne weiteres erkennbare Mängel der Fahrbahn, wie grobe Unebenheiten, Schlaglöcher, mangelnde Griffigkeit, mangelnde Überhöhung, Frostaufbrüche, verursacht sind, können zu Ersatzleistungen führen, sofern nicht durch Verkehrszeichen auf die Mängel hingewiesen worden ist. Das gilt auch für Schäden, die durch Beeinträchtigungen des Verkehrs durch Bäume am Straßenrand oder andere Hindernisse entstanden sind. Straßenverengungen, die nicht ohne weiteres erkennbar sind, müssen gekennzeichnet sein. Schadensersatzpflicht kann auch gegeben sein, wenn Verkehrszeichen und -einrichtungen nicht erkennbar aufgestellt werden oder durch Bäume oder Sträucher verdeckt sind.

Hinsichtlich der Wildschutzzäune siehe die Schutzzaun-Richtlinien (VkBl. 1975 S. 478, 718).

2.2.2.3. *Träger der Straßenbaulast*[30]

Träger der Straßenbaulast für die Bundesfernstraßen ist der Bund, für die Landesstraßen sind es die Länder, für die Kreisstraßen die Landkreise, soweit die Gemeinden nicht für die Ortsdurchfahrten oder Dritte auf Grund besonderer Rechtsgrundlagen Träger der Baulast sind (z.B. Brücken von Kreisstraßen über Bundesfernstraßen[31], Straßenüberführungen in der Baulast der Eisenbahnen). Für die Gemeindestraßen sind die Gemeinden Träger der Straßenbaulast. Dies gilt auch für die meisten sonstigen öffentlichen Straßen, sofern sie nicht in der Baulast der Eigentümer oder Interessenten liegen. Bürgerlichrechtliche Verpflichtungen Dritter können nur intern wirken, nach außen hin bleibt der Träger der Straßenbaulast verantwortlich. In den Ländern Berlin, Hamburg und Bremen entfällt die Unterscheidung; dort sind die Länder für alle Straßen Träger der Straßenbaulast, ausgenommen der Bundesautobahnen und der freien Strecken der Bundesstraßen. Im Saarland ist das Land auch Träger der Straßenbaulast für die Landstraßen II. Ordnung (Kreisstraßen). Die Ortsdurchfahrten stehen in der Baulast der Gemeinden, wenn deren Einwohnerzahl übersteigt bei Bundesstraßen 80000[32], bei sonstigen klassifizierten Straßen in Baden-Württemberg 30000, Bayern 25000, Hessen 30000, Niedersachen 20000, Nordrhein-Westfalen 50000, Rheinland-Pfalz 50000, Saarland 50000, Schleswig-Holstein 20000, wobei maßgebend sind in Bund, Bayern und Saarland die Volkszählung 1950, in Baden-Württemberg, Niedersachsen, Nordrhein-Westfalen die Volkszählung 1961 und in Hessen und Schleswig-Holstein die jeweilige Volkszählung. 1977 standen 6370 km Ortsdurchfahrten in der Baulast der Gemeinden. Das sind fast 4% der klassifizierten Straßen. Auch soweit Bund, Länder und Kreis Träger der Baulast für die Ortsdurchfahren sind, bleiben die Gemeinden Träger der Baulast für die Gehwege und Parkplätze. Bei sehr breiten Ortsdurchfahrten kann auch eine seitliche Begrenzung vorgenommen werden.

Eine Ortsdurchfahrt ist der Teil einer Straße, der innerhalb der geschlossenen Ortslage liegt. Nach dem FStrG muß sie auch der Erschließung der anliegenden Grundstücke oder der mehrfachen Verknüpfung des Ortsstraßennetzes dienen. Geschlossene Ortslage ist der Teil des Gemeindebezirks, der in geschlossener oder offener Bauweise zusammenhängend bebaut ist, wobei einzelne unbebaute Grundstücke oder ihr entzogenes Gelände oder einseitige Bebauung den Zusammenhang nicht unterbrechen (Bild 2.1). Die Ortsdurchfahrten sind durch die zuständigen Behörden festzusetzen, soweit sie nicht auf Grund der Übergangsbestimmungen in den einzelnen Gesetzen als gegeben übernommen wurden. Dabei kann unter gewissen Umständen von der strikten Regelung abgewichen werden, z.B. wenn die Länge der Ortsdurchfahrt wegen der Art ihrer Bebauung in einem offensichtlichen Mißverhältnis zur Einwohnerzahl der Gemeinde steht. Es können auch zwei Straßenzüge im Richtungsverkehr zu Ortsdurchfahrten bestimmt werden. Für die Aufnahme des durchgehenden Verkehrs können ferner geeignete Straßen als zusätzliche Ortsdurchfahrten festgesetzt werden, wenn die bisherige Ortsdurchfahrt für den Verkehr nicht ausreicht.

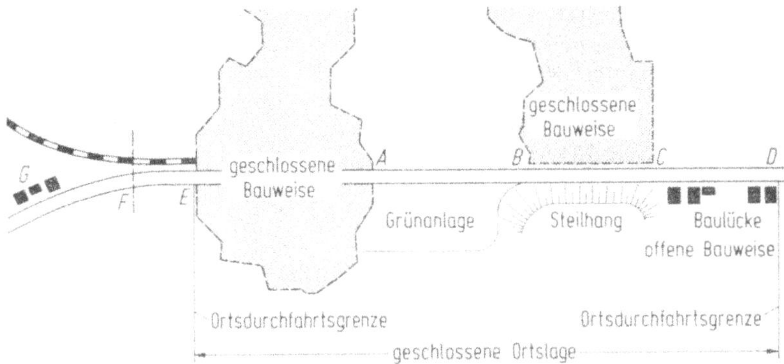

Bild 2.1. Zur Definition der geschlossenen Ortslage.

Die Regelung der Ortsdurchfahrten hat nicht nur Bedeutung für die Zuständigkeit der Träger der Straßenbaulast, sondern auch für die Regelungen der Sondernutzungen, der Außenwerbung, der Zufahrten und der Zuwendungen.

Für das Zusammenwirken der Träger der Straßenbaulast für die freien Strecken mit denen für die Ortsdurchfahrten sind Richtlinien[33] erlassen worden, in denen unter anderem geregelt sind Kennzeichnung, Hoch- und Tiefborde, Entwässerungsanlagen, Stützmauern, Schutzeinrichtungen, Gehwege auf Brücken, Parkplätze, ferner der Grundwerb und Vereinbarungen über Durchführung der UI- und UA-Maßnahmen durch die Gemeinden zu Lasten der Träger der Straßenbau last der freien Strecken.[34]

Träger der Straßenbaulast für die Ortsumgehungen[35] sind die Träger der Straßenbaulast der freien Strecken, weil die Ortsumgehungen rechtlich freie Strecken der klassifizierten Straßen sind. Eine Ortsumgehung ist der Teil einer Straße, der zur Beseitigung oder Verbesserung der Ortsdurchfahrt so angelegt ist, daß er im wesentlichen frei von Einmündungen und höhengleichen Kreuzungen sowie von unmittelbaren Zugängen aus anliegenden Grundstücken ist. Die Teilortsumgehung muß wenigstens an einem Ende an die vorhandene freie Strecke anschließen. Zum Bau von Ortsumgehungen sollen andere Straßenbaulastträger und die Gemeinde kostenmäßig beitragen. Der Bund, Nordrhein-Westfalen und Saarland haben auf diese Regelung verzichtet[36].

Wenn ein Träger der Straßenbaulast den Gemeingebrauch für seine Straße dauernd beschränkt und daher für den ausgeschlossenen Verkehr (z.B. Radfahrer, langsame Fahrzeuge) ein Ersatzweg geschaffen werden muß, dann hat er dem für den Ersatzweg zuständigen Träger der Straßenbaulast die Herstellungskosten für den Ersatzweg zu erstatten, nicht aber die künftigen Unterhaltungskosten. Diese Regelung ist nur im FStrG und im Straßengesetz von Rheinland-Pfalz ausdrücklich enthalten, dürfte aber allgemeine Geltung haben[37].

2.2.2.4. *Straßenbaufinanzierung*

Auf Bundesebene ist seit 1960 durch die gesetzliche Zweckbindung eines Teiles des Mineralölsteueraufkommens die Finanzierung des Baues und der Unterhaltung der Bundesfernstraßen geregelt. Durch das Straßenbaufinanzierungsgesetz vom 28. März 1960 und einige Änderungen sind 50 vom Hundert des Aufkommens für Zwecke des Straßenbaues zu verwenden, und zwar nach Maßgabe besonderer Straßenbaupläne, in denen auch Ausgaben für Straßenbauforschung, Zuwendungen an dritte Baulastträger, Kosten, Zins- und Tilgungsbeträge für Straßenbauanleihen u. a. ausgewiesen werden können. Für die Finanzierung des Bundesautobahnen-Neubaues wurde durch das Verkehrsfinanzgesetz 1955[38] die Grundlage dadurch geschaffen, daß der Bund auf die Dauer von 14 Jahren jährlich 120 Mio DM der ÖFFA (Deutsche Gesellschaft für öffentliche Arbeiten A. G.) zur Verfügung stellt, die damit die ersten Baustufen des Neubaues der Bundesautobahnen mitvorfinanzieren konnte. Die Haushaltsgesetze des Bundes sehen darüberhinaus auch die Finanzierung durch Kredite in bestimmtem Umfange vor. Die unmittelbaren Einnahmen der Träger der Straßenbaulast, z. B. aus Nutzungsentgelten, Sondernutzungsgebühren, Beiträgen Dritter, Erschließungskosten oder Nebenbetrieben, decken die Aufwendungen für den Straßenbau in keiner Weise.

Die Finanzverantwortung für die übrigen Straßen liegt bei den Ländern, die ihrerseits die Kreise und Gemeinden in den Stand setzen müssen, daß sie ihre gesetzlichen Aufgaben erfüllen können. Die den Ländern zur Verfügung stehende Kraftfahrzeugsteuer unterliegt bundesrechtlich keiner Zweckbindung, da die Länder in ihrer Haushaltswirtschaft selbständig sind[39]. Die Ausstattung der Kreise und Gemeinden mit den erforderlichen Mitteln geschieht meist in den Finanzausgleichsgesetzen der Länder.

Für die Förderung des Baues oder Ausbaues von Ortsdurchfahrten von Bundesstraßen in der Baulast der Gemeinden und von Zubringerstraßen zu den Bundesautobahnen, sowie von Gemeinde- und Kreisstraßen, die Zubringer zu den Bundesstraßen in der Baulast des Bundes sind, hat im Interesse des weiträumigen Verkehrs der Bund schon seit Jahren Zuwendungen an andere Baulastträger, insbesondere an die Gemeinden, gewährt[40].

Zur Verbesserung der Verkehrsverhältnisse in den Gemeinden gibt der Bund zusätzlich seit 1968 in größerem Umfang Zuwendungen an die Gemeinden, insbesondere zur Verbesserung der Hauptverkehrsstraßen, aber auch für die Personennahverkehrswege (U-Bahnbau, S-Bahnbau).

Mit dem Gemeindeverkehrsfinanzgesetz vom 18. März 1971 (BGBl. I S. 239) gewährt der Bund den Ländern Finanzhilfen für Investitionen zur Verbesserung der Verkehrsverhältnisse in den Gemeinden, womit insbesondere gefördert werden sollen der Bau- und Ausbau innerörtlicher Hauptverkehrsstraßen, besonderer Fahrspuren für Omnibusse, verkehrswichtiger Zubringerstraßen und zwischenörtlicher Straßen in zurückgebliebenen Gebieten und Zonenrandgebieten, ferner Straßenbauten im Zusammenhang mit der Stillegung von Eisenbahnen, dann aber weiterhin Maßnahmen zur Verbesserung der öffentlichen Nahverkehrsmittel. Die verfassungsrechtliche Grundlage für die Finanzierung der gemeindlichen Verkehrsvorhaben findet sich in der Neufassung der Art. 104a Abs. 4 GG.

Von der Erhöhung der Mineralölsteuer um 4 Pfennige je Liter im Jahre 1972 sollen 3 Pfennige für die Gemeinden (50% für Straßen und 50% für Nahverkehrsmittel) verwendet werden.

Die Zuschußquote ist nunmehr von 50% auf 60% heraufgesetzt worden. Bei den Maßnahmen der öffentlichen Nahverkehrsbetriebe sollen künftig auch Betriebseinrichtungen und Fahrzeugbeschaffung bezuschußt werden können. Die Höhe des Zuschußbetrages des Bundes für die Gemeinden und öffentlichen Nahverkehrsmittel wird für das Jahr auf rund 1850 Mio DM geschätzt.

Die Ausgaben des Bundes für den Straßenbau beliefen sich für

1968 auf 4475 Mio DM,
1969 auf 4570 Mio DM,
1970 auf 5108 Mio DM,
1971 auf 5772 Mio DM,
1972 auf 5948 Mio DM,
1973 auf 5972 Mio DM,
1974 auf 5864 Mio DM und sind für
1975 auf 5830 Mio DM und für
1976 auf 5768 Mio DM veranschlagt.

Die Straßenbauausgaben der Länder betrugen in den Jahren

1971 4074 Mio DM,
1972 4614 Mio DM,
1973 5074 Mio DM, und für
1974 sind 6100 Mio DM veranschlagt.

Dazu müssen nun noch die Ausgaben der Gemeinden mit etwa 3500 Mio DM gerechnet werden.

2.2.3. Planung und Planfeststellung

In rechtlicher Hinsicht handelt es sich bei den beiden Begriffen Planung und Planfeststellung um zwei verschiedene Rechtsinstitute. Die Planung ist ein Teil der Raumordnung, die Planfeststellung ein Teil des Bau- und Enteignungsrechts. Die Planungsentscheidung richtet sich nur an die beteiligten öffentlichen Behörden und Aufgabenträger, die Planfeststellung in erster Linie an die vom Plan Betroffenen und die beteiligten Behörden. Die Planung ist ein justizfreier Hoheitsakt, die Planfeststellung ein im Verwaltungsrechtsweg anfechtbarer Verwaltungsakt.

2.2.3.1. Planung

Planung und Linienführung der Bundesfernstraßen, d.i. die Fachplanung, bestimmt im Einvernehmen mit den an der Raumordnung beteiligten Bundesministern und im Benehmen mit den Landesplanungsbehörden der Bundesminister für Verkehr[41]. Auch die Fachplanung ist ein Teil der Raumordnung, die im Bund durch das Raumordnungsgesetz vom 8. April 1965 (BGBl. I S. 306) geregelt worden ist. Dieses Gesetz hat Grundsätze der Raumordnung aufgestellt, die von den Planungsträgern unmittelbar anzuwenden und zu beachten sind. Dazu treten die raumordnerischen Grundsätze, die jedes Land zusätzlich aufstellen kann. Schließlich können die Länder für ihre Gebiete übergeordnete und zusammenfassende Programme oder Pläne oder auch Teilpläne (Regionalpläne) aufstellen, die die Ziele der Raumordnung enthalten. Für alle Planungsträger, auch die des Bundes, besteht eine grundsätzliche Bindung an diese Programme und Pläne für alle Maßnahmen, durch die Grund und Boden in Anspruch genommen oder die räumlichen Entwicklungen eines Gebietes beeinflußt werden können. Voraussetzung hierfür ist allerdings, daß der Planungsträger beteiligt worden ist und nicht innerhalb angemessener Frist widersprochen hat. Ein Widerspruch ist insbesondere dann möglich, wenn der Bau der Bundesfernstraße nicht auf einer anderen geeigneten Fläche durchgeführt werden kann. Der Vorrang der Bundes- vor der Orts- und Landesplanung gilt weiterhin allerdings mit der Maßgabe, daß die beteiligten Planungsträger ihre Planungen nach Möglichkeit unter- und aufeinander abzustimmen haben.

Bei Orts- oder Landesplanungen, die die Änderung oder den Bau neuer Bundesfernstraßen zur Folge haben können, ist die zuständige Straßenbaubehörde zu beteiligen.

Die Planungsentscheidung des FStrG soll insbesondere enthalten, welche Orte miteinander verbunden werden sollen, welche Straßenklasse vorgesehen ist, wie der wesentliche Verlauf der Straße (Linienführung) geplant ist und welche Verknüpfungen mit den vorhandenen Straßen in Betracht kommen.

Bei der Planung sind die für eine bestimmte Nutzung, hier für den Straßenbau- und Straßenverkehr vorgesehenen Flächen einander so zuzuordnen, daß schädliche Umwelteinwirkungen durch Verkehrsgeräusche auf die ausschließlich oder überwiegend dem Wohnen dienenden Gebiete soweit wie möglich vermieden werden (§§ 50, 41 BImSchG; s. auch Teil 15 1f.).

Wenn die Planungsentscheidung auch nicht anfechtbar ist, so ist sie gleichwohl nicht unabänderlich; insbesondere gilt dies dann, wenn sich nachträglich wichtige Gründe herausstellen, sei es daß die Anregung vom Planungsträger selbst oder von dritter Seite kommt. Im Bundesbaurecht findet die Ortsplanung ihren Niederschlag im Flächennutzungsplan.

In den Straßenbaugesetzen der Länder finden sich verschiedene Regelungen der Planung, zum Teil mehr verfahrensrechtlicher und zum Teil materiellrechtlicher Art. In der Hauptsache ist vorgeschrieben, daß bei allen Planungen die Landesplanungsbehörden und bei die Straßenplanungen beeinflussenden Planungen die Straßenbaubehörden rechtzeitig zu unterrichten und zu beteiligen sind[42]. Das 2. FStrÄndG hat für die Durchführung von Vorarbeiten zur Vorbereitung der Planung besondere Regelungen getroffen, die die Eigentümer verpflichten, solche Vorarbeiten zu dulden, und die Entschädigung regeln[43].

2.2.3.2. *Planfeststellung*

Der Neubau oder die Änderung öffentlicher Straßen setzt, soweit nicht Ausnahmen bestehen, voraus, daß die öffentlich-rechtlichen Beziehungen durch den Verwaltungsakt der Planfeststellung geregelt sind[44]. Das Wesen der Planfeststellung ist es, durch einen einheitlichen Akt (Konzentrationswirkung)[45] alle sich aus der Baumaßnahme ergebenden öffentlich-rechtlichen Rechtsbeziehungen zu ordnen und durch eine einzige Behörde über sie entscheiden zu lasssen. Dies gilt auch für der Sicherheit und Ordnung dienende Anlagen an Bundesfernstraßen (z.B. Polizeistationen, Unfallhilfestellen) und Zollanlagen, wenn sie eine unmittelbare Zufahrt zu den Bundesfernstraßen haben[46]. Keiner Planfeststellung bedarf es, soweit Bebauungspläne nach dem Bundesbaugesetz vorliegen, in Fällen von unwesentlicher Bedeutung, also wenn Rechte anderer nicht beeinflußt werden oder mit den Beteiligten entsprechende Vereinbarungen getroffen werden[47], ferner für Gemeindestraßen und sonstige öffentliche Straßen nach Landesrecht, zum Teil auch für Kreisstraßen.

Die Planfeststellung ersetzt alle nach anderen Rechtsvorschriften notwendigen öffentlich-rechtlichen Genehmigungen, Verleihungen, Erlaubnisse und Zustimmungen. Für die Bundesfernstraßen gilt dies schlechthin für alle diese Rechtsakte, auch wenn sie auf Landesrecht beruhen, weil das Bundesrecht Landesrecht verdrängen kann. Es ist noch umstritten, ob nach Landesrecht Genehmigungen, die auf Grund Bundesrechts von Bundesbehörden zu erteilen sind, durch die Planfeststellung nach Landesrecht ersetzt werden können. Soweit solche Genehmigungen zwar auf Bundesrecht beruhen, jedoch von Landesbehörden erteilt werden, fallen sie jedenfalls unter das Planfeststellungsrecht, d.h. unter die Konzentrationswirkung. Das auf dem Grundgesetz beruhende Weisungsrecht in diesen Angelegenheiten bleibt jedoch unberührt.

In der Planfeststellung sind dem Träger der Straßenbaulast aufzuerlegen die Errichtung und die Unterhaltung der Anlagen, die für das öffentliche Wohl oder zur Sicherung der Benutzung der benachbarten Grundstücke gegen Gefahren, erhebliche Nachteile oder erhebliche Belästigungen notwendig sind (z.B. Stützmauern, Ersatzwege, Lärmschutzanlagen). Sind jedoch solche Anlagen mit dem Vorhaben unvereinbar oder stehen ihre Kosten außer Verhältnis zu dem angestrebten Schutzzweck, dann hat der Betroffene Anspruch auf angemessene Entschädigung. Die §§ 41, 42 BImSchG sind lex specialis[48].

Aufgabe der Planfeststellung ist es somit im wesentlichen rechtsverbindlich festzulegen, wie die Maßnahme des Straßenbaues in die Nachbarschaft und die öffentliche Ordnung eingepaßt wird, welche Grundstücke in Anspruch genommen werden, welche Maßnahmen die Nachbarn zu dulden haben, welche Schutzvorkehrungen im Interesse des öffentlichen Wohles und zur Benutzung der benachbarten Grundstücke auferlegt werden müssen und schließlich welche Verpflichtungen sonst noch geregelt werden müssen, wie z.B. Unterhaltungslast für Ersatzwege, verlegte Straßen, Stützmauern, Entwässerungsanlagen, Kreuzungsänderungskosten.

In der Planfeststellung können auch die Verlegung oder Änderung anderer Verkehrswege geregelt werden, soweit deren Änderungen durch die Maßnahme veranlaßt sind. Einer besonderen Planfeststellung nach der für diesen Verkehrsweg sonst vorgeschriebenen Planfeststellung bedarf es dann insoweit nicht[49]. Das muß auch gelten, wenn durch die Maßnahme für eine Landesstraße eine Bundesstraße geändert werden muß. Das für die jeweils ersetzten Genehmigungen geltende materielle Recht wird, soweit möglich, zu beachten sein.

Grundsätzlich sind drei Gruppen von Maßnahmen Gegenstand der Planfeststellung für Straßen, nämlich solche, die die Herstellung oder Änderung der Straße, ihrer Bestandteile und ihres Zubehörs betreffen, solche, die für das öffentliche Wohl, insbesondere zur Vermeidung von Verkehrsgefahren auf der Straße erforderlich sind, und schließlich solche, die dazu dienen sollen, die mit dem Bau oder der Änderung der Straße für die Sicherheit der Benutzung benachbarter Grundstücke verbundenen Gefahren, Nachteile und Belästigungen abzuwenden.

Den Straßenbauverwaltungen ist bei der Gestaltung der Straßen ein weitgehendes Ermessen eingeräumt. Von ausschlaggebender Bedeutung müssen dabei die Erfordernisse des Verkehrs unter Berücksichtigung der Gebote der Wirtschaftlichkeit und Zweckmäßigkeit sein. Berechtigte Änderungswünsche der Beteiligten müssen daher geprüft und dann berücksichtigt werden, wenn sie den bei der Planung zu beachtenden Grundsätzen nicht entgegenstehen.

Ist eine Planfeststellung für eine Maßnahme nach mehreren Gesetzen vorgeschrieben, so ist sie nach der Vorschrift durchzuführen, die für die Anlage vorgeschrieben ist, die einen größeren Kreis öffentlich-rechtlicher Beziehungen berührt[38a], soweit nicht ein Gesetz ein Zurücktreten vorschreibt (z.B. § 41 FlBG) oder eine besondere Regelung trifft (z.B. § 9 EKrG).

Bebauungspläne nach § 9 BBauG ersetzen die Planfeststellung, wenn sie mindestens die Begrenzung der Verkehrsflächen enthalten und unter Mitwirkung des Trägers der Straßenbaulast zustande gekommen sind. Jedoch ist eine ergänzende Planfeststellung dann erforderlich, wenn der Bebauungsplan nicht alle Regelungen enthält, die durch die Planfeststellung getroffen werden können und müssen. In diesen Fällen gelten die §§ 40, 41 BBauG. Liegt bereits ein festgestellter Plan vor, soll er im Bebauungsplan nachrichtlich übernommen werden.

Soweit in einer straßenbaurechtlichen Planfeststellung Erlaubnisse und Bewilligungen nach dem Wasserhaushaltsgesetz[50] ersetzt werden sollen, bedarf es des Einvernehmens der für das Wasser zuständigen Behörde. Dies gilt insbesondere für die Einleitung von Oberflächenwasser von Straßen, Abwässern von Nebenbetrieben oder Straßenmeistereien in Gewässer, nicht aber für die Errichtung von Brückenpfeilern oder -widerlagern, da durch letztere die Qualität und die Quantität des Gewässers nicht berührt werden.

Vom Zeitpunkt der Offenlegung der Pläne wird eine gesetzliche Beschränkung des Bergwerkseigentums zugunsten der Verkehrsanstalt bzw. ein gesetzliches Vorrecht dieser vor dem Bergwerkseigentum angenommen. Bergpolizeiliche Anordnungen können jedoch in der Planfeststellung nicht getroffen werden[51].

Die Rechtswirkungen der Planfeststellung sind vor allem, daß der Träger der Straßenbaulast zur Ausführung des Baues keiner besonderen öffentlich-rechtlichen Genehmigungen, Zustimmungen, Erlaubnisse u.dgl. mehr benötigt, er jedoch verpflichtet ist, alle ihm gemachten Auflagen zu erfüllen, und daß Ansprüche Dritter auf Beseitigung oder Änderung der Anlage ausgeschlossen sind. Schließlich ist sie noch bindend für ein nachfolgendes Enteignungsverfahren; es treten die gesetzlichen Baubeschränkungen ein. Sie ist auch Voraussetzung für eine vorläufige Besitzeinweisung[52]. Die Planfeststellung wirkt so lange, bis sie wieder aufgehoben wird, z.B. wenn der Bau nicht oder anders durchgeführt wird. Im Bund und in Hessen tritt der Planfeststellungsbeschluß außer Kraft, wenn der Bau nicht innerhalb fünf Jahren begonnen und der Plan nicht auf weitere fünf Jahre verlängert worden ist[53].

Durch das 2. FStrÄndG wurde das Planfeststellungsrecht für die Bundesfernstraßen weitgehend geändert und verbessert. Es betrifft dies insbesondere noch folgende neuen Regelungen.

Die Pflicht zur Abwägung der öffentlichen und privaten Belange bei der Planfeststellungsentscheidung ist ausdrücklich festgelegt worden (§ 17 Abs. 1 S. 2). Ferner ist festgelegt worden, daß über die Kosten, die andere zu tragen haben, mit entschieden werden soll.

Die Rechtskraft des Planfeststellungsbeschlusses schließt zwar Ansprüche auf Unterlassung des Vorhabens, auf Beseitigung oder Änderung der Anlagen oder auf Unterlassung ihrer Benutzung aus, nicht jedoch dann, wenn nicht vorhersehbare Wirkungen des Vorhabens oder der dem festgestellten Plan entsprechenden Anlagen auf die benachbarten Grundstücke erst nach der Rechtskraft auftreten. In letzterem Falle ist eine zusätzliche Planfeststellung möglich, in besonderen Fällen ist Entschädigung an die Betroffenen zu leisten[54].

Weitere neuere Regelungen betreffen die Fälle, daß während des Baues der Maßnahme Änderungen erforderlich werden oder ein begonnenes Bauvorhaben endgültig aufgegeben wird[55].

2.2.3.3. *Planfeststellungsverfahren*

Das Planfeststellungsverfahren gliedert sich in das Anhörungsverfahren und den Planfeststellungsbeschluß. Das Anhörungsverfahren führt die zuständige höhere Verwaltungsbehörde durch. Es dient in erster Linie dazu, den von der Maßnahme Betroffenen Gelegenheit zur Geltendmachung ihrer Interessen und Rechte zu geben. Die Pläne mit allen erforderlichen Unterlagen sind in den Gemeinden auszulegen und alle Beteiligten (Behörden und Private) aufzufordern, innerhalb gewisser Fristen (meist vier Wochen) Stellung zu nehmen oder Einwendungen zu erheben, soweit ihre Belange berührt werden. Letztere sind mit den Beteiligten möglichst in einem Ortstermin mündlich zu erörtern. Die höhere Verwaltungsbehörde als Anhörungsbehörde hat dann die nicht ausgeräumten Einwendungen mit ihrer eigenen Stellungnahme der zuständigen Planfeststellungsbehörde zu übersenden.

Die nach Landesrecht zuständige Planfeststellungsbehörde erläßt dann den Planfeststellungsbeschluß, der zu begründen und den Beteiligten, über deren Einwendungen entschieden worden ist, mit Rechtsmittelbelehrung zuzustellen ist. Sind mehr als 500 Zustellungen vorzunehmen, dann kann nach der Neuregelung des 2. FStrÄndG die Zustellung durch eine öffentliche Bekanntmachung ersetzt werden[56].

Bei Bundesfernstraßen ist bei Meinungsverschiedenheiten zwischen der höheren Verwaltungsbehörde und anderen beteiligten Behörden vor der Entscheidung die Weisung des Bundesministers für Verkehr einzuholen[57].

Die Straßenbaugesetze enthalten keine besonderen Vorschriften über die Rechtmittel gegen die Planfeststellung, da sich diese aus der Verwaltungsgerichtsordnung[58] ergeben. Es bedarf zur Erhebung der Klage keiner Nachprüfung im Vorverfahren. Zur Anfechtung ist nur berechtigt, wer in seinen Rechten verletzt ist, nicht aber jeder, der Einwendungen erhoben hat. Die beteiligten Behörden haben insoweit kein Anfechtungsrecht, als die Planfeststellungsbehörde wegen der Konzentrationswirkung an ihrer Stelle entschieden hat. Der Anfechtungsklage geht im allgemeinen ein Widerspruchsverfahren bei der den Verwaltungsakt erlassenden Behörde voraus. Widerspruch und Anfechtungsklage haben aufschiebende Wirkung, sofern nicht die Planfeststellungsbehörde oder die Widerspruchsbehörde aus Gründen des öffentlichen Wohls oder im überwiegenden Interesse eines Beteiligten die sofortige Vollziehung angeordnet hat.

2.2.4. Anbaurecht

Unter Anbaurecht sind die Vorschriften zu verstehen, die das Bauen im Hinblick auf öffentliche Interessen verbieten oder beschränken[59]. Die sogenannte Baufreiheit besteht nur im Rahmen der Sozialbindung des Eigentums. Im Straßenbaurecht wird unterschieden zwischen dem Bauverbot, der Baubeschränkung und der Veränderungssperre.

2.2.4.1. Bauverbote

Das Bauverbot gilt in der Regel für die Errichtung von Hochbauten (nach dem FStrG auch von Aufschüttungen und Abgrabungen größeren Umfangs) auf einem Schutzstreifen von 40 m bei Bundesautobahnen, 20 m bei Bundes- und Landesstraßen und 20 bzw. 15 m bei Kreisstraßen (Bild 2.2). In diesen Fällen hat der Gesetzgeber die Sozialbindung kraft Gesetzes festgesetzt, so daß es eines besonderen Nachweises des öffentlichen Interesses nicht bedarf. Das Bauverbot gilt vom Tage der Auslegung der Pläne im Planfeststellungsverfahren an, soweit es sich um neue Straßen handelt, sonst mit der Widmung oder Umstufung. Ausnahmebewilligungen vom Bauverbot sind nur möglich, wenn das Verbot im Einzelfalle zu einer offenbar nicht beabsichtigten Härte führen würde und die Abweichung mit den öffentlichen Belangen vereinbar ist oder wenn Gründe des Wohles der Allgemeinheit die Abweichungen erfordern. Diese rechtlichen Voraussetzungen müssen also gegeben sein, wenn eine Ausnahme erteilt wird. Die Entscheidung liegt jedoch im Ermessen der Behörde (ausgenommen in Nordrhein-Westfalen, wo die Ausnahme bei Vorhandensein der obigen Voraussetzungen erteilt werden muß[60]).

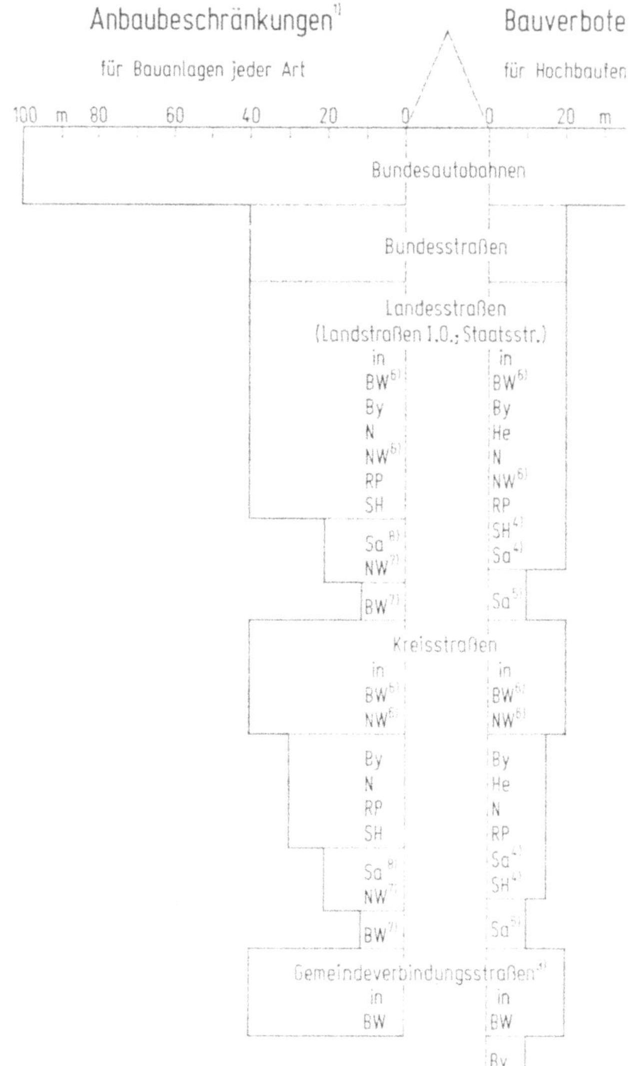

Bild 2.2. Baubeschränkungen und Bauverbote[1-8].

[1] Im Bauverbotsbereich darf nur mit besonderer Ausnahmegenehmigung der Straßenbauverwaltung gebaut werden. Im Anbaubeschränkungsbereich ist zur Baugenehmigung die Zustimmung der Straßenbaubehörde erforderlich, ihre Genehmigung, falls das Bauvorhaben nicht der Baugenehmigung unterliegt. Ausnahmegenehmigungen dürfen nur unter bestimmten gesetzlichen Voraussetzungen erteilt, Zustimmungen nur unter bestimmten gesetzlichen Voraussetzungen (z.B. Sicherheit und Leichtigkeit des Verkehrs, Ausbauabsichten) versagt werden.
Die Bauverbote und Beschränkungen gelten — außer in BW und NW — nicht, wenn ein Bauvorhaben den Festsetzungen eines Bebauungsplanes entspricht, der mindestens die Begrenzung der Verkehrsflächen enthält und unter Mitwirkung des Trägers der Straßenbaulast zustande gekommen ist. In BW und NW gelten sie bei Land(es)- und Kreisstraßen nicht in der 10- bzw. 20-Meter-Zone, wenn die obenangeführten Voraussetzungen gegeben sind.

[2] In NW gelten die Bauverbote für Bauvorhaben aller Art, also nicht nur für Hochbauten.

[3] Auf Grund besonderer Satzungen der Gemeinden.

[4] außerhalb der Ortsdurchfahrten.

[5] innerhalb der Ortsdurchfahrten.

[6] außerhalb der Ortsdurchfahrten und ausgewiesener Baugebiete.

[7] innerhalb der Ortsdurchfahrten und ausgewiesener Baugebiete.

[8] gilt nur für die Änderung von Hochbauten, nicht von sonstigen Bauanlagen.

Die Errichtung und Änderung baulicher Anlagen ist in den meisten Länderstraßengesetzen im Außenbereich dann verboten, wenn durch sie bei Straßen- oder Eisenbahnkreuzungen die Sicht behindert und die Verkehrssicherheit beeinträchtigt wird. Für die Bundesfernstraßen besteht eine entsprechende Regelung nicht.

Das Bauverbot gilt nicht, soweit das Bauvorhaben den Festsetzungen eines Bebauungsplanes entspricht, der mindestens die Begrenzung der Verkehrsflächen enthält und unter Mitwirkung des Trägers der Straßenbaulast zustande gekommen ist. Das Anbauverbot für Hochbauten gilt meist nicht innerhalb der zur Erschließung der anliegenden Grundstücke bestimmten Teile der Ortsdurchfahrten[61] bzw. der bebauten Ortschaften. Anbauverbote in einer Schutzzone bis zu 10 m können in einigen Ländern die Gemeinden durch Ortssatzungen für Gemeindeverbindungsstraßen erlassen.

2.2.4.2. *Baubeschränkungen*

Von der Baubeschränkung (Bild 2.2) werden erfaßt die Errichtung und wesentliche Änderung — oder andere Nutzung[62] — von Bauanlagen, also auch von Hochbauten in einer Entfernung von 100 m bei Bundesautobahnen, 40 m bei Bundesstraßen und Landstraßen I. Ordnung und 30 m bei Kreisstraßen (ausgenommen Nordrhein-Westfalen) mit der Wirkung, daß solche Maßnahmen für baurechtliche Genehmigungen der Zustimmung, falls keine Genehmigung erforderlich ist, der Genehmigung der Straßenbaubehörde bedürfen.

Das gleiche gilt, wenn Grundstücke eine unmittelbare Zufahrt zu einer öffentlichen Straße erhalten sollen. In Baden-Württemberg gilt dies auch, wenn ein Grundstück eine nur mittelbare Zufahrt, z.B. über eine Privatstraße, eine andere öffentliche Straße oder eine andere Zufahrt zu einer Landes- oder Kreisstraße erhalten soll[63].

Die Erteilung dieser Zustimmung bzw. Genehmigung liegt aber nicht im Ermessen der Behörde, vielmehr müssen sie erteilt werden, soweit nicht Gründe der Sicherheit oder Leichtigkeit des Verkehrs, besonders wegen der Sichtverhältnisse, Verkehrsgefährdung, Ausbauabsichten und Straßenbaugestaltung entgegenstehen. Unter Beachtung dieser Gesichtspunkte kann die Zustimmung auch von Auflagen abhängig gemacht werden. Die Baubeschränkungen gelten nicht im Bereich von Bebauungsplänen, die unter Mitwirkung des Trägers der Straßenbaulast zustande gekommen sind, wenn die Baumaßnahmen diesen entsprechen.

Eine besondere Baubeschränkung besteht für nichtbundeseigene Betriebe, die den Belangen der Verkehrsteilnehmer der Bundesautobahnen dienen und innerhalb 300 m von diesen entfernt gebaut, erweitert oder eröffnet werden sollen, soweit sie außerhalb der geschlossenen Ortslage zu liegen kommen[64].

2.2.4.3. *Veränderungssperren*

Zur Sicherung von Planungen sollen Veränderungssperren Baumaßnahmen für eine beschränkte Zeit in einem gewissen Gebiet verhindern, um unnötige Aufwendungen zu vermeiden oder die Planungen nicht unnötig zu behindern. Etwa entsprechend der Regelung im Bundesbaugesetz[65] haben die Straßenbaugesetze (Bund, Länder Baden-Württemberg, Bayern, Niedersachsen, Rheinland-Pfalz und Schleswig-Holstein) bestimmt, daß die Straßenbaubehörden im Benehmen mit der Landesplanungsbehörde Planungsgebiete festsetzen können, mit der Wirkung, daß im Planungsgebiet wesentlich wertsteigrende oder den geplanten Straßenbau erheblich erschwerende Veränderungen nicht vorgenommen werden dürfen. Der gleichen Wirkung sind übrigens auch alle von einem in einer Planfeststellung betroffenen Flächen vom Beginn der Auslegung der Pläne im Planfeststellungsverfahren unterworfen. Von der Veränderungssperre werden nicht betroffen Maßnahmen, die in rechtlich zulässiger Weise bereits begonnen worden waren, Unterhaltungsarbeiten und die Fortführung der bisher ausgeübten Nutzung. Die Festlegung der Planungsgebiete ist auf einen Zeitraum von zwei Jahren beschränkt. Verlängerung auf vier Jahre ist teilweise vorgesehen. Von den Veränderungssperren können Ausnahmen zugelassen werden, wenn überwiegende öffentliche Belange nicht entgegenstehen.

Die Eigentumsbeschränkung der Veränderungssperre hält sich grundsätzlich im Rahmen der Sozialbindung des Eigentums. Eine Entschädigung sehen die Gesetze daher nur vor, wenn sie länger als vier Jahre dauert. In diesen Fällen kann der Eigentümer eine angemessene Entschädigung in Geld oder unter besonderen Umständen auch die Übernahme der betroffenen Flächen vom Träger der Straßenbaulast verlangen.

Die Festlegung von Planungsgebieten erfolgt durch Rechtsverordnung (Bund, Niedersachsen)[66], in anderen Länderstraßengesetzen durch Verwaltungsakt. Rechtssystematisch wäre es wohl richtiger, sie als Rechtsverordnung zu behandeln.

2.2.4.4. Außenwerbung

Unter Außenwerbung versteht man alle von der Straße aus wahrnehmbaren Ankündigungen, Anpreisungen oder Hinweise, die einem wirtschaftlichen Zwecke dienen, also insbesondere Schilder, Beschriftungen von Hauswänden, Lichtreklame, Schaukästen. Die Beschränkung der Außenwerbung auf den freien Strecken soll sowohl der Sicherheit des Verkehrs als auch der Erhaltung des Straßenbildes in der Landschaft dienen. Auf die Anlagen der Außenwerbung an freien Strecken der Bundesfernstraßen sind daher die Vorschriften über Anbauverbote und Anbaubeschränkungen anzuwenden, wobei die Anbauverbotsregelung immer dann Platz greift, wenn es sich um Außenwerbung an Hochbauten oder um Anlagen der Werbung handelt, die als Hochbauten zu charakterisieren sind, bzw. an Brücken über Bundesfernstraßen[67].

Für die Außenwerbung auf der Straße selbst oder im Luftraum über der Straße gelten die besonderen Vorschriften über die Nutzungen und Sondernutzungen, ferner sind, insbesondere für den Bereich der Ortsdurchfahrten und Ortsstraßen, noch die einschlägigen Vorschriften des Straßenverkehrsrechts, des Naturschutzrechts oder Baurechts zu beachten.

Das Straßenverkehrsrecht verbietet alle Einrichtungen, auch Werbeanlagen, die zu Verwechslungen mit Verkehrszeichen- und -einrichtungen Anlaß geben oder deren Wirkung beeinträchtigen können[68]. Außerdem sind Werbung durch Bildwerk, Schrift oder Ton verboten, soweit sie geeignet sind, außerhalb geschlossener Ortschaften die Aufmerksamkeit der Verkehrsteilnehmer in einer die Sicherheit des Verkehrs gefährdenden Weise abzulenken oder die Leichtigkeit des Verkehrs zu beeinträchtigen[69]. Das Naturschutzrecht[70] ermöglicht den zuständigen Behörden, Veränderungen der Landschaft durch Werbeanlagen zu verhindern zur Erhaltung des Landschaftsbildes. Das Baurecht erklärt vielfach Werbeanlagen außerhalb der im Zusammenhang bebauten Ortsteile grundsätzlich für unzulässig, läßt aber gewisse Ausnahmen zu (z.B. Werbung an der Stätte der eigenen Leistung, auf Flugplätzen, Sportplätzen und Versammlungsplätzen, soweit sie nicht in die freie Landschaft wirken, Hinweisschilder für die Orientierung der Verkehrsteilnehmer). Darüber hinaus können noch örtliche Vorschriften über die äußere Gestaltung von Werbeanlagen erlassen werden, soweit dies zur Durchführung bestimmter gestalterischer Ansichten oder zum Schutze gewisser Bauten, Straßen oder Ortsteile von besonderer geschichtlicher, künstlerischer oder gestalterischer

Bedeutung oder von Bau- und Naturdenkmalen erforderlich ist. Die Beschränkung der Außenwerbung an öffentlichen Straßen, wie übrigens auch in der freien Landschaft, hat weitgehend Beachtung und Anerkennung auch bei den interessierten Wirtschaftskreisen gefunden, so daß in der Bundesrepublik Deutschland die Außenwerbung keine besondere Rolle mehr spielt.

In den meisten Ländern finden sich bezüglich Außenwerbung dem FStrG ähnliche Regelungen im Straßenbaurecht. Zu unterscheiden von der Außenwerbung sind die im Interesse der Verkehrsteilnehmer und der Verkehrsabwicklung an der Straße erforderlichen Hinweisschilder, für die z.B. für die Bundesfernstraßen durch Richtlinien (allgemeine Weisungen) besondere Regelungen getroffen worden sind (Hinweisschilder auf Tankstellen[71], Autohilfen[72], Hotels[73], Gaststätten, Campingplätze[74], Messen, Ausstellungen und besondere Veranstaltungen[75], Gottesdienste[76], Commonwealth-Friedhöfe[77] und Informationsschilder auf Rastplätzen der Bundesautobahnen[78].

2.2.4.5. *Entschädigungen für Bauverbote und -beschränkungen*

Anbauverbote und -beschränkungen halten sich in der Regel im Rahmen der Sozialbindung des Eigentums, so daß die Eigentümer keinen Entschädigungsanspruch haben. In Übereinstimmung mit der Regelung des Bundesbaugesetzes sehen jedoch die Straßenbaugesetze eine Entschädigung dann vor, wenn die bauliche Nutzung eines Grundstückes, auf deren Zulassung bisher ein Rechtsanspruch bestand, ganz oder teilweise aufgehoben wird, also insbesondere, wenn die Baulandqualität aufgehoben oder gemindert wird. Die Entschädigung ist jedoch beschränkt auf verlorene Aufwendungen für die Vorbereitung einer baulichen Nutzung, z.B. Bauplankosten, und auf wesentliche Wertminderung des Grundstückes.

Die Entschädigungsansprüche entstehen bei Aufstufungen jeweils mit deren Rechtskraft, bei geplanten Straßen erst wenn der Plan rechtskräftig geworden oder vorher mit der Ausführung begonnen worden ist, spätestens aber vier Jahre nach Inkrafttreten der Beschränkungen.

2.2.5. Gemeingebrauch und Sondernutzungen

Die Straßen können benutzt werden entweder im Rahmen des Gemeingebrauchs, der Sondernutzung oder der bürgerlichrechtlichen Nutzung. Während die Regelung des Gemeingebrauchs im Bundesgebiet ziemlich einheitlich ist, gibt es bei den anderen Nutzungsarten in den Ländern recht unterschiedliche Regelungen.

2.2.5.1. *Gemeingebrauch*

Nach der neueren Gesetzgebung ist unter Gemeingebrauch zu verstehen, daß jedermann im Rahmen der Widmung und der verkehrsbehördlichen Vorschriften der Gebrauch der Straßen zum Verkehr gestattet ist[79]. Nach herrschender Auffassung besteht kein subjektives Recht des einzelnen auf Gemeingebrauch, insbesondere besteht kein subjektives Recht auf Aufrechterhaltung des Gemeingebrauches. Solange jedoch der Gemeingebrauch von den zuständigen Stellen unbeschränkt für zulässig erklärt ist, kann und darf der einzelne auch nicht gehindert werden, vom Gemeingebrauch im zulässigen Rahmen Gebrauch zu machen. Eine nicht durch Rechtsvorschriften gedeckte Beschränkung des Gemeingebrauchs nur einzelnen gegenüber müßte wegen Ermessungsmißbrauch aufgehoben werden. Die

Gemeinverträglichkeit bei der Ausübung des Gemeingebrauchs, also die Rücksichtnahme auf andere Verkehrsteilnehmer, ist nicht im Straßenbaurecht, sondern im Straßenverkehrsrecht geregelt. Art und Umfang der Benutzung der Straße werden durch die Widmung (z.B. Gehweg, Autobahn), durch straßenverkehrliche Regelungen und durch straßenbauliche Beschränkungen wegen des baulichen Zustandes der Straße zur Vermeidung außerordentlicher Schäden an der Straße oder für die Sicherheit und Leichtigkeit des Verkehrs bestimmt. Die Benutzung ist nur zum Verkehr gestattet, worunter sowohl der fließende als auch der ruhende fällt. Ersterer hat den Vorrang. Zum Verkehr gehören alle Transportvorgänge (Ortsveränderungen), wie Gehen, Fahren, Reiten, Fahren von Wagen und Treiben von Tieren. Nicht hierunter fallen insbesondere Dauerabstellen von Fahrzeugen, Beförderung außergewöhnlich schwerer Lasten, Gehfilmaufnahmen, Lautsprecher- und Reklamefahrzeuge, Straßenhändlerbuden.

Die Unentgeltlichkeit der Benutzung ist kein gesetzliches Merkmal des Gemeingebrauchs, jedoch bedarf eine Gebührenerhebung einer besonderen gesetzlichen Regelung. Hierfür hat nunmehr der Bund die konkurrierende Gesetzgebungszuständigkeit[80].

Die neuere Straßengesetzgebung kennt das Rechtsinstitut des sogenannten gesteigerten Gemeingebrauchs nicht mehr, der den Anliegern gegenüber sonstigen Wegebenutzern besondere Gebrauchsmöglichkeiten der Straße eingeräumt hatte, die nicht unmittelbar dem Verkehr dienten. Der Gemeingebrauch umfaßt jedoch in der Regel die Rechte der Anlieger auf Zufahrt und Zugang, soweit diese bereits bestanden haben oder bei der Schaffung neuer Straßen besonders geschaffen werden. Hingegen werden neue Zufahrten oder die Änderung bestehender Zufahrten außerhalb der Ortsdurchfahrten als Sondernutzungen behandelt[81]. Soweit die Zufahrten als Gemeingebrauch der Anlieger behandelt werden, verpflichten die Gesetze den Träger der Straßenbaulast, wenn durch den Ausbau die Zufahrten zu Grundstücken unterbrochen werden, einen angemessenen Ersatz zu schaffen oder eine angemessene Entschädigung in Geld zu gewähren. Nur in Baden-Württemberg weicht die Regelung des Gemeingebrauchs von der sonst üblichen ab, indem sowohl die Gemeinverträglichkeit ausdrücklich vorgeschrieben ist, obwohl dies sich aus dem Straßenverkehrsrecht des Bundes bereits ergibt, die Voraussetzung, daß die Benutzung „zum Verkehr" erfolgt, fehlt und der Gemeingebrauch nur im Rahmen der verkehrsüblichen Grenzen zulässig ist. Die Auslegung dieser abweichenden Regelung wird einige Schwierigkeiten bereiten.

Verunreinigungen der Straße aus Anlaß des Gemeingebrauchs hat der Veranlasser unverzüglich zu beseitigen, andernfalls sie die Straßenbaubehörde auf seine Kosten beseitigen lassen kann.

Die Beeinträchtigung des Gemeingebrauches einzelner kann unter Umständen Entschädigungsansprüche auslösen. Dies gilt insbesondere, wenn einem Haus an einer dem Anbau eröffneten Straße der Zugang oder der Zutritt von Licht und Luft abgeschnitten wird.

Das 2. FStrÄndG hat für Anlieger bei Änderung oder Einziehung von Bundesstraßen, wenn dadurch auf Dauer Zufahrten oder Zugänge unterbrochen oder ihre Benutzung erheblich erschwert wird, eine Entschädigung zuerkannt, falls nicht ein angemessener Ersatz geschaffen wird. Ähnliches gilt, wenn durch Straßenarbeiten für längere Zeit Zufahrten oder Zugänge erheblich erschwert werden und dadurch die wirtschaftliche Existenz eines anliegenden Betriebes gefährdet wird[81]. (Wegen der Immissionsschäden siehe Abschnitt 2.2.7.4.) Aber es ist dabei zu berücksichtigen, daß auch die Anlieger sonst alle den Gemeingebrauch einschränkenden Maßnahmen entschädigungslos hinnehmen müssen, die sich aus der Notwendigkeit ergeben, die Straße zu unterhalten oder auszubauen.

2.2.5.2. *Sondernutzungen*

Sondernutzung ist der Gebrauch der Straße über den Gemeingebrauch hinaus, und zwar in einer Weise, daß er den Gemeingebrauch beeinträchtigt[82]. Nicht unter die Sondernutzungen fallen daher alle Arten des Gebrauchs, die sich nicht auf die dem Gemeingebrauch zur Verfügung gestellten Flächen der Straße erstrecken und bei der Benutzung für Zwecke der öffentlichen Versorung, wenn die Beeinträchtigung des Gemeingebrauchs nur von kurzer Dauer ist. Als besondere Fälle der Sondernutzungen werden noch in den Gesetzen erwähnt die Anlage neuer und die Änderung bestehender Zufahrten[83] außerhalb der Ortsdurchfahrten, die kostspieligere Herstellung der Straße für besondere Benutzungsarten und die besonderen Veranstaltungen (Rennen, Umzüge, Probefahrten).

Die Ausübung der Sondernutzung bedarf einer besonderen Erlaubnis, soweit nicht Ausnahmen ausdrücklich zugelassen sind, z.B. für Haltestellenbuchten für den öffentlichen Personennahverkehr, für die Schaffung neuer oder die Änderung bestehender Zufahrten, wenn diese den besonderen Verfahren der Flurbereinigung oder der Anbauvorschriften unterworfen sind, oder für besondere Veranstaltungen, wenn hierfür z.B. nach den Straßenverkehrsrecht eine besondere Erlaubnis erforderlich und erteilt ist.

Sondernutzungen dürfen grundsätzlich nur auf Zeit oder auf Widerruf erteilt werden, damit bei notwendigen Straßenänderungen oder -ausbauten keine Schwierigkeiten oder Mehrkosten entstehen. Auf die Erteilung von Erlaubnissen besteht kein Rechtsanspruch, sie liegt vielmehr im freien Ermessen des Trägers der Straßenbaulast. Daher sind auch Bedingungen und Auflagen zulässig. Auch können Sondernutzungsgebühren erhoben werden. Das sind öffentlich-rechtliche Entgelte, bei deren Bemessung auch der wirtschaftliche Vorteil für den Sondernutzungsberechtigten berücksichtigt werden kann. Es handelt sich insoweit nicht um Verwaltungsgebühren, so daß es für sie keiner besonderen Gebührenordnung bedarf[84]. Der Bundesminister für Verkehr hat hierfür in den Nutzungsrichtlinen[85] gewisse Rahmenbeträge angegeben. Darüber hinaus hat der Erlaubnisnehmer dem Träger der Straßenbaulast alle Kosten zu ersetzen, die diesem durch die Sondernutzung zusätzlich entstehen. Bei auf Zeit erteilten Sondernutzungen würde ein vorzeitiger Widerruf Entschädigungsansprüche des Berechtigten auslösen.

Die Gemeinden können für ihre Straßen die Sondernutzungen durch Satzung besonders regeln, für die Ortsdurchfahrten mit Zustimmung der Träger der Straßenbaulast.

Die Zuständigkeiten für die Erteilung der Sondernutzungserlaubnisse sind sehr unterschiedlich geregelt, insbesondere, soweit es sich um Sondernutzungen in den Ortsdurchfahrten handelt. Die Sondernutzungsgebühren stehen grundsätzlich dem Träger der Straßenbaulast zu, in Ortsdurchfahrten ist vielfach die Regelung getroffen, daß sie dem Träger der Straßenbaulast und der Gemeinde je zur Hälfte, oder der Gemeinde allein zustehen. Einige Landesgesetze haben ein besonderes gesetzliches Sondernutzungsrecht für die Fälle eines gesetzlichen Eigentumsüberganges im Zusammenhang mit dem Übergang der Straßenbaulast geschaffen. Hiernach haben der neue Straßenbaulastträger bzw. der neue Eigentümer die Verpflichtung, vorhandene Anlagen, insbesondere für Zwecke der öffentlichen Versorgung oder der Abwasserbeseitigung, weiterhin zu dulden, auch wenn hierfür keine besonderen Nutzungsverträge vorliegen.

2.2.5.3. *Bürgerlichrechtliche Nutzungen*

Nutzungen an Straßengrundstücken, die weder Gemeingebrauch noch Sondernutzungen sind, sind bürgerlichrechtlich zu regeln und fallen nicht unter das öffentlich-rechtliche Straßenbaurecht[86]. Voraussetzung ist daher, daß durch die Nutzung der Gemeingebrauch nicht beeinträchtigt wird. Lediglich zugunsten von Unternehmen für Zwecke der öffentlichen Versorgung (Energie, Wasser, Wärme, Abwasser) bestimmt das öffentliche Straßenrecht, daß Beeinträchtigungen von nur kurzer Dauer die Nutzung nicht zur Sondernutzung macht. Die Leitungsverlegung selbst wie auch gelegentliche Aufgrabungen für Reparaturen werden als Beeinträchtigungen von nur kurzer Dauer zu beurteilen sein. Bürgerlichrechtliche Nutzungsvertäge sind vom Grundstückeigentümer abzuschließen, nicht vom Träger der Straßenbaulast, falls beide nicht personengleich sind. Nutzungsverträge können abgeschlossen werden u.a. für Obst- und Grasnutzung, für Lagerplätze auf Seitengrundstücken, für Hinweisschilder.

Für Versorgungsleitungen werden in der Regel Gestattungsverträge abgeschlossen, in denen für die Benutzung meist keine besonderen Entgelte vereinbart werden, dafür aber von den Versorgungsunternehmen die Folgekostenpflicht, d.i. die Übernahme aller Änderungskosten, auch wenn die Straße Veranlasser ist, verlangt wird[87]. Auch eine dingliche Sicherung wird in der Regel nicht eingeräumt, lediglich eine Vormerkung für den Fall, daß die Straße aufgelassen wird. Auch soweit Versorgungsunternehmen das Enteignungsrecht für ihre Leitungen haben, müssen sie sich mit den von den Trägern der Straßenbaulast üblichen Gestattungsbedingungen zufriedengeben und können nicht die dingliche Sicherung verlangen. Die sog. Konzessionsverträge zwischen Gemeinden und Versorgungsunternehmen beruhen nicht auf dem Straßenbaurecht, sondern auf dem Wegeeigentum der Gemeinden, auf Grund dessen sie dem Versorgungsunternehmen gegen entsprechende Leistungen das Alleinversorgungsrecht in ihrem Gebiet übertragen.

Für die Behandlung der Sondernutzungen und Nutzungen hat der Bundesminister für Verkehr einige allgemeine Weisungen herausgegeben, nämlich die Richtlinien über Benutzungen an Bundesfernstraßen in der Baulast des Bundes[85], ferner Richtlinien für die rechtliche Behandlung von Zufahrten und Zugängen an Bundesstraßen[83] und die Richtlinien für die Regelung der Rechtsverhältnisse bei der Benutzung von Bundesfernstraßen in der Baulast des Bundes durch Straßenbahnen, O-Busse und Kraftfahrzeuge im Linienverkehr[88].

2.2.6. Schutzmaßnahmen und Schutzwaldungen

2.2.6.1. Schutzmaßnahmen

Unter Schutzmaßnahmen versteht man im Straßenbaurecht Maßnahmen zum Schutz der Straße und zur Sicherung des Verkehrs gegen Einwirkungen der Natur oder von Nachbargrundstücken[89].

So haben die Eigentümer von Grundstücken an den Straßen vorübergehende Anlagen des Trägers der Straßenbaulast zu dulden, wenn diese zum Schutze der Straße vor nachteiligen Einwirkungen der Natur (z.B. Schneeverwehungen, Steinschlag, Vermurungen) erforderlich sind. Gedacht ist hierbei insbesondere an die Aufstellung von Schneezäunen im Winter und von Schutzeinrichtungen vorübergehender Natur bei Hochwasser, Lawinengefahr u.ä. Soweit jedoch Dauerschutzeinrichtungen erforderlich sind, müssen die Anlagen durch Eigentumserwerb oder Dienstbarkeiten begründet werden.

Die Verkehrssicherheit kann nicht nur durch Anbauten an der Straße, sondern auch durch mit dem Grundstück nicht festverbundene Anlagen, wie z.B. Anpflanzungen, Hecken, Zäune, Stapel, Haufen, beeinträchtigt werden, weil durch sie die Sicht in verkehrsgefärdender Weise behindert wird. Den Grundstückseigentümern ist die Anlage solcher Einrichtungen verboten. Soweit sie bereits bestehen, müssen sie ihre Beseitigung dulden. Die Verkehrssicherheit kann aber auch durch andere Einwirkungen (z.B. Dampf, Staub, Licht) beeinträchtigt werden.

Aufwendungen und Schäden, die den Eigentümern oder Besitzern durch die Schutzmaßnahmen entstehen, sind in Geld zu entschädigen. Die Durchführung der Schutzmaßnahmen ist möglichst 14 Tage vorher anzuzeigen, es sei denn, daß Gefahr in Verzug ist. Selbstverständlich können die Eigentümer die Maßnahmen auch selbst durchführen.

2.2.6.2. Schutzwaldungen

Schutzwaldungen sind Waldungen und Gehölze beiderseits der Straßen, die durch Verwaltungsakt der zuständigen Behörden in einer gewissen Tiefe hierzu erklärt worden sind mit der Wirkung, daß sie von den Eigentümern oder Nutznießern zu erhalten und ordnungsgemäß zu unterhalten sind[90]. Die Erhaltung des Waldes oder der Gehölze seitlich der Straße sollen sowohl dem Schutz der Straße gegen nachteilige Einflüsse der Natur als Baukörper als auch der Verkehrssicherheit, dem Landschaftschutz und der Straßengestaltung dienen. Während das FStrG keinen dieser Gründe selbst anführt, sind diese Gründe unterschiedlich in den Länderstraßengesetzen aufgezählt. Auch die Zuständigkeiten sind unterschiedlich geregelt. Entschädigungen sehen nur einige Länderregelungen vor. Die Schutzwaldbestimmungen fallen in der Regel unter die Sozialbindung des Eigentums und lösen daher keine Entschädigungsansprüche aus. Ziel der Regelung ist es, vorhandene Waldbestände seitlich der Straßen nach Möglichkeit zu erhalten. Die Forstbehörden der Länder sind weitgehend eingeschaltet.

2.2.7. Enteignungsrecht

2.2.7.1. Grundlagen der Enteignung

Zur Erfüllung ihrer Aufgaben als Träger der Straßenbaulast ist diesen grundsätzlich das Enteignungsrecht eingeräumt. Einschlägige Regelungen finden sich im FStrG, den Länderstraßengesetzen und im Bundesbaugesetz[91]. Erstere regeln nur die Voraussetzungen und Zuständigkeiten, verweisen aber im übrigen für die Durchführung und die Entschädigungen auf die Länderenteignungsgesetze, während im Bundesbaugesetz auch Verfahren und Entschädigung geregelt sind.

Zur Durchführung einer Enteignung bedarf es nach den Länderenteignungsgesetzen grundsätzlich der Erklärung der Zulässigkeit der Enteignung. Diese Erklärung wird durch die Planfeststellung nach dem Straßenbaurecht ersetzt. Die in der Planfeststellung getroffenen Entscheidungen sind für die Enteignungsbehörden bindend, sie können keine eigenen Feststellungen treffen oder von der Planfeststellung abweichen. Auch eine Prüfung des Umfanges und der Art der Inanspruchnahme von Grundstücken ist im Enteignungsverfahren nicht mehr möglich. Voraussetzung ist allerdings auch, daß der Planfeststellungsbeschluß rechtskräftig oder seine sofortige Vollziehung angeordnet worden ist und das Gericht die aufschiebende Wirkung der Anfechtungsklage nicht wiederhergestellt hat. Nach dem FStrG gelten für die Bundesfernstraßen im übrigen durch Verweisung die für die öffentlichen Straßen geltenden Enteignungsgesetze der Länder. Die Länder haben zum Teil das Enteignungsrecht für die Straßen eingehender geregelt als das FStrG, so daß diese besonderen enteignungsrechtlichen Regelungen in den Straßenbaugesetzen der Länder auch für die Bundesfernstraßen gelten. Hierzu gehören insbesondere die Vorschriften, daß nur ein Entschädigungsfeststellungsverfahren erforderlich ist, wenn sich der Grundstückseigentümer mit der Übereignung oder Belastung seines Grundstückes nach Art und Umfang einverstanden erklärt hat[92], jedoch in einigen Ländern auch die erschwerenden Vorschriften aus dem Bundesbaugesetz, wonach der Träger der Straßenbaulast nachweisen muß, daß er sich ernsthaft um den freihändigen Erwerb zu angemessenen Bedingungen, soweit möglich und zumutbar unter Angebot eigener Grundstücke oder Grundstücke von juristischen Personen des Privatrechts, an deren Kapital er überwiegend beteiligt ist, vergeblich bemüht hat (Nordrhein-Westfalen, Schleswig-Holstein)[93].

2.2.7.2. *Vorläufige Besitzeinweisung*

Enteignungsrechtlich enthalten die Straßengesetze noch besondere Regelungen über die vorläufige Besitzeinweisung[94], wenn der Plan festgestellt und der sofortige Beginn der Arbeiten geboten ist, und über die Anordnung der Straßebaubehörde zur Duldung der für die Planung nötigen Vermessungen, Bodenuntersuchungen und sonstigen Vorarbeiten auf fremden Grundstücken. Im ersten Fall hat die Enteignungsbehörde die Besitzeinweisung auf Antrag der Straßenbaubehörde zu treffen.

2.2.7.3. *Entschädigung*

Die Entschädigung der betroffenen Grundstückseigentümer und Besitzer, die nach Art. 14 des Grundgesetzes im Gesetz geregelt sein muß, ist in den Straßengesetzen selbst nicht unmittelbar, sondern mittelbar durch Verweisung auf die Enteignungsgesetze der Länder geregelt. Entschädigung durch Ersatzland ist nur in Schleswig-Holstein besonders geregelt, was dort dann nach dem FStrG auch mittelbar für die Bundesfernstraßen gilt[95].

An Stelle der Enteignung nach den Enteignungsgesetzen kann der Grunderwerb für den Straßenbau auch durch Flurbereinigungen nach dem Flurbereinigungsgesetz[96] durchgeführt werden, wodurch sich die Grundabgabe auf einen größeren Teil der Bevölkerung verteilt und Durchschneidungsschäden leichter ausgeglichen werden können. Das hierfür vorgesehene Verfahren kann aber nur auf Antrag der Enteignungsbehörde durch die Flurbereinigungsbehörde angeordnet werden. Der Träger der Straßenbaulast hat als Unternehmer im Flurbereinigungsverfahren für die Grundstücke, die für ihn ausgewiesen werden, Entschädigung in Geld an die Teilnehmergemeinschaft zu leisten und einen entsprechenden Anteil der Verfahrens- und Ausführungskosten des Verfahrens zu tragen.

2.2.7.4. *Immissionsschäden*

Bei dem Bau oder der wesentlichen Änderung öffentlicher Straßen ist vom Träger der Straßenbaulast grundsätzlich sicherzustellen, daß durch diese keine schädlichen Umwelteinwirkungen durch Verkehrsgeräusche hervorgerufen werden können, die nach dem Stand der Technik vermeidbar sind[97].

Hinsichtlich der Planung siehe unter 2.2.3.1. Unter diese Regelung fallen Immissionen, die nach Art, Ausmaß oder Dauer geeignet sind, Gefahren, erhebliche Nachteile oder erhebliche Belästigungen für die Allgemeinheit oder die Nachbarschaft herbeizuführen[98]. Unter Belästigungen sind Beeinträchtigungen des körperlichen und seelischen Wohlbefindens des Menschen zu verstehen, wobei es sich jedoch um erhebliche Belästigungen handeln muß. Die Möglichkeit, daß Gefahren oder Beeinträchtigungen im Sinne des BImSchG eintreten können, muß beim Bau oder der wesentlichen Änderung der Straße erkennbar sein. Es genügt insoweit nicht die theoretische Möglichkeit. Das BImSchG gibt auch eine Definition des Begriffs „Stand der Technik"[99], das ist der Entwicklungsstand fortschrittlicher Verfahren, Einrichtungen und Betriebsweisen, der die praktische Eignung einer Maßnahme zur Begrenzung von Emissionen gesichert erscheinen läßt.

Der Immissionsschutz gilt nicht nur für Anlieger im Sinne des § 8a FStrG, sondern für alle Eigentümer, Wohnungseigentümer, Erbbauberechtigte betroffener baulicher Anlagen[100].

Er gilt jedoch nicht für den Baulärm und nicht für die Luftverunreinigung, ferner nicht für Verkehrslärm, der von bereits bei Inkrafttreten der Gesetze vorhandenen Straßen ausgeht, ohne daß Baumaßnahmen durchgeführt werden[101]. Schließlich brauchen Schutzmaßnahmen dann nicht angeordnet oder gebaut werden, wenn ihre Kosten außer Verhältnis stehen würden zu dem angestrebten Schutzzweck[102] (z.B. Schutzwand für ein einzelstehendes Haus im Außenbereich).

Bei den Straßenänderungen muß es sich um wesentliche Änderungen handeln, also um erhebliche, nicht aber darum, daß die Straße in ihrem Wesen geändert wird.

Für die Verkehrsgeräusche sind durch Rechtsverordnung der Bundesregierung sogenannte Immissionsgrenzwerte festzulegen. Werden sie überschritten und gleichwohl keine Schutzmaßnahmen ausgeführt, weil sie an der Straße nicht möglich oder wirtschaftlich nicht vertretbar sind, so haben die Betroffenen einen Anspruch auf angemessene Entschädigung in Geld gegen den Träger der Straßenbaulast, es sei denn, daß die Beeinträchtigung wegen der besonderen Benutzung der Anlage (z.B. Fabrik, Kraftwerk) durch den Betroffenen zumutbar ist[103]. Die Höhe der Entschädigung richtet sich nach den Kosten für die erbrachten notwendigen Schallschutzmaßnahmen an den baulichen Anlagen. Schallschutzmaßnahmen müssen also erbracht werden, wenn Entschädigung verlangt wird[104].

Das BImSchG ist nicht rückwirkend anwendbar, sondern gilt nur für künftige oder schon im Bau befindliche Maßnahmen, die bei der Auslegung der Pläne im Planfeststellungsverfahren oder bei der Auslegung des Entwurfs der Bauleitpläne mit ausgewiesener Wegeplanung bauaufsichtlich genehmigt waren. Die Entschädigung hat die nach Landesrecht zuständige Behörde durch schriftlichen Bescheid festzusetzen, gegen den Klage nach Maßgabe der zuständigen Landesenteignungsgesetze zulässig ist[105].

2.2.8. Kreuzungsrecht

Unter Kreuzungsrecht sind alle Rechtsbeziehungen zu verstehen, die sich ergeben, wenn sich zwei oder mehrere technische Anlagen verschiedener Rechtsträger in einem Raum notwendigerweise überschneiden, mehr oder weniger behindern und aufeinander Rücksicht nehmen müssen mit der Folge, daß für ihre Erstellung, Unterhaltung, Inbetriebhaltung und Änderung höhere Kosten entstehen.

Im Bereich des Straßenrechts kommen insbesondere in Betracht Kreuzungen und Einmündungen von Straßen untereinander, Kreuzungen von Straßen mit Eisenbahnen, Anschlußbahnen, Straßenbahnen, Wasserstraßen, Gewässern, Telegraphenleitungen, Versorgungsleitungen.

Die kreuzungsrechtlichen Regelungen sind in den einzelnen Bereichen durchaus verschieden. Sie werden überwiegend vom Veranlassungsprinzip getragen; es finden sich aber auch noch Regelungen nach dem Prioritätsprinzip, dem Wertigkeitsprinzip und anderen Maßstäben. Nach dem Veranlassungsprinzip hat derjenige Beteiligte, der eine Maßnahme veranlaßt, dem anderen Beteiligten die durch seine Maßnahme entstehenden Mehrkosten zu erstatten. Nach Durchführung der Maßnahme tritt wieder ein Ruhezsutand ein. Wird dieser durch Veranlassung eines Beteiligten wieder geändert, so hat der nunmehrige Veranlasser die Kosten zu tragen. Nach dem Prioritätsprinzip hat hingegen der später Hinzugekommene nicht nur die Kosten der neuen Maßnahme zu tragen, sondern auch die Kosten aller späteren Änderungsmaßnahmen, gleichgültig wer die Veranlassung zur Änderung gegeben hat. Beim Wertigkeitsprinzip sind die Kosten für Maßnahmen von beiden Beteiligten nach dem Verkehrswert ihrer Verkehrswege aufzuteilen.

2.2.8.1. Kostenregelungen

Neue Kreuzungen

Eine neue Kreuzung im Rechtssinne liegt vor, wenn ein neuer Verkehrsweg einen schon vorhandenen kreuzt, wenn ein Verkehrsweg als Ersatz für einen bestehenden oder zu dessen Entlastung errichtet wird (z. B. Ortsumgehung) oder wenn ein Privatweg zur öffentlichen Straße gewidmet wird. Bei neuen Kreuzungen hat der neu Hinzukommende die Kosten der Kreuzungsanlage allein zu tragen. Im Verhältnis Straße zu Straße werden Änderungen von Kreuzungen wie neue Kreuzungen behandelt, wenn ein nicht kraftfahrzeugfähiger Weg zu einer dem allgemeinen Kraftverkehr dienenden Straße ausgebaut wird[106].

Werden zwei Verkehrswege gleichzeitig neu angelegt, so gilt im Eisenbahnkreuzungsrecht und Wasserstraßenkreuzungsrecht wie auch bei Kreuzungen von Bundesfernstraßen mit Gewässern, daß die Kosten der Kreuzungsanlage von den Beteiligten je zur Hälfte zu tragen sind, bei Straßenkreuzungen sind die Kosten im Verhältnis der Fahrbahnbreiten der an der Kreuzung beteiligten Straßenäste zu teilen[107]. Dies gilt auch, wenn zwei sich kreuzende bisher nicht miteinander verbundene Straßen durch eine Anschlußstelle verbunden werden[108].

Nach der Novelle zum EKrG 1971[109] liegt eine neue Kreuzung dann nicht vor, wenn ein schon vorhandener bisher nicht öffentlich-rechtlicher Weg zu einem öffentlichen gewidmet wird und in diesem Zusammenhang Kosten anfallen (§ 2 Abs. 3 EKrG). Es ist noch nicht eindeutig geklärt, ob sich diese Sonderregelung auch auf die Vorschrift des § 11 EKrG auswirkt, nachdem der Wortlaut des Absatzes 3 nur auf den Absatz 1 des § 2 EKrG verweist, nicht aber auf § 11 EKrG[110].

Gleichzeitigkeit ist dann gegeben, wenn während der Planung oder Bauausführung eines Verkehrsweges das Bedürfnis nach dem Bau des anderen auf Grund von Plänen so rechtzeitig dargelegt wird, daß auf die Kreuzung in zumutbarer Weise Rücksicht genommen werden kann.

Bei der Bemessung der Fahrbahnbreiten sind die Mittel- und Seitenstreifen sowie Geh- und Radwege einzubeziehen. Zur Kostenmasse gehören auch jeweils die durch die Kreuzung notwendigen Änderungen des anderen Verkehrsweges. Für die Abmessungen sind bei neuen Kreuzungen diejenigen Maße zugrundezulegen, die unter Berücksichtigung des gegenwärtigen Verkehrs und der für die nächsten zehn Jahre übersehbaren Verkehrsentwicklung erforderlich sind. Die Beschränkung auf zehn Jahre war allerdings gesetzlich nur im Bundeswasserstraßengesetz ausdrücklich so geregelt, ist aber durch das 2. FStrÄndG wieder aufgehoben worden. Eine abweichende Regelung gilt, wenn ein Gewässer wesentlich umgestaltet wird. Hier werden nur die gegenwärtigen Verkehrsbedürfnisse berücksichtigt[111].

Änderungen von Kreuzungen

Die Kostenregelungen für Kreuzungsänderungen sind unterschiedlich. Überwiegend gilt das Veranlassungsprinzip, wonach derjenige Beteiligte die Änderungskosten zu tragen hat, der sie verlangt hat oder hätte verlangen müssen. Diese Regelung gilt insbesondere im Eisenbahnkreuzungsrecht bei der Änderung von Überführungen (also nicht bei Bahnübergängen)[112], im Bundeswasserstraßenrecht bei der Änderung von Kreuzungen zwischen Bundeswasserstraßen und anderen öffentlichen Verkehrswegen, zu denen auch die öffentlichen Straßen, Wege und Plätze gehören[113], im Sträßenrecht, wenn ein Beteiligter seine Straße ausbaut und im Zusammenhang damit eine Kreuzung oder Einmündung mit einer anderen Straße geändert werden muß, ferner wenn bei einer Änderung unabhängig von dem Ausbau einer Straße der durchschnittliche Verkehr mit Kraftfahrzeugen wesentlich überwiegt (20% oder Bagatellklausel)[114]. Das Veranlassungsprinzip mit Vorteilsausgleich gilt bei den Änderungen von Überführungen im Eisenbahnkreuzungsgesetz, im Straßenrecht nur in Hessen bei der Änderung von Straßenüber- oder -unterführungen, es sei denn, daß die Bagatellklausel zutrifft[115]. Schließlich gilt das Veranlassungsprinzip noch bei gleichzeitiger Veranlassung von Änderungen von Überführungen im Eisenbahnkreuzungsgesetz und im Bundeswasserstraßengesetz, ferner im Bund, in Niedersachsen und im Saarland bei Kreuzungsänderungen im Zusammenhang mit dem gleichzeitigen Ausbau mehrerer Straßen[116]. In diesen Fällen sind die Kosten von den Beteiligten in dem Verhältnis zu tragen, in dem die Kosten der von ihnen veranlaßten Änderungen bei getrennter Durchführung zueinander stehen würden (Vergleichsentwürfe).

In einer Reihe von Fällen gilt aber für die Änderungen von Kreuzungen nicht das Veranlassungs-, sondern das Wertigkeitsprinzip. Im Straßenrecht sind die Änderungskosten nach den Fahrbahnbreiten auf die Beteiligten zu verteilen. Dies gilt insbesondere, wenn die Kreuzungsänderung unabhängig von dem Ausbau einer Straße wegen der Entwicklung des Verkehrs erforderlich geworden ist (alle Länder außer Hessen), wobei allerdings das Veranlassungsprinzip dann gilt, wenn der durchschnittliche tägliche Verkehr mit Kraftfahrzeugen auf einer der Straßenäste nicht mehr als 20 vom Hundert des Verkehrs auf einem anderen Straßenast beträgt (Bagatellklausel). Die Kostenteilung nach Fahrbahnbreiten gilt ferner beim gleichzeitigen Ausbau mehrerer Straßen[117] (nicht in Niedersachsen). Eine besondere Regelung für die Kostenteilung bei der Änderung höhengleicher Straßenkreuzungen findet sich in Hessen, wonach die Kosten zu einem Drittel im Verhältnis der Fahrbahnbreiten, zu einem weiteren Drittel im Verhältnis der Verkehrsstärken der kreuzenden Straßen und zu einem weiteren Drittel vom Träger der Straßenbaulast der Straße der höheren Verkehrsbedeutung zu tragen sind, wenn die Änderung aus Gründen des Verkehrs an der Kreuzung erforderlich ist und nicht die Bagatellklausel einschlägig ist[118]. Soweit für die Kostenverteilung die Fahrbahnbreiten maßgebend sind, sind bei ihrer Ermittlung die Trennstreifen, Mittelstreifen, befestigten Seitenstreifen sowie Geh- und Radwege einzubeziehen. Maßgebend sind die Fahrbahnbreiten (richtiger Straßenbreiten) der Straßen nach der Durchführung der Maßnahme, in Nordrhein-Westfalen die Fahrbahnbreiten vor der Änderung[119].

Das Wertigkeitsprinzip hatte ferner seinen Ausdruck gefunden im Eisenbahnkreuzungsgesetz 1939 und gilt nach dem Eisenbahnkreuzungsgesetz für die Änderungen von Bahnübergängen, nur etwas abgeändert[120]. Danach haben die Beteiligten je ein Drittel der Kosten zu tragen, während bei Kreuzungen mit einem Schienenweg der Deutschen Bundesbahn der Bund, in allen übrigen Fällen das Land das letzte Drittel zu tragen hat.

Das Bundesverfassungsgericht hatte die früher bestandene Kostenbeteiligung des Landes insoweit für nichtig erklärt, als an dem Bahnübergang ein Schienenweg der Bundesbahn beteiligt ist.

Kostenmasse

Welche Kosten zur Kostenmasse gehören, ist nur für das Eisenbahnkreuzungsgesetz durch die Eisenbahnkreuzungsverordnung[121] eingehender geregelt worden. Diese Regelung wird aber auch für andere Kreuzungsverhältnisse herangezogen werden können. Für das Straßenrecht wird auf die Straßenkreuzungsrichtlinien[122] verwiesen. Zur Kreuzungsmasse gehören grundsätzlich alle Aufwendungen für die Maßnahmen an den sich kreuzenden Verkehrswegen, die unter Berücksichtigung der anerkannten Regeln der Technik und der übersehbaren Verkehrsentwicklung notwendig sind, damit die Kreuzung den Anforderungen der Sicherheit und Abwicklung des Verkehrs genügt, und für Maßnahmen an Anlagen Dritter, die infolge der Kreuzungsmaßnahme erforderlich sind, und die ohne Verschulden eines Beteiligten angefallenen Schadensersatzleistungen an Dritte[123]. Im einzelnen unterscheidet man dann zwischen den Grunderwerbs-, Bau- und Verwaltungskosten; letztere aber nur bei Kreuzungen nach dem EKrG und WaStrG, nicht aber nach dem FStrG (Nr. 13 StraKR).

Unterhaltungskosten

Bei gemeinschaftlichen Anlagen, wie bei den Kreuzungsanlagen, muß die Zuständigkeit für die Unterhaltung — auch Erhaltung genannt — eindeutig und klar geregelt sein. Unabhängig davon ist die Regelung, wer jeweils die Kosten der Unterhaltung zu tragen hat. Auch die Regelungen hierfür sind durchaus verschieden.

Im Bereich der Straßenkreuzungen ist zu unterscheiden zwischen den höhengleichen Kreuzungen und Kreuzungen mit Überführungen[124]. Bei letzteren ist die Grundregel, daß der Träger der Straßenbaulast der höher klassifizierten Straße für die Unterhaltung des Kreuzungsbauwerkes zuständig ist, während die übrigen Teile der Kreuzungsanlage (z. B. Rampen) der Träger der Straßenbaulast der Straße, zu der sie gehören, zu unterhalten hat. Bei höhengleichen Kreuzungen haben entsprechend der früheren Regelung im FStrG in den Ländern Bayern, Baden-Württemberg, Hessen, Niedersachsen, Saarland und Schleswig-Holstein die Träger der Straßenbaulast für die Straße höherer Ordnung die Unterhaltungslast nur in der Fahrbahnbreite ihrer Straße. Nach dem 2. FStrÄndG und der neuen FStrKrV[121] ist der Umfang der Unterhaltungspflicht für den Träger der Straßenbaulast der höheren Straße erheblich erweitert worden (bis zum Anfang der Eckausrundungen und für Lichtzeichenanlagen). In den übrigen Ländern umfaßte die Unterhaltungslast schon bisher die ganze Kreuzungsanlage. Die Unterhaltung umfaßt in der Regel die Wiederherstellung und die Erneuerung. Im Falle wesentlicher Kreuzungsänderungen haben die beteiligten Träger der Straßenbaulast eventuelle Mehrkosten der Unterhaltung ohne Ausgleich selbst zu tragen.

Bei neuen Kreuzungen hat der neu hinzugekommene Träger der Straßenbaulast die Mehrkosten der Unterhaltung zu erstatten. Ausnahmen gelten in Baden-Württemberg, das keine Erstattung vorsieht, und Hessen, wo die Erstattung auf einen Zeitraum von 15 Jahren beschränkt ist.

Im Eisenbahnkreuzungsrecht[125] wird zwischen den Eisenbahnanlagen und den Straßenanlagen einer Kreuzung unterschieden und die Erhaltungs- und Inbetriebhaltungslast auf den Eisenbahnunternehmer und den Träger der Straßenbaulast verteilt. Bei Bahnübergängen gehört das Kreuzungsstück in einem näher beschriebenen Umfang zur Eisenbahnanlage und ist damit Gegenstand einer Sonderbaulast im Sinne des Straßenbaurechts. Bei neuen Kreuzungen und bei der Änderung von Überführungen sind vom Veranlasser die hierdurch veranlaßten Betriebs- und Erhaltungskosten abzulösen. Bei gleichzeitigem Neubau und bei der Änderung von Bahnübergängen entfällt ein Ausgleich. Für die Berechnung der Ablösung hat der Bundesverkehrsminister mit RS 21/71 (VkBl. S. 479 u. 630) besondere Richtlinien erlassen.

Bei Kreuzungen öffentlicher Verkehrswege mit den Bundeswasserstraßen[126] obliegt die Pflicht zur Unterhaltung demjenigen Beteiligten, der die Kosten der Herstellung ganz oder überwiegend getragen hat. Ist dies die Wasser- und Schifffahrtsverwaltung, dann erstreckt sich die Unterhaltungspflicht nur auf das Kreuzungsbauwerk, während die übrigen Teile der Kreuzungsanlage derjenige zu unterhalten hat, zu dessen Verkehrsweg sie gehören. Eine Erstattung bzw. Beteiligung des anderen Beteiligten ist vorgesehen, wenn der Nichtunterhaltungspflichtige zu den Herstellungs- bzw. Änderungskosten anteilig beigetragen hat, im Ausmaß seiner Beteiligung, und bei der Übernahme der Unterhaltungslast für die übrigen Teile der Kreuzungsanlage. Eine besondere Regelung gilt dann noch für die Sicherheitsanlagen[127] bei Durchfahrten unter Brücken, deren Kosten der Beteiligte zu tragen hat, der die Kosten der Herstellung oder Änderung zu tragen hat, während die Unterhaltung dieser Einrichtungen der Wasser- und Schiffahrtsverwaltung gegen Erstattung der Kosten obliegt. Unterhaltung und Kostentragung obliegt der Wasser- und Schiffahrtsverwaltung dann, wenn die Sicherungseinrichtungen erst nach der Errichtung der Brücke erforderlich werden oder vorhandene Einrichtungen wegen der Entwicklung der Schiffahrt oder bei einer Änderung von Rechtsvorschriften durch andere zu ersetzen sind.

Bei Kreuzungen von Bundesfernstraßen mit Gewässern hat grundsätzlich der Träger der Straßenbaulast die Kreuzungsanlagen auf seine Kosten zu unterhalten. Dies erstreckt sich jedoch nicht auf Leitwerke, Leitpfähle u. dgl., die der Sicherung der Durchfahrt dienen. Das Gesetz sieht aber auch eine Reihe von Fällen vor, in denen der Gewässerunterhaltungspflichtige die Kosten der Unterhaltung zu ersetzen oder abzulösen hat (z.B. Neubau des Gewässers)[128].

2.2.8.2. Verfahren

Bei Straßenkreuzungen sollen die kreuzungsrechtlichen Rechtsbeziehungen möglichst durch Vereinbarungen, notfalls in der Planfeststellung geregelt werden. In ihr soll auch die Aufteilung der Kosten vorgenommen werden. Liegen Vereinbarungen vor der Planfeststellung vor, sollen sie in diese nachrichtlich aufgenommen werden. Das Gleiche gilt für Kreuzungen von Bundeswasserstraßen mit öffentlichen Verkehrswegen und von Bundesfernstraßen mit Gewässern[123].

Im Eisenbahnkreuzungsrecht ist vorgeschrieben, daß sich die Beteiligten in einer Vereinbarung einigen sollen. Gelingt dies nicht, kann das Kreuzungsrechtsverfahren[129] auf Antrag eines Beteiligten oder von Amts wegen eingeleitet werden. Voraussetzung für die Anwendung des Eisenbahnkreuzungsgesetzes ist aber, daß es sich um Maßnahmen handelt, die die Sicherheit oder die Abwicklung des Verkehrs unter Berücksichtigung der übersehbaren Verkehrsentwicklung erfordern. Sind Kreuzungsänderungen aus anderem Anlaß erforderlich (z.B. Rationalisierung, Flugplatzbau), dann gilt nicht das Eisenbahnkreuzungsgesetz, sondern das allgemein geltende Veranlassungsprinzip.

Die Anordnungsbehörden — bei Beteiligung eines Schienenweges der Deutschen Bundesbahn der Bundesminister für Verkehr, im übrigen die von der Landesregierung bestimmte Behörde —, entscheiden über Art und Umfang der Maßnahme, die Duldungspflicht, die Rechtsbeziehungen der Beteiligten und die Kostentragung. Wenn über alle sonstigen Punkte Einigkeit besteht, kann auch über die Kostentragung allein entschieden werden[130]. Um eine einheitliche Sachentscheidung zu erreichen, ist in den Fällen, in denen ein Schienenweg der Deutschen Bundesbahn beteiligt ist und zur Durchführung der Maßnahme ein Planfeststellungsverfahren erforderlich ist, bestimmt, daß die Anordnungsbehörde auch Planfeststellungsbehörde ist und der Planfeststellungsbeschluß mit der Anordnung zu verbinden ist[131].

Von der Anordnungsbehörde kann ferner entschieden werden, ob eine Straße die Eigenschaft einer kraftfahrzeugfähigen Straße hat und welche Sicherungsmaßnahmen zu treffen sind, wenn bei neuen Kreuzungen an Stelle einer Überführung ausnahmsweise ein Bahnübergang zugelassen wird.

Die Anordnungen im Kreuzungsrechtsverfahren sind Verwaltungsakte und unterliegen der gerichtlichen Nachprüfung durch die Verwaltungsgerichte.

2.2.9. Straßenaufsicht

Die Straßenaufsicht soll die Erfüllung der öffentlichen Aufgaben des Trägers der Straßenbaulast, die ihm durch Rechtsvorschriften oder auf Grund von Vereinbarungen obliegen, sicherstellen. Sie hat dafür zu sorgen, daß die öffentliche Straße in jeder Beziehung in vollem Umfang ihrem Zweck erhalten bleibt und ihrem Zweck gemäß benutzt werden kann. Sie hat gegebenenfalls auch Gefährdungen des Verkehrs durch geeignete Maßnahmen vorzubeugen. Die Straßenaufsicht erstreckt sich auf alle Baulastverpflichtungen des Trägers der Straßenbaulast, also zum Beispiel auch auf die sich aus dem Eisenbahnkreuzungsgesetz ergebenden. Sie hat nur da besondere Bedeutung, wo nicht der Staat selbst durch innerdienstliche Weisungen der vorgesetzten Behörden seinen Willen durchsetzen kann, also insbesondere da, wo die Träger der Straßenbaulast die Gemeinden sind und ihnen der Straßenbau als Aufgabe des eigenen Wirkungskreises obliegt. In diesen Fällen muß sich die Straßenaufsicht auf die Rechtsaufsicht beschränken, während in den Fällen, in denen die Aufgaben der Gemeinden für den Straßenbau zum übertragenen Wirkungskreis gehören, wie z.B. bei den Ortsdurchfahrten im Zuge klassifizierter Straßen auch die Fachaufsicht (Ermessensentscheidung) möglich ist. Die Straßenaufsicht wird wirksam durch Anordnungen und Ersatzvornahme, falls die gesetzte Frist überschritten wird[132].

Die für die Straßenaufsicht zuständigen Behörden werden durch das Landesrecht bestimmt. Die Regelungen sind in den einzelnen Ländern sehr unterschiedlich. Oberste Straßenaufsichtsbehörden sind meist die für den Straßenbau zuständigen Minister. Die Zuständigkeiten der Straßenaufsichtsbehörden richten sich zum Teil nach der Klassifizierung der Straße[133], zum Teil nach dem Träger der Straßenbaulast im Einzelfall[134].

So sind z.B. Straßenaufsichtsbehörden für die Land(es)straßen in Niedersachsen, Nordrhein-Westfalen, Rheinland-Pfalz, Schleswig-Holstein und Saarland die zuständigen Fachminister, in Baden-Württemberg, Bayern und Hessen die Regierungspräsidenten. Die Regelungen für Kreis-, Gemeinde- und sonstige Straßen ist in den Ländern derart unterschiedlich, daß eine ins einzelne gehende Darstellung hier nicht gegeben werden kann. In Schleswig-Holstein ist Straßenaufsichtsbehörde die Kommunalaufsichtsbehörde, wenn Kreise, Zweckverbände oder Gemeinden Träger der Straßenbaulast sind. In den Ländern sind die Zuständigkeiten unterschiedlich auf die Regierungen, Landräte und Oberbürgermeister verteilt.

Das Weisungsrecht des Bundesministers für Verkehr nach Art. 85 Abs. 3 GG ist eine Maßnahme der Auftragsverwaltung und ersetzt im Rahmen des föderalistischen Staatsaufbaues der Bundesrepublik Deutschland die innerdienstliche Weisung der obersten Behörde gegenüber nachgeordneten Behörden. Im Rahmen dieses Weisungsrechtes können sowohl Rechts- als auch Ermessensfragen entschieden und Anordnungen hierüber getroffen werden.

Eine rechtliche Verpflichtung der Straßenaufsichtsbehörde zum Einschreiten hat das Gesetz nicht statuiert. Wegen Unterlassung einer straßenaufsichtlichen Anordnung können Dritte keinen Schadensersatzanspruch wegen Verletzung der Amtspflicht geltend machen. Der Bundesgerichtshof hat allerdings eine solche Haftung nicht ausgeschlossen, wenn es sich um die Fachaufsicht über die ordnungsgemäße Durchführung des Grunderwerbs handelt.

2.2.10. Nebenbetriebe an den Bundesautobahnen

Nebenbetriebe an den Bundesautobahnen[135] sind Betriebe, die den Belangen der Verkehrsteilnehmer der Bundesautobahnen dienen und einen unmittelbaren Zugang zu den Bundesautobahnen haben. Zu den Nebenbetrieben gehören die Autobahntankstellen mit oder ohne Verkaufskiosk, die Autobahnraststätten (ggf. Motel), die Autobahnrasthöfe (das sind Anlagen, die aus Tankstelle Raststätte und ggf. Motel bestehen), die Verkaufskioske mit WC und als sonstige Nebenbetriebe die Touristik-Informationsstellen, die Lotsendienste, die Wechselstuben, die Speditionsbüros, die Verlade- und Umschlagsanlagen und Laderaum-Verteilungsstellen. Dazu gehören ferner die Verkehrsanlagen und Erholungsflächen zum Rasten im Freien[136].

Die Nebenbetriebe sind Bestandteile der Bundesfernstraßen, so daß auf sie alle straßenbaurechtlichen Vorschriften, wie Planung, Planfeststellung, Enteignung, Sicherheitsvorschriften anzuwenden sind. Der Bau dieser Nebenbetriebe ist dem Bund vorbehalten, sie sind jedoch grundsätzlich zu verpachten. Mit dem Vorbehalt des Baues für den Bund kann und soll sichergestellt werden, daß Nebenbetriebe in ausreichender Zahl, in ausreichenden Abständen und verkehrlich sicher und zweckmäßig erstellt werden. Mit dem Gebot der Verpachtung soll erreicht werden, daß die Nebenbetriebe mittelständischen Unternehmern zur Verfügung gestellt werden können, daß aber auch bei Versagen von Pächtern die Betriebe im Interesse der Verkehrsteilnehmer schnell neu und gut besetzt werden können. Um für den Bau von Nebenbetrieben nicht Haushaltsmittel in Anspruch nehmen zu müssen, ist die Finanzierung des Baues und die Verwaltung der Nebenbetriebe der bundeseigenen „Gesellschaft für Nebenbetriebe der Bundesautobahnen m. b. H.“ (GfN) in Bonn übertragen worden.

Der Grunderwerb und die Planung der Nebenbetriebe und der Verkehrsanlagen obliegen den Ländern im Rahmen der Auftragsverwaltung für die Bundesfernstraßen. Die GfN wird an der Planung beteiligt, insbesondere wenn Fragen der Wirtschaftlichkeit berührt werden. Die zuständigen Länderverwaltungen führen die Baumaßnahmen entsprechend den genehmigten Bauplänen, Kostenanschlägen und Bauzeitplänen durch. Nach Fertigstellung übernimmt die GfN die Anlagen von der Landesstraßenbauverwaltung auf Grund örtlicher Vereinbarungen.

Mit besonderer Genehmigung des Bundes darf die GfN Bauten selbst durchführen. In solchen Fällen stellt der Bund das Einvernehmen mit dem Land her. Die Überwachung der Bauten nach § 4 FStrG nehmen die Länder im Rahmen der Auftragsverwaltung für die Bundesfernstraßen auch in diesem Fall wahr.

Die GfN zahlt für die Verwaltung der bundeseigenen Nebenbetriebe an den Bund Pachtentgelte. Für die von ihr finanzierten Betriebe, die auf Erbbaurechtsgrundstücken oder auf Pachtgrundstücken des Bundes errichtet sind, ist ein Heimfallrecht vereinbart, dessen Zeit sich nach der Amortisation der Investitionen richtet. Die Nebenbetriebe unterliegen den gewerberechtlichen Vorschriften mit einigen Freistellungen, die sich aus der Zweckbestimmung der Betriebe ergeben (keine gaststättenrechtliche Erlaubnis, kein Nachweis des Bedürfnisses, besondere Polizeistundenregelung)[137]. Der Pächter bedarf zwar für seine Person der Erlaubnis; es ist aber keine Erlaubnis erforderlich für die im Gaststättengesetz aufgeführten baulichen Voraussetzungen, weil insoweit die Sicherheitsvorschrift des FStrG einschlägig ist.

2.2.11. Ordnungswidrigkeiten

Für Zuwiderhandlungen gegen verschiedene Tatbestände des Straßenbaurechtes enthalten die meisten Straßengesetze Vorschriften über Ordnungswidrigkeiten[138]. Mit Geldbußen können insbesondere geahndet werden Verstöße gegen widerrechtlich in Anspruch genommene Sondernutzungen oder Verstöße gegen Beschränkungen des Gemeingebrauchs, Verstöße gegen die Anbauverbote und -beschränkungen, wie gegen Veränderungssperren, Verstöße gegen Schutzwaldvorschriften u.a.m. Die Regelungen sind in Bund und Ländern sehr verschieden. Dies gilt auch für die Zuständigkeiten, die meist nicht bei den Straßenbaubehörden liegen.

Für das Verfahren gilt das Gesetz über Ordnungswidrigkeiten 1. d. F. vom 9. 12. 1974 (BGBl. I S.3393).

2.3. Straßenverwaltung

2.3.1. Die öffentliche Verwaltung

Unter öffentlicher Verwaltung ist die sich nach einer bestimmten Ordnung vollziehende planmäßige Tätigkeit zu verstehen, die Hoheitsträger zur Erfüllung und Förderung öffentlicher Aufgaben entfalten. Nicht zur öffentlichen Verwaltung gehören die Gesetzgebung und die Rechtsprechung.

Zur Verwaltung im materiellen Sinne gehören alle typischen Verwaltungshandlungen, wie etwa der Erlaß von Verwaltungsakten, die Abgabe privater Willenserklärungen, die innerdienstlichen Entscheidungen. Durch das Grundgesetz werden der Verwaltung in gewissem Umfang auch Tätigkeiten der rechtssetzenden Gewalt (z.B. Erlaß von Rechtsverordnungen)[139] oder der rechtsprechenden Gewalt (z.B. Erlaß von Bußgeldbescheiden) zugewiesen (Verwaltung im funktionellen Sinn). Die Tätigkeit der Regierung ist im Gegensatz zur Verwaltung auf die Leitung und Führung des Staatsganzen ausgerichtet und befaßt sich im wesentlichen mehr mit grundsätzlichen und politischen Fragen. Für die Tätigkeit der Regierung hat sich daher zur Unterscheidung vom Verwaltungsakt der Begriff des Regierungsaktes herausgebildet, der grundsätzlich nicht, wie der Verwaltungsakt, der verwaltungsgerichtlichen Nachprüfung unterliegt (sog. justizfreier Hoheitsakt)[140].

Im Bereich der öffentlichen Verwaltung unterscheidet man zwischen der Hoheitsverwaltung und der fiskalischen Verwaltung. Erstere ist gekennzeichnet durch die Unterordnung Dritter unter die Gewalt des Hoheitsträgers, die wesentlich ihren Ausdruck in Verwaltungsakten (Genehmigungen, Erlaubnissen, Ausnahmegenehmigungen) findet, im Bereich der sogenannten schlichten Hoheitsverwaltung jedoch ohne Anwendung hoheitlicher Zwangsgewalt (z.B. Wegeunterhaltung durch eigenes Personal oder durch öffentlich-rechtliche Verträge für Kreuzungsmaßnahmen). Bei der Fiskalverwaltung betätigt sich der Staat nur mit den Mitteln des Privatrechtes auf der Basis der Gleichordnung (z.B. Anmietung von Verwaltungsgebäuden, Werkverträge, Grunderwerbsverträge). Wenn es auch die wichtigste Aufgabe der Verwaltung ist, im Rahmen der Rechtsordnung die öffentliche Ordnung und Sicherheit zu gewährleisten, was wesentlich durch die Eingriffsverwaltung sichergestellt wird, so kommt dem modernen Staatswesen die weitere Aufgabe zu, in steigendem Maße die Versorgung der Bürger zu übernehmen, die ihren Ausdruck in der Daseinsvorsorge findet. Letztere erfaßt alle öffentlichen Leistungen, die für die Allgemeinheit und für den einzelnen als Glied der Allgemeinheit bestimmt sind. Sie wird unter dem Begriff der Leistungsverwaltung zusammengefaßt, deren Aufgaben sowohl durch Hoheitsverwaltung, schlichte Hoheitsverwaltung als auch durch Fiskalverwaltung erfüllt werden können.

2.3.2. Träger der öffentlichen Verwaltung

Die Träger der öffentlichen Verwaltung werden durch das Grundgesetz, die Verfassungen der Länder sowie durch Bundes- oder Landesgesetze bestimmt. Nach dem Grundsatz des Artikels 30 GG sind die Länder zuständig, soweit das Grundgesetz keine andere Regelung trifft oder zuläßt. Für den Vollzug von Gesetzen ergibt sich demnach die Verwaltungszuständigkeit der Bundesbehörden für Bundesgesetze und in der bundeseigenen Verwaltung, der Landesbehörden für Bundesgesetze in der Auftragsverwaltung und in der landeseigenen Verwaltung, und für Landesgesetze der Kommunalbehörden in den Bereichen des übertragenen und des eigenen Wirkungskreises. Darüber hinaus gibt es noch in der sogenannten mittelbaren Verwaltung die Verwaltung durch Körperschaften und Anstalten des öffentlichen Rechts, aber auch durch Stiftungen des öffentlichen Rechts und natürliche oder juristische Personen des Privatrechts.

2.3.3. Die öffentliche Verwaltung im Straßenbau

Der Bau und die Unterhaltung öffentlicher Straßen gehören zum Bereich der Leistungsverwaltung. Die Aufgaben werden zum Teil in den Formen des öffentlichen und zum Teil in denen des Privatrechts erfüllt.

In den Bereich der Hoheitsverwaltung fallen insbesondere alle in den Straßenbaugesetzen vorgesehenen Verwaltungsakte, wie Widmung, Umstufung und Einziehung von Straßen, Anordnung von Verkehrszeichen, Erlaubniserteilung und Widerruf von Sondernutzungen, Genehmigungen von Anbauten an Straßen, Schutzwaldfestsetzungen, Anordnung von Umleitungen oder Schutzmaßnahmen, Planfeststellungen, vorläufige Besitzeinweisungen, Anordnung von Vorbereitungsarbeiten. Die Entscheidungen über Planung und Linienführung gehören zwar zur Hoheitsverwaltung, sind aber als Regierungsakte zu klassifizieren. In den Bereich der schlichten Hoheitsverwaltung gehören insbesondere alle Regelungen über die Zuwendungen für Straßenbaumaßnahmen Dritter[141], über Kostenbeteiligungen auf Grund von Verträgen, über Straßenbauleistungen im Interesse Dritter, die UI- und UA-Vereinbarungen[34], kreuzungsrechtliche Verträge[142]. In den Formen des bürgerlichen Rechtes werden von den Straßenbauverwaltungen insbesondere Grunderwerbsverträge, Miet- und Pachtverträge, Werk- und Lieferungsverträge, Dienstverträge u.dgl. abgeschlossen. Insoweit besteht die Fiskalverwaltung.

Im Rahmen der Hoheitsverwaltung setzt jeder Verwaltungsakt eine Rechtsgrundlage voraus. In der Fiskalverwaltung ist die öffentliche Verwaltung im allgemeinen, wie jeder Private, in seinen Entschließungen, ob er diesen oder jenen Vertrag abschließt, frei.

Untätigkeit der Verwaltung in der Hoheitsverwaltung kann gegebenenfalls zu einer Untätigkeitsklage gegen die Verwaltung führen. Im bürgerlichen Recht ist eine solche Klage nicht gegeben. In gewissen Bereichen hat sich allerdings auch die öffentliche Verwaltung auf dem bürgerlichrechtlichen Sektor gebunden zur Wahrung des Gleichheitsgrundsatzes, z.B. beim Wettbewerb für öffentliche Aufträge oder bei der Gestattung von Versorgungsleitungen Verträge abzuschließen, wenn die hierfür aufgestellten innerdienstlichen Vorschriften oder Weisungen erfüllt sind.

2.3.4. Zuständigkeiten bei der Straßenbauverwaltung

2.3.4.1. Bundesfernstraßen

Für die Bundesfernstraßen bestimmt das Grundgesetz, daß die Länder oder die nach Landesrecht zuständigen Selbstverwaltungskörperschaften diese im Auftrage des Bundes verwalten (Auftragsverwaltung)[143]. In der Auftragsverwaltung werden die Länder unbeschadet des Weisungsrechts des Bundes in eigener Zuständigkeit und eigener Verantwortung tätig. Die Einrichtung der Behörden für die Auftragsverwaltung ist eine eigene Angelegenheit der Länder, soweit nicht ein Bundesgesetz mit Zustimmung des Bundesrates etwas anderes bestimmt. Die Länder unterliegen jedoch der Rechtsaufsicht und der Fachaufsicht des Bundesministers für Verkehr. In der Fachaufsicht kann der Bund seinen Willen über die Zweckmäßigkeit der Verwaltungsentscheidungen sowohl durch allgemeine als auch durch Einzelweisungen, durch Berichts- oder Aktenvorlage oder durch Entsendung von Beauftragten zu den Behörden durchsetzen. In der Auftragsverwaltung soll also der Wille der zuständigen obersten Bundesbehörde entscheidend sein.

In der Rechtsaufsicht hat die Aufsichtsbehörde zu überwachen, daß von den nachgeordneten Behörden das Recht richtig angewendet wird. Die nachgeordneten Behörden sind an die Rechtsauffassung der Rechtsaufsichtbehörde gebunden.

Im Bundesfernstraßengesetz hat sich der Bund für einige Verwaltungsentscheidungen der Länder als Auftragsverwaltungen das Einverständnis (z.B. bei Aufstufungen), die Zustimmung (bei Festsetzung von Ortsdurchfahrten abweichend von der gesetzlichen Regelung) oder die Aktenvorlage (bei Meinungsverschiedenheiten mit Behörden bei der Planfeststellung) vorbehalten[144]. Weitere Vorbehalte finden sich in den mitder Zustimmung des Bundesrates erlassenen Allgemeinen Verwaltungsvorschriften für die Auftragsverwaltung der Bundesfernstraßen (z.B. bei der Bestellung von Leitern der Mittelbehörden, bei Interessenkollisionen zwischen Bund und Land, bei Rechtsstreitigkeiten von gründsätzlicher Bedeutung oder mit einem Streitwert über 20000 DM, bei Zustimmungsvorbehalten zugunsten oberster Bundesbehörden in Vorschriften der Haushalts- und Wirtschaftsbestimmungen, für die Bereitstellung zusätzlicher Haushaltsmittel bei bestimmten Mittelausgleichen, bei der Veräußerung von Grundstücken in besonderen Fällen, bei der Zuschlagserteilung bei Bau- und Lieferverträgen in besonderen Fällen, bei gewissen Vertragsänderungen, Niederschlagung von Forderungen des Bundes u.a.m.)[145]. Darüber hinaus hat der Bundesminister für Verkehr auf fast allen Sachgebieten des Straßenbaues durch zahlreiche Richtlinien, die rechtlich wesentlich als allgemeine Weisungen zu werten sind, allgemeine Grundsätze für die Durchführung der Aufgaben auf dem Gebiete des Bundesfernstraßenbaues gegeben, durch die auch eine möglichst einheitliche Verwaltungspraxis für alle Bundesfernstraßen im ganzen Bundesgebiet erreicht werden soll.

Auf dem Gebiete der Straßenbauverwaltung seien hier nur beispielsweise erwähnt die Ortsdurchfahrtenrichtlinien[33], die Bundesrichtlinien für Straßenbauzuwendungen[146], die Nutzungsrichtlinien[85], die Zufahrtenrichtlinien[83], Richtlinien für Kennzeichnung von Tankstellen[71], Kraftfahrzeughilfsdiensten[72], Hotels und Gasthöfe[73], von Messen und Ausstellungen[77], von Gottesdiensten[83]; ferner die Kreuzungsrichtlinien[122], die Planfeststellungsrichtlinien[44]. Dazu kommen selbstverständlich zahlreiche rein technische Richtlinien, die festlegen, wie und in welchem Umfang die Straßen gebaut werden sollen und dürfen. Die Richtlinien werden weitgehend vor ihrer Einführung mit den Ländern besprochen und abgestimmt, damit sie im Interesse der Verwaltungsvereinfachung auch für die Straßen der Länder und Gemeinden verwendet werden können.

Da die Einrichtung der Behörden eine eigene Angelegenheit der Länder ist, zeichnen sich in den verschiedenen Ländern verschiedene Organisationsformen ab. Als oberste Landesstraßenbaubehörden sind zuständig in

Baden-Württemberg	Ministerium für Wirtschaft, Mittelstand und Verkehr[147]
Bayern	Oberste Baubehörde im Bayerischen Staatsministerium des Innern[148]
Bremen	Senator für Bauwesen (Straßenbau)

Berlin (West)	Senator für Bau- und Wohnungswesen[149]
Hamburg	Baubehörde — Tiefbauamt[150]
Hessen	Minister für Wirtschaft und Technik[151]
Niedersachsen	Minister für Wirtschaft und öffentliche Arbeiten[152]
Nordrhein-Westfalen	Minister für Wirtschaft, Mittelstand und Verkehr[153]
Rheinland-Pfalz	Minister für Wirtschaft und Verkehr[154]
Saarland	Minister für öffentliche Arbeiten und Wohnungsbau[155]
Schleswig-Holstein	Minister für Wirtschaft und Verkehr[156]

In Nordrhein-Westfalen besteht eine Auftragsverwaltung der Landschaftverbände[153], die auch für die Bundesfernstraßen im Auftrage des Bundes tätig werden (Unterauftragsverwaltung). Der Dienstweg geht aber auch hier über das Landesministerium an die Landschaftsverbände. Eigene Mittelbehörden für den Straßenbau haben die Länder Hessen (Hessisches Landesamt für Straßenbau), Niedersachsen (Niedersächsisches Landesverwaltungsamt), Rheinland-Pfalz (Straßenverwaltung Rheinland-Pfalz) und Schleswig-Holstein (Landesamt für Straßen-

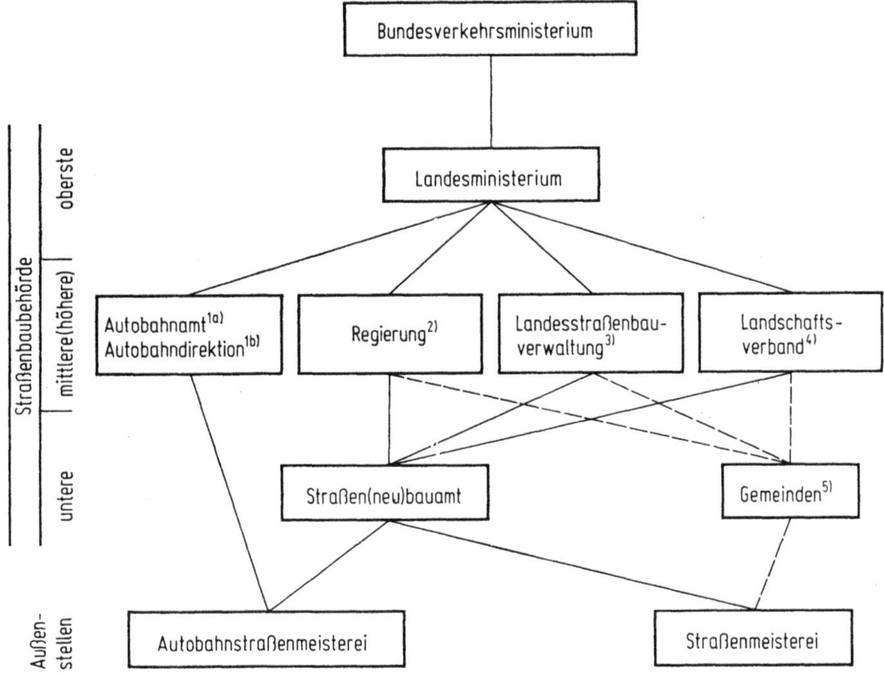

Bild 2.3. Schema zur Bundesauftragsverwaltung für die Bundesfernstraßen[1–5].

[1a] In Baden-Württemberg für Bundesautobahnen.
[1b] In Bayern für Bundesautobahnen.
[2] In Baden-Württemberg und Bayern für Bundesstraßen, in Niedersachsen, soweit nicht das Landesverwaltungsamt zuständig ist (s. Nds. Landesministerium Beschl. v. 21. 8. 1973 NdsMBl. S. 1363, 1366).
[3] In Hessen Landesamt für Straßenbau.
In Niedersachsen Landesverwaltungsamt.
In Rheinland-Pfalz Straßenverwaltung Rheinland Pfalz.
In Schleswig-Holstein Landesamt für Straßenbau Schleswig-Holstein.
[4] In Nordrhein-Westfalen die Landschaftsverbände Rheinland und Westfalen-Lippe.
[5] Die Gemeinden als Träger der Straßenbaulast für Ortsdurchfahrten.

bau Schleswig-Holstein). Eigene Mittelbehörden nur für die Bundesautobahnen haben die Länder Baden-Württemberg (ein Autobahnamt) und Bayern (zwei Autobahndirektionen), im übrigen sind in diesen beiden Ländern für den Bundesstraßenbau die Regierungspräsidien bzw. Regierungen Mittelbehörden. Auf der Ebene der Straßenbauämter sind die Organisationsformen sehr unterschiedlich. Neben Straßenbauämtern und Autobahnämtern finden sich Straßenneubauämter, Autobahnneubauämter bzw. -abteilungen. Schließlich gehören zur Straßenbauverwaltung in den Ländern noch die Straßenmeistereien und Autobahnmeistereien (z.Z. 744) (Bild 2.3).

Eine besondere Regelung gilt für die Verwaltung der Ortsdurchfahrten im Zuge von Bundesstraßen, soweit sie in der Baulast der Gemeinden stehen. Hier ist es den Ländern überlassen worden, die Zuständigkeiten zu regeln. Die Länder haben die Verwaltungszuständigkeit insoweit den Gemeinden übertragen, die für diese Ortsdurchfahrtstrecken an die Vorschriften des Bundesfernstraßengesetzes und denen der Auftragsverwaltung (Weisungsrecht) unterworfen sind. Eine Verwaltungszuständigkeit für die Erteilung von Sondernutzungserlaubnissen in Ortsdurchfahrten schlechthin besteht für die Gemeinden nach einer besonderen Regelung im Bundesfernstraßengesetz, wobei allerdings die Zustimmung des Trägers der Straßenbaulast vorbehalten ist, wenn sich die Sondernutzung auf die Fahrbahn erstreckt und geeignet ist, die Sicherheit und Leichtigkeit des Verkehrs zu beeinträchtigen, oder wenn die Gemeinde die Sondernutzung für sich selbst in Anspruch nehmen will[157].

Soweit im Bundesfernstraßengesetz die Zuständigkeit der obersten Straßenbaubehörde der Länder begründet ist, können die Länder die Zuständigkeit auf nachgeordnete Behörden, worunter auch die Landschaftverbände sinngemäß verstanden werden können, übertragen[158]. Soweit die Zuständigkeit rechtswirksam übertragen worden ist, besteht die ursprüngliche Zuständigkeit nicht mehr. Die bisher zuständig gewesene Behörde kann ihren Willen nur im Wege der Aufsicht (Weisung), nicht aber durch eigenen Verwaltungsakt durchsetzen. Die Länder haben je nach ihrem Verfassungsrecht von der Übertragung in vielen Fällen durch Gesetz, Verordnung, Anordnung, Bekanntmachung oder Erlaß Gebrauch gemacht.

Seit in Gemeinden bis zu 50000 Einwohnern für die Ortsdurchfahrten die Baulast auf den Bund und die Verwaltung auf die Länder übergegangen ist (1. 1. 1962), hat sich das Bedürfnis herausgestellt, den Gemeinden, die über eine leistungsfähige Bauverwaltung verfügen, die Verwaltung der nunmehr in die Baulast des Bundes übergegangenen Ortsdurchfahrten zu belassen. Damit kommt den Gemeinden die beabsichtigte finanzielle Entlastung zu, sie bleibt aber für die Verwaltung innerhalb ihres Bereiches zuständig. Für diesen Zweck hat der Bundesminister für Verkehr Entwürfe für besondere Vereinbarungen (UI-Vereinbarungen und UA-Vereinbarungen) den Ländern für ihre Verwaltung gegeben[34].

2.3.4.2. Landesstraßen

Auf Grund der Landesstraßengesetze verwalten die Länder die Landesstraßen in der landeseigenen Verwaltung mit eigenen Behörden ohne jede Mitwirkung des Bundes. In Nordrhein-Westfalen ist die Verwaltung der Landstraßen den Landschaftverbänden übertragen, die auch Baulastträger dieser Straßen sind. Die Verwaltungsbehörden sind im wesentlichen die gleichen, wie sie für die Auftragsverwaltung der Bundesfernstraßen angeführt sind.

Die Fragen des Haushaltsrechtes, des Personals und der Kostentragung sind wiederum recht unterschiedlich geregelt. Für die Zuständigkeiten für Sondernutzungen in den Ortsdurchfahrten im Zuge von Kreisstraßen gelten im allgemeinen die gleichen Regelungen wie bei den Landesstraßen.

2.3.4.3. *Kreisstraßen*

Die Verwaltung der Kreisstraßen gehört zu den Aufgaben des eigenen Wirkungskreises der Kreise. Somit obliegt es grundsätzlich den Kreisen, diese ihre Aufgabe zu erfüllen. Die landesrechtlichen Regelungen sind jedoch auch in dieser Hinsicht recht unterschiedlich. So werden die Kreisstraßen in Baden-Württemberg, Hessen und Niedersachsen ausnahmslos durch die technische Verwaltung der Länder verwaltet[159], womit eine einheitliche Verwaltung aller Straßen, ausgenommen die Gemeindestraßen durch *eine* Straßenbauverwaltung erreicht wird. Dies gilt auch für Rheinland-Pfalz und Schleswig-Holstein[160], allerdings mit, Einschränkung, daß in diesen Ländern die Kreise Bau und Planung bzw. Bau, Unterhaltung und Verwaltung an sich ziehen können. In Bayern und Nordrhein-Westfalen[161] liegt die Verwaltung kraft der gesetzlichen Regelung bei den Landkreisen; diese können jedoch Verwaltung und Unterhaltung auf die Straßenbauverwaltung des Landes bzw. der Landschaftsverbände übertragen, wovon auch zum Teil Gebrauch gemacht wurde. Im Saarland werden die Kreisstraßen vom Land verwaltet, das auch Straßenbaulastträger dieser Straßen ist.

Bei der Zuständigkeit der Landesstraßenbauverwaltungen für die Aufgaben der Kreisverwaltungen handelt es sich um die Aufgaben der technischen Verwaltung während grundsätzlich den Landkreisen das Recht verbleibt, über die für den Bau und die Unterhaltung der Kreisstraßen bereitzustellenden Mittel zu bestimmen und sie zu bewirtschaften.

2.3.4.4. *Gemeindestraßen*

Die Verwaltung der Gemeindestraßen gehört nach allgemeiner Regelung zum Bereich der gemeindlichen Selbstverwaltung. Die gemeindlichen Behörden werden durch die Gemeinden selbst bestimmt. Die Gemeinden unterliegen insoweit nur der Rechts-, nicht aber der Fachaufsicht. Für die Ortsdurchfahrten von Landes- oder Kreisstraßen in der Baulast der Gemeinden bestimmt lediglich das Landesstraßengesetz für Rheinland-Pfalz auch die Fachaufsicht[162]. Für die Ortsdurchfahrten von Bundesstraßen ist im Rahmen der Auftragsverwaltung die Fach- und Rechtsaufsicht auch für die Ortsdurchfahrten in der Baulast der Gemeinden gegeben.

2.3.4.5. *Sonstige öffentliche Straßen*

Die Verwaltung der sonstigen öffentlichen Straßen obliegt in der Regel der für den Träger der Straßenbaulast zuständigen Behörde oder Organisation. Liegt die Baulast nicht bei einer Körperschaft des öffentlichen Rechts, einer öffentlich-rechtlichen Anstalt oder Stiftung, sondern bei Privaten, so sind für die Wahrnehmung der hoheitsrechtlichen Entscheidungen die zuständigen Straßenaufsichtsbehörden (in Hessen die zuständigen Straßenbauämter) hierfür zuständig. Auch hinsichtlich der Straßenaufsicht für diese Straßen besteht grundsätzlich nur die Rechtsaufsicht. Lediglich in Baden-Württemberg[163] und Bayern[164] ist bestimmt, daß für diese Straßen die Träger der Straßenbaulast allen Weisungen der Straßenaufsichtsbehörde unterliegen.

Anmerkungen

1 Art. 74 Nr. 22 GG.

2 §§ 1, 32, 42 BWStrG, Art. 1, 51 Abs. 6 BayStrWG, § 1 HbgWG, § 1 HeStrG, §§ 1, 42 Abs. 7 NStrG, §§ 1, 49 NWLStrG, §§ 1, 16 Abs. 4, 17 Abs. 1 RPLStrG, §§ 1, 53 Abs. 1, 60 SaStrG, §§ 1, 44 Abs. 9, 45 Abs. 4, 55 SHStrWG.

3 Art. 73 Nr. 6 und 7 GG.

4 Art. 74 Nr. 21 und 23 GG.
5 Baden-Württemberg: Straßengesetz für Baden-Württemberg (BWStrG) vom 20. März 1964 (GesBl. S. 127) i. d. F. vom 21. 10. 1975 (GesBl. S. 654).
Bayern: Bayerisches Straßen- und Wegegesetz (BayStrWG) vom 11. Juli 1958 (GVBl. S. 147 i. d. F. vom 25. April 1968 (GVBl. S. 64) i. d. F. vom 11. 11. 1974 (GVBl. S. 610).
Hessen: Hessisches Straßengesetz (HeStrG vom 9. Oktober 1962 GVBl. S. 437).
Niedersachen: Niedersächsisches Straßengesetz (NStrG) vom 14. Dezember 1962 (GVBl. S. 251 i. d. F. vom 21. 6. 1972 (GVBl. S. 309).
Nordrhein-Westfalen: Straßengesetz des Landes Nordrhein-Westfalen (NLWStrG) vom 28. November 1961 (GVBl. S. 305) i. d. F. vom 18. 12. 1975 (GVBl. S. 706).
Rheinland-Pfalz: Landesstraßengesetz für Rheinland-Pfalz (RPLStrG) vom 15. Februar 1963 (GVBl. S. 57) i. d. F. vom 22. 4. 1970 (GVBl. S. 6).
Saarland: Straßengesetz (SaStrG) vom 17. Dezember 1964 (ABl. S. 117).
Schleswig-Holstein: Straßen- und Wegegesetz des Landes Schleswig-Holstein (SHStrWG) vom 22. Juni 1962 (GVBl. S. 237) i. d. F. vom 29. September 1973 (GVBl. S. 327).
6 Zusammenstellung bei Marschall/Schroeter/Kastner FStrG 4. Aufl. S. 999 ff.
7 § 8 Abs. 1 Satz 4 FStrG, §§ 19, 24 Abs. 7 BWStrG, §§ 19 Abs. 3, 25 Abs. 7 NWLStrG, § 42 Abs. 2 RPLStrG, §§ 22 Abs. 3, 29 Abs. 4 SHStrWG, § 26 Abs. 2 SaStrG.
8 § 1 Abs. 1 FStrG.
9 § 1 Abs. 3 FStrG.
10 Die Einteilung der Straßen finden sich in den §§ 3 der Landesstraßengesetze.
11 § 1 Abs. 4 FStrG, §§ 2 der Landesstraßengesetze, im Saarland § 3 SaStrG.
12 z.B. in Niedersachsen, Nordrhein-Westfalen und Schleswig-Holstein.
13 abweichend nur § 2 Abs. 2 Nr. 3 HbgWG.
14 nicht Baden-Württemberg und Niedersachsen.
15 § 2 FStrG, § 5 BWStrG, Art. 6 BayStrWG, § 6 HbgWG, § 4 HeStrG, § 6 NStrG, § 6 NWLStrG, § 36 RPLStrG, § 6 SHStrWG, § 6 SaStrG.
16 § 5 Abs. 6 BWStrG, Art. 6 Abs. 6 BayStrWG, § 6 Abs. 5 NStrG, § 6 Abs. 5 NWLStrG, § 6 Abs. 6 SaStrG, § 6 Abs. 4 SHStrWG.
17 § 2 Abs. 6a FStrG.
18 § 6 FStrG, §§ 12—14 BWStrG, Art. 11—13 BayStrWG, § 8 BlnStrG, §§ 11—13 HeStrG, § 13 NStrG.
19 § 2 Abs. 3a FStrG.
20 § 2 Abs. 4 FStrG, § 7 BWStrG, Art. 8 BayStrGW, § 7 HbgWG, § 6 HeStrG, § 8 NStrG, § 7 NWLStrG, § 37 RPLStrG, § 8 SaStrG, § 8 SHStrWG.
21 z.B. § 2 Abs. 5 Satz 2 FStrG.
22 § 4 HbgWG.
23 §§ 10—13 NWLStrG, §§ 31—33 RPLStrG, §§ 10—13 SaStrG, §§ 17—19 SHStrWG, § 6 Abs. 2 FStrG.
24 § 1 Abs. 5 FStrG.
25 § 3 FStrG, § 10 BWStrG, Art 9 BayStrWG, § 7 BlnStrG, §§ 12—15 HbgWG, § 9 HeStrG, § 9 NStrG, § 9 NWLStrG, §§ 11—16 RPLStrG, § 9 SaStrG, §§ 10—17 SHStrWG.
26 § 3 Abs. 3 FStrG, §§ 10 Abs. 2, 43 BWStrG, Art. 9 Abs. 3, 51 BayStrWG, §§ 9 Abs. 2, 10 HeStrG, §§ 9 Abs. 2, 52 NStrG, §§ 9 Abs. 2, 49 NWLStrG, § 11 Abs. 2, 17 RPLStrG, §§ 9 Abs. 2, 53 SaStrG, §§ 10 Abs. 4, 45 SHStrWG.
27 § 4 FStrG, Art. 9 Abs. 2 BayStrWG, § 37 Abs. 1 HeStrG, § 10 Abs. 2 NStrG, § 11 Abs. 4 RPLStrG, § 9 Abs. 2 SaStrG, § 10 Abs. 2 SHStrWG.
28 ähnlich Art. 10 BayStrWG, § 47 Abs. 2 HeStrG, § 11 Abs. 4 RPLStrG, § 9 SHStrWG.
29 § 67 BWStrG, Art. 72 BayStrGW, § 5 HbgWG, § 10 Abs. 4 SHStrWG.
30 § 5 FStrG, §§ 45—49 BWStrG, Art. 41—45, 53—55 BayStrWG, § 7 BlnStrG, § 12 HbgWG, §§ 41—45 HeStrG, §§ 43—46 NStrG, §§ 43—52 NWLStrG, §§ 11—16 RPLStrG, §§ 11—17 SHStrWG, §§ 46—50, 54 SaStrG.
31 § 13 Abs. 2 FStrG.
32 in besonderen Fällen auch bei 50000; s. § 5 Abs. 2a FStrG.
33 Ortsdurchfahrten-Richtlinien des BMV vom 2. 1. 1976 (VkBl. 1976 S. 219).
34 s. Marschall/Schröter/Kastner FStrG 4. Aufl. S. 713
35 § 9 BWStrG, Art. 5, 42 BayStrWG, § 8 HeStrG, § 5 NStrG, § 13 Abs. 2 RPLStrG, § 5 SHStrWG.
36 Art. 1 Nr. 3d des 2. FStrÄndG.
37 § 7 Abs. 2a FStrG, § 35 Abs. 2 RPLStrG.
38 vom 6. April 1955 (BGBl. S. 166).
38a BMV Schreiben vom 7. 12. 1972 (VkBl. 1972 S. 863), § 18e Abs. 2 FStrG.
39 Art. 109 GG.
40 § 5a FStrG.

41 § 16 FStrG, Hinweise zu § 16 FStrG vom 2. 1. 1974 (VkBl. 1974 S. 76).
42 § 37 BWStrG, Art. 35 BayStrWG, § 32 HeStrG, § 37 NStrG, § 37 NWLStrG, § 4 RPLStrG, § 38 SaStrG, § 39 SHStrWG.
43 § 16a FStrG.
44 §§ 17 bis 18e FStrG, §§ 38–41 BWStrG, Art. 36–39 BayStrWG, §§ 33–35 HeStrG, §§ 38–41 NStrG, §§ 38–41 NWLStrG, §§ 5–8 RPLStrG, §§ 39–41 SaStrG, §§ 40–43 SHStrWG, Planfeststellungsrichtlinien vom 8. 12. 1975 (VkBl. 1976 S. 32).
45 §§ 18b u. 18e FStrG.
46 § 17a FStrG.
47 § 19 Abs. 2a und § 17 Abs. 2 Satz 1 FStrG.
48 § 17 Abs. 4 letzter Satz FStrG.
49 so ausdrücklich geregelt in § 38 Abs. 2 BWStrG.
50 § 14 Wasserhaushaltsgesetz vom 27. 7. 1957 (BGBl. I S. 1110).
51 siehe im einzelnen Marschall, FStrG 3. Aufl. S. 473.
52 § 18f FStrG.
53 § 18b Abs. 2 FStrG.
54 § 17 Abs. 6, 7 FStrG.
55 §§ 18c u. 18d FStrG.
56 § 18 Abs. 5 Nr. 4; § 18a Abs. 5 FStrG.
57 § 18a Abs. 1 Satz 2 FStrG.
58 vom 21. Januar 1960 (BGBl. I S. 17) i. d. F. v. 26. 2. 1975 (BGBl. I S. 617) mit § 18a Abs. 6 FStrG.
59 §§ 9, 9a FStrG, §§ 24–29 BWStrG, Art. 23–27b BayStrWG, § 23 HbgWG, §§ 23–25 HeStrG, §§ 24–29 NStrG, §§ 25–29 NWLStrG, §§ 7, 22–26 RPLStrG, §§ 23–27b SaStrG, §§ 29–32, 37, 42 SHStrWG.
60 § 25 Abs. 5 NWLStrG.
61 § 9 Abs. 1 FStrG.
62 § 9 Abs. 2 Nr. 1 FStrG.
63 § 24 Abs. 4 BWStrG.
64 § 15 Abs. 3–5 FStrG.
65 §§ 14ff. BBauG.
66 § 9a Abs. 3 FStrG, § 29 Abs. 3 NStrG.
67 § 9 Abs. 6 FStrG, § 28 BWStrG, § 26 HeStrG, § 28 RPLStrG, § 24 RPLStrG, § 29 SaStrG, § 29 SHStrWG.
68 § 33 Abs. 2 StVO.
69 § 33 Abs. 1 StVO.
70 Reichsnaturschutzgesetz vom 26. 6. 1935 (RGBl. I S. 821).
71 (VkBl. S. 568) vom 15. 11. 1955.
72 (VkBl. 1956 S. 45) vom 18. 12. 1955.
73 (VkBl. S. 49) vom 12. 1. 1961.
74 (VkBl. S. 273) vom 25. 5. 1957.
75 (VkBl. S. 256) vom 27. 1. 1961.
76 (VkBl. S. 333) vom 19. 7. 1960.
77 (BMV S. v. 25. 8. 1966 – StB 13–Rkv – 11 C 66).
78 (VkBl. 1968 S. 87) vom 31.1. 1968.
79 § 7 FStrG, §§ 15–17 BWStrG, Art. 14–17 BayStrWG, § 8 BlnStrG, § 16 HbgWG, § 14 HeStrG, §§ 14–15 NStrG, §§ 14–15 NWLStrG, §§ 34–35 RPLStrG, §§ 14–15 SaStrG, § 20 SHStrWG.
80 Art. 74 Nr. 22 i. d. F. vom 26. 8. 1969 (BGBl. I S. 1357).
81 § 8a FStrG.
82 § 8 FStrG, §§ 18–23 BWStrG, Art. 18–22 BayStrWG, §§ 10, 11 BlnStrG, §§ 19, 41–43 HbgWG, §§ 16–18, 20, 37, 40 HeStrG, §§ 18–21, 23, 51, 55 NStrG, §§ 18–21, 23, 51 NWLStrG, §§ 40–47 RPLStrG, §§ 18–22, 52 SaStrG, §§ 21–26, 28, 62 SHStrWG.
83 § 8a FStrG; siehe Zufahrtenrichtlinien BMV RS 12/70 im VkBl. 1971, S. 33 bei Marschall/Schroeter/Kastner FStrG 4. Aufl S. 746.
84 Das BVerwG ist insoweit anderer Ansicht und verlangt eine ausdrückliche Ermächtigung zu einer Rechtsverordnung und den Erlaß einer solchen (BVerwG DVBl. 1971 S. 180 und Marschall/Schroeter/Kastner FStrG 4. Aufl. S. 276).
85 vom 1. 8. 1875 (VkBl. 1975 S. 530).
86 § 8 Abs. 10 FStrG, § 23 BWStrG, Art. 22 BayStrGW, §§ 10, 11 BlnStrG, §§ 20, 40 HeStrG, §§ 23, 55 NStrG, §§ 23, 51 NWLStrG, §§ 45, 46 RPLStrG; § 22 SaStrG, § 28 SHStrWG.
87 Rahmenvertrag zur Regelung der Mitbenutzungsverhältnisse zwischen Bundesfernstraßen und Leitungen der öffentlichen Versorgung (VkBl. 1975 S. 69).
88 vom 6. 12. 1961 (VkBl. 1962 S. 22).

89 § 11 FStrG, §§ 31, 32 BWStrG, Art. 19 BayStrGW, § 23 HbgWG, § 27 HeStrG, § 30 NStrG, § 30 NWLStrG, § 27 RPLStrG, § 31 SaStrG, § 33 SHStrWG.

90 § 10 FStrG, § 30 BWStrG, Art. 28 BayStrGW, § 26 HeStrG, § 30 NStrG, § 31 NWLStrG, § 28 RPLStrG, § 32 SaStrG.

91 § 19 FStrG, § 42 BWStrG, Art. 40 BayStrWG, § 36 HeStrG, § 42 NStrG, § 42 NWLStrG, § 9 RPLStrG, §§ 44, 45 SaStrG, § 44 SHStrWG.

92 so jetzt auch § 19 Abs. 2a FStrG.

93 § 42 Abs. 1 Nr. 3 NWLStrG, § 44 Abs. 2 Nr. 2 SHStrWG.

94 jetzt § 18f FStrG.

95 § 44 Abs. 8 SHStrWG.

96 i. d. F.v. 16. 3. 1976 (BGBl. I S. 546),

97 § 41 Abs. 1 BImSchG, s. u.a. Kastner Straße und Autobahn 1974 S. 215; NJW 1975 S. 2319; Lenz BauRecht 1975 S. 159; Korpmacher DÖV 1976 1; Fickert 1976 S. 1.

98 § 3 Abs. 1 BImSchG.

99 § 3 Abs. 6 BImSchG.

100 § 42 Abs. 1 BImSchG.

101 § 2 Abs. 4, § 3 Abs. 1, 2 und 5 Nr. 4, §§ 41–43 BImSchG.

102 § 41 Abs. 2 BImSchG.

103 § 42 BImSchG.

104 § 42 Abs. 2 BImSchG.

105 § 42 Abs. 3 BImSchG.

106 § 12 Abs. 1 FStrG, § 11 Abs. 1 EKrG, § 34 Abs. 2 BWStrG, Art. 32 Abs. 1 BayStrWG, § 29 Abs. 1 HeStrG, § 34 Abs. 1 NStrG, § 34 Abs. 1 NWLStrG, § 19 RPLStrG, § 35 Abs. 1 SaStrG, § 35 Abs. 1 SHStrWG § 41 Abs. 1 WaStrG.

107 § 11 Abs. 2 EKrG, § 41 Abs. 4 WaStrG, § 12 Abs. 2 FStrG.

108 § 12 Abs. 2 FStrG, § 34 Abs. 2 BWStrG, Art. 32 Abs. 2 BayStrWG, § 29 Abs. 2 HeStrG, § 34 Abs. 2 NStrG, § 34 Abs. 2 NWLStrG, § 19 Abs. 2 RPLStrG, § 35 Abs. 2 SaStrG, § 35 Abs. 2 SHStrWG.

109 vom 21. 3. 1971 (BGBl. I S. 337).

110 siehe Marschall-Bosch EKrG Nachtrag zu § 2, a. A. Nedden NdsMinBl. 1971 Nr. 36.

111 § 12a Abs. 2 FStrG; Fernstraßen/Gewässer-Kreuzungs-Richtlinien vom 2. 5. 1975 (VkBl. 1975 S. 270; 1976 S. 301).

112 § 12 EKrG, wo auch der Vorteilsausgleich geregelt ist.

113 § 41 Abs. 2 WaStrG.

114 § 12 Abs. 3, 3a FStrG, § 12a Abs. 1 u. 2 FStrG, § 34 Abs. 3, 4 BWStrG, Art. 32 Abs. 3, 4 BayStrWG, § 29 Abs. 3 HeStrG, jedoch nur für Änderungen von Über- oder Unterführungen, § 34 Abs. 3, 4 NStrG, § 34 Abs. 3, 5 NWLStrG, § 19 Abs. 3, 4 RPStrWG, § 35 Abs. 3, 4 SaStrG, § 35 Abs. 3, 4 SHStrWG.

115 § 29 Abs. 3 Satz 2 HeStrG.

116 § 12 Abs. 2 EKrG, § 41 Abs. 5 WaStrG, § 12 Abs. 3 Satz 2 FStrG, § 34 Abs. 3 Satz 2 NStrG, § 35 Abs. 3 Satz 2 SaStrG.

117 § 34 Abs. 3 BWStrG, Art. 32 Abs. 3, 4 BayStrWG, § 34 Abs. 4, 5 NWLStrG, § 19 Abs. 3, 4 RPLStrG, § 35 Abs. 3, 4 SHStrWG.

118 § 29 Abs. 4 HeStrG.

119 § 34 Abs. 4 NWLStrG.

120 § 13 EKrG.

121 vom 2. 12. 1975 (BGBl. I S. 2984; VkBl. 1976 und S. 91 und 94).

122 vom 1. 9. 1975 (VkBl. 1975 S. 576).

123 § 41 Abs. 6 WaStrG.

124 § 13 FStrG, § 35 BWStrG, Art. 33 BayStrWG, § 30 HeStrG, § 35 NStrG, § 35 NWLStrG, § 20 RPLStrG, § 36 SaStrG. § 36 SHSt WG.

125 § 14 EKrG.

126 § 42 WaStrG.

127 § 43 WaStrG.

128 § 13a FStrG.

129 § 10 EKrG.

130 § 8 EKrG.

131 § 9 EKrG.

132 § 20 FStrG, §§ 50, 51 BWStrG, Art. 61, 62 BayStrWG, §§ 49, 50 HeStrG, § 57 NStrG, §§ 53, 54 NWLStrG, §§ 50, 51 RPLStrG, §§ 57, 58 SaStrG, §§ 48–50 SHStrWG, § 18 EKrG.

133 Art. 61 BayStrWG, § 50 HeStrG, § 54 NWLStrG, § 51 RPStrG, § 57 SaStrG und Abs. II, A des Beschlusses des NSLMin. vom 5. 2. 1963 (NdsMBl. S. 104).

134 § 51 BWStrG, § 50 Abs. 4 HeStrG, §§ 49, 50 SHStrWG.

135 § 15 FStrG.

136 s. Richtlinien des BMV vom 18. 5. 1971 (VkBl. S. 281).
137 VO vom 26. 6. 1956 (BGBl. I S. 632).
138 § 23 FStrG, § 56 BWStrG, Art. 66 BayStrWG, § 14 BlnStrG, § 43 Bremer StrO, § 70 HbgWG, § 51 HeStrG, § 61 NStrG, § 59 NWLStrG, § 53 RPLStrG, § 61 SaStrG, § 56 SHStWG.
139 Art. 80 GG.
140 z. B. § 16 Abs. 1 FStrG.
141 § 5a FStrG.
142 § 5 EKrG.
143 Art. 90, 85 GG.
144 § 2 Abs. 6 FStrG, § 5 Abs. 4 FStrG, § 18 Abs. 5 FStrG.
145 Erste Allgemeine Verwaltungsvorschrift für die Auftragsverwaltung der Bundesfernstraßen vom 3. Juli 1951 (BAnz. Nr. 132) i. d. F. vom 11. Februar 1956 (BAnz. Nr. 38) und Zweite AVV vom 11. Februar 1956 (BAnz. Nr. 38).
146 vom 15. 9. 1971 (VkBl. 1971 S. 566).
147 Ges. z. Änd. d. BWStrG vom 25. 7. 1972 (GesBl. S. 400); Änd. d. VO d. Landesreg. zur Ausführung d. FStrG vom 17. 1. 1972 (GesBl. S. 27).
148 Gesetz vom 25. 7. 1969 (GVBl. S. 182) und VO vom 25. 8. 1969 (GVBl. S. 292).
149 AO vom 16. Oktober 1953 (GVBl. S. 1289).
150 AO vom 9. Oktober 1962 (Amtl. Anz. S. 1003).
151 Anordnung über Straßenbaubehörden vom 15. 5. 1968 (GVBl. S. 144).
152 Beschluß des Landesministeriums vom 26. 11. 1973 (NdsMBl. S. 1715).
153 VO vom 20. September 1955 (GVBl. S. 203) i. d. F. vom 26. 4. 1961 (GV S. 188), § 56 NWLStrG, § 5 Abs. 1 Buchst. b Nr. 3 der Landschaftsverbandsordnung vom 12. Mai 1963 (GS S. 217) i. d. F. vom 28. November 1961 (GV S. 305).
154 Runderlaß des RP-Ministers für Wirtschaft und Verkehr vom 3. März 1961 — Vk 189/10 00-5190/60.
155 VO vom 9. März 1960 (Abl. S. 217).
156 § 55 SHStrWG.
157 § 8 Abs. 1 FStrG.
158 § 22 Abs. 4 FStrG.
159 § 53 BWStrG mit VO vom 10. 4. 1965 (GBl. S. 94), § 41 Abs. 5 HeStrG, § 59 NStrG.
160 § 49 Abs. 2 RPLStrG, § 53 SHStrWG.
161 Art. 58, 59 BayStrWG, § 56 NWLStrG.
162 § 50 Abs. 2 RPLStrG.
163 § 50 Abs. 3 BWStrG.
164 Art. 62 Abs. 3 BayStrWG.

3. Organisationsformen von Straßenverwaltungen

E. W. Goerner

Inhalt

Der Ausbau der Straßennetze und die Entwicklung der Straßenbautechnik sind im wesentlichen von der Straßenverwaltung abhängig. Den Behörden ist durch die Verfassung die Verantwortung für den Ausbau und die Sicherheit des Land- und Stadtstraßennetzes übertragen. Sie verfügen über die Mittel, die für Bau und Verwaltung der öffentlichen Straßen in den Haushalten von den Parlamenten bewilligt werden. Diese Regelung gilt im Prinzip für alle Nationen. Unterschiede bestehen nur im Aufbau der staatlichen Organisation für diesen Aufgabenbereich; sie beeinflußt den Wirkungsgrad der Straßenverwaltung.

Die Organisation der Straßenverwaltung in der Bundesrepublik Deutschland ist in Kapitel 2 behandelt. Nach ihren Befugnissen gehört diese Verwaltung zum Typ einer Verwaltung mit dezentralisierter Aufgabenverteilung, d. h. die Länder haben ihren eigenen Aufgabenbereich; sie führen außerdem Aufträge der Bundesstraßenverwaltung durch. Der Organisationsform in der Bundesrepublik Deutschland kommen die Straßenverwaltungen in Großbritannien, in der Schweiz und in den Niederlanden am nächsten.

Der Organisationsform mit dezentralisierter Aufgabenverteilung steht die stärker zentral ausgerichtete Straßenverwaltung gegenüber.

Ein hervorragendes Beispiel für das zentralistische Modell auf Grund historischer Tradition bietet die französische Straßenverwaltung. Auch die deutsche Straßenverwaltung war während einer vorübergegangenen Epoche — zur Zeit des Generalinspektors für das deutsche Straßenwesen — zentralisisch organisiert. Zentralistische Straßenverwaltungen finden sich auch in den östlichen Nachbarländern.

Als dritten Typ kann man diejenigen Straßenverwaltungen ansehen, die einen Teil ihrer Befugnisse an Unternehmen der Wirtschaft abtreten. Dieses Verfahren hat sich mit Beginn des Baues von Autobahnen eingeführt. Es kommt sowohl bei zentralistischem als auch bei dezentralisiertem Verwaltungsaufbau vor. Zu diesem Typ gehören in Europa vor allem Italien, Spanien und neuerdings auch Frankreich. Hervorragende Leistungen mit diesem System sind in den USA und Japan erreicht worden.

Die Darstellung der Organisation einiger typischer ausländischer Straßenverwaltungen in diesem Kapitel beschränkt sich auf die Behörden der Regierung[1], denen die Planung, der Bau und die Unterhaltung der Autobahnen, Nationalstraßen oder Bundesstraßen obliegt.

3.1. Zentralistische Verwaltungssysteme

3.1.1. Frankreich

Frankreichs zentrale Straßenverwaltung hat eine berühmte Tradition, die auf das Jahr 1716 zurückgeht, in dem sie als zentrale Behörde „Ponts et Chaussées" von Ludwig XV. eingesetzt wurde. Im Jahre 1747 folgte die Gründung der École Nationale des Ponts et Chaussées [1]. Vom zuständigen Minister Trudaine wurde der Architekt, Straßen- und Brückenbauer J. R. Perronet (1708—1794) nach Paris berufen, um die Leitung eines Büros für Straßenplanung, die spätere École Nationale des Ponts et Chaussées, zu übernehmen. Die Schule überlebte die Revolution. Ihre Schüler bilden bis auf den heutigen Tag den Grundstock des Personals für eine einheitlich ausgerichtete Straßenverwaltung.

Der Kopf der Straßenverwaltung trägt zur Zeit die Bezeichnung „*Direction des Routes et de la Circulation Routière*" (Direktion für Straßen und Straßenverkehr). Seit der Bildung des *Ministère de l'Équipment*[2] *et du Logement* (Ministerium für Infrastruktur und Wohnungswesen) im Jahre 1966, in dem die früheren Ministerien für öffentliche Arbeiten, Verkehr und Touristik sowie für Bauwesen zusammengefaßt worden sind — wobei ein selbständiges Ministerium für Verkehr (*Ministère des Transports*) geschaffen wurde —, gehört die Straßenverwaltung zum Ministère de l'Équipment et du Logement [3]. Das selbständige Verkehrsministerium ist zuständig für den Transport auf Straße und Schiene.

Mit der Bildung des neuen Ministeriums (Decret Nr. 66-61 vom 20. Januar 1966 und nachfolgende Verordnungen) und mit der Reorganisation der betehenden Behörden ist eine Konzentration der Verwaltungen des staatlichen Bausektors und des staatlichen Wohnungswesens erreicht worden (Bild 3.1). Die Zahl der Beamten beträgt etwa 70000. In dieser großen Behördenzusammenfassung hat die Straßenverwaltung etwas von ihrem früheren Rang verloren.

Das Organisationsschema der obersten französischen Straßenbaubehörde ist nach einer Skizze von Hahn [4] in Bild 3.2 wiedergegeben. Die als Referate bezeichneten Gliederungen tragen in französischer Sprache die Bezeichnung „Bureau". Außer den angegebenen Stellen stehen der Direktion für Grundsatzfragen, Entwicklung und Forschung zwei Zentralämter zur Seite: *Service d'Etudes Techniques des Routes et des Autoroutes* (*S. E. T. R. A.*) und *Laboratoire Central des Ponts et Chaussées* (*L. C. P. C.*).

Für den internationalen Erfahrungsaustausch mit Frankreich ist die Arbeit der Zentralämter von besonderer Bedeutung. Das Zentrallaboratorium in Paris,

---

[1] Eine Anschriftenliste der Chefs der Straßenverwaltungen oder der zuständigen Minister aller Länder befindet sich in der jährl. erscheinenden Ausgabe des Elsner, Handbuch für Straßenwesen Planung — Bau — Verkehr — Betrieb, Otto Elsner Verlagsges. Darmstadt.

[2] Dem Wort Equipment ist auch für die Franzosen eine neue Bedeutung beigelegt worden. Es soll den Aufgabenbereich bezeichnen, der etwa durch das Wort Infrastruktur erfaßt wird, d.h. Bauingenieuraufgaben (Génie civil) wie Straßen, Flugplätze, Kanäle, Häfen. Darüber hinaus ist auch der Betrieb dieser Ingenieurbauten einbezogen [2].

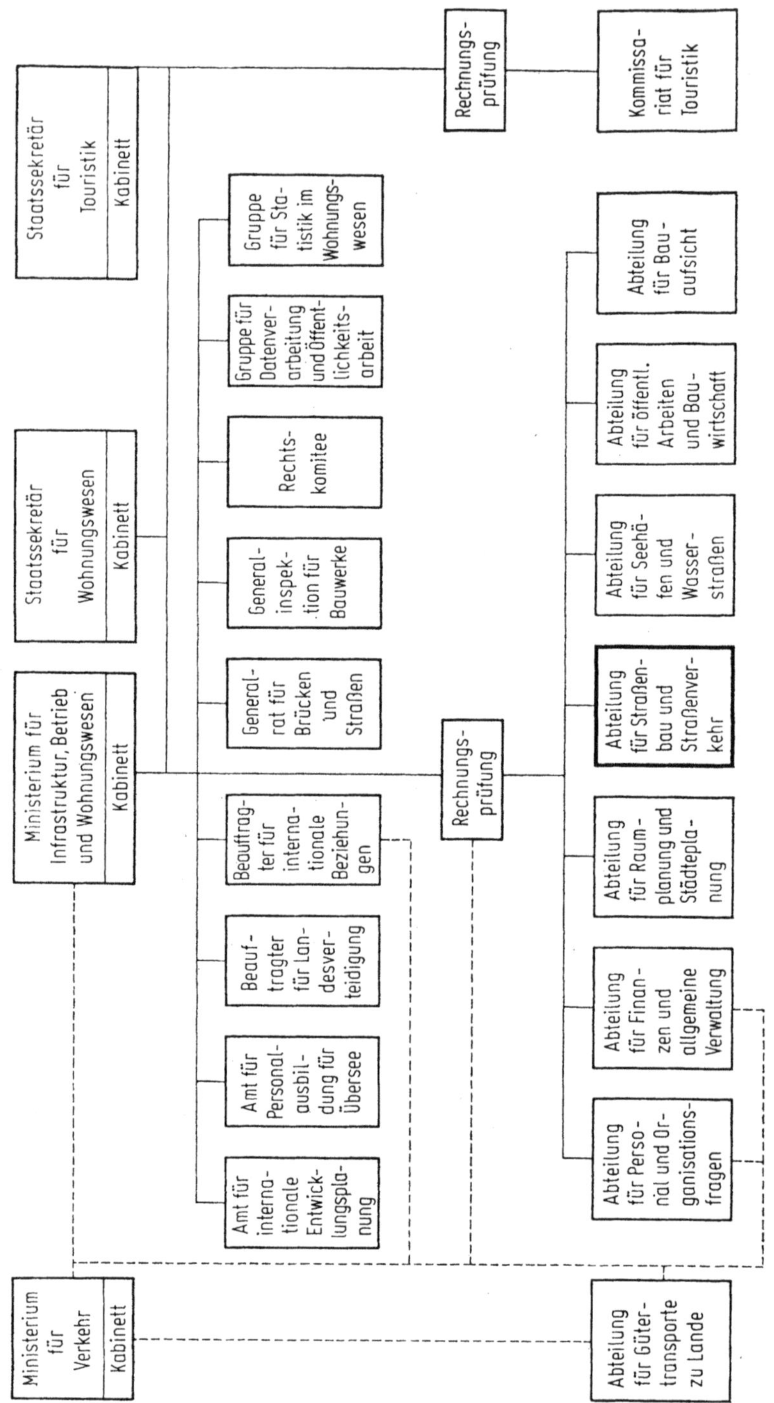

Bild 3.1. Organisation der zentralen Verwaltung in Frankreich, zu der die Straßenbauverwaltung gehört, Stand 1966.

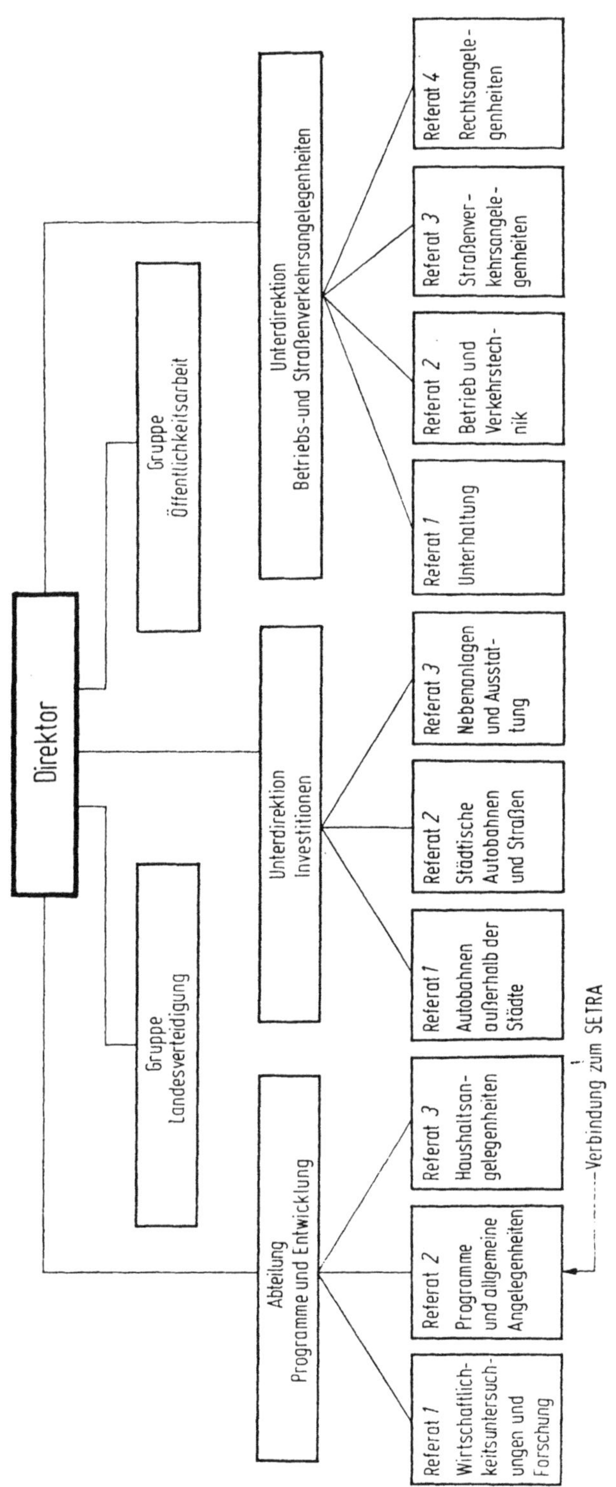

Bild 3.2. Organisationsschema der französischen Direktion für Straßen und Straßenverkehr [4].

dessen Pendant die Bundesanstalt für Straßenwesen in Köln ist, besitzt Abteilungen für Untergrundfragen, Beton und Metalle, Straßenbefestigungen, Straßenbrücken sowie Unterabteilungen für Chemie, Mathematik, Elektronik, Isotopen und Maschinen. Einrichtungen für Großversuche stehen in Rouen zur Verfügung. Für die Arbeit in den Départements bestehen 17 regionale Laboratorien, über deren Tätigkeit laufend in einem Bulletin [5] berichtet wird. Die Zahl des technisch ausgebildeten Personals aller Stellen beträgt rund 2000.

Das Zentrale Entwicklungsamt der Straßenbauverwaltung (S. E. T. R. A.) mit den Abteilungen Trassierung, Verträge und Preise, Straßenbau und Straßenunterhaltung, Straßenverkehr und Betrieb sowie Bauwerke ist aus der Zusammenfassung des früheren Zentralamtes für Kunstbauten, des Zentralen Autobahnamtes, des Amtes für Untersuchungen und Forschungen des Straßenverkehrs (S. E. R. C.) und des Zentralen Straßenamtes entstanden. Das Amt unterhält Außenstellen in verschiedenen Gebieten des Landes, u. a. in Aix-en-Provence, Lyon, Rouen, Lille, Bordeaux, Nantes und Metz-Nancy.

Die nachgeordneten Behörden der Straßenverwaltung befinden sich bei den Départements. Sie gleichen im Aufbau der Zentrale. Ihre Zahl ist 95, dazu kommen vier Départments für die Überseebesitzungen. Die Départements sind gruppenweise in der Zentrale zu jeweils einer Inspektion zusammengefaßt, die von einem Inspecteur Général geleitet wird; ihre Zahl ist 22. Dieser einfache Instanzenzug erlaubt eine einheitliche Linie in der Straßenverwaltung des ganzen Landes, vermeidet Zuständigkeitsprobleme und lange Aktenwege. Der wesentliche Unterschied zur Organisation der Straßenverwaltung in der Bundesrepublik Deutschland liegt im Wegfall der Instanz der Chefs der Straßenverwaltungen der Länder mit ihrer Abhängigkeit von den Landesregierungen. Dem französischen System entspricht in der Bundesrepublik Deutschland etwa die Wasserstraßenverwaltung. Die Frage der Einführung eines ähnlichen Systems mit nachgeordneten Direktionen für die Bundesstraßenverwaltung ist von Seebohm [6] in einem Vortrag auf der Straßenbautagung der Forschungsgesellschaft für das Straßenwesen in München im September 1953 zur Diskussion gestellt worden.

Die zentrale Straßenverwaltung bildet für einzelne Sachgebiete Kommissionen, in die auch Fachleute von Wissenschaft und Wirtschaft berufen werden. Zur Zeit bestehen solche Kommissionen auf folgenden Gebieten:

— Automobiles et Circulation Générale (Kraftfahrzeuge und Verkehr),
— Liants hydrauliques et adjuvants du beton (Zement und Zuschläge),
— Marchés (Verträge und Verdingungsverordnungen),
— Gestion du Fonds Special d'Investissement Routier (Straßenfonds),
— Commission internationale permanente des congrès de la route (Kommission für den Ständigen Internationalen Verband der Straßenkongresse),
— Normalisation (Normung),
— Plantation (Bepflanzung),
— Signalisation (Verkehrszeichen),
— Réception des Projecteurs et des despositifs d'équipement pour les automobiles et les tramways (Typenabnahme von Autos und Straßenbahnen hinsichtlich der Scheinwerfer und Blinker).
— Incapacités physiques imcompatibles avec la déliverance du permis de conduire les vehicles automobiles (Entzug des Führerscheines infolge mangelnder körperlicher Fähigkeiten),
— Pollution de l'atmosphère par la fumée des automobiles et le bruit des automobiles (Luftverunreinigung und Verkehrslärm),
— Sécurité routière (Verkehrssicherheit),

— Règlement amiable des marchés de travaux publics et de fournitures (Schlichtungsstelle für gütliche Vermittlung durch den zuständigen Rechnungshof im Falle strittiger Abnahme von Arbeiten oder Lieferungen).

Eine Eigentümlichkeit der Verwaltung, die sich aus dem Standesbewußtsein der französischen Straßenbauingenieure erklärt, bildet der *Conseil Général des Ponts et Chaussées*, der eine Art Verwaltungsbeirat darstellt. Ihm gehören die Beamten des höheren Dienstes an, die über den Rang eines Ingenieurs en chef hinauskommen. Sie scheiden aus dem aktiven Dienst aus und übernehmen besondere Aufgaben. Der Generalbeirat berät den Minister. Er besitzt sechs Sektionen Verwaltung und Recht, Forschung und Entwicklung, Investitionen und Verkehr, Baumaßnahmen, Wasser, Wohnungswesen. Angegliedert sind Komitees für besondere Verwaltungsbereiche.

Das gesamte französische Straßennetz umfaßt die Autobahnen (Ende 1972 rund 2100 km), die Nationalstraßen (81000 km), die Départementstraßen (278000 km) und die Kreis- und Kommunalstraßen (Chemins Vicinaux Ordinaires et Voies Urbaines) (380000 km).

Infolge eines weitverzweigten Netzes guter Landstraßen hat Frankreich verhältnismäßig spät mit dem Bau von Autobahnen begonnen [7]. Zuerst sorgte die zentrale Straßenverwaltung für die Finanzierung und den Bau. Auf einem Teil der Strecken wurden Gebühren erhoben. In letzter Zeit werden auch Bau und Betrieb für 30 Jahre an konzessionierte Gesellschaften vergeben, neuerdings sogar einschließlich der Finanzierung (Beispiele: Paris-Tours-Poitiers et Le Mans; Bordeaux-Narbonne; Paris-Metz-Strasbourg).

3.1.2. Tschechoslowakei

Die Tschechoslowakei besitzt seit 1949 eine zentrale staatliche Straßenverwaltung. In diesem Jahr wurden alle Straßen, die vorher von Provinzen und Distrikten verwaltet wurden, der direkten Kontrolle des Staates unterstellt [8]. Sie bilden seitdem zusammen mit den bisherigen Staatsstraßen das Hauptstraßennetz. Außerhalb dieses Netzes gibt es noch die örtlichen Straßen — Erschließungsstraßen —, die von kommunalen Verwaltungen ausgebaut und verwaltet werden, sowie Privatstraßen. Aus diesem Netz wird das Hauptstraßennetz laufend vervollständigt.

Nach ihrer verkehrspolitischen und wirtschaftlichen Bedeutung sind die Straßen in Autobahnen, Straßen 1. Klasse (Nr. 1 bis 99), Straßen 2. Klasse (Nr. 100 bis 999) und Straßen 3. Klasse mit vier- und fünfstelligen Nummern eingeteilt. Das Hauptstraßennetz umfaß; 72900 km Straßen, das örtliche Straßennetz besitzt eine Gesamtlänge von 76 800 km.

Oberste Straßenbaubehörde ist das tschechoslowakische Verkehrsministerium in Prag. Es ist verantwortlich für die Straßenpolitik und gibt technische Richtlinien an die nachgeordneten Dienststellen. Dem Verkehrsministerium untersteht die Verwaltung, die Unterhaltung und der Ausbau der Autobahnen, während diese Aufgaben für das übrige Straßennetz den Verkehrsabteilungen des Innenministeriums und den Nationalausschüssen des jeweiligen Landesteils obliegen. Für die Bauarbeiten der Autobahnen und Hauptstraßen stehen fünf Großbetriebe, für den Ausbau des übrigen Straßennetzes 10 weitere staatliche Betriebe zur Verfügung.

Die Kosten des staatlichen Straßenbaues werden aus einem Straßenbaufonds finanziert, der aus Kraftfahrzeugsteuern, Steuern auf Treibstoffe, Reifen und Ersatzteile gebildet wird. Die Einrichtung des Straßenbaufonds besteht seit 1927.

3.2. Föderalistische Verwaltungssysteme

3.2.1. Vereinigte Staaten von Amerika (USA)

3.2.1.1. Bundesstraßenverwaltung

Bau und Unterhaltung der Straßen in den USA ist in erster Linie Angelegenheit der einzelnen Staaten und Gemeinden. Ausgenommen sind die Straßen in den Nationalparks, für die die Bundesstraßenverwaltung in Washington sorgt. Diese hat auf den allgemeinen Straßenbau jedoch insoweit Einfluß, als sie über die als Zuschuß zum Straßenbau der Staaten und Gemeinden im Bundeshaushalt vorgesehenen Mittel verfügt. Sie kann die Gewährung von Mitteln an die Einhaltung von Bundesrichtlinien über die Gestaltung der Straßen binden. Die Höhe der Bundeshilfe hat seit dem Federal Aid Highway Act von 1916 immer stärker zugenommen. Sie beträgt beim *Interstate Highway System* (50000 km) 90% der Kosten, beim Federal Aid Primary System (450000 km) in der Regel 60%, beim Federal Aid Secondary System (1000000 km) 40% und beim Federal Aid Urban System — für Gemeinden mit mehr als 5000 Einwohnern — 25%. Die 50 Staaten, die Counties und Gemeinden tragen zum Ausbau des Straßennetzes auch eigene Mittel bei, die insgesamt der Höhe der Bundesausgaben für Straßen entsprechen.

Die zentrale Bundesstraßenverwaltung ist im Jahre 1893 durch die Gründung des *Bureau of Public Roads*, das damals Office of Road Inquiries hieß, in den Vordergrund getreten. Sie gehörte zunächst zum Department of Agriculture, ab 1949 ist sie dem Department of Commerce zugeordnet. Unter der langjährigen Leitung von T. H. MacDonald in den Jahren 1919 bis 1952 hat das Bureau of Public Roads wesentlichen Einfluß auf den Fortschritt im Straßenbau ausgeübt. Mit der Bildung des U. S. Department of Transportation (D. O. T.) im Jahre 1967, bei dem die Verwaltungen für Fernstraßen, Luftfahrt und Eisenbahn zusammengefaßt wurden, ging es in der *Federal Highway Administration* (*FHWA*) auf (Bilder 3.3 und 3.4). Durch die zunehmende Bedeutung des Verkehrs mit seinen Auswirkungen und die Zusammenfassung mehrerer Fachbereiche in einem Ministerium (etwa 90000 Bedienstete) ist der Straßenbau im Rahmen der Gesamtorganisation in eine größere Abhängigkeit gekommen.

Die Verbindung der Bundesstraßenverwaltung zu den Straßenverwaltungen in den einzelnen Staaten wird durch elf regionale Büros gewährleistet. Sie sind jeweils für vier bis neun Staaten zuständig. Ihre Zuständigkeit beschränkt sich auf die mit Bundesmitteln ausgeführten Straßenbauten. Die Außenstellen unterhalten ihrerseits in einzelnen Staaten Büros, die meist zusammen mit Außenstellen anderer Bundesbehörden untergebracht sind [9 bis 12].

3.2.1.2. Straßenverwaltung in den einzelnen Staaten

Bei der räumlichen Ausdehnung der einzelnen Staaten und ihrer unterschiedlichen historischen und wirtschaftlichen Entwicklung ist es nicht verwunderlich, daß die Organisation der Straßenverwaltungen sehr verschieden ist. Die Bildung von Straßenverwaltungen hat ihren Ausgang im Jahre 1893 im Staate Massachusetts genommen und sich in verschiedenen Abwandlungen in den übrigen Staaten fortgesetzt. Die Bezeichnungen für die Straßenverwaltungen sind in den einzelnen Staaten verschieden: State Highway Department, State Highway Commission, Department of Highways, Department of Public Works. Auch bei letzteren liegt der Schwerpunkt beim Straßenbau. Die Bezeichnung ist jedoch kein Kennzeichen für den Umfang der Befugnisse.

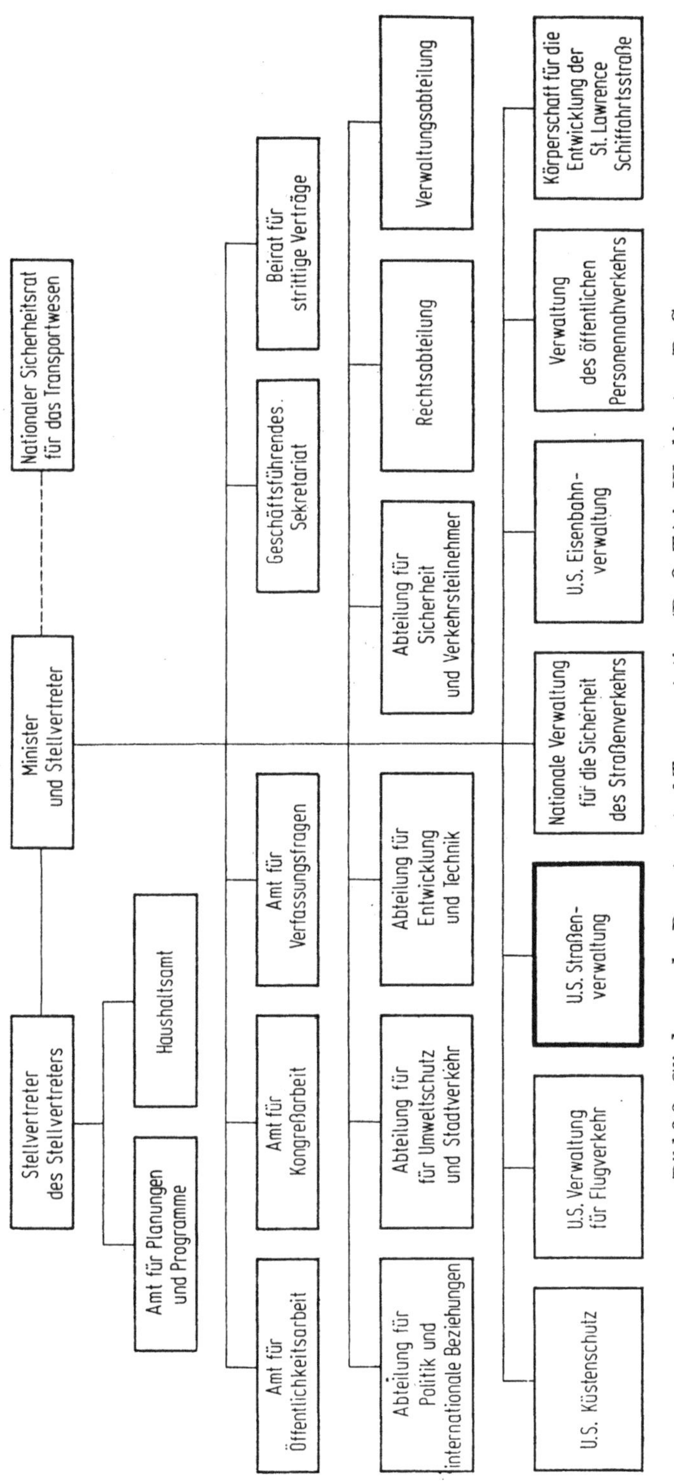

Bild 3.3. Gliederung des Department of Transportation (D. O. T.) in Washington, D. C.

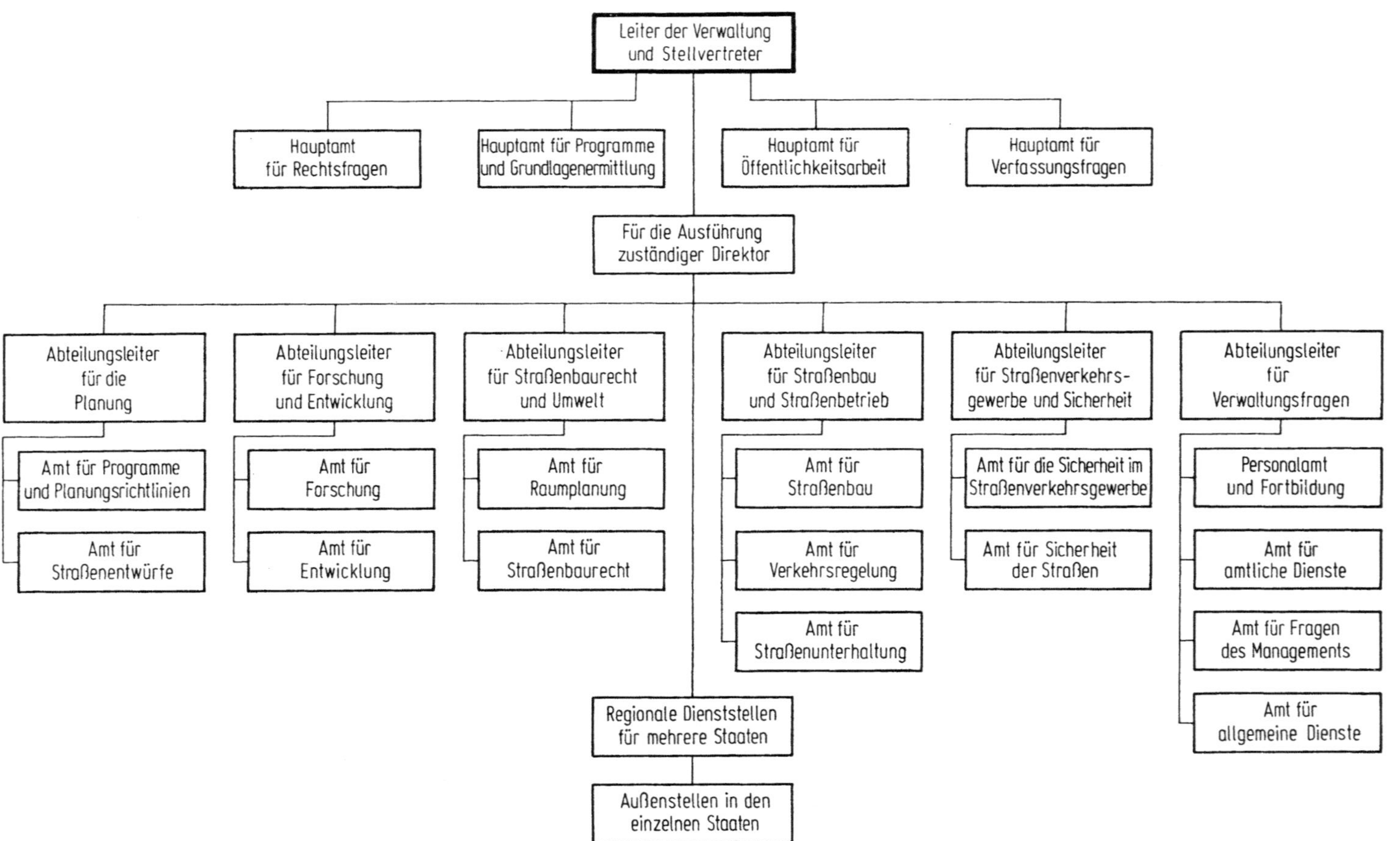

Bild 3.4. Bundesstraßenverwaltung USA.

Grundlegend unterscheiden sich die Verwaltungen durch die beiden extrem verschiedenen Auffassungen von der Besetzung der Spitze der Exekutive. Sie besteht entweder aus einem Chefingenieur oder aus einer Kommission. Dazwischen gibt es kombinierte Lösungen: Chefingenieure mit beratendem Beirat oder mit mitwirkender Kommission; Kommission an der Spitze mit beschränkten Kontrollaufgaben. Selbständige, meist vom Gouverneur für die Dauer von zwei bis fünf Jahren eingesetzte Chefs der Straßenverwaltung haben 12 Staaten. Verwaltungen mit einem Chef an der Spitze und beratendem Beirat oder mitwirkender Kommission gibt es in sieben Staaten. Als Beispiel der Mitwirkung sei erwähnt, daß der Beschluß, für ein Projekt ein Ingenieurbüro hinzuzuziehen, von der Kommission gefaßt wird, die Entscheidung welches Büro den Auftrag erhält, jedoch dem Chef der Straßenverwaltung überlassen bleibt. Bei den Verwaltungen, deren Exekutive in den Händen einer Kommission liegt, ist neben der Verwaltungsform, bei der der Chef der Straßenverwaltung Angestellter und Geschäftsführer der Kommission ist, auch eine Verwaltungsform üblich, bei der die Kommission nur die allgemeine Verkehrspolitik leitet, der Chef der Straßenverwaltung jedoch in seinem Department allein entscheidet. Die Kommissionen bestehen aus 3 bis 14 Mitgliedern und werden meist für eine Periode von vier bis sechs Jahren vom Parlament gewählt.

Für die Leitung der Straßenverwaltung durch einen einzelnen Ingenieur spricht die Erfahrung, daß es ein einzelner Beamter leichter hat, eine wirkungsvolle Tätigkeit zu entfalten als eine Kommission. Bei der Zuordnung eines Beirates geht man davon aus, daß guter Rat stets erwünscht ist, jedoch nicht mit einer Kontrollfunktion verbunden sein sollte. Aus der Erfahrung, daß Beschlüsse über politische Fragen besser in den Händen einer Kommission liegen, ist die Form der Verwaltung mit mitwirkender Kommission entstanden. Am häufigsten kommt jedoch die Verwaltungsform vor, die alle Vollmacht einer Kommission überträgt.

Die Verwaltungsformen haben in einzelnen Staaten gewechselt. Eine bestimmte Tendenz ist nicht zu erkennen. Beispiele von Organisationsplänen von Straßenverwaltungen enthalten die Bilder 3.5 (Ohio, Verwaltung mit selbständigem Chefingenieur) und 3.6 (Texas, mit einer Kommission an der Spitze).

3.2.1.3. *American Association of State Highway & Transportation Officials (AASHTO)*

Die gemeinsamen Interessen der Straßenverwaltungen der Staaten haben im Jahre 1914 zur Gründung der *American Association of State Highway Officials (AASHO)* geführt, ein Verband, der sich große Verdienste um die Straßenbauforschung und ihre Finanzierung erworben hat. Gemeinsam mit dem Bureau of Public Roads und einer weiteren Organisation, dem *Highway Research Board*, ist er Träger des *National Cooperative Highway Research Programm (NCHRP)* [13].

Die Mitglieder der AASHO beteiligen sich an der Aufstellung der Forschungsprogramme sowie an deren Finanzierung und Durchführung. So wie schon beim WASHO (Western Association of State Highways Officials) Road Test (1952) und beim AASHO Road Test (1958—60) stellen sie Personal und Straßenabschnitte für Versuche zur Verfügung.

Vor kurzem hat die AASHO eine Erweiterung ihres Namens erfahren. Die Organisation heißt jetzt *American Association of State Highway & Transportation Officials (AASHTO)*.

Das *Highway Research Board* (Straßenforschungsrat) ist eine der Forschungsgesellschaft für das Straßenwesen ähnliche Organisation, deren Mitglieder Ver-

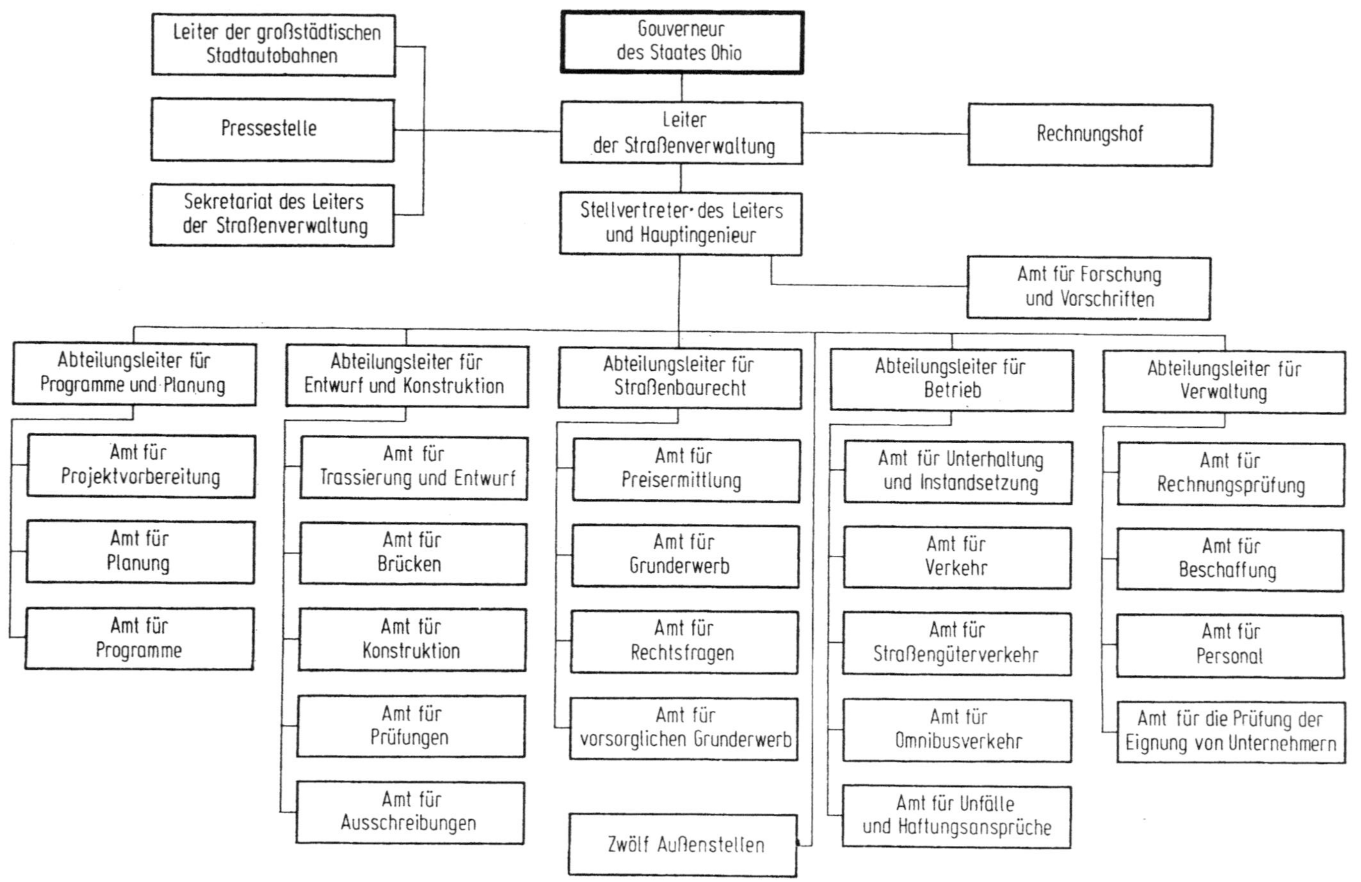

Bild 3.5. Straßenverwaltung des Staates Ohio, USA.

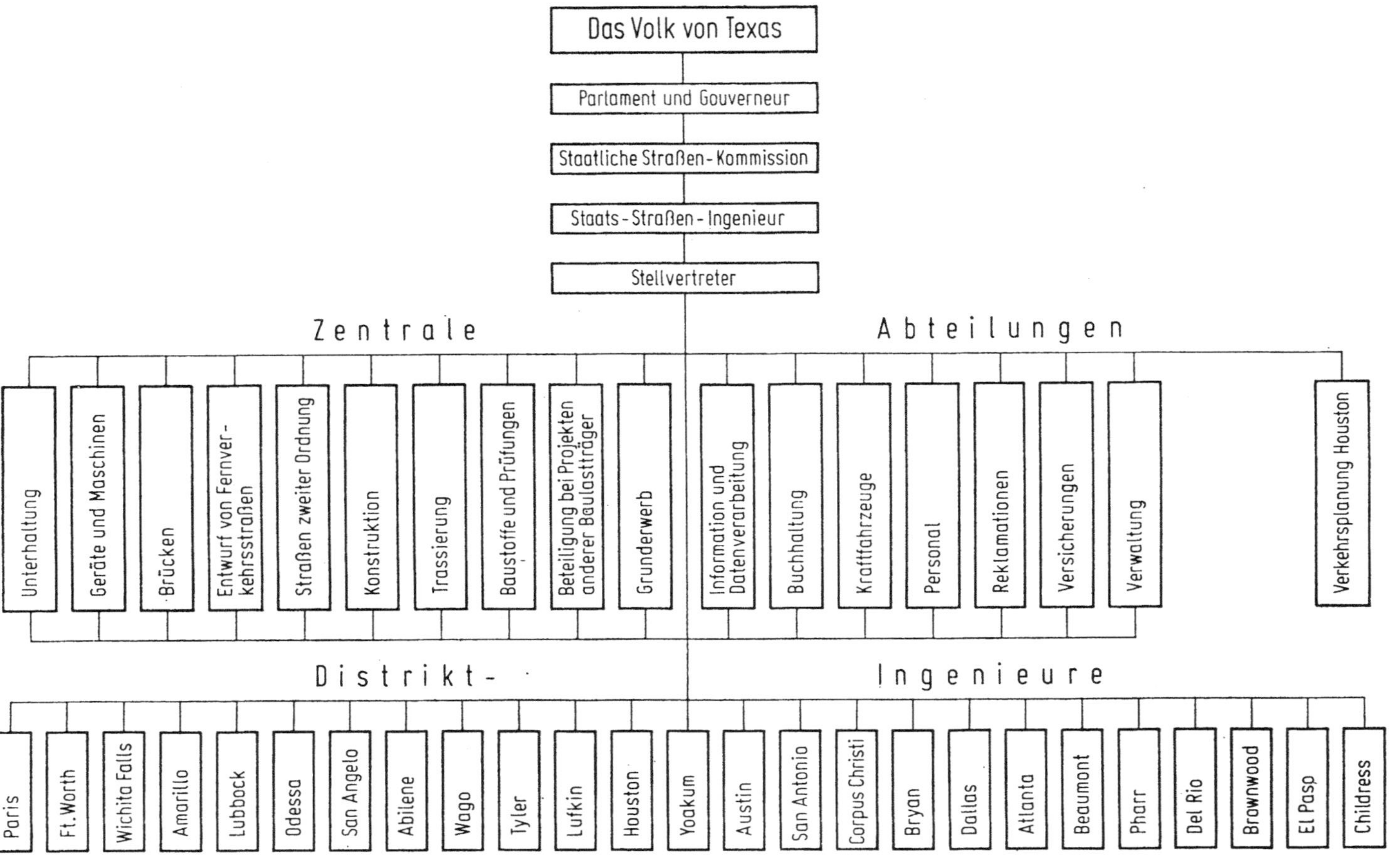

Bild 3.6. Straßenverwaltung des Staates Texas, USA.

treter der Bundesstraßenverwaltung, der Straßenverwaltungen der Staaten, der Universitäten und der Wirtschaft sind [14]. Die Organisation wurde im Jahre 1920 in Washington als Glied des *National Research Council* der Academy of Science gegründet. Seit 1974 heißt sie *Transportation Research Board.*

3.2.2. Großbritannien

Ein selbständiges Verkehrsministerium (*Ministry of Transport, MoT*) wurde in London im August 1919 ins Leben gerufen. Es trat die Nachfolge des Road Board an, das bis dahin als Regierungsstelle den Straßenbau in den Counties durch Zuschüsse unterstützte, die aus der Besteuerung von Kraftfahrzeugen und Benzin kamen. Mit dem Gesetz von 1919 wurde auch eine Klassifizierung der Straßen eingeführt. Das MoT hielt es 1921 für notwendig, Außenstellen zu schaffen und setzte in Edinburgh, Cardiff, Bristol, Birmingham, Leeds und London die ersten Divisional Road Engineers (DRE) ein. Einer der Gründe dafür waren die Zuschüsse des MoT für Straßenbauten der regionalen Verwaltungen. Die Zuschüsse betragen zur Zeit 75% für Straßen der Klasse I, 60% für solche der Klasse II und 50% für solche der Klasse III. Beim Bau von Autobahnen und Hauptfernverkehrsstraßen (Trunk Roads) trägt die zentrale Verwaltung alle Kosten.

Auf Vorschlag des MoT beschloß das Parlament eine Reihe fortschrittlicher Straßengesetze: Restriction of Ribbon Development Act (Anbaubeschränkung), The Special Roads Act [15], The Trunk Roads Act (Fernverkehrsstraßen), The Road Traffic Act. Im Jahre 1962 empfahl das Estimate Committee des Parlaments, vergleichbar unserem Bundesrechnungshof, eine Reorganisation des MoT. Die Folge war eine straffere Zusammenfassung der technischen und Verwaltungsdienststellen sowie eine Erweiterung der Befugnisse der DRE. Die Einteilung der Bezirke wurde entsprechend den Bereichen der Außenstellen der Raumordnungsbehörde geordnet. Das bisher vom Department of Scientific and Industrial Research (Forschungsministerium) betreute *Road Research Laboratory* (Straßenforschungsinstitut) — heutiger Name *Transport & Road Research Laboratory* — wurde dem MoT unterstellt. Der Chief Engineer für Straßenwesen erhielt den Titel Director of Highway Engineering. Mit dem Jahre 1970 und der Übernahme der Regierung durch die Konservative Partei trat eine weitere Umorganisation ein. Sie brachte das Ende des selbständigen Ministry of Transport mit sich. Wenn der Verkehrsminister auch schon seit 1964 nicht mehr dem Kabinett angehörte, so waren doch die Verkehrsaufgaben und der Straßenbau in *einem* Ministerium zusammengefaßt. Die neue Regelung hat eine Zusammenfassung in der Spitze, in der nachfolgenden Ebene jedoch eine Verteilung der Aufgaben geschaffen. An die Stelle des Verkehrsministeriums (MoT), des Ministeriums für kommunale Angelegenheiten und Entwicklung (Ministry of Local Government and Development) und des Ministeriums für Wohnungswesen und Bau (Housing and Construction) ist ein übergeordnetes Ministerium für Umweltplanung (*Department of the Environment, DOE*) getreten. In dem neuen Ministerium werden die Arbeitsbereiche der früheren Ministerien durch Abteilungen wahrgenommen, jedoch haben die Leiter den Ministertitel behalten. Bei der neuen Gliederung ist der Bereich Verkehrsplanung sowie Straßen- und Personenverkehr dem Minister für Wohnungswesen und Bau zugefallen, dagegen Eisenbahnen, Straßengüterverkehr, Wasserstraßen und Häfen dem Minister of Transport Industries. Als eigentlichen Nachfolger des früheren Verkehrsministers im Bereich des Straßenwesens ist der Minister für kommunale Angelegenheiten und Entwicklung anzusehen.

Die Straßenverwaltung im Ministerium für kommunale Angelegenheiten und Entwicklung unter dem Direktor General Highways besteht aus fünf Abteilungen:

Die erste Abteilung unter dem Chief Highway Engineer ist in mehrere Referate gegliedert. Der zweiten Abteilung unter dem stellvertretenden Direktor General Highways obliegt die Aufsicht über die sechs Construction Units, die seit 1967 für Entwurf und Bauaufsicht der Autobahnen und für die Planung größerer Fernverkehrsstraßen gebildet wurden [16].

Die dritte Abteilung unter dem zweiten stellvertretenden Director General Highways kontrolliert die Tätigkeit der neun regionalen Büros der Regional Controllers, Roads and Transport, früher DRE. Die vierte und fünfte Abteilung wird von Unterstaatssekretären geleitet. Sie befassen sich mit Verwaltungsaufgaben (Straßenbauprogramm und seine Finanzierung, Verdingungswesen, Grunderwerb, Fragen allgemeiner Verkehrspolitik).

Eine wichtige Aufgabe der zentralen Straßenverwaltung ist ihre Vertretung in den Counties durch sechs Regional Controllers. Sie sind seit Bildung des DOE ein Teil der Außenstellen des DOE. Dadurch ist ein Zusammenwirken der an der Straßen- und Verkehrsplanung beteiligten Behörden auch in den Außenstellen gewährleistet. Zu den Hauptaufgaben der General Controllers gehört die Kontrolle der wirtschaftlichen Verwendung der vom DOE gewährten Zuschüsse an Regionalverwaltungen und Gemeinden, das Hinwirken auf Einhalten der technischen Vorschriften des DOE und die Vermittlung zwischen regionalen und zentralen Wünschen. In eigener Verantwortung können die Regional Controllers über Projekte mit DOE-Zuschüssen bis zu 1 Mio £ und über Baukosten bis zu 100000 £ entscheiden. Nach Chettoe hat sich die Einrichtung der Regional Controllers in den 45 Jahren ihrer Tätigkeit bewährt [17, 18].

3.2.3. Schweiz

In der Schweiz ist der Straßenbau nach der Verfassung Angelegenheit der Kantone. Dem Bund sind besondere Aufgaben vorbehalten. Für das Kantons- und Gemeindestraßennetz (17500 km Kantonsstraßen, 40000 km Gemeindestraßen) sind die Kantone bzw. die Gemeinden die alleinigen Baulastträger und Eigentümer [19]. Nach Artikel 37 der Schweizerischen Bundesverfassung übt der Bund eine Oberaufsicht über diese Straßen nur in soweit aus, als er an ihrer Erhaltung Interesse hat. Das trifft für die Straßen zu, die von Kraftfahrzeugen der Post regelmäßig befahren werden und für die Straßen, die für die militärische Landesverteidigung wichtig sind.

Die zuständige Bundesbehörde ist das *Eidgenössische Amt für Straßen- und Flußbau* in Bern. Es wurde am 23. 12. 1870 durch Bundesbeschluß gegründet und ist durch die Vorarbeiten und die Durchführung des Nationalstraßengesetzes von 1960 stärker ins Licht der Öffentlichkeit getreten. Das Amt wird von einem Direktor und zwei Vizedirektoren geleitet. Der Direktion unmittelbar angeschlossen sind die Abteilung für Recht, Wirtschaft und Presse und die Abteilung für Verwaltung, Personal und Finanzen. Für die technischen Aufgaben stehen drei Unterabteilungen zur Verfügung:

Unterabteilung Projektierung Nationalstraßen, städtische Expreßstraßen und Verkehr.

Unterabteilung Bau der National- und Hauptstraßen mit besonderen Referaten für Bauplanung und Terminkontrolle, Nationalstraßen, Hauptstraßen, Koordinationsaufgaben.

Unterabteilung Flußbau mit besonderen Referaten für Inspektionsdienst, allgemeine Gewässerfragen, Talsperren.

Im Unterschied zum Kantonsstraßennetz hat der Bund bei einem vom Bundesrat bestimmten Straßennetz, dem sogenannten Schweizerischen Hauptstraßennetz (2145 km), weitergehende Zuständigkeiten. Das Hauptstraßennetz verdankt seine Existenz den Vorarbeiten der im Jahre 1954 eingesetzten Kommission für die Planung des schweizerischen Hauptstraßennetzes. Es ist ein Tal- und Alpenstraßen unterteilt und wird mit Bundeshilfe ausgebaut. Der Verwaltungsweg sieht vor, daß die Kantone dem Bund im Rahmen eines vom Bundesrat festgelegten Mehrjahresprogramms die Straßenausbaupläne zur technischen Überprüfung einreichen. Sie werden nach Genehmigung durch Bundesmittel subventioniert. Dabei wird in der Regel für Talstraßen ein Drittel der Kosten vom Bund beigesteuert; für Alpenstraßen beträgt der Zuschuß zwei Drittel.

Den größten Einfluß auf den Straßenbau übt der Bund bei den Nationalstraßen (1840 km) aus, die dem Typ der Autobahn (engl. motorway) entsprechen. Der Bau der Nationalstraßen ist eine Gemeinschaftsaufgabe von Bund und Kantonen. Bei dieser großen Aufgabe wurden neue Wege beschritten; die Bundesverfassung mußte geändert werden. Die neuen Straßenbauartikel wurden in einer kaum jemals bekundeten Einmütigkeit in einer Volksbefragung am 6. Juli 1958 beschlossen [20]. Sie verpflichten den Bund, die nötigen Bestimmungen für den Bau zu erlassen, und die Kantone, die Nationalstraßen nach den Anordnungen und unter Aufsicht des Bundes zu bauen. Der Bund ist verpflichtet, aus dem Reinertrag des Treibstoffzolles 40% für den Nationalstraßenbau bereitzustellen. Im Nationalstraßengesetz vom 8. März 1960 sind die Zuständigkeiten wie folgt verteilt:

Dem Bund obliegt die allgemeine Planung, die Aufstellung der technischen Richtlinien, die Festsetzung der Bauprogramme, die Finanzierung einschließlich der kantonalen Anteile sowie die Oberaufsicht. Die Bundesversammlung bestimmt das Netz der Nationalstraßen und legt im Haushalt die jährlichen Baumittel fest [21 bis 25]. Der Bundesrat genehmigt die generellen Projekte der einzelnen Strecken und entscheidet im Rahmen der Haushaltmittel über das Bauprogramm. Das Eidgenössische Department des Innern erläßt die nötigen Richtlinien über Bau und Unterhaltung, genehmigt die Projekte und übt die Oberaufsicht aus [26, 27].

Das Amt für Straßen- und Flußbau ist für die Zusammenarbeit mit den Kantonen und mit anderen Bundesstellen zuständig, überwacht die Ausführung und Unterhaltung und bearbeitet die Vorlagen für Bundesversammlung, Bundesrat und Department des Inneren [28]. Die Kantone übernehmen die Aufstellung der Bauprojekte, den Grunderwerb, die Ausschreibung, Vergabe und Ausführung, die Überwachung des Verkehrs und die Unterhaltung. Den Stadtgemeinden kann der Bau von Expreßstraßen übertragen werden.

Im Nationalstraßengesetz wird bestimmt, daß die Notwendigkeit und der Umfang der Straßenbauten mit den Interessen der Landesverteidigung, dem Gewässerschutz, dem Natur- und Heimatschutz abzustimmen ist. Der Straßenbau muß unter Umständen zusätzliche Kosten auf sich nehmen, da die wirtschaftliche Lösung nicht immer die optimale Lösung ist. In einem Planauflageverfahren wird jedem Bürger Gelegenheit gegeben, zu den Projekten Stellung zu nehmen. In einem Bericht weist Endtner [29] darauf hin, daß das Mitspracherecht der Öffentlichkeit und der weitgehende Schutz des Einzelnen im Landerwerbsverfahren für die Durchführung des Straßenprogramms eine gewisse Schwerfälligkeit mit sich bringen, die andere Länder nicht kennen, daß jedoch der schweizerische Nationalstraßenbau Außerordentliches geleistet hat.

Die *Finanzierung des Straßenbaues* in der Schweiz stellt sich in großen Zügen wie folgt dar: Die Gemeinden finanzieren ihren Straßenbau aus allgemeinen Steuermitteln, Anliegerbeiträgen, Beiträgen des Kantons. Den Kantonen stehen als Geldquellen zur Verfügung: allgemeine Steuermittel, Motorfahrzeugsteuern, Anliegerbeiträge, Anteile aus den Gemeindekassen, Zuschüsse des Bundes.

Der Bund erhält seine Mittel für den Straßenbau aus einem 60%igen Anteil am ordentlichen Treibstoffzollertrag und aus 100% des Ertrages außerordentlicher Zollzuschläge.

3.2.4. Niederlande

Das Straßennetz der Niederlande gliedert sich in Fernverkehrsstraßen (4000 km, davon etwa 1500 km Autobahnen) mit dem Staat als Baulastträger, Straßen 2. Ordnung (4000 km) mit den Provinzen (in einigen Fällen auch Gemeinden) als Baulastträger, Straßen 3. Ordnung (5000 km) — Baulastträger sind die Provinzen oder Gemeinden — und in Straßen 4. Ordnung (15000 km) mit den Gemeinden als Baulastträger. Übrige Landwege in der Baulast der Gemeinden oder Wasserstraßenämter machen etwa 25000 km aus. Nimmt man noch die etwa 30000 km Stadtstraßen hinzu, ergibt sich eine Gesamtlänge an befestigten Straßen und Wegen von 80000 bis 85000 km.

Die zentrale Behörde der Regierung, die für die Verwaltung der Reichsstraßen zuständig ist, trägt die Bezeichnung *Rijkswaterstaat*. Sie gehört zum Aufgabenbereich des Ministers für Verkehr und Waterstaat. „Waterstaat" ist ein nicht übersetzbarer Begriff. Er bezeichnet einen Verwaltungsbereich, der u.a. für Straßen und Wasserstraßen zuständig ist. Das Ministerium verfügt neben dem Rijkswaterstaat über eine Generaldirektion für Verkehr, eine Generaldirektion für Schiffahrt und über das Staatliche Luftamt.

Dem Generaldirektor des Rijkswaterstaat in Den Haag sind eine Hauptdirektion sowie 25 Direktionen zugeordnet, die sich wie folgt gliedern (Bild 3.7):

— Regionale Dienste; sie stellen das dezentrale Verwaltungselement dar,
— Baudienste,
— technisch-wissenschaftliche Dienste.

Den regionalen Dienst in den Provinzen versehen elf Außenstellen, die dem Rijkswaterstaat unterstehen. Die Aufgabenverteilung zwischen dem Rijskwaterstaat in den regionalen Direktionen räumt den Außenstellen weitgehende Befugnisse ein. Dies ist zum Teil in der politischen Rolle begründet, die die Provinzen in der Geschichte der Niederlande gespielt haben. In der wichtigen Frage der Straßenplanung ist es Sache der regionalen Direktion, Vorschläge auszuarbeiten, wobei die provinzialen Behörden der Raumordnung, das Staatliche Straßenbaulaboratorium (*Rijkswegenbaulaboratorium*) in Delft und für Sonderfragen, einschlägige Beratungsstellen herangezogen werden. Die Entwürfe werden der Rijkswaterstaat zur Prüfung eingereicht. Nach ihrer Genehmigung obliegt den regionalen Direktionen die Bauleitung für die Ausführung der Projekte durch Unternehmer.

Die Mittel für den Ausbau des Fernverkehrsstraßennetzes stammen aus einem 1965 gebildeten staatlichen Straßenfonds, der zum Teil aus einem auf die Kraftfahrzeugsteuer erhobenen Zuschlag, zum Teil aus Haushaltsmitteln gespeist wird. Im Jahre 1974 entstammten von den gesamten Mitteln (900 Mio. Gulden) der Kraftfahrzeugsteuer 650 Mio. Gulden und dem allgemeinen Staatshaushalt 250 Mio. Gulden. Der Anschlag für 1975 (insgesamt 920 Mio. Gulden) umfaßt 705 Mio. Gulden aus der Kraftfahrzeugsteuer und 215 Mio. Gulden aus dem allgemeinen Haushalt. Die Mittel für den Bau der Straßen zweiter und dritter Ordnung werden zum Teil vom Staat zur Verfügung gestellt, zum Teil werden sie von den Provinzen selbst aufgebracht. Die Gemeinden finanzieren ihren Straßenbau selbst, für Zubringerstraßen zum Fernverkehrsstraßennetz erhalten sie vom Staat Zuschüsse [30].

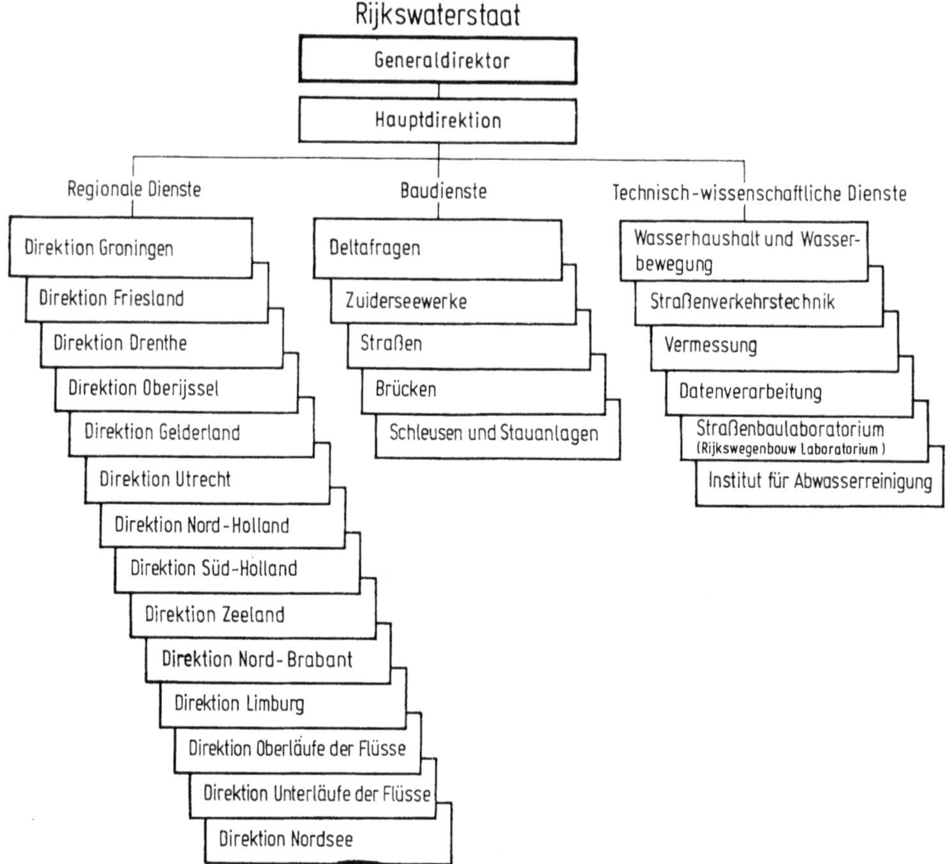

Bild 3.7. Organisationsschema des Rijkswaterstaat, Niederlande.

3.2.5. Italien

Eine Besonderheit der italienischen Straßenverwaltung ist die Übertragung von Bau- und Betriebsaufgaben von Straßen an selbständige Körperschaften oder konzessionierte Unternehmer, die der Aufsicht des Ministeriums für Öffentliche Arbeiten unterstehen [31]. Dieses Ministerium wurde bereits im Jahre 1865 gebildet. Teile des damaligen Gesetzes sind noch heute in Kraft. Mit diesem Gesetz wurden staatliche Straßenverwaltungen in den Provinzen geschaffen und die Klasse der Provinzialstraßen eingeführt. Frühzeitig waren im Straßenwesen Verwaltung und Bauausführung getrennt. Der notwendige Ausbau der Straßen wurde im Jahre 1928 einer selbständigen staatlichen Organisation unter Aufsicht des Ministeriums anvertraut, die unter dem Namen *Azienda Autonoma delle Strade Statali* (*AASS*) für die Unterhaltung und den Ausbau eines Straßennetzes von rund 20000 km unter Einsatz von 4700 Mann Regiepersonal zu sorgen hatte [32]. Daraus ist im Jahre 1946 die *Azienda Nazionale Autonoma delle Strade Statali* (*ANAS*) entstanden [33], deren hauptsächliche Aufgaben nach dem Gesetz von 1961/62 auf folgenden Bereichen liegen: Verwaltung, Unterhaltung, Ausbau und Neubau, Entwicklung und Forschung, Betrieb der Staatsstraßen und Autobahnen in eigener Regie oder durch konzessionierte Gesellschaften.

Die Gesamtlänge des Netzes der Staatsstraßen betrug 1972 etwa 45000 km unter Einschluß der Ortsdurchfahrten in Gemeinden mit weniger als 20000 Einwohnern. Die Länge der dem Verkehr übergebenen Autobahnen erreichte im Jahre 1973 rund 4000 km.

Die Einstufung als Staatsstraße wird vom Ministerium für Öffentliche Arbeiten im Einvernehmen mit dem Vorstand der ANAS und dem Beirat des Ministeriums für Öffentliche Arbeiten verfügt. Die Lenkungsorgane der ANAS sind der Vorstand, dessen Vorsitzender der Minister für Öffentliche Arbeiten ist, der Technische Verwaltungsrat mit dem Generaldirektor als Vorsitzenden. Die Aufgaben der ANAS werden in der Zentrale von mehreren Fachabteilungen und in regionalen Außenstellen bearbeitet [34]. Der Haushalt bildet einen Anhang zum Haushalt des Ministers für Öffentliche Arbeiten. Die Mittel werden vom Finanzministerium festgelegt. Zusätzlich zum Haushalt ist die ANAS autorisiert, Bauvorhaben durch Anleihen oder Aktien zu finanzieren. Der letztere Weg ist in großem Umfang beim Bau des Autobahnnetzes eingeschlagen worden. Bereits die zwischen 1921 und 1935 gebauten 480 km Autobahnen wurden von konzessionierten Unternehmern mit Zuschüssen der Regierung und kommunaler Behörden gebaut. Die Konzessionen wurden für 50 Jahre für Bau, Unterhaltung und Gebühreneinnahmen erteilt. Für das umfangreiche Autobahnprogramm, das seit 1961 durchgeführt wird, wurde von der dem Finanzministerium unterstellten Finanzierungsgesellschaft IRI = Istituto per la Riconstruzione Industriale eine halbstaatliche Konzessionsgesellschaft gegründet, die *Autostrada S. p. A.* Sie fungiert neben der ANAS als Bauträger; ihr wurde der Bau der Autostrada del Sol übertragen. Im Autobahnprogramm verteilen sich die Bauleistungen zu 47% auf Autostrada, zu 12% auf ANAS und zu 41% auf sonstige Konzessionäre. Alle Konzessionsgesellschaften sind in einer Spitzenvereinigung ASCAT zusammengefaßt, die für laufende Information der Öffentlichkeit über den Stand des Autobahnbaues sorgt [35].

Das Verkehrsministerium verfügt auch über Mittel für den Ausbau der Provinzialstraßen. Die Mittel werden nach den Plänen der regionalen Dienststellen des Ministeriums in Zusammenarbeit mit der provinzialen Verwaltung gewahrt, wobei die Provinzialverwaltung sich mindestens mit 20% beteiligen muß. Bei Aufstufung örtlicher Straßen zu Provinzialstraßen gewährt das Ministerium für Öffentliche Arbeiten einen jährlichen Unterhaltungszuschuß von 110000 Lire je km. Neben der ANAS, die für Staatsstraßen und Autobahnen zuständig ist, verfügt das Ministerium für die Verwaltung des übrigen Straßennetzes über das Generaldirektorat. Es ist in die Abteilungen Bau und Unterhaltung, Verkehr und Eisenbahnneubau gegliedert.

Das Generaldirektorat besitzt regionale Außenstellen in den Provinzen, die Entscheidungen über Bauvorhaben bis zu 200 Mio. Lire in eigener Zuständigkeit treffen können. Daneben bestehen die provinzialen Verwaltungen, die nach provinzialen und kommunalen Gesetzen für den Straßenbau zuständig sind.

3.3. Anmerkung

Die seit dem Abschluß der Bearbeitung dieses Kapitels im Jahre 1972 eingetretenen Änderungen konnten wegen der Schwierigkeiten, nochmals amtliche Unterlagen aus dem Ausland zu beschaffen, mit Ausnahme der Schweiz und der Niederlande nicht berücksichtigt werden. Der Wert dieses Kapitels wird dadurch aber nur wenig beeinträchtigt, da in erster Linie das Grundsätzliche der unterschiedlichen Strukturen verschiedener Straßenbauverwaltungen dargestellt werden sollte.

3.4. Literatur

1. École Nationale des Ponts et Chaussées. Sonderdruck der Schriftenreihe Regards sur la France Paris 9e, 14 rue Drouot, Oktober 1961.
2. Thiebault, A.: Directeur de l'École Nationale des Ponts et Chaussées: Briefliche Mitteilungen 1972.
3. Organisation de l'Administration Centrale et des Services Extérieurs du Ministère de l'Équipement et du Logement, S. 29—61.
4. Hahn, J.: Die zentralen Dienststellen der französischen Straßenbauverwaltung. Straße und Autobahn 20 (1969) Nr. 9, 320—323.
5. Bulletin de Liaison des Laboratoires Routiers des Ponts et Chaussées, Paris.
6. Seebohm, H. C.: Die Verwaltung der Bundesstraßen. Straße und Autobahn 4 (1953) Nr. 10, 334—342.
7. Autobahngesetz. Nr. 55—435 vom 18. 4. 1955. Neufassung § 4, Nr. 60—661 vom 4. 7. 1960.
8. Spurek, J.: Straßen und Autobahnen in der Tschechoslowakei. Straße und Autobahn 22 (1971) Nr. 9, 382—000.
9. State Highway Administrative Organizations—an Analysis. Special Report 51, Highway Research Board, Washington, D. C., 1959.
10. State Highway Organization Charts 1959, Revision. Special Report 53, Highway Research Board, Washington, D. C., 1960.
11. Henne, W.: Organisation, Verwaltung und Finanzierung des Straßenbaues in den USA.
12. Obermayer, K.: Grundzüge des Fernstraßenrechts der USA. H. 6, Schriftenreihe der Arbeitsgruppe Straßenverwaltung der Forschungsgesellschaft für das Straßenwesen, Köln 1969.
13. Das gemeinsame nationale Straßenforschungsprogramm (National Cooperative Highway Research Programm NCHRP). Straße und Autobahn 22 (1971) Nr. 2, 54—59.
14. Carey, W.: Highway Research Board, Washington, D. C. Briefliche Mitteilungen 1972.
15. Special Roads Act 1959 (Grundlage für den Autobahnbau).
16. Baker, F. A.: Die Planung der Autobahnen in Großbritannien. Proc., Civ., Eng. Bd. 15, April 1960. Übersetzung in Straße und Autobahn 11 (1969) Nr. 9, 382.
17. Chettoe, R. B. S.: The Highways Organisation of the Ministry of Transport. Journal Institution of Highway Engineers XIV (1967) Nr. 6, 5—32.
18. Rogers, B.: London, The Automobile Association: Briefliche Mitteilungen 1972.
19. Von der Unterhaltung der Straßen und der Obliegenheiten der Kantone. Straße und Verkehr 38 (1952) Nr. 9, S. 319—320.
20. Bundesbeschluß über das Volksbegehren für die Verfassung des Straßennetzes vom 21. 3. 1958. BBl. 1958.
21. Die Planung des Schweizerischen Nationalstraßennetzes. Schlußbericht der Kommission des Eidgen. Departments des Inneren für die Planung des Hauptstraßennetzes, Bern 1959.
22. Bundesgesetz über die Nationalstraßen vom 8. März 1960. BBl. 1960 I 1137.
23. Schweizerische Straßenrechnung: 1959 bis 1965. Eidg. Statistisches Amt, Bern 1968. Bis 1972: Volkswirtschaft (1974) Nr. 12.
24. Ruckli, R.: Straßenbau als nationale Aufgabe. Straße und Verkehr 47 (1961) Nr. 11, 541—549.
25. Modifiziertes langfristiges Bauprogramm 1974 für die Nationalstraßen. Straße und Verkehr 60 (1974) Nr. 11, S. 562—572.
26. Frick, S.: Der Nationalstraßenbau als neue nationale Aufgabe und seine öffentlichrechtliche Normierung, Bern 1965.
27. Nationalstraßen. Bearbeitet von Dr. F. Endtner, Sektionschef im Eidgen. Amt für Straßen- und Flußbau Bern. Schweizer Dokumentation vom 10. 12. 1969.
28. 100 Jahre Eidgenössisches Amt für Straßen- und Flußbau 1871—1971.
29. Endtner, F.: Finanzierung der Straßenbauten, Manuskript 1971.
30. Tuijten, Den Haag, Rijkswaterstaat: Briefliche Mitteilung 1972.
31. Gesetz Nr. 2248 vom 20. 3. 1865 (Bildung des Ministeriums für Öffentliche Arbeiten).
32. Gesetz Nr. 1094 vom 17. Mai 1928 (Bildung der Azienda Autonoma delle Strade Statali (AASS)).
33. Verordnung Nr. 38 vom 27. Juni 1946 über die Azienda Nazionale Autonoma delle Strade Stratali (ANAS).
34. Jacono, A. L.: The Administration of the Italian Road System. Roads and Road Construction, London, April 1964.
35. Neubauer, H.: Italienische Autobahnen. Straße und Autobahn 22 (1971) Nr. 3, 91—100

4. Internationale Zusammenarbeit der Straßenverwaltungen

E. W. Goerner

Inhalt

Als Ausgangspunkt der internationalen Zusammenarbeit auf dem Sektor Straßenbau kann die Gründung eines internationalen Verbandes im Jahre 1908 in Paris durch die Vertreter von 27 Regierungen gelten. Der Verband diente anfänglich dazu, die Erfahrungen mit Bauweisen und die Ergebnisse der Straßenbauforschung auszutauschen. Im letzten Jahrzehnt hat die internationale Zusammenarbeit ihren Schwerpunkt auf die Verbesserung der Verkehrssicherheit gelegt. Sie bemüht sich z.B. darum, daß die Fernverkehrsstraßen auch außerhalb der Grenzen der einzelnen Länder das gleiche Sicherheitsniveau besitzen. Seit dem Ende des Zweiten Weltkrieges fördern weitere internationale Organisationen auf Regierungsebene den Erfahrungsaustausch und die Aufstellung einheitlicher Vorschriften auf dem Verkehrssektor einschließlich Straßenbau:

Seit 1947: die Inland Transport Commission der Economic Commission for Europe (ECE) der UNO mit Sitz in Genf,

Seit 1953: die Konferenz der europäischen Verkehrsminister (CEMT) mit Sitz in Paris [1],

Seit 1961: die Organisation für wirtschaftliche Zusammenarbeit und Entwicklung (OECD) mit Sitz in Paris [2].

4.1. Europäische Konferenz der Verkehrsminister

European Conference of Ministers of Transport (ECMT)

Conférence Européenne des Ministres des Transports (CEMT)

Seit dem Jahre 1953 besteht die Europäische Konferenz der Verkehrsminister, der 18 europäische Länder und als assoziierte Mitglieder die USA, Kanada und Japan angehören. Über den Zweck geben die Statuten im Protokoll vom 17. Oktober 1953 Auskunft. Sie traten am 1. Mai 1954 in kraft und wurden von folgenden Ländern ratifiziert (BGBl. 1971-II S. 1290 [3]): Europäische Mitglieder: Belgien, Bundesrepublik Deutschland, Dänemark, Frankreich, Griechenland, Großbritannien, Irland, Italien, Jugoslawien, Luxemburg, Niederlande, Norwegen, Österreich, Portugal, Schweden, Schweiz, Spanien, Türkei. In Artikel 3 der Statuten heißt es:

„*Zweck der Konferenz* ist es

a) alle erforderlichen Maßnahmen zu treffen, um die beste Ausnutzung und rationellste Weiterentwicklung des europäischen Binnenverkehrs, soweit ihm internationale Bedeutung zukommt, im allgemeinen oder regionalen Rahmen zu verwirklichen;

b) die Arbeiten internationaler Organisationen, die sich mit Fragen des europäischen Binnenverkehrs befassen, unter Berücksichtigung der Tätigkeit der supranationalen Behörden auf diesem Gebiet zu koordinieren und zu fördern."

Die auf den Konferenzen gefaßten Beschlüsse binden die Minister, die ihnen zugestimmt haben. Sie müssen sich dafür einsetzen, daß die Beschlüsse national durchgeführt werden.

Die Organe der Konferenz sind:

— der Rat der Minister,
— der *Ausschuß der Stellvertreter.*

Sie bedienen sich verschiedener Kommissionen mit Experten für Fragen des Straßenbaus und Straßenverkehrs, u.a.

— der Investitions-Unterkommission für Straßen,
— der Kommission für Straßenverkehrssicherheit,
— der Kommission für Stadtverkehr (Urban Transport Committee),
— der Kommission für Wirtschaftsforschung (Economic Research Committee).

Dazu kommen Ad-hoc-Gruppen.

Weitere Arbeitsorgane sind die „Besonderen Gruppen" und das Sekretariat. Die „Besonderen Gruppen" werden von den Mitgliedern einzelner Länder für Sonderinteressen gebildet. Sie berichten unmittelbar dem Ministerrat. Hierzu gehört die Gruppe der EG-Länder und eine Gruppe von ursprünglich 8, jetzt 14 Ländervertretern, die eine einheitliche Verkehrsordnung bearbeitet.

Die wichtigsten Arbeiten der Ministerkonferenz auf dem Sektor Straßen und Straßenverkehr sind:

— Netz der Europastraßen (Mitwirkung bei der Europäischen Wirtschaftskommission ECE an der Revision der Vereinbarung vom 16. 9. 1950).
— Vereinheitlichung der zulässigen Achslasten und Fahrzeugabmessungen.
— Straßenverkehrssicherheit (Unfallstatistik).
— Vereinheitlichung der Straßenverkehrsordnungen in einer Europäischen StVO.
— Städtische Verkehrsplanung.
— Transit-Straßengüterverkehr.
— Verkehrslärmbekämpfung.

Die Ministerkonferenz steht in enger Verbindung mit der OECD. Um Doppelarbeit zu vermeiden, wurde eine Koordinierungskommission aus beiden Organisationen gebildet. Der Haushalt der Konferenz ist ein Anhang des Haushaltes der OECD. Das Sekretariat der Konferenz befindet sich im Gebäude der OECD in Paris, 2 rue André-Pascal.

4.2. Inland-Transport-Kommission

Inland Transport Commission (ITC)

Die Inland Transport Kommission ist eine der 15 Kommissionen der Economic Commission for Europe ECE in Genf. Diese verdankt ihre Existenz einem Beschluß der Vereinten Nationen (UNO) vom 28. 3. 1947 in New York. Nach Artikel 1 ihrer Satzung soll die ECE den wirtschaftlichen Wiederaufbau durch internationale Zusammenarbeit fördern. Die Zahl der anfänglichen 18 Mitgliednationen beträgt zur Zeit 32. Darunter befinden sich als nichteuropäisches Land die USA.

Die ECE befaßte sich zunächst mit Wirtschaftsbereichen, die durch den Krieg besonders in Schwierigkeiten geraten waren. Dazu gehörte das Transportwesen. Als Ergebnis einer Sitzung internationaler Transportexperten im Mai 1947 in Genf entstand die Inland Transport Commission ITC. Sie arbeitet zusammen mit den Verkehrsministerien der Nationen und mit internationalen Organisationen und Verbänden zum Nutzen des internationalen Verkehrs. Ihre Beschlüsse und Empfehlungen werden den Mitgliedregierungen zur gesetzlichen Einführung zugeleitet. Auf dem Sektor Straßenverkehr, der auch den Straßenbau einschließt, wirken mit: International Road Federation, Internationaler Ständiger Verband der Straßenkongresse, Organisation der Touring und Automobilclubs (OTA), International Road Transport Union, Internationaler Verband für Unfallbekämpfung, Internationales Bureau der Automobilhersteller, Internationaler Verband für öffentliches Verkehrswesen. Entsprechend den verschiedenen Verkehrsmitteln gliedert sich die Inland-Transport-Kommission in je eine Gruppe für den Straßentransport, die Eisenbahnen und die Binnenschiffahrt.

Die Gruppe Straßentransport konnte bereits im Jahre 1950 als Ergebnis ihrer Beratungen eine Europäische Vereinbarung über die Trassierungselemente internationaler Fernverkehrsstraßen mit einem Plan für ein Netz von Europastraßen vorlegen. Spätere Vereinbarungen betreffen die Abmessungen und zulässigen Höchstgewichte von Kraftfahrzeugen, einheitliche Verkehrszeichen und Lichtsignalanlagen, einheitliche Anordnung von Markierungen und Vereinbarungen unter dem Titel „Regulation", die sich auf die Kraftfahrzeugausstattung, die Verkehrssicherheit der Fahrzeuge, die Arbeitsbedingungen der Lastwagenfahrer beziehen.

Die Mitarbeit der europäischen Regierungen versetzt die ECE in die Lage, jährlich statistische Übersichten zu veröffentlichen. Auf dem Gebiet des Straßenverkehrs erscheint jährlich:

- Bulletin of Transport Statistics for Europe,
- Statistics of Road Traffic Accidents.

Über die bisherige Tätigkeit der ECE informieren zwei Broschüren der UNO:

- Fifteen Years of Activity of the Economic Commission for Europe 1947—1972.
- The work of the Economic Commission for Europe 1947—1972.

Das Sekretariat der ECE mit der für den Verkehr zuständigen Transport-Division befindet sich in Genf im Haus der Nationen.

4.3. Organisation für wirtschaftliche Zusammenarbeit und Entwicklung

Organisation for Economical Cooperation and Development (OECD)

Die Organisation für wirtschaftliche Zusammenarbeit und Entwicklung ist die Nachfolgerin der Organisation für Europäische wirtschaftliche Zusammenarbeit (OEEC), die sich mit der Verwaltung der im Jahre 1947 unter dem Namen Marshallplan zur Verfügung gestellten Mittel für den Wiederaufbau befaßt hat. Nach Auslaufen der Marshallplanhilfe wurde die Zusammenarbeit weitergeführt. Eine von 20 europäischen Ländern — Belgien, Bundesrepublik Deutschland, Dänemark, Finnland, Frankreich, Griechenland, Großbritannien, Island, Irland, Italien, Jugoslawien, Luxemburg, Niederlande, Norwegen, Österreich, Portugal, Schweden, Schweiz, Spanien, Türkei — sowie von den USA, Australien, Japan und Kanada vereinbarte Konvention, die am 31. 9. 1961 in Kraft trat, enthält folgende Hauptziele:

1. In den Mitgliedstaaten unter Wahrung der finanziellen Stabilität eine optimale Wirtschaftsentwicklung und Beschäftigung sowie einen steigenden Lebensstandard zu erreichen;

2. in den Mitglied- und Nichtmitgliedstaaten, die in wirtschaftlicher Entwicklung begriffen sind, zu einem gesunden wirtschaftlichen Wachstum beizutragen;

3. im Einklang mit internationalen Verpflichtungen auf multilateraler und nichtdiskriminierender Grundlage zur Ausweitung des Welthandels beizutragen.

Oberstes Organ auf Regierungsebene ist der *Rat der OECD*. Ihm stehen Fachausschüsse für einzelne Gebiete zur Verfügung. Die Geschäftsführung in Paris liegt in den Händen eines Generalsekretärs.

Diese internationale Organisation hat sich auch wichtiger Gebiete des Straßenbaus und der Straßenverkehrstechnik angenommen. Nach Verhandlungen seit 1960 wurden im Rahmen des vorhandenen Ausschusses für natur- und ingenieurwissenschaftliche Forschung zwei Arbeitsgruppen tätig: „*Straßenbauforschung*" und „*Straßenverkehrssicherheit*". Die Mitglieder sind die Direktoren der staatlichen Institute einzelner Länder.

Im Jahre 1965 kam die Gruppe „*Internationale Dokumentation Straße*" dazu, die mit der Schaffung einer internationalen Dokumentation auf dem Gebiet des Straßenbaus und der Verkehrssicherheit begann. Durch eine Zusammenfassung all dieser Bestrebungen in einer Spitze mit vorläufigen Mitteln aus dem Haushalt der OECD und einem eigenen Sekretariat in Paris entstand die *Lenkungsgruppe Straßenforschung* (CDRR) mit der in Bild 4.1[1] dargestellten Gliederung [4, 5,12]. Mitglieder sind die von den an der OECD beteiligten Regierungen benannten Vertreter. Sie vertreten die für die Forschung im Straßenwesen zuständigen Ministerien. Die Lenkungsgruppe bildet Kommissionen zur Beratung einzelner Sachgebiet. Die Mitglieder werden von den Regierungen benannt. Das Arbeitsprogramm erfaßt zur Zeit folgende Bereiche: Traffic (T)/Circulation: Wirtschaftliche Methoden zur Erleichterung und Beherrschung des Straßenverkehrsflusses;

Sécurité (S): Verringerung von Häufigkeit, Schwere und wirtschaftlichen Folgen von Verkehrsunfällen;

Construction (C): Entwurf, Bau und Unterhaltung von Straßennetzen und Straßenkonstruktionen (einschließlich Brücken) zur Gewährleistung von Sicherheit und Haltbarkeit bei gleichzeitig wirtschaftlichsten Kosten;

Documentation (D).

Diesen Zielen dienen:

1. Austausch von Informationen über Veröffentlichungen aus der Straßenforschung und der sonstigen Literatur aus dem Straßenwesen sowie über geplante, laufende oder jüngst abgeschlossene, noch nicht veröffentlichte Forschungsarbeiten.

2. Die freiwillige Zusammenarbeit aktiver Forscher in Arbeitsgruppen von zeitlich begrenzter Dauer.

3. Die Veranstaltung internationaler Arbeitssitzungen in Form von Symposien über begrenzte Themen. An diesen Symposien, die jährlich stattfinden, nimmt nur eine begrenzte, von einem Vorbereitungsausschuß ausgewählte Anzahl aktiver Forscher und Experten teil.

4. Eigene Veröffentlichungen: Catalogue of Publications 1972. OECD Publications Office, 2 rue André-Pascal, 75 Paris 16e.

[1] Änderungen der letzten Jahre siehe [12].

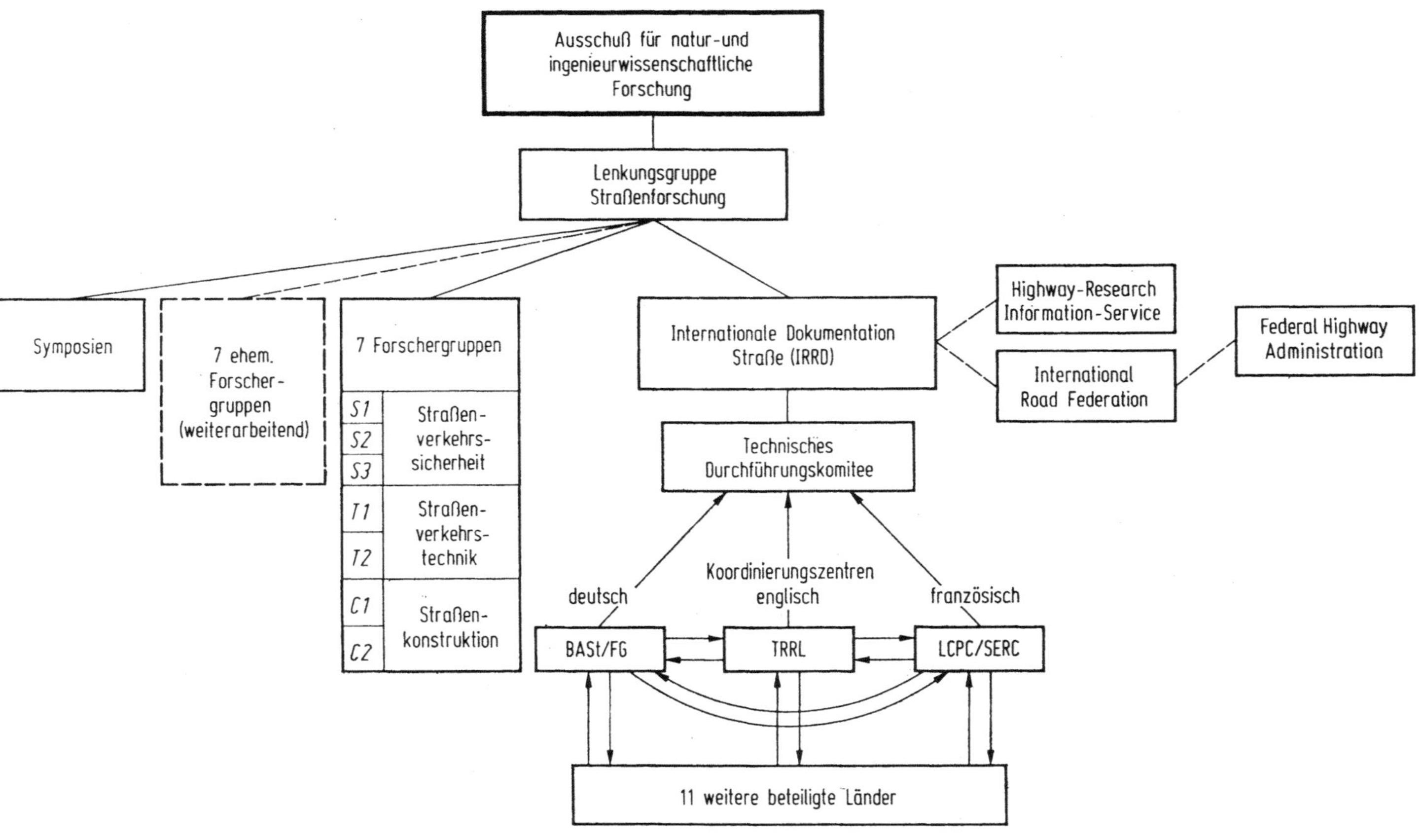

Bild 4.1. Straßenforschung in der OECD ab 1968.

Von allgemeiner Bedeutung für die Straßenbau- und Verkehrsingenieure ist die „Internationale Dokumentation Straße" IRRD. In 14 Ländern werden Fachzeitschriften und Schriftenreihen ausgewertet und Karteiblätter in Französisch, Englisch und Deutsch zur Auskunfterteilung gesammelt, und zwar in Frankreich in Paris beim Laboratoire Central des Ponts et Chaussées, in Großbritannien in Crowthorne beim Transport & Road Research Laboratory und in der Bundesrepublik Deutschland in Köln bei der Bundesanstalt für Straßenwesen und bei der Forschungsgesellschaft für das Straßenwesen.

Darüber hinaus erfaßt diese Dokumentation dank der Mitarbeit der International Road Federation und der Federal Highway Administration in Washington auch alle Forschungsarbeiten auf dem Gebiet des Straßenwesens und des Straßenverkehrs. Eine Übersicht der Forschungsarbeiten aus allen Ländern der Welt erschien jährlich unter dem Titel „Highway Research in Progress". Ab 1976 wird die Übersicht unter dem Titel „World Survey of Current research an Development on roads and Road-Transport" von der IRF, Washington, D. C., herausgegeben.

4.4. Internationaler Ständiger Verband der Straßenkongresse

Association Internationale Permanente des Congrès de la Route (AIPCR)
Permanente Internationale Association of Road Congresses (PIARC)

In einer Sitzung am 13. Dezember 1907 in Paris unter dem Vorsitz des französischen Ministers für öffentliche Arbeiten, Post und Telegraphenwesen, *L. Barthou*, wurde der Plan der Gründung eines internationalen Verbandes der Straßenverwaltungen gefaßt. Auf dem ersten internationalen Kongreß, am 12. Okt. 1908 in Paris, waren 27 Länder mit 1600 Teilnehmern vertreten, darunter auch Deutschland. Der Kongreß beschloß die Gründung des Internationalen Verbandes der Straßenkongresse, dessen Statuten am 29. April 1909 rechtsgültig wurden. Artikel I gibt Auskunft über den Zweck des Verbandes. Er lautet in der Fassung vom Jahre 1971:

A. *Der allgemeine Zweck* des Internationalen Ständigen Verbandes der Straßenkongresse ist die Förderung des Fortschrittes von Bau, Ausbau, Unterhaltung, Betrieb und Wirtschaftlichkeit des Straßennetzes in der Welt. Der Verband soll die auf dem I. Internationalen Straßenkongreß 1908 in Paris begonnene und auf späteren Kongressen fortgesetzte Arbeit weiterführen.

B. *Besondere Ziele* des Verbandes sind:

a) die Einrichtung einer Weltzentrale, wo von den Regierungen der Nationen benannte Vertreter, Dienststellen dieser Regierungen, kommunale Behörden, Körperschaften des öffentlichen Rechtes, wirtschaftliche und technische Organisationen sowie Privatpersonen ungebunden alle Probleme des Straßenbaues und Straßenverkehrs diskutieren können. Aufgabe der Weltzentrale ist die Veröffentlichung und Verbreitung von Berichten über Erfindungen und Fortschritte auf diesem Gebiet;

b) die Sammlung und Verbreitung von allgemeinen Informationen und von Statistiken über Straßen und Straßenverkehr in allen Ländern der Welt.

c) Internationale Vereinbarungen der Regierungen, die sich auf die Verbesserung der Straßen und des Straßenverkehrs in der Welt beziehen, anzuregen, zu begründen und zu befürworten, entweder als unabhängiger Verband oder nach Konsultation oder im Zusammenwirken mit den Vereinten Nationen (UN) oder einer anderen zuständigen internationalen Organisation.

d) durch geeignete Mittel zu fördern:

— die Organisation regionaler oder nationaler Tochterverbände,

— die Schaffung und Verknüpfung von Straßennetzen, die dem sozialen und wirtschaftllchen Fortschritt der beteiligten Länder dienen und die Handelsbeziehungen erleichtern,
— die Verbesserung und Vereinheitlichung der Verwaltungsbestimmungen, der Finanzierung, des Baues und der Unterhaltung von Straßen und Bauwerken,
— die Vereinheitlichung der Straßenverkehrs-Ordnungen aller Länder [6, 7].

Um diese Ziele zu erreichen, kann der Verband u.a. folgendes tun:

a) Vorbereitung und Durchführung von Weltkongressen. Sie sollen normalerweise alle vier Jahre stattfinden.

b) Anregung und Unterstützung bei der Organisation und Durchführung regionaler Kongresse der Tochterverbände zwischen den Weltkongressen.

c) Sammlung und Verbreitung von Information und Statistiken über Straßen, Bauwerke und Verkehr sowie Forschungsergebnisse auf diesen Gebieten.

d) Bildung technischer Kommissionen für Forschungsarbeit, kritische Prüfung und Berichterstattung über Einzelfragen von internationaler Bedeutung im Interessenbereich des Verbandes.

e) Herausgabe eines periodischen Bulletins und anderer Dokumente aus dem Aufgabengebiet des Verbandes [8, 9].

Artikel II lautet: Die Zentralstelle des Verbandes soll ihren Sitz in Paris haben. In Artikel III werden die verschiedenen Kategorien von Mitgliedern angegeben: Regierungen der Nationen, Öffentliche Körperschaften, Verbände, Einzelmitglieder und Ehrenmitglieder. Die weiteren Artikel befassen sich mit der Teilnahme am Kongreß, der Geschäftsführung und den Organen des Verbandes.

Die Verwaltung liegt in den Händen einer *„Ständigen Internationalen Kommission“*, deren Mitglieder von den beteiligten Regierungen benannt werden. Die Spitze des Verbandes bildet ein *Vorstand* und ein *Exekutivkomitee*. Mitglieder des Vorstandes sind: der Präsident, drei Vizepräsidenten, der Generalsekretär und die Präsidenten von Tochterverbänden, soweit sie Mitglieder des Exekutivkomitees sind.

Das Exekutivkomitee besteht aus dem Präsidenten, den Vizepräsidenten, dem Generalsekretär und fünf Mitgliedern der Ständigen Kommission. Es wird alle vier Jahre von der Ständigen Kommission gewählt. Im Jahre 1976 trat eine überarbeitete Fassung der Statuten in Kraft [11].

◀ Tabelle 4.1. Die Kongresse des Internationalen Ständigen Verbandes der Straßenkongresse (AIPCR—PIARC)

I	1908	Paris und Nizza
II	1910	Brüssel
III	1913	London
IV	1923	Sevilla
V	1926	Mailand und Rom
VI	1930	Washington
VII	1934	München
VIII	1938	Den Haag, Scheveningen
IX	1951	Lissabon
X	1955	Istanbul und Ankara
XI	1959	Rio de Janeiro
XII	1964	Rom
XIII	1967	Tokyo
XIV	1971	Prag
XV	1975	Mexico-City
XVI	1979	Wien

Bild 4.2. Emblem des Internationalen Ständigen Verbandes der Straßenkongresse (AIPCR—PIARC).

Die Kongresse des Verbandes (Tab. 4.1, Bild 4.2) stellen den Kontakt zwischen den Straßenbauingenieuren aller Kontinente her [10]. Die etwa 70 Länder, deren Regierungen Mitglieder des Verbandes sind, umfassen alle europäischen Staaten (West- und Osteuropa) sowie zahlreiche Staaten Afrikas, Asiens und Lateinamerikas sowie Australien.

Die von Fachleuten eingereichten Länderberichte geben eine Übersicht über den jeweiligen Stand der Straßenbautechnik und der Straßenverkehrstechnik. Der Umfang der vom Verband gestellten Themen ist z.B. aus dem Programm des XV. Weltstraßenkongresses in Mexico-City 1975 ersichtlich (Tab. 4.2). Aus den Länderberichten werden Generalberichte zusammengestellt und auf dem Kongreß diskutiert. Jeder Kongreß endet mit der Formulierung von Schlußfolgerungen.

Tabelle 4.2. Die Themen des XV. Weltstraßenkongresses Mexico-City 1975 (als Beispiel)

I	Bau und Planung von Landstraßen und Autobahnen
II	Flexible Befestigungen
III	Betonstraßen
IVa	Anforderungen des Verkehrs an Straßen und Autobahnen
IVb	Ausrüstung und Betrieb von Straßen und Autobahnen
V	Stadtstraßen
VI	Straße und Umwelt
VII	Wirtschaftliche Probleme
VIII	Billige Straßen — Straßen mit wenig Verkehr

Aufgliederung des Themas IVa (als Beispiel)

		Anforderungen des Verkehrs an Straßen und Autobahnen
4.1.		Beziehungen zwischen „level of service“ und geometrischen Elementen
4.1.1.		Erforschung und Analyse der wichtigsten Komponenten des „level of service“, im besonderen Reisezeit (Geschwindigkeit), Fahrkomfort, Sicherheit
4.1.2.		Beziehungen zwischen diesen Komponenten und den geometrischen Elementen, im besonderen Beziehungen zwischen Sicherheit einerseits und Leistung und charakteristischen Kennzeichen des Straßennetzes andererseits unter besonderer Berücksichtigung des Einflusses des Mittelstreifens und seiner Breite bei Straßen mit Richtungsfahrbahnen
4.1.3.	1.	Lagepläne für planebene Kreuzungen von Straßen mit Richtungsfahrbahnen und Beurteilung hinsichtlich getroffener Sicherheitsmaßnahmen
	2.	Lagepläne von Anschlußstellen und Beurteilung hinsichtlich getroffener Sicherheitsmaßnahmen
4.1.4.		Leistungsfähigkeit und charakteristische Kennzeichen der verschiedenen Straßenklassen
4.1.5.		Auffinden neuralgischer Stellen — vorbeugende Maßnahmen
4.2.		Oberflächeneigenschaften der Fahrbahnen
4.2.1.		Anforderungen an griffige Decken, technische Maßnahmen und ihre Kosten
4.2.2.		Verwendung von Kunststoffen
4.2.3.		Ermittlung von Abschnitten mit ungenügender Griffigkeit und Behandlungsmethoden
4.2.4.		Aquaplaning
4.2.5.		Reflexionseigenschaften von Decken und Straßenbeleuchtung

In den Berichten der Fachkomitees (Tab. 4.3), die zu jedem Kongreß unterbreitet werden, ist das Ergebnis der Diskussionen internationaler Fachleute auf den verschiedenen Gebieten zusammengefaßt. Die Fachkomitees wurden in den Jahren seit 1970 teils umbenannt, teils ergänzt.

Begünstigt durch die Nichtzugehörigkeit der USA nach 1945 zum Verband, hat sich dank der amerikanischen Initiative eine zweite internationale Organisation auf dem Gebiet des Straßenwesens zu einem wirkungsvollen Förderer des Straßenbaues und Straßenverkehrs entwickelt: die International Road Federation (IRF), gegründet 1947 in Washington. Im Gegensatz zur AIPCR sind ihre Träger die am Straßenverkehr interessierten großen Wirtschaftsgruppen. Die IRF ist in 70 Ländern durch nationale Vereine vertreten. Sie steht in engem Kontakt zu den internationalen Organisationen des Verkehrs und der Wirtschaft.

Tabelle 4.3. Die Fachkomitees des Internationalen Ständigen Verbandes der Straßenkongresse (AIPCR—PIARC)

	Fachkomitee für	Comité technique	Technical Committee
1	Betonstraßen	des Routes en Béton	for Concrete Roads
2	Flexible Befestigungen	des Routes souples	on Flexible Roads
3	Straßen in Entwicklungsländern	des Routes économiques	on Low Cost Roads
4	Straßengriffigkeit und Straßenebenheit	de la Glissance et de l'Uni	on Slipperiness and Evenness
5	Straßentunnel	des Tunnels routiers	on Road Tunnels
6	Prüfverfahren für Straßenbaustoffe	des Essais de Matériaux routiers	on Testing of Road Materials
7	Verkehr und Sicherheit	de la Circulation et de la Sécurité	on Traffic and Safety
8	Winterdienst	de la Viabilité hivernale	on Winter Maintenance
Umbenennungen:			
4	Oberflächeneigenschaften[1]	des Caractéristiques de Surface	on Surface Charateristics
7	Überörtliche Straßen	des Routes interurbaines	on Interurban Roads
Ergänzungen:			
9	Wirtschaftlichkeit und Finanzierung	économique et financiers	Economic and Finance
10	Stadtstraßen	de la Route en milieu urbain	on Roads in Urban Areas

[1] Der Aufgabenbereich umfaßt jetzt auch die optischen und lärmerzeugenden Merkmale.

4.5. Literatur

1. The European Conference of Ministers of Transport (E. C. M. T.). Hrsg. zur 10. Sitzung in Stockholm 1969. OECD, Paris.
2. 17th Annual Report and Resolutions of the Council of Ministers, Year 1970. OECD, Paris.
3. Bekanntmachung des Protokolls über die Europäische Konferenz der Verkehrsminister, BGBl. 1971, II, 129.
4. Kübler, G.: Die internationale Zusammenarbeit in der Straßenbauforschung innerhalb der Organisation für wirtschaftliche Zusammenarbeit und Entwicklung (OECD). Straße und Autobahn 20 (1969) Nr. 7, 237—243.
5. Knobel, W.: Le programme de recherche routière de l'organisation de coopération et développment économique (OECD). Straße und Verkehr 58 (1972) Nr. 5, 225—228.
6. Reports. Berichte der Mitgliedsländer zu den Kongressen 1909 bis 1975 (englisch, französisch und in der Landessprache des Kongreßortes).
7. Reports der Fachkommissionen (wie vor).
   Reports of the Proceedings (Tagungsverlauf) 1909 bis 1975 (wie vor).
8. AIPCR—PIARC 1909—1969. Hrsg. vom Verband. 43, Avenue du Président-Wilson, Paris 16e, 1970.
9. Bulletin de l'Association International Permanente des Congrès de la Route, 1977 im 69. Jahrgang. 43, Avenue de Président-Wilsom 16., Paris (französisch, englisch).
10. Goerner, E. W.: Die Internationalen Straßenbaukongresse. Straße und Autobahn 15 (1964) Nr. 5, 173—174.
11. In [9], Nr. 223-IV-1976, S. 29—47.
12. Lapierre, R.: Das Straßenforschungsprogramm der Organisation für wirtschaftliche zusammenarbeit und Entwicklung. Straße und Autobahn 28(1977) Nr., S. 276—283.

II. Fahrzeug und Fahrbahn

5. Fahrzeugeigenschaften

E. Fiala

Inhalt

5.1. Straßenverkehrs-Zulassungs-Ordnung (StVZO)

In der Straßenverkehrs-Zulassungs-Ordnung (StVZO), insbesondere in den §§ 32, 34, 35, 36 und 41, sind Maße, Gewichte und Leistungen von Kraftfahrzeugen festgelegt.

Nach § 32 (15. 11. 1974) gilt als höchstzulässig

Breite über alles	2,50 m
(ohne Fahrtrichtungsanzeiger und Außenspiegel)	
Höhe über alles	4,00 m
Länge:	
Einzelfahrzeug	12,00 m
Sattelkraftfahrzeug	15,00 m
Gelenkbus	18,00 m
Lastzug	18,00 m

Bei stationärer Kreisfahrt darf bei einem Außenradius von 12,00 m die Breite der bestrichenen Ringfläche 6,70 m nicht überschreiten. Bei der Einfahrt in eine solche Kreisbahn aus der Geraden darf kein Teil des Fahrzeugs um mehr als 0,80 m nach außen überschneiden.

Die zul. Achslasten bzw. Gesamtgewichte betragen nach § 34[1]:

Einzelachse	10 t
Doppelachse (Achsabstand 1 bis 2 m)	16 t
Einzelfahrzeug (zweiachsig)	16 t
Einzelfahrzeug (mehrachsig)	22 t
Gelenkbus	28 t
Sattelkraftfahrzeug	38 t
Lastzug	38 t

[1] Ausnahmen im Saarland für grenzüberschreitenden Güterverkehr.

Die Motorleistung (spezifische Leistung) muß nach § 35 für alle Fahrzeuge mindestens 4,4 kW/t[1] betragen. Den theoretischen Zusammenhang zwischen Fahrschwindigkeit und Steigung für verschiedene spezifische Leistungen zeigt Bild 5.1. Für Pkw ist die Angabe von kg/kW (bisher kg/PS) üblich (Bild 5.2).

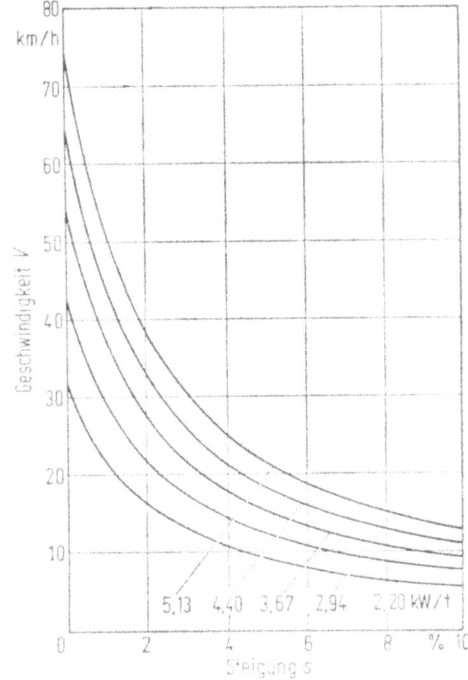

Bild 5.1. Erreichbare Höchstgeschwindigkeit in Abhängigkeit von der Steigung s und der spezifischen Motorleistung (Rollwiderstandsbeiwert 0,02, Übertragungswirkungsgrad 0,8).

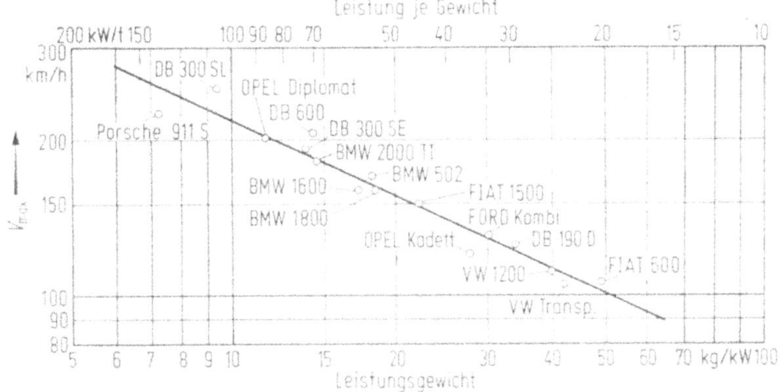

Bild 5.2. Zusammenhang von Höchstgeschwindigkeit und Leistungsgewicht für Pkw und Kombi.

Die Reifen müssen nach § 36 auf dem ganzen Umfang eine Mindestprofiltiefe von 1 mm aufweisen. Die Profilierung dient in erster Linie zur raschen Beseitigung des Wasserfilms von der Fahrbahn, um einen Kraftschluß herzustellen. Auf trockener Fahrbahn ist der Einfluß der Profilierung auf den Kraftschluß unerheblich.

[1] Verordnung vom 20. 4. 76.

Der Anhalteweg (§ 41) setzt sich aus dem Verzugsweg[1] $t^* \cdot v$ und dem Bremsweg $v^2/2b$ zusammen (Fahrgeschwindigkeit v in m/s, Bremsverzögerung b in m/s²). Die Verzugsdauer[1] t^* besteht aus der Reaktionsdauer (Erkennen des Signals bis Bewegungsbeginn), der Umsetzdauer (Bewegungsbeginn bis Betätigungsbeginn) und der Ansprech-[1] und Schwelldauer[1] der Bremse (Tab. 5.1). Ansprechdauer plus halbe Schwelldauer beträgt bei Luftdruckbremsen etwa 0,5 s, bei Anhängern mit Luftdruckbremse bis 1,0 s.

Tabelle 5.1. Verzugsdauer t^* aus drei verschiedenen Fahrzeugen (A, B und C) [6]

	Reaktionsdauer	Umsetzdauer	0,55 × Ansprech- und Schwelldauer			Verzugsdauer t^*		
Fahrzeug	—	—	A	B	C	A	B	C
50% der Versuche größer als	0,33	0,18	0,16	0,25	0,26	0,67	0,76	0,77
5% der Versuche größer als	0,48	0,25	0,24	0,29	0,33	0,97	1,02	1,06

§ 41 schreibt als mittlere Bremsverzögerung 2,5 m/s² für die Betriebsbremse und 1,5 m/s² für die Feststellbremse vor (auf trockener, ebener (eigentlich: horizontaler) Straße erreichen Kraftfahrzeuge 8 bis 9 m/s²). Busse mit mehr als 5,5 t Gesamtgewicht und andere Kraftfahrzeuge mit mehr als 9 t zulässigem Gesamtgewicht müssen zusätzlich mit einer Dauerbremse[2] ausgerüstet sein.

Für erstmals in den Verkehr kommende Fahrzeuge muß die Abbremsung (= Summe der Radumfangkräfte/Fahrzeuggewicht) mehr als 45% betragen, wobei die Bremspedalkraft 800 N nicht überschreiten darf.

5.2. Fahrwiderstand und Luftkräfte

Der Fahrwiderstand W in N kann annäherungsweise nach der Gleichung

$$W = f_R mg + c_w F \frac{\varrho}{2} v^2 + \text{nichtständige Widerstände} \tag{5.1a}$$

berechnet werden. Mit ϱ Dichte der Luft = 1,226 kg/m³ (bei 15 °C und 1013 mbar) wird hieraus

$$W = f_R mg + c_w F \frac{v^2}{1{,}63} + \text{nichtständige Widerstände [N]} \tag{5.1b}$$

m Gesamtgewicht (Masse) in kg, g Erdbeschleunigung 9,81 m/s²
v Fahrgeschwindigkeit in m/s. F projizierte Stirnfläche in m²

Der Rollreibungsbeiwert f_R beträgt 0,015 bis 0,02 (kleine Werte für Lkw und Gürtelreifen); der Luftwiderstandsbeiwert c_w beträgt für Pkw zwischen 0,35 bis 0,5, für Busse etwa 0,6, für Lkw etwa 0,85. Die projizierte Stirnfläche F beträgt für Pkw zwischen 1,5 und 2,5 m², für Busse und Lkw etwa 6 m². Für Pkw sind

[1] Begriffe bei Luftdruckbremsen.
[2] kann eine Motorbremse sein.

Luftwiderstand und Rollwiderstand bei etwa 15 m/s oder 55 km/h gleich groß, für Lkw und Busse bei etwa 100 km/h. Bild 5.3 zeigt den Fahrwiderstand in der Ebene, abhängig vom Fahrzeuggewicht, für verschiedene Verkehrsmittel.

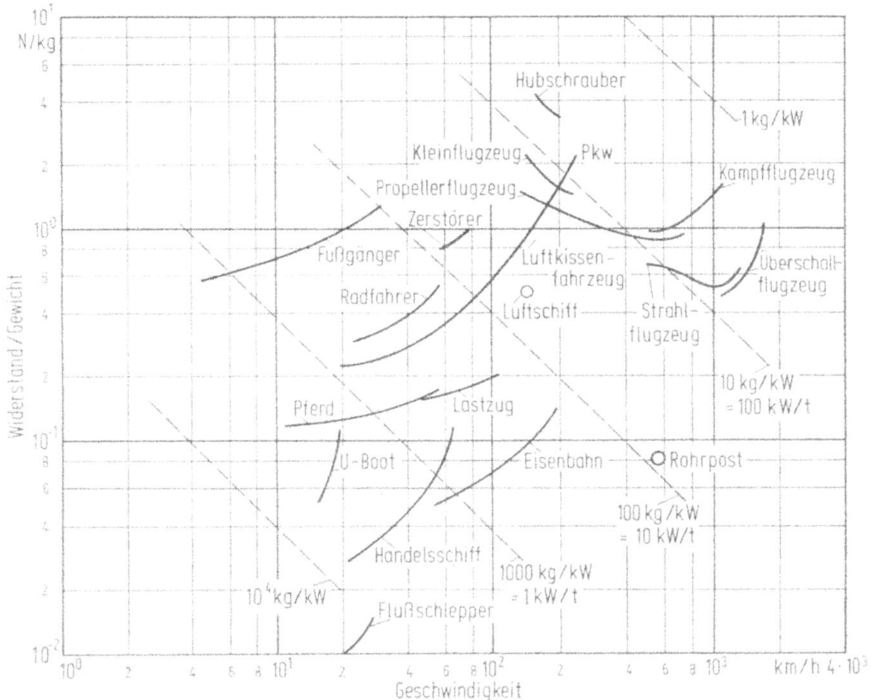

Bild 5.3. Auf das Gewicht bezogener Fahrwiderstand verschiedener Verkehrsmittel.

Für Pkw gilt näherungsweise für die Höchstgeschwindigkeit

$$V_{\max}\,[\mathrm{km/h}] = 100 \sqrt[3]{\frac{N\,[\mathrm{kW}]}{17 c_{\mathrm{w}} F\,[\mathrm{m}^2]}}\,. \tag{5.2}$$

Um die erreichbare Höchstgeschwindigkeit um x% zu vergrößern, muß man entweder die Leistung um etwa 3x% erhöhen oder die Widerstandsfläche $c_{\mathrm{w}}F$ um etwa 3x% verringern.

Für die Errechnung des Steigungswiderstandes kann für die üblichen Straßensteigungen das Produkt aus Steigung und Gewichtskraft angesetzt werden.

Der Kurvenwiderstand ist der vierten Potenz der Fahrgeschwindigkeit proportional. Für eine Querbeschleunigung von 3 m/s² ist er etwa gleich dem Rollwiderstand.

Beim Errechnen der Beschleunigung müssen die rotierenden Massen berücksichtigt werden. Pkw erreichen in der Ebene und bei Windstille nach etwa 9 s ihre halbe Höchstgeschwindigkeit. Bild 5.2 und 5.4 geben den Zusammenhang zwischen Höchstgeschwindigkeit und Leistungsgewicht bzw. die Wegstrecken oder Zeiten zum Erreichen einer bestimmten Geschwindigkeit in Abhängigkeit vom Leistungsgewicht wieder.

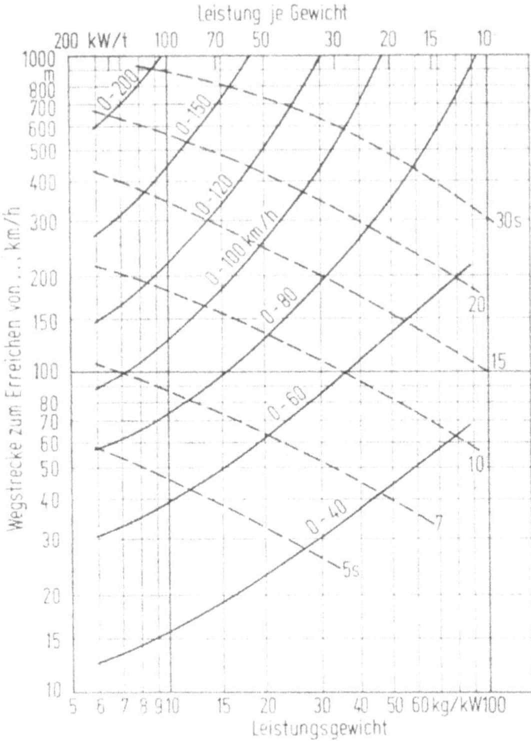

Bild 5.4. Beschleunigungswege und -zeiten, abhängig vom Leistungsgewicht, für Pkw (Näherung) [7].

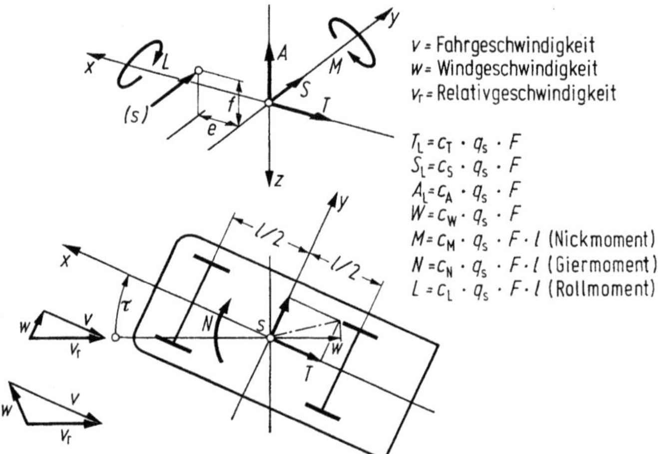

Bild 5.5. Bezeichnungen für Luftkräfte am Fahrzeug: τ Anströmwinkel, q_s Staudruck, F Stirnfläche, l Radstand.

Die Größe und Lage der resultierenden Luftkraft in einem fahrzeugfesten Koordinatensystem ist durch die sechs Bestimmungsstücke nach Bild 5.5 gegeben. Bild 5.6 gibt die Abhängigkeit der Beiwerte vom Anströmwinkel an. Neben dem

Luftwiderstand ist das Luftmoment um die Fahrzeughochachse von besonderer Bedeutung, welches das Fahrzeug ohne Zutun des Fahrers aus dem Wind drehen würde.

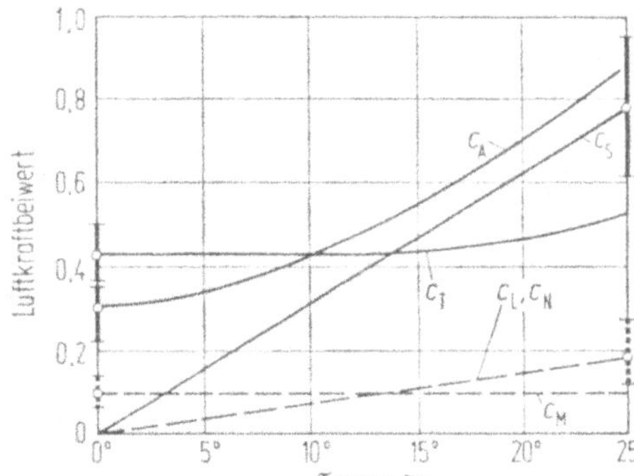

Bild 5.6. Luftkraftbeiwerte für Pkw, abhängig vom Anströmwinkel.

5.3. Fahrzeugreifen

Der Reifen besteht aus mindestens zwei gekreuzten Gewebeeinlagen (Karkasse) aus Kunstseide, Polyamid o. ä., die innen durch Stahleinlagen auf der Felge gehalten werden. Der Winkel zwischen Faden und Radebene am Reifenumfang beträgt für Diagonalreifen etwa 40° (30° für Sportreifen) und etwa 88° für Radialreifen. Gürtelreifen haben am Umfang eine Einlage aus Stahl- oder Kunststoffäden. Durch den Gürtel werden die Schubspannungen infolge Reifenabplattung herabgesetzt und dadurch Kraftschluß und Verschleißwiderstand verbessert. Nachteile: höherer Preis, lauteres Abrollen. Die Lauffläche aus Gummi hohen Abriebwiderstandes und hoher Dämpfung erhält ein Profil zur Aufnahme des verdrängten Wassers bei nasser Fahrbahn.

Winterreifen (Matsch- und Schneereifen) haben ein grob gegliedertes Profil, damit sich in der weichen Schicht, die die Fahrbahn bedeckt, scherfeste „Zahnstangenteile" bilden können [8]. Spikereifen erzeugen auf Eis durch Eindringen in die Eisschicht eine Art Formschluß [9, 10]. Das Problem des Verschleißes der Straßendecken durch Spikereifen (vgl. Kapitel 8) führte 1975 zum Verbot ihrer allgemeinen Anwendung. Die neueren Haftreifen haben eine geringe Rückprallelastizität und bleiben bis zu tiefen Temperaturen schmiegsam. Das Profil ist grobstollig, meist mit überlagerter Feingliedrigkeit. Eine mikroskopische Rauhigkeit wird durch Zusatz von Kieselsäure erreicht.

Die Bezeichnung der Reifen erfolgt nach Breite und Durchmesser in Zoll oder mm.

Unter einer Seitenkraft laufen Fahrzeugreifen schräg ab. (Schräglaufwinkel β = Winkel zwischen Bewegungsrichtung der Radnabe und Schnittlinie Radebene-Fahrbahn). Außerdem entsteht ein Moment M_s um den Mittelpunkt der Aufstandsfläche (Bild 5.7). In der momentanen Aufstandsfläche entsteht Schlupf, da vorn immer wieder unausgelenkte Umfangspartien auf die Fahrbahn treffen und durch die Seitenkraft seitlich verschoben werden.

Für kleine Schräglaufwinkel ($\beta < 3°$) besteht ein annähernd linearer Zusammenhang zwischen Seitenkraft bzw. Schräglaufmoment und Schräglaufwinkel: $S = k \cdot \beta$ (k = Seitenkraftbeiwert, etwa 20 kN/rad für Pkw-Reifen, abhängig von Radlast, Reifenluftdruck, Profiltiefe). Nach oben wird die übertragbare Seitenkraft durch die Kraftschlußgrenze begrenzt. Sie gibt das Verhältnis der größtmöglichen Seitenkraft S zur Radlast L an: $\max f_s = \max S/L$.

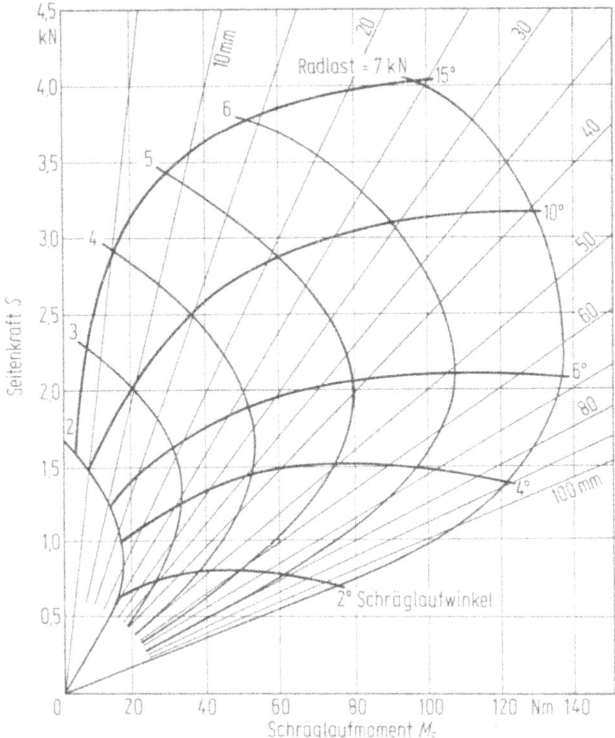

Bild 5.7. Reifenkennfeld (*Gough-Diagramm*) für einen Pkw-Reifen 6.40—13, 2,0 bar Überdruck. Die Ursprungsgeraden geben den „Reifennachlauf" (= M_s/S) an.

Eine Seitenkraft entsteht auch durch den Radsturz (z.B. 500 N bei 5° Sturzwinkel für Pkw-Reifen).

Umfangskräfte führen zu Radschlupf, der beim Bremsen größer als beim Treiben ist. Der Bremsschlupf s_u läßt sich definieren als das Verhältnis der Schlupfgeschwindigkeit in Umfangsrichtung zur translatorischen Geschwindigkeit senkrecht zur Achse (und parallel zur Fahrbahn),

$$s_u = \frac{v - r\omega}{v} 100 \, [\%] \tag{5.3}$$

(v = Fahrgeschwindigkeit in m/s; r = Rollradius in m; ω = Winkelgeschwindigkeit der Radfelge in 1/s). Die maximale Umfangskraft wird bei 10 bis 20% Schlupf erreicht. Umfangskräfte haben auch Einfluß auf den Zusammenhang zwischen Seitenkraft und Schräglaufwinkel (Bild 5.8a, b). Wird zum Bremsen ein Kraftschluß nahe der Kraftschlußgrenze in Anspruch genommen, so sinkt die mögliche Kraftschlußausnutzung in seitlicher Richtung entscheidend ab. In diesem Stadium bringt schon eine geringfügige Zunahme des Schräglaufwinkels infolge Steigerung der aufzunehmenden Seitenkraft bereits im unteren Bereich von Schräglaufwinkeln (3 bis 4°) die Resultierende aus Umfangs- und Seitenkraft an die Kraftschlußgrenze heran (vgl. in Bild 5.8b die schleifenartige Kurve für $f_b = 0{,}35$).

Die Federzahl für Pkw-Reifen beträgt in radialer Richtung rund 160 kN/m, axial etwa 80 kN/m.

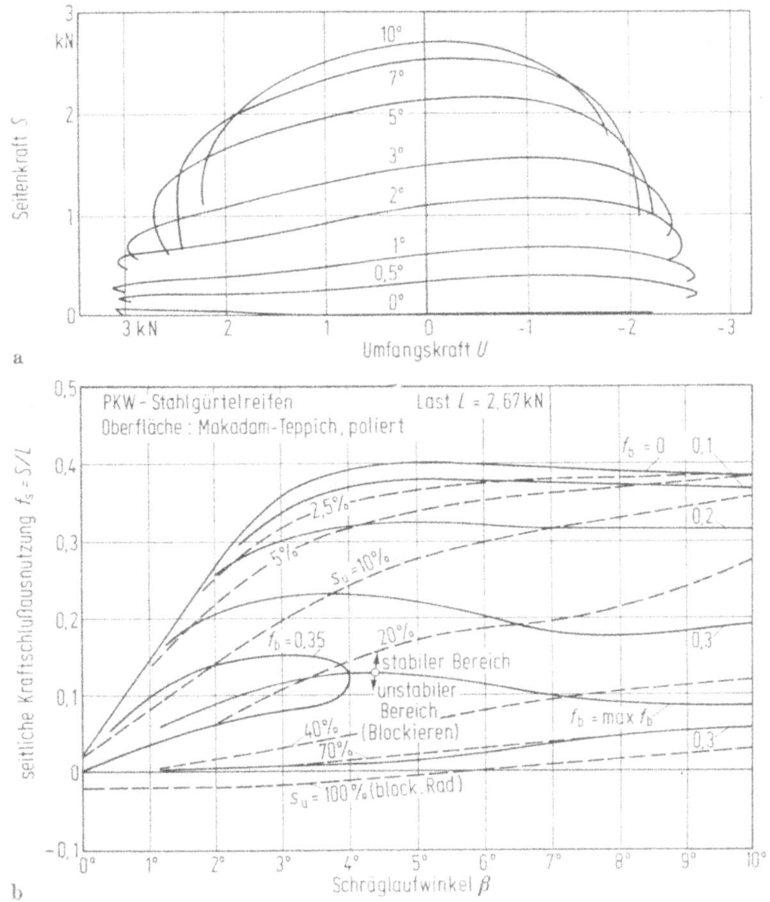

Bild 5.8a. Seitenkraft als Funktion der Umfangskraft ($-U$ Bremsen, $+U$ Treiben) für verschiedene Schräglaufwinkel. Pkw-Reifen 6.40—15, 1,8 bar Überdruck, Last 2,94 kN.

Bild 5.8b. Die wechselseitige Abhängigkeit der Kraftschlußausnutzung, beim Bremsen $f_b = U/L$, und in seitlicher Richtung, $f_s = S/L$, von Schräglaufwinkel β und Umfangsschlupf s_u, Reifengröße 165 R 15 [11].

5.4. Radführung

Um Lenken und Federn zu ermöglichen, müssen die Räder relativ zum Aufbau beweglich sein.

5.4.1. Lenkung

Bei sehr langsamer Fahrt liegt der Momentanpol M_0 der Fahrzeugbewegung auf der verlängerten Hinterachse des Fahrzeugs (Bild 5.9). Für diesen Fall muß das kurveninnere Rad um einen größeren Lenkwinkel λ als das kurvenäußere eingeschlagen werden ($\lambda_i > \lambda_a$), Ackermann-Lenkung. Bei verkehrsüblichen Fahrgeschwindigkeiten tritt bei Kurvenfahrt an allen Rädern ein Schräglaufwinkel von etwa 3° auf. Dadurch rückt der Momentanpol M nach vorn. An den kurveninneren Rädern sind dann die Schräglaufwinkel größer als an den kurvenäußeren Rädern. Die kurveninneren Räder übertragen deshalb eine größere Seitenkraft als die kurvenäußeren, obwohl sie durch das Rollmoment entlastet werden.

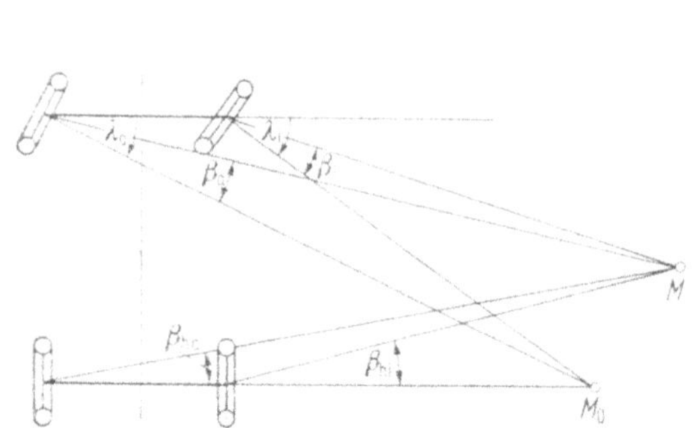

Bild 5.9. Lenkwinkel und Schräglaufwinkel bei langsamer Kurvenfahrt (um M_0) und schneller (um M).

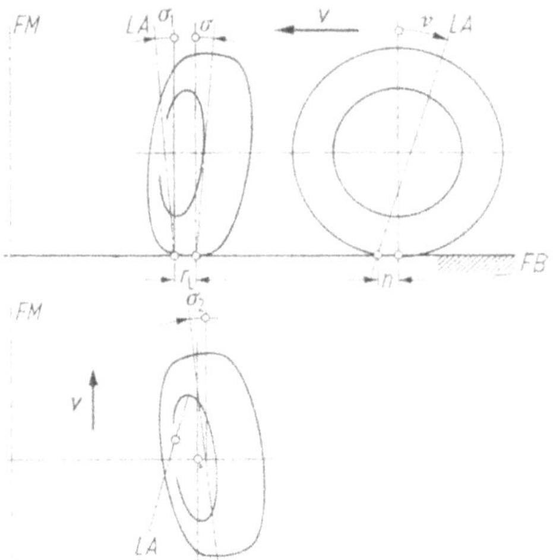

Bild 5.10. Radstellung. FM Fahrzeugmitte, FB Fahrbahn, v Fahrtrichtung, LA Lenkachse; σ Sturzwinkel, σ_1 Spreizung, σ_2 Vorspurwinkel, ν Nachlauf(winkel), n Nachlauf(strecke), r_L Lenkrollhalbmesser.

Die durch die Lenkung bedingte Bewegung des Rades erfolgt um die Lenkachse, die im allgemeinen schief im Raum steht und deren Durchstoßpunkt durch die Fahrbahnebene nicht im Mittelpunkt der Aufstandsfläche liegt (Bild 5.10). Wesentlichen Einfluß auf das Lenkverhalten des Fahrzeugs hat die Lenkelastizität (Lenkwinkel des Rades bei festgehaltenem Lenkrad, bezogen auf das aufgebrachte Moment).

5.4.2. Stationäres Lenkverhalten (Über-, Untersteuern)

Infolge der sich mit der Querbeschleunigung ändernden Schräglaufwinkel ist die auf ebener Fahrbahn gefahrene Krümmung $\varkappa$ neben dem Lenkwinkel λ im allgemeinen auch von der Fahrgeschwindigkeit v und den Umfangskräften (Treiben, Bremsen) abhängig. Bild 5.11a zeigt ein einspuriges Fahrzeugmodell mit dem Radstand $a + b$ bei Kurvenfahrt. Unter Berücksichtigung der Schräglaufwinkel β_v und β_h gilt für kleine Winkel

$$\lambda - \beta_v + \beta_h = (a + b)\,\varkappa \tag{5.4}$$

bzw.

$$\lambda = \varkappa(a + b) + (\beta_v - \beta_h). \tag{5.4a}$$

(Dabei wird zweckmäßig mit λ nicht der tatsächliche Lenkwinkel der Vorderräder bezeichnet, sondern der fiktive Lenkwinkel, der sich bei dem betreffenden Winkel am Lenkrad infolge der Lenkübersetzung und ohne Berücksichtigung der Lenkelastizität ergäbe (reference steer angle).

$(\beta_v - \beta_h)$ ist für den stationären Fall und große Krümmungsradien ausschließlich von der Querbeschleunigung b_Q abhängig (Bild 5.11b). Nach der klassischen Definition werden alle Fahrzustände als untersteuernd bezeichnet, bei denen $(\beta_v - \beta_h) > 0$, als übersteuernd, wenn $(\beta_v - \beta_h) < 0$, und als neutral, wenn $(\beta_v - \beta_h) = 0$.

Nach dieser Definition sind praktisch alle Fahrzeuge stets untersteuernd, wenn man extreme Querbeschleunigungen oder blockierte bzw. durchdrehende Hinterräder ausschließt. Nach anderen Vorschlägen werden deshalb die Fahrzustände, für die $d(\beta_v - \beta_h)/db_Q = 0$ oder $d(\beta_v - \beta_h)/db_Q = (\beta_v - \beta_h)/b_Q$, als neutral bezeichnet.

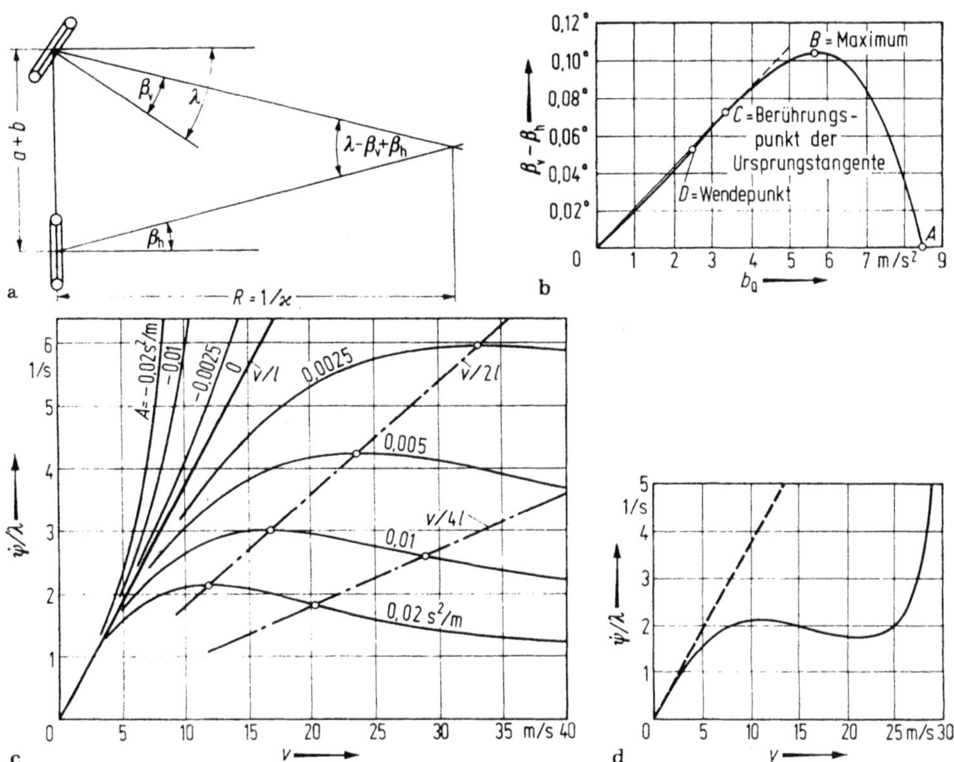

Bild 5.11a. Einspuriges Fahrzeugmodell. Der Radstand $l = a + b$ ist in Wirklichkeit sehr viel kleiner als R, so daß alle Winkel klein sind. — Die stationäre Gierwinkelgeschwindigkeit $\dot\psi$ ist gleich dem Produkt aus Krümmung und Fahrgeschwindigkeit.

Bild 5.11b. Schräglaufwinkelunterschied als Funktion der Querbeschleunigung. Neutral je nach Definition:

A: $\beta_v - \beta_h = 0$,
B: $d(\beta_v - \beta_h)/db_Q = 0$,
C: $d(\beta_v - \beta_h)/db_Q = (\beta_v - \beta_h)/b_Q$,
D: $d^2(\beta_v - \beta_h)/db_Q^2 = 0$.

Bild 5.11c. Gierwinkelgeschwindigkeit/Lenkwinkel $\dot\psi/\lambda$ mit $(A = (\beta_v - \beta_h)/b_Q)$ als Parameter. ($l = a + b = 2{,}67$ m).

Bild 5.11d. Gierwinkelgeschwindigkeit/Lenkwinkel $\dot\psi/\lambda$ als Funktion der Geschwindigkeit für konstanten Krümmungsradius $R = 100$ m ($\varkappa = 10^{-2}\,\mathrm{m}^{-1}$), Radstand $(a + b) = 2{,}67$ m, $(\beta_v - \beta_h) = 2 \cdot 10^4\, v^2 + 4 \cdot 10^{-10}\, v^6 - 0{,}8 \cdot 10^{-12}\, v^8$.

Anschaulich wird das Lenkverhalten im Diagramm Gierwinkelgeschwindigkeit/Lenkwinkel ($\dot\psi/\lambda$) abhängig von der Fahrgeschwindigkeit dargestellt. Für die stationäre Gierwinkelgeschwindigkeit gilt

$$\dot\psi = \varkappa \cdot v. \tag{5.5}$$

Aus Gleichung (5.4a) folgt dann unter Beachtung von

$$b_Q = \varkappa v^2, \tag{5.6}$$

$$\frac{\dot{\psi}}{\lambda} = \frac{\varkappa \cdot v}{(a+b)\,\varkappa + (\beta_v - \beta_h)} = \frac{\varkappa \cdot v}{(a+b)\,\varkappa + (\beta_v - \beta_h)\,\varkappa v^2/b_Q} = \frac{v}{(a+b) + Av^2}, \tag{5.7}$$

wobei

$$A = (\beta_v - \beta_h)/b_Q. \tag{5.7a}$$

Die Abhängigkeit des Schräglaufwinkelunterschieds kann als Polynom

$$\beta_v - \beta_h = C_1 \cdot b_Q + C_2 b_Q^m + C_3 b_Q^n$$

angesetzt werden, was für Gleichung (5.7a)

$$A = C_1 + C_2 b_Q^{m-1} + C_3 b_Q^{n-1}$$

ergibt. Die Größe A kann also aus der gefahrenen Querbeschleunigung errechnet werden.

In Bild 5.11c sind Kurven für verschiedene A dargestellt. Man erkennt, daß für

$$v_{\text{krit}} = \sqrt{-\frac{a+b}{A}} \tag{5.8}$$

bei $A < 0$ (d.h. $(\beta_v - \beta_h) < 0$) ein Pol entsteht. Bei dieser Geschwindigkeit kann das Fahrzeug beim Lenkwinkel $\lambda = 0$ jede beliebige Krümmung fahren. Damit ist die Stabilitätsgrenze erreicht.

Für $A > 0$ bezeichnet man

$$v_{\text{Ch}} = \sqrt{\frac{a+b}{\cdot A}} \tag{5.9}$$

als charakteristische Geschwindigkeit. An dieser Stelle ist

$$\left(\frac{\dot{\psi}}{\lambda}\right)_{\max} = \frac{1}{2}\sqrt{\frac{1}{A(a+b)}} \tag{5.10}$$

$(\dot{\psi}/\lambda)_{\max}$ ist für alle Fahrzustände gerade halb so groß wie das des „neutralen" Fahrzustandes ($A = 0$) (Bild 5.11c). Die Wendepunkte aller Kurven liegen bei

$$v_{\text{WP}} = \sqrt{3}\, v_{\text{Ch}} \tag{5.11}$$

und

$$(\dot{\psi}/\lambda)_{\text{WP}} = \frac{\sqrt{3}}{2}\left(\frac{\dot{\psi}}{\lambda}\right)_{\max}. \tag{5.12}$$

Untersteuernde Fahrzustände nach der klassischen Definition liegen in Bild 5.11c unter der Geraden für $\dot{\psi}/\lambda = v/(a+b)$ bzw. $A = 0$.

Die Definition $\mathrm{d}(\beta_v - \beta_h)/\mathrm{d}b_Q > 0$ verlangt, daß die Kurven $\dot{\psi}/\lambda$ bei einer Erhöhung von b_Q immer tiefer liegen.

Das Lenkverhalten im Diagramm $\dot{\psi}/\lambda$ über v kann auch für $\varkappa = \text{const}$ gut dargestellt werden (bei derartigen Versuchen fährt das Fahrzeug mit konstanter Krümmung, wobei v langsam gesteigert wird).

Durch Einsetzen von Gleichung (5.6) in (5.8) und (5.7) folgt

$$\frac{\dot{\psi}}{\lambda} = \frac{\varkappa v}{(a+b)\,\varkappa + C_1 \varkappa v^2 + C_2 \varkappa^m v^{2m} + C_3 \varkappa^n v^{2n}} = \frac{v}{(a+b) + C_1 v^2 + C_2 \varkappa^{m-1} v^{2m} + C_3 \varkappa^{n-1} v^{2n}}. \tag{5.13}$$

Darstellung siehe Bild 5.11d.

5.4.3. Radfederung

Beim Federn bewegt sich das Rad um eine Momentanachse, die durch ihre Durchstoßpunkte durch die Radebene (Geradeausstellung), die Achsquerebene bzw. die Fahrbahnebene festgelegt ist (Bild 5.12). Der Momentanpol M_Q ist maßgebend für Spur- und Sturzänderung beim Einfedern bzw. Lage der Momentanachse der Aufbaurollbewegung, der Momentanpol M_L für die Nachlaufänderung und Nickbewegung des Fahrzeugs beim Anfahren und Bremsen, der Momentalpol M_{Le} für die Lenkbewegung des Rades beim Federn.

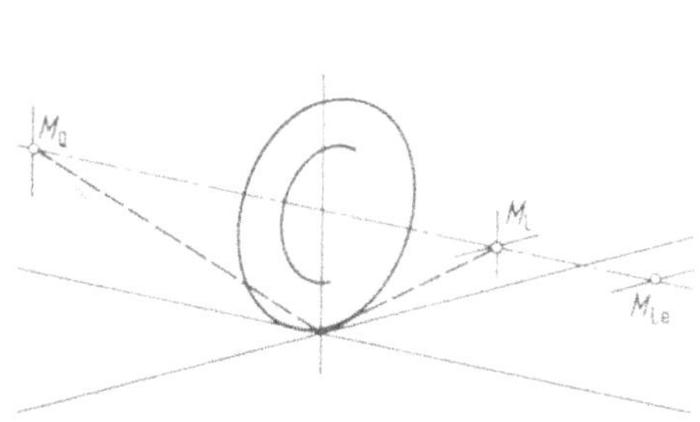

Bild 5.12. Lage der Momentanachse der Radbewegung relativ zum Fahrzeug. M_Q Momentanpol in der Achsquerebene, M_L Momentanpol in der vertikalen Fahrzeuglängsebene durch den Aufstandspunkt, M_{Le} Momentanpol in der Fahrbahnebene.

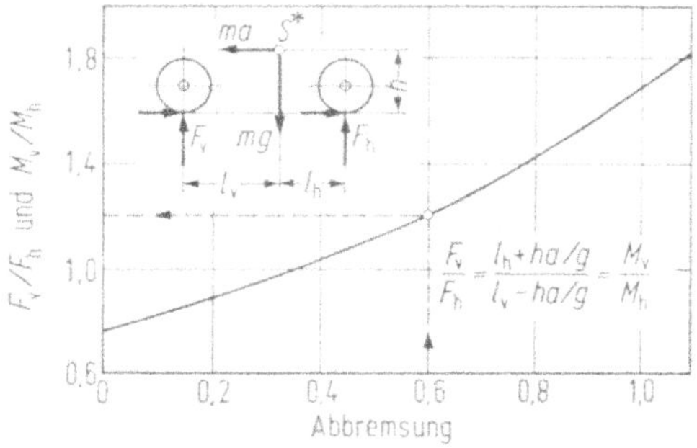

Bild 5.13. Achsdruckverteilung an einem Pkw für verschiedene Abbremsungen a/g [12]; Bremsverzögerung a, Fallbeschleunigung g, S^* Wagenschwerpunkt. Die Kurve gilt für $l_v = 1{,}6$ m; $l_h = 1{,}2$ m; $h = 0{,}55$ m.

5.5. Bremsen

5.5.1. Aufgabe

Aufgabe der Bremsen ist es, die Geschwindigkeit bei Talfahrt konstant zu halten, die Geschwindigkeit des Fahrzeugs herabzusetzen und das Fahrzeug im Stillstand festzuhalten.

Die Verteilung der Bremsmomente von Vorder- und Hinterachse M_v und M_h erfolgt optimal so, daß sie der Achslast proportional sind. Dazu müßte die Achslaständerung durch Zuladung und das Bremsrückmoment berücksichtigt werden (Bild 5.13). Näherungsweise wird das durch die achslastabhängige Druckbegrenzung des Bremskreises der Hinterachse erreicht. Bei Kurvenfahrt blockieren die kurveinneren Räder infolge des Rollmomentes vor den kurvenäußeren.

Blockieren der Räder muß verhindert werden, weil sonst die Seitenführungskraft verloren geht (die Reibkraft wirkt am blockierten Rad der Bewegungsrichtung entgegen) und das Fahrzeug entweder nicht mehr lenkbar wird (blockierte

Vorderräder) oder die Fahrstabilität geht verloren (blockierte Hinterräder) Blockierverhinderer regeln das Bremsmoment eines Rades oder einer Achse so daß stets der optimale Bremsschlupf annähernd gehalten wird (Bild 5.14a, b, c).

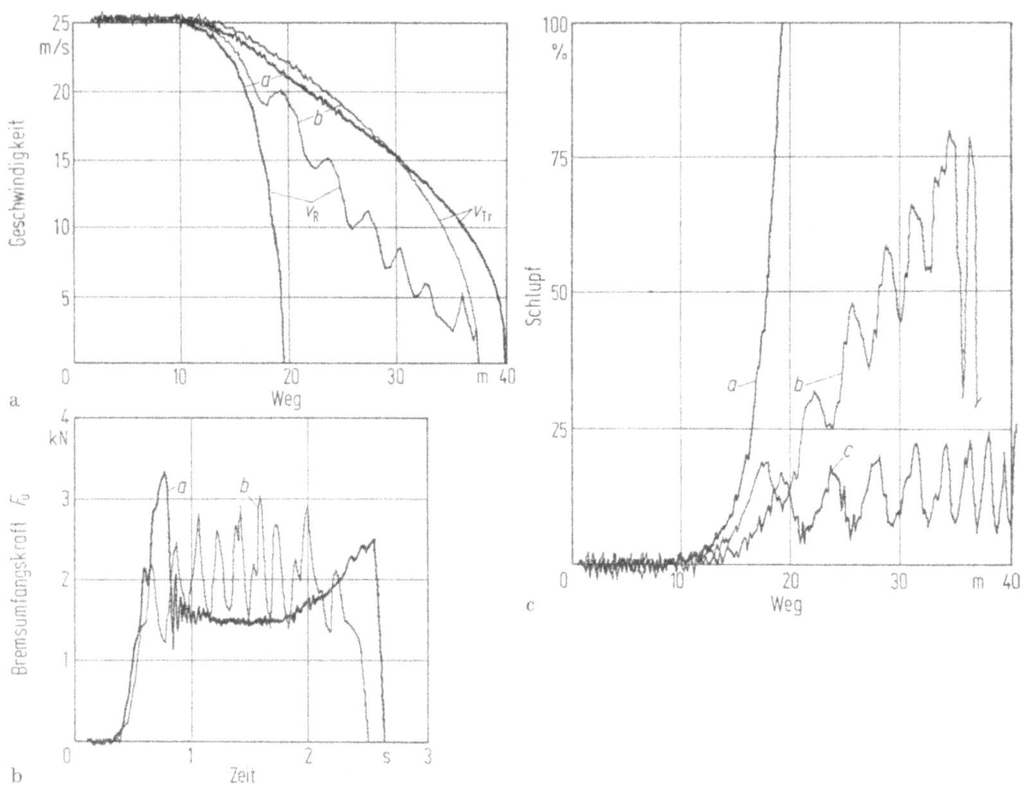

Bild 5.14a. Geschwindigkeit-Weg-Verlauf bei Blockierbremsung (*a*) und bei geregeltem Abbremsen (*b*). Trommelprüfstand-Versuch [12].
v_{TR} Trommelgeschwindigkeit, v_R Radgeschwindigkeit.

Bild 5.14b. Bremsumfangskraft-Zeit-Verlauf bei Blockierbremsung (*a*) und bei geregeltem Abbremsen (*b*). Trommelprüfstand-Versuch [12].

Bild 5.14c. Schlupf-Weg-Verlauf bei Blockierbremsung (*a*) und bei geregeltem Abbremsen (*b* und *c*). Die Kurvenzüge *b* und *c* stellen verschiedene Reglereinstellungen dar. Trommelprüfstand-Versuch [12].

5.5.2. Bauarten

Bei der Trommelbremse muß zwischen auf- und ablaufenden Backen unterschieden werden, weil die Umfangskraft in einem Fall die Zustellkraft S verstärkt, im anderen Fall verringert (Bilder 5.15 und 5.16). Die Abhängigkeit des Bremsmomentes M_{Br} von der Zustellkraft S wird als Bremsenkennung $C^* = M_{Br}/2Sr$ angegeben (r = Trommelradius). Je nach Selbstverstärkung ist die Kennung vom Reibwert abhängig (Bild 5.17). Durch unterschiedliche Erwärmung von Trommel und Backe ändert sich die Kennung durch Änderung der Druckverteilung (vgl. Bild 5.16).

Scheibenbremsen (Bild 5.18) haben keine Selbstverstärkung, sind aber trotz höherer Temperaturen thermisch leichter zu beherrschen.

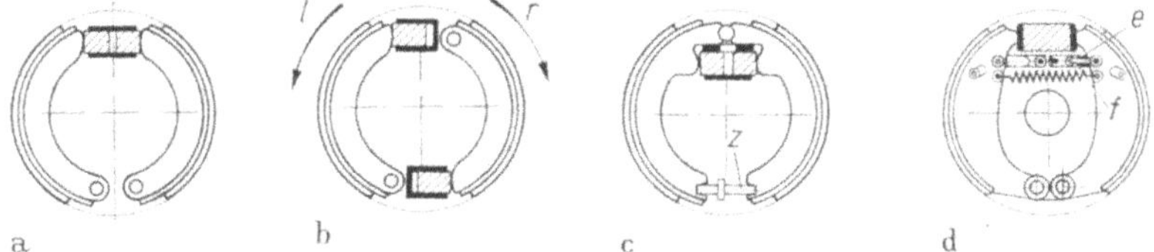

Bild 5.15. Trommelbremsen (Bauarten) ([3], S. 858).
a) Simplex; b) Duplex einfach wirkend (*l* Drehrichtung der Trommel für zwei auflaufende, *r* für zwei ablaufende Backen); c) Duo-Servobremse; *z* Zwischenglied einer Spielnachstellung durch Längenänderung über Gewinde; d) Nachstellvorrichtung bei einer Simplex-Bremse: mit zunehmender Abnutzung der Reibbeläge überspringt die Hülse *e* einen Gang des Gewindes *f*, Ganghöhe und Spiel des Gewindes bestimmen das Lüftspiel.

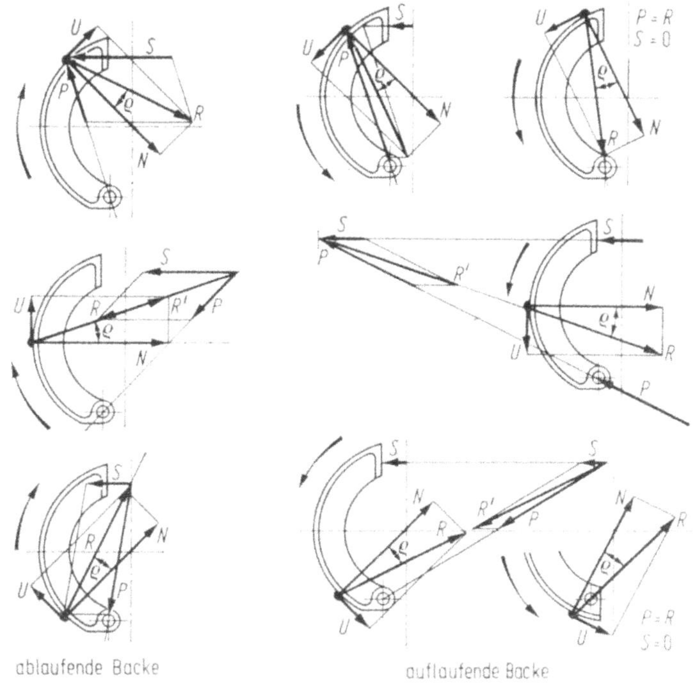

Bild 5.16. Kräftegleichgewicht an auf- und ablaufenden Backen (vergleiche Verhältnis von Umfangskraft U und Zustellkraft S) ([1], S. 528).

Zur Bremsverstärkung wird im Pkw vorwiegend Saugluft (Saugrohrunterdruck), im Lkw Druckluft herangezogen.

Für Dauerbremsungen nutzt man im Lkw meist das Bremsmoment des Motors durch Einbau einer Stauklappe in das Abgasrohr aus (Motorbremse).

Auch wassergekühlte Vollscheibenbremsen, Wirbelstrombremsen oder hydrodynamische Bremsen an der Kardanwelle (oder einer Kardanwelle eines Anhängers) werden verwendet.

Als Feststellbremse dienen meist die Trommelbremsen einer Achse, die mechanisch zugestellt werden. Bei Scheibenbremsen an allen Rädern wird häufig eine zusätzliche Trommel innerhalb der Scheibe vorgesehen.

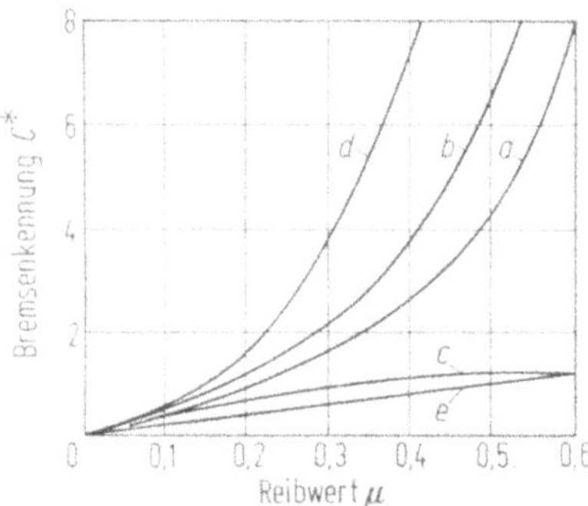

Bild 5.17. Abhängigkeit der Bremsenkennung C^* vom Reibwert μ der Reibfläche ([3], Bild 20). *a* Simplex-Trommelbremse, *b* Duplex-Trommelbremse mit zwei auflaufenden Backen, *c* Duplex-Trommelbremse mit zwei ablaufenden Backen, *d* Servebremse, *e* Scheibenbremse.

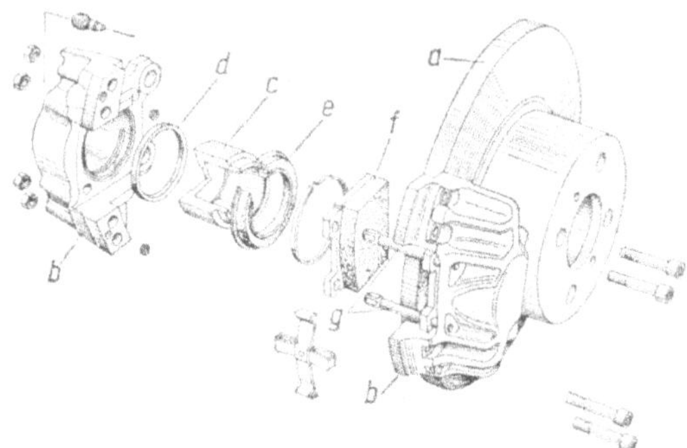

Bild 5.18. Ate-Pkw-Scheibenbremse (A. Teves KG) ([3], Bild 21). *a* Bremsscheibe, *b* symmetr. Bremssattel, *c* Kolben, *d* Dichtung, *e* Manschette, *f* Bremsbelag (25 cm²), *g* Haltestifte und Kreuzfeder zur Fixierung des Bremsbelages.

5.6. Literatur

Bücher

1. Bussien: Automobiltechnisches Handbuch. I. und II. Band. 18. Aufl. Berlin: Techn. Verl. H. Cram, 1965.
2. Buschmann, H.; Kößler, P.: Taschenbuch für den Kraftfahrzeug-Ingenieur. 7. Aufl. Stuttgart: Deutsche Verlags-Anstalt, 1963.
3. Dubbels Taschenbuch f. d. Maschinenbau, Neudruck der 13. Auflage, Berlin, Heidelberg, New York: Springer, 1974.
4. Mitschke, M.: Dynamik der Kraftfahrzeuge. Berlin, Heidelberg, New York: Springer, 1972.
5. Belke, K.; Bosselmann, H.; List, H.: STVZO, 11. Auflage, Bonn-Bad Godesberg: Kirschbaum 1974.

Einzelbeiträge

6. Fink, W.: Verzugsdauer beim Bremsen. ATZ 70 (1968) 307—310.
7. Fiala, E.: Zusammenhang von Leistungsgewicht und Beschleunigungszeit. Information 7, Heft 74 (1969) 9 und 10.
8. Zoeppritz, H. P.: Der Einfluß der Reifen-Konstruktion auf die Fahreigenschaften. Automobil Revue 16. 7. 1964, 31, 17—21.
9. Scheuba, N.: Das Zusammenspiel von Spikes und Reifen. Techn. Mitteilungen, Krupp Werksberichte 27 (1969) 4; außerdem: Straße und Autobahn 22 (1971) 1, 28—35.
10. Stolpp, D.: Untersuchungen über die Wirkung von Spikes bei normalen Fahrbedingungen auf schnee- und eisfreien Straßen. Deutsche Kraftfahrzeugforschung und Straßenverkehrstechnik Heft 190/1967. VDI Düsseldorf.
11. Holmes, K. E.; Stone, R. D.: Tyre forces as functions of cornering and braking slip on wet surfaces. RRL Report 254, 1969.
12. Elsholtz, J.; Willumeit, H.-P.: Digitale Meßdatenerfassung und -verarbeitung an einem Reifen-Trommelprüfstand. ATZ 72 (1970) 3, 73—77.
13. Leiber, H.; Limpert, W. D.: Der elektronische Bremsregler. ATZ 71 (1969) 181—189.
14. Fink, W.: Entwicklung des Blockierverhüters für Kraftfahrzeuge. Automobil Revue Bern Nr. 43, 1969, 33—35.

6. Fahrdynamik

E. Fiala

Inhalt

6.1. Dynamik der Kurvenfahrt

Zur Begründung der Elemente der Linienführung werden neben optischen stets auch fahrdynamische Gründe genannt. Primär ergibt sich das aus der Beschränkung übertragbarer Horizontalkräfte. Sekundär soll die Linienführung aber auch „gut fahrbahr“ sein, d. h. die Lenkradbewegung soll plausibel und stetig sein. Zwischen Winkel am Lenkrad und tatsächlich gefahrener Krümmung besteht aber keine Proportionalität, sondern ein von der Querneigung, der Fahrgeschwindigkeit, spezifischen Fahrzeugkenndaten und der Zeit abhängiger Zusammenhang.

Bei der Linienführung, insbesondere von Schnellstraßen, sollte auch die Bewegungsempfindlichkeit des Menschen [14] berücksichtigt werden.

6.1.1. Bewegungsgleichungen

Die Bewegungsgleichungen werden im wesentlichen durch die Eigenschaften der Reifen bestimmt (Kapitel 5, Abschnitt 5.3.). Der Seitenkraftbeiwert k ist dabei neben der Reifenbauart von der Radlast, der Stellung des Rades zur Fahrbahn und der Elastizität der Radführung abhängig.

Für ein ebenes, einspuriges Fahrzeugmodell lauten die Bewegungsgleichungen (Bild 6.1):

$$\beta_{\mathrm{v}} = \lambda + \beta - \frac{a}{v}(\dot{\varphi} + \dot{\beta}) = \lambda + \beta - a\varkappa - a\dot{\beta}/v, \tag{6.1}$$

$$\beta_{\mathrm{h}} = \beta + \frac{b}{v}(\dot{\varphi} + \dot{\beta}) = \beta + b\varkappa + b \cdot \dot{\beta}/v, \tag{6.2}$$

$$\dot{\varphi} = \varkappa \cdot v, \tag{6.3}$$

$$U \cdot \lambda + S_{\mathrm{v}} + S_{\mathrm{h}} = mv^2\varkappa - W, \tag{6.4}$$

$$U \cdot \lambda \cdot a + aS_{\mathrm{v}} - bS_{\mathrm{h}} = mr^2(\ddot{\varphi} + \ddot{\beta}) - Ww, \tag{6.5}$$

(mr^2 Trägheitsmoment um die Hochachse). Mit $p = i\omega$ folgt als Lösung

$$\varkappa \cdot mv^2[p^2 + A_1p + B_1] = \lambda(k_{\mathrm{v}} + U)\,[p^2 + A_2p + B_2] + + W[p^2 + A_3p + B_3], \tag{6.6}$$

wobei

$$A_1 = \frac{1}{m \cdot v}\left[\frac{1}{r^2}\,(a^2k_{\mathrm{v}} + b^2k_{\mathrm{h}}) + k_{\mathrm{v}} + k_{\mathrm{h}}\right], \tag{6.7}$$

$$B_1 = \frac{1}{mr^2}\left[\frac{(a+b)^2}{mv^2}\,k_{\mathrm{v}}k_{\mathrm{h}} + b \cdot k_{\mathrm{h}} - ak_{\mathrm{v}}\right], \tag{6.8}$$

$$A_2 = \frac{1}{mr^2 \cdot v}\,b(a + b)\,k_{\mathrm{h}}, \tag{6.9}$$

$$B_2 = \frac{1}{mr^2}\,(a + b)\,k_{\mathrm{h}}, \tag{6.10}$$

$$A_3 = \frac{1}{mr^2v}\,[b(b + w)\,k_{\mathrm{h}} - a(a - w)\,k_{\mathrm{v}}], \tag{6.11}$$

$$B_3 = \frac{1}{mr^2}\,[(b + w)\,k_{\mathrm{h}} + (a - w)\,k_{\mathrm{v}}]. \tag{6.12}$$

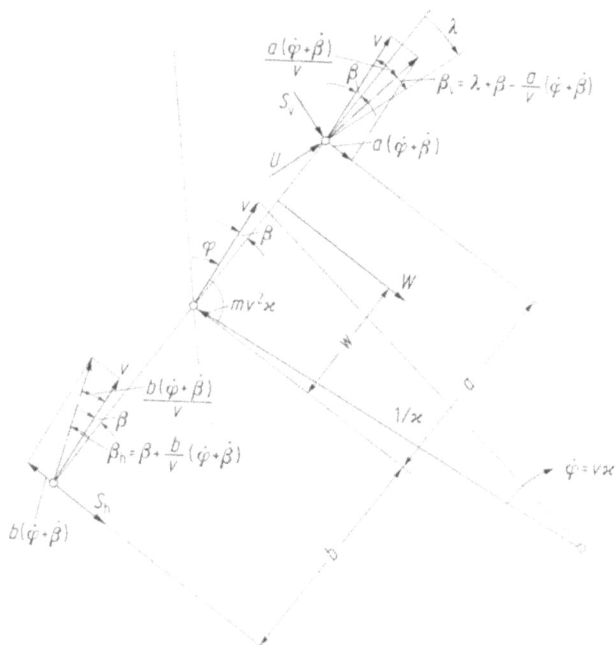

Bild 6.1. Fahrzeugmodell zum Ableiten der Bewegungsgleichungen. m Masse des Fahrzeugs; S_{v}, S_{h} Seitenkraft vorn bzw. hinten; U Umfangskraft vorne; W Störkraft; v Geschwindigkeit; β Schwimmwinkel; β_{v}, β_{h} Schräglaufwinkel vorn bzw. hinten; φ Richtungswinkel der Schwerpunktbewegung.

6.1.2. Erforderlicher Lenkwinkel bei langsamer Krümmungsänderung

Bild 6.2 gibt den Zusammenhang zwischen gefahrener Krümmung $\varkappa$ und Lenkwinkel für verschiedene Fahrgeschwindigkeiten in Abhängigkeit von der Kreisfrequenz ω. Die Eigenfrequenz von Pkw liegt bei etwa 1 Hz. Da die durch die Linienführung der Straße angeregten Frequenzen im allgemeinen wesentlich darunter liegen, können die Bewegungsgleichungen durch Weglassen der frequenzbehafteten Glieder vereinfacht werden. Danach ergibt sich der Zusammenhang zwischen gefahrener Krümmung und Lenkwinkel zu

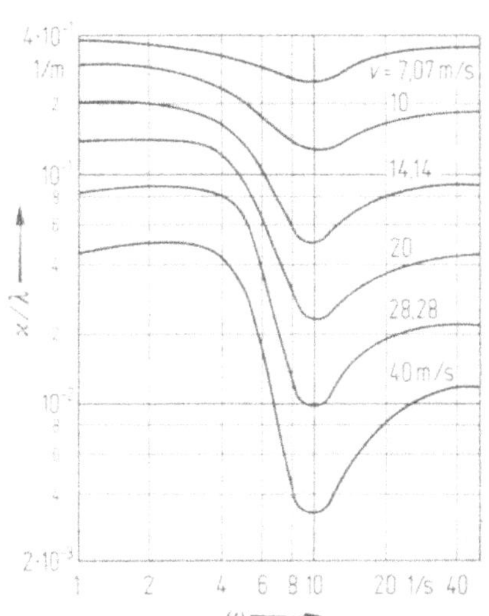

Bild 6.2. Frequenzgang Krümmung/Lenkwinkel für verschiedene Fahrgeschwindigkeiten. Fahrzeugdaten: $m = 981$ kg, $a = b = r = 1$ m, $k_v = 19{,}6$ kN/rad, $k_h = 39{,}2$ kN/rad (nach [4]).

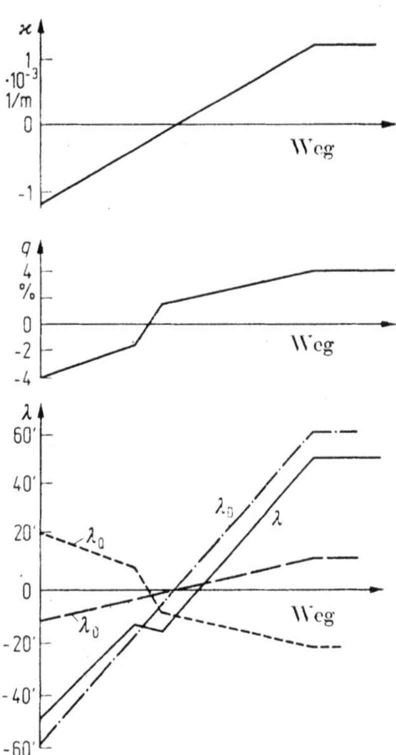

Bild 6.3. Krümmung $\varkappa = 1/R$, Querneigung q und erforderlicher Lenkwinkel λ als Funktion des Weges in einer Wendeklotoide. (λ_0 Lenkwinkel für Krümmung, λ_D für Querbeschleunigung, λ_Q für Querneigung).

$$\frac{\varkappa}{\lambda} = \frac{(a + b)\, k_v k_h}{(a + b)^2\, k_v k_h + m v^2 (b k_h - a k_v)}. \tag{6.13}$$

Berücksichtigt man die durch Querneigung q und Führungsbeschleunigung $\varkappa v^2$ hervorgerufenen Seitenkräfte, so gilt nach Bild 6.1

$$S_v = m v^2 \varkappa \frac{b}{a + b} - m g \cdot q \frac{b}{a + b} = k_v \cdot \beta_v, \tag{6.14}$$

$$S_h = m v^2 \varkappa \frac{a}{a + b} - m g \cdot q \frac{a}{a + b} = k_h \cdot \beta_h. \tag{6.15}$$

Daraus errechnet sich der erforderliche Lenkwinkel λ zu:

$$\lambda = \lambda_0 + \lambda_D + \lambda_Q = \lambda_0 + \beta_v - \beta_h, \tag{6.16}$$

$$\lambda_0 = (a + b)\,\varkappa, \tag{6.17}$$

$$\lambda_D = \frac{mv^2}{a+b}\left(\frac{b}{k_v} - \frac{a}{k_h}\right)\varkappa, \tag{6.18}$$

$$\lambda_Q = -\frac{m \cdot g}{a+b}\left(\frac{b}{k_v} - \frac{a}{k_h}\right)q, \tag{6.19}$$

λ_0 ist dabei der Lenkwinkel, der bei sehr langsamer Fahrt auf einer horizontalen Ebene erforderlich wäre, λ_D der Lenkwinkel, der sich aus der Führungsbeschleunigung ergibt, und λ_Q der Lenkwinkel infolge der Fahrbahnquerneigung.

Beispiel (Bezeichnungen vgl. Bild 6.1): $a = b = 1{,}4$ m, $m = 1200$ kg, $k_h = 2k_v = 40$ kN/rad, $v = 30$ m/s, $\varkappa = 1{,}25 \cdot 10^{-3}$ m^{-1} ($R = 800$ m), $q = 0{,}04$. Es ergeben sich: $\lambda_0 = 3{,}5 \cdot 10^{-3}$ rad $= 12{,}1'$, $\lambda_D = 58{,}4'$, $\lambda_Q = -20{,}8'$.

Der durch die Führungsbeschleunigung hervorgerufene Lenkwinkel λ_D ist also wesentlich größer als die beiden anderen Anteile. Bei sehr kleiner Fahrgeschwindigkeit ($\lambda_D \to 0$) würde die Kurve mit negativem Lenkwinkel durchfahren werden, weil der Lenkwinkel durch Querneigung größer als der für die Krümmung erforderliche ist.

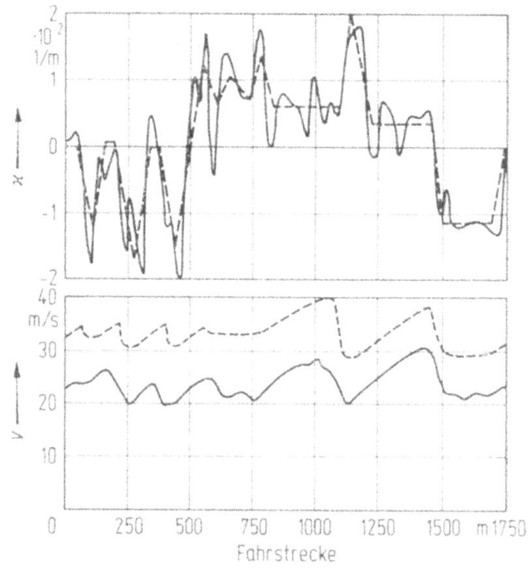

Bild 6.4. Gefahrene Krümmung $\varkappa$ und Geschwindigkeit an einem Fahrsimulator. Gestrichelt ist die Krümmung der Fahrbahn bzw. die theoretisch durch die Fahrzeugdaten gegebene mögliche Geschwindigkeit eingezeichnet [5].

Fällt in einer Wendeklotoide der Querneigungswendepunkt nicht mit $q = 0$ zusammen, so ergibt sich z.B. der in Bild 6.3 dargestellte Verlauf des erforderlichen Lenkwinkels λ. Da ein solcher Verlauf dem Fahrer nicht plausibel ist, kommt es in diesem Falle zu Spurabweichungen bzw. einem größeren Breitenbedarf. Dieser wird wesentlich durch den Fahrer mitbestimmt, der zusammen mit dem Fahrzeug einen Regelkreis bildet. Die Eigenfrequenz dieses Systems liegt zwischen 0,2 und 0,5 Hz (Bild 6.4).

6.1.3. Breitenbedarf in Kurven

In Kurven können Lastzüge einen erhöhten Breitenbedarf dadurch haben, daß die Hinterräder auf einem kleineren Radius als die Vorderräder laufen (Traktrix) oder auf einem größeren infolge des Schräglaufwinkels. Wegen dieser Spurabweichung zwischen erster und letzter Achse sowie des Überhanges der Fahrzeuge über diese Achsen muß der Fahrstreifen eine entsprechende Verbreiterung erhalten.

Näherungsweise ist die Spurabweichung

$$\Delta = \frac{l^{*2}}{2} \cdot \varkappa - L \cdot \beta_{\mathrm{hm}} \tag{6.20}$$

Vorzeichendefinition für Gleichung (6.20):

Δ	Spurabweichung nach
positiv	bogeninnen
negativ	bogenaußen

mit der Modelldeichsellänge

$$l^* = \sqrt{\Sigma l_i^2 - \Sigma \bar{l}_i^2} \tag{6.21}$$

Nach Bild 6.5 bezeichnet l_i den Abstand zwischen Vorderachse bzw. Kupplungspunkt und Hinterachse, $\bar{l}_i$ den Abstand zwischen Hinterachse und Kupplungspunkt des Folgefahrzeugs, wobei es gleichgültig ist, ob dieser vor oder hinter der Hinterachse liegt [6]. L bezeichnet die Gesamtlänge des Fahrzeugs, β_{hm} den mittleren Schräglaufwinkel aller Achsen.

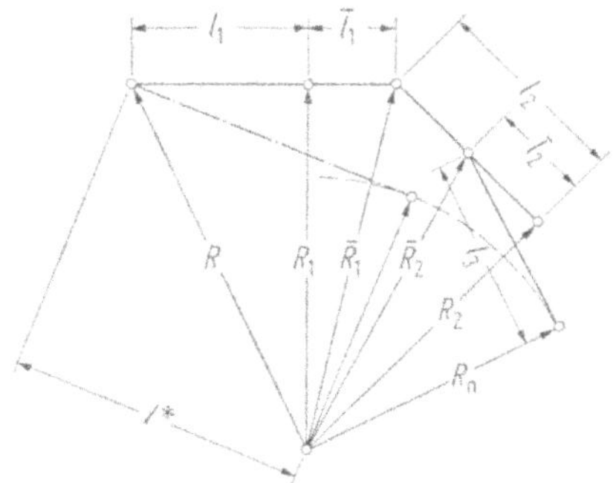

Bild 6.5. Modell zum Herleiten der Modelldeichsellänge l^*.
R, R_1 Krümmungshalbmesser der Bahn der Vorder- bzw. der Hinterachse des Zugwagens mit dem Radstand l_1 und dem Abstand $\bar{l}_1$ der Kupplung von der Hinterachse, $\bar{R}_1$ Krümmungshalbmesser der Bahn der Kupplung, R_2 Krümmungshalbmesser der Hinterachsbahn des einachsigen Anhängers, $\bar{R}_2$ Krümmungshalbmesser der Bahn der Sattelaufliegerkupplung, R_n Krümmungshalbmesser der Hinterachsbahn des Sattelaufliegers, l_2 Radstand des Anhängers, $\bar{l}_2$ Kupplungsabstand, l_3 Radstand des Aufliegers.

Beispiel: Für einen Zug mit den Radständen bzw. Deichsellängen nach Bild 6.6 ist $l_1 = 3{,}6$ m, $l_2 = 2{,}0$ m, $l_3 = 3{,}6$ m; $\bar{l}_1 = 2{,}0$ m. Daraus folgt $l^* = 5{,}1$ m; die gesamte Zuglänge ist $L = 11{,}2$ m. In einer Kurve mit $R = 250$ m tritt durch das Nachlaufen eine Spurabweichung nach innen von $l^{*2}/2R = 0{,}052$ m ein. Bei einem Schräglaufwinkel von 3° entsteht andererseits eine Spurabweichung nach außen von $L \cdot \beta_{\mathrm{hm}} = 11{,}2 \cdot 3(\pi/180) = 0{,}59$ m. Hieraus ergibt sich eine resultierende Abweichung nach bogenaußen von $\Delta = 0{,}05 - 0{,}59 = -0{,}54$ m. Bei schneller Fahrt (Krümmung gering) überwiegt also die Spurabweichung nach außen. Die absolut größten resultierenden Spurabweichungen treten allerdings nach innen auf (bei großer Krümmung und entsprechend kleinen Fahrgeschwindigkeiten, so daß $\beta_{\mathrm{hm}} \to 0$).

Unter Vernachlässigung des Schräglaufwinkels lautet die Differentialgleichung für die Spurabweichung Δ eines Halbwagens mit der Deichsellänge l näherungsweise

$$\Delta + l\,\mathrm{d}\Delta/\mathrm{d}s = \varkappa l^2/2 + (\mathrm{d}\varkappa/\mathrm{d}s)\cdot l^3/6\,, \tag{6.22}$$

wenn die Führungskurve des Kupplungspunktes (bzw. der Vorderachse) in der Form der natürlichen Gleichung $\varkappa = \varkappa(s)$ (Krümmung $\varkappa$ als Funktion des Weges s)

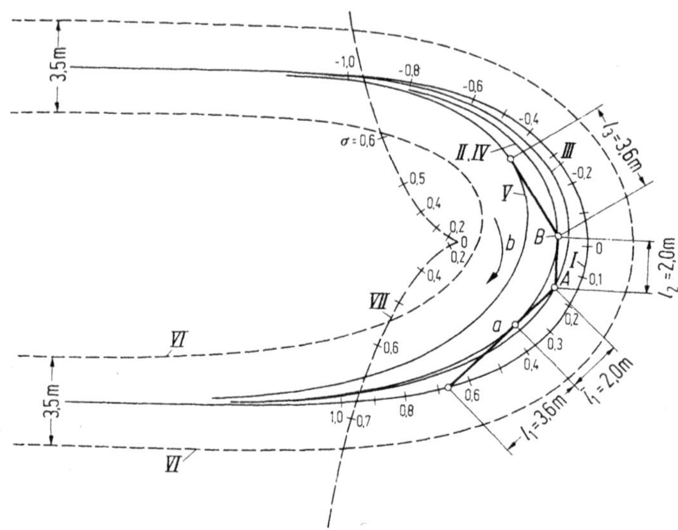

Bild 6.6. Kurvenfahrt eines Zugs. a Zuglängsachse mit A als Kupplungspunkt, b Fahrtrichtung, B Anhänger-Vorderachse (Drehschemel), l_1 Radstand des Zugwagens, $\bar{l}_1$ Abstand der Kupplung von der Hinterachse, l_2 Deichsellänge des Anhängers, l_3 Radstand des Anhängers, I Führungskurve mit der Scheitelkrümmung $\varkappa_0 = 0{,}2\ \mathrm{m}^{-1}$, der Richtungsänderung $\Delta\varphi = \pi$ und angeschriebenen Werten des bezogenen Weges σ, II Bahnkurve der Hinterachse (fällt innerhalb der Zeichengenauigkeit mit der Kurve IV zusammen), III Bahnkurve der Anhängerkupplung, IV Bahnkurve der Anhängervorderachse, V Bahnkurve der Anhängerhinterachse, VI Fahrbahnrand für die Fahrbahn-Nennbreite 3,5 m, VII Polkurve der Führungskurve (I).

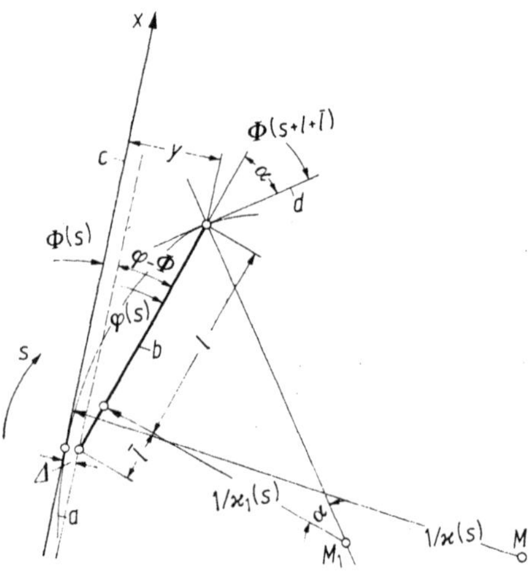

Bild 6.7. Schema eines Halbwagens in der Kurve. a Spur des führenden Rades, b Fahrzeuglängsachse, c, d Tangente an die Radspur a an der Stelle der gesuchten Spurabweichung bzw. an der Stelle des Vorderrades, l Deichsellänge des Halbwagens, $\bar{l}$ Abstand der Kupplung von der Hinterachse, M Krümmungsmittelpunkt der Radspur des führenden Rades mit der Krümmung $\varkappa(s)$ bzw. mit dem Krümmungshalbmesser $1/\varkappa(s)$, M_1 Krümmungsmittelpunkt der Spur der Hinterachse mit der Krümmung $\varkappa_1(s)$ bzw. dem Krümmungshalbmesser $1/\varkappa_1(s)$, Δ Spurabweichung eines Fahrzeugpunkts im Abstand $\bar{l}$ hinter der Hinterachse, x laufende Wegkoordinate, y Abstand der Führungsspur von der Tangente c, α Winkel zwischen der Hinterradachse und der eingeschlagenen Vorderradachse = Lenkwinkel, φ, Φ Richtungswinkel der Fahrzeuglängsachse bzw. der Führungsspur.

gegeben ist (Bild 6.7) [7]. Bei der Ermittlung der Spurabweichung nach dieser Gleichung oder nach graphischem Verfahren stellt man fest, daß die Spurabweichung im Kurvenauslauf größer als im Kurveneinlauf ist (Bild 6.6).

6.2. Ebenheit und Welligkeit

Die Unebenheiten der Fahrbahn ergeben beim Überfahren eine Schwingungserregung des Fahrzeugs in einem weiten Frequenzbereich. Statische Beanspruchungen der im allgemeinen mehr als dreirädrigen Fahrzeuge durch Unebenheiten sind von untergeordneter Bedeutung gegenüber den dynamischen Beanspruchungen oder besonderen statischen Belastungsfällen (z.B. Radwechsel).

6.2.1. Beschreibung der Fahrbahnoberfläche

Ein lotrechter Schnitt durch die Fahrbahn zeigt eine sogenannte regellose oder stochastische Linie (Bild 6.8). Obwohl die Kurve nicht determiniert ist, d.h. aus dem bekannten Verlauf kann nicht der zukünftige vorausgesagt werden, ist es möglich, sie insgesamt statistisch zu beschreiben. Dazu wird zweckmäßigerweise ein Koordinatensystem so gelegt, daß

$$\int_0^L x(y)\,\mathrm{d}y = 0\,. \tag{6.23}$$

Die Länge L muß dabei sinnvollerweise wesentlich größer als die noch interessierende Wellenlänge sein.

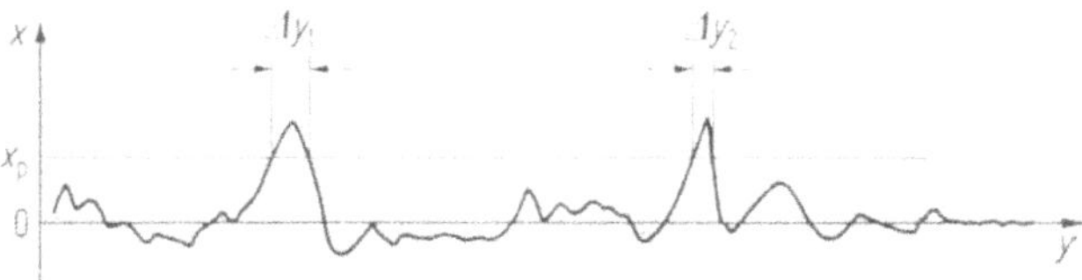

Bild 6.8. Längsschnitt durch eine Fahrbahn.

Ein Maß für die Amplitude ist dann der Effektivwert (quadratischer Mittelwert, RMS (= root mean square-Wert))

$$x_{\text{eff}} = \sqrt{\frac{1}{L}\int_0^L x^2(y)\,\mathrm{d}y}\,. \tag{6.24}$$

Zu einer ausreichenden Beschreibung der Kurve $x(y)$ sind aber noch Angaben darüber erforderlich, mit welcher Häufigkeit bestimmte Amplituden und Wellenlängen auftreten [13].

6.2.1.1. Häufigkeitsdichte

Die Häufigkeit oder Wahrscheinlichkeit, mit der ein bestimmter Pegel x_p überschritten wird, ist

$$W[x(y) > x_\mathrm{p}] = \left(\sum^L \Delta y\right) \Big/ L \tag{6.25}$$

bzw. die Wahrscheinlichkeitsdichte $p(x_\mathrm{p})$

$$p(x_\mathrm{p}) = \frac{\mathrm{d}W}{\mathrm{d}x}\,. \tag{6.26}$$

Für Straßen sind die Amplituden annähernd normal verteilt [9]. Dann gilt

$$p(x_p) = \frac{1}{\sqrt{2\pi} \cdot x_{eff}} e^{-\frac{1}{2}\left(\frac{x_p}{x_{eff}}\right)^2}. \tag{6.27}$$

Für diesen Fall ist

$$W[-x_{eff} < x < x_{eff}] = 0{,}6827,$$
$$W[-2x_{eff} < x < 2x_{eff}] = 0{,}9545,$$
$$W[-3x_{eff} < x < 3x_{eff}] = 0{,}9973.$$

Große Amplituden sind danach extrem selten. Oft wird mit einer „größten Doppelamplitude" (Spitze/Spitze) von $x_{ss} = 5x_{eff}$ gerechnet.

6.2.1.2. *Spektrale Dichte*

Bestimmt man in einem kleinen Intervall von Wellenlängen $\Delta\lambda = \lambda_2 - \lambda_1 \to d\lambda$ das Quadrat des Effektivwertes und bezieht ihn auf das Intervall, so erhält man die spektrale Dichte (Unebenheitsdichte)

$$A(\lambda) = \frac{dx_{eff}^2}{d\lambda}. \tag{6.28a}$$

Der Effektivwert in einem Bereich von Wellenlängen von λ_1 bis λ_2 errechnet sich daraus zu

$$x_{eff}(\lambda_1, \lambda_2) = \sqrt{\int_{\lambda_1}^{\lambda_2} A(\lambda)\, d\lambda}. \tag{6.28b}$$

Besondere schwingungstechnische Bedeutung und Anschaulichkeit haben Effektivwerte im Bereich konstanter relativer Breite, z.B. im Bereich einer Oktave ($\lambda_2 = 2\lambda_1$). Für die mittlere Wellenlänge $\lambda = \sqrt{\lambda_1\lambda_2}$ ist dann näherungsweise

$$x_{eff\,oct} = \sqrt{\frac{1}{\sqrt{2}} A(\lambda)\, \lambda}. \tag{6.29}$$

Für Straßen ist die spektrale Dichte $A(\lambda)$ etwa konstant. Bild 6.9a zeigt (nach Messungen von Braun [9]) die Gruppenmittel der Unebenheitsdichten vierer Gruppen von Fahrbahndecken. Jede Gruppe umfaßte 4 bis 9 Streckenabschnitte von je 0,3 bis 6,1 (im Mittel 2,8) km Länge. Bild 6.9b zeigt die spektralen Dichten der gleichen Gruppenmittel, jedoch dargestellt als Funktion der Weg(kreis)-frequenz

$$\omega = 2\pi/\lambda.$$

Es gilt die Beziehung

$$\Phi(\omega) = (-)\, A(\lambda) \cdot (\lambda^2/2\pi). \tag{6.30}$$

Die Darstellung über ω herrscht in der Literatur vor [10 bis 12].

Für die Schwingungserregung des Fahrzeugs ist der Verlauf der Amplitude über der Zeit $x(t)$ maßgebend. Der Zusammenhang zwischen Wellenlänge und Frequenz folgt mit der Fahrgeschwindigkeit v aus

$$f = v/\lambda. \tag{6.31}$$

Die spektrale Amplitudendichte als Funktion der Frequenz (Leistungsdichte) ist

$$A(f) = \frac{dx_{eff}^2}{df} = (-)\, A(\lambda) \cdot v \cdot f^{-2}. \tag{6.32}$$

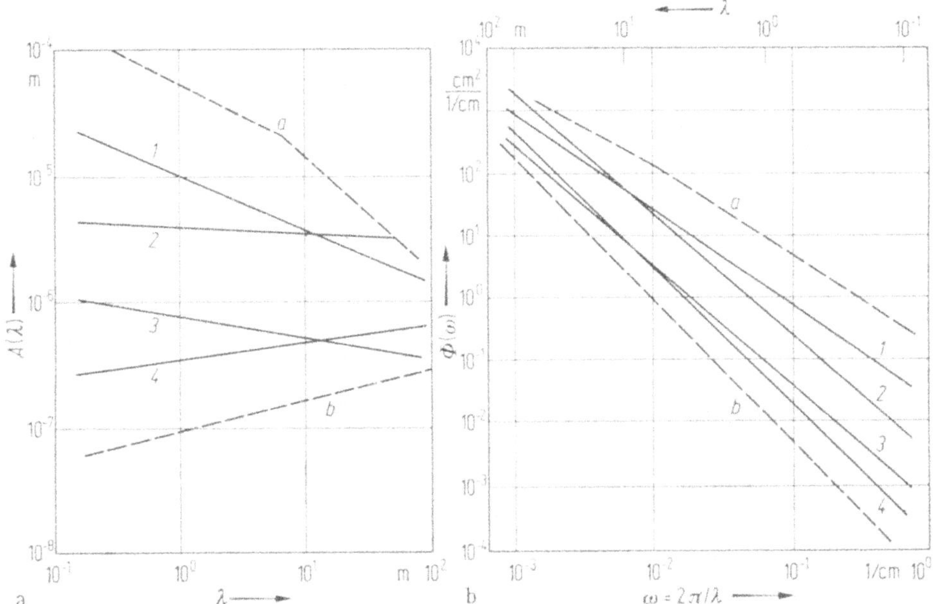

Bild 6.9a. Unebenheitsdichte $A(\lambda)$ als Funktion der Wellenlänge.
Bild 6.9b. Unebenheitsdichte $\Phi(\omega)$ als Funktion der Weg(kreis)frequenz $\omega = 2\pi/\lambda$.
a wahrscheinliche Grenze für sehr unebene Fahrbahnen, *b* für sehr ebene Fahrbahnen, Gruppenmittel: *1* Pflasterdecken, *2* Bituminöse Pflasterüberzüge, *3* Zementbetondecken, *4* Asphaltbetondecken. Meßergebnisse von H. Braun [9].

Die spektrale Geschwindigkeitsdichte als Funktion der Frequenz ist

$$V(f) = \frac{d\dot{x}_{\text{eff}}^2}{df} = 4\pi^2 \cdot A(\lambda) \cdot v. \tag{6.33}$$

Die spektrale Beschleunigungsdichte als Funktion der Frequenz ist

$$B(f) = \frac{d\ddot{x}_{\text{eff}}^2}{df} = 16\pi^4 \cdot A(\lambda) \cdot v \cdot f^2. \tag{6.34}$$

Durch Angabe der Wahrscheinlichkeitsdichte und der spektralen Dichte als Funktion der Wellenlänge oder der Frequenz ist die Straßenoberfläche in einer Spur statistisch vollständig beschrieben. Über die Welligkeit in Querrichtung ist wenig bekannt. In erster Linie wirken sich Spurrinnen aus, die durch Nachverdichtung der Straßenbefestigung und des Untergrundes sowie, insbesondere bei Verkehr mit Spikereifen, durch Verschleiß der Fahrbahnoberfläche entstehen. Trotzdem kann angenommen werden, daß zwei parallele Spuren im Bereich der Wellenlängen, die größer als der Spurabstand sind, annähernd deckungsgleich sind.

6.2.2. Federungsmodelle

Die schwingungstechnischen Eigenschaften des Fahrzeugs werden in erster Näherung durch ein Modell nach Bild 6.10 wiedergegeben. Die Bewegungsgleichungen dafür sind

$$m_A \ddot{x}_A + c(x_A - x_R) + \varrho(\dot{x}_A - \dot{x}_R) = 0, \tag{6.35}$$

$$m_R \ddot{x}_R - c(x_A - x_R) - \varrho(\dot{x}_A - \dot{x}_R) + c_R(x_R - x_0) + \varrho_R(\dot{x}_R - \dot{x}_0) = 0. \tag{6.36}$$

Von Bedeutung ist die Aufbaubewegung x_A (Beanspruchung von Fahrzeug, Last und Insassen), die Radlastschwankung $c_R \cdot (x_R - x_0)$ (Übertragung horizontaler Kräfte, Beanspruchung der Fahrbahn) sowie die Relativbewegung Aufbau/Rad

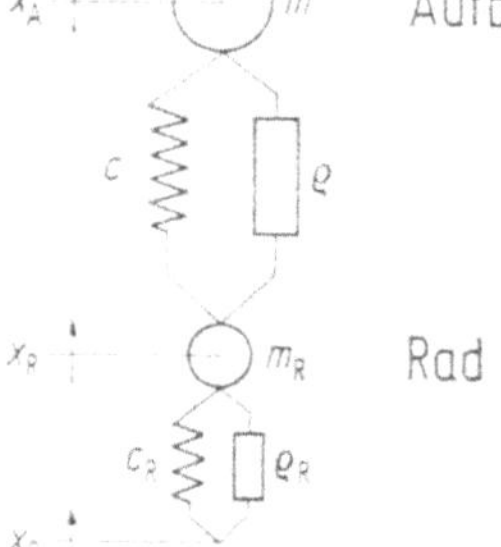

Bild 6.10. Federungsmodell bestehend aus der Aufbaumasse m, der Radmasse m_R, der Feder c, dem Dämpfer ϱ, der Reifenfeder c_R und der Reifendämpfung ϱ_R.

$(x_A - x_R)$, für die aus konstruktiven Gründen nur ein beschränkter Weg zur Verfügung steht. Die Lösungen der Bewegungsgleichungen für dieses System mit den Ansätzen

$$x_A = x_{A_0} e^{i(\omega t+\alpha)} \qquad x_R = x_{R_0} \cdot e^{i(\omega t+\beta)} \qquad x_0 = x_{00} \cdot e^{i\omega t}$$

$$\dot{x}_A = i\omega x_A \qquad \dot{x}_R = i\omega x_R \qquad \dot{x}_0 = i\omega x_0$$

$$\ddot{x}_A = -\omega^2 x_A \qquad \ddot{x}_R = -\omega^2 x_R$$

sind:

$$\frac{x_A}{x_0} = \frac{A \cdot D}{B \cdot C - A^2}, \tag{6.37}$$

$$\frac{x_A - x_R}{x_0} = \frac{D(A - B)}{B \cdot C - A^2}, \tag{6.38}$$

$$\frac{x_R - x_0}{x_0} = \frac{D \cdot B}{B \cdot C - A^2} - 1 \tag{6.39}$$

mit

$$A = c + i\varrho\omega, \tag{6.40}$$

$$B = -m_A\omega^2 + c + i\varrho\omega, \tag{6.41}$$

$$C = -m_R\omega^2 + c + i\varrho\omega + c_R + i\varrho_R\omega, \tag{6.42}$$

$$D = c_R + i\varrho_R\omega. \tag{6.43}$$

Bild 6.11 a, b, c zeigt diese Größen für die dort angegebenen Annahmen.

Wenn die Erregung von der Straße her stochastisch ist, so sind es auch die Bewegungsgrößen des Fahrzeugs. So ist z.B. die spektrale Dichte der Relativbewegung Aufbau/Rad

$$\begin{aligned} A_{AR}(f) &= \frac{\mathrm{d}(x_A - x_R)^2_{\text{eff}}}{\mathrm{d}f} = \frac{\mathrm{d}(x_A - x_R)^2_{\text{eff}}}{\mathrm{d}x_0^2} \frac{\mathrm{d}x_0^2}{\mathrm{d}f} = \\ &= \left(\frac{x_A - x_R}{x_0}\right)^2 A(f) = \left(\frac{x_A - x_R}{x_0}\right)^2 f^{-2} \cdot v \cdot A(\lambda) \end{aligned} \tag{6.44}$$

oder die Relativbewegung in einem Oktavband

$$(x_A - x_R)_{\text{eff oct}} \approx \sqrt{\frac{1}{\sqrt{2}} A_{AR}(f) \cdot f} = \frac{1}{\sqrt[4]{2}} \frac{x_A - x_R}{x_0} \cdot f^{-0,5} \cdot \sqrt{vA(\lambda)}\,. \tag{6.45}$$

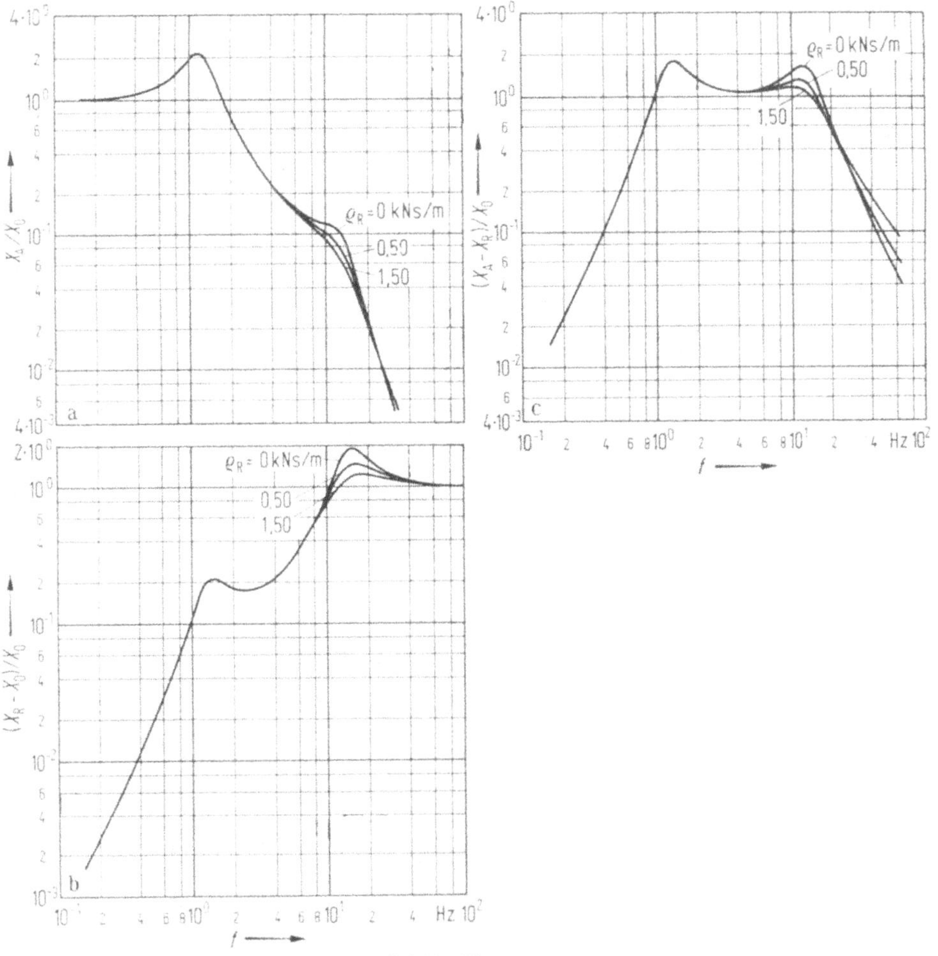

Bild 6.11. Frequenzgänge.
a) Aufbaubewegung x_A,
b) Relativbewegung Rad—Straße $x_R - x_0$,
c) Relativbewegung Rad—Aufbau $x_A - x_R$ bezogen auf die Erregeramplitude x_0 für die Annahmen $m = 294$ kg, $m_R = 30$ kg, $c = 19{,}6$ kN/m, $c_R = 196$ kN/m, $\varrho = 1{,}50$ kN s/m.

Bild 6.12 zeigt den Effektivwert der Relativbewegung in einem Oktavband, bezogen auf $\sqrt{v \cdot A(\lambda)}$. Für die Straße $A(\lambda) = 10^{-6}$ m, die mit einer Fahrgeschwindigkeit von $v = 25$ m/s $= 90$ km/h befahren wird, ist $(x_A - x_R)_{\text{eff oct}}$ bei 0,5 Hz etwa 1,1 mm, bei 1 Hz 4,2 mm, bei 2 Hz etwa 3,9 mm, bei 4 Hz etwa 2,3 mm. Die außerhalb dieser Frequenzbereiche liegenden Amplituden sind vergleichsweise klein. Deshalb errechnet sich der Effektivwert insgesamt näherungsweise zu

$$(x_A - x_R)_{\text{eff}} \approx \sqrt{1{,}2 + 17{,}9 + 15{,}2 + 5{,}5} = 6{,}2 \text{ mm}.$$

Wie daraus ersichtlich, wird der Effektivwert im wesentlichen durch die Bewegung bei 1 bis 2 Hz bestimmt.

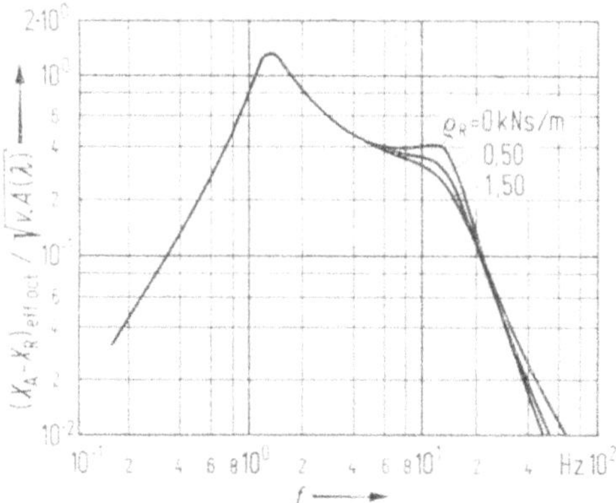

Bild 6.12. Relativbewegung Aufbau/Rad $(x_A - x_R)_{eff}$ bezogen auf die Erregung $\sqrt{v \cdot A(\lambda)}$ in einem Oktavband. Annahmen wie Bild 6.11. Für eine Landstraße ist $\sqrt{v \cdot A(\lambda)}$ bei 90 km/h etwa $5 \cdot 10^{-3}$ m s$^{-0,5}$. Dimension der Ordinate s^{0,5}.

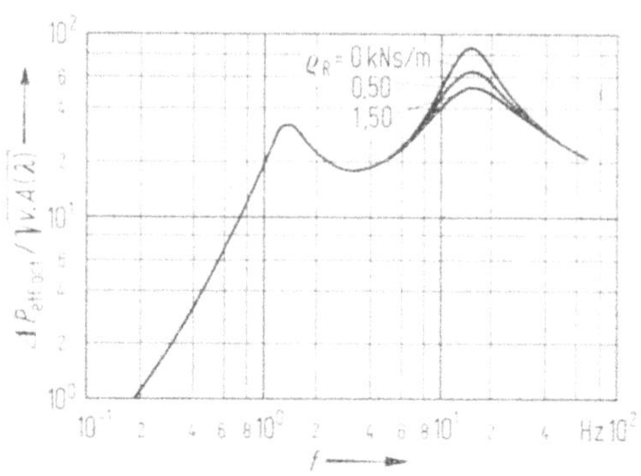

Bild 6.13. Radlastschwankung ΔP_{eff} in einem Oktavband (vgl. Bild 6.12). Dimensionen der Ordinate Ns^{0,5} m^{-1}.

6.2.3. Radlastschwankungen

Die spektrale Dichte der Radlastschwankung ΔP ist

$$\Pi(f) = \frac{\mathrm{d}\Delta P_{eff}^2}{\mathrm{d}f} = \frac{\mathrm{d}[c_R(x_R - x_0)]^2}{\mathrm{d}x_0^2} \cdot \frac{\mathrm{d}x_0^2}{\mathrm{d}f} = c_R^2 \left(\frac{x_R - x_0}{x_0}\right)^2 \cdot f^{-2} \cdot v \cdot A(\lambda) \quad (6.46)$$

bzw. die Radlastschwankung in einem Oktavband

$$\Delta P_{eff\,oct} \approx \sqrt{\frac{1}{\sqrt{2}} \Pi(f) \cdot f} = c_R \frac{x_R - x_0}{x_0} \sqrt{v \cdot A(\lambda)} \cdot f^{-0,5} \quad (6.47)$$

Bild 6.13 zeigt, ebenfalls bezogen auf $\sqrt{v \cdot A(\lambda)}$, die Radlastschwankung in einem Oktavband für das Fahrzeugmodell nach Bild 6.10. In Übereinstimmung mit der Praxis folgt daraus, daß die Radlastschwankung vorwiegend in einer Oktave bei der Eigenfrequenz des Rades $\sqrt{c_R/m}$ erfolgt. Für die Straße $A(\lambda) = 10^{-6}$ m, die mit einer Geschwindigkeit von $v = 25$ m/s $= 90$ km/h befahren wird, ist im Bereich von 5,6 bis 22 Hz, also im Bereich der beiden Oktaven mit den Mittenfrequenzen 8 und 16 Hz, eine Radlastschwankung ($\varrho_R = 0$) von

$$\Delta P_{eff} = \sqrt{v \cdot A(\lambda)} \cdot \sqrt{\left(\frac{\Delta P_{eff\,oct}}{\sqrt{v \cdot A(\lambda)}}\right)_{8Hz}^2 + \left(\frac{\Delta P_{eff\,oct}}{\sqrt{v \cdot A(\lambda)}}\right)_{16Hz}^2} =$$

$$= \sqrt{25 \cdot 10^{-6}} \cdot \sqrt{12,2 \cdot 10^2 + 56 \cdot 10^2} = 0,413 \text{ kN}$$

zu erwarten. Unter Berücksichtigung des in 6.2.1.1. Ausgeführten folgt daraus eine Radlastschwankung von 2,00 kN; d.h., die Radlast, die beim angenommenen Beispiel 3,30 kN beträgt, schwankt zwischen 2,30 kN und 4,30 kN. Die Radlastschwankung ist der Wurzel aus der Fahrgeschwindigkeit proportional.

Auf die überfahrene Strecke bezogen, ergibt sich für das angenommene Beispiel, daß die Radlast im Mittel zwischen 2,30 kN und 4,30 kN mit einer Frequenz von 10 Hz, also auf einer Länge von 25 m/s/10 Hz = 2,5 m schwankt.

6.2.4. Aufbaubeschleunigung

Die spektrale Dichte der Aufbaubeschleunigung $\ddot{x}_\mathrm{A}$ ist

$$B_\mathrm{A}(f) = \frac{\mathrm{d}\ddot{x}^2_{\mathrm{A\,eff}}}{\mathrm{d}f} = \frac{\mathrm{d}\ddot{x}^2_{\mathrm{A\,eff}}}{\mathrm{d}\ddot{x}^2_0}\,\frac{\mathrm{d}\ddot{x}^2_0}{\mathrm{d}f} = \left(\frac{x_\mathrm{A}}{x_0}\right)^2 16\pi^4\, v\cdot A(\lambda)\, f^2 \tag{6.48}$$

$\left(\text{dabei gilt } \frac{\ddot{x}_\mathrm{A}}{\ddot{x}_0} = \frac{x_\mathrm{A}}{x_0}\right)$ bzw. die Aufbaubeschleunigung in einem Oktavband

$$\ddot{x}_{\mathrm{A\,eff\,oct}} \approx \sqrt{\frac{1}{\sqrt{2}}\cdot B_\mathrm{A}(f)\cdot f} = \frac{4\pi^2}{\sqrt[4]{2}}\,\frac{x_\mathrm{A}}{x_0}\sqrt{v\cdot A(\lambda)}\, f^{3/2}. \tag{6.49}$$

Bild 6.14 zeigt, daß die Aufbaubeschleunigung in erster Linie bei 10 Hz, dann bei 1 Hz liegt. Für die Straße $A(\lambda) = 10^{-6}$ m und eine Fahrgeschwindigkeit von $v = 25$ m/s $= 90$ km/h beträgt die Aufbaubeschleunigung bei 10 Hz etwa 0,5 m/s², bei 1 Hz etwa 0,53 m/s², insgesamt etwa 0,9 m/s². Die größte Aufbaubeschleunigung ist $\ddot{x}_{\mathrm{A\,ss}} = 4{,}5$ m/s².

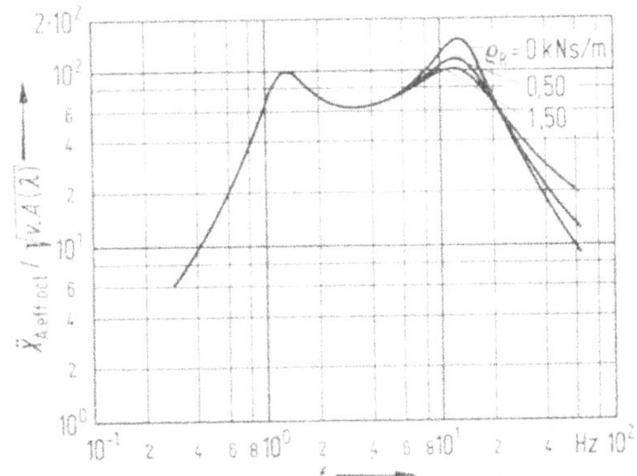

Bild 6.14. Aufbaubeschleunigung $\ddot{x}_{\mathrm{Aeff}}$ in einem Oktavband (vgl. Bild 6.12). Dimension der Ordinate $\mathrm{s}^{-1,5}$.

6.2.5. Fahrkomfort

Der Fahrkomfort, sofern er durch mechanische Schwingungen bestimmt ist, wird im wesentlichen durch die Vertikalbeschleunigung am Sitz bestimmt. Der Sitz stellt mit den Insassen als Masse einen Schwinger mit einer Eigenfrequenz von 2 bis 3 Hz dar. Die Beschleunigungsamplitude wird an dieser Stelle auf den zwei- bis dreifachen Wert vergrößert, in dem darüber liegenden Frequenzbereich zunehmend unterdrückt. Der für den Fahrkomfort maßgebende Frequenzbereich liegt deshalb etwa zwischen 0,7 und 4 Hz.

Als Maß für die Wahrnehmungsstärke für mechanische Schwingungen ist durch die VDI-Richtlinie 2057 der K-Wert nach Bild 6.15 eingeführt. Der mathematische Zusammenhang für eine bestimmte Frequenz ist gegeben durch

$$K_\mathrm{eff} = \frac{18 b_\mathrm{eff}}{\sqrt{1 + (f/10)^2}}, \tag{6.50}$$

wenn b die Beschleunigung der Sitzfläche ist. Beträgt z.B. diese Beschleunigung im Bereich zwischen 0,7 und 4 Hz $b_\mathrm{F} = 0{,}5$ m/s², so ist ein K-Wert von etwa 9 zu erwarten. Bild 6.16 zeigt auf der Straße gemessene K-Werte für verschiedene Fahrzeuge in Abhängigkeit von der Fahrgeschwindigkeit. Entsprechend Gleichung (6.49) müßte $K \sim \sqrt{v}$ sein. Der Grund für die Abweichungen nach Bild 6.16 liegt

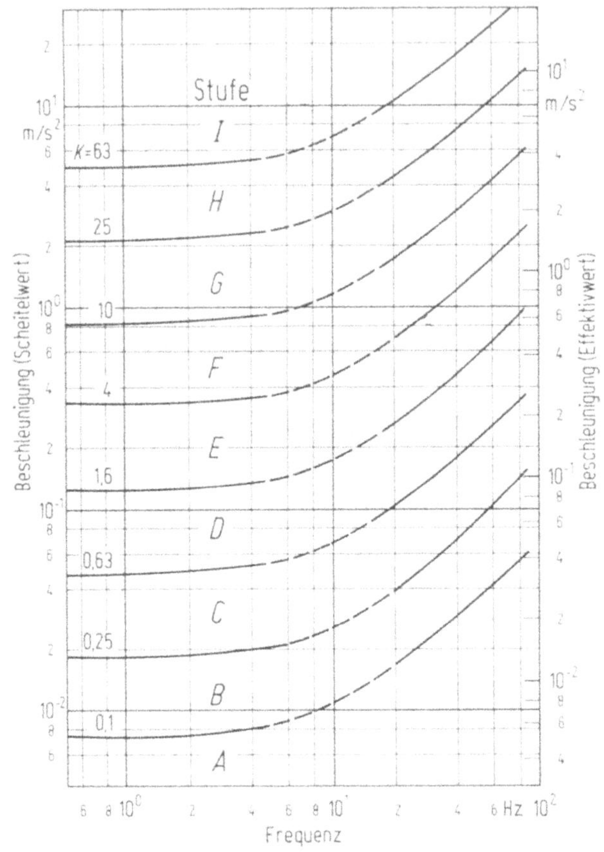

Bild 6.15. Zusammenhang von Wahrnehmungsstärke K des sitzenden Menschen für vertikale Schwingungen nach VDI-Richtlinie 2057. Stufe A nicht spürbar; B gerade spürbar; C spürbar; D gut spürbar; E stark spürbar; F bis I sehr stark spürbar.

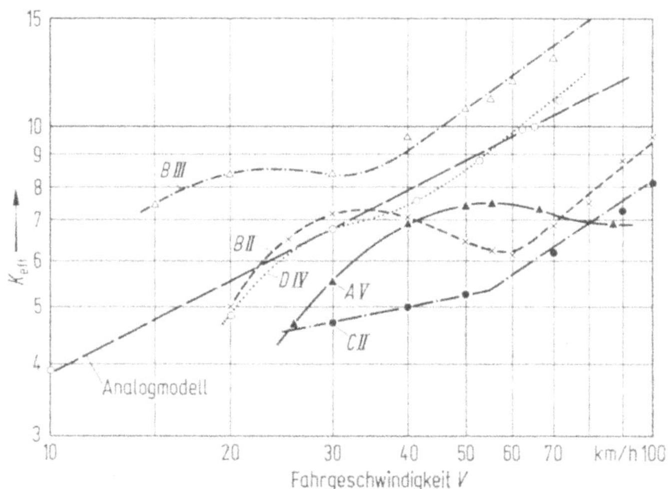

Bild 6.16. Auf der Sitzfläche gemessene Wahrnehmungsstärke K_{eff} für verschiedene Fahrzeuge und Straßen. *A V* Fahrzeug *A* (hydropneumatische Federung) auf Straße *V* (alte Landstraße), *B II* Fahrzeug *B* (Kombi 1400 kg) auf Straße *II* (Autobahn $A(\lambda) = 0{,}65 \cdot 10^{-7} \cdot \lambda^{0,45}$ m), *B III* Fahrzeug *B* auf Straße *III* (Kleinpflaster $A(\lambda) = 3{,}4 - 10^{-7} \cdot \lambda^{0,7}$ m), *C II* Fahrzeug *C* (sportliches Fahrzeug 1550 kg) auf Straße *II*, *D IV* Fahrzeug *D* (1760 kg) auf Straße *IV* (Kleinpflaster $A(\lambda) = 4{,}5 \cdot 10^{-7} \cdot \lambda^{0,85}$) (nach [8]).

in den Nichtlinearitäten der wirklichen Fahrzeuge, insbesondere der trockenen Reibung in der Radaufhängung (verantwortlich für Abweichungen bei kleiner Fahrgeschwindigkeit bzw. guter Straße) und der Nichtlinearität der Federn (begrenzter Federweg, Abheben des Rades).

6.2.6. Relevante Wellenlängen für das Fahrzeug

Wie aus den Bildern 6.12 bis 6.14 hervorgeht, liegen die für das Fahrzeug wesentlichen Schwingungen in einem Bereich von etwa 5 Oktaven (0,7 bis zu 22 Hz). Je nach Fahrgeschwindigkeit ist diesem Frequenzbereich ein Bereich von Wellenlängen zugeordnet, und zwar für eine Fahrgeschwindigkeit von

$$\begin{aligned} 20\ \mathrm{m/s} &= 72\ \mathrm{km/h}\ 0{,}9 \text{ bis } 28\ \mathrm{m}, \\ 30\ \mathrm{m/s} &= 108\ \mathrm{km/h}\ 1{,}3 \text{ bis } 43\ \mathrm{m}, \\ 40\ \mathrm{m/s} &= 144\ \mathrm{km/h}\ 1{,}8 \text{ bis } 56\ \mathrm{m}. \end{aligned}$$

Kürzere Wellenlängen sind von akustischer Bedeutung bzw. dann, wenn dort extrem große Unebenheiten vorkommen (Schlaglöcher). Die tiefste Oktave (0,7 bis 1,4 Hz) bzw. die längsten Wellen sind maßgebend für die Relativbewegung Aufbau/Rad, die beiden tiefsten Oktaven (0,7 bis 2,8 Hz) für den Fahrkomfort; die beiden höchsten Oktaven (5,6 bis 22 Hz) für die Aufbaubeschleunigung und Radlastschwankung.

Die 4 m-Latte ist demnach nur zur Beurteilung der Wellenlängen, die bei relativ langsamer Fahrgeschwindigkeit für die Radlastschwankung verantwortlich sind, geeignet. Sie erfaßt als Doppelamplitude Wellen von 0 bis 4 m Länge.

$$x_{4\mathrm{m}} \doteq 5 \sqrt{\int_0^4 A(\lambda)\,\mathrm{d}\lambda} \quad \text{(Spitze/Spitze)}.$$

Für die Straße $A(\lambda) = 10^{-6}$ m ist z.B.

$$x_{4\mathrm{m}} \doteq 5 \sqrt{4 \cdot 10^{-6}} \doteq 10\ \mathrm{mm}.$$

6.3. Literatur

(Nr. 1 und 2 sind Standard- oder Sammelwerke)

1. Bussien: Automobiltechnisches Handbuch. I. und II. Band. 18. Aufl. Berlin: Verlag H. Cram, 1965.
2. Buschmann, H.; Kößler, P.: Taschenbuch für den Kraftfahrzeug-Ingenieur. 7. Aufl. Stuttgart: Deutsche Verlags-Anstalt, 1963.
3. Bendat, J. S.; Piersol, A. G.: Measurement and analysis of random data. London, Oxford: Wiley, 1966.
4. Fiala, E.: Zum Lenkverhalten von Kraftfahrzeugen. ATZ 72 (1970) 111—116.
5. Richter, B.: Unterschiedliches Lenkverhalten verschiedener Versuchspersonen. ATZ 71 (1969) 255/256.
6. Gauß, F.; Rautenstrauß, W.: Die Fahrbahnbreite für den Schwerlastverkehr. VDI-Z. 98 (1956) 1849—1852.
7. Fiala, E.: Die Spurabweichung von Straßenfahrzeugen in der Kurve. VDI-Z. 108 (1966) 453—458.
8. Bruns, H.: Einfluß von Nichtlinearitäten auf das Federungsverhalten von Straßenfahrzeugen unter besonderer Berücksichtigung von Reibungskräften. Dissertation TU Berlin (1969).
9. Braun, H.: Untersuchungen über Fahrbahnunebenheiten. Deutsche Kraftfahrtforschung und Straßenverkehrstechnik Heft 186 (1966).
10. Koeßler, P.: Ebenheit und Griffigkeit aus der Sicht der Fahrzeugtechnik. Straße und Autobahn 19 (1968) 9, 321—329.

11. Hutchinson, B. G.: Analysis of road roughness records by power spectral density techniques. Rep. 101/1965, Dptmnt. of Highways Ontario Canada.
12. Léger, P.: L'uni des revêtements. In: XIVth Congress Prague 1971. Reports by Technical Committees: Comm. on Slipperiness. AIPCR, Paris.
13. Fiala, E.: Straßenwelligkeit, Fahrkomfort und Radlastschwankungen. Straße und Autobahn 18 (1967) 2, 37–45.
14. McConnell, W. A.: Motion sensitivity as a guide to road design. SAE-Preprint 770, June 3–8, 1956.

III. Fahrbahnoberfläche und Straßenunterhaltung

7. Ebenheit und Befahrbarkeit

W. Schwaderer

Inhalt

Für den Benutzer einer Straße läßt sich die Fahrbahnoberfläche durch zwei verschiedene, physikalisch nur schwach, physisch vorzüglich in einer Richtung oft bis zur Verwechslung miteinander verknüpfte Merkmale charakterisieren: die Ebenheit und die Griffigkeit. Dabei soll der Begriff Ebenheit[1] in diesem Kapitel nicht im Sinne einer technischen „Planebenheit" verstanden werden. Dies würde, was nicht beabsichtigt ist, auf den Vergleich mit einer geometrischen Ebene abzielen. Der Ausdruck „Ebenheit" steht, dem üblichen Sprachgebrauch folgend, im wesentlichen für einen Ebenheitsgrad, den oszillierende Abweichungen einer gegebenen Fahrbahnoberfläche relativ zu der zugehörigen Sollfläche entlang ausgewählter Profilschnitte erzeugen. Dabei sollen nur solche Abweichungen Berücksichtigung finden, deren Wellenlängen nicht klein gegenüber den Ausdehnungen der Radaufstandsflächen und welche daher auch nicht der Rauheit (vgl. Kapitel 9) zuzurechnen sind.

In Anlehnung an sprachliche Gepflogenheiten im Maschinenbau — besonders von Neumann [1] durch den Versuch herausgearbeitet, die damaligen Begriffsbestimmungen der DIN 4760 bis 4762 auf die Verhältnisse im Straßenbau formal zu übertragen — wird manches Mal auch der Ausdruck Welligkeit gefunden. Der

[1] engl.: evenness; am.: roughness, was Unebenheit, nicht Rauheit bedeutet; frz.: l'uni; im Deutschen auch: Ebenflächigkeit.

Begriff besitzt jedoch, wie noch zu zeigen sein wird, im Grenzbereich zwischen Kraftfahrzeug- und Straßenwesen eine spezielle Bedeutung, nachdem er von Mitschke [2] als Name eines Kennwertes einer mathematischen Funktion vorgeschlagen worden ist (vgl. auch Kapitel 6).

Völlig ebene Straßenoberflächen im Sinne einer großflächigen Ähnlichkeit von Ist- und Solloberfläche lassen sich aus technischen Gründen auch bei noch so großer Sorgfalt nicht herstellen. Eine gewisse, anfänglich erzielte Ebenheit eines Straßenabschnittes verschlechtert sich im allgemeinen mit dessen zunehmender Nutzungsdauer und Belastung; sie kann schließlich nicht mehr ausreichen, einen verkehrsgerechten oder verkehrssicheren Gebrauch des Straßenstückes zu gewährleisten.

7.1. Die Bedeutung der Ebenheit

Neben anderen Faktoren gehören Ebenheit und Griffigkeit zu den wichtigsten Merkmalen der Straßenoberfläche. Solange der Kraftschluß zwischen Reifen und Fahrbahn und damit die Spurhaltung sowie das Antriebs- und Bremsvermögen gewährleistet sind, „spürt" der Fahrzeuglenker nichts von der Griffigkeit. Er verfügt auch über keine physikalische Anzeige, über kaum ein sonstiges zuverlässiges Indiz, das ihn während der Fahrt über die Kräftespiele zwischen Reifen und Fahrbahn unterrichten würde. Für die Fahrsicherheit ist es indessen von ausschlaggebender Wichtigkeit, daß zu keinem Zeitpunkt die Kraftschlußgrenze überschritten wird.

Ganz anders verhält es sich mit der Ebenheit. Oszillierende Abweichungen von der Ebene erzeugen bei der Überfahrt dynamische Kräfte hauptsächlich senkrecht zur Straßenoberfläche, die zum einen die gefederten und ungefederten Massen des Fahrzeuges zu Schwingungen anregen und sich somit auf das Fahrzeug selbst, auf das Ladegut und auf die Insassen auswirken, und die zum andern die Straße zusätzlich beanspruchen. Die Ebenheit stellt deshalb eine Größe dar, die vom Kraftfahrer während der Fahrt stets bewußt oder unbewußt empfunden wird und welche sein Fahrverhalten deutlich zu beeinflussen vermag.

7.1.1. Ebenheit und Kraftschluß

Die zwischen Reifen und Fahrbahn maximal verfügbare Reibungskraft (Kraftschlußgrenze) ist, unter sonst gleichen Bedingungen, im wesentlichen der Vertikalkraft in der Grenzzone zwischen beiden Medien proportional. Dynamische, durch Abweichungen von der Ebene hervorgerufene, von der Fahrgeschwindigkeit, der Form der Unebenheiten und der Charakteristik des Schwingungssystems abhängige Zusatzkräfte vermindern oder verstärken die momentane Vertikalkraft gegenüber dem statischen Wert. Die zwischen Straße und Reifen verfügbare Reibungskraft kann damit alle Werte zwischen einem Maximum und dem Betrag Null durchlaufen. Ihr gänzliches (Abheben des Rades) oder teilweises Verschwinden, relativ gesehen zu der Kraft, die die augenblickliche horizontale Bewegung des Fahrzeugschwerpunktes bewirkt, vermag in ungünstigen Fällen wegen des Wegfalls ausreichender Führungskräfte ein Abtriften oder ein Schleudern des Fahrzeuges zu verursachen.

7.1.2. Ebenheit und Fahrsicherheit

Die physiologisch bedingte, physikalisch oftmals ungerechtfertigte Gedankenassoziation, eine ebene Straße sei auch im Sinne der Griffigkeit eine gute Straße, führt immer wieder zu Unfällen, die besonders häufig auf neuen Decken beobachtet werden können. Offenbar im Unterbewußtsein der Fahrzeuglenker beeinflussen empfundene Unebenheiten mit die Wahl der momentanen Fahrgeschwindigkeit, teilweise sogar das augenblickliche Fahrverhalten überhaupt. Die Einschätzung des Risikos beruht dabei auf dem Vergleich mit früheren Begebenheiten auf vergleichbaren, ähnlich ebenen Straßen und den dort gewonnenen Erfahrungen. Daß dieser Vergleich stets mangelhaft sein muß — und sich im Falle eines resultierenden Unfalles als fehlerhaft herausstellt —, erklärt sich einfach aus dem Unvermögen eines Vergleichens beider, auf die Sicherheit in verknüpfter Weise Einfluß nehmender Faktoren: augenblicklich vorhandene Ebenheit und Griffigkeit — Ebenheit und Griffigkeit in früher beobachteten Fällen an anderen Straßenstücken.

Neben den beschriebenen direkten Auswirkungen der Unebenheiten auf die Fahrsicherheit durch Veränderung der maximal übertragbaren Reibungskräfte können die ihnen zugeordneten Reaktionen der Fahrzeuge auch für das Ladegut schädlich (Transportschäden) und für die Insassen mehr oder weniger unangenehm sein. Wegen der Beziehung zwischen der Schwingfrequenz f, der Wellenlänge λ und der Fahrgeschwindigkeit v,

$$f = v/\lambda,$$

werden an der Straßenoberfläche vorhandene Wellenzüge entsprechend der gefahrenen Geschwindigkeit in Schwingungen zugehöriger Frequenzen umgewandelt, die das Fahrzeug anregen. Je nach dessen Antwort und der persönlichen Empfindungen wird die Fahrgeschwindigkeit vom Fahrzeuglenker geregelt.

Da weder die Unebenheiten einheitliche geometrische Formen noch die verschiedenen Fahrzeuge genau gleiche dynamische Eigenschaften aufweisen, wirken sich Unebenheiten auf überfahrende Fahrzeuge unterschiedlich aus. Demzufolge ist auch die momentane Fahrsicherheit auf einem bestimmten Straßenstück für die einzelnen darüberfahrenden Fahrzeuge in gewissem Maße verschieden.

Bei der Betrachtung der Ebenheit und ihrer Bedeutung darf das Augenmerk nicht nur auf Erscheinungen in Richtung der Straßenachse beschränkt bleiben, sondern muß auch auf Veränderungen des Querprofils gerichtet werden. Besonders von flexiblen Befestigungen ist bekannt, daß sich im Laufe der Zeit hauptsächlich unter dem Einfluß der Verkehrsbelastung Spurrinnen oder Mulden ausbilden, welche die Ebenheit in Querrichtung verändern. Für den leichteren und schnellen Verkehr besteht mit zunehmender Spurrinnentiefe und -enge die Gefahr einer gefährlichen Gleisbildung. Rinnen, Mulden usw. behindern die Entwässerung der Oberflächen und füllen sich bei stärkeren Regenfällen über Gebühr mit Wasser. Das Auftreten von Aquaplaningeffekten (vgl. Kapitel 9) wird auf solche Weise gefördert.

7.1.3. Ebenheit als Kriterium für das Zeitstandsverhalten von Fahrbahnbefestigungen

Die unmittelbare Bedeutung der Ebenheit für den Kraftfahrer, die Verkehrssicherheit sowie für Fahrzeug und Ladegut brachte es mit sich, sie als Maßstab für das langzeitliche Verhalten von Straßen zu benutzen. Bei vielen Untersuchungen dienten gemessene Profiländerungen als wichtige Grundlagen für Aussagen, welche sich in erster Linie auf das Zeitstandsverhalten beziehen. Die Weiterführung, Ebenheitsfunktionen dergestalt zu wählen, daß Gebrauchswerte (z.B. Befahrbarkeitsbeiwerte) entstehen, mit deren Hilfe das Verhalten der Straßen in Abhängigkeit einflußreicher Parameter beschrieben werden kann, wurde beim AASHO Road Test zum ersten Male verwirklicht. Das Verfahren hat seither in aller Welt Schule gemacht, vgl. hierzu Kapitel 40. Zu den Parametern gehören auch definierte Anfangs- und Endwerte, welchen Mindestebenheiten bei der Bauabnahme sowie Oberflächenzustände zuzuordnen sind, die einen verkehrssicheren Betrieb der Strecke nicht mehr gewährleisten.

7.2. Ebenheit und Befahrbarkeit als Abbildungsfunktionen

So einfach die Begriffe „Ebenheit“ oder „Befahrbarkeit“ im allgemeinen Sprachgebrauch auch zu verstehen sein mögen, so schwer fällt es, insbesondere für die Ebenheit mathematisch abstrakte oder für die Praxis nützliche Definitionen[2] anzugeben. Untersuchungen aus jüngster Zeit zufolge [3] muß im Zusammenhang mit Ebenheitsfragen im Straßenwesen wenigstens zwischen drei Begriffssystemen unterschieden werden: der *Ebenheit*, der *Befahrbarkeit* und dem *Fahrkomfort*. Im mathematischen Sinne erweisen sich die drei Begriffe als Namen für Transformationen, welche die erzeugende Ausgangsfunktion $y = f(x)$ eines Straßenprofils auf unterschiedliche Ebenen abbilden. Dabei wird vorausgesetzt, daß die Funktion $y = f(x)$ den Verlauf des wahren Profils einer ausgewählten Strecke mit der Wegkoordinate x beschreibe. Trotz der gemeinsamen erzeugenden Funktion braucht zwischen den verschiedenen Abbildungen keine mathematische Ähnlichkeit zu bestehen. Eine Ausnahme bildet nur der triviale Fall $y = f(x) = \text{const}$, bei welchem das betrachtete Profilstück die Idealform einer Geraden annimmt, was in der Wirklichkeit des Straßenbaues weder vorkommt noch herstellbar ist. Da, wie die Erfahrung gezeigt hat, die Transformationen oft nicht stetige und umkehrbar eindeutige, sondern zufällige Funktionen zu sein pflegen, kann meist auch nicht zwischen zwei Bildern ein eindeutiger Zusammenhang hergestellt werden. Diese Feststellung scheint von besonderer Wichtigkeit für die Meßtechnik zu sein. Selbst wenn in Sonderfällen ein solcher Zusammenhang theoretisch noch existierte, dann wird es meist unmöglich, mit der notwendigen Genauigkeit diesen Zusammenhang aus Meßergebnissen heraus tatsächlich nachzuvollziehen. Gründe dafür sind die endlichen Genauigkeitsschranken der Meßgeräte und ihre Auswirkungen auf die Ergebnisse sowie die unvollkommene Übereinstimmung der wirklichen Übertragungsfunktionen der Meßinstrumente mit den theoretisch angenommenen.

Für den Begriff der Ebenheit existiert keine allgemein verbindliche Definition. Es ist dem einzelnen überlassen, eine willkürliche Vereinbarung zu treffen. Mathematisch bedeutet dies, daß zur Transformation der erzeugenden Funktion $y = f(x)$ auf diejenige Bildebene, die dem Begriff „Ebenheit“ zugeordnet sein soll, eigentlich jede beliebige passende Funktion benutzt werden kann.

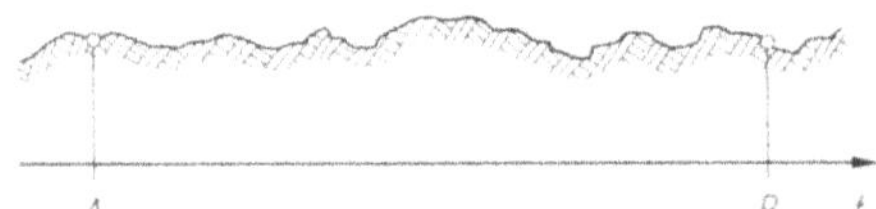

Bild 7.1. Längsprofil einer Straße, schematisch.

Der Profilverlauf einer Fahrbahn zwischen den Punkten A und B, wie er in Bild 7.1 gezeichnet ist und der zu beiden Seiten durch Geraden bis ins Unendliche fortgesetzt zu denken ist, kann als Realisation einer Zufallsfunktion $\xi(t)$ angesehen werden, deren Spektraldichte $f(\omega)$ sich mit der Korrelationsfunktion $\mathfrak{B}(\tau)$ in der Form

$$f(\omega) = \frac{1}{2\pi} \int_{-\infty}^{+\infty} e^{-i\omega\tau}\, \mathfrak{B}(\tau)\, d\tau \tag{7.1}$$

[2] Der oft erklärte Zweck, „ebene“ Oberflächen zu erzielen, stellt keine Definition im hier gebrauchten Sinne dar.

anschreiben läßt. Hierin bedeutet $\omega = 2\pi \frac{1}{\lambda}$ die „Weg(kreis-)frequenz", welche nicht auf die Zeit, sondern auf die Wellenlänge λ bezogen ist. Das Profilstück $\overline{AB}$ kann nach Gleichung (7.1) als eine Überlagerung unendlich vieler Wellenzüge verschiedener Wellenlängen λ und verschiedener Phasenwinkel aufgefaßt werden. Gleichung (7.1) ist formal mit dem Fourierintegral identisch. Nach Mitschke [2] läßt sich auf Grund zahlreicher Messungen der Verlauf von $f(\omega)$ für viele Straßenstücke näherungsweise durch eine empirisch gefundene Funktion der Form

$$\Phi(\omega) = f(\omega_0)\left(\frac{\omega}{\omega_0}\right)^{-\alpha} \tag{7.2}$$

beschreiben. Durch einfaches Umschreiben von Gleichung (7.2) ergibt sich

$$\log \Phi(\omega) = \log f(\omega_0) - \alpha \log\left(\frac{\omega}{\omega_0}\right). \tag{7.3}$$

Man erhält nach dieser Transformation einen linearen Zusammenhang zwischen den neuen Variablen $\log \Phi(\omega)$ und $\log\left(\frac{\omega}{\omega_0}\right)$. Den Parameter α, die Steigung der Geraden nach Gleichung (7.3), bezeichnet man als Welligkeit. Sinngemäß könnte dann die Größe $f(\omega_0)$ als ein mögliches Ebenheitsmaß betrachtet werden (Bild 7.2).

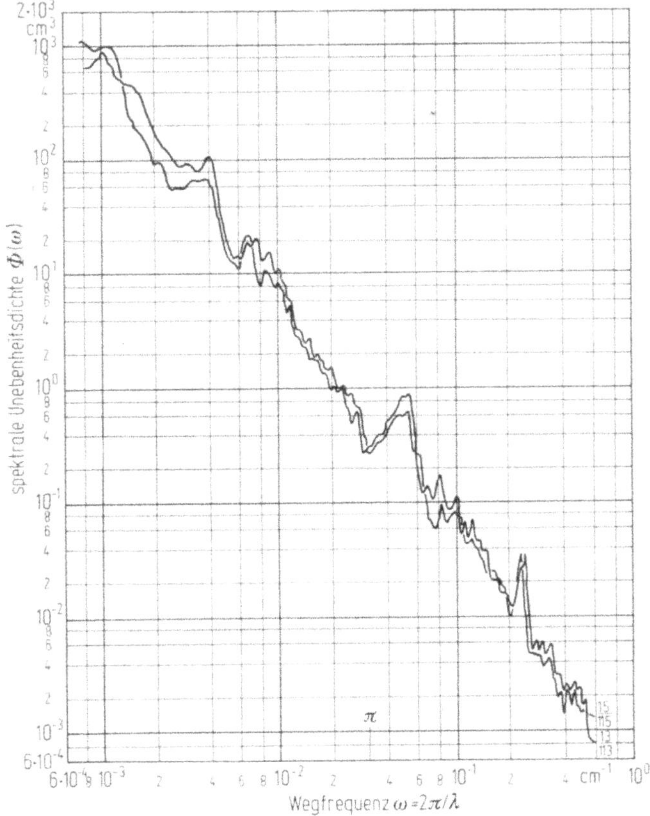

Bild 7.2. Spektrale Unebenheitsdichte nach Braun [32].

In der Wirklichkeit des Straßenbaues findet sich für die Beschreibung von Ebenheitszuständen kaum eine direkt vorgegebene, stetige Transformationsfunktion, sondern es existieren lediglich Vorschriften über Meß- und Auswerteverfahren. Die Betonung wird dann nicht auf die Erzielung mathematisch eindeutiger Abbildungen, sondern auf einfachste Handhabung von Meßgeräten und Auswertearbeiten gelegt.

Als Beispiel soll die Latte mit der in der Bundesrepublik Deutschland üblichen Länge von 4 m genannt werden. Wie später noch näher ausgeführt, werden relativ zu einer zufälligen, momentanen Basis Abweichungen ξ gemessen. Die vereinbarte Transformationsfunktion, welche eine ausgewählte Ebenheitsdefinition darstellt, beinhaltet die Meßvorschrift und klassiert die gewonnenen Werte ξ in mehrere, wenigstens jedoch zwei Klassen K_i $(i = 0, 1, \ldots)$, von denen K_0 diejenigen enthält, für welche $|\xi| \leq |\varepsilon|$ gilt. Die Schranke ε wird im bituminösen Straßenbau oft mit 4 mm, im Betonstraßenbau mit 3 mm angegeben [4]. Die Vereinbarung sagt weiter aus, daß alle jene Abschnitte einer Straße, für welche die Klassen K_i $(i > 0)$ leer sind, als mangelfrei gelten.

Eine ähnliche Vereinbarung besteht auch, wenn an Stelle der Latte das fahrbare Gerät mit dem Namen Planograph [9] Verwendung findet. Weil aber die Übertragungsfunktionen sowohl der Latte wie auch des Planographen keine von der Wegkoordinate unabhängigen stetigen Funktionen sind, existiert zwischen Ausgangsfunktion und beiden Abbildungen höchstens ein punktförmiger Zusammenhang. Beide Abbildungen sind damit sich gegenseitig und der Ausgangsfunktion unähnlich. Eine Übereinstimmung der Ergebnisse aus beiden Meß- und Auswerteverfahren, oder anders ausgedrückt, aus den Transformationen der erzeugenden Ausgangsfunktion auf die beiden zugehörigen, verschiedenen Bildebenen im Ebenheitsraum kann, obwohl nach dem Willen der Straßenbauverwaltungen als eine völlige beabsichtigt, höchstens korrelativer Natur sein.

Wie noch näher dargelegt werden wird, versteht man heute unter dem Begriff der Befahrbarkeit eine spezielle, stetige, jedoch nicht umkehrbar eindeutige Transformationsfunktion, welche geometrisch meßbare Oberflächenzustände, die im wesentlichen aus der erzeugenden Funktion $y = f(x)$ ableitbar sind, mit Graden menschlicher Empfindungen bezüglich der Straße unter Eliminierung des Einflusses des benutzten Fahrzeuges bei der Überfahrt über eine ins Auge gefaßte Strecke in Zusammenhang bringt. Im Falle schadensfreier Decken ist diese Verknüpfungsfunktion eine reine Ebenheitstransformation, die nur von $y = f(x)$ abhängt. Unter dieser Betrachtungsform erweist sich auch der Fahrkomfort, wie er im Kapitel 6 behandelt wird, als eine Transformationsfunktion, welche die erzeugende Funktion $y = f(x)$ mit Graden menschlichen Empfindens bezüglich des Fahrzeuges beim Überfahren des betrachteten Weges verknüpft.

7.3. Historische Entwicklung

Ob in früheren Zeiten in einem Pferdegespann über unbefestigte Wege oder heute in einem Kraftwagen unserer Zeit über moderne Straßen gefahren wird, stets empfanden oder empfinden die Menschen Unterschiede zwischen guten und schlechten Wegen. Aus den zugeordneten Reaktionen der Fahrzeuge heraus spüren sie die Unebenheiten der Fahrbahnoberflächen entsprechend ihrem Grad sowie ihrer Vorkommenshäufigkeit und vergleichen den momentanen Zustand mit ähnlichen Begebenheiten auf anderen Strecken. Die hierdurch im Unterbewußtsein erfolgende Normierung der Empfindungen führt zu einer Relativierung bei der subjektiven Einschätzung des Gütegrades. Vom Benutzer einer Straße her gesehen ist deshalb die Befahrbarkeit kein physikalisch oder geometrisch starres, sondern ein über lange Zeiträume hinweg gesehen bewegliches Maß, das sich nach den Zeitumständen, nach den offenbaren Möglichkeiten des Fahrzeug- und Wegebaues und nach den hieraus abgeleiteten Wünschen und Ansprüchen der Straßenbenutzer richtet.

Zeitlich etwa mit dem Aufkommen von Automobilen übereinstimmend, findet man am Ende des 19. Jahrhunderts die ersten Bemühungen, Ebenheiten von Fahrbahnen zu betrachten, Messungen durchzuführen und Vergleiche anzustellen. Das vermutlich älteste Ebenheitsmeßgerät stammt von dem Iren Brown — etwa um das Jahr 1890 —, das der Beschreibung von Hveem [5] zufolge sich kaum von noch heute vielfach benutzten Geräten unterscheidet. Der Ebenheitsmesser bestand, einem Schlitten gleich, aus zwei 3,70 m langen Kufen in einem Abstand von 23 cm. In der Mitte des Gestells befand sich ein Tastrad mit einem Schreibwerk. Brown stellte damals fest, „daß Dampfstraßenwalzen offensichtlich ebenere Oberflächen erzeugen, als dies durch Handarbeit möglich wäre“.

Das Brownsche Gerät zeigte bereits alle typischen Merkmale späterer Entwicklungen auf dem Gebiet der relativen Ebenheitsmessung. Auch die Art der damaligen Auswertung — die Aufsummierung von Amplituden je Einheitslänge —, blieb bis auf den heutigen Tag bei manchen Verfahren erhalten.

Offenbar waren um die Jahrhundertwende die Bedürfnisse für Ebenheitsbetrachtungen noch nicht deutlich genug vorhanden; das Brownsche Gerät geriet völlig in Vergessenheit. In Unkenntnis jener frühen Entwicklung wurden in den Jahren 1920 bis 1930 in Europa und Amerika Neukonstruktionen bekannt, die jener alten von Brown ähnlich gewesen sind und ihr doch in der Funktion nachgestanden haben. Der in den USA herausgebrachte „Pavement Rater“, der anfangs der dreißiger Jahre von Behringer und Sohler [6] angegebene „Stuttgarter Wellenmesser“ sowie zahlreiche andere Instrumente waren dann dem Brownschen Gerät zum Verwechseln ähnlich.

Zum damaligen Zeitpunkt, dem beginnenden Übergang von der Pflaster- zur flexiblen oder starren Decke, wurden von den Behörden die Ebenheitsbetrachtungen nahezu ausschließlich zum Zwecke juristischer Unterscheidungsmöglichkeiten angestellt. Natürlich wollte man der besseren Befahrbarkeit wegen weitgehend ebene Decken erhalten, doch lag der Schwerpunkt der Bemühungen bei der Aufstellung möglichst einfacher, im Alltag handhabbarer Kriterien, um bei der Abnahme mangelbehaftete von mangelfreien Abschnitten trennen zu können. Zu diesem Zwecke wurde in Deutschland anfangs der dreißiger Jahre die 4 m lange Latte als Meßgerät eingeführt und die für Abnahmen im wesentlichen noch heute gültigen Bedingungen (Ebenheitskriterium) festgelegt. Ein ähnliches Vorgehen der Verwaltungen konnte in vielen anderen Ländern beobachtet werden, wobei sowohl die Lattenlängen wie auch die Abnahmekriterien unterschiedlich ausfielen.

Dem System der Latte und dem zugehörigen Ebenheitskriterium verbunden, wurden in den kommenden Jahren Versuche angestellt, den Meßvorgang zu mechanisieren und zu rationalisieren. Die in Deutschland entstandenen Arbeiten von Schönleben und Ostwald [7, 8] und schließlich diejenige von Kohler und Beltz [9], auf die noch zurückzukommen sein wird, dürfen in diesem Zusammenhang Erwähnung finden.

Ostwald hatte, angeregt durch den beginnenden Autobahnbau, versucht, als Maß für die Ebenheit die Summe diskreter Amplituden des Schwingweges des Vorderrades eines schweren, mit hoher Geschwindigkeit fahrenden Personenwagens, relativ zum Fahrzeug, zu benutzen. Bezogen auf eine Einheitslänge erhielt er gewisse Kennwerte, die den Ebenheitsgrad charakterisieren, jedoch vom Schwingungsverhalten des Meßfahrzeuges und der spektralen Zusammensetzung der Form der Unebenheiten abhingen. Durch Abfahren weiter Strecken des dama-

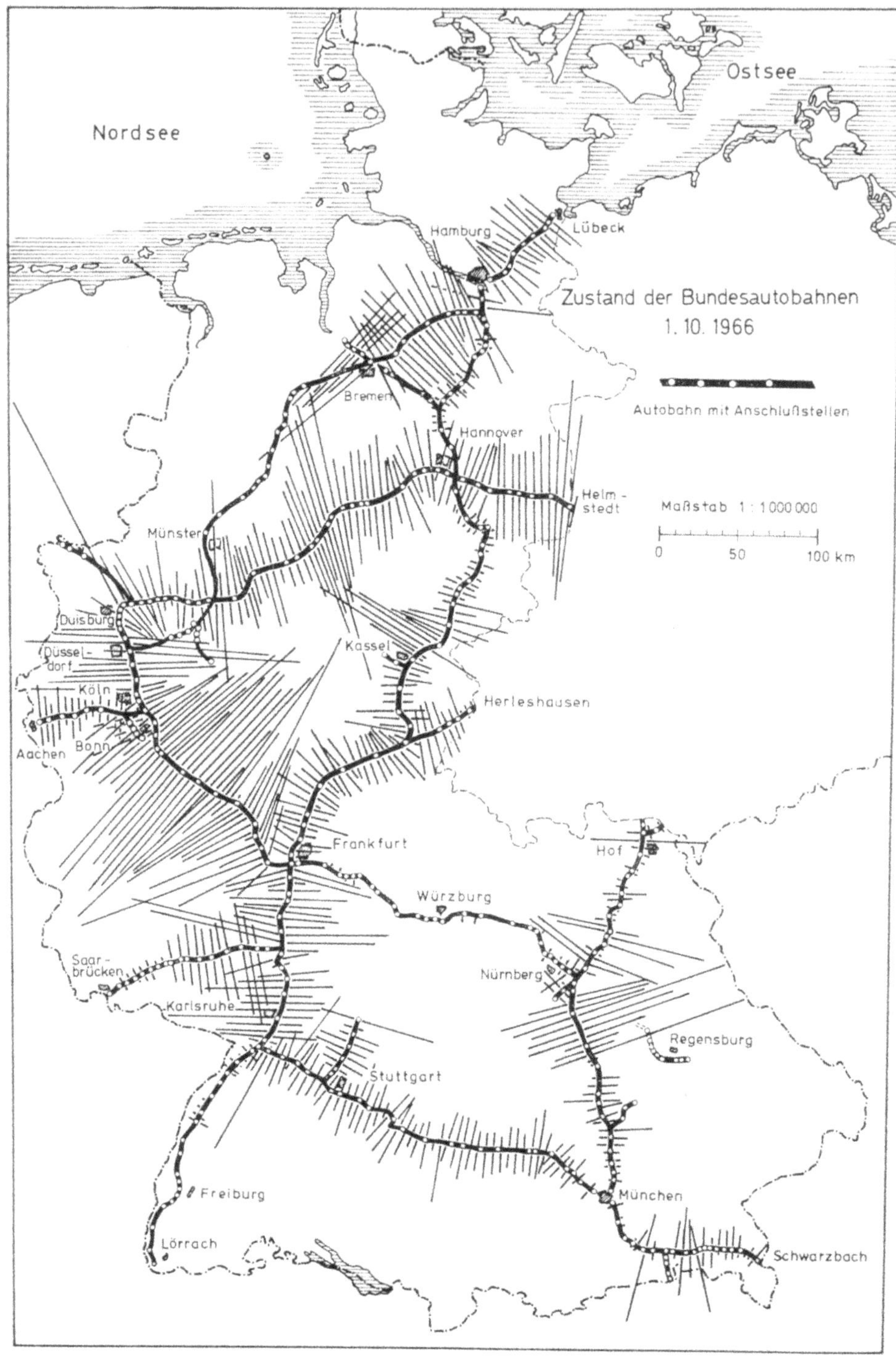

Bild 7.3. **Straßenzustandsaufnahme nach Ostwald [8] (1966).**

ligen Autobahnnetzes erhielt er frühzeitig Übersichten über den Ebenheitszustand jenes Netzes entsprechend seiner Ebenheitsdefinition. Bild 7.3, das [8] entnommen ist, zeigt eine solche Zustandsaufnahme. Die in den fünfziger Jahren einsetzende, gänzlich neuartige Anschauung, Ebenheiten nicht nur als abstrakte Größen, sondern sie in ihrer psychologischen Wirkung auf den Menschen zu betrachten, führte zur Schaffung des Befahrbarkeitsbegriffes, der im folgenden Abschnitt besonders erläutert wird.

Ein ausführlicher Abriß der historischen Entwicklung der Ebenheitsbetrachtungen findet sich in [10].

7.4. Die Befahrbarkeit

Die oszillierenden Abweichungen, welche die Unebenheiten ausmachen, folgen im allgemeinen keinen angebbaren Gesetzen, sondern können, wie bereits gezeigt, als Realisationen von Zufallsfunktionen angesehen werden. Die Anregung eines Fahrzeuges ist daher bei der Überfahrt orts- und geschwindigkeitsabhängig. Nur näherungsweise lassen sich Fahrzeuge so bauen, daß die veränderliche Gestalt der Straßenoberfläche das Fahrgefühl der Insassen im Durchschnitt nicht über Gebühr beeinträchtigt.

Zufallsfunktionen beim Längsprofil und von Type zu Type unterschiedliches Schwingungsverhalten der Fahrzeuge stehen sehr verschiedenartigen, individuellen menschlichen Empfindungen gegenüber. Erfahrungen haben nun gezeigt, daß Benutzer von Straßen ziemlich einheitliche Meinungen über deren Güte im Sinne der „Befahrbarkeit" haben können.

Um einen Zusammenhang zwischen dem Fahrempfinden und der Oberflächengestalt herauszufinden, analysierten Carey und Irick [11] die Aussagen zahlreicher Versuchspersonen und verglichen sie mit Ergebnissen aus vielfältigsten Ebenheitsmessungen sowie mit sonstigen Oberflächenzuständen. Ausgehend von der Greerschen These, daß eine Straße nur *dem* Zweck diene, den Verkehr lange Zeit möglichst sicher und bequem über sich hinwegrollen zu lassen, fanden sie anläßlich der Suche nach einem Maßstab zur Beschreibung des Zeitstandsverhaltens von Fahrbahnbefestigungen (vgl. Kapitel 40) Ende der fünfziger Jahre Beziehungen zwischen den mittleren, subjektiven Empfindungen von Kraftfahrern und geometrischen Oberflächenzuständen. Sie erhielten Verknüpfungsfunktionen zwischen den direkt nicht meßbaren Gefühlen und den eindeutig angebbaren, an der Straße ermittelten Meßwerten, getrennt für flexible Bauweisen und Betonstrecken. Die Skala des Benotungssystems, mit dessen Hilfe bei den Untersuchungen die menschlichen Empfindungen durch Zahlen ausgedrückt wurden, kann man unmittelbar als Maßstab für die Befahrbarkeit einer Straße, vom Standpunkt des Benutzers aus gesehen, betrachten. Über die empirisch gefundenen Verknüpfungsfunktionen läßt sich die augenblickliche Befahrbarkeit, ausgedrückt durch den Befahrbarkeitsbeiwert[3] p, aus gemessenen Daten berechnen.

Der Maßstab ist so aufgebaut, daß $p_0 \geq p \geq p_u$ gilt und $p_0 = 5{,}0$ einer ideal ebenen und schadensfreien, $p_u = 0$ einer ideal unebenen, zerstörten, keineswegs mehr befahrbaren Straße entspricht.

Carey und Irick fanden zunächst folgende Zusammenhänge für flexible Bauweisen

$$p = 5{,}03 - 1{,}91 \log (1 + \bar{S}) - 0{,}01 \sqrt{r + f} - 0{,}00214\, h^2 \tag{7.4}$$

und für Betondecken

$$p = 5{,}41 - 1{,}80 \log (1 + \bar{S}) - 0{,}09 \sqrt{r + f}. \tag{67.5}$$

[3] am.: Present Serviceability Index (PSI).

In diesen Gleichungen bedeutet

p	den augenblicklichen Befahrbarkeitsbeiwert,
$\bar{S}$	eine von λ, $f(x)$ und x abhängige Funktion der mittleren Streuung der Längsprofilneigung beider Fahrspuren eines Fahrstreifens (gemessen in äquidistanten Schritten von 15 bis 30 cm),
r und f	Riß- und Flickstellenbeiwerte (Kenndaten für den Umfang von Oberflächenschäden),
h	die mittlere Tiefe der Spurrinnen in mm, bezogen auf eine Basis von 1,22 m Breite.

Bei der Überprüfung der Gleichungen (7.4) und (7.5) auf ihre Gültigkeit in der Bundesrepublik Deutschland — die Übertragbarkeit auf Länder außerhalb des amerikanischen Einflußgebietes mußte zunächst in Zweifel gezogen werden — wurde anläßlich eines Großversuches auf Straßen in Baden-Württemberg [12] gefunden, daß Gleichung (7.4) uneingeschränkt in Mitteleuropa Verwendung finden könne. Gleichung (7.5) liefert dagegen offenbar im Bereich $p > 3{,}2$ zu günstige Werte und bedarf daher einer geringfügigen Korrektur. Diese bewirkt gleichzeitig, daß im Falle $\bar{S} = r = f = h = 0$ die Befahrbarkeit nach Gleichung (7.5) den Wert $p = 5{,}0$ annimmt. Für das Absolutglied in Gleichung (7.4) wird deshalb in der Bundesrepublik Deutschland der Wert 5,0 benutzt.

Betrachtet man die Gleichungen (7.4) und (7.5), dann läßt sich hieraus die bemerkenswerte Tatsache ablesen, daß die menschlichen Empfindungen bezüglich der Befahrbarkeit von Straßen in wesentlichen Teilen mit einer speziellen Ebenheitsfunktion korrelieren, darüber hinaus aber noch vorhandene Oberflächenschäden mit in das Ergebnis eingehen (subjektive, im Unterbewußtsein ablaufende Beeinflussung des Gefühls durch optische Eindrücke). Die Ebenheitsfunktion besteht aus zwei Komponenten, den Gliedern $a \cdot \log(1 + \bar{S})$ und $c \cdot h^2$, welches letztere nur in Gleichung (7.4) auftritt.

Die Bildung des Logarithmus von $(1 + \bar{S})$ erinnert an das Fechnersche Gesetz, das auch für andere menschliche Empfindungen eine lineare Korrelation zu dem Logarithmus der maßgebenden physikalischen Kenngröße zeigt. Durch die Komponente $c \cdot h^2$ kommt die Bedeutung des Querprofilverlaufes bei flexiblen Decken (bei Betondecken beobachtet man, vom Verschleiß durch Spikesreifen abgesehen, im allgemeinen keine Spurrinnen) für die Befahrbarkeit zum Ausdruck. In herkömmlicher Weise werden relative Abweichungen zu einer gewählten Basis als Meßwerte ermittelt.

Infolge der Glieder $a \cdot \log(1 + \bar{S})$, welche ihres numerischen Einflusses wegen in den Gleichungen (7.4) und (7.5) dominieren, erscheint die Befahrbarkeit im wesentlichen als ein logarithmischer Maßstab. Differenziert man das Teilglied nach $\bar{S}$

$$\frac{d(a \cdot \log(1 + \bar{S}))}{d\bar{S}} = \frac{a \log e}{1 + \bar{S}}. \tag{7.6}$$

dann stellt sich heraus, daß im Bereich kleiner Werte $\bar{S}$ sich Änderungen von $\bar{S}$ um $\Delta\bar{S}$ stark, im Bereich größer werdender Werte $\bar{S}$ sich immer schwächer auswirken. Das menschliche Empfinden reagiert also bei relativ ebenen Strecken stärker auf bestimmte Zuwachsraten von Unebenheiten als dann, wenn bereits größere Unebenheiten vorhanden sind. Der hyperbelartige Verlauf des Differentialquotienten, der durch Gleichung (7.6) zum Ausdruck kommt, prädestiniert die Befahrbarkeit als ein mögliches Beurteilungssystem für die Abnahme neuer Straßenstücke, zumal in diesem Falle normalerweise $r = f = h = 0$ gilt und mithin p eine alleinige Funktion von $\bar{S}$ ist. Das notwendige Abnahmekriterium läßt sich wegen Gleichung (7.6) besonders deutlich umreißen.

Bei der Auswertung der Untersuchungen in [12] konnte die bemerkenswerte Feststellung getroffen werden, daß die subjektive Beurteilung von Straßenzuständen im Sinne der Befahrbarkeit *unabhängig* von der Art des benutzten Kraftfahrzeuges ist. Dies gilt vom kleinsten Personenwagen bis hin zum größten derzeit verfügbaren Lastkraftwagen. Eine Einschränkung der Aussage ist nur insofern gegeben, als sie sich auf Kraftfahrer bezieht, die mit ihrem Fahrzeug vertraut sind. Die Streuungen der Aussagen der Versuchspersonen erwiesen sich als verhältnismäßig gering; andererseits korrelierten die Aussagen so gut mit den Ergebnissen aus den Gleichungen (7.4) und (7.5) — nach Korrektur —, daß von der berechtigten Annahme ausgegangen werden darf, mit dem Maßstab der Befahrbarkeit dem Empfinden einer breiten Menge von Straßenbenutzern zu entsprechen. Die Untersuchungsergebnisse beweisen auch die in Abschnitt 7.2. wiedergegebene Hypothese, wonach Befahrbarkeit und Fahrkomfort unterschiedliche Transformationen der erzeugenden Funktion $y = f(x)$ in entsprechende Bildräume sein müssen.

Obwohl die Befahrbarkeit überwiegend vom Verlauf des Längsprofils beeinflußt wird, unterscheidet sie sich durch ihre spezielle Auswahl und durch ihre Korrelation mit menschlichen Empfindungen in ihrer Bedeutung und in ihrem Wert von anderen, mehr oder weniger willkürlich festgelegten Transformationen in den Ebenheitsraum.

7.5. Messung von Ebenheit und Befahrbarkeit

7.5.1. Meßtechnische Voraussetzungen

In Bild 7.1 ist ein Profilverlauf der Straßenoberfläche zwischen den Punkten A und B dargestellt. Jede Messung seines Verlaufes und die Registrierung, z.B. auf einem Papierstreifen, stellt im mathematischen Sinne eine Übertragung oder Abbildung eines Originals auf ein Bild dar. Zwischen Original und Bild besteht im allgemeinen ein geordneter Zusammenhang, der durch eine Funktion

$$w = f(z) \tag{7.7}$$

gegeben sei. Jedem Punkte z im Original entspricht ein Bildpunkt w. Gleichung (7.7) kann eine einfache lineare Verzerrung bewirken, sie kann aber auch beliebige Transformationen beinhalten.

Nicht allen Meßgeräten, welche für Ebenheitsmessungen Verwendung finden, ist eine eindeutige Übertragungsfunktion zugeordnet. Die gewonnenen Bilder sind dann nicht nur im Maßstab, sondern auch in ihrer Gestalt verzerrt: man sagt, die Abbildung sei mit gewissen Fehlern behaftet. Bei manchen relativ arbeitenden Instrumenten, die vorzugsweise dazu verwandt werden, Abweichungen bezüglich einer gegebenen, meist zufällig im Raum liegenden Basis aufzuzeichnen, findet man Abbildungsfunktionen, welche aus transzendenten Funktionen aufgebaut sind.

Ein einfaches Beispiel mag dies verdeutlichen. Bild 7.4 zeigt schematisch einen gegebenen Profilverlauf und ein häufig verwendetes Meßgerät. Es besteht aus einem langen Balken, der an beiden Enden mit Rollen und in der Mitte mit einer in vertikaler Richtung verschieblichen Tastrolle ausgestattet ist. Unter der Voraussetzung, daß die Radien der Rollen klein gegenüber sämtlichen vorkommenden Wellenlängen und Amplituden seien, erhält man aus der wirklichen Koordinate y_0

und der Bildkoordinate y_b die Übertragungsfunktion in Abhängigkeit von der Wellenlänge λ in der Form

$$H(\lambda) = \frac{y_b}{y_0} = 1 - \cos\frac{2\pi L}{\lambda}. \tag{7.8}$$

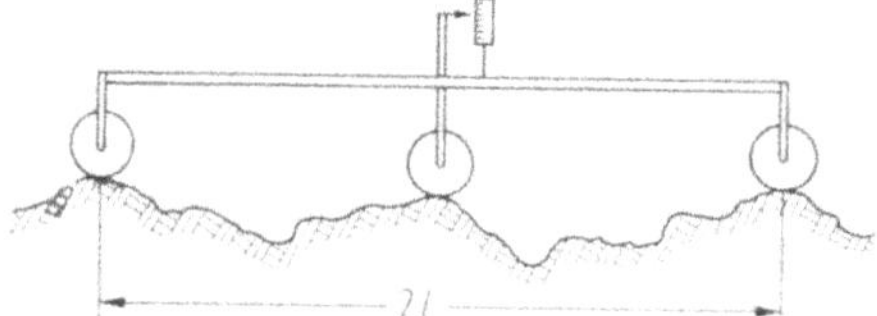

Bild 7.4. Einfaches, relativ arbeitendes Ebenheitsmeßgerät, schematisch.

Die einzelnen Komponenten, aus denen die erzeugende Ausgangsfunktion zusammengesetzt ist, werden in Abhängigkeit von der Wellenlänge unterschiedlich auf das Bild übertragen. Insbesondere ergibt sich

$$H(\lambda) = 0 \quad \text{für} \quad \frac{L}{\lambda} = a$$

und

$$H(\lambda) = 1 \quad \text{für} \quad \frac{4L}{\lambda} = (2a - 1) \qquad (a = 1, 2, 3, \ldots)$$

sowie

$$H(\lambda) = 2 \quad \text{für} \quad \frac{2L}{\lambda} = (2a - 1).$$

Im Falle einer die x-Achse enthaltenden Ebene wird $\lambda = \infty$ und $H(\lambda) = 0$. Das einfache Meßgerät nach Bild 7.4 liefert damit eine nicht umkehrbar eindeutige Abbildung, für die zwar in einem gewissen Wellenlängenbereich bei Annahme konstanter Spektraldichte im Mittel $H(\lambda) \approx 1$ gilt, die in anderen Teilbereichen jedoch stark verzerrt ist (Bild 7.5). Aus der Bildfunktion abgeleitete Ebenheitsbetrachtungen sind daher, völlig unabhängig vom Kriterium selbst, mit einem „Fehler" vorbelastet. Langfristige Höhenänderungen, wie Steigungen, Gefälle oder im Grenzfall die Ebene, für welche $\lambda \to \infty$ strebt, können dem Bild nicht entnommen werden.

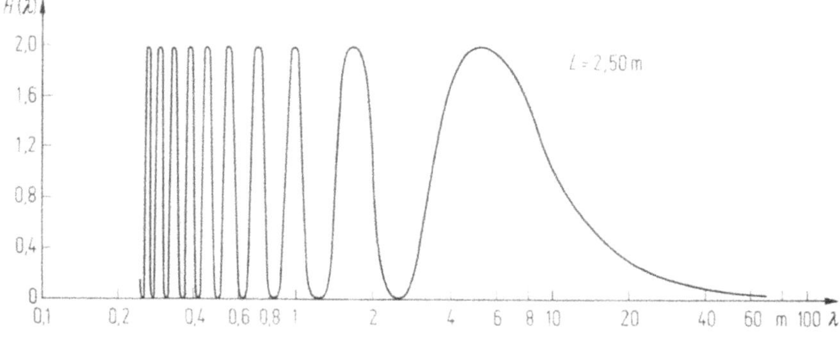

Bild 7.5. Übertragungsfunktion nach Gleichung (7.8).

Infolge ihrer technischen Gestaltung existieren bei anderen im praktischen Einsatz von Straßenbauverwaltungen benutzten Ebenheitsmeßgeräten (z.B. Planograph, Règle de roulante de 3 m usw.) nur zufällig sich ändernde Übertragungsfunktionen. Zwischen aufgezeichnetem Bild und der erzeugenden Funktion $y = f(x)$ besteht dann nur noch ein punktförmiger Zusammenhang. Dies gilt auch für die Latte als Ebenheitsmeßgerät, obwohl üblicherweise mit ihr keine kontinuierlichen Profile aufgenommen werden. Die Aussagefähigkeit von Meßergebnissen, die mit solchen Geräten gewonnen werden, ist daher, unabhängig von der weiteren Auswertevorschrift, im mathematischen Sinne eingeschränkt.

Vom technischen oder mathematischen Standpunkt aus betrachtet kann auch dem Längsprofilneigungsmesser, der für Befahrbarkeitsmessungen (Abschnitt 7.5.5.) benutzt wird, eine eindeutige Übertragungsfunktion zugeordnet werden. Da jedoch die Transformation der Ausgangsfunktion $y = f(x)$ in den Befahrbarkeitsraum so angelegt ist, daß eine optimale Nachbildung menschlicher Empfindungen erreicht, nicht aber bestimmte geometrische Werte gewonnen werden, hat die Angabe einer solchen Übertragungsfunktion nur einen gerätetechnischen sowie einen informatorischen Wert über das die Befahrbarkeit offenbar beeinflussende Spektrum. Frequenzabhängige „Fehler" hieraus abzuleiten, wie dies gelegentlich geschah [13], erscheint in diesem speziellen Falle nicht sinnvoll.

7.5.2. Meßgeräte und Verfahren für Abnahmezwecke

Wie schon mehrfach erwähnt, wird für Abnahmezwecke in der Bundesrepublik Deutschland die Latte mit einer Länge von 4 m benutzt. Die Vorschriften [4] besagen, daß zum Beispiel bei mangelfreien Straßendecken zwischen den beiden zufälligen Auflagerpunkten des Gerätes keine Mulden gefunden werden dürfen, deren maximale Tiefen p, die in der Regel mit einem eingeschobenen Keil relativ zur Latte bestimmt werden, größer als 3 mm im Beton- und das 4 mm im bituminösen Straßenbau sind. Nach der Meßvorschrift dürfen die zufälligen Auflagerpunkte der Latte nicht näher als die halbe Lattenlänge beisammenliegen. Die maximalen Abweichungen werden getrennt in der vorderen und hinteren Lattenhälfte ermittelt. Bei der fortlaufenden Überprüfung eines Profilstückes werden die Lattenstellungen um die halbe Lattenlänge überlappt. Die im selben Bereich gewonnene jeweils höchste Abweichung findet bei der Auswertung Berücksichtigung. Weitergehende Anforderungen an die Ebenheit, z.B. die Beschränkung der Zahl der Mulden je Einheitslänge, Aussagen über Periodizitäten oder sonstige Gestaltsmerkmale des Profilverlaufes werden üblicherweise in der Bundesrepublik Deutschland nicht gestellt.

Überschreitet das Stichmaß ξ an manchen Stellen die vorgegebenen Grenzwerte um $\Delta\xi$, liegen also Mängel vor, dann wird, gelegentlich durch Wiegefaktoren noch gewichtet, die Summe aller $\Delta\xi^2$ je vereinbarter Streckenlänge gebildet und häufig als Grundlage für Mängelabzüge benutzt [4].

Aus Gründen schnelleren und bequemeren Arbeitens findet an Stelle der Latte überwiegend der Planograph [9] Anwendung, den Bild 7.6 zeigt. Relativ zur momentanen Basis, welche durch die zufälligen Aufstandspunkte je einer Rolle im vorderen und hinteren Teil des Gerätes gebildet wird, schreibt ein Griffel die Höhenauslenkung eines mittig angebrachten Tastrades auf einen wegsynchron vorwärts bewegten Wachspapierstreifen. Das entstehende Bild erlaubt, weil auch die Nulllinie und die zulässigen Grenzwerte als parallele Striche eingeritzt werden, ein einfaches Ablesen der maximalen scheinbaren Abweichungen und dadurch ein rasches Auszählen von Fehlstellen. Die Auswertung erfolgt sinngemäß wie bei Messungen mit der Latte.

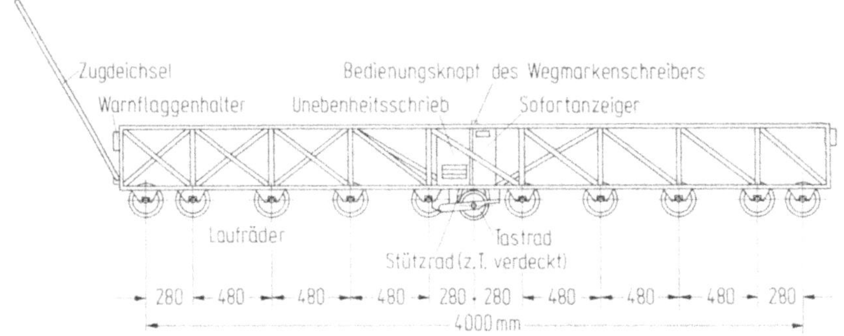

Bild 7.6. Planograph nach Kohler und Beltz [9] (1960).

In einem Merkblatt [14] hat die Forschungsgesellschaft für das Straßenwesen, Köln, sowohl die wichtigsten in der Bundesrepublik Deutschland gebrauchten Meßgeräte wie auch die Meß- und Auswerteverfahren beschrieben.

In Frankreich und Belgien wird für Abnahmezwecke die „Règle roulante de 3 m" verwendet, deren Prinzip dem in Abschnitt 7.5.1. erläuterten Beispiel entspricht. Die Länge des an den Enden mit Rollen versehenen Balkens mit einem mittig angebrachten Tastrad beträgt 3 m. Die Grenzamplituden, die an einer ebenen Straße nicht überschritten werden dürfen, sind in den Ländern verschieden festgelegt. In Belgien werden z.B. 4 mm, in Frankreich 3 bis 7 mm zugelassen. Frankreich hat zudem die Häufigkeit des Auftretens solcher Amplituden begrenzt [15].

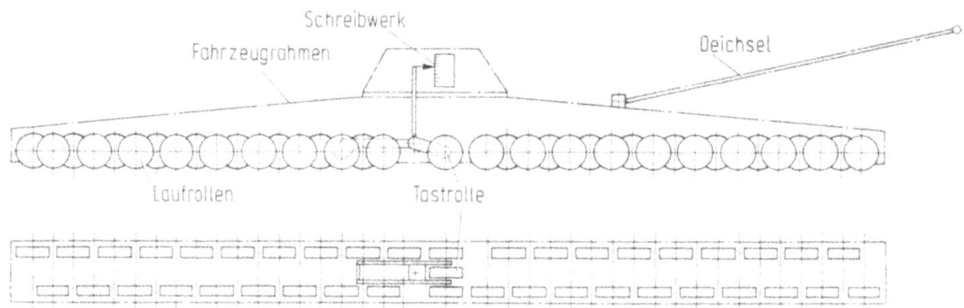

Bild 7.7. Britisches Abnahmegerät „Rolling straight edge" [16] (1970).

In Großbritannien dient für Abnahmezwecke ein dem deutschen Planographen ähnliches, etwa 3 m langes Ebenheitsmeßgerät, das als „rolling straight edge" bezeichnet wird (Bild 7.7). Die bis zum Jahre 1969 gültigen Vorschriften besagten, daß die angezeigten Muldentiefen im Falle bituminöser (flexibler) Fahrbahnen den Betrag von 4,8 mm (3/16") und im Falle von Betondecken 3,2 mm (1/8") bei mangelfreien Decken nicht überschreiten durften. Auch die Summen der Stichmaße je Meile waren zusätzlich mit 1524 mm bzw. 1016 mm begrenzt.

Im Jahre 1969 traten neue Vorschriften in Kraft, die keine Unterschiede zwischen den Ebenheitsanforderungen an flexible oder starre Deckenbauweisen mehr enthalten. Bei mangelfreien Decken dürfen einzelne Muldentiefen nicht größer als 4,8 mm sein. Abweichungen, die jene Grenze überschreiten, dürfen nur in begrenzten Mengen vorkommen, wobei eine Abhängigkeit sowohl von der Abschnittslänge wie auch von der Bedeutung der Straße zu verzeichnen ist. Die Grenzwerte für die

Anzahlen von Überschreitungen enthält Tab. 7.1. Die etwas günstigeren Bedingungen bei Bezugslängen von 76 m gelten nur, wenn entsprechend kurze Straßenstücke zur Abnahme anstehen [16].

Tabelle 7.1. Britische Ebenheitsanforderungen (größte zulässige Anzahl von Überschreitungen) [16]

Decke und Straßenart	Bezugslänge			
	304 m Überschreitung von		76 m Überschreitung von	
	3,2 mm	6,4 mm	3,2 mm	6,4 mm
Fahrbahn wichtiger Straßen	20	2	9	1
Fahrbahn sonstiger Straßen; Tragschicht wichtiger Straßen	40	4	18	2
Tragschicht sonstiger Straßen	60	6	27	3

In Belgien, Frankreich, in der Schweiz — vgl. Huschek [17] — und in ähnlicher Form in Kanada und USA kommt ein weiteres Meßgerät für Abnahmezwecke zur Anwendung, das in den europäischen Ländern unter dem Namen „Viagraphe" bekannt wurde. Es besteht, wie Bild 7.8 schematisch zeigt, aus vier Rollenpaaren, welche paarweise miteinander verbunden sind. Die Abtastung des Profils geschieht durch ein Rädchen, das sich relativ zur höchsten Verbindungsbrücke bewegt. Das Gerät, welches eine Länge von 9,3 m hat, zeichnet ein mit der Wirklichkeit recht gut übereinstimmendes Bild der Straßenoberfläche auf. Seine Übertragungsfunktion $H(\lambda)$ ist im Wellenlängenbereich 2 m bis etwa 14 m nahezu konstant und gleich eins [15].

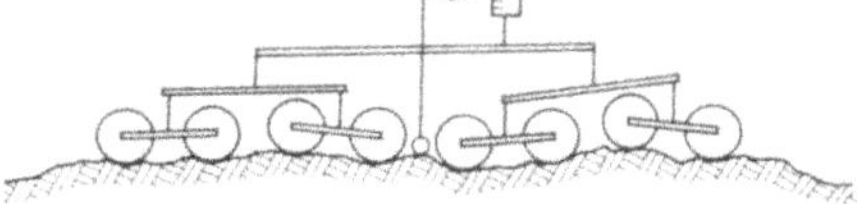

Bild 7.8. Profilaufnahmegerät „Viagraphe", schematisch.

Die Schweiz, die in früheren Jahren als Abnahmemeßgerät, ähnlich wie die Bundesrepublik Deutschland, ausschließlich die 4 m lange Latte benutzt hatte, führte im Jahre 1968 neue Vorschriften ein [18]. Sie sehen für die Abnahme von Decken und Tragschichten zwei verschiedene Meß- und Beurteilungsverfahren vor, zwischen denen offenbar im Bedarfsfalle durch die kantonalen Verwaltungen gewählt werden kann.

Beim einen Verfahren werden mit Hilfe eines schreibenden Meßgerätes mit dem Namen Planum (vgl. auch Abschnitt 7.5.3.) Profilverläufe aufgezeichnet. Relativ zu Basisstrecken, welche Längen von 2, 4 und 8 m aufweisen, lassen sich die Pfeilhöhen ermitteln. Je nach Ausbaugeschwindigkeit V_a und Schichtart (Decke, obere oder untere Tragschicht) sind verschiedene Grenzwerte vorgegeben, die bei mangelfreien Belägen nicht überschritten werden dürfen. Tabelle 7.2 vermittelt einen Überblick über die Anforderungen, welche als P2-Wert (2 m Basis), P4-Wert (4 m Basis) und P8-Wert (8 m Basis) bezeichnet werden.

Das andere Verfahren geht nach Grob [19], Blumer [20] und Huschek [17, 21] von der Annahme aus, für den Fahrkomfort stellten die vertikalen Beschleunigungen des Fahrzeuges während der Überfahrt maßgebliche Größen dar. Da die Beschleunigungen bei konstanter Fahrgeschwindigkeit im wesentlichen dem zweiten Differentialquotienten der Funktion $y = f(x)$ proportional sind, wurde ver-

Tabelle 7.2. Schweizerische Ebenheitsanforderungen [18]

Schicht	P	Profil in					
		Längsrichtung V_a		Querrichtung V_a			
		<80 km/h	≥80 km/h	<80 km/h Quergefälle		≥ 80 km/h Quergefälle	
				>1%	<1%	>1%	<1%
neue Decken	P 2	3 mm	2 mm	3 mm	2 mm	2 mm	2 mm
	P 4	4 mm	3 mm	5 mm	4 mm	3 mm	3 mm
	P 8	8 mm	6 mm				
	W	6‰	4‰				
	s_w	3%	2,5%				
Bituminöse Decken							
Ausgleichsschicht	P 4	4 mm		—			
	W	6‰					
Heißmischtragschicht	P 4	8 mm		—			
	W	8‰					
untere Tragschicht	P 4	10 mm		—			

V_a = Ausbaugeschwindigkeit; W = Winkelwert; s_w = Standardabweichung der W-Werte.

sucht, dessen Verlauf nach den folgenden Überlegungen zu messen und durch Kennwerte zu charakterisieren. Die Krümmung eines Kreisbogens läßt sich geometrisch und rechnerisch nach der Dreipunktmethode einfach bestimmen. Betrachtet man das Längsprofil einer Straße in erster Näherung als eine Folge aneinandergereihter Kreisbogenstücke, dann können Einzelkrümmungen durch Winkelmessungen ermittelt werden, ohne daß ein äußeres Niveau berücksichtigt zu werden braucht. Als Meßgerät dient der Winkelmesser oder der Goniograph (Bild 7.9). Beim Goniographen sind zwei je 1 m lange Balken in der Mitte gelenkig verbunden und am Anfang, am Ende und in der Mitte durch eine Rolle unterstützt. Beim Überfahren eines ausgewählten Straßenstückes wird der Winkel (Neigungsänderung W) zwischen beiden Balkenteilen an diskreten Punkten in Abständen von 1 m gemessen und bei der Auswertung seine Standardabweichung s_w vom Mittelwert berechnet. W und s_w müssen den in Tabelle 7.2 aufgeführten Bedingungen genügen.

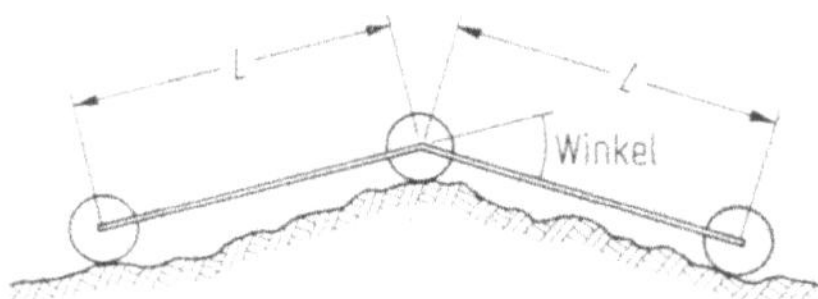

Bild 7.9. Goniograph oder Winkelmesser, schematisch (1968).

In der Funktion gleich, in seiner technischen Realisierung etwas verschieden ist der Winkelmesser, der von der ETH Zürich eingesetzt wird. Unter denselben Voraussetzungen, wie sie beim Goniographen gelten, liefert das Gerät die Winkel W. Wirkliche Straßenprofile lassen sich im allgemeinen nicht als eine Aneinanderreihung von Kreisbögen mit genügend großem Radius ansehen, um diese Winkel W mit einer echten Krümmung in Beziehung setzen zu können. Insoweit besitzt auch diese Methode mathematisch bedingte Grenzen. Der Winkel W ist lediglich ein anderer Ausdruck für eine relative Amplitude, welche das Meßgerät, das völlig dem in Abschnitt 7.5.1. gezeigten Beispiel entspricht, in Abhängigkeit von der örtlichen Gestalt zu liefern vermag.

7.5.3. Geräte für absolute Profilmessungen

Weniger für alltägliche Untersuchungen (Abnahme usw.) im Straßenbau, als mehr für wissenschaftliche Zwecke werden häufig Meßgeräte benötigt, die es erlauben, ein nahezu wahres Abbild des vorhandenen Profilverlaufes aufzuzeichnen. Im mathematischen Sinne handelt es sich um Instrumente, für welche die Beziehung

$$H(\lambda) = 1 \quad (\lambda \geq \lambda_0)$$

gilt. Hierbei ist λ_0 eine Grenzwellenlänge, die im wesentlichen vom Durchmesser des benutzten Tastrades abhängt und in günstigen Fällen bei etwa 2 cm liegen dürfte.

Die Geräte, meist Profilographen genannt, bestehen im Prinzip aus einem starren Balken, der an seinen Enden über zwei Stützen auf der Fahrbahn aufliegt. Entlang des Balkens führt ein mit Tastrad und Schreibwerk ausgerüsteter Wagen, der entweder von Hand oder durch Motorkraft bewegt wird. Die Höhen der Aufstandspunkte der Stützen werden durch Feinnivellement bestimmt. Man erhält auf diese Weise linear verzerrte Bilder, aus welchen auch Profillageverschiebungen bezüglich der Höhe abgelesen werden können. Die erzielbare Übertragungsgenauigkeit der Amplituden hängt von der Güte des Meßgerätes und des Nivellements ab und liegt bei ausgesprochenen Präzisionsgeräten bei etwa $\pm 0{,}1$ mm.

Bild 7.10. Stuttgarter Profilograph [10] (1956).

In der Bundesrepublik Deutschland wurden besonders das Gerät von Köhler-Fuess, das erstmalig von Seitz [22] beschrieben wurde, und der in Bild 7.10 gezeigte „Stuttgarter Profilograph" bekannt [10], bei welchem die aufgenommenen Profilverläufe sowohl analog auf Papier aufgezeichnet wie auch in Form diskreter Amplitudenwerte im Abstand von 2 bis 5 cm digital auf Lochstreifen gestanzt werden. Ähnliche Instrumente werden in vielen anderen Ländern benutzt (z.B. das bereits genannte Planum in der Schweiz).

Eine eigenwillige Konstruktion eines fahrbaren, auf einen kleinen einachsigen Fahrzeuganhänger montierten schwedischen Profilmeßgerätes beschreibt Anderson [23]. Es dient in erster Linie für Querprofilaufnahmen. Die Profile werden von einem Meßrad abgetastet, das an einem entsprechend steuerbaren, gelenkigen Arm befestigt ist. Die Meßwerte werden, ähnlich wie im Falle des „Stuttgarter Profilographen", digital aufgenommen und gespeichert.

7.5.4. Dynamische Ebenheitsmeßgeräte

Neben den vielen Geräten, die in irgend einer Form ein vorgegebenes Profil langsam abtasten, sind Systeme bekannt geworden, die Ebenheitsmessungen auf anderer Basis gestatten. Zwei Verfahren sollen Erwähnung finden, die für diese Methoden charakteristisch sind.

Um die Meßgeschwindigkeit rollender Ebenheitsmeßgeräte, die sich in der Regel zwischen 5 und 15 km/h bewegt, zu erhöhen, wurde in den USA von Hudson [24] ein Instrument entwickelt, dessen Basis ein normales Fahrzeug bildet. Das Abtastrad ist in Fahrzeugmitte an einem schwenkbaren Bügel am Rahmen befestigt, wobei elektronisch der Abstand zwischen Rahmen und Rad während der Fahrt gemessen wird. Im Fahrzeug befinden sich ein Analogrechner, ein Kreisel sowie mehrere Beschleunigungsaufnehmer, welche die Beschleunigungen des Wagenkastens in vertikaler Richtung aufnehmen. Durch zweimalige Integration der Beschleunigungen erhält man die Relativwege einzelner Punkte des Wagenkastens, seine relative Raumlage bestimmt der Kreisel. Zusammen mit den Ausschlägen des Tastrades vermag der Rechner das abgetastete Profil innerhalb bestimmter Grenzwellenlängen zu berechnen und aufzuzeichnen.

Über die erzielbare Genauigkeit des Verfahrens ist wenig bekannt. Des beträchtlichen instrumentalen Aufwandes wegen eignet es sich vornehmlich für die Vermessung von Straßennetzen großer Ausdehnung, bei denen es nicht auf die Registrierung kleinster örtlicher Einzelergebnisse anzukommen braucht. Ein dem Verfahren von Hudson im Prinzip ähnliches, im instrumentellen Aufwand jedoch bescheideneres Meßsystem wurde von Willumeit [26] angegeben. Tastarm und Beschleunigungsmesser befinden sich an einem Meßanhänger, der von einem Personenwagen gezogen wird. Bild 7.11 zeigt das Meßgerät schematisch.

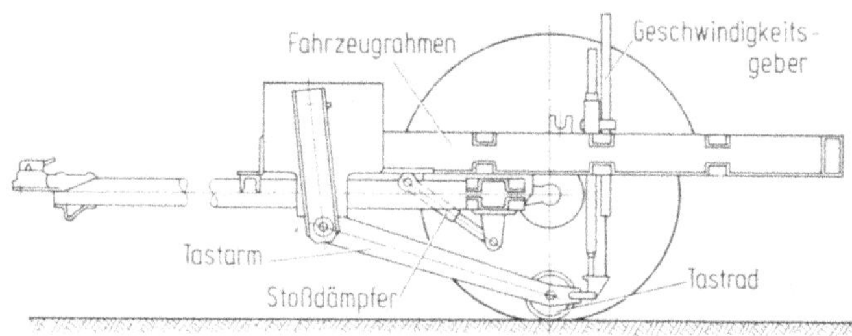

Bild 7.11. Dynamisches Profilmeßgerät nach Willumeit [26] (1974).

Die verhältnismäßig schwierigen mathematischen Grundlagen für derartige dynamische Profilmeßverfahren wurden sehr eingehend von Rockschies [25] behandelt.

Relative Ebenheitsmessungen und deren abstrakte Auswertungen, wie es für Abnahmezwecke häufig geschieht, müssen nicht notwendigerweise dazu beitragen, optimal befahrbare Straßenoberflächen zu erzielen. Etwa im Jahre 1942 kam man in den USA auf den Gedanken, nicht die Profile selbst, sondern die Auswirkungen der Unebenheiten auf ein Fahrzeug zu bestimmen. Es entstand ein Meßgerät, das gewissermaßen als einfaches Modell eines Fahrzeuges angesehen werden kann. In einem Stahlrahmen, der die Fahrzeugmasse repräsentiert, ist, wie Bild 7.12 schematisch zeigt, ein Rad mittels Federn und Dämpfungsgliedern aufgehängt. Das Meßgerät wird von einem Zugfahrzeug mit konstanten Geschwindigkeiten (meitens 32 km/h und 64 km/h) über die Straße gezogen. Entsprechend der durch die Unebenheiten bewirkten Anregungen bewegen sich Rad und Rahmen gegeneinander, wobei die Relativwege des Rades in einer Richtung gemessen und aufsummiert werden. Die zugeordnete Transformationsfunktion, die sich aus der Antwortfunktion des seismischen Systems und der Auswertevorschrift zusammensetzt, liefert auf die Einheitslänge bezogene Kennzahlen.

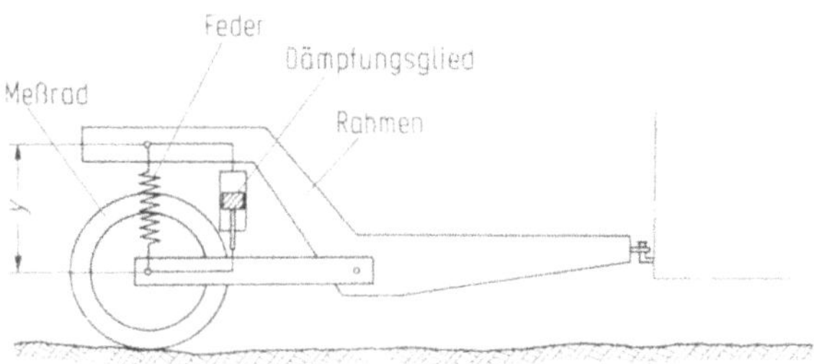

Bild 7.12. Roughometer, schematisch (Entwicklung des Bureau of Public Roads, 1942).

Dieses unter dem Namen „Bureau of Public Roads Roughometer" bekannt gewordene Gerät wird noch heute in den USA und vielen anderen Ländern unter verschiedenen Bezeichnungen häufig benutzt. In der Bundesrepublik Deutschland wird es mit „Bayerischer U-Messer", in England und Holland mit „Bump-Integrator" bezeichnet [16, 28]. Sein Einsatz beschränkt sich nicht auf wissenschaftliche Untersuchungen; es wird, besonders in den USA, auch häufig für Abnahmen und für Zwecke der laufenden Straßenzustandsüberprüfung benutzt, vgl. Yoder and Milhous [29] sowie Hudson [24]. Darüber hinaus kann diese Meßmethode in gewissem Sinne als Vorläufer für die späteren Befahrbarkeitsmessungen angesehen werden und korreliert mit ihnen mit mäßiger Güte. Ersatzweise läßt sich das Verfahren deshalb, wenn nur geringe Genauigkeitsanforderungen gestellt werden, auch für Befahrbarkeitsuntersuchungen heranziehen [27].

An dieser Stelle mag es nicht uninteressant sein zu erwähnen, daß der Versuch, Ebenheiten indirekt durch ihre Auswirkungen auf die Fahrzeuge zu charakterisieren, in Deutschland schon in den späten zwanziger Jahren von Langer und Thomé [30] mit einigem Erfolg unternommen worden war. Bedauerlicherweise fanden die damaligen Bemühungen, die man als ersten Ansatz für Befahrbarkeitsmessungen ansehen kann, keine nachhaltige Beachtung.

7.5.5. Die Messung der Befahrbarkeit

Wie in Abschnitt 7.4. dargelegt, wird die Befahrbarkeit einer Straße mittels spezieller Transformationsfunktionen (zu denen als Bestandteil auch die Übertragungsfunktion des Meßgerätes gehört) aus Längs- und Querprofilen sowie anderen Oberflächenerscheinungen an Straßen abgeleitet. Soweit es sich nicht um neue Strecken handelt, für welche in den Gleichungen (7.4) und (7.5) r, f und h verschwinden, müssen die Werte von r und f mit dem Bandmaß, der Wert von h z.B. mit einer Lehre, gemessen werden. Zur Erfassung der Längsprofilneigung wird ein Meßgerät benutzt, dessen Wirkungsweise aus Bild 7.13 hervorgeht. Zwei um eine mittlere Achse A drehbare Rollenpaare bewegen sich, von einem Zugfahrzeug an einer langen Deichsel D geschleppt, entlang den beiden Fahrspuren. Relativ zum Gestell G ändern sich infolge der Unebenheiten der Straßenoberfläche laufend die Winkel α. Dabei ist die durch die Vertikalbewegungen des Zugfahrzeuges bedingte Störung erfahrungsgemäß sehr klein, wenn das Verhältnis $b/L \ll 1$ gewählt wird. Die Winkel α, an diskreten Punkten im Abstand von 15 bis 30 cm entlang den Fahrspuren gemessen, stellen in erster Näherung den jeweiligen

Wert des ersten Differentialquotienten des Längsprofiles bezüglich des Weges dar.

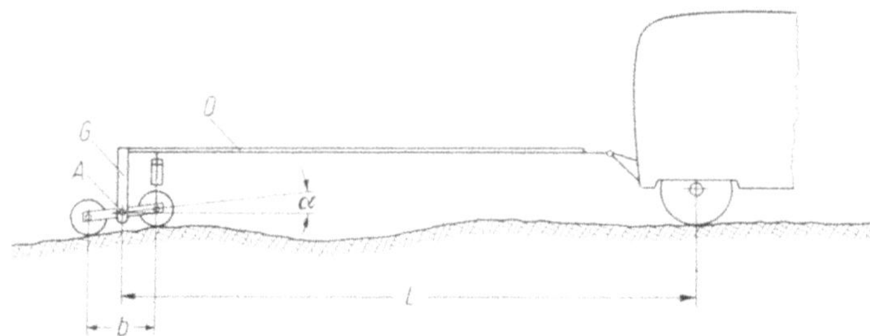

Bild 7.13. Längsprofilneigungsmesser, schematisch, nach Carey und Irick [11] (1958).

Aus den Winkeln α wird für Straßenabschnitte, die Längen zwischen etwa 50 bis 500 m aufweisen können, der Wert $\bar{S}$ berechnet. Zusammen mit den Werten r, f und h läßt sich der Befahrbarkeitsbeiwert p mittels einer der Gleichungen (7.4) oder (7.5) und nach entsprechender Korrektur ermitteln. Das in der Bundesrepublik Deutschland gebräuchliche Längsprofilneigungsmeßgerät (Slopemeter) zeigt Bild 7.14. Seine Meßgeschwindigkeit ist auf 12 km/h festgelegt und muß mit engen Toleranzen eingehalten werden. Je 100 m Fahrbahn erhält man etwa 1 200 Einzelmessungen des Winkels α. Die Ermittlung des Befahrbarkeitsbeiwertes erfordert einen gewissen Rechenaufwand, der sich mit Hilfe elektronischer Rechner leicht bewältigen läßt.

Bild 7.14. Längsprofilneigungsmeßgerät und Spurtiefenmesser der FMPA-Bauwesen, Stuttgart (1977).

Ausgedehnte Straßennetze, wie man sie sowohl in den USA wie auch in Kanada findet, erfordern für laufende Überprüfungen des Straßenzustandes Geräte und Verfahren, die einen sehr raschen Überblick verschaffen. Da weite Teile dieser Netze nur einen verhältnismäßig schwachen Verkehr aufweisen, werden an die Güten jener Übrsichtsmessungen der Verhältnismäßigkeit des Aufwandes wegen nur mäßige Anforderungen gestellt. Die Einsicht einerseits, daß offenbar die Befahrbarkeit als die derzeit für solche Zwecke bestgeeignete aus der Menge der bekannten Ebenheitsfunktionen anzusehen ist und andererseits die Tatsache, daß mit dem Verfahren bei hoher Genauigkeit nur beschränkte Tagesleistungen bei der Vermessung erreicht werden können, führte in Amerika zu der Entwicklung von Ersatzverfahren. Am bekanntesten wurde das von Brokaw [31] beschriebene Road Meter, das seinem Meßprinzip nach in augenfälliger Weise dem von Schönleben und Ostwald [7] vor nahezu 40 Jahren entwickelten System entspricht (vgl. Abschnitt 7.3.). Gemessen wird die relative Bewegung der Hinterachse eines Personenfahrzeuges gegen den Wagenkasten bei hoher Fahrgeschwindigkeit. Die Auswertevorschrift für die Meßdaten, um über Korrelationen zu Befahrbarkeitsbeiwerten zu gelangen, ist vergleichsweise schwierig, doch können Rechenschaltungen bei der Bewältigung der Aufgaben helfen. Wegen des logarithmischen Aufbaues der Befahrbarkeitsfunktion wirken sich Fehler aus dem nur losen Zusammenhang deutlich auf das Ergebnis aus.

In der Schweiz hat Huschek [21] umfangreiche Untersuchungen angestellt, um Korrelationen zwischen der Befahrbarkeit und den Ergebnissen aus Winkelmessungen zu erhalten. Unter Verwendung des in Abschnitt 7.5.2. erwähnten s_w-Wertes kann eine Näherungsgleichung für flexible Decken der Art

$$p = 5{,}03 - 1{,}91 \log (1 + 0{,}67 s_w^2) - 0{,}0021 h^2 \qquad (7.9)$$

angegeben werden. Das in den Gleichungen (7.4) und (7.5) zusätzlich auftretende Glied mit den Parametern r und f wird hier wegen seiner numerischen Kleinheit vernachlässigt.

7.6. Literatur

1. Neumann, E.: Die Begriffsbestimmung von Welligkeit und Rauhigkeit und die Verfahren zur Messung dieser Werte. Straße und Autobahn 2 (1951) Nr. 10/11, 325—329, 374—377.
2. Mitschke, M.: Dynamik der Kraftfahrzeuge. Berlin, Heidelberg, New York: Springer-Verlag, 1972.
3. Schwaderer, W.: Zur Frage der Ebenheit und Befahrbarkeit von Straßen; (unveröffentlicht).
4. Technische Vorschriften und Richtlinien für den Bau bituminöser Fahrbahndecken (TVbit); s. besonders z.B. TVbit 3/72 und TVbit 7/71. Technische Vorschriften und Richtlinien für den Bau von Fahrbahndecken aus Beton (TV Beton 72), BMV, Abt. Straßenbau, Bonn. Vertrieb Forschungsgesellschaft, Köln.
5. Hveem, F. N.: Road Roughness and Skidding Measurements. Highway Research Board Bull. 264, 1960.
6. Behringer, K.; Sohler, W.: Der Stuttgarter Wellenmesser. Bitumen 2 (1932) Nr. 7, 131—133.
7. Schönleben, E.; Ostwald, K. W.: Ebenheitsmessungen auf Reichsautobahnen. Die Straße 9 (1939) 262—266.
8. Ostwald, K. W.: Meßverfahren für den Oberflächenzustand von Straßen, Straßenbau und Straßenverkehrstechnik Heft 171, 1974. Hrsg. v. BMV, Abt. Straßenbau, Bonn.
9. Kohler, H.; Beltz, G. H.: Die Ebenheit von Straßen und ihre Kontrolle mit dem Ebenheitsprüfgerät Planograph. Straße und Autobahn 11 (1960) Nr. 8, 334—341.
10. Schwaderer, W.: Der Straßenbau in physikalisch-meßtechnischer Betrachtung; Straßenbau und Straßenverkehrstechnik, Heft 84, 1969. Hrsg. v. BMV, Abt. Straßenbau, Bonn.
11. Carey, W. N.; Irick, P.: The Pavement Serviceability-Performance Concept. Highway Research Board, Bull. 250, 40—58.
12. Schwaderer, W.: Die Befahrbarkeit von Straßen; Straße und Autobahn 18 (1967) Nr. 11, 387—393.
13. Fiala, E.: Straßenwelligkeit, Fahrkomfort und Radlastschwankungen. Straße und Autobahn 18 (1967) Nr. 2, 37—45.
14. Merkblatt für Ebenheitsprüfungen (Ausgabe 1976). Forschungsgesellschaft für das Straßenwesen, Köln.
15. Report Technical Committee on Slipperiness and Evenness. XV. Congress — Mexico City 1975. AIPCR—PIARC, Paris.
16. Cornelius, D. F.: The assessment of the riding quality of concrete roads. 2nd European Symposium on Condrete Roads, Report. Bern, 1973.

17. Huschek, S.: Erfahrungen mit der Ebenheitsmessung nach der Winkelmeßmethode. Mitteilung Nr. 21 des Instituts für Straßen- und Untertagebau der ETH Zürich. 1972.
18. Schweizerische Normenvereinigung (SNV): Normblätter SNV 640520 und 640521, Ebenheit, 1968.
19. Grob, H.: Ebenheit und Griffigkeit von Straßenbelägen. Straße und Verkehr 55 (1969) Nr. 3, 89—98.
20. Blumer, M.: Die neuen Ebenheitsnormen aus der Sicht der Unternehmung. Straße und Verkehr 55 (1969) Nr. 3, 111—115.
21. Huschek, S.: Befahrbarkeitsmessungen auf Straßen nach der Winkelmeßmethode — Neue Untersuchungen. Mitteilung Nr. 28 des Instituts für Straßen- und Untertagebau, Zürich, 1974.
22. Seitz, O.: Ein neues Gerät zur Untersuchung der Ebenflächigkeit von Straßendecken. Der Straßenbau (1936) Nr. 2, 25—26.
23. Anderson, O.: Bifrost, Instrument for automatic digital recording of road cross profils. Statens Väg- och Trafik-Institut, Stockholm, Report 22 A, 1973.
24. Hudson, W. R.: High Speed Road Profile Equipment Evaluation. Highway Research Record 189, 1967.
25. Rockschies, J.: Gesichtspunkte zur Messung stoßartiger Vorgänge. VDI-Berichte Nr. 135, 1969.
26. Willumeit, H. P.; Lemke, M.; Voy, Chr.: Dynamische Messung von Straßenprofilen. Mitteilung anläßlich einer Sitzung des AIPCR Comité Technique de la Glissance et de l'Uni (Berlin 1974).
27. Untersuchung des korrelativen Zusammenhanges zwischen Befahrbarkeitswerten des Längsprofilneigungsmessers und den Werten des Bayerischen Unebenheitsmessers. Gemeinsamer Bericht Nr. 6/22 der BAST und der FMPA an das Bundesministerium für Verkehr, 1974, unveröffentlicht.
28. Verslag der werkzaamheden 1972 Rijkswaterstaat, Rijkswegenbouwlaboratorium Delft, Holland.
29. Yoder, E. J.; Milhous, R. T.: Comparison of Different Methods of Measuring Pavement Condition. NCHRP Report 7, 1964.
30. Langer, P.; Tomé, W.: Stoßhaftigkeit von Straßen und Verkehrserschütterungen durch Kraftfahrzeuge. VDI-Z. (1928), 1561—1568.
31. Brokaw, M. P.: Development of the PCA Road Meter. Highway Research Record 189, 1967.
Weiterhin: Pavement Evaluation Using Road Meter. HRB Special Report 133, 1973.
32. Braun, H.: Untersuchungen über Fahrbahnunebenheiten; Deutsche Kraftfahrforschung und Straßenverkehrstechnik, H. 186, 1966.

8. Verschleißwiderstand

K.-H. Schulze*

Inhalt

8.1. Das Verschleißproblem

Unter *Verschleiß* (engl. wear, frz. usure) wird allgemein die Veränderung einer Oberfläche durch Lostrennen von Teilen infolge mechanischer Ursachen, auch im Zusammenwirken mit Witterungseinflüssen, verstanden. Dabei kann es sich z.B. um reibende, schleifende, kratzende, rollende, saugende, drückende oder stoßend-schlagende Einwirkungen auf die Bestandteile der Oberfläche unter Punkt-, Kanten- oder Flächenlasten handeln [6, 7]. Einen flächenhaften Substanzverlust, der allein auf reibender Einwirkung beruht, bezeichnet man als *Abrieb*. Auf die Straßenoberfläche bezogen, bereitet es, wie zu zeigen sein wird, Schwierigkeiten, Abrieb vom übrigen Verschleiß klar zu trennen. Definitionsprobleme werden daher nur vermieden, wenn, wie in diesem Kapitel, ausschließlich vom Verschleiß der Straßenoberfläche gesprochen wird, der als übergeordneter Begriff den Abrieb

* Prof. Dr.-Ing. K.-H. Schulze verstarb am 6. 2. 1978. Sein unvollständig gebliebenes Manuskript ergänzten Dipl.-Ing. J. Dames und Dipl.-Ing. R. Merckens vom Institut für Verkehrsplanung und Verkehrswegebau der Technischen Universität Berlin und Dr.-Ing. U. Kalender von der Abteilung Tiefbau des Senators für Bau- und Wohnungswesen, Berlin.

einschließt. Da aber eine Reihe von Autoren, um die von ihnen beobachteten Verschleißvorgänge zu beschreiben, den Begriff Abrieb verwenden, erscheint dieser in Literaturzitaten.

8.1.1. Spikereifen als Ursache übermäßigen Fahrbahnverschleißes

Verschleiß hat bei Straßendecken entscheidende Bedeutung erst mit der Verbreitung der Spikereifen erlangt. Der reine gummibereifte Verkehr verkürzt die Nutzungsdauer der Decken allenfalls in Brems- und Beschleunigungszonen oder im Bereich von Eckfahrten durch übermäßigen Verschleiß der Oberfläche; für den weitaus überwiegende Teil der Straßenflächen sind es dagegen andere Vorgänge die sie allmählich unbrauchbar werden lassen: Ermüdungsschäden, vorübergehende und insbesondere bleibende Verformungen und ihre möglichen Folgen (Wellen, Risse, Abbrüche), Auflösungserscheinungen (Beeinträchtigung der Haftung Bindemittel/Gestein), also Vorgänge, die, begünstigt durch bestimmte Witterungseinflüsse (Hitze, Kälte, Nässe), in erster Linie auf der Beanspruchung des ganzen Straßenkörpers oder von Teilen desselben durch die *Verkehrslasten* oder auf Witterungseinflüssen allein beruhen.

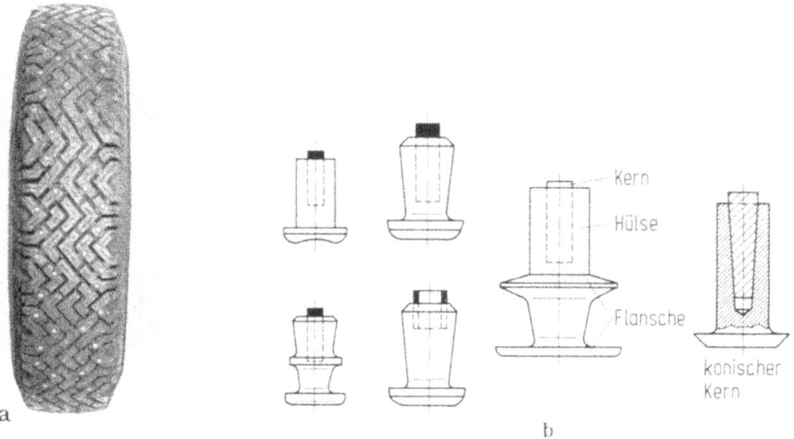

Bild 8.1a. Winterreifen mit Spikes (Beispiel).

Bild 8.1b. Verschiedene Typen von Spikes (Beispiele) [2].

Winterreifen mit Hartmetallstiften (Spikes) in der Lauffläche[1]) (Bild 8.1) kamen zu Anfang der sechziger Jahre zuerst in Skandinavien auf, um auf Glatteis und festgefahrenem Schnee den Kraftschluß zu verbessern[2]). Sie erzeugen auf schnee- und eisfreien Straßen einen bis dahin nicht gekannten Verschleiß, und bei spurfahrendem Verkehr mit Spikereifen können in der Fahrbahndecke tiefe Spurrinnen entstehen (Bild 8.2). Die Bemühungen um Verschleißminderung richteten sich einerseits auf verschleißfestere Fahrbahnbeläge, andererseits auf weniger aggressive Spikereifen. Allen diesen Bemühungen blieb jedoch der durchschlagende Erfolg versagt. Die Erfahrungen eines Jahrzehnts (etwa von 1965 bis 1975) haben deshalb mehrere Länder, darunter die Bundesrepublik Deutschland, veranlaßt, Winrereifen mit Spikes nicht mehr im Verkehr zuzulassen. Andere Länder be-

[1] Winterreifen mit Spikes, engl. winter tyres with studs oder studded tyres, frz. peus à clous oder pneus à crampons.

[2] Um die Mitte der sechziger Jahre erschienen Spikereifen auch auf dem nordamerikanischen Markt. Im Gegensatz zu Europa wurde in Amerika vielfach nur die angetriebene Achse der Fahrzeuge mit Spikereifen ausgerüstet.

legten die Benutzung von Spikereifen mit mehr oder weniger drastischen Einschränkungen. Zugelassen blieben Spikereifen zum Beispiel in Österreich und in den skandinavischen Ländern.

Bild 8.2. In den Spurrinnen durch starken Spikereifenverkehr verschlissene Deckschicht [9].

8.1.2. Wirkungsweise der Spikereifen

8.1.2.1. Kraftschlußverbesserung auf Eis

An angetriebenen, gebremsten oder zum Übertragen einer Seitenkraft schräglaufenden Kraftfahrzeugrädern entsteht in der momentanen Reifenaufstandsfläche (Latsch) Schlupf, der sich aus Deformationsschlupf (Verschiebungen der Lauffläche gegenüber der Radfelge) und Gleitschlupf (Relativbewegungen zwischen Lauffläche und Straßenoberfläche) zusammensetzt. Im Sinne einer vereinfachten Modellvorstellung gemäß Bild 8.3 würde ein Flächenelement A des Reifenumfangs bei momentenfreiem Rollen zum Zeitpunkt I in den Latsch eintreten, in der Zeitspanne I bis III, also auch zum Zeitpunkt II auf der Fahrbahnoberfläche verharren und sich zum Zeitpunkt III wieder von ihr abheben. Dasselbe Flächenelement legt dagegen innerhalb der Zeitspanne I bis III einen kleinen Gleitweg auf der Fahrbahn zurück, wenn der Reifen einer Antriebs-, Brems- oder Seitenkraft unterliegt, also Kräften, die durch Reibung gegen die Fahrbahn abgestützt werden. Die Gleitgeschwindigkeit (Gleitschlupfgeschwindindigkeit) — Größenordnung einige mm/s bis einige cm/s — wächst in einem gewissen Bereich (bis zum Erreichen der Kraftschlußgrenze) mit der Größe der abzustützenden Kraft, und mithin wächst unter sonst gleichen Bedingungen der in der Zeitspanne I bis III zurückgelegte Gleitweg. Spikes im Latsch machen im Prinzip die Gleitbewegungen des Gummis auf der Fahrbahn mit, wobei dieser Vorgang durch die elastische Bettung der Spikes im Gummi beeinflußt wird (die Spikes erleiden während des Einlaufens in den Latsch eine Relativverdrehung gegenüber dem umgebenden Laufflächengummi [10]).

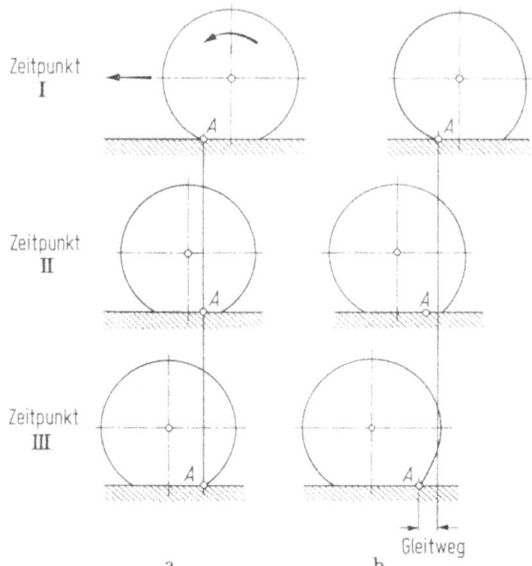

Bild 8.3. Abrollen eines Reifens (vereinfachte Modellvorstellung)
a) bei momentenfreiem Rollen; der Punkt A verharrt innerhalb der Zeitspanne I bis III in Ruhe
b) gebremstes (aber nicht blockiertes) Rad.: Gleitschlupf.

Da die Spikes um einen kleinen Betrag aus der Reifenlauffläche herausragen (Spikeüberstand), werden sie nach dem Auftreffen auf die Fahrbahn in die Reifenlauffläche hineingedrückt und üben entsprechend ihrer Hinterfederung, die von der Elastizität und der Dicke des Untergummis abhängt (Bild 8.4), auf die Fahrbahnoberfläche einen bestimmten Druck aus. Die Eindrückkraft ergibt sich aus dem Federweg, der gleich dem Spikeüberstand ist (oder kleiner, falls der Spike in eine Vertiefung der Straßenoberfläche (Rauhtiefe) eingreift). Der Gleitbewegung des Spike während seiner Verweildauer auf der Fahrbahn entspricht (wie der der Gummiflächen) eine bestimmte Reibungsarbeit. In einen weichen Reibpartner wie Eis dringen die Spikes jedoch ein und leisten infolgedessen während des Gleitens nicht nur Reibungs-, sondern auch *Zerspanungsarbeit.* Allein dieser Effekt ist es,

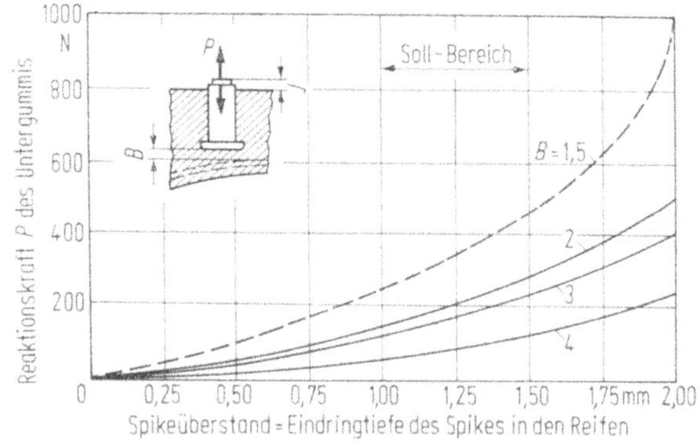

Bild 8.4. Beziehung zwischen Spikeüberstand (j) und statischer Reaktionskraft (bei verschiedener Untergummidicke B = verschiedenem Federweg) [11].

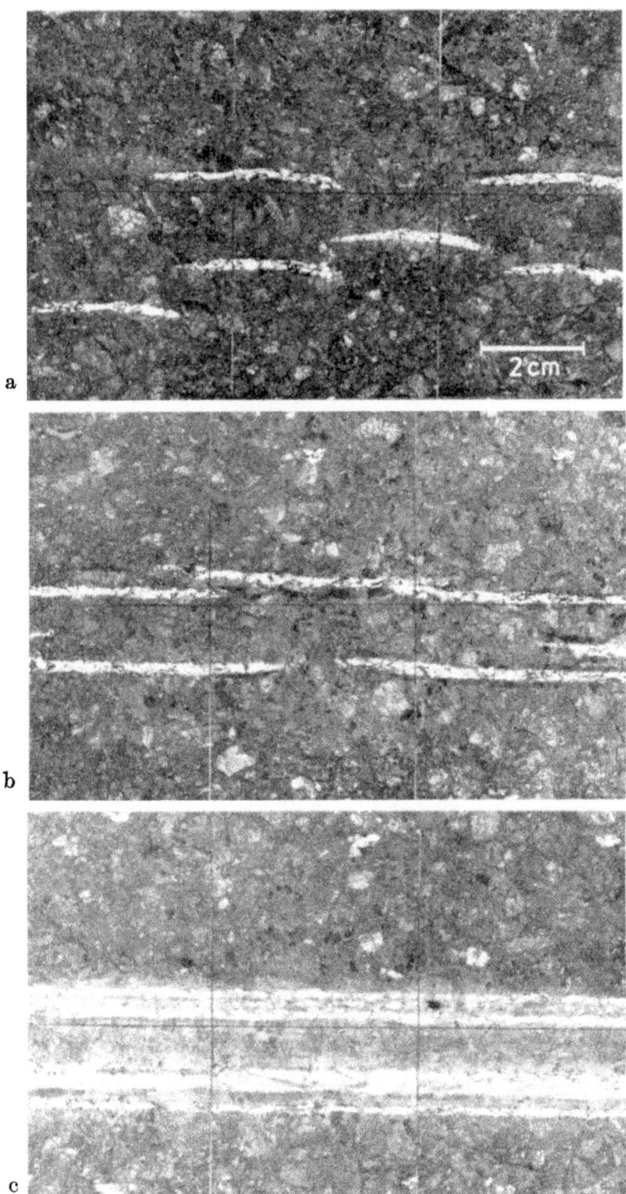

Bild 8.5. Kratzspuren infolge starken Abbremsens eines Kraftfahrzeuges mit Spikereifen. (a) starkes Abbremsen ; b) noch stärkeres Abbremsen; c) blockiertes Rad) [13].

der die kraftschlußverbessernde Wirkung der Spikereifen auf Eis ausmacht, indem er den Scherwiderstand, den der Reifen auf der vereisten Fahrbahn findet, erhöht und dadurch den Bremsweg verkürzt, die Seitenführung verbessert und auf steilen Steigungsstrecken dem Durchdrehen der angetriebenen Räder entgegenwirkt. Die erzielte Erhöhung des Kraftschlusses ist direkt proportional der Anzahl der Spikes im Latsch. Eine analytische Behandlung der Bewegungen der Spikes gegen die Fahrbahnoberfläche, der Lastverteilung auf Gummi und Spikes sowie der Scherarbeit findet sich in einer Untersuchung von Slibar und Springer aus dem Jahre 1974 [10].

Die kraftschlußverbessernde Wirkung der Spikes darf jedoch nicht überschätzt werden. Mit Spikereifen lassen sich auf Glatteis mittlere Bremsverzögerungen bis zu etwa 2 m/s² erzielen [12], was zwar den Bremsweg im Vergleich zu Reifen ohne Spikes auf die Hälfte reduziert; ohne Spikes kann dagegen auf trockener (und vielfach auch auf nasser) Straße eine mittlere Bremsverzögerung von 5 bis 6 m/s² erreicht werden. Mithin muß der Fahrer auf Glatteis trotz Spikereifen immer noch einen dreimal so langen Bremsweg wie im Gefahrenfall auf trockener Straße erwarten.

8.1.2.2. Mechanismus des Fahrbahnverschleißes

Die Gleitbewegungen der Spikes beim Übertragen von Reibungskräften sind es nun aber auch, die auf schnee- und eisfreien Straßen Verschleiß erzeugen. Zu erkennen ist dies an den Kratzspuren, die die Spikes während ihrer Verweildauer auf der Fahrbahn hinterlassen. Die Kratzspuren werden unter sonst gleichen Bedingungen um so länger, je größer die vom Reifen auf die Fahrbahn abzustützende

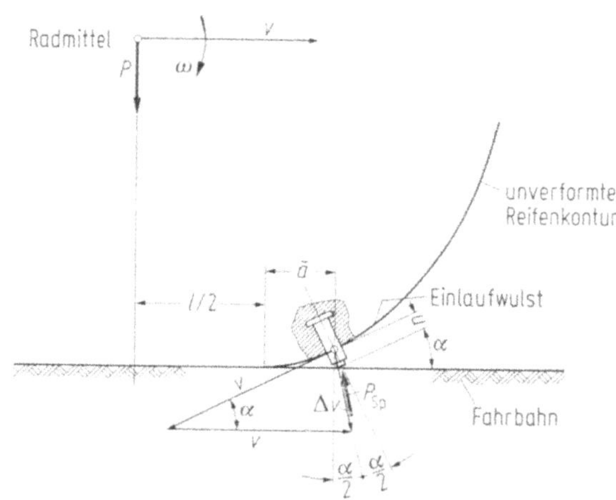

Bild 8.6. Kinematische Verhältnisse beim Auftreffen eines Spike auf die Fahrbahn (Fall des momentenfreien Rollens) [10].

u dynamischer Spikeüberstand
α Auftreffwinkel, $\alpha = \alpha(u)$; $\alpha \to 0$ für $u \to 0$.
v Fahrgeschwindigkeit
ω Winkelgeschwindigkeit des Rades
Δv Auftreffgeschwindigkeit
$\Delta v \approx v \cdot \alpha = v \cdot \alpha(u)$; $\Delta v \to 0$ für $u \to 0$.
$\frac{l}{2}$ halbe Latschlänge
$\bar{a}$ Lage des Spike beim Auftreffen (abhängig von der Geometrie des Reifenwulstes)
P Radlast
P_{Sp} Auftreffkraft.

Horizontalkraft ist, und entsprechend wächst der Verschleiß, so z.B. beim Übergang von schwächerem zu stärkerem Bremsen (Bild 8.5). Als zweite Ursache des Fahrbahnverschleißes durch Spikereifen kommt hinzu, daß der aus der Reifenlauffläche herausragende Stahlstift mit einer bestimmten (wenn auch nur einen Bruchteil der Fahrgeschwindigkeit ausmachenden) Geschwindigkeit auf die Fahrbahn auftrifft. Infolgedessen entsteht ein Stoß. Auf den Aufschlagvorgang üben der in der Einlaufzone des Latsches sich ausbildende Reifenwulst sowie die mit der Größe des Spikeüberstandes wachsende Auftreffgeschwindigkeit einen bestimmenden Einfluß aus (Bild 8.6). Der Aufschlagvorgang sowie die aus dem Stoß resultierende Auftreffkraft wurden von Slibar und Springer analysiert [10]. Die Auftreffkraft und die nachfolgend wirkende Eindrückkraft hat man auch meßtechnisch erfaßt [14, 19] (Bild 8.7).

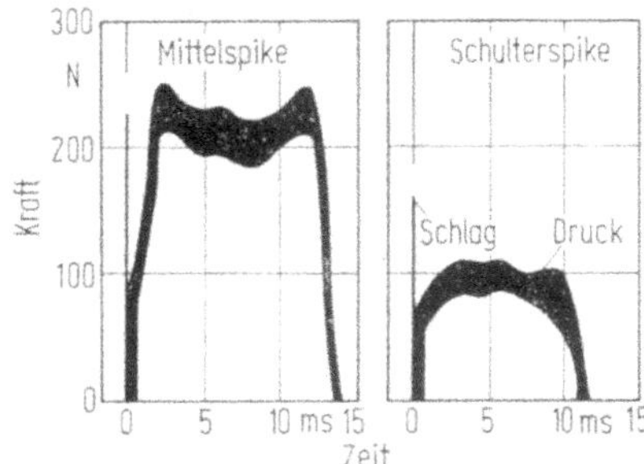

Bild 8.7. Spikekräfte während der Berührung Spike/Straßenoberfläche, Oszillographaufnahme [14].

Da im allgemeinen Falle die Fahrbahn also zugleich einer reibenden (kratzenden) und einer stoßend-schlagenden Einwirkung der Spikes ausgesetzt ist, läßt sich der Begriff Abrieb anstelle des allgemeineren Begriffes Verschleiß nur dann vorbehaltlos anwenden, wenn die reibende Einwirkung stark überwiegt. Dies ist z.B. in Zonen, die nur mit geringen Geschwindigkeiten befahren werden, der Fall. Auch im Anfangsstadium des Verschleißes kann die kratzende Beanspruchung der Fahrbahn vorherrschen.

Die auf die Fahrbahn auftreffenden Spikes bewirken das typische Fahrgeräusch der Spikereifen, ein fortgesetztes leises Prasseln. Diesen akustischen Effekt macht sich die von der Bundesanstalt für Straßenwesen in Köln entwickelte Klangschwelle (siehe Kap. 39, Abschn. 39.2.) zunutze, die zum Zählen des Anteils der Fahrzeuge mit Spikereifen im Verkehr dient.

8.2. Erfahrungen eines Jahrzehnts mit Spikereifen (etwa 1965—1975)

8.2.1. Verschleißvorhersage

Während in den ersten Jahren des Aufkommens der Spikereifen der Straßenverschleiß noch wenig Sorgen bereitete und der Anteil der mit diesen Reifen ausgerüsteten Fahrzeuge noch klein blieb, so begannen doch schon frühzeitig Versuche mit dem Ziel, die zu erwartende Beanspruchung der Fahrbahnen abzuschätzen. Zuerst dachte man daran, herkömmliche Rundläufe mit Spikereifen zu bestücken und Fahrbahnproben damit zu befahren [15]. Es zeigte sich jedoch, daß der dann entstehende Verschleiß in Form „eingefräster“ Rillen (entsprechend den Spuren, in denen die Spikes der Reifen abliefen) nicht dem Verschleißbild auf der Straße entsprach. Das im Anfangsstadium typische Verschleißbild auf der Straße, zuerst zu beobachten in Brems- und Beschleunigungszonen, in engen Kurven sowie in steileren Steigungsstrecken, war die „entmörtelte“ Oberfläche (Bild 8.8), in erster Linie hervorgerufen durch die Kratzwirkung der Spikes beim Übertragen von Antriebs-, Brems- oder Seitenkräften zwischen Reifen und Fahrbahnen. Spätere Beobachtungen ließen besonders auf schnell befahrenen Straßen, auch zerschlagene und herausgelöste Splittkörner oder Korntrümmer erkennen.

Bild 8.8. Typisches Aussehen einer durch Spikereifen beanspruchten Asphaltbetondeckschicht („entmörtelte" Oberfläche; die gröberen Splittkörner ragen aus der tieferliegenden Mörtelebene heraus) [13].

Im Unterschied zum Rundlauf mit starrer Spurführung treffen auf der Straße die Spikes zufallsverteilt auf die Fahrbahn auf und können deshalb nicht ein dem Fräsen ähnliches Verschleißbild erzeugen. Das schwedische Staatliche Straßen- und Verkehrsinstitut (Statens Väg- och Trafikinstitut) hat, um einen konzentrierten und unrealistischen Verschleiß in einzelnen Spuren zu vermeiden, seinen Rundlauf (3,5 m Durchmesser) so umgebaut, daß der Abrollweg des Rades kontinuierlich verändert werden kann [16]. Andere Prüfstände erhielten Spezial-Spikereifen, in deren Lauffläche die Spikes nach einem besonderen Schema angeordnet wurden, das die Aufeinanderfolge von Spikes in derselben Spur auf dem Reifenumfang vermeidet und dadurch eine Zufallsverteilung der Auftreffpunkte der Spikes auf die Fahrbahn herbeiführt [17, 18].

Bild 8.9. Versuchsbahn in Berlin-Tiergarten (1964) mit Feldern eingesetzter Bohrkerne verschiedener Straßendecken zum Befahren durch Kraftfahrzeuge mit Spikereifen; die Metallteile in den Betonplatten bildeten Höhenfestpunkte für die Verschleißmessung [13].

Der Wirklichkeit am nächsten kommen hingegen Versuche, bei denen Proben von Fahrbahndecken unmittelbar von Kraftfahrzeugen, die mit Spikereifen ausgerüstet sind, befahren werden. Eine umfassende Untersuchung dieser Art wurde im Jahre 1964 an der Technischen Universität Berlin von Wehner und Mitarbeitern durchgeführt [13]. Die Versuche schlossen Proben von 30 Fahrbahndecken aus mehreren Bundesländern ein, die in Form von Bohrkernen (Durchmesser 22,5 cm) im Zuge einer Rundbahn von 400 m Länge in Feldern (Bild 8.9) so angeordnet waren, daß jedes Feld einem bestimmten Fahrzustand zugeordnet war. Der Versuchsverkehr mit zwei Fahrzeugen erstreckte sich über sechs Wochen (40000 Fahrzeugüberrollungen mit Spikereifen). Zur Verschleißmessung diente ein für die Versuche

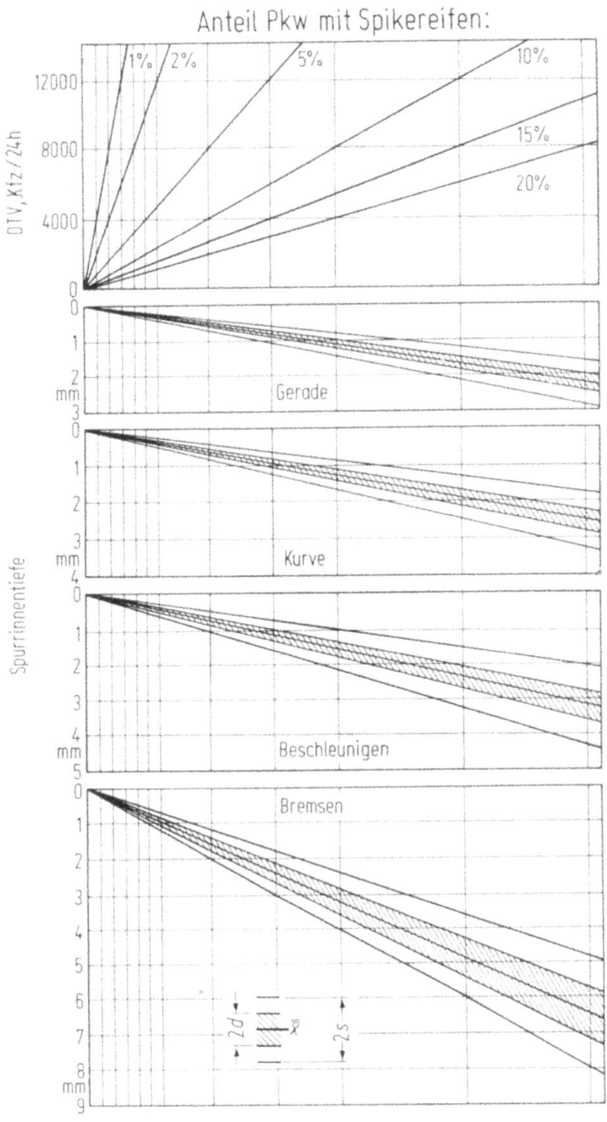

Bild 8.10. Schätzwerte für die in einem Winterhalbjahr durch Verkehr mit Spikereifen zu erwartende Spurrinnentiefe (unter bestimmten Annahmen, Näheres siehe [13]).

entwickeltes Abtastgerät mit einem Laufrad (Durchmesser 15 mm) als Tastelement, das die mittlere Tiefe der Bohrkernoberfläche gegen einen auf Höhenfestpunkten ruhenden Rahmen zu Beginn und in verschiedenen Stadien der Versuche bestimmte.

Die durch Extrapolation der Versuchsergebnisse gewonnene Verschleißvorhersage beschrieb das Wachsen der in den Radspuren des Verkehrs zu erwartenden Spurrinnentiefe in der Reihenfolge der Fahrzustände Geradeausfahrt mit konstanter Geschwindigkeit, Kurvenfahrt, Beschleunigen, Bremsen (Bild 8.10), parallellaufend mit einer entsprechenden Zunahme der Horizontalbeschleunigung bzw. -verzögerung und mithin der Länge der Kratzspuren der Spikes auf der Fahrbahnoberfläche. Die damaligen Schätzwerte erwiesen sich bei den späteren Beobachtungen im Straßennetz als voll zutreffend, obwohl die Versuche nicht alle aus späterer Sicht wichtigen Einflußfaktoren erfaßten.

Jene Versuche gestatteten auch einen ersten Vergleich des Verschleißwiderstandes der Deckenarten: Während die einbezogenen Zementbetondecken einheitlich den geringsten relativen Verschleiß erfuhren, gefolgt von den Gußasphaltdeckschichten mit ebenfalls ziemlich einheitlichem Verhalten, erwiesen sich die vertretenen Asphaltbetondeckschichten (einschließlich Sonderbauweisen) als äußerst unterschiedlich: die am wenigsten verschleißresistenten unter ihnen erlitten bis zum Dreifachen des Verschleißes derjenigen mit dem günstigsten Verhalten (Bild 8.11). Baustoffanalysen zufolge zeichneten sich die widerstandsfähigsten Asphaltbetondeckschichten durch eine Sieblinie des Mineralstoffgemisches mit verhältnismäßig hohem Fein- und Mittelsandanteil aus. Auch diese Beobachtungen bestätigten sich später und führten zu der Tendenz der Praxis, zum Erreichen eines möglichst großen Verschleißwiderstandes bei Asphaltbetondeckschichten einen dichten, dem Gußasphalt sich nähernden Kornaufbau zu bevorzugen.

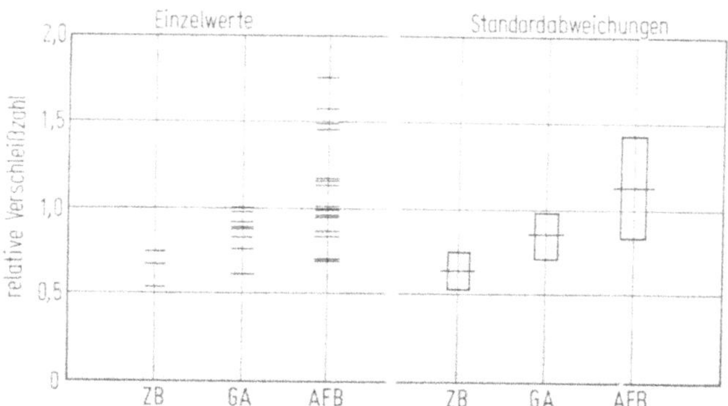

Bild 8.11. Relative Verschleißzahlen der dreißig in der Versuchsbahn gemäß Bild 8.9. vertretenen Straßendecken [13]. ZB = Zementbeton; GA = Gußasphalt; AB = Asphaltbeton (einschließlich Sonderbauweisen).

8.2.2. Verschleißmessungen im Straßennetz

In den Jahren nach 1965 setzten in der Bundesrepublik Deutschland wie in anderen Ländern vielerorts Messungen des durch Spikereifen verursachten Straßenverschleißes ein. Sie offenbarten nach und nach das verheerende Ausmaß der Schäden bei hohem Anteil von Fahrzeugen mit Spikereifen.

8.2.2.1. Meßverfahren

Die einfachste Meßmethode zum Abschätzen des Straßenverschleißes bildet die von Ebenheitsmessungen her bekannte 3 oder 4 m lange Meßlatte mit Meßkeil oder

Tiefenlehre (vgl. Kap. 7): quer über eine Radspur gelegt, läßt sich leicht die Spurrinnentiefe gegenüber der umgebenden Fahrbahnfläche ermitteln. Vollständige Querprofilaufnahmen — sei es näherungsweise als Polygonzug durch ein geodätisches Nivellement, sei es kontinuierlich mit einem Profilographen (vgl. Kap. 7) — liefern ein neigungsgetreues Bild des Fahrbahnquerschnittes. Werden die Profile auf Höhenfestpunkte außerhalb der Fahrbahn bezogen, lassen sich die geometrischen Oberflächenveränderungen über lange Zeiträume verfolgen.

Allen derartigen Messungen müssen jedoch zwei grundsätzliche Überlegungen vorausgehen, die für die Interpretation der Meßergebnisse Bedeutung haben. Die erste Überlegung betrifft den Einfluß der Oberflächenrauheit. Will man die Querunebenheit der Fahrbahn erfassen, wie sie sich auf die Reifen der Kraftfahrzeuge auswirkt, dann müssen Tastelemente mit Aufstandsfläche (Meßkeil, Meßstempel) oder allenfalls mit Tastrad verwendet werden, damit sie im wesentlichen einer an die Fahrbahnoberfläche angelegten gedachten Hüllfläche und nicht den Konturen der Makrorauheit folgen (Bild 8.12). Will man dagegen den vollständigen Materialverlust abschätzen, so ist es notwendig, den Konturen der Makrorauheit zu folgen, und dies erfordert eine Nadel als Tastelement. Eine Lösung in zwei Schritten besteht darin, die auf die Hüllfläche bezogene Aufnahme der Querunebenheit durch ein Rauheitsmeßverfahren, z.B. Abdruckverfahren, Sandfleckverfahren, lokale Profilschnittaufnahme mit Tastnadel(n) (vgl. Kap. 9), zu ergänzen und die Veränderungen in den „Zwickeln“ zwischen den stehengebliebenen groben Gesteinskörnern auf diese Weise global oder im Detail zu erfassen. Nur bei sehr feinkörnigen Deckschichten wie etwa Sandasphalt, die gleichmäßig „Korn um Korn“ abgetragen werden, verschwindet der Unterschied zwischen Hüllfläche und Konturen der (dann geringfügigen) Makrorauheit.

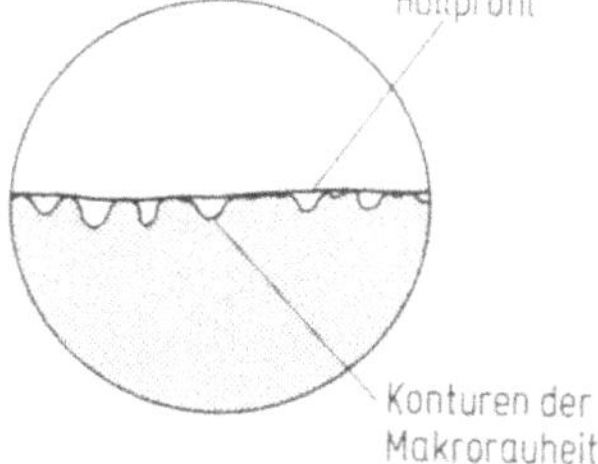

Bild 8.12. Ein Tastrad als Aufnahmeelement folgt dem Hüllprofil, eine Tastnadel den Konturen der Makrorauheit [7].

Die zweite grundsätzliche Überlegung betrifft die Überlagerung von Verschleiß und Verformungen der Fahrbahnbefestigung. Neben den vorübergehenden Verformungen (z.B. Verwölbungen einer Betondecke infolge eines Temperaturgefälles zwischen Ober- und Unterseite) sind vor allem die bleibenden Verformungen zu beachten, z.B. bei starren Konstruktionen Verlagerung der Fahrbahnplatte im Ganzen oder abgebrochener Teile derselben, bei flexiblen Befestigungen Nachverdichtung oder Materialverdrängung in einer oder mehreren Schichten (Bild 8.13). Bei starren Konstruktionen empfiehlt es sich, Profilaufnahmen auf Höhenbolzen im Straßenkörper zu beziehen. Da deren Bezugsniveau von der Fahrbahnoberfläche unabhängig ist (Bild 8.14), erfassen wiederholte Profilaufnahmen die Dickenabnahme der Fahrbahnplatte infolge Verschleiß exakt, sofern der Verwölbungszustand von Messung zu Messung unverändert geblieben ist, und Verlagerungen wirken sich nicht aus. Änderungen des Verwölbungszustandes lassen sich näherungsweise ausschließen, wenn man die Höhenbolzen in Querrichtung in so kleinem Abstand voneinander anordnet (z.B. 50 cm), daß das Stichmaß einer Verwölbung im Vergleich zur Dickenabnahme der Decke vernachlässigbar klein bleibt [7].

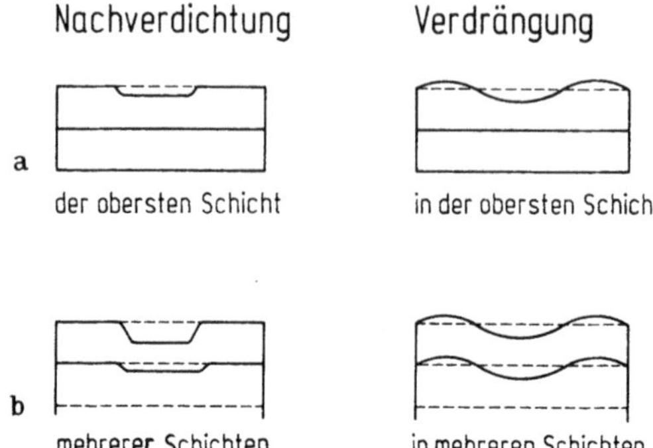

Bild 8.13. Zwei wichtige Arten bleibender Verformung bei flexiblen Befestigungen [7].

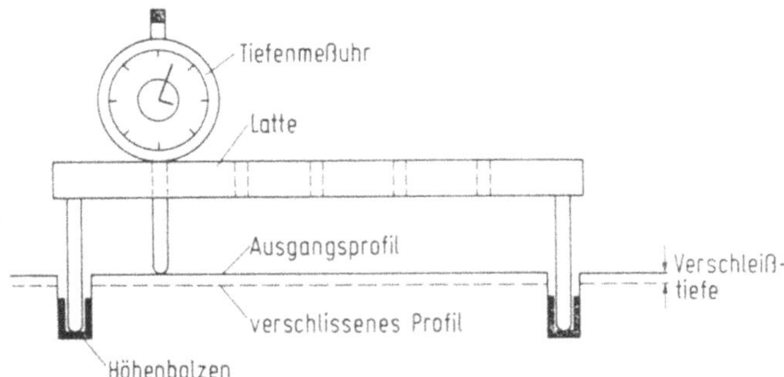

Bild 8.14. Profilaufnahme gegen Höhenbolzen im Straßenkörper (ihr Bezugsniveau ist unabhängig von der Fahrbahnoberfläche) [2].

Bei bituminösen Fahrbahnbefestigungen liegen die Verhältnisse schwieriger. Spurrinnen können außer durch reinen Verschleiß auch durch folgende Vorgänge entstehen (vgl. Bild 8.13):

— Nachverdichtung der Deckschicht unter Schwerverkehr
— Materialverdrängung innerhalb der Deckschicht unter Schwerverkehr
— Bleibende Verformungen tieferliegender Schichten oder des Unterbaus/Untergrundes, denen die Deckschicht ohne eigene Dickenänderung folgt.

Diese Ursachen können sich auch überlagern. Um Aufschluß über ihren Anteil an den geometrischen Oberflächenveränderungen zu gewinnen, müssen entlang einer quer über die Fahrbahn gelegten Meßlinie die Dickenänderungen der einzelnen Schichten gegenüber dem Anfangszustand, der aus Profilaufnahmen jeder Schicht gegen Höhenfestpunkte bekannt sein muß, bestimmt werden [7]. Dies kann zum einen durch Schichtdickenmessungen an Bohrkernen geschehen, die z.B. im Abstand von 20 bis 30 cm entlang der Meßlinie entnommen werden; zum anderen eignet sich für diesen Zweck das Verfahren der elektromagnetischen Abstandmessung, vorausgesetzt, die dazu nötigen Bezugselemente (einzelne Metallplatten oder durchgehende Metallbänder) wurden beim Bau der Befestigung an der Unterseite der einzelnen Schichten verlegt.

Bei der elektromagnetischen Abstandsmessung wird durch ein auf die Fahrbahn aufgesetztes Meßgerät ein elektromagnetisches Feld erzeugt, dessen Meßgröße sich bei Anwesenheit einer Metallfläche je nach deren Abstand von der Fahrbahnoberfläche ändert [20]. Das entsprechend kalibrierte Gerät ist dadurch in der Lage, an Meßpunkten, die genügend weit voneinander entfernt liegen müssen, um sich nicht gegenseitig zu beeinflussen, die Dicke der Deckschicht, die Summe der Dicken der Deckschicht und der nächsttieferen Schicht, die Summe der Dicken der Deckschicht und der beiden nächsttieferen Schichten usw. zu bestimmen. Wiederholte Messungen zu verschiedenen Meßterminen ergeben die inzwischen eingetretenen Dickenänderungen.

Bestimmungen der Raumdichte/Lagerungsdichte der einzelnen Schichten im Bereich der Meßpunkte anhand von Bohrkernen oder Ausbruchstücken — ebenfalls wiederholt zu verschiedenen Meßterminen — können die Dickenwerten ergänzen, um Nachverdichtungen bituminöser oder ungebundener Schichten nachzuweisen oder auszuschließen [7].

Nicht immer bedarf es jedoch bei Verschleißuntersuchungen des Aufwandes, der mit der Trennung des Verschleißes von den Verformungen verbunden ist. Beschränken sich solche Untersuchungen z.B. auf ein Winterhalbjahr, so wird man häufig den Verformungsanteil an den geometrischen Oberflächenveränderungen

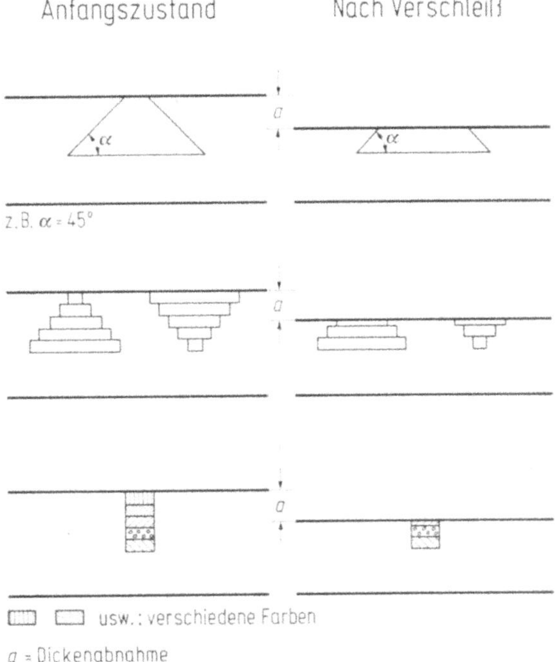

Bild 8.15. Verschiedene Dickenindikatoren [7].

in erster Näherung vernachlässigen können, da bleibende Verformungen bituminöser Fahrbahnbefestigungen vorzugsweise bei hohen Temperaturen entstehen. Auch wenn der Verschleiß offensichtlich oder nach Voruntersuchungen stark überwiegt, wird man aussagekräftige Meßergebnisse auch ohne Miterfassung der Verformungen erwarten können. In solchen Fällen eignen sich zur Verschleißmessung verschiedene einfache Verfahren, die sich auf die Bestimmung der Dickenänderungen der Deckschicht beschränken: Neben der elektromagnetischen Abstandsmessung und den Höhenbolzen im Straßenkörper in Verbindung mit Profilaufnahmen (vgl. Bild 8.14) sind die Dickenindikatoren verschiedenen Prinzips (Bild 8.15) zu nennen, also Meßkörper, die nachträglich in vorhandene Decken eingesetzt werden. Diese Verfahren eliminieren überdies den Einfluß von Verformungen tieferliegender Schichten, denen die Deckschicht ohne eigene Dickenänderung, es sei denn durch Verschleiß, folgt.

Eine photographische Meßmethode, mit der sich geometrische Oberflächenveränderungen auf einfache Weise erfassen lassen, wurde in der kanadischen Provinz Ontario entwickelt [2, 21]: Ein mit Hilfe eines Rahmens auf Bezugspunkte aufgesetzter Faden wird über die Fahrbahnoberfläche gespannt und mit einem lichtdichten Kasten abgedeckt. Eine Blitzlichtaufnahme — mit Blitzgerät und Kamera in festgelegter Position — zeigt den Faden und seinen Schlagschatten. Erleidet die Fahrbahndecke bis zur nächsten Aufnahme eine Dickenabnahme gegenüber den Bezugspunkten, so nimmt der Abstand zwischen Faden und Fadenschatten proportional zur Dickenabnahme zu.

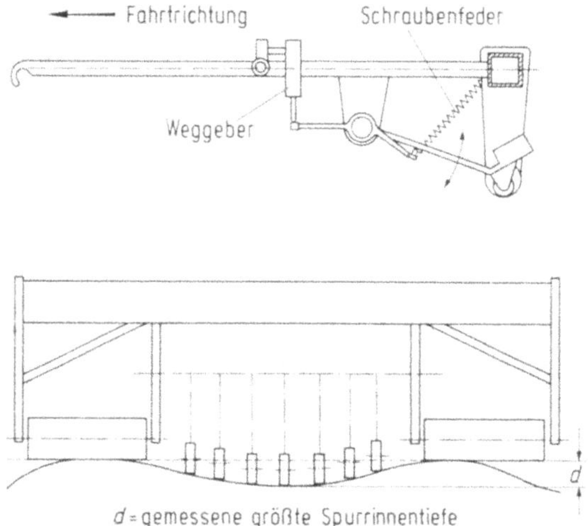

Bild 8.16. Fahrbares Meßgerät der niederländischen Straßenverwaltung zum Abschätzen der Spurrinnentiefe (Rut Depth Meter) [22].

Um über weite Strecken eines Straßennetzes schnell einen Überblick über entstandene Spurrinnen zu gewinnen, läßt sich die Ermittlung der Spurrinnentiefe und -form auch automatisieren. So haben die niederländische und die französische Straßenverwaltung sowie in der Bundesrepublik Deutschland die FMPA Bauwesen an der Universität Stuttgart fahrbahre Meßgeräte entwickelt, bei denen eine Anzahl nebeneinanderlaufender, je an einem eigenen Hebelarm befestigter Tasträder (Bild 8.16) kontinuierlich relative Querprofile des Radspurbereiches aufnehmen.

8.2.2.2. Meßergebnisse

Typische Meßergebnisse über den Dickenverlust der Decken durch starken Spikereifenverkehr zeigen Meßserien der Technischen Hochschule Darmstadt (Klein und Suß [23]) auf ausgewählten Abschnitten von Bundesfernstraßen in den Jahren 1966 bis 1972. Aufgenommen wurden die Profile in den Radspuren des Verkehrs auf 20 cm Breite gegen Höhenbolzen in der Fahrbahn, die zu mindest näherungsweise als relative Höhenfestpunkte gelten konnten. In vielen Fällen, in denen Verformungen während des Sommerhalbjahres sicher oder näherungsweise ausgeschlossen werden konnten, erwies sich der Sommerverschleiß durch den reinen gummibereiften Verkehr als im Bereich der Meßunsicherheit liegend oder als sehr gering, während der Winterverschleiß deutlich meßbare Beträge annahm. Zwei Beispiele, die zugleich den größeren Verschleißwiderstand von Zementbeton im Vergleich zu Gußasphalt demonstrieren, seien angeführt (Bilder 8.17 und 8.18). Die Messungen dieser Serie bestätigten auch die deutliche Abhängigkeit der Verschleißtiefe von der Anzahl der Überrollungen durch Spikereifen, wobei man sich zum Erfassen der Fahrzeuge mit Spikereifen zunächst einfacher Zählmethoden (nach dem Gehör), später auch einer Klangschwelle bediente.

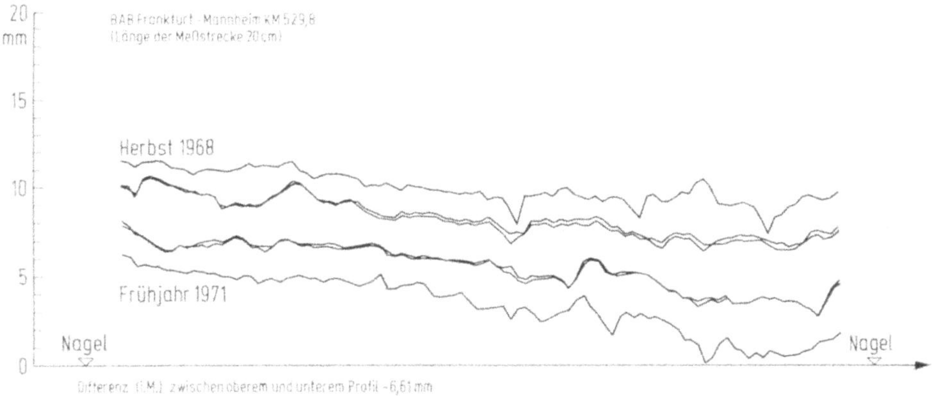

Bild 8.17. Abnahme der Profilhöhe von Herbst 1968 bis Frühjahr 1971 auf einem Autobahnabschnitt in Zementbeton [23].

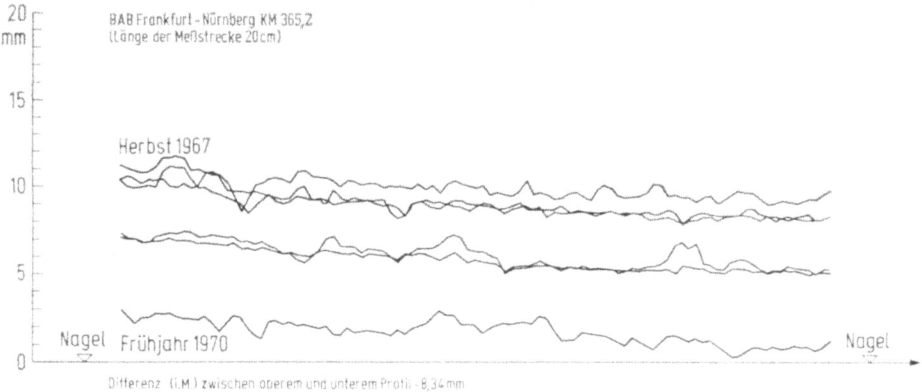

Bild 8.18. Abnahme der Profilhöhe von Herbst 1967 bis Frühjahr 1970 auf einem Autobahnabschnitt in Gußasphalt [23].

Nach den zahlreichen Meßergebnissen dieser Jahre bildeten Verschleißtiefen (Spurrinnentiefen) von 4 bis 5 mm bei starkem Spikereifenverkehr in einem Winterhalbjahr keine Seltenheit. Dies bedeutete, daß sich in wenigen Jahren Spurrinnen von 15 und 20 mm Tiefe ausbilden konnten. Zuerst an den stärkstbeanspruchten Stellen, wie Brems- und Beschleunigungszonen, Steigungsstrecken, Eckfahrten, mehrten sich darüber hinaus die Beispiele eines völligen Abtrags der bituminösen Deckschicht und des Übergreifens des Verschleißes auf die Binderschicht (vgl. Bild 8.2).

Forschungsaktivitäten waren auch darauf gerichtet, die aus theoretischen Überlegungen zu erwartende Zunahme des Fahrbahnverschleißes durch Spikereifen mit wachsender Fahrgeschwindigkeit nachzuweisen. Zwei Effekte sind hier maßgebend: zum einen nimmt die Auftreffkraft und damit die Schlagwirkung der Spikes auf die Fahrbahn proportional mit der Fahrgeschwindigkeit zu, zum zweiten wächst die Antriebsbeschleunigung progressiv, weil der Luftwiderstand mit dem Quadrat der Geschwindigkeit ansteigt, und dies hat verlängerte Kratzspuren der Spikes auf der Fahrbahn zur Folge. Der letztere Effekt wird allerdings zum Teil durch die linear mit zunehmender Geschwindigkeit abnehmende Berührungsdauer des einzelnen Spike (Verweildauer im Latsch) aufgehoben [13]. Experimentell wurde z.B. gefunden, daß, bezogen auf ein Winterhalbjahr, bei einer Zunahme der mittleren Geschwindigkeit der Fahrzeuge von 66 km/h auf 107 km/h der Fahrbahnverschleiß auf der Asphaltbetondeckschicht einer Untersuchungsstrecke um rd. 50% zunahm (K. Schulze [24]).

Die Vergleichbarkeit der Ergebnisse von Verschleißmessungen auf Straßen ist nicht immer gesichert; vielfach weichen Voraussetzungen, Meßverfahren, Definitionen und Interpretationen voneinander ab. Dies geht allein schon aus der Vielzahl einschlägiger Begriffe hervor, von denen nur einige aufgezählt seien: Verschleißtiefe, (punktweise bezogen auf ein Ausgangsprofil) Spurrinnentiefe, durchschnittliche Verschleißtiefe, größte Verschleißtiefe, verschlissene Profilfläche, Verschleißrate (bezogen auf die Verkehrsstärke) [2, 7, 25]. Im einzelnen Falle ist es daher, bevor Vergleiche von Meßergebnissen sinnvoll angestellt werden können, erforderlich, die einschlägige Literatur heranzuziehen und sich über das genaue Vorgehen Klarheit zu verschaffen.

8.2.2.3. Verschleißstadien

Nach den Beobachtungen durchläuft der Verschleiß bituminöser Deckschichten mit grobem Stützkorn im Mineralstoffgemisch (wie sie hauptsächlich vorkommen) drei Stadien [2]:

Stadium 1: Schneller Verlust des bituminösen Mörtels vor allem durch die Kratzwirkung der Spikes und damit Freilegen der Kuppen der groben Gesteinskörner (vgl. Bild 8.8).

Stadium 2: Verschleiß der Gesteinskuppen, Scherbeanspruchung der Kornbettungen wie auch Kornzertrümmerungen; diese Einwirkungen führen allmählich zum Verlust der obersten Lage grober Körner. Danach wiederholen sich die Stadien 1 und 2.

Stadium 3: Ist die Deckschicht in den Radspuren bis auf eine Dicke abgetragen, die dem Größtkorn im Mineralstoffgemisch entspricht, beschleunigt sich der Verschleiß, weil den zuunterst, also unmittelbar oberhalb der Grenzfläche zur Binderschicht liegenden groben Körnern die Einbettung im Mörtel von unten fehlt. Der Verschleiß greift schnell auf die Binderschicht über.

Bei Betondecken können sich im Prinzip die gleichen Vorgänge vollziehen (abgesehen vom Stadium 3), jedoch wesentlich langsamer. Andere Härterelationen zwischen Grobkorn und Zementstein können aber vorübergehend oder dauernd auch andere (gleichförmigere) Verschleißbilder zur Folge haben. Dränagerillen in

Betondecken, besonders Querrillen, reduzieren den Verschleißwiderstand erheblich: die Stege zwischen den Rillen werden, ausgehend von den Kanten, relativ schnell abgetragen.

Sehr feinkörnige bituminöse Deckschichten, z.B. Sandasphalt oder Mikroasphaltbeton mit Größtkorn 3 oder 5 mm, werden, auch wieder zuerst in den Radspuren, gleichmäßig „Korn um Korn" abgetragen, weil die Verzögerung des Verschleißes durch Grobkorn (Stadium 2) entfällt. Derartige Deckschichten besitzen, wie schon die frühen Versuche andeuteten [13], nur einen geringen Verschleißwiderstand.

8.2.3. Folgen des Fahrbahnverschleißes

Die schwerstwiegenden Folgen des Fahrbahnverschleißes durch Spikereifen — ganzjährige Gefährdungen der Verkehrssicherheit — gehen von den Spurrinnen aus, die sich bei starkem Verkehr mit diesen Reifen besonders auf den Autobahnen und ähnlichen Schnellstraßen ausbilden (vgl. Bild 8.2). Gewiß entstehen Spurrinnen bei bituminösen Fahrbahnbefestigungen auch durch bleibende Verformungen unter Schwerverkehr; die Jahre mit Spikereifenverkehr haben sie jedoch in bisher nicht gekannter Tiefe und Streckenlänge erzeugt. Tiefe Spurrinnen wirken, unabhängig vom Fahrbahnzustand, beim Fahrstreifenwechsel (z.B. zum Überholen) wie Längsunebenheiten (wellige Fahrbahn), jedoch mit einer Phasenverschiebung zwischen linken und rechten Fahrzeugrädern, an denen infolgedessen dynamische Radlasten mit jeweils entgegengesetztem Vorzeichen auftreten,

Bild 8.19. Wasseransammlungen in Spurrinnen.

und dies kann die Fahrstabilität beeinträchtigen. Noch bedeutsamer aber ist der Sicherheitsverlust bei Regenwetter, wenn in tiefen Spurrinnen das Wasser stehenbleibt (Bild 8.19) oder, in längsgeneigten Strecken, sogar dem bergauf fahrenden Verkehr entgegenfließt (Bild 8.20) oder in Richtung des Verkehrs bergab fließt. Die dann in den Radspuren der Fahrzeuge vorhandenen dicken Wasserschichten setzen die verfügbare Reibung Reifen/Fahrbahn herab, und bei hoher Fahrgeschwindigkeit kann es zum Aquaplaning-Effekt, dem völligen Verlust des Kraftschlusses (vgl. Kap. 9), kommen — Ursache zahlreicher Unfälle. Die einfachste

Möglichkeit abzuschätzen, wie sich vorhandene Spurrinnen auf den Wasserabfluß von der Fahrbahn auswirken, besteht in der Aufnahme von Querprofilen durch geodätisches Nivellement (Bild 8.21).

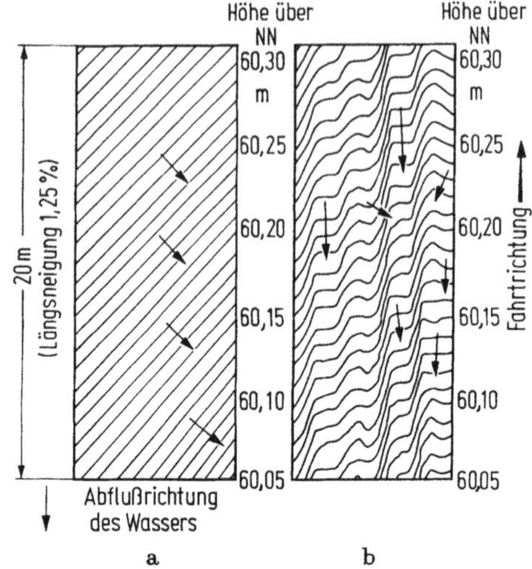

Bild 8.20. Änderung der Abflußrichtungen des Regenwassers in einer Steigungsstrecke durch Spurrinnen (nach geodätischem Nivellement interpolierte Höhenschichtlinien). a) ursprüngliche Fahrbahn; b) Fahrbahn mit Spurrinnen.

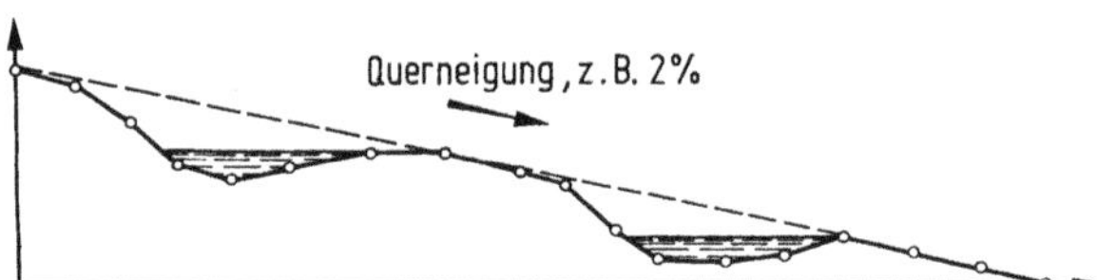

Bild 8.21. Neigungsgetreue Querprofilaufnahme durch geodätisches Nivellement; behinderter Wasserabfluß. Höhen zehnfach überhöht.

Maßnahmen gegen die Auswirkungen von Spurrinnen sind Warnschilder, Geschwindigkeitsbeschränkungen und schließlich Reparaturen und Deckenerneuerungen. Zur Reparatur von Verschleißschäden bei bituminösen Fahrbahndecken siehe Kapitel 29 und [8]. Die Beseitigung von Spurrinnen in Betondecken ist erheblich kostenaufwendiger. Es eigenen sich dünne Kunststoffbeschichtungen; nach umfangreichen Versuchen, die auch viele Fehlschläge einschlossen, können dazu heute brauchbare Lösungen angeboten werden [26]. Eine andere Möglichkeit besteht in dem Beseitigen der Querunebenheit durch flächenhaftes Abfräsen (Abschleifen) der Fahrbahn mit Hilfe von Diamantwerkzeugen [27a, b] (der Verschleiß in den Bereichen außerhalb der Radspuren wird auf diese Weise künstlich nachgeholt).

Folgenschwer wirkt sich bei starkem Verkehr mit Spikereifen auch der Abriebstaub aus [28], der sich, durch den Fahrtwind der Fahrzeuge aufgewirbelt, vor allem seitlich längs der Fahrbahnen ablagert und unter Nässeeinfluß verschlammt und verkrustet. Verkehrszeichen und Beleuchtungseinrichtungen verschmutzen schnell, wie auch die Fahrzeuge und vor allem ihre Scheinwerfer. Natürlicher Wind führt zu einer Umweltbelastung in weitem Umkreis.

Eine weitere Auswirkung starken Verkehrs mit Spikereifen, die ebenfalls die Verkehrssicherheit beeinträchtigt, ist das schnelle Verschwinden von Fahrbahnmarkierungen, sofern sie als Farbanstriche aufgebracht worden sind. Sie lassen sich aus Witterungsgründen erst wieder nach dem Ende des Winters erneuern.

Ferner beeinflussen Spikereifen die Griffigkeit der Oberflächen, weil sie deren Rauheit verändern [13, 29]. Auf den ersten Blick erscheint dieser Einfluß in jedem Falle günstig. In der Tat bewirken Spikereifen bei neu eingebauten Asphaltbetondeckschichten ein schnelles Abtragen der oberflächlichen Mörtelüberdeckung und ein Freilegen des Gerüstes der gröberen Gesteinkörner, und dies ist meist mit einer Griffigkeitszunahme verbunden (worunter, vgl. Kapitel 9, eine Zunahme der *in nassem Fahrbahnzustand* verfügbaren Reibung Reifen/Fahrbahn zu verstehen ist). Der gleiche Effekt tritt bei Gußasphaltdeckschichten ein, nachdem der Abstreusplitt abgefahren ist. Die weiteren Stadien des Verschleißes der Fahrbahnoberfläche durch Spikereifen wirken sich jedoch nicht immer griffigkeitsfördernd aus.

Insbesondere die „entmörtelte" Oberfläche (vgl. Bild 8.8) kann Anlaß dazu geben, daß die Kuppen der nun freiliegenden Gesteinskörner unter starkem Sommerverkehr einer ungewöhnlichen Polierwirkung ausgesetzt sind und je nach dem Polierwiderstand des Materials (vgl. Kap. 22) ihre Mikrorauheit einbüßen. Mangel an Mikrorauheit aber bedeutet Absinken der Griffigkeit bereits im unteren Geschwindigkeitsbereich. Man lasse sich nicht durch die gute Makrorauheit solcher Oberflächen täuschen: Makrorauheit *allein* ergibt keine griffige Oberfläche.

Bei Betondecken beobachtet man, daß die beim Einbau durch den Besenstrich oder durch die Eigentümlichkeit der Glättbohle erzeugte Strukturierung der oberflächlichen dünnen Mörtelüberdeckung unter starkem Spikereifenverkehr schnell verlorengeht. Die nun zunächst vollkommen geglättete Oberfläche durchläuft ein „Griffigkeitstief" [30], bis weiterer Verschleiß eine erneute Strukturierung der Oberfläche bewirkt. Der Zementstein zwischen den groben Gesteinskörnern kann allerdings dem weiteren Verschleiß einen erheblichen Widerstand entgegensetzen und dann — in Verbindung mit Karbonatisierungsvorgängen — polierte Oberflächenanteile bilden. Werden die Kuppen der groben Gesteinskörner schließlich doch freigelegt („entmörtelte" Oberfläche), so hängt die weitere Entwicklung der Griffigkeit im wesentlichen von dem Polierwiderstand der Kuppen ab.

Zusammenfassend läßt sich also ein geringer Verkehr mit Spikereifen als eher griffigkeitsfördernd einstufen; starker Verkehr mit Spikereifen kann dagegen einen wechselnden Einfluß ausüben und insbesondere auch ungünstige Phasen in der Entwicklung der Oberflächenrauheit und damit der Griffigkeit einleiten.

Schließlich verändert starker Verschleiß durch Spikereifen in den Radspuren die Gesamtdicke der Fahrbahnbefestigung, reduziert sie also unter Umständen auf eine Gesamtdicke, wie sie bei gleicher geplanter Lebensdauer für eine geringere als die vorhandene Stärke des Schwerverkehrs vorgesehen ist. Folglich muß man eine Herabsetzung der Lebensdauer der geschädigten Befestigung befürchten, also einen substantiellen Eingriff in den beim Bau der Befestigung erwarteten Nutzen der Investition.

8.3. Verschleißminderung

8.3.1. Fahrbahnbeläge mit erhöhtem Verschleißwiderstand

Wenn auch die frühe Erkenntnis, daß ein möglichst dichter Aufbau bituminöser Deckschichten einen erhöhten Verschleißwiderstand verspricht [2, 13], einen ersten Hinweis auf die Entwicklungsrichtung gab, so bemühte sich der Straßenbau doch schon bald um eine systematische Behandlung des Problems im Hinblick auf die Auswahl und Zusammensetzung der Baustoffe. Zwei experimentelle Forschungsmöglichkeiten eröffneten sich:

— die Verschleißnachahmung im Labor an labormäßig hergestellten Deckenproben
— die Anlage von Versuchsstrecken im Zuge gewöhnlicher Straßen mit abschnittweise variierter Zusammensetzung der Deckschicht und/oder der Oberflächenausführung [31, 32].

8.3.1.1. *Verschleißnachahmung im Labor, Geräteentwicklungen*

Der Wunsch, den Verschleiß durch Winterreifen mit Spikes im Labor nachzuahmen, brachte eine Fülle von Geräteentwicklungen hervor, die sich in zwei Gruppen einteilen lassen:

1. Geräte, die unter Verwendung eines oder mehrerer Spikereifen eine möglichst wirklichkeitsgetreue Nachahmung des Verschleißes anstreben.

2. Geräte, die auf mehr künstliche Weise (d.h. im allgemeinen ohne Verwendung eines Spikereifens) nur oder überwiegend eine Komponente der Verschleißursachen, meist die Schlagbeanspruchung, herausarbeiten und auch ein von der Wirklichkeit abweichendes Verschleißbild in Kauf nehmen.

Bild 8.22a. Rundlauf (Karussell) des Centre de Recherches in Pont à Mousson mit einem spikereifenbestückten LKW-Zwillingsradpaar; Laufradius zwischen 9 und 15 m, Testgeschwindigkeiten bis 60 km/h [33a].

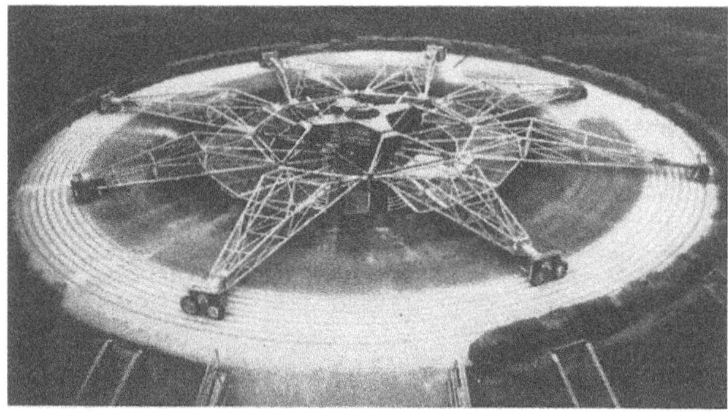

Bild 8.22b. Der Rundlauf von Bild 8.22a nach der Umstellung auf PKW-Reifen. Testgeschwindigkeiten: mit 8 Armen 60 km/h, mit 4 Armen 90 km/h, mit einem Arm 120 km/h [33b]

Zur ersten Gruppe gehören alle Rundläufe (Karussellprinzip) sowie alle Trommelprüfstände (Innentrommel oder Außentrommel), sofern durch veränderbare Spurführung der Reifen oder durch spezielle Anordnung der Spikes auf dem Reifenumfang eine Zufallsverteilung der Auftreffpunkte der Spikes auf die „Fahrbahn" sichergestellt ist und sofern sie in der Lage sind, (wegen der Kratzwirkung) mindestens eine Art von Reifenschlupf (Antriebs-, Brems- oder Seitenschlupf) zu erzeugen und (wegen der Schlagwirkung) mit nennenswerter Umfangsgeschwindigkeit betrieben werden können. Eine Außenanlage nach dem Karusselprinzip befindet sich in Frankreich beim Centre de Rechèrches in Pont à Mousson (Bild 8.22a). Sie wurde von 1970 bis 1975 zur Untersuchung des Straßenverschleißes durch LKW-Reifen mit Spikes eingesetzt [33a] (im Gegensatz z.B. zur Bundesrepublik Deutschland hat Frankreich anfänglich Spikereifen auch für den Schwerverkehr zugelassen). Durch Umbau und Erweiterung wurde diese Anlage auf den Betrieb mit PKW-Reifen umgestellt (Bild 8.22b) [33b]. Während Anlagen nach dem Karussellprinzip mit ebenen und damit der Wirklichkeit entsprechenden Fahrbahnproben belegt werden, sind Anlagen nach dem Trommelprinzip von vornherein mit dem Nachteil gekrümmter Fahrbahnproben behaftet. Aus der Reihe der Trommelprüfstände seien die Anlage des Koninklijke/Shell-Laboratoriums in Amsterdam [17, 34] sowie die Anlage des Forschungsinstitutes der österreichischen Zementindustrie in Wien (Bild 8.23) genannt, beides liegende

Bild 8.23. Verschleißprüfstand mit liegender Innentrommel des Forschungsinstituts des Vereins der österreichischen Zementfabrikanten, Wien, Testgeschwindigkeit bis 100 km/h [18].

Innentrommeln, deren senkrechte Wandungen mit Fahrbahnproben belegt und die, selbst in Ruhe, von ein oder zwei Laufrädern mit vertikaler Achse „befahren" werden. Ferner sei in dieser Reihe als größte Entwicklung der Mehrzweck-Innentrommelprüfstand der Bundesanstalt für Straßenwesen (BASt) in Köln näher beschrieben [35, 36, 37].

Dieser in den Jahren 1973/1974 fertiggestellte und mit Klimaeinrichtungen ausgestattete Großversuchsstand (Bild 8.24) stellt im Prinzip eine vergrößerte und erweiterte Ausführung des Karlsruher Innentrommelprüfstandes dar, der der Untersuchung des Kraftschlußverhaltens von PKW-Reifen auf trockener, nasser und winterglatter Fahrbahn dient [38, 12]. Dessen Trommel kann jedoch nicht mit echten, sondern nur mit künstlichen Fahrbahnbelägen (z.B. geriffelten Metallflächen, Sandpapier) belegt werden. Im Gegensatz dazu gestattet der Prüfstand der BASt, echte, wenn auch im allgemeinen labormäßig gefertigte Fahrbahnproben einzusetzen. Zu diesem Zweck trägt die Innenseite der einseitig offenen Trommel (Innendurchmesser etwa 3,85 m) zwölf Kassetten mit dem Fahrbahnbelag (oder verschiedenen Fahrbahnbelägen, auch Ausbruchstücke bituminöser Fahrbahndecken können eingelegt werden). Die Trommel rotiert um eine horizontale Achse (Umfangsgeschwindigkeit bis 150 km/h). Zwei unabhängig voneinander angetriebene Prüfräder laufen im unteren Teil der Trommel innen auf dem Belag ab. Sie sind normal zu ihrer Aufstandsfläche belastbar und federnd beweglich und können quer zur Laufrichtung auf verschiedene Laufspuren eingestellt werden. Die Meßmöglichkeiten umfassen insbesondere: Verschleiß von Straßenbelägen und Markierungsstoffen durch Winterreifen mit Spikes; Kraftschluß zwischen Pkw-Reifen und Fahrbahn in Längs- und Querrichtung in Abhängigkeit von Umfangsschlupf und Schräglaufwinkel — auch kombiniert; Griffigkeitsuntersuchungen an Fahrbahnen; Aquaplaning; Reifenvergleiche bezüglich der vorgenannten Aspekte.

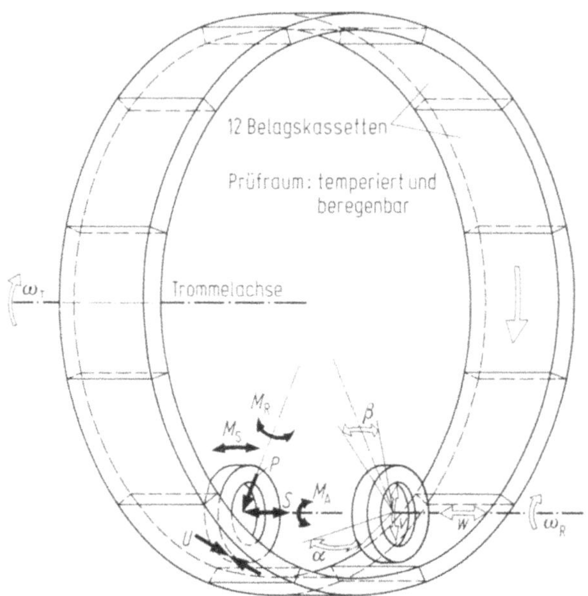

Bild 8.24. Mehrzweck-Großversuchsstand der Bundesanstalt für Straßenwesen, Köln, mit rotierender Innentrommel (Innendurchmesser etwa 3,85 m) [36, 37].

ω_T Trommelantrieb, treibend oder bremsend
ω_R Radumdrehung, unabhängig treibend oder bremsend

Kräfte und Momente, dargestellt am linken Prüfstand:

P Normalkraft (= Radlast), normal zur Aufstandsfläche
S Seitenkraft (= Axialkraft), in der Radachse
U Umfangskraft am Rad, treibend oder bremsend
M_A Antriebsmoment des Rades, bzw. Bremsmoment
M_S Sturzmoment um die Radlängsachse
M_R Rückstellmoment um die Hochachse.

Beweglichkeit der Räder, dargestellt am rechten Prüfrad:

v Vertikalbewegung um einen Drehpunkt 700 mm in Achsrichtung
w Querbewegung der Radaufhängung für Spurwechsel
α Schräglaufwinkeleinstellung (um die Hochachse)
β Sturzwinkeleinstellung (um die Längsachse).

Eine von der Trommelidee abweichende Lösung mit dem Vorteil, daß ebene Fahrbahnproben eingesetzt werden, verkörpert der Straßenverschleißprüfstand der Esso AG in Hamburg [39].

Dieser Prüfstand (Bild 8.25) erzeugt eine kombinierte Schwing-Schlupf-Bewegung eines Pkw-Rades: Während das mit einem Spikereifen bestückte Rad durch eine Hydropulsanlage in vertikale Schwingungen versetzt wird, bewegt sich eine Fahrbahnplatte (Prüfstück) kontinuierlich mit einer Vorschubgeschwindigkeit von 1,2 m/min unter dem Rad hin und her. Der Fahrbahnverschleiß wird durch geometrische Höhenverlustmessung am Prüfstück sowie durch Berechnung des Höhenverlustes aus der Abriebmenge (Auffangen und Wägen des Losgetrennten [7]) abgeschätzt.

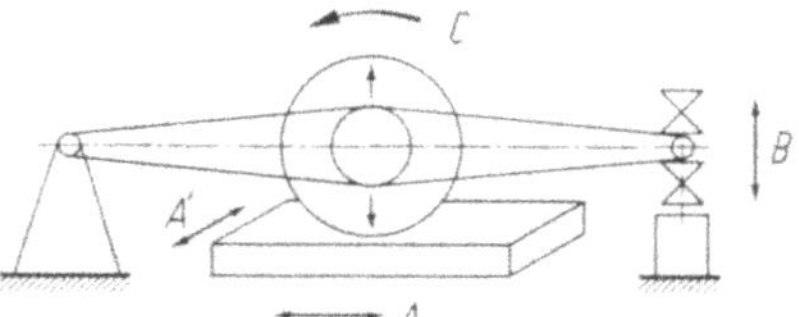

Bild 8.25. Straßenverschleißprüfstand der Esso AG, Hamburg; Kombination von horizontaler Bewegung des Prüfstücks (*A*), vertikaler Schwingung des Radhebels (*B*), Zwangsdrehung des Rades über ein Drehmomentenspeicherglied (*C*) [39].

Nach dem Verschleißbild der Prüfstücke erwies sich der Prüfstand der Esso als sehr gut geeignet, die Kratzwirkung der Spikes nachzuahmen; dagegen fehlt die Schlagbeanspruchung der Fahrbahnprobe durch auftreffende Spikes, weil das Rad mit dem Spikereifen nicht rotiert. So betrachtet, wäre die Anlage der zweiten Gruppe von Geräteentwicklungen zuzurechnen, die sich auf die Herausarbeitung einer Komponente der Verschleißursachen beschränken.

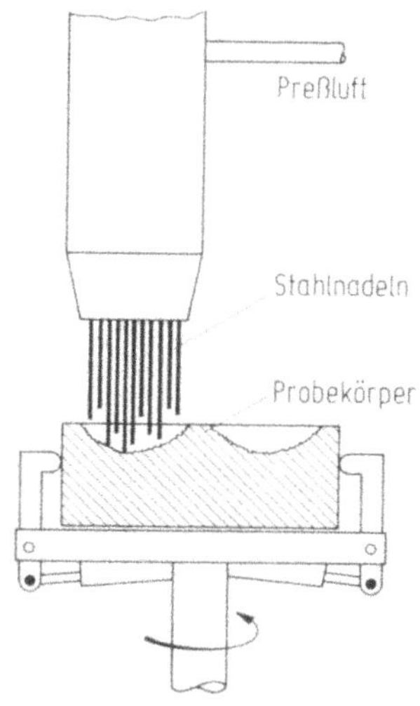

Bild 8.26. Nadelpistole der Firma Saager & Woerner, München [40]; die Stahlnadeln prallen auf den sich drehenden Prüfkörper auf.

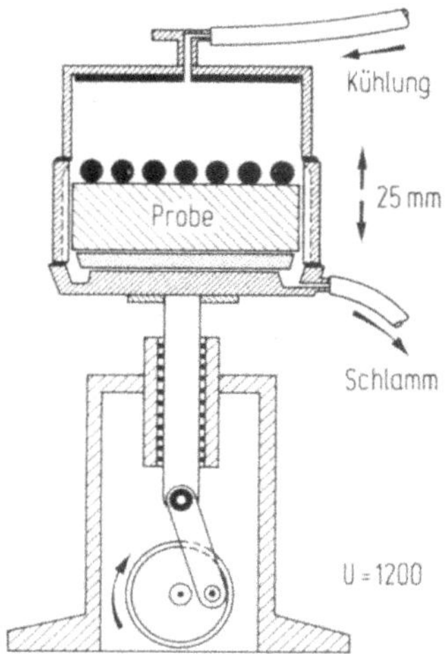

Bild 8.27. Prallabriebgerät der TU München mit aufprallenden Stahlkugeln [41].

Unter dem Aspekt eines mit der Wirklichkeit weniger gut übereinstimmenden Verschleißbildes der Prüfkörper gehören zur zweiten Gruppe von Geräten z.B. die Nadelpistole der Firma Sager & Woerner in München (Bild 8.26) und das Prallabriebgerät der Technischen Universität München (Bild 8.27). Beide Geräte erzeugen Schlagbeanspruchungen einer Fahrbahnprobe durch Stahlelemente, die auf sie aufschlagen. Die Nadelpistole erbrachte bei Vergleichsversuchen die beste Übereinstimmung zwischen Verschleißbetrag auf der Straße und Verschleißbetrag am Prüfkörper (aus jeweils demselben bituminösen Mischgut). Die Vergleichsserie (unter der Federführung von K. Schulze [41]) schloß fünf Geräte ein, darunter von den hier besprochenen die beiden zuletzt genannten sowie die Anlage der Shell in Amsterdam.

Erwähnt sei schließlich noch ein an der ETH Zürich entwickeltes und später von der Eidgen. Materialprüfungs- und Versuchsanstalt in Dübendorf weiterverwendetes Verschleißprüfgerät, ,,Tornado" genannt. Das Gerät, das ursprünglich als auf die Straße aufsetzbares Poliergerät diente [42], arbeitet nach dem Prinzip eines Kollerganges auf ebener Straßenprobe. Da die beiden Spikereifen mit starrer Spurführung in einer engen Kreisbahn (Durchmesser 50 cm) laufen, entsteht ein eher dem Fräsen ähnliches und weniger mit der Wirklichkeit übereinstimmendes Verschleißbild.

Weitere Geräteentwicklungen sind in [1, 2, 19, 41, 45] beschrieben.

8.3.1.2. Konzeptionen zur Erhöhung des Verschleißwiderstandes

Die Bemühungen um verschleißfestere Beläge konzentrierten sich auf den Asphaltbeton, weil diese Bauweise in unserem Straßennetz bei weitem vorherrscht und bei ihr von Anfang an die größten Unterschiede im Verschleißwiderstand beobachtet wurden. Aber auch für Betondecken setzten frühzeitig entsprechende Bemühungen ein, vor allem wohl im Blick auf die sehr aufwendigen Reparaturen von Spurrinnen bei Betondecken.

Aus der Summe der Erkenntnisse, die auch mit der Problematik verknüpft sind, im Labor erhaltene Feststellungen auf die Straße zu übertragen, lassen sich im wesentlichen drei Wege unterscheiden, auf denen man die Erhöhung des Verschleißwiderstandes von Asphaltbeton anstrebte:

1. durch einen möglichst dichten Aufbau des Mineralstoffgemisches (hoher Füllergehalt), verbunden mit einem möglichst hohen Bindemittelgehalt des Asphalts
2. durch eine Art Panzerung der Oberfläche mit groben, druck- und schlagfesten (schlagzähen) Gesteinskörnern (als Kriterium für die Schlagfestigkeit eignet sich nach Untersuchungen von K. Schulze [31] der Schlagzertrümmerungswert (vgl. Kap. 22))
3. durch Anwendung einer Ausfallkörnung, die bestimmte Anteile des Mineralstoffgemisches, die ohnehin schnell durch die Kratzwirkung der Spikes verlorengehen, also insbesondere die Sandkomponente, von vornherein stark reduziert.

Der erste Weg führt zu sehr dichten Asphaltbetonmischungen mit einem Hohlraumgehalt am Marshall-Körper zwischen 1 und 2 Vol.-%. Derartige Asphalte erweisen sich jedoch vielfach als nicht ausreichend verformungsbeständig, besonders wenn sie extremen Beanspruchungen ausgesetzt sind. So entstanden im Sommer 1976, der durch ungewöhnlich lange Hitzeperioden gekennzeichnet war, an einer Reihe von Decken unter Schwerlastverkehr erhebliche Verformungsschäden, die sich teilweise auf die bezüglich des Verformungswiderstandes ungünstige Zusammensetzung der Asphaltbetonmischungen zurückführen ließen [43]. Insbesondere kann der Verformungswiderstand sehr dichter Asphaltbetondeckschichten nicht ausreichen, wenn sie bei Reparaturmaßnahmen mit einer neuen Schicht überbaut werden und auf diese Weise in die Zone der erhöhten Schubbeanspruchung unter Vertikallasten gelangen. In solchen Fällen muß die schadhafte Schicht vollständig entfernt werden.

Sehr dichte Asphaltbetonmischungen haben auch den Nachteil einer vielfach niedrigen Anfangsgriffigkeit, bedingt durch eine Anreicherung der Oberfläche bei der Walzverdichtung mit feinem bituminösem Mörtel (im wesentlichen nur aus

Bindemittel und Gesteinmehl bestehend). Wegen näherer Angaben und möglicher Gegenmaßnahmen siehe Kapitel 29 sowie Literatur [44, 45].

Der zweite Weg zur Erhöhung des Verschleißwiderstandes von Asphaltbetondeckschichten, die Anreicherung der Oberfläche mit grobem, schlagfestem Splitt (z.B. bis zur Korngröße 16 mm) läßt sich auf zwei Arten verwirklichen: zum einen durch einen möglichst hohen Splittgehalt des Mineralstoffgemisches (z.B. zwischen 50 und 60 Gew.-%) mit möglichst hohem Anteil der gröbsten Fraktion, zum anderen durch das Einwalzen groben, vorumhüllten Aufstreusplittes (precoated chippings z.B. der Körnung 16/22 mm) im letzten Arbeitsgang des Einbaues wie bei der englischen Bauweise „Hot rolled asphalt" [46, 47] (vgl. auch Kap. 29). Voraussetzung für die letztere Art ist eine aufnahmefähige, also mörtelreiche Deckschicht, um eine gute Einbettung der aufgestreuten und eingewalzten Körner zu erzielen, ferner eine gute Haftfestigkeit zwischen Bindemittel und Gestein (Haftverbesserer). Die Bauweise mit eingewalztem grobem Aufstreusplitt hat sich in der Bundesrepublik Deutschland allerdings nicht durchsetzen können (vgl. hierzu auch Kap. 29). In den skandinavischen Ländern ist auch schon mit Erfolg versucht worden, groben Aufstreusplitt (z.B. der Fraktion 12/16 mm) in Gußasphaltdeckschichten einzuwalzen [48].

Die dritte Entwicklungstendenz — Ausfallkörnung — führte in der Bundesrepublik Deutschland zu den sogenannten Splitt-Mastix-Belägen mit einem Splittgehalt im Mineralstoffgemisch 0/8 oder 0/12 mm von 70 bis 85 Gew.-%, stark reduzierter Sandkomponente, einem z.B. mit Asbestfasern verstärkten Füller und einem modifizierten Bindemittel (Näheres siehe Kap. 29). Um eine ausreichende Anfangsgriffigkeit zu sichern, muß die heiße Deckschicht im Zuge der Walzverdichtung mit Brechsand abgestreut werden. Bei Untersuchungen von Kirschbaum [49] im Verschleißprüfstand der Esso AG (vgl. Bild 8.25) zeigten zwei Beispiele derartiger Beläge einen dem herkömmlichen Asphaltbeton 0/12 mm deutlich überlegenen Verschleißwiderstand.

Die für Betondecken vor allem in Österreich von Springenschmid und Sommer gewonnenen Erkenntnisse, wo zwischen 1969 und 1972 über 150 Mischungszusammensetzungen mit dem Verschleißprüfstand gemäß Bild 8.23 untersucht worden sind, liegen zum Teil in der gleichen Richtung wie die zum Asphaltbeton besprochenen. Auch bei Betondecken erwies sich die Schlag- und Druckfestigkeit der groben Gesteine in der Mischung als ein wichtiger Parameter (z. B. erlitt Kalkstein den größten Verschleiß). Ferner wird ein hoher Anteil von Zuschlägen über 8 mm (z.B. 52%) und eine Ausfallkörnung (keine Zuschläge zwischen 4 und 8 mm) empfohlen. Nach den österreichischen Angaben kann der Verschleißwiderstand von Betondecken durch diese und andere Maßnahmen auf das Vierfache gesteigert werden [18, 50].

In der Schweiz hat man versucht, den Verschleißwiderstand von Betondecken durch das Einarbeiten künstlicher Hartstoffe (Siliciumcarbid, Elektrokorund) in die Frischbeton-Oberfläche zu verbessern [51]. Solche Hartstoffe erhöhen allerdings auch ganzjährig den Reifenverschleiß durch vermehrten Gummiabrieb. Eine bleibende routinemäßige Anwendung dieses Verfahrens hat sich aus den Versuchen nicht entwickelt.

8.3.2. Weniger aggressive Spikereifen

Die Spikereifen der ersten Generation waren, wie man bald erkannte, unnötig aggressiv. Vielfach wurden Winterreifen auch nachträglich ohne Beachtung der neueren Erkenntnisse bespikt. Vor allem fünf Gründe begünstigten den Fahrbahnverschleiß:

1. eine zu harte Hinterfederung der Spikes (geringe Untergummidicke)
2 ein unkontrolliert großer Spikeüberstand
3. die Verwendung von Spikes in Diagonalreifen (Gürtelreifen setzten sich erst später durch)
4. eine zu große Masse des einzelnen Spike
5. eine zu große Anzahl von Spikes in der Lauffläche.

Zu 1.: Die statische Eindruckkraft der Spikes, die bei vereinfachter Betrachtung während der Verweildauer eines Spike im Latsch wirksam ist (vgl. Bild 8.7) und bei Gleitschlupf die Intensität der Kratzwirkung bestimmt, betrug bei den ersten Spikereifen bis zu 800 N (80 kp) (vgl. Bild 8.4). Zur Überwindung der Druckfestigkeit von Eis, also zum Eindringen in den weicheren Reibpartner, genügt aber eine Eindruckkraft von 150 bis 200 N (15 bis 20 kp) [10]. Diese Größenordnung läßt sich — in Abstimmung mit der Größe des Spikeflansches (nur ein Flansch ist zweckmäßig [2, 15]) — durch eine entsprechend große Untergummidicke erzielen (wie sie in den Schulterpartien des Reifens und nicht in Laufflächenmitte zur Verfügung steht), vorausgesetzt, der Spikeüberstand kann in engen Grenzen gehalten werden (vgl. Bild 8.4).

Zu 2.: Den Spikeüberstand auf das günstige Maß von 1 bis 1,5 mm zu begrenzen, gelingt zwar bei der fabrikmäßigen Reifenherstellung; die spätere Entwicklung des Spikeüberstandes hängt jedoch wegen des unterschiedlichen Verschleißwiderstandes von Spikekern und Reifengummi von der Fahrweise ab (Bild 8.28). Für eine mittlere Fahrweise läßt sich konstruktiv (u.a. konischer

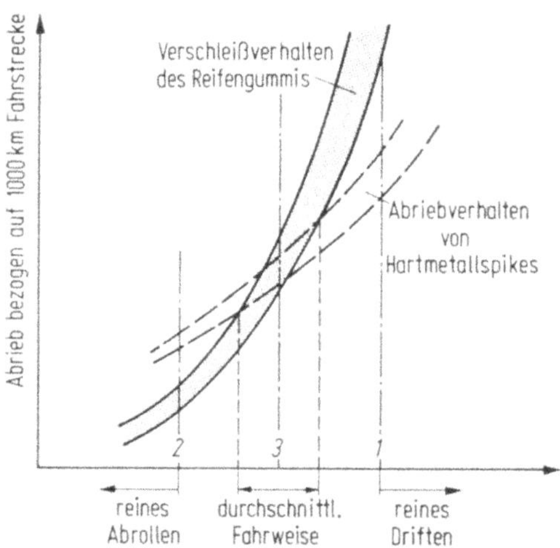

Bild 8.28. Der Einfluß der Fahrweise auf den Verschleiß von Hartmetall und Gummi bei Spikereifen [11].

Spikekern, vgl. Bild 8.1b) eine etwa gleichmäßige Abnutzung beider Komponenten erreichen; bei „scharfer“ Fahrweise hingegen wachsen die Spikes aus der Lauffläche heraus, weil der Gummi stärker verschleißt [11]. Eine Lösung dieses Problems wurde mit dem sogenannten Nachsetzspike angestrebt, bei dem Sollbruch- oder Sollfließstellen bei einem Anwachsen des Aufschlagstoßes infolge eines unerwünscht groß gewordenen Spikeüberstandes diesen wieder reduzieren, indem der Spikekern um ein Stück in seine Hülse hineingepreßt wird. Hierzu sei auf die Arbeiten von Cantz in den USA verwiesen [19]. Ein kontrollierter Spikeüberstand trägt auch dazu bei, die Erhitzung der Spikes während der Fahrt zu vermindern. Übermäßige Hitzeentwicklung kann den Reifengummi in der Umgebung der Spikes zerstören, dadurch den Spikes den festen Halt nehmen und zum Verlust von Spikes führen.

Zu 3.: Radialreifen mit Spikes erzeugen unter sonst gleichen Bedingungen weniger Straßenverschleiß als entsprechende Diagonalreifen, weil bei ihnen eine günstigere Geometrie des Reifenwulstes den Auftreffwinkel und damit die Auftreffgeschwindigkeit der Spikes reduziert [10]. Die etwas geringere Latschlänge der Radialreifen verkürzt außerdem die Verweildauer der Spikes auf der Fahrbahn; gleichzeitig verringert die Gürtelbauweise den Anteil des Gleitschlupfes und damit unter sonst gleichen Bedingungen die Länge der Kratzspuren.

Zu 4.: Die Masse des Spike beeinflußt proportional die Aufschlagkraft beim Einlaufen in den Reifenlatsch [10]. Bei neueren Spikekonstruktionen wurde daher die Spikehülse, in der der Spikekern eingelassen ist, anstatt aus Stahl aus Kunststoff gefertigt. Hierdurch läßt sich die Masse des Spike von z. B. 3 g auf 1,5 g herabsetzen [15, 52] und mithin die Aufschlagkraft auf ungefähr die Hälfte reduzieren.

Zu 5.: Die ersten Spikereifen besaßen bis zu 150 und mehr Spikes in der Lauffläche. Bei den späteren Konstruktionen wurde diese Anzahl auf etwa 80 bis 120 reduziert. Damit verringerte sich auch die Anzahl der im Latsch auf Eis wirksamen Spikes, und dies setzt eine untere Grenze. Andererseits gebietet ein noch günstiges Kraftschlußverhalten von Spikereifen auf trockener und nasser Straße eine möglichst geringe Anzahl von Spikes, weil sonst ein zu großer Teil der Radlast von den Spikes übertragen und der Gummi zu stark entlastet wird [10], was die verfügbare Gesamtreibung Reifen/Fahrbahn herabsetzt (der Reibungsbeiwert zwischen Metall und Gestein ist erheblich niedriger als der zwischen Gummi und Gestein). So ergaben denn auch zahlreiche Meßergebnisse ein ungünstigeres Kraftschlußverhalten von Spikereifen besonders auf nasser Fahrbahn im Vergleich zu Winterreifen ohne Spikes und zu Sommer- oder Ganzjahresreifen [53, 54].

Den verschleißmindernden Effekt der genannten Verbesserungen ließen mehrere Untersuchungsreihen erkennen. Nach Angaben von Kirschbaum auf Grund von Vergleichsversuchen im Verschleißprüfstand der Esso AG in Hamburg (vgl. Bild 8.25) erbrachten Spikereifen der neuen Generation „eine um etwa 60% verminderte Abriebwirkung“ [39]. Da der Prüfstand, wie erwähnt, nicht die Schlagbeanspruchung der Fahrbahn nachahmt, konnte deren Verminderung durch

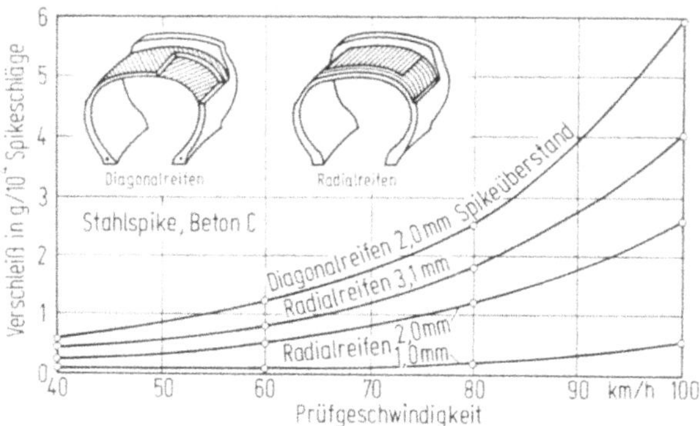

Bild 8.29. Verschleiß eines Straßenbetons in Abhängigkeit von der Reifenbauart, dem Spikeüberstand und der Geschwindigkeit; nach österreichischen Prüfstandversuchen [14].

leichtere Spikes (in Kunststoff- statt Metallhülse) nicht erfaßt werden. Die Hamburger Versuche bestätigten den verschwindend geringen Straßenverschleiß durch spikelose Reifen; meßbare Beträge ergaben sich allenfalls bei Anwesenheit von Sand auf der Fahrbahnprobe. Untersuchungen von Springenschmid und Sommer [45] an labormäßig hergestellten Proben von Betondecken mit dem Wiener Innentrommelprüfstand (vgl. Bild 8.27) zufolge reduzierten Radialreifen gegenüber Diagonalreifen mit Spikes bei gleichem Spikeüberstand den Straßenverschleiß auf ungefähr die Hälfte (Bild 8.29).

Die Bundesanstalt für Straßenwesen in Köln teilte im Jahre 1977 Ergebnisse von Untersuchungen mit ihrem Innentrommelprüfstand (vgl. Bild 8.24) mit [55]. Spikereifen der neuen Generation ergaben je nach Reifenfabrikat einen im Mittel um 25 bis 34% geringeren Straßenverschleiß als Spikereifen der alten Generation. Die Verschleißwirkung von Reifen mit kunststoffummantelten Spikes war nur etwa halb so groß wie die gleicher Reifen mit stahlummantelten Spikes und betrug zwischen 18 und 37% der Verschleißwirkung von Spikereifen der alten Generation. Auch bei diesen Versuchen erwies sich der durch Reifen ohne Spikes hervorgerufene Straßenverschleiß als nahezu nicht meßbar.

8.4. Gegenwärtige Situation

8.4.1. Gründe für Spikereifenverbote oder -beschränkungen

In der Bundesrepublik Deutschland begannen Erschwernisse der Spikereifenbenutzung mit der Einführung einer Geschwindigkeitsbeschränkung für Fahrzeuge mit diesen Reifen auf 100 km/h im Winter 1971/72. Von 1970 bis 1975 beobachteten Krebs und Mitarbeiter das Geschwindigkeitsverhalten spikesbereifter Fahrzeuge und ihren Anteil am Verkehrskollektiv [56, 57]. Zugelassen im Verkehr waren Winterreifen mit Spikes letztmalig im Winter 1974/75. Heute, einige Jahre danach, erscheinen die Probleme, die der Spikereifen dem Fahrbahndeckenbau brachte, bereits als ein Stück Straßenbaugeschichte. Dennoch werden gewisse Auswirkungen der Spikes noch für viele Jahre im Straßennetz sichtbar bleiben (z.B. ästhetisch wenig befriedigende streifenförmige Ausbesserungen der Spurrinnenbereiche auf Autobahnen in bituminöser Bauweise).

Die kanadische Provinz Ontario verbot die weitere Benutzung von Spikereifen als erste bereits nach dem Ende des Winters 1970/71 [58]. Dieser Entscheidung gingen, wie später auch in der Bundesrepublik Deutschland, ausgedehnte Nutzen-Schaden-Überlegungen und Nutzen-Kosten-Überlegungen voraus. Ausgehend von den Verhältnissen in der Bundesrepublik Deutschland, stehen an erster Stelle der Gründe für das Verbot der Spikereifen die erläuterten ganzjährigen Gefährdungen der Verkehrssicherheit durch Spurrinnen (Beeinträchtigung der Fahrstabilität auch schon auf trockener Fahrbahn, insbesondere aber Aquaplaning-Gefahr bei Regenwetter durch dicke Wasserschichten in den Radspuren der Fahrzeuge). Neben der Umweltbelastung durch Schadstoffe lassen sich sodann folgende weitere Gründe anführen:

1. In den meisten Gebieten der Bundesrepublik Deutschland kommt die kraftschlußverbessernde Wirkung der Spikereifen auf Glatteis nur an wenigen Tagen und dann auch nur stundenweise zur Geltung (nach Schätzungen von Krell [59] über weniger als 1% der Zeit innerhalb der Zulassungsperiode für Spikereifen (15.11.—15. 3.)), einerseits bedingt durch das bei uns vorherrschende milde Klima, andererseits dank dem Straßenwinterdienst, der durch die ausgedehnte Anwendung von Auftausalzen gerade auf den Straßen für schnellen und massenhaften Verkehr für eine schnelle Eisbeseitigung sorgt (vgl. Kap. 11).

2. Unfallauswertungen der Bundesanstalt für Straßenwesen im Winter 1970/71 ergaben keine überzeugenden Beweise für eine so durchgreifende Minderung der Unfallzahlen oder der Schwere der Unfälle bei winterlicher Wetterlage durch Spikereifen, daß die ganzjährigen Gefährdungen der Verkehrssicherheit durch die Auswirkungen der Spikereifen aufgewogen werden könnten [59]. Hierbei ist zu beachten, daß Unfälle mit Personenschäden und der Ursache „Straßenglätte durch Schnee und Eis" mit gewissen Schwankungen die Größenordnung von 4% der entsprechenden Unfälle eines Jahres nicht überschreiten.

3. Von den Fahrzeugen, die Spikereifen benutzen durften (bis 2,8 t zulässigem Gesamtgewicht), waren im Winter 1970/71 zwischen 35 und 17% (Gefälle Süddeutschland—Norddeutschland) mit Spikereifen ausgerüstet. Auf Straßen mit starkem Spikereifenverkehr wurden Verkürzungen der Nutzungsdauer der Deckschichten auf ein Fünftel des üblichen Erwartungswertes festgestellt. Auf das ganze Straßennetz bezogen, wurde die Reduzierung der Nutzungsdauer im Mittel auf 57% geschätzt [28]. Auch die neue, straßenschonendere Generation von Spikereifen konnte dieses Bild, wenn mit wachsenden Verkehrsstärken gerechnet werden muß, nicht grundsätzlich verändern.

4. Die volkswirtschaftlichen Kosten der Beseitigung von Spikeschäden im Straßennetz stehen in keinem angemessenen Verhältnis zu den Vorteilen der Spikereifen; dies um so weniger, als durch hohe jährliche Aufwendungen für den Straßenwinterdienst die Gefährdungen des Verkehrs durch winterliche Straßenglätte auf ein Minimum reduziert werden.

5. Hinzu kommt die zusätzliche Gefährdung des Verkehrs durch Reparaturbaustellen. Nach Untersuchungen der Bundesanstalt für Straßenwesen liegt die Unfalldichte (Unfälle je Kilometer) an den Überleitstellen langfristiger Autobahnbaustellen bis zu zwölfmal höher als die Unfalldichte auf den anschließenden Strecken [60].

Wenn andere Länder sich mit Beschränkungen der Spikereifenbenutzung (z.B. drastische Begrenzung der Fahrgeschwindigkeit etwa auf 60 km/h), Ausschluß von der Benutzung hochwertiger Straßen wie Autobahnen) begnügt haben oder Spikereifen weiterhin in der Winterperiode unbeschränkt zulassen, so dürften hierfür vor allem anders geartete klimatische Bedingungen und eine Vielzahl entlegener, dünn besiedelter und verkehrsarmer Gebiete ohne ausreichenden Straßenwinterdienst maßgebend sein. Kosten-Nutzen-Überlegungen können hier durchaus zu anderen Ergebnissen kommen als in einem Land wie der Bundesrepublik Deutschland ohne konstantes Winterwetter und mit ausgesprochen starkem Verkehr in weiten Teilen seines hochwertigen Straßennetzes.

8.4.2. Ausblick

Spikereifen sind, wenn man ihre kraftschlußverbessernde Wirkung auf Eis betrachtet, nach gegenwärtigem Stand der Erkenntnisse durch nichts zu ersetzen. Alle Versuche, eine ähnliche Verbesserung allein über die Gummimischung zu erreichen (sogenannte Haftreifen), haben den erhofften durchschlagenden Erfolg nicht gebracht. Um künftige Entwicklungen bei den Winterreifen nicht zu behindern, besteht in der Bundesrepublik Deutschland die Absicht, in einer Wirkvorschrift festzulegen, welcher Verschleiß durch aggressive Reifen noch als tragbar angesehen werden kann. Mit entsprechenden Untersuchungen, die die Entwicklung eines Standard-Prüfprogramms für den Verschleiß von Straßen einschließen, wurde die Bundesanstalt für Straßenwesen in Köln beauftragt (Stand 1977) [55].

8.5. Literatur

Sammelwerke, Übersichten

1. International Research Symposium on Pavement Wear, Oslo 1972, Proceedings. Meddelelse nr. 45, März 1973. Hrsg. v. Statens Vegvesen, Veglaboratoriet, Oslo.
2. Winter damage to road pavements. A report prepared by an OECD Road Research Group. Paris: OECD Publication No. 30.359, 1972.
3. Hiersche, E.-U.; Krebs, H. G., u.a.: Zur Auswirkung der Spikes-Reifenverwendung auf den Verkehrsablauf. Straßenbau und Straßenverkehrstechnik, Heft 170/1974. Hrsg. v. BMV, Abt. Straßenbau, Bonn.
4. Schulze, K.; Buseck, H., u.a.: Zur Erfassung der Einflüsse auf den Straßenverschleiß durch Spikesreifen — Geräteentwicklungen, Labor- und Prüfstandsversuche. Straßenbau und Straßenverkehrstechnik, Heft 191/1975. Hrsg. v. BMV, Abt. Straßenbau, Bonn.
5. Schulze, K.-H.; Dames, J., u.a.: Zur Auswirkung der Spikesreifenverwendung auf den Straßenverschleiß und auf das Fahrverhalten der Kraftfahrzeuge. Straßenbau und Straßenverkehrstechnik, Heft 192/1975. Hrsg. v. BMV, Abt. Straßenbau, Bonn.

Merkblätter, Normen

6. DIN 50 320 Ausgabe Nov. 1953 — Werkstoffprüfung; Verschleiß; Begriff, Analyse von Verschleißvorgängen, Gliederung des Verschleißgebietes. Beuth-Verlag GmbH, Berlin und Köln.
7. Merkblatt zum Erfassen des Verschleißes und der Verformungen von Fahrbahnbefestigungen, Ausgabe 1976. Forschungsgesellschaft für das Straßenwesen, Köln. Arbeitsgruppe „Fahrzeug und Fahrbahn".
8. Merkblatt für die Beseitigung von Verschleißschäden an bituminösen Decken, Ausgabe 1977. Forschungsgesellschaft für das Straßenwesen, Köln, Arbeitsgruppe „Asphalt und Teerstraßen".

Einzelbeiträge

9. Zichner, G.: Die Beanspruchung der Straßendecken im Winter und Möglichkeiten zur Vermeidung des erhöhten Verschleißes. Straße und Autobahn 22 (1971) Nr. 1, S. 1—5. Außerdem in: Straßenbautagung Berlin 1970. Bonn—Bad Godesberg: Kirschbaum Verlag, 1971. S. 101—105.
10. Slibar, A.; Springer, H.: Mechanische Auswirkungen von Spikes-Reifen verschiedener Profile auf Beton- und bituminöse Fahrbahndecken. Straßenforschung, Heft 24. Bundesministerium für Bauten und Technik, Wien, 1974.
11. Scheuba, N.: Das Zusammenspiel von Spikes und Reifen. Straße und Autobahn 22 (1971) Nr. 1, S. 28—35.
12. Weber, R.: Gummireifen auf vereister Fahrbahn, Untersuchungen zum Kraftschlußverhalten. Straßen- und Tiefbau 26 (1972) Nr. 11, S. 760—764, Nr. 12, S. 840—847.
13. Schulze, K.-H.; Beckmann, L.: Untersuchungen über den Verschleiß an Straßenoberflächen durch Winterreifen mit Spikes. Straße Brücke Tunnel 21 (1969) Nr. 10, S. 267—273, Nr. 12, S. 309—318. Außerdem in [5], S. 9—18. Außerdem in: Straßenbautagung Hamburg 1968. Bonn—Bad Godesberg: Kirschbaum Verlag, 1969.
14. Springenschmid, R.; Sommer, H.: Einflüsse von Spikereifen und Geschwindigkeit auf den Verschleiß von Straßenbeton. Straße und Autobahn 22 (1971) Nr. 11, S. 483—488.
15. Wehner, B.: Beanspruchung von Straßenoberflächen durch Winterreifen mit Spikes. Straße und Autobahn 15 (1964) Nr. 7, S. 254—257.
16. Pavement wear due to studded tyres measured in the Test Road Machine of the National Swedish Road Research Institute. Special Report No. 83 A, 1969. Statens Väginstitut, Stockholm.
17. Peffekoven, W.: Laboruntersuchungen über den Abrieb von Asphaltbelägen mit Spikesreifenverkehr. Bitumen 31 (1969) Nr. 6, S. 167—173.
18. Springenschmid, R.; Sommer, H.: Untersuchungen über die Verschleißfestigkeit von Straßenbeton bei Spikereifen-Verkehr. Straße u. Autobahn 22 (1971) Nr. 4, S. 136—141.
19. Cantz, R.: New tire-stud developments. Highway Research Record No. 418, S. 11—25. Highway Research Board, Washington, D.C., 1972.
20. Rose, D.: Ein Verfahren zur Messung der Dickenänderung von Fahrbahnbelägen. Bitumen 31 (1969) Nr. 6, S. 174—178.
21. Smith, P.; Schonfeld, R.: Pavement wear due to studded tires and the economic consequences in Ontario. Deptmnt. of Highways, Ontario. Report No. RR. 152, Nov. 1969. IRRD No. 51887. Außerdem dt. Kurzbericht (Deckenverschleiß durch Spikesreifen und

ihre wirtschaftlichen Folgen in der Provinz Ontario). Straße u. Autobahn 22 (1971) Nr. 6, S. 267—269.

22. Elsenaar, P. M. W.: National Report from the Netherlands. In [1], S. 199—201. Außerdem in: Verslag der werkzaamheden 1972. Rijkswaterstaat, Rijkswegenbouwlaboratorium, Delft. S. 66—67.
23. Klein, R.; Suß, G.: Messungen des Abriebs durch Spikesreifen auf Bundesfernstraßen. In [5], Teil II, S. 19—80.
24. Schulze, K.: Einfluß der Fahrgeschwindigkeit auf den Verschleiß von Asphaltdeckschichten durch Reifen mit Spikes. In [5], Teil V, S. 103—128.
25. Wear Terms. Tolerable Wear. In [1], Session 1 (Chairman O. Andersson), S. 8—60, 157—158.
26. Jagfeld, P.; Lutzeyer, H.; Veil, M.: Untersuchungen an kunststoffbeschichteten Betonfahrbanen. Straße u. Autobahn 28 (1977) Nr. 7. S. 269—276.
27a. Wagner, K.; Scherbarth, J.: Verbesserung der Ebenheit von Verkehrsflächen durch Schleifen mit Diamantscheiben. Industrie Diamanten Rundschau 8 (1974) Nr. 4.
27b. Schröder, C. J.; Bergren, J. V.: An evaluation of the Roto-Mill Profiler on concrete pavements in Iowa. Iowa Departmnt. of Transportation, Special Report Nov. 1976.
28. Krell, K.: Der Einfluß von Spike-Reifen auf die Häufigkeit von Reparaturstellen und die Belastung der Umwelt mit Abriebstoffen von Straßen. Straße und Autobahn 25 (1974) Nr. 1, S. 18—21.
29. Wehner, B.: Spikesreifen und Griffigkeit. Straße u. Autobahn 22 (1971) Nr. 1, S. 5—10. Außerdem in: Straßenbautagung Berlin 1970. Bonn — Bad Godesberg: Kirschbaum Verlag, 1971. S. 143—148.
30. Dames, J.; Schulze, K.-H.: Griffigkeitsmessungen bei hohen Geschwindigkeiten. In: Straßenbau und Straßenverkehrstechnik, Heft 189/1975. Hrsg. v. BMV, Abt. Straßenbau, Bonn.
31. Schulze, K.: Verschleißmessungen auf 43 verschiedenen Fahrbahndeckenabschnitten der Autobahn Salzburg—München. In [5], Teil III, S. 81—91.
32. Halfmann, U.: Erprobungsstrecke für spikesresistentere Deckschichten. In [5], Teil IV, S. 93—101.
33a. Lucas, J.; Requirand, R.; Chavet, C.: Tests on wear under the action of studded tyres and heavy lorries. In [1], S. 89—103.
33b. Lucas, J.; Requiraud, R.; Souplet, R.: Un carrousel pour l'étude des dégradations provoquées par les pneus â crampons. Bull. Liaison Labo. P. et Ch. 77 (1975) Mai/Juni, Inf. 1656.
34. Klomp, A. J. G.: Wear of asphalt under simulated studded-type traffic. In [1], S. 85—88.
35. Krebs, H. G.: Entwicklungsarbeiten für einen Großversuchsstand für Verschleißmessungen. Schlußbericht F. A. III, 87, Universität Karlsruhe, Institut für Straßenbau und Eisenbahnwesen, 1974.
36. Keller, H.; Kropf, K.: Der Innentrommelprüfstand für Straßenbeläge, Errichtung und erstes Prüfprogramm. In [4] Teil V, S. 109—123.
37. Keller, H.: Untersuchungen von Straßenbelägen und Reifen im Innentrommelprüfstand der Bundesanstalt für Straßenwesen. Automobil-Industrie 21 (1976) Nr. 2, S. 47—52.
38. Krempel, G.: Experimenteller Beitrag zu Untersuchungen an Kraftfahrzeugreifen, Diss. TH Karlsruhe, 1965.
39. Kirschbaum, M.: Ermittlung der durch verschiedenartige Reifentypen an Fahrbahnbelägen hervorgerufenen Abriebwirkung. In [4] Teil IV, S. 45—107.
40. Tröger, H.; Helfrich, H.: Über den Widerstand bituminöser Deckschichten gegen Verschleiß. Straße und Autobahn 22 (1971) Nr. 1, S. 18—25.
41. Schulze, K.: Erprobung von Untersuchungsverfahren zur Ermittlung der Einflüsse auf den Verschleiß von Fahrbahndecken; Vergleich des durch Laborgeräte an Probekörpern erzielbaren Verschleißes mit dem Verschleißverhalten von Fahrbahnbelägen auf Versuchsstrecken. In [4] Teile I und II, S. 1—3, 15—25.
42. Grob, H.: Erfahrungen mit den schweizerischen Straßenbaunormen bezüglich Griffigkeit. In: Int. Coll. ü. Straßengriffigkeit u. Verkehrssicherheit bei Nässe Berlin 1968. Hrsg. v. B. Wehner u. K.-H. Schulze. Berlin, München, Düsseldorf: Ernst & Sohn, 1970. S. 243—251.
43. Schuster, F. O.; Halfmann, U.: Hitzeschäden an Straßen — Erfahrungen des Sommers 1976. In: Straßenbautagung Mainz 1976. Bonn—Bad Godesberg: Kirschbaum Verlag, 1977. S. 124—130.
44. Schulze, K.-H.: Möglichkeiten zur Erhöhung der Anfangsgriffigkeit von Asphaltbetondeckschichten. Straße u. Autobahn 27 (1976) Nr. 2, S. 39—45.
45. Tendenzversuche zum Problem des Betonstraßenverschleißes infolge Spikesreifenangriffs. Schlußbericht F. A. II, 78. Institut für Massivbau, TH. Darmstadt (Prof. Dr.-Ing. Weigler).

46. Schmidt, H.; Hanig, D.: Eigenschaften und Zusammensetzung des englischen Hot Rolled Asphalt. Bitumen 31 (1969) Nr. 8, S. 237—244.
47. Zipkes, E.: Erhöhung der Widerstandsfähigkeit von Deckschichten gegen die Wirkung der Spikes. Straße u. Verkehr 56 (1970) Nr. 7, S. 382—387.
48. Barz, G.: Eine verschleißfeste Deckschicht aus Gußasphalt und eingewalztem Splitt grober Körner. Bitumen 33 (1971) Nr. 6, S. 168—170.
49. Kirschbaum, M.: Untersuchung des Verschleißverhaltens von Mastimac, Mastiphalt und Walzgußasphalt. Strabag Schriftenreihe 8. Folge Nr. 4, Febr. 1972. S. 585—604.
50. Springenschmid, R.; Sommer, H.: High-resistant concrete surfaces. Influence of speed, tire and stud (weight and protrusion). In [1], S. 175—176.
61. Babl. A.; Zschokke, W.: Erfahrungen beim Einbau synthetischer Hartstoffe und deren Auswirkung auf die Verschleißfestigkeit von Betonstraßen. Straße und Verkehr 56 (1970) Nr. 6, S. 347—352.
52. Krell, K.: Möglichkeiten zur Beschränkung der straßenschädigenden Wirkung von Spike/ Reifen. Straße und Autobahn 24 (1973) Nr. 11, S. 274—278.
53. Sulger Büel, S.: Haftvermögen von Spikesreifen auf eis- und schneefreien Straße. Mitteilung Nr. 27 des Instituts für Straßen- und Untertagbau an der ETH Zürich, Januar 1974.
54. Dames, J.; Schulze, K.-H.: Griffigkeitsmessungen bei hohen Geschwindigkeiten unter besonderer Berücksichtigung von Spikesreifen. In [5], Teil VII, S. 149—161.
55. Hörner, H.-J.: Einfluß der Spikereifen auf den Straßenverschleiß. In: Mitteilungen der Bundesanstalt für Straßenwesen 2/1977. Straße und Autobahn 28 (1977) Nr. 8, S. 344.
56. Leutner, R.; Lamm, R.: Das Geschwindigkeitsverhalten von Pkw mit und ohne Spikesbereifung auf trockener Fahrbahn. Straße und Autobahn 22 (1971) Nr. 11, S. 489—497.
57. Krebs, H. G.; Lamm, R.; Leutner, R.: Einfluß verschiedener Restriktionen auf die Geschwindigkeitswahl spikesbereifter Fahrzeuge und ihren Anteil am Verkehrskollektiv In [5], S. 162—191.
58. Normand, J.: National Report from Canada. In [1], S. 183—185.
59. Krell, K.: Der Einfluß von Spike-Reifen auf die Verkehrssicherheit und die Umwelt. Straße und Autobahn 24 (1973) Nr. 10, S. 431—437.
60. Forschungsbericht „Untersuchungen über den Verkehrsablauf und die zulässige Geschwindigkeit auf den Behelfsfahrstreifen im Bereich der Reparaturbaustellen der Bundesautobahn. BASt Köln (Bearbeiter: Lenz, Ernst, Steinhoff).

9. Griffigkeit und Rauheit

K.-H. Schulze †

Inhalt

Für das Kraftfahrzeug hat die Straßenoberfläche in jedem Augenblick die Funktion eines Widerlagers für horizontale bzw. zur Straßenoberfläche tangentiale Kräfte (Antriebs-, Brems- oder Seitenkräfte). Dieses Widerlager ist im Vergleich zu üblichen Widerlagern von besonderer Art: seine Tragfähigkeit, gegeben durch den *Reibungswiderstand* zwischen Reifen und Fahrbahn, schwankt. Auf trockenen Fahrbahnen ist der Reibungswiderstand hoch, auf Fahrbahnen, die mit Eis oder Schnee bedeckt sind, ist er niedrig. In beiden Fällen herrschen einheitliche und vorhersehbare Verhältnisse. Anders auf nassen Fahrbahnen: die Anwesenheit von Wasser macht die äußerstenfalls übertragbare Reibungskraft in einem Maße unterschiedlich und überdies von der Fahrgeschwindigkeit abhängig, wie es der Kraftfahrer nicht erwartet. Entscheidender Faktor für den Reibungswiderstand bei Nässe ist — wegen der Wirkungen des Zwischenmediums Wasser — die *Rauheit* der Fahrbahnoberfläche.

Eine möglichst günstige Form von Rauheit hat große Bedeutung für die *Verkehrssicherheit*: so gelang es an Unfallschwerpunkten, die ein Übermaß von Unfällen bei Nässe aufwiesen, vielfach allein durch bauliche Veränderung der Straßendecke, den Anteil der Unfälle bei Nässe auf ein normales, überall im Straßennetz zu findendes Maß herabzudrücken (normalerweise entfallen auf einem Straßenabschnitt höchstens die Hälfte der Unfälle eines Jahres auf den nassen Fahrbahnzustand).

Die überragende Bedeutung der Rauheit der Straßenoberfläche für den Reibungswiderstand bei Nässe wurde erst nach dem Zweiten Weltkrieg in vollem Umfang erkannt. In der Frühzeit des modernen Straßenbaus war man dagegen vielfach geneigt, einen niedrigen Reibungswiderstand bei Nässe auf eine Verschmutzung der Fahrbahn zurückzuführen — wohl auch bedingt durch die damals andersartigen Gegebenheiten (heute nicht mehr angewendete Deckenbauweisen, insbesondere Stampfasphalt, weniger verschleißfeste Reifen, geringerer und stärker gemischter Verkehr einschließlich Fuhrwerksverkehr mit Eisenbereifung). So tauchen in der älteren Literatur immer wieder Begriffe auf wie „Schmutzschicht“, „Straßenschlamm“, „Schlick“, „schlüpfrige Fahrbahn“ [11, 12] — Begriffe, die sich auf heutige Straßen jedenfalls nicht mehr anwenden lassen. Heute wissen wir, daß *klares Wasser* genügt, um auf Straßendecken den Reibungswiderstand entscheidend herabzusetzen.

Eine Straßenoberfläche, die dem Kraftfahrzeugreifen bei Nässe einen hohen Reibungswiderstand darbietet, bezeichnen wir als griffig. *Griffigkeit* bewertet somit die Wirkung der Rauheit der Fahrbahnoberfläche auf die Reibungsverbindung zwischen Reifen und nasser Straße. Synonyme für Griffigkeit sind Reibungsvermögen, Gleitwiderstand (engl. skid resistance, frz. résistance au glissement), Rutschfestigkeit (frz. qualité antidérapante); Gegenteil: Straßenglätte (engl. slipperiness, frz. glissance). *Griffigkeitsmessungen* beruhen auf der Erzeugung eines für die Tragfähigkeit des „Widerlagers Straßenoberfläche“ *kennzeichnenden Reibungszustandes* eines oder mehrerer Reifen auf nasser Fahrbahn und der (direkten oder indirekten) Messung der in diesem Zustand übertragenen Reibungskraft. Letztere — ausgedrückt als Reibungsbeiwert, d.h. bezogen auf die Radlast — hängt allerdings nicht allein von der Rauheit der Fahrbahnoberfläche ab, sondern wird von einer ganzen Reihe weiterer Faktoren beeinflußt, von denen sich die Fahrgeschwindigkeit, die Dicke des Wasserfilmes auf der Fahrbahn und die Merkmale des Reifens (Profil, Gummimischung der Lauffläche, Aufbau der Karkasse) als die wichtigsten erweisen.

Aus diesem Grunde muß man für Griffigkeitsmessungen die *Versuchsbedingungen* sorgfältig festlegen und auf allen Oberflächen gleichhalten. Die Ergebnisse von Griffigkeitsmessungen sind somit *Vergleichswerte* oder *Kennwerte* für die

Griffigkeit von Verkehrsflächen, wobei die Zahlenwerte von den gewählten Versuchsbedingungen abhängen. In konkreten Fahrsituationen des Verkehrs auf der Straße hingegen treten an den Rädern von Kraftfahrzeugen selbst bei Erreichen eines gleichen Reibungszustandes im allgemeinen nicht die gleichen Reibungswerte auf, weil die herrschenden Bedingungen bezüglich Reifen, Fahrgeschwindigkeit, Wasserfilmdicke u.a. nicht mit den Versuchsbedingungen der Griffigkeitsmessung übereinstimmen. Die am Kraftfahrzeug herrschenden Bedingungen unterliegen einer großen Schwankungsbreite und einige von ihnen schnellem örtlichem und zeitlichem Wechsel.

Im Gegensatz zu Griffigkeitsmessungen versuchen *Rauheitsmessungen*[1], die Rauheit der Fahrbahnoberfläche — auch bezeichnet als geometrische Feingestalt oder *Oberflächentextur* (engl. surface texture, frz. texture de la surface) — als solche zu erfassen. *Rauheitskenngrößen* leiten sich daher aus den geometrischen Elementen der Rauheit (Größe, Form und Verteilung der Rauhtiefen oder Rauheitsvorsprünge) ab, z.B. untersucht an Profilschnitten, Abgüssen oder Stereophotos der Straßenoberfläche. Es ist eine Frage der optischen Hilfsmittel, bis in welche Feinheitsbereiche hinein derartige Aufnahmen betrieben werden können. Aber auch mittelbare Quantifizierungen der Rauheit durch einfache physikalische Vorgänge (z.B. Lichtreflexion, Kriechreibung als Objektivierung eines Abtastens der Oberfläche mit den Fingerkuppen) spielen eine Rolle.

Rauheitskenngrößen, wie immer sie beschaffen sein mögen, haben nur dann einen über den deskriptiven Selbstzweck hinausgehenden Sinn, wenn sie durch Vergleichsversuche mit dem gewünschten *Gebrauchsverhalten* der Straßenoberfläche — Reibungswiderstand zwischen Reifen und nasser Fahrbahn — korreliert werden können. Da dies, wie zu zeigen sein wird, bisher nur in begrenztem Maße gelungen ist, hat die Rauheitsmessung bis heute die Griffigkeitsmessung nicht ersetzen können. Rauheitsmessungen dienen in erster Linie der Ergänzung von Griffigkeitsmessungen — hierfür eignen sich vor allem einige einfache und praktikable Verfahren — sowie der Grundlagenforschung.

9.1. Messung der Griffigkeit

9.1.1. Kennzeichnende Reibungszustände

Ein gebremstes Rad rollt mit Schlupf (Bremsschlupf) ab, d.h. es dreht sich langsamer als ein mit gleicher Vorwärtsgeschwindigkeit frei rollendes gleiches Rad (Referenzrad). Schlupf setzt sich aus Deformationsschlupf (Pseudoschlupf, hervorgerufen durch Verzerrungen und Verschiebungen der Reifenlauffläche gegen die Radfelge) und Gleitschlupf zusammen. Gleitschlupf bedeutet, daß jedes Flächenelement der Reifenaufstandsfläche zwischen Auftreffen und Wiederabheben, also während seiner Verweildauer auf der Fahrbahn, mit geringer Geschwindigkeit gleitet (oder kriecht oder wandert) (vgl. Kapitel 8, Bild 8.3). Die Gleitschlupfgeschwindigkeit hat die Größenordnung einiger mm/s bis einiger cm/s. Die zurückgelegten Gleitwege kann man ohne Hilfsmittel erkennen, wenn ein Reifen mit Spikes bestückt ist: an den Kratzspuren, welche die Spikes auf der Fahrbahn hinterlassen (vgl. Kapitel 8, Bild 8.5).

---

[1] In der älteren Literatur findet man Rauheitsmessungen oder Rauhigkeitsmessungen auch in der Bedeutung von Griffigkeitsmessungen [34]. Im Französischen steht für Griffigkeit nicht selten rugosité, was eigentlich Rauheit bedeutet. Eine Parallele zum Englischen darf man aber nicht ziehen: roughness ist Unebenheit.

Mit zunehmendem Schlupf als Folge zunehmender Kraftschlußbeanspruchung[2] wächst die Reibungskraft (Bremskraft), zunächst linear, dann degressiv. Bei einem bestimmten Schlupf (Gesamtschlupf), der auf griffiger Oberfläche etwa zwischen 10 und 30% liegt, erreicht sie ihr Maximum (Bild 9.1a), auch bezeichnet als Kraftschlußgrenze[2,3]. Der Zustand der größtmöglichen Kraftübertragung kennzeichnet die Tragfähigkeit des „Widerlagers Straßenoberfläche": die maximale Bremskraft entspricht der „Bruchlast" des Widerlagers, und bei weiterer Steigerung des Bremsdruckes blockiert ein Rad mit gewöhnlicher Bremse schlagartig („Widerlagerbruch"). Der Zustand des Reibungsmaximums an einem gebremsten Rad läßt sich allerdings nur mit erheblichem maschinentechnischem Aufwand oder nur mit Einschränkungen für Griffigkeitsmessungen nutzbar machen. Viel einfacher ist es dagegen, für diesen Zweck den Zustand des blockierten Rades zu nutzen. Aber ist das blockierte Rad ein für die Tragfähigkeit des „Widerlagers Straßenoberfläche" kennzeichnender Reibungszustand?

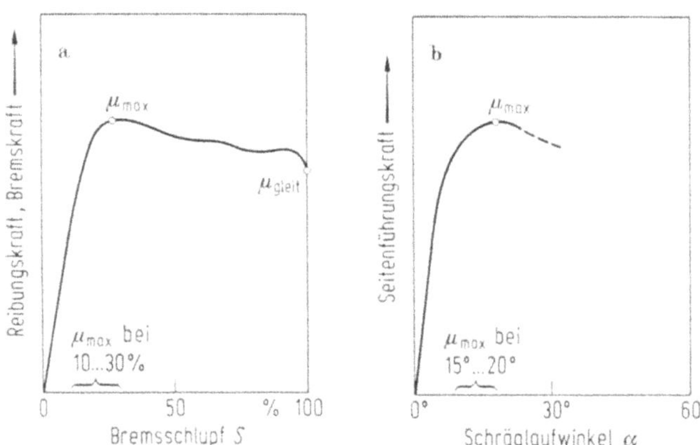

Bild 9.1a. Ein mit Schlupf bremsendes Rad aktiviert seine maximale Reibungskraft („Kraftschlußgrenze") bei 10 bis 30% Bremsschlupf.

Bild 9.1b. Die maximale Seitenführungskraft wird bei einem Schräglaufwinkel von 15 bis 20° erreicht.

Die Reibung am blockierten Rad läßt sich als „Auffangposition" einstufen: es ist die Reibung, die nach dem „Widerlagerbruch" übrigbleibt. Da der Kraftfahrer bei einer Gefahrenbremsung das Blockieren der Räder seines Fahrzeuges nicht sicher vermeiden kann, sehen viele Autoren das blockierte Rad sogar als den eigentlich maßgebenden Reibungszustand zum Kennzeichnen der Straßengriffigkeit an; jedenfalls, solange Blockierschutzbremssysteme bei Kraftfahrzeugen keine allgemeine Anwendung finden. Vom theoretischen Standpunkt wäre dennoch der Ermittlung der „Bruchlast" der Vorzug zu geben. Der Streit verliert aber viel von seiner Brisanz, wenn man die später zu besprechenden Ergebnisse von Vergleichsmessungen heranzieht; ihnen zufolge bringen Messungen der Reibungskraft am blockierten Rad die Straßenoberflächen bezüglich Griffigkeit in eine sehr ähnliche Rangfolge wie Messungen der maximal übertragbaren Reibungs-

[2] Im Kraftfahrwesen übliche Bezeichnungen (vgl. Kapitel 5). Kraftschlußbeanspruchung = Beanspruchung des Reibungsvermögens zwischen Reifen und Fahrbahn.

[3] In der älteren Literatur findet man für das Reibungsmaximum häufig den Begriff der Haftreibung. Wegen des Gleitschlupfes entspricht dieser Ausdruck nicht der Wirklichkeit. Haftreibung (Reibung der Ruhe) gibt es nur am ruhenden Rad (ein am Hang abgestelltes Kraftfahrzeug wandert nicht bergab). Am rollenden Rad könnte man allenfalls von einem „Haften zweiter Art" sprechen.

kraft. Anders ausgedrückt: Für welchen kennzeichnenden Reibungszustand man sich auch entscheidet, eine bei Nässe glatte Straßenoberfläche wird sich — zweckmäßige Wahl der übrigen Versuchsbedingungen vorausgesetzt — stets als eine solche erweisen.

Das einer Seitenkraft unterliegende Rad läuft schräg (Bild 9.2). Der Schräglaufwinkel ist der Winkel zwischen der Radebene und der Tangente an die Bahnkurve der Radnabe. Die an der Radnabe angreifende Seitenkraft (z.B. herrührend aus einer auf das Fahrzeug wirkenden Windkraft oder aus der Komponente der Schwerkraft auf quergeneigter Fahrbahn) weckt durch Reibung auf der Fahrbahnoberfläche, verbunden mit Schlupf in seitlicher Richtung, eine gleich große Gegenkraft, die Seitenführungskraft. Bei der Kurvenfahrt ist es umgekehrt: das Ursprüngliche ist die Seitenführungskraft, in diesem Falle Zentripetalkraft, die der Fahrer durch einen entsprechenden Lenkradeinschlag erzeugt, und die an der Radnabe angreifende Seitenkraft, herrührend aus der auf das Fahrzeug wirkenden Zentrifugalkraft, ist die Gegenkraft.

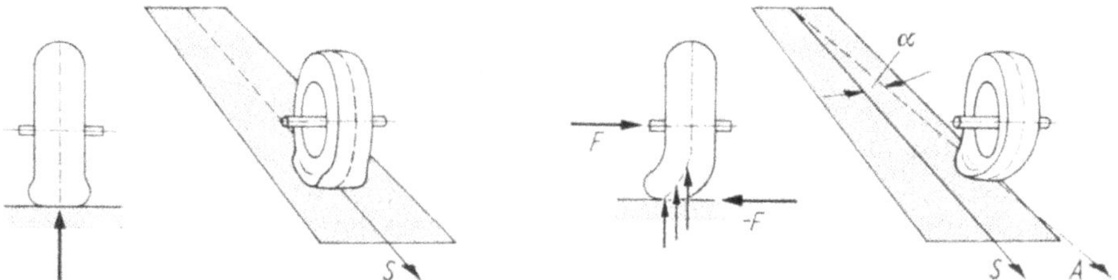

Bild 9.2. Bei Einwirkung einer Seitenkraft F entsteht eine Spurabweichung (Winkel α); die Radnabe bewegt sich in Richtung A.

Mit zunehmendem Schräglaufwinkel eines Rades wächst die Seitenführungskraft (Seitenreibungskraft), zunächst linear, dann degressiv. Bei einem bestimmten Schräglaufwinkel, der auf griffiger Oberfläche etwa zwischen 15 und 20° liegt, erreicht sie ihr Maximum (Bild 9.1b). Der Zustand der größtmöglichen Kraftübertragung in seitlicher Richtung kennzeichnet die Tragfähigkeit des „Widerlagers Straßenoberfläche". Allerdings kommt an den Rädern von Kraftfahrzeugen ein Schräglaufwinkel der genannten Größenordnung nicht vor; er läßt sich nur „künstlich", dann aber auf sehr einfache Weise, an einem einzelnen Meßrad erzeugen. Die Schräglaufwinkel an Kraftfahrzeugrädern überschreiten hingegen kaum das Maß von 3°, und der „Widerlagerbruch" in seitlicher Richtung (Verlust der Seitenführung) wird, wenn er eintritt, durch die gleichzeitige Beanspruchung von Kraftschluß in Umfangsrichtung oder durch ein örtliches Absinken der Kraftschlußgrenze herbeigeführt. In beiden Fällen verschiebt sich das Maximum des Seitenkraftbeiwerts hin zu kleinerem Schräglaufwinkel (vgl. Kapitel 5, Bild 5.11b).

Von den Verhältnissen am Kraftfahrzeug ausgehend, ließen sich aus der Überlagerung von Kraftschlußbeanspruchung in Radumfangsrichtung und in seitlicher Richtung bis zum Erreichen der resultierenden Kraftschlußgrenze beliebig viele weitere für die Tragfähigkeit des „Widerlagers Straßenoberfläche" kennzeichnende Reibungszustände ableiten. Diesen maschinentechnisch aufwendigen Weg zu Griffigkeitsmessungen hat man aber nicht beschritten. Derartige Überlagerungen haben dagegen Bedeutung für die Untersuchung des Kraftschlußverhaltens von Reifen und für die Grundlagenforschung [46, 47, 48].

9.1.2. Meßverfahren, Meßgeräte

9.1.2.1. Bremsweg- und Verzögerungsmessungen

Die wohl plausibelste Methode, die Griffigkeit von Straßenoberflächen zu bewerten, ist die Messung des Bremsweges eines Kraftfahrzeuges. Frühe Versuche dieser Art reichen zurück bis in die zwanziger Jahre (Brix und Schenck in Berlin [11, 12], Andersson und Lundeberg in Stockholm [13]). Die Schwierigkeit von Bremswegmessungen besteht darin, die Räder des Versuchsfahrzeuges in einen kennzeichnenden Reibungszustand zu versetzen und diesen während des Versuchs aufrechtzuerhalten. Es gelingt befriedigend nur, wenn unter schlagartigem Blokkieren der Fahrzeugräder gebremst wird. Wegen der Schleudergefahr auf wenig griffigen Oberflächen bleiben solche Messungen im allgemeinen auf niedrige bis mittlere Ausgangsgeschwindigkeiten beschränkt. Bremswegmessungen mit nicht blockierten Rädern würden dagegen voraussetzen, stets knapp unterhalb der Kraftschlußgrenze zu bremsen, weil nur dann die Länge des Bremsweges von der Fahrbahnoberfläche und nicht vom Druck auf das Bremspedal abhängt. Diese Forderung läßt sich praktisch nur in schlechter Näherung erfüllen, wenn man von den modernen Möglichkeiten der geregelten Bremsung absieht[4].

Einfach in der Handhabung und im Prinzip ohne technische Voraussetzungen (ein gewöhnliches Fahrzeug genügt), wird die Bremswegmessung unter schlagartigem Blockieren der Fahrzeugräder, obwohl durch andere Entwicklungen überholt, bis auf die neuere Zeit noch hier und da, gelegentlich oder routinemäßig, angewendet, z.B. in einigen Staaten der USA [15—17]. Oft ist dabei die Messung der Bremsweglänge automatisiert: Am Heck des Fahrzeuges wird ein frei rollendes

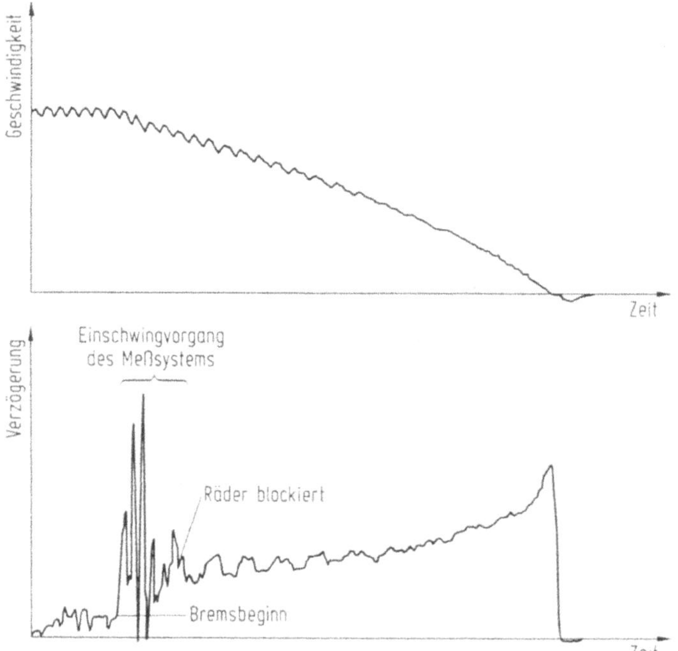

Bild 9.3. Bremswegmessungen mit dem Pkw. Geschwindigkeit und Verzögerung werden über der Zeit simultan aufgezeichnet.

[4] Im Falle der geregelten Bremsung wäre die Länge des Bremsweges allerdings von dem Regelzyklus, also von der Funktionsweise des Bremsreglers abhängig. Die Kraftschlußgrenze wird auf diese Weise auch nur näherungsweise erfaßt.

fünftes Rad mitgeführt, das vom Augenblick der Radblockierung an elektrische Impulse auf ein Zählwerk überträgt (Wagner-Rad). Aus der Bremsweglänge s in m berechnet man nach der Beziehung $s = v^2/2b$ (Fahrbahn ohne Längsneigung; v = Ausgangsgeschwindigkeit in m/s) die mittlere Bremsverzögerung b in m/s² oder, bezogen auf die Fallbeschleunigung g, den mittleren Reibungs- oder Kraftschlußbeiwert $\mu = b/g$. Bei entsprechender Instrumentierung des Fahrzeuges kann aber auch der Verlauf der Verzögerung bzw. des Reibungsbeiwertes von der Ausgangsgeschwindigkeit bis zum Stillstand des Fahrzeuges aufgenommen werden, in der einfachsten Form durch simultanes Aufzeichnen der Geschwindigkeit und der Verzögerung über der Zeit (Bild 9.3). Der verfälschende Einfluß der Nickschwingungen des Fahrzeuges kann durch Korrekturbeträge berücksichtigt werden.

Wird ein Verzögerungsmesser (z.B. Tapleymeter) in dem Fahrzeug mitgeführt, so läßt sich ein der Ausgangsgeschwindigkeit zugeordneter Wert der Bremsverzögerung bzw. des Reibungsbeiwertes dadurch gewinnen, daß die Bremse eine Sekunde nach dem schlagartigen Blockieren der Fahrzeugräder wieder gelöst wird. Diese Anwendungsart vermindert die Gefahr des Abkommens von der nassen Fahrbahn durch Schleudern.

Für das Bremsen aus hohen Geschwindigkeiten hat es sich, um die Richtungsstabilität des Versuchsfahrzeuges zu sichern, bewährt, durch Modifikation der Bremse nur die Vorderräder (England 1965, [17]) oder nur zwei diagonal gegenüberstehende Räder (USA 1968, [18]) zu bremsen und zu blockieren. Die Anwendung beschränkte sich bisher auf Versuchsstrecken ohne öffentlichen Verkehr und Flugplatzpisten.

Der schwache Punkt aller Bremsweg- und Verzögerungsmessungen mit Kraftfahrzeugen ist neben der Verkehrsbehinderung und der Schleudergefahr die mangelhafte Annässung der Fahrbahn. Die herkömmliche Arbeitsweise mit vorausfahrendem Sprengwagen erzeugt keinen stets gleich dicken Wasserfilm auf der Fahrbahn und erfüllt damit nicht die Grundforderung an Griffigkeitsmessungen nach überall gleichen Versuchsbedingungen; vielmehr entstehen örtlich und zeitlich ungleiche Annässungsgrade (je nach Neigung und Unebenheit der Fahrbahn, Wind, Temperatur, Zeitabstand zwischen Annässung und Messung). Da weite Teile der Straßenfläche (nämlich die Unebenheitsbuckel) vielfach nur feucht sind, wenn das Versuchsfahrzeug bremst, ergeben sich häufig zu kurze Bremswege, die die Griffigkeit der Fahrbahn überbewerten. Besser geeignet, jedoch aufwendig oder umständlich, ist daher eine stationäre Annässung der Fahrbahn mit Hilfe einer Beregnungsanlage. Aber selbst in diesem Falle wird der Einfluß einer unebenen Fahrbahn nicht völlig eliminiert.

9.1.2.2. Fahrzeuge mit Meßrädern oder Meßanhängern

Die Unzulänglichkeiten der Messung mit gebremsten Kraftfahrzeugen gaben zu Beginn der dreißiger Jahre Anstoß zur Entwicklung besonderer Meßfahrzeuge, die zum Messen mit konstanter Geschwindigkeit fahren und ein oder zwei zusätzliche Räder als Meßräder mitführen (zwischen Vorder- und Hinterachse, am Heck oder in einem Anhänger). Die Meßräder werden zum Messen belastet und mit besonderer Vorrichtung in einen kennzeichnenden Reibungszustand versetzt. Gemessen wird (direkt oder indirekt) die Reibungskraft zwischen Reifen und Fahrbahn, U in Umfangsrichtung oder S in seitlicher Richtung. Auf die Radlast G bezogen erhält man den Reibungsbeiwert μ (engl. coefficient of friction, frz. coefficient de frottement): $\mu = U/G$ oder $\mu_S = S/G$. In neuerer Zeit findet man, vor allem in den USA, auch das 100fache von μ angegeben und Reibungszahl (skid number, SN) genannt. In dieser Bezeichnung soll zum Ausdruck kommen, daß es sich um Vergleichs- oder Kennwerte für die Griffigkeit von Verkehrsflächen handelt, die an die gewählten Versuchsbedingungen gebunden sind.

Die Belastung des Meßrades wird entweder durch Gewichtsplatten oder — wie bei einigen neueren Versionen von Meßgeräten — durch Federn (Spiral- oder Luftfedern), die sich gegen das Meßfahrzeug abstützen, aufgebracht. Dynamische Schwankungen der Meßradbelastung bewirken entsprechende Schwankungen der Reibungskraft; einige neuere Geräteentwicklungen messen daher in jedem Augenblick nicht nur die Reibungskraft, sondern auch die Radlast, und bilden fortlaufend aus ihnen den Quotienten. Es genügt aber im allgemeinen auch, die Reibungskraft, gemittelt über eine nicht zu lange Wegstrecke, z.B. 40 m, einfach auf die statische Radlast zu beziehen.

Zum Annässen der Fahrbahn bediente man sich allerdings über lange Jahre noch meist wie bei den älteren Bremswegmessungen eines vorausfahrenden Sprengwagens. Eine frühe Ausnahme bildete das Meßfahrzeug des Shell-Laboratoriums in Amsterdam (Saal 1938 [19]), das einen Wassertank mit sich führte, aus dem das Wasser unmittelbar vor dem Meßrad auf die Fahrbahn aufgebracht wurde. Diese Art der Fahrbahnannässung setzte sich nach dem Zweiten Weltkrieg allgemein durch, nachdem man erkannt hatte, daß ein definierter Annässungsgrad der Fahrbahnoberfläche für wiederholbare und vergleichbare Meßergebnisse von grundlegender Bedeutung ist. Maßzahl für den Annässungsgrad ist die rechnerische Wasserfilmdicke; sie ergibt sich aus der je Flächeneinheit der Fahrbahn aufgebrachten Wassermenge, ermittelt aus der Ausflußmenge je Zeiteinheit und der bedeckten Fläche (Wasserstreifenbreite mal Weglänge in der Zeiteinheit). Üblicherweise wird eine rechnerische Wasserfilmdicke von 0,5 mm oder 1,0 mm gewählt. Um bei verschiedenen Meßgeschwindigkeiten eine stets gleiche rechnerische Wasserfilmdicke zu erzielen, bedarf es einer geschwindigkeitsabhängigen Wasserdosierung. Da es für routinemäßige Griffigkeitsmessungen günstig ist, wenn das Meßfahrzeug einen großen Wasservorrat mitführen kann, ist schon seit vielen Jahren ein Übergang zu Meßfahrzeugen mit großer Nutzlast (Lkw-Fahrgestell oder Kombiwagen) zu beobachten.

Das Messen der Straßengriffigkeit mit Meßrädern in besonderen Meßfahrzeugen oder -anhängern hat sich in seinen verschiedenen Varianten mehr und mehr durchgesetzt. Die wichtigsten Varianten sind:

1. Das schräggestellte Rad.
2. Das blockierte Rad.
3. Das mit konstantem Bremsschlupf abrollende Rad.

1. Das schräggestellte Meßrad

Das durch ein Widerlager mit Kraftmeßdose in einem bestimmten Winkel zur Fahrtrichtung (Schräglaufwinkel) festgehaltene und infolgedessen mit Seitenschlupf abrollende Meßrad erzeugt an der Fahrbahnoberfläche eine seitliche Reibungskraft S, die das Rad in die Fahrtrichtung zurückdrängen möchte. Sie wird (bei herkömmlicher Registrierung) kontinuierlich aufgezeichnet. Das Verhältnis $\mu_s = S/G$, zugeordnet der (konstanten) Fahrgeschwindigkeit des Meßfahrzeuges, ist der Seitenkraftbeiwert (engl. sideway-force coefficient) oder Seitenreibungsbeiwert (frz. coefficient de frottement transversale).

Den Zusammenhang zwischen Seitenkraftbeiwert und Schräglaufwinkel (vgl. Bild 9.1b) erhält man punktweise durch wiederholte Messung auf derselben Oberfläche mit planmäßig verändertem Schräglaufwinkel. Kennzeichnend für die Griffigkeit der Fahrbahn ist das Maximum der Kurve: $\max \mu_s = (\max S)/G$. Es verschiebt sich mit wachsendem Reibungswiderstand der Fahrbahn zu größerem Schräglaufwinkel (Bild 9.4). Für die routinemäßige Anwendung hat es sich durchgesetzt, auf die genaue Bestimmung des maximalen Seitenkraftbeiwertes zu verzichten und stattdessen stets mit ein und demselben Schräglaufwinkel zweckmäßiger Wahl zu messen: Ein zu kleiner Schräglaufwinkel (z.B. α_1 in Bild 9.4) würde allen Oberflächen einen ungefähr gleichen Seitenkraftbeiwert zuordnen, ausgenommen jenen, die ihren (dann sehr niedrigen) maximalen Seitenkraftbeiwert bereits bei sehr kleinem Schräglaufwinkel erreichen. Um auch griffigeren Fahrbahnen noch „eigene" Seitenkraftbeiwerte zuzuordnen, muß ein Schräglaufwinkel erheblicher Größenordnung (etwa zwischen 15 und 20°, z.B. α_2 in Bild 9.4) angewendet werden. Üblicherweise wird mit profillosem Reifen gemessen (mit profiliertem Reifen können nicht beherrschbare Reibschwingungen auftreten).

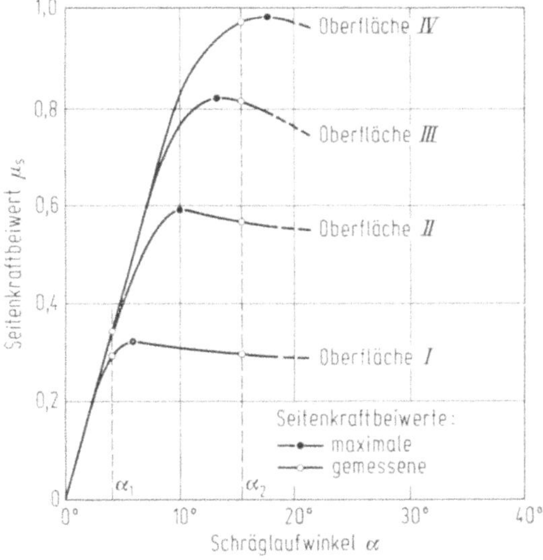

Bild 9.4. Der Schräglaufwinkel, bei dem die maximalen Seitenkräfte übertragen werden, steigt an mit zunehmendem Griffigkeitsniveau der vier Oberflächen.

Bild 9.5. Aus den Anfängen der Griffigkeitsmessung: Untersuchungen mit einem schräglaufenden Motorradbeiwagen, England 1930/1936 [20, 21].

Anfänge der Entwicklung und neuere Konstruktionen

England 1930/1936: Bradley und Allen, Bird und Scott (Road Research Laboratory) [20, 21]: Motorrad mit schräggestelltem Beiwagenrad (Schräglaufwinkel 20°), Meßgeschwindigkeit 30 mph (48 km/h) (Bild 9.5).

Frankreich 1936: Mathieu (Verband der Kaltasphalt-Fabrikanten): Meßfahrzeug mit zwei symmetrisch schräggestellten Meßrädern (Stradograph); ferner in Frankreich: Apparat „Ville de Paris" [22].

England 1954: Grime und Giles (Road Research Laboratory): Pkw mit einem schräggestellten Meßrad zwischen Vorder- und Hinterachse (Bild 9.6) [23]. Neuentwicklung 1968 als Routinemeßfahrzeug SCRIM (Bild 9.7) [24]: Lkw mit einem schräggestellten Meßrad, großer Wassertank, Ausflußsystem zum Annässen der Fahrbahn vor dem Meßrad, Meßgeschwindigkeiten von 15 bis 100 km/h; die Meßergebnisse werden nach Analog-Digital-Wandlung automatisch ausgewertet und sogleich in Zahlen ausgedruckt.

Frankreich 1965: Tcheng (Centre d'Etudes du Bâtiment et des Traveaux Publics) (Bild 9.8) [25]: Schneller Pkw (bis 150 km/h) mit zwei Meßrädern (Stradograph).

Bild 9.6. Weiterentwicklung des Meßverfahrens „Schräglaufendes Rad“: Pkw mit Meßrad zwischen Vorder- und Hinterachse, England 1954 [23].

Bild 9.7. Messung des Seitenkraftbeiwertes mit dem Routinemeßfahrzeug SCRIM, England 1972 [24].

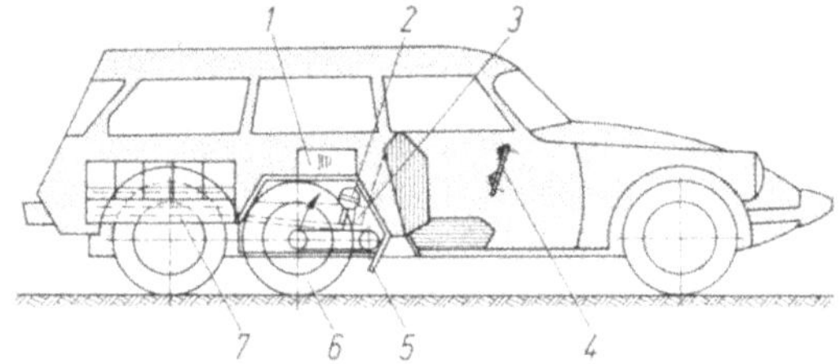

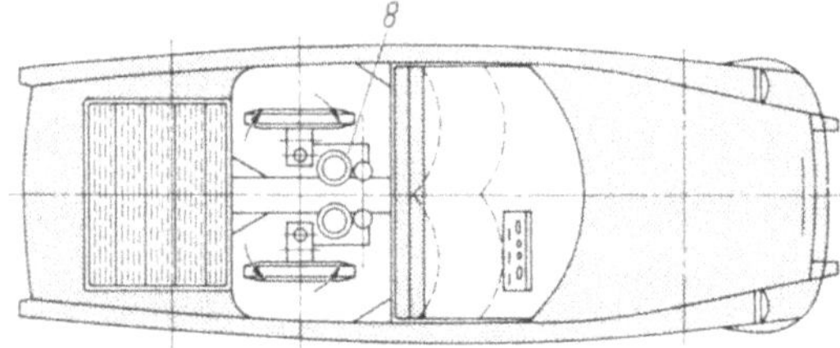

Bild 9.8. Messung des Seitenkraftbeiwertes mit dem Meßfahrzeug „Stradograph“ Frankreich 1966 [25].
1 Registriergerät; 2 Aufhängung des Fahrzeuges; 3 Anlage zum Hochziehen des Meßrades; 4 Kommandopult; 5 Wasserausflußanlage; 6 Meßrad; 7 Wassertank, Inhalt ~ 250 l; 8 Hydraulikanlage zum Schrägstellen des Meßrades.

2. Das blockierte Meßrad

Von allen Verfahren mit Meßrädern hat das Prinzip des blockierten Meßrades in der Welt die größte Verbreitung gefunden. Das Meßrad, meist am Heck des Zugfahrzeuges als Schlepprad oder in einem Anhänger mitgeführt (manchmal auch zwei Meßräder in Form einer Schleppachse), wird mit einer von der Fahrzeugbetriebsbremse unabhängigen Bremse bis zum Blockieren abgebremst und nach einem Gleitweg von z.B. 20 bzw. 40 m Länge wieder gelöst. Gemessen und aufgezeichnet wird bei abschnittsweise konstanter Geschwindigkeit die Bremskraft (Gleitreibungskraft) U_{Gleit} (Bild 9.9). Kenngröße für die Griffigkeit der Fahrbahn ist der Reibungsbeiwert am blockierten Rad $\mu_{\text{Gleit}} = U_{\text{Gleit}}/G$, üblicherweise bezeichnet als Gleitbeiwert (engl. aber meist braking force coefficient, frz. coefficient de frottement longitudinale, vielfach, besonders in der älteren Literatur, auch ohne den erklärenden Zusatz „locked wheel" bzw. „roue bloquée"). G ist die statische Belastung des Meßrades.

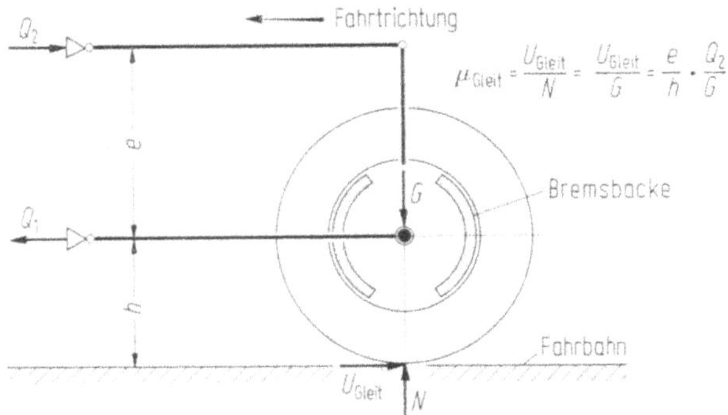

Bild 9.9. Die Parallelogrammaufhängung des Meßrades beim „Stuttgarter Reibungsmesser" Systemskizze.

Anfänge der Entwicklung und neuere Konstruktionen

USA 1933/1934: Stinson und Roberts, Moyer: Lkw mit Schleppachse, Meßgeschwindigkeit bis 40 mph (64 km/h) [27], [28]. Schweiz 1936: Schindler: erstmals Parallelogrammsystem [31]. 1937: Gölz: Pkw mit einrädrigem Meßanhänger („Darmstädter Reibungsmesser"), Meßgeschwindigkeit bis 120 km/h [30]. Niederlande 1939: Saal: Zugwagen mit Meßrad am Heck (erstmals autonome Annäßanlage) [32].

England 1956: Giles und Lander (Road Research Laboratory): einrädriger, besonders leichter Meßanhänger (spätere kommerzielle Bezeichnung: „Miles trailer") mit schnellem Pkw als Zugfahrzeug (bis 160 km/h) (Bild 9.10) [33].

Bundesrepublik Deutschland 1954/1955: Riekert: einrädriger Meßanhänger, Parallelogrammsystem („Stuttgarter Reibungsmesser") [26], (Bild 9.11).

USA: Zahlreiche Parallelentwicklungen zweirädriger Anhänger, bei denen nur das eine Rad als Meßrad, das andere als Führungsrad dient [35]. Aus dieser Reihe ragt die Konstruktion von Kummer und Meyer (Pennsylvania State University) heraus, die an einem Einradanhänger (Parallelogrammsystem) erstmals die Meßradbelastung mit Hilfe eines Luftdruckzylinders aufbrachten (Bild 9.12) [36].

Bild 9.10. Messung des Gleitbeiwertes bei hohen Geschwindigkeiten am blokkierten Schlepprad, „Miles-Trailer", England 1956 [33].

Weitere Entwicklungen, übereinstimmend als Einradanhänger: Frankreich: Laboratoire Régionale de Lyon („la remorque légère") [37]; DDR: Technische Universität Dresden [38]; CSSR: Institut für Verkehrswesen Prag; Polen: Zentralstelle für Forschung und Entwicklung der Straßentechnik, Warschau; ferner: Sowjetunion und Ungarn.

Bild 9.11. Meßfahrzeug für die routinemäßige Messung des Gleitbeiwertes, „Stuttgarter Reibungsmesser", Bundesrepublik Deutschland 1975 [26].

Bild 9.12. Einradmeßanhänger mit Luftfederbelastung des Meßrades, „Penn State Trailer", USA 1963 [36].

3. Das mit konstantem Bremsschlupf abrollende Meßrad

Die Messung mit konstantem Bremsschlupf, maschinentechnisch schwerer zu verwirklichen als das schräggestellte oder das blockierte Rad, ist erst spät (um 1950) zu den beiden anderen Methoden hinzugetreten. Das Meßrad wird durch eine Untersetzung gegen die Laufräder gezwungen, mit einem bestimmten Schlupf abzurollen. Die entstehende Umfangskraft U (Bremskraft), zugeordnet der (konstanten) Meßgeschwindigkeit, wird (bei herkömmlicher Registrierung) kontinuierlich aufgezeichnet. Der Reibungs- oder Bremskraftbeiwert ist dann $\mu = U/G$.

Die Beziehung zwischen Bremskraftbeiwert und Schlupf (vgl. Bild 9.1a) läßt sich mit Hilfe eines stufenweise oder stufenlos regelbaren Getriebes punktweise durch wiederholte Messung mit planmäßig verändertem Schlupf bestimmen. Kennzeichnend für die Griffigkeit der Fahrbahn ist das Maximum der Kurve: $\max \mu = (\max U)/G$. Es verschiebt sich mit wachsendem Reibungswiderstand der Fahrbahn zu größerem Schlupf (Bild 9.13). In Analogie zur Messung des Seitenkraftbeiwertes am Schräglaufrad hat es sich für die routinemäßige Anwendung durchgesetzt, auf die genaue Bestimmung des maximalen Bremskraftbeiwertes zu verzichten und stattdessen stets mit ein und demselben Schlupfbetrag zweckmäßiger Wahl zu messen. Diese nur näherungsweise Bestimmung des Maximums bringt eine erhebliche maschinentechnische Vereinfachung mit sich, weil die Untersetzung des Meßrades nicht variiert zu werden braucht. Die Wahl des Schlupfbetrages folgt den gleichen Überlegungen wie die Wahl des Schräglaufwinkels (vgl. Bild 9.4): Ein zu geringer Bremsschlupf (z.B. s_1 in Bild 9.13) würde Fahrbahnen nur bis zu einem mittleren Griffigkeitsniveau einen eigenen maximalen Reibungswert zuordnen. Um auch eine Aussage bei griffigeren Fahrbahnen machen zu können, muß ein Schlupf erheblicher Größenordnung (etwa zwischen 13 und 17%, z.B. s_2 in Bild 9.13) angewendet werden.

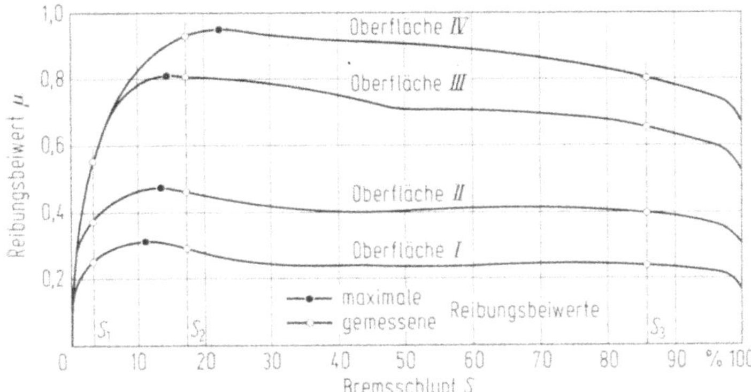

Bild 9.13. Die Größe des maximalen Reibungsbeiwertes in Abhängigkeit vom Bremsschlupf dargestellt an vier Oberflächen mit extrem unterschiedlichem Griffigkeitsniveau.

Anfänge der Entwicklung und neuere Konstruktionen

Schweden: 1950 Kullberg (Statens Väginstitut): Lkw mit einem Meßrad am Heck, durch Planetengetriebe und Keilriemen-Variator mit den Antriebsrädern des Fahrzeuges verbunden. Das durch den Schlupf des Meßrades erzeugte Bremsmoment wirkt als Antriebsmoment auf die Hinterräder des Zugfahrzeuges (Prinzip der Rückgewinnung in den Grenzen des mechanischen Wirkungsgrades) [39].

Niederlande 1958: van der Burgh/Obertop (Rijkswegenbouwlaboratorium): Meßanhänger mit zwei Außenrädern und einem durch ein Kettenradgetriebe auf $s_3 = 86\%$ Bremsschlupf eingestellten Meßrad in der Mitte [40]; dieser hohe Schlupfbetrag liegt auch bei den griffigsten Fahrbahnen bereits weit jenseits des dem maximalen Bremskraftbeiwert zugeordneten Schlupfes (Bild 9.13). Trotzdem entsprechen (auf nasser Fahrbahn) die Reibungsbeiwerte bei 86% Schlupf noch eher den maximalen Reibungsbeiwerten als den stets niedrigeren Gleitbeiwerten (100% Schlupf): das entscheidende Absinken zum Gleitbeiwert ereignet sich erst im Bereich 90 bis 100% Schlupf.

Schweden 1955 bis 1965: Kullberg (Statens Väginstitut): Mehrere Versionen von Meßfahrzeugen für die Messung bei konstantem Bremsschlupf des Meßrades, darunter Meßanhänger „Skiddometer" mit zwei Außenrädern und einem kleineren, mit den Außenrädern durch Kardanwellen verbundenen Meßrad in der Mitte (Typ BV 8) (Bild 9.14); durch den Größenunterschied der Räder wird dem Meßrad ein Bremsschlupf (Größenordnung 13 bis 15%) aufgeprägt, während an den Außenrädern Antriebsschlupf herrscht [41]. Die Meßradbelastung bewirken zusammengedrückte Spiralfedern, die sich gegen den Rahmen des Meßanhängers abstützen.

Niederlande 1967/68: van de Fliert/Elsenaar (Rijkswegenbouwlaboratorium): Neukonstruktion eines Meßanhängers mit zwei Außenrädern und einem Meßrad in der Mitte für Routinemessungen mit 86% Bremsschlupf [42].

Meßfahrzeuge mit stufenlos variierbarem Bremsschlupf des Meßrades wurden außer in Schweden in der Schweiz (Komminoth 1965) und in England (Road Research Laboratory 1968) entwickelt.

4. Meßräder mit kombinierten oder alternativen Meßmöglichkeiten

Von den bisher erwähnten Meßgeräten vereinigen einige zwei oder drei Meßmöglichkeiten, die je nach Konstruktion kombiniert oder alternativ angewendet werden können.

Da ein gebremstes Rad vor dem Blockieren kurzzeitig das Reibungsmaximum (Kraftschlußgrenze) durchläuft, gestatten einige der Meßgeräte nach dem Prinzip des blockierten Rades, auch den maximalen Reibungsbeiwert (früher oft Haftreibungsbeiwert oder Haftbeiwert genannt) zu messen, allerdings nur über eine entsprechend kurze Weglänge. Bei den älteren Systemen der indirekten Messung der Bremskraft über die Zugkraft ergibt sich das Reibungsmaximum unverfälscht (abgesehen von der grundsätzlichen Meßwertverfälschung durch das System), bei den neueren Systemen der direkten Bremskraftmessung wird das Reibungsmaximum von der Massenkraft aus der Meßradverzögerung überlagert, und nur bei langsamem Auflaufen der Meßradbremse erhält man näherungsweise das Bremskraftmaximum. Von diesen Meßmöglichkeiten, die heute kaum noch angewendet werden, machten z.B. Agg in Iowa (1928 [43]), Weil in Stuttgart (1934) (Bild 9.15) [29], Saal in Amsterdam mit dem Meßgerät des Shell-Laboratoriums (1938) [32]), Zipkes mit dem Meßgerät von Schindler in Zürich (1942/1944 [44]) und Gauß mit dem Prototyp des Suttgarter Reibungsmessers (1955 [26]) Gebrauch.

Bild 9.14. Der Meßzug der Technischen Universität Berlin, 1976 (fortentwickelte Version des „Skiddometer BV 8S"). Es kann wahlweise der maximale Reibungswert oder der Gleitbeiwert bestimmt werden [45].

Bild 9.15. Der Bremsanhänger der Materialprüfungsanstalt der TH Stuttgart, 1934 [29].

Eine moderne Art der Ermittlung des maximalen Bremskraftbeiwertes mit Meßgeräten, die normalerweise der Bestimmung des Gleitbeiwertes am blockierten Rad dienen, bildet die Ausstattung des Meßrades mit einem Bremskraftregler. Der maximale Bremskraftbeiwert wird dann — kontinuierlich über eine gewünschte Weglänge — näherungsweise erfaßt, abhängig vom Regelzyklus des Bremskraftreglers. Über derartige Versuche am Stuttgarter Reibungsmesser wurde von Grandel und Hörz (1977 [48]) berichtet.

Größere praktische Bedeutung haben indessen Meßgeräte erlangt, mit denen alternativ der Gleitbeiwert am blockierten Rad oder der Bremskraftbeiwert bei konstantem Schlupf gemessen werden kann. Zu dieser Gruppe gehören einige Versionen der schwedischen Meßfahrzeuge oder Meßanhänger, insbesondere der Meßanhänger des Typs BV 8 S, der von der Technischen Universität Berlin (Bild 9.14) [45] und von der Eidgenössischen Technischen Hochschule Zürich [107] betrieben wird.

Schließlich seien Geräteentwicklungen erwähnt, bei denen das Meßrad gleichzeitig gebremst (oder angetrieben) und schräggestellt werden kann. Diese in ihrer maschinen- und meßtechnischen Ausrüstung komplizierten und aufwendigen Geräte, die auch alle bisher genannten Meßmöglichkeiten einschließen, dienen jedoch in erster Linie zum Untersuchen des Kraftschlußverhaltens von Reifen und zur Grundlagenforschung. Erwähnt seien die diesbezüglichen Entwicklungen des Transport & Road Research Laboratory in England [46], des Technikums Biel in der Schweiz [47] sowie der Universität Stuttgart („Universeller Reibungsmesser") [48].

9.1.2.3. Labor- und Handgeräte

Für Griffigkeitsmessungen im Labor ist zu unterscheiden zwischen ortsfesten Prüfanlagen, in denen Ausbauproben oder labormäßig gefertigte Proben von Straßendecken untersucht werden können, und transportablen *Handgeräten*, die außerdem auch zu Messungen auf der Straße verwendet werden können. Ortsfeste Prüfanlagen sind meist so konzipiert, daß sie über einen möglichst weiten Bereich von „Fahrgeschwindigkeiten" einen oder mehrere alternative kennzeichnende Reibungszustände erzeugen (an einem Reifen oder an einem Gummikörper, den man sich als Ausschnitt aus der Reifenlauffläche vorstellen kann). Die Handgeräte beschränken sich dagegen auf einen einfachen Gleitvorgang eines Gummikörpers mit verhältnismäßig niedriger Geschwindigkeit.

Zu den ortsfesten Prüfanlagen gehört der Innentrommelprüfstand, der bei der Bundesanstalt für Straßenwesen in Köln in den Jahren 1973/1974 errichtet worden ist (vgl. Kapitel 8, Bild 8.24) [49]. Er bietet die weitestgehenden Möglichkeiten für Griffigkeitsmessungen im Labor. Seine beiden Meßräder können auf jeden der für Griffigkeitsmessungen geeigneten kennzeichnenden Reibungszustände eingestellt werden. Bei der Messung treffen sie auf einen Wasserfilm auf der „Fahrbahn", dessen Dicke sich durch eine entsprechende Wasserdosierung kontrollieren läßt. Der Nachteil dieses Mehrzweckprüfstandes liegt in den gekrümmten Deckenproben, die auf der Innenseite der zur Messung rotierenden Trommel in Kassetten befestigt werden müssen (vgl. Abschnitt 9.4.3.).

Die an der Technischen Universität Berlin entwickelte und betriebene Prüfanlage [50], bestehend aus einer Poliermaschine und einem Labor-Griffigkeitsmeßgerät, arbeitet mit ebenen Prüfoberflächen und kann somit zur Untersuchung des Griffigkeitsverhaltens realer Straßenoberflächen herangezogen werden. Dabei stellt das Labor-Griffigkeitsmeßgerät im Prinzip eine Übertragung des Straßen-Meßverfahrens des blockierten Schlepprades in das Laboratorium dar. Das Gerät (Bild 9.16) ist, passend zur Poliermaschine, für Messungen auf kreisförmigen Oberflächen (Durchmesser 22,5 cm) eingerichtet, wobei drei mit einer Umfangsgeschwindigkeit von etwa 100 km/h rotierende „Gummischuhe" auf die eingespannte, ständig bewässerte Oberfläche abgesenkt werden und sich abbremsen. Die dabei in Abhängigkeit von der momentanen Geschwindigkeit aktivierte Reibungskraft wird bis zum Stillstand aufgezeichnet. Der Gleitbeiwert ist dann das Verhältnis zwischen Reibungskraft und Aufstandskraft der Gleitschuhe bei einer bestimmten Geschwindigkeit. Vergleichsmessungen zufolge [51] entsprechen die mit dem Labor-Griffigkeitsmeßgerät unter festgelegten Versuchsbedingungen gemessenen Gleitbeiwerte den Gleitbeiwerten am blockierten Schleppr ad.

Der Wunsch, ein transportables Handgerät für Griffigkeitsmessungen im Labor und auf der Straße zur Verfügung zu haben, führte nach dem Zweiten Weltkrieg zu einer ganzen Reihe von Entwicklungen [36, 52]. Sie konnten sich jedoch meist nicht durchsetzen, weil der entscheidende Brauchbarkeitsnachweis, die Korrelation mit den Meßergebnissen wenigstens eines der Straßenmeßfahrzeuge, nicht erbracht werden konnte. Das einzige Handgerät, das eine weite Verbreitung gefunden hat und heute noch vielfach in Europa und anderswo angewendet wird, ist das vom britischen Road Research Laboratory in den fünfziger Jahren entwickelte *Pendelgerät,* engl. Bezeichnung Skid Resistance Tester (SRT-Gerät) (Bild 9.48) [53, 54]. Sein Aufbau und seine Wirkungsweise ist in Abschnitt 9.4.4. ausführlich beschrieben.

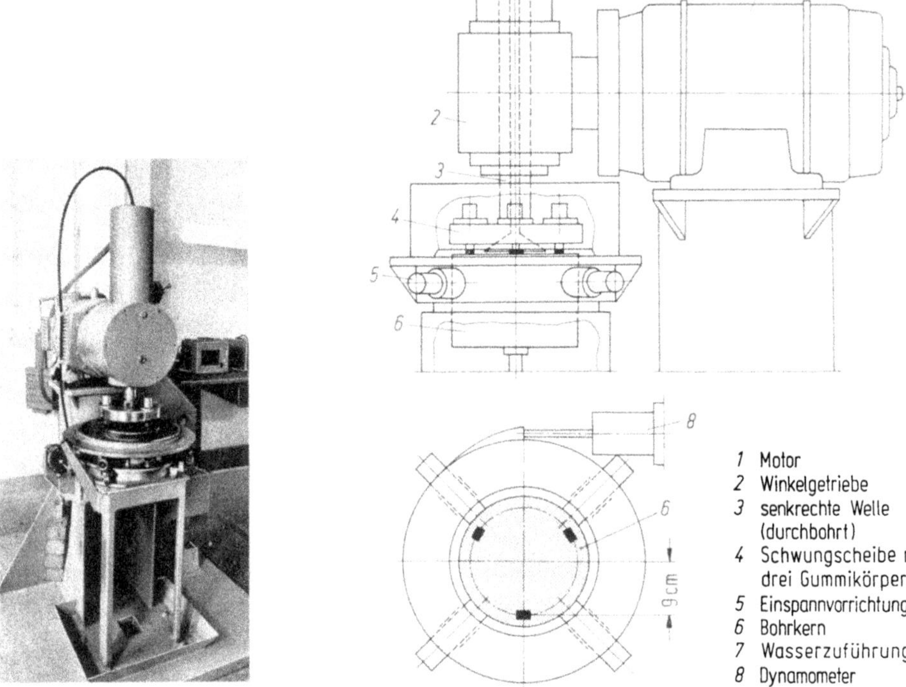

Bild 9.16. Die Labor-Griffigkeitsmeßmaschine der Technischen Universität Berlin [50, 51].

Nachteilig beim Pendelgerät ist die stationäre Arbeitsweise, die auf Straßen gegebenenfalls Sicherheitsvorkehrungen wie bei einer kurzfristigen Baustelle erfordert. Meßfahrzeuge mit Meßrädern oder -anhängern können sich hingegen in den fließenden Verkehr einordnen oder benötigen allenfalls Verkehrslücken.

9.1.3. Eignung der Meßverfahren

Die Wahl eines Verfahrens für Griffigkeitsmessungen beruht auf zwei Entscheidungen: 1. Welcher kennzeichnende Reibungszustand soll angewendet werden? 2. Wie sollen die übrigen Versuchsbedingungen (Reifen, Annässungsgrad, Meßgeschwindigkeit usw.) festgelegt werden? Sind die Entscheidungen einmal getroffen, ist es schwer, diese später, etwa zugunsten einer internationalen Vereinheitlichung der Meßverfahren, zu ändern; denn im Laufe der jahrelangen Anwendung eines Verfahrens ist viel investiert worden, und ein Fundus von Erfahrungen und Meßergebnissen hat sich angesammelt. So hat heute jedes Land sein eigenes, durch nationale Entwicklung und Tradition geprägtes Meßverfahren, abgesehen von einigen Entlehnungen. Die Verfahren unterscheiden sich in dem gewählten kennzeichnenden Reibungszustand und/oder in der Festlegung der übrigen Versuchsbedingungen; ferner auch in der konstruktiven und meßtechnischen Konzeption der Meßapparate und -fahrzeuge sowie im Bedienungskomfort.

Die Vielfalt der Meßverfahren hat verständlicherweise immer wieder die Frage aufkommen lassen, ob nicht ein Verfahren als das „beste" erkannt werden könnte. Die großen Serien internationaler Vergleichsmessungen zwischen verschiedenen Meßverfahren, um die sich besonders Wehner in den Jahren um 1960 verdient gemacht hat [55, 56] und denen später weitere Serien folgten, ließen diese Frage aber offen. Das Technische Komitee für Straßengriffigkeit der AIPCR (vgl. Kapitel 4) hat deshalb im Jahre 1968 den Grundsatz aufgestellt, daß sich die Eignung eines Verfahrens zur Messung der Straßengriffigkeit auf drei Voraussetzungen gründet [7]:

1. Das Verfahren muß erwiesenermaßen folgerichtige Ergebnisse liefern.
2. Es muß eine genügende Anzahl von Messungen ausgeführt sein, die den ganzen Bereich von Oberflächen und Verkehrsbedingungen umfassen, damit nachfolgende Meßergebnisse auf einem repräsentativen Hintergrund von Meßdaten (Bewertungshintergrund) eingestuft werden können.
3. Es muß eine systematische Untersuchung von Straßenabschnitten, an denen sich Rutschunfälle ereigneten, durchgeführt worden sein, damit die Ergebnisse der Griffigkeitsmessungen zu dem Gefahrengrad des Auftretens von Rutschunfällen in Beziehung gesetzt werden können.

In der Bundesrepublik Deutschland hat im Jahre 1958 der Arbeitsausschuß „Straßengriffigkeit" der Forschungsgesellschaft für das Straßenwesen nach Vorarbeiten von Croce und Schmitz [57] das bis heute und weiterhin in Gebrauch befindliche Meßverfahren für Straßengriffigkeit vorgeschlagen. Als Meßgerät dient der Stuttgarter Reibungsmesser (vgl. Bild 9.11), von dem zur Zeit (Stand 1977) fünf Exemplare betrieben werden. Der gewählte kennzeichnende Reibungszustand ist das blockierte Rad, die übrigen Versuchsbedingungen sind: profilierter Reifen des Typs Phoenix P 3 (entspricht einem im Jahre 1958 gängigen Pkw-Reifen in Diagonalbauweise), Innendruck 1,5 bar Überdruck, Radlast 3,43 kN (350 kp), rechnerische Wasserfilmdicke vor dem Meßrad $1{,}0 \pm 0{,}1$ mm, Meßgeschwindigkeiten 40, 60 und 80 km/h. Im Jahre 1966 wurden im „Merkblatt über Straßengriffigkeit und Verkehrssicherheit bei Nässe" erstmals Richtwerte für Straßengriffigkeit, bezogen auf dieses Verfahren, genannt (0,42 bei $V = 40$ km/h, 0,33 bei $V = 60$ km/h, 0,26 bei $V = 80$ km/h) [9]. Die Eignung des Meßverfahrens geht aus den folgenden Abschnitten hervor.

9.1.3.1. Internationale Vergleichsmessungen

Die wichtigsten Erkenntnisse aus den Serien internationaler Vergleichsmessungen, bei denen verschiedene Meßverfahren auf einer Auswahl von Straßendecken unterschiedlichen Griffigkeitsniveaus gleichzeitig angewendet wurden, lassen sich wie folgt zusammenfassen:

1. Verschiedene Meßverfahren, die sich in dem kennzeichnenden Reibungszustand des Meßrades unterscheiden, ordnen derselben Fahrbahnoberfläche unterschiedlich hohe Reibungsbeiwerte zu, selbst wenn die übrigen Versuchsbedingungen übereinstimmen. Dasselbe geschieht aber auch, wenn bei gleichem Reibungszustand eine der übrigen Versuchsbedingungen (z.B. der Annässungsgrad der

Fahrbahn oder der Reifentyp oder die Meßgeschwindigkeit) wesentlich anders gewählt ist. Zahlengleichheit von Griffigkeitskennwerten verschiedener Herkunft bedeutet also keineswegs gleiche Griffigkeit.

2. Verschiedene Meßverfahren, unterschiedlich im kennzeichnenden Reibungszustand und/oder in den übrigen Versuchsbedingungen, bringen eine Anzahl unterschiedlich griffiger Fahrbahnoberflächen in eine *ähnliche Rangfolge*, wenn nur übereinstimmend unter stärkerer Annässung der Fahrbahn (z.B. rechnerische Wasserfilmdicke 0,5 oder 1,0 mm) gemessen wird und wenn die Meßgeschwindigkeiten gleich sind oder wenigstens derselben Größenordnung zugehören (Wehner 1962 [56]). Dies bedeutet: Zwischen den Meßergebnissen nach verschiedenen Verfahren bestehen mehr oder weniger straffe „Korrelationen". Diese Korrelationen werden um so lockerer, je stärker die Versuchsbedingungen, besonders bezüglich des Meßreifens (Profil, Gummimischung der Lauffläche, Aufbau der Karkasse) voneinander abweichen. Daneben können sich auch konstruktive Einflüsse der Meßsysteme auswirken (z.B. unterschiedliche mechanische oder elektrische Dämpfung).

3. Wirklich glatte, d.h. bei Nässe rutschgefährliche Straßenoberflächen werden durch jedes der einschlägigen Meßverfahren als solche identifiziert. Unterschiedliche Bewertungen ergeben sich am ehesten bei Oberflächen, deren Griffigkeitsniveau im mittleren oder oberen Bereich liegt.

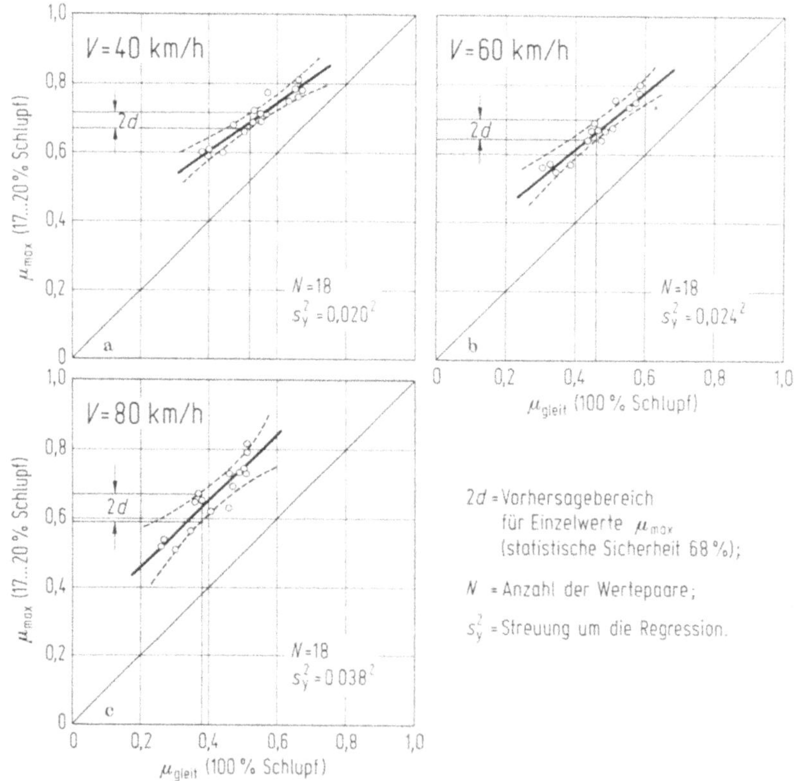

Bild 9.17a, b, c. Abschätzen des maximalen Reibungsbeiwertes aus Messungen mit dem blockierten Schlepprad [56].

Beispiele für die Ergebnisse von Vergleichsmessungen mit Meßfahrzeugen, die mit konstanter Geschwindigkeit messen, zeigen die Bilder 9.17a bis c. Aus ihnen läßt sich nach den Regeln der Regressionsrechnung anhand der „Streuung um die Regression“ abschätzen, in welchen Grenzen bei bekanntem Ergebnis des einen Verfahrens mit einer gewählten statistischen Sicherheit das Ergebnis des anderen Verfahrens zu erwarten ist. So entspricht z.B. gemäß Bild 9.17a einem Gleitbeiwert am blockierten Schlepprad von 0,52 ein (unter sonst gleichen Bedingungen gemessener) Reibungsbeiwert bei 17—20% Bremsschlupf zwischen 0,67 und 0,72.

Gleitbeiwerte am blockierten Meßrad haben einen unmittelbaren Bezug zur Bremsung von Kraftfahrzeugen mit schlagartig blockierten Rädern. Gleiche Reifen und gleicher Annässungsgrad der Fahrbahn vorausgesetzt, lassen sich aus den mit dem Meßrad gemessenen Gleitbeiwerten in engen Grenzen die Bremswege von Kraftfahrzeugen vorhersagen. Dazu wird aus der Gleitbeiwert-Geschwindigkeits-Kurve (Meßrad), $\mu_{\text{Gleit}} = \mu_{\text{Gleit}}(v)$, der Bremsweg s in m (unter Vernachlässigung des Weges vom Beginn der Bremsbetätigung bis zum Blockieren der Räder) so berechnet, als repräsentiere diese Kurve den mittleren Gleitbeiwert der vier Fahrzeugräder als Funktion der Geschwindigkeit. Die Bremsverzögerung (horizontale Fahrbahn) ist dann:

$$\frac{\mathrm{d}v}{\mathrm{d}t} = -\mu_{\text{Gleit}}(v) \cdot g \tag{9.1}$$

Mit $v = \mathrm{d}s/\mathrm{d}t$ und $\mathrm{d}t = \mathrm{d}s/v$ erhält man

$$\mathrm{d}s = -\frac{1}{g}\,\frac{v\,\mathrm{d}v}{\mu_{\text{Gleit}}(v)} \tag{9.2}$$

und

$$s = \frac{1}{g}\int_{v_E}^{v_A} \frac{v\,\mathrm{d}v}{\mu_{\text{Gleit}}(v)} \tag{9.3}$$

Das Integral in Gl. (9.3) entspricht dem Flächeninhalt unter der Kurve $v/\mu_{\text{Gleit}}(v)$ in den Grenzen v_E und v_A, näherungsweise auch der Summe der Flächeninhalte von Streifen der Breite Δv, z.B. vier Streifen (Bild 9.18):

$$s_{v_A \to v_E} = \frac{1}{g} \cdot \Delta v \left[\frac{v_4}{\mu_{\text{Gleit}}(v_4)} + \frac{v_3}{\mu_{\text{Gleit}}(v_3)} + \frac{v_2}{\mu_{\text{Gleit}}(v_2)} + \frac{v_1}{\mu_{\text{Gleit}}(v_1)}\right] \tag{9.4}$$

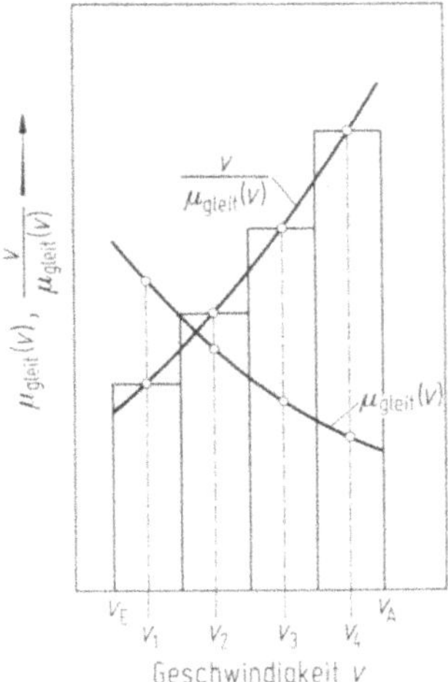

Bild 9.18. Berechnung der theoretischen Bremsweglänge aus Ergebnissen von Griffigkeitsmessungen.

Hiernach in einer Vergleichsserie im Jahre 1962 in Tappahannock, Virginia [14], aus den Gleitbeiwert-Geschwindigkeit-Kurven (Meßrad) von 19 stationär angenäßten Oberflächen berechnete Bremswege zeigten einen engen linearen Zusammenhang mit den Bremswegen von Kraftfahrzeugen auf denselben Oberflächen für eine Geschwindigkeitsverminderung von 64 auf 32 km/h, näherungsweise gemessen als Differenz der Längen der Blockierspuren von 64 km/h bis zum Stillstand und von 32 km/h bis zum Stillstand (Bild 9.19).

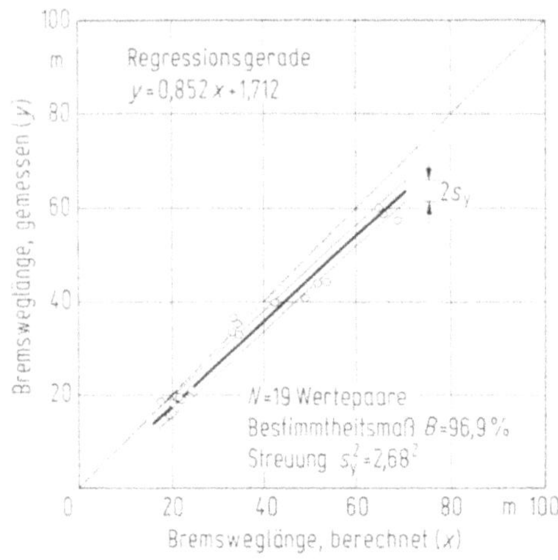

Bild 9.19. Vergleich von gemessenen und berechneten Bremsweglängen. Ergebnisse von Vergleichsmessungen mit Reifen gleicher Gummizusammensetzung [14].

9.1.3.2. *Meßgenauigkeit*

Wie Reibungsmessungen überhaupt, so gehören auch Messungen des Reibungswiderstandes von Fahrbahnoberflächen bei Nässe zu den weniger gut reproduzierbaren Meßvorgängen: Wiederholungsmessungen „unter gleichen Versuchsbedingungen" können erheblich voneinander abweichende Meßergebnisse hervorbringen. Hierfür sind vier Ursachen maßgebend: die Meßunsicherheit des Gerätes, Schwierigkeiten bei der Konstanthaltung der Versuchsbedingungen, die mehr oder weniger große Ungleichmäßigkeit des Meßgegenstandes und die zeitliche Veränderung des Meßgegenstandes.

Zur Meßunsicherheit bedarf es keiner Erläuterungen, da es sich um ein allgemeines Problem jeder Art von Messung handelt. Dies gilt im Prinzip auch für die beiden nächstgenannten Ursachen, jedoch sind hier die Auswirkungen auf die Ergebnisse von Griffigkeitsmessungen besonders groß. Streng genommen lassen sich Reibungsmessungen ohnehin nicht wiederholen, weil jeder Reibvorgang, da mit (kaum merkbarem bis starkem) Verschleiß verbunden, die Reibpartner verändert. Stärker ins Gewicht fällt, daß sich die Meßreifen wie andere Reifen abnutzen und schließlich ausgewechselt werden müssen. Neue Exemplare sind theoretisch, aber praktisch nur in gewissen Grenzen gleich. Der Annässungsgrad der Fahrbahn läßt sich ebenso wie die Geschwindigkeit des Meßfahrzeuges nur in praktischen Grenzen gleichhalten. Einen weiteren Einflußfaktor bildet die nur teilweise beeinflußbare Temperatur der am Reibvorgang beteiligten Medien (Fahrbahnoberfläche, Wasser, Luft, Reifengummi). Die kennzeichnenden Reibungsbeiwerte sinken im allgemeinen mit zunehmendem Abnutzungsgrad des Meßreifens, steigendem Annässungsgrad der Fahrbahn, wachsender Meßgeschwindigkeit, steigender Temperatur.

Der Meßgegenstand, die Straßenoberfläche, ist ungleichmäßig in ihrer Rauheit. Eine regellos ungleichmäßige Rauheit findet sich häufig im Neuzustand einer

Fahrbahndecke, besonders bei Walzasphalten, und dann erhält man stark streuende Griffigkeitskennwerte. Die Verkehrseinwirkung egalisiert die Rauheit, erzeugt aber gleichzeitig systematische Rauheitsunterschiede innerhalb des Fahrbahnquerschnittes (häufig ausgeprägte Rollspuren durch „Spurfahren"). Dann können Streuungen der Meßergebnisse dadurch entstehen, daß der Fahrer eines Meßfahrzeuges nur in praktischen Grenzen in der Lage ist, mit dem Meßrad die gewünschte Spur zu treffen oder erneut zu treffen — ein Umstand, der sich natürlich auch auf die Straffheit der Korrelationen aus Vergleichsmessungen zwischen verschiedenen Meßverfahren auswirkt. Auf den Richtungsfahrbahnen zweibahniger Straßen findet man, abgesehen vom Neuzustand, im Überholstreifen meist höhere Griffigkeitswerte als im Fahrstreifen. Dies ist eine Folge der größeren Verkehrsstärke im Fahrstreifen, vor allem aber der Konzentration des Schwerverkehrs, der die stärksten Rauheitsänderungen bewirkt.

Wiederholungsmessungen in Abständen von Tagen, Wochen, Monaten oder Jahren können unterschiedliche Griffigkeitskennwerte hervorbringen, weil die Rauheit der Fahrbahnoberfläche inzwischen durch Einwirkungen des Verkehrs, des Wetters (insbesondere des Regens) oder auch des Winterdienstes verändert worden ist. Einseitig gerichtete Griffigkeitsänderungen (nach oben oder nach unten) erfahren vor allem neue Deckschichten in den ersten Monaten nach der Verkehrsübergabe, während später das Bild durch Schwankungen — kurzfristige und/oder jahreszeitliche — geprägt ist.

Um die „Meßgenauigkeit" eines Verfahrens zur Messung der Straßengriffigkeit abzuschätzen, muß man also unterscheiden zwischen Abweichungen der Meßergebnisse, die unvermeidlich sind, weil sie in der Natur des Meßgegenstandes und des Meßvorganges liegen und infolgedessen bei jedem der einschlägigen Meßverfahren in gleicher Weise auftreten, und Abweichungen, die in der konstruktiven und meßtechnischen Durchbildung des Meßapparates und seiner Kalibrierung begründet sind. Der Wiederholstreubereich des Meßverfahrens läßt sich am besten auf stark befahrenen Betondecken ermitteln (ihre Oberflächenbeschaffenheit ist meist sehr gleichmäßig). Dabei wird man berücksichtigen, daß durch den Meßvorgang bewirkte Oberflächenveränderungen mit zunehmender Anzahl von Meßübergängen abklingen (man wird also z.B. die Ergebnisse der ersten zehn Meßfahrten verwerfen). Unter diesen Bedingungen angewendet, läßt sich beim Stuttgarter Reibungsmesser der Vertrauensbereich des Mittelwertes aus zehn je 20 m langen Einzelbremsungen, verteilt über 250 m Meßlänge, auf $\pm 0{,}005$ begrenzen (statistische Sicherheit 95%) [58]. Sorgfältig nach den vorstehenden Gesichtspunkten durchgeführte Vergleichsmessungen zwischen verschiedenen Exemplaren des Stuttgarter Reibungsmessers und unter Einschluß verschiedener Exemplare des Meßreifens ergaben Vertrauensbereiche des Mittelwertes von $\pm 0{,}02$ bis 0,03 [9]. Voraussetzung für diesen Erfolg ist die sorgfältige Kalibrierung der Meßeinrichtungen bezüglich Meßwertanzeige, Wasserausfluß vor dem Meßrad und Meßgeschwindigkeit.

Die Notwendigkeit einer regelmäßigen Überprüfung der Meßgeräte auf Übereinstimmung der Meßanzeigen ergibt sich in allen Ländern, in denen mit mehreren Exemplaren des gewählten Meßgerätes unabhängig voneinander gearbeitet wird.

9.1.3.3. Bewertungshintergrund

Werden Griffigkeitskennwerte genannt, so erlangen sie ihre Aussagekraft erst durch die relative Einstufung auf einem „Bewertungshintergrund", der angibt, welche Spanne die Werte zwischen glattester und griffigster Oberfläche etwa überdecken und welche Häufigkeitsverteilung sie im Straßennetz haben. Der Bewertungshintergrund läßt sich gewinnen, indem ein repräsentatives Kollektiv von Fahrbahndecken verschiedenen Alters, aller neuzeitlichen Bauarten und auf Straßen aller Kategorien mit dem gewählten Verfahren untersucht wird. Für das in der Bundesrepublik Deutschland vereinbarte Meßverfahren („Stuttgarter Reibungsmesser") wurde auf der Basis umfangreicher Messungen zu Anfang der sechziger Jahre ein Bewertungshintergrund aus der Normalverteilung der Gleitbeiwerte bei den Geschwindigkeiten 20, 40, 60 und 80 km/h entwickelt [59]. Er ist im Bild 9.20 mit den Summenhäufigkeitsgrenzen zwischen 10 und 90% dargestellt. Durch die Verdichtung der Kreuzschraffur wird die Konzentration der Meßwerte auf einen relativ schmalen Bereich um die Mittelwerte zum Ausdruck gebracht.

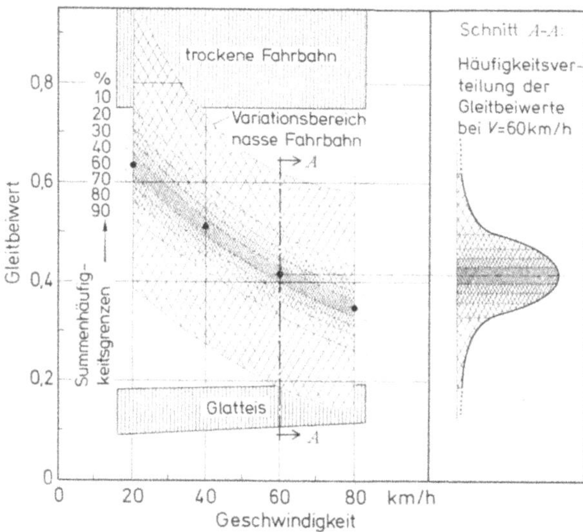

Bild 9.20. Bewertungshintergrund für Meßergebnisse des „Stuttgarter Reibungsmessers" Die Bereiche mit Kreuzschraffur kennzeichnen Variationsbreite und Häufigkeitsverteilung der Gleitbeiwerte eines statistischen Kollektivs von Straßendecken neuzeitlicher Bauarten, ermittelt nach den vereinbarten Versuchsbedingungen.

Durchschnittliche Griffigkeit ist hiernach durch die Gleitbeiwerte 0,50 bei $V = 40$ km/h, 0,42 bei $V = 60$ km/h und 0,35 bei $V = 80$ km/h gekennzeichnet (50%-Grenze der Summenhäufigkeitsverteilung). Die bereits erwähnten Richtwerte liegen an der 90%-Grenze der Summenhäufigkeitsverteilung, d. h. 90% aller gemessenen Gleitbeiwerte sind größer als der jeweilige Richtwert. Während die Gleitbeiwerte auf trockener und eisglatter Fahrbahn kaum von der Geschwindigkeit abhängen, diese Bereiche sind auf dem Bewertungshintergrund gesondert dargestellt, findet man für die Bedingungen der nassen Fahrbahn meist (aber je nach der Rauheit der Oberfläche nicht immer) ein ausgeprägtes Absinken des Gleitbeiwertes mit zunehmender Geschwindigkeit. Die Bilder 9.21a bis d zeigen, dargestellt auf dem Bewertungshintergrund, eine Auswahl von Meßergebnissen.

Der Bewertungshintergrund stellt zugleich die beste verfügbare Schätzung des Griffigkeitszustandes unseres Straßennetzes dar und kann deshalb auch dazu dienen, Teilkollektive — etwa Deckschichten einer bestimmten Bauweise, einer bestimmten Altersklasse, einer nach der Verkehrsstärke ausgewählten Gruppe — bezüglich Griffigkeit mit dem gesamten Kollektiv zu vergleichen. Im Hinblick auf die Formulierung von Anforderungen an die Griffigkeit von Straßen liefert der Bewertungshintergrund den Maßstab dafür, mit welcher Wahrscheinlichkeit mit den verfügbaren Bauweisen und Baustoffen bestimmte Anforderungen erfüllt werden können [60].

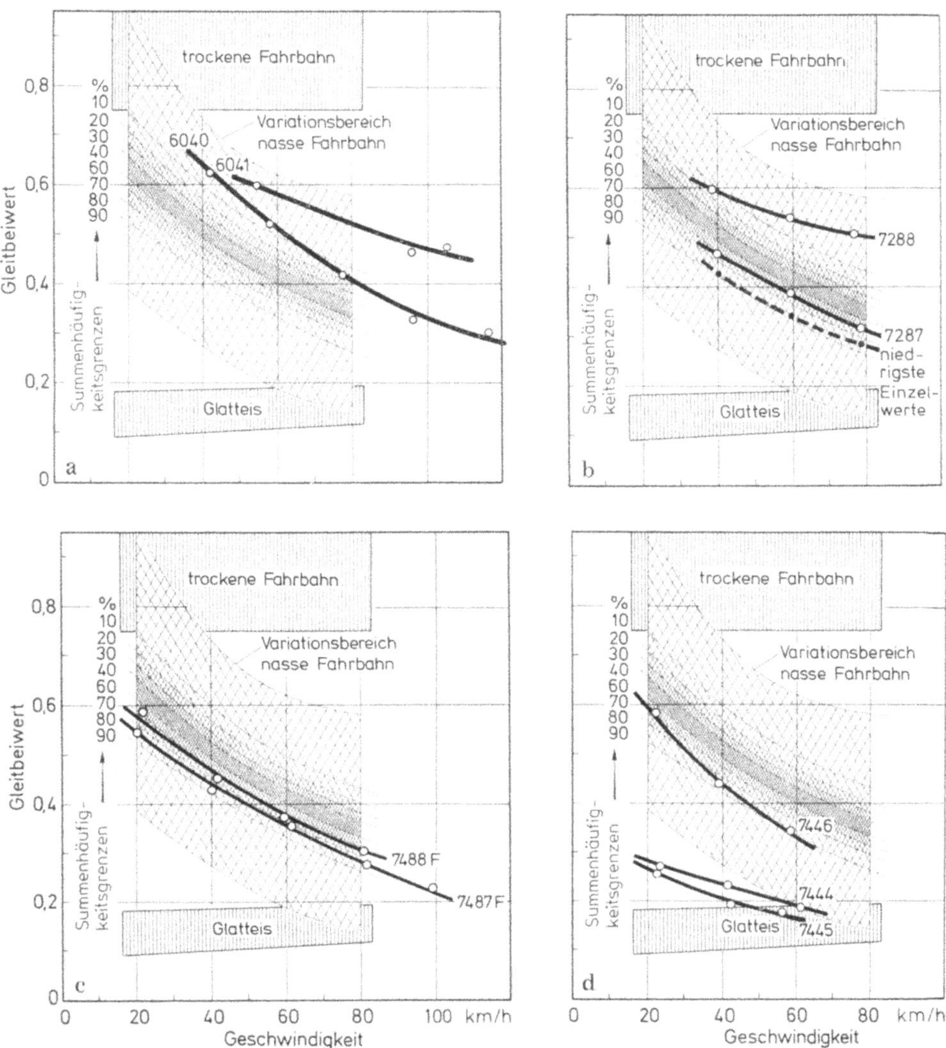

Bild 9.21. Beispiele einiger Ergebnisse von Griffigkeitsmessungen mit dem „Stuttgarter Reibungsdurchmesser", dargestellt auf dem Bewertungshintergrund für dieses Meßverfahren.
a) Gußasphaltdeckschicht, etwa 1 Jahr unter Verkehr, abgestreut mit Splitt 2/5 mm
Nr. 6040: Fahrstreifen, Nr. 6041 Überholstreifen.
b) Asphaltbetondeckschicht, etwa 2 Monate unter Verkehr
Nr. 7288: beim Einbau mit Splitt 1/3 mm abgestreut
Nr. 7287: Standardsausführung der Deckschicht (ohne Abstreuung).
c) Betondecke, etwa 12 Jahre unter Verkehr
Nr. 7487 Fahrstreifen, Nr. 7488 Überholstreifen.
d) Gefährlich glatter Brückenbelag
Nr. 7446: Zufahrtrampe in Asphaltbeton Nr. 7444 und 7445: bituminöses Sondermischgut.

Der Bewertungshintergrund wird derzeit (Stand 1977) neu ermittelt, da vor etwa zwei Jahren ein europäischer Standardreifen für Griffigkeitsmessungen nach dem Vorbild des amerikanischen ASTM-Standardreifens konzipiert und in den Niederlanden produziert worden ist. Er soll künftig für Griffigkeitsmessungen angewendet werden.

9.2. Elemente der Griffigkeit

9.2.1. Die Wirkung des Zwischenmediums Wasser

Der Begriff Griffigkeit ist an den nassen Zustand der Fahrbahn gebunden. Daher setzen Griffigkeitsmessungen die Annässung der Fahrbahnoberfläche voraus. Denn erst das Vorhandensein des Wassers auf der Fahrbahn führt zur Differenzierung des Reibungsverhaltens im Zusammenwirken von Reifen und Fahrbahn. Auf trockenen Fahrbahnen ist der Reibungswiderstand Reifen/Fahrbahn stets hoch und z.B. von der Art des Reifens, der Rauheit der Fahrbahnoberfläche und der Geschwindigkeit weitgehend unabhängig. Auch der Einfluß des Reibungszustands tritt zurück: der Reibungswiderstand beim blockierten Rad ist auf trockener Fahrbahn nicht wesentlich geringer als bei einem mit optimalem Schlupf gebremsten Rad.[5]

Dies alles ändert sich auf nassen Fahrbahnen. Die Höhe der verfügbaren Reibung Reifen/(nasse) Fahrbahn wird wesentlich — wenn auch jeweils in unterschiedlichem Maße — von der Geschwindigkeit, der Rauheit der Fahrbahnoberfläche, der Art des Reifens und einigen weiteren Einflüssen geprägt. Bei Nässe unterscheiden sich die Reibungswiderstände beim blockierten Rad und bei dem mit optimalem Schlupf gebremsten Rad voneinander erheblich. Die Anwesenheit einiger weniger Millimeter Wasser kann, sowohl beim blockierten Rad als auch beim mit optimalem Schlupf gebremsten Rad, die verfügbare Reibung Reifen/Fahrbahn entscheidend herabsetzen, ja sogar aufheben.

Zur Erklärung der diesbezüglichen Auswirkungen des Wassers unterteilt man die momentane Aufstandsfläche eines rollenden Reifens in drei Zonen (Bild 9.22): Während die Einlaufzone A durch einen geschlossenen Wasserfilm gekenn-

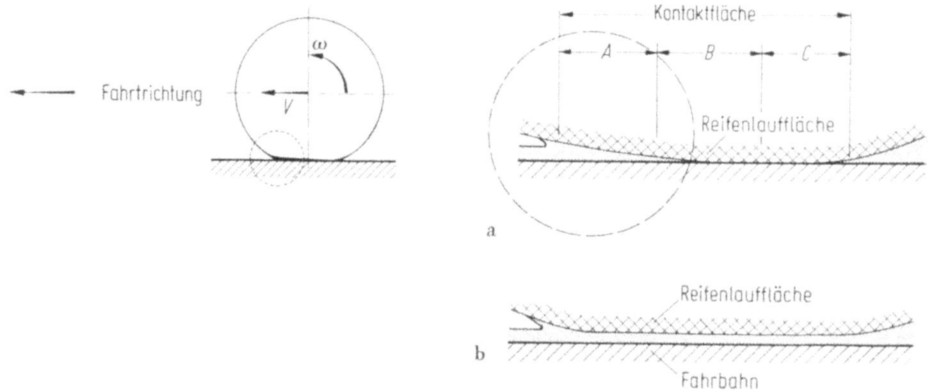

Bild 9.22a. Abbau des Wasserfilmes in der momentanen Aufstandsfläche des Reifens (Modellvorstellung); Einteilung in drei Bereiche:
Zone A: geschlossener Wasserfilm
Zone B: Übergangsbereich
Zone C: überwiegend trockener Kontakt des Reifens mit der Fahrbahnoberfläche.
Bild 9.22b. Vollständige Trennung der Reifenaufstandsfläche von der Fahrbahn: Hydroplaning (oder Aquaplaning).

[5] Diese Bemerkung sollte allerdings nicht über einen grundlegenden Unterschied hinwegtäuschen: beim blockierten Rad ist die Kraftübertragung auf die Fahrbahn nur in einer Richtung, der momentanen Bewegungsrichtung des Reifens, möglich („Widerlagerbruch“, vgl. Abschnitt 9.1.1.).

zeichnet ist, wird der Wasserfilm in der nachfolgenden Übergangszone B schon teilweise durchbrochen: Man spricht dann von „gemischten" Kontakten Reifen/Fahrbahn. In der Zone C schließlich überwiegt der quasi trockene Kontakt zwischen den Elementen der momentanen Reifenaufstandsfläche und der Fahrbahn. Da nur in den Zonen B und C Reibungskräfte erzeugt werden können — die Reibung Reifen/Wasser (Zone A) ist bekanntlich sehr gering — kommt der Größe dieser beiden Bereiche eine entscheidende Bedeutung zu: vergrößern oder verkleinern sie sich, so nimmt die verfügbare Reibung Reifen/Fahrbahn entsprechend zu oder ab. Im Grenzfall kommt es zum vollständigen Verlust der Reibung Reifen/Fahrbahn, dann nämlich, wenn die Zonen B und C verloren gegangen sind. Dann wird der Reifen nur vom Wasser „getragen".

Die Vorgänge beim Zusammenschrumpfen der Bereiche trockenen und gemischten Kontaktes, hervorgerufen durch die Wirkung des Zwischenmediums Wasser, entziehen sich bisher einer umfassenden theoretischen Behandlung. Die bekannten Ansätze beruhen auf stark vereinfachenden Modellvorstellungen. Zwei Fälle werden unterschieden:

1. Dünne Wasserfilme (um 1 mm).
2. Dicke Wasserschichten (um 10 mm oder darüber).

Der zweite Fall schließt den ersten grundsätzlich ein, da zur Herstellung eines trockenen und gemischten Kontaktes Reifen/Fahrbahn in einer dicken Wasserschicht zuletzt auch das Stadium des dünnen Wasserfilms durchlaufen werden muß. Diese Tatsache wird leicht übersehen, wenn man — nach den bekannten Ansätzen — die beiden Fälle voneinander gelöst betrachtet und

— für dicke Wasserschichten die Viskosität des Wassers vernachlässigt, die Gesamtwirkung also der Trägheit des Wassers zuschreibt (Staudruckmodell);
— für dünne Wasserfilme die Trägheit des Wassers vernachlässigt, die Gesamtwirkung damit auf die Viskosität des Wassers zurückführt (Quetschfilm- und Gleitfilmmodell).

9.2.1.1. Das Staudruckmodell

Obwohl historisch jünger, sei zunächst das Staudruckmodell betrachtet. Es wurde, erstmals verbunden mit dem Begriff „Hydroplaning", 1962 von Horne u.a. [61] vorgeschlagen. Unter „Hydroplaning" (amerik.) — auch als „Aquaplaning" (engl.) bezeichnet — ist das Aufschwimmen des Reifens auf einer Wasserschicht zu verstehen, mit der Wirkung, daß der Reifen den Kontakt mit der Fahrbahn und damit seine Fähigkeit, horizontale Kräfte durch Reibung abzustützen, verliert. Die Erscheinung wurde zuerst — etwa Ende der fünfziger Jahre — in den USA an mit hohen Geschwindigkeiten landenden Düsenflugzeugen beobachtet (Landungen auf „überfluteten" Landebahnen).

Untersuchungen bei der NASA[6], bei denen die momentane Reifenaufstandsfläche von unten durch eine Glasplatte hindurch gefilmt wurde, zeigten, daß sich mit zunehmender Vorwärtsgeschwindigkeit des Reifens ein „Wasserkeil", von vorn nach hinten fortschreitend, unter den Reifen schiebt. Die hintere Zone der Reifenaufstandsfläche, in der nach Durchbrechen des Wasserfilms trockener oder gemischter Kontakt entsteht, schrumpft bei zunehmender Vorwärtsgeschwindigkeit des Reifens mehr und mehr zusammen. Die Geschwindigkeit, bei der die

[6] National Aeronautics and Space Administration.

momentane Reifenaufstandsfläche vollkommen von der Fahrbahn abgehoben ist („aufschwimmt") und die Radlast voll vom Wasser getragen wird, ist die „Aquaplaning-Geschwindigkeit". Bezeichnend für diesen Grenzzustand ist das Verschwinden der Schwallwelle vor dem Reifen sowie das Aufhören der Drehung des ungebremsten Rades (Bild 9.23).

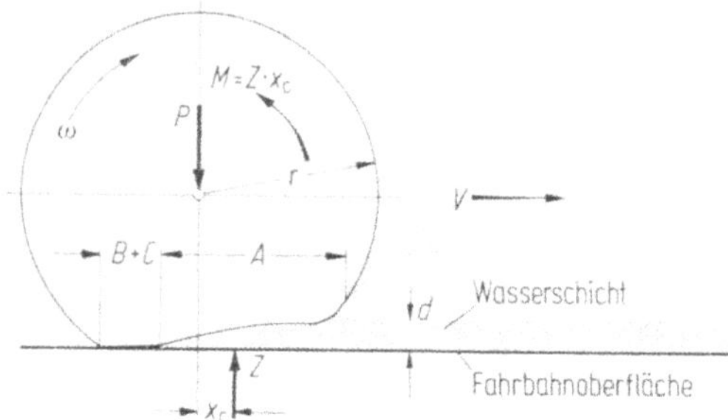

Bild 9.23. Prinzipskizze zum Aufbau der hydrodynamischen Hubkraft (P Radlast; Z hydrodynamische Hubkraft; M: gegen die Raddrehung gerichtetes Moment ($Z \cdot x_c$) infolge der Hubkraft; ω Winkelgeschwindigkeit des Rades; d Wasserschichtdicke; A, Bund C: Drei Zonen der Reifenaufstandsfläche, vgl. Bild 9.22) [63].

Das Staudruckmodell führt das Entstehen und Ausbreiten des Wasserkeils unter dem Reifen auf den hydrodynamischen Wasserdruck zurück. Die Modellvorstellung gilt zunächst für das blockierte Rad, kann aber auch auf das rollende Rad übertragen werden. Ausgehend von der relativen Bewegung zwischen dem Rad und der Wasserschicht läßt sich die Druckkraft (Staudruck) je Flächeneinheit — erzeugt durch das mit der Vorwärtsgeschwindigkeit des Reifens auf den als stehend gedachten Reifen prallende Wasser — wie folgt angeben:

$$q = \frac{1}{2} \cdot \varrho V^2 \tag{9.5}$$

ϱ Dichte des Wassers
V Geschwindigkeit des Wassers (des Rades bei stehendem Wasser).

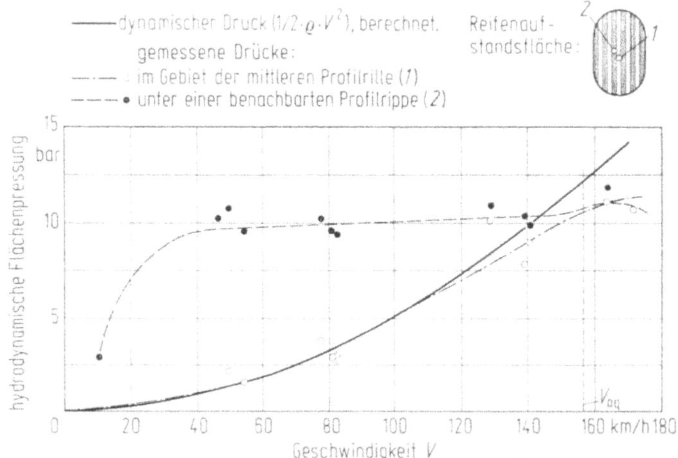

Bild 9.24. Änderung des hydrodynamischen Drucks an zwei Punkten unter der Reifenaufstandsfläche (Flugzeugreifen 23×8,8 Typ VII; Reifenfülldruck $p = 6{,}3$ kp/cm²; Wasserschichtdicke $d = 25$ mm; V_{aq} = Aquaplaning-Geschwindigkeit nach Gl. (9.7) = 156 km/h) [62].

Messungen zeigen, daß bei einem Flugzeugreifen mit Längsrillen unter den Profilrippen und den Profilrillen unterschiedliche Flächenpressungen aufgebaut werden. Während in der Radmitte die Flächenpressung unter den Profilrippen bereits bei geringen Geschwindigkeiten hohe Werte erreicht, um anschließend annähernd konstant bzw. von der Geschwindigkeit unabhängig zu bleiben (viskoser Einfluß des Wassers, vgl. Abschnitt 9.2.1.2.), nimmt sie unter den Profilrillen gemäß der Gl. (9.5) mit der Geschwindigkeit zu (Bild 9.24). Aus der Integration dieser unterschiedlichen Flächenpressungen über den vom Wasser getragenen vorderen Teil der Reifenaufstandsfläche läßt sich die vertikale Komponente des resultierenden Staudrucks angeben („Hubkraft“ Z).

Die beobachtete Verzögerung der Raddrehung bis zum Stillstand bei gleichbleibender Vorwärtsgeschwindigkeit (engl. „Wheel spin-down“) wird mit dem durch diese Hubkraft erzeugten und die Raddrehung hemmenden Moment begründet. Infolge dieser Hubkraft verringert sich auch die auf den hinteren Teil der Reifenaufstandsfläche wirkende Normalkraft (Radlast abzüglich Hubkraft). Dadurch nimmt die in diesem ohnehin zusammengeschrumpften Bereich mit trokkenem und gemischtem Kontakt erzeugte Reibungskraft noch weiter ab.

In der Nähe der Aquaplaning-Geschwindigkeit erreichen die Flächenpressungen unter den Profilrippen und den Profilrillen die gleiche Größenordnung (Bild 9.24) und erstrecken sich schließlich in dem Grenzzustand Aquaplaning über die gesamte Reifenaufstandsfläche. Dann wird die vertikale Komponente der resultierenden Druckkraft (Hubkraft Z):

$$Z = C_L F \left(\frac{1}{2} \cdot \varrho V^2\right) \tag{9.6}$$

C_L empirisch zu bestimmender Hub-Koeffizient
F Reifenaufstandsfläche.

Da die Hubkraft Z in diesem Grenzzustand gleich der Radlast sein muß, kann sie in der Gl. (9.6) durch diese ersetzt werden. Durch die anschließende Umformung der Gl. (9.6) läßt sich die Aquaplaning-Geschwindigkeit V_{aq} bestimmen:

$$V_{aq} = \sqrt{\frac{2}{C_L \cdot \varrho}} \cdot \sqrt{\frac{P}{F}} \tag{9.7}$$

P Radlast

Der Ausdruck „P/F“ in der Gl. (9.7) entspricht der mittleren Flächenpressung unter der Reifenaufstandsfläche infolge der Radlast und steht — unter Berücksichtigung der Karkassensteifigkeit des Reifens — mit dem Reifeninnendruck P in Beziehung:

$$p = f\left(\frac{P}{F}\right) \tag{9.8}$$

Hieraus hat Horne für Flugzeugreifen folgende empirische Gleichung der Aquaplaning-Geschwindigkeit abgeleitet:[7]

$$V_{aq} = 62{,}8 \sqrt{P} \tag{9.9}$$

V_{aq} Aquaplaning-Geschwindigkeit in km/h
p Reifeninnendruck in bar.

[7] Die Originalgleichung lautet [63]:

$$V_{aq} = 10{,}35 \cdot \sqrt{p}$$

mit p in lb/sq.in. und V_{aq} in Meilen/Stunde.

Diese Hornsche Gleichung, auch NASA-Gleichung genannt, soll für „überflutete“ Oberflächen gelten (Wasserschichtdicken um 10 mm oder darüber). Unter Vernachlässigung der Unterschiede zu Flugzeugreifen ergibt sich aus dieser Gleichung für einen Pkw-Reifen mit $p = 1{,}8$ bar Reifeninnendruck eine Aquaplaning-Geschwindigkeit in der Größenordnung von 80—90 km/h.

Andere Faktoren als der Reifeninnendruck, so z.B. die Rauheit der Fahrbahn, Reifenprofiltiefe, Wasserschichtdicke usw., gehen in die Gl. (9.9) nicht ein — es sei denn, man würde den konstanten Faktor in Gl. (9.9) auf die durchschnittlichen Auswirkungen zurückführen, die aus den diesbezüglichen Meßbedingungen resultierten. Spätere Untersuchungen in den USA (zum Teil mit Kfz-Reifen) [64, 65], aber auch in Schweden [66] und in Deutschland [67] lassen die Einflüsse dieser Faktoren erkennen:

- Auf Fahrbahnen mit überdurchschnittlicher Grobrauheit tritt Aquaplaning erst bei größeren Wasserschichtdicken auf;
- Eine Vergrößerung der Reifenprofiltiefe hat die gleichen Auswirkungen wie die Vergrößerung der Grobrauheit: die zum Erreichen des Aquaplaning-Zustands erforderliche Wasserschichtdicke nimmt zu;
- Der Endzustand Aquaplaning wird dagegen bei einer geringeren Wasserschichtdicke erreicht, wenn der Reifen breiter wird;
- Der Reibungszustand des Reifens (blockiert oder unter Schlupf rollend) hat auf die zum Erreichen des Aquaplaning-Zustands benötigte Wasserschichtdicke keinen wesentlichen Einfluß.

Diese — wenn auch in quantitativer Hinsicht geringen — Auswirkungen stehen mit der „Qualität“ der Drainage des Wassers unter der Reifenaufstandsfläche im Zusammenhang. Die hydrodynamische Flächenpressung ist zwar, nach Gl. (9.5), von der Wasserschichtdicke unabhängig, sofern die Wasserschichtdicke genügend groß ist und sich damit hydrodynamisch auswirken kann. Für das „Aufschwimmen“ des Reifens ist jedoch nicht nur die Größenordnung dieser Flächenpressung bei der Aquaplaning-Geschwindigkeit,

$$q_{aq} = \frac{1}{2} \cdot \varrho V_{aq} \qquad (9.10)$$

sondern auch deren Ausdehnung unter die Reifenaufstandsfläche maßgebend. Diese Ausdehnung erfolgt dann, wenn das unter der Reifenaufstandsfläche „eingeschlossene“ Wasser die Flächenpressung weitergeben kann. Bestehen hier genügende Ausweichmöglichkeiten für das Wasser, dann wird der Aufbau der Hubkraft (im Endzustand gleich der Radlast) verzögert: der Druck geht teilweise „ins Leere“. Erst wenn die zu verdrängenden Wassermengen derart groß sind, daß in der — geschwindigkeitsabhängig — verfügbaren Zeit keine genügende Drainage unter der Reifenaufstandsfläche erreicht werden kann, reicht die Flächenpressung nach Gl. (9.10) aus, den Reifen „aufschwimmen“ zu lassen.

Auch der Einfluß der Geschwindigkeit ist in diesem Zusammenhang zu sehen. Die Zeit, die zur Drainage des Wassers unter der Reifenaufstandsfläche zur Verfügung steht, nimmt mit zunehmender Geschwindigkeit ab (vgl. Abschnitt 9.2.1.2.). Daher ist auch der Umstand, inwieweit das Wasser unter der Reifenaufstandsfläche verdrängt und damit der Aufbau der hydrodynamischen Hubkraft verzögert werden kann, von der Geschwindigkeit abhängig. Wird die Drainage des Wassers durch weitere Faktoren unterstützt (größere Reifenprofiltiefe, bessere Grobrauheit der Fahrbahn) dann müßte die zum „Aufschwimmen“ benötigte

Hubkraft — bei gleicher Wasserschichtdicke — erst bei einer größeren Geschwindigkeit erreicht werden. In der Tat zeigen die empirischen Untersuchungen, daß die Aquaplaning-Geschwindigkeit streng genommen keine konstante Größe darstellt: bei der vorkommenden Variationsbreite der Reifenprofiltiefen oder der Fahrbahnrauheiten unterscheiden sich die Aquaplaning-Geschwindigkeiten der Extremfälle (z.B. „glatte" Fahrbahn — „rauhe" Fahrbahn) voneinander um etwa 15—20 km/h, gleiche extreme Wasserschichtdicke vorausgesetzt.

Daraus wird ersichtlich, daß die Auswirkungen der „Qualität" der Drainage unter der Reifenaufstandsfläche nicht überschätzt werden dürfen. Es läßt sich vereinfachend feststellen, daß bei extrem dicken Wasserschichten die Einflüsse des Reifenprofils, der Fahrbahnrauheit und der tatsächlichen Wasserschichtdicke, dem Staudruckmodell entsprechend, in den Hintergrund treten. Allein die Fahrgeschwindigkeit bleibt dann als Einflußgröße auf die Reibung Reifen/Fahrbahn übrig. Damit kommt hier der Reduzierung der Fahrgeschwindigkeit größte Bedeutung zu.

9.2.1.2. Das Quetschfilmmodell

Das Zusammenschrumpfen sowie der Verlust des trockenen und gemischten Kontakts Reifen/Fahrbahn kann auch ohne Mitwirkung des hydrodynamischen Drucks auftreten. Eine diesbezügliche Modellvorstellung wurde zuerst im Jahre 1935 von Saal [23, 68] formuliert und in der folgenden Zeit von mehreren Autoren — zuletzt von Moore [69] — bezüglich der Randbedingungen erweitert. Sie stellt allein die Viskosität des Wassers in Rechnung und gilt daher nur für sehr dünne Wasserfilme, in denen sich ein Staudruck von nennenswerter Größenordnung nicht aufbauen kann.

Saal betrachtete die momentane Aufstandsfläche eines rollenden Reifens als eine starre elliptische Platte, die sich unter der Radlast der mit einer Flüssigkeitsschicht bedeckten Fahrbahnoberfläche nähert. Platte und Unterlage seien ideal eben und glatt. Diese Annahmen führen zum klassischen Quetschfilmmodell, auf das die Reynoldsche Differentialgleichung angewendet werden kann.[8] Man erhält den folgenden Ausdruck für die Zeit, die die Platte zum Annähern an die Unterlage und damit zum Herausquetschen der Flüssigkeit benötigt (Einsinkdauer) (Bild 9.25).

$$t - t_0 = \frac{3}{2} \frac{\pi \cdot \eta}{P} \cdot \frac{a^3 \cdot b^3}{a^2 + b^2} \left(\frac{1}{h^2} - \frac{1}{h_0^2} \right) \tag{9.11}$$

P Radlast
η dynamische Viskosität
$2a$, $2b$ Haupt- und Nebenachse der Ellipse
h Abstand der Platte zur Unterlage

[8] Die Reynoldsche Differentialgleichung, Grundgleichung der hydrodynamischen Schmierungstheorie [70] ist eine besondere Form der Navier-Stokesschen Bewegungsgleichungen einer inkompressiblen zähen Flüssigkeit. Sie lautet für den Sonderfall des Quetschfilmes (Bild 9.25):

$$\frac{\partial^2 p}{\partial x^2} + \frac{\partial^2 p}{\partial z^2} = \frac{12\eta}{h^3} \cdot \frac{dh}{dt}.$$

mit η: dynamische Viskosität = const; $p = p(x, z)$: Druck; $(\partial h/\partial x) = (\partial h/\partial z) = 0$ (paralleles Absinken). Weitere Voraussetzungen sind u.a.: Laminare Strömung; Trägheitskräfte klein gegenüber den Scherkräften aus Viskosität.

Der Lösungsansatz für die elliptische Platte

$$p(x, z) = C\left(\frac{x^2}{a^2} + \frac{z^2}{b^2} - 1\right)$$

entspricht einer parabolischen Druckverteilung mit $p = 0$ am Rande der Platte.

Da es gilt

$$h < h_0 \qquad \text{und} \qquad \frac{1}{h_0^2} \ll \frac{1}{h^2} \tag{9.12}$$

wird für den Klammerausdruck in Gl. (9.11)

$$\left(\frac{1}{h^2} - \frac{1}{h_0^2}\right) \approx \frac{1}{h^2} \tag{9.13}$$

gesetzt.

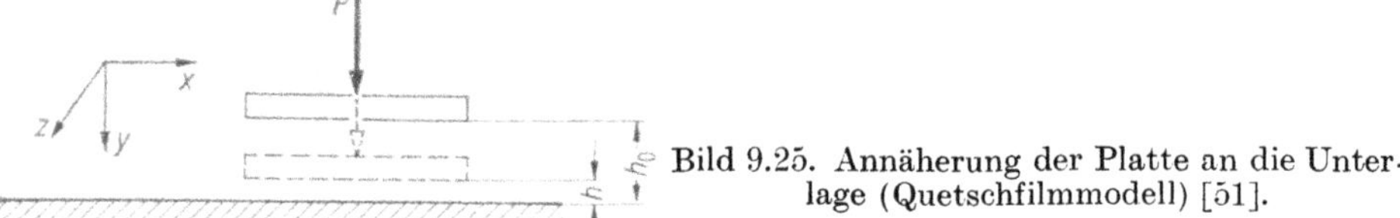

Bild 9.25. Annäherung der Platte an die Unterlage (Quetschfilmmodell) [51].

In dieser vereinfachten Form läßt die Gl. (9.11) erkennen: die Einsinkdauer hängt entscheidend von der Enddicke des Filmes ab, die erreicht werden muß. Müßte der Film bis auf $h = 0$ reduziert werden, bedürfte es einer unendlich langen Zeit. Es steht aber bei der Fahrt eines Kraftfahrzeuges nur eine extrem kurze Berührungsdauer von Flächenteilchen des Reifens und der Fahrbahn zur Verfügung, die mit der steigenden Geschwindigkeit abnimmt: wenn die Länge der momentanen Reifenaufstandsfläche mit 20 cm angenommen wird, ergeben sich als Berührungsdauer Reifen/Fahrbahn z.B. für eine Fahrgeschwindigkeit von $V = 80$ km/h nur $^1/_{111}$ s und für $V = 120$ km/h nur noch $^1/_{166}$ s (Annahme: keine Gleitbewegung in der Berührungsfläche). Der vorderste Punkt der momentanen Reifenaufstandsfläche kann also nur innerhalb einer derartig kurzen Berührungsdauer auf der Fahrbahn in Ruhe verbleiben und auf die Wasserschicht drücken, bis er sich im Zuge der Rollbewegung des Rades — nunmehr als der hinterste Punkt der momentanen Reifenaufstandsfläche — von der Fahrbahn wieder abhebt (vgl. Kapitel 8, Bild 8.3).

Dies bedeutet: Ein Durchbrechen des Filmes und ein Übergang in den Zustand der gemischten und trockenen Reibung ist nur dann möglich, wenn der Gültigkeitsbereich der reinen Hydrodynamik bei derjenigen endlichen Filmdicke aufhört, die innerhalb der vorkommenden, extrem kurzen Berührungsdauer erreicht wird. Das ist dann der Fall, wenn die Unterlage, also die Fahrbahn, von der idealen Glätte in genügendem Maße abweicht.

Welche Art diese Abweichung von der idealen Glätte sein muß, weiß man aus Erfahrung: die Fahrbahnoberfläche muß an den Flächenelementen, die der Reifen berührt, einen ausreichenden Grad feiner Rauheit besitzen, besser bezeichnet als „Schärfe“ (engl. harshness, micro or fine scale texture). Zur Veranschaulichung: Glaskugeln oder Glasflächen besitzen diese Schärfe nicht, ein sehr feines Sandpapier (etwa 600 — Korngröße 0,010/0,013 mm) hat sie.

An Gl. (9.11) läßt sich ferner zeigen: Ein Aufgliedern der einsinkenden „Platte“ durch ein „Profil“ (Reifenprofil) verkürzt die Einsinkdauer wesentlich, sofern die Zwischenräume der Teilplatten das Wasser ohne Rückstau aufnehmen können. Ein Rückstau aber wird um so eher entstehen, je größer die abzuführende Wassermenge (d.h. je dicker der Wasserfilm auf der Fahrbahn) ist und je mehr der Reifen abgenutzt ist (verringertes Volumen der Profilrillen). Dann wachsen die Teilplatten gewissermaßen wieder zusammen und die Einsinkdauer vergrößert sich entsprechend.

Der Aufgliederung des Reifenprofils sind aus Gründen der Stabilität und des Abnutzungswiderstandes des Reifens Grenzen gesetzt. Eine weitergehende Aufgliederung der Flächen unter dem Profil des Reifens kann nur die Fahrbahnoberfläche durch ihre Grobrauheit bewirken (Grobrauheit ist der Bereich der mit bloßem Auge sichtbaren Zwischenräume zwischen den Körnern einer körnigen Oberfläche).

Zwei weitere Variable in der Gl. (9.11) sind von Bedeutung: Die Last P (Radlast) steht im Nenner, und ihre Verminderung — sei es durch dynamische Radlastschwankungen, sei es durch einen hydrodynamischen Hub im vorderen Teil der Reifenaufstandsfläche (Staudruckmodell, vgl. Abschnitt 9.2.1.1.) — vergrößert die Einsinkdauer. Die zweite Variable ist die dynamische Viskosität der „Flüssigkeit". Sie steht im Zähler. Öl an Stelle von Wasser würde also die Einsinkdauer vergrößern. In der gleichen Richtung kann eine durch leichten Regen nur gering angenäßte Schmutzschicht auf der Fahrbahn wirken. Dieser Einfluß wird aber oft überschätzt, ja irrtümlich geltend gemacht. Stärker befahrene Fahrbahnoberflächen sind normalerweise frei von losem Staub und Schmutz. Sie können aber (z. B. zeitweise, vgl. Abschnitt 9.3.2.) infolge der Polierwirkung der Kraftfahrzeugreifen einen herabgesetzten Schärfegrad besitzen. Bei geringem Schärfegrad genügt die Viskosität klaren Wassers, um das Durchbrechen des letzten dünnen Wasserfilmes stark zu verzögern. In diesem Fall wäre es unzutreffend, das geringe Reibungsvermögen durch einen Schmutzfilm („wie Schmierseife") zu erklären.

Die Bilanz zwischen der zur Wasserbeseitigung „erforderlichen" und der dazu „verfügbaren" Zeit entscheidet also darüber, in welchem Maße Punkte gemischter und trockener Reibung zwischen Reifen und Fahrbahn zustande kommen und wie groß mithin das Reibungsvermögen ist. Um das Reibungsvermögen bei Nässe auf ein ausreichend hohes Niveau zu bringen, gibt es folglich zwei Möglichkeiten:

— Verlängern der „verfügbaren" Zeit durch Herabsetzen der Fahrgeschwindigkeit (auch: Verkehrsbeeinflussung durch Geschwindigkeitsbeschränkung)
— Verkürzen der erforderlichen Zeit.

Von der Seite der Straße kann die „erforderliche" Zeit auf zwei Wegen verkürzt werden:

1. durch eine gute Entwässerung der Fahrbahnoberfläche (eine Frage der geometrischen Gestaltung der Fahrbahn, besonders in den Querneigungsübergängen — vgl. Kapitel 16 — sowie der erzielten und bewahrten Ebenheit, aber auch eine Frage der Straßenunterhaltung),

2. durch eine günstige Rauheit der Fahrbahnoberfläche (eine Frage der beim Einbau erzielten Rauheit und der Änderungen, die sie durch Verkehr, Wetter und Winterdienst erfährt).

Von der Seite des Kraftfahrzeugs ist der wichtigste Faktor, der die erforderliche Zeit verkürzt, die Ausbildung und vor allem der Abnutzungszustand des Reifenprofils (wachsende Vorsicht mit zunehmender Profilabnutzung; gesetzlich vorgeschriebene Mindestprofiltiefe).

Dieses stark vereinfachte Bild der Bedingungen für das Reibungsvermögen Reifen/Fahrbahn bei dünnen Wasserfilmen ist keineswegs vollständig. So ließen sich entsprechende Überlegungen wie für das rollende Rad (Quetschfilmmodell) auch für das blockierte Rad anstellen, das bezüglich der Wirkung der viskosen Kräfte des Wassers einem Gleitlager vergleichbar ist (Gleitfilmmodell). Das Ergebnis ist qualitativ das gleiche: das Durchbrechen des letzten dünnen Flüssigkeitsfilmes durch den Reifen erfordert einen gewissen Schärfegrad der Flächenelemente der Fahrbahn, die der Reifen berührt; die Aufgliederung der Reifenaufstandsfläche durch Reifenprofil und Grobrauheit der Fahrbahn begünstigt das Abführen der Hauptmenge des Wassers und das Reduzieren des Wasserfilmes auf jene Dicke, bei der das Durchbrechen beginnt. Hieraus erklärt sich „im groben" gleiche Einstufung von Fahrbahnoberflächen bezüglich Griffigkeit, ob nun das blockierte Meßrad oder das mit „optimalem" Bremsschlupf oder entsprechendem Schräglaufwinkel abrollende Meßrad angewendet wird (Erkenntnisse aus den Vergleichsmessungen, vgl. Abschnitt 9.1.3.1.).

9.2.1.3. Einfluß der Wasserfilmdicke

Das Staudruckmodell wie das Quetschfilmmodell beziehen sich zunächst auf Extremfälle. Dicke Wasserschichten (um 10 mm oder darüber), wie sie im Zusammenhang mit dem Staudruckmodell betrachtet wurden (vgl. Abschnitt 9.2.1.1.), kommen auf den Straßen, selbst bei sehr großen Regenintensitäten, normalerweise selten vor: sie können z. B. bei sehr tiefen Spurrinnen auftreten, wenn das Regenwasser bei großen Fahrzeugabständen (geringe Verkehrsbelastung) Zeit hat, sich in den Spurrinnen anzusammeln. Viel häufiger werden auf ebenen Fahrbahnen bei gewöhnlich vorkommenden Regenintensitäten weitaus geringere Wasserfilmdicken anzutreffen sein (bis zu einer Größenordnung von 1 bis 2 mm). Allerdings können in Verbindung mit Fahrbahnunebenheiten, Spurrinnen und z. B. in Bereichen des Querneigungswechsels die „normalen" Wasserfilmdicken Größenordnungen von mehreren Millimetern erreichen [71].

Analog zu dem Staudruckmodell, das die tatsächliche Dicke der Wasserschicht nicht in Rechnung stellt (die Wasserschicht wird nur als extrem dick vorausgesetzt), vernachlässigt auch das auf dünne Wasserfilme anzuwendende Quetschfilmmodell, zumindest rechnerisch, die Wasserfilmdicke: die „Einsinkdauer" der Reifenelemente ergibt sich, nach dem Modell als lediglich von der zu erreichenden Enddicke abhängig und nicht von der Anfangsdicke des Wasserfilmes, die der Reifen vorfindet (vgl. Abschnitt 9.2.1.2.). Demnach würde bei einer ideal glatten Oberfläche (keine Schärfe) und profillosem Reifen die Wasserfilmdicke (Anfangsdicke) von vernachlässigbarer Bedeutung sein.

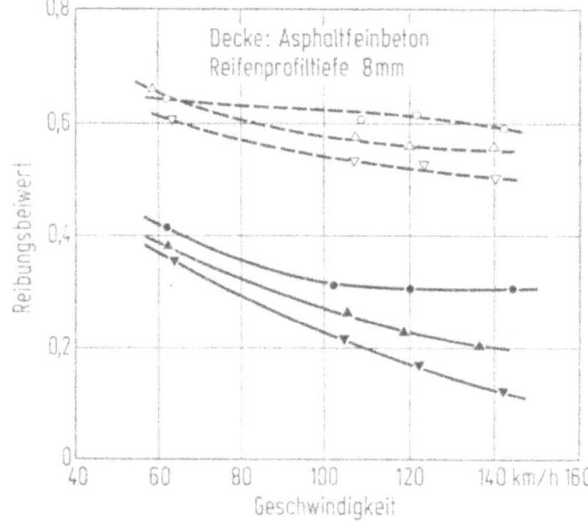

15 % Bremsschlupf	blockiertes Meßrad	rechnerische Wasserfilmdicke
○	●	0,3 mm
△	▲	0,6 mm
▽	▼	0,9 mm

Bild 9.26. Reibungsbeiwerte bei 15% Bremsschlupf und bei blockiertem Rad bei dünnen und extrem dünnen Wasserfilmdicken: Beispiel für den Verlauf über der Geschwindigkeit [75].

Auf Fahrbahnoberflächen sind jedoch selbst extrem dünne Wasserfilme von Bedeutung. Messungen zeigen, daß bei (rechnerischen) Wasserfilmdicken von 0,1 bis 0,2 mm die Reibungsbeiwerte noch sehr hoch und von der Geschwindigkeit weitgehend unabhängig sind. Bereits ab 0,3 mm Wasserfilmdicke ist aber ein mit der Geschwindigkeit zunehmendes Absinken der Reibung Reifen/Fahrbahn festzustellen, das bei Gleitreibung stärker ausgeprägt ist als bei einem mit nahezu optimalem Schlupf gebremsten Rad (Bild 9.26).

Bei derart dünnen Wasserfilmen läßt sich diese Erscheinung, insbesondere bei voller Profiltiefe des Reifens, nicht auf Verdrängungsvorgänge des Wassers unter der Reifenaufstandsfläche (Entstehen von „Rückstau", siehe unten) zurückführen — auch bei relativ „geschlossenen" Oberflächentexturen der Fahrbahn nicht, wie sie diesen und den folgenden Betrachtungen zugrunde liegen: die zu verdrängenden Wassermengen sind minimal. Vielmehr ist anzunehmen, daß bei derart dünnen Wasserfilmen die Schärfepartikel der — ohnehin nicht ideal ebenen — Fahrbahnoberfläche nicht vollständig mit Wasser bedeckt sind: die rechnerische Wasserfilmdicke stellt ja auch nur einen auf die Oberflächeneinheit bezogenen Mittelwert dar. Daher ist bei derart geringen mittleren Wasserfilmdicken die Frage zu stellen, inwieweit das Durchbrechen des Wasserfilmes überhaupt notwendig wird, um zumindest gemischten Kontakt Reifen/Fahrbahn herzustellen. Dort, wo die Schärfepartikel aus dem Wasserfilm herausragen, besteht diese Notwendigkeit nicht. Die verbleibende, mit Wasserfilm bedeckte Fläche hingegen kann zur Aktivierung einer Reibungskraft nur in dem Maße beitragen, wie dieser Wasserfilm bei der verfügbaren Berührungsdauer Reifen/Fahrbahn durchbrochen wird (Einfluß der Viskosität des Wassers). Dieser Beitrag fällt um so geringer aus, je höher die Geschwindigkeit bzw. je kleiner die Berührungsdauer ist: Der Reibungswert beginnt, mit größer werdender Geschwindigkeit abzusinken.

Der Anteil der quasi trockenen Kontaktflächen, die der Reifen vorfindet, geht zurück, wenn die mittlere Wasserfilmdicke erhöht wird, z.B. auf 0,5 bis 0,6 mm. Dadurch wird die auf der quasi trockenen Fläche aktivierbare Reibungskraft geringer und dem Durchbrechen des Wasserfilms auf der übrigen Fläche kommt eine größere Bedeutung zu. Im oberen Geschwindigkeitsbereich (z.B. $V = 80$ km/h) führt dies zu einem um so stärkeren Absinken der Reibungsbeiwerte, je größer die rechnerische Wasserfilmdicke ist. Nur bei geringen Geschwindigkeiten, bei denen das Durchbrechen des Wasserfilms während der verfügbaren Berührungsdauer Reifen/Fahrbahn auf jeden Fall, also ungeachtet der jeweiligen Wasserfilmdicke, fast vollständig erfolgen kann, läßt sich eine weitgehende Unabhängigkeit der Reibungsbeiwerte von der Wasserfilmdicke feststellen (Bild 9.26).

Bei noch größeren Wasserfilmdicken, z.B. um 0,9 bis 1,0 mm, und insbesondere in Kombination mit höheren Geschwindigkeiten und geringe Reifenprofiltiefen, gewinnt die Frage der Drainage des Wassers unter der Reifenaufstandsfläche an Bedeutung. Beim Verdrängen des Wassers durch den Reifen entsteht unter der Reifenaufstandsfläche „Rückstau", die „Einsinkdauer" verlängert sich und der Bereich trockenen und gemischten Kontaktes Reifen/Fahrbahn wird mit zunehmender Geschwindigkeit kleiner.

Auch hier tritt im Grenzfall (bei hohen Geschwindigkeiten) der Zustand auf, daß in der verfügbaren Berührungsdauer der Reifenelemente mit der Fahrbahnoberfläche der letzte dünne Wasserfilm nicht durchbrochen werden kann. Der Wasserfilm erstreckt sich dann unter die gesamte Reifenaufstandsfläche und die verfügbare Reibung Reifen/Fahrbahn sinkt praktisch auf Null. Zur Unterscheidung von dem „Aufschwimmen" des Reifens auf einer dicken Wasserschicht infolge des Staudrucks („dynamic“ hydroplaning — Staudruckmodell) hat man für das „Gleiten“ des Reifens auf einem dünnen Wasserfilm den Ausdruck „viscous hydroplaning“ geprägt.

Bereits der Hinweis auf den „Rückstau“ unter der Reifenaufstandsfläche (in den Reifenrillen bzw. — bei „offenen“ Texturen — zwischen den Elementen der Grobrauheit der Fahrbahnoberfläche) macht jedoch deutlich, daß die Trägheit des Wassers selbst bei dünnen Wasserfilmen wirksam wird: sie verstärkt den Einfluß der Viskosität des Wassers, indem sie die Aufgliederung der Reifenaufstandsfläche, sei es durch Reifenprofil oder sei es durch Grobrauheit der Fahrbahn, (durch Rückstau) „auffüllt“ und damit die „Einsinkdauer“ der Reifen verlängert. Die „Schließung der Teilplatten unter der Reifenaufstandsfläche“ (vgl. Abschnitt 9.2.1.2.) erfolgt bei einer um so geringeren Geschwindigkeit, je größer die Wasserfilmdicke ist.

Hinzu kommt, daß sich auch die Frage, bis zu welchen Wasserfilmdicken der hydrodynamische Staudruck des auf den Reifen auftreffenden Wassers vernachlässigt werden darf, nicht ohne weiteres beantworten läßt. Wasserfilmdicken um 1 mm dürften den Aufbau einer Hubkraft, die schließlich gleich der Radlast wird, allein von den hydrodynamischen Randbedingungen her gesehen, nicht gestatten. Jedoch sind auch die geringeren Hubkräfte wichtig: sie tragen dazu bei, daß die auf den hinteren Teil der Reifenaufstandsfläche (trockene und gemischte Reibung) wirkende Vertikalkraft (Radlast abzüglich Hubkraft) vermindert und die „Einsinkdauer“ zusätzlich verlängert wird. Dieser in dünnen Wasserfilmen aktivierte Staudruck dürfte u.a. von der Dicke des Wasserfilmes (von der auf den Reifen je Zeiteinheit „anprallenden“ Wassermenge) abhängen.

Aus den genannten Gründen lassen sich in einem Zwischenbereich der Wasserfilmdicken (zwischen den extrem dünnen Wasserfilmen und den extrem dicken Wasserschichten) die Einflüsse aus der Viskosität und aus der Trägheit des Wassers

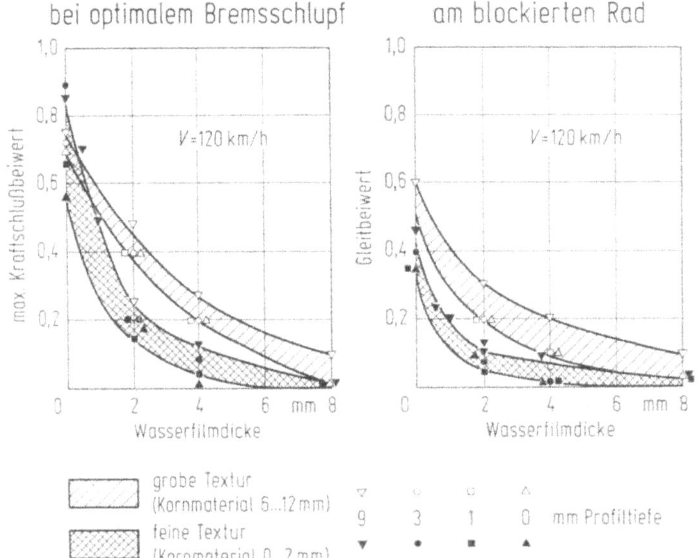

Bild 9.27. Reibungsbeiwerte bei optimalem Schlupf und bei blockiertem Rad: Beispiel für den Verlauf über der Wasserfilmdicke bei konstanter Geschwindigkeit auf zwei unterschiedlichen Oberflächentexturen und mit unterschiedlicher Reifenprofiltiefe (Diagonalreifen 7,50—14) [66].

nicht mehr voneinander trennen. Messungen zeigen, daß in diesem Bereich, in dem auch die auf Fahrbahnen „unter natürlichen Bedingungen" (Regen, Wind usw.) am häufigsten beobachteten Wasserfilmdicken vorkommen, die verfügbare Reibung — unter sonst gleichen Bedingungen — mit zunehmender Wasserfilmdicke abnimmt (Bild 9.27); umgekehrt führt die Erhöhung der Geschwindigkeit bei gleicher Wasserfilmdicke zu einer wesentlichen Abnahme der verfügbaren Reibung. Die Geschwindigkeit, bei dem die Reibung Reifen/Fahrbahn praktisch Null wird (Grenzzustand Aquaplaning) wird um so geringer, je größer die Wasserfilmdicke und/oder je „geschlossener" die Oberflächentextur der Fahrbahn ist und/oder je geringere Profiltiefe der Reifen aufweist.

Zu dem Grenzzustand Aquaplaning wäre noch folgendes festzustellen: ob dieser Zustand „viscous" oder „dynamic" oder durch eine Mischung von beiden Einflüssen bedingt sei, ist eher von theoretischem Interesse. In der Praxis erweist sich die eminente Bedeutung der Wasserfilmdicke auf der Fahrbahn nicht so sehr im Hinblick auf den vollständigen *Verlust* der verfügbaren Reibung Reifen/Fahrbahn (in dem Grenzzustand Aquaplaning), sondern im Hinblick auf die *Verminderung* dieser Reibung. Denn die Fahrzeugbewegung auf der Fahrbahn setzt stets ein gewisses Maß an verfügbarer Reibung voraus, neben Beschleunigen und Bremsen nicht zuletzt infolge der in Geraden (Querneigung) wie in Kurven zur „Spurhaltung" benötigten Seitenführungskraft [71, 72].

So würde z.B. das Ausbrechen aus der gefahrenen Kurve bereits bei einer geringeren Geschwindigkeit als der Aquaplaning-Geschwindigkeit erfolgen, nämlich dann, wenn die verfügbare Reibung soweit verringert worden ist, daß sie nicht mehr ausreicht, die beanspruchte Reibungskraft auf die Fahrbahn abzustützen: auf den völligen Verlust dieser Reibung, also auf das „Aufschwimmen", „Gleiten" des Reifens usw., braucht dann nicht mehr „gewartet" zu werden.

Für die Verkehrssicherheit bei Nässe ist die in jedem Augenblick der Fahrt neu aufzustellende Bilanz der *erforderlichen* und der *verfügbaren* Reibung Reifen/Fahrbahn maßgebend. Auf der Seite der *erforderlichen* Reibung sind den Möglichkeiten einer Einflußnahme, etwa durch „großzügigere" Trassierung oder durch Geschwindigkeitsbegrenzungen im Hinblick auf das individuelle Fahrverhalten Grenzen gesetzt; man nimmt sogar — um anderer Vorteile willen — eine „Erhöhung" der erforderlichen Reibung in Kauf, z.B. wenn man anstelle einer positiven eine negative Querneigung wählt. Um so wichtiger wird daher die Einflußnahme auf die andere Seite der Bilanz: Erhöhung der *verfügbaren* Reibung durch Gewährleistung eines guten Ablaufs des Regenwassers von der Fahrbahn (vgl. Kapitel 16) zur Verringerung der Wasserfilmdicke — entsprechende Gestaltung der übrigen Fahrbahneigenschaften (Griffigkeit, Ebenheit) vorausgesetzt.

9.2.2. Theorie der Gummireibung

9.2.2.1. Gummireibung und Viskoelastizität

Zwischen Reifen und Fahrbahn gibt es keine Haftreibung im klassischen Sinne („Reibung der Ruhe"), es sei denn im Stillstand (z.B. an einem am Hang abgestellten Fahrzeug). Beim fahrenden Fahrzeug, das z.B. in der Kurve auf der Fahrbahn „haftet", gleiten die Flächenteilchen der momentanen Reifenaufstandsfläche mit geringer Geschwindigkeit (einige mm bis cm je Sekunde) in seitlicher Richtung (Gleitschlupf). Das „Haften" kommt nur dadurch zustande, daß vorn immer wieder neue Teilchen der Reifenlauffläche in die momentane Aufstandsfläche eintreten, während ihrer Anwesenheit auf der Fahrbahn nur einen kleinen Gleitweg zurücklegen und sich dann sofort wieder abheben. Entsprechendes gilt für gebremste oder angetriebene Reifen (vgl. Abschnitt 8.1.2. und Bild 8.3).

Es herrscht also zwischen Reifen und Fahrbahn immer — und nicht nur in dem trivialen Fall des blockierten Rades — gleitende Reibung. Sie ist in starkem Maße geschwindigkeitsabhängig. Bei Erzeugung der größten Reibungskraft (kurz vor dem Ausbrechen, Blockieren oder Durchdrehen eines Rades) erreicht die Gleitgeschwindigkeit ihren temperaturabhängigen „optimalen" Wert, der in der Größenordnung einiger Zentimeter je Sekunde bis zum Zehnfachen davon liegen kann (Bild 9.28). Bis zu dieser „Schwelle" herrscht „Haften", d.h. die Reibung kann z. B. durch unterschiedlichen Druck auf das Bremspedal, weniger oder stärker „in Anspruch genommen" werden; je nach Inanspruchnahme entsteht an der Straßenoberfläche eine „Reaktionskraft" oder „Auflagerkraft". Jenseits der „Schwelle" — wenn sie im überwiegenden Teil der Aufstandsfläche überschritten ist — gleitet der Reifen, und der Reibungswiderstand wird zu einer dem System „eingeprägten" Kraft, auf deren Größe und Richtung der Fahrer des Fahrzeuges jetzt keinen Einfluß mehr hat.

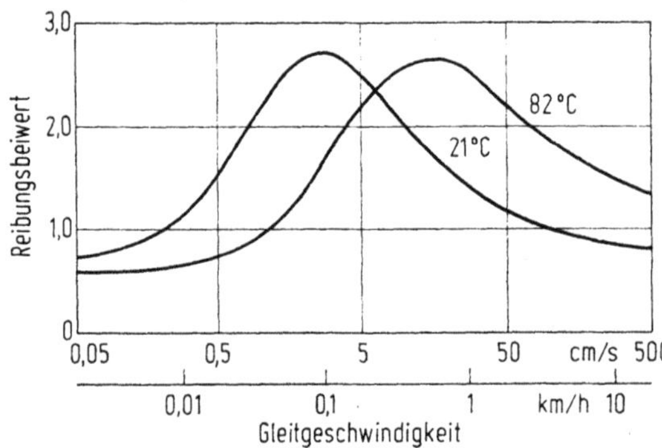

Bild 9.28. Abhängigkeit der Reibungsbeiwerte beim Gleiten eines Gummiblocks von der Gleitgeschwindigkeit: Prinzipdarstellung für trockene, glatte Oberflächen [51].

Die „optimale" Gleitgeschwindigkeit und überhaupt das Reibungsverhalten von Gummi — auf trockener, scheintrockener oder nasser Fahrbahn — ist auch stark von den physikalischen Merkmalen abhängig, die durch die Zusammensetzung der Gummimischung bestimmt sind. Aus der bautechnischen Sicht der Straßenoberfläche und der Bewertung ihrer Griffigkeit ist vor allem das günstigere Reibungsverhalten dämpfungsreicher Laufflächenmischungen (überwiegend aus Synthesekautschuk) im Vergleich zu dämpfungsarmen (überwiegend aus Naturkautschuk hergestellten) Mischungen wesentlich. Heutige Pkw-Reifen haben Laufflächen aus dämpfungsreichen Gummimischungen.

Die Dämpfung, ein Merkmal viskoelastischer Stoffe, äußert sich in einer zeitlichen Verschiebung von Spannungen und Verformungen. Viskoelastisches Verhalten ist darstellbar als ein System aus elastischen Elementen, bei denen die Spannung dem Betrag der Verformung proportional und unabhängig von der Verformungsgeschwindigkeit ist, und viskosen Elementen, bei denen die Spannung der Verformungsgeschwindigkeit proportional und unabhängig von dem Verformungsbetrag ist. Ein einfaches Maß für die Dämpfung ist die Rückprallelastizität: Von einem vollelastischen Prüfkörper wird ein auftreffendes Pendel in seine Ausgangslage zurückgestoßen; bei einem viskoelastischen Material wird die Ausgangslage um so weniger erreicht, je größer die Dämpfung ist.

Die Dämpfung des Gummis hat zur Folge, daß an der Reibung Reifen/Fahrbahn nicht nur Oberflächenwirkungen beteiligt sind, sondern auch eine körperliche Wirkung des Gummis, wenn dieser beim Gleiten über die Rauheitselemente der Fahrbahnoberfläche, die sich in den Gummi „eingraben", verformt wird. Die diese beiden Reibungskomponenten zusammenfassende „Vereinheitlichte Theorie der Gummireibung“ wurde Mitte der sechziger Jahre von Kummer und Meyer entwickelt [73, 74]. Im folgenden soll diese Theorie in groben Zügen wiedergegeben werden.

9.2.2.2. Adhäsionsreibung und Schlupf

Der Reibungsanteil aus der Oberflächenwirkung (Adhäsion) geht nach Kummer und Meyer auf den Energieverbrauch zurück, der dadurch entsteht, daß sich zwischen den Molekülen der Fahrbahnoberfläche und den mit ihnen in direktem Kontakt stehenden Molekülketten des Gummis Bindungen bilden und diese — beim Weitergleiten des Gummis — zerreißen. Nach Zerreißen einer solchen Bindung ziehen sich die Kettenmoleküle des Gummis zusammen, um im weiteren Verlauf des Gleitens wieder in neue Bindungen mit den Molekülen der Fahrbahnoberflächen einzugehen. Die Frequenz dieser „Dehnungs- und Entspannungsvorgänge“ und damit der Energieverbrauch (Dämpfungsverluste) werden maßgeblich von der Gleitgeschwindigkeit des Gummis bestimmt. Die als Reaktionskraft gegen die Gleitrichtung gerichtete Adhäsionskomponente der Reibung wird vereinfachend aus der Integration der in der gleitenden Berührungsfläche Reifen/Fahrbahn — als Folge der momentanen Molekularverbindungen Gummi/Fahrbahn — wirkenden Scherkräfte abgeleitet (Bild 9.29): diese Komponente erreicht bei — im Vergleich zu den Fahrgeschwindigkeiten — kleinen Gleitgeschwindigkeiten (Bild 9.28) ihr temperaturabhängiges Maximum und nimmt anschließend bei steigender Gleitgeschwindigkeit wieder ab, begleitet von hörbaren, durch Reibschwingungen erzeugten Geräuschen („Quietschen“).

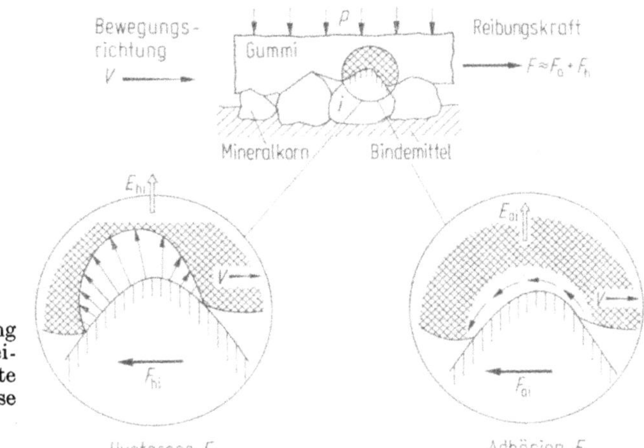

Bild 9.29. Prinzipdarstellung zum Vorgang der Gummireibung: Reibungskomponente aus Adhäsion und Hysterese [79].

Wenn nun die Größenordnungen der Gleitgeschwindigkeiten, bei denen die Adhäsionsmaxima erreicht werden, auch in der momentanen Aufstandsfläche eines mit optimalem Schlupf rollenden Reifens aufträten, so ließe sich daraus folgern, daß das Reibungsmaximum am gebremsten, nicht blockierten Rad (Bild 9.1) durch das Maximum der Adhäsionsreibung bestimmt wäre. Allerdings scheint eine solche Voraussetzung zunächst als fraglich, da die Schlupfgeschwindigkeiten unter den Reifen erheblich höher liegen.

Der Schlupf eines gebremsten Rades wird aus der Differenz zwischen seiner Winkelgeschwindigkeit und der Winkelgeschwindigkeit eines frei rollenden und sich mit gleicher Vorwärtsgeschwindigkeit bewegenden Referenzrades (z. B. fünftes Rad am Fahrzeug) ermittelt. Die Winkelgeschwindigkeit des Referenzrades bildet auch die Bezugsgröße für diese Differenz:

$$S = \frac{\omega_0 - \omega}{\omega_0} \cdot 100\,(\%) \tag{9.14}$$

S Schlupf des gebremsten Rades
ω_0 Winkelgeschwindigkeit des frei rollenden Referenzrades
ω Winkelgeschwindigkeit des gebremsten Rades

Die Schlupfgeschwindigkeit wird dann zu

$$V_S = (\omega_0 - \omega)\, r \tag{9.15}$$

r Rollradius des Referenzrades, und damit
$V = \omega_0 r$ Geschwindigkeit des gebremsten Rades sowie des Referenzrades
V_S Schlupfgeschwindigkeit des gebremsten Rades

Gleichung (9.14) läßt sich damit umformen in

$$S = \frac{V_S}{V}\,[\%] \tag{9.16}$$

bzw. in

$$V_S = \frac{S}{100} \cdot V \tag{9.17}$$

Bei einer Fahrgeschwindigkeit von 100 km/h müßte daher die Schlupfgeschwindigkeit eines mit z. B. 15%igem Schlupf — Größenordnung des optimalen Schlupfes, bei dem das Reibungsmaximum erreicht wird — gebremsten Rades nach Gl. (9.17) 15 km/h, d. h. über 4 m/s betragen und damit die „optimale" Gleitgeschwindigkeit des Adhäsionsmaximums (Bild 9.28) weitaus übersteigen. Die Annahme des Reibungsmaximums bei optimalem Schlupf als Folgewirkung des Adhäsionsmaximums wäre damit in Frage gestellt, es sei denn, die Schlupfgeschwindigkeit des gebremsten Rades und die tatsächliche Gleitgeschwindigkeit in der Berührungsfläche Reifen/Fahrbahn dürften nicht gleich gesetzt werden. Hiervon geht auch die „Theorie der Gummireibung" aus.

Es heißt dazu, daß der nach Gl. (9.14) ermittelte Gesamtschlupf S nicht ausschließlich auf das Gleiten in der Berührungsfläche Reifen/Fahrbahn zurückgeführt werden darf, sondern eine zusätzliche Komponente aus dem „Deformationsschlupf" enthält. Der Deformationsschlupf entsteht aus der translatorischen Verformung der elastischen Laufflächenelemente: diese treffen unverzerrt auf die Fahrbahn und werden dann, während ihres Kontaktes mit der Fahrbahnoberfläche infolge der in der momentanen Berührungsfläche herrschenden Horizontalkraft in den Verzerrungszustand gezwungen. Aus dieser horizontalen Deformation d (Bild 9.30) ergibt sich die Deformationsgeschwindigkeit:

$$V_d = \frac{d}{t} \tag{9.18}$$

V_d Deformationsgeschwindigkeit
d horizontale Deformation der Laufflächenelemente in der Fahrbahnhöhe
t Anwesenheitsdauer der Laufflächenelemente auf der Fahrbahn (Kontaktdauer)

Die anhand der Winkelgeschwindigkeiten aus Gl. (9.15) zu errechnende Schlupfgeschwindigkeit ist damit gleich der Summe aus der tatsächlichen Gleitgeschwindigkeit und der Deformationsgeschwindigkeit:

$$V_S = V_d + V_g \tag{9.19}$$

V_S Geschwindigkeit des Gesamtschlupfes nach Gl. (9.15)
V_d Deformationsgeschwindigkeit
V_g Gleitgeschwindigkeit

Entsprechend wird das Gesamtschlupfmaß aufgeteilt

$$S = S_d + S_g = \frac{V_d}{V} + \frac{V_g}{V} \tag{9.20}$$

mit

S Gesamtschlupf nach Gl. (9.14)
S_d Deformationsschlupf, auch als Pseudoschlupf bezeichnet
S_g Gleitschlupf

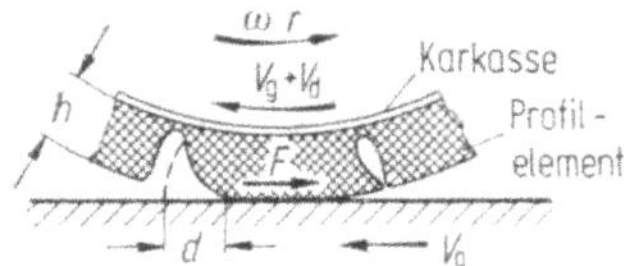

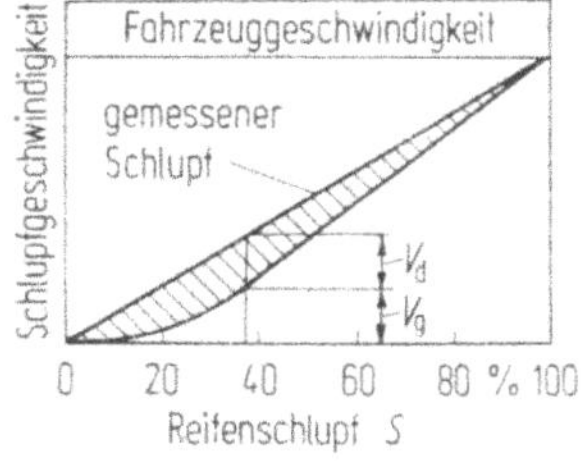

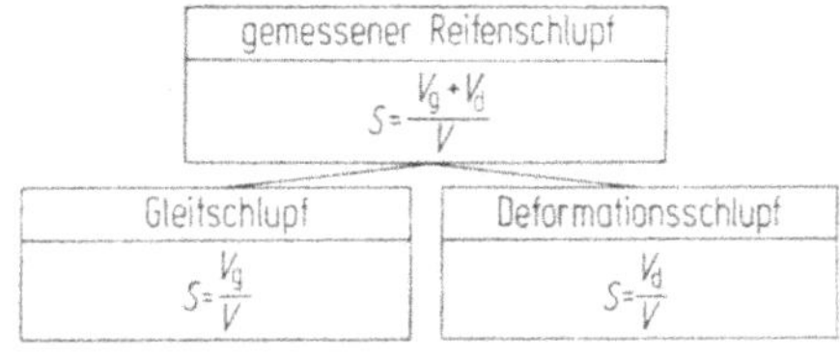

Bild 9.30. Modellvorstellung zur Aufteilung der Schlupfgeschwindigkeit in Deformations- und Gleitgeschwindigkeit [73].

Die Deformationsgeschwindigkeit steht mit der Gleitgeschwindigkeit in einer Beziehung, die u.a. auch von der Größe der Reibungskraft abhängt. Sie erreicht ihr Maximum bei jenen Gleitgeschwindigkeiten, die dem Adhäsionsmaximum entsprechen. Die tatsächliche Gleitgeschwindigkeit in der Berührungsfläche Reifen/Fahrbahn wäre demnach beim optimalen Gesamtschlupf wesentlich geringer als die Schlupfgeschwindigkeit und würde eine Größenordnung erreichen, die der „optimalen“ Gleitgeschwindigkeit des Adhäsionsmaximums entspricht. Diese Modellvorstellung liefert somit die Begründung dafür, daß das Reibungsmaximum beim optimalen (Gesamt)Schlupf auf das Adhäsionsmaximum zurückgeführt werden kann (Bild 9.30).

9.2.2.3. Hysteresereibung

Der zweite Anteil der Reibung Reifen/Fahrbahn, nämlich derjenige aus der körperlichen Wirkung (Hysterese) des Gummis, wird in der „Vereinheitlichten Theorie der Gummireibung“ von Kummer und Meyer [73, 74][9] durch die Energieverluste erklärt, die bei der Verformung und Rückverformung des über die Rau-

[9] Von anderen Autoren [108] wird der Hysteresenanteil als „Verzahnung“ der Adhäsion gegenübergestellt.

heitselemente „fließenden“ Gummis entstehen (Bild 9.29). Die Rückverformung des Gummis erfordert in Abhängigkeit von der Dämpfung und dem — mit der Größe des sich in den Gummi „eingrabenden“ Rauheitselements in Beziehung stehenden — Verformungsmaß eine bestimmte Zeit. Bei geringen Gleitgeschwindigkeiten steht diese Zeit noch zur Verfügung und das Rauheitselement wird durch den Gummi fast vollständig umhüllt, so daß die aus der Verformung resultierenden Druckspannungen nahezu symmetrisch sind: der Hystereseanteil der Reibung ist gering und von der Gleitgeschwindigkeit weitgehend unabhängig.

Wird die Gleitgeschwindigkeit größer, so steht für die Rückverformung des Gummis eine zunehmend kürzere Zeit zur Verfügung: der Gummi beginnt, sich auf der „Abflußseite“ von dem Rauheitselement abzulösen und die Druckverteilung wird unsymmetrisch (Bild 9.31). Die daraus resultierende horizontale Kraftkomponente, die entgegen der Gleitrichtung auf den Reifen wirkt, erreicht erst bei sehr hohen Gleitgeschwindigkeiten ihr Maximum und wird u.a. von der Grobrauheit der Fahrbahnoberfläche maßgeblich beeinflußt.

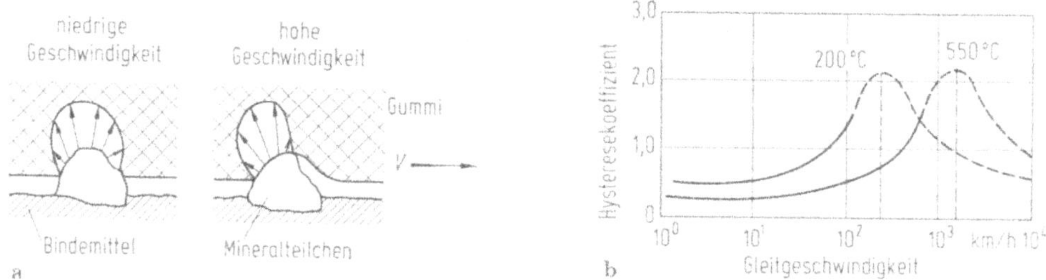

Bild 9.31. Der Reibungsmechanismus der Hysterese (Prinzipdarstellung) [73].

Auf üblichen Straßenoberflächen liegt die Gleitgeschwindigkeit des Reifens, die nach den Messungen von Kummer und Meyer das Hysteresemaximum erzeugt, höher als der Bereich der Fahrgeschwindigkeiten (Bild 9.31). Eine maximale Ausnutzung der Hysteresekomponente der Reibung ist also selbst bei einer Gefahrenbremsung mit blockierten Rädern nicht möglich. Das Anwachsen der Hysteresekomponente der Reibung mit zunehmender Gleitgeschwindigkeit kann aber — sofern die Fahrbahnoberfläche dem Reifen eine geeignete Rauheit darbietet, die die Reifenlauffläche ausreichend verformt — bei Gefahrenbremsungen aus hoher Geschwindigkeit den Bremsweg verkürzen. Auch von dieser Seite her ergeben sich also Anforderungen an die Rauheit der Straßenoberfläche, die noch näher zu definieren sein werden.

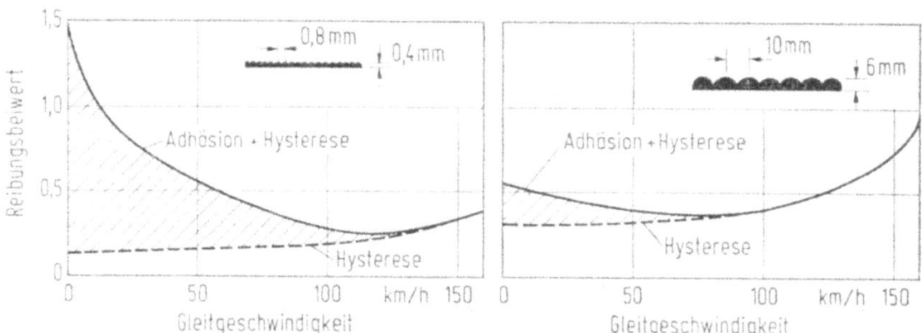

Bild 9.32. Anteil der Adhäsion und Hysterese am Gleitreibungsbeiwert in Abhängigkeit von der Geschwindigkeit auf zwei — angenäßten — Oberflächen (Prinzipsdarstellung) [73].

Bei Griffigkeitsmessungen mit dem blockierten Meßrad auf besonders grobrauhen Oberflächen wirkt sich mithin die Hysteresekomponente der Reibung in der Weise aus, daß mit zunehmender Geschwindigkeit der Gleitbeiwert weniger abnimmt, ja sogar im Bereich oberhalb von 80 oder 100 km/h wieder ansteigen kann (Bild 9.32). Solche Oberflächen werden durch das blockierte Rad überbewertet, da die Hysteresekomponente der Reibung sich auf ein unter Schlupf abrollendes Rad, wie es dem normalen Fahrbetrieb und nicht einem Sonderzustand entspricht, nicht in gleichem Maße auswirkt. Dies kann dazu beitragen, Unterschiede „zweiter Ordnung" in der Rangfolge von Straßenoberflächen zu betonen, je nachdem ob Griffigkeitsmessungen mit dem blockierten Meßrad oder mit einem Meßrad unter optimalem Bremsschlupf vorgenommen werden.

9.2.3. Zur Definition der Rauheit

Der Begriff „Rauheit" oder Rauhigkeit (manchmal auch ersetzt durch Oberflächentextur) ist keineswegs so eindeutig, wie es auf den ersten Blick erscheinen mag. Auch etwa der Hinweis auf die „maßliche Erfassung" der Rauheit gemäß DIN 4762 trifft nicht den Kern der Sache. Tiefere Einsicht eröffnen drei Grundsätze [51]:

1. Rauheit läßt sich auf unzählige Art und Weise definieren.
2. Wer sich mit Rauheit beschäftigt, hat ein bestimmtes Gebrauchsverhalten von Oberflächen im Auge.
3. Die Aufgabe besteht darin, diejenigen Rauheitsmerkmale zu erkennen und in Kenngrößen zu fassen, die für das betrachtete Gebrauchsverhalten wesentlich sind.

Es ist nicht zu erwarten, daß Rauheitskenngrößen, die in bezug auf ein bestimmtes Gebrauchsverhalten von Oberflächen geeignet sind, sich auch in bezug auf ein ganz anderes Gebrauchsverhalten andersartiger Oberflächen als ebenso geeignet erweisen. In bezug auf das Gebrauchsverhalten „Reibungswiderstand bei Nässe" ist dabei von einer grundlegenden Erkenntnis auszugehen: eine rauh aussehende Oberfläche ist nicht notwendigerweise „griffig" — sie kann im Gegenteil bei Nässe rutschgefährlich sein, nämlich dann, wenn sie zwar (mit bloßem Auge sichtbare) Grobrauheit besitzt, die Flächenelemente, die der Reifen berührt, aber eine unzulängliche Mikrorauheit (einen geringen Schärfegrad) aufweisen.

9.2.3.1. Komponenten der Rauheit, Rauheitsmessungen

Die Bewertung der Rauheit von Fahrbahnoberflächen muß sich somit in zwei weit auseinanderliegenden Größenordnungen abspielen:

1. in der Größenordnung der Mikrorauheit (zum Kennzeichnen des Schärfegrades),
2. in der Größenordnung der Makrorauheit (zum Kennzeichnen des „Profils").

Dazu bedarf es völlig unterschiedlicher Kenngrößen und Meßmethoden. Schärfe — Sandpapier 600 hat sie, Glasflächen haben sie nicht (um dieses Beispiel zu wiederholen) — ist eher eine Angelegenheit des Tastsinnes (der Fingerkuppen) oder des optischen Eindrucks im Gegenlicht bei Trockenheit („scharfe" Flächen sehen stumpf aus, solche ohne Schärfe glänzen). Schärfe ist weniger eine Angelegenheit der geometrischen Ausmessung — es sei denn unter starker optischer Vergrößerung, eine Möglichkeit, die für praktische Zwecke aber kaum in Betracht kommt. Quantifizieren läßt sich der Schärfegrad am ehesten durch Reibungsmessungen mit einem gummibelegten Taster bei sehr geringer Geschwindigkeit (um 1 mm/s) unter Annässung der Oberfläche mit einer höherviskosen Flüssigkeit als Wasser (Kriechreibungsmessungen) [51].

Anders die Kennzeichnung der Makrorauheit: sie ist einer geometrischen Behandlung durchaus zugänglich. Profilschnitte — wie nach DIN 4762 vorgesehen und auf die vielfältigste Art zu gewinnen, können die Grundlage zur Ermittlung von Rauheitskennzahlen bilden. Ein Profilschnitt läßt sich auf zahlreiche Arten auswerten. Als Kenngrößen lassen sich z.B. (nach DIN 4762) die Rauhtiefe, die Glättungstiefe, der Profiltraganteil formulieren. Auch lassen sich solche Maße sinngemäß auf einen Oberflächenausschnitt übertragen. Zum Beispiel ergibt die im Straßenbau weithin bekannte „Sandeinfüllmethode" (Sandfleckmethode, engl.: sand patch method), bei der in die Zwischenräume zwischen den Körnern einer körnigen Oberfläche Feinsand einer eng begrenzten Fraktion eingestrichen wird, nichts anderes als ein auf den Oberflächenausschnitt übertragenes Äquivalent der Glättungstiefe (Sandeinfülltiefe = Quotient aus verbrauchtem Sandvolumen und erfaßter Bruttofläche). Zweckmäßig verwendet man immer die gleiche Sandmenge, verteilt sie kreisförmig und mißt den Durchmesser des „Sandfleckes" [76].

Stellt man derartige Rauheitskenngrößen (z.B. die Sandeinfülltiefe) verschiedener Oberflächen den auf diesen Oberflächen gemessenen Griffigkeitskennwerten (z.B. Gleitbeiwerten am blockierten Rad) gegenüber, so ergibt sich ein loser Zusammenhang. Im Mittel gilt zwar: je größer die Sandeinfülltiefe ist, desto höher liegt der Gleitbeiwert. Eine solche Aussage bedeutet aber wenig angesichts der sehr großen „Streuung um die Regression", deren Ursachen leicht einzusehen sind: die Sandeinfülltiefe (oder ähnliche einfache Rauheitskenngrößen) bewertet in keiner Weise den unterschiedlichen Schärfegrad der Oberflächen. Weiterhin können viele kleine, dicht aufeinanderfolgende Vertiefungen in der Straßenoberfläche („Oberflächenporen") dieselbe Sandeinfülltiefe ergeben wie wenige große Vertiefungen mit cm-breiten „Stegen" dazwischen. Angesichts der Aufgabe der Grobrauheit, Flächen von der Größe der Profilrippen der Reifen weiter zu untergliedern, können die beiden Oberflächen nicht dieselbe Wirkung auf den Reibungswiderstand bei Nässe haben. Des weiteren: eine gleichmäßige oder ungleichmäßige Verteilung der Rauheitselemente geht in ein Maß wie die Sandeinfülltiefe nicht ein.

Nur mit zusammengesetzten Rauheitskenngrößen, die auch die Dichte der Aufeinanderfolge der Rauheitselemente berücksichtigen und die Oberflächenmerkmale durch Parameter statistischer Verteilungen beschreiben, gelingt es, die Streuung um die Regression beim Vergleich mit zugeordneten Griffigkeitskennwerten zu verkleinern, und auch das nur in Grenzen. Solche Möglichkeiten sind wegen des apparativen Aufwandes ohnehin mehr der Forschung als der Praxis angemessen.

Wegen der geringen Aussagekraft einfacher Rauheitskenngrößen wird es aller Voraussicht nach ein unerfüllbarer Wunsch bleiben, Griffigkeitsmessungen grundsätzlich durch Rauheitsmessungen zu ersetzen — ein Gedanke, der gewiß naheliegt, wenn man in der Rauheit mit ihren Komponenten Fein- und Grobrauheit den entscheidenden ursächlichen Faktor für hohe oder niedrige Griffigkeit erkannt hat und weiß, mit wie vielen Problemen Griffigkeitsmessungen (vgl. Abschnitt 9.1.) belastet sind.

Der geringen Aussagekraft einfacher und selbst zusammengesetzter Rauheitskenngrößen ist es auch zuzuschreiben, daß aus Gegenüberstellungen von Rauheitskennzahlen und Griffigkeitskennwerten ausgewählter Fahrbahnoberflächen Erkenntnisse über die grundsätzlichen Zusammenhänge zwischen Rauheit und Griffigkeit nur in geringem Maße gewonnen werden können. Die große „Streuung um die Regression" verdeckt die Zusammenhänge, ihr Wesen bleibt unerkannt. Dazu trägt auch ein weiterer Umstand bei: Grundsätzliche Zusammenhänge lassen sich am ehesten unter Einbeziehung von Extremen erkennen. Fahrbahnoberflächen besitzen aber nur in Ausnahmefällen (und dann im Neuzustand) extreme Formen der Rauheit, d.h. ihre Rauheitsmerkmale liegen nur selten am Rand der Spannweite.

9.2.3.2. Modelloberflächen

„Randtypen" der Rauheit zu erzeugen, ist mit Modelloberflächen möglich. Darunter sollen Oberflächen verstanden werden, die durch einen planmäßigen Aufbau einfache Typen der Rauheit, z.B. Stufenfolgen der Korngröße einer bestimmten Kornart (z.B. Glasperlen, Korund, Siliciumcarbid, Brechsand, Rundsand) verkörpern [51].

Zu Griffigkeitsmessungen auf Modelloberflächen bedarf es, da sich solche Oberflächen mit vertretbarem Aufwand nur in Größen von wenigen Quadratdezimetern herstellen lassen[10], einer Labormeßmethode. Sie muß Griffigkeitskennwerte hervorbringen, die denen von Straßenmeßgeräten entsprechen (in engen statistischen Grenzen auf ein Straßenmeßverfahren beziehbar sind) und sollte einen möglichst großen Geschwindigkeitsbereich abdecken. Diese Voraussetzungen erfüllt ein Labor-Griffigkeitsmeßgerät der Technischen Universität Berlin (Bild 9.16), das die Griffigkeitsmessung am blockierten Meßrad durch in einer Kreisbahn umlaufende Gummischuhe („Reifenausschnitte") auf kreisförmigen Probeoberflächen (Durchmesser 22,5 cm) nachahmt (vgl. Abschnitt 9.1.2.3.). Die Griffigkeitsmessungen mit diesem Gerät auf Modelloberflächen vermittelten einige grundlegende Erkenntnisse über die Rauheitsmerkmale, die den Reibungswiderstand bei Nässe maßgebend bestimmen.

Als Beispiele seien die Gleitbeiwerte von Modelloberflächen aus „Einkornbelägen" in Stufenfolgen der Korngröße mit scharfem Korn (Brechsand) (Bild 9.33) und mit Rundkorn (Glasperlen) (Bild 9.34) näher betrachtet. Die Kurve 4 in Bild 9.33 (reines scharfes Korn) entspricht einem feinen Sandpapier, einer Ober-

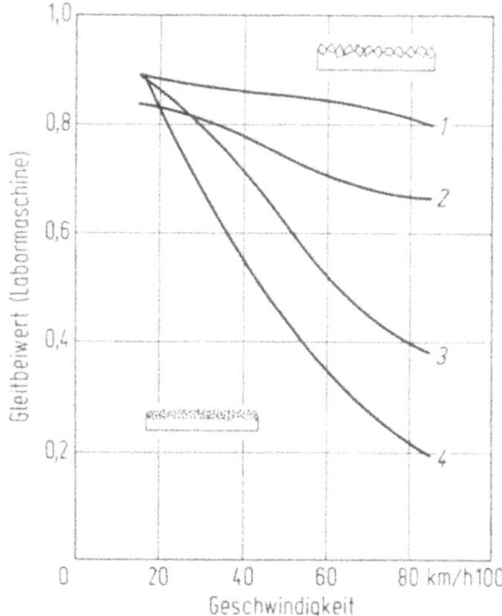

Oberfläche Nr.	Kornfraktion
1	0,8/1,0 mm
2	0,4/0,63 mm
3	0,16/0,2 mm
4	0,09/0,1 mm

Bild 9.33. Griffigkeitskennwerte von Einkornbelägen aus aufgeklebtem Brechsand. [51]

[10] Modelloberflächen lassen sich z.B. dadurch gewinnen, daß man auf eine feste Unterlage aus Holz oder Metall eine Kunstharzklebschicht aufbringt, ein bestimmtes Mineralkorn mit Überschuß einstreut und nach dem Erhärten der Klebschicht die überschüssigen Körner entfernt.

fläche, die ein Höchstmaß an Schärfe in Verbindung mit der Grobrauheit Null verkörpert. Auf dieser Oberfläche ergeben sich hohe Gleitbeiwerte bei niedriger Geschwindigkeit, die mit zunehmender Geschwindigkeit steil absinken. Mit wachsender Korngröße bleibt der hohe Schärfegrad erhalten, aber es entsteht mehr und mehr Grobrauheit, gebildet von den immer größer werdenden Zwischenräumen zwischen den Körnern. Als Folge davon werden die Gleitbeiwerte im oberen Geschwindigkeitsbereich mehr und mehr angehoben, bis sie bei einer Korngröße von 0,8/1,0 mm das unabhängig von der Korngröße unverändert hoch gebliebene Niveau des unteren Geschwindigkeitsbereiches erreichen.

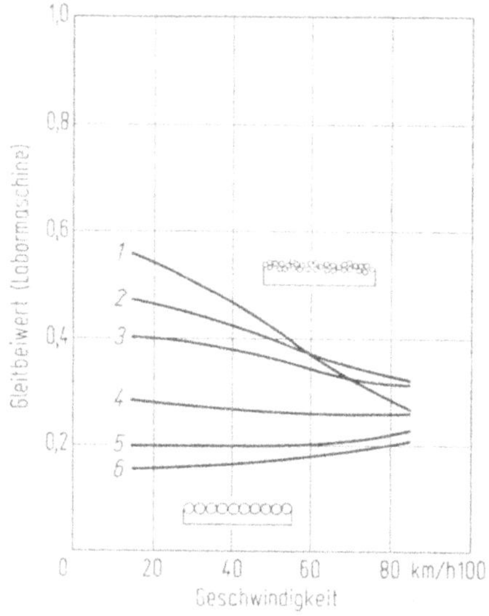

Oberfläche Nr.	Kornfraktion
1	0,1/0,125 mm
2	0,16/0,2 mm
3	0,25/0,315 mm
4	0,4/0,5 mm
5	0,8/1,0 mm
6	2,0/2,5 mm

Bild 9.34. Griffigkeitskennwerte von Einkornbelägen aus aufgeklebten Glasperlen [51].

Die Erkenntnisse hieraus sind:

1. Grobrauheit beginnt mit Abmessungen (des Kornes, der Zwischenräume, der Rauhtiefe — in erster Näherung gleichgesetzt) um 0,1 mm.

2. Grobrauheit erreicht (bei dichtester Aufeinanderfolge der Rauheitselemente) schon bei Abmessungen (des Kornes, der Zwischenräume, der Rauhtiefe — in erster Näherung gleichgesetzt) um 1,0 mm ihre größtmögliche Wirkung.

3. Schärfe hat unterhalb 0,1 mm Korngröße (in Verbindung mit der Grobrauheit Null) die Form „flächenhafter Schärfe“.

4. Schärfe hat oberhalb von 0,1 mm die Form von „Kantenschärfe“ isolierter Körner, die zwischen sich Zwischenräume bilden und somit als Grobrauheit wirken.

Tritt Rundkorn mit extrem glatten Kornoberflächen (Glasperlen) an die Stelle des scharfkantigen gebrochenen Kornes, entsteht — bei ähnlicher Stufenfolge der Korngröße — eine Schar von Gleitbeiwertkurven, die sich im oberen Geschwindigkeitsbereich einem gemeinsamen Punkt niedrigen Niveaus nähern, sich im unteren Geschwindigkeitsbereich spreizen. Die den Kurven 5 und 6 in Bild 9.34 zugeordneten Oberflächen (grobe Glasperlen) vereinigen einen äußerst geringen Schärfegrad mit einem hohen Maß an Grobrauheit. Die Grobrauheit unterstützt zwar das Abführen der Hauptmenge des Wassers aus der Gleitfläche des Gummis, das Durchbrechen des letzten dünnen Wasserfilmes jedoch geschieht nicht, nicht bei niedriger und schon gar nicht bei hoher Geschwindigkeit, es fehlt dazu die Schärfe. So bleibt die Reibung in dem ganzen Geschwindigkeitsbereich niedrig. Der geringe Anstieg der Gleitbeiwertkurven 5 und 6 mit zunehmender Geschwindigkeit ist durch den Hystereseanteil der Reibung bedingt, der hier explizit zur Geltung kommt, da der Adhäsionsanteil der Reibung vernachlässigbar klein ist.

Eine Verminderung der Korngröße vergrößert den Schärfegrad, obwohl die Oberflächen der Körner keine flächenhafte Schärfe besitzen. Stattdessen gewinnt das Korn „Kantenschärfe“. Diese zunächst paradox erscheinende Feststellung wird verständlich, wenn man sich klar macht, daß ein Rundkorn kleinen Durchmessers und die abgerundete (abgeschliffene, polierte) Spitze eines ursprünglich scharfkantigen Kornes dem Gummi (des Reifens) eine gleichartige Kontaktfläche darbieten und mithin den gleichen Schärfegrad repräsentieren. Die Zunahme an Kantenschärfe mit abnehmender Korngröße führt dazu, daß im unteren Geschwindigkeitsbereich die Gleitbeiwerte ansteigen: der letzte dünne Wasserfilm wird schon in gewissem Maße durchbrochen. Die dadurch entstehenden Reibungswerte mittleren Niveaus können jedoch bei steigender Geschwindigkeit nicht „gehalten“ werden, weil bei kleinem Durchmesser der Körner die Grobrauheit niedrig ist und damit das Abführen der Hauptmenge des Wassers erschwert wird: Der Gummi des Reifens kann im oberen Geschwindigkeitsbereich zu den Elementen der Schärfe nicht durchdringen, die Reibung sinkt.

Zusammenfassendes Ergebnis der Versuche mit Modelloberflächen ist eine systematische Übersicht über das Zusammenwirken des Schärfegrades und der Grobrauheit (Bild 9.35):

Hieraus läßt sich verallgemeinern:

1. Der Schärfegrad der Straßenoberfläche bestimmt — *unabhängig* von der Grobrauheit — die Höhe der Gleitbeiwerte im unteren Geschwindigkeitsbereich. (bis etwa 50 km/h).

2. Die Grobrauheit bestimmt die Höhe der Gleitbeiwerte im mittleren Geschwindigkeitsbereich (um 80 km/h), jedoch *abhängig* von dem Grad der Schärfe: Die Gleitbeiwerte im mittleren Geschwindigkeitsbereich können (auch bei günstigster Grobrauheit) höchstens das Niveau der Gleitbeiwerte des unteren Geschwindigkeitsbereiches erreichen (abgesehen von Effekten des Hystereseanteils der Reibung).

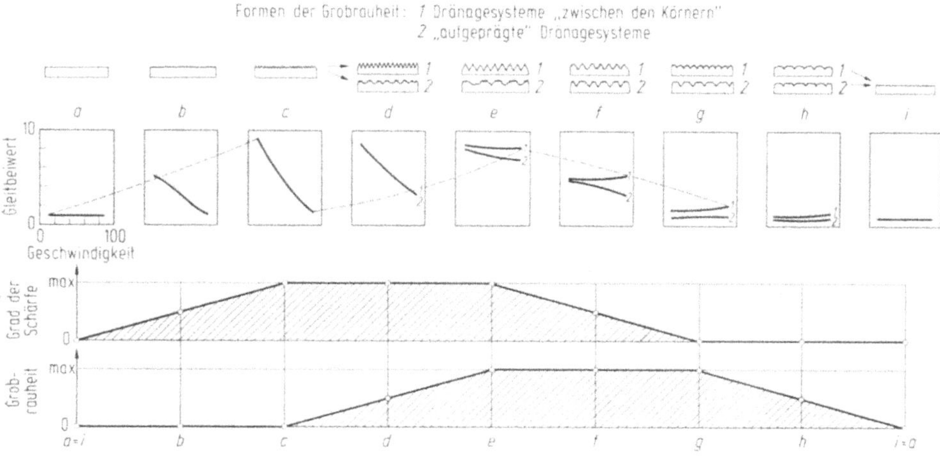

Bild 9.35. Zusammenwirken von Grobrauheit und Schärfe, dargestellt mit Randtypen von Modelloberflächen [51].

3. Die Grobrauheit bestimmt das Maß, um das die Gleitbeiwerte mit zunehmender Geschwindigkeit absinken; bei Geschwindigkeiten ab 100 km/h sind die dann noch erreichbaren Gleitbeiwerte hauptsächlich von der Grobrauheit der Straßenoberfläche abhängig.

Fazit: Fahrbahnoberflächen, die nur mit geringen Geschwindigkeiten befahren werden benötigen lediglich einen ausreichenden Schärfegrad, keine Grobrauheit. Fahrbahnoberflächen, die mit höheren Geschwindigkeiten befahren werden, benötigen ausreichende Schärfe *und* Grobrauheit.

9.3. Die Rauheit von Fahrbahnoberflächen

9.3.1. Bautechnische Realisierung

9.3.1.1. Rauheit im Neuzustand

Abstreusplitt, wie er z.B. bei Gußasphaltdeckschichten in der Korngröße 1/3 mm oder 2/5 mm im Neuzustand an der Oberfläche vorhanden ist, besitzt Schärfe in Form von Kantenschärfe. Abnutzung beseitigt die anfangs scharfen Kanten und Spitzen und erzeugte konvexe Flächen, so daß der Grad der Kantenschärfe zunehmend zurückgeht. Ob die sich bildenden Flächen dadurch flächenhafte Schärfe gewinnen, hängt von der Struktur des Gesteins ab: Glasige Flächen haben keine flächenhafte Schärfe, Massenkalkstein in poliertem Zustand ebenfalls nicht; Tiefengesteine und Moränematerial können dagegen ein hohes Maß flächenhafter Schärfe entwickeln.

Abstreusplitt der genannten Kornfraktionen erzeugt zugleich Grobrauheit, gebildet durch die Zwischenräume zwischen den aufgestreuten Splittkörnern (Bild 9.36). Die Form dieser Grobrauheit ist nahezu ideal, wechseln doch Zwischenräume und „Stege“ in dichter Folge ab. Eine solche Oberfläche untergliedert die Flächen unter den Profilrippen der Reifen in optimaler Weise. Die günstige Grobrauheit geht in dem Maße verloren, wie die Körner durch den Verkehr herausgerissen oder in das Mörtelbett hineingedrückt werden. Bei starkem Verkehr wird in den Rollspuren dieses Stadium in wenigen Wochen oder Monaten erreicht.

Bild 9.36. Gußasphaltdeckschichten im Neuzustand
links: abgestreut mit Splitt 2/5 mm und gewalzt (Riffelwalze)
rechts: abgestreut mit Feinsplitt 1/3 mm, nicht gewalzt.

Dann rücken mehr und mehr die Mörtelflächen in die Bereiche des Kontaktes mit den Reifen der Kraftfahrzeuge. Ist die Deckschicht nicht mit Splitt abgestreut worden, so sind es von vornherein hauptsächlich Mörtelflächen, die sich in der ersten Zeit nach dem Einbau den Reifen darbieten; denn kein Einbauverfahren — sei es für bituminöse Deckschichten oder sei es für Zementbetondecken — kann es verhindern, daß nach dem letzten Fertigergang die Oberfläche im wesentlichen aus Mörtel und nicht aus Mineralkörnern gebildet wird, ein Zustand, der erst durch Verschleiß und Verwitterung geändert wird (vgl. Abschnitt 9.3.2.).

Mörtelflächen haben große Ähnlichkeit mit Sandpapier. Ist es sehr fein und besteht es aus scharfem nicht abgenutztem Korn, so besitzt es ein hohes Maß flächenhafter Schärfe. Bei Fahrbahnoberflächen trifft dieser Vergleich nur dann zu, wenn die feinen Zwischenräume zwischen den Körnern nicht durch noch feinere Körner und Bindemittel (erhärtete Zementschlämme bei Zementbeton, Mastix bei bituminösen Deckschichten) verfüllt sind. Schärfe geht in dem Maße verloren, wie die im Neuzustand scharfen Partikel durch die Verkehrseinwirkung poliert werden. Ein Brechsand aus Massenkalkstein büßt seine anfängliche Schärfe sehr schnell ein, ein sehr hartes Korn hingegen (z.B. Diabas oder Moränematerial) bewahrt trotz der polierenden Einwirkung der Kraftfahrzeugreifen ein beträchtliches Maß an flächenhafter Schärfe.

Andererseits können Mörtelflächen auch glatt sein. Glatte Mörtelflächen treten im Neuzustand z.B. bei hohlraumarmen Asphaltbetonschichten immer dann auf, wenn bituminöser Mörtel, bestehend nur aus Bindemittel und Füller, während der Walzverdichtung hochgedrückt wird (Bild 9.37). Meist ist die Mörtelüberdeckung nicht gleichmäßig sondern kleinflächig, aber auch große zusammenhängende Flächen von mehreren Quadratmetern Ausdehnung können entstehen. Derartige Oberflächen besitzen keine flächenhafte Schärfe und, solange die gröberen Zuschlagstoffe noch nicht freigelegt sind, auch keine Kantenschärfe. Die Folge ist ein geringer Reibungswiderstand bei Nässe (geringe „Anfangsgriffigkeit")[11] [77].

Bild 9.37. Eine Asphaltbetondeckschicht im Neuzustand, teilweise mit glatten Mörtelflächen.

[11] Sichere Abhilfe kann hier nur das Abstreuen der unmittelbar nach dem Einbau noch warmen Asphaltbetondeckschicht mit feinkörnigem, gebrochenem Gesteinsmaterial in einer relativ geringen Streudichte von 0,8 bis 1,0 kg/m² bringen. Wenn es möglich ist, mit Sicherheit vorauszusagen, ob durch den Walzvorgang glatte Mörtelüberdeckungen entstehen oder nicht, erscheint ein vorsorgliches Abstreuen für diese Bauweise zweckmäßig.

Sind die Mörtelflächen von gröberer Struktur, so bieten sie dem Reifen auch Grobrauheit dar, zwar von sehr viel geringeren Abmessungen als im Falle einer mit Abstreusplitt behandelten Oberfläche, aber dennoch wirksam, sobald die Öffnungsweite und Tiefe der Zwischenräume zwischen den Sandkörnern die Größenordnung 0,1 bis 0,2 mm überschreitet. Schärfe ist dann in Form von Kantenschärfe vorhanden, sie kann aber auch in flächenhafte Schärfe übergehen, wenn Sandkörner schon weitgehend abgerundete Kuppen besitzen (bei Rundsand von Anfang an) oder mit einer Bruchfläche in der Ebene der Kontaktfläche mit den Reifen liegen. Der Unterschied zwischen der Kantenschärfe und flächenhafter Schärfe, der in den Extremen so eindeutig ist (hier frischer scharfer Abstreusplitt — dort rauhe Gesteinsbruchflächen) verwischt sich weitgehend.

Eine gröbere Struktur der Mörtelflächen entsteht beim Asphaltbeton vor allem dann, wenn das Deckengemisch viel Brechsand, wenig Bindemittel und entsprechend wenig Füller enthält (hohlraumreiche Gemische). In diesem Punkt widerspricht die Forderung nach einem hohen Reibungswiderstand bei Nässe der Forderung nach Haltbarkeit, da die größte Nutzungsdauer erfahrungsgemäß mit einem sehr dicht aufgebauten Gemisch erzielt wird. Anders ist es mit den Faktoren, die einem hohen Verformungswiderstand bituminöser Deckschichten förderlich sind: sie wirken der Griffigkeit im allgemeinen nicht entgegen. Wird also eine lange Nutzungsdauer angestrebt, so kann es nötig sein, den Mörtelflächen, die dann aus sich selbst heraus keine genügende flächenhafte Schärfe und schon gar keine Grobrauheit annehmen können, „künstlich" Schärfe und Grobrauheit zu verleihen. Das kann durch Abstreuen mit feinem Splitt oder durch andere Maßnahmen geschehen, die denen zum Wiederherstellen verlorengegangener Rauheit die noch zu besprechen sein werden, gleichen (vgl. Abschnitt 9.3.3.).

Grobrauheit in Mörtelflächen von Zementbetondecken wird im allgemeinen ebenfalls „künstlich" erzeugt. Dies geschieht, indem durch einen kräftigen Besenstrich 1 bis 2 mm tiefe Querrillen erzeugt werden (Bild 9.38).

Bild 9.38. Ausführung eines kräftigen Besenstriches; Stahlbesen nach britischen Vorschriften [78].

9.3.1.2. *Rauheit im Gebrauchszustand*

Unter der Einwirkung des Verkehrs und der Witterung entsteht nach und nach eine Oberfläche, deren Rauheitsform sich von den bisher besprochenen (Aufstreusplitt, Mörtelflächen) weit entfernt hat. Verloren ist die sehr dichte Aufeinanderfolge von Zwischenräumen und „Stegen", verloren ist die Kantenschärfe. Jetzt sind es Gesteinskuppen von der Größe eines oder mehrerer Quadratzentimeter, die dem Reifen Schärfe — flächenhafte Schärfe, je nach dem Mineralaufbau des Gesteins — darbieten. Gesteinskuppen, deren Scheitelpunkte oft zentimeterweit auseinanderliegen, erzeugen zwar auch eine Art Grobrauheit, aber diese „Grobrauheit“ ist längst nicht mehr so wirksam wie jene, die durch feinen Aufstreusplitt erzeugt wird, und der Schärfegrad der Gesteinskuppen ist selten groß. Die Griffigkeit einer solchen Oberfläche ist bei niedriger wie hoher Geschwindigkeit von mittlerem Niveau und hat sich, möglicherweise hervorgegangen aus anfänglichem Extrem (nach oben oder unten) auf ein mittleres Niveau eingependelt.

Der Reibungswiderstand bei Nässe hängt jetzt entscheidend von der flächenhaften Schärfe der Kuppen der groben Splittkörner ab. Polierbare Gesteine besitzen im Gebrauchszustand nur einen sehr geringen Schärfegrad. Bisweilen wird die Meinung vertreten, Mischungen weicherer und härterer Gesteine seien besonders geeignet, die Griffigkeit von Deckschichten über lange Zeit aufrechtzuerhalten. Diese Auffassung bedarf der Präzisierung: Würden nämlich, worauf Versuchsergebnisse hindeuten, Polierbarkeit und Härte in einem Zusammenhang (je weicher desto polierbarer) stehen, so hieße dies, wenig polierbares mit stark polierbarem Material zu mischen, und das Ergebnis könnte nur dasselbe sein wie beim Mischen von heißem und kaltem Wasser: lauwarmes Wasser. Wirklich günstig für den Schärfegrad der Gesteinskuppen und damit für das Griffigkeitsverhalten der Deckschicht ist dagegen ein struktureller Aufbau des Gesteins selbst aus harten und weichen Mineralpartikeln in der Form, daß harte Partikel in einer weicheren Gesteinskomponente eingebettet sind. Dies ist beim Sandstein der Fall, bei dem die Abnutzung eine „Selbstanrauhung“, d.h. Selbsterneuerung eines hohen Schärfegrades, bedeutet. Dieses „Modell“ hat man sich auch für die Herstellung künstlicher Zuschlagstoffe mit hohem Widerstand gegen Poliertwerden zunutze gemacht [79].

Grob und fein sind relative Begriffe. Sie sind eine Quelle von Mißverständnissen und bedürfen daher der genauen Definition, weil namentlich der Straßenbauer andere Vorstellungen von grob und fein mitbringt, (z.B. infolge der früheren Bezeichnungen „Grobbeton“ bei einem Größtkorn von 18 oder 25 mm, „Feinbeton“ bis 8 oder 12 mm und „Mikrobeton“ bis 3 oder 5 mm), als dem Komplex Griffigkeit und Rauheit angemessen ist. In bezug auf Rauheit beginnt aber „grob“ bei Abmessungen von etwa 0,1 bis 0,2 mm, d.h. bei diesen Abmessungen beginnt der Einfluß auf eine Anhebung der Reibungswerte im oberen Geschwindigkeitsbereich (Bild 9.33), und der maximale Einfluß ist schon, wenn die Rauheitselemente genügend dicht aufeinanderfolgen, bei Größenordnungen von 1 bis 2 mm erreicht. Die Steigerung der „Rauhtiefen“ oder der Durchmesser der Rauheitserhebungen über dieses Maß hinaus bringt bei Geschwindigkeiten bis 80 km/h und Wasserfilmdicken um 1 mm keine verstärkende Wirkung, weil sich die Dichte der Aufeinanderfolge von „Kontaktstegen“ und Zwischenräumen dann verringert.

9.3.2. Rauheitsänderungen durch Wetter und Verkehr

Einflüsse des Wetters auf Straßenoberflächen können direkter oder indirekter Art sein. Indirekte Einflüsse sind solche, die durch gegebene oder befürchtete Wetterbedingungen erst ausgelöst werden: winterlicher Streudienst, Verwendung von Schneeketten oder von Winterreifen mit Spikes. Der Einfluß des Tausalzes besteht weniger in einer chemischen Einwirkung (schwach dissoziierte Lösung) auf die Bindemittel und Mineralbaustoffe, was im Hinblick auf die Rauheit meist positiv ist, als hauptsächlich in der Behinderung des Abtrocknens der Fahrbahnoberfläche (Salz ist hygroskopisch), wodurch zwar die Rauheit selbst nicht verändert, wohl aber — wie bei Nässe stets der Fall — die Wirkung der Rauheit auf die Reibung Reifen/Fahrbahn vermindert wird. Schneeketten und Spikereifen greifen die Fahrbahnoberflächen mechanisch durch Schlagen und schlupfbedingtes Kratzen an, dem hauptsächlich der Mörtel nur einen geringen Widerstand entgegenzusetzen vermag. Allein unter dem Aspekt der Rauheitsänderung kann diese Wirkung (z. B. bei glatten Mörtelüberdeckungen) bisweilen sogar erwünscht sein.

Direkte Einflüsse gehen in erster Linie von der Temperatur und den Niederschlägen aus. Sie sind zum Teil ohne Anwesenheit des Verkehrs wirksam, zum Teil kommen sie erst durch den Verkehr zur Auswirkung. So ist der im einzelnen noch zu besprechende Einfluß des Regens auf die Rauheit stets unabhängig von der Verkehrsbelastung. Das Ausbleiben von Niederschlägen hingegen wirkt sich um so stärker rauheitsmindernd aus, je intensiver der Verkehr polierend auf die Fahrbahnoberfläche einwirkt. Hohe Temperaturen in der Deckschicht einer Asphaltbetondecke führen erst dann zu einer erheblichen Rauheitseinbuße, wenn durch Schwerfahrzeuge bituminöser Mörtel an die Oberfläche gedrückt wird.

Die Ursachen von Änderungen der Rauheit der Straßenoberflächen sind also vielfältig. Große und in ihrer Auswirkung auf die Griffigkeit einseitig gerichtete Änderungen vollziehen sich häufig in der ersten Zeit nach der Verkehrsübergabe einer bituminösen Deckschicht oder Zementbetondecke (vgl. Abschnitt 9.3.1.1). Später stellt sich eher ein Beharrungszustand ein mit wechselseitig gerichteten Änderungen der Rauheit. Diese Änderungen haben Griffigkeitsschwankungen zur Folge, wobei zwischen kurzfristigen Schwankungen und solchen, die oft den Rhythmus der Jahreszeiten folgen, zu unterscheiden ist.

Es waren britische Beobachtungen [23], die das Phänomen ,,jahreszeitlicher Griffigkeitsschwankungen'' zuerst entdeckten. Ihre Ursachen sind auch heute noch nicht vollständig geklärt. Naheliegend und früher verbreitet war die Erklärung, es handele sich ausschließlich um die Auswirkung jahreszeitlich unterschiedlicher Temperaturen und folgerichtig müßten, da Reibungswerte Reifen/Fahrbahn temperaturabhängig sind, im Winter die höheren und im Sommer die niedrigeren Werte auftreten. Aber Beobachtungen, daß das Ausmaß der Schwankungen sowohl auf stärker befahrenen Fahrbahnen als auch auf geschlossenen, d. h. mörtelreichen Oberflächentypen größer ist als auf schwächer befahrenen Fahrbahnen und mörtelarmen Oberflächentypen, deuten auf andere Ursachen hin.

Neueren Untersuchungen zufolge [80] greift Regenwasser durch seinen Kohlendioxydgehalt die Mineralien in der Straßenoberfläche, insbesondere den Kalkstein, chemisch an: Es kommt zur Bildung von wasserlöslichem Bikarbonat, und die Oberflächen werden abgestumpft (Kohlensäureverwitterung). Regen baut daher Rauheit auf, Verkehr hingegen baut infolge der polierenden Wirkung der Kraftfahrzeugreifen Rauheit laufend ab (Bild 9.39). Diese beiden gegensätzlichen Einflüsse bestimmen den jeweiligen Reibungswiderstand einer Straßendecke bei Nässe. In Trockenperioden überwiegt demnach die Wirkung des Verkehrs, in nassen Zeiträumen die Wirkung des Regens. Hierdurch entsteht eine, den Jahreszeiten bisweilen folgende, langfristige Wellenbewegung der Rauheitsschwan-

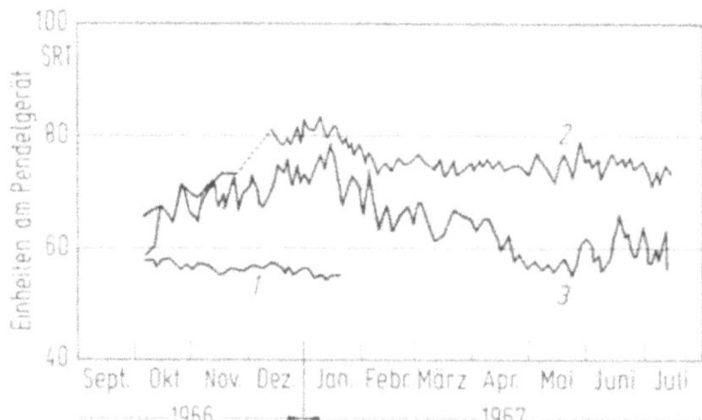

Bild 9.39. Witterungsbedingte Rauheitsschwankungen (Messungen mit dem Pendelgerät). Vergleich von Proben derselben Straßendecke unter verschiedenen Einflüssen [80].
1 Lagerung in der Versuchshalle (weder Wetter noch Verkehr ausgesetzt), *2* Lagerung außen, neben der Fahrbahn (nur dem Wetter, nicht dem Verkehr ausgesetzt), *3* In eine befahrene Straße eingesetzt (dem Wetter und Verkehr ausgesetzt).

kungen. Auf den gleichen Umstand weisen auch Griffigkeitsmessungen in der Schweiz hin, die in Tunneln und sogar in Unterführungen wesentlich kleinere Reibungsbeiwerte ergeben als auf den anschließenden offenen Strecken gleichen Belages (vgl. Abschnitt 47.4 in Band 3).

Die Änderung des Grades flächenhafter Schärfe kann besonders deutlich an stark befahrenen Gußasphaltdeckschichten mit mörtelreichen Oberflächen beobachtet werden: Am Ende einer längeren Trockenperiode glänzen sie im Gegenlicht; nach längerem Regen sehen sie, in trockenem Zustand betrachtet, stumpf aus.

Die Amplitude der Rauheitsschwankungen hängt in erster Linie vom Kalksteingehalt der Deckschicht ab (Bild 9.40); entsprechend wurden bei Griffigkeitsmessungen die größten Schwankungen auf alten Stampfasphaltdeckschichten gefunden, die aus einem an Naturasphalt gebundenen Kalkstein bestehen. Auch auf Betondecken, die — abgesehen von Kalkstein als Zuschlagstoff (Grobkorn) — immer auch Kalk im Zementstein als Bindemittel enthalten, werden witterungsbedingte Griffigkeitsschwankungen festgestellt.

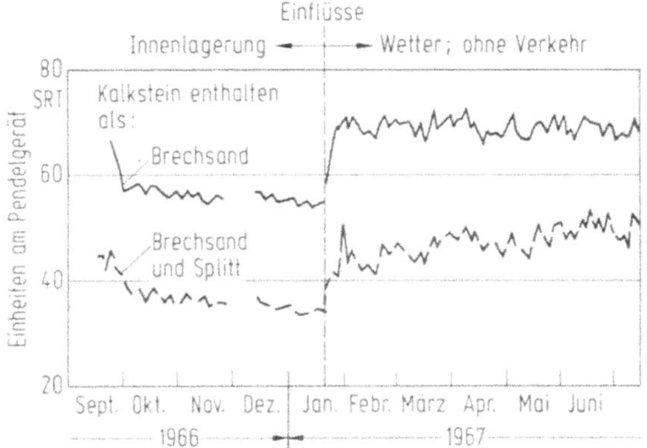

Bild 9.40. Durch Regen bewirkter plötzlicher Anstieg der Griffigkeit von Proben, die bislang in der Versuchshalle lagerten und dann ausschließlich dem Wetter ausgesetzt wurden (siehe Bild 9.39) [80].

Die weitverbreitete Vorstellung, daß die Griffigkeit von Straßendecken konstant sei und sich allenfalls langsam und kontinuierlich änderte, muß ebenso als widerlegt angesehen werden wie die andere weitverbreitete Vorstellung, daß Schwankungen des Griffigkeitsverhaltens von Straßenoberflächen bei Nässe lediglich auf Ablagerungen von z.B. Öl oder Schmutz zurückzuführen seien, die bei beginnendem Regen die Schmierwirkung des Wassers verstärkten, bei anhaltendem Regen aber von der Straße abgewaschen würden. Beide Vorstellungen lassen den Einfluß von Rauheitsschwankungen zu unrecht außer acht.

Infolge der witterungsbedingten Rauheitsschwankungen streuen die Ergebnisse von Griffigkeitsmessungen auf ein und derselben Fahrbahnoberfläche. Für Gleitbeiwerte am blockierten Schlepprad ist bei herkömmlichen Straßendecken neuzeitlicher Bauarten mit mittleren Schwankungen von $\pm 0{,}03$ um das langfristige Mittel zu rechnen. Im einzelnen können Witterungseinflüsse die folgenden, für eine Beurteilung bedeutsamen Auswirkungen haben:

— Wenn Straßendecken niedrige Griffigkeitskennwerte in der Nähe festgelegter Richtwerte aufweisen, so müssen Ergebnisse einer einmaligen Griffigkeitsmessung mit einigem Vorbehalt interpretiert werden, weil zu einem anderen Zeitpunkt auf derselben Decke noch niedrigere Werte auftreten können.

— Bei Griffigkeitsmessungen nach Trockenperioden kann man eher erwarten, das Minimum des langfristig schwankenden Griffigkeitsniveaus zu erfassen, als bei

Messungen innerhalb oder im Anschluß an Regenperioden. Nicht dagegen kann man sicher sein, daß das Minimum der Griffigkeit in einer bestimmten Jahreszeit z.B. im Herbst auftritt.

— Je höher der Kalksteingehalt einer Deckschicht ist, mit um so größeren Griffigkeitsschwankungen muß gerechnet werden.

Die beobachteten Schwankungen sind nicht so zu werten, als ob das Messen der Griffigkeit von Straßenoberflächen wegen der Veränderungen, die diese Decken laufend erfahren, keine zuverlässigen Meßdaten lieferte. Wie die bisherigen Erfahrungen zeigen, gestatten die Meßergebnisse stets eine Einstufung der Decken hinsichtlich ihres Griffigkeitsverhaltens und erlauben, Oberflächen mit sehr niedriger Griffigkeit zu erkennen, worauf es für die Verkehrssicherheit bei Nässe in erster Linie ankommt.

9.3.3. Griffigkeitserhöhende Behandlungen bestehender Fahrbahndecken

Die erfolgreiche griffigkeitserhöhende Behandlung einer bestehenden Fahrbahnoberfläche setzt eine genaue Analyse der Ursachen für die Beeinträchtigung der Verkehrssicherheit bei Nässe voraus. Ein erhöhter Anteil von Unfällen bei Nässe auf einem Streckenabschnitt, oft Hinweis für eine mangelhafte Griffigkeit, kann z.B. auch durch in Spurrinnen stehendes Wasser verursacht sein. Dann müßten zu allererst die Abflußbedingungen für das Regenwasser durch Beseitigen der Spurrinnen verbessert werden. Wenn als Ursache ungenügende Griffigkeit festgestellt wird, dann kann sie, unabhängig von der Deckenart, hervorgerufen sein:

— durch eine mangelhafte Schärfe (Mikrotextur) der Fahrbahnoberfläche, bedingt durch die Anwesenheit polierter Splittkörner an der Oberfläche oder durch Überdeckung des Mineralstoffgerüstes mit einer Mörtelschicht oder einer dünnen Schicht karbonatisierten Zementes oder durch Verschmutzungen, die eine feste Verbindung mit der Oberfläche eingegangen sind (z.B. Fett, Öl, Gummi);
— durch eine mangelhafte Grobrauheit (Makrotextur) der Fahrbahnoberfläche, bedingt durch eine fehlgeschlagene Oberflächenausführung beim Einbau (z.B. zu leichter Besenstrich bei Betondecken, keine ausreichende Splitthaftung bei Gußasphalt, großflächige Mörtelanreicherungen ohne Rauhtiefe bei gewalztem Asphaltbeton) und durch den Verlust der ursprünglichen Makrotextur unter Verkehrsbedingungen (z.B. Einebnen der Grobrauheit bei der Verformung nicht standfester bituminöser Deckschichten in den Rollspuren des Verkehrs);
— durch den gleichzeitigen Mangel an Schärfe und Grobrauheit.

Die Diagnose muß nun herausarbeiten, welcher Mangel überwiegt. Eine ungenügende Schärfe läßt sich durch eine Griffigkeitsmessung bei niedriger Geschwindigkeit (z.B. Pendelgerät, vgl. Abschnitt 9.4.4.) feststellen, aber auch schon das einfache Anschauen der Oberfläche, ob polierte Gesteins- oder Mörtelflächen, Öl, Fett oder Gummiablagerungen an der Oberfläche zu erkennen sind, reicht häufig zur Beurteilung ihrer Schärfe aus.

Mangelnde Grobrauheit wird z.B. mit dem Ausflußmesser nach Moore (vgl. Abschnitt 9.4.4.) eindeutig durch extrem lange Ausflußzeiten angezeigt, aber auch hier kann eine genaue Betrachtung der Oberfläche, ob beispielsweise die ursprüngliche Makrotextur noch vorhanden ist, vorläufige Hinweise geben. Auch aus dem Grad des Absinkens der Griffigkeit mit zunehmender Geschwindigkeit, ermittelt z.B. durch eine Griffigkeitsmessung mit dem blockierten Rad bei den Geschwindigkeiten 40 km/h und 80 km/h, kann auf einen Mangel an Grobrauheit geschlossen werden.

Bei den nachfolgend beschriebenen Verfahren, die alle eine nachträgliche Erhöhung des Kraftschlusses zwischen Reifen und Fahrbahn bei Nässe zum Ziel haben, kann häufig nicht zweifelsfrei gesagt werden, welche Komponente der Rauheit diese Verbesserung im einzelnen bewirkt. Daher steht in diesem Abschnitt die Wirkung der Rauheit insgesamt, also das Gebrauchsverhalten der Fahrbahnoberflächen bei Nässe — *die Griffigkeit* — im Vordergrund. Hierzu sei grundsätzlich vorausgeschickt, daß die Verfahren sich bewährt haben und bei sorgfältiger Ausführung im allgemeinen keinen Anlaß zu Beanstandungen bezüglich der Ebenheit und des baulichen Bestandes der Oberfläche geben [81].

9.3.3.1. Verfahren mit Materialabtrag

Abfräsen [82, 83]

Die Technik besteht darin, die oberste Schicht einer Fahrbahndecke, z.B. eine Mörtelschicht geringen Schärfegrades, durch rotierende Fräswerkzeuge, die eine kratzende und schlagende Beanspruchung vornehmen, abzutragen. Verwendet werden selbstfahrende Geräte mit 4 bzw. 6 Wellen (Bild 9.41). Die Fräswerkzeuge, meist Zahnkränze oder Sterne aus Hartmetall, sind „mit Spiel“ auf den Wellen angeordnet. Ihre Spitzen federn beim Auftreffen auf die Fahrbahn aus und überführen den Stoß in eine kurze Kratzbewegung. Die Arbeitsbreite heutiger Geräte beträgt in der Regel 60 cm, bekannt wurden Sonderkonstruktionen bis 1,80 m Wellenbreite. Die Geräte arbeiten trocken, das abgetragene Material muß in einem nachfolgenden Arbeitsgang aufgenommen werden. Die freigelegten Oberflächen besitzen in der Regel einen hohen Schärfegrad und eine befriedigende Grobrauheit.

Bild 9.41. Abtragen einer glatten bituminösen Mörtelschicht mit Hilfe einer Fräsmaschine, System Von Arx. Rechts: Detailansicht des Rotationskörpers mit den Fräswerkzeugen.

Das Abfräsen hat sich sowohl auf Betonfahrbahnen, wo es bevorzugt angewendet wird, als auch bei bituminösen Deckschichten bewährt. Hier kann die Fräsleistung allerdings durch heißes Wetter stark beeinträchtigt werden. Die Dauerhaftigkeit der Behandlung ist in erster Linie von der nachfolgenden Verkehrsbelastung der Fahrbahn abhängig. Sie ist in der Regel auf Betondecken länger wirksam als auf bituminösen Deckschichten. Neben dem gleichmäßigen flächenhaften Abtragen und Anrauhen kann durch Besetzen der Wellen mit Distanzscheiben und Fräselementen unterschiedlicher Durchmesser eine tiefer strukturierte, in ihrer Grobrauheit verbesserte Oberfläche erzeugt werden. Des weiteren wird dieses Verfahren erfolgreich zur Herstellung von Rillen angewendet. Wegen der Handlichkeit der Geräte ist es besonders geeignet, wenn die Rillen quer zur Fahrtrichtung angeordnet werden sollen.

Einschneiden von Rillen mit Diamantwerkzeugen [83—85]

Das Einschneiden von Rillen in Fahrbahnen mit diamantbestückten, auf einer Welle angeordneten Schleifscheiben, auch „Grooving" genannt, ist — im Gegensatz zur zuvor besprochenen Fräsmethode — ein Naßverfahren, das zur Kühlung und zum Freispülen der Schnittflächen Wasser benötigt. Je nach Bestückung der Welle können unterschiedliche Schnittmuster angelegt werden (Bild 41.20). In der Praxis ist für Straßen unter Verkehr nur das Längs-Grooving von Bedeutung, da Abmessung und Arbeitsweise der Maschine („Bump Cutter", Bild 9.42) ein Quer-Grooving nahezu ausschließt. Für Flugbetriebsflächen trifft diese Einschränkung nicht zu.

Bild 9.42. Einschneiden von Rillen mit einem „Bump Cutter"
Rechts: Detailansicht der Welle mit den Schleifscheiben.

Die eingeschnittenen Rillen haben beim Kraftschluß zwischen Reifen und Fahrbahn bei Nässe die Funktion eines zusätzlichen Dränagesystems und unterstützen das Reifenprofil beim Verdrängen des Wassers aus der Reifenaufstandsfläche nachhaltig. Besonders bei dicken Wasserschichten auf der Fahrbahn kann diese Maßnahme bis in hohe Fahrgeschwindigkeiten hinein dafür sorgen, daß Kräfte zwischen Reifen und Fahrbahn übertragbar bleiben. So wird das Einschneiden von Rillen vorzugsweise auf Streckenabschnitten mit ungünstigen Verhältnissen für den Regenwasserabfluß (z.B. im Bereich eines Querneigungswechsels und in Wannen) angewendet.

Sandstrahlen [87, 88]

Das Verfahren kann auf bituminösen Deckschichten wie auf Zementbeton angewendet werden. Es besteht darin, ein trockenes Schleifmittel mit Druckluft von 5 bis 6 bar auf die Oberfläche zu blasen. Als Schleifmittel dienen gewöhnlich Schleifsand oder Kupferschlacke der Körnung 1/2 mm. Der Verbrauch richtet sich nach der gewünschten Rauhtiefe und beträgt bei intensiver Anwendung des Verfahrens 10 kg/m^2 und mehr. Der Arbeitsfortschritt hängt dabei in erster Linie von der Dicke und Festigkeit der abzutragenden Mörtelschicht ab. Bei einer wirtschaftlich vertretbaren Anwendung ist der Aufrauheffekt meist gering: es entsteht lediglich eine feine „Sandpapierrauheit" mit geringer Grobrauheit, die nur eine Erhöhung der Griffigkeit im unteren Geschwindigkeitsbereich ($V \leqq 50$ km/h) bringt. Unter starker Verkehrseinwirkung geht diese Erhöhung dann meistens schon bald wieder verloren. Die Methode des Sandstrahlens ist auch wegen des nachträglichen Aufnehmens des Sandes ein aufwendiges Verfahren und im Hinblick auf die Staub- und Lärmbelästigung problematisch.

Flammstrahlen [88, 89]

Beim Flammstrahlen mit Acetylen und Sauerstoff wird ein Brenner langsam und gleichförmig über die Fahrbahn bewegt. Bei den sehr hohen Temperaturen platzt die oberste Zone einer Betondecke ab und hinterläßt eine Oberfläche grober Textur. Da bei diesem Vorgang auch neue Gesteins- und Mörtelflächen aufgeschlossen werden, tritt gleichzeitig eine Verbesserung der Schärfe ein, womit das Griffigkeitsniveau über den gesamten relevanten Geschwindigkeitsbereich positiv beeinflußt wird. Die Anwendung des Verfahrens auf Betonfahrbahnen ist umstritten, da infolge der starken örtlichen Hitzeeinwirkung unkontrolliert Abplatzungen auftreten können. Als folgenschwerer wird das Entstehen von Haarrissen in tieferen Zonen angesehen. Festigkeit und Lebensdauer der Decke wären dann stark beeinträchtigt.

Neueren Untersuchungen zufolge [81] kann die Methode des Flammstrahlens auch zur Beseitigung von glatten bituminösen Mörtelflächen herangezogen werden: Beim Übergang des Brenners verbrennt das Bitumen vor den Flammspitzen in Streifen (Bild 9.43). Nach dem Abfegen des Rußes sieht die Oberfläche wie geharkt aus. Durch die ausgebrannten Bereiche (im allgemeinen weniger als 30% der Gesamtfläche) erfährt die Oberfläche eine leichte Griffigkeitserhöhung. Die Wirksamkeit läßt sich mit zwei gegeneinander „auf Lücke" versetzten Brennerreihen steigern.

Bild 9.43. Flammstrahlen einer glatten bituminösen Mörtelschicht als griffigkeitserhöhende Behandlung: Das Bitumen verbrennt vor den Flammenspitzen.

Zu den Methoden, die mit einem Materialabtrag verbunden sind, gehören außerdem noch der *Hammerschlag* [87] und die *Salzsäure-Behandlung* [87]. Beide Verfahren sind nur für Betondecken geeignet. Sie werden wegen ihres nur geringen und wenig dauerhaften Einflusses auf das Griffigkeitsniveau nur selten angewendet.

9.3.3.2. Verfahren mit Materialauftrag

Erhitzen der Deckschicht und Eindrücken von Splitt [90]

Diese Methode besteht darin, die bituminöse Deckschicht mit Propangas beheizten Infrarot-Brennern bis auf 80 bis 100 °C zu erwärmen (Überhitzungen würden zu Ausschwitzen und Verkohlen des Bindemittels führen.) Das sofort anschließende Ausstreuen von leicht vorumhülltem oder rohem Splitt der Körnung 1/3 oder 2/5 mm kann von Hand oder maschinell geschehen; wichtig dabei ist, daß eine gleichmäßige Streudichte mit nur 0,5 bis maximal 1,0 kg/m^2 erreicht wird. Zum Eindrücken des aufgestreuten Materials in die erwärmte, replastifizierte Oberfläche können Glattmantel- und Vibrationswalzen benutzt werden; lose Splittkörner werden abschließend durch Kehren oder Absaugen von der Oberfläche entfernt.

Eine Verbesserung des Verfahrens kann erreicht werden, wenn das Material (am besten: roher Splitt) vor dem Erhitzen der Deckschicht aufgestreut wird. Auf diese Weise wird die erhebliche Gefahr, daß die Oberfläche vor dem Einwalzen des Splittes wieder abgekühlt ist, verringert. Zugleich wird maschinelles und damit gleichmäßiges Abstreuen erleichtert [81].

Das Verfahren des Einstreuens von Splitt in die erwärmte Deckschicht ist relativ aufwendig, da Spezialgeräte mit geringer Flächenleistung bei hohem Energiebedarf eingesetzt werden. Andererseits zählt diese Methode zu den wirksamsten griffigkeitserhöhenden Behandlungen glatter bituminöser Fahrbahndeckschichten überhaupt.

Einwalzen heißen Splittes in die kalte Deckschicht [89, 91]

Bei diesem Verfahren wird vorumhüllter, stark erhitzter Splitt 2/5 mm (bis 250 °C) in einer Streudichte von etwa 2 bis 5 kg/m^2 auf die Fahrbahn geworfen und nachfolgend sofort mit einer schweren Glattmantelwalze angedrückt. Dabei ist der Erfolg der Maßnahme — die sichere Verankerung von scharfen Splittkörnern in der Deckschicht — entscheidend von der Verformbarkeit des bituminösen Mörtels der Deckschicht abhängig, der ja die Splittkörner aufnehmen, umschließen und verkleben muß.

In der Praxis erweist sich die Methode des Einwalzens heißen Splittes in die kalte Deckschicht als wenig aussichtsreich, denn zwei Anforderungen an die Ausführung stehen sich diametral gegenüber: Einerseits ist man, um möglichst viel Wärme auf die Oberfläche einwirken zu lassen, gehalten, eine große Streudichte anzuwenden; andererseits besteht aber nur dann Aussicht, Splittkörner in die Oberfläche einzudrücken, wenn das Korn spärlich gestreut ist, so daß die Walze einen hohen Druck auf das Einzelkorn ausübt. Am ehesten wird man daher bei heißem Wetter Erfolg haben, wenn die Deckschicht bereits durch Sonneneinstrahlung erheblich erwärmt ist.

Terpentinersatz und gebrochenes Gesteinsmaterial [81, 91]

Der erste Schritt dieses Verfahrens (engl.: „white spirit and chippings") besteht darin, Terpentinersatz oder ein chemisch ähnliches Lösungsmittel auf Oberflächen mit bituminöser Mörtelanreicherung aufzusprühen (Menge etwa 0,2 bis 0,4 kg/m^2). Anschließend wird, um eine vorzeitige Verdunstung des Lösungsmittels zu verhindern, trockener Brechsand 0/2 mm oder ein Brechsand-Splitt-Gemisch 0/5 mm (Menge etwa 2 bis 5 kg/m^2) auf die Oberfläche aufgestreut. In Bereichen stärkerer Straßenneigung, in denen Lösungsmittel abfließen würden, ist es zweckmäßig, die umgekehrte Reihenfolge zu wählen. Fahrbahnmarkierungen sollten mit einem Schutzwall aus Sand umgeben sein.

Die notwendige Einwirkdauer des Lösungsmittels hängt in erster Linie von der Härte des Bindemittels, der Dicke der Mörtelschicht und den Witterungsbedingungen ab (im Mittel 0,5 bis 1,0 Stunden). Der richtige Zeitpunkt für das Aufnehmen des bindemitteldurchtränkten Abdeckmaterials läßt sich durch probeweises Abkehren kleiner Flächen bestimmen. Eine nachhaltige Verbesserung der Griffigkeit wird erst durch ein nochmaliges Abstreuen der angelösten Oberfläche erzielt. Dazu eignet sich am besten rohes, gebrochenes Gesteinsmaterial der Körnung 1/3 oder 2/5 mm in einer Menge von 0,5 bis maximal 1,0 kg/m^2. Diese relativ geringe Streudichte ist Voraussetzung dafür, daß unter der Glattmantelwalze das einzelne Korn in die Deckschicht eingedrückt und fest verankert werden kann. Mit dem abschließenden Abkehren des nicht voll gebundenen Materials sollte einige Stunden gewartet werden. Besonders bei feuchtem Wetter kann sich das Verdunsten des Lösungsmittels verzögern.

Eine wichtige Vorbedingung für eine erfolgreiche Anwendung dieser Methode ist eine saubere, trockene und nicht zu warme Oberfläche. Der Verkehr auf benachbarten Fahrstreifen kann aufrechterhalten werden. Es ist zu beachten, daß die Arbeitsmannschaft gegen die toxischen Einwirkungen des Lösungsmittels geschützt ist. Darüber hinaus muß auch auf die Gefahr der beim Ausgießen des Lösungsmittels stets auftretenden statischen Aufladung hingewiesen werden. Dieses Verfahren ist besonders bei nur örtlich begrenzt auftretenden Mörtelanreicherungen geeignet.

Kunststoffbeschichtungen [92, 93]

Außer zur Ausbesserung von Schäden an Betonfahrbahnen, wie z.B. bei Abplatzungen oder Kantenschäden infolge von Frost- und Tausalzbeanspruchung, werden Kunststoffe in Form von Reaktionsharzmörtel-Systemen auch zum Beschichten von Betonoberflächen verwendet. Dabei unterscheidet man Beschichtungen mit im letzten Arbeitsgang aufgebrachtem Einstreukorn und solche, deren Rauheitselemente — ausgewählte Brechsande mit hoher Polierresistenz — dem Mörtel bereits bei der Herstellung zugegeben werden. Zum Erreichen einer hohen Anfangs- und Dauergriffigkeit ist eine Kombination beider Typen sinnvoll.

Über ihre im allgemeinen guten bis sehr guten Griffigkeitseigenschaften hinaus zeichnen sich Beschichtungen mit Reaktionsharzmörtel durch nahezu absolute Formstabilität und extrem hohen Verschleißwiderstand aus. Einer weiten Verbreitung der Anwendung dieser Beschichtungen stehen der hohe Preis des Kunststoffbasismaterials und die hohen Lohnkosten (wegen der noch geringen Mechanisierung der Einbautechnik) entgegen. Hinzu kommen die unbedingt notwendige sorgfältige Vorbereitung der zu beschichtenden Oberfläche (nur durch aufwendige Verfahren wie z.B. Abfräsen oder Flammstrahlen möglich) und die starke Witterungsabhängigkeit (bei hoher Luftfeuchte werden die Arbeiten stark behindert).

Bituminöse Beschichtungen

Hierzu zählen *Oberflächenbehandlungen* mit herkömmlichem oder modifiziertem Bindemittel [94], *Schlämme-Überzüge* mit extrem hohem Anteil von scharfem Brechsand oder Feinsplitt (z.B. „*Slurry Seal*“ [95]) sowie dünne Asphaltbetondeckschichten, teilweise auch mit modifiziertem bituminösem Bindemittel (z.B. „*Anti-Skid-Beläge*“ [96]). Einzelheiten zur Technologie dieser Verfahren sind dem Kapitel 29 „Bituminöse Fahrbahnbefestigungen“ zu entnehmen.

9.4. Straßengriffigkeit und Verkehrssicherheit bei Nässe

9.4.1. Anforderungen an die Griffigkeit — Richtwerte

In trockenem Zustand sind auf allen Fahrbahnoberflächen neuzeitlicher Bauarten ausreichend große Reibungskräfte aktivierbar, abgesehen von Fällen grober Verschmutzung. Dies gilt gleichermaßen bei niedrigen wie hohen Fahrgeschwindigkeiten. Man wird deshalb in Richtlinien oder Vorschriften aus der Sicht des Straßenbaues vergeblich nach Mindestanforderungen oder Richtwerten für das Reibungsvermögen von Fahrbahnen in trockenem Zustand suchen.

Anforderungen an das Reibungsvermögen in nassem Zustand (Griffigkeit), formuliert aus der Sicht des Straßenbaues und der Straßenunterhaltung, findet man dagegen in vielen Ländern, entweder in Form von Richtwerten (Empfehlungen) oder seltener als Werte für die Bauabnahme. Dabei besteht die Schwierigkeit, daß sich die „Position" des Griffigkeitskennwertes einer Fahrbahnoberfläche in der Skala der Griffigkeitskennwerte des angewendeten Meßverfahrens mit der Geschwindigkeit ändert. Man muß daher eine Bezugsgeschwindigkeit wählen. Übliche Bezugsgeschwindigkeiten sind: 40, 60, 80 und 100 km/h bzw. 30, 40, 50 und 60 mph. Höhere Bezugsgeschwindigkeiten werden selten gewählt, denn Griffigkeitsmessungen bei hohen Geschwindigkeiten sind schwierig und aufwendig. Außerdem ändert sich die „Position" des Griffigkeitskennwertes einer Fahrbahnoberfläche zwischen 20 und 80 km/h wesentlich stärker als zwischen z. B. 80 und 140 km/h. Eine sinngemäße Übertragung der Aussage des bei 80 km/h gemessenen Wertes auf noch höhere Geschwindigkeiten ist daher häufig eine brauchbare Näherung.

Da Griffigkeit bei hohen Geschwindigkeiten ein gewisses Maß an Grobrauheit der Fahrbahnoberfläche erfordert, ist es sinnvoll, eine Griffigkeitsmessung mit nur mittlerer Geschwindigkeit durch eine Rauheitsmessung zu ergänzen. Sind bestimmte Rauheitsanforderungen erfüllt, dann und nur dann darf die Aussage des Griffigkeitskennwertes aus dem mittleren Geschwindigkeitsbereich sinngemäß auf den Bereich höherer Geschwindigkeiten übertragen werden. Ein hierfür geeignetes Rauheitsmeßverfahren ist z. B. der Ausflußmesser (vgl. Abschnitt 9.4.4.) oder die Sandfleckmethode, auf deren Ergebnisse sich entsprechende französische

Tabelle 9.1. Anforderungen an die Rauheit einer Fahrbahnfläche in Frankreich [98]

Klasse	Rauhtiefe[a] mm	Textur	Empfehlungen
A	$H < 0{,}2$	sehr fein	solche Oberflächen sollten grundsätzlich vermieden werden
B	$0{,}2 < H < 0{,}4$	fein	Decken für Stadtgebiete Geschwindigkeit $V = 80$ km/h
C	$0{,}4 < H < 0{,}8$	mittel	geeignet für Streckenabschnitte mit Geschwindigkeiten zwischen 80 und 120 km/h
D	$0{,}8 < H < 1{,}2$	grob	geeignet für Streckenabschnitte mit überwiegend hohen Geschwindigkeiten, $V = 120$ km/h
E	$H > 1{,}2$	sehr grob	Decken für Spezialfälle, z.B. Gefahrenzonen wegen behindertem Wasserabfluß und Glatteisbildung

[a] Die Rauhtiefe H wird mit der Sandfleckmethode [76] bestimmt.

Richtwerte beziehen (Tab. 9.1). Die alleinige Anwendung von Richtwerten für die Rauheit ist jedoch wegen der Gefahr der Fehlbeurteilung bei geringem Schärfegrad der Oberfläche problematisch (vgl. Abschnitt 9.2.3.1.).

Werte für die Bauabnahme und nicht nur „Richtwerte“ zu formulieren, bedeutet Einbeziehen des Merkmals Griffigkeit in die Gewährleistung des Deckenherstellers, ein Schritt, zu dem sich bisher nur wenige Straßenverwaltungen entschließen konnten (Belgien, Niederlande, Schweiz) [98]. Überwiegend herrscht die Auffassung, dem Deckenhersteller könne diese Garantie nicht abverlangt werden, da er weder Verfahren für „Eignungsprüfungen“ zur Vorhersage des Griffigkeitsverhaltens einer künftigen Deckschicht zur Verfügung hat noch in der Wahl der Baustoffe frei ist. Dennoch wird auf die Forderung nach Griffigkeit nicht verzichtet, z. B. heißt es in den für die Bundesrepublik Deutschland gültigen technischen Vorschriften TVbit 3/72 Asphaltbeton und Sandasphalt: „Im allgemeinen erübrigt sich eine zusätzliche Behandlung der Oberfläche einer Deckschicht; sie soll aber ausreichend griffig sein“. Deckenhersteller können dann zur Hinnahme von Abzügen veranlaßt werden, wenn mangelnde Griffigkeit durch nachgewiesene Verstöße gegen die „anerkannten Regeln der Baukunst“ verursacht wurde.

Unabhängig von der Verbindlichkeit der Anforderungen an die Griffigkeit und unabhängig auch von einem festzulegenden Schwellenwert gibt es folgende drei Wege, um überhaupt Anforderungen formulieren zu können:

1. Theoretische Überlegungen über den „Bedarf“ an Reibung Reifen/Fahrbahn, abgeleitet z. B. aus den Streckenmerkmalen und der Entwurfsgeschwindigkeit einer Straße;
2. Messungen tatsächlich am Fahrzeug auftretender Verzögerungen und Seitenbeschleunigungen sowie Ableitung des „Bedarfs“ an Reibung aus realen Fahrsituationen;
3. Gegenüberstellung von gemessenen Griffigkeitskennwerten und Unfallzahlen sowie Ermittlung korrelativer Zusammenhänge.

Bei den ersten beiden Ansätzen wird die am Meßrad unter festgelegten Versuchsbedingungen erzeugte Reibung als Maß für die an Kraftfahrzeugrädern verfügbare Reibung verwendet, obwohl die Versuchsbedingungen der Griffigkeitsmessung nur ein Beispiel aus dem weiten Spektrum möglicher Bedingungen für die Reibung Reifen/Fahrbahn bei Nässe darstellen. Durch geeignete Wahl der Versuchsbedingungen sucht man diese Schwierigkeit zu überwinden, wählt z. B. das blockierte Rad als Reibungszustand, einen stärkeren Annässungsgrad der Fahrbahn (z. B. 1,0 mm) und vielfach sogar einen profillosen Meßreifen in der Absicht, damit einen Betriebsfall weit auf der ungünstigen Seite des Spektrums zu repräsentieren. Da aber nicht bekannt ist, welche Bedeutung nach Häufigkeit des Auftretens und Unfallrelevanz der gewählte Betriebsfall tatsächlich für die Verkehrssicherheit bei Nässe hat, besteht die Gefahr der Erschöpfung in rein formaler Betrachtung.

Anders der dritte Ansatz. Er geht von den Unfallzahlen aus und setzt voraus, daß aus den Unfallzahlen Kenngrößen gebildet werden können, die die Verkehrssicherheit bei Nässe auf einem betrachteten Straßenabschnitt quantifizieren. Geeignet sind relative Größen wie „Prozentanteil der Rutschunfälle an der Anzahl der Unfälle auf nasser Fahrbahn“ (England: Sabey 1956 [99]) oder „Anteil der Unfälle auf nasser Fahrbahn an der Gesamtzahl der Unfälle (ohne Unfälle auf winterglatter Fahrbahn)“ (Beckmann 1964 [100]). Werden derartige Größen den Ergebnissen von Griffigkeitsmessungen gegenübergestellt, so führt eine Regressionsrechnung jedoch zu Abhängigkeiten mit oft erheblicher Streubreite. Der Grund dafür ist leicht einzusehen: Unfälle bei Nässe, bei denen geringe Reibung Reifen/Fahrbahn eine Rolle spielt, hängen mit dem Wechselspiel zwischen verfügbarer und benötigter Reibung zusammen. Die verfügbare Reibung ist nur zum einen eine Frage des Griffigkeitskennwertes, zum anderen eine Frage der Wasserfilmdicke bei Regen (je dicker der Wasserfilm desto weniger Reibung ist verfügbar). Die Inanspruchnahme der verfügbaren Reibung kann durch Fahrbahnunebenheiten (Radlastschwankungen) behindert werden. In welchem Maße Reibung benötigt wird, ist dagegen eine Frage der Wahrscheinlichkeit, mit der Fahrzeuge, bedingt durch Linienführung sowie verkehrliche und örtliche Gegebenheiten, bremsen oder große Seitenkräfte gegen die Fahrbahn abstützen müssen. Es ist daher eine falsche Vorstellung, die Skala der Griffigkeitskennwerte in zwei scharf voneinander getrennte Bereiche, „verkehrssicher" und „nicht verkehrssicher" einteilen zu wollen: der Übergang zwischen beiden ist fließend.

Hierin liegt zunächst nichts Besonderes: Bei jedem Sicherheitsproblem (man denke z.B. an die Ermittlung der Bruchspannung für Stahl) ist das Sicherheitskriterium keine feste Größe, sondern ist mit einer Streuung behaftet. Die klassische Sicherheitskonzeption verlangt daher, die „Grenzwerte" der Beanspruchung oder der vorzuhaltenden Materialeigenschaften genügend weit" auf der sicheren Seite" festzulegen. Das Besondere beim Problem Griffigkeit ist die große Ausdehnung des Übergangsbereiches zwischen „sicher" und „bestimmt unsicher". Ein Grenzwert auf der sicheren Seite müßte daher ein sehr hoher Wert sein. Diese Konzeption läßt sich aber nicht anwenden, da mit heutigen Baumethoden und natürlichen Gesteinsbaustoffen gebaute Fahrbahnen nur zum Teil hohe Griffigkeitskennwerte erreichen und unter starkem und schwerem Verkehr (Polierwirkung, Kompression, Verschleiß) aufrechterhalten können. Schlimmer noch: die Aufrechterhaltung ist gerade dort am schwierigsten, wo die Reibung Reifen/Fahrbahn am stärksten beansprucht wird.

Aus wirtschaftlichen Gründen (nicht zu häufige Deckenerneuerungen und nach Möglichkeit Verwendung örtlich verfügbarer Mineralstoffe) begnügt man sich mit erheblich geringeren Richtwerten als solchen, die „auf der sicheren Seite" liegen. Vielfach teilt man die Skala der Griffigkeitskennwerte in qualitative Bereiche ein, z.B. befriedigend — Übergangsbereich — unbefriedigend. Eine differenziertere Möglichkeit besteht in der Abstufung geforderter Griffigkeitskennwerte nach der auf einem Straßenabschnitt zu erwartenden mittleren Beanspruchung der Reibung. Zum Beispiel werden in der Schweiz Griffigkeitsanforderungen nach Streckenmerkmalen und Ausbaugeschwindigkeit einerseits und nach Verbindlichkeitsgraden andererseits unterschieden (Tab. 9.2).

Außer einer solchen formalen Einteilung können einzuhaltende Griffigkeitskennwerte auch aus objektiven Kriterien, z.B. aus Unfallzahlen und Häufigkeitsverteilungen, abgeleitet werden. In der Bundesrepublik Deutschland wurden im

Tabelle 9.2. Griffigkeitsanforderungen in der Schweiz [101]

Charakteristik der Straße	Richtwert SRT	Abnahmewert SRT	Grenzwert SRT
Straßen mit Ausbaugeschwindigkeiten kleiner als 80 km/h	$\geqq 55$	50	45
Straßen mit Ausbaugeschwindigkeiten größer oder gleich 80 km/h	$\geqq 60$	55	50
Strecken mit schwierigen Verhältnissen[a]	$\geqq 65$	60	55

[a] Verwindungsstrecken, Kurven mit Radien unter 150 m bei sonst gestreckter Linienführung, Neigung über 8% auf mehr als 100 m, Brücken, Tunnelausfahrten, Strecken mit starkem Seitenwind, andere Gefahrenstellen, SRT = Einheit des engl. Pendelgerätes [53, 54].

Jahre 1966 von der Kommission „Griffigkeitsanforderungen" der Forschungsgesellschaft für das Straßenwesen erstmals Anforderungen an die Straßengriffigkeit formuliert und im „Merkblatt über Straßengriffigkeit und Verkehrssicherheit bei Nässe" [9] veröffentlicht. Die genannten *Richtwerte* (0,42 bei $V = 40$ km/h, 0,33 bei $V = 60$ km/h und 0,26 bei $V = 80$ km/h) entsprechen der 90%-Grenze des Bewertungshintergrundes für das Meßverfahren (vgl. Abschnitt 9.1.3.3.) des blokkierten Schleppradees („Stuttgarter Reibungsmesser"). Als Richtwerte sind demnach unter festgelegten Versuchsbedingungen zu ermittelnde Griffigkeitskennwerte eingeführt worden, die von 90% der in der Bundesrepublik Deutschland vorkommenden Fahrbahnoberflächen unterschiedlicher Bauarten erreicht oder überschritten werden. Für das aus der Unfallstatistik gebildete Kriterium „Anteil der Unfälle bei Nässe" entsprechen sie der unteren Grenze des Übergangsbereiches zwischen mittlerer und niedriger Straßengriffigkeit (vgl. Abschnitt 9.4.2.).

9.4.2. Bezug zur Unfallstatistik

Systematische Untersuchungen von Streckenabschnitten mit Rutschunfällen führten Anfang der sechziger Jahre in der Bundesrepublik Deutschland zum Nachweis für den deutlichen Zusammenhang zwischen der Griffigkeit der Fahrbahn und dem Unfallgeschehen [100]. Als Kenngröße zur Beschreibung des Unfallgeschehens war der „Anteil der Unfälle bei Nässe an der Gesamtunfallzahl[12] eines Streckenabschnittes" angenommen worden:

$$A_N = \frac{U_N}{U_N + U_T} \cdot 100\ [\%] \tag{9.21}$$

A_N Anteil der Unfälle bei Nässe in [%]
U_N Anzahl der Unfälle auf nasser Fahrbahn
U_T Anzahl der Unfälle auf trockener Fahrbahn

Diese relative Zahl gestattet es, Streckenabschnitte mit verschieden großen Gesamtunfallzahlen gemeinsam zu betrachten. Bei diesem Vorgehen wird das Wesen des Unfallkollektivs allein durch die globale Kenngröße „Anteil der Unfälle bei Nässe" beschrieben, ohne daß die weiteren Einzelheiten und Umstände der Unfälle herangezogen werden. Die Grundlage bildet die Feststellung, ob sich die Unfälle auf trockener oder nasser Straße ereignet haben, entnommen den Tabellen „Straßenverkehrsunfälle auf Bundesautobahnen und Bundesfernstraßen nach Betriebskilometer und Straßenzustand", die jährlich für das ablaufende Kalenderjahr von den Statistischen Landesämtern erstellt werden.

Der für einen beliebigen Straßenabschnitt ermittelte „Anteil der Unfälle bei Nässe" muß, um ihm Aussagekraft zu verleihen, auf einem Bewertungshintergrund betrachtet werden. Dieser ergibt sich zunächst aus der Feststellung, daß im Bundesfernstraßennetz pro Jahr durchschnittlich etwa ein Viertel bis ein Drittel der Unfälle auf den nassen und zwei Drittel bis drei Viertel der Unfälle auf den trockenen Fahrbahnzustand entfallen. Die Unfälle auf winterglatten Fahrbahnen machen nur wenige Prozente aus. Kehrt sich nun auf einem Streckenabschnitt das Verhältnis der Unfallzahlen trocken/naß um — ereignen sich also wesentlich

---

[12] Der hier verwendete Begriff „Gesamtunfallzahl" bezieht sich auf die Summe der Unfälle auf trockener und nasser Fahrbahn. Die Unfälle auf winterglatter Fahrbahn (Eis, Schnee!) bleiben also bei dieser Betrachtung unberücksichtigt; sie machen ohnehin nur einige Prozent aus.

mehr Unfälle bei Nässe als auf trockener Fahrbahn — so ist an dieser Stelle die Verkehrssicherheit bei Nässe geringer als im Durchschnitt des Netzes der Bundesfernstraßen.

Da die Gesamtunfallzahlen je Straßenabschnitt jedoch in statistischem Sinne nur klein sind, reicht der einfache Vergleich mit dem durchschnittlichen Anteil der Unfälle bei Nässe zum Bewerten der Verkehrssicherheit bei Nässe praktisch nicht aus. Der Anteil der Unfälle bei Nässe schwankt vielmehr von Straßenabschnitt zu Straßenabschnitt zufallsbedingt in weiten Grenzen. Die Frage lautet deshalb: Wie weit reicht der Zufall, wo beginnt die signifikante Tendenz?

Drei Schritte sind nötig, um aus beobachteten Anteilen der Unfälle bei Nässe eine brauchbare Kenngröße zur Bewertung der Verkehrssicherheit bei Nässe auf einem betrachteten Straßenabschnitt zu gewinnen [102]:

1. Ermitteln des Anteils der Unfälle bei Nässe im gesamten Straßennetz.

2. Festlegen eines Schwellenbereiches, von dem an ein beobachteter Anteil der Unfälle bei Nässe als außergewöhnlich hoch anzusehen wäre.

3. Ausstattung der beobachteten Anteile der Unfälle bei Nässe mit Vertrauensgrenzen, abhängig von der Gesamtunfallzahl auf dem betrachteten Straßenabschnitt im Beobachtungszeitraum.

Um die Häufigkeitsverteilung der Unfälle bei Nässe zu gewinnen, kann man das Straßennetz in gleich lange Abschnitte (z. B. 5 km) einteilen und die jeweiligen Anteile der Unfälle bei Nässe berechnen. Der Zufallseinfluß extrem geringer Unfallzahlen läßt sich unterdrücken, wenn dabei das Verfahren der gleitenden Durchschnitte angewendet wird. Eine andere Möglichkeit besteht darin, das Straßennetz in wesentlich kürzere Abschnitte (z. B. 1 km) einzuteilen, dafür aber die Abschnitte mit einer sehr geringen Gesamtunfallzahl (z. B. geringer als 10) außer acht zu lassen. Welches Verfahren auch gewählt wird, auf das Ergebnis hat dies keinen großen Einfluß (Bild 9.44).

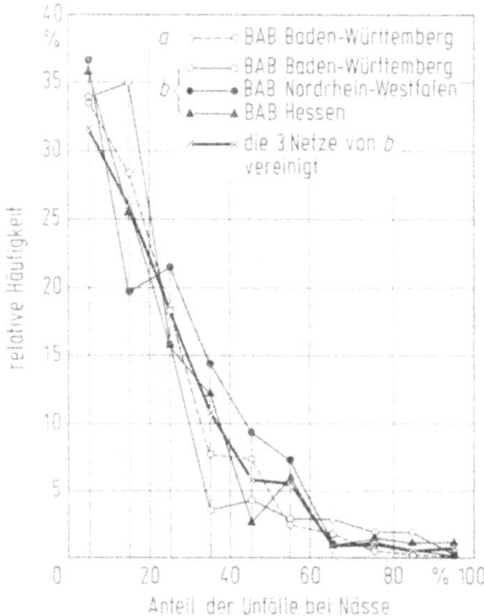

Bild 9.44. Häufigkeitsverteilung des Anteils der Unfälle bei Nässe in verschiedenen Teilnetzen auf der Grundlage
a der gleitenden Durchschnitte von 5 km-Abschnitten der Richtungsfahrbahnen
b von 1 km-Abschnitten der Richtungsfahrbahnen mit $n \geqq 10$ Unfällen.
Beobachtungszeitraum: Jahr 1972.

Die Häufigkeitsverteilung der Unfälle bei Nässe kann je nach den Witterungsbedingungen in dem Beobachtungszeitraum — Dauer des Zustandes „nasse Fahrbahn" — geringen Schwankungen unterworfen sein. Daher ist hier von einem Schwellen*bereich* und nicht von einem einzelnen Schwellen*wert* auszugehen. Es liegt auf der Hand, daß der Schwellenbereich, von dem an ein beobachteter Anteil der Unfälle bei Nässe als außergewöhnlich hoch anzusehen wäre, oberhalb des durchschnittlichen Anteils der Unfälle bei Nässe im gesamten betrachteten Straßennetz (25 bis 35%) liegen müßte. Aus der Häufigkeitsverteilung der Unfälle bei Nässe im Straßennetz läßt sich zeigen [102], daß der Schwellenbereich die Größenordnung von 50 bis 60% aufweist.

Der an einem Straßenabschnitt beobachtete Anteil der Unfälle bei Nässe kann vom Zufall beeinflußt sein und braucht den „wahren" Zustand der Verkehrssicherheit bei Nässe auf diesem Straßenabschnitt nicht zu repräsentieren. Daher läßt sich allein aus dem Umstand, daß ein in einem bestimmten Zeitraum beobachteter Anteil der Unfälle bei Nässe den Schwellenbereich überschreitet, nicht ohne weiteres folgern, daß dieser Anteil außergewöhnlich hoch sei. Eine solche Folgerung wäre erst dann berechtigt, wenn auch der „wahre" Anteil der Unfälle bei Nässe (der sich bei unveränderten Gegebenheiten über einen sehr langen Zeitraum einstellen würde) oberhalb des Schwellenwertes läge. Deshalb werden einem beobachteten Anteil der Unfälle bei Nässe Vertrauensgrenzen zugeordnet, die den Bereich abstecken, innerhalb dessen — bei der gewählten statistischen Sicherheit — der „wahre" Anteil liegen dürfte.

Die Vertrauensgrenzen lassen sich ermitteln, wenn die Wahrscheinlichkeit für das Auftreten eines Unfalls bei Nässe als binomialverteilt angesehen wird [102]. Die Binomialverteilung geht von der Realisierung der Zufallsereignisse (Unfälle) mit nur zwei Ausprägungen (auf trockener Fahrbahn, auf nasser Fahrbahn) aus. Das Problem ist hier allerdings, daß bei den vorkommenden geringen Gesamtunfallzahlen je betrachtetem Straßenabschnitt die Vertrauensbereiche eine erhebliche Breite aufweisen und erst bei sehr hohen beobachteten Anteilen der Unfälle den Schwellenbereich nicht mehr beinhalten. Bei einer Gesamtunfallzahl von z.B. 20 Unfällen müßte der beobachtete Anteil der Unfälle bei Nässe bereits 85% (17 Unfälle bei Nässe) betragen, damit man — mit einer statistischen Sicherheit von 95% — den „wahren" Anteil der Unfälle bei Nässe als oberhalb des Schwellenwertes und somit als außergewöhnlich hoch annehmen darf: dann erst erstreckt sich nämlich der Vertrauensbereich des beobachteten Anteils der Unfälle bei Nässe zwischen 62 und 96%; ein Anteil der Unfälle bei Nässe von 80% würde dagegen unter sonst gleichen Voraussetzungen einen Vertrauensbereich zwischen 57 und 94% ergeben und somit teilweise mit dem Schwellenbereich (bis 60%) zusammenfallen.

Die Wahl einer geringeren statistischen Sicherheit als 95% (z.B. 90% — ein solches Vorgehen ist gleichbedeutend mit der Bereitschaft, eine größere Irrtumswahrscheinlichkeit zu akzeptieren) ist bei geringen Gesamtunfallzahlen von keiner wesentlichen Bedeutung: die Vertrauensbereiche der beobachteten Anteile der Unfälle bei Nässe erstrecken sich auch dann noch auf einen relativ großen Bereich. Nur die Vergrößerung der zu betrachtenden Gesamtunfallzahlen führt dazu, daß die Breite des Vertrauensbereiches verringert wird und somit die entsprechenden Aussagen an praktischer Bedeutung gewinnen. Bei einer Gesamtunfallzahl von 60 Unfällen bedeutet bereits ein Anteil der Unfälle bei Nässe von 74%, daß mit einer statistischen Sicherheit von 95% an dem betrachteten Straßenabschnitt das Vorliegen eines außergewöhnlich hohen „wahren" Anteils der Unfälle bei Nässe anzunehmen ist (der Vertrauensbereich ergibt sich zu 61 bis

84%). Jedoch ist die Zugrundelegung derart großer Gesamtunfallzahlen im allgemeinen nur dann möglich, wenn mehrere Straßenabschnitte zusammengefaßt werden dürfen.

Die Frage der Vertrauensgrenzen für die einzelnen Anteile der Unfälle bei Nässe je betrachtetem Straßenabschnitt tritt in den Hintergrund, wenn diese Anteile in Korrelation zu den Griffigkeitswerten gesetzt werden. Als Kennwert für die Griffigkeit wird dabei der Gleitbeiwert am blockierten Schlepprad, gemessen unter den standardisierten Versuchsbedingungen bei der Geschwindigkeit $V = 80$ km/h, herangezogen. Bei zweistreifigen Straßen ist es der Mittelwert der in Richtung und Gegenrichtung in je einer Rollspur des Verkehrs gemessenen Werte, bei Richtungsfahrbahnen zweibahniger Straßen der in einer Radspur des Fahrstreifens gemessene Wert.

Stellt man von einer großen Anzahl Streckenabschnitten den jeweiligen Anteil der Unfälle bei Nässe dem Griffigkeitskennwert gegenüber, so ergibt die graphische Darstellung zwar eine Punktwolke mit erheblicher Streuung sowohl in x- als auch in y-Richtung (Bild 9.45). Dennoch sind folgende Zusammenhänge zu erkennen:

1. Niedrige Gleitbeiwerte (unter 0,26 bei $V = 80$ km/h) sind deutlich mit einem außergewöhnlich hohen Anteil von Unfällen bei Nässe verknüpft.

2. Hohe Gleitbeiwerte (über 0,35 bei $V = 80$ km/h) sind dagegen stets mit einem „normalen“ Anteil von Unfällen bei Nässe zwischen 0 und etwa 50% behaftet.

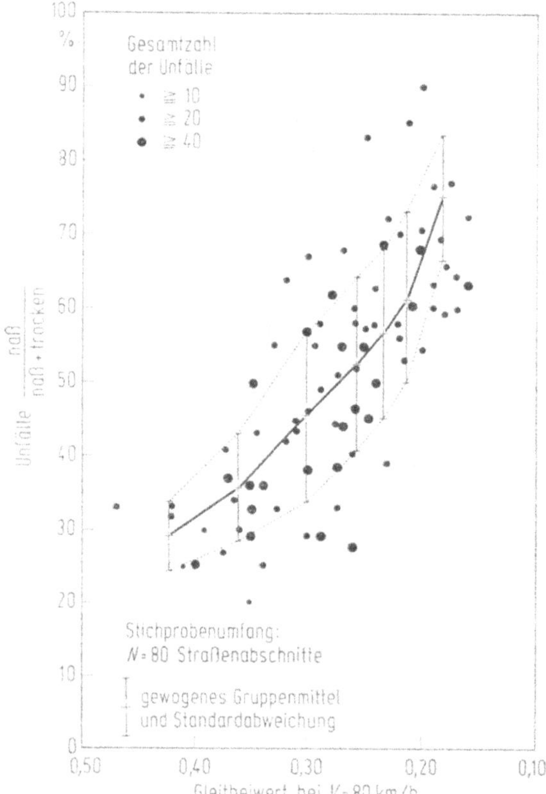

Bild 9.45. Zusammenhang Griffigkeitskennwert/Anteil der Unfälle bei Nässe, Stichprobe von 80 Streckenabschnitten im Netz der Bundesfernstraßen. Beobachtungszeitraum: ein oder zwei Jahre innerhalb der Spanne 1964 bis 1971 [102].

3. Für einen breiten Übergangsbereich und Gleitbeiwerten zwischen 0,26 und 0,35 bei $V = 80$ km/h, wie sie etwa 30 bis 40% der Fahrbahndecken neuzeitlicher Bauarten aufweisen, ist dagegen ein durchschlagender Einfluß der Griffigkeit auf das Unfallgeschehen bei Nässe weder auszuschließen noch mit Sicherheit anzunehmen.

Nähere Untersuchungen von Streckenabschnitten, die in den letzten Jahren (Anfang/Mitte der siebziger Jahre) einen hohen Anteil von Unfällen bei Nässe aufwiesen, führten zu der Erkenntnis, daß in vielen Fällen weniger eine niedrige Griffigkeit als vielmehr besonders ungünstige Bedingungen für den Wasserabfluß von der Fahrbahn Hauptursache für beobachtete Unfallhäufungen bei Nässe waren. Hierzu zählen besonders Streckenabschnitte, die Spurrinnen in den Rollspuren des Verkehrs aufweisen, Bereiche mit Querneigungswechsel (Verwindungsstrecken) sowie breite Verkehrsflächen bei mehrstreifigem Ausbau in Verbindung mit geringer Querneigung. Auf diesen Oberflächen können sich Wasserfilme von mehreren Millimetern Dicke einstellen, so daß mit einer Häufung der Unfälle bei Nässe (vgl. Abschnitt 9.2.1.) gerechnet werden muß. Griffigkeitsmessungen, durchgeführt nach den standardisierten Versuchsbedingungen, sind aber nicht in der Lage, diese besondere Gefahr aufzudecken, da sie bei einer rechnerischen Wasserfilmdicke von nur 1 mm vorgenommen werden.

Das systematische Auswerten der Unfallstatistik im Hinblick auf Straßenabschnitte mit einem außergewöhnlich hohen Anteil von Unfällen bei Nässe ist trotz der angedeuteten Einschränkungen eine geeignete Methode, unfallträchtige Streckenabschnitte zu lokalisieren. Die wirklichen Ursachen für die Beeinträchtigung der Verkehrssicherheit können dann festgestellt und durch geeignete verkehrsbeeinflussende oder bauliche Maßnahmen beseitigt werden.

9.4.3. Zur Prüfung der Griffigkeit im Laboratorium

Von großer Bedeutung für die Praxis ist die Frage, ob und in welchem Umfang es möglich ist, das Griffigkeitsverhalten der Oberfläche allein anhand der vorgegebenen Zusammensetzung von Deckschichtgemischen vorherzusagen. Gewünscht wird ein Verfahren, mit dem in einer Art Eignungsprüfung auf das zu erwartende Griffigkeitsverhalten der fertigen Deckschicht geschlossen werden kann.

Den Bemühungen hierzu ein geeignetes Verfahren zu entwickeln, blieb der Erfolg bislang versagt. Es ist fraglich, ob ein solches Prüfverfahren überhaupt gefunden werden kann, da die Griffigkeit einer Fahrbahnoberfläche wesentlich von den momentanen Bedingungen beim Einbau (z.B. Außentemperatur, Witterung, Temperatur des Mischgutes) und den Einbauverfahren (z.B. Verdichtungsarbeit, Entmischungserscheinungen) abhängt. Die Übertragung auf den labortechnischen Maßstab bereitet vor allem wegen des Zusammenspiels der genannten Faktoren bislang ungelöste Schwierigkeiten.

Gegenwärtig erfolgversprechender sind die Ansätze, die eine möglichst wirklichkeitsgetreue Nachahmung der verkehrlichen Beanspruchungen und deren zeitraffende Simulation in Prüfmaschinen zum Ziel haben. Auf diese Weise können speziell diejenigen Materialeigenschaften der Gesteinsbaustoffe geprüft werden, die für das Aufrechterhalten der Griffigkeit verantwortlich sind. Nicht das Gebrauchsverhalten *aller* Komponenten einer Fahrbahnoberfläche sind Gegenstand derartiger Prüfungen, sondern das Gebrauchsverhalten einer einzelnen (wichtigen!) Komponente. Zu den bekanntesten Prüfanlagen dieser Art zählt die „englische Poliermaschine“ [103]. Sie arbeitet mit gekrümmten, etwa 6×9 cm großen Prüfkörpern, die auf dem Umfang eines Rades so befestigt werden, daß sie — dicht an dicht — eine zylinderförmige Oberfläche mit einheitlicher Krümmung bilden. Ein zweites Rad, gummibereift, wird angetrieben und gegen das mit den Proben bestückte Rad gedrückt. Die Polierwirkung, hervorgerufen durch den Antriebsschlupf zwischen beiden Rädern, wird durch die gezielte Zugabe von Gesteinsmehl verstärkt. Wegen der sich entwickelnden Reibungswärme — ein Polierzyklus kann je nach Versuchsbedingungen auch in der Zeitraffung noch mehrere Stunden dauern — müssen die Prüfoberflächen ausreichend bewässert werden. Die Veränderung der Oberflächenrauheit wird dann mit dem englischen Pendelgerät (vgl. Abschnitt 9.4.4.) gemessen, das dazu in einigen wichtigen Punkten (reduzierter Gummigleitschuh, andere Ableseskala) umgerüstet werden muß.

Die an der Technischen Universität Berlin entwickelte Poliermaschine (Bild 9.16) arbeitet dagegen mit ebenen kreisförmigen Proben (Durchmesser 22,5 cm). Zur Simulation der Verkehrseinwirkungen befahren konische Gummirollen unter definierter Belastung und Geschwindigkeit die Probenoberfläche. Ein geringer Schlupf, wie er für die Poliereinwirkung benötigt wird, entsteht beim Überwinden der Reibungswiderstände in den Lagern des Rollenkopfes. Während des Poliervorganges wird mit Hilfe eines Kreislaufsystems ständig Wasser und feines Schleifmittel zugeführt. Die Polierwirkung wird mit dem Labor-Griffigkeitsmeßgerät festgestellt (vgl. Abschnitt 9.1.2.3.).

Die unter einheitlichen Versuchsbedingungen an den Proben durchgeführten Messungen erlauben — ähnlich wie bei Griffigkeitsmessungen mit dem blockierten Schlepprad — die Aufstellung eines Bewertungshintergrundes auf der Grundlage eines repräsentativen Kollektivs von Meßergebnissen (Bild 9.46). Ein auf Polierwiderstand zu prüfender Straßenbaustoff wird auf diesem Bewertungshintergrund beurteilt (relative Einstufung). Leicht polierbares Gesteinsmaterial läßt sich dadurch rechtzeitig erkennen und von einer Verwendung in Deckschichten ausschließen.

Die Untersuchung ganzer Deckschichtgemische im Hinblick auf ihr späteres Griffigkeitsverhalten steckt — wie bereits angesprochen — voller ungelöster Probleme. Eine grundsätzliche Schwierigkeit besteht z. B. darin, daß es bei der Proben-

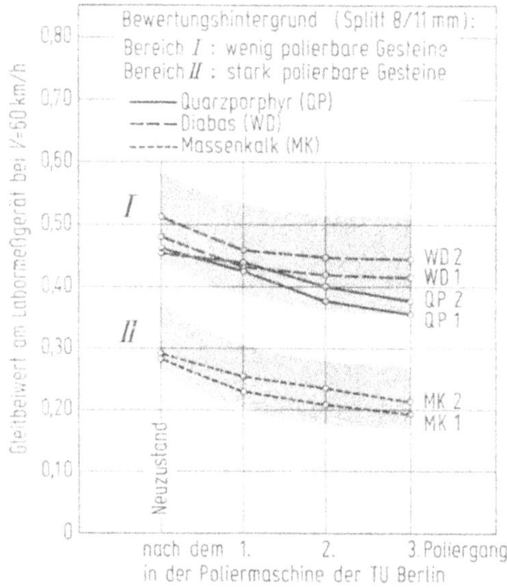

Bild 9.46. Bewertungshintergrund für Ergebnisse von Polieruntersuchungen (Gleitbeiwerte ($V = 60$ km/h) der Labor-Griffigkeitsmeßmaschine) mit der Prüfanlage der TU Berlin [51].

herstellung in Laboratorien nicht gelingt, eine Verdichtung des Materials in gleicher Weise zu erreichen wie auf der Baustelle. Die Oberfläche einer gewalzten Asphaltbetondeckschicht wird sich in ihren Rauheitsformen — trotz des gleichen Mischgutes — stets von der einer Laborprobe unterscheiden, da sich eine mehr oder weniger glatte Mörtelschicht ausbildet, die auch bei intensiver Verkehrssimulation in der Poliermaschine nicht verschwindet. Selbst wenn man die Mörtelschicht durch Abwaschen mit einem Lösungsmittel oder durch Sandstrahlen beseitigte, wodurch die Aussagefähigkeit der Prüfung erheblich beeinträchtigt würde, bliebe doch noch die zwischen Labor und Baustelle stets unterschiedliche Lagerung des abgestuften Mineralstoffgemisches in der Deckschicht, die eine Übertragung des Meßergebnisses aus dem Labor auf die Straße nicht zuließe. Entsprechendes gilt auch für Betonprobekörper. Hinzu kommt die Tatsache, daß es nicht möglich ist, die Wirkung der Witterung auf bituminöse Deckenoberflächen, die u. a. zu einem Nachhärten und Verspröden des Bindemittels in der obersten Schicht führt, zeitraffend nachzuahmen. Somit kann die Frage, welche absolute Höhe der Griffigkeitskennwert unter Verkehr nach einer bestimmten Liegedauer und in Abhängigkeit von der Stärke und der Zusammensetzung des Verkehrs annehmen wird, nicht beantwortet werden.

Anders liegen die Verhältnisse, wenn es darum geht, unterschiedlich aufgebaute Deckengemische im Hinblick auf ihr späteres Griffigkeitsverhalten untereinander zu vergleichen. Zwar besteht auch hier die Schwierigkeit, die an den Laborproben entstandenen Mörtelflächen erst einmal beseitigen zu müssen; eine nach einheitlichem Programm auf allen Oberflächenvarianten anschließend durchgeführte Verkehrssimulation in einer Poliermaschine ermöglicht es aber dann, die jeweils günstigste Mischgutvariante auszuwählen.

Einer Behandlung im Labor ebenfalls zugänglicher sind die Auswirkungen hoher Temperaturen auf das Griffigkeitsverhalten bituminöser Deckschichten. Mit der Prüfeinrichtung der Technischen Universität Berlin wird die kritische Beanspruchung — das langsame Überrollen der Decke durch schwere Verkehrslast bei heißem Wetter — dadurch nachgeahmt, daß die Probe zu Beginn erhitzt und

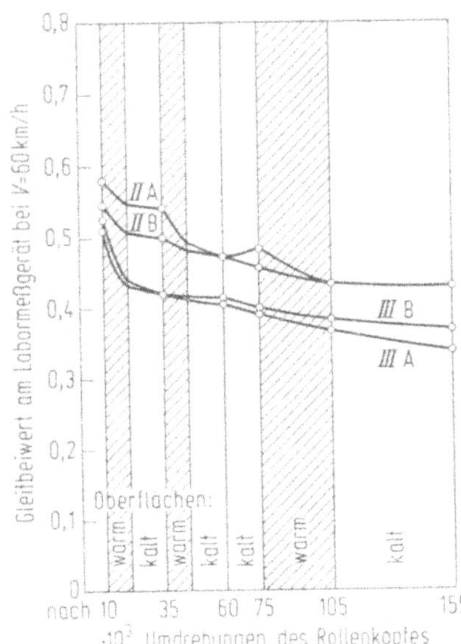

Bild 9.47. Ergebnisse einer „Prognoseprüfung" für das Griffigkeitsverhalten zweier Gußasphaltmischungen (II und III, je zwei Proben). Dargestellt sind die in verschiedenen Stand der Verkehrsnachahmung gemessenen Gleitbeiwerte (Labor-Griffigkeitsmeßmaschine) [80].

während der Simulation der Verkehrseinwirkung — um die Abkühlung des Probekörpers zu verhindern — ständig warmes Wasser zugeführt wird. Bei der Simulation der Verkehrseinwirkung kommt es an der Oberfläche in der Regel zu einer Änderung der Textur: die Grobrauheit der Oberfläche wird eingeebnet, die Schärfe kann durch Aufsteigen bituminösen Mörtels ebenfalls verloren gehen (Bild 9.47).

9.4.4. Ersatzverfahren für Griffigkeitsmessungen: Pendelgerät und Ausflußmesser

An Stelle von Großgeräten — also Meßfahrzeugen, die nach dem Prinzip des schräglaufenden, blockierten oder unter Bremsschlupf abrollenden Meßrades arbeiten — können Griffigkeitskennwerte von Fahrbahnoberflächen ersatzweise auch mit Hilfe von Pendelgeräten gewonnen werden. Bekannt und weltweit verbreitet ist das britische Pendelgerät (Skid Resistance Tester, SRT), das zusammen mit einer fortentwickelten Version des Ausflußmessers nach Moore im Jahre 1972 in der Bundesrepublik Deutschland offiziell eingeführt wurde [10]. Die Ergebnisse dieses kombinierten Meßverfahrens können den Straßenverwaltungen wichtige Hinweise geben auf die Dringlichkeitsfolge baulicher Maßnahmen zur Verbesserung der Griffigkeit oder auf die Notwendigkeit, als vorübergehende Maßnahme Verkehrszeichen zur Warnung oder Beeinflussung des Verkehrs aufzustellen (z. B. Geschwindigkeitsbeschränkungen).

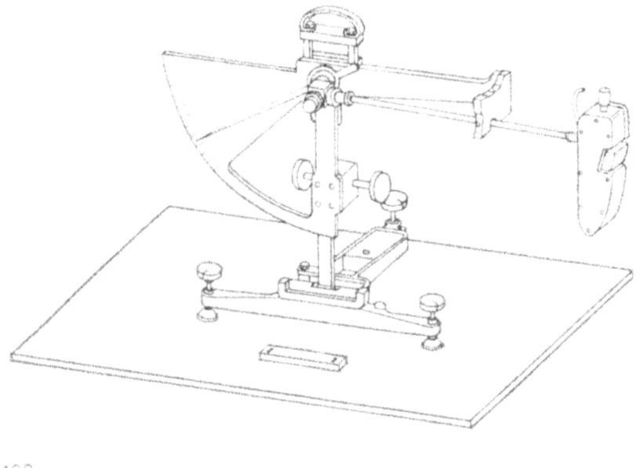

Bild 9.48. Das britische Pendelgerät [10] (Skid Resistance Tester, SRT), schematische Darstellung.

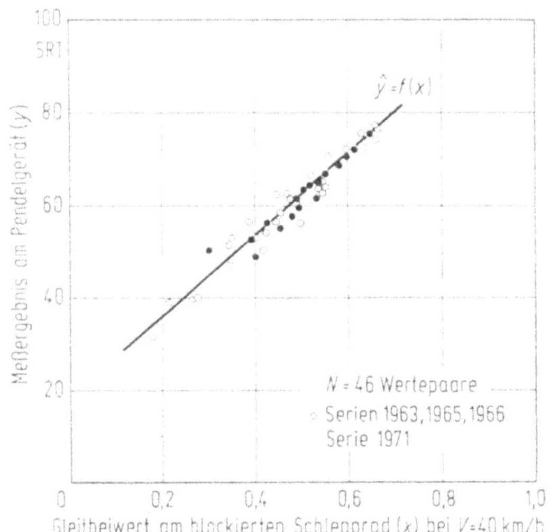

Bild 9.49. Vergleichsergebnisse Pendelgerät SRT/Blockiertes Schlepprad bei 40 km/h [10].

Bei dem *SRT-Pendelgerät* (Bild 9.48) gleitet die Kante eines Gummiquaders über die zu prüfende angenäßte Oberfläche. Ausgelöst aus der horizontalen Ausgangslage, erreicht das Pendel nach dem Gleitvorgang eine Steighöhe, die, gemessen mit einem Schleppzeiger, um so größer ist, je kleiner der Energieverlust durch den Gleitvorgang war. Der Energieverlust ist gleich der Reibungsarbeit und somit ein Maß für die Griffigkeit der zu prüfenden Oberfläche. Die Skala des Pendelgerätes reicht von 0 bis 100 Einheiten [SRT].

Die Geschwindigkeit der Gummikante beim Gleiten über die zu prüfende Oberfläche liegt in der Größenordnung von 10 km/h. Aus Vergleichsmessungen, bei denen das Pendelgerät und das blockierte Schlepprad auf einer Anzahl von Straßenabschnitten gleichzeitig angewendet wurden, weiß man, daß die Griffigkeitskennwerte des Pendelgerätes am besten mit jenen des blockierten Schlepprades korrelieren, die bei $V = 40$ km/h gemessen werden (Bild 9.49). Bei höheren Meßgeschwindigkeiten des blockierten Schlepprades ist der Zusammenhang weniger straff. Das Pendelgerät ist daher besonders gut zum Abschätzen der Griffigkeit von Straßenoberflächen bei einer Geschwindigkeitsbeschränkung auf 40 bis maximal 60 km/h geeignet. Seine Ergebnisse können im Normalfall sinngemäß auch auf höhere Geschwindigkeiten übertragen werden. Ausgeschlossen ist die Übertragung dann, wenn die Fahrbahnoberfläche einen hohen Schärfegrad aufweist (mithin einen hohen Gleitbeiwert im unteren Geschwindigkeitsbereich aufweist), aber keinerlei Grobrauheit besitzt. Auf solchen Oberflächen sinkt der Gleitbeiwert mit zunehmender Geschwindigkeit auf sehr niedrige Werte ab.

Als Indikator für das Vorhandensein von Grobrauheit dient der *Ausflußmesser* [10]. Er besteht aus einem Acrylglaszylinder, der auf einem Präzisions-Gummiring auf der Fahrbahn aufsteht (Bild 9.50). Der Gummiring dichtet den Innenraum des Zylinders gegen die umgebende Fahrbahnoberfläche ab. Wenn die Oberfläche keine Grobrauheit besitzt, fließt eingefülltes Wasser nur äußerst langsam aus. Schnelles Ausfließen (gemessen wird die Dauer der Wasserspiegelsenkung zwischen zwei Marken an der Zylinderwand) zeigt dagegen das Vorhandensein von Grobrauheit an. Ist sie vorhanden, treten extrem niedrige Gleitbeiwerte im oberen Geschwindigkeitsbereich nicht auf, es sei denn, der Gleitbeiwert ist auch schon im unteren Geschwindigkeitsbereich sehr niedrig (das aber würde ja das

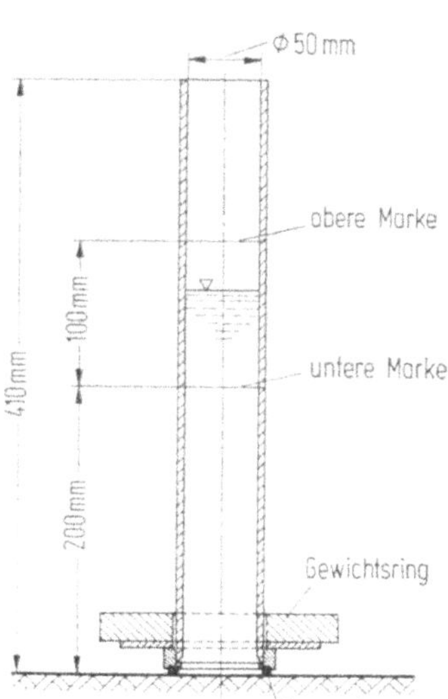

Bild 9.50. Der Ausflußmesser, schematische Darstellung [10].

Pendelgerät anzeigen!). Der Ausflußmesser versagt, wenn die Aufstandsfläche des Gummiringes grobe Vertiefungen der Fahrbahnoberfläche einschließt. Solche Vertiefungen wirken wegen zu geringer Dichte ihrer Aufeinanderfolge nicht als Grobrauheit, lassen das Wasser aber dennoch schnell ausfließen.

Die Anwendung der Gerätekombination Pendelgerät/Ausflußmesser erfordert besondere Sachkenntnis und Erfahrung sowie eine sorgfältige Kalibrierung und Wartung der Geräte. Die Hauptschwierigkeit der Messungen liegt in der Auswahl der „Meßpunkte". Sie müssen repräsentativ für die zu prüfende Oberfläche sein und den Anforderungen einer statistischen Auswertung genügen. In der Bundesrepublik Deutschland ist die praktische Anwendung der Gerätekombination in einer Arbeitsanweisung geregelt [10].

Tabelle 9.3. Vergleichszahlen Pendelgerät / Blockiertes Schlepprad bei Straßen mit langsamem Verkehr ($V \leqq 60$ km/h) [10]

Fall	Mittelwert der Pendelmeßergebnisse im Meßfeld $\bar{y}$ [Einh.]	Vergleichbarer Gleitbeiwert am blockierten Schlepprad
1	<50	$<0{,}42$ bei $V = 40$ km/h
2	$\geqq 50$ jedoch <60	Übergangsbereich zwischen Fall 1 und 3
3	$\geqq 60$	$\geqq 0{,}42$ bei $V = 40$ km/h

Weiteren Aufschluß können Messungen mit dem blockierten Schlepprad geben.

Tabelle 9.4. Vergleichszahlen Pendelgerät und Ausflußmesser / Blockiertes Schlepprad bei Straßen mit schnellem Verkehr ($V > 60$ km/h) [10]

Fall	Mittelwert der Pendelmeßergebnisse im Meßfeld $\bar{y}$ [Einh.]	Mittelwert der Ausflußzeiten im Meßfeld $\bar{z}$ [s]	Vergleichbarer Gleitbeiwert am blockierten Schlepprad
1	<50	Ausflußmessung nicht erforderlich	Ohne Rücksicht auf das Ergebnis einer etwa vorgenommenen Ausflußmessung: $<0{,}42$ bei $V = 40$ km/h
2	$\geqq 50$ bis <60	$\leqq 250$	Übergangsbereich zwischen Fall 1 und 3*
3	$\geqq 60$	$\leqq 250$	$\geqq 0{,}26$ bei $V = 80$ km/h
4	$\geqq 50$	>250 bis $\leqq 500$	Übergangsbereich zwischen Fall 3 und 5
5	Pendelmessung nicht erforderlich	>500	Ohne Rücksicht auf das Ergebnis einer etwa vorgenommenen Pendelmessung: $<0{,}26$ bei $V = 80$ km/h

* Weiteren Aufschluß können Messungen mit dem blockierten Schlepprad geben. Eingeschränkte Aussage, siehe [10].

Mit dem Pendelgerät und dem Ausflußmesser gewonnene Meßergebnisse werden, sollen sie zur Beurteilung der Verkehrssicherheit bei Nässe einer Oberfläche herangezogen werden, stets auf das Standardmeßverfahren des blockierten Schleppades bezogen. Dabei reduziert sich im allgemeinen die Interpretation des Ergebnisses auf die Fragestellung, ob die im „Merkblatt über Straßengriffigkeit und Verkehrssicherheit bei Nässe“ [9] festgelegten Richtwerte (Gleitbeiwerte 0,42 bei $V = 40$ km/h bzw. 0,26 bei $V = 80$ km/h) erfüllt werden oder nicht. In den Tabellen 9.3 und 9.4 sind die Vergleichszahlen zwischen Pendelgerät und Ausflußmesser gegenüber dem blockierten Schleppad für Straßen mit langsamem und schnellem Verkehr angegeben.

9.5. Griffigkeit von Start- und Landebahnen

9.5.1. Unterschiede zur Straße

Flugbetriebsflächen und insbesondere Start- und Landebahnen werden nach der gleichen Technologie gebaut wie Straßen: aus Zementbeton oder Asphaltbeton (vgl. Kapitel 41 und 42 in Band 3). Ihre Oberflächeneigenschaften, insbesondere ihre Rauheit, unterscheiden sich daher nicht von denen der Straße. Jedes Verfahren der Griffigkeitsmessung, das für die Anwendung auf Straßen entwickelt wurde, ist daher geeignet, örtliche Unterschiede des Reibungsvermögens von Start- und Landebahnen sowie dessen Veränderungen während eines längeren Zeitraumes zu erfassen, sofern es nur nach festgelegten und damit jederzeit reproduzierbaren Versuchsbedingungen durchgeführt wird (vgl. Abschnitt 9.1.2.).

Während man sich auf Straßen im allgemeinen darauf beschränken kann, die Reibungswerte nur in einer Rollspur des Fahrstreifens zu messen (und dadurch den ungünstigsten Fall erfaßt), ist bei Start- und Landebahnen eine flächenhafte Erfassung des Reibungsvermögens zweckmäßig, da Bereiche sehr hoher Kennwerte und solche niedrigerer Kennwerte häufig dicht beieinander liegen. Man untersucht dazu die Bahn in mehreren Meßradspuren und erhält durch Verbinden der Punkte gleicher Reibungskoeffizienten „Griffigkeits-Höhenlinien“ (Bild 9.51), die die erheblichen Unterschiede im Reibungsvermögen einer Start- und Landebahn sowohl in Längs- als auch in Querrichtung deutlich machen.

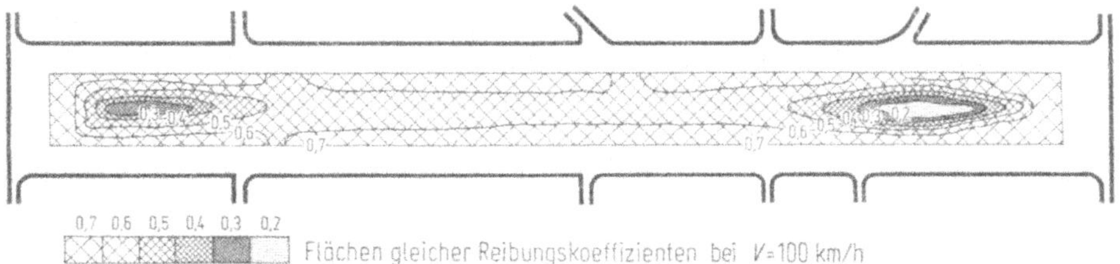

Bild 9.51. Flächen gleicher maximaler Reibungskoeffizienten („Griffigkeitshöhenlinien“) eine Start- und Landebahn; Meßsystem: Skiddometer, Geschwindigkeit 60 km/h.

Bei starkem Flugverkehr sind es vor allem die Aufsetzzonen, die niedrige Reibungskoeffizienten aufweisen. Hier spielen Gummiablagerungen in Verbindung mit Treibstoffresten eine entscheidende Rolle, da die Reibung Gummi auf Gummi bei Nässe sehr klein ist. Auch spiegelt sich der Einfluß der Stärke des Flugverkehrs im niedrigen Griffigkeitsniveau des Hauptanflugs gegenüber dem des Nebenanflugs wider. In Querrichtung der Bahn steigen die Reibungskoeffizienten mit zunehmender Entfernung von der Mittellinie zunächst an und verbleiben dann annähernd gleich, da die Flugzeuge im wesentlichen nur einen insgesamt etwa 20 m breiten Streifen beiderseits der Mittellinie zum Landen beanspruchen.

Griffigkeitsmessungen, durchgeführt nach vereinbarten Versuchsbedingungen unter starker Annässung der zu untersuchenden Oberfläche unmittelbar vor dem Meßrad, zeigen im Mittelteil einer Bahn im Durchschnitt stets beträchtlich höhere Reibungsbeiwerte als auf Straßen an. Dies läßt sich vor allem daraus erklären, daß Verkehrsflächen von Flugplätzen weit weniger der polierenden Wirkung der Reifen ausgesetzt sind als Straßenoberflächen mit den unvergleichlich höheren Verkehrsstärken. Witterungseinflüsse, die durch eine Verwitterung der Oberfläche zu einer „Selbsterneuerung" der Schärfe (vgl. Abschnitt 9.3.2.) führen, können sich daher auf Start- und Landebahnen viel stärker auswirken.

Die Anforderungen an das Reibungsvermögen von Start- und Landebahnen unterscheiden sich von denen der Straße insoweit, als der Flugbetrieb anderen Bedingungen unterliegt und die „Fahrzeuge" andere Konstruktionsmerkmale aufwerfen. Seitenführungskräfte werden während des gesamten Landevorganges wegen der hohen Seitenwindempfindlichkeit von Flugzeugen benötigt, zur Kurvenfahrt erst am Ende des Landevorganges beim Verlassen der Bahn. Im Unterschied zu Kraftfahrzeugen werden Reibungskräfte in Umfangrichtung der Räder nie zum Antrieb, sondern immer nur zur Verzögerung gebraucht. Durch Anti-Skid-Vorrichtungen an den Flugzeugbremsen wird ein Blockieren der Räder verhindert, so daß der „optimale Bremsschlupf" näherungsweise eingehalten werden kann. Dadurch kann das jeweils zur Verfügung stehende Reibungsvermögen einer Landebahn besser ausgenutzt werden als bei der Straße. Behindert wird die Ausnutzung des Reibungsvermögens durch die auch nach der Betätigung der Bremsklappen (Spoiler) noch wirksamen Auftriebskräfte und — wie bei der Straße — in ganz besonderem Maße durch die Wirkung des Zwischenmediums Wasser. Trotz der beim Flugzeug erheblich höheren Flächenpressungen in der Reifenaufstandsfläche, die durch andere Reifenbauweisen (steifere Karkasse) und Profilierung erreicht werden, ist der Kontakt Reifen/Fahrbahn bei Nässe beeinträchtigt (vgl. Abschnitt 9.2.1.). Es werden drei Arten von „Hydroplaning" unterschieden [104]: Das *viskose Hydroplaning*, das bereits bei relativ dünnen Wasserfilmen und langsamer Geschwindigkeit auftritt (Quetschfilmmodell, vgl. Abschnitt 9.2.1.2.), ferner das *dynamische Hydroplaning* bei dicken Wasserschichten (Pfützen), in Verbindung mit hohen Geschwindigkeiten (Staudruckmodell, vgl. Abschnitt 9.2.1.1.) und schließlich das *„ruber reversion Hydroplaning"* [64], das infolge hoher Reibungswärme unter gebremsten Reifen durch verdampfendes Wasser und schmelzenden Gummi entsteht.

Formale Anforderungen an die Oberflächeneigenschaften von Flugbetriebsflächen in bezug auf die Sicherheit des Flugbetriebs bei Nässe sind noch schwieriger abzuleiten als bei der Straße: Unfälle auf Start- und Landebahnen sind ein viel selteneres Ereignis als auf der Straße. Korrelationsbetrachtungen, z. B. zwischen dem Anteil von Unfällen bei Nässe und einem Griffigkeitskennwert, wie sie für die Straße möglich sind und dort zur Definition von Richtwerten herangezogen werden, scheiden für Flugplätze daher aus.

Das Reibungsvermögen einer Bahnoberfläche wird hauptsächlich im mittleren Teil einer Landebahn in Anspruch genommen, während in den Aufsetzzonen infolge der hohen Geschwindigkeiten (Auftrieb) eine noch so gute Griffigkeit in bezug auf die Sicherheit bei Nässe normalerweise keine Relevanz besitzt (eine Ausnahme bildet der „abgebrochene Start", bei dem die gegenüberliegende Aufsetzzone zur Bremszone wird). Durch Wasser wird die Ausnutzung des Reibungsvermögens, insbesondere bei hohen und mittleren Geschwindigkeiten, stark behindert. Anforderung an die Griffigkeit unter dem Gesichtspunkt der Sicherheit bei Nässe wären daher ohne gleichzeitige Anforderungen an die Abflußverhältnisse (Ebenheit, Neigung) weit weniger sinnvoll als bei der Straße.

Obwohl aus diesen und anderen Gründen in der Bundesrepublik Deutschland für Flugplätze keine Richtwerte formuliert wurden, werden bei Neubaumaßnahmen oft „Abnahmewerte" vereinbart. Üblich sind Gleitbeiwerte von 0,45 für Start- und Landebahnen bzw. 0,40 für alle übrigen Flugbetriebsflächen, wenn nach der Standardmethode des blockierten Schlepprades („Stuttgarter Reibungsmesser") bei 60 km/h gemessen wird. Werden Anforderungen an den maximalen Reibungskoeffizienten gestellt, so können die Messungen mit dem „Skiddometer" (vgl. Abschnitt 9.5.2.) bei näherungsweise optimalem Bremsschlupf des Meßrades vorgenommen werden. Der übliche Abnahmewert liegt hier bei 0,60 für die Geschwindigkeit von 64 km/h (40 mph).

Die Bemühungen, ein möglichst hohes Griffigkeitsniveau unter Verkehr liegender Start- und Landebahnen aufrecht zu erhalten, konzentrieren sich auf die Entfernung des Gummiabriebs in den Aufsetzzonen [105] und — in Einzelfällen — auf das Einschneiden von Querrillen [84] („grooving", vgl. Abschnitt 41.2.4.3. in Band 3). Weiterhin sind alle Maßnahmen zu nennen, die auf eine Verbesserung der Ebenheit (Wasserabfluß!) abzielen und häufig zugleich der Erhöhung der Oberflächenrauheit dienen (vgl. Abschnitt 9.3.3.).

9.5.2. Zustandsmessungen

Im Gegensatz zu Messungen, deren Ziel es z.B. ist, das Reibungsvermögen einer Start- und Landebahn über einen längeren Zeitraum zu beobachten und die daher unter einheitlichen Versuchsbedingungen — besonders unter stets gleich gehaltenem Annässungsgrad der Bahnoberfläche — stattfinden müssen, gibt es sogenannte „Zustandsmessungen", die dazu dienen, das augenblickliche wetterbedingte Reibungsvermögen einer Bahn zu erfassen und zu beschreiben. Diese Messungen werden besonders bei extremen Oberflächenzuständen der Bahn (bei Eis und Schnee, Matsch oder starkem Regen) in Pausen des Flugbetriebes vorgenommen und dienen der zusätzlichen Information für Piloten landender Flugzeuge über die zu erwartenden Kraftschlußverhältnisse und ihre Auswirkung auf die Länge des Bremsweges. Dazu werden die aus den Zustandsmessungen ermittelten Ergebnisse den einfachen Kategorien „good", „medium" oder „poor" zugeordnet.

Die Messung des momentanen Reibungsvermögens einer Start- und Landebahn ist in den Empfehlungen der International Civil Aviation Organization (ICAO) [105, 106] geregelt und kann nach verschiedenen Verfahren vorgenommen werden. Am weitesten verbreitet sind:

Das Skiddometer-Verfahren

Der kennzeichnende Reibungszustand des Skiddometer-Meßverfahrens ist das mit etwa 15% Bremsschlupf abrollende Rad, das damit näherungsweise den maximalen Reibungskoeffizienten der Oberfläche ermittelt (vgl. Abschnitt 9.1.2.2.). Zur Messung wird der Skiddometer an ein Zugfahrzeug gehängt; die Meßgeschwindigkeit beträgt 65 km/h (40 mph).

Das Mu-Meter-Verfahren

Dieses Verfahren arbeitet nach dem Prinzip zweier kleiner, schräggestellter Meßräder, mit denen der Seitenkraftbeiwert der Bahnoberfläche ermittelt wird. Auch hier wird das Meßgerät an ein Zugfahrzeug gehängt und der Reibungskoeffizient bei der Geschwindigkeit 64 km/h (40 mph) kontinuierlich aufgezeichnet.

Das James-Brake-Decelerometer-Verfahren

Die Methode besteht in einer Verzögerungsmessung aus einer Geschwindigkeit von 30 bis 40 km/h. Die erzielte Verzögerung wird an dem in einem Pkw angebrachten Meßgerät, das nach dem Trägheitsprinzip arbeitet, abgelesen. Die daraus hergeleiteten RCR-Werte („Runway Condition Reading") finden noch heute ihren Niederschlag in den Nomogrammen der „Technischen Flugdienstvorschrift". Diese dienen dem Piloten zur Ermittlung des für den jeweiligen Flugzeugtyp erforderlichen Mehrbedarfs an Bremsweglänge bei nasser Landebahn im Vergleich zur trockenen Landebahn. Sowohl das James-Brake-Decelerometer wie auch das verwandte Tapley-Meter werden bei Zustandsmessungen nur noch selten eingesetzt, die Methode gilt als veraltet.

Umfangreiche Vergleichsmessungen zwischen diesen und weiteren, hier nicht näher erläuterten Meßverfahren fanden 1972 und 1973 in Schweden, England und Frankreich statt. Sie bestätigen die Erfahrung von der Straße, daß Griffigkeitsmeßverfahren, obwohl unterschiedlich im kennzeichnenden Reibungszustand bzw. in den übrigen Versuchsbedingungen, eine Anzahl unterschiedlich griffiger Oberflächen stets in eine ähnliche Rangfolge bringen. Um den augenblicklichen Zustand einer Start- und Landebahn einer der drei Kategorien des Reibungsvermögens („good", „medium", „poor") zuzuordnen, erscheinen sie daher als im wesentlichen gleich geeignet.

9.6. Literatur

Sammelwerke, Übersichten

1. First International Skid Prevention Conference — Charlottesville, Virginia, 1959. Part 1 + 2; Virginia Council of Highway Investigation and Research.
2. Les Problèmes du Pneumatique et de la Route. Symposium International de l'Institut Français du Caoutchouc — Paris 1959. Revue Générale du Caoutchouc, 36 (1959), Heft 10.
3. Croce, K.; Gauß, F.; Schulze, K.-H.; Wehner, B. u.a.: Untersuchungen auf dem Gebiet der Straßengriffigkeit. Straßenbau und Straßenverkehrstechnik, Heft 1/1959. Hrsg. v. BMV, Abt. Straßenbau, Bonn.
4. Internationales Colloquium über Straßengriffigkeit und Verkehrssicherheit bei Nässe — Berlin 1968. Berlin, München, Düsseldorf: W. Ernst u. Sohn 1970.
5. Glissance. Bulletin de Liaison des Laboratoires Routiers. Laboratoire Central des Ponts et Chaussées, Paris 1966.
6. Second International Skid Prevention Conference — Columbus, Ohio, 1977. Transportation Research Board, Rec. 621—623, Washington D.C. 1976.
7. Berichte des Technischen Kommitees für Griffigkeit (ab 1974: für Griffigkeit und Ebenheit; ab 1976: für Oberflächeneigenschaften) des Ständigen Internationalen Verbandes der Straßenkongresse.
   — Comité Technique de la Glissance (et de l'Uni; Caractéristiques de Surface) Association Internationale Permanente des Congrès de la Route (AIPCR), Paris.
   Reports zu den Welt-Straßenkongressen in Istanbul 1955 (X.), Rio de Janeiro 1959 (XI.), Rom 1964 (XII.), Tokio 1967 (XIII.), Prag 1971 (XIV.), Mexiko 1975 (XV.) in engl. und franz. Sprache.

Merkblätter, Normen

8. Vorläufiges Merkblatt für den Bau griffiger bituminöser Fahrbahndecken, Ausgabe 1966. Forschungsgesellschaft für das Straßenwesen, Köln, Arbeitsgruppe „Asphalt- und Teerstraßen".
9. Merkblatt über Straßengriffigkeit und Verkehrssicherheit bei Nässe, Ausgabe 1968. Forschungsgesellschaft für das Straßenwesen, Köln, Kommission „Griffigkeitsanforderungen".
10. Arbeitsanweisung für kombinierte Griffigkeits- und Rauheitsmessungen mit dem Pendelgerät und dem Ausflußmesser, Ausgabe 1972. Forschungsgesellschaft für das Straßenwesen, Köln, Arbeitsgruppe „Fahrzeug und Fahrbahn".

Einzelbeiträge

11. Brix: Versuche über die Fahrsicherheit auf Teer- und Asphaltstraßen. Verkehrstechnik 1928.
12. Schenk, R.: Fahrbahnreibung und Schlüpfrigkeit der Straßen im Kraftwagenverkehr. Berlin: Verlag Krayn 1930.
13. Andersson und Lundeberg: Mitteilung 35 des Schwedischen Weginstituts, Stockholm, 1931.
14. Dillard, J. M.; Mahone, D. C.: Measuring road surface slipperiness. ASTM Spec. Techn. Publ. 366 (1964).
15. Ritzenbergs, R. L.: Florida skid correlation study of 1967. Skid testing with automobiles. In: Highway skid resistance. ASTM Spec. Techn. Publ. 456 (1969) 104—143.
16. Ritzenbergs, R. L.; Ward, H. A.: Skid testing with an automobile. Highw. Res. Rec. 189. HRB. Washington D.C. 1967, S. 115—136.
17. Maycock, G.: Studies of the skidding resistance of passenger car tyres on wet surfaces. Proc. Inst. Mech. Engrs. 2a (1965/66) 180.
18. Horne, W. B.; Tanner, J. A.: Joint NASA-Britisch Ministry of Technology skid correlation study. Results from American vehicles. In: Pavement grooving and traction studies, NASA SP 5073, Washington D.C. (1969) 325—359.
19. Saal: The non-skid properties of road carpets. Shell-Veröffentlichung, Amsterdam, Juni 1938.
20. Bradley, J.; Allen, R. F.: Factors effecting the behaviour of rubber-tyred wheels on the road surfaces. Proc. Instn. Automob. Engrs. 25 (1930/31) 63—82.
21. Bird, J.; Scott, W. J. O.: Studies in road friction I. Road surface resistance to skidding. Department of Scientific and Industrial Research, Road Research Technical Paper No 1. London: 1936 (HMSO).
22. Mathieu, G.: Méthodes et types d'appareils utilisés pour la messure de la glissance routière. In: [2], S. 1471—1478.
23. Grime, G.; Giles, C. G.: The skid-resisting properties of road and tyres. Proc. Automob. Div. (1954/55) 19—30.
24. Ministry of Transport, Road Research Laboratory. Road Research 1968, Annual Report of the RRL, London: 1969 (HMSO).
25. Tcheng, Y.: Le nouveau Stradographe du Centre Expérimental de Recherches et d'Etudes du Batiment et des Traveaux Publics (C.E.B.T.P.). In: [5], S. 107—117.
26. Gauß, F.: Der Kraftschluß des Reifens und seine Messung. Automobiltech. Z. (1955), H. 10, 294—300.
27. Stinson, K. W.; Roberts, C. P.: Coefficients of friction between tires and road surfaces. Proceedings, Highway Research Broad, Vol. 13, 1933.
28. Moyer, R. A.: Skidding characteristics of road surfaces. Proceedings, Highway Research Board, Vol. 13, 1933.
29. Weil, G.: Über die Reibungswerte zwischen Rad und Fahrbahn. Diss. TH Stuttgart 1934.
30. Gölz: Straßendecke und Kraftwagen. Mitteilungen aus dem Straßenbauinstitut der TH Darmstadt. Die Betonstraße (1937) Heft 6,7.
31. Schindler: Die statische und dynamische Fahrbahnreibung und die Mittel zu deren Bestimmung. Eidg. Techn. Hochschule Zürich, Diss. 1936.
32. Saal: Die Griffigkeit von Straßendecken. Asphalt, Teer, Straßenbautech. (1939), Heft 9, 10.
33. Giles, C. G.; Lander, F. T. W.: The skid-resisting properties of wet surfaces at high speed. J. R. Aeronaut. Soc., 60 (1956).
34. Zipkes, E.: Über den gegenwärtigen Stand von Rauhigkeitsmessungen von Straßenbelägen. Str. Verkehr 26 (1940) 111—121.
35. Goodwin, W. A.; Whitehurst, E. A.: A review of towed vehicle techniques for the pavement slipperiness testing in the United Staates. In: [1], S. 257—266.

36. Kummer, H. W.; Meyer, W. E.: The Penn State road friction tester as adapted to routine measurement of pavement skid resistance. Highw. Res. Rec. (1963) No. 28.
37. Fontenaist, B.: Les remorques mobiles de l'Organe Technique Régional de Lyon. In: [5], S. 119–136.
38. Christfreund, W.; Wolf, U.: Vergleich verschiedener Verfahren zur meßtechnischen Bestimmung des Kraftschlusses von Straßendecken in der VR Polen. Die Straße 1971, Heft 1, S. 19–27.
39. Kullberg, G.: Proceedings of Scandinavian Road Technical Meeting, Schweden 1952.
40. Van der Burgh, A. J. P.; Obertop, D.: Correlation of existing laboratory and field test method on skidding in the Netherlands. In: [1], Part 1, S. 267–293.
41. Kullberg, G.: Method and equipment for continuous measuring of the coefficient of friction at incipient skid. The National Road Research Institute, Stockholm 1962. Vortrag anläßlich der 41. Jahresversammlung des Highway Research Board, Washington D.C., Jan. 1962.
42. Van de Fliert, C.: Maßnahmen zur Verbesserung der Griffigkeit von Straßen. In: [4], S. 253–261.
43. Agg, T. R.: Tractive resistance of automobiles and coefficents of friction of pneumatic tires. Bull. 88, Iowa State College, Ames, 1928.
44. Zipkes, E.: Die Reibungskennziffer als Kriterium zur Beurteilung von Straßenbelägen. Mitteilung ISETH Nr. 2, 1944.
45. Dames, J.; Lange, H.: Griffigkeitsmessungen auf Deckenoberflächen bei hohen Geschwindigkeiten. Str. Autobahn 20 (1969) 271–279.
46. Giles, C. G.; Langer, F. T. W.; Holmes, K. E.: A test vehicle for studying the skid resisting properties of tyres and road surfaces during controlled cornering and braking. Road Res. Lab. Rep. 99, 1967.
47. Komminoth, W.: Ein Gerät für die Bestimmung der Haftkraft zwischen Reifen und Straße. In: [4], S. 77–80.
48. Grandel, J.; Hörz, E.: Erprobung des universellen Reibungsmessers (URM) bezüglich Bestimmung von Kraftschlußbeiwerten unter Schlupf. Bericht des Forschungsinstituts für Kraftfahrwesen und Fahrzeugmotoren an der Universität Stuttgart (FKSS), 1977, unveröffentlicht.
49. Keller, H.: Untersuchungen von Straßenbelägen und Reifen im Innentrommelprüfstand der Bundesanstalt für Straßenwesen. Automobil-Ind. 21 (1976) 47–52.
50. Schulze, K.-H.: Typen der Oberflächenfeingestalt und ihre Wirkung auf den Reibungswiderstand bei Nässe. In: [4], S. 195–211.
51. Schulze, K.-H.: Zur quantitativen Bewertung der Rauheit von Straßenoberflächen in Beziehung zum Reibungswiderstand bei Nässe. Straßenbau und Straßenverkehrstechnik, Heft 103/1970. Hrsg. v. BMV, Abt. Straßenbau, Bonn.
52. Lucas, J.: Résultats de mésures effectuées sur chaussées avec l'appareil Leroux. In: [5], S. 137–159.
53. Giles, C. G.; Sabey, B. E.; Cardew, K. H. F.: Development and performance of the portable skid-resistance tester. Road Research Techn. Paper No. 66. London: 1964 (HMSO).
54. Instructions for using the portable skid-resistance tester. Road Note No. 27, Second Edition. London: 1969 (HMSO).
55. Wehner, B.: Vergleich verschiedener Methoden zur Messung der Straßengriffigkeit. Str. Autobahn 10 (1959) 201–210.
56. Wehner, B.: Messung der Griffigkeit von Straßenoberflächen nach verschiedenen europäischen Verfahren. VDI-Z. 104 (1962) 411–414.
57. Croce, K.; Schmitz, H.: Kraftschlußbeiwerte als Kennzeichen der Straßengriffigkeit. VDI-Z. 100 (1958) 280–285.
58. Ritter, E.: Zuverlässigkeit der Griffigkeitskennwerte. In: [3], S. 43–54.
59. Wehner, B.: Einige neuere Feststellungen zu den Fragen der Straßengriffigkeit. Str. Autobahn 12 (1961) 400–407.
60. Schulze, K.-H.: Arbeitsausschuß Straßengriffigkeit. Arbeitsgruppe „Fahrzeug und Fahrbahn", Forschungsgesellschaft für das Straßenwesen, Köln 1977, S. 36–40.
61. Horne, W. B.; Leland, T. J. W.: Influence of tire tread pattern and runway surface condition on braking friction and rolling resistance of a modern aircraft tire. NASA TN D–1376, Wash. D.C., 1962.
62. Horne, W. B.; Joyner, U. T.: Pneumatic tire hydroplaning and some effects on vehicle performance. Society of Automotive Engineers, Detroit, Mich., 1965.
63. Horne, W. B.; Dreher, R. C.: Phenomena of pneumatic tire hydroplaning. NASA TN D–2056, Wash. D.C., 1963.
64. Horne, W. B.; Yager, T. J.; Taylor, G. R.: Review of causes and alleviation of low tire traction on wet runways. NASA TN D–4406, Wash. D.C., 1968.

65. Stocker, A. J.; Lewis, J. M.: Variables associated with automobile tire hydroplaning. Tex. Transp. Res. Rep. Nr. 147–2, Texas, 1972.
66. Nilsson, A.; Ohlsson, E.: Vattenplaningsförsök 1967–1969. Statens Väginstitut, Specialrapport 85, Stockholm, 1970.
67. Dames, J.: Wasserfilmdicke und Reibungsbeiwerte. In: Straßenbautagung – Berlin 1970. Hrsg. Forschungsgesellschaft für das Straßenwesen, Bad Godesberg: Kirschbaum Verlag, 1971.
68. Pinkus, O.; Sternlicht, B.: Theory of hydrodynamic lubrication. New York,Toronto, London: McGraw-Hill, 1961.
69. Moore, W. E.: The sinkage of flat plates on smooth and rough surfaces. Diss.: Penn. State Uni., 1963.
70. Cameron, A.; Robertson, W. G.: On derivation of Reynold equation. In: Sci. Lubr. (London), 14 (1962) 14–19, 42.
71. Kalender, U.: Einflußfaktoren auf die Wasserfilmdicke. In: Straßenbautagung. Berlin 1970, Hrsg. v. Forschungsgesellschaft für das Straßenwesen. Bad Godesberg: Kirschbaum Verlag, 1971.
72. Kalender, U.: Querneigung und Fahrsicherheit – Mögliche Einflüsse der negativen Querneigung. Straßenbau und Straßenverkehrstechnik, Heft 173/1973, Hrsg. v. BMV, Abt. Straßenbau, Bonn.
73. Kummer, H. W.; Meyer, W. E.: Verbesserter Kraftschluß zwischen Reifen und Fahrbahn – Ergebnisse einer neuen Reibungstheorie. In: Automobiltech. Z. 69 (1967) 246–251, 382–385.
74. Kummer, H. W.: Unified theory of rubber and tire friction. Pennsylvania State University: Eng. Res. Bull. B–94, Penn., 1966.
75. Dames, J.; Schulze, K.-H.: Wechselwirkung der Faktoren Wasserfilmdicke, Reifenprofiltiefe und Geschwindigkeit auf den Kraftschluß Reifen/Fahrbahn. In: Griffigkeitsmessungen bei hohen Geschwindigkeiten Straßenbau und Straßenverkehrstechnik, Heft 189/1975. Hrsg. v. BMV, Abt. Straßenbau, Bonn.
76. Kaufmann, N.: Das Sandflächenverfahren. Straßenbautechnik 24 (1971) 131–135.
77. Schulze, K.-H.: Möglichkeiten zur Erhöhung der Anfangsgriffigkeit von Asphaltbetondeckschichten. Str. Autobahn 27 (1976) 39–45.
78. Weller, D. E.; Maynard, D. P.: Methods of texturing new concrete road surfaces to provide adequate skidding resistance. Road Res. Lab. Rep. LR 290 (1970).
79. Hosking, J. R.; Tubey, L. W.: Aggregates for resinbound skid-resistant road surfacings. Road Res. Lab. Rep. LR 466, 1973.
80. Wehner, B.: Straßengriffigkeit und Verkehrssicherheit bei Nässe. Forschungsergebnisse und Folgerungen. In: [4], S. 323–345.
81. Schulze, K.-H.; Dames, J.: Griffigkeitserhöhende Behandlungen bestehender Deckschichten. Straßenbau und Straßenverkehrstechnik, Heft 244/1977. Hrsg. v. BMV, Abt. Straßenbau, Bonn.
82. Weller, D. E.; Maynard, D. P.: Treatments to retexture a worn concrete surface of a high-speed road. Road Res. Lab. Rep. LR 250, 1969.
83. Zipkes, E.: Wiederherstellung des sicheren Fahrvermögens auf Straßen und Flugpisten. Betonstraßen – Mitteilungsblatt der Betonstraßen Wildegg Nr. 96, 97, 98 (Juli/Okt. 1973, Jan. 1974).
84. NASA: Pavement grooving and traction studies. A conference held at Langley Research Center. Hampton, Virginia, Nov. 1968.
85. Wehner, B.: Rillen für die Oberflächen von Betondecken. Str. Autobahn 24 (1973) 461–464.
86. Lamm, R.; Kupke, P.: Künstliche Rillen in Fahrbahndecken. Str. Tiefbau 30 (1976), H. 2, S. 7–10, H. 3, S. 8–14, H. 4, S. 7–10.
87. Johansen, T.; Sloth, S. (Dänemark): Concrete Pavements. AIPCR XIVth World Congress Prag 1971 Question II–4.
88. Zichner, G.: Technologische und bautechnische Möglichkeiten für den Bau griffiger Fahrbahndecken und für die Wiederherstellung der Griffigkeit auf glatt gewordenen Fahrbahnen. In: [4], S. 309–318.
89. Shupe, J. W.: Pavement Slipperiness. In: Highway Engineering Handbook, New York: McGraw Hill, 1960. Section 20, S. 22–27.
90. Road Res. Lab., Department of the Environment: Road Res. 1970. Annual Report of the RRL, S. 102, London: 1971 (HMSO).
91. Van de Fliert, C.: Maßnahmen zur Verbesserung der Griffigkeit von Straßen. In: [4], S. 253–261.
92. Hubrecht, L.: Sections expérimentales de revêtements résineux antidérapants bétonsur de ciment et sur béton bitumineux 1970–1971. La Technique Routière 17 (1972) 17–44.

93. James, J. G.: Trial of epoxy-resin/calcined-bauxite surface dressing on A 1, Sandy, Bedfordshire, 1968. Road Res. Lab. Rep. LR 381 (1971).
94. Roussel, J.-P.: Utilisation des enduits superficiels sur autoroutes. Révue Génerale des Routes et des Aérodromes (1974) Nr. 500, S. 55—65.
95. Wright, N.: Slurry seals with calcined-bauxite aggregate. Transportation and Road Res. Lab. Rep. LR 524, (1972).
96. Arena, P. J.: Field evaluation of skid resistant surfaces. Louisiana Department of Highways, Juni 1970.
97. Pasquet, A.: Nationale Kampagne auf dem Gebiet der Straßengriffigkeit in Frankreich 1967. In: [4], S. 227—241.
98. Nakkel, E.: Die Überwachung der Straßengriffigkeit durch die Verwaltungen. Str. Tiefbau 26 (1972) 150—153.
99. Giles, C. G.; Sabey, B. E. (1956): Accident reports and skidding accident sites. Publ. Wks munic. Services Congr., Final Report, S. 355—373.
100. Beckmann, L.: Der Einfluß der Straßengriffigkeit auf den Anteil der Unfälle bei Nässe. In: [4], S. 143—149.
101. Normenblätter SNV 640 510 und SNV 640 511 der Vereinigung schweizerischer Straßenfachmänner (VSS), Zürich 1970.
102. Schulze, K.-H.: Unfallzahlen und Straßengriffigkeit. In: Untersuchungen über die Verkehrssicherheit bei Nässe. Straßenbau und Straßenverkehrstechnik, Heft 189/1975. Hrsg. v. BMV, Abt. Straßenbau, Bonn.
103. The polishing of roadstone in relation to the resistance to skidding of bituminous road surfacings. Road Res. Lab., Technical Paper Nr. 43, London: 1959 (HMSO).
104. Elliott, D.; De Vlieg, G.: Landing on Slippery Runways. Boeing Airliner (Januar 1978) 4—12.
105. Pavement Surface Conditions (Part 2). In: Airport Service Manual (Doc 9137 — AN/898), ICAO 1977.
106. ICAO, Annex 14.
107. Huschek, S.: Der Skiddometer, ein Gerät zur Messung der Straßengriffigkeit bei hohen Geschwindigkeiten. Str. Verkehr 59 (1973) H. 11, 595—600.
108. Zipkes, E.: Über das Wirken von Adhäsion und Verzahnung zwischen Reifen und Fahrbahn. Str. Verkehr 49 (1963) 37—44.

10. Reflexionsvermögen

W. Kebschull

Inhalt

10.1. Lichttechnische Größen

Licht ist elektromagnetische Strahlung im Wellenlängenbereich von 380 bis $760 \cdot 10^{-9}$ m. Das Auge bewertet diese Strahlung mit drei wellenlängenabhängigen Empfindlichkeitsfunktionen, von denen eine die Hellempfindung bewirkt und die Kombination aller drei zum Farbeindruck führt. Die weiteren Betrachtungen beschränken sich auf die Hellempfindung.

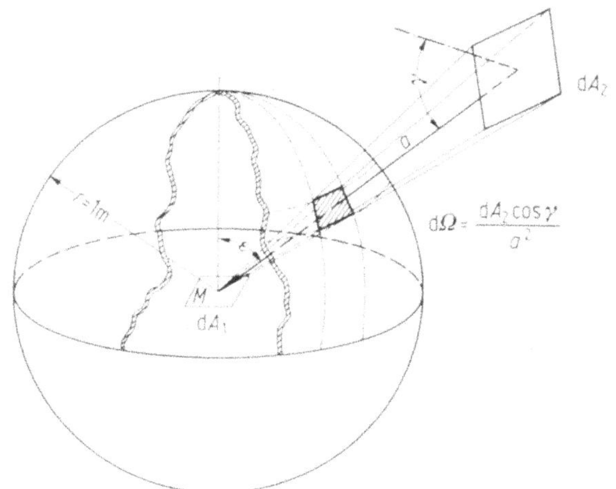

Bild 10.1. Übertragung von Strahlung zwischen zwei Flächen.

Zur Einführung einiger lichttechnischer Größen [1] werden zwei Flächenelemente dA_1 und dA_2 betrachtet, die im Abstand a voneinander stehen und deren Normalen die Winkel ε und γ mit der Verbindungslinie bilden (Bild 10.1). Das Element dA_1 strahlt mit der Leuchtdichte L in Richtung auf dA_2. Der übertragene Lichtstrom $d^2\Phi$ ist nach dem photometrischen Grundgesetz

$$d^2\Phi = L \frac{dA_1 \cos\varepsilon \, dA_2 \cos\gamma}{a^2} \Omega_0 . \tag{10.1}$$

Über dieses Gesetz sind die in Tabelle 10.1 aufgeführten lichttechnischen Größen miteinander verknüpft.

Tabelle 10.1. Lichttechnische Größen

Größe	Zeichen	Einheit	Zeichen	Beziehung
Lichtstrom	Φ	Lumen	lm	$\int I \, d\Omega = \int E \, dA_2$
Lichtstärke	I	Candela	cd	$\frac{d\Phi}{d\Omega}$
Leuchtdichte	L	Candela pro Quadratmeter	cd/m²	$\frac{d^2\Phi}{d\Omega \, dA_1 \cos\varepsilon}$
Beleuchtungsstärke	E	Lux	lx = lm/m²	$\frac{d\Phi}{dA_2} = \frac{I \cos\gamma}{a^2} \Omega_0$
Raumwinkel	Ω	Steradiant	sr, $\Omega_0 = 1$ sr	$\frac{dA_2 \cos\gamma}{a^2} \Omega_0$

Der Lichtstrom Φ ist die vom menschlichen Auge mit der spektralen Hellempfindlichkeit bewertete Strahlungsleistung einer Lichtquelle. Die Lichtstromeinheit ist das Lumen (lm).

Der Raumwinkel Ω entspricht in der Lichttechnik einer geometrischen Dimension. Zieht man vom Punkt M in Bild 10.1 die Begrenzungsstrahlen zur Fläche dA_2, so schneiden sie auf der Einheitskugel (Radius $r = 1$ m) um M die Oberfläche $d\Omega$ aus, die dem zugehörigen Raumwinkel entspricht. Die Einheit $\Omega_0 = 1$ sr (Steradiant) ist eine Fläche von 1 m² auf der Einheitskugel, deren Gesamtoberfläche 4π m² beträgt.

Die Lichtstärke („Intensität") I einer Lichtquelle ist der in die Raumwinkeleinheit gestrahlte Lichtstrom. Die Lichtstärkeeinheit Candela (cd = lm/sr) ist gesetzlich durch ein Normal festgelegt, von dem alle übrigen lichttechnischen Einheiten abgeleitet werden.

Die Leuchtdichte L einer Lichtquelle ist der Quotient aus der Lichtstärke dI und der gesehenen Fläche $dA_1 \cdot \cos\varepsilon$ des Strahlers (Bild 10.1), wobei als Strahler u.a. auch eine reflektierende Fläche gilt. Die Leuchtdichteeinheit ist Candela pro Quadratmeter (cd/m² = lm/sr m²).

Die Beleuchtungsstärke E auf der beleuchteten Fläche dA_2 ist der Quotient aus dem auftreffenden Lichtstrom $d\Phi$ und dieser Fläche dA_2. Die Einheit ist das Lux (lx = lm/m²).

10.2. Sehverhältnisse im Straßenverkehr

Die Sehverhältnisse im Straßenverkehr richten sich nach den Leuchtdichten (Helligkeiten) im Gesichtsfeld des Kraftfahrers. Dabei kommt der Fahrbahn, die einen großen Teil dieses Feldes einnimmt, besondere Bedeutung zu (Bild 10.2). Sie bildet z.B. für viele Sehobjekte oder wichtige Teile davon den alleinigen Hintergrund. Diese Objekte sind für den Verkehrsteilnehmer nur dann sichtbar, wenn sie sich in der Leuchtdichte oder Farbe ausreichend vom Umfeld, d.h. von der Fahrbahn, unterscheiden.

Die örtliche Leuchtdichteverteilung auf der Fahrbahn hängt von der richtungsabhängigen Lichteinstrahlung, der Beobachtungsrichtung und dem Reflexionsvermögen der Fahrbahnoberfläche ab (Bild 10.3).

Bild 10.2. Gesichtsfeld des Kraftfahrers.

Beim Lichteinfall sind die großflächige Einstrahlung des Himmelslichtes am Tage und die nächtliche Einstrahlung aus Einzelrichtungen durch ortsfeste Leuchten (Bild 10.3) oder kraftfahrzeugeigene Scheinwerfer zu unterscheiden.

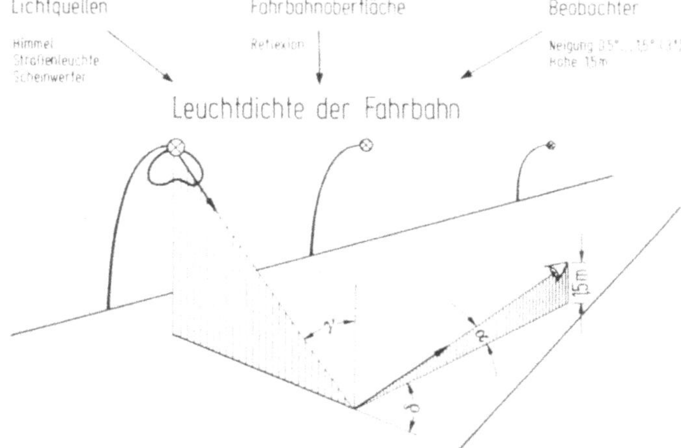

Bild 10.3. Lichteinfall, Reflexion und Beobachtung im Straßenverkehr.

Im Straßenverkehr bildet die Fahrbahn über einige hundert Meter vor dem Kraftfahrer den wichtigen Teil seines Gesichtsfeldes. Es zeigt sich, daß die lichttechnischen Betrachtungen auf den Fahrbahnabschnitt, der 60 m bis 160 m vor dem Fahrer liegt, beschränkt werden können (Blickwinkel 1,5°···0,5°) [2] (Bild 10.4). Beim nächtlichen Fahren mit Abblendlicht verringert sich der Abstand zum wesentlichen Fahrbahnabschnitt auf 30 m bis 60 m (Blickwinkel 3°···1,5°).

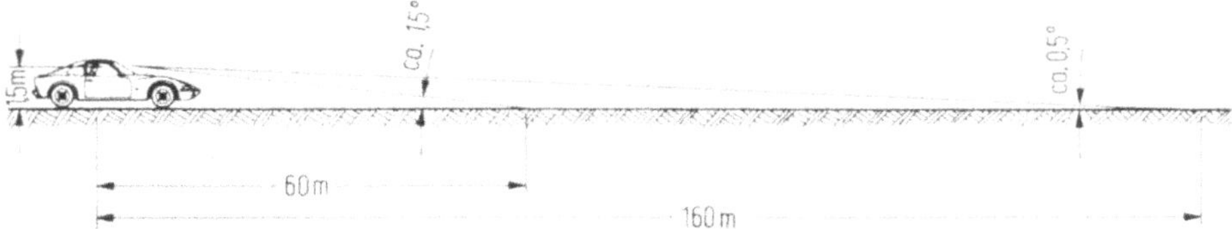

Bild 10.4. Blickrichtung des Kraftfahrers.

10.3. Reflexionsarten

Es wird unterschieden zwischen der gerichteten (spiegelnden) und der gestreuten Reflexion.

10.3.1. Gerichtete (spiegelnde) Reflexion

Das einfallende Licht wird bei glatten Oberflächen, deren Rauheitselemente klein gegenüber der Wellenlänge des Lichtes sind, unter dem gleichgroßen Spiegelwinkel in die Gegenrichtung gelenkt. Der Beobachter sieht das Spiegelbild der Lichtquelle. Die Leuchtdichte L der reflektierenden Fläche ist der Leuchtdichte L_L der Lichtquelle proportional. Es gilt

$$L = \varrho_r \cdot L_L, \tag{10.2}$$

wobei ϱ_r der Grad der gerichteten Reflexion der Probe ist [3]. Er hängt vom Material und dem Einfallswinkel γ ab. Bild 10.5 zeigt die entsprechenden Verläufe für eine ebene Wasseroberfläche (Pfütze) und eine glattgeschliffene Gesteinsprobe.

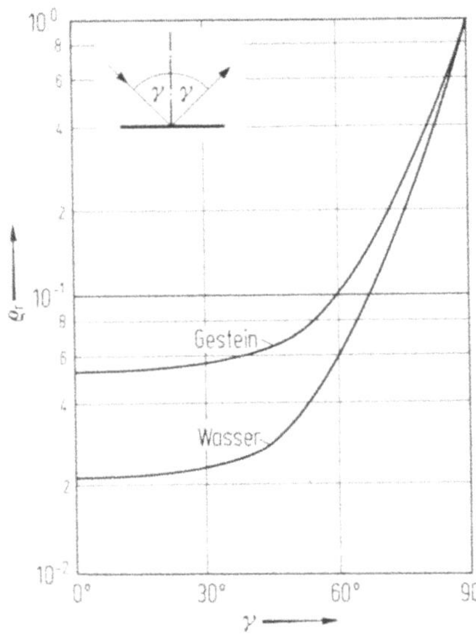

Bild 10.5. Gerichtete Reflexion einer polierten Gesteinsfläche und einer Wasserfläche.

10.3.2. Gestreute Reflexion

Das auf eine strukturierte Oberfläche auffallende Licht wird streuend in den gesamten Halbraum reflektiert. Bei gegebenem Lichteinfall und fester Beobachtungsrichtung ist die reflektierte Leuchtdichte L im allgemeinen der Beleuchtungsstärke E auf der Probe proportional [3].

Es gilt

$$L = qE. \tag{10.3}$$

Der Leuchtdichtekoeffizient q hängt von der Oberflächenstruktur und dem Material sowie von den Richtungen für Lichteinfall und Beobachtung ab.

10.4. Reflexion von Fahrbahnen

10.4.1. Gemessene Reflexionsverteilung

Fahrbahnoberflächen bestehen im wesentlichen aus körnigen Mineralstoffen, die durch ein Bindemittel, wie Bitumen oder Zement, miteinander verklebt sind. Der Oberflächenzustand ist witterungsabhängig und wird insbesondere durch Feuchtigkeit stark beeinflußt.

Auf völlig nasser Fahrbahn, wenn ein geschlossener Wasserfilm auf der Oberfläche liegt, sieht der unter flachem Winkel blickende Kraftfahrer die Spiegelbilder der entgegenstrahlenden Lichtquellen. Diese gerichtete Reflexion wird im wesentlichen vom Wasser bestimmt (Bild 10.5). Bei starker Bewässerung erreicht jede Deckschicht diesen Zustand, unter praktischen Bedingungen ist die Häufigkeit, mit der er auftritt, von der Rauheit der Fahrbahnoberfläche abhängig.

Im trockenen und feuchten Zustand reflektiert eine Fahrbahnoberfläche dagegen streuend [4]. Ihr lichttechnisches Verhalten wird durch die räumliche Verteilung des Leuchtdichtekoeffizienten q für die vorgegebene Blickrichtung ($\alpha = 1°$) und variablen Lichteinfall charakterisiert.

Eine Lichtquelle mit der Lichtstärke I und der Aufhängehöhe h erzeugt auf der Fahrbahn die Beleuchtungsstärke (siehe Tabelle 10.1 und Bild 10.3)

$$E = \frac{I}{h^2} \cos^3 \gamma \Omega_0. \tag{10.4}$$

Die zugehörige Leuchtdichte für den Kraftfahrer ist dann nach Gleichung (10.3)

$$L = q \cos^3 \gamma \cdot \frac{I}{h^2} \Omega_0 = r \frac{I}{h^2} \Omega_0. \tag{10.5}$$

Die Leuchtdichte ist also dem Reflexionswert $r = q \cos^3 \gamma$ proportional, wenn Lichtstärke I und Aufhängehöhe h konstant gehalten werden. Unter diesen Voraussetzungen ist in Bild 10.6 die vom Beobachter O im Punkt P gesehene Leuchtdichte über der zugehörigen Lichteinfallsrichtung aufgetragen. Dieser Reflexionskörper zeigt ein deutliches Maximum für Licht, das entgegen der Blickrichtung eingestrahlt wird. Es prägt sich um so stärker aus, je glatter die Fahrbahnoberfläche ist.

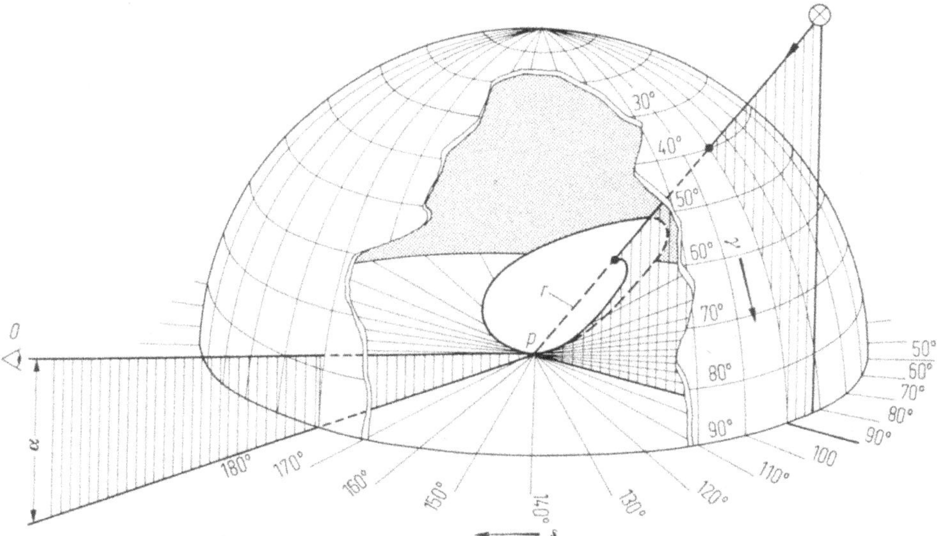

Bild 10.6. Reflexionskörper $q(\gamma, \delta)$ einer Fahrbahnoberfläche.

Besonders stark sind die Reflexionsunterschiede einzelner Beläge im Vertikalschnitt $\delta = 0°$, $180°$, in dem das Licht entgegen und mit der Blickrichtung eingestrahlt wird.

Am Beispiel zweier Proben von Asphaltbetondeckschichten werden diese Unterschiede aufgezeigt (Bild 10.7) [4]. Im Vertikalschnitt $\delta = 0°, 180°$, ist über dem Einfallswinkel γ der r-Wert aufgetragen; dieser Anteil wird unter dem Winkel

$\alpha = 1°$ zum links stehenden Beobachter reflektiert. Außer für den trockenen Zustand sind die Reflexionswerte für drei feuchte Zustände angegeben, die sich nach dem Überschütten der Proben mit Wasser während der Trocknung ausbildeten. Die Feuchtigkeit ist hier durch die Trocknungszeit charakterisiert, die nach der Bewässerung im Labor vergangen ist. Diese Angaben lassen sich nicht unmittelbar auf die Verhältnisse im Freien übertragen, da Boden- und Luftfeuchtigkeit, Temperatur und Windgeschwindigkeit den Trocknungsgang beeinflussen. Im allgemeinen wird die Fahrbahn im Freien langsamer abtrocknen als im Labor.

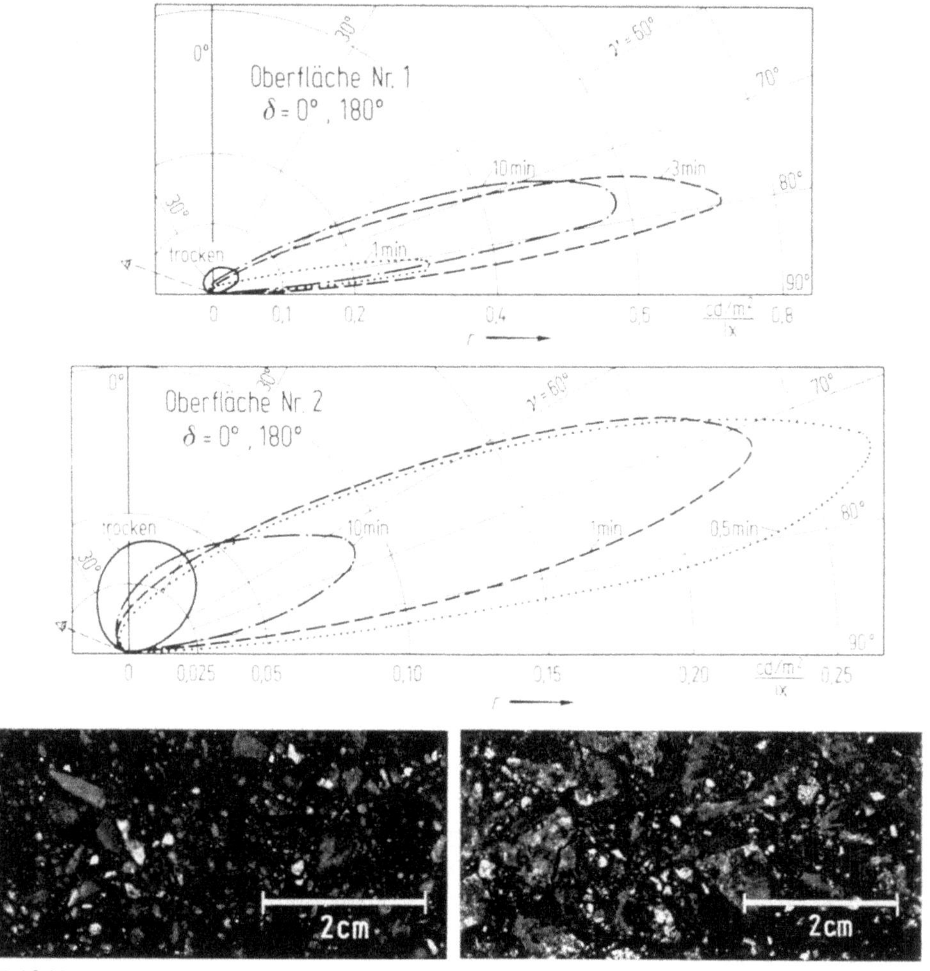

Bild 10.7. Reflexionswerte $r = q \cos^3 \gamma$ zweier Deckschichten aus Asphaltbeton bei Gegen- und Mitlicht.

Die Beispiele zeigen, daß die Reflexion mit steigender Feuchtigkeit stärker gebündelt wird. Der birnenförmige Reflexionskörper im trockenen Zustand verformt sich zu einer immer schlanker werdenden Keule, die sich zu flachen Gegenlichtrichtungen hinneigt. Die Veränderungen durch die Feuchtigkeit sind bei der feinkörnigen, glatten Oberfläche Nr. 1 wesentlich höher als bei der grobkörnigen, rauhen Oberfläche Nr. 2. Außerdem treten die stärksten Reflexionserhöhungen bei der rauhen Oberfläche innerhalb einer Minute nach der Bewässerung auf, d.h. sie sind kurzzeitig, während die glatte Oberfläche nach drei Minuten maximale Reflexion aufweist und auch zehn Minuten nach der Bewässerung im Maximum noch den zwölffachen r-Wert des trockenen Zustandes hat. Im Freien ist also bei der glatten Oberfläche Nr. 1 mit langdauerndem, starkem Feuchtigkeitseinfluß zu rechnen.

Die Leuchtdichteänderungen infolge der Feuchtigkeit lassen sich an Gegenlichtaufnahmen einer abtrocknenden Deckschicht illustrieren (Bild 10.8, $\alpha = 45°$, $\delta = 0°$, $\gamma = 70°$). Kurz nach dem Bewässern bedeckt eine annähernd ebene Wasserschicht die Probe und verleiht der Struktur ein verschleiertes Aussehen (Bild 10.8a). Diese Wasserhaut schmiegt sich allmählich stärker in die Rauhtiefen

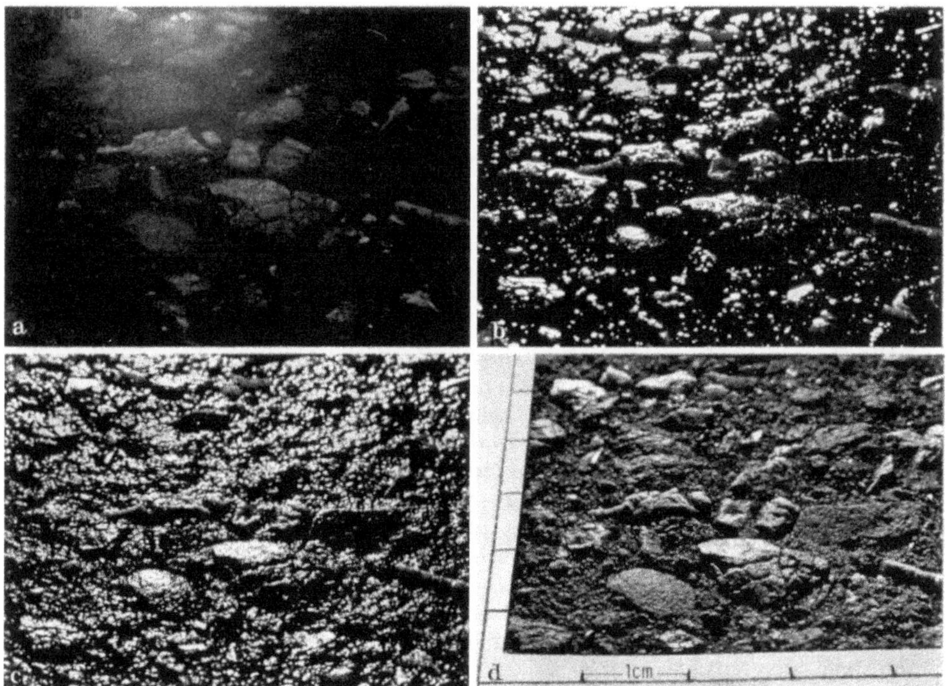

Bild 10.8. Abtrocknende Asphaltbetonoberfläche bei Gegenlicht.
$\alpha = 45°$, $\delta = 0°$, $\gamma = 70°$ Probenausschnitt 5 cm × 6 cm. a) Trocknungszeit 2 s, b) Trocknungszeit 1 min, c) Trocknungszeit 10 min, d) Trocken.

hinein und beginnt, an den Spitzen aufzureißen (Bild 10.8b). Größere Flächen der zusammenhängenden Wasserhaut reflektieren dabei gerichtet zum Beobachter. Bei weiterer Abtrocknung reißt die Wasserhaut überall auf, und das zum Beobachter reflektierte Licht geht von vielen kleinen Reflexpunkten aus (Bild 10.8c).

10.4.2. Deutung des Reflexionsverhaltens

Das Reflexionsverhalten einer Deckschicht läßt sich durch Betrachtungen an einem Modell für die Oberfläche erläutern [4, 5]. In der Modellvorstellung wird die reflektierende Oberfläche durch eine Vielzahl verschieden orientierter, spiegelnder Facetten ersetzt. Beschränkt man die Betrachtung auf Einfachreflexion an diesen Elementen, so läßt sich jeder Kombination von Lichteinfalls- und Beobachtungsrichtung eindeutig eine bestimmte Facettenorientierung zuordnen (Bild 10.9).

Die Reflexionsdaten werden durch die Anzahl der wirksamen Facetten und deren Grad der gerichteten Reflexion bestimmt. Lichttechnisch wirksam sind alle

Elemente, die sowohl beleuchtet und sichtbar sind, als auch die passende Orientierung haben, d.h. zum Beobachter hin gerichtet reflektieren.

Bild 10.9. Beispiele für Einfach- und Mehrfachreflexion.

Unter dem flachen Beobachtungswinkel von 1° liegt die Einblicktiefe in die Fahrbahnstruktur unter 1 mm. Bei befahrenen Deckschichten werden die hochragenden Spitzen im allgemeinen nicht vom Bindemittel, sondern von den härteren Mineralstoffen gebildet, die damit hauptbestimmend für den Reflexionsgrad sind. Im feuchten Zustand übernimmt das Wasser die Hauptrolle. Bei senkrechtem Lichteinfall auf eine Mineralstoff-Facette ist die Reflexion etwa doppelt so hoch wie beim Wasser, bei streifendem Lichteinfall ($\gamma = 90°$) reflektieren beide Materialien gleichstark (vgl. Bild 10.5).

Die starken Reflexionsunterschiede verschiedener Deckschichten und die Änderungen auf Grund der Feuchtigkeit sind hauptsächlich auf Strukturunterschiede zurückzuführen. Entsprechende Untersuchungen [4] haben z.B. ergeben, daß bei der glatten Oberfläche Nr. 1 (siehe Bild 10.7) in trockenem Zustand zehn horizontal in der Probe liegende Facetten auf eine vertikal liegende Facette entfallen, bei der rauhen Oberfläche Nr. 2 sind es dagegen nur vier. Diese Zahlen gelten für die Gesamtstruktur, d.h. bis in die Rauhtiefen hinein. Innerhalb der Einblicktiefe ist der Anteil der flach geneigten Facetten noch höher.

Durch Regenfall wird die wirksame Struktur verflacht; die Tiefen füllen sich mit Wasser, so daß viele geneigte Facetten der Gesteine durch die annähernd horizontale Wasserfläche verdeckt werden: Die Fahrbahn nähert sich einem horizontal liegenden Spiegel.

Bei vorgegebener Blickrichtung unter 1° Neigungswinkel sind für die Reflexion des aus etwa der gleichen Richtung einfallenden eigenen Scheinwerferlichtes nur die annähernd vertikal stehenden Facetten wirksam, für senkrechten Lichteinfall dagegen Facetten unter etwa 45° Neigung und für störendes Gegenlicht, das unter 1° Neigung einfällt (Scheinwerfer entgegenkommender Fahrzeuge), horizontale Facetten.

Aus lichttechnischer Sicht sollte also die Anzahl der stark geneigten Facetten innerhalb der Einblicktiefe möglichst groß sein. Ausgehend von einer Facettengröße unter 0,1 mm sind hierfür Mineralstoffe mit feinrauher Oberfläche in der Deckschicht erforderlich. Durch Grobrauheit, also Zwischenräume zwischen den Körnern, wird das Wasser abgeleitet und die Bildung einer geschlossenen, spiegelnden Wasserhaut erschwert.

10.4.3. Lichttechnische Kennzeichnung von Fahrbahnoberflächen

Zur Kennzeichnung des Reflexionskörpers trockener Fahrbahnoberflächen sind verschiedene Verfahren vorgeschlagen worden [6 bis 15]. Einen rechnerischen Vergleich von fünf dieser Methoden hat A. Erbay durchgeführt [10].

Die einfache, in der Praxis bereits erprobte Methode von de Boer-Westermann [6, 11, 14] basiert auf zwei Kenngrößen:

Der „Helligkeitsgrad“ q_0 entspricht dem Mittelwert der Reflexion im wesentlichen Einstrahlungsbereich bei Tageslicht ebenso wie bei ortsfester Beleuchtung. Es gilt

$$q_0 = \frac{1}{\Omega} \int^{\Omega} q \, \mathrm{d}\omega , \tag{10.6}$$

der gewählte Raumwinkel Ω ist in Bild 10.10a angedeutet.

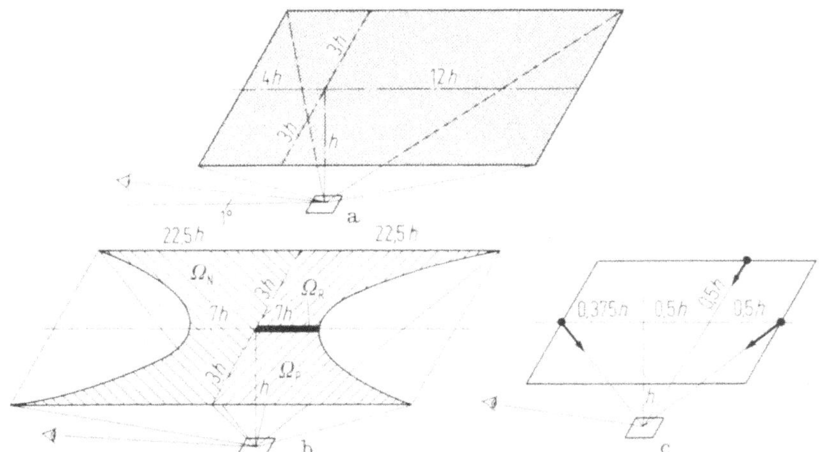

Bild 10.10. Einstrahlungsbedingungen für verschiedene lichttechnische Kennwerte. a) Verfahren nach de Boer/Westermann, b) Verfahren nach Roch/Smiatek, c) Verfahren nach Range.

Der „Spiegelfaktor“ $\varkappa_p$ beschreibt die Form des Reflexionskörpers. Er ist definiert zu

$$\varkappa_p = \lg \frac{q_0}{q_p} , \tag{10.7}$$

wobei q_p der Leuchtdichtekoeffizient für senkrechten Lichteinfall ist.

Bei völlig diffuser, d.h. winkelunabhängiger Reflexion — ein theoretischer Fall — wird der Kennwert $\varkappa_p = 0$. Bei völlig spiegelnder Reflexion, wie sie z.B. an einer glatten Wasseroberfläche auftritt, erreicht der Spiegelfaktor unendlich hohe Werte[1].

Bei trockenen Fahrbahnen variiert $\varkappa_p$ zwischen 0,1 und 0,6, feuchte Fahrbahnen erreichen Werte bis zu 3.

Die Meßgrößen q_p und q_0 können mit einem transportablen Reflektometer auf der Straße ermittelt werden [6] (Bild 10.11). Da auf jeder Fahrbahn örtliche Reflexionsunterschiede zu erwarten sind, wird das Gerät nacheinander an verschiedene Stellen einer Fahrbahn gefahren und jeweils der Reflexionswert für senkrechten Lichteinfall (q_p) und bei Beleuchtung mit einer leuchtenden Ebene (q_0) gemessen. Der Meßwinkel des Gerätes entspricht der Blickrichtung des Kraftfahrers. Die Kalibrierung erfolgt mit Standardproben.

---

[1] Bei gerichteter Reflexion stellt der Leuchtdichtekoeffizient q keine reine Stoffkennzahl dar. Deckschichten mit geschlossener Wasserhaut werden deshalb von den folgenden Betrachtungen ausgeschlossen.

Nach dem Spiegelfaktor $\varkappa_p$ lassen sich trockene Fahrbahnoberflächen klassifizieren [6, 11, 14]. Vier Klassen genügen, um Leuchtdichteberechnungen mit ausreichender Genauigkeit durchzuführen ($\pm 15\%$ Genauigkeit für mittlere Leucht-

Bild 10.11. Straßenreflektometer für q_0, $\varkappa_p$.

dichte und Längsgleichmäßigkeit). Jede Gruppe wird durch einen Standard repräsentiert, für den eine Tabelle der Reflexionswerte [11, 13, 14] und ein zugehöriges Reflexionsdiagramm (Bild 10.12) festgelegt sind. Eine Punktlichtquelle im Ursprung des Diagrammes, aufgehängt in der Höhe h, erzeugt bei konstanter Lichtstärke I die angegebenen Linien konstanter Leuchtdichte auf der Fahr-

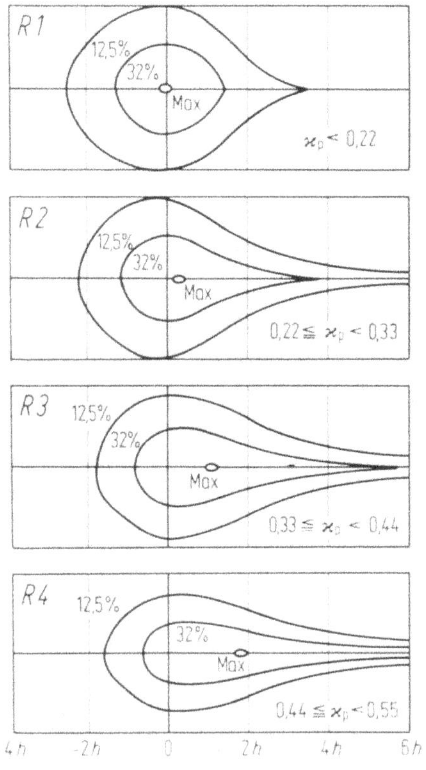

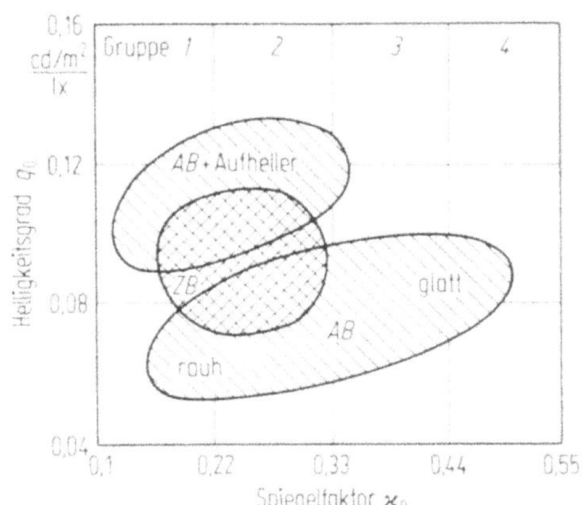

Bild 10.13. Kennwerte q_0, $\varkappa_p$ verschiedener Deckschichten.

Bild 10.12. Reflexionsdiagramme der Standarddeckschichten.

bahn, die ein rechts stehender, weit entfernter Beobachter sieht. Angegeben sind die Lage des Maximums und die Linien mit 32% und 12,5% dieses maximalen Leuchtdichtewertes. Mit steigender Gruppennummer, d. h. wachsendem $\varkappa_p$, nähert sich das Leuchtdichtemaximum dem Beobachter, und die Kurven konstanter Leuchtdichte schmiegen sich stärker an die Achse Leuchte-Kraftfahrer an.

Bei weiterem Anwachsen des $\varkappa_p$-Wertes bildet sich ein gleißender Längsstreifen vor der Leuchte aus; entgegen der Blickrichtung flach einfallendes Licht wird besonders stark reflektiert, während die Helligkeit der seitlichen Fahrbahnteile abnimmt, obwohl die Lichtquelle in alle Richtungen mit gleicher Lichtstärke strahlt.

Die Vielzahl der bisher durchgeführten Messungen ergibt die in Bild 10.13 dargestellte Zuordnung von Deckschichten und Kennwerten q_0, $\varkappa_p$ [15]. Deckschichten aus Asphaltbeton (AB) überdecken den gesamten $\varkappa_p$-Bereich; dabei liegen rauhe Oberflächen in den Gruppen 1 und 2, glatte Oberflächen vorwiegend in den Gruppen 3 und 4. Mit feinkörnigem Splitt abgestreute Deckschichten können den gleichen niedrigen $\varkappa_p$-Wert erreichen wie Deckschichten gröberer Körnung. Mit zunehmendem $\varkappa_p$ wächst auch der Helligkeitsgrad q_0 etwas an. Durch aufhellende Zusätze läßt sich die Helligkeit von Asphaltbetondeckschichten um 30 bis 40% steigern. Deckschichten aus Zementbeton (ZB) haben mittlere Helligkeitsgrade und relativ niedrige $\varkappa_p$-Werte.

Im Verfahren nach Roch-Smiatek [7, 11, 14] werden vier Kenngrößen zur Kennzeichnung der räumlichen Reflexionsverteilung verwendet. Mit einer Abwandlung des obengenannten Reflektometers (siehe Bild 10.11) werden die Leuchtdichtekoeffizienten bei folgender Beleuchtung gemessen (siehe Bild 10.10b): Senkrechter Lichteinfall, Mitlicht aus dem Raumwinkel Ω_N (Negativer Bereich), Gegenlicht aus dem Raumwinkel Ω_p (Positiver Bereich) und Gegenlicht aus dem Raumwinkel Ω_R (Reduzierter, positiver Bereich).

Ausgehend von diesen Meßgrößen wird der Reflexionskörper als Summe aus einem Grundanteil, der nur vom Leuchtdichtekoeffizienten für senkrechten Einfall abhängt, und einem überlagerten, sogenannten Spiegelanteil beschrieben. Für den negativen und positiven Bereich werden getrennt empirische Funktionen angegeben, mit deren Hilfe die Reflexionsverteilung näherungsweise rekonstruiert wird.

Dieses Verfahren geht also nicht von standardisierten Verteilungen aus. Leuchtdichteberechnungen erfordern eine elektronische Rechenanlage. Die Genauigkeit für mittlere Leuchtdichten sowie Längs- und Quergleichmäßigkeit ist bei $\pm 15\%$.

Das Verfahren nach Range [8, 11] basiert auf der Klassifikation nach de Boer-Westermann. Zu messen sind die Leuchtdichtekoeffizienten für drei Einfallsrichtungen (siehe Bild 10.10c), um daraus das zugehörige Standarddiagramm (siehe Bild 10.12) zu ermitteln.

Das Verfahren nach Massart [9, 11] geht von sechs Kenngrößen aus. Die Iso-Leuchtdichte-Kurven im Reflexionsdiagramm einer Deckschicht (siehe Bild 10.12) werden mathematisch durch eine Ellipse mit aufgesetzter Spitzenfunktion beschrieben. Die Methode ist aufwendig; sie beschreibt den Reflexionskörper mit guter Genauigkeit. Exakte Angaben für die Messung fehlen noch.

Das Verfahren nach Erbay [10, 11] geht von drei Kenngrößen aus, die eine gute Beschreibung der räumlichen Reflexionsverteilung ermöglichen:

Helligkeitsgrad q_0 nach Gleichung (10.6)

$$\text{Spiegelfaktor 1} \quad S_1 = \frac{r\,(\tan\gamma = 2,\,\delta = 0°)}{q_p}, \tag{10.8}$$

$$\text{Spiegelfaktor 2} \quad S_2 = \frac{q_0}{q_p} = 10^{\varkappa_p}. \tag{10.9}$$

Erbay schlägt eine Einteilung trockener Deckschichten in vier Hauptklassen nach S_2 mit jeweils zwei Nebenklassen nach S_1 vor.

Mit einem abgewandelten Reflektometer nach [6] lassen sich die drei Werte q_0, q_p und q ($\tan \gamma = 2$, $\delta = 0°$) messen. Die von Erbay betrachteten Deckschichten sind in einem Atlas [11] tabellarisch aufgeführt einschließlich verschiedener Kennwerte und Erläuterungen.

Die Untersuchung von Erbay ist durch Sørensen [12] ergänzt worden, der die gleichen drei Kenngrößen verwendet, jedoch die Deckschichten nur nach S_1 in vier Klassen einteilt. Sørensen hat in [16] die Reflexionsdaten und Erläuterungen für eine Vielzahl von trockenen und feuchten Deckschichten angegeben.

Daneben werden vier N-Standards genannt, die sich als repräsentativ für skandinavische Deckschichten erweisen. Hier ist der Bereich der grobkörnigen, rauhen Oberflächen stärker untergliedert.

Im Jahre 1976 hat die CIE (Commission Internationale de l'Eclairage) festgelegt [13], daß die Reflexion trockener Deckschichten mit den drei Kenngrößen nach Erbay beschrieben wird. Für die Klassifizierung werden vorläufig die vier R-Standards nach de Boer-Westermann [6] (siehe Bild 10.12) empfohlen. Messungen und Musterberechnungen von Anlagen haben zu einer Klassifizierung von feuchten Deckschichten geführt, wofür vier W-Standards (,,wet") definiert werden. Einzelheiten enthält die CIE-Publikation [17]. Die Untersuchung basiert vorwiegend auf Deckschichten, die in Dänemark und Schweden üblich sind, so daß eine Übertragung der Ergebnisse auf Deckschichten, die z. B. in Deutschland gebräuchlich sind, erst einer Überprüfung bedarf.

Von Berg und Leins [18] haben in einer Studie an 20 Deckschichten erste Grundlagen hierfür geschaffen und auch den Einfluß des Verschleißes aufgezeigt Quantitative Aussagen sind allerdings weiterreichenden Messungen vorbehalten.

10.4.4. Anforderungen an Deckschichten

Aus lichttechnischer Sicht lassen sich folgende Feststellungen zum Bau von Deckschichten treffen:

Die Reflexion wird hauptsächlich durch die hochliegenden Oberflächenteile bestimmt. Durch den flachen Blickwinkel des Kraftfahrers liegt die wirksame Strukturtiefe unter 1 mm. Bei befahrenen Deckschichten bilden im allgemeinen Teile der harten Mineralstoffe diese oberste Schicht. Entscheidend sind die Feinstruktur (Facettenverteilung) dieser Bestandteile und deren Grad der gerichteten Reflexion. Im feuchten Zustand dominiert der Struktureinfluß. Durch Grobrauheit der Oberfläche muß für gute Wasserableitung gesorgt werden.

Hiermit ergibt sich:

1. Grobkörnige Deckschichten, deren grobe Gesteinskörner ihrerseits eine feinrauhe Oberfläche besitzen, reflektieren im trockenen Zustand weitgehend streuend und erfahren durch Feuchtigkeit die geringsten Reflexionsänderungen.
2. Deckschichten, deren Oberfläche mit feinkörnigem Splitt abgestreut wurde, reflektieren gleichgut wie Deckschichten mit gröberem, offenliegendem Korn.
3. Synthetische oder mineralische Aufhellstoffe können das Reflexionsvermögen der Deckschicht und die Struktur verbessern.
4. Helle Deckschichten mit streuender Reflexion haben einen hohen Helligkeitsgrad q_0 und einen kleinen Spiegelfaktor $\varkappa_p$.

Die lichttechnisch begründete Empfehlung, rauhe Oberflächen anzustreben, deckt sich mit der verkehrstechnisch begründeten Forderung nach hoher Griffigkeit. Dies bestätigte sich in einer Versuchsreihe, in der für verschiedene Deckschichten sowohl der Gleitbeiwert f_{Gleit} bei der Geschwindigkeit $V = 80$ km/h als

Kennwert der Griffigkeit (siehe hierzu Kapitel 9) wie auch der Spiegelfaktor $\varkappa_p$ gemessen worden ist. Die Ergebnisse sind in Bild 10.14 gegenübergestellt. Mit steigendem Spiegelfaktor $\varkappa_p$ — lichttechnisch gesehen eine Verschlechterung — sinkt der die Griffigkeit kennzeichnende Gleitbeiwert. Dabei bezieht sich der Spiegelfaktor auf die trockene Oberfläche (häufigerer Fall), der Gleitbeiwert dagegen (da Griffigkeit nur bei Nässe ein Problem darstellt, vgl. Kapitel 9) auf die stark angenäßte Oberfläche.

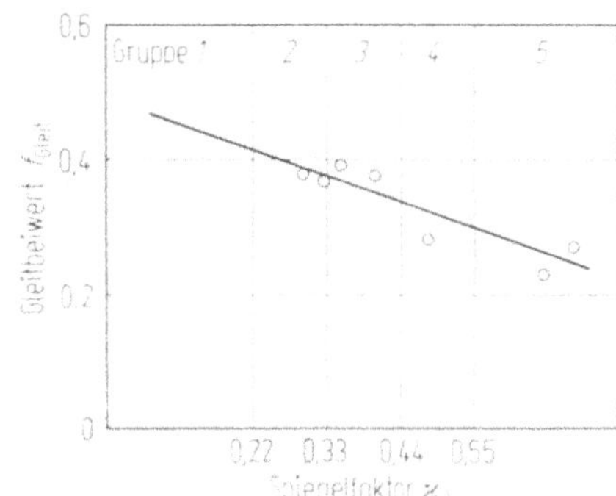

Bild 10.14. Zusammenhang zwischen Gleitbeiwert f_{Gleit} für $V = 80$ km/h und Spiegelfaktor $\varkappa_p$.

10.5. Fahrbahnleuchtdichte

Gute Sehbedingungen auf der Straße erfordern ein Mindestniveau der Leuchtdichte und eine möglichst gleichmäßige örtliche Verteilung.

10.5.1. Beleuchtung durch Tageslicht

Am Tage besitzen die Fahrbahnen bei bedecktem Himmel gewöhnlich ein hohes Leuchtdichteniveau bei guter Gleichmäßigkeit. Der bedeckte Himmel strahlt aus einem großen Winkelbereich gleichmäßig auf die Fahrbahn ein, so daß sich die Richtungsabhängigkeit der Reflexion kaum auswirkt. Die Art der Deckschicht spielt unter diesen Bedingungen lichttechnisch eine untergeordnete Rolle [15]. Geht man vom Tageslicht aus, das im April und September bei bedecktem Himmel gegen 6 Uhr und 18 Uhr herrscht (5000 lx Horizontalbeleuchtungsstärke), so liegt die Leuchtdichte trockener Fahrbahnen bei etwa 500 cd/m², feuchte Fahrbahnen können 700 cd/m² erreichen. Mittags sind diese Werte viermal so hoch.

Kritische Sehbedingungen treten auf freier Straße nur bei niedrigem Sonnenstand auf.

10.5.2. Ortsfeste, künstliche Beleuchtung

Bei ortsfester Straßenbeleuchtung werden für die mittlere Fahrbahnleuchtdichte Werte bis zu 2 cd/m² empfohlen. Daneben sind bestimmte Gleichmäßigkeitsforderungen zu erfüllen [2, 19].

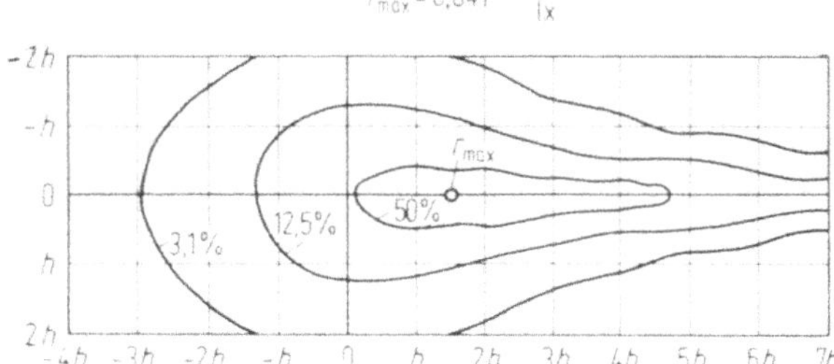

Bild 10.15. Reflexionsdiagramm einer glatten Asphaltbetonoberfläche (Gruppe 4, $\varkappa_p = 0{,}52$)

Einzelne Leuchten, die wegen ihrer geringen Abmessungen im Vergleich zur konstanten Aufhängehöhe h gewöhnlich als punktförmig angenommen werden, erzeugen aus unterschiedlichen Richtungen die örtlichen Leuchtdichten der Fahrbahn (siehe Bild 10.3).

Es folgt das Beispiel einer Leuchtdichteberechnung. Dazu wird die Reflexionsverteilung (r-Werte) der Deckschicht mit der Lichtstärkeverteilung (I) der Leuchten gemäß Gleichung (10.5) überlagert. Zunächst wird das resultierende Leuchtdichtemuster unter einer Standardleuchte betrachtet. Bild 10.15 zeigt (ebenso wie Bild 10.12) die Linien konstanter Leuchtdichte auf einer glatten bituminösen Deckschicht, die von einer Leuchte im Ursprung des Diagrammes aus der Höhe h mit konstanter Lichtstärke beleuchtet wird. Der rechts befindliche Beobachter sieht die höchste Leuchtdichte vor der Leuchte. Ein Punkt, der etwa den gleichen Abstand wie das Maximum zum Mast hat, jedoch seitwärts oder hinter der Leuchte liegt, weist dagegen nur ein Achtel dieser maximalen Leuchtdichte auf.

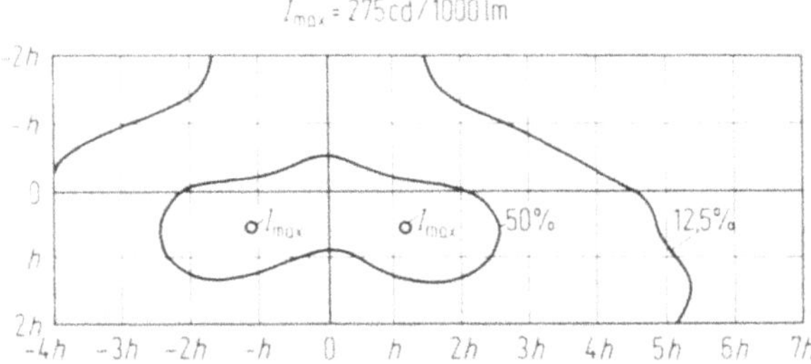

Bild 10.16. Iso-Lichtstärke-Diagramm einer tiefstrahlenden Leuchte.

Nun erfolgt der Übergang zur tatsächlich verwendeten Leuchte. Die tiefstrahlende Leuchte im Ursprung des Diagrammes in Bild 10.16 strahlt unter 50° gegen die Vertikale mit maximaler Lichtstärke. Die angegebenen Ortslinien auf der Fahrbahn werden jeweils mit gleicher Lichtstärke bestrahlt. Die Abstrahlung ist symmetrisch zur Querlinie durch den Leuchtenstandort.

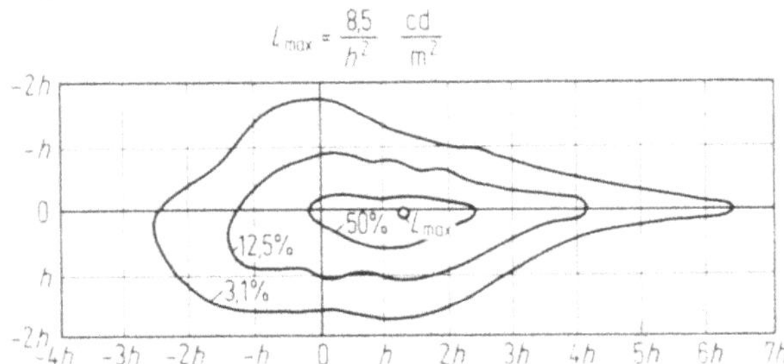

Bild 10.17. Iso-Leuchtdichte-Diagramm einer tiefstrahlenden Leuchte auf glattem Asphaltbeton (Gruppe 4, $\varkappa_p = 0{,}52$).

Wird die Deckschicht nach Bild 10.15 mit dieser Leuchte beleuchtet, so bilden sich auf der Fahrbahn die in Bild 10.17 angegebenen Linien gleicher Leuchtdichte aus. Wieder steht die Leuchte im Ursprung (Aufhängehöhe h), und der Beobachter blickt von rechts her unter etwa 1° Neigungswinkel. Ein Punkt, der etwa $4h$ vor der Leuchte liegt, hat danach die gleiche Leuchtdichte wie ein Punkt, der etwa $1h$ dahinter liegt.

Durch Überlagerung dieser Leuchtdichteverteilungen der Einzelleuchten auf einem Grundrißplan ergibt sich das gesamte Leuchtdichtemuster einer Installation. Durch Anpassung des Leuchtentyps und der Aufstellung an die jeweilige

Deckschicht lassen sich geforderte Leuchtdichteverteilungen erreichen. Es genügt jedoch nicht, die ortsfeste Beleuchtung nur auf die trockene Fahrbahn abzustimmen; vielmehr muß auch das Reflexionsvermögen im feuchten Zustand berücksichtigt werden. Je nach Deckschicht unterscheidet sich die Reflexion im trockenen und feuchten Zustand mehr oder weniger stark voneinander. Je höher der Spiegelfaktor $\varkappa_p$ der trockenen Deckschicht ist, desto stärker wird das reflektierte Licht gebündelt und desto größer ist der Einfluß der Feuchtigkeit. Auf einer glatten, feinkörnigen Oberfläche bildet sich rasch eine geschlossene Wasserhaut aus, in der sich die ortsfesten Leuchten und die Scheinwerfer entgegenkommender Fahrzeuge spiegeln und den Kraftfahrer blenden.

Bild 10.18. Autobahn mit Tiefstrahlern auf dem Mittelstreifen. a) feinkörnige bituminöse Deckschicht, trocken, b) Oberfläche a) naß, c) gröber strukturierte bituminöse Deckschicht, trocken, d) Oberfläche c) naß.

Durch Verwenden abgeschirmter, tiefstrahlender Leuchten lassen sich die Leuchtdichteänderungen mit der Feuchtigkeit zwar in Grenzen halten, aber der Einfluß der Fahrbahnoberfläche auf die Leuchtdichteverteilung ist viel stärker als der Einfluß der Lichtverteilung der Leuchten. Deshalb sollten grobrauhe Deckschichten mit kleinen $\varkappa_p$-Werten verwendet werden. Sie erfahren die geringsten Reflexionsänderungen durch Feuchtigkeit. Das soll am Beispiel einer Autobahnbeleuchtung gezeigt werden (Bild 10.18) [15]: Zwei Streckenabschnitte, der eine mit einer feinkörnigen, der andere mit einer gröber strukturierten bituminösen Deckschicht, werden durch die gleiche Mittelaufstellung tiefstrahlender Leuchten beleuchtet. Bei annähernd gleichem Leuchtdichteniveau in allen vier Fällen verschlechtert sich die örtliche Verteilung auf der glatten Oberfläche durch Nässe sehr stark, während sich die Gleichmäßigkeit auf der rauhen Oberfläche sogar verbessert.

10.5.3. Scheinwerferbeleuchtung

Den meisten Fernverkehrsstraßen fehlt bisher eine ortsfeste Beleuchtung. Zwar sind z.B. in der Bundesrepublik Deutschland etwa 50% des gesamten Straßennetzes künstlich beleuchtet, jedoch entfällt der größte Teil dieser Anlagen auf

Stadtstraßen. Wegen der hohen Verkehrsstärke, auch in den Dunkelstunden, spielt das Fahren mit Abblendlicht eine wichtige Rolle im Verkehrsgeschehen. Dabei sei vom Kolonnenfahren abgesehen, bei dem sich der Kraftfahrer in der Beurteilung der Verkehrssituation weitgehend nach den Reaktionen des Vordermannes (Rückleuchten) richten kann.

Der wesentliche Fahrbahnabschnitt, der sich mit dem Abblendlicht noch überblicken läßt, liegt 30 m bis 60 m vor dem Kraftfahrer. Der zugehörige Blickwinkel variiert zwischen 3° und 1,5°. Die Lichteinfallsrichtung fällt nahezu mit diesen Blickrichtungen zusammen. Die Lichtverteilung des Scheinwerfers ist weitgehend vorgegeben; eine Anpassung an die Reflexionseigenschaften der jeweiligen Fahrbahn, wie sie bei ortsfester Beleuchtung möglich ist, entfällt.

Gemäß Gleichung (10.3) ist der Helligkeitsgrad q_s bei Scheinwerferbeleuchtung als Quotient aus der Fahrbahnleuchtdichte L in Blickrichtung des Kraftfahrers und der Horizontalbeleuchtungsstärke E der Fahrbahn definiert. Für die Erzeugung dieser Leuchtdichte ist unter den vorgegebenen geometrischen Bedingungen die Vertikalbeleuchtungsstärke hauptbestimmend, da nach der Facettenvorstellung annähernd vertikal stehende Facetten die Rückreflexion des eigenen Scheinwerferlichtes zum Kraftfahrer bewirken. Diese Vertikalbeleuchtungsstärke hat etwa den 40fachen Wert der Horizontalbeleuchtungsstärke (in 30 m Entfernung).

Aus den bisher durchgeführten Messungen ergibt sich die in Bild 10.19 dargestellte Zuordnung von Deckschichten, lichttechnisch klassifiziert durch den Spiegelfaktor $\varkappa_p$, zum Scheinwerfer-Helligkeitsgrad q_s. Je glatter eine Oberfläche ist, desto stärker wird das entgegen der Blickrichtung eingestrahlte Licht reflektiert. Dieser Anteil ist im Helligkeitsgrad q_0 bei ortsfester Beleuchtung enthalten, so daß q_0 mit dem Spiegelfaktor $\varkappa_p$ anwächst (siehe Bild 10.13). Bei der kraftfahrzeugeigenen Beleuchtung wird dagegen nur ein kleiner Winkelbereich des Reflexionskörpers erfaßt, und die Rückreflexion nimmt mit der Spiegelung ab, und infolgedessen fällt q_s mit steigendem $\varkappa_p$ (siehe Bild 10.19).

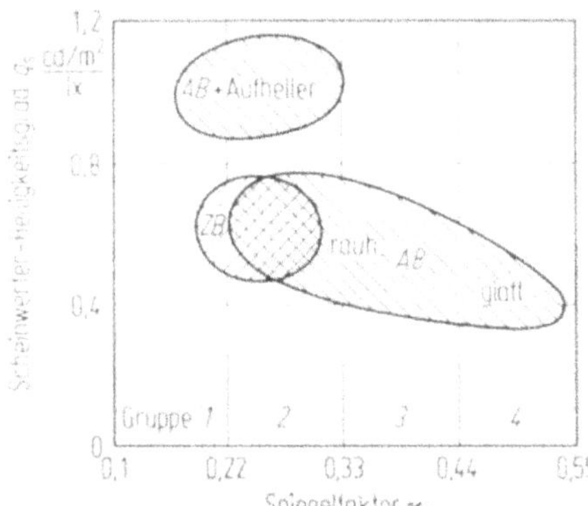

Bild 10.19. Helligkeitsgrad q_s für Scheinwerferbeleuchtung und Spiegelfaktor $\varkappa_p$ für verschiedene Deckschichten.

In Übereinstimmung mit Untersuchungen von Burghout [20] beträgt der Scheinwerfer-Helligkeitsgrad q_s für Asphaltbeton (AB) mit rauher Oberfläche etwa 0,6 cd/m²/lx, bei glatter Oberfläche etwa 0,4 cd/m²/lx. Auf feuchter Fahrbahn geht q_s infolge der Strukturverflachung um etwa 70% (rauhe Deckschicht) bis 85% (glatte Deckschicht) gegenüber dem trockenen Zustand zurück. Durch aufhellende, rauhe Splittzuschläge, deren lichttechnische Wirkung vor allem auf der Strukturverbesserung beruht, läßt sich der q_s-Wert von Asphaltbeton um etwa 60% erhöhen. Deckschichten aus Zementbeton (ZB) reflektieren im allgemeinen wie rauhe Asphaltbetonoberflächen.

Ebenso wie im Fall der ortsfesten Straßenbeleuchtung erweisen sich also rauhe Deckschichten mit niedrigem Spiegelfaktor $\varkappa_p$ auch bei der kraftfahrzeugeigenen Scheinwerferbeleuchtung als vorteilhaft. Auf einer derartigen Fahrbahn erzeugen in trockenem Zustand zwei normale Kraftfahrzeugscheinwerfer bei Abblendlicht eine Leuchtdichte von etwa 0,3 cd/m² in 30 m Entfernung. Dieser Wert liegt weit unter den internationalen und deutschen Empfehlungen für die Straßenbeleuchtung [2, 19]. Ausreichende Sehbedingungen im nächtlichen Straßenverkehr lassen sich also nur durch die Erstellung normgerechter ortsfester Beleuchtungsanlagen schaffen.

10.6. Literatur

(Übersichtsarbeiten sind durch Unterstreichung gekennzeichnet)

1. DIN 5031 Blatt 3 (Ausgabe 1970): Strahlungsphysik im optischen Bereich und Lichttechnik. Größen, Formelzeichen und Einheiten der Lichttechnik.
2. CIE-Komitee TC 4.6: Empfehlungen für die Beleuchtung von Straßen für den Kraftfahrzeugverkehr Publikation Nr. 12.2, 1977.
3. DIN 5036 Blatt 2 (Ausgabe 1970): Bewertung und Messung der lichttechnischen Eigenschaften von Werkstoffen, lichttechnische Stoffkennzahlen, Begriffe.
4. Kebschull, W.: Die Reflexion trockener und feuchter Straßenbeläge. Diss. TU Berlin, 1968. Außerdem: Philips Research Reports Supplements 1969, No. 4 (Centrex Eindhoven).
5. Verbeek, T. G.: Reflectie van Licht aan ruwe Oppervlakken. Diplomarbeit TH Eindhoven, 1969.
6. de Boer, J. B.: Public Lighting. Philips Technical Library, Centrex, Eindhoven, 1967.
7. Roch, J.; Smiatek, G.: Die Reflexionseigenschaften von Straßendecken und ihre Kennzeichnung. Straße und Autobahn 11 (1969) 396–404.
8. Range, H.: Ein einfaches Verfahren zur Klassifizierung von Fahrbahnbelägen für die Leuchtdichteberechnung in der Straßenbeleuchtung. Lichttechnik 21 (1969) Nr. 3, 32 A–34 A.
9. Massart, P.: Définition d'un revêtement de Synthèse en éclairage routier. Diss. TH Lüttich, 1970.
10. Erbay, A.: Verfahren zur Kennzeichnung der Reflexionseigenschaften von Fahrbahndecken. Diss. TU Berlin, 1973.
11. Erbay, A.: Atlas der Reflexionseigenschaften von Fahrbahndecken. Veröffentlichung des Instituts für Lichttechnik der TU Berlin, 1974.
12. Sørensen, K.: Description and classification of light reflection properties of road surfaces. Report No. 7 ,The Danish Illuminating Engineering Laboratory, 1974.
13. CIE–TC 4.6: Calculation and measurement of luminance, and illuminance in road lighting. Publikation Nr. 30, 1976.
14. LiTG-Fachausschuß Außenbeleuchtung: Methoden der Leuchtdichteberechnung für Straßenbeleuchtung. Schrift der Lichttechnischen Gesellschaft, Karlsruhe 1970.
15. de Boer, J. B.; Kebschull, W.: Lichttechnische Eigenschaften von Fahrbahndecken. Mitteilungen des Lehrstuhls für Straßenwesen, Erd- und Tunnelbau, Rheinisch-Westfälische TH Aachen, Heft 7, Fahrbahn und Verkehrssicherheit, 1970.
16. Sørensen, K.: Road surface reflection data, Report No. 10, The Danish Illuminating Engineering Laboratory, 1975.
17. CIE–TC 4.6: Road lighting for wet conditions Publikation (wird veröffentlicht)
18. Leins, W.; v. Berg, P.: Reflexionsverhalten von Fahrbahnbelägen Forschungsbericht Nr. 2752 des Landes NRW, 1978 Westdeutscher Verlag
19. DIN 5044: Straßenbeleuchtung. Richtlinien, Erläuterungen (Ausgabe 1975).
20. Burghout, F.: About the automobile headlight factor and road texture. CIE-Referat (Barcelona, 1971).

11. Straßenunterhaltung einschließlich Winterdienst

H. Ahlbrecht

Inhalt

Die Straßenbaulast enthält die Verpflichtung [1], die Straßen in einem dem Verkehrsbedürfnis und den Erfordernissen der öffentlichen Sicherheit genügenden Zustand zu unterhalten. Die Träger der Straßenbaulast sind darüberhinaus gehalten, die Straßen im Winter nach besten Kräften (§ 3 Abs. 3 FStrG) von Schnee zu räumen und zu streuen. Alle hierfür erforderlichen Arbeiten werden mit *Straßenunterhaltung* bezeichnet. Die Aufgabe des Straßenunterhaltungsdienstes umfaßt die Verkehrssicherung, die Wartung, Pflege und Erneuerung der Verkehrszeichen und Leiteinrichtungen, die Unterhaltung und Pflege der Fahrbahnen und Nebenanlagen sowie den Winterdienst. Im Jahre 1972 wurden rund 8% des Straßenbauhaushaltes der Bundesrepublik Deutschland für die Unterhaltung der Bundesfernstraßen aufgewendet. Davon entfielen 46% auf Löhne, 18% auf Betrieb und Unterhaltung von Kraftfahrzeugen, Maschinen und Geräten sowie 36% auf Stoffe (Baustoff, Auftausalz u.a.).

Bei der Planung einer Straße und bei der Wahl ihrer Bauelemente sollte, soweit irgend möglich, die künftige Unterhaltung der Straße berücksichtigt werden, damit aufwendige und den Verkehr behindernde Unterhaltungsarbeiten vermieden werden. Durch eine entsprechende Trassierung können u.U. kostspielige Räum- und Streuarbeiten im Winter erspart werden.

11.1. Organisation der Straßenunterhaltung

Für die Straßenunterhaltung sind besondere Dienststellen erforderlich, die mit den für die anfallenden Arbeiten notwendigen Arbeitskräften, Kraftfahrzeugen, Maschinen und Geräten ausgestattet sind. Diese Dienststellen werden als Straßenmeistereien bzw. Autobahnmeistereien bezeichnet. Bei weitgehender Motorisierung und Mechanisierung der Straßenunterhaltung können 200 bis 250 Kilometer klassifizierter Straßen von einer Straßenmeisterei unterhalten werden. Autobahnen erfordern wegen ihres schnellen Verkehrs und der dadurch besonderen Betriebsverhältnisse eigene Dienststellen — Autobahnmeistereien —, die in der Regel eine doppelbahnige Strecke von 50 bis 60 Kilometern betreuen. Die Unterhaltung längerer Strecken ist wegen der langen Leerfahrten unwirtschaftlich.

Mit der Entstehung eines zusammenhängenden Autobahnnetzes kann auch bei den Autobahnen zur Netzunterhaltung übergegangen und der Betreuungsabschnitt vergrößert werden. Wenn eine Autobahnmeisterei in der Nähe eines Autobahnknotens angelegt wird, kann der Unterhaltungsabschnitt auf 75 bis 100 Kilometer, verteilt auf die Äste der sich kreuzenden Strecken, vergrößert werden, ohne daß die für die Unterhaltungsarbeiten, insbesondere aber den Winterdienst, für zulässig angesehene Entfernung von der Autobahnmeisterei bis zu den Unterhaltungsgrenzen 25 bis 30 Kilometer übersteigt.

11.2. Bauliche Einrichtungen für die Straßenunterhaltung

Straßen- und Autobahnmeistereien werden in Gehöften untergebracht, die möglichst im betrieblichen Schwerpunkt des Unterhaltungsbezirkes liegen sollen [2]. Die Gehöfte enthalten Räume für die Verwaltung, Aufenthalts-, Wasch- und Umkleideräume für das Personal, Unterstellräume für Kraftfahrzeuge, Maschinen und Geräte, Werkstätten, Ersatzteillager, Lager für Auftausalz und einen offenen Lagerplatz. Die einzelnen Gebäude sind um einen Betriebshof angeordnet (Bild 11.1).

Der Flächenbedarf einer Straßenmeisterei beträgt etwa 10000 bis 12000 m², für Straßenmeistereien, die für zentrale Aufgaben innerhalb eines größeren Gebietes vorgesehen sind, etwa 15000 bis 20000 m². Autobahnmeistereien für 50 bis 60 Kilometer Strecke erfordern eine Grundstücksgröße von etwa 20000 m². Bei der sog. Kompaktbauweise sind sämtliche Räume einer Autobahnmeisterei in einem Großgebäude untergebracht. Dadurch kann der Flächenbedarf u.U. geringer sein als bei der üblichen aufgelockerten Bauweise. Vor der Planung von Anlagen in Kompaktbauweise sind sorgfältige Erhebungen über Grundstücks- und Baukosten sowie über die Betriebsabwicklung zu empfehlen.

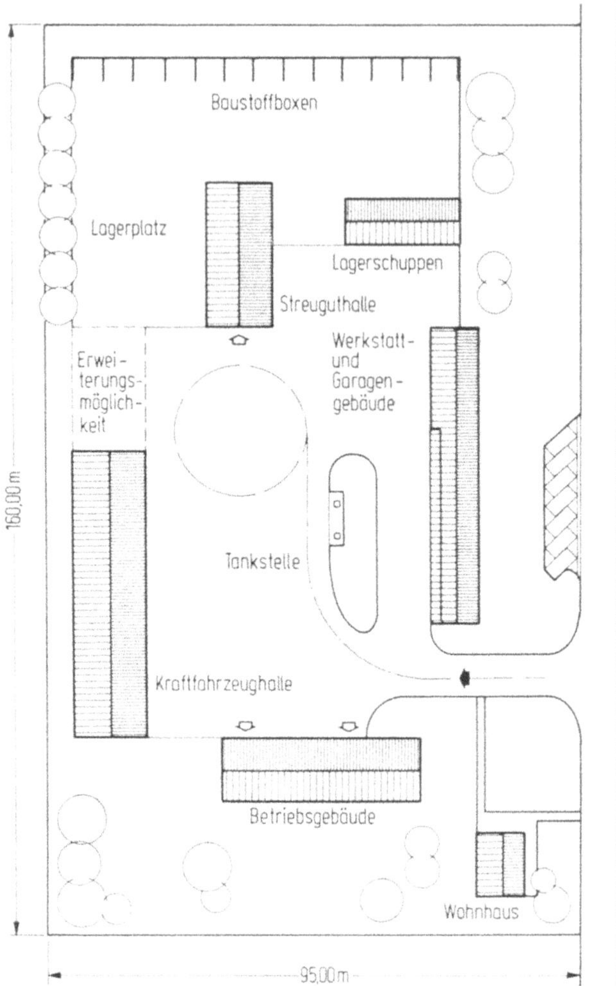

Bild 11.1. Lageplan einer Autobahnmeisterei für die Unterhaltung von 50 bis 60 km Autobahn.

11.3. Durchführung der Straßenunterhaltung

Aus der Verkehrssicherungspflicht (vgl. Kapitel 2) ergibt sich die Notwendigkeit, die Straßen zu überwachen und regelmäßig auf ihren verkehrssicheren und baulichen Zustand zu kontrollieren. Das erfolgte früher durch Einzelstraßenwärter, die etwa 6 bis 8 Kilometer Straße in Handarbeit zu unterhalten hatten. Hohe Lohnkosten, starker Verkehr und neue Deckenbauweisen lassen diese unwirtschaftliche Arbeitsweise heute nicht mehr zu. Neuzeitliche Straßen werden durch Arbeitskolonnen unterhalten, die motorisiert und mit den für verschiedene Unterhaltungsarbeiten notwendigen Kraftfahrzeugen, Maschinen, Geräten und vor allem auch Absperrgeräten ausgestattet sind. Die Überwachung und die Unterhaltung der Straße müssen dann voneinander getrennt werden.

Bei der mechanisierten Straßenunterhaltung werden die Straßen von motorisierten Straßenwärtern überwacht, die mit einem leichten Lastkraftwagen täglich Strecken von 75 bis 100 Kilometer kontrollieren und kleine Schäden selbst beheben. Die Beseitigung größerer Schäden und die Durchführung der Unterhaltungsarbeiten ist Aufgabe der Arbeitskolonne. Je nach Verkehrsbelastung und Ausbauzustand der Straße unterhält eine Arbeitskolonne, bestehend aus einem Kolonnenführer und etwa 8 Straßenwärtern und Kraftfahrern, 75 bis 100 Kilometer. Sie wird mit Mannschaftstransportwagen, auf denen auch Arbeits- und Absperrgeräte mitgeführt werden, zu den Arbeitsstellen befördert. Die Arbeiten werden soweit wie möglich maschinell ausgeführt [10, 11].

11.4. Ausstattung der Straßen- und Autobahnmeistereien mit Fahrzeugen und Geräten

11.4.1. Straßenmeistereien

Für die Unterhaltung und den Winterdienst von 75 Kilometer klassifizierter Straßen sind folgende Kraftfahrzeuge und Maschinen erforderlich:

1 Lastkraftwagen, 5 bis 6 t Nutzlast, mit Allradantrieb, hydr. Dreiseitenkipper, hydr. Ladekran, Vorbauplatte für Schneepflug;
1 Motorgerät (Unimog) mit Anbaugeräten für die Straßenunterhaltung;
1 Kleinlastkraftwagen für die Streckenüberwachung;
1 Mannschaftskraftwagen mit Doppelkabine und Ladepritsche;
1 Unterkunftswagen (Anhänger);
1 Anhänger (Kipper) 5 bis 6 t Nutzlast;
1 Teerspritzmaschine;
1 Verdichtungsgerät (Walze) bis 6 t (bei Bedarf);
2 oder 3 Vorbauschneepflüge;
2 Matschschneepflüge;
2 automatische Streugeräte;
2 Mähgeräte;
1 selbstaufnehmendes Ladegerät für Streugut;
1 Schneeräummaschine (bei Bedarf).

Bei Straßen mit geringerer Verkehrsbelastung kann die Unterhaltungsstrecke vergrößert werden. Für die Durchführung des Räum- und Streudienstes sind zusätzlich Lastkraftwagen nach Bedarf anzumieten.

11.4.2. Autobahnmeistereien

Die Ausstattung der Autobahnmeistereien muß wegen der höheren Anforderungen an den Straßenzustand, besonders im Winter, umfangreicher sein als die der Straßenmeistereien. Autobahnmeistereien mit 50 bis 60 Kilometer Streckenlänge bedürfen daher folgender Ausstattung:

6 Lastkraftwagen, 5 bis 8 t Nutzlast, Kipper, Ladekran und Vorbauplatte für Schneepflug;
2 Mannschaftskraftwagen;
2 Motorgeräte (Unimog) mit Anbaugeräten für die Straßenunterhaltung;
1 Personenkraftwagen für den Aufsichtsdienst;
1 Kleinlastwagen für die Streckenüberwachung;
2 Anhänger (Kipper) bis 8 t Nutzlast;
1 Anhänger für Absperrgeräte;

1 oder 2 Unterkunftswagen (Anhänger);
10 Schneepflüge für Lastkraftwagen und Motorgeräte;
4 Matschschneepflüge;
5 automatische Streugeräte;
1 Seitenschneeschleuder zur Beseitigung von Schneerandwällen;
1 Schneeräummaschine (bei Bedarf);
1 selbstaufnehmende Kehrmaschine;
2 oder 3 Motormäher;
1 oder 2 selbstaufnehmende Ladegeräte für Streugut;
1 Notstromaggregat 30 kVA;
ferner bei Bedarf:
1 Markierungsmaschine;
1 fahrbarer Motorkompressor;
1 Teerspritzmaschine;
1 Fugenvergußkocher.

11.5. Personelle Ausstattung der Straßen- und Autobahnmeistereien

11.5.1. Straßenmeistereien

Eine Straßenmeisterei für 200 bis 250 Kilometer klassifizierter Straßen benötigt folgende Personalausstattung:
1 Straßenmeister;
1 Verwaltungsangestellter;
1 Geräte- und Platzwart;
3 oder 4 Kraftfahrer;
2 oder 3 Kolonnenführer;
20 bis 25 Straßenwärter.
4 Streckenwarte.

11.5.2. Autobahnmeistereien

Eine Autobahnmeisterei für 50 bis 60 Kilometer Streckenlänge benötigt folgende Personalausstattung:

1 Straßenmeister;
1 Vertreter des Straßenmeisters;
1 Verwaltungsangestellter;
4 oder 5 Fernsprechvermittler;
8 Kraftfahrer;
2 Kfz-Handwerker;
1 Elektriker;
1 Schreiner;
1 Maler;
1 Maurer;
1 Gärtner;
2 Kolonnenführer;
12 bis 15 Straßenwärter.

Nach einer Untersuchung im Jahre 1971 verteilen sich die Gesamtarbeitsstunden einer Straßenmeisterei pro Jahr in der Bundesrepublik Deutschland im Mittel wie folgt:

Unterhaltung der Fahrbahnen	11%
Unterhaltung der Kunstbauten	2%
Pflege der Bankette, Gräben und Böschungen	4%
Grasmähen, Baumpflege	14%
Pflege der Verkehrszeichen und Leiteinrichtungen	7%
Reinigung der Fahrbahnen und Seitenräume	3%
Winterdienst	21%
Streckenkontrolle	5%
Fahrzeug- und Gerätepflege	17%
Urlaub, Krankheit und Sonstiges	16%
zusammen	100%

11.6. Unterhaltung der Fahrbahndecken

11.6.1. Kies- und Schotterstraßen

Mit zunehmender Motorisierung ist der Bestand an Kies- und Schotterdecken mehr und mehr zurückgegangen. Diese Deckenarten kommen aber bei Wirtschaftswegen mit geringem und schwachem Verkehr, häufig auch in dünn besiedelten Ländern noch vor. Sie erfordern einen verhältnismäßig hohen Aufwand an laufender Unterhaltung, weil die Steine der Decke — besonders bei Trockenheit — durch den Verkehr in kurzer Zeit aus dem Verband gelöst und an den Straßenrand geschleudert und bei starken Niederschlägen, z.B. bei Tropenregen, die Feinbestandteile der Decke fortgespült werden. Es entstehen Spuren und Löcher. Die Unterhaltung dieser Decke sollte zweckmäßig maschinell erfolgen. Dazu sind Straßenhobel (Grader), Lastkraftwagen mit Splittverteiler und schwere Walzen erforderlich. Über den Umfang der Maschinenausstattung für Kies- und Schotterstraßen muß von Fall zu Fall entschieden werden.

11.6.2. Oberflächenbehandlungen und Oberflächennachbehandlungen

Kies- und Schotterdecken können durch Oberflächenbehandlungen abgedichtet, staubfrei gemacht und dem Verkehrsbedürfnis angepaßt, undichte und ausgemagerte Beläge alter bituminöser Decken durch Oberflächenbehandlungen aufgefrischt und wieder hergerichtet werden. Diese Arbeiten werden von Kolonnen ausgeführt, die mit folgenden Maschinen und Geräten auszustatten sind:

1 Lastkraftwagen für den Transport von Splitt und Bindemittel mit Splittverteiler;
1 Bindemittelspritzmaschine, 750 l, selbstfahrend, ölbeheizt;
1 Glattwalze, 6 t;
1 handgeführte Kehr- oder Fegemaschine;
1 oder 2 Splittstreukarren.

Die tägliche Arbeitsleistung der Kolonne hängt weitgehend von der Leistung der Bindemittelspritzmaschine ab. Für größere zusammenhängende Oberflächenbehandlungen sollten daher Spritzmaschinen mit mindestens 750 l Kesselinhalt Verwendung finden, wenn das Bindemittel nicht von Tankwagen herangebracht und ausgespritzt wird.

11.6.3. Bituminöse Fahrbahndecken

Die Unterhaltungsarbeiten bei bituminösen Teppichen, Makadam- und hohlraumarmen Decken beschränken sich im allgemeinen auf das Ausbessern (Flicken) schadhafter Stellen. Diese Flickarbeiten werden in gleicher Weise ausgeführt wie die Oberflächenbehandlungen, wenn kein Kalteinbau erfolgt. Da hierbei größere zusammenhängende Flächen nicht behandelt werden und die Arbeit durch Weiterrücken oft unterbrochen wird, sind große Spritzmaschinen bei diesen Arbeiten unwirtschaftlich. Für Flickarbeiten sind daher Spritzmaschinen von etwa 250 bis 350 l Kesselinhalt zweckmäßiger.

11.6.4. Zementbetondecken

Das früher übliche Plattenheben wird kaum noch vorgenommen. Wo bei älteren Betondecken durch ungenügend verdichteten oder frostgefährdeten Untergrund Unebenheiten durch Absinken der Fahrbahnplatten auftreten, nimmt man diese meistens bis zu einer Fahrbahnerneuerung in Kauf, weil bei stark befahrenen Strecken die für das Plattenheben notwendige Sperrung einer Fahrbahn und die dadurch eintretenden Behinderungen des Verkehrs nicht mehr möglich sind. Die Unterhaltungsarbeiten an Zementbetondecken beschränken sich daher heute im allgemeinen auf die Erneuerung des Fugenvergusses.

11.7. Unterhaltung der Verkehrseinrichtungen

Bei stark befahrenen Straßen kommt dem einwandfreien Zustand und der guten Erkennbarkeit der Verkehrszeichen, der Wegweiser, der senkrechten und waagerechten Leiteinrichtungen besondere Bedeutung zu. Ihre regelmäßige Wartung, Pflege, Reinigung und Erneuerung ist eine für die Verkehrssicherheit wichtige Aufgabe des Straßenunterhaltungsdienstes.

11.7.1. Reinigung der Verkehrszeichen

Die Sichtbarkeit von Verkehrszeichen, Warnzeichen, Gebotszeichen und Wegweisern wird durch Verschmutzung, die vor allem bei nasser Straße auftritt, beeinträchtigt. Die Verkehrszeichen müssen daher gereinigt werden. Das erfolgt maschinell mit einer Verkehrszeichenwaschanlage, die aus einem Aufsatztank zum Motorgerät, einer Pumpe und Schlauch mit Waschbürste besteht.

11.7.2. Reinigung der Leiteinrichtungen

Schutzplanken dienen der mechanischen Sicherung von der Fahrbahn abgekommener Fahrzeuge. Sie haben aber zugleich auch die Aufgabe, den Verkehr optisch zu leiten. Zu diesem Zweck werden sie mit einem weißen Farbanstrich versehen. Sie sind ebenfalls starken Verschmutzungen ausgesetzt und müssen daher gereinigt werden. Schutzplankenwaschvorrichtungen bestehen aus einer schwenkbaren, rotierenden Waschbürste, der Druckwasser zugeführt wird. Die Arbeitsleistung des Gerätes beträgt 2 bis 6 Kilometer in der Stunde.

Leitpfosten zeigen die seitliche Grenze des Verkehrsraumes und den Verlauf der Straße an (§ 43 Abs. 3 StVO). Dafür ist die Erkennbarkeit der als Nachtkennzeichen dienenden Reflexzeichen wichtig. Durch die geringe Höhe des Reflexzeichens (i.M. 0,7 m über dem Erdboden) und den Abstand der Leitpfosten von 0,5 m von der äußersten befestigten Kante der Straßenoberfläche, liegen sie im Fahrzeugsog und werden bei nasser Fahrbahn verschmutzt, so daß eine Reflexwirkung nicht mehr vorhanden ist. Die Reinigung der Leitpfosten ist daher eine der Verkehrssicherheit dienende Aufgabe der Straßenunterhaltung. An Stelle der zur Leitplankensäuberung dienenden Waschbürste wird zum Reinigen der Leitpfosten ein hierfür entwickelter Schwenkarm mit Waschbürsten (Bild 11.2) benutzt. Die Arbeitsleistung beträgt 150 bis 180 Leitpfosten in der Stunde.

Bild 11.2. Motorgerät Unimog mit Vorrichtung zum Säubern der Leitpfosten.

11.7.3. Anbringen von Fahrbahnmarkierungen

Fahrbahnmarkierungen haben verkehrsregelnde Bedeutung (§ 42 Abs. 6 StVO), sie müssen vom Träger der Straßenbaulast angebracht und unterhalten werden.

Die Benutzung von Spikereifen in den Wintermonaten bei schneefreier Fahrbahn setzte die Dauerhaftigkeit der Fahrbahnmarkierungen erheblich herab. Durch Vergrößerung der Naßfilmdecke der aufgetragenen Markierung von 0,4 mm auf 0,6 mm und die Einführung von Dauermarkierungen (Plastikmassen) wird versucht, dem schnellen Verschleiß der Fahrbahnmarkierungen vorzubeugen. Die Anbringung und die Erneuerung der Fahrbahnmarkierung ist eine wichtige Aufgabe der Straßenunterhaltung. Da für diese Arbeiten nur die Sommermonate — auf stark befahrenen Straßen nur die kurze Zeitspanne vom Frühjahr bis zum Beginn der Hauptreisezeit Ende Juni — zur Verfügung stehen, sind für diese Arbeiten leistungsfähige Markierungsmaschinen erforderlich. Sie sind in der Regel selbstfahrend (Bild 11.3), besitzen ein bis zwei Farbbehälter von 120 bis 650 l Inhalt

Bild 11.3. Selbstfahrende Markierungsmaschine.

mit Rührwerk, einen Kompressor mit 800 bis 2200 l/min Leistung und 2 bis 4 Spritzdüsen. Sie sind mit einem Streuer für Reflexperlen ausgestattet und können Markierungen zwischen 8 und 18 cm Strichbreite sowie Breitstriche bis zu 125 cm auftragen. Durch Ausleger können Mittel- und Randstreifen gleichzeitig markiert werden, durch einen automatischen Unterbrecher lassen sich verschiedene Strichteilungen einstellen. Bis die aufgetragene Markierung getrocknet ist, muß sie durch Warnkegel („Hüte“) vor dem Überfahren geschützt werden. Auf

Straßen, die unter Verkehr liegen, kann daher wegen der beschränkten Länge der „Trockenstrecke" die mögliche Arbeitsgeschwindigkeit der Markierungsmaschine oft nicht voll ausgenützt werden. Da die Markierungsarbeiten geschultes und geübtes Personal erfordern, müssen besondere Markierungstrupps, die in mehreren Unterhaltungsbezirken eingesetzt werden, gebildet oder diese Arbeiten an leistungsfähige und entsprechend ausgerüstete Unternehmer vergeben werden.

11.8. Pflege der Grünflächen

Neuzeitliche Straßen besitzen an den Böschungen der Dämme und Einschnitte an Gräben, Mittel- und Seitenstreifen, in den Kreuzen und Anschlußstellen Grün flächen, deren Größe im Bereich einer Autobahnmeisterei mit 50 km Strecken länge 60 ha betragen kann. Da diese Flächen nicht zusammenhängen, meisten stark geneigt und oft schlecht zugänglich sind, erfordert, wenn sie mit Gras be wachsen sind, ihre Pflege einen hohen Arbeitsaufwand. Wenn sie nicht von der Fahrbahn aus gemäht werden können, ist daher die Begrünung mit niedrig wachsenden Gehölzen wirtschaftlicher. Handgeführte Motormäher können auf ebenen, mit Sträuchern bewachsenen Mittel- und Seitenstreifen benutzt werden, doch ist die Mähleistung auf größeren zusammenhängenden und auf geneigten Flächen wegen der hohen körperlichen Beanspruchung des Bedienungsmannes nur gering. Für Böschungen und Gräben sind sogenannte Böschungsmähwerke entwickelt, deren größte Mähhöhe bis zu 5,0 m über der Fahrbahn, die größte Mähtiefe 2,50 m und die größte Reichweite bis zu 6,80 m, gemessen von der Mitte des Motorgerätes, beträgt. Die Mäharbeiten am Fahrbahnrand werden durch Bäume, Verkehrszeichen, Leitpfosten und Leitplanken behindert. Der Randstreifenmäher (Bild 11.4) besitzt eine Tastautomatik, die das rotierende, an einem Auslegearm befindliche Mähmesser um das Hindernis herumschwenkt. Auch die Aufnahme und

Bild 11.4. Motorgerät Unimog mit Randstreifenmähgerät.

Bild 11.5. Gerät für die Aufnahme von Mähgut.

Verladung des Mähgutes für den Abtransport ist wegen der umfangreichen Handarbeit sehr aufwendig. Für diese Arbeiten sind daher Aufnahmegeräte entwickelt, die das Mähgut mechanisch mit umlaufenden Rechen oder durch Unterdruck aufnehmen und auf einen Anhänger fördern (Bild 11.5). Die Beseitigung des gemähten Grases bereitet zunehmend Schwierigkeiten. Es sind daher Bestrebungen im Gange, Kompostierungsanlagen zu entwickeln, in denen das Gras zusammen mit anderen Abfällen zu Kompost aufgearbeitet werden kann.

Durch die Behandlung der Grasflächen mit graswuchshemmenden Mitteln (z.B. Maleinsäurehydracid) kann das Grasmähen bis auf einen Schnitt im Herbst reduziert werden. Beim Aussprühen dieser Mittel sowie auch solcher zur Unkrautbekämpfung sind die dafür gegebenen Hinweise zu beachten, um Schäden am Bewuchs angrenzender Grundstücke zu vermeiden.

11.9. Reinigung der Fahrbahnen

Die Reinigung der Fahrbahnen von Autobahnen und anderen außerhalb der Ortschaften gelegenen Straßen war früher nur zur Entfernung und Wiederaufnahme der abstumpfenden Streustoffe am Ende des Winters oder zur Beseitigung gelegentlicher Verschmutzungen erforderlich. Bei Benutzung von Spikereifen entsteht ein starker Deckenabrieb, der eine erhebliche Verschmutzung der Fahrbahnen und Seitenräume, der Verkehrszeichen, Wegweiser und Leitpfosten wie auch der Kraftfahrzeuge, ihrer Windschutzscheiben, Scheinwerfer, Brems- und Rückleuchten zur Folge hat und bei trockenem Wetter zu einer erheblichen Staubbelästigung führen kann. Nach schwedischen Untersuchungen rufen 10000 mit Spikereifen fahrende Kraftfahrzeuge einen Abrieb von 100 g/m^2 Fahrbahn hervor. Der Schmutz am Rande solcher Straßen enthält 95% Gesteinsstaub, 3% Bitumen, 2% Gummi und 0,01% Natriumchlorid. Schweizer Untersuchungen im Jahre 1973 [17] haben ergeben, daß der Anteil an Siliziumstaub sowie das Bitumen eine große Gefahr für die menschliche Gesundheit bilden, die allein ein Verbot der Spikereifen begründen würde. Auch aus diesen Gründen ist eine regelmäßige Reinigung stark befahrener Straßen und Autobahnen unerläßlich. In vielen Ländern ist wegen der schweren Fahrbahnschäden die Benutzung von Spikes auf bestimmten Straßen oder auch generell verboten.

Selbstaufnehmende Kehrmaschinen, die das Kehrgut durch Unterdruck in einen geschlossenen Behälter aufnehmen, haben ein Fassungsvermögen bis zu 5 t. Bei größerer Verschmutzung — am Ende des Winters 1970/71 wurden auf 64 Kilometer Autobahn 450 t Kehrgut aufgenommen, das sind rund 3 t/km Fahrbahn — sind Kehrmaschinen zweckmäßiger, die das Kehrgut mechanisch aufnehmen und auf Lastkraftwagen fördern. Durch den Einsatz mehrerer Transportfahrzeuge kann die Reinigungsarbeit nahezu kontinuierlich erfolgen und wird nicht durch Fahrten der Kehrmaschinen zur Entladung unterbrochen. Die Kehrgeschwindigkeit selbstaufnehmender Kehrmaschinen liegt je nach Verschmutzungsgrad zwischen 5 und 15 km/Stunde.

11.10. Reinigung der Nebeneinrichtungen

11.10.1. Grabenräumung

Gräben neben der Fahrbahn sollen das von der Fahrbahn ablaufende Oberflächenwasser sammeln, abführen und das Eindringen von Wasser in den Straßenuntergrund verhindern. Damit sie ihren Zweck erfüllen, müssen sie von Zeit zu Zeit geräumt werden. Die Grabenräumung von Hand ist teuer (1970: 2,75 DM/lfd. m). Mit Grabenräumgeräten (Bagger o.ä.) ist sie trotz der nicht unerheblichen Kosten solcher Geräte wirtschaftlicher (0,55 bis 1,00 DM/lfd. m). Das setzt aber voraus, daß das Gerät über eine möglichst lange Zeit des Jahres im Einsatz ist. Da die Arbeitsgeschwindigkeit bis zu 2 km pro Tag betragen kann, ist die Vorhaltung eines solchen Gerätes nur für einen großen Bereich wirtschaftlich. In der Regel dürfte sich die Vergabe der Grabenräumung an Unternehmer empfehlen, die über leistungsfähige Geräte verfügen.

11.10.2. Reinigung der Entwässerungsanlagen

Die Entwässerung der Fahrbahnen durch Einlaufschächte und Rohrleitungen wird heute zunehmend angewandt. Unterbleibt die regelmäßige Reinigung, wird das Oberflächenwasser nicht schnell genug abgeführt und die Aquaplaning-Gefahr (vgl. Kapitel 9) erhöht.

Kanalspül- und Reinigungsgeräte sind als Aufbaugeräte zum Motorgerät entwickelt und werden mit Erfolg verwandt.

11.11. Schutzmaßnahmen bei der Arbeit

Die Straßenunterhaltungsarbeiten können in der Regel nur unter Aufrechterhaltung des Verkehrs ausgeführt werden. Kraftfahrzeuge und Geräte für die Straßenunterhaltung müssen daher mit einem weithin sichtbaren, auffallenden Anstrich (orange) und rot-weißen Warnschraffen versehen sein. Zur Warnung der Verkehrsteilnehmer müssen bei den auf der Fahrbahn stehenden oder sich langsam fortbewegenden Kraftfahrzeugen und Arbeitsgeräten die nach § 52 Abs. 4 StVZO zulässigen Kennleuchten für gelbes Blinklicht eingeschaltet werden. Auf Autobahnen und Schnellstraßen müssen Arbeitsstellen entsprechend den dafür erlassenen Richtlinien [9] gesichert werden (Bild 11.6). Alle im Straßenraum tätigen Arbeiter müssen eine auffällige Warnkleidung tragen.

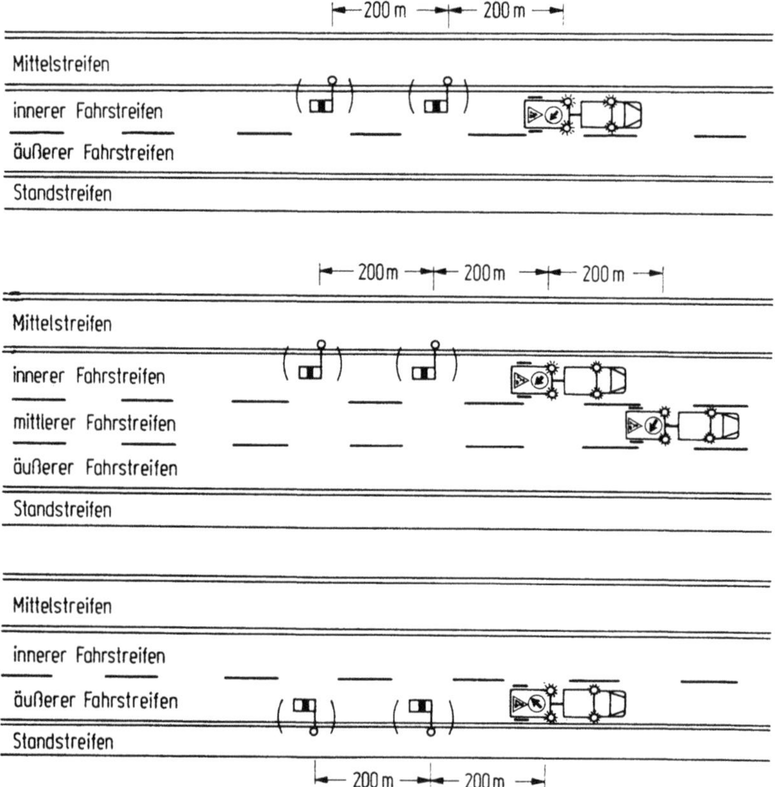

Bild 11.6. Sicherung einer fortschreitenden Arbeitsstelle.

11.12. Straßenwinterdienst

11.12.1. Definition und Aufgabe des Straßenwinterdienstes

Der Straßenwinterdienst soll den Straßenverkehr im Winter ermöglichen und erleichtern. Er umfaßt die Räumung der Straßen von Schnee, die Bekämpfung der durch Schnee und Eis entstandenen Fahrbahnglätte sowie den Schutz der Straßen vor Schneeverwehungen und Lawinen. Der Straßenwinterdienst ist ein Teilgebiet (in der Bundesrepublik Deutschland rund 20%) der Straßenunterhaltung. Er obliegt den Autobahn- und Straßenmeistereien.

11.12.2. Organisation des Straßenwinterdienstes

Da ein ungenügender oder zu spät einsetzender Winterdienst zu schweren Behinderungen oder gar zur Unterbrechung des Straßenverkehrs führen und damit nicht unerhebliche volkswirtschaftliche Schäden zur Folge haben kann, ist eine gute Organisation des Straßenwinterdientes von großer Bedeutung.

Für den Straßenwinterdienst sind in den einzelnen Unterhaltungsbezirken Räum- und Streupläne aufzustellen, in denen die Fahrtstrecken der zur Verfügung stehenden eigenen und angemieteten Kraftfahrzeuge mit Räum- und Streugeräten und die Dringlichkeitsfolge eingetragen sind. Ein fester Zeitplan läßt sich nicht aufstellen, weil die Durchführung des Winterdienstes von zahlreichen Imponderabilien (Schneemenge, Verwehungen, Art der Glättebildung, z.B. Eisregen, Art und Stärke des Verkehrs, Verkehrsstauungen) abhängig ist; doch ist anzustreben, die Straßen „nach besten Kräften“ (FStrG § 3 Abs. 3) zu räumen und zu streuen.

Autobahnen und Straßen mit einer Verkehrsmenge von mehr als 7500 Kfz/24 Std. (DTV) erfordern einen 24stündigen Winterdienst. Durch einen frühzeitigen Einsatz können Verkehrserschwerungen vermieden, aber auch kostspielige Arbeiten, z.B. Beseitigen festgefahrener Schneedecken, gespart werden. Voraussetzung sind Tag- und Nachtbereitschaft, eine sorgfältige Wetterbeobachtung und laufende Kontrolle der Straße. Durch Glatteisdetektoren an besonders glatteisgefährdeten Straßenstellen, deren Meßdaten in die Straßenmeisterei übertragen werden, kann die Zeit vom Auftreten der Glätte bis zum Einsetzen ihrer Bekämpfung herabgesetzt werden.

11.12.3. Schneeschutz

Fallender Schnee, der vom Winde mitgenommen, oder bereits abgelagerter, trockener Schnee, der vom Winde aufgenommen wird, lagert sich an Stellen mit geringerer Windgeschwindigkeit ab. Auf den Straßen entstehen Schneeverwehungen, die den Verkehr behindern oder zum Erliegen bringen können. Schneeverwehungen treten überwiegend im freien, ebenen Gelände auf. Vor Hindernissen lagert sich der Schnee als „Stauwehe“, hinter solchen als „Sogwehe“ (Bild 11.7) ab. Durch

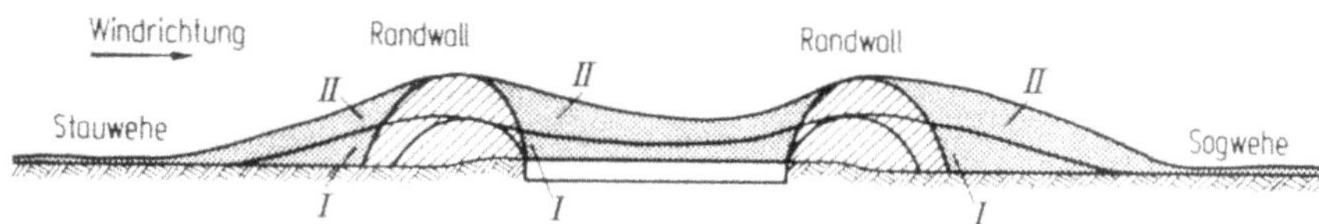

Bild 11.7. Fortschreitende Schneeverwehung (I, II) einer Straße durch seitliche Schneewälle.

geeignete Trassierung der Straßen in verwehungsgefährdeten Gebieten kann der Entstehung von Schneeverwehungen vorgebeugt werden, z.B. wenn Straßen, die quer zur Hauptwindrichtung verlaufen, auf einem Damm geführt und Einschnitte vermieden werden.

Schneeschutzanlagen

Verwehungsgefährdete Straßenabschnitte sind durch *Schneeschutzanlagen* zu schützen [3]. Schneezäune aus Holz, Kokosgewebe, aus Metall oder aus Kunststoff sollen den Wind so leiten, daß seine Geschwindigkeit im Bereich der Straße nicht vermindert wird, oder ihn vorher abbremsen, so daß der Schnee noch vor der Straße abgelagert wird. Die beste Schneeablagerung wird mit Zäunen erzielt, bei denen das Verhältnis von Zaunflächen zum Luftspalt 1:1, d.h. wenn der sog. Füllungsgrad des Zaunes 0,5 beträgt. Bei solchen Zäunen lagern sich etwa 25% des Schnees auf der Wind-(Luv-)Seite und 75% auf der windabgewandten (Lee-)Seite ab. Die Länge der Schneeablagerung beträgt auf der Luvseite etwa das 10fache, auf der Leeseite das 15fache der Zaunhöhe (Bild 11.8). Das muß bei der Aufstellung der Schneezäune beachtet werden.

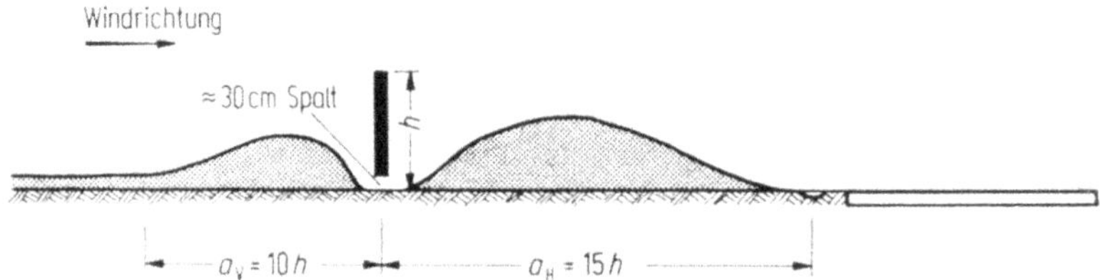

Bild 11.8. Schneeablagerung bei richtig aufgestelltem Schneezaun mit Füllungsgrad 0,5 und unterem Luftspalt.

Lawinenschutz

Straßen im Hochgebirge sind häufig durch Lawinen gefährdet. Man unterscheidet Staubschneelawinen und Naßschneelawinen. Straßenabschnitte, auf denen Lawinen niedergehen (Lawinengang, Lawinenstrich), sind meistens durch langjährige Beobachtung bekannt, so daß Schutzmaßnahmen gegen die Verschüttung der Straße und die Gefährdung des Verkehrs getroffen werden können. Solche Maßnahmen sind im Entstehungsgebiet der Lawine, in der Lawinenbahn und unmittelbar an dem gefährdeten Straßenabschnitt möglich. Der Entstehung einer Lawine kann durch Aufforstung und Bewuchs mit reichlich Unterholz vorgebeugt werden. Wo Anpflanzungen nicht möglich sind, z.B. oberhalb der Baumgrenze, werden künstliche Anlagen in Form durchgehender oder unterbrochener Stützwerke aus Beton, Stahl oder Leichtmetall senkrecht zur Fallinie der Lawine errichtet. Auch Stahlnetze werden dazu verwendet.

Verbauungen in der *Lawinenbahn* sollen die abgehende Lawine abbremsen, teilen, auflösen und von dem zu schützenden Objekt ablenken. Sie werden als Bremsblöcke aus Holz oder Betonfertigteilen errichtet. Auch schachbrettartig angelegte Erdhügel und mit Mauerwerk verstärkte Dämme sind als Ablenkungsbauwerke geeignet. Bei der Schaffung wintersicherer Gebirgsübergänge ist der Lawinenschutz für die Zufahrten zu den Gebirgstunneln von großer Bedeutung. Lawinenschutzdächer und Galerien in Betonbauweise bieten den besten Lawinenschutz. Sie werden in der Sturzbahn der Lawine gebaut und sind nach der Talseite zu offen. Die Öffnungen werden im Winter zum Schutz vor der Druckwelle und dem Sog von Staublawinen verschlossen. Lawinengalerien werden in der Regel für eine Schneelast von 3 bis 5 t/m² berechnet. Die Dächer der Lawinengalerien werden zum Schutz vor Steinschlag mit einer 40 bis 80 cm dicken Gesteinslage abgedeckt.

11.12.4. Schneeräumung

Geräte für die Schneeräumung

Schneepflüge

Der Schnee soll von der Fahrbahn entfernt werden, bevor er vom Verkehr zusammengepreßt wird und erhärtet [4]. Dafür ist der Schneepflug, der vorn an einem Lastkraftwagen befestigt ist, das billigste und wirtschaftlichste Gerät. Schneepflüge sind ein- oder zweiseitige Keile, deren Arbeitsflächen gegen die Straßenoberfläche geneigt und gewölbt sind. Bei der Vorwärtsbewegung des Pfluges wird der Schnee durch die Pflugschar von der Fahrbahn abgehoben, nach oben beschleunigt und nach der Seite ausgeworfen. Einseitige Schneepflüge haben eine nach rechts oder links einstellbare Schar mit einer Schürfleiste aus Stahl und eine Räumbreite von 2,90 bis 3,20 m. Mit solchen Pflügen kann weicher Schnee bis zu einer Höhe von etwa 30 cm und Räumgeschwindigkeiten bis 40 km/h geräumt werden. Bei größeren Schneehöhen sind Keilpflüge einzusetzen, mit denen Schneehöhen bis zu etwa 50 cm geräumt werden können. Auf Straßen mit mehreren Fahrstreifen werden Schneepflüge bis 5,50 m Räumbreite benutzt, die aus einem vorderen Einseitenpflug und einem rechts seitlich angebrachten, schwenkbarem Seitenflügel bestehen. Diese Schneepflüge benötigen Schubfahrzeuge mit mindestens 132 kW Motorleistung, während für die normalen Einseiten- und Keilpflüge Motorleistungen zwischen 88 und 110 kW ausreichen. Nasser Schnee wird mit Matschschneepflügen geräumt, die in der Höhe einstellbare Schürfleisten aus Kunststoff oder Gummi besitzen. Neuere Schneepflüge haben eine Stahl- und eine Kunststoffschürfleiste, die je nach der Beschaffenheit des Schnees vom Fahrerhaus aus eingestellt werden kann.

Schneeräummaschinen

Schnee von mehr als 50 cm Höhe und Schneewälle, die von Schneepflügen am Fahrbahnrand aufgeworfen sind, können nur mit Schneeräummaschinen entfernt werden. Schneeräummaschinen lösen den Schnee mit rotierenden Schaufelrädern, Trommeln oder Messern oder werfen ihn seitlich aus. Dabei entstehen keine Randwälle. Für Straßen reicht im allgemeinen eine Wurfweite von 8 bis 15 m aus; größere Wurfweiten, die auf Flugplätzen zweckmäßig sind, sind auf Straßen nicht erwünscht, weil der Schnee dabei auf angrenzende Grundstücke geworfen wird. Salzhaltiger Schnee kann dabei Schäden am Bewuchs verursachen. Große Wurfweiten setzen auch die Räumleistung (t/kW u. h) und die Räumgeschwindigkeit herab.

Tabelle 11.1. Härtegrade von Schnee (nach Häfeli)

Schneeart	Härtegrad	Es läßt sich in den Schnee stoßen	Bezeichnung der Schneehärte	Scherfestigkeit des Schnees kN/m² (= kp/dm²)
Lockerschnee	1	geballte Faust	sehr weich	0—1
Lockerschnee	2	flache Hand	weich	0,5—10
Hartschnee	3	ein einzelner Finger	mittelhart	5—15
Altschnee	4	gespitzter Bleistift	hart	10—30
Lawinenschnee	5	Messerklinge	sehr hart	30—50

Bild 11.9. Schneeschleuder.

Bild 11.10. Schneefräse.

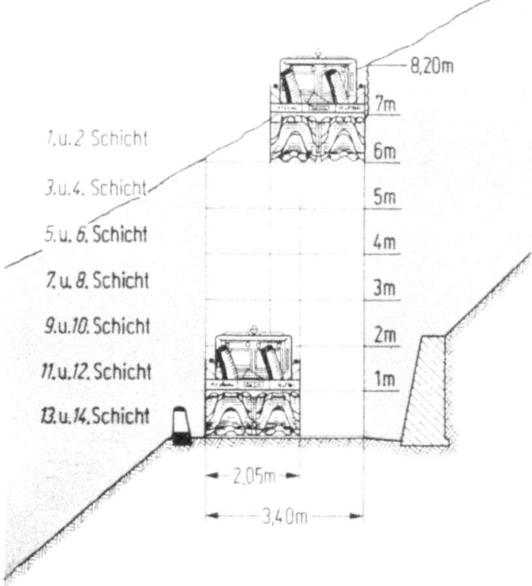

Bild 11.11. Stufenweise Räumung großer Schneehöhen bei der Öffnung von Hochgebirgsstraßen im Frühjahr.

Für die Wahl der Räummaschinenart ist die am häufigsten vorkommende Schneeart und Schneehärte bestimmend. Eine Unterscheidung nach Härtegraden enthält Tab. 11.1.

In weichem und mittelhartem Schnee mit 200 bis 300 g/l Raumgewicht werden von Schneeschleudern Räumleistungen bis 20 t/kW u. h erzielt (Bild 11.9). Diese Forderung läßt sich aber oft dann nicht erfüllen, wenn die Temperatur noch vor der Räumung sinkt und nasser Schnee gefriert, oder wenn Altschnee geräumt werden muß. In solchem Schnee ist die Schneefräse (Bild 11.10) vorteilhafter. Sie erreicht in hartem bis sehr hartem Schnee mit 500 bis 600 g/l Raumgewicht Räumleistungen von etwa 13,5 t/kW u. h. Von mittelgroßen Räummaschinen mit 100 kW Räummotor können rd. 6000 m^3 weicher Schnee und etwa 4000 m^3 harter Schnee pro Stunde geräumt werden. Hochgebirgspässe, die im Winter geschlossen sind, werden daher im Frühjahr vorwiegend mit Schneefräsen geöffnet. Dabei werden die dort vorkommenden, oft 5 m und mehr betragenden Schneehöhen stufenweise abgetragen (Bild 11.11). Die Frässchleuder besitzt getrennte Triebwerksteile für das Lösen und Aufnehmen sowie für das Auswerfen des Schnees.

Kleine Schneeräummaschinen haben etwa 1,0 m Räumbreite, eine Antriebsleistung von etwa 15 bis 30 kW und werden meistens von Hand geführt. Mittelgroße Schneeräummaschinen, bei denen das in der Straßenunterhaltung verwendete Universal-Motorgerät als Trägerfahrzeug dient, haben eine Räumbreite bis zu 2,0 m und Antriebsmotoren von 73 bis 110 kW.

Große Schneeräummaschinen haben Räumbreiten bis 3,0 m und Antriebsleistungen bis 507 kW; als Träger werden Sonderfahrgestelle benutzt, im Hochgebirge vielfach solche mit Raupenfahrwerk.

Sonstige Räumgeräte

Wenn zur Beseitigung großer Schneehöhen Schneeräummaschinen in ausreichender Zahl nicht zur Verfügung stehen, können auch Baumaschinen wie Planierraupen oder Schaufellader zur Schneeräumung herangezogen werden. Eine zügige Räumung ist wegen der zum Aufnehmen und Abwerfen des Schnees erforderlichen Fahrbewegungen mit Schaufelladern nicht möglich, doch sind sie für die Beseitigung von Lawinen vorteilhafter als Schneeräummaschinen, die durch in der Lawine eingeschlossene Steine und Hölzer beschädigt werden können.

Durchführung der Schneeräumung

Da eine geringe Schneeauflage auf der Fahrbahn den Verkehr bereits erheblich behindern kann und die Entfernung einer vom Verkehr festgefahrenen Schneedecke einen höheren Aufwand erfordert als die frisch gefallenen und weichen Schnees, soll die Schneeräumung möglichst mit beginnendem Schneefall einsetzen. Ist der Schnee naß, wird er mit Matschschneepflügen entfernt; anderenfalls ist er vor der Räumung durch Streuen von Auftausalz räumfähig zu machen. Bei anhaltendem stärkeren Schneefall muß fortlaufend mit Einseitenschneepflügen geräumt werden, auf Autobahnen gestaffelt mit zwei bis drei Räumfahrzeugen, die, in Abständen von etwa 250 m fahrend, vom Mittelstreifen nach außen räumen. Entstandene Randwälle werden anschließend mit Schneeräummaschinen beseitigt [4].

11.12.5. Glättebekämpfung

Begriff und Arten der Fahrbahnglätte

Man unterscheidet Schneeglätte und Glatteis.

Schneeglätte entsteht, wenn Schnee auf der Fahrbahn vom Verkehr niedergepreßt wird. Die Schneeauflage ist durch Spurrinnen und Höcker meistens uneben und geht mit der Zeit in Eis über.

Glatteis bildet sich durch Niederschlag auf die unterkühlte Fahrbahn. Die Eisschicht, die alles gleichmäßig überzieht, ist sehr hart und sehr glatt (Spiegeleis); sie bildet die gefährlichste Art der Fahrbahnglätte. Häufiger ist Glatteis, das — in der Meteorologie als Eisglätte bezeichnet — durch Gefrieren von Feuchtigkeit, von Niederschlag, von Schmelzwasser oder auch von wässerigem Schnee auf der Fahrbahn entsteht. Dieses Glatteis ist uneben, ungleichmäßig dick und vielfach unterbrochen und vom Straßenschmutz durchsetzt.

Bekämpfung der Fahrbahnglätte

Der Straßenverkehr wird durch Schnee auf der Fahrbahn behindert, durch Fahrbahnglätte aber gefährdet. Die Bekämpfung der Fahrbahnglätte ist daher bei dem heute sehr dichten und schnellen Verkehr die Hauptaufgabe des Straßenwinterdienstes [5].

Abstumpfende Streustoffe

Mit abstumpfenden Stoffen wie Splitt, Sand, Kies, Asche oder Schlacke kann der Gleitbeiwert winterglatter Fahrbahnen nur geringfügig erhöht werden (vgl. Kapitel 9). Der Gleitbeiwert, der bei Glatteis etwa 0,10 bis 0,15 beträgt, steigt bei Ausstreuen von 100 g abstumpfenden Streugutes pro Quadratmeter Fahrbahnfläche nur auf 0,18 bis 0,20, bei 1100 g auf 0,20 bis 0,26 an (Bild 11.12) [6]. Auf

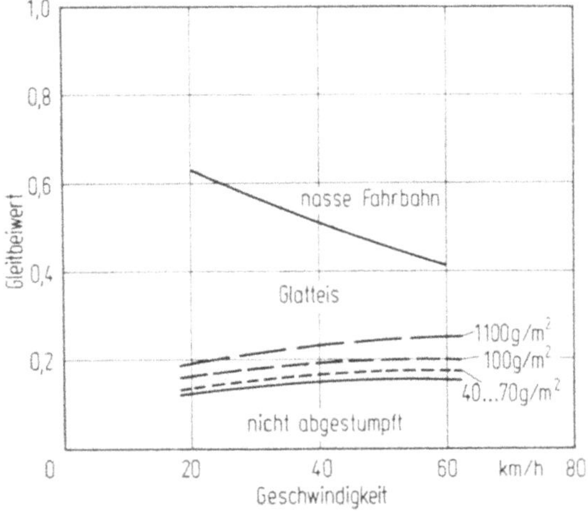

Bild 11.12. Gleitbeiwerte bei winterglatter und mit abstumpfenden Streustoffen behandelter Fahrbahn [6].

Straßen mit starkem und schnellem Verkehr ist diese geringe Erhöhung des Gleitbeiwertes nur von begrenzter Dauer, weil das Streugut bereits nach kurzer Zeit vom Verkehr an den Fahrbahnrand geschleudert ist. Aus diesem Grunde ist bisweilen versucht worden, ein Wasser-Sand-Gemisch auf die Fahrbahn zu sprühen, das bei Gefrieren dann eine „Sandpapierwirkung" hat. Diese Methode läßt sich jedoch in Gebieten mit häufigem Frost-Tau-Wechsel und auf Straßen mit stärkerem Verkehr nicht anwenden. Die Verwendung abstumpfender Streustoffe ist mehr und mehr zurückgegangen und beschränkt sich heute in der Hauptsache auf Straßen mit geringer Verkehrsstärke.

Auftauende Streustoffe

Mit auftauenden Stoffen kann die Fahrbahnglätte nicht nur wirkungsvoller und anhaltender bekämpft, sondern auch beseitigt werden. Als auftauende Stoffe werden vorwiegend Stein- oder Siedesalz (NaCl), in geringerem Maße Chlorcalcium ($CaCl_2$) und Magnesiumchlorid ($MgCl_2$) benutzt. Stein- und Siedesalz ist verhältnismäßig preiswert, kann unverpackt bezogen und gelagert werden und bleibt durch besondere Zusätze rieselfähig. Es läßt sich maschinell verladen und gut auf der Fahrbahn verteilen. Es besitzt bis zu einer Lufttemperatur von $-10°C$ noch eine ausreichende Tauwirkung. Da die Fahrbahnglätte nach Möglichkeit dann bekämpft werden soll, wenn sie entsteht, d.h. wenn die Temperatur den Gefrierpunkt unterschreitet, kann die Fahrbahnglätte in der Regel mit Stein- oder Siedesalz beseitigt werden. Die Verwendung von Chlorcalcium und Magnesiumchlorid, die nur in Säcken bezogen und gelagert werden können, infolgedessen bei der Einlagerung und der Beladung der Streufahrzeuge Handarbeit erfordern, bleibt daher auf solche Fälle beschränkt, wo Glätte bei tieferen Temperaturen bekämpft werden muß. In der Bundesrepublik Deutschland wird heute auf allen verkehrswichtigen Straßen Stein- oder Siedesalz (NaCl) zur Glättebekämpfung benutzt. Der Verbrauch ist mit der Zunahme des Verkehrs von Jahr zu Jahr gestiegen (Bild 11.13).

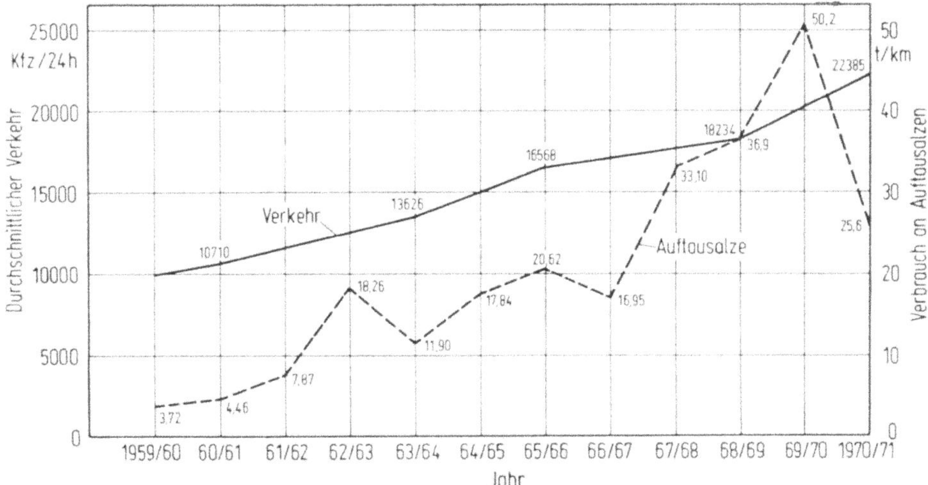

Bild 11.13. Durchschnittlicher täglicher Verkehr auf den Bundesautobahnen — DTV [Kfz/24 h] — und Verbrauch an Auftausalzen [t/km BAB], 1959 bis 1971.

Nebenwirkungen der Auftausalze

Korrosion der Metalle

Salzlösungen begünstigen die Korrosion von Metallen. Durch Zusätze (Korrosionsinhibitoren), z.B. durch Phosphate, läßt sich im Labor eine Verminderung der Korrosion nachweisen, auf der Straße, wo zahlreiche andere Faktoren zur Korrosion beitragen, ist die mit Korrosionsinhibitoren erreichbare Korrosionsminderung dagegen nur gering. Zudem haben diese Inhibitoren häufig andere schädliche Nebenwirkungen, die ihrer Anwendung entgegenstehen. In der Bundesrepublik Deutschland werden rund 50% der Fahrzeugkorrosion durch andere Einflüsse, wie Abgase, Luftfeuchtigkeit, hervorgerufen. Ähnliche Ergebnisse brachten Untersuchungen in Kanada. Eine von der OECD eingesetzte Kommission kam 1969 zu dem Schluß [7], daß ein wirksamerer Schutz der Kraftfahrzeuge vor Korrosion nur durch Maßnahmen der Automobilhersteller erreicht werden könne.

Auswirkungen auf Menschen, Tiere, Pflanzen, Grundwasser

Neuerdings werden auch nachteilige Auswirkungen des Auftausalzes auf Menschen, Tiere, Pflanzen, Grundwasser und biologische Kläranlagen befürchtet. Nach dem derzeitigen Stand der Untersuchungen sind diese Befürchtungen jedoch nicht begründet [12]. Die auf den Straßen vorkommenden geringen Konzentrationen salzhaltiger Lösungen liegen vorwiegend zwischen 0,1 und 1% und können keine gesundheitlichen Schäden verursachen. Baumschäden sind in erster Linie in Städten beobachtet worden, wo offensichtlich auch andere Faktoren wie Luftverschmutzung, ungenügende Sauerstoffversorung des Erdreichs, undichte Gasleitungen und zu reichliche Anwendung der Auftausalze durch die Anlieger dazu beigetragen haben [13]. Eine Versalzung des Grundwassers als Folge der Verwendung von Auftausalzen ist in der Bundesrepublik Deutschland noch nicht aufgetreten, die Funktion biologischer Kläranlagen nicht beeinträchtigt worden.

Andere Auftaustoffe

Versuche, andere, unschädlichere Auftaustoffe zu verwenden, haben bisher zu keinem Ergebnis geführt. Auf Flughäfen benutzte Auftaustoffe, wie Isopropylalkohol ($C_3H_7 \cdot OH$) und technischer Harnstoff (Urea) ($CO[NH_2]_2$) können wegen des geringeren Tauvermögens, der Schwierigkeiten bei der Anwendung, der eintretenden Verunreinigung der Gewässer und der erheblich höheren Stoffkosten auf Straßen nicht benutzt werden.

Fahrbahnbeheizung

Durch die Beheizung der Fahrbahn kann die Fahrbahnglätte bekämpft und ihre Entstehung weitgehend verhindert werden. Solche Anlagen sind verschiedentlich ausgeführt worden [14 bis16]. Dabei wird die Fahrbahn durch darin verlegte oder auf ihre Oberfläche befestigte Heizmatten elektrisch erwärmt; auch mit Warmwasser betriebene Anlagen wurden bereits ausgeführt. Die hohen Kosten für den Einbau und die Installation, die Schwierigkeiten der Bereitstellung ausreichender elektrischer Energie zu jeder Zeit und deren Kosten haben die Ausführung solcher Anlagen in größerem Umfang bisher verhindert. Die Betriebskosten einer elektrischen Fahrbahnbeheizung betragen z.Z. — bezogen auf den Quadratmeter Fahrbahnfläche — etwa das 15fache des derzeitigen Winterdienstes auf einer Autobahn.

Geräte zur Glättebekämpfung

Geräte zum Ausstreuen der Streustoffe sollen automatisch arbeiten, Streubreiten zwischen 2 und 6 m und eine gleichmäßige Verteilung des Streugutes ermöglichen. Streugeräte für Auftausalze sollen das Streugut in einstellbaren Mengen zwischen 10 und 40 g/m² Fahrbahnfläche wegabhängig verteilen, so daß die eingestellte Menge sich mit der Fahrgeschwindigkeit nicht ändert. Streuautomaten werden als Aufsatzgeräte (Bild 11.14) und als Anhängegeräte ausgeführt. Aufsatzgeräte sind wegen des größeren Fassungsvermögens, der größeren Reichweite und der größeren Fahrsicherheit auf winterglatten Straßen den am Lastkraftwagen angehängten Streuautomaten vorzuziehen.

Bild 11.14. Lastkraftwagen mit automatischem Aufsatzsteugerät für auftauende Stoffe.

Streugutlagerung, Streugutverladung

In der Bundesrepublik Deutschland beträgt der durchschnittliche Verbrauch an Auftausalz etwa 5 bis 10 t/km Landstraße und 20 bis 25 t/km Autobahn. Etwa die Hälfte bis Zweidrittel des in einem Unterhaltungsbezirk zu erwartenden Bedarfs sollte zu Beginn des Winters in geschlossenen Räumen eingelagert sein. Hochsilos mit großem Fassungsvermögen sind teuer, durch Brückenbildung des eingelagerten Auftausalzes und Korrosion der Verschlüsse störanfällig. Kleinsilos erfordern häufige Beschickung und zusätzlichen Lagerraum für einen größeren Vorrat. Als zweckmäßig und preiswert haben sich Lagerhallen in hölzerner Fertigteilbauweise erwiesen (Bild 11.15). Das Fassungsvermögen solcher Hallen liegt zwischen 750 und 1000 Tonnen.

Bild 11.15. Innenansicht einer Streugutlagerhalle mit Streugutladegerät.

Zur Einlagerung des Streugutes und zur Beladung der Streufahrzeuge werden selbstaufnehmende Ladegeräte, Becherwerke und Förderbänder mit einer Förderleistung von 40 m^3/h benutzt.

Durchführung der Glättebekämpfung

Die Bekämpfung der Fahrbahnglätte erfordert eine sorgfältige Wetterbeobachtung, da ihr Erfolg in hohem Maße von dem richtigen Zeitpunkt des Streuens abhängt. Bei *Schneefall* soll sofort mit dem Streuen begonnen werden, um das Anhaften des Schnees auf der Fahrbahn und damit Schneeglätte zu verhindern und die nachfolgende Schneeräumung zu erleichtern. Ist die Fahrbahn naß oder feucht und ist mit dem Absinken der Temperatur unter den Gefrierpunkt zu rechnen, kann durch das frühzeitige Streuen von 10 bis 20 g Auftausalz pro Quadratmeter die Bildung von Glatteis verhindert werden; bei Bedarf ist die Streuung zu wiederholen. Entstandene Eisrippen und Eishöcker können bei niedrigen Temperaturen durch Auftausalze nicht beseitigt werden. Dies ist nur mechanisch möglich und kann durch das Streuen von Chlorcalcium, das bis $-20\,°C$ wirksam ist, erleichtert werden. Durch Eisregen entsteht eine sehr gefährliche Glatteisschicht. Maßnahmen dagegen sind, solange der Niederschlag andauert, zwecklos.

Glatteiswarnung

Es sind Geräte entwickelt, die vorhandene Fahrbahnglätte feststellen und den Verkehrsteilnehmer warnen sollen (Bild 11.16). Von den zahlreichen Faktoren, die für die Glatteisbildung maßgebend sind, können die Lufttemperatur und die relative Luftfeuchtigkeit unmittelbar gemessen werden. Die Oberflächentemperatur des Fahrbahnbelages muß aus der Lufttemperatur und einer im Innern des Fahrbahnbelages möglichst nahe an der Oberfläche gemessenen Temperatur extrapoliert werden. Die Benetzung der Fahrbahndecke wird durch Widerstandsmessung zwischen Metallplatten ermittelt.

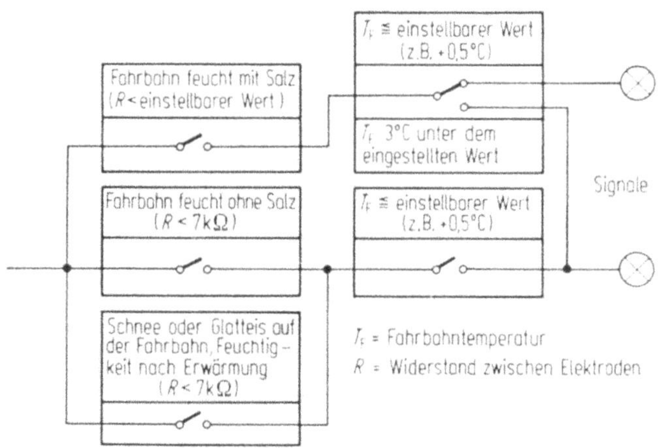

Bild 11.16. Schaltschema eines Glatteisdetektors.

Die Gefrierpunktserniedrigung durch Salzreste und Schmutz auf der Fahrbahn und der Einfluß des Verkehrs auf die Erwärmung und Trocknung der Fahrbahn lassen sich dagegen nicht erfassen. Da die voraussichtliche Tendenz der maßgeblichen Parameter nicht exakt vorhersehbar ist, muß bei den bisher bekannten Geräten mit einer Fehlerquote von 10 bis 15% gerechnet werden. Unterbliebene oder überflüssige Anzeigen führen zur Nichtbeachtung und zu einem Fehlverhalten der Kraftfahrer, so daß die Aufstellung von Glatteiswarngeräten an den Straßen zur unmittelbaren Warnung der Verkehrsteilnehmer bei dem derzeitigen Entwicklungsstand nicht verantwortet werden kann [8]. Glatteiswarngeräte können aber dazu benutzt werden, die Möglichkeit der Glättebildung auf besonders exponierten Straßenstellen, z.B. auf großen Brücken, den Autobahn- und Straßenmeistereien anzuzeigen, so daß der Streudienst rechtzeitig eingesetzt werden kann.

11.13. Literatur

1. Bundesfernstraßengesetz (FStrG) in der Fassung vom 6. August 1961.
2. Ahlbrecht, H.; Rompano, K.: Planung und Bau von Autobahnmeistereien. Straße und Autobahn 14 (1963) 375–380.
3. Merkblatt für Schneeschutz an Straßen, Ausgabe 1971. Forschungsgesellschaft für das Straßenwesen, e. V., Köln.
4. Merkblatt für Schneeräumung, Ausgabe 1968. Forschungsgesellschaft für das Straßenwesen, e. V., Köln.
5. Merkblatt für Maßnahmen gegen Winterglätte auf Straßen, Ausgabe 1969. Forschungsgesellschaft für das Straßenwesen, e. V., Köln.
6. Wehner, B., Dr.-Ing.: Griffigkeitsmessungen auf winterglatten Fahrbahnoberflächen. Forschungsarbeiten aus dem Straßenwesen, Neue Folge, Heft 40. Bad Godesberg: Kirschbaum Verlag, 1960.
7. Recherche Routière; Corrosion des véhicules automobiles et influence des fondants chimiques. OECD, Paris 1969.
8. ATR/FG/VSS, Bericht der Kommission III: Anwendung von Glatteiswarngeräten im Winterdienst. Straße und Autobahn 23 (1972) 18–25.
9. Bundesminister für Verkehr, 2. Februar 1973: Merkblatt zur Sicherung beweglicher Arbeitsstellen auf Straßen mit getrennten Richtungsfahrbahnen außerhalb geschlossener Ortschaften.
10. Giesa, S.: Organisatorische und wirtschaftliche Fragen des Straßenunterhaltungs- und Betriebsdienstes. Straße und Autobahn 23 (1972) Nr. 7, 333–339.
11. König, O.: Fortschritte in der mechanisierten Straßenunterhaltung. Straße und Autobahn 23 (1972) Nr. 6, 236–239.
12. Ahlbrecht/Thieme: Glättebekämpfung durch Auftausalze. Straßen- und Tiefbau 28 (1974) Nr. 2.
13. ATR/FG/VSS, Bericht der Kom. VII: Einwirkung der Auftaumittel auf Gehölze. Schriftenreihe Heft 8, Straße und Verkehr, Zürich 1974.
14. AIPCR, Comité de la viabilité hivernale: Bericht zum XIV. Welt-Straßenkongreß, Prag 1971.
15. Börner: Neue Entwicklungen zur Beheizung von Verkehrsflächen. Aktuelle Probleme des Straßendeckenbaues, Strabag Bau-AG Schriftenreihe 8. Folge, Heft 3.
16. Foglia/Scotto: Il riscaldamento elettrice delle pavimentazioni stradali e la viabilità invernale. Autostrade (1968) Nr. 4.
17. Neukomm: Gesundheitliche Gefahren infolge des durch Abnützung und Spikesreifen verursachten Straßenstaubs. Automobil-Club der Schweiz, 17. Vortragstagung v. 1. Oktober 1973.

12. Linienführung und geometrische Bemessung

G. Köppel

Formelgrößen, Bezeichnungen und Einheiten

A	Parameter der Klotoide	m
A_1	größerer Parameter	m
A_2	kleinerer Parameter	m
$A_{\min}$	Mindestparameter	m
B	Fahrbahnbreite	m
ΔB	Spurabweichung	m
B'	Bodenfreiheit	m
BA	Kreisbogenanfang	—
BE	Kreisbogenende	—
B_F	Fahrstreifenbreite	m
$B_{F'}$	Spurbreite der Räder	m
$B_{F''}$	Fahrzeugbreite	m
B_{Fa}	Breite des äußeren Fahrstreifens	m
B_{Fi}	Breite des inneren Fahrstreifens	m
B_M	Mittelstreifenbreite	m
B_S	Schutzplankenbreite	m
B_R	Randstreifenbreite	m
D	reduzierte Deichsellänge	m
D'	Deichsellänge	m
DTV	durchschnittlicher täglicher Verkehr	Kfz/d
E_v	Entfernung voraus	m
E_z	Entfernung zurück	m
F	Fliehkraft	kp
F'	Querschnittsfläche	m^2
H	Halbmesser der Kuppe oder Wanne	m
H'	Schwerpunktshöhe	m
H_K	Kuppenhalbmesser	m
$H_{K\min}$	Kuppenmindesthalbmesser	m
H_{li}	lichte Höhe	m
H_S	Schweinwerferhöhe	m
H_W	Wannenhalbmesser	m
$H_{W\min}$	Wannenmindesthalbmesser	m
K	zwischen Reifen und Fahrbahn übertragbare Kraft	kp
KA	Klotoidenanfang	—
KE	Klotoidenende	—
KU	Kurvigkeit	gon/km
L	Länge	m
L_A, $L_{A'}$	Achsabstände	m
$L_{\min}$	Mindestlänge	m
L_n	Länge bis zur Stelle n	m
L_z	Verziehungslänge	m
Pkw-E	Pkw-Einheiten	—
Q	Gewicht eines Fahrzeugs	kp
Q_B	Bemessungsverkehrsstärke	Kfz/h
R	Radius der Kurve	m
ΔR	Tangentenabrückung	m
R'	Radiuswert im Bereich des Übergangsbogens	m
R_1	größerer Radius	m
R_2	kleinerer Radius	m
R_a	Radius des äußeren Fahrstreifens	m

R_e	Radius am Klotoidenende	m
R_g	Grenzradius	m
R_h	Hinterachsradius	m
R_i	Radius des inneren Fahrstreifens	m
$R_{i'}$	Radius des inneren Fahrbahnrandes	m
$R_{\min}$	Mindestradius	m
R_v	Vorderachsradius	m
S_h	Haltesichtweite	m
S_1	Weg während der Reaktions- und Auswirkzeit	m
S_2	reiner Bremsweg	m
SP	streckenspezifischer Parameter	gon/km
$S_ü$	Überholsichtweite	m
$S_{ü\,\min}$	Mindestüberholsichtweite	m
SW	Sichtweite (Mittelwert von S_h)	m
SW_1	Sichtweite zum Berechnungsquerschnitt in Fahrtrichtung	m
SW_2	Sichtweite vom Berechnungsquerschnitt in Fahrtrichtung	m
$SW_{\max}$	maximale Sichtweite ($= S_{h\,\max}$)	m
T	Tangentenlänge	m
$T_{\min}$	Tangentenmindestlänge	m
$ÜA$	Übergangsbogenanfang	—
$ÜB$	Übergangsbogen	—
$ÜE$	Übergangsbogenende	—
V	Geschwindigkeit	km/h
ΔV	Geschwindigkeitsdifferenz	km/h
$\overline{V}$	Bemessungsgeschwindigkeit	km/h
$V_{50\%}$	mittlere Geschwindigkeit von Pkw, die bei trockener Fahrbahn längere Strecken unbehindert fahren = mittlere Geschwindigkeit von Einzelfahrzeugen	km/h
$V_{15\%}$	15%-Geschwindigkeit, sonst wie $V_{50\%}$	km/h
$V_{85\%}$	85%-Geschwindigkeit, sonst wie $V_{50\%}$	km/h
$V_{85\%\,\text{naß}}$	$V_{85\%}$ bei nasser, sauberer Fahrbahn	km/h
V_A	Ausbaugeschwindigkeit	km/h
V_e	Entwurfsgeschwindigkeit	km/h
V_{Gr}	Grundgeschwindigkeit	km/h
V_m	$V_{50\%}$	km/h
W_L	Luftwiderstand	kp
a	Abstand des Fahrbahnrades von der Verwindungsachse (Drehachse)	m
a'	Abstand im Höhenplan	m
a_f	Abstand des Kuppenhöchst-/Wannentiefstpunktes vom Bogenstich f	m
b	Beschleunigung	m/s²
b_r	radiale Zentrifugalbeschleunigung	m/s²
b_v	vertikale Zentrifugalbeschleunigung	m/s²
c_w	fahrzeugabhängiger Formbeiwert	—
d	Wasserfilmdicke	mm
e_n	Ordinate für Einheitsverbreiterung	—
f	Ordinate im Höhenplan (Stich)	m
f_T	Tangentialkomponente des Kraftschlußbeiwertes	—
$f_{T\,\max}$	maximal möglicher tangentialer Kraftschlußbeiwert	—
$f_{T\,\text{zul}}$	zulässiger tangentialer Kraftschlußbeiwert	—

f_R	Radialkomponente des Kraftschlußbeiwertes	—
$f_{R\,max}$	maximal möglicher radialer Kraftschlußbeiwert	—
$f_{R\,zul}$	zulässiger radialer Kraftschlußbeiwert	—
g	Erdbeschleunigung	m/s²
h	Hindernishöhe	cm
h'	Böschungshöhe	m
h_A	Augenhöhe des Kraftfahrers	m
h_H	Höhe des zum Wahrnehmungszeitpunkt nicht sichtbaren Hindernisteiles	cm
i	Verbreiterungsmaß	m
i_a	Verbreiterungsmaß des äußeren Fahrstreifens	m
i_i	Verbreiterungsmaß des inneren Fahrstreifens	m
k	Querruck	m/s³
k_i	radienabhängiger Krümmungsfaktor	—
k_j	klotoidenabhängiger Krümmungsfaktor	—
l	variable Länge	m
n	Anzahl	—
p	Schrägneigung	%
q	Querneigung	%
q_1	Querneigung am Klotoidenabschnittsanfang	%
q_2	Querneigung am Klotoidenabschnittsende	%
q_a	Querneigung am Übergangsbogenanfang	%
q_e	Querneigung am Übergangsbogenende	%
q_k	Querneigung im Kreisbogen	%
q_{min}	Mindestquerneigung	%
s	Längsneigung (Gradientenneigung)	%
Δs	Anrampungsneigung	%
Δs_{max}	Anrampungshöchstneigung	%
Δs_{min}	Anrampungsmindestneigung	%
s_1, s_2	unterschiedliche Längsneigungen	%
s_a	Längsneigung an einer beliebigen Stelle P_a der Wanne oder Kuppe	%
s_f	Längsneigung im Bogenstich f	%
s_{max}	Höchstlängsneigung (der Gradiente)	%
t	Zeit	h/min/ s
t_R	Reaktions- bzw. Reaktions- und Auswirkzeit	s
$ü$	Überstand des Fahrzeugs über die Hinterachse bis zum Anhängepunkt	m
v	Geschwindigkeit	m/s
x	Abszisse	m
x_T	Abszisse für die horizontale Tangente	m
y	Ordinate	m
y_L	Ordinate am Ende von L	m
z	Abstand zwischen Anhängepunkt und Vorderachse des Hängers	m
α	Öffnungswinkel des Kreisbogens einer Kurve	gon
α_D	von D und R abhängiger Winkel bei der Kreisbogenfahrt	gon
β	Winkel zwischen der Horizontalen und der Fahrbahn (Querneigung)	gon
γ	Öffnungswinkel einer Kurve: $\tau_i + \alpha_i + \tau_{i+1}$	gon
δ	Neigungswinkel im Höhenplan (s)	gon

ΔB	Spurabweichung	m
ΔR	Tangentenabrückung	m
Δs	Anrampungsneigung	%
Δs_{max}	Anrampungshöchstneigung	%
Δs_{min}	Anrampungsmindestneigung	%
ΔV	Geschwindigkeitsdifferenz	km/h
ϑ, ϑ'	Einschlagwinkel (Lenkeinschlag)	gon
μ	in Anspruch genommener Kraftschlußbeiwert	—
μ_g	Gleitbeiwert	—
ϱ	Krümmung	1/m
τ	Tangentenwinkel zur Grundtangente	gon
τ_i	Winkeländerung durch den Übergangsbogen	gon
φ	Lichtkegelwinkel	gon
ω	Drehgeschwindigkeit	gon/s %/s

12.1. Einführung

Die Begriffe Weg, Gasse, Straße, Chaussée (Abschn. 1.1.) zeigen die Entwicklung der Tragfähigkeit begangener und befahrener Verkehrswege. In dieser Entwicklungsreihe wird die Qualität der „Straße" durch die Tragfähigkeit des Oberbaues gekennzeichnet. Die Begriffe Erdweg, Kiesstraße, Packlage, Schotterstraße dokumentieren Entwicklungsstufen dieser Oberbauqualität. Der Begriff Linienführung entsprach durch Jahrhunderte in etwa dem heutigen Begriff der Netzgestaltung. Eine geschwindigkeitsabhängige Linienführung wurde erst nach der Entwicklung des Automobils und nach der Staubfreimachung der wassergebundenen Schotterstraßen erforderlich; erst von diesem Zeitpunkt an wurden höhere Geschwindigkeiten möglich.

Unsere Linienführungsrichtlinien sind wenige Jahrzehnte alt. Von den Vorläufigen Richtlinien für den Ausbau der Landstraßen (RAL), Ausgabe 1937 [28] führt der Weg zu den heutigen Richtlinien für die Anlage von Landstraßen (RAL) mit den Teilen Straßennetzgestaltung (RAL-N) [22], Querschnitte (RAL-Q) [16], Linienführung (RAL-L) [18, 19] und Knotenpunkte (RAL-K) [20, 21].

Die Planung ist die systematische Vorbereitung eines vernunftgemäßen Handelns von Einzelnen oder von Gemeinschaften, um ein Ziel unter den gegebenen Verhältnissen auf die beste Weise zu erreichen [14]. Die Planunterlage — der Plan oder auch der Entwurf — ist die eindeutige, zeichnerische Darstellung des Planungszieles während der gesamten Planungsarbeit als auch die verbindliche Unterlage für die Verwirklichung eines Planungszieles.

Bei der Planung von Straßen sind von den Planungsträgern die Grundsätze der Raumordnung zu beachten; so soll nach dem Bundesfernstraßengesetz (s. Kapitel 2) durch die Planung über grundsätzliche Fragen entschieden werden: die Verbindung von Orten, die Straßenklasse, der wesentliche Trassenverlauf, die Verknüpfung mit bestehenden Straßen. Die Planunterlage für und aus dieser Planungstätigkeit: der Linienentwurf (Abschn. 17.2.). Die Abstimmung von Sicherheit, Leitungsfähigkeit, Wirtschaftlichkeit und Umweltverträglichkeit erfolgt im darauffolgenden Planungsabschnitt; die zugehörige Planunterlage: der Vorentwurf (Abschn. 17.3.). Die Planfeststellung, welche die durch einen Neubau oder eine Änderung einer öffentlichen Straße veranlaßten öffentlich-rechtlichen Beziehungen regelt, erfordert so weitgehende Detailpläne, daß die Einpassung der straßenbaulichen Maßnahme in die Nachbarschaft und die öffentliche Ordnung, die Inanspruchnahme von Grundstücken usw. beurteilt werden kann (Abschn. 2.2.3.); die zugehörige Planunterlage: der Planfeststellungsentwurf (Abschn. 17.4.2.). Schließlich werden im Bauentwurf alle für die Baudurchführung erforderlichen Angaben mathematisch exakt erfaßt (Abschn. 17.4.3.). Fragen der Linienführung und der geometrischen Bemessung spielen in allen Stufen des Planens und Entwerfens eine ausschlaggebende Rolle; dabei darf bei keiner Stufe außer acht gelassen werden, daß der neu zu schaffende Fahrraum sicher, leistungsfähig, wirtschaftlich und umweltgerecht sein muß.

12.2. Geschwindigkeitsbegriffe

Für die moderne Entwurfsbearbeitung spielt die Fahrgeschwindigkeit die ausschlaggebende Rolle; die Geschwindigkeit bestimmt zur Erzielung der erforderlichen fahrdynamischen, optischen und weitgehend auch der entwässerungstechnischen Sicherheit die geometrische Bemessung. Dabei ist auf folgende wesentliche Geschwindigkeitsbegriffe hinzuweisen:

Der Begriff der *Ausbaugeschwindigkeit* (V_A), der 1937 eingeführt wurde [28], war nur verbal definiert. Diese Geschwindigkeit entsprach etwa der mittleren Fahrgeschwindigkeit aller Kraftfahrzeuge im anbaufreien Bereich (Bild 12.1); sie entspricht der heutigen Entwurfsgeschwindigkeit.

Die *Grundgeschwindigkeit* (V_{Gr}) [22], die teilweise auch als Netzgeschwindigkeit bezeichnet wird, ist der Erwartungswert für die Reisegeschwindigkeit von Personenkraftwagen (Tab. 12.1).

Die *Bemessungsgeschwindigkeit* ($\bar{V}$) [16] ist die mittlere Reisegeschwindigkeit aller Personenkraftwagen ($V_{m\text{Pkw}}$); sie entspricht der Grundgeschwindigkeit, ist jedoch kein Erwartungswert, sondern eine Fahrgeschwindigkeit, die sehr wesentlich von der Streckencharakteristik beeinflußt wird (Bild 12.76 bis 12.78).

Die *Entwurfsgeschwindigkeit* (V_e) [18] ist die maßgebende Entwurfsgröße, die als fahrdynamischer Wert ($V_{85\%\,\text{naß}}$) der Bemessung der Straße zugrunde gelegt wird (Tab. 12.2). Dabei ist die $V_{85\%\,\text{naß}}$ diejenige Geschwindigkeit, die bei nasser, sauberer Fahrbahn von 85% der unbehindert fahrenden Personenkraftwagen nicht überschritten wird.

Tabelle 12.1. Grundtabelle zur Straßennetzgestaltung [22]

Abhängigkeit von der Fahrtzweckgruppe / Straßenkategorie	Geschwindigkeitsbereiche für Pkw-Verkehr im normalen Werktags-verkehr [km/h]	im Urlaubs-verkehr[a] [km/h]	im Wochenend-verkehr [km/h]
I (großräumiger Verkehr)	110/100/90	90/80/70	80/70/60
II (überregionaler Verkehr)	100/90/80	80/70/60	70/60/50
III (regionaler Verkehr)	80/70/60	70/60/50	60/50/40
IV (zwischenörtlicher Verkehr)	60/50/40	60/50/40	60/50/40

[a] Bei Straßen der Kategorien I, II und III, auf denen der Urlaubsverkehr überwiegt, sind die ausgewiesenen Grundgeschwindigkeiten jeweils um 10 km/h zu ermäßigen.

Tabelle 12.2. Entwurfsgeschwindigkeiten [18]

Straßentyp	Entwurfsgeschwindigkeit V_e [km/h]					
einbahnig	40	60	80	100	—	—
zweibahnig	—	—	80	100	120	140

Eine gleichbleibende Verkehrsstärke und Verkehrszusammensetzung vorausgesetzt, gilt für diese Geschwindigkeitsbegriffe folgendes:

Die Grundgeschwindigkeit ist als Maß der Verkehrsqualität eine Zielgröße; sie kann z.B. im Brückenbau mit der geforderten Tragfähigkeit eines Brückenbauwerkes verglichen werden. Diese Geschwindigkeit soll in Abhängigkeit von der Straßenkategorie auf einem entsprechend großen Straßenabschnitt erreicht werden. Die Bemessungsgeschwindigkeit ist eine tatsächliche Leistungsgröße. Sie wird ausschlaggebend von der Streckencharakteristik beeinflußt. Wegen dieser Abhängigkeit variiert ihre Größe im Verlauf der Strecke; ihr Mittelwert soll der Grundgeschwindigkeit entsprechen (Abschn. 12.6.3.). Die Entwurfsgeschwindigkeit ist ein Sicherheitskriterium. Der Fahrtablauf eines Einzelfahrzeuges soll bei nasser, sauberer Fahrbahn sicher mit einem ausreichenden Sicherheitsspielraum erfolgen. Der erste Wert der Entwurfsgeschwindigkeit, der für einen Entwurf gewählt wird, muß in aller Regel über dem erwünschten Wert der Grundgeschwindigkeit liegen, damit letztere erreicht wird. Diese gegenseitigen Abhängigkeiten sind zu beachten.

12.3. Entwurfsgeschwindigkeit

12.3.1. Entwicklung

Auf Grund der Überlegungen, die zu den RAL-L-1937 [28] führten, wollte man dem Kraftfahrer auf allen neu gebauten Straßen das gleiche Gefühl der Ruhe, Sicherheit und Bequemlichkeit bieten. Wie diese Einheitlichkeit vom Ingenieur erreicht wurde, sollte dem Kraftfahrer gar nicht bewußt werden. 1937 war man überzeugt, dieses Entwurfsziel durch die Angabe von Grenzwerten für Radien, Kuppen- und Wannenhalbmesser, Längsneigungen usw. zu erreichen. Die Grenzwerte waren einer „Ausbaugeschwindigkeit (V_A)" zugeordnet; diese wurde zwar als eine Geschwindigkeit beschrieben, die außerhalb von Ortsdurchfahrten von den Kraftfahrzeugen nach dem Ausbau der Strecke zu erwarten war; sie wurde 1937 jedoch nicht näher definiert. Nach der Terminologie der Erläuterungen zu den RAL-L 1937 [3] muß man jedoch annehmen, daß man sich einen eng begrenzten Geschwindigkeitsbereich für einzeln fahrende Fahrzeuge vorstellte. Eine solche Ausbaugeschwindigkeit entspräche dem Wert V_m des Bildes 12.1.

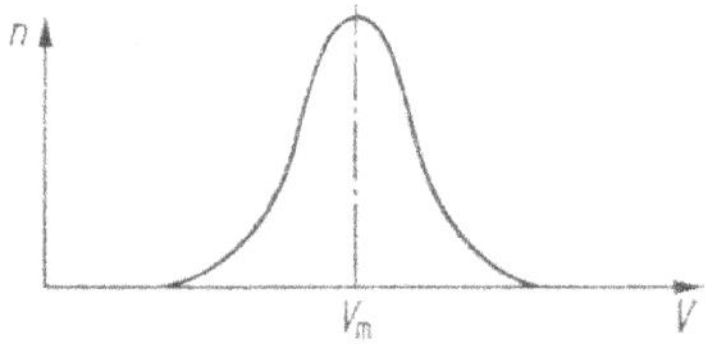

Bild 12.1. Ausbaugeschwindigkeit 1937 [39].

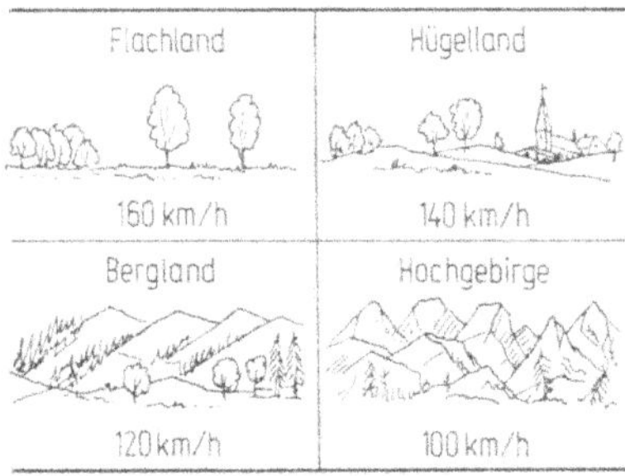

Bild 12.2. Entwurfsklassen 1943 [39].

Die Trassierungsgrundsätze für Reichsautobahnen 1943, die BAURAB TG [27] kannten einen Begriff der Ausbaugeschwindigkeit oder Entwurfsgeschwindigkeit nicht; sie kannten nur in Abhängigkeit von der Topographie Entwurfsklassen (Bild 12.2) mit Angaben über die Höchstgeschwindigkeit.

Die Richtlinien für die Anlage von Landstraßen, II. Teil: Linienführung (RAL-L), Fassung 1963 [17] bestimmen die Entwurfsgeschwindigkeit (Bild 12.3) aus dem Schwierigkeitsgrad des Geländes und der Verkehrsbelastung. Die Straßen sollten einerseits nach einheitlichen Grundsätzen (einheitliche Entwurfsparameter) geplant werden, um die Homogenität des Entwurfs zu garantieren, andererseits stellte die Entwurfsgeschwindigkeit 1963 in erster Linie einen Wirtschaftlichkeitsfaktor dar, um die Kosten des Ausbaues bzw. des Neubaues in ein wirtschaftlich vernünftiges Verhältnis zu den technischen Schwierigkeiten und zur Verkehrsbedeutung, ausgedrückt durch die Verkehrsbelastung, zu bringen. Darüber hinaus war sie eine Bemessungsgröße für eine stetige Geometrie der Straße, die ein gleichmäßiges und sicheres Fahrverhalten bewirken sollte. Das Verhältnis zwischen den gewählten Geschwindigkeitsstufen, mit denen der Entwurf bemessen wurde, und der sich auf der neuen Straße tatsächlich einstellenden Geschwindigkeit wurde auch 1963 noch nicht ermittelt, nicht geprüft und nicht abgestimmt.

Gelände	Pkw-E/Tag			
	≤1000	1000...2000	2000...3000	>3000
Flachland 	50	60	80	100
Hügelland 	40	50	60	80
Bergland 	30	40	50	60
Hochgebirge 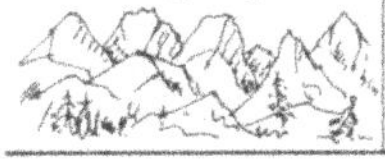	30	30	40	50

Bild 12.3. Entwurfsgeschwindigkeit, 1963 [39]. Bemessungsgrößen.

12.3.2. Maßgebender Entwurfsparameter

Die Richtlinien für die Anlage von Landstraßen — Elemente der Linienführung (RAL-L-1-1973 [18]) definieren die Entwurfsgeschwindigkeit folgendermaßen: „Die Entwurfsgeschwindigkeit ist die in Abhängigkeit von der Verkehrsbedeutung der Straße unter dem Gesichtspunkt der Wirtschaftlichkeit zu wählende maßgebliche Entwurfsgröße. Die Verkehrsbedeutung der Straße ergibt sich aus der vorgesehenen Netzfunktion und der zu erzielenden Verkehrsqualität. Der Entwurfsgeschwindigkeit sind bestimmte Grenzwerte der Trassierungselemente und zulässige Verhältniswerte für das Zusammenfügen der Einzelelemente zugeordnet. Sie beeinflußt damit entscheidend die Güte der Straße, insbesondere die Streckencharakteristik, die Qualität des Verkehrsablaufes und die Wirtschaftlichkeit.

Bei der Bemessung der Straße ist sie ein fahrdynamischer Wert, welcher der auf der Straße zu erwartenden 85%-Geschwindigkeit unbehinderter Fahrzeuge (Pkw) bei sauberer nasser Fahrbahn entsprechen soll." Damit hat die Entwurfsgeschwindigkeit eine mehrfache Bedeutung erhalten; sie ist der ausschlaggebende Parameter für den geometrischen Entwurf von Straßen.

Die Planung von Straßennetzen, wie sie in den Richtlinien für die Anlage von Landstraßen — Straßennetzgestaltung (RAL-N) [22] dargestellt wird, geht von einer funktionalen Einheit des gesamten Straßennetzes aus. Die unterschiedliche bauliche Gestaltung (Straßentypen) der Teilstrecken des Netzes resultiert aus der unterschiedlichen Verkehrsaufgabe (Funktion) der Teilstrecken. Straßenkategorie (für großräumigen, überregionalen, regionalen und zwischenörtlichen Verkehr) und Fahrtzweckgruppe (normaler Werktags-, Berufs- und Wochenendverkehr) charakterisieren diese Verkehrsaufgabe. Jede Teilstrecke des Straßennetzes soll aber eine bestimmte, gewünschte Verkehrsqualität aufweisen. Das Maß für diese Qualität wird durch eine Geschwindigkeit ausgedrückt, nämlich den Erwartungswert für die Reisegeschwindigkeit von Personenkraftwagen. Diese Geschwindigkeit soll von der für die Bemessung vorgesehenen Verkehrsstärke auf der Teilstrecke erreicht werden und wird als Grundgeschwindigkeit bezeichnet. Die Gewährleistung der Grundgeschwindigkeit erfordert eine entsprechende Streckencharakteristik (Linienführung im Lage- und Höhenplan, Querschnitt, Gestaltung und Abstände der Knotenpunkte, Zulässigkeit von Zufahrten).

Die Verkehrsbedeutung drückt sich somit in der jeweiligen Qualität aus, mit der die Verkehrsaufgabe gelöst wird (Bild 12.4). Da die Grundgeschwindigkeit der Ausgangswert für die Wahl der ersten Entwurfsgeschwindigkeit ist, wird die Entwurfsgeschwindigkeit der Verkehrsbedeutung der Straßenteilstrecke entsprechend festgelegt.

Zum anderen ist die Entwurfsgeschwindigkeit aber auch ein fahrdynamischer Wert für die Bemessung der Straße. Sie bestimmt fast ausschließlich das Maß an fahrdynamischer, optischer und entwässerungstechnischer Sicherheit (Bild 12.5). Wegen dieses Gewichts des Parameters Entwurfsgeschwindigkeit wird sie einer

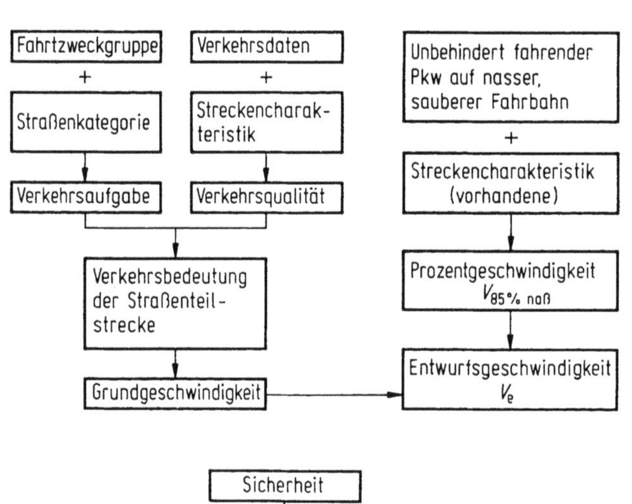

Bild 12.4. Verkehrsbedeutung der Straße (Grund- und Entwurfsgeschwindigkeit).

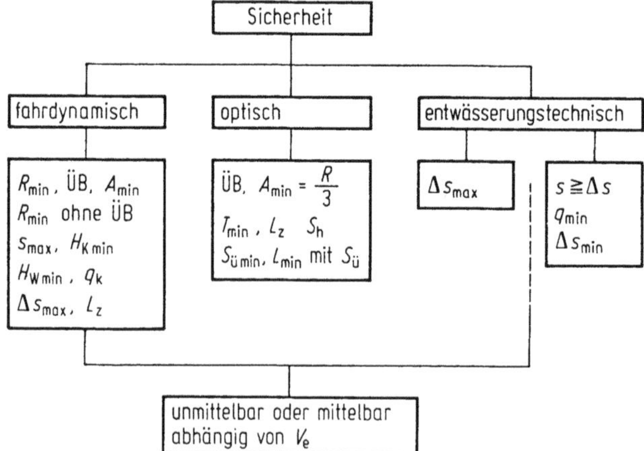

Bild 12.5. Abhängigkeit der Entwurfselemente von der Entwurfsgeschwindigkeit [38].

auf der Straße zu erwartenden Geschwindigkeit gleichgesetzt: der 85%-Geschwindigkeit unbehinderter Fahrzeuge (Pkw) bei sauberer, nasser Fahrbahn ($V_{85\% \text{naß}}$). Eine mit dieser Geschwindigkeit bemessene Straße soll einem unbehindert fahrenden Pkw ausreichende Sicherheit bei ausreichendem Sicherheitsspielraum bieten [40].

Damit bewirkt die Entwurfsgeschwindigkeit die Erfüllung derjenigen Anforderungen, die an einen modernen Straßenentwurf zu stellen sind:
- Erfüllung der Verkehrsaufgabe
- Gewährleistung der gewünschten Verkehrsqualität
- Gestaltung eines Fahrraumes mit einheitlicher und gleichbleibender, sich allenfalls nur stetig ändernder Streckencharakteristik.

12.3.3. Wahl der Entwurfsgeschwindigkeit

12.3.3.1. Erster Wert

Das Bild 12.4 zeigt den Zusammenhang zwischen der Verkehrsaufgabe und der Verkehrsqualität (Grundgeschwindigkeit). In der Regel ist von den je drei Geschwindigkeitswerten der Grundtabelle (Tab. 12.1) [22] der mittlere zu wählen. Bei topographischen Schwierigkeiten, Zwangspunkten oder einer entsprechenden Verkehrscharakteristik (z.B. unwirtschaftliche Ausnützung des Straßentyps) kann ein niedrigerer Geschwindigkeitswert, bei einem erwünschten günstigen Kosten-Nutzen-Verhältnis (z.B. bei einer besonderen Bedeutung einer Fahrzeitverkürzung) kann ein höherer Wert gewählt werden. Erfahrungsgemäß gilt für die Wahl eines ersten Entwurfsgeschwindigkeitswertes in Abhängigkeit von der Grundgeschwindigkeit

$$V_e \sim V_{Gr} + 10 \cdots 20 \text{ [km/h]} \tag{12.1}$$

12.3.3.2. Größen

Die Entwurfsgeschwindigkeit bestimmt die streckencharakteristischen Merkmale entscheidend. Um für diese Merkmale eine klare Abgrenzung zu erhalten, bilden die Richtlinien [18] spürbare Geschwindigkeitsdifferenzen zwischen den einzelnen Stufen der Entwurfsgeschwindigkeit (Tab. 12.2).

Niedrigere Werte für $V_{85\% \text{naß}}$ als 60 km/h werden praktisch nicht mehr gemessen [39]. Für einbahnige Straßen mit sehr geringer Verkehrsbedeutung ist somit ein V_e-Wert von 40 km/h nur in Ausnahmefällen noch zu vertreten. Ein höherer Wert für $V_{85\% \text{naß}}$ als 100 km/h wird auf einbahnigen Straßen auch nicht beobachtet (Bild 12.20), so daß für einbahnige Straßen ein V_e-Wert über 100 km/h nicht erforderlich wird und zwar auch dann nicht, wenn die bestehende Geschwindigkeitsbeschränkung von 100 km/h aufgehoben werden sollte. Auf Autobahnen liegt die $V_{85\% \text{naß}}$ zur Zeit zwischen 110 und 125 km/h. Damit sollte die Regelentwurfsgeschwindigkeit auf Autobahnen 120 km/h sein. Bei einer Fahrgeschwindigkeit von 140 km/h ist bei nasser Fahrbahn in Abhängigkeit von der Wasserfilmdicke und der Tiefe der Reifenprofile mehr oder weniger mit einem Aufschwimmen der Fahrzeuge (aqua planing) zu rechnen (Kapitel 9 und Abschn. 12.6.4.1.). Diese V_e-Stufe sollte daher nur gewählt werden, wenn sie sich auf Grund der Geländeverhältnisse anbietet. Eine höhere V_e-Stufe ist nicht vertretbar. Eine V_e-Stufe von 100 km/h kann gewählt werden, wenn der Stetigkeit der Elementenfolge im Lageplan besondere Aufmerksamkeit gewidmet wird; eine V_e-Stufe von 80 km/h sollte nur ganz extremen Zwangslagen vorbehalten werden; ihre Anwendung wird immer problematisch bleiben. Bei den ständig steigenden Fahrgeschwindigkeiten (Bild 12.6) [37a] sollten die in der Regel angewandten V_e-Stufen bei einbahnigen Straßen die Werte 80 und 100 km/h und bei Autobahnen der Wert von 120 km/h sein.

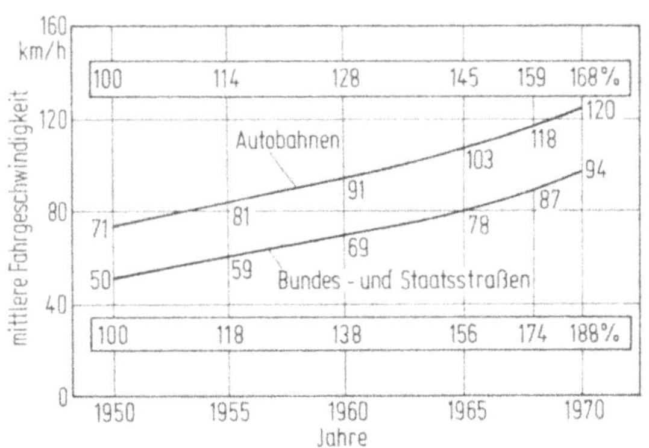

Bild 12.6. Zunahme der mittleren Fahrgeschwindigkeiten außerhalb bebauter Bereiche [39].

12.3.4. Ermittlung der $V_{85\%\ \text{naß}}$

Wenn anhand der Grundgeschwindigkeit (Tab. 12.1) der erste Wert für die Entwurfsgeschwindigkeit gewählt ist, ist der Regelquerschnitt festzulegen. Dies erfolgt

Tabelle 12.3. Rahmentabelle zur Straßennetzgestaltung [22]

Straßentyp	Maßgebende Verkehrsdaten						
	K/M[a]	Bemessungsverkehrsstärke (Kfz/h)[b] für die Geschwindigkeitsbereiche der Grundtabelle (km/h) 110/ 100/90	100/ 90/80	90/80/70	80/70/60	70/60/50	60/50/40
1	2	3	4	5	6	7	8
1.11	K	3300	3700	4100	4500	—	—
1.12	K	2200	2400	2600	2800	—	—
1.2	K	—	2200	2400	2600	2800	—
2.1	K	—	—	—	1300	1600	1800
2.21	K	—	700	1100	1500	1700	1800
2.22	K	—	600	900	1200	1400	1600
2.3	M	—	700	1100	1500	1700	1800
2.4	M	—	500	800	1100	1400	1600
2.51	M	—	—	—	900	1200	1500
2.52	M	—	—	—	—	—	1300

[a] K = Straße für Kraftfahrzeugverkehr, M = Straße für allgemeinen Verkehr
[b] Anhaltswerte bei flacher Gradiente und bis zu 10% Lkw-Anteil für den Querschnitt, bei Straßen mit Richtungstrennung je Richtungsfahrbahn

anhand der Rahmentabelle zur Straßennetzgestaltung (Tab. 12.3) der RAL-N [22]. Mit diesen bis hierher getroffenen Festlegungen wird

— ein erster zeichnerischer Entwurf erstellt,
— anhand der Geometrie des Entwurfes überprüft, ob die Leistungsfähigkeit des gewählten Querschnittes ausreicht,
— der Entwurf — soweit nötig — korrigiert und
— der Belastungsnachweis geführt.

Sind die aus Verkehrsaufgabe und Verkehrsqualität resultierenden Forderungen erfüllt, ist am Entwurf zu überprüfen, ob die Forderungen aus dem Geschwindigkeitsverhalten erfüllt sind; aus Sicherheitsgründen soll die 85%-Geschwindigkeit unbehindert fahrender Pkw bei nasser, sauberer Fahrbahn der Entwurfsgeschwindigkeit entsprechen. Die Ermittlung der $V_{85\%\,\text{naß}}$ wird an Hand von [39, 40] und [18] im folgenden dargestellt.

12.3.4.1. Fahrgeschwindigkeit in Abhängigkeit von der Kurvigkeit [39] *(einbahnige Straßen)*

Unter einem Einzelfahrzeug wird ein Fahrzeug verstanden, dessen Fahrer auf Grund der Gesamtsituation in der Lage ist, seine Fahrweise frei zu wählen. Bisher wurde als Kriterium für ein Einzelfahrzeug ein Grenzwert der Zeitlücke zum vorausfahrenden Fahrzeug — „Zeitlücke voraus" — mit etwa 8 s angegeben. Es

Streckencharakteristik						Regel-querschnitte (R-Q) nach RAL-Q Ausgabe 1974	
Linie Entwurfs-geschwindigkeit V_e (km/h)	Querschnitt Anzahl der Fahrspuren	Richtungstrennung	befestigter Seitenstreifen	Knoten	Zufahrten		
9	10	11	12	13	14	15	16
≧100	6	ja	ja	planfrei	nicht zulässig	A 6ms	37,5
≧100	4	ja	ja	planfrei	nicht zulässig	A 4ms	29
≦100	4	ja	ja	planfrei	nicht zulässig	B 4ms	26
≦100	4	ja	ja	plangleich[c]	nicht zulässig	B 4ms	26
≦100	2	—	ja	plangleich	nicht zulässig	B 2s	15
≦100	2	—	ja	plangleich	nicht zulässig	B 2	12,5
≦100	2	—	ja	plangleich	nicht erwünscht	B 2s	15
≦100	2	—	—	plangleich	nicht erwünscht	B 2	12,5
≦ 80	2	—	—	plangleich	zulässig	C 2	10,5
≦ 60	2	—	—	plangleich	zulässig	D 2	9,5

[c] Lichtsignalregelung erforderlich, Kapazität hiervon abhängig. Angaben in Spalte 5 u. 6 gelten für 50% Grünanteil am Gesamtgrün

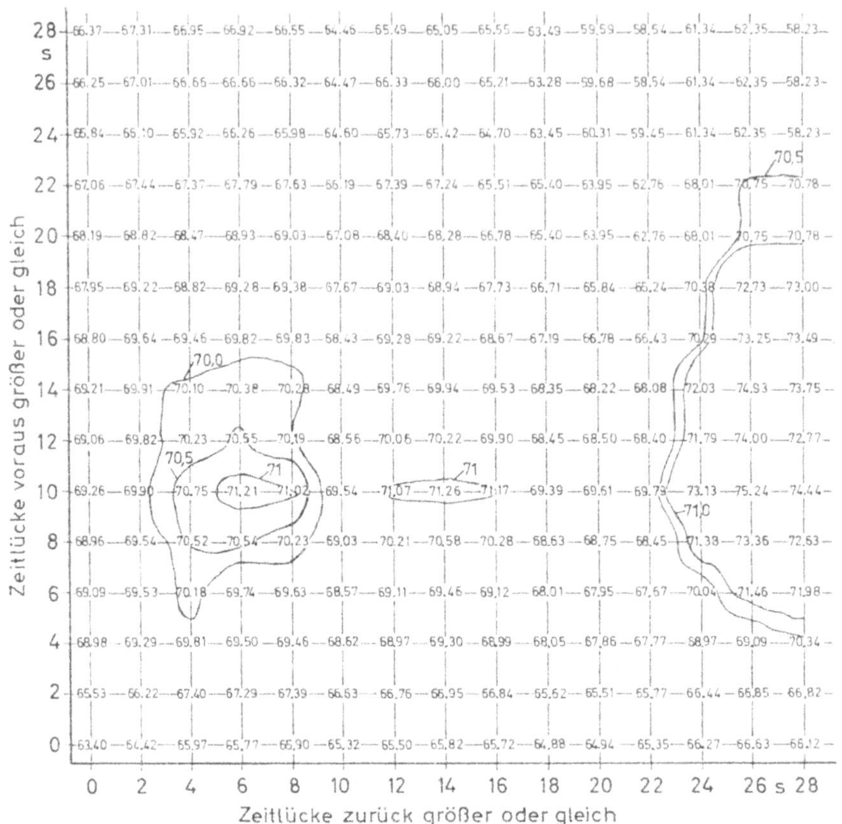

Bild 12.7. Definition des Einzelfahrzeugs
(mittlere Geschwindigkeiten bei Variation der Zeitlücken voraus und zurück; nur Pkw; 412 Kfz/h; Lkw-Anteil 14,6%) [39].

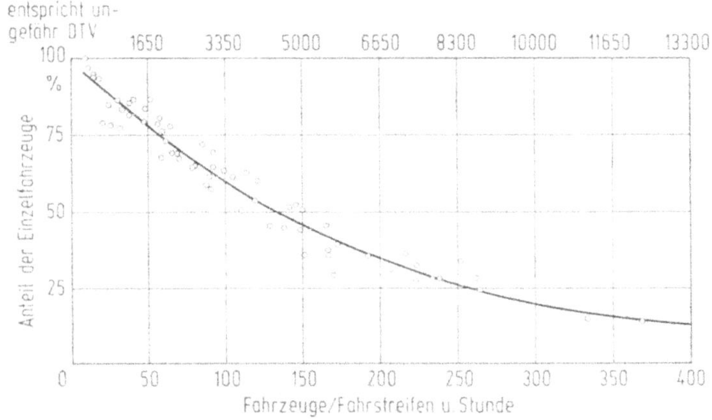

Bild 12.8. Anteil der Einzelfahrzeuge in Abhängigkeit der Straßenbelastung [39].

muß jedoch — vom betrachteten Fahrzeug aus gesehen — neben der „Zeitlücke voraus" auch die „Zeitlücke zurück" berücksichtigt werden. Wenn als Kriterium für die Definition des Einzelfahrzeugs (unbehindert fahrender Pkw) die maximale mittlere Geschwindigkeit gewählt wird, die sich aus einer Variation der „Zeitlücke voraus" und der „Zeitlücke zurück" für das in Frage kommende Fahrzeugkollektiv (Pkw) ergibt (Bild 12.7), kann unter Vernachlässigung der sehr geringen Geschwindigkeitsänderungen im Bereich der jeweils maximalen mittleren Geschwindigkeiten bei größeren Zeitlücken für die Erfassung des Einzelfahrzeugs als Kriterium festgelegt werden:

$$t_{\text{voraus}} = 7\ \text{s}$$

$$t_{\text{zurück}} = 4\ \text{s}$$

Den Anteil der Einzelfahrzeuge — bei etwa 10% Lkw-Anteil — in Abhängigkeit von der Verkehrsstärke zeigt das Bild 12.8. Die Berechnung der 85%-Geschwindigkeit bei sauberer, nasser Fahrbahn erfolgt nach [39] in Abhängigkeit von der mittleren Geschwindigkeit der Einzelfahrzeuge bei trockener Fahrbahn ($V_{50\%}$). Für die Ermittlung der in einem beliebigen Querschnitt zu erwartenden $V_{50\%}$ stehen mehrere Formeln zur Verfügung:

Ein Ansatz mit einer linearen Gleichung lautet:

$$V_{50\%} = 54{,}48 - 0{,}0426\, KU + 4{,}361\, B + 0{,}0271\, SW\ [\text{km/h}] \qquad (12.2)$$

mit einem Bestimmtheitsmaß

$$B = 0{,}887 = 0{,}703\,(KU) + 0{,}154\,(B) + 0{,}03\,(SW)]$$

Und unter Vernachlässigung der Sichtweite:

$$V_{50\%} = 55{,}65 - 0{,}0532\, KU + 5{,}414\, B\ [\text{km/h}] \qquad (12.3)$$

$$(B = 0{,}857)$$

Mit quadratischen Gliedern in der Gleichung ergibt sich

$$V_{50\%} = 57{,}49 - 0{,}0596\, KU + 0{,}0000258\, KU^2 + 4{,}293\, B + 0{,}0222\, SW\ [\text{km/h}]$$

$$(B = 0{,}891) \qquad (12.4)$$

bzw. wieder unter Vernachlässigung der Sichtweite:

$$V_{50\%} = 61{,}03 - 0{,}0819\, KU + 0{,}0000496\, KU^2 + 4{,}85\, B\ [\text{km/h}] \qquad (12.5)$$

$$(B = 0{,}875).$$

Die Fahrgeschwindigkeit ist überwiegend von der Kurvigkeit (KU) abhängig. Nimmt die Kurvigkeit zu, so steigt ihr Einfluß auf die Geschwindigkeitswahl; bei geringerer Kurvigkeit gewinnen die Fahrbahnbreite und auch die Sichtweite an Einfluß. Die Sichtweite kann wegen ihrer Abhängigkeit von der Kurvigkeit (Bild 12.9) gegebenenfalls vernachlässigt werden.

Die Kurvigkeit KU, die Fahrbahnbreite B und die Sichtweite SW werden in den Gln. (12.2) bis (12.5) folgendermaßen berücksichtigt (Bild 12.10 [4]):

$$KU = \frac{\text{Summe aller Winkeländerungen}}{\text{Länge}} = \frac{\sum_{i=1}^{i=n} |\alpha_i| + |\tau_i|}{L}\ [\text{gon/km}] \qquad (12.6)$$

Im Bild 12.10 ergibt sich die Kurvigkeit für die Linie L_1 zu $KU_{L_1} = \frac{\alpha}{L_1}$ und für die Linie L_2 zu $KU_{L_2} = \frac{3 \cdot \alpha}{L_2}$; obwohl $L_1 = L_2$, wird folgerichtig $KU_{L_2} = 3 \cdot KU_{L_1}$ (τ_i s. Abschn. 12.4.4., Bild 12.38.).

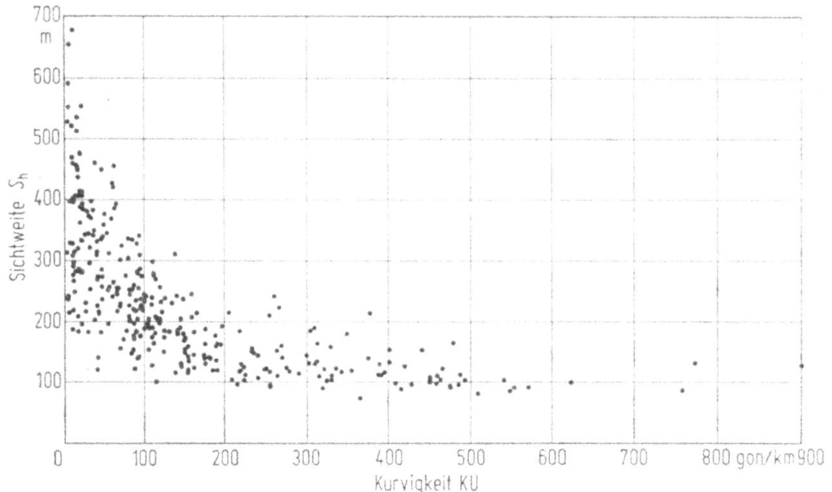

Bild 12.9. Zusammenhang Kurvigkeit — Sichtweite
(Sichtweite: S_{hmittel} in einem Bereich von 400 m vor dem Meßquerschnitt [39].

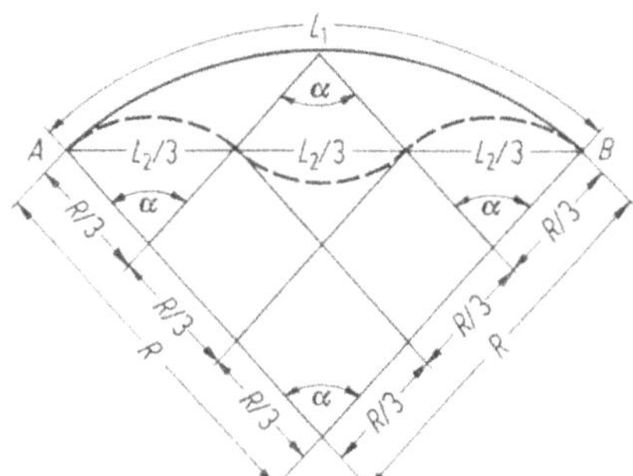

Bild 12.10. Kurvigkeit [38].

Zu jedem Straßenquerschnitt gehört eine bestimmte Streckenlänge, deren mittlere Geschwindigkeit mit der Fahrgeschwindigkeit an diesem Querschnitt am besten korreliert. Über Geschwindigkeitsmessungen wurde der Verlauf von Verzögerungsstrecken vor den Kreisbögen von Kurven, der Geschwindigkeitsverlauf in Kreisbögen und der Verlauf von Beschleunigungsstrecken hinter den Kreisbögen von Kurven ermittelt. Das Bild 12.11 zeigt den Geschwindigkeitsverlauf vor dem Kreisbogen einer Kurve. *G*, *G'* und *W* sind Ersatzgeraden für die Bereiche Annäherungsgeschwindigkeit (*G*), Geschwindigkeitsabfall (*G'*) und Kurvengeschwindigkeit (*W*).

Die einem Straßenquerschnitt (Berechnungspunkt) zuzuordnende Streckenlänge für die Ermittlung der Kurvigkeit setzt sich immer aus einem Streckenanteil vor dem Berechnungspunkt (E_v) und einem Streckenanteil hinter dem Berechnungspunkt (E_z) zusammen. Für den Bereich bis zum Beginn des Kreisbogenteiles einer Kurve (Bild 12.12) können die E_z- und E_v-Werte dem Bild 12.13 entnommen werden. Im Kreisbogenteil einer Kurve ist die niedrigste Fahrgeschwindigkeit etwa im Drittelspunkt dieses Kreisbogenteiles zu erwarten. Die E_z- und E_v-Werte für diesen Drittelpunkt können dem Bild 12.14 entnommen werden. Für den Bereich hinter dem Kreisbogenteil einer Kurve können die E_z- und E_v-Werte dem Bild 12.15 entnommen werden. Vor Kurven mit kleinen

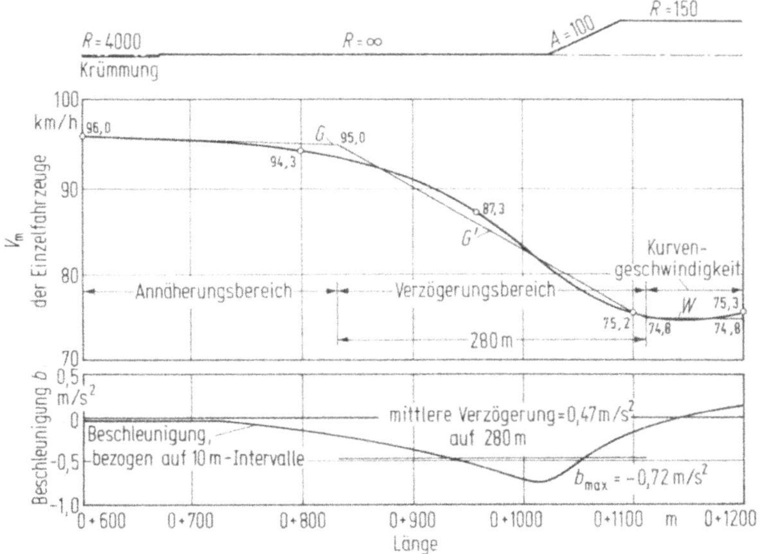

Bild 12.11. Geschwindigkeits- und Beschleunigungsverlauf vor einer Kurve [39].

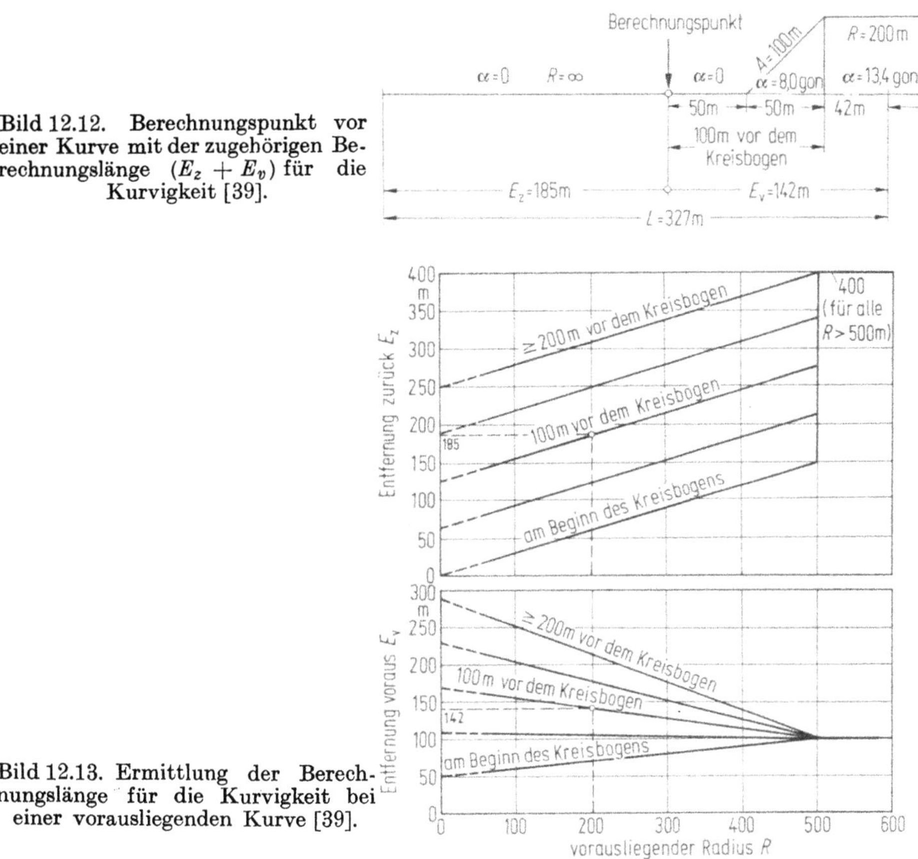

Bild 12.12. Berechnungspunkt vor einer Kurve mit der zugehörigen Berechnungslänge $(E_z + E_v)$ für die Kurvigkeit [39].

Bild 12.13. Ermittlung der Berechnungslänge für die Kurvigkeit bei einer vorausliegenden Kurve [39].

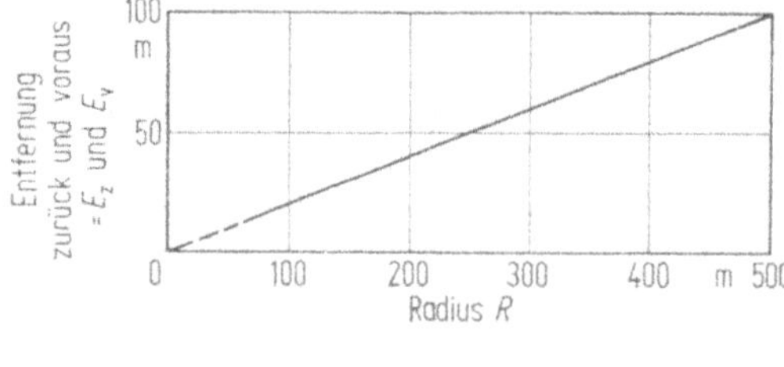

Bild 12.14. Ermittlung der Berechnungslänge für die Kurvigkeit im Drittelspunkt des Kreisbogens einer Kurve [39].

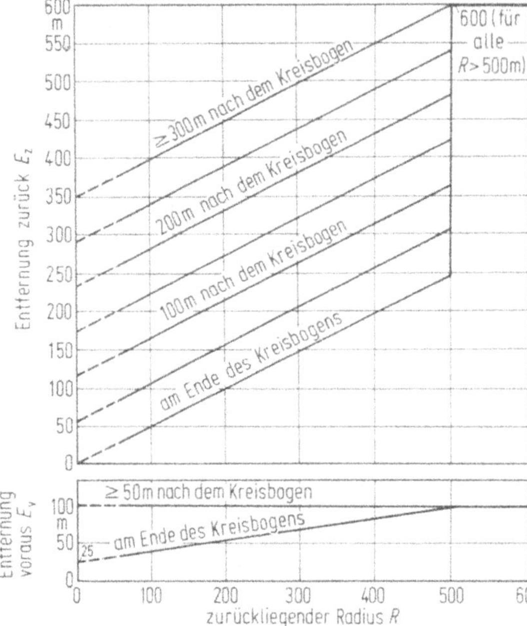

Bild 12.15. Ermittlung der Berechnungslänge für die Kurvigkeit bei einer zurückliegenden Kurve [39].

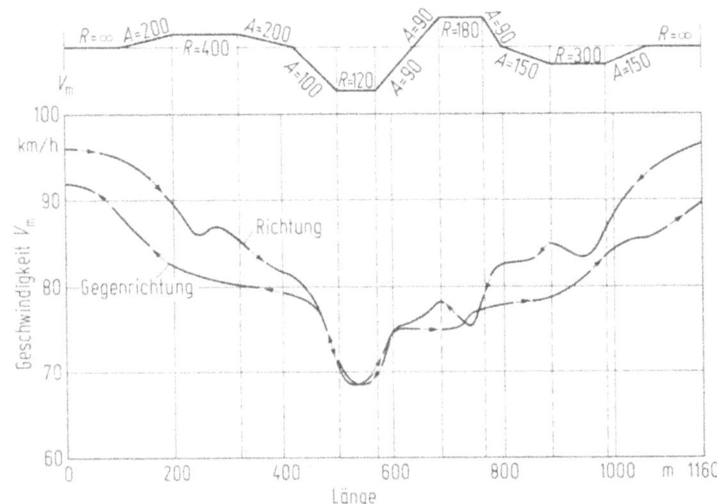

Bild 12.16. Beispiel für die mittleren Fahrgeschwindigkeiten von Einzelfahrzeugen in Richtung und Gegenrichtung; $B = 7{,}5$ m, $s = 0\%$ [39].

Radien (R_2) kann der Geschwindigkeitsabfall nicht erst in der vorher liegenden Wendeklotoide sondern bereits in oder vor dem Kreisbogen der vorher liegenden Kurve (R_1) beginnen. In diesen Fällen wird der Bereich der Kurve mit R_1 als vorausliegender Bereich der Kurve mit R_2 untersucht. Sinngemäß wird die Auswirkung einer engen Kurve auf den noch folgenden Streckenbereich untersucht. Ausschlaggebend sind die jeweils kleineren Kurvigkeitswerte.

Beispiel:
(siehe Bild 12.12 und Gl. (12.6))

$$L_1 = 185\text{ m},\ R = \infty\text{ m},\ \alpha_1 = \frac{L_1}{R_1} \cdot 63{,}62 = 0\text{ gon}$$

$$L_2 = 50\text{ m},\ R = \infty\text{ m},\ \alpha_2 = \frac{L_2}{R_2} \cdot 63{,}62 = 0\text{ gon}$$

$$L_3 = 50\text{ m},\ A = 100\text{ m},\ \tau_3 = \frac{L_3^2}{2A^2} \cdot 63{,}62 = 8{,}0\text{ gon}$$

$$L_4 = 42\text{ m},\ R = 200\text{ m},\ \alpha_4 = \frac{L_4}{R} \cdot 63{,}62 = 13{,}4\text{ gon}$$

$$\Sigma|\alpha| + \Sigma|\tau| = 21{,}4\text{ gon}$$

$$L = E_z + E_v = 0{,}185 + 0{,}142 = 0{,}327\text{ km}$$

$$KU = \frac{\Sigma|\alpha| + \Sigma|\tau|}{L} = \frac{21{,}4}{0{,}327} = 65{,}4\text{ gon/km}$$

Mit $B = 7{,}5$ m ist nach Gl. (12.3)

$V_{50\%} = 92{,}7$ km/h und nach Gl. (12.5)

$V_{50\%} = 92{,}2$ km/h.

Die Sichtweite SW wird definiert als

SW = Mittelwert der Haltesichtweite über einen Bereich von 400 m vor dem Berechnungspunkt ($SW_{max} = 750$ m) Definition und Berechnung von SW siehe Abschnitt 12.7.

Die Fahrbahnbreite B wird definiert als

B = befestigte Fahrbahnbreite ($B = 5{,}5 \cdots 8{,}5$ m)

Bild 12.16 zeigt die Geschwindigkeitsbänder für Richtung und Gegenrichtung einer Straßenstrecke mit unstetiger Radienfolge; der Geschwindigkeitsverlauf wurde mit dem vorstehend geschilderten Verfahren ermittelt, wobei die Längsneigung = 0% angenommen wurde.

Die Berechnung kann erheblich vereinfacht werden, wenn ermittelt wird:

- bei einer Folge von Scheitelklotoiden (als Grenzwert für die kleinste KU) die Geschwindigkeit im 0-Punkt und im Scheitelpunkt der Wendeklotoide (KU jeweils aus der Länge der beiden anschließenden Klotoidenäste, Bild 12.17a);
- bei einer Folge von Wendelinien, bei der die Öffnungswinkel der einzelnen Kurven die Werte des Bildes 12.21 oder größere Werte aufweisen, die Geschwindigkeit am Anfang und am Ende des Kreisbogenteiles jeder Kurve (KU aus der Länge des jeweils anschließenden Klotoidenastes und des Kreisbogenteiles der Kurve, Bild 12.17b).

Diese vereinfachte Berechnung ergibt zwar kein Geschwindigkeitsprofil, genügt aber für die Festlegung der Entwurfsgeschwindigkeit.

Längsneigungen über +2% und unter −4% sind gesondert zu berücksichtigen. Näherungsweise kann die Geschwindigkeitsabnahme ΔV nach Bild 12.18 erfolgen [8], wobei zu beachten ist:

— die mittlere Längsneigung wird für eine Straßenstrecke von 400 m vor dem Berechnungspunkt ermittelt,
— oberhalb bestimmter Kurvigkeiten werden die Längsneigungen wirkungslos, der Einfluß der Kurvigkeit überwiegt.

Beispiel: $KU = 100$ [gon/km], $s = -8$ [%]
aus Bild 12.18

$$\text{für } s = -7\%: \quad \Delta V = \frac{160 - 100}{160} \cdot (-12) = -4{,}5 \text{ km/h}$$

$$\text{für } s = -10\%: \quad \Delta V = \frac{400 - 100}{400} \cdot (-25) = -18{,}75 \text{ km/h}$$

$$\text{für } s = -8\%: \quad -4{,}5 - (18{,}75 - 4{,}5) \cdot 1/3 = -9{,}25 \text{ km/h}$$

Einen Vergleich zwischen gemessenen und nach dem vorstehenden Verfahren gerechneten Geschwindigkeiten zeigt das Bild 12.19 [39].

Aus Geschwindigkeitsmessungen bei Nässe wurde der in Bild 12.20 dargestellte Zusammenhang zwischen der mittleren Geschwindigkeit und der 85%-Geschwindigkeit von Einzelfahrzeugen auf trockener Fahrbahn sowie der 80%- und der 85%-Geschwindigkeit von Einzelfahrzeugen bei nasser Fahrbahn gewonnen. In Tab. 12.4 erfolgt diese Gegenüberstellung in Zahlen. Mit Hilfe der Gln. (12.2) bis

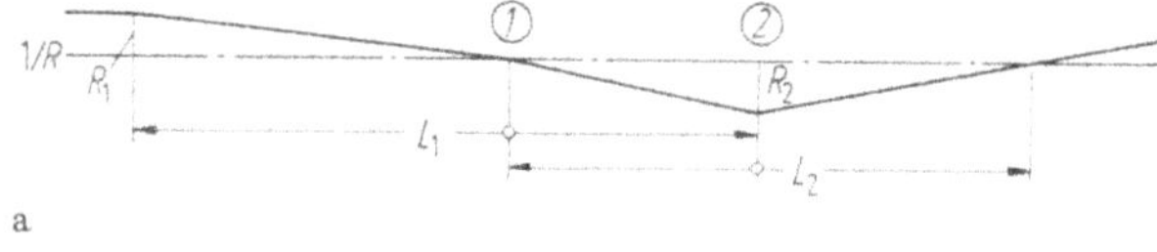

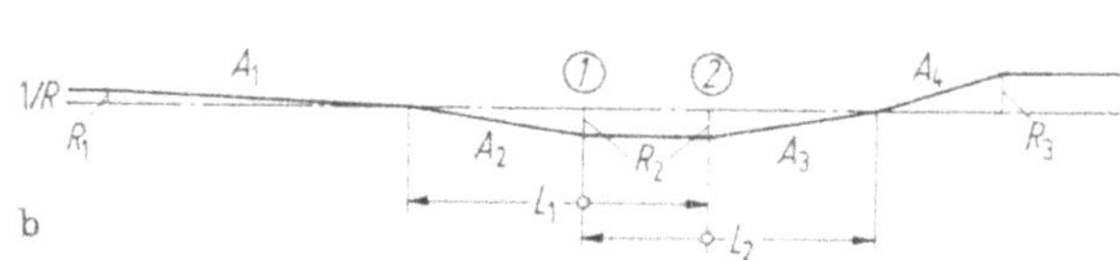

Bild 12.17a + b. Streckenlängen für die vereinfachte Ermittlung der Kurvigkeit in den Punkten ① und ②
a) bei einer Wendeklotoide,
b) bei einer Wendelinie.

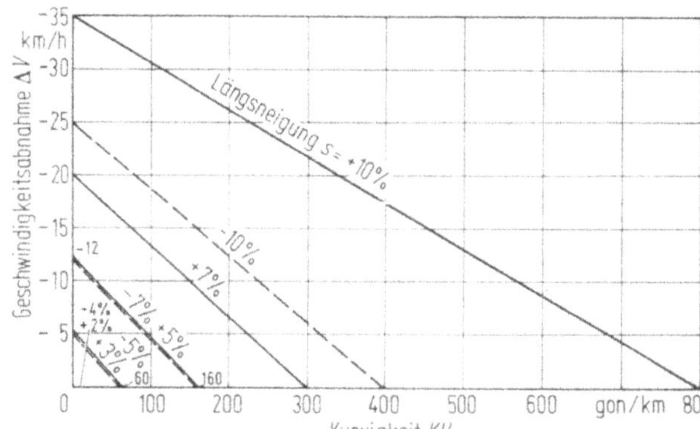

Bild 12.18. Abhängigkeit der Geschwindigkeitsabnahme von Kurvigkeit und Längsneigung [39].

(12.5) und des Bildes 12.20 bzw. der Tab. 12.4 kann das Geschwindigkeitsprofil der $V_{85\%\ \text{naß}}$ ermittelt werden. Dieses Profil dient zur Festlegung der endgültigen Entwurfsgeschwindigkeit.

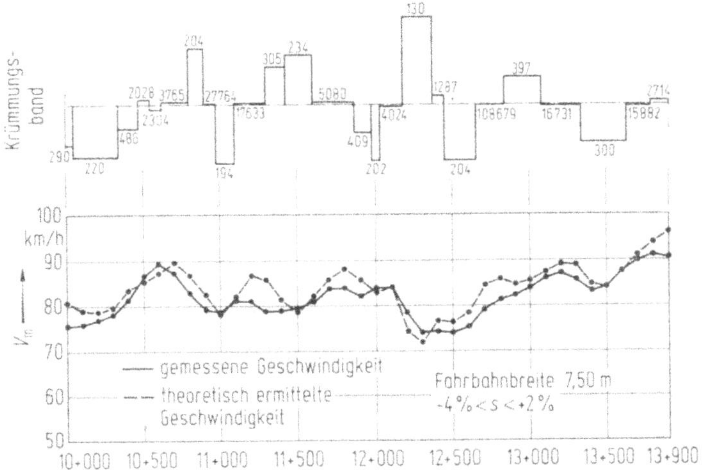

Bild 12.19. Vergleich zwischen gemessenen und rechnerisch ermittelten Geschwindigkeitswerten $V_{85\%}$ naß [39].

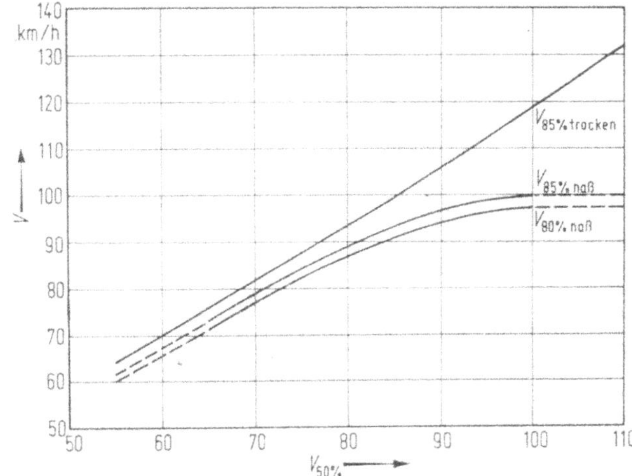

Bild 12.20. $V_{50\%\text{trocken}}$, $V_{80\%\text{naß}}$, $V_{85\%\text{naß}}$ und $V_{85\%\text{trocken}}$ (Einzelfahrzeuge) [39].

Tabelle 12.4. $V_{50\%\text{trocken}}$ und $V_{85\%\ \text{naß}}$ [km/h] (Einzelfahrzeuge) [39]

$V_{50\%}$ trocken	55	57,5	60	62,5	65	67,5	70	72,5	75	77,5
$V_{85\%}$ naß	60,3	63,6	66,8	70,0	73,1	76,1	79,1	81,9	84,6	87,1

$V_{50\%}$ trocken	80	82,5	85	87,5	90	92,5	95	97,5	100
$V_{85\%}$ naß	89,6	91,9	93,9	95,6	97,1	98,3	99,1	99,7	100

Werden für Straßentrassen folgende Annahmen getroffen:

Längsneigung:	$-4\% < s < +2\%$
Sichtweiten:	unberücksichtigt
Radienfolgen:	nach Bild 12.36 für die Grenze zwischen brauchbarem und zu vermeidendem Bereich

Öffnungswinkel der Kreisbogenanteile der einzelnen Kurven und zugehörige Klotoidenparameter (s. Abschn. 12.4.4.):

$\alpha_1 = 0$ gon (Scheitelklotoiden) $\qquad A_1 = R$

$\alpha_2 =$ Durchschnittswert (Kurve in Bild 12.21) $\qquad A_2 = \frac{2}{3} R$

$\alpha_3 = 100$ gon $\qquad A_3 = A_{min}$ [18]

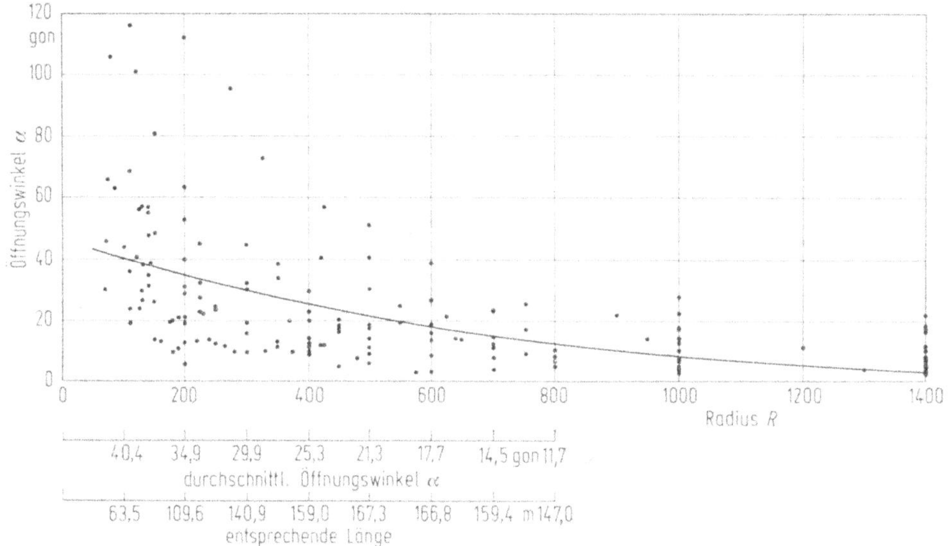

Bild 12.21. Öffnungswinkel der Kreisbögen von Kurven [39].

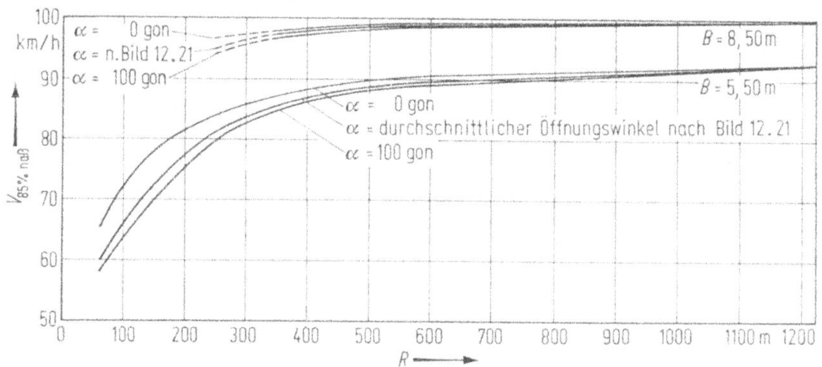

Bild 12.22. $V_{85\%\,naß}$ in Kreisbögen in Abhängigkeit vom Öffnungswinkel des Kreisbogens von der Fahrbahnbreite [39].

so ergeben sich die in Bild 12.22 dargestellten 85%-Geschwindigkeiten für Einzelfahrzeuge bei nasser, sauberer Fahrbahn. Dieses Bild kann zur Geschwindigkeitsabschätzung bei Vorentwürfen dienen. Das Bild deutet die Problematik der Bemessung von Kurven mit kleinen Radien an.

Bild 12.23 verdeutlicht, wie stark die Mittelwerte der Fahrgeschwindigkeit für alle Fahrzeuge und für Einzelfahrzeuge an einem Meßquerschnitt in Abhängigkeit von Verkehrsbelastung und Tageszeit bei trockener Fahrbahn während 24 h schwanken. An diesem Querschnitt wurden folgende Meßwerte für 5528 Fahrzeuge, davon 697 Lkw = 12,6% ermittelt:

$$\left.\begin{aligned} V_{15\%} &= 64{,}86\ \text{km/h} \quad \sim 65\ \text{km/h} \\ V_{50\%} &= 86{,}94\ \text{km/h} \quad \sim 87\ \text{km/h} \\ V_{85\%} &= 109{,}09\ \text{km/h} \quad \sim 109\ \text{km/h} \end{aligned}\right\} \begin{aligned} \Delta V &= 22\ \text{km/h} \\ \Delta V &= 22\ \text{km/h} \end{aligned}$$

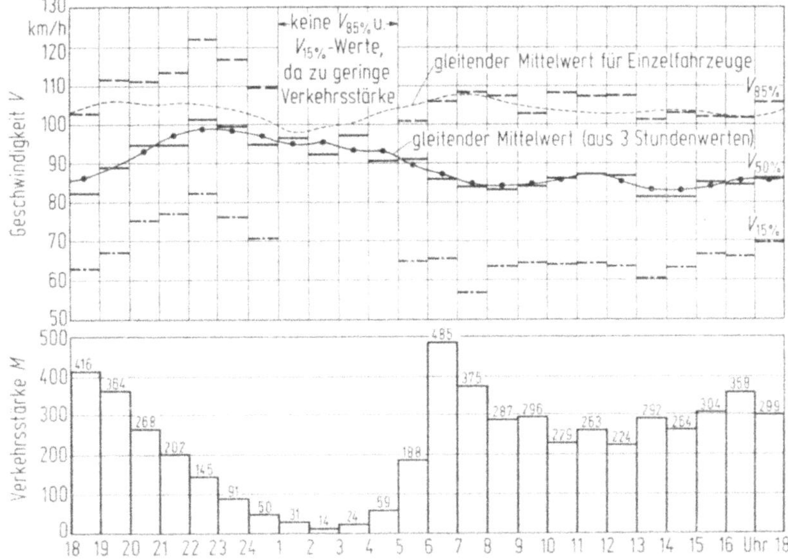

Bild 12.23. Verlauf von Prozentgeschwindigkeiten über 24 Stunden [39].

12.3.4.2. Fahrdynamik und Streckencharakteristik [40] *(einbahnige Straßen)*

Zur Beschreibung des durch die Streckencharakteristik geprägten Fahrverhaltens wird die 85%-Geschwindigkeit von Einzelfahrzeugen bei trockener Fahrbahn benutzt. Der Unterschied im Geschwindigkeitsverhalten auf trockener und auf nasser Fahrbahn wird abgeschätzt. Die Geschwindigkeiten wurden im Querschnitt gemessen. Die Untersuchung gibt folgenden Berechnungsgang an:

Gl. (12.6) wird umgeformt in

$$KU = \frac{\sum\limits_{i=1}^{i=n} |\alpha_i| + \sum\limits_{j=1}^{j=n} |\tau_i|}{L} \quad [\text{gon/km}] \tag{12.7}$$

mit

$$\alpha_i = \frac{L_i}{R_i} \cdot 63{,}7\ [\text{gon}], \quad \tau_i = \frac{1}{2 \cdot A_j^2} \cdot L_j^2 \cdot 63{,}7\ [\text{gon}]$$

und

$$A_j^2 = R_j \cdot L_j$$

s. Abschn. (12.4.4.2) ergibt sich

$$KU = \frac{\sum\limits_{i=1}^{i=n} \left| \frac{L_i}{R_i} \right| \cdot 63{,}7 + \sum\limits_{j=1}^{j=n} \left| \frac{L_j}{2 \cdot R_j} \right| \cdot 63{,}7}{L} \text{ [gon/km]} \tag{12.8}$$

Diese Darstellung der Kurvigkeit wird als streckenspezifischer Parameter bezeichnet und dadurch ergänzt, daß für die Radien Krümmungsfaktoren zur Gewichtung der Winkeländerungen im Bereich kleiner Kurvenradien (bis $R = 500$ m) ermittelt werden (Tab. 12.5).

Damit wird Gl. (12.8) zu

$$SP = \frac{\sum\limits_{i=1}^{i=n} \left| \frac{L_i}{R_i} \right| \cdot 63{,}7 \cdot k_i + \sum\limits_{j=1}^{j=n} \left| \frac{L_j}{2 \cdot R_j} \right| \cdot 63{,}7 \cdot k_j}{L} \text{ [gon/km]} \tag{12.9}$$

Mit der Festlegung, daß für die Geschwindigkeitswahl im Berechnungsquerschnitt die Sichtweiten in Fahrtrichtung zum (SW_1) und vom (SW_2) Berechnungspunkt maßgebend sind, wird der Nenner von Gl. (12.9) zu

$$L = SW_1 + SW_2 \text{ [km]} \tag{12.10}$$

Tabelle 12.5. Krümmungsfaktoren in Abhängigkeit vom Radius [40]

R_i [m]	k_i [–]	k_j [–]	R_i [m]	k_i [–]	k_j [–]	R_i [m]	k_i [–]	k_j [–]	R_i [m]	k_i [–]	k_j [–]	R_i [m]	k_i [–]	k_j [–]
1	2	3	4	5	6	7	8	9	10	11	12	13	14	15
			100	1,93	1,43	200	1,43	1,08	300	1,22	1,00	400	1,08	1,00
			105	1,89	1,41	205	1,42	1,07	305	1,21	1,00	405	1,08	1,00
			110	1,85	1,38	210	1,41	1,07	310	1,20	1,00	410	1,07	1,00
			115	1,82	1,35	215	1,39	1,06	315	1,19	1,00	415	1,07	1,00
			120	1,78	1,33	220	1,38	1,05	320	1,19	1,00	420	1,07	1,00
			125	1,75	1,31	225	1,37	1,05	325	1,18	1,00	425	1,06	1,00
			130	1,72	1,29	230	1,35	1,04	330	1,17	1,00	430	1,06	1,00
			135	1,69	1,27	235	1,34	1,03	335	1,16	1,00	435	1,06	1,00
			140	1,67	1,25	240	1,33	1,02	340	1,16	1,00	440	1,05	1,00
			145	1,64	1,23	245	1,32	1,02	345	1,15	1,00	445	1,05	1,00
50	2,60	1,93	150	1,61	1,22	250	1,31	1,00	350	1,15	1,00	450	1,05	1,00
55	2,58	1,85	155	1,59	1,20	255	1,30	1,00	355	1,14	1,00	455	1,04	1,00
60	2,41	1,78	160	1,57	1,19	260	1,29	1,00	360	1,13	1,00	460	1,04	1,00
65	2,33	1,72	165	1,55	1,17	265	1,28	1,00	365	1,13	1,00	465	1,04	1,00
70	2,26	1,67	170	1,53	1,16	270	1,27	1,00	370	1,12	1,00	470	1,03	1,00
75	2,19	1,51	175	1,52	1,15	275	1,26	1,00	375	1,11	1,00	475	1,03	1,00
80	2,13	1,57	180	1,50	1,13	280	1,25	1,00	380	1,11	1,00	480	1,02	1,00
85	2,08	1,53	185	1,48	1,12	285	1,24	1,00	385	1,10	1,00	485	1,02	1,00
90	2,03	1,50	190	1,47	1,11	290	1,23	1,00	390	1,10	1,00	490	1,02	1,00
95	1,97	1,47	195	1,45	1,10	295	1,22	1,00	395	1,09	1,00	495	1,01	1,00
												500	1,00	1,00

L_i und L_j beziehen sich auf den durch SW_1 und SW_2 definierten Beobachtungsabschnitt; die obere Begrenzung liegt bei 0,6 km. Mit diesen Festlegungen sind die für die Streckencharakteristik ausschlaggebenden baulichen Merkmale Kurvigkeit, Krümmung und Sichtweite durch den streckenspezifischen Parameter SP erfaßt. Für die zwei Straßentypen

I = Neuausbau	$B \geqq 8{,}5$ m	(RQ B 2, B 2s) und
II = Altausbau	$B = 6{,}0$ bis 7,5 m	bzw.
Neubau mit	$B = 6{,}5$ und 7,5 m	(RQ C_2, D_2)

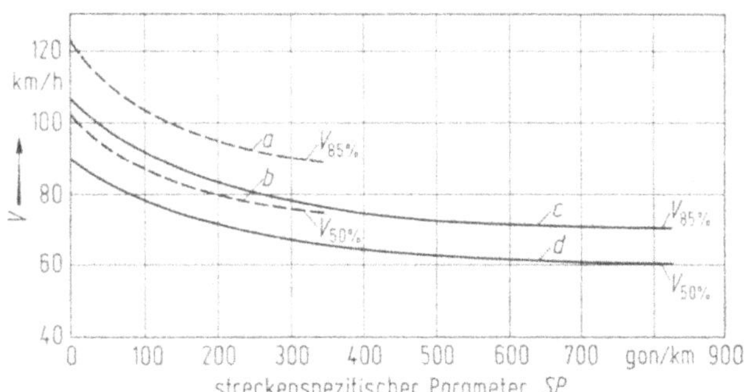

Bild 12.24. Abhängigkeit zwischen 85%- und 50%-Geschwindigkeit und streckenspezifischem Parameter SP a und b für Straßentyp I (Neuausbau, $B \geqq 8{,}5$m) c und d für Straßentyp II (Ausbau mit $B = 6{,}0...7{,}5$ m; Neubau mit $B = 6{,}5$ u. 7,5 m).

Tabelle 12.6. Geschwindigkeit in Abhängigkeit vom Straßentyp und vom streckenspezifischen Parameter [40]

		Straßentyp I	Straßentyp II
SP [gon/km]	min	15	15···0
	max	150···300	400···800
$V_{85\%}$ [km/h]	max	120	105
	min	90	70···75
$V_{50\%}$ [km/h]	max	100	90
	min	75	60···65

erhält man für die 85%-Geschwindigkeit bzw. für die 50%-Geschwindigkeit von Einzelfahrzeugen bei trockener Fahrbahn für den Straßentyp I (Bild 12.24)

$$V_{85\%} = 84{,}19 + 37{,}80 \cdot e^{-\frac{SP}{152}} \quad \text{[km/h]} \tag{12.11}$$

$$V_{50\%} = 69{,}71 + 32{,}58 \cdot e^{-\frac{SP}{163}} \quad \text{[km/h]} \tag{12.12}$$

und für den Straßentyp II (Bild 12.24)

$$V_{85\%} = 69{,}75 + 36{,}80 \cdot e^{-\frac{SP}{201}} \quad \text{[km/h]} \tag{12.13}$$

$$V_{50\%} = 59{,}85 + 30{,}06 \cdot e^{-\frac{SP}{210}} \quad \text{[km/h]} \tag{12.14}$$

Die zu erwartenden Geschwindigkeiten zeigt Tab. 12.6. Zur Vereinfachung kann für Neubaustrecken des Straßentyps I in Gl. (12.10) für $L = 1$ km mit $SW_1 = SW_2 = 0{,}5$ km gesetzt werden, da bei diesem Straßentyp die Sichtweite das Fahrverhalten nur noch unwesentlich beeinflußt (Kurven in Bild 12.24 deckungsgleich). Dies gilt nach dieser Untersuchung für den Straßentyp II (Bild 12.24 durchgezogene Kurven) nur noch bedingt, da die Sichtweiten hier einen bedeutenderen Einfluß ausüben und nicht unberücksichtigt bleiben dürfen. Eine Abschätzung der Differenzen zwischen den Geschwindigkeiten auf trockener und nasser Fahrbahn führt zu den Kurven des Bildes 12.25, die für die näherungsweise Ermittlung des Geschwindigkeitsbandes für beide Fahrrichtungen verwandt werden können.

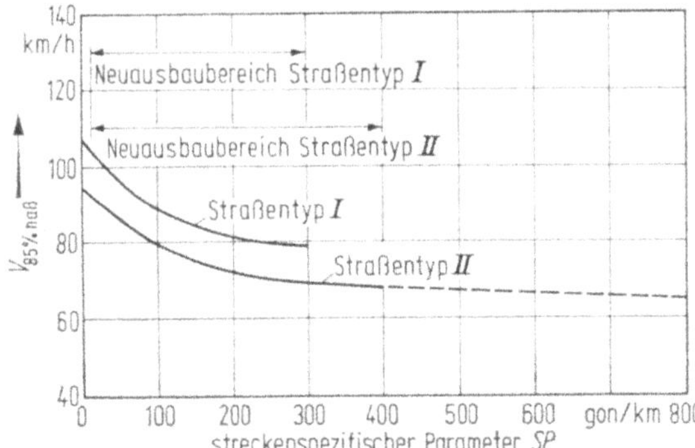

Bild 12.25. Abhängigkeit zwischen streckencharakteristischer Geschwindigkeit und streckenspezifischem Parameter (einbahnige Straße — nasse Fahrbahn) [40].

12.3.4.3. *Ermittlung von $V_{85\%\,\text{naß}}$ nach [18]*

Die 85%-Geschwindigkeit unbehinderter Kraftfahrzeuge (Pkw) bei nasser sauberer Fahrbahn kann als Ersatz für die geforderten Geschwindigkeitsbänder für Richtung und Gegenrichtung bei einbahnigen Straßen als Mittelwert für beide Fahrtrichtungen abschnittsweise in Abhängigkeit von der Kurvigkeit angesetzt werden (Bild 12.26). Dieses Verfahren sollte aus Vereinfachungsgründen immer angestrebt werden; es ist auch vertretbar, weil sich selbst bei unstetigen Strecken (Bild 12.16) Unterschiede in den Fahrgeschwindigkeiten der beiden Fahrtrichtungen nur in einer solchen Größenordnung ergeben, daß dies bei der endgültigen Festlegung der Entwurfsgeschwindigkeit aufgefangen werden kann, wenn für die Bemessung von Haltesichtweite und Kurvenquerneigung 10 km/h-Stufen gewählt werden. Zur Vereinfachung kann evtl. auch nur das Geschwindigkeitsband ermittelt werden, das von weniger gekrümmten Streckenteilen in stärker gekrümmte Streckenteile führt (Bild 12.16), da die Fahrgeschwindigkeit bei zunehmender Kurvigkeit höher liegt als bei abnehmender Kurvigkeit.

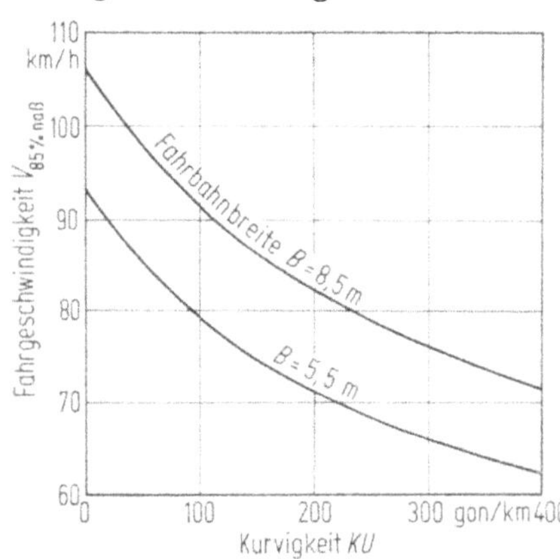

Bild 12.26. Zusammenhang zwischen Kurvigkeit und $V_{85\%\,\text{naß}}$ [18].

Die sich aus Bild 12.26 ergebenden Fahrgeschwindigkeiten für $V_{85\%\,\text{naß}}$ liegen wegen des Zeitunterschiedes der zugrunde liegenden Geschwindigkeitsmessungen niedriger als die sich aus Gl. (12.2) bis (12.5) in Verbindung mit Bild 12.20 und Tab. 12.4 ergebenden Geschwindigkeiten. Hier schlägt sich die ständige Zunahme der Fahrgeschwindigkeiten nieder. Es erscheint aus wirtschaftlichen Gründen nicht vertretbar, hinter diesen sich ständig erhöhenden Fahrgeschwindigkeiten mit der Entwurfsgeschwindigkeit herzulaufen; dies würde bei einbahnigen Straßen in absehbarer Zeit zu einer Einheits-V_e von 100 km/h führen.

Für die Ermittlung der $V_{85\%\,\text{naß}}$ auf zweibahnigen Straßen liegen gleichartige Untersuchungen wie für einbahnige Straßen nicht vor. In Bayern wurde mit der Einführung der RAL-L-1-1973 [18] für diese Geschwindigkeit folgender Anhalt gegeben: Die Fahrgeschwindigkeit $V_{85\%\,\text{naß}}$ ist bei zweibahnigen Straßen in Kurvigkeitsbereichen zwischen 0 und etwa 100 gon/km um 20···15 km/h über der Linie $B = 8{,}5$ m des Bildes 12.26 anzunehmen.

12.3.5. Abstimmung von $V_{85\%\,\text{naß}}$ mit V_e

Nach dem Vorliegen des ersten zeichnerischen Entwurfes, dem ein V_e-Wert zugrunde liegt, den die Funktion und die Verkehrsqualität der Straßenteilstrecke bestimmten (Grundgeschwindigkeit; Abschn. 12.3.3.1.), muß das Verhältnis zwischen der sich aus der Geometrie des Entwurfes ergebenden $V_{85\%\,\text{naß}}$ und dem ersten V_e-Wert überprüft werden. Ziel dieser Überprüfung ist ein möglichst ausgewogener Verlauf der $V_{85\%\,\text{naß}}$ und eine weitgehende Anpassung der V_e an diese $V_{85\%\,\text{naß}}$.

Dazu sind folgende Arbeitsschritte erforderlich:

- Ermittlung der Geschwindigkeitsbänder bzw. des Geschwindigkeitsbandes bzw. der mittleren Geschwindigkeit für Strecken gleicher Streckencharakteristik,
- Überprüfung der Homogenität der Geschwindigkeitsverteilung,
- Durchführung eventueller Korrekturen,
- Ermittlung des endgültigen Geschwindigkeitsverlaufes,
- Festlegung der endgültigen Stufen der Entwurfsgeschwindigkeit für die Bemessung.

Für ein Beispiel wird angenommen, daß die Geschwindigkeitsbänder in den Bildern 12.16 und 12.19 $V_{85\%\,\text{naß}}$-Geschwindigkeiten seien.

Zu Bild 12.16: Der Geschwindigkeitsverlauf zwischen km 0,5 und 0,6 ist unzulässig unstetig. Die Trasse ist so zu ändern, daß in diesem Bereich $V_{85\%\,\text{naß}} \geqq 75$ km/h wird. Besser wäre eine Änderung in einem solchen Umfang, daß sich zwischen km 0,40 und 0,80 eine Geschwindigkeit von 80 km/h ergäbe.

Zu Bild 12.19: Auch hier sollte versucht werden, den Geschwindigkeitsverlauf zwischen km 12,2 und 12,7 auf etwa 80 km/h anzuheben.

Die Richtlinien [18] lassen eine etwas abgeänderte Arbeitsweise zu. Danach kann die $V_{85\%\,\text{naß}}$ bei einbahnigen Straßen als Mittelwert für beide Fahrtrichtungen in Abhängigkeit von der Kurvigkeit angesetzt werden. Die zu untersuchende Strecke ist in Abschnitte gleicher Streckencharakteristik — ersetzt durch Strecken gleicher Kurvigkeit — aufzuteilen (Bild 12.27). Es ergeben sich folgende Arbeitsschritte:

- Auftragung der Summenlinie der absoluten Richtungsänderungen; Ersatz der gekrümmt verlaufenden Summenlinie durch Geraden für Strecken gleicher Neigung. Diese Geraden bestimmen die Abschnitte gleicher Streckencharakteristik. Ermittlung der Kurvigkeitswerte für diese Strecken; Festlegungen der zu den einzelnen Kurvigkeiten gehörenden $V_{85\%\,\text{naß}}$-Werte nach Bild 12.26;

— die Differenzen zwischen diesen $V_{85\%\,\text{naß}}$-Werten sollen unter 10 km/h liegen. Ist dies nicht möglich, ist auf eine besonders sorgfältige Abstimmung der Entwurfselemente in den Übergangsbereichen zu achten;

— In Bild 12.27 wird angenommen, daß die Trasse nicht geändert werden kann, so daß sich die ermittelten $V_{85\%\,\text{naß}}$-Werte nicht anpassen lassen;

— die Anpassung der V_e an die $V_{85\%\,\text{naß}}$ erfolgt dann nach folgenden Kriterien:
liegt $V_{85\%\,\text{naß}}$ unter V_e (Ausnahmefall), so wird V_e nicht geändert,
liegt $V_{85\%\,\text{naß}}$ unter $V_e + 20$ km/h, so bleibt V_e bestehen; Querneigung und Haltesichtweite werden jedoch aus Sicherheitsgründen einem auf 10 km/h gerundeten Wert angepaßt;
liegt $V_{85\%\,\text{naß}}$ über $V_e + 20$ km/h, so ist zu prüfen, ob $V_{85\%\,\text{naß}}$ verringert werden kann, oder aber es ist — in der Regel — mit einer höheren Entwurfsgeschwindigkeit zu bemessen.

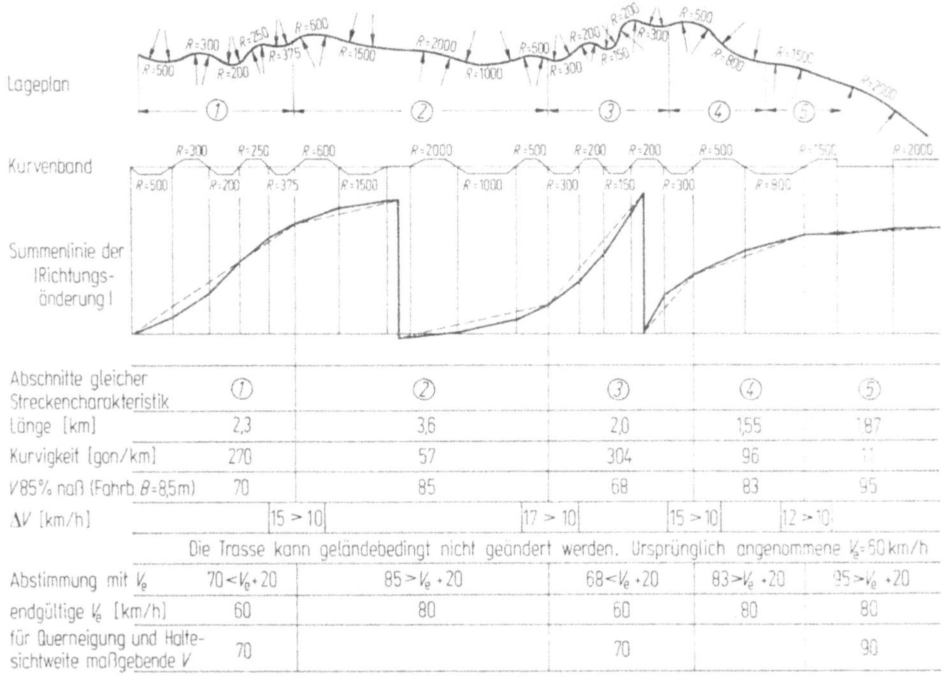

Bild 12.27. Überprüfung der Entwurfsgeschwindigkeit [37a].

All diese Arbeitsschritte dienen der Homogenisierung der Geschwindigkeitsverteilung auf möglichst langen Strecken, der Bemessung des Entwurfes mit einer auf der entworfenen Straße tatsächlich auftretenden Geschwindigkeit und damit der Gewährleistung einer ausreichenden Sicherheit.

Die Richtlinien [18] gehen bei der Bemessung von Querneigung und Haltesichtweite bereits von den 20 km/h-Stufen (Tab. 12.2) ab. Da — von größeren Längsneigungen abgesehen — die Kurvigkeit der ausschlaggebende Parameter für die Geschwindigkeitswahl ist, könnte beim Entwerfen eventuell auch auf eine veränderliche Entwurfsgeschwindigkeit abgestellt werden. Die dann zulässigen Kurvigkeitswerte müßten zur Erzielung eines homogenen Geschwindigkeitsverlaufes abgegrenzt werden. Eine näherungsweise Begrenzung kann durch die Festlegung von Radienbereichen erfolgen. Aus Erfahrung ist bekannt [5], daß bei einer Radienfolge der maximale Radius nicht größer sein soll als das Drei- bis Vierfache des minimalen Radiuswertes; dabei gilt der Faktor 3 bei kleinen Radien (z. B. für $R = 100 \cdots 300$ m) und der Faktor 4 für größere Radien (z. B. $R = 500 \cdots 2000$ m).

12.4. Lageplan

12.4.1. Kraftschluß

12.4.1.1. Kraftschlußbeiwert

Die Radien von Kurven, die Halbmesser von Kuppen und die Größen der Haltesichtweite werden in Abhängigkeit von der „Bemessungs"-Geschwindigkeit sehr wesentlich durch den Kraftschluß zwischen Reifen und Fahrbahn beeinflußt (Abschn. 7.1.). Eine Übersicht über die Abhängigkeit zwischen der Entwurfsgeschwindigkeit, dem in Anspruch genommenen Seitenreibungsbeiwert, dem Kurvenmindestradius und der maximalen Querneigung (Bild 12.28) zeigt für

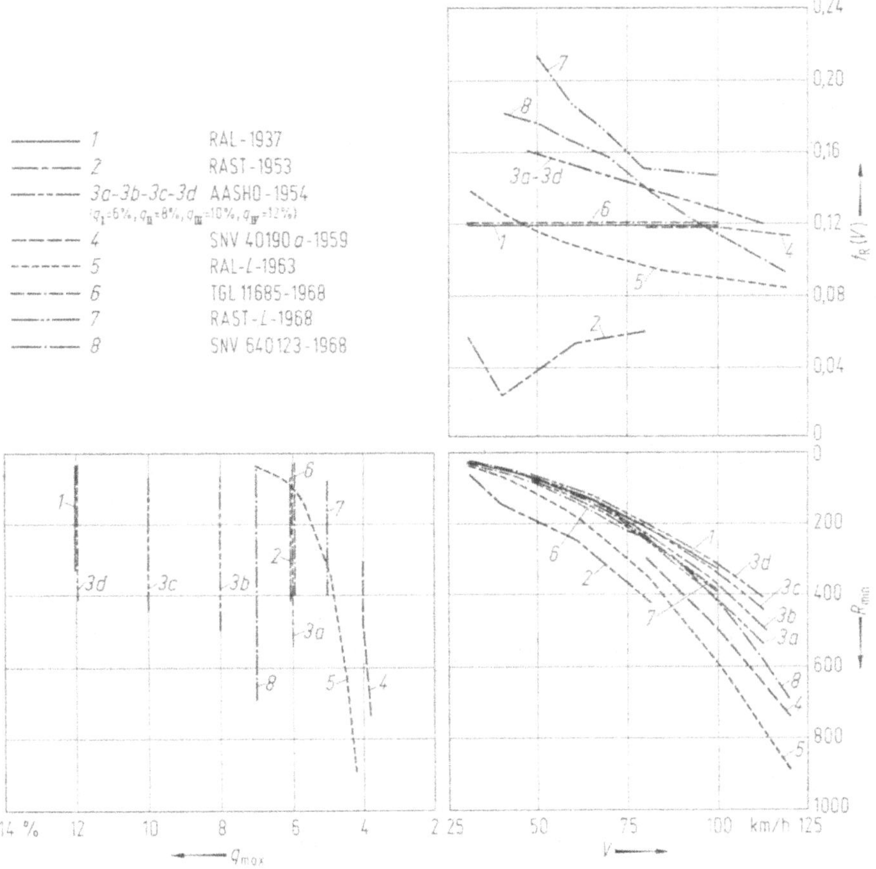

Bild 12.28. Abhängigkeit zwischen Entwurfsgeschwindigkeit, Seitenreibungsbeiwert, Kurvenmindestradius und maximaler Querneigung [40].

deutsche und ausländische Richtlinien erhebliche Abweichungen [40]. Fahrdynamische Sicherheit und der erforderliche Sicherheitsspielraum sind selten nachprüfbar.

Für fahrdynamische Untersuchungen wird das Fahrzeug als starrer Körper und werden die Kräfte als im Schwerpunkt angreifend betrachtet. Die an den einzelnen Rädern erfolgenden unterschiedlichen Inanspruchnahmen des Kraftschlusses, die erheblich sein können, bleiben unberücksichtigt [7]. Neuere Untersuchungen [30, 46, 47] aus der Kraftfahrzeugtechnik bedürfen noch der experimentellen Bestätigungen und der Abstimmung mit der Straßenbautechnik. Erst dann können die gewonnenen Erkenntnisse bei der geometrischen Bemessung berücksichtigt werden. Zunächst müssen die bisher schon vorgenommenen vereinfachenden Annahmen noch beibehalten werden. Für die am Massenpunkt eines Fahrzeugs angreifenden Kräfte gilt (Bild 12.29 [5]):

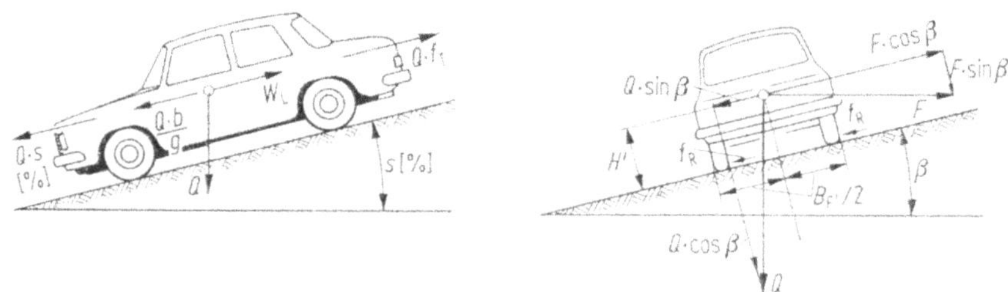

Bild 12.29. Fahrdynamische Kräfte, am Massenpunkt angreifend.

Das Fahrzeug gleitet nicht in tangentialer Richtung, wenn die

Haltenden Kräfte ≧ Treibenden Kräfte

sind. Mit dem Fahrzeuggewicht Q, dem Kraftschlußbeiwert f_T, dem Luftwiderstand W_L, der Längsneigung der Fahrbahn s, der Beschleunigung b und der Erdbeschleunigung g gilt

$$Q \cdot f_T + W_L \geqq Q \cdot s + \frac{Q}{g} \cdot b$$

$$f_T + \frac{W_L}{Q} \pm s \geqq \frac{b}{g}$$

$$b \leqq g \cdot \left(f_T + \frac{W_L}{Q} \pm s\right) \quad [\mathrm{m/s^2}] \qquad (12.15)$$

Das Fahrzeug gleitet nicht in radialer Richtung, wenn die

Haltenden Kräfte ≧ Treibenden Kräfte

sind.

$$Q \cdot \sin\beta + f_R \cdot (Q \cdot \cos\beta + F \cdot \sin\beta) \geqq F \cdot \cos\beta$$

Mit $\frac{1}{\cos\beta}$ multipliziert und $\mathrm{tg}\,\beta = \frac{q\%}{100} = q$ und $F = \frac{m \cdot v^2}{R}$ gesetzt, ist:

$$\frac{v^2}{g \cdot R} \leqq \frac{f_R + q}{1 - f_R \cdot q} \sim f_R + q \, [-] \qquad (12.16)$$

(β Querneigung, f_R Kraftschlußbeiwert in radialer Richtung, F Fliehkraft)

Der Kraftschluß entsteht aus dem Zusammenwirken von Reifen und Fahrbahn. Dieses Zusammenwirken besteht aus Adhäsion, Reibung und Verzahnung. Der Kraftschluß ist unter anderem abhängig von

- der Straßenbautechnik: Feingestalt der Deckschicht und ihre stoffliche Beschaffenheit einschl. der querschnittsmäßigen Unterschiede infolge der Verkehrsbeanspruchung und der Jahreszeit (Griffigkeit);
- der Fahrzeugtechnik: Radlast, Schräglaufwinkel, Schwimmwinkel, Schwerpunktlage, Lenkverhalten;
- der Reifentechnik: Reifenbreite, Profilart und -tiefe, Stoffkennwerte, Innendruck;
- den Fahrverhaltensgrößen: Geschwindigkeit, Fahrweise.

Die Wirkung der Griffigkeit einer Decke (s. Kap. 9) ist an der Größe der zwischen Reifen und Fahrbahn übertragbaren Kräfte erkennbar. Bei trockener Fahrbahn ist das Kraftschlußvermögen durchwegs auf allen Straßenoberflächen ausreichend.

Bei nasser Fahrbahn ist die Griffigkeit wesentlich geringer. Griffigkeits- oder Kraftschlußmessungen werden daher stets auf angenäßter Fahrbahn unter definierten Versuchsbedingungen durchgeführt. Der dabei ermittelte Gleitbeiwert ist der Reibungskoeffizient eines blockierten Rades (100% Schlupf). Das „Merkblatt über Straßengriffigkeit und Verkehrssicherheit bei Nässe" [15] empfiehlt

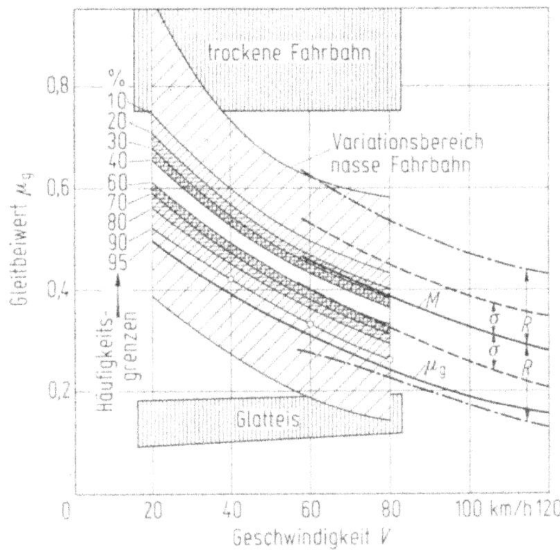

Bild 12.30. Ergebnisse von Griffigkeitsmessungen auf nassen Straßenoberflächen bei Geschwindigkeiten von 20 bis 80 km/h und Vergleich der μ-Kurve mit Griffigkeitsmessungen bei höheren Geschwindigkeiten [40].

Legende: ⊙ = empfohlene Griffigkeitswerte nach [15]

$\pm R$ = Spannweite
$\pm\,\sigma$ = Standardabweichung
M = Mittelwert

$$\mu_g = f\tau_{max} = 0{,}214\left(\frac{V}{100}\right)^2 - 0{,}640\left(\frac{V}{100}\right) + 0{,}615 \qquad (12.17)$$

für die Beurteilung der Griffigkeit folgende Richtwerte für den Kraftschlußbeiwert:

bei $V =$ 40 km/h den Wert von 0,42

60 km/h den Wert von 0,33 und bei

80 km/h den Wert von 0,26.

Diese Werte entsprechen der 90%-Linie des Bildes 12.30.

12.4.1.2. Tangentialer Kraftschlußbeiwert [5]

Für die 95%-Linie des Bildes 12.30 ergibt sich mit V in km/h:

$$\mu_g = 0{,}214\left(\frac{V}{100}\right)^2 - 0{,}640\left(\frac{V}{100}\right) + 0{,}615\ [-] \tag{12.17}$$

bzw. mit v in m/s

$$\mu_g = 2{,}773\ v^2 \cdot 10^{-4} - 2{,}304\ v \cdot 10^{-2} + 0{,}615\ [-] \tag{12.18}$$

Die ermittelte Kurve wurde über 80 km/h hinaus bis zu 140 km/h extrapoliert. Untersuchungen des Instituts für Straßen- und Verkehrswesen der TU Berlin bestätigten die Richtigkeit dieser Extrapolation.

Der Gleitbeiwert ist der maximale Kraftschlußbeiwert bei blockiertem Rad und kann als maximal zulässiger tangentialer Kraftschlußbeiwert betrachtet werden:

$$\mu_g = f_{T\max}\ [-] \tag{12.19}$$

Damit ergeben sich die geschwindigkeitsabhängigen $f_{T\,\max}$-Werte der Tab. 12.7.

Der Verlauf des Kraftschlußbeiwertes ist wesentlich vom Schlupf (Nacheilen des Rades) abhängig. Der bei 100% Schlupf vorhandene Wert wird bei etwa 20% Schlupf am weitesten übertroffen. In Bild 12.31 entspricht der Wert Δf_T etwa 35···40% des maximal möglichen Wertes oder 50···65% des μ_g-Wertes

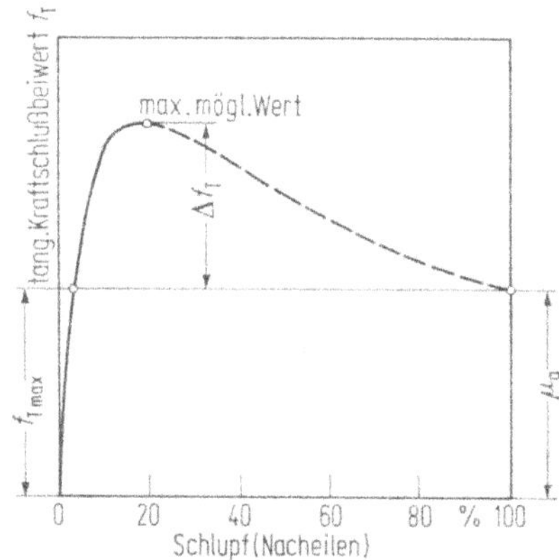

Bild 12.31. Kraftschlußbeiwert in Abhängigkeit vom Schlupf [40].

Tabelle 12.7. $f_{T\,\max}$-Werte

V	40	60	80	100	120	140	[km/h]
$\mu_g = f_{T\,\max}$	0,393	0,308	0,240	0,189	0,155	0,138	[−]
$\mu_g \approx$	0,40	0,31	0,24	0,19	0,16	0,14	[−]

[29, 59]. Dieser Verlauf des Kraftschlußbeiwertes in Abhängigkeit vom Schlupf stellt eine Kraftschlußreserve gegenüber dem $f_{T\,\max}$-Wert dar. Sofern die Kraftfahrzeuge mit Blockierverhinderern ausgerüstet wären, könnten Kraftschlußwerte berücksichtigt werden, die gegenüber den in Tab. 12.7 aufgeführten um etwa die Hälfte höher lägen!

12.4.1.3. Radialer Kraftschlußbeiwert [5]

Für die zwischen Reifen und Fahrbahn übertragene Kraft K gilt:

$$K = \mu \cdot Q \,[\text{kp}] \tag{12.20}$$

$$K_{\max} = \mu_g \cdot Q \,[\text{kp}] \tag{12.21}$$

μ_g kann den Wert aus Gl. (12.17) bzw. (12.18) auf Grund der gegebenen Verhältnisse spürbar überschreiten. Wenn z.B. nach Gl. (12.17) für $V = 80$ km/h ein $\mu_g = f_{T\,\max} = 0{,}24$ errechnet wird, kommt der Wert von $1{,}5 \cdot 0{,}24 = 0{,}36$ immer noch bei etwa 40% aller neuzeitlichen Straßendecken vor (Bild 12.30). Das Produkt aus Kraftschlußbeiwert und Radlast wird zwischen Reifen und Fahrbahn als Horizontalkraft übertragen; diese Kraft dient dem Beschleunigen, dem Bremsen und der seitlichen Spurhaltung; sie ist aufteilbar in eine Tangential- und eine Radialkraft und kann vektoriell dargestellt werden:

$$\mu \cdot Q = \sqrt{f_T^2 \cdot Q^2 + f_R^2 \cdot Q^2} \quad [\text{kp}]$$

oder

$$\mu = \sqrt{f_T^2 + f_R^2} \quad [-] \tag{12.22}$$

μ kann bis zu μ_g anwachsen; wird μ_{erf} größer, geht der Kraftschluß zwischen Reifen und Fahrbahn verloren. Nach Gl. (12.22) ergäbe sich für μ ein Reibungskreis. Dieser Reibungskreis ist jedoch ein Sonderfall (Bild 12.32) für $V = 123$ km/h. Bei niedrigeren Geschwindigkeiten ist der tangentiale Kraftschlußbeiwert, bei höheren Geschwindigkeiten der radiale Kraftschlußbeiwert größer [5]. Dieses für die Radialkraft ungünstige Reifenverhalten muß berücksichtigt werden. In den Richtlinien [18] wurde daher festgelegt:

$$\frac{f_{R\,\max}}{f_{T\,\max}} = 0{,}925 \quad [-] \tag{12.23}$$

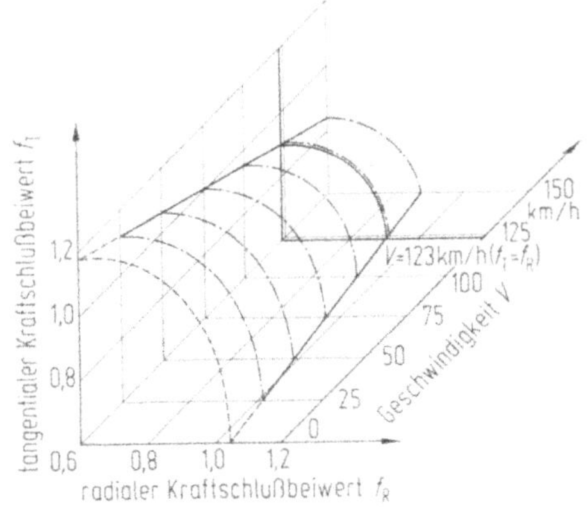

Bild 12.32. Kraftschlußkurven in Abhängigkeit von der Geschwindigkeit [39a].

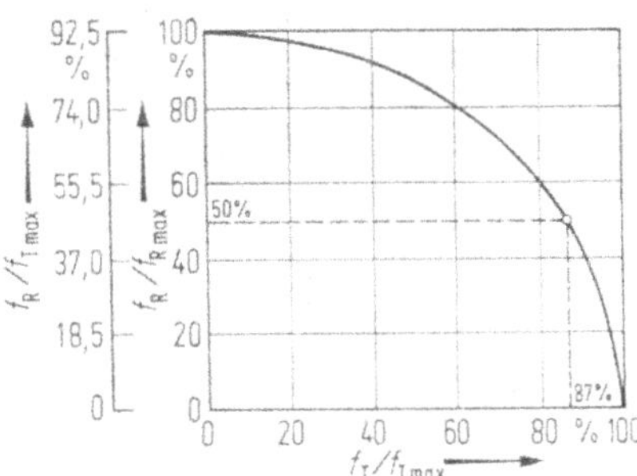

Bild 12.33. Zusammenhang zwischen dem in Anspruch genommenen radialen und dem verbleibenden tangentialen Kraftschlußbeiwert [40].

Das Verhältnis von 0,925 stellt sich bei einem Radialreifen der Größe 165 R 15, einer Radlast von 200 kg, einem Reifeninnendruck von 1,8 atü und einem Belag Korund der Körnung 80 ein.

Nach Gl. (12.22) werden von der Reibungskraft Anteile in radialer und tangentialer Richtung in Anspruch genommen. Bei Inanspruchnahme eines Anteiles der Reibungskraft in radialer (tangentialer) Richtung kann der verbleibende Anteil des maximalen tangentialen (radialen) Kraftschlußbeiwertes mit folgender Beziehung [40] ermittelt werden:

$$\frac{f_R}{f_{R\,\max}} = \sqrt{1 - \left(\frac{f_T}{f_{T\,\max}}\right)^2} \quad \text{bzw.} \quad \frac{f_T}{f_{T\,\max}} = \sqrt{1 - \left(\frac{f_R}{f_{R\,\max}}\right)^2}\,. \tag{12.34}$$

Das Diagramm des Bildes 12.33 verdeutlicht diesen Zusammenhang:

$$\text{bei } \frac{f_R}{f_{R\,\max}} = 40\% \text{ wird } \frac{f_T}{f_{T\,\max}} = 91{,}6\%$$
$$= 50\% \qquad = 87{,}0\%$$
$$= 60\% \qquad = 71{,}4\%$$

darüber hinaus fällt $\frac{f_T}{f_{T\,\max}}$ relativ stark ab (Tab. 12.8).

Tabelle 12.8. Prozentuale Abhängigkeit zwischen dem in Anspruch genommenen radialen und dem verbleibenden tangentialen Kraftschlußanteil

$\frac{f_R}{f_{R\,\max}}$ [%]	0	10	20	30	40	50	60	70	80	90	100
$\frac{f_T}{f_{T\,\max}}$ [%]	100	99,5	98,0	95,4	91,6	86,6	80	71,4	60	43,6	0

12.4.2. Gerade

Die Gerade mit konstanter Längsneigung war in der Zeit der Gespannfahrzeuge, in der sie auf auf einen Blickpunkt ausgerichtet war oder im Verlauf von Militärstraßen (Römerstraßen, Straßen aus der napoleonischen Zeit) ein klassisches Trassierungselement. Diese Bedeutung hat sie verloren. Folgende Nachteile sind für die Gerade zu nennen:

- das Fahrzeug muß durch Gegensteuern gegen die aus Entwässerungsgründen notwendige Querneigung in der Spur gehalten werden;
- Unsicherheitsgefühl in stärkeren Gefällstrecken,
- schwierige Entfernungsschätzung bis zu dem schwerwiegenden Mangel des menschlichen Gesichts, das bei einem etwa 300 m entfernten Kraftfahrzeug weder die Fahrgeschwindigkeit noch die Fahrtrichtung (!) erfassen kann,
- Ermüdung der Sinne durch Abnahme der Aufmerksamkeit (mangelndes Reaktionsvermögen) infolge der Eintönigkeit,
- Verleitung zur Geschwindigkeitssteigerung,
- Blendgefahr.

Dem stehen Vorteile gegenüber:

- Ausrichtung auf dominierende Blickpunkte,
- Erholungsmöglichkeit für den Fahrer,
- Schaffung von Überholmöglichkeiten.

Der in der Literatur immer wieder aufgeführte letztgenannte Vorteil ist wegen der mangelnden Leistungsfähigkeit des menschlichen Gesichts sehr problematisch. Eine Ausbildung als flache gerade Wanne oder als Kurve mit sehr großem Radius ist zur besseren Erkennung des Verkehrsablaufes vorteilhafter.

Die Festlegung der minimalen Länge einer Geraden ist vom optischen Eindruck abhängig; er läßt sie noch nicht oder bereits als selbständiges Trassierungselement wirken. Bis zu einer Geradenlänge von der Größe der Haltesichtweite (Abschnitt 12.7.2.) wird dieser Eindruck kaum hervorgerufen, wohl aber immer durch die Länge einer Geraden, die der Überholsichtweite (Abschn. 12.7.3.) entspricht.

Die Festlegung einer maximalen Länge einer Geraden ist von der physiologischen Leistungsfähigkeit der Kraftfahrer abhängig. Dieser Wert soll auf Grund von Erfahrungen zwischen 2 und 4 km liegen; die Richtlinien [18] empfehlen das 20fache der Entwurfsgeschwindigkeit und begrenzen die Geradenlänge für $V_e = 140$ km/h mit 2,8 km.

12.4.3. Kreisbogen

12.4.3.1. Allgemeines

Zur Kurvenfahrt werden die Lenkradachse(n) und die Hinterradachse(n) eines Fahrzeugs gegeneinander verschoben. Diese Verschiebung erfolgt im Bereich des Übergangsbogens; im Kreisbogen bleibt der Lenkradeinschlag konstant. Hat der Lenkradeinschlag den größten Einschlagwinkel erreicht, fährt das Fahrzeug den für seinen Typ charakteristischen Wendekreis mit dem geringsten Innendurchmesser, den der Wagen fahren kann.

Die Wendekreisdurchmesser betragen beim

Pkw	etwa 10 bis 12 m[1]
Lkw (zweiachsig)	etwa 15 bis 19 m
Lkw (dreiachsig)	etwa 16 bis 20 m
Omnibus (zweiachsig)	etwa 20 bis 24 m
Gelenkbus (dreiachsig)	etwa 22 bis 24 m

Nach § 32 der StVZO müssen Kraftfahrzeuge und Züge so gebaut und eingerichtet sein, daß die bei einer Kreisfahrt von 400 gon überstrichene Ringfläche mit einem äußeren Radius von 12 m keine größere Breite als 6,7 m hat (Abschn. 12.6.7.1.).

12.4.3.2. Mindestradien

Bild 12.29 zeigt die am Massenschwerpunkt eines Kraftfahrzeugs bei stationärer Kurvenfahrt angreifenden Kräfte. Wird die Fliehkraft F zu groß, so kann das Fahrzeug um die Außenräder kippen oder das Fahrzeug kommt ins Schleudern. Querneigungen zur Kurveninnenseite nehmen einen Teil der Fliehkraft auf. Für die Trassierung von Kurven ist zu klären, bis zu welchem Anteil der vorhandene Kraftschlußbeiwert in Anspruch genommen werden kann, ohne — bei nasser, sauberer Fahrbahn — die Verkehrssicherheit zu beeinträchtigen. Der geschwindigkeitsabhängige Kraftschlußbeiwert soll ein Ausbrechen des Fahrzeugs bei Kurvenfahrt verhindern (Inanspruchnahme eines Teiles des Kraftschlußbeiwertes in radialer Richtung), dabei aber noch in ausreichender Größe für ein Verzögern während der Kurvenfahrt (der für die tangentiale Richtung verbleibende Restteil

[1] Japan etwa 7,5—11 m; USA etwa 10,5 bis 15 m.

Tabelle 12.9. $f_{T\,max}$-, $f_{R\,max}$- und $f_{R\,zul}$-Werte

V_e [km/h]	40	60	80	100	120	140
$f_{T\,max} = f_{T\,zul}$	0,393	0,308	0,240	0,189	0,155	0,138
$f_{R\,max} = 0{,}925 \cdot f_{T\,max}$	0,364	0,285	0,222	0,175	0,144	0,128
$f_{R\,zul} = 0{,}4 \cdot f_{R\,max}$	0,146	0,114	0,089	0,070	0,058	0,051
$0{,}5 \cdot f_{R\,max}$	0,182	0,143	0,111	0,088	0,072	0,064
$0{,}6 \cdot f_{R\,max}$	0,218	0,171	0,133	0,105	0,086	0,077
$0{,}7 \cdot f_{R\,max}$	0,255	0,200	0,155	0,123	0,101	0,090
oder gerundet						
$f_{T\,max} = f_{T\,zul}$	0,40	0,31	0,24	0,19	0,16	0,14
$f_{R\,zul} = 0{,}4 \cdot f_{R\,max}$	0,15	0,11	0,09	0,07	0,06	0,05
$= 0{,}5 \cdot f_{R\,max}$	0,18	0,14	0,11	0,09	0,07	0,06
$= 0{,}6 \cdot f_{R\,max}$	0,22	0,17	0,13	0,11	0,09	0,08
$= 0{,}7 \cdot f_{R\,max}$	0,26	0,20	0,16	0,12	0,10	0,09

Tabelle 12.10. Kurvenmindestradien

	R_{min} [m]					
	bei $q_{max} = 6\%$					
V_e [km/h]	40	60	80	100	120	140
$R\,zul = 0{,}4 \cdot f_{R\,max}$	61,2	162,9	338,7	605,7	960,9	1390,4
$0{,}5 \cdot f_{R\,max}$	52,1	139,6	313,0	532,0	859,0	1244,6
$0{,}6 \cdot f_{R\,max}$	45,3	122,7	261,1	477,2	776,0	1126,5
$0{,}7 \cdot f_{R\,max}$	40,0	109,0	234,4	430,3	704,3	1028,9
	bei $q_{max} = 7\%$					
$0{,}4 \cdot f_{R\,max}$	58,3	154,1	316,9	562,4	885,8	1275,5
$0{,}5 \cdot f_{R\,max}$	50,0	133,1	294,7	498,4	798,5	1151,7
$0{,}6 \cdot f_{R\,max}$	43,7	117,6	248,2	449,9	726,8	1049,5
$0{,}7 \cdot f_{R\,max}$	38,8	105,0	224,0	408,0	663,1	964,5
mit gerundeten Werten:						
	$q_{max} = 6\%$					
$0{,}4 \cdot f_{R\,max}$	60	160	350	600	1000	1400
$0{,}5 \cdot f_{R\,max}$	55	140	325	550	850	1250
$0{,}6 \cdot f_{R\,max}$	45	125	275	475	775	1125
$0{,}7 \cdot f_{R\,max}$	40	110	250	425	700	1000
	$q_{max} = 7\%$					
$0{,}4 \cdot f_{R\,max}$	60	150	325	550	900	1300
$0{,}5 \cdot f_{R\,max}$	50	135	300	500	800	1150
$0{,}6 \cdot f_{R\,max}$	45	120	250	450	725	1050
$0{,}7 \cdot f_{R\,max}$	40	105	225	400	675	975

des Kraftschlußbeiwertes) zur Verfügung stehen (Bild 12.33). Überschreitet die vektorielle Summe aus dem erforderlichen tangentialen und aus dem erforderlichen radialen Kraftschlußbeiwert den vorhandenen Kraftschlußbeiwert, so geht der Kraftschluß verloren, das Fahrzeug schleudert.

$$\frac{v^2}{g \cdot R} \leqq \frac{f_R + q}{1 - f_R \cdot q} \qquad (12.25) = (12.16)$$

und da $1 - f_R \cdot q \sim 1$, wird

$$\frac{v^2}{g \cdot R} \sim f_R + q \qquad [-]$$

Daraus ist abzuleiten mit v [m/s]:

$$v \leqq \sqrt{g \cdot R \cdot (f_R + q)} \qquad [\mathrm{m/s}] \qquad (12.26)$$

$$R \geqq \frac{v^2}{g \cdot (f_R + q)} \qquad [\mathrm{m}] \qquad (12.27)$$

$$q \geqq \frac{v^2}{g \cdot R} - f_R \qquad [\%] \qquad (12.28)$$

bzw. mit V [km/h]:

$$V \leqq \sqrt{127 \cdot R \cdot (f_R + q)} \qquad [\mathrm{km/h}] \qquad (12.29)$$

$$R \geqq \frac{V^2}{127 \cdot (f_R + q)} \qquad [\mathrm{m}] \qquad (12.30)$$

$$q \geqq \frac{V^2}{127 \cdot R} - f_R \qquad [\%] \qquad (12.31)$$

aus Gl. (12.30):

$$R_{\mathrm{min}} = \frac{V^2}{127 \cdot (f_{R\,\mathrm{zul}} + q_{\mathrm{max}})} \qquad [\mathrm{m}]$$

In Abhängigkeit von $f_{R\,\mathrm{zul}} = 0{,}4/0{,}5/0{,}6/0{,}7 \cdot f_{R\,\mathrm{max}}$ (Tab. 12.9), in Abhängigkeit von V und in Abhängigkeit von q_{max} ergeben sich die in Tab. 12.10 aufgeführten Minimalwerte für Kurvenradien. Je höher der zur Aufnahme der Fliehkraft in Anspruch genommene Kraftschlußanteil ist, ein um so geringerer Restanteil des vorhandenen Kraftschlußbeiwertes verbleibt für eine Verzögerung (oder Beschleunigung) während einer Kurvenfahrt; damit wird für Verzögerungen ein längerer Bremsweg erforderlich und zur Gewährleistung der erforderlichen Sicherheit ist die Haltesichtweite zu vergrößern (Abschn. 12.7.2.).

Zur Ausschaltung eines Verwindungsbereiches mit ungenügender Längsneigung oder zum Anschluß eines Knotens kann eine Kurve mit negativer Querneigung erforderlich werden; aus wirtschaftlichen Gründen kann sie erwünscht sein. Dem ist entgegen zu halten, daß ein den Kraftschluß verlierendes Fahrzeug durch Geschwindigkeitsreduzierung bei positiver Querneigung in der Regel wieder aufgefangen werden kann während dies bei negativer Querneigung in der Regel nicht der Fall ist. Eine negative Querneigung sollte daher vermieden werden.

Wird sie bei zweibahnigen Straßen ausnahmsweise vorgesehen, so könnte nach Gl. (12.30) der hierfür erforderliche Mindestradius errechnet werden. Dabei erscheint jedoch eine Bemessung für die $V_{85\%\,\mathrm{naß}}$ nicht ausreichend. Da eine höher liegende Prozentgeschwindigkeit bei nasser Fahrbahn sehr schwierig abzuschätzen ist, bietet sich für diesen Fall eine auf Erfahrung beruhende geometrische Abgrenzung an. Dieser Grenzwert liegt bei Autobahnen bei etwa 5000 m. Laufende Unfalluntersuchungen sollen eine Entscheidung bringen, ob die negative Querneigung −2,5% betragen kann oder mit −2% begrenzt werden muß.

Eine Vergrößerung des Kurvenmindestradius kann bei zweibahnigen Straßen notwendig werden, wenn die erforderliche Haltesichtweite durch eine asymmetrische Schutzplankenanordnung auf einem verbreiterten Mittelstreifen nicht erreicht werden kann. Der erforderliche Mindestradius errechnet sich mit Hilfe folgenden Ansatzes [13]:

$$R_{\min} = \frac{S_h^2}{8 \cdot y_a} - \left(y_a + \frac{B_S}{2}\right) \quad [\mathrm{m}] \qquad (12.32)$$

$y_a = \frac{1}{2}(B_F + B_M - B_S) + B_R =$ Abstand zwischen dem linken Rand des Überholstreifens und der Doppelschutzplanke im Mittelstreifen

S_h = Haltesichtweite
B_S = Schutzplankenbreite
B_F = Fahrstreifenbreite
B_M = Mittelstreifenbreite
B_R = Randstreifenbreite

Wenn die Länge eines Kreisbogens in einer Kurve zu 0 wird, so handelt es sich um eine Scheitelklotoide. Diese Bogenform weist erhebliche Mängel auf (Abschn. 12.4.4.6.). Deshalb sollten auch kurze Kreisbögen mindestens eine Länge aufweisen, die einer Fahrzeit von 1 s entspricht. Wünschenswert ist, aus Erfahrung, eine Bogenlänge mit einer Fahrzeit von 2 s (Tab. 12.11 und Bild 12.21).

Tabelle 12.11. Mindestlänge der Kreisbögen in Kurven

V_e		40	60	80	100	120	140	[km/h]
$L_{\min}$	1 s	11	17	22	28	33	39	[m]
	2 s	22	33	44	55	66	77	

12.4.3.3. Zulässige Radienfolgen [5]

Die Forderung nach „Stetigkeit der Linienführung“, nach einer „ausgewogenen Trasse“ kommt aus der Entwurfspraxis und besteht seit langer Zeit. Für die qualitativ erkannte Notwendigkeit wurde aus Gründen der Fahrsicherheit und des Fahrkomforts eine Quantifizierung notwendig. Die Untersuchung von Fahrunfällen führte für die Relationen $\frac{R_{\text{größer}}}{R_{\text{kleiner}}} = \frac{R_1}{R_2}$ der beiden an eine Wendeklotoide anschließenden Kreisbogenradien zu der Grenzlinie *1* im Bild 12.34. Ausgehend von einem stetigen Verlauf der mittleren Fahrgeschwindigkeiten in Kurven mit unterschiedlichen Radien (Bild 12.35) und von unterschiedlich großen prozentualen Geschwindigkeitsänderungen (0% bis 10%, 0% bis 20%, konstant 10% und konstant 20%; Bild 12.34) wurden zulässige Radienrelationen ermittelt. Die 0⋯20%-Kurve deckt sich gut mit der aus Unfalluntersuchungen gewonnenen Kurve *1*. Sie wurde daher als Trennlinie des in die Richtlinien [18] aufgenommenen Bildes 12.36 für die Abgrenzung der zu vermeidenden Radienrelationen beibehalten. Die Ausweisung eines sehr guten und eines guten Bereiches im

Bild 12.36 (*2* und *3* aus Bild 12.34) stellt eine qualitative Abgrenzung dar. Für ein Trassieren ohne Berücksichtigung von Radienrelationen liegen Werte für zulässige Geschwindigkeitsänderungen innerhalb einer Wendelinie nicht vor.

Sicherheitsüberlegungen erfordern bei der Elementenfolge Gerade—Kurve wegen der bei jeder Streckung der Linienführung zu beobachtenden Geschwindigkeitssteigerung einen Mindestradius in Abhängigkeit von der Länge der vorausgehenden Geraden. Die Richtlinien [18] geben folgenden Anhalt für den Mindestradius in Abhängigkeit von der Länge der vorherliegenden Geraden:

$$L \leqq 500\ \mathrm{m}: R \geqq L \quad [\mathrm{m}] \tag{12.33}$$

$$L \geqq 500\ \mathrm{m}: R \geqq 500\ [\mathrm{m}]$$

Sofern die der Bemessung zugrunde liegende Entwurfsgeschwindigkeit einen größeren Halbmesser verlangt, ist dieser auszuführen. Eine qualitative Abgrenzung dieser Relation führt zu einem ähnlichen Bild wie bei den Radienrelationen (Bild 12.37).

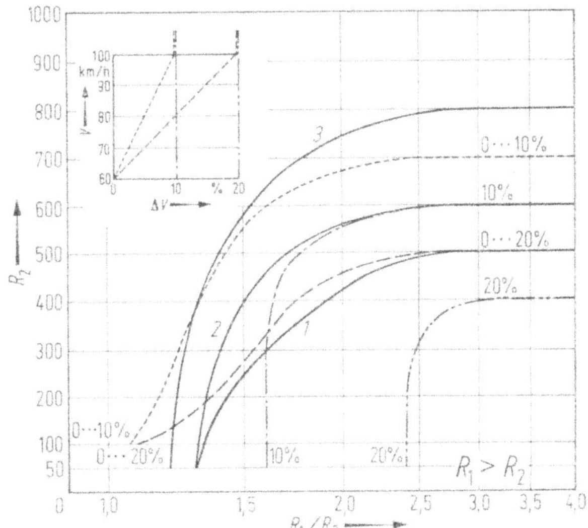

Bild 12.34. Zulässige Radienrelationen in Wendelinien [38].

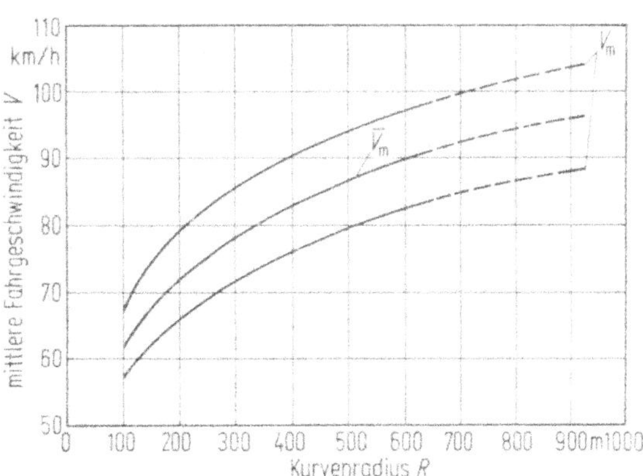

Bild 12.35. Abhängigkeit der mittleren Fahrgeschwindigkeit vom Kurvenradius (Streubereich: $V_m = \bar{V}_m \pm 10\%$ [38].

Eine Elementenfolge besonderer Art ist der Korbbogen. Er sollte wegen der sprunghaften Krümmungsänderung nicht ausgeführt und durch Ei-Linien ersetzt oder mit Hilfe eines Biegestabes vermieden werden.

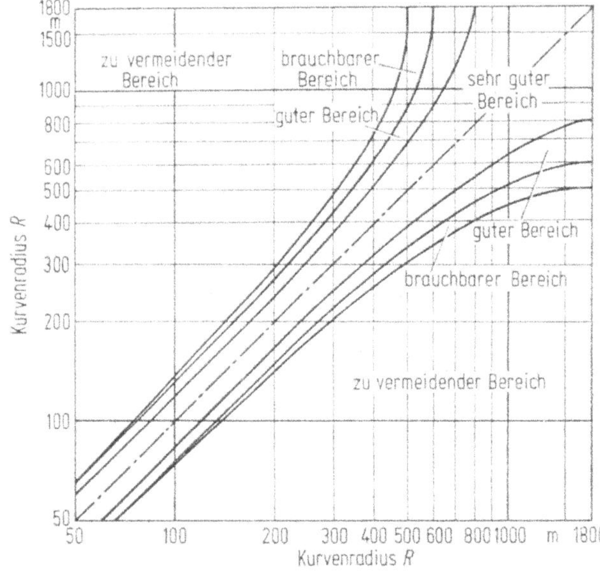

Bild 12.36. Zulässige Radienfolgen [18].

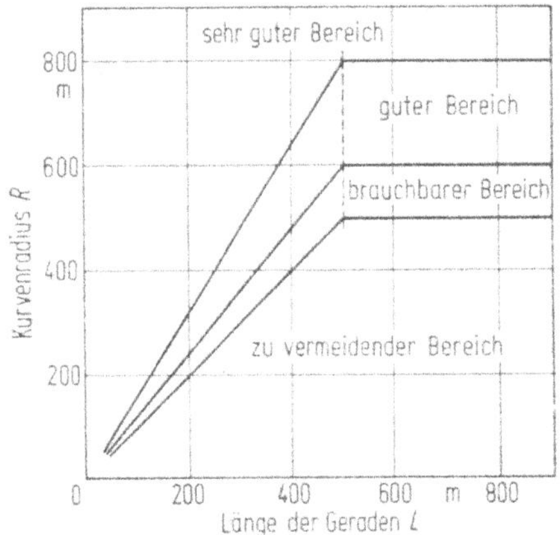

Bild 12.37. Kurvenmindestradien für die Elementenfolge Gerade — Kurve [5].

12.4.4. Übergangsbogen

12.4.4.1. Anforderungen

Aus Gründen der Verkehrssicherheit und der Verkehrsqualität sollen Straßenzüge eine ausgewogene Geometrie aufweisen. Jedes Einzelelement soll sich in angemessener Form in die Streckencharakteristik einfügen. Diese Forderung muß der Übergangsbogen als Verbindung zwischen Elementen unterschiedlicher Krümmung erfüllen durch

— stetige Änderung der bei der Kurvenfahrt auftretenden Zentrifugalbeschleunigung (Verkehrsqualität, Bequemlichkeit),

— allmähliche und stetige Krümmungsänderung (Sicherheit des Fahrtverlaufes, gutes optisches Bild des Linienverlaufes),
— ausreichende Länge für die Fahrbahnverwindung (veränderliche Querneigung nur im Übergangsbogen).

Die Geschwindigkeit v besitzt die Dimension m/s; die erste Ableitung $\frac{dv}{dt} = b$ = Beschleunigung besitzt die Dimension m/s² und ist die Änderung der Geschwindigkeit in der Zeiteinheit. Die zweite Ableitung $\frac{db}{dt} = k$ = Ruck besitzt die Dimension m/s³ und ist die Änderung der Zentrifugalbeschleunigung in der Zeiteinheit. Die Begrenzung des Rucks ist aus Gründen der Sicherheit und der Verkehrsqualität (Bequemlichkeit, Fahrkomfort) von Bedeutung.

Folgende Grenzwerte des Querrucks k [2] wurden aus Messungen gefunden:

$k \leqq 0{,}3$ m/s³ nicht spürbar
$k \sim 0{,}5$ m/s³ annehmbar
$k \geqq 0{,}8$ m/s³ unangenehm···gefährlich.

Somit sollte $k \sim 0{,}5$ m/s³ nicht überschritten werden. Damit gilt

$$k = \frac{db}{dt} \leqq 0{,}5 \; [\text{m/s}^3] \tag{12.34}$$

und für die von der Querneigung nicht aufgenommene Radialbeschleunigung b_r (siehe Gl. (12.16))

$$b_r = \frac{v^2}{R} - g \cdot q \quad [\text{m/s}^2] \tag{12.35}$$

Der Formwert A des Übergangsbogens legt die Grenzen der optischen Erkennbarkeit (erwünschte Mindestkrümmungsänderung) und die Grenzen der Brauchbarkeit (empfohlene Länge eines Übergangsbogens) fest. Die Werte beruhen auf Erfahrung und Unfalluntersuchungen. Die Fahrbahnverwindung soll innerhalb des Übergangsbogens erfolgen, um in den anschließenden Elementen mit konstanter Krümmung (Gerade—Kreis; Kreis—Kreis) auch konstante Querneigung zu erhalten. Die variable Querneigung bleibt auf den Übergangsbogen begrenzt. Damit wird die sich aus dieser Forderung ergebende Länge des Übergangsbogens bestimmt durch

— die Querneigung am Anfang q_a und am Ende q_e des Übergangsbogens,
— durch die maximal zulässige Anrampungsneigung,
— durch die Fahrbahnbreite und
— durch die Verwindungsachse.

Bei der Verwindung um die Fahrbahnachse gilt für die Mindestlänge $L_{\min}$ des Übergangsbogens

$$L_{\min} = \frac{(q_e \mp q_a) \cdot B}{2 \cdot \Delta s_{\max}} \quad [\text{m}] \tag{12.36}$$

12.4.4.2. Klotoide

Die allgemein gültige Gleichung für die Klotoide [45] lautet:

$$A^n = R \cdot L^{n-1} \quad [\text{m}^n] \tag{12.37}$$

Mit $n = 1$ ergibt Gl. (12.37) den Kreis, mit $n = 3$ die „kubische" oder „gestauchte" Klotoide und mit $n = \infty$ eine Gerade. Die im Straßenbau für den Übergangsbogen übliche quadratische Klotoide der Form

$$A^2 = R \cdot L = \text{konstant [m}^2\text{]} \tag{12.38}$$

ist eine Spirale (Bild 12.38), die sich durch folgende Eigenschaften auszeichnet:

— die Änderung der Krümmung ist konstant,
— das Produkt aus der Bogenlänge L mit dem Radius R am Ende von L ist konstant,
— die Zunahme der Krümmung erfolgt proportional zur Bogenlänge,
— der Parameter dient als Veränderungsfaktor.

Die Tangente an eine Klotoide bildet mit der Grundtangente den Winkel

$$\hat{\tau} = \frac{L}{2 \cdot R} \qquad [-] \tag{12.39}$$

$$\tau = 63{,}622 \cdot \hat{\tau} \qquad \text{[gon]} \tag{12.40}$$

Damit ergeben sich für Klotoidenberechnungen folgende Formeln:

$$\hat{\tau} = \frac{L}{2 \cdot R} = \frac{L^2}{2 \cdot A^2} = \frac{A^2}{2 \cdot R^2} \qquad [-] \tag{12.41}$$

$$R = \frac{A^2}{L} = \frac{L}{2 \cdot \hat{\tau}} = \frac{A}{\sqrt{2 \cdot \hat{\tau}}} \qquad \text{[m]} \tag{12.42}$$

$$L = \frac{A^2}{R} = 2 \cdot \hat{\tau} \cdot R = A \sqrt{2 \cdot \hat{\tau}} \qquad \text{[m]} \tag{12.43}$$

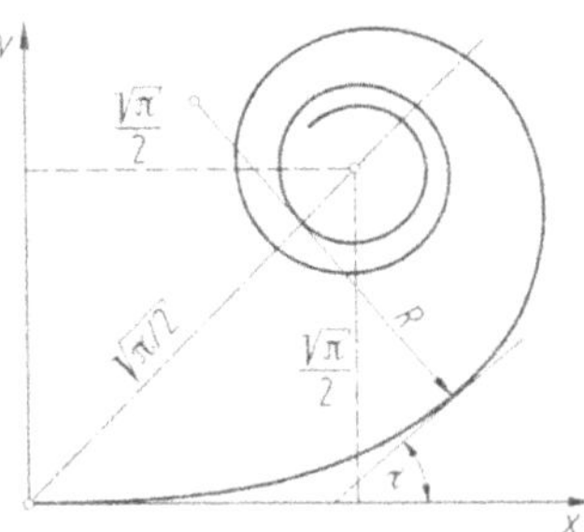

Bild 12.38. Klotoide der Form $A^2 = R \cdot L$.

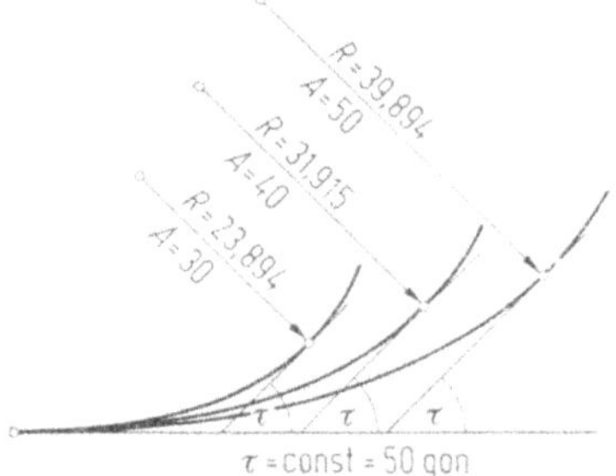

Bild 12.39. Der gleiche Tangentenwinkel gehört bei verschieden großen Klotoiden zu verschiedenen Größenwerten.

Alle Klotoiden sind wegen ihrer Eigenschaften geometrisch ähnlich, so daß an den gleichen Formstellen gleiche Tangentenrichtungen und gleiche Verhältniswerte R/A auftreten. Diese Stellen werden Kennstellen genannt. Mit dem Parameter ändern sich alle Längenwerte; alle Winkel- und Verhältniswerte bleiben gleich (Bild 12.39 bis 12.43 [5]).

Wird der Parameter $A = a = 1$ gesetzt, so erhält man die Einheitsklotoide mit

$$a^2 = r \cdot l = 1 = \sqrt{r \cdot l}; \; r = \frac{1}{l}; \; l = \frac{1}{r}; \tag{12.44}$$

Die Kennstellen sind durch den Radius r der Einheitsklotoide für alle Klotoiden eindeutig bestimmt (Bild 12.44). Der ausschlaggebende Punkt für die Orientierung auf der Klotoide ist die Kennstelle 1 mit $a = r = l$ bzw. $A = R = L$.

Die Klotoide erfüllt die an einen Übergangsbogen zu stellenden Anforderungen:

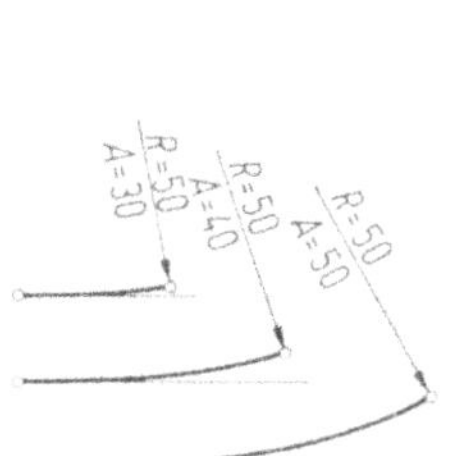

Bild 12.40. Der gleiche Krümmungsradius gehört bei verschiedenen Klotoiden zu verschiedenen Formstellen.

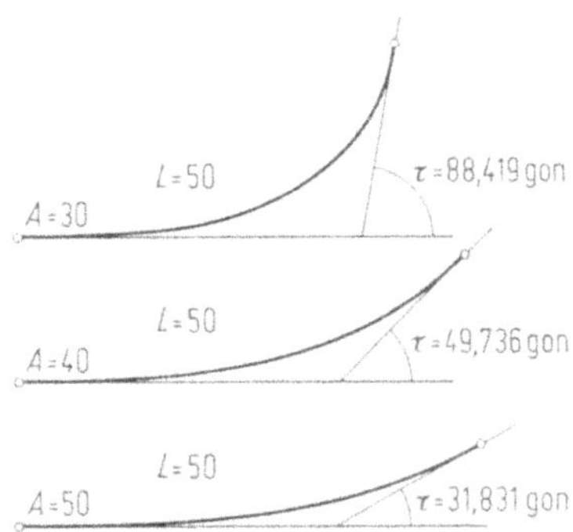

Bild 12.41. Die gleiche Länge wird bei verschiedenen Klotoiden an verschiedenen Formstellen erreicht.

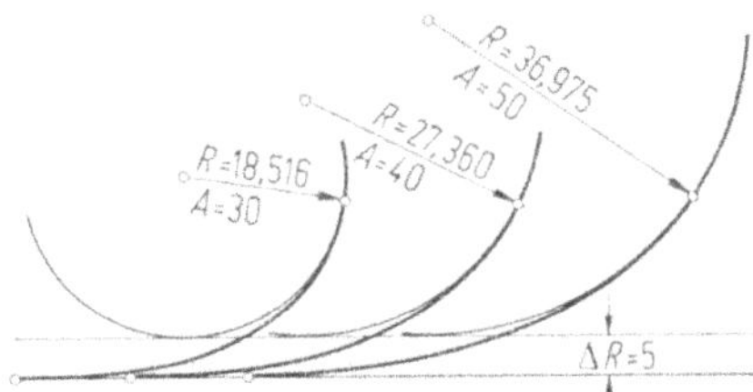

Bild 12.42. Die gleiche Tangentenabrückung ergibt mit unterschiedlichen Klotoiden unterschiedliche Kreise.

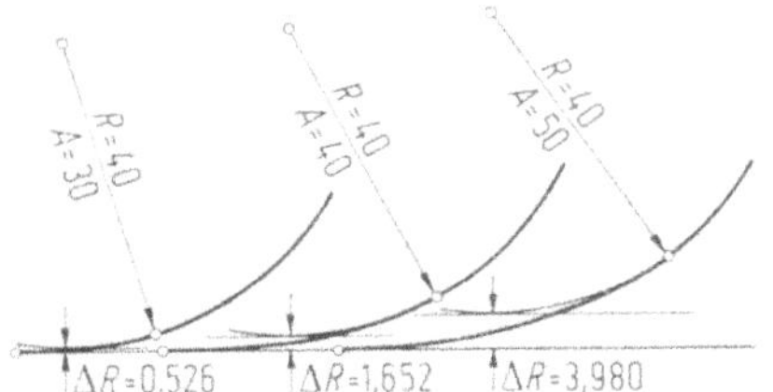

Bild 12.43. Der gleiche Radius benötigt bei verschieden großen Klotoiden unterschiedliche Tangentenabrückungen.

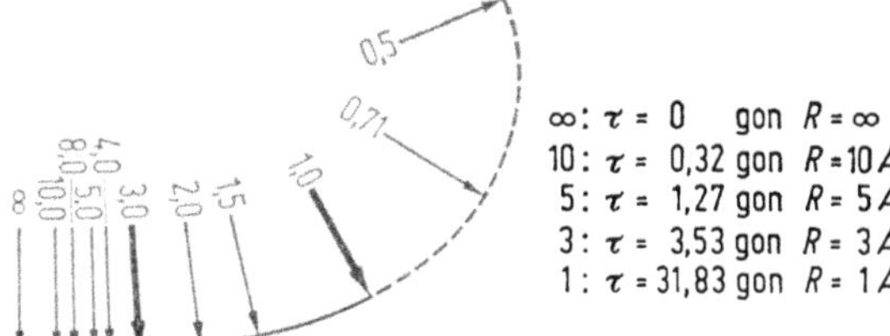

Bild 12.44. Kennstellen der Klotoide.

Fahrdynamik

Da sich die Krümmung $\frac{1}{R}$ und die Querneigung q geradlinig mit der Bogenlänge ändern, ändert sich auch die Radialbeschleunigung b geradlinig mit der Bogenlänge. Bei gleichbleibender Geschwindigkeit ändert sich die Radialbeschleunigung über die Zeit ebenfalls geradlinig; damit wird der Ruck konstant.

Der Klotoidenparameter in Abhängigkeit vom Ruck (Bild 12.45):

$$q = \frac{l}{L}(q_e \pm q_a) \mp q_a \quad [\%] \tag{12.45}$$

Gl. (12.35) wird zu $b_r = \frac{v^2}{R'} - g \cdot \frac{l}{L}(q_e \pm q_a) \mp q_a \cdot g$

mit $\frac{l}{L} = \frac{l \cdot R}{L \cdot R} = \frac{l \cdot R}{A^2}$ und $\frac{1}{R'} = \frac{L}{A^2}$ ergibt sich

$$b_r = \frac{l}{A^2}[v^2 - g \cdot R(q_e \pm q_a)] \mp q_a \cdot g \quad [\mathrm{m/s^2}] \tag{12.46}$$

und mit

$$k = \frac{db}{dt} = \frac{db}{dl} \cdot \frac{dl}{dt} = \frac{v}{A^2}[v^2 - g \cdot R(q_e \pm q_a)]$$

ergibt sich

$$A = \sqrt{\frac{1}{k}[v^3 - g \cdot R \cdot v(q_e \pm q_a)]} \quad [\mathrm{m}] \tag{12.47}$$

oder

$$A = \sqrt{\frac{1}{k}\left[\frac{V^3}{46{,}7} - \frac{R \cdot V}{36{,}7}(q_e \pm q_a)\right]} \quad [\mathrm{m}]$$

und für

$$q_a = 0$$

$$A = \sqrt{\frac{1}{k}\left[\frac{V^3}{46{,}7} - \frac{R \cdot V}{36{,}7}\right] \cdot q_e} \quad [\mathrm{m}]$$

Ein von der Fahrsicherheit und vom Fahrkomfort vorgegebener Ruckwert bestimmt damit den erforderlichen Mindestparameter der Klotoide.

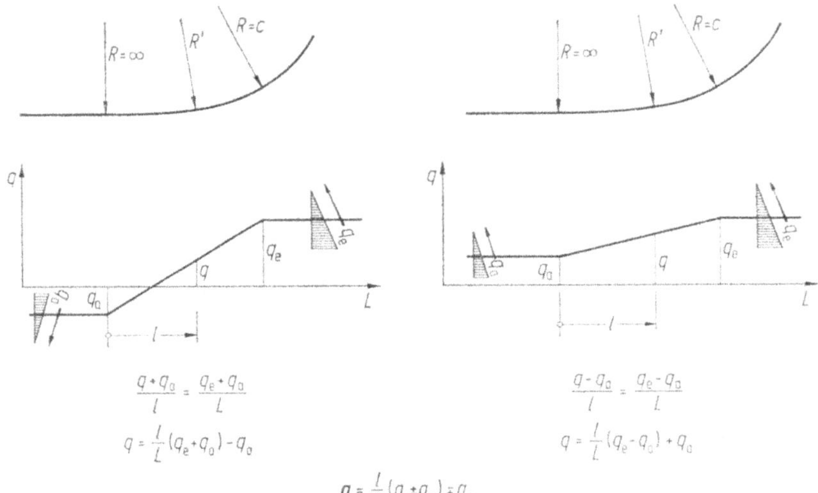

Bild 12.45. Der Klotoidenparameter in Abhängigkeit vom Ruck (mögliche Querneigungsänderungen).

Formwert:

Eine Krümmungsänderung tritt nach aller Erfahrung ab 3,5 gon optisch in Erscheinung. Dies entspricht bei der Klotoide der Kennzahl $r = 3$. Daraus ergibt sich die Bedingung für den Formwert

$$A_{\min} = \frac{R}{3} \quad [\mathrm{m}] \tag{12.48}$$

Aus Gründen der fahrdynamischen Sicherheit sollen Klotoiden über die Kennstelle 1 ($\tau \simeq 32$ gon) hinaus gemieden werden, da die Krümmungszunahme/Längeneinheit zu groß wird. Daraus ergibt sich für den Formwert die zweite Bedingung

$$A_{\max} = R\ [\mathrm{m}] \tag{12.49}$$

Die Bedingungen der Gln. (12.48) und (12.49) können bei entsprechend großen Werten R der Klotoide vernachlässigt werden; einen Anhalt bieten die Werte von Tab. 12.12.

Tabelle 12.12. Mindestradien für Kreisbögen ohne Übergangsbögen [18]

V_e [km/h]	$R_{\min}$ [m]
≤ 80	1500
>80	3000

Anrampung und Verwindung:

Eine Lenkradkurve entsteht, wenn das Lenkrad eines mit konstanter Geschwindigkeit fahrenden Fahrzeugs mit konstanter Winkelgeschwindigkeit gedreht wird; bei der entstehenden Fahrspur ändert sich die Krümmung $\frac{1}{R}$ linear mit der Bogenlänge L. Diese Bedingung erfüllt auch die Klotoide, weil das Produkt aus Krümmungsradius und Bogenlänge konstant ist. Die erforderliche Länge für Anrampung und Verwindung ergibt sich nach Bild 12.46 mit Gl. (12.38) für die Klotoide zu

$$A_{\min} = \sqrt{\frac{a(q_e \pm q_a)}{\Delta s_{\max}} \cdot R_e} \quad [\mathrm{m}] \tag{12.50}$$

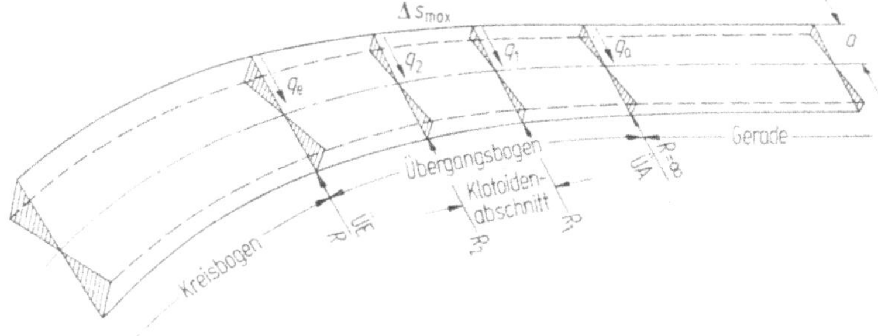

Bild 12.46. Der Klotoidenparameter in Abhängigkeit von der Anrampung und der Verwindung [5].

und für den Klotoidenabschnitt zu

$$A_{\min} = \sqrt{\frac{a(q_2 \pm q_1)}{\Delta s_{\max}\left(\frac{1}{R_2} - \frac{1}{R_1}\right)}} \quad [\mathrm{m}]$$

„+“, wenn $q_a(q_1)$ entgegengerichtet $q_e(q_2)$
„−“, wenn $q_a(q_1)$ gleichgerichtet $q_e(q_2)$

Sind die Bedingungen aus der Fahrdynamik und aus dem Formwert erfüllt, so werden Berechnungen zur Unterbringung der Anrampung und Verwindung in der Regel nur bei hohen Entwurfsgeschwindigkeiten, bei einer Verwindung um den Innenrand und bei großen Fahrbahnbreiten erforderlich.

12.4.4.3. Kubische Parabel

Wie aus Bild 12.47 ersichtlich, decken sich die Kurven von Klotoide, Lemniskate, Sinuslinie und kubischer Parabel im Anfangsbereich. Für die kubische Parabel gilt bis $L = \frac{R}{2}$ oder $\tau \simeq 16$ gon hinreichend genau $R \cdot L =$ konstant. Wegen ihrer einfachen Handhabung sei auf diese Übergangsbogenform verwiesen. Die Grundgleichung der kubischen Parabel lautet

$$y = a \cdot x^3 \tag{12.51}$$

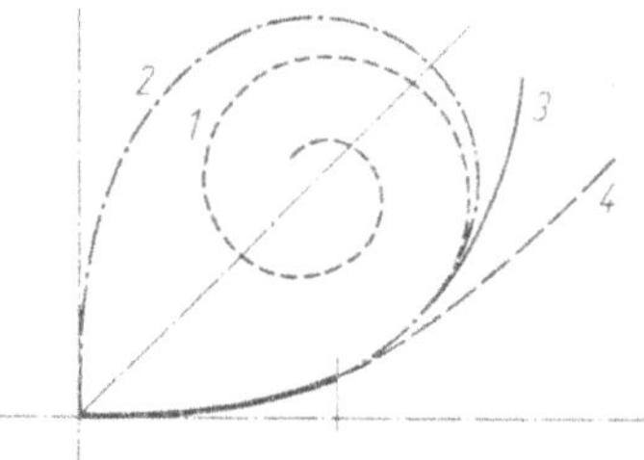

Bild 12.47. Klotoide (*1*), Lemniskate (*2*), Sinuslinie (*3*) und kubische Parabel (*4*) [51].

mit $a = \frac{1}{6 \cdot R \cdot L}$ erhält die Grundgleichung die als Übergangsbogen im Straßenbau übliche Form

$$y = \frac{x^3}{6 \cdot R \cdot L} \quad [\mathrm{m}] \tag{12.52}$$

und mit $x = L$ (Bild 12.48) ergibt sich

$$y_L = 4 \cdot \Delta R = \frac{L^2}{6 \cdot R} \quad [\mathrm{m}] \tag{12.53}$$

und

$$y = \frac{4 \cdot \Delta R}{L^3} \cdot x^3 \quad [\mathrm{m}] \tag{12.54}$$

Tangentenabrückung bei $L/2$:

$$\Delta R = \frac{y_L}{4} = \frac{L^2}{24 \cdot R} \quad [\mathrm{m}] \tag{12.55}$$

Winkel der Tangente mit der Grundtangente am ÜB-Ende:

$$\mathrm{tg}\,\tau \sim \hat{\tau} = \frac{L}{2 \cdot R} \quad [-] \tag{12.56}$$

$$\tau = 63{,}622\hat{\tau} \text{ [gon]}$$

Länge L_x auf der Grundtangente:

$$L_x = \sqrt{24 \cdot R \cdot \Delta R} \quad [\mathrm{m}] \tag{12.57}$$

Länge L_p des Übergangsbogens:

$$L_p = L + \frac{L}{10}\left(\frac{L}{2 \cdot R}\right)^2 \quad [\mathrm{m}] \tag{12.58}$$

Radius des Kreisbogens

$$R = \frac{L^2}{24 \cdot \Delta R} \quad [\mathrm{m}] \tag{12.59}$$

Beispiel (Bild 12.48):

Mit $R = 500$ m und $\Delta R = 1$ m ergibt sich nach Gl. (12.57)

$$L = \sqrt{24 \cdot 500 \cdot 1{,}0} = 109{,}5 \text{ m};$$

nach Gl. (12.54)

$$\frac{4 \cdot \Delta R}{L^3} = \frac{4{,}0 \cdot 1{,}0}{109{,}5^3} = 0{,}000\,003\,046$$

$$y_L = 109{,}5^3 \quad \times \cdots 3\,046 = 4{,}00 \text{ m} \quad (\text{Kontrolle} = 4 \cdot \Delta R)$$
$$y_{100} = 100^3 \quad \times \cdots 3\,046 = 3{,}04 \text{ m}$$
$$y_{75} = 75^3 \quad \times \cdots 3\,046 = 1{,}28 \text{ m}$$
$$y_{54,75} = 54{,}75^3 \quad \times \cdots 3\,046 = 0{,}50 \text{ m} \left(= \frac{y_L}{8} = \frac{\Delta R}{2}\right)$$
$$y_{50} = 50^3 \quad \times \cdots 3\,046 = 0{,}38 \text{ m}$$
$$y_{25} = 25^3 \quad \times \cdots 3\,046 = 0{,}05 \text{ m}$$
$$y_{15} = 15^3 \quad \times \cdots 3\,046 = 0{,}01 \text{ m}$$
$$y_0 = \quad = 0{,}00 \text{ m}$$

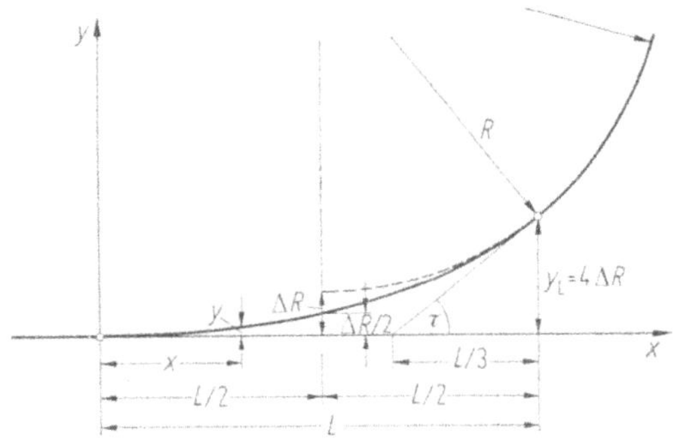

Bild 12.48. Kubische Parabel.

nach Gl. (12.58) Länge des Übergangsbogens:

$$L = 109{,}5 + \frac{109{,}5}{10} \cdot \left(\frac{109{,}5}{1000}\right)^2 = 109{,}5 + 0{,}13 = 109{,}63 \text{ m} < \frac{R}{2} = 250 \text{ m}$$

nach Gl. (12.56)

$$\operatorname{tg} \tau = \frac{L}{2 \cdot R} = \frac{109{,}5}{2 \cdot 500} = 0{,}1095$$

$$\tau = 0{,}1095 \cdot 63{,}622 = 6{,}97 \text{ gon}$$

Nach Bild 12.49 kann der Anwendungsbereich der kubischen Parabel bis auf $L = 2 \cdot R$ ($\tau = 63$ gon) ausgedehnt werden, wenn die Ordinaten zur einen Hälfte von der Grundtangente und zur anderen Hälfte vom Kreisbogen aus — vom Übergangsbogenende rückwärts — abgetragen werden. Beim Winkelbildverfahren ist diese Absteckung die Regel [51].

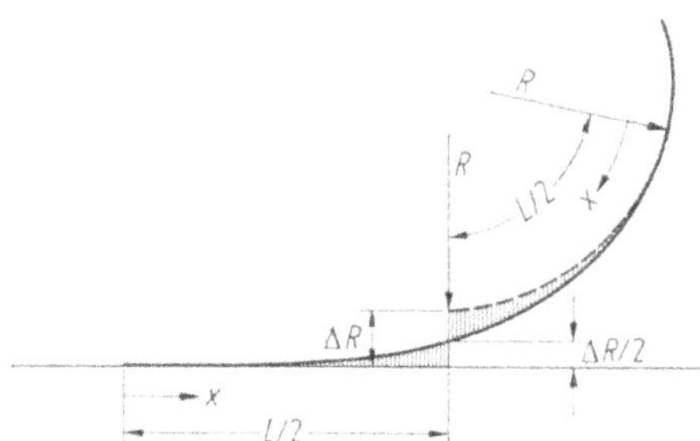

Bild 12.49. Ausdehnung des Anwendungsbereiches der kubischen Parabel [51].

12.4.4.4. Sonstige Kurven

Nachdem sich die Notwendigkeit eines Übergangsbogens für die Verbindung von Geraden und Kreisen als notwendig herausgestellt hatte, behalf man sich zunächst mit einem Vorbogen mit dem doppelten Radius des Kreisbogens, dem „doppelten Vorbogen", einem Übergangsbogen mit $R_{ÜB} = 2R$. Die Unstetigkeiten des Korbbogens blieben, weshalb mit zunehmenden Fahrgeschwindigkeiten diese Form des Übergangsbogens verlassen werden mußte; die sprunghaften Krümmungsänderungen des doppelten Vorbogens konnten nicht mehr bewältigt werden.

Neben der Klotoide und der kubischen Parabel wurden Versuche mit der Lemniskate, der Sinuskurve, Lenkradkurven und allgemeinen Funktionen $y = f(x)$ vorgenommen. Durchgesetzt hat sich schließlich die Klotoide (Bild 12.47 und 12.62).

12.4.4.5. Winkelbildverfahren

Das Winkelbildverfahren ist ein zeichnerisches Näherungsverfahren [6, 58]. Es ermöglicht die Bestimmung geometrischer Elemente zur Verbesserung einer Trasse und ist besonders geeignet zur Verbesserung unstetiger Kurven, zur Berücksichtigung von Zwangspunkten und Zwangsflächen und zwar auch beim Neubau, vor allem aber beim Ausbau, im Lageplan einschließlich der Fahrbahnverbreiterung und Fahrbahnaufweitung ebenso wie im Höhenplan. Die Bedeutung, die dieses Verfahren in verschiedenen Bereichen besitzt, konnte es im Straßenbau nicht gewinnen. Beim Winkelbildverfahren (Bild 12.50) wird eine beliebige Linie als Ausgangslinie gewählt. Die Winkeländerungen gegenüber dieser Bezugslinie werden zeichnerisch aufgetragen. Die Stationierungspunkte des Linienzuges ergeben die Abszissen x, die Winkel der Tangentenneigungen die Ordinaten y. Das Winkelbild ist somit die erste Ableitung des Linienzuges nach der Bogenlänge. In der Regel wird mit konstanten Längen (5···20 m) gearbeitet. Es gilt somit in der Winkelbilddarstellung:

$$d\tau = \frac{dl}{r} \rightarrow \int_{\tau_0}^{\tau_L} d\tau = \tau_L - \tau_0 = \int_0^L \frac{1}{R} \cdot dl \tag{12.60}$$

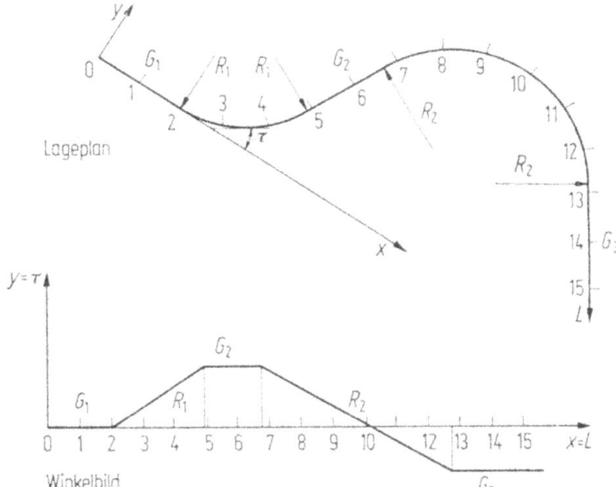

Bild 12.50. Das Winkelbild

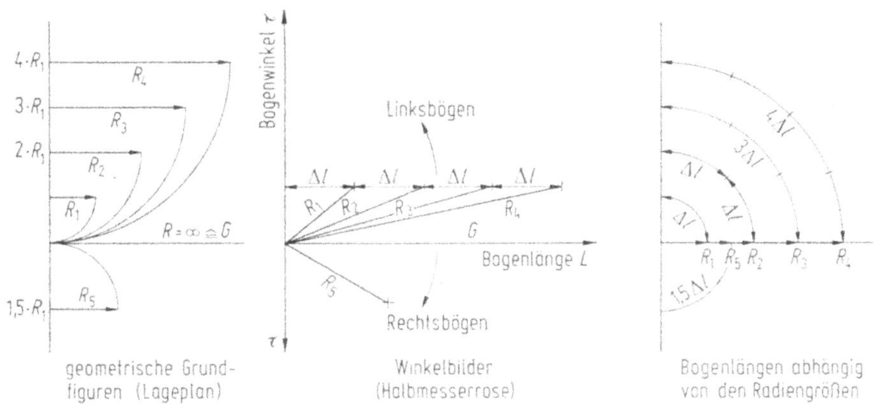

Bild 12.51. Winkelbildableitung (Winkelbild der Geraden und der Kreise) [6].

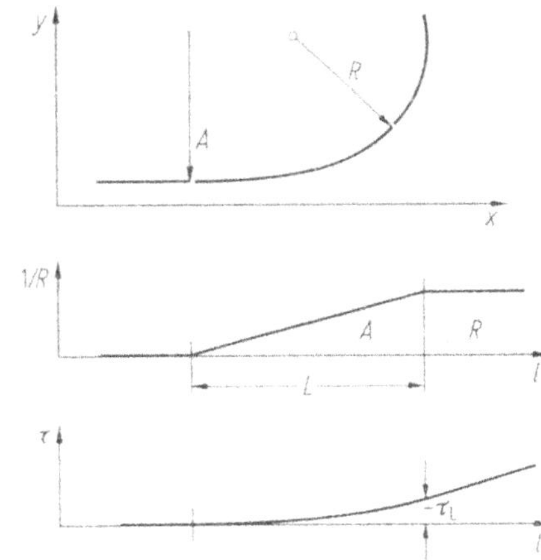

Bild 12.52. Winkelbild der Klotoide.

Die Winkeländerung einer Geraden ist 0; folglich ist eine Gerade im Winkelbild eine Horizontale (Bild 12.51). Die Winkeländerung eines Kreises ist konstant; folglich ist ein Kreis im Winkelbild eine Gerade mit konstanter Neigung; je steiler die Gerade, um so stärker die Krümmung des Kreises (Bild 12.51). Die Winkeländerung einer Klotoide ist konstant zur Länge; folglich ist eine Klotoide im Winkelbild eine quadratische Parabel (Bild 12.52). Eine Knickstelle im Winkelbild entspricht einem Sprung der Krümmungsänderung, ein stetiger Verlauf des Winkelbildes entspricht einem stetigen Krümmungsverlauf, verläuft das Winkelbild durch eine Waagerechte, entspricht dies einem Krümmungswechsel (Bild 12.53).

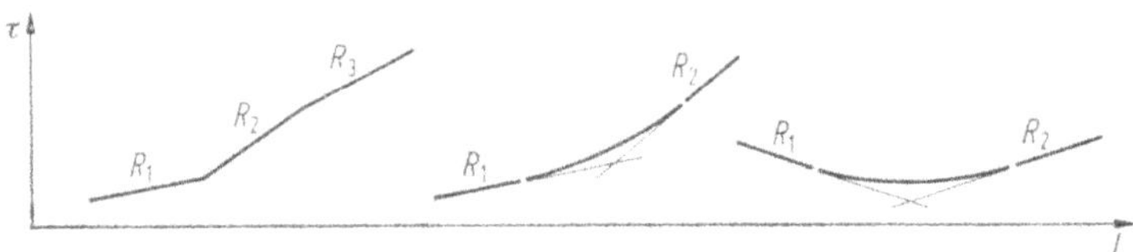

Bild 12.53. Winkelbild von Korbbogen, Eilinie und Wendelinie.

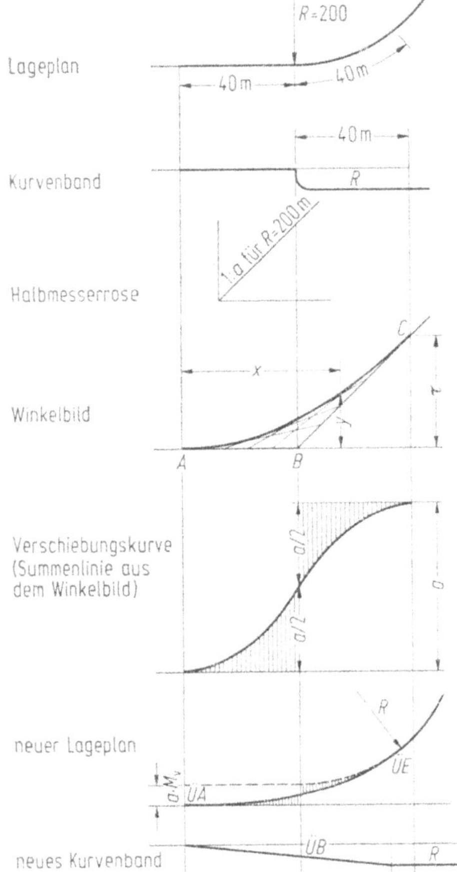

Bild 12.54. Einschaltung eines Übergangsbogens mit Hilfe des Winkelbildverfahrens.

Um aus dem Winkelbild Absteckmaße zu gewinnen, wird die Fläche zwischen den Winkelbildern zweier Kurven summiert. Die Flächensumme wird dabei durch die Ordinatensumme der Teilflächen ersetzt. Eine Ordinatensumme bis zu einem Stationierungspunkt ergibt die Verschiebungskurve in diesem Punkt. Die Absteckmaße in der Natur erhält man durch Berücksichtigung des Verhältnisses von tatsächlicher : zeichnerischer Verschiebung.

Im Bild 12.54 soll die Elementenfolge Gerade—Kreisbogen durch die Folge Gerade—Übergangsbogen—Kreisbogen ersetzt werden:

- die Übergangsbogenlänge wird mit 80 m gewählt,
- für die Halbmesserrose wird die Neigung für den Radius von 200 m beliebig gewählt,
- für das Winkelbild des Übergangsbogens sind die Geraden $\overline{AB}$ und $\overline{BC}$ Endtangenten; das Winkelbild ist eine Parabel,
- die Verschiebungskurve wird aus der Summierung der mittleren Ordinaten der Winkelbildteilflächen gewonnen,
- der Verschiebungsmaßstab M_v ergibt sich aus der Relation zwischen dem zeichnerisch ermittelten Wert der Verschiebungslinie und dem tatsächlichen Abrückungsmaß in der Natur,
- die mit Hilfe des Verschiebungsmaßstabes umgerechneten Verschiebungsmaße ergeben die Absteckmaße,
- das neue Kurvenband zeigt die geänderte Elementenfolge.

12.4.4.6. Formen des Übergangsbogens

Gerade—Kreis

Die Verbindung zwischen einer Geraden und einem Kreisbogen erfolgt in der Regel (Bild 12.55) durch einen Klotoidenabschnitt, dessen Krümmung am Anfang des Übergangsbogens der der Geraden (=0) und am Ende des Übergangsbogens der des Kreises $\left(=\frac{1}{R}\right)$ entspricht. Diese Verbindung Gerade—Kreis kann auch

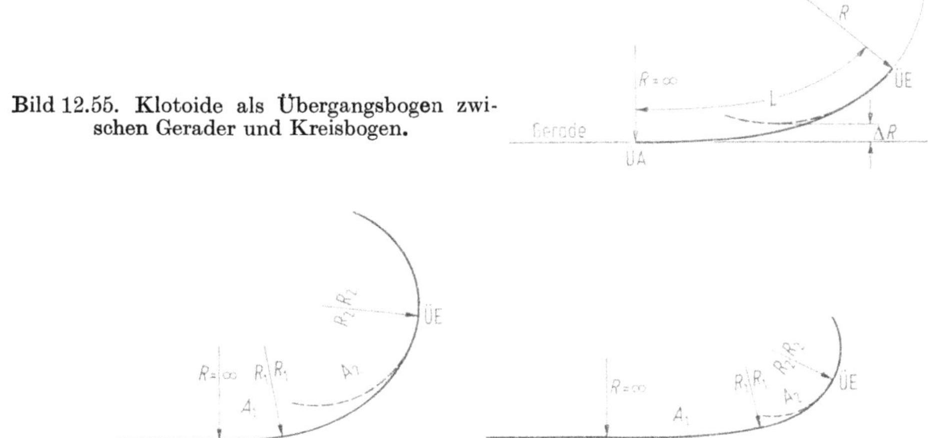

Bild 12.55. Klotoide als Übergangsbogen zwischen Gerader und Kreisbogen.

Bild 12.56. Korbklotiden.

durch eine Korbklotoide (Bild 12.56) erfolgen, wenn Zwangspunkte dies bedingen. Eine Korbklotoide besteht aus einer Folge von Klotoidenstücken, die an den Stoßpunkten gleiche Krümmungsradien und gleiche Tangenten aufweisen. Die Korbklotoide sollte wegen ihrer unstetigen Krümmungsänderung vermieden werden. Wegen ihres „Hundekurven"-Charakters kann sie bei kleineren Parametern gefährlich sein! Aus dem gleichen Grunde zu vermeiden sind Stauchklotoiden (Klotoiden höheren Grades) und alle anderen Arten von Stauchkurven, die als Übergangsbögen in kleine Radien hinein eine spürbare Geschwindigkeitsermäßigung erzwingen sollen. Diese starken Krümmungsänderungen werden oft nicht rechtzeitig erkannt; eine Häufung von Fahrunfällen ist die Folge.

Kreis—Kreis

Die Wendeklotoide besteht aus zwei in ihrem Nullpunkt aneinanderstoßenden, gegensinnig gekrümmten Klotoiden mit gleichen oder verschiedenen Parametern. Mit den beiden an eine Wendeklotoide anschließenden Kreisbogenstücken bildet sie die Wendelinie (Bild 12.57). Die beiden Äste einer Wendeklotoide sollten im Interesse einer homogenen Linienführung mit den gleichen Parametern ausgebildet werden. Die Richtlinien [18] begrenzen das Verhältnis

$$\frac{A_1}{A_2} \leqq 1{,}5 \quad [-] \tag{12.61}$$

für $A_2 \leqq 200$ m.

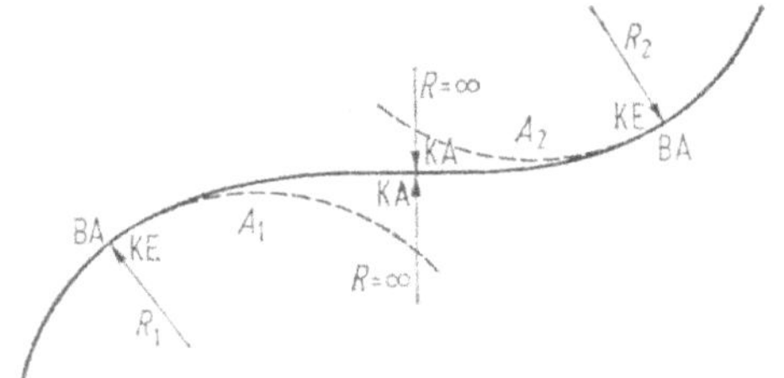

Bild 12.57. Wendelinie.

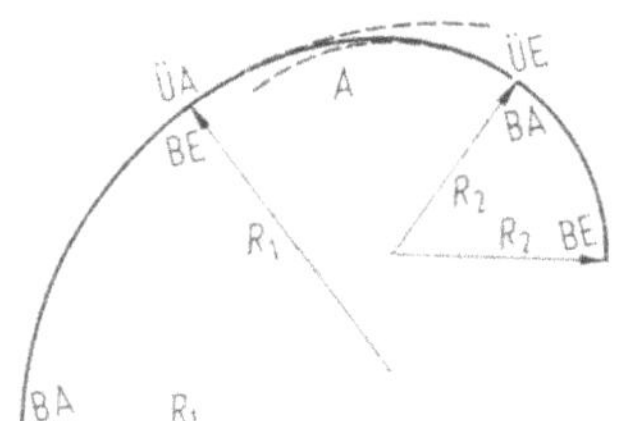

Bild 12.58. Eilinie.

Diese Begrenzung hat sich in der Praxis bewährt. Kürzere Zwischengeraden im 0-Punkt von Wendeklotoiden sind unbedenklich. Die früher in den Richtlinien enthaltene Begrenzung der Länge der Zwischengeraden mit

$$L_{\min} \leqq \frac{A_1 + A_2}{40} \quad [\mathrm{m}] \tag{12.62}$$

wird daher nicht mehr gefordert. Sie stellt aber immer noch einen Anhalt für die Qualität des Entwurfes dar.

Die Eiklotoide verbindet zwei gleichsinnig gekrümmte Kreisbogenteilstücke; sie ist nur möglich, wenn der kleinere Kreis im größeren Kreis liegt, beide Kreise aber nicht den gleichen Mittelpunkt haben. Mit den an die Eiklotoide anschließenden beiden Kreisbogenstücken wird sie zur Eilinie (Bild 12.58). Um bei einer Eilinie die Änderung des Krümmungsverlaufes dem Kraftfahrer erkennbar zu machen, ist auf eine Mindestkrümmungsänderung der Eiklotoide von 3,5 gon zu achten. Die doppelte Eilinie (Bild 12.59) verbindet zwei nebeneinander liegende Kreise, die sich auch berühren und schneiden und einen gemeinsamen Mittelpunkt haben können; sie besteht aus zwei einzelnen Eilinien, so daß für sie sinngemäß auch die Grundsätze der einfachen Eilinie gelten. Gegen die Eilinie sind keine Einwendungen zu machen, wenn große Elemente verwandt werden. Im Bereich kleinerer oder gar der Minimalelemente des Lageplanes soll sie nur angewandt werden, wenn durch Zwangsvorgaben die Freizügigkeit der Trassierung eingeengt ist; die Erkennung der Krümmungsänderung kann schwierig werden. Die gleiche Anwendungseinschränkung gilt für die C-Klotoide; sie entsteht, wenn zwei gleichsinnig gekrümmte Klotoiden in ihrem Nullpunkt gestoßen werden. Mit den beiden anschließenden Kreisbogen entsteht die C-Linie (Bild 12.60). Optisch wirkt die C-Linie wie eine Zwischengerade zwischen gleichgerichteten Bögen.

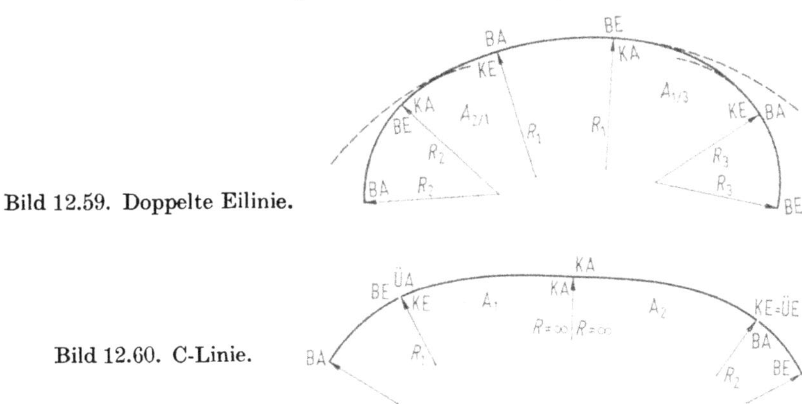

Bild 12.59. Doppelte Eilinie.

Bild 12.60. C-Linie.

Ausnahmefälle

Die Richtlinien [18] lassen einen unmittelbaren Übergang von der Geraden in den Kreisbogen bei einem Kurvenradius von 1500 m ($V_e \leqq 80$ km/h) bzw. von 3000 m ($V_e > 80$ km/h) zu (Tab. 12.12). Ein solcher Übergang ergibt eine optisch schlechte Linienführung, den Verwindungsbereich in der Geraden und/oder im Kreisbogen, einen unstetigen Verlauf der Radialbeschleunigung und einen „unendlich" großen, punktförmigen Ruckverlauf. Ein solcher unmittelbarer Übergang von einer Geraden in einen Kreisbogen ohne Übergangsbogen sollte vermieden werden; auf den verbindenden Übergangsbogen sollte man auch bei großen Radien nicht verzichten, selbst wenn dabei die Formwerte nicht eingehalten werden müssen.

Eine Kurve, bei der der Öffnungswinkel des Kreisbogenstückes zu 0 wird, wird als Scheitelklotoide bezeichnet. Diese Kurvenform verleitet zum Kurvenschneiden, die Drehrichtung des Lenkrades muß im Kurvenscheitel schnell und ruckartig gewechselt werden, es fehlt ein Bereich mit konstanter Krümmung, der durch einen Bereich mit konstanter Querneigung (1…2 s mit V_e) zwar abgemildert, aber nicht ersetzt werden kann (Abschn. 12.4.3.2.), der Verlauf von Radialbeschleunigung und Ruck ist unruhig. Die Scheitelklotoide ist als Trassierungselement abzulehnen.

Als Grenzfall des Übergangsbogens wird der Flachbogen bezeichnet (Bild 12.61); er weist eine Krümmungsänderung von ≤ 7 gon auf. Bei dieser Kurve ist kaum zu unterscheiden, ob es sich um eine Verbundkurve, eine Scheitelklotoide oder einen reinen Kreisbogen handelt. Eine solche Kurve ist im Sinne einer sicheren optischen Führung als bedenklich anzusehen.

Bild 12.61. Flachbogen.

Bild 12.62 zeigt die Entwicklung des Übergangsbogens: eine rechtwinklige Kurve ohne Übergangsbogen, eine Kurve mit einem $2 \cdot R$-Kreisbogen als Übergangsbogen und eine Kurve mit einer Klotoide als Übergangsbogen. Kurvenband, Krümmungsbild, Winkelbild und Ruckdarstellung verdeutlichen die Qualität der Folgen dieser geometrischen Elemente (die Querneigung blieb unberücksichtigt).

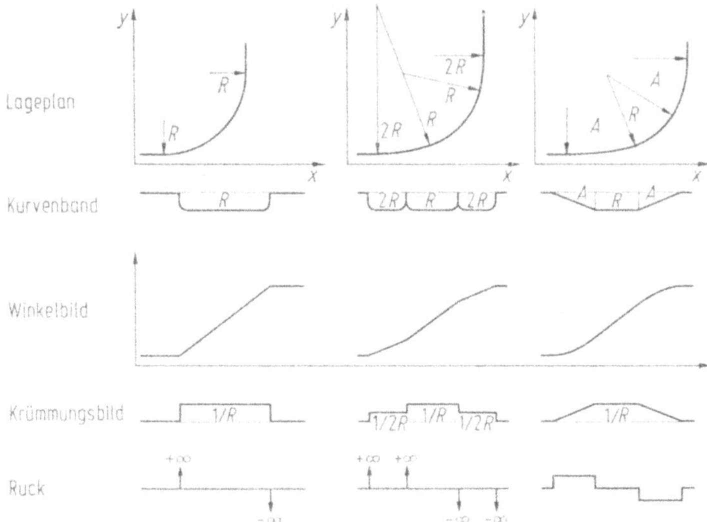

Bild 12.62. Entwicklung des Übergangsbogens.

12.5. Höhenplan

12.5.1. Längsneigung

Geringe Längsneigungen ergeben einen Fahrtablauf mit gleichbleibender Geschwindigkeit und somit einen sicheren Verkehrsablauf; die Wirtschaftlichkeit bedingt eine Anpassung der Trasse an das Gelände mit maximal zulässigen Neigungen. Somit bestimmen die Differenzen zwischen den in Steigungen gefahrenen Geschwindigkeiten und den in der Ebene gefahrenen Geschwindigkeiten — unter Berücksichtigung der Wirtschaftlichkeit — die maximal zulässigen Längsneigungen. Die Werte hierfür beruhen auf Erfahrungen. Die Richtlinien [18] fordern in Abhängigkeit von der Entwurfsgeschwindigkeit die in Tab. 12.13 angegebenen höchstzulässigen Längsneigungen. Die Erhöhung der zulässigen Längsneigung für $V_e = 100$ km/h von 4% [17] auf 4,5% [18] erfolgte aus Ersparnisgründen. Grundsätzlich sind die Längsneigungen aus Gründen der Sicherheit und des wirtschaftlichen Verkehrsablaufes so niedrig wie möglich zu halten. Neuere Untersuchungen

Tabelle 12.13. Höchstzulässige Längsneigungen (s_{max}) [18]

V_e [km/h]	s_{max} [%]
40	10,0
60	6,5
80	5,0
100	4,5
120	4,0
140	4,0

Tabelle 12.14. Maximale Schrägneigungen (p_{max})

V_e [km/h]	s_{max} [%]	p_{max} [%]
(30)		(12,5)
40	10,0	12,0
60	6,5	9,0
80	5,0	8,0
100	4,5	7,5
120	4,0	7,0

über den Einfluß der Längsneigungen auf das Unfallgeschehen [36, 60] erbrachten folgende Erkenntnisse:

- auf einbahnigen Straßen steigen die Unfallzahlen im Gefälle gegenüber der Steigungsrichtung erheblich;
- bei Längsneigungen $\geqq 6\%$ steigen die Unfallzahlen überdurchschnittlich;
- auf zweibahnigen Straßen liegen die Unfallzahlen bei Längsneigungen $\geqq 4\%$ doppelt so hoch wie bei Längsneigungen zwischen -2% und $+2\%$.

Die maximale Längsneigung s bestimmt wesentlich die maximale Schrägneigung p:

$$p = \sqrt{s^2 + q^2} \quad [\%] \tag{12.63}$$

Die auf Erfahrung beruhenden zulässigen maximalen Schrägneigungswerte sind in Tab. 12.14 dargestellt. In engeren Radien mit starkem Gefälle soll die Querneigung nicht verringert werden, um die maximal zulässige Schrägneigung einhalten zu können (Abschn. 12.4.1.)! Aus Gründen der fahrdynamischen Sicherheit ist in solchen Fällen eine Verringerung der Längsneigung anzustreben.

In Verwindungsbereichen ist eine Mindestlängsneigung einzuhalten, um die Wasserfilmdicken — abhängig von der Straßenlängsneigung, der Anrampungsneigung und der Fahrbahnbreite — zur Erzielung einer ausreichenden entwässerungstechnischen Sicherheit gering zu halten (Kap. 16 und Abschn. 12.6.4.1. und 12.6.5.2.). Grundsätzlich ist aus dem gleichen Grunde eine der Gradientenneigung entgegengesetzte Neigung eines Fahrbahnrandes im Verwindungsbereich zu vermeiden; das heißt, daß

$$s \geqq \Delta s \; [\%] \tag{12.64}$$

sein muß. Nach Erfahrung ist jedoch wünschenswert, daß

$$s - \Delta s \geqq 0{,}2 \; (\cdots 0{,}5) \; [\%] \tag{12.65}$$

Bei Einhaltung eines Differenzwertes von $0{,}2\%$ können erfahrungsgemäß selbst in Verwindungsbereichen dreistreifiger Richtungsfahrbahnen überdurchschnittliche Aufschwimm-Unfälle (aqua-planing) vermieden werden.

12.5.2. Kuppen- und Wannenausrundung

12.5.2.1. Anforderungen

Neigungsbrechpunkte müssen aus Gründen der Verkehrssicherheit und der Verkehrsqualität ausgerundet werden. Je größer das geometrische Ausrundungselement, desto flüssiger der Gradientenverlauf, um so stetiger der Verkehrsfluß,

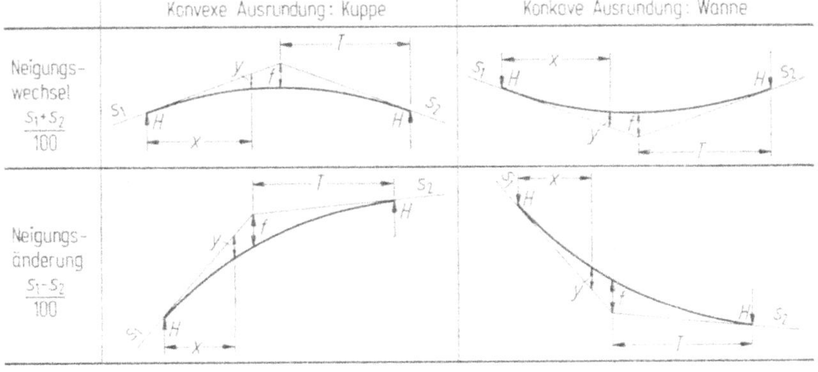

Bild 12.63. Neigungswechsel und Neigungsänderung [5].

um so sicherer der Verkehrsablauf. Bei den Ausrundungen der Neigungsbrechpunkte sind Neigungsänderungen (gleichgerichtete Längsneigungen) und Neigungswechsel (entgegengerichtete Längsneigungen) zu unterscheiden (Bild 12.63 [5]).

12.5.2.2. Mathematische Formen

Für die Ausbildung der Ausrundungen im Verlauf von Kuppen und Wannen wird in der Regel der Kreisbogen benutzt. Die Kreisgleichung

$$x^2 + (H - y)^2 = H^2 \tag{12.66}$$

wird bei Vernachlässigung von y^2 zur Parabelgleichung

$$y = \frac{x^2}{2 \cdot H} \tag{12.67}$$

und für den Scheitelpunkt (Schnittpunkt der Längsneigungen) mit $x = T$ wird

$$y = f = \frac{T^2}{2 \cdot H} = \frac{T}{4} \cdot \frac{s_1 \pm s_2}{100} = \frac{H}{8} \cdot \frac{(s_1 \pm s_2)^2}{100^2} \quad [\mathrm{m}] \tag{12.68}$$

und für T ergibt sich

$$T = \frac{H}{2} \cdot \frac{s_1 \pm s_2}{100} \quad [\mathrm{m}] \tag{12.69}$$

Der Ersatz des Kreisbogens durch die quadratische Parabel ist genau genug. In Sonderfällen können Kuppen oder Wannen mit einer kubischen Parabel ausgerundet werden, um eine bessere Anpassung an Zwangspunkte oder um einen allmählicheren Übergang im Anschluß an eine lange, überschaubare Teilstrecke mit konstanter Längsneigung zu erzielen. Man erhält (Bild 12.64) für Gl. (12.51)

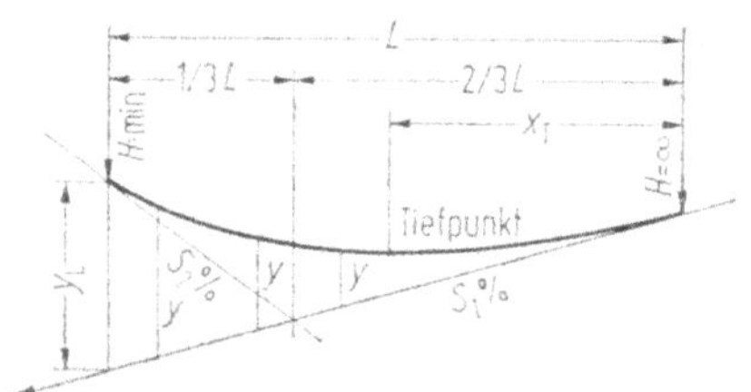

Bild 12.64. Kubische Parabel als Ausrundungselement im Höhenplan [5].

$$y = a \cdot x^3 \text{ mit } a = \frac{1}{6 \cdot H \cdot L} \text{ zu}$$

$$y = \frac{1}{6 \cdot H \cdot L} \cdot x^3 \quad [\mathrm{m}] \tag{12.70}$$

und mit

$$y_L = \frac{L}{3} \cdot \frac{s_1 + s_2}{100} \quad [\mathrm{m}] \text{ ergibt sich}$$

$$H = \frac{L^2}{6 \cdot y_L} \quad [\mathrm{m}] \tag{12.71}$$

Die Neigung an der Stelle x wird

$$\operatorname{tg} \delta = y' = \frac{x^2}{2 \cdot H \cdot L} \quad [-] \tag{12.72}$$

und der Punkt mit der horizontalen Tangente ergibt sich für

$$\operatorname{tg} \delta = s_1 \quad \text{zu}$$

$$x_T = \sqrt{2 \cdot H \cdot L \cdot \frac{s_1}{100}} \quad [\mathrm{m}] \tag{12.73}$$

12.5.2.3. Mindesthalbmesser

Der Mindesthalbmesser der Kuppe $H_{K\,\min}$ ist aus folgenden Bedingungen abzuleiten:

- Bodenfreiheit des Fahrzeugs,
- Beschränkung der vertikalen Zentrifugalbeschleunigung auf $b_v \leqq 0{,}5\ \mathrm{m/s^2}$,
- Vermeidung des Eindrucks einer geknickten Linienführung,
- Einhaltung der erforderlichen Sichtweite.

Die Frage der Bodenfreiheit eines Fahrzeugs kann nur in Ausnahmefällen eine Rolle spielen, z.B. bei Zufahrten.

Aus der Fahrdynamik stellt sich die Forderung

$$H_{K\,\min} = \frac{v^2}{b} \quad [\mathrm{m}] \tag{12.74}$$

und mit $b = 0{,}5\ \mathrm{m/s^2}$

$$H_{K\,\min} \cong 0{,}154 \cdot V_e^2 \quad [\mathrm{m}] \tag{12.75}$$

Der Eindruck einer geknickten Linienführung wird erfahrungsgemäß vermieden, wenn die Tangentenlänge T in m etwa das 0,5$\cdots$1,0fache der Entwurfsgeschwindigkeit in km/h beträgt:

$$H_{K\,\min} = \frac{200\,T}{s_1 \pm s_2} \quad [\mathrm{m}] \tag{12.76}$$

Das wesentlichste Kriterium für die Kuppe ist die Forderung nach einer der Verkehrssicherheit und -qualität angemessenen Sichtweite; diese muß mindestens der Haltesichtweite (Abschn. 12.7.2.) entsprechen (Bild 12.65). Wenn das Hindernis, vor dem angehalten werden soll, zum Zeitpunkt der Erkennbarkeit bei einer Augenhöhe h_A voll gesehen wird, gilt

$$H_{K\,\min} = \frac{S_h^2 - h_A^2}{2 \cdot h_A} \quad [\mathrm{m}] \tag{12.77}$$

und da h_A^2 vernachlässigbar klein

$$H_{K\,\min} \simeq \frac{S_h^2}{2 \cdot h_A} \quad [\mathrm{m}] \tag{12.78}$$

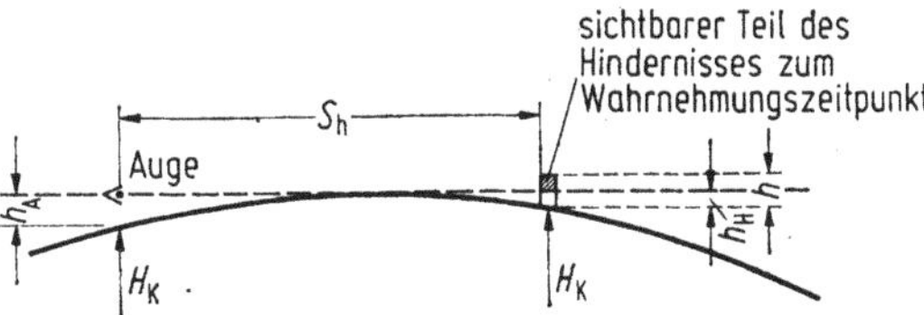

Bild 12.65. Kuppenmindesthalbmesser aus der Haltesichtweite [2].

Wird jedoch zugestanden, daß zum Wahrnehmungszeitpunkt ein Teil des Hindernisses h_H noch unerkannt bleiben darf, so lautet die Forderung

$$H_{K\,\min} = \frac{S_h^2}{2 \cdot (\sqrt{h_A} + \sqrt{h_H})^2} \quad [\mathrm{m}] \tag{12.79}$$

(S_h, h_A und h_H: Anschn. 12.7.2.).

Die sich aus der Forderung nach Einhaltung der Haltesichtweite ergebenden Kuppenmindesthalbmesser sind in Tab. 12.15 aufgeführt; die sich aus der fahrdynamischen Forderung ergebenden Werte sind wesentlich kleiner. Die Forderung, eine geknickte Linienführung zu vermeiden, muß dann erfüllt sein, wenn die Kuppe überschaubar oder von der Seite erkennbar ist. So ergibt sich z. B. für $s_1 + s_2 = 2\%$ bei $V_e = 80$ km/h ein Wert für $H_{K\,\min} = 4000 \cdots 8000$ m. Untere Grenzwerte können aus dieser Forderung wegen der Abhängigkeit von den Längsneigungen nicht ermittelt werden.

Tabelle 12.15. Kuppenmindesthalbmesser $H_{K\,\min}$

		$H_{K\,\min}$-Werte [m] ($t_R = 2$ s)					
V_e	[km/h]	40	60	80	100	120	140
$h_H = 0$	[cm]	648	2443	6903	17242	37511	71480
	etwa	650	2500	7000	17000	37500	70000
$= 2{,}5$	[cm]				12855	27968	53295
	etwa				12500	28000	53000
$= 5{,}0$	[cm]				11516	25054	47742
	etwa				11500	25000	48000
RAL-L-1-73	[18]	1500	3000	7000	12500	25000	50000

Um bei abgeblendetem Kfz-Scheinwerfer im Kuppenbereich das Blenden des entgegenkommenden Verkehrs zu vermeiden, muß die Kuppe eine Mindestgröße aufweisen, die von der Neigung des Abblendbündels abhängt. Diese Neigung beträgt im ECE-Reglement [6a] 1%; das bedeutet, daß sich die Helldunkelgrenze des europäischen Abblendlichts in einer Entfernung von $100 \cdot H_S$ vor den Scheinwerfern auf der Fahrbahn einstellt. In einer geraden Kuppe tangiert diese Helldunkelgrenze die Fahrbahnoberfläche bei Lkw mit einer Anbauhöhe der Scheinwerfer von 1,0 m bei einem H-Wert von 5000 m. Für Pkw mit einer Anbauhöhe von 0,65 m entspricht eine Kuppe mit $H = 3250$ m dieser Bedingung. Zur Vermeidung des Blendens bei abgeblendeten Kfz-Scheinwerfern empfiehlt sich somit eine Kuppenmindestgröße von 5500···6000 m.

Grundsätzlich sind die Kuppenhalbmesser so groß wie möglich zu wählen, da die Qualität einer Straße mit der Zügigkeit der Gradiente steigt. Eine Unfalluntersuchung ergab, daß 3,3% aller im Jahre 1976 auf bayerischen Autobahnen geschehenen Unfälle auf kleine Hindernisse auf der Fahrbahn (Unterlegkeile, Reifen, Räder, Radabdeckungen, Gummiteile, Dachständer usw.) zurückzuführen waren [60]!

Die Mindesthalbmesser für die Wannen leiten sich aus folgenden Bedingungen ab:

— Beschränkung der vertikalen Zentrifugalbeschleunigung auf $b_v \leqq 0{,}5$ m/s²,

— Vermeidung des Eindrucks einer geknickten Linienführung,
— Einhaltung der erforderlichen Sichtweite bei Tag und bei Dunkelheit.

Für die fahrdynamische Sicherheit gilt Gl. (12.75) sinngemäß:

$$H_{W\,\min} \cong 0{,}154 \cdot V_e^2 \text{ [m]} \tag{12.80}$$

Zur Vermeidung einer geknickten Linienführung in der Wanne gilt Gl. (12.76) sinngemäß, wobei T in m wiederum das 0,5···1,0fache der Entwurfsgeschwindigkeit in km/h beträgt:

$$H_{W\,\min} = \frac{200 \cdot T}{s_1 \pm s_2} \quad \text{[m]} \tag{12.81}$$

Für den Mindesthalbmesser einer Wanne bei Sichtbehinderung durch ein Überführungsbauwerk (Bild 12.66) ergibt sich bei einer lichten Höhe H_{li} und bei Vernachlässigung der Augenhöhe des Fahrers nach Gl. (12.68)

$$H_{W\,\min} \cong \frac{S_h^2}{8 \cdot H_{li}} \quad \text{[m]} \tag{12.82}$$

und bei einer lichten Höhe von 4,0 m

$$H_{W\,\min} \cong \frac{1}{30} \cdot S_h^2 \quad \text{[m]} \tag{12.83}$$

Für die Fahrt bei Dunkelheit läßt sich ein Mindesthalbmesser für die Wanne in Abhängigkeit von der Schweinwerferhöhe H_S und dem Lichtkegelwinkel φ nach Bild 12.67 ermitteln zu

$$H_{W\,\min} = \frac{S_h^2 \cdot \cos^2 \varphi}{2 \cdot (H_S + S_h \cdot \sin \varphi)} \quad \text{[m]} \tag{12.84}$$

$$\cong \frac{S_h^2}{2 \cdot (H_s + S_h \cdot \sin \varphi)} \quad \text{[m]} \tag{12.85}$$

mit $\varphi \cong 0$ und mit $H_S = 0{,}65$ m

$$H_{W\,\min} \cong 0{,}77 \cdot S_h^2 \quad \text{[m]} \tag{12.86}$$

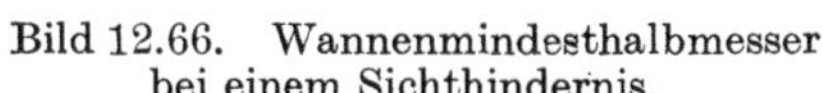

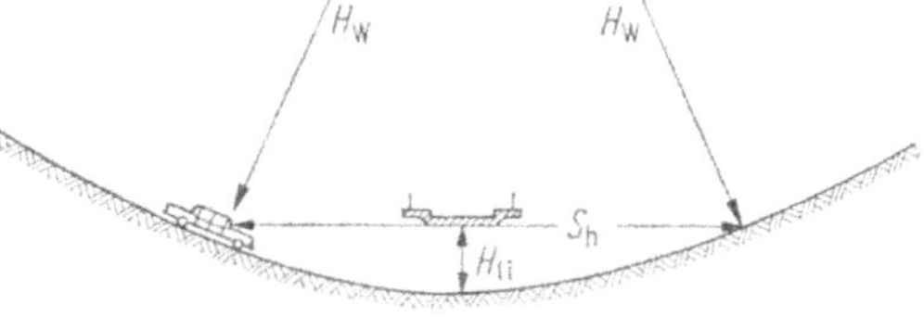

Bild 12.66. Wannenmindesthalbmesser bei einem Sichthindernis.

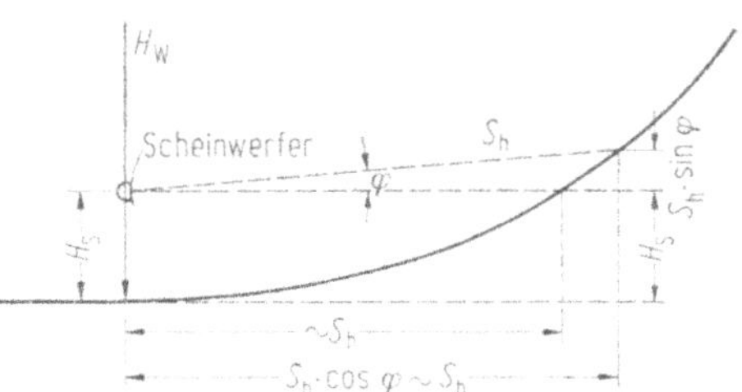

Bild 12.67. Wannenmindesthalbmesser in Abhängigkeit von der Sicht bei Dunkelheit.

Für das Problem der Sichtweite bei Nacht und die Ableitung eines $H_{W\,min}$-Wertes fehlt ein klares Modell. Die Ergebnisse aus Gl. (12.84) und (12.85) sind daher nur bedingt aussagekräftig. In Tab. 12.16 sind die sich ergebenden Werte für Wannenmindesthalbmesser gegenübergestellt (S_h: Tab. 12.22). Die in den Richtlinien [18] angegebenen Mindestwerte dürfen nur dann angewandt werden, wenn sich aus den genannten Forderungen keine größeren Werte ergeben; sie dürfen unterschritten werden, wenn der Nachweis ausreichender Sichtweite erbracht wird und die optische Linienführung stetig ist.

In Bild 12.68 sind die Bestimmungsformeln für ausgezeichnete Parabelpunkte bei Kuppen und Wannen (z.B. Entwässerung bei $s = 0\%$, Bestimmung einer Mindestlängsneigung für einen Wendepunkt des Lageplanes usw.) enthalten.

Tabelle 12.16. Wannenmindesthalbmesser $H_{W\,min}$

		$H_{W\,min}$-Werte [m]					
V_e	[km/h]	40	60	80	100	120	140
aus Fahrdynamik		246	554	986	1540	2218	3018
	etwa	250	550	1000	1500	2200	3000
aus Optik ($s_1 + s_2 = 2\%$)		2000	3000	4000	5000	6000	7000
($s_1 + s_2 = 4\%$)		1000	1500	2000	2500	3000	3500
aus Sichthindernis $H_{li} = 4$ m		44	233	460	1150	2500	4765
	etwa	50	250	500	1200	2500	5000
bei Dunkelheit $H_S = 0{,}65$ m	etwa	1000	3800	11000	26000	57000	110000
RAL-L-1-73	[18]	1000	2000	3000	5000	10000	20000

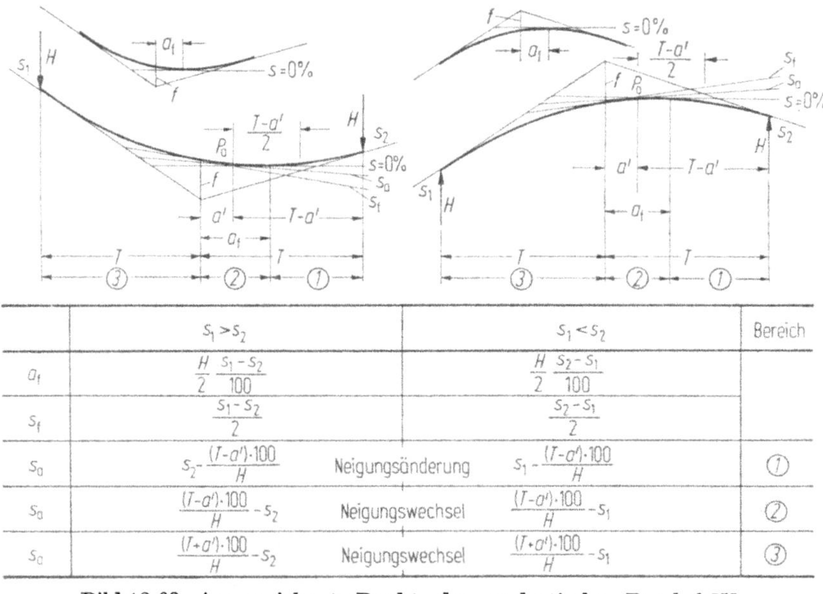

	$s_1 > s_2$		$s_1 < s_2$	Bereich
a_f	$\frac{H}{2}\frac{s_1-s_2}{100}$		$\frac{H}{2}\frac{s_2-s_1}{100}$	
s_f	$\frac{s_1-s_2}{2}$		$\frac{s_2-s_1}{2}$	
s_a	$s_2-\frac{(T-a')\cdot 100}{H}$	Neigungsänderung	$s_1-\frac{(T-a')\cdot 100}{H}$	①
s_a	$\frac{(T-a')\cdot 100}{H}-s_2$	Neigungswechsel	$\frac{(T-a')\cdot 100}{H}-s_1$	②
s_a	$\frac{(T+a')\cdot 100}{H}-s_2$	Neigungswechsel	$\frac{(T+a')\cdot 100}{H}-s_1$	③

Bild 12.68. Ausgezeichnete Punkte der quadratischen Parabel [5].

12.6. Querschnitt

Der Straßenquerschnitt (Abschn. 15.3.2. und 18.2.3.) ist ein rechtwinklig zur Straßenachse geführter vertikaler Schnitt; er besteht außerhalb bebauter Bereiche in der Regel aus den Fahrstreifen mit evtl. Trennstreifen, den befestigten und unbefestigten Seitenstreifen und den Böschungen einschl. notwendiger Entwässerungseinrichtungen.

12.6.1. Elemente des Querschnitts [16]

Das Bemessungsfahrzeug für Anlagen des Kfz-Verkehrs ist 2,5 m breit und 4 m hoch. Für Sicherheitsabstände und Fahrzeugbewegungen erhalten diese Grundabmessungen einen Zuschlag; dieser wird als Bewegungsspielraum bezeichnet, ist 0,2 m hoch und 0,25 bis 1,25 m je Fahrstreifen breit. Die unterschiedliche Breite ist durch den Straßenquerschnitt bedingt. Spuren am Gegenverkehr erhalten in der Regel noch einen Zuschlag von 0,25 m. Die Ausgangsmaße zuzüglich der Maße für den Bewegungsspielraum ergeben unter Berücksichtigung der Randstreifen und der befestigten Seitenstreifen den Verkehrsraum. Der lichte Raum eines Straßenquerschnitts umfaßt einen zusätzlichen Bereich zum Verkehrsraum, der von festen Hindernissen frei zu halten ist; dieses Zusatzmaß beträgt in der Höhe 0,30 m; für Oberbauerneuerungen sollten bei Neubauten 0,50 m vorgesehen werden (Tab. 12.17). Der lichte Raum ist in der Regel auf jeder Seite 1,5 m — bei beengten Verhältnissen 1,0 m — breiter als der Verkehrsraum. Leitpfosten, Schutzplanken, Verkehrszeichen und Verkehrseinrichtungen können bis 0,5 m an den Verkehrsraum, Hochborde bis unmittelbar an den Verkehrsraum heranreichen. Randstreifen begrenzen die Fahrbahn bei verschiedenen Querschnitten; befestigte Seitenstreifen können als Standstreifen oder als Mehrzweckstreifen vorgesehen werden; unbefestigte Seitenstreifen sind immer vorhanden. Mittelstreifen sind in der Regel 4,0 oder 3,0 m breit (Tab. 12.18).

Tabelle 12.17. Maße für den Verkehrsraum und den lichten Raum (Kfz-Verkehr) [16]

Gruppe[a]	Bemessungsfahrzeug		Bewegungsspielraum		Breitenzuschlag zur Spur am Gegenverkehr [m]	Fahrstreifenbreite [m]	Höhe des	
	Breite [m]	Höhe [m]	seitlich [m]	oben [m]			Verkehrsraumes [m]	lichten Raumes [m]
A	2,50	4,00	1,25	0,20	—	3,75	4,20	4,50
B			1,00			3,50		
					0,25	3,75		
C			0,50					
D						3,25		
E			0,25		0	2,75		

Tabelle 12.18. Streifen- und Kronenbreiten [16]

Gruppe	Fahrbahn: Fahrstreifen [m]	Fahrbahn: Randstreifen [m]		Seitenstreifen: befestigt [m]	Seitenstreifen unbefestigt: wenn 5 vorh. [m]	Seitenstreifen unbefestigt: wenn 5 nicht vorh. [m]	Mittelstreifen [m]	Kronenbreite [m]
1	2	3	4	5	6	7	8	9
		innen 1,00	außen 0,50					37,50
A	3,75	0,50		2,50	1,50[a]	—	4,00	29,00
B	3,50			2,00		—	3,00	26,00
	3,75			1,75 0	—	— 2,00[a]	—	15,00 12,50
C	3,25	0,50		0		1,50[a]	—	10,50
D	3,25	0		0	—	1,50[a]	—	9,50
E	2,75	0		0		1,00	—	7,50

[a] Mögl. Reduzierung im Einschnittsbereich um 0,50 m; die Kronenbreite verringert sich entsprechend.

Tabelle 12.19. Maße für den Verkehrsraum und den lichten Raum (Fußgänger, Rad-, Mofa- und Mopedfahrer)

	Ausgangsbreite m	Bewegungsspielraum m	Verkehrsraum: Höhe m	Lichter Raum: Breite m	Lichter Raum: Höhe m
Fußgänger	0,75	0,0		0,75	
Radfahrer	0,75	0,25	2,25	1,00	2,50
Mofa-Fahrer	1,00	0,25		1,25	
Moped-Fahrer	1,00	0,50		1,50	

Die Ausgangsmaße für Anlagen des Rad- und Fußgängerverkehrs betragen 0,75 m für die Breite und 2,0 m für die Höhe. Der Bewegungsspielraum für den Radverkehr ist 0,25 m hoch und 0,25 m breit, für den Fußgängerverkehr 0,25 m hoch. Für kombinierte Rad- und Fußweganlagen gelten die Maße für Radwege. Die Richtlinien enthalten keine Maßangaben für Kleinkrafträder bzw. Fahrräder mit Hilfsmotor (jeweils bis 50 cm³), die im Sprachgebrauch als Mofas (bis 25 km/h auf ebener Strecke) bzw. als Mopeds (bis 40 km/h auf ebener Strecke) bezeichnet werden. Unter Berücksichtigung bisheriger Empfehlungen und einer sinnvollen Staffelung von Ausgangsbreite und Bewegungsspielraum ergeben sich die in der Tab. 12.19 zusammengestellten Maße für den Verkehrsraum und den lichten Raum für Fußgänger, Rad-, Mofa- und Mopedfahrer.

Bei der Festlegung von Breiten für Geh-, Rad-, Mofa- und Mopedwege ist auch die für das Schneeräumen erforderliche Mindestbreite zu berücksichtigen; sie ist vom Geräteeinsatz abhängig. Bild 12.69 zeigt die Verkehrs- und lichten Räume verschiedener Fahrbahn-Weg-Kombinationen. Das Bild verdeutlicht auch die erforderlichen Trennstreifenbreiten.

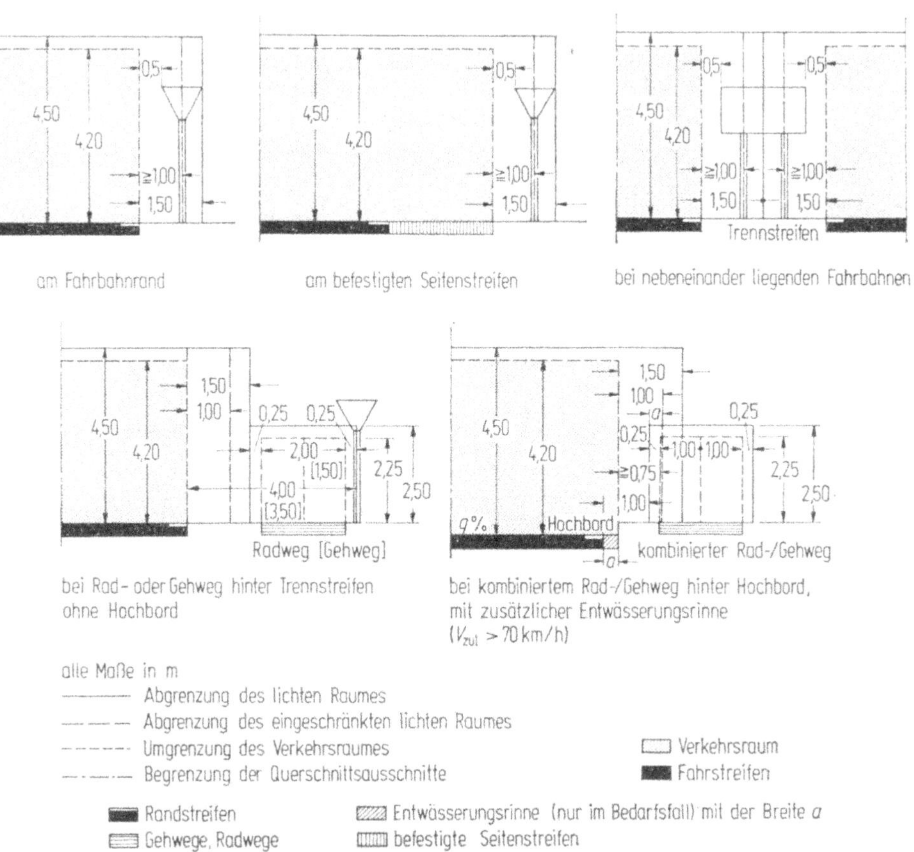

Bild 12.69. Verkehrsraum und lichter Raum [16].

12.6.2. Bauliche Gestaltung und Regelquerschnitte [16]

Die Fahrbahn erhält eine krümmungs- und geschwindigkeitsabhängige Querneigung (Abschn. 12.6.4.); alle zusätzlichen befestigten Streifen erhalten die Querneigung der Fahrbahn. Unbefestigte Seitenstreifen, verfestigte Seitenstreifen und Seitentrennstreifen sind aus Sicherheitsgründen nach außen zu neigen (z. B. Ableitung von Schmelzwasser aus Schneewällen zur Vermeidung von Glatteisbildung). Die Richtlinien [16] sehen für die Böschungsausbildung eine konstante Böschungsbreite von 3,0 m bis zu einer Böschungshöhe von 2 m und eine 1:1,5 geneigte Böschung für Böschungshöhen über 2,0 m vor. Alle Böschungen sind auszurunden (Bild 12.70). Zur Verringerung der Grunderwerbskosten werden immer wieder steile Böschungen gefordert. Bei der Entscheidung über Böschungsneigungen muß aber — von erdstatischen Gründen abgesehen — auch und vor allem bedacht werden, daß in dem unmittelbar an die Fahrbahn angrenzenden Bereich die aus dem Betrieb herrührenden Umweltbelastungen weitgehend abgebaut werden, daß flachere Böschungen keiner Schutzplanken bedürfen, daß solche Böschungen die Unfallfolgen von der Fahrbahn abkommender Fahrzeuge verringern und daß flachere Einschnittsböschungen die Schneeablagerung vermeiden (Abschn. 12.9.3.). Bild 12.71 zeigt die Entwicklung der Böschungsgestaltung während der vergangenen Jahrzehnte.

Im Bild 12.72 sind die Regelquerschnitte der RAL-Q abgebildet. Hier fehlt nach wie vor ein einbahnig-vierspuriger Regelquerschnitt, der über der Leistungsfähigkeit eines B 2-Querschnittes liegt, aber einen geringeren Flächenbedarf als ein zweibahniger Querschnitt aufweist. Ein solcher Querschnitt wird in Ballungsgebieten oder als Entflechtungsstrecke in längeren Straßenabschnitten mit grö-

	Damm	Einschnitt
Böschungshöhe h'	$h' < 2{,}0$ m	$h' < 2{,}0$ m
	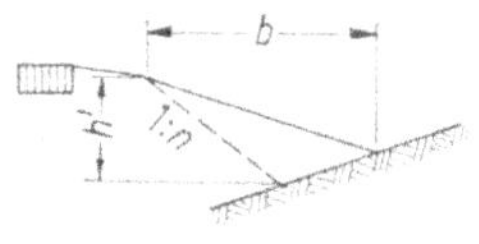	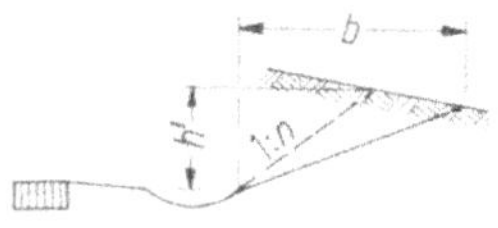
Regelböschung	$b = 3{,}0$ m	$b = 3{,}0$ m
allgemeine Böschungsmaße	$b = 2n$	$b = 2n$
Tangentenlänge der Ausrundung	$1{,}5\,h'$	$1{,}5\,h'$
Böschungshöhe h'	$h' \geq 2{,}0$ m	$h' \geq 2{,}0$ m
	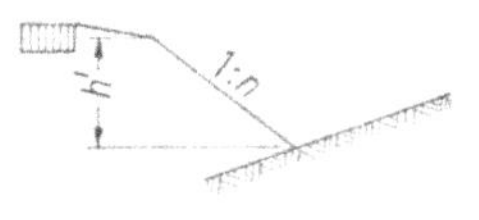	
Regelböschung	1:1,5	1:1,5
allgemeine Böschungsmaße	$1{:}n$	$1{:}n$
Tangentlänge der Ausrundung	3,0 m	3,0 m

Bild 12.70. Böschungsausbildungen [16].

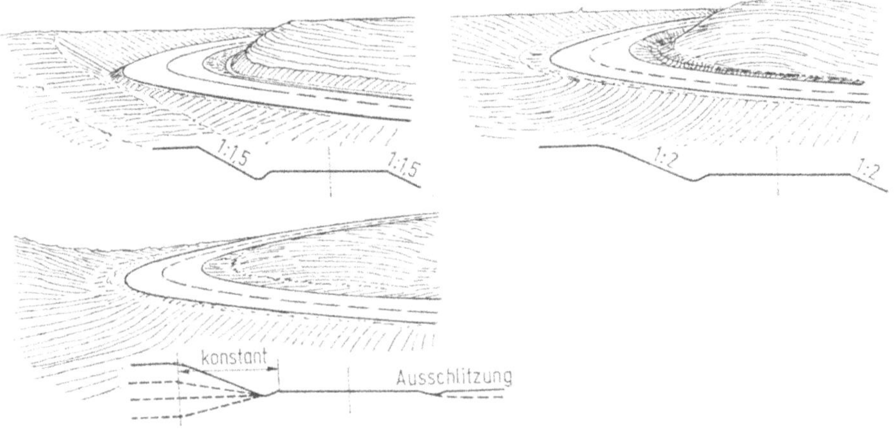

Bild 12.71. Böschungsgestaltung.

ßerer Längsneigung und spürbarem Lkw-Anteil erforderlich. Er könnte, wie in Bild 12.73 dargestellt, mit einer Kronenbreite von 17,5 m ausgeführt werden. Eine Ausbildung mit einem verfestigten Seitenstreifen ergäbe eine Kronenbreite von 21,5 m. Eine Geschwindigkeitsbeschränkung auf 100 km/h, wie bei einbahnig-zweistreifigen Querschnitten, wäre für einen solchen Regelquerschnitt notwendig.

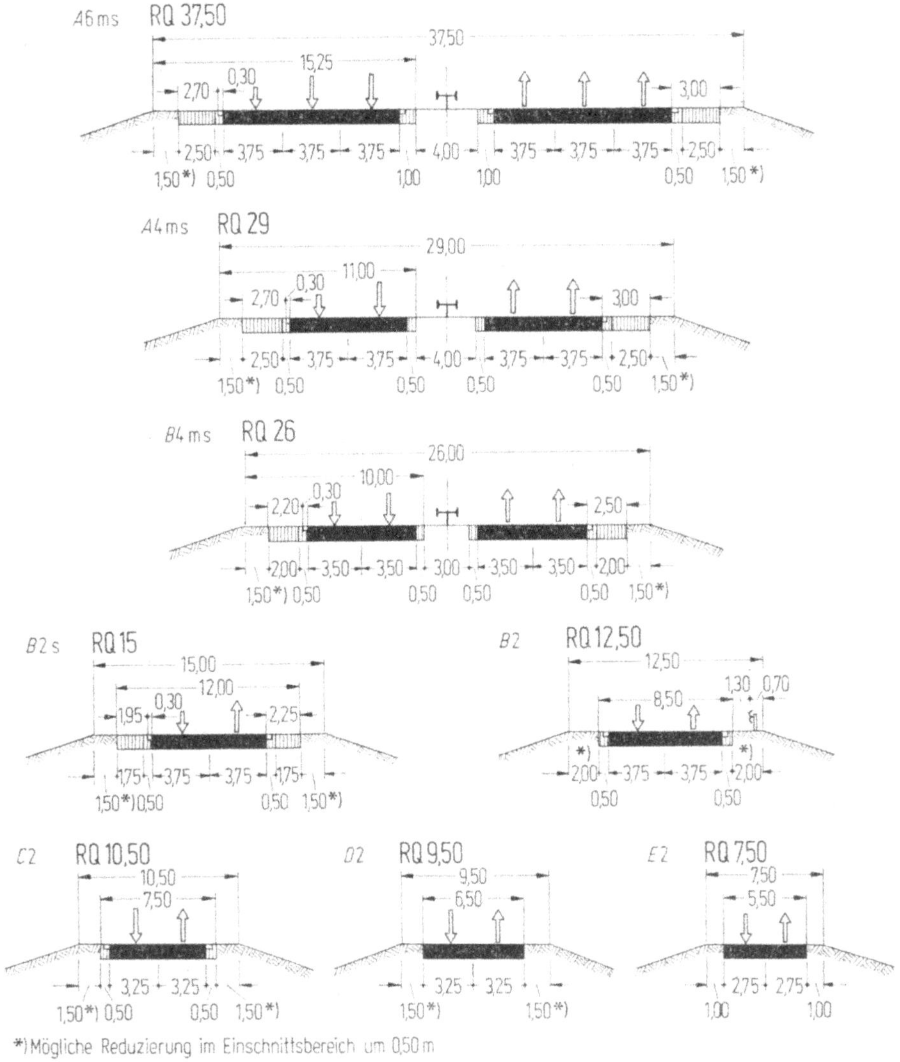

*) Mögliche Reduzierung im Einschnittsbereich um 0,50 m

Bild 12.72. Regelquerschnitte der RAL-Q [16].

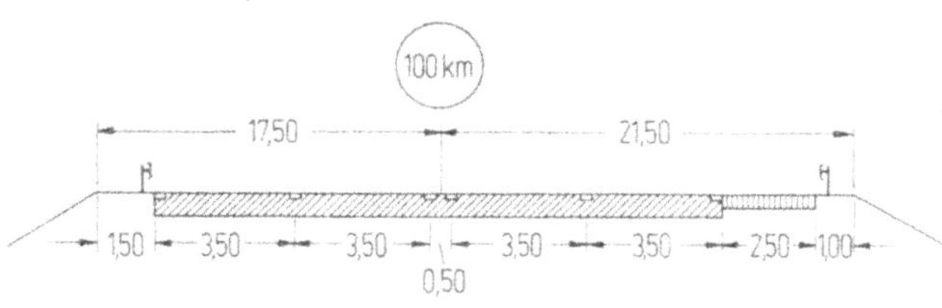

Bild 12.73. Möglicher einbahniger vierspuriger Regelquerschnitt.

12.6.3. Bemessung des Querschnittes [16]

Straßenquerschnitt, Linienführung und Anordnung sowie Gestaltung der Knotenpunkte sollen so aufeinander abgestimmt werden, daß die Bemessungsverkehrsstärke Q_B auf der zu bemessenden Straßenteilstrecke die Bemessungsgeschwindigkeit $\overline{V}$ erzielt. Dann ist die erwünschte Verkehrsqualität gewährleistet (Abschn. 12.3.2.). Die Bemessungsverkehrsstärke ist die durch die Prognose des Kraftfahrzeugverkehrs ermittelte künftige Verkehrsstärke. Liegen keine genaueren Untersuchungen vor, so ist die Zunahme der Verkehrsstärke anhand der Zunahmefaktoren aus der Entwicklung des Kfz-Bestandes zu ermitteln (Bild 12.74). Als Bemessungsverkehrsstärke Q_B ergeben sich überschlägig
für den Werktagsverkehr

$$Q_B = 0{,}3 \cdot Q_{15\,\mathrm{h}-19\,\mathrm{h}} \quad [\mathrm{Kfz/h}] \tag{12.86}$$

und für den Wochenendverkehr

$$Q_B = 0{,}25 \cdot Q_{16\,\mathrm{h}-22\,\mathrm{h}} \quad [\mathrm{Kfz/h}] \tag{12.87}$$

Neben der Bemessungsverkehrsstärke sind für die Querschnittsbemessung noch

— die Straßenlängsneigung (Steigungsklasse),
— die Kurvigkeit (gon/km),
— die Überholmöglichkeit (gut — mittel — schlecht) und
— der Anteil des Schwerverkehrs (Kfz über 2,8 t)

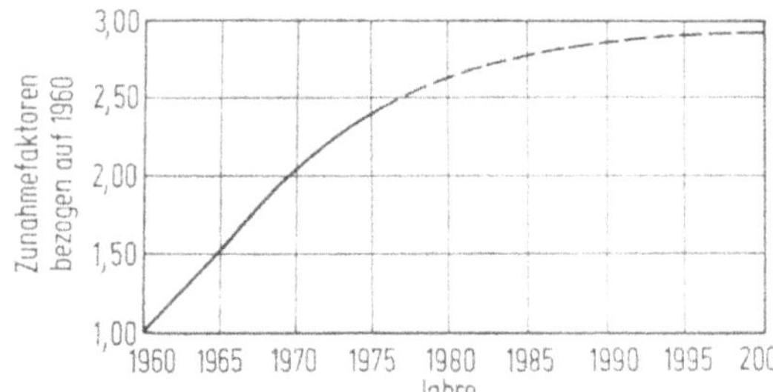

Bild 12.74. Entwicklung des Kfz-Bestandes [16].

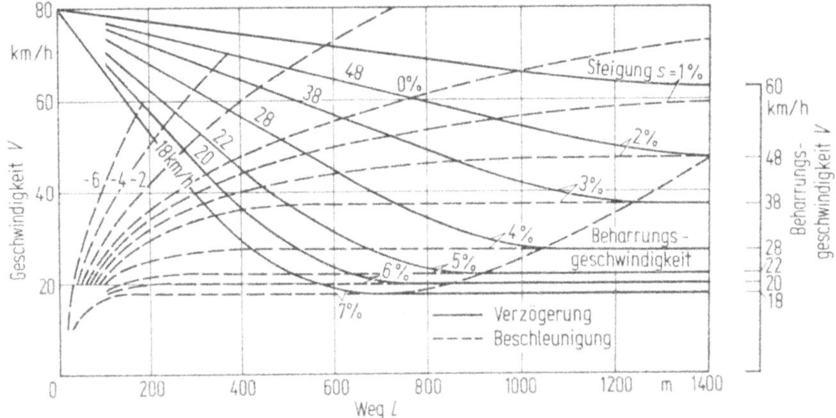

Bild 12.75. Geschwindigkeit des Bemessungs-Lkw auf verschiedenen Längsneigungen [16].

zu berücksichtigen. Ein mit Hilfe des Bildes 12.75 ermitteltes Geschwindigkeits-Weg-Diagramm ermöglicht die Entscheidung, welche Teile der zu bemessenden Straßenstrecke in die Steigungsklasse *f* (Mindestgeschwindigkeit des Bemessungs-Lkw über 60 km/h), in die Steigungsklasse *h* (40—60 km/h) oder in die Steigungsklasse *b* (unter 40 km/h) einzuordnen ist [16]. — Die Kurvigkeit wird nach Gl. (12.6) ermittelt und in die Bereiche 0—50, 50—75, 75—100, 100—150 und über 150 gon/km eingeteilt. — Die Überholmöglichkeit gilt als gut, wenn der Streckenanteil mit Überholsichtweite mehr als 50% der Gesamtstrecke umfaßt, als mittel

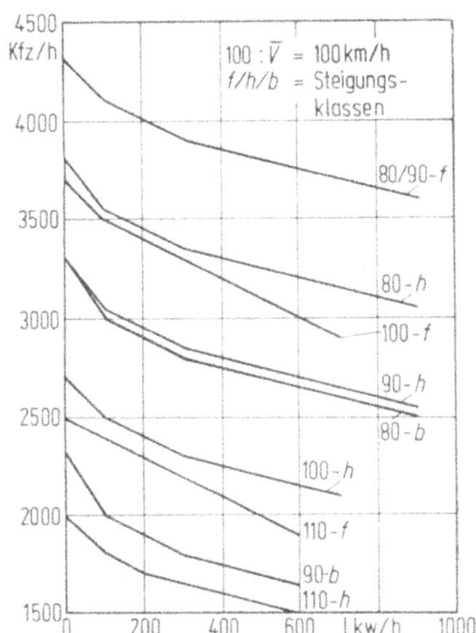

Bild 12.76. Zulässige Verkehrsstärken einer dreistreifigen Richtungsfahrbahn (A6ms).

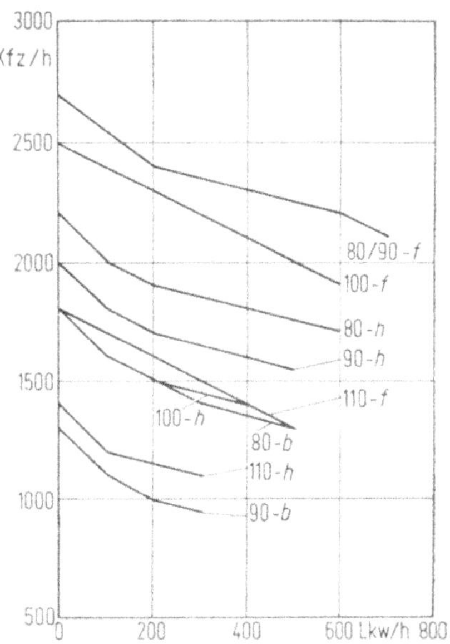

Bild 12.77. Zulässige Verkehrsstärken einer zweistreifigen Richtungsfahrbahn (A4ms).

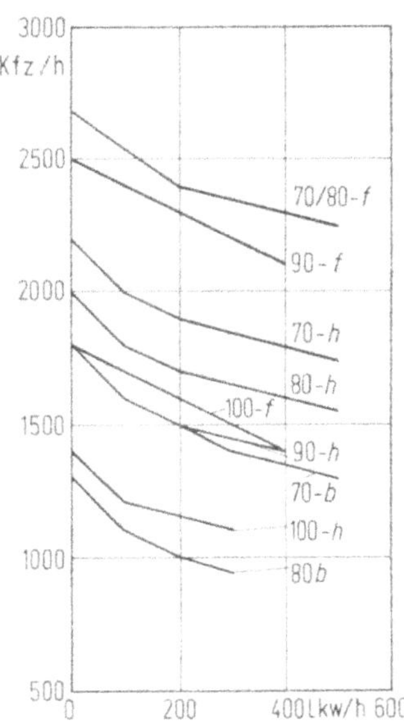

Bild 12.78. Zulässige Verkehrsstärken einer zweistreifigen Richtungsfahrbahn (B4ms) mit höhenfreien Knoten.

mit einem Streckenanteil von 25—50% und als schlecht mit einem Streckenanteil unter 25%. Aus den Bildern 12.76 bis 12.78 können die zulässigen Verkehrsstärken der Richtungsfahrbahnen zweibahniger Straßen abgelesen werden. Für die zulässigen Verkehrsstärken einbahniger Straßen wird auf die RAL-Q [16] verwiesen.

Bild 12.79 zeigt das Ergebnis einer Querschnittsbemessung nach den Richtlinien der Schweiz, der Bundesrepublik Deutschland und Frankreichs [1].

Eine Kosten-Nutzen-Untersuchung [37] führte zu Einsatzgrenzen für Gehweganlagen; diese Grenzen sind in Bild 12.80 dargestellt und durch die in den RAL-Q-74 [16] empfohlenen Anhaltswerte ergänzt. Es wird außerdem ein Bereich für ein gehärtetes Bankett und ein Bereich für einen von der Fahrbahn getrennt ge-

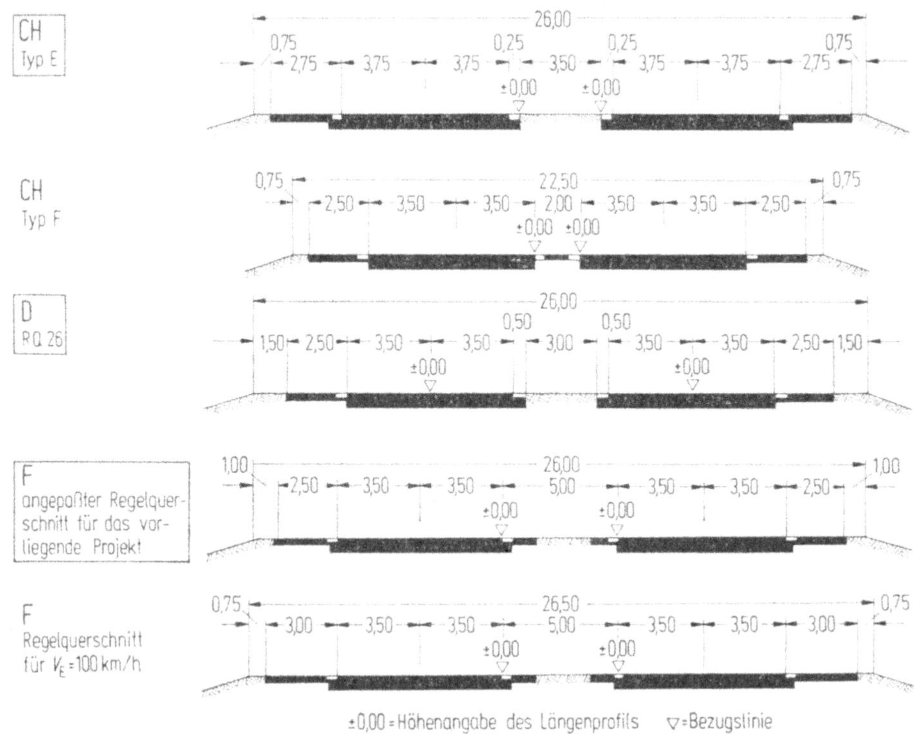

Bild 12.79. Querschnittsbemessung (Beispiel) [1].

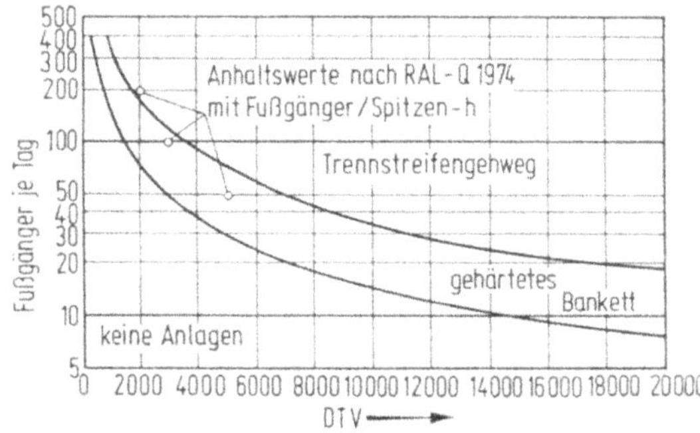

Bild 12.80. Einsatzgrenzen für Gehweganlagen [37].

führten Gehweg ausgewiesen. Eine untere oder obere Abgrenzung erfolgt nicht; dabei sollte bei einem DTV von etwa 7000 Kfz dem Fußgänger grundsätzlich ein getrennt geführter Gehweg zur Verfügung stehen. Der gleiche Grundsatz gilt, wenn $V_{50\%}$ 80···90 km/h überschreitet. — Da für Radverkehrsanlagen keine auf gezielten Untersuchungen beruhende Zahlenwerte vorliegen, sind die für Fußgänger ermittelten Zahlen als Anhalt zu verwenden.

12.6.4. Querneigung

Die Neigung der Fahrbahnoberfläche rechtwinklig zur Straßenachse wird als Querneigung q bezeichnet.

12.6.4.1. Wasser und Kraftschluß (siehe auch Kap. 9)

Die Kontaktfläche eines Reifens wird bei nasser Fahrbahn [33a] in drei Zonen eingeteilt (Bild 12.81); in der Zone L_1 berührt der Reifen den Wasserfilm und drückt das Oberflächenwasser in die Rillen und Rinnen der Straßenoberfläche bzw. in die Profile des Reifens; in der Zone L_3 ist der Wasserfilm weitgehend beseitigt, und es herrschen fast die Kraftschlußbedingungen bei trockener Fahrbahn; die Zone L_2 stellt eine Übergangszone zwischen L_1 und L_3 dar. Je schneller die Fahrgeschwindigkeit, um so größer die Zonen L_1 und L_2, um so geringer der Kraftschluß bis zum völligen Verschwinden der Zone L_3 und zum völligen Verlust jeglichen Kraftschlusses; das Fahrzeug wird unlenkbar (Abschn. 16.7.1.). Die Verringerung und schließlich der Verlust des Kraftschlusses sind abhängig von der Wasserfilmdicke, der (kritischen) Geschwindigkeit, der Reifenart und der Profiltiefe des Reifens (Bild 12.82 [2]).

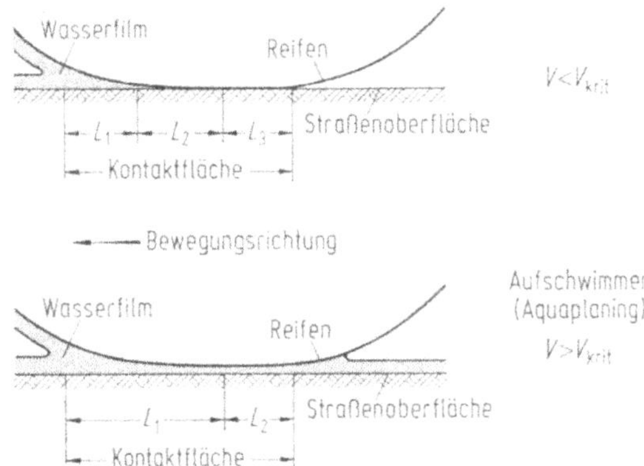

Bild 12.81. Reifen auf nasser Fahrbahn [33a].

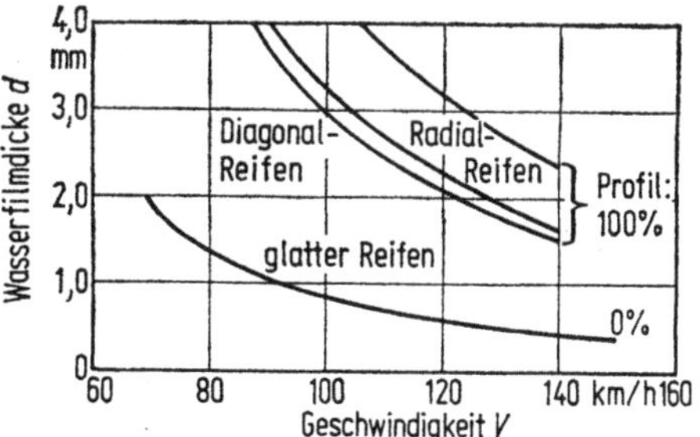

Bild 12.82. Aufschwimmverhalten verschiedener Reifen [2].

Die entwässerungstechnische Sicherheit ist um so besser zu erhalten, je geringer u.a. die Wasserfilmdicke ist; diese Dicke ist abhängig von der Regenintensität und Regendauer, der Art und dem Zustand der Fahrbahnoberfläche und der Länge des Abflußweges; letztere ist durch Fahrbahnbreite und Schrägneigung vorgegeben. Ein gedankliches Modell für die Erhaltung des erforderlichen Kraftschlusses bei nasser Fahrbahn fehlt; es kann nur der qualitativ zu wertende Versuch unternommen werden, die Wasserfilmdicke möglichst gering zu halten. Dabei muß auf Erfahrungswerte abgestellt werden; Nomogramme zur Ermittlung der Wasserfilmdicke auf ideal ebenen Fahrbahnflächen in Abhängigkeit von der Länge des Abflußweges, der Regenintensität, der Neigung und der Rauheit der Fahrbahnoberfläche stehen zur Verfügung [35].

12.6.4.2. Querneigung in der Geraden

Die Dicke des auf der Fahrbahn bei Regen entstehenden Wasserfilmes nimmt mit zunehmendem Gefälle degressiv ab (Bild 12.83 [35]). Eine Erhöhung der Neigung bis etwa 2% führt zu einer spürbaren Abnahme der Wasserfilmdicke; eine Vergrößerung der Neigung über 3% hinaus verringert die Wasserfilmdicke nur noch geringfügig (Abschn. 16.7.). Eine Mindestquerneigung von 2,5% erfüllt somit die Forderung nach einer geringen Wasserfilmdicke bei nasser Fahrbahn für Asphalt- und Betondecken. Bei Fahrbahnoberflächen mit größerer Rauhigkeit können größere Querneigungen notwendig werden. Die Mindestquerneigung in der Geraden ist gleichzeitig die Regelquerneigung.

Die Querneigung wurde für den Gespannverkehr dachförmig, von der Straßenachse zum Fahrbahnrand linear oder parabelförmig abfallend, ausgebildet. Der Kraftfahrzeugverkehr erfordert eine ebene Fläche; folglich ist die Einseitneigung die Regelneigung. Die dachförmige Querschnittsausbildung kann allenfalls begründeten Ausnahmefällen vorbehalten bleiben; dabei ist immer zu berücksichtigen, daß beim Überholen — vor allem bei höheren Geschwindigkeiten — durch den plötzlichen und für die einzelnen Räder unterschiedlichen Seitenkraftwechsel kritische Fahrzustände auftreten können. Die durch die Einseitneigung entstehenden längeren Abflußwege können in Kauf genommen werden, da dadurch keine wesentliche Zunahme der Wasserfilmdicke eintritt.

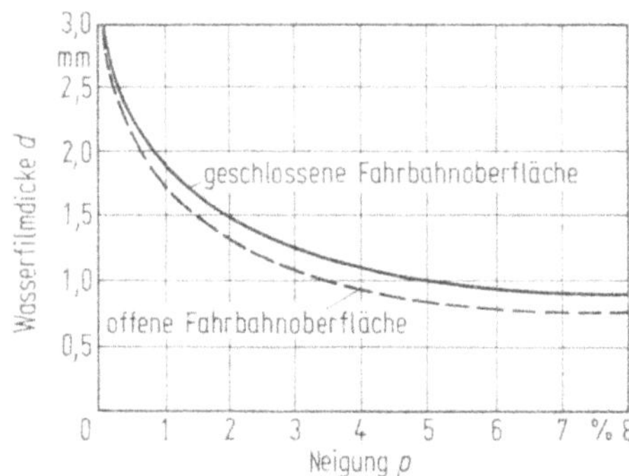

Bild 12.83. Abhängigkeit der Wasserfilmdicke von der Neigung (Berücksichtigung der Oberflächenstruktur) [35].

Zusätzliche Fahrstreifen oder Fahrbahnverbreiterungen sollen aus Gründen der wirtschaftlichen Baudurchführung, der Deckenerneuerung und des Winterdienstes nach Richtung und Größe die gleiche Querneigung wie die Fahrbahn erhalten. Eine solche Lösung erleichtert auch die Einteilung von Richtungsfahrbahnen in Behelfsfahrsteifen, wenn der Standstreifen mitbenutzt wird.

Die Querneigungsdifferenz bei der Ausbildung eines dachförmigen Querschnittes ergibt sich aus der Verdoppelung der Regelquerneigung von 2,5% zu 5,0%.

12.6.4.3. Querneigung im Kreisbogen

Die fahrdynamischen Zusammenhänge zwischen Geschwindigkeit, Kurvenradius, Querneigung und Kraftschluß sind in Abschn. 12.4.3.2. dargestellt.

Die Querneigung im Kreisbogen ist in der Regel nach innen gerichtet, sie kann in Ausnahmefällen nach außen gerichtet sein und wird dann als negative Querneigung bezeichnet. Die Mindestquerneigung im Bereich des Kreisbogens ist aus Entwässerungsgründen der Regelquerneigung der Geraden mit 2,5% gleichzusetzen. Der Mindestwert der negativen Querneigung sollte zwischen −2% und −2,5% liegen (Abschn. 12.4.3.2.); er darf nicht überschritten werden.

Die höchstzulässige Querneigung ist geschwindigkeitsunabhängig. Bei eisglatter Fahrbahn soll das Abrutschen eines stehenden, anfahrenden oder mit geringer Geschwindigkeit fahrenden Fahrzeugs vermieden werden; außerdem soll für nasse saubere Fahrbahn jeder Entwurfsgeschwindigkeit ein möglichst kleiner Kurvenradius zugeordnet werden können. Unterlagen zur Entscheidung liefern die Auswertungen von Reibungsmessungen; die endgültige Festlegung erfolgt auf Grund von Erfahrungen. Die deutschen Richtlinien lassen als maximale Regelquerneigung 6% zu, in Ausnahmefällen 7%; in der Schweiz und in Frankreich liegt der maximale Querneigungswert ebenfalls bei 7%, in Österreich bei 7,5% (allerdings nur für $V_e = 40$ km/h). Die maximal zulässige Querneigung sollte bei 7% liegen, ein Wert von 7,5% erscheint in Ausnahmefällen vertretbar. Die möglichen Minimalwerte für Radien sind u. a. in Abhängigkeit von einer Querneigung von 6% bzw. 7% in Tab. 12.10 zusammengestellt.

In Radien, die größer als der Mindestradius sind, wird auch eine höhere Geschwindigkeit gefahren; dabei wird für die Aufnahme der Fliehkraft ein größerer Anteil des Kraftschlusses in Anspruch genommen. Für jede Zuordnung von Radius, Querneigung und Geschwindigkeit ist von der tatsächlichen $V_{85\%\,\text{naß}}$ auszugehen und zu entscheiden, bis zu welchem Wert der Kraftschluß für die Aufnahme der durch die Querneigung nicht abgedeckten Fliehkraft in Anspruch genommen werden soll; die Verkehrssicherheit darf dabei bei nasser sauberer Fahrbahn nicht beeinträchtigt werden. Die Richtlinien [18] legen auf Grund von Erfahrungen den zur Mindestquerneigung von 2,5% gehörenden Grenzradius R_g mit

$$R_g = 3{,}5 \cdot R_{\min} \quad [\text{m}] \tag{12.88}$$

fest. Zwischen dem $R_{\min}$-Wert für $q_k = 6\%$ und dem R_g-Wert für $q_{\min} = 2{,}5\%$ erfolgt die Zuordnung von Querneigung und Radius im doppelt logarithmischen Maßstab. Diese Zuordnung läßt sich ausreichend genau für $q = 2{,}5\% \cdots 7\%$ formelmäßig ausdrücken durch

$$q = 6 \cdot \left(\frac{R_{\min}}{R}\right)^{0,7} \quad [\%] \tag{12.89}$$

bzw.

$$R = \frac{R_{\min}}{\left(\frac{q}{6}\right)^{\frac{10}{7}}} = \frac{R_{\min}}{\sqrt[7]{\left(\frac{q}{6}\right)^{10}}} \quad [\text{m}] \tag{12.90}$$

Die sich unter diesen Voraussetzungen ergebende Zuordnung von Querneigung, Radius und Geschwindigkeit zeigt Bild 12.84.

Innerhalb eines Querschnittes werden in Einzelfällen bei sehr engen Radien unterschiedliche Querneigungen ausgeführt; diese Querschnitte werden als geknickte Querschnitte bezeichnet. So wurde z.B. in der Kanzelkehre im Verlauf der Achenseestraße in Tirol — talwärts gesehen — neben einem 2,25 m breiten rechten Querschnittsbereich mit 7,5% Querneigung ein 2,25 m breiter Querschnittsbereich mit 25% Querneigung ausgeführt. — Der Querschnitt der Kehre bei Schönberg im Zuge der Brennerautobahn weist — wiederum talwärts gesehen — von rechts nach links folgende Maße auf: 3,5 m mit 6% Querneigung, 7,5 m mit 10% Querneigung und 3 m mit 20% Querneigung. Eine solche geknickte Querneigung muß bei zweibahnigen Straßen talwärts führenden Rechtskurven und bei einbahnigen Straßen talwärts führenden Linkskurven vorbehalten bleiben. — Bogenförmige Querschnittsausbildungen mit z.B. parabolischer Form können nur bei besonderen Anlagen wie z.B. Einfahrbahnen von Kfz-Werken oder ausgesprochenen Rennstrecken wie z.B. der früheren Avusnordkurve mit $q_{max} = 95\%$ ausgeführt werden.

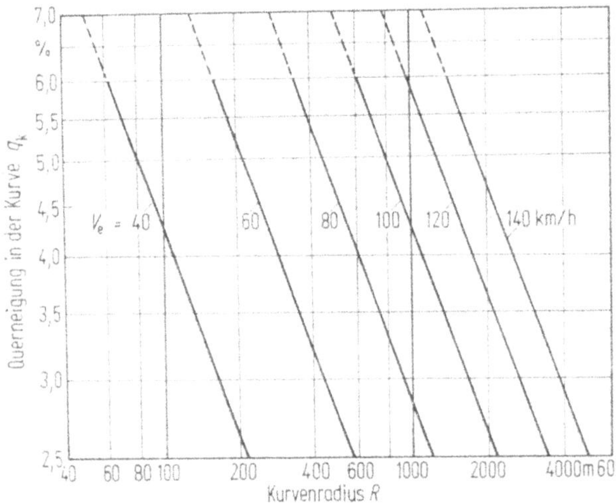

Bild 12.84. Zuordnung von Kurvenradius, Querneigung und Geschwindigkeit [18].

Für die Querneigung von zusätzlichen Fahrstreifen oder von Fahrbahnverbreiterungen sowie für die Querneigung unbefestigter Seitenstreifen in der Kurve gelten die Ausführungen für die Querneigung in der Geraden sinngemäß.

Die Querneigungsdifferenz eines dachförmigen Querschnittes in der Geraden beträgt 5%. Auf Grund von Erfahrungen soll dieser Wert auch in Kurven — z.B. zwischen durchgehender Fahrbahn und Ausfädelungs- oder Einfädelungsspur — möglichst nicht überschritten werden. Bei Mittelstreifenüberfahrten kann dieser Wert wegen der vorauszusetzenden erhöhten Aufmerksamkeit der Fahrer bis 8% erhöht werden; die Regelausführung sollte jedoch auch hier einen Wert von 5% nicht überschreiten.

Bei der Abfassung der Richtlinien [18] waren Sicherheitsüberlegungen dafür ausschlaggebend, daß für einbahnige Straßen keine negativen Querneigungen zugelassen wurden. Für zweibahnige Strecken wurden sie zur Vermeidung gefährlicherer Stellen wie z.B. der Ausschaltung eines Verwindungsbereiches mit nicht ausreichender Längsneigung oder wegen örtlicher Zwangspunkte zugelassen.

Durch gezielte Forschung sollten Grenzwerte ermittelt werden, von denen ab eine negative Querneigung bei zweibahnigen Straßen auch aus wirtschaftlichen Gründen wieder ausgeführt werden kann. Hierfür ist nach Erfahrung ein Radius von etwa 5000 m mit einer negativen Querneigung von 2% vorstellbar.

12.6.5. Anrampung und Verwindung

12.6.5.1. Lage und Form

Die Querneigung ist von der Krümmung der Trasse und der Geschwindigkeit abhängig. Unterschiedliche Querneigungen müssen einander angepaßt werden. Dies geschieht im Übergangsbogen durch eine Änderung der Höhenlage der Fahrbahnränder gegenüber der Höhenlage der Straßenachse. Die Fahrbahnränder — deckungsgleich mit den Außenrändern der Randstreifen — werden angerampt, die Fahrbahnfläche wird verwunden (Bild 12.85). Wegen der üblichen linearen Anrampung wird die Fahrbahnoberfläche im Verwindungsbereich ein hyperbolisches Paraboloid. Die im Bild 12.86 [5] gestrichelten Linien sind die Höhenschichtlinien, die mit Pfeilen versehenen Linien die Abflußlinien und die Kreise Stellen gleicher Schrägneigung.

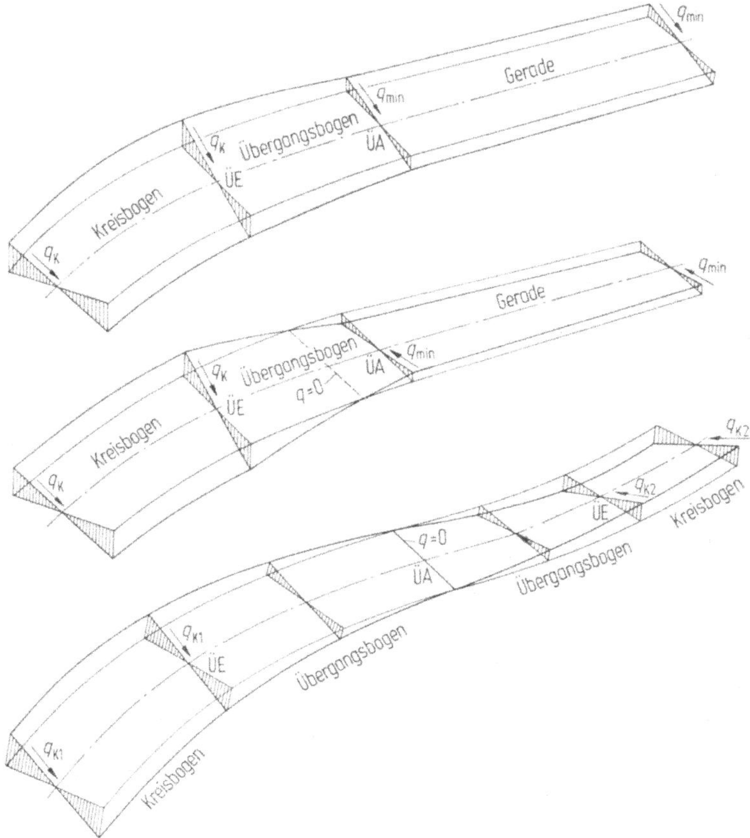

Bild 12.85. Querneigungsübergänge (Gerade — Kreis und Wendelinie).

Die Verwindung erfolgt in aller Regel um die Fahrbahnachse, bei Richtungsfahrbahnen um die jeweilige Achse der einzelnen Richtungsfahrbahnen. Damit wird der Verwindungsbereich halb so lang als wenn um den Fahrbahnrand gedreht wird; die Entwässerungsschwierigkeiten werden vermindert. Außerdem wird das die Entwurfsarbeit erschwerende Springen der Gradiente, z. B. von Rand zu Rand oder von der Achse zum Rand, vermieden. Wird ein Anrampungshöchstwert berücksichtigt, so wächst die Länge des Verwindungsbereiches mit dem Abstand des Fahrbahnrandes von der Verwindungsachse.

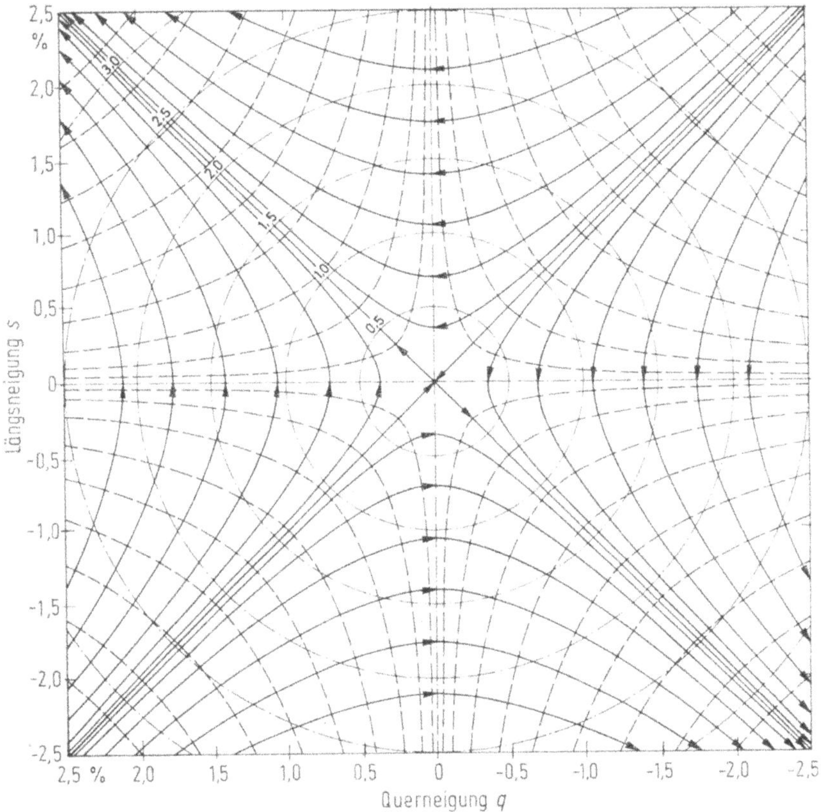

Bild 12.86. Verwindungsfläche bei linearer Anrampung der Fahrbahnränder [5].

Aus fahrdynamischen Gründen wäre die Verwindung innerhalb des Übergangsbogens stetig vorzunehmen. Die entwässerungsschwachen Bereiche sind jedoch, vor allem bei geringer Längsneigung, kurz zu halten; deshalb ist innerhalb des Verwindungsbereiches bis zu der Mindestquerneigung (von $q = 0$ bis $q = q_{\min}$) eine Anrampungsmindestneigung vorzusehen. Die Verwindung bis auf die Querneigung der anschließenden Kurve (von $q = q_{\min}$ bis $q = q_k$) erfolgt linear im Reststück des Übergangsbogens. Damit entstehen an den Stellen mit $q = q_{\min}$, am Übergangsbogenanfang und am Übergangsbogenende — theoretisch — Knicke. Im bituminösen Deckenbau erfolgt die Ausrundung dieser Knicke durch den Baubetrieb. Beim schienengebundenen Deckenbau sind sie mit den größtmöglichen Halbmessern auszurunden, wenn ein Bauprofil in unmittelbarer Nähe dieser Knicke liegt.

12.6.5.2. *Anrampungswerte*

Die Anrampungsmindestneigung ergibt sich aus der Forderung nach einer möglichst geringen Wasserfilmdicke bei nasser Fahrbahn. Durch die Wahl der Fahrbahnachse als Verwindungsachse und durch eine sinnvolle Zuordnung von Straßenlängsneigung und Anrampungsmindestneigung, letztere abhängig von der Fahrbahnbreite, kann einer Entstehung dicker Wasserfilme in Verwindungsbereichen bei nasser Fahrbahn spürbar entgegen gewirkt werden [5, 35]. Durch eine Mindestlängsneigung innerhalb des kritischen Bereiches werden diese Bestrebungen unterstützt (Abschn. 12.5.1.). Zur Erfüllung dieser Forderungen soll die geringste Anrampungsneigung sein:

$$\Delta s_{\min} \geqq 0{,}1 \cdot a \ [\%] \tag{12.91}$$

(a Abstand der Verwindungsachse vom Fahrzeugrand)
bzw. bei der Drehung um die Fahrbahnachse

$$\Delta s_{\min} \geqq \frac{1}{10} \cdot \frac{B}{2} \quad [\%] \tag{12.92}$$

Dieser Anrampungsmindestwert ist innerhalb des Verwindungsbereiches von $q = \pm 2{,}5\%$ bis $q = \mp 2{,}5\%$ einzuhalten.

Die Anrampungshöchstneigung ergibt sich aus der Forderung, daß die Drehungsgeschwindigkeit ω des Fahrzeugs um die Längsachse der Straße einen geschwindigkeitsabhängigen Wert nicht übersteigen soll.

$$\omega \leqq \frac{v \cdot \Delta s_{\max}}{a} \quad [\%/\mathrm{s}] \tag{12.93}$$

Bei Drehung um die Straßenachse ergibt sich dann

$$\Delta s_{\max} \leqq \frac{B \cdot \omega_{\mathrm{zul}}}{2 \cdot v} \quad [\%/\mathrm{s}] \tag{12.94}$$

Die Richtlinien [18] lassen für ω Werte von 2,2 bis 3,0 gon/s (3,5···4,5%/s) für $V_e \geqq 80$ km/h bzw. von 4 gon/s (6%/s) für $V_e < 80$ km/h zu. Damit ergeben sich mit einer entsprechenden Zuordnung der Regelquerschnitte für $\Delta s_{\max}$ Werte von 0,5% ($V_e \geqq 80$ km/h) bzw. 1,0% ($V_e = 60$ km/h) bzw. 1,5% ($V_e = 40$ km/h). Eine Erhöhung der Anrampungsneigung über 0,5% führt bei großen Entwurfselementen zu optischen Unstetigkeiten. Entwässerungstechnische Sicherheit ist gewichtiger.

Eine Verschiebung des Querneigungswendepunktes gegenüber dem Klotoidenwendepunkt kann eine ungünstige Zuordnung von Querneigung, Radialbeschleunigung und Ruck ergeben.

12.6.5.3. *Formen der Fahrbahnverwindung*

Die im Bild 12.87 dargestellten Grundformen der Fahrbahnverwindung [18] ergeben sich für die Elementenfolgen

Gerade—Klotoide—Kreisbogen

(Dachprofil — Einseitneigung bzw. verschieden oder gleich große gegensinnige bzw. verschieden große gleichsinnige Querneigungen) und für die Elementenfolge

Kreisbogen—Klotoide—Kreisbogen

(verschieden oder gleich große gegensinnige Querneigungen: Wendelinie bzw. verschieden große gleichsinnige Querneigungen: Eilinie).

Im Bild 12.88 sind für die Formen des Bildes 12.87 der jeweilige Verlauf von Radialbeschleunigung und Ruck qualitativ dargestellt [5]. Der — relativ kleine —

Einfluß der Querneigung wurde berücksichtigt (Gl. (12.46)). Die Skizzen 1 bis 5 zeigen einen stetigen Verlauf für Beschleunigung und Ruck; unstetig ist dieser Verlauf in den Skizzen 6 bis 10 des Bildes 12.89 (Sonderfälle der Fahrbahnverwindung); besonders auffällig wird dies in der Skizze 11 für die Verlaufslinien der Scheitelklotoide. Die Darstellungen verdeutlichen, daß die Übergangsbögen entsprechend Bild 12.87 ausgebildet werden sollten.

Die Verwindung von zusätzlichen Streifen erfolgt ebenfalls auf der Länge des Übergangsbogens. Grenzwerte für die dabei auftretenden Anrampungsneigungen

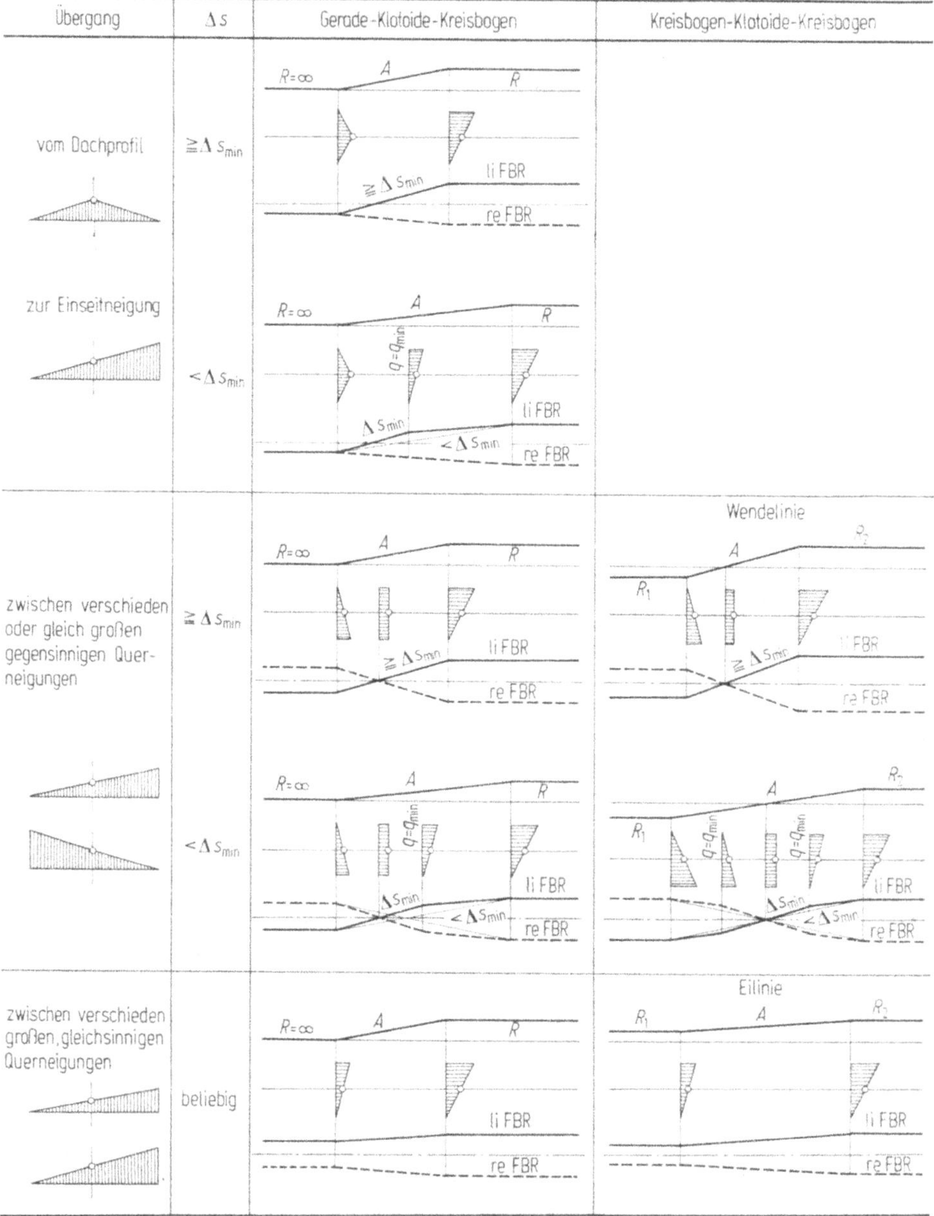

Bild 12.87. Grundformen der Fahrbahnverwindung [18].

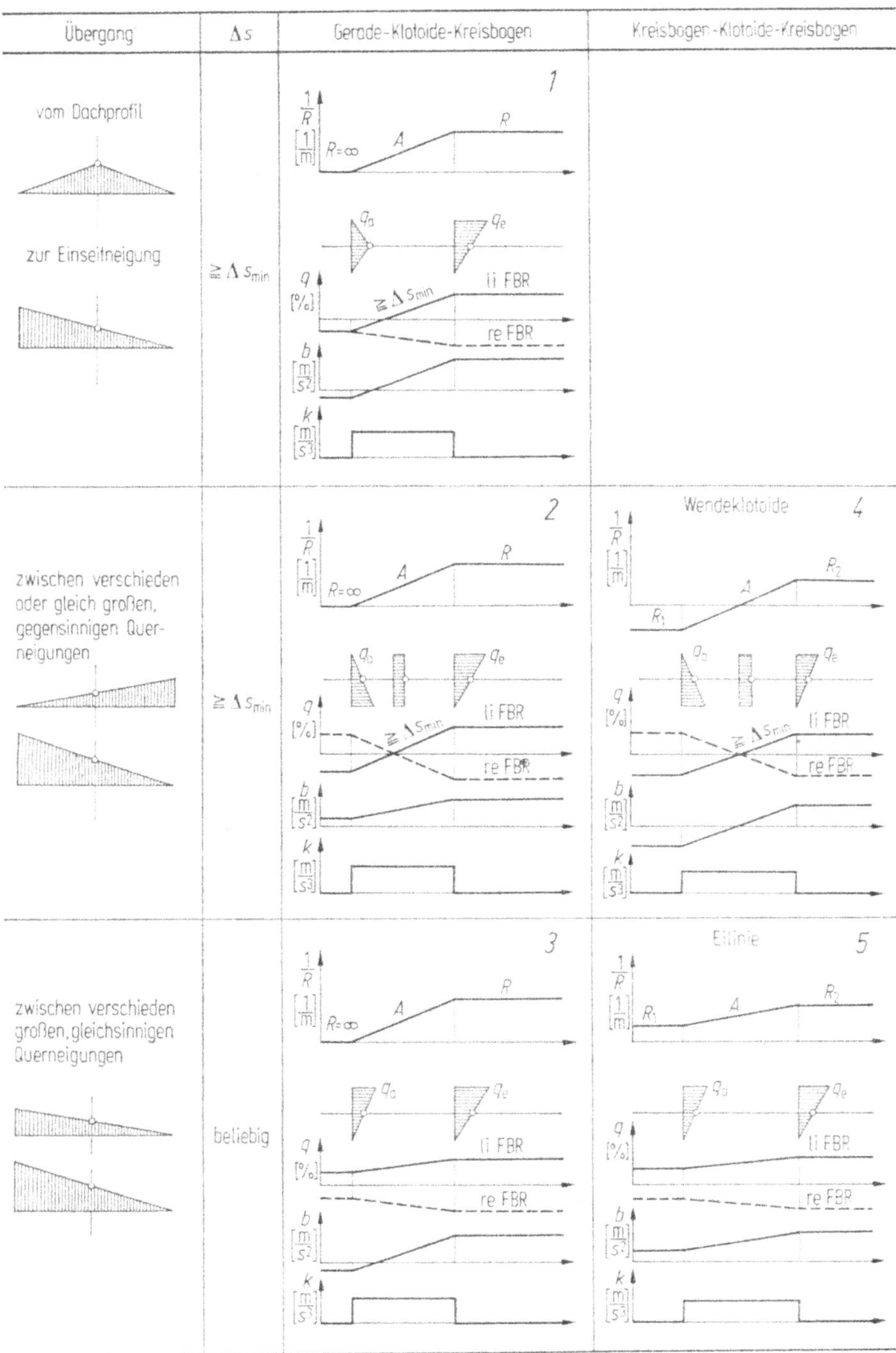

Bild 12.88. Radialbeschleunigung und Ruck bei Fahrbahnverwindungen (Regelausführung) [5].

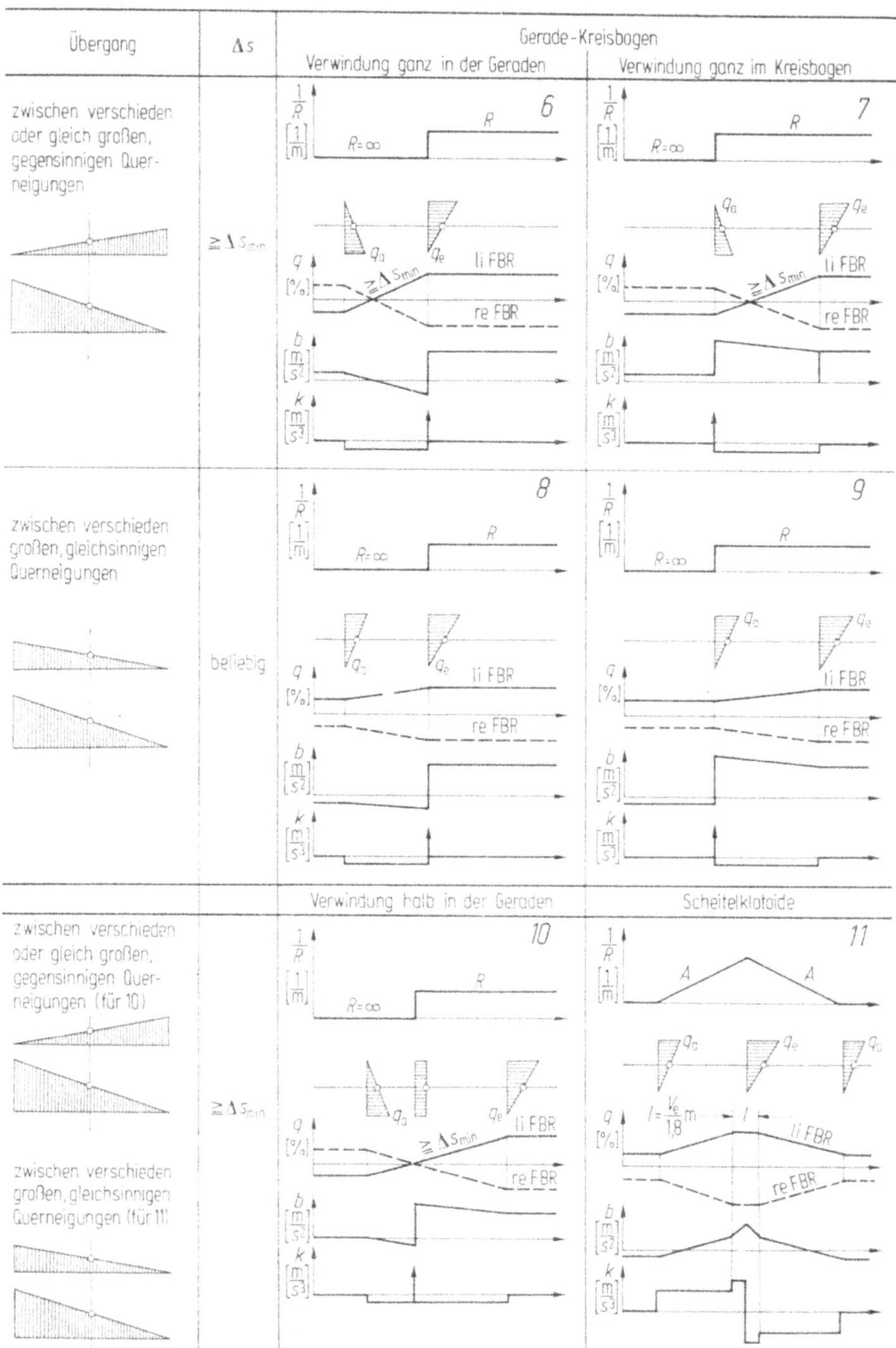

Bild 12.89. Radialbeschleunigung und Ruck bei Fahrbahnverwindungen (Sonderfälle) [5].

bestehen bisher nicht. Für die Verwindung aufgeweiteter oder verbreiterter Fahrbahnen sind ebenfalls die Werte für die unverbreiterte Fahrbahn maßgebend. Auch für diese Fälle sind für die am Fahrbahnrand auftretenden Anrampungsneigungen keine Grenzwerte festgelegt. Diese Regelungen haben sich in der Praxis bewährt.

Die Verwindung mit Diagonalgrat (Bild 12.90) wurde bei geringen Längsneigungen ab und zu aus entwässerungstechnischen Gründen gewählt. Die geringste Schrägneigung ist in diesem Fall bei fehlender Längsneigung die Mindestquerneigung. Der Grat des Satteldaches verläuft geradlinig schräg von einem Fahrbahnrand zum anderen über die volle Fahrbahnbreite. Die vier Räder eines Fahrzeugs stehen beim Überfahren des Grates nicht mehr in einer Ebene. Der Wechsel der Querneigung erfolgt ruckartig und in der Regel für den Fahrer nicht erkennbar. Bei den bestehenden Fahrgeschwindigkeiten ist diese Lösung nurmehr innerhalb bebauter Bereiche vertretbar. Anrampungsmindestwerte sind bei dieser Lösung nicht zu berücksichtigen.

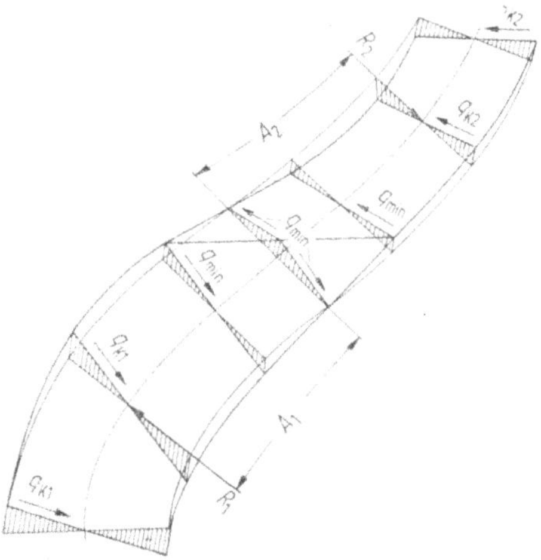

Bild 12.90. Verwindung mit Diagonalgrat.

12.6.6. Fahrbahnaufweitung

Bei Querschnittsänderungen durch z.B. Linksabbiegespuren, Fahrbahnteiler, Mittelstreifenverbreiterung u.a. müssen die Fahrstreifen diesen Änderungen angepaßt werden. Die verkehrlichen, fahrdynamischen und optischen Anforderungen werden dabei am besten erfüllt, wenn die Fahrbahnränder unabhängig von der Straßenachse trassiert werden. Dabei soll die Verziehung im Bereich von Krümmungen am Kurveninnenrand und im Bereich gestreckter Linienführung beidseits der Straßenachse vorgenommen werden. In gekrümmten Bereichen ist darauf zu achten, daß keine Gegenkrümmungen entstehen.

Erfolgt keine Fahrbahnrandtrassierung und werden zur Aufweitung zwei als S-Bogen zusammengesetzte quadratische Parabeln [23] verwandt, dann werden die Zwischenordinaten zur Konstruktion und Absteckung der Fahrbahnränder mit Hilfe der in Tab. 12.20 aufgeführten Einheitsordinaten e_n ermittelt. Dabei ist nach Bild 12.91

$$L_n = a_n \cdot L_z \quad \text{mit} \quad i_n = e_n \cdot i \text{ [m]} \tag{12.95}$$

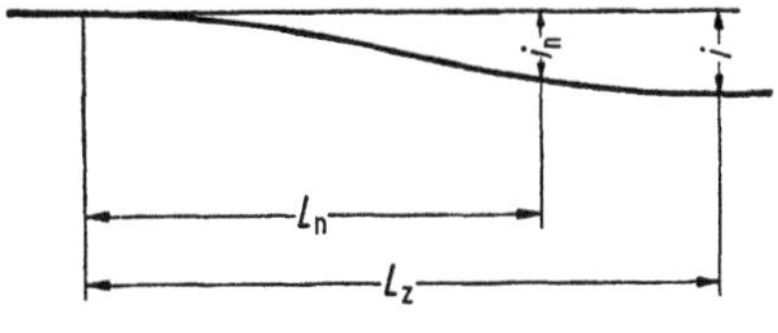

Bild 12.91. Absteckung der Verbreiterung.

Unerwünschte Gegenkrümmungen lassen sich vermeiden, wenn im Aufweitungsbereich bei einem Achsradius von R die Bedingung

$$R < \frac{L_z^2}{4 \cdot i} \quad [\mathrm{m}] \tag{12.96}$$

erfüllt ist. Der für eine bestimmte Entwurfsgeschwindigkeit zulässige Mindestradius $R_{\min}$ wird bei einer Aufweitung nach innen am Rande der Innenkurve nicht unterschritten, wenn

$$\frac{1}{R_{\min}} \geqq \frac{1}{R} + \frac{4 \cdot i}{L_z^2} \quad \left[\frac{1}{\mathrm{m}}\right] \tag{12.97}$$

Die Länge der Verziehungsstrecke kann ermittelt werden mit [23]

$$L_z \geqq \frac{V_e}{2} \cdot i \quad [\mathrm{m}] \tag{12.98}$$

oder mit [20]

$$L_z \geqq 0{,}75 \cdot V_e \cdot \sqrt{i}\,[\mathrm{m}] \tag{12.99}$$

Tabelle 12.20. Ordinaten für Einheitsverbreiterung (S-Bogen aus zwei quadratischen Parabeln)

$a_n = \frac{L_n}{L_z}$	e_n	a_n	e_n
0,00	0,000		
0,05	0,005	0,55	0,595
0,10	0,020	0,60	0,680
0,15	0,045	0,65	0,755
0,20	0,080	0,70	0,820
0,25	0,125	0,75	0,875
0,30	0,180	0,80	0,920
0,35	0,245	0,85	0,955
0,40	0,320	0,90	0,980
0,45	0,405	0,95	0,995
0,50	0,500	1,00	1,000

Tabelle 12.21. Ordinaten für Einheitsverbreiterung (kub. Parabel—Gerade—quadr. Parabel)

$a_n = \frac{L_n}{L_z}$	e_n	a_n	e_n
0,00	0,0000		
0,05	0,0005	0,55	0,480
0,10	0,004	0,60	0,560
0,15	0,013	0,65	0,640
0,20	0,030	0,70	0,720
0,25	0,062	0,75	0,800
0,30	0,102	0,80	0,872
0,35	0,162	0,85	0,928
0,40	0,240	0,90	0,968
0,45	0,320	0,95	0,992
0,50	0,400	1,00	1,000

An Stelle zweier S-bogenförmig aneinander gefügter quadratischer Parabeln kann eine Aufweitung auch mit einer Folge kubische Parabel $\left(\frac{3}{8} L\right)$ — Gerade $\left(\frac{3}{8} L\right)$ — quadratische Parabel $\left(\frac{2}{8} L\right)$ erfolgen. Die zugehörigen Einheitsordinatenwerte enthält die Tab. 12.21.

12.6.7. Fahrbahnverbreiterung in der Kurve

12.6.7.1. Grundsätzliches

Im Bild 12.92 ist die Systematik der Achsschenkellenkung dargestellt. Der Einschlagwinkel der Vorderräder ist bei der Kurvenfahrt unterschiedlich groß. Die gelenkten Räder laufen in einer anderen Spur als die Hinterräder. ΔB ist die Spurabweichung der beiden bogeninneren Räder. Die Radspur (das Fahrzeug) überstreicht bei der Kurvenfahrt eine größere Breite als die Radspurbreite (Fahrzeugbreite); wegen dieser Fahreigenschaften muß die Breite des Regelquerschnittes in Kurven mit kleinen Radien vergrößert werden.

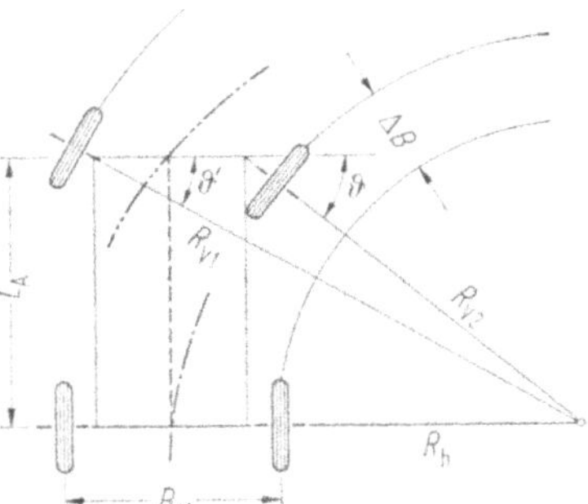

Bild 12.92. Bogenfahrt.

Zeichnerische Lösung:

Bewegt sich die Mitte der Vorderachse auf einer vorgegebenen Kurve (— · · — · · — im Bild 12.92), so bewegt sich die Mitte der hinteren Achse auf einer Schleppkurve (Traktrix: — · — · — · — im Bild 12.92; Abschn. 6.1.3.); die Fahrzeugachse ist die Tangente an diese Schleppkurve. Damit ergibt sich die zeichnerische Ermittlung von Schleppkurven [31] nach Bild 12.93:

— der Bogenanfang = A_0 (Mitte der Vorderachse),
— von A_0 werden gleiche Abschnitte auf der Ausgangskurve abgetragen (die Länge dieser Abschnitte soll kleiner als die Hälfte des Achsabstandes $L_A/2$ sein): $\overline{A_0A_1}$, $\overline{A_1A_2}$ ... $\overline{A_{n-1}A_n}$,
— L_A von A_0 zurück abtragen ergibt K_0,
— A_1 mit K_0 verbinden und L_A von A_1 aus auf $\overline{A_1K_0}$ zurück abtragen ergibt K_1,
— A_2 mit K_1 verbinden ...

Die Umhüllende ergibt die Schleppkurve der hinteren Achsenmitte. Nach der Konstruktion der Schleppkurve der hinteren Achsenmitte erhält man unter Berücksichtigung der halben Bemessungsfahrzeugbreite und des Bewegungsspielraumes den inneren Fahrstreifenrand. Die Berücksichtigung des Breitenzuschlages zur Spur am Gegenverkehr und einer halben Bemessungsfahrzeugbreite ergibt die Ausgangskurve zur Konstruktion der Schleppkurve des Gegenfahrstreifens. Die

Konstruktion erfolgt im Querschnitt für die einzelnen Fahrstreifen von außen nach innen. — Bei Lkw-Zügen oder Sattelschleppern wird zunächst die Schleppkurve des Anhänge- oder Sattelpunktes ermittelt. Die Kurve des Anhänge- oder Sattelpunktes wird dann Ausgangskurve für die Konstruktion der Schleppkurve des Hängers oder des Sattelaufliegers.

Mit Hilfe dieser Schleppkurvenkonstruktion können alle Fahrbahnverbreiterungen einschließlich der Kehren konstruiert werden. Dabei wird die von den Rädern des Fahrzeugs überstrichene Fläche, nicht die von der Karosserie überstrichene Fläche, ermittelt. Diese Unterschiede sind in der Regel außerhalb bebauter Bereiche vernachlässigbar klein und werden durch den Bewegungsspielraum aufgefangen.

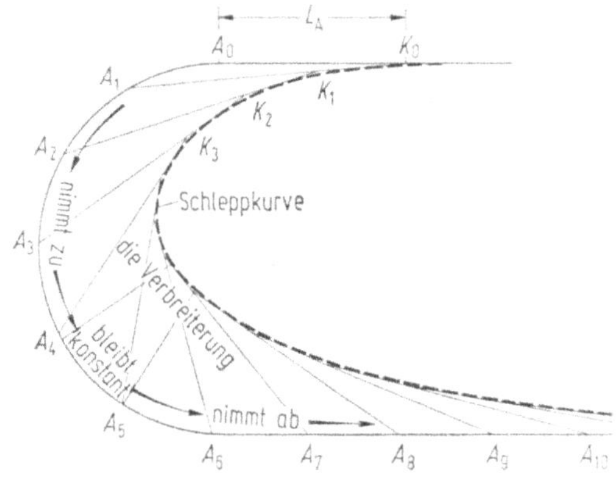

Bild 12.93. Konstruktion einer Schleppkurve.

Mathematische Lösung:

Bild 12.94 [5] zeigt die geometrischen Beziehungen bei der Kreisbogenfahrt eines Lastzuges:

$$D^2 = R^2 - (R - i)^2 = 2 \cdot R \cdot i - i^2 \; [\mathrm{m}^2] \tag{12.100}$$

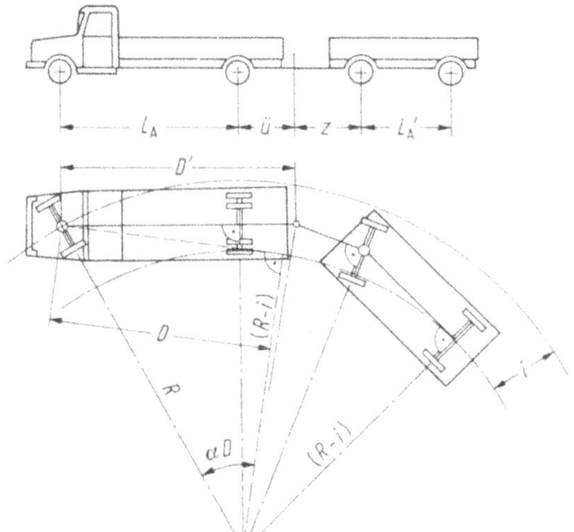

Bild 12.94. Geometrische Beziehungen bei der Kreisbogenfahrt [5].

Bei Vernachlässigung von i^2, das relativ klein ist, erhält man

$$i = \frac{D^2}{2 \cdot R} \quad [\mathrm{m}] \tag{12.101}$$

Werden die Forderungen der StVZO berücksichtigt, so kann von folgenden Werten für die reduzierte Deichsellänge ausgegangen werden:

Pkw	$D = 5{,}0$ m
Lastkraftwagen	$D = 7{,}0$ m
große Omnibusse	$D = 8{,}5$ m
Lastzüge	$D = 8{,}8$ m.

Die Entscheidung über die im Einzelfall der Bemessung zugrunde zu legende Deichsellänge wird von folgenden Kriterien beeinflußt:

- Regelquerschnitt,
- zu erwartende Verkehrsstärke,
- Verkehrszusammensetzung,
- Mitbenutzbarkeit des Gegenfahrstreifens von Fahrzeugen, die die Abmessungen des Bemessungsfahrzeugs überschreiten.

Mit einem Mittelwert von $D = 8{,}0$ m erhält man für einen Fahrstreifen eine Verbreiterung von

$$i_1 = \frac{32}{R} \quad [\mathrm{m}] \tag{12.102}$$

und für n Fahrstreifen

$$i = n \cdot \frac{32}{R} \quad [\mathrm{m}]. \tag{12.103}$$

Die Verbreiterung ist erst von einem Mindestmaß ab vorzunehmen, da der Anteil der 2,5 m breiten Fahrzeuge am Gesamtverkehr gering ist und innerhalb des Fahrstreifens bereits ein Bewegungsspielraum vorhanden ist. Die Richtlinien [18] sehen ein Grenzmaß von 0,25 m je Fahrstreifen vor. Damit wird eine Fahrbahnverbreiterung bei zweistreifigen Straßen für Radien unter rund 130 m und für dreistreifige Straßen für Radien unter rund 190 m erforderlich.

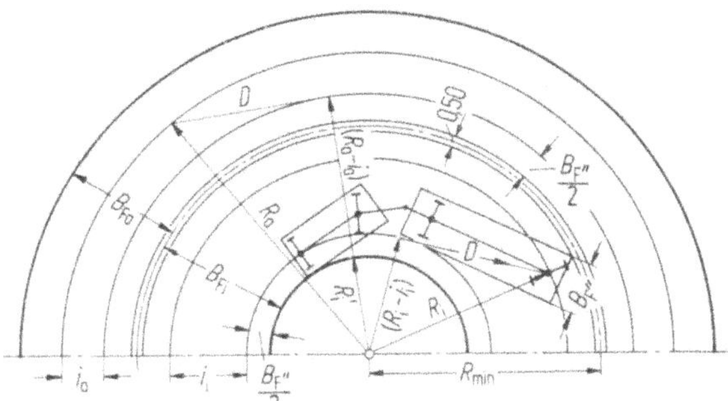

Bild 12.95. Geometrische Beziehungen bei der Kreisbogenfahrt eines Lastzuges auf einer zweistreifigen Straße [5].

Bild 12.95 zeigt die geometrischen Beziehungen bei der Kreisbogenfahrt eines Lastzuges auf einer zweistreifigen Straße. Eine Grenzwertbetrachtung dieser Beziehungen führt zu folgenden Empfehlungen [5, 32, 55]:

- der Einfluß des Kreisbogenzentriwinkels auf die Verbreiterung kann aus Vereinfachungsgründen unberücksichtigt bleiben; es ist in allen Fällen mit der maximalen Fahrstreifenverbreiterung zu rechnen;

— für den Bereich 12,25 m $< R <$ 15,0 m wird die Verbreiterung für jeden Fahrstreifen getrennt berechnet und dementsprechend wird auch jeder Fahrstreifen für sich am Innenrand verbreitert;
— für den Bereich mit $R >$ 15,0 m wird die Verbreiterung für die volle Fahrbahnbreite berechnet und dementsprechend die Fahrbahn am Innenrand verbreitert.

12.6.7.2. Einheitsverbreiterung

Die Verbreiterung kann durch eine Innenrandklotoide oder nach Bild 12.96 [18] erfolgen. Bei Längen des Kreisbogens unter 15 m endet der Verziehungsbereich in der Winkelhalbierenden des Kreisbogenwinkels (Abschn. 12.6.7.1.). — Sofern der Tangentenwinkel das Maß der in aller Regel erst erkennbaren Richtungsänderung nicht überschreitet, also $\leqq$3,3 gon ist, wird mit $\operatorname{tg} \tau = \frac{i}{L}$ (gerundet)

$$L \geqq 20 \cdot i \text{ [m]}. \tag{12.104}$$

Ist diese Bedingung erfüllt, dann kann die Verziehung im Bereich des Übergangsbogens linear erfolgen, da die Ausrundung am Beginn und Ende der Verbreiterung kaum in Erscheinung tritt.

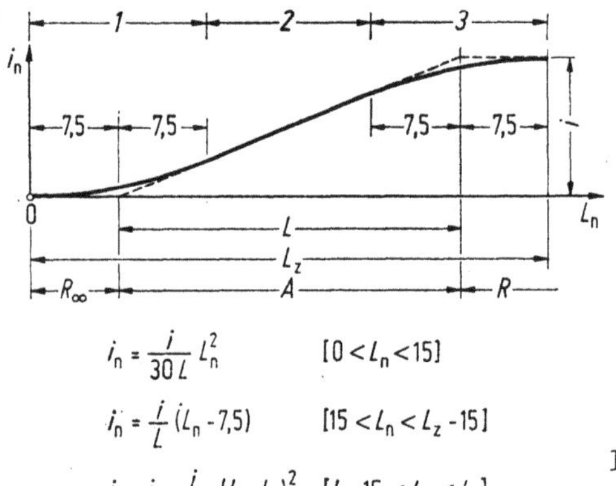

Bild 12.96. Fahrbahnverbreiterung [18].

12.6.7.3. Fahrbahnverbreiterung bei den einzelnen Elementenfolgen

Bild 12.97 zeigt die Verbreiterung in der Wendelinie und in der Eilinie. Im Wendepunkt erfolgt eine Überlappung der Fahrbahnverbreiterung. Bei der Eilinie wird die Fahrbahn linear im Bereich des Übergangsbogens verbreitert. Damit ergibt sich für die Absteckordinaten

$$i_n = i_1 + (i_2 - i_1) \cdot \frac{L_n}{L_z} \quad \text{[m]}. \tag{12.105}$$

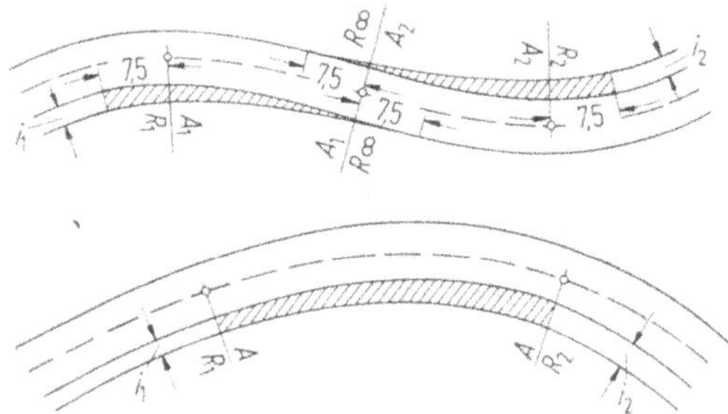

Bild 12.97. Verbreiterung in der Wendelinie und in der Eilinie [5].

Bei der Markierung verbreiterter Fahrbahnbereiche sind die Verbreiterungsmaße der einzelnen Fahrstreifen zu berücksichtigen. Bild 12.98 gibt einen Anhalt für die Markierung einer Verbreiterung.

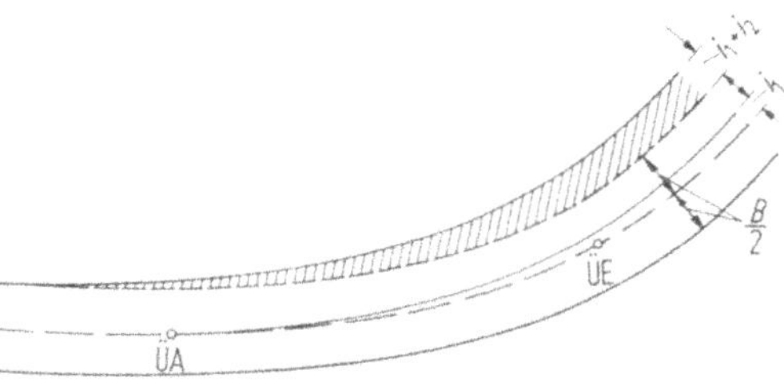

Bild 12.98. Fahrbahnmarkierung bei Innenrandverbreiterung [5].

12.6.7.4. Kehren

Für Kehren gilt die Systematik der Fahrbahnverbreiterung. Für diese Konstruktion wird der Radienbereich [5] von 12,25 m $\leqq R \leqq$ 25,0 m vor allem aus wirtschaftlichen Gründen benötigt. Dabei ist der Verwindungsbereich möglichst lang zu wählen (z.B. $1{,}0 \leqq \frac{A}{R} \leqq 1{,}2$). Der Richtungsänderungswinkel ist in aller Regel >200 gon; konstante Bereiche der Fahrstreifenverbreiterung sind zu erwarten; mit Überschneidungen der Verziehungsbereiche ist zu rechnen. Aus diesen Gründen ist für Kehren eine zeichnerische Lösung zu empfehlen; sie bringt eine fast völlige Übereinstimmung mit der gefahrenen Schleppkurve. Wie bei der Arbeit mit dem Biegestab (Spline-Lineal) können die zeichnerisch gewonnenen Kurven durch Kreise, Parabeln, Klotoiden u.a. ersetzt werden.

Beim Entwerfen einer Kehre ist noch zu beachten:

- die Fahrbahnrandtrassierung kann gegenüber der Achstrassierung vorteilhafter sein;
- meist bilden die beiden Äste der Straßenachse (Nullinie) im Kehrpunkt einen kleinen Winkel; die Kehre muß dann außerhalb der Straßenachse entwickelt werden;
- die Trennung der beiden Fahrtrichtungen im Kehrenbereich kann sich (z.B. wegen fehlender Erkennbarkeit des Gegenverkehrs) empfehlen;
- eine Verringerung der Längsneigung ist im Kehrenbereich immer anzustreben, um die Fahrt in der engen Kurve zu erleichtern [54].

Für die Ausbildung der Querneigung, der Gradiente und der Verwindung wird auf die Spezialliteratur verwiesen [42, 43, 50, 54]. Ein Höhenschichtenplan mit einem Linienabstand von 5···10 cm erleichtert die Beurteilung der Gefällsverhältnisse im Kehrenbereich.

12.7. Sicht

12.7.1. Aufgabe und Begriffe

Die Sicherheit und Verkehrsqualität einer Straße werden durch die Sichtverhältnisse im Verlauf der Straße wesentlich beeinflußt. Dies gilt für einbahnige Straßen stärker als für zweibahnige. Jede Straße benötigt daher ausreichende Sichtweiten. Für das Einzelfahrzeug ist die Haltesichtweite als Sicherheitskriterium maßgebend, für das Fahrzeugkollektiv die Überholsichtweite als Qualitätskriterium.

Für die Sicht im Knoten ist zur Haltesichtweite die Annäherungssicht zur Steigerung der Leistungsfähigkeit und zur Verbesserung des Verkehrsablaufes sehr wünschenswert und die Anfahrsicht zum gefahrlosen Einbiegen wartepflichtiger Fahrzeuge notwendig.

Der Fahrer ist in der Lage, das Fahrbahnband bis zu einer Entfernung von 150 m konzentriert zu kontrollieren und eine regelmäßige Kontrolle bis zu etwa 750 m vorzunehmen. Eine gelegentliche Vorausorientierung über den weiteren Verlauf des Fahrbahnbandes und die zu erwartende Verkehrssituation kann auch über 750 m hinaus erfolgen.

12.7.2. Haltesichtweite

Als Haltesichtweite (Bild 12.99) wird diejenige Strecke bezeichnet, die ein Fahrer benötigt, um sein Fahrzeug vor einem auf der Fahrbahn unerwartet auftretenden Hindernis gerade noch sicher zum Halten zu bringen. Die Haltesichtweite setzt sich aus dem während der Reaktions- und Auswirkzeit zurückgelegten Weg S_1 und dem reinen Bremsweg S_2 zusammen [18]. Demnach ist die Haltesichtweite

$$S_h = S_1 + S_2 \text{ [m]} \tag{12.106}$$

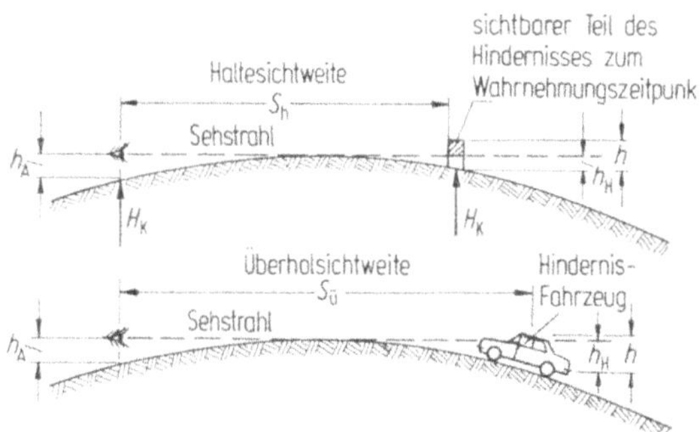

Bild 12.99. Halte- und Überholsichtweite [2].

Die Reaktionszeit entspricht der Zeitspanne der menschlichen Reaktion für Wahrnehmen, Erkennen, Begreifen und Handeln; die Auswirkzeit entspricht der Zeitspanne des maschinellen Wirksamwerdens für das Ansprechen der Bremsen und für das Anschwellen (halbe Schwellzeit) der Bremswirkung. Während der Reaktions- und Auswirkzeit wird ein Weg zurückgelegt von

$$S_1 = \frac{V_e}{3{,}6} \cdot t_R \quad \text{[m]} \tag{12.107}$$

Für t_R werden in Frankreich 1,8 s für $V > 100$ km/h und 2,0 s für $V \leqq 100$ km/h angesetzt; in der Schweiz werden 1,0 s für gemischten Verkehr und 2,0 s für Autobahnen verwandt [2]. Die deutschen Richtlinien setzen einheitlich 2 s an [18]. Mit diesem Wert wird dann (12.107) zu

$$S_1 = \frac{V_e}{1{,}8} \quad \text{[m]} \tag{12.108}$$

Der reine Bremsweg wird errechnet mit der allgemeinen Bremsweggleichung [5]

$$S_2 = \int v \cdot dt \text{ [m]} \tag{12.109}$$

Mit $b = \frac{dv}{dt}$ und $b = \left(f_T \pm s + \frac{W_L}{Q}\right)$

(f_T Tangentialkomponente des Kraftschlußbeiwertes, s Längsneigung, W_L Luftwiderstand und Q Gewicht des Fahrzeuges)

ergibt sich:

$$S_2 = \int \frac{v}{g\left(f_T \pm s + \frac{W_L}{Q}\right)} dv \quad [\mathrm{m}] \tag{12.110a}$$

Wird nun $f_{T\,\mathrm{zul}} = 2{,}773\, v^2 \cdot 10^{-4} - 2{,}304\, v \cdot 10^{-2} + 0{,}615$, (Gl. (12.18))

$$\frac{W_L}{Q} = \frac{0{,}5 \cdot c_w \cdot F' \cdot 0{,}13\, v^2}{Q}$$

(c_w Formbeiwert, F' Querschnittsfläche des Wagens)

und $\frac{W_L}{Q} = 0{,}571 \cdot 10^{-4} \cdot v^2$ (Repräsentativfahrzeug) angenommen, dann ergibt sich

$$S_2 = \frac{1}{g} \int \frac{v}{3{,}344 \cdot 10^{-4} \cdot v^2 - 2{,}304 \cdot 10^{-2} \cdot v + 0{,}615 \pm s} dv$$

Beim Abbremsvorgang von V auf 0 löst sich das Integral zu

$$S_2 = 152{,}42 \cdot \ln \frac{0{,}258 \cdot 10^{-4} \cdot V^2 - 0{,}64 \cdot 10^{-2} \cdot V + 0{,}615 \pm 0{,}01 s}{0{,}615 \pm 0{,}01 s}$$

$$+ \frac{702{,}3}{\sqrt{2{,}918 \pm 0{,}134 s}} \cdot \arctan \frac{\sqrt{2{,}918 \pm 0{,}134 s} \cdot 10^{-2} \cdot V}{4{,}428 \pm 0{,}072\, s - 2{,}304 \cdot 10^{-2} \cdot V} \quad [\mathrm{m}] \tag{12.110b}$$

Für die Längsneigung von $s = 0\%$ ergeben sich die Haltesichtweiten der Tab. 12.22. Die in Abhängigkeit von der Längsneigung erforderlichen Haltesichtweiten zeigt Bild 12.100 [18]; die Straßenlängsneigungen können abschnittsweise gemittelt werden.

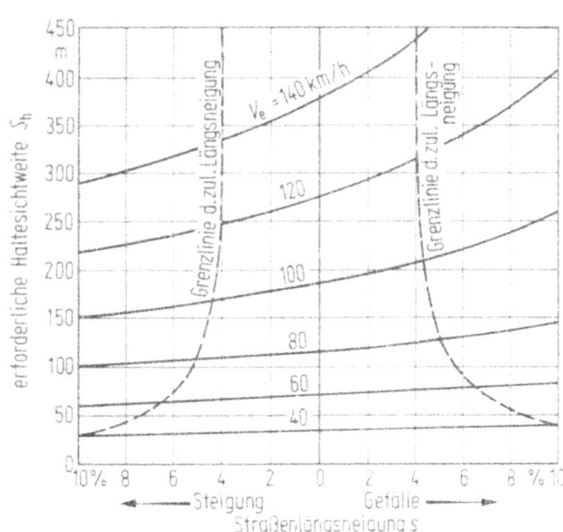

Bild 12.100. Erforderliche Haltesichtweiten [18].

Die vorhandenen Sichtweiten werden für die optische Bemessung eines Entwurfes benötigt. Das zugehörige geometrische Modell zeigt Bild 12.99; dabei ist zu berücksichtigen:

- der Sehstrahl bewegt sich im Fahrraum; bei der Ermittlung der Haltesichtweite ist diese räumliche Form zu beachten;
- die Haltesichtweiten sind für Richtung und Gegenrichtung unterschiedlich groß; sie sind daher für jede Fahrtrichtung zu ermitteln;
- zu den Eingangsgrößen zur Feststellung der Haltesichtweite gehören die Augenhöhe und die Hindernishöhe.

Tabelle 12.22. Haltesichtweiten bei $s = 0\%$ [5]

V_e	[km/h]	40	60	80	100	120	140
S_1	[m]	22,2	33,3	44,4	55,5	66,7	77,8
S_2	[m]	13,8	36,6	73,1	130,2	207,2	300,3
S_h	[m]	36,0	69,9	117,5	185,7	273,9	378,1

Augenhöhe:

Die Augenhöhe h_A ist als Höhe des Fahrerauges über der Fahrbahn der Sehstrahlanfang im Fahrerprofil; die Augenhöhe hat sich in den vergangenen Jahren laufend verringert; es wird erwartet, daß sie sich i. M. nicht unter 1,0 m einstellen wird [10]; aus Vereinfachungsgründen wird der Sehstrahlanfang in die Mitte des eigenen Fahrstreifens verlegt.

Hindernishöhe:

Die Hindernishöhe h ist das Sehstrahlende im Hindernisprofil; da das Hindernis im eigenen Fahrstreifen gefährlich wird, wird es in der Achse des eigenen Fahrstreifens angenommen (Bild 12.101).

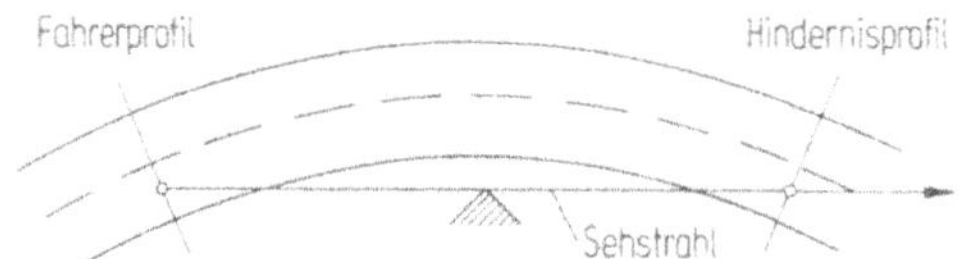

Bild 12.101. Lage des Sehstrahls bei der Haltesichtweite [5].

Für die Haltesichtweite wäre eine „negative" Hindernishöhe wünschenswert, um z.B. Öl- oder Wasserlachen, Fahrbahnschäden u.a. rechtzeitig erkennen zu können. Dies würde jedoch, vor allem bei höheren Entwurfsgeschwindigkeiten, zu wirtschaftlich nicht vertretbaren Größen der Kuppenhalbmesser führen. Die Richtlinien setzen daher für $V_e < 100$ km/h einen zum Wahrnehmungszeitpunkt nicht erkennbaren Teil des Hindernisses von 0 cm, für $V_e = 100$ km/h von 2,5 cm und für $V_e > 100$ km/h von 5 cm an. Diese Festlegung findet ihre Berechtigung in dem mit zunehmender Entfernung abnehmenden Auflösungsvermögen des menschlichen Auges. Ein Hindernis muß in größerer Entfernung größere Abmessungen aufweisen, damit es rechtzeitig erkannt werden kann.

Es kann notwendig werden, daß Sehstrahlanfang und Sehstrahlende bei mehrspurigen Richtungsfahrbahnen in ihrer Lage verändert werden müssen, um den jeweils kritischsten Wert zu ermitteln. So können z.B. in Kurven mit kleinen Radien durch Schutzplanken, Mittelstreifenbepflanzungen oder Blendschutzzäune unzulässig kleine Haltesichtweiten auftreten. Hier kann eine Bemessung der Haltesichtweite auf Grund der Geometrie des linken Fahrstreifens erforderlich werden (Abschn. 12.4.3.2. und Gl. (12.32)).

Die Haltesichtweite muß uneingeschränkt auf der gesamten Strecke vorhanden sein, da jederzeit auf einer Straße unvermutet ein Hindernis auftauchen kann, vor dem der Fahrer noch sicher zum Stehen kommen muß.

12.7.3. Überholsichtweite

Als Überholsichtweite wird diejenige Strecke bezeichnet, die ein Überholender benötigt, um unter Beachtung und ohne Behinderung des Gegenverkehrs bei angemessener Beschleunigung sicher zu überholen; sie setzt sich aus drei Einzelstrecken zusammen: dem Weg des Überholers, dem Weg des Entgegenkommenden und dem Sicherheitsabstand zwischen dem Überholer und dem Überholenden am Ende des Überholvorganges (Bild 12.102 [18]). Voraussetzung für einen sicheren Überholvorgang ist neben der erforderlichen Überholsichtweite eine entsprechend große Zeitlücke im Gegenverkehrsstrom. Die Werte für die erforderlichen Überholsichtweiten können der Tab. 12.23 entnommen werden. Diese Mindestüberholsichtweiten stammen aus deutschen und ausländischen Untersuchungen [5].

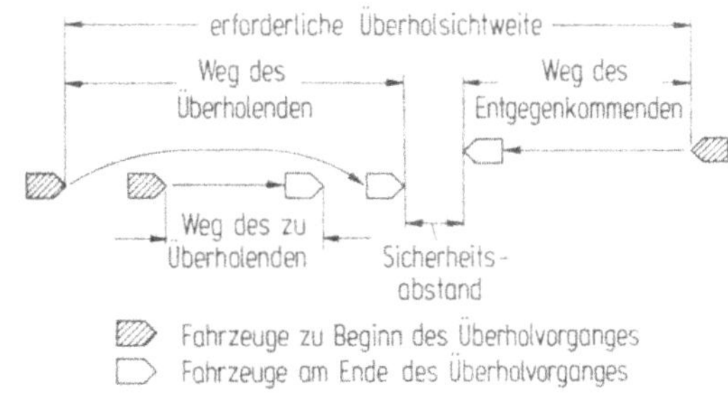

Bild 12.102. Modell der Überholsichtweite [18].

Tabelle 12.23. Mindestüberholsichtweiten [18]

V_e	[km/h]	60	80	100
$S_{ü\,min}$	[m]	400	525	650

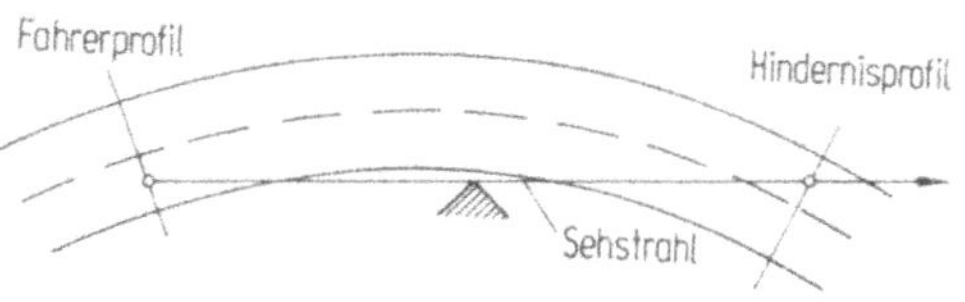

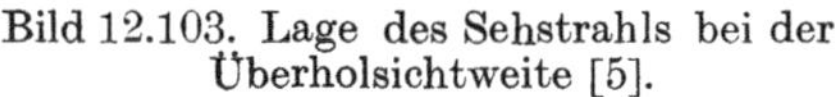
Bild 12.103. Lage des Sehstrahls bei der Überholsichtweite [5].

Die Überholsichtweite ist auf Straßen vorzusehen, die im Gegenverkehr betrieben werden. Das geometrische Modell für die Überholsichtweite zeigt das Bild 12.99. Bei der Ermittlung der vorhandenen Überholsichtweite gelten die Kriterien für die Haltesichtweite sinngemäß. Für die Hindernishöhe kann davon ausgegangen werden, daß ein entgegenkommendes Fahrzeug um ein bestimmtes Maß in den Sehbereich des Fahrers hineinragen muß, damit es wahrgenommen werden kann. Wird für dieses Erkennen ein Maß von 0,25···0,50 m für notwendig und ausreichend gehalten, dann kann der zum Wahrnehmungszeitpunkt nicht erkennbare Teil eines Fahrzeugs mit 1,0 m angesetzt werden. Der Sehstrahlanfang liegt bei der Haltesichtweite im Fahrerprofil in der Achse des eigenen Fahrstreifens und das Sehstrahlende im Hindernisprofil in der Achse des Gegenfahrstreifens, in dem sich das entgegenkommende Fahrzeug bei verkehrsgerechter Fahrweise befindet (Bild 12.103).

Der Anteil der Strecke mit Überholsichtweiten ist von der gewünschten Verkehrsqualität abhängig. Er soll nach den Richtlinien [18] für eine Entwurfsgeschwindigkeit von 100 km/h 50%, für 80 km/h 33% und für 60 km/h 25% der Gesamtstreckenlänge betragen. Je geringer der prozentuale Anteil, um so geringer die Verkehrsqualität.

Eine wesentliche Möglichkeit, Strecken mit fehlender Überholsichtweite zu ersetzen, bietet die Anlage von Zusatzfahrstreifen. Von dieser Möglichkeit wird zu wenig Gebrauch gemacht. Diese Zusatzfahrstreifen schaffen nicht nur vom Gegenverkehr unabhängige Überholmöglichkeiten sondern dienen gleichzeitig auch der Entflechtung des Verkehrs.

12.7.4. Sicht im Knoten

Ein Knoten muß für eine sichere Verkehrsabwicklung rechtzeitig zu erkennen und zu überschauen, eindeutig zu begreifen und ohne Schwierigkeiten zu befahren sein. Erkennbarkeit und Überschaubarkeit erfordern im Knotenbereich bestimmte Sichtverhältnisse. In diesem Rahmen werden die Haltesichtweite, die Annäherungssicht und die Anfahrsicht unterschieden.

Haltesichtweite:

Die Haltesichtweite muß für die übergeordnete und für die untergeordnete Straße vorhanden sein (Abschn. 12.7.2.), um im Bedarfsfall rechtzeitig vor einem Knoten anhalten zu können. Die Reaktions- und Auswirkzeit kann wegen des zu erwartenden aufmerksameren Verhaltens der Fahrer im Knoten bei der Regelung „rechts vor links" oder in der untergeordneten Straße auf 1 s verringert werden. Damit können die im Bild 12.100 dargestellten Haltesichtweiten um den halben S_1-Wert der Tab. 12.22 verringert werden. — Die Richtlinien [20] fordern die Haltesichtweite auf die vorfahrtregelnde Beschilderung; dies ist eine Mindestforderung (Bild 12.104); sie kann erfüllt sein, ohne daß z. B. von einem am Außenrand einer Kurve angeschlossenen Knotenast der Kreuzungsbereich überhaupt zu erkennen ist. Hohe Unfallraten sind in solchen Knoten die Regel. Daher sollte nach Bild 12.105 auf eine Wegstrecke von der Länge der Haltesichtweite bis zum Fahrbahnrand der übergeordneten Straße der Kreuzungsbereich selbst zu erkennen sein.

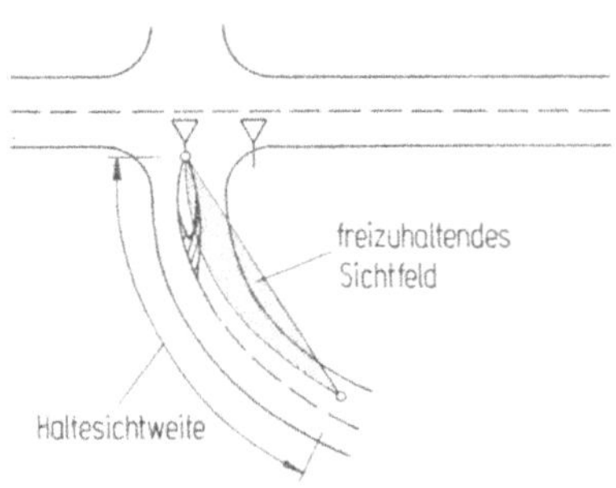

Bild 104. Mindesthaltesichtweite vor einer übergeordneten Straße [20].

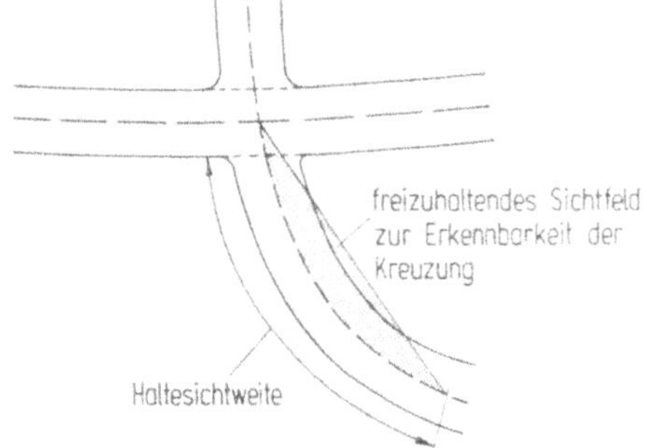

Bild 12.105. Erkennbarkeit der Kreuzung einer übergeordneten Straße.

Bei einem Knoten mit der Regelung „rechts vor links“ ist das Sichtfelddreieck am Knoten nach den Haltesichtweiten zu bemessen. Die Längen der Sichtweiten können vom Fahrbahnrand aus abgetragen werden.

Für einen Knoten mit Vorfahrtregelung sollte folgende Lösung angestrebt werden:

- Erkennbarkeit des Kreuzungsbereiches nach Bild 12.105,
- Erkennbarkeit des Verkehrsablaufes auf der übergeordneten Straße während der Dauer des Bremsvorganges auf der untergeordneten Straße bis zum Anhalten vor dem Fahrbahnrand der übergeordneten Straße nach Bild 12.106.

Diese Erkennbarkeit kann häufig nicht hergestellt werden; man behilft sich mit der Annäherungssicht.

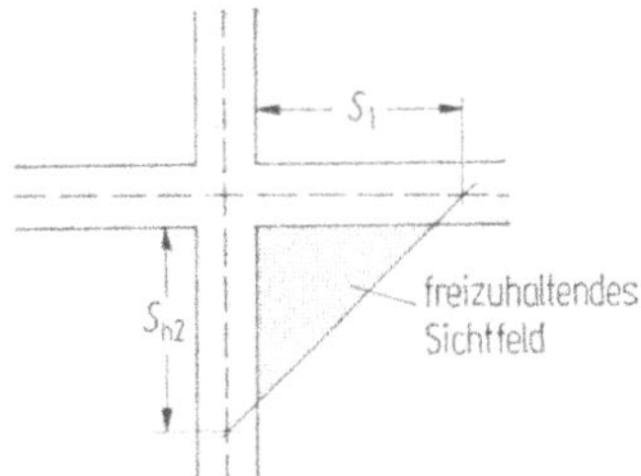

Bild 12.106. Sichtfeld auf Grund der Haltesichtweite.

Annäherungssicht:

Die Annäherungssicht dient der Leistungsfähigkeit des Knotens und dem Verkehrsablauf im Knoten; sie gewährleistet die Einsehbarkeit der übergeordneten Straße in einem eingeschränkten, aber als ausreichend anzusehenden Maße [20];

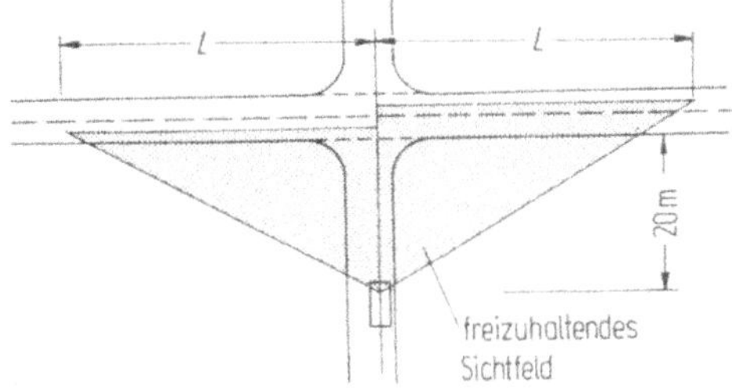

Bild 12.107. Sichtfeld für die Annäherungssicht [20].

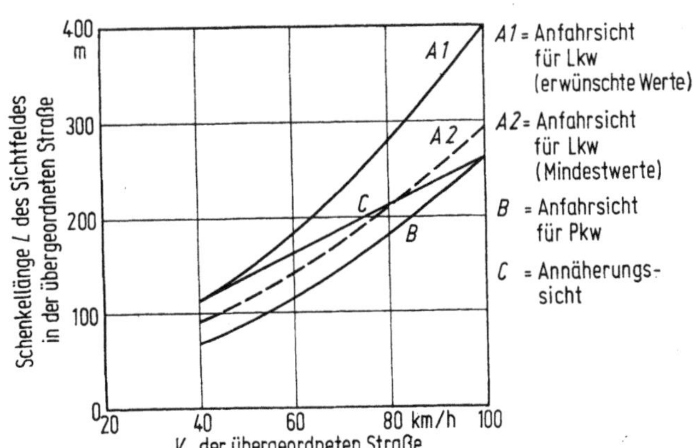

Bild 12.108. Schenkellängen der Sichtfelder für die Annäherungs- und Anfahrsicht [20].

sie ermöglicht einem auf der untergeordneten Straße mit bereits verringerter Geschwindigkeit fahrenden Verkehrsteilnehmer die Entscheidung, ob ein Knoten noch gekreuzt werden kann oder angehalten werden muß. Die Annäherungssicht soll für einen Fahrer auf der untergeordneten Straße aus 20 m Entfernung vom Rand der übergeordneten Straße vorhanden sein. Die Schenkellängen des Sichtfeldes in Bild 12.107 können anhand der Linie *C* des Bildes 12.108 ermittelt werden. Kann das sich ergebende Sichtfeld nicht freigehalten werden, so darf es nach den Richtlinien auf die Anfahrsicht eines Pkw mit einer Schenkellänge des Sichtfeldes in der untergeordneten Straße von 10 m Länge reduziert werden.

Anfahrsicht:

Die Anfahrsicht ermöglicht einem in der untergeordneten Straße stehenden wartepflichtigen Fahrer das gefahrlose Einbiegen in die übergeordnete Straße ohne nennenswerte Behinderung der Fahrzeuge. Die Anfahrsicht muß für einen in der untergeordneten Straße stehenden Fahrer aus 3 m Abstand — besser bereits aus 10 m Abstand — vom Rand der übergeordneten Straße auf die übergeordnete Staße vorhanden sein. Die Schenkellängen des Sichtfeldes in Bild 12.109 können dem Bild 12.108 entnommen werden.

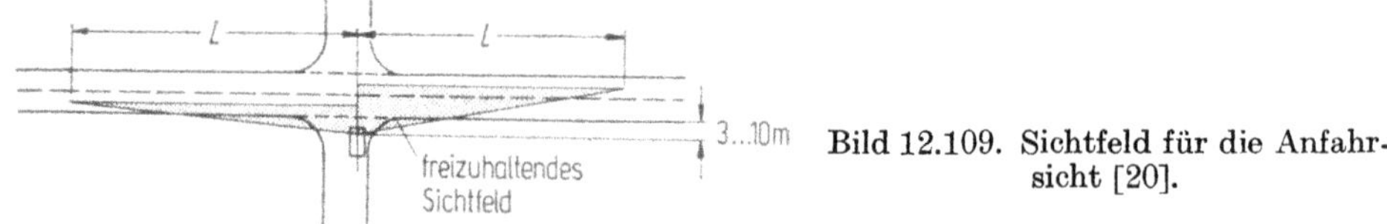

Bild 12.109. Sichtfeld für die Anfahrsicht [20].

Die Untersuchung der Sichtverhältnisse hat die räumlichen Gegebenheiten des Fahrraumes und seiner Umgebung zu berücksichtigen. Die Augenhöhe des Pkw-Fahrers ist mit 1,0 m, die des Lkw-Fahrers mit 2,0 m, die des zu beachtenden Fahrzeuges auf der übergeordneten Straße mit 1,0 m anzusetzen. Bei der Zuordnung von Lkw und Pkw sind die jeweils ungünstigsten Verhältnisse zugrunde zu legen.

12.8. Räumliche Linienführung (siehe auch Kap. 15, Abschn. 15.3.)

Eine gute räumliche Linienführung ist eine wesentliche Voraussetzung für ein situationsgerechtes Verhalten des Fahrers; sie wirkt sich auf die Verkehrssicherheit und die Verkehrsqualität eines Straßenzuges entscheidend aus.

Ein Straßenentwurf entsteht durch getrennte Bearbeitung von Lageplan, Höhenplan und Querschnitt. Die Überlagerung der Lageplan- und Höhenplanelemente erzeugt unter Berücksichtigung der Querschnitte das räumliche Bild des Fahrbahnbandes und unter Einbeziehung der Querschnittsböschungen einen wesentlichen Teil des Fahrraumes. Die bei dieser Überlagerung entstehenden Raumelemente des Fahrbahnbandes sind in Bild 12.110 [19] dargestellt.

Die räumliche Betrachtung des Fahrbahnbandes bedingt keine weitergehenden fahrdynamischen Anforderungen als sie an die Lageplan- und Höhenplanelemente gestellt wurden. Auch die für die Querschnittsausbildung aufgestellten Forderungen erfahren durch die räumliche Betrachtung keine Änderung, zumal im Abschnitt 12.6 (Bild 12.86) bereits eine räumliche Beurteilung erfolgte. Anders ist es mit den Sichtweiten. Die Herstellung der erforderlichen Sichtweiten garantiert noch keine gute räumliche Linienführung; diese ergibt sich erst aus einer bewußten Gestaltung des Fahrraumes bzw. des Fahrbahnbandes.

Eine gute räumliche Führung wird erfahrungsgemäß erreicht, wenn das Bild einer Straße keine Unstetigkeiten aufweist und ihr Verlauf überschaubar, rechtzeitig erfaßbar und eindeutig begreifbar ist. In aller Regel wird eine fahrdynamisch, entwässerungstechnisch und optisch vorteilhafte Führung einer Straße erreicht, wenn die Wendepunkte des Trassenverlaufs im Lage- und Höhenplan in etwa an der gleichen Stelle liegen (Bild 15.12 in Kap. 15) und die Forderung

$$\frac{H}{R} > (5\cdots)10 \quad [-] \tag{12.111}$$

erfüllt ist. Dabei gilt R auch für den variierenden Radius der Klotoide. Vor allem die letzte Forderung führt zu einer Gestaltung der Gradiente wie dies in Bild

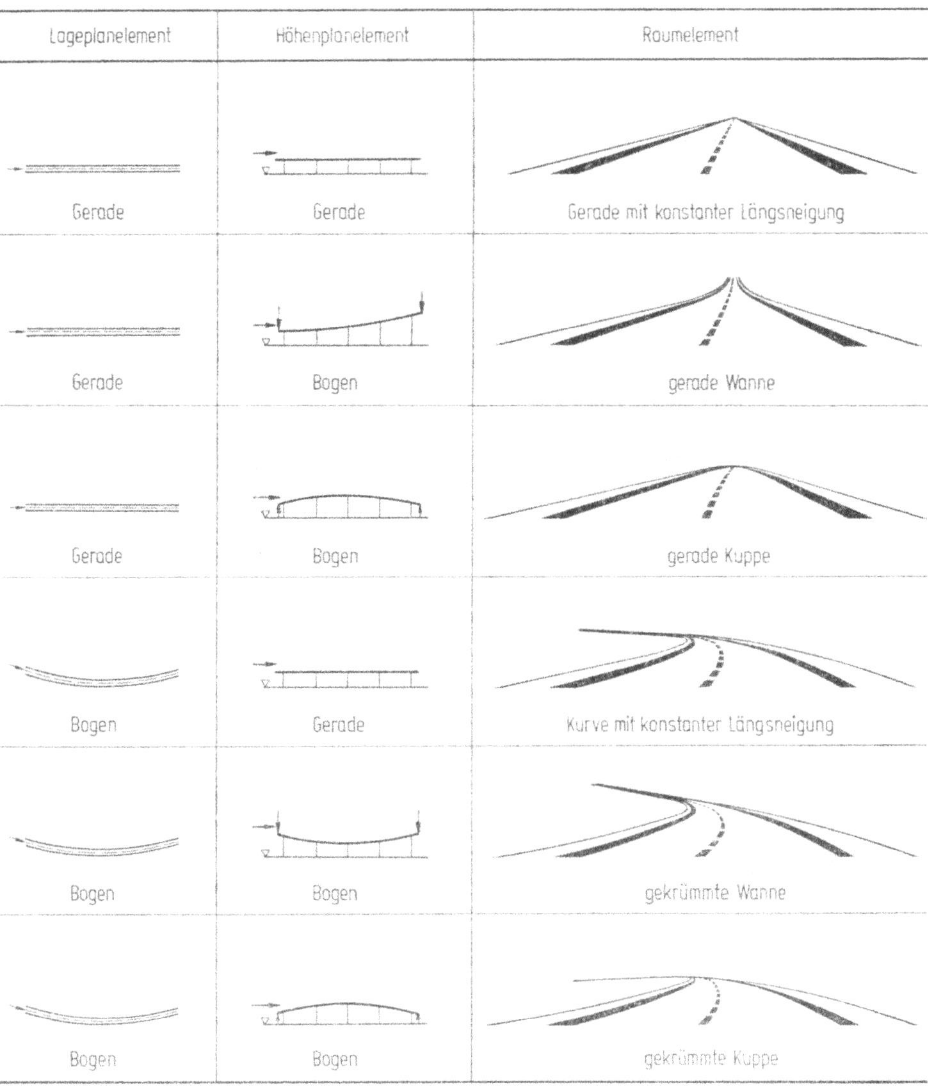

Bild 12.110. Perspektivbilder der Raumelemente (Fahrersicht) [19].

15.12 im oberen Höhenplan dargestellt ist. Diese Zuordnung der Wendepunkte und eine ausreichend große Relation zwischen Radius und Halbmesser bewirken, daß

— das optische Bild der Straße lageplanverwandt bleibt (Bild 15.13, Kap. 15);
— in Bereichen geringer Längsneigung (Querneigung) eine ausreichende Querneigung (Längsneigung) vorhanden ist;
— sich die Querneigung so gestalten läßt, daß sie einer Regelausführung (Bild 12.87) entspricht.

Beispiele für eine gute und mangelhafte Zuordnung von Lageplan und Höhenplan zeigen die Bilder 15.1 bis 15.11 im Abschn. 15.3.1.

Die Kontrolle der räumlichen Linienführung mit DV-Programmen [52] erbrachte für eine in ihrer optischen Wirkung einwandfreie Trasse folgende Anforderungen:

— innerhalb einer gleichsinnigen Kurve darf die Gradientenneigung nicht wechseln bzw.
— wenn die Gradiente innerhalb einer Straßenstrecke wechseln muß, sollte der zugehörige Lageplan eine Wendelinie aufweisen;
— die Größen der Lageplan- und Höhenplanelemente sind aufeinander abzustimmen.

Diese mathematisch exakte Untersuchung hat damit die im wesentlichen auf Erfahrung beruhenden Richtlinienempfehlungen [19] bestätigt.

Zur Gestaltung und Kontrolle der räumlichen Linienführung stehen folgende Hilfsmittel zur Verfügung: Biegestab [45], Fluchtbogenverfahren [24, 48], räumliche Sichtweitenermittlung [34], planebene und Netzhautperspektive sowie stereoskopische Perspektiven und Anaglyphenkarten [45], generelle Bilder [25], Fotographien, fotogrammetrisches Bildmaterial, Perspektivfilme [26, 49] und exakte mathematische Kontrollverfahren [52, 53].

Die optische Entwurfskontrolle ist in Abschn. 15.32 behandelt.

12.9. Entwurfstechnik

12.9.1. Grundsätzliches

Die Qualität eines Straßenentwurfes hängt von der Ausbildung und den Erfahrungen des Entwurfsingenieurs ab. Spezielle Entwurfsverfahren bestehen nicht. Die Entwicklung des Entwerfens ging, wie in Bild 12.111 dargestellt, von einem Polygonzug im Lageplan aus, der ausgerundet wurde (a). Die Unstetigkeiten der reinen Kreisausrundung wurden durch Übergangsbögen verschiedener Art (b + c) stetig gestaltet. Ein wesentlicher Entwicklungsschritt bestand im Abgehen vom Polygonzug und dem Wechsel zu einer Linienführung, die auf Grundkreisen aufbaut und diese durch Übergangsbögen verbindet. Die Zusammenfassung von Grundkreisen und Übergangsbögen zu einer Freihand-, besser Biegelinie, war zwangsläufig (d). Ein weiterer wesentlicher Schritt war die Einbeziehung des Höhenplanes in die Entwurfsbearbeitung unter Einhaltung von Mindestrelationen (e). Die endgültige Festlegung einer Trasse erfolgt heute mit den Regelelementen Gerade, Kreisbogen und Klotoide im Lageplan sowie Gerade und Kreisbogen, evtl. auch kubische Parabel oder Klotoide, im Höhenplan.

Das übliche Entwurfsverfahren ist die Relationstrassierung. Es werden nicht mehr durch obere oder untere Grenzwerte gekennzeichnete Einzelelemente mehr oder weniger willkürlich aneinander gereiht; es werden vielmehr Elementenfolgen hergestellt, deren Einzelelemente bestimmten Relationen unterworfen werden.

Den Übergang zur räumlichen Trassierung bringt die heute ebenfalls übliche Zuordnung von Lageplan- und Höhenplanelementen, ebenfalls unter bestimmten Relationen.

Das Wissen um den Zusammenhang zwischen Fahrverhalten und Fahrraumgestaltung ist noch keine zwei Jahrzehnte alt [44]. Versuche, Landstraßentrassen und Verkehrsablauf zu bewerten, brachten weitere Ergebnisse zu diesem Problemkreis [9, 11, 12, 38, 39, 40, 56, 57, 61]. Schließlich wurde versucht, die dem Fahrraum innewohnende Dynamik nach Maß und Zahl zu erfassen [41]. Die Entwicklung hierzu ist noch nicht abgeschlossen.

Die Datenverarbeitung ist für das Entwerfen von besonderem Vorteil. Für einzelne Probleme sind für die verschiedensten Maschinentypen Programme vorhanden. Ein umfassendes Programmsystem für einen modernen Gegebenheiten entsprechenden Maschinentyp wäre notwendig.

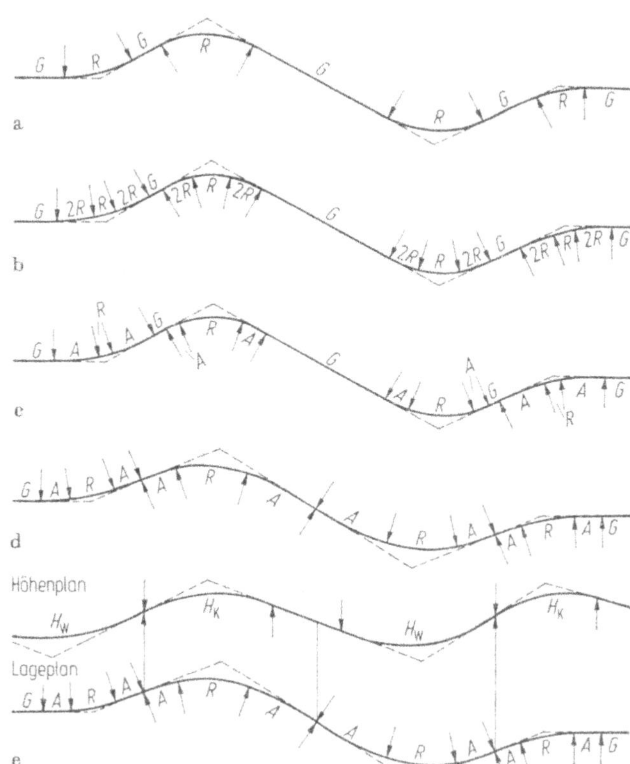

Bild 12.111a—e. Entwicklung der Entwurfstechnik [5].

12.9.2. Kontrolle des Entwurfes

Die fehlenden Entwurfsverfahren werden durch Erfahrungen und Kontrollen ersetzt, um eine gute Entwurfsqualität zu erreichen [1]. Ziel aller Kontrollen ist

- die Ausgewogenheit der Elementenfolge im Lageplan,
- die Ausgewogenheit der Elementenfolge im Höhenplan,
- die gegenseitige Abstimmung der Größenordnung der im Lage- und Höhenplan angewandten Elemente,

- die Abstimmung von Lage-, Höhenplan und Querschnitt im Hinblick auf
  - einen möglichst homogenen Geschwindigkeitsverlauf
  - eine einwandfreie Entwässerung der Fahrbahnoberfläche
  - ausreichende Sichtverhältnisse
  - eine gute Fahrraumgestaltung, die eine rechtzeitige Erfaßbarkeit und eine eindeutige Begreifbarkeit des Fahrraumes gewährleistet.

Zur Erreichung dieses Kontrollzieles wird u.a. überprüft, ob

- die Grenzwerte im Lage- und Höhenplan in Abhängigkeit von der Entwurfsgeschwindigkeit eingehalten sind,
- die $V_{85\%naß}$ und die Entwurfsgeschwindigkeit ausreichend aufeinander abgestimmt sind,
- die Elementenfolgen im Lageplan nicht in dem zu vermeidenden Bereich liegen,
- die Tangentenlängen in den überschaubaren Bereichen von Kuppen und Wannen die Mindestlängen aufweisen,
- die Verwindungsbereiche die Mindestanrampungsneigungen und die Mindestlängsneigung aufweisen,
- die Sichtverhältnisse ausreichend sind,
- die Wendepunkte von Lage- und Höhenplan einander ausreichend zugeordnet sind,
- die erwünschte Verkehrsqualität durch den gewählten Straßenquerschnitt gewährleistet wird,
- der Entwurf wirtschaftlich ist und
- die Forderungen aus der Umwelt ausreichend berücksichtigt sind (Abschn. 14.5.1.)

Um als Ergebnis der ersten Entwurfsarbeit einen kontrollierbaren Entwurf zu erhalten, bei dem sich die Kontrollen und damit die bei der erforderlichen iterativen Entwurfsarbeit notwendigen Änderungen gering halten, sind einige grundsätzliche Arbeitsschritte beim Entwerfen zu beachten.

12.9.3. Arbeitsschritte beim Entwerfen

Jeder Entwurf geht von einem ersten Linienzug im Lageplan aus. Dieser Linienzug soll aus einer Biegelinie bestehen, da mit diesem Hilfsmittel Unstetigkeiten wegen der Materialeigenschaften des Biegestabes von vorne herein vermieden werden; Mindestrelationen der Radienfolgen stellen sich bei dieser Arbeitsweise von selbst ein. Ein erfahrener Entwurfsingenieur wird bei der Gestaltung dieses ersten Linienzuges die Zuordnung der Wendepunkte von Lage- und Höhenplan bereits berücksichtigen.

Ein Hilfsmittel zur Einhaltung zulässiger Neigungen — bei geringen Erdarbeiten — ist die Zirkelschlag- oder Nullinie; sie stellt die Horizontalprojektion einer Linie konstanter Längsneigung zwischen vorgegebenen Höhenschichtlinien dar.

Zu dem ersten Linienzug des Lageplanes wird ein Geländeschnitt gezeichnet. In diesen Geländeschnitt werden die Wendepunkte des Lageplanes übertragen, die Mindestlängsneigung im ungefähren Gradientenpunkt angetragen und ein erster Höhenplan entworfen. Im Bild 12.112 wirft der Geländeschnitt im Höhenplan a keine Probleme auf, so daß der Höhenplan sofort entworfen werden kann. Die Zuordnung der Wendepunkte von Lage- und Höhenplan und damit die räumliche Linienführung ist gut. — Eine sehr ungünstige Zuordnung der Wendepunkte ergibt sich aus dem Höhenplan b, da alle Wendepunkte des Lageplanes im Geländeschnitt in der Horizontalen liegen. Eine Änderung des Lageplanes wäre hier notwendig. Sollte dies durch Zwangspunkte nicht möglich sein, so wäre als Mindestforderung die Einhaltung einer Mindestlängsneigung in den Verwindungsbereichen (z.B. $s_{min} = 0,5\%$) zu erfüllen. Die Richtungsänderungen in unmittelbarer Nähe der Kuppenscheitel werfen Probleme für die Erkennbarkeit

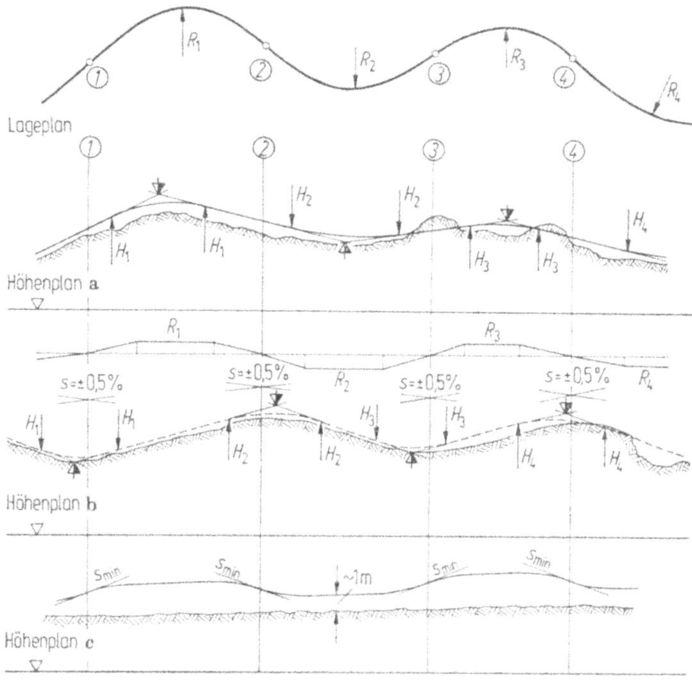

Bild 12.112. Entwurfstechnik — Zuordnung von Lage- und Höhenplan (Beispiele).

dieser Richtungsänderungen auf; die räumliche Linienführung ist schlecht. — Der Höhenplan c zeigt eine Talstraße mit sehr geringem Längsgefälle. Besonders hier stellen sich folgende Probleme:

Schneeverwehung:

Trockener Schnee wird ab Windgeschwindigkeiten von etwa 5 m/s verweht. Bei einer Verringerung der Windgeschwindigkeit wird der Schnee abgelagert, z.B. vor und hinter Hindernissen wie Straßendämmen, Straßeneinschnitten, Schneeschutzzäunen u.a. mehr. Straßen sollen daher außerhalb bebauter Bereiche etwa $^1/_2$ m über der normalen Schneehöhe liegen. Bei normalen Schneehöhen von 50 cm bedeutet dies, daß die Fahrbahn einer Straße etwa 1 m über Gelände liegen sollte. Eine solche Höhenlage der Fahrbahn erleichtert auch die Schneeräumung. Flache Böschungen vermindern die Windgeschwindigkeitsverringerungen. Besonders gefährdet sind Einschnitte bis 3 m Böschungshöhe, wenn die Böschungen steil sind. In verwehungsgefährdeten Gebieten ist daher eine Regelböschung von 4,5 m Breite für Böschungshöhen bis 3,0 m angemessen (Bild 12.70).

Lage des Erdplanums:

In Bereichen mit geringer Längsneigung ist häufig mit hohem Grundwasserstand zu rechnen. Aus Gründen der Planumsentwässerung sollte das Erdplanum dann wenigstens 20 cm über der Geländeoberkante liegen. Bei einer Dicke des frostsicheren Straßenaufbaues von 60 bis 70 cm entspricht dies unter Berücksichtigung der Querneigung einer Höhe von etwa 1 m über der Geländeoberfläche.

Erkennbarkeit des Verkehrsablaufes:

In ebenen Gebieten fordert die landwirtschaftliche Nutzung bei kurvigen Strecken eine Gradientenanhebung, um die Überholsichtweite herstellen zu können. Bei einer Getreidehöhe von 1,5···1,8 m sollte bei einer Augenhöhe von 1,0 m die Fahrbahn (0,6···)1,0 m über der angrenzenden Ackerfläche liegen.

Lage der Querneigung:

Eine zur Hauptwindrichtung fallende Querneigung kann durch Windeinwirkung bei Regen zu einem Wasserstau und damit zu einer Vergrößerung der Wasserfilmdicke auf der Fahrbahn führen. Eine mit der Hauptwindrichtung fallende Querneigung bewirkt bei Schneetreiben in Fahrtrichtung kurzwellige, verkehrsgefährliche Schneeablagerungen. Da Schneeverwehungen zum Abtauen längere Zeit benötigen als das Abfließen von Wasser, sind sie in aller Regel gefährlicher.

Mindestlängsneigung in Verwindungsbereichen:

In Strecken mit geringer Längsneigung treten Schwierigkeiten bei der Einhaltung einer Mindestlängsneigung im Verwindungsbereich auf. Eine Lösungsmöglichkeit für die Gestaltung des Höhenplanes zeigt Bild 12.113. Mit $R = 500$ m und $A = 175$ m wird $L = 61{,}25$ m; mit $s = 0{,}7\%$ ergibt sich für H ein Wert von 8750 m. Die Verringerung der Längsneigung durch die Ausrundung auf der Strecke bis zum Erreichen von $q_{\min} = 2{,}5\%$ ist vernachlässigbar klein. Die Ausbildung der Ausrundung mit einer kubischen Parabel anstelle der quadratischen ist möglich und empfehlenswert; dabei kann der längere Ast der Parabel in den Kreisbogen der Kurve reichen. — Mit $R = 500$ m und $A = 250$ m wird $L = 125$ m; mit $s = 0{,}7\%$ ergibt sich für H bereits ein Wert von 35000 m. Bei dieser Größenordnung ist ein Ausweichen auf eine kubische Parabel nicht erforderlich. — Mit der Wahl einer Höhendifferenz zwischen den Gradienten der

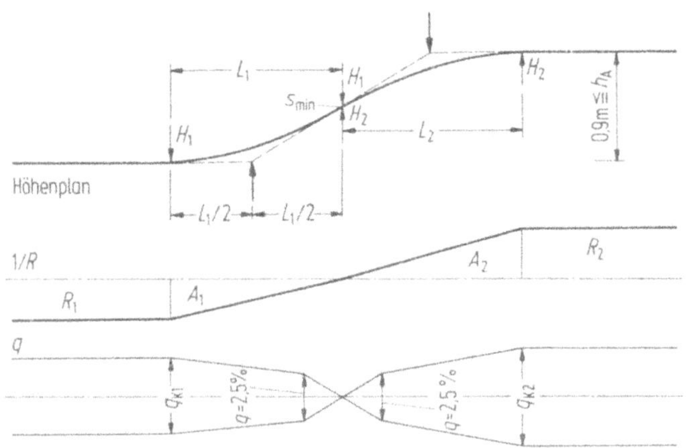

Bild 12.113. Ausbildung der Gradiente im Verwindungsbereich bei geringer Längsneigung.

Tabelle 12.24. Übersicht über Grenzwerte der Entwurfselemente

	Entwurfselemente			Grenzwerte für V_e [km/h] 40	60	80	100	120	140
Lageplan	Höchstlänge der Geraden		A	—	—	—	—	—	—
			CH	—	—	—	—	—	—
		L [m]	D	800	1200	1600	2000	2400	2800
			DDR	750	1000	1500	1800	—	—
			F	Höchstens 40—60% der Strecke					
			J	—	1200	1600	2000	2400	—
	Kurvenmindestradius		A	60	140	270	450	700	1000
			CH	50	120	240	425	700	1100
		R [m]	D	60	160	350	600	1000	1400
			DDR	(100)	(250)	(400)	(650)	—	—
				60	140	250	400		
			F	40	120	240	425	665	—
				—	—	240	425	665	1000
			J	(60)	(150)	(280)	(460)	(710)	—
				50	120	230	380	570	
	Klotoidenmindestparameter		A	$R/3$					
			CH	40	100	140	200	260	350
		A [m]	D	50	100	150	200	350	500
			DDR	(60)	(120)	(180)	(250)	—	—
				45	80	125	175		
			F	47	100	160	240	315	—
				—	—	200	300	375	460
			J	70	120	180	250	325	—
	Kurvenmindestradius bei Wegfall des Ü-Bogens		A	5000					
			CH	1000					
				3000					
		R [m]	D	1500	1500	1500	3000	3000	3000
			DDR	500	1000	1500	2500	—	—
			F	400	600	900	1300	1800	—
				—	—	1300	2000	3000	4000
			J	500	1000	2000	3000	4000	—

Tabelle 12.24. Fortsetzung

	Entwurfselemente			Grenzwerte für V_e [km/h] 40	60	80	100	120	140
Höhenplan	Höchstlängsneigung		A	9,0	7,0—8,0	5,0—7,0	3,0—6,0	3,0—5,0	3,0—4,0
	A: 1. Zahl = ohne		CH	—	9,0	—	—	—	—
	2. Zahl = mit Kriechspur			—	—	5,5—8,0	4,0—5,0	—	—
		s [%]	D	10,0	6,5	5,0	4,5	4,0	4,0
	CH: 1. Zahl = Steigung		DDR	(8,0)	(6,0)	(4,0)	(3,0)	—	—
	2. Zahl = Gefälle			10,0	8,0	6,0	4,5		
			F	8,0	7,0	6,0	5,0	4,0	—
				—	—	6,0	5,0	4,0	4,0
			J	(7,0)	(5,0)	(4,0)	(3,0)	(2,0)	—
				10,0	8,0	7,0	6,0	5,0	
	Mindestlängsneigung in Verwindungsstrecken		A	0,5					
			CH	—					
		s [%]	D	0,5—1,0 ($s \geq \Delta s$)					
			DDR	$\Delta s \geq 0,5$					
			F	0,5					
				0,5—1,0					
			J	—					
	Kuppenmindesthalbmesser		A	1500	3000	5000	10000	16000	25000
			CH	500	1000	2600	6000	13000	—
				600	1500	4200	10500	18000	31000
		H_k [m]	D	1500	3000	7000	12500	25000	50000
	[ ] Straßen mit 3 Fahrstreifen		DDR	1000	(2250)	(5500)	(12000)	—	—
					1250	3500	7500		
			F	—	[1600]	[4500]	[10000]	—	—
				500	1500	3000	6000	12000	18000
			J	—	2000	4500	10000	17000	—
	Wannenmindesthalbmesser		A	1000	2000	3000	5000	8000	8000
			CH	500	1200	2200	3800	5600	—
				700	1500	2900	4700	6700	9000
		H_w [m]	D	1000	2000	3000	5000	10000	20000
			DDR	(1000)	(2000)	(3500)	(6000)	—	—
				750	1250	2750	4500	—	
			F	700	1500	2200	3000	4200	—
				—	—	2200	3000	4200	6000
			J	—	1500	3000	4500	6000	—

Tabelle 12.24. Fortsetzung

	Entwurfselemente		Grenzwerte für V_e [km/h] 40	60	80	100	120	140
Querschnitt	Mindestquerneigung q [%]	A				2,5		
		CH				2,5		
		D				2,5		
		DDR				—		
		F				2,0–2,5		
						2,0		
		J				1,5 (ZeB)–2,0 (AB)		
	Höchstquerneigung in Kurven q_k [%]	A	7,5	7,2	6,8	6,3	5,9	5,5
		CH				7,0		
		D				6,0 (Ausnahme 7%)		
		DDR				(4)		—
						6		
		F				7,0		
		J				10,0		
	Anrampungshöchstneigung Δs_{max} [%]	A	—	1,0	0,5	0,5	0,5	0,5
		CH				0,8		
		D	1,5	1,0	0,5	0,5	0,5	0,5
		DDR	1,5	1,0	0,5	0,5	—	—
		F				0,5		
						0,5 (2 Fahrstreifen) 1,0 (4 Fahrstreifen)		
		J	1,0	0,8	0,67	0,57	0,5	—
	Anrampungsmindestneigung Δs_{min} [%]	A				0,3		
		CH				bis 0,5 (je nach Fb-Breite)		
		D				$0{,}1 \cdot a$ [$\leq \Delta s_{max}$] a = Abstand Fahrbahnrand—Drehachse [m]		
		DDR				—		
		F				0,5		
		J				0,4		

Tabelle 12.24. Fortsetzung

	Entwurfselemente			Grenzwerte für V_e [km/h] 40	60	80	100	120	140
zu Querschnitt	Anrampungshalbmesser für Anrampungsknicke	H [m]	A				—		
			CH			Empfehlung zur Ausrundung			
			D	1000	2000	4000	4000	4000	4000
			DDR	1000	2500	5000	5000	—	—
			F				—		
			J	—	2500	3000	4000	5000	—
Sicht	Mindesthaltesichtweite (für $s = 0\%$)	S_h [m]	A	35	70	115	185	275	380
			CH	30	60	100	155	220	—
				40	75	125	190	260	320
			D	35	70	115	185	275	380
			DDR	35	70	115	175	—	—
			F	40	70	105	160	230	—
				—	—	105	160	230	320
			J	40	75	110	160	210	—
	Mindestüberholsichtweite	$S_ü$ [m]	A	—	400	525	650	—	—
			CH				—		
			D	—	400	525	650	—	—
			DDR	—	350	450	600	—	—
			F	150	250	325	400	500	—
			J	—	350	550	700	—	—
	Mindeststreckenanteil mit vorhandener Überholsichtweite	$S_ü$ [%]	A	—	25	33	50	—	—
			CH				—		
			D	—	25	33	50	—	—
			DDR				—		
			F				50		
			J	30	35	38	—	—	—

Legende: Zwei Zahlen bedeuten: obere Zahl = einbahnige Straße, untere Zahl = zweibahnige Straße. ( ) bedeutet: Richtwerte beiden Kreisbögen der Wendelinie bis zur Augenhöhe von 1,0 m bleibt der Verkehrsablauf in der höher liegenden Kurve für den Fahrer in der tiefer liegenden Kurve noch erkennbar.

Die Ausbildung des Höhenplanes c im Bild 12.112 erfüllt die aufgeführten Forderungen. Da bei so flachen Längsneigungen meist verhältnismäßig große Lageplanelemente gewählt werden können, sind bei der räumlichen Gestaltung keine Schwierigkeiten zu erwarten. In diesen Fällen ist durchweg eine sehr gute Zuordnung von Lageplan- und Höhenplanelementen möglich.

12.10. Grenzwerte der Entwurfselemente

In der Tab. 12.24 sind die Trassierungsgrenzwerte der Nachbarländer Österreich (A), Schweiz (CH), Deutsche Demokratische Republik (DDR) und Frankreich (F) denen der Bundesrepublik Deutschland (D) gegenübergestellt [5] und durch die für Japan (J) gültigen Werte zum Vergleich ergänzt.

12.11. Literatur

1. ATR-FG-VSS: Methoden für den Straßenentwurf. Schriftenreihe, H. 9, 1976.
2. ATR-FG-VSS: Straßenprojekte, Grundlagen. Schriftenreihe, H. 7, 1974.
3. Auberlen, R.: Erläuterungen zur RAL 1937. Berlin, Volk und Reich Verlag, 1939.
4. Borchardt, D.: Bemerkungen zum Abschnitt Linienführung der Richtlinien für die Anlage von Landstraßen. Beiträge zum Straßen- und Verkehrswesen, Institut für Straßenverkehrstechnik der Universität (TH) Stuttgart, 1968.
5. Borchardt; Bosch; Durth; Finsinger; Hiersche; Köppel; Lamm; Langenhan; Simon; Sproß; Weinspach: Kommentar zur RAL-L-1-1973, Bonn, Kirschbaum-Verlag 1973.
6. Bundesminister für Verkehr: Das Winkelbildverfahren, Teil I: Erklärung und Gebrauchshinweise. Bonn, Januar 1954.

6a. Bundesminister für Verkehr: Verordnung über die Inkraftsetzung der Regelungen Nr. 1 bis 8 nach dem Übereinkommen vom 20. 3. 1958 über die Annahme einheitlicher Bedingungen für die Genehmigung der Ausrüstungsgegenstände und Teile von Kraftfahrzeugen und über die gegenseitige Anerkennung der Genehmigung vom 10. 9. 1969 Bundesgesetzblatt, Teil II, Nr. 62 vom 17. 9. 1969, S. 1729/1730.

7. Desoyer, K.; Slibar, A.: Kraftschlußbeanspruchungen und Schräglauf der Räder eines Kraftfahrzeuges bei stationärer Kurvenfahrt. Automobiltechnische Zeitschrift, H. 6, 1960.
8. Dietrich, K.: Dauergeschwindigkeiten von Personenwagen auf Steigungen. Institut für Orts-, Regional- und Landesplanung an der ETH Zürich, 1965.
9. Dilling, J.: Fahrverhalten von Kraftfahrzeugen auf kurvigen Straßen. BMV, Bonn, Straßenbau und Straßenverkehrstechnik, H. 151, 1973.
10. Durth, W.: Die Augenhöhe des Kraftfahrers. Straßenverkehrstechnik, H. 11/12, 1967.
11. Durth, W.: Ein Beitrag zur Erweiterung des Modells für Fahrer, Fahrzeug und Straße in der Straßenplanung. BMV, Bonn, Straßenbau und Straßenverkehrstechnik, H. 163, 1974.
12. Fiedler, J.: Bewertung von Landstraßentrassen mit Hilfe von Geschwindigkeitsbildern. Bad Godesberg, Kirschbaum-Verlag, 1967.
13. Finsinger, O.: Gesichtspunkte zur Gestaltung des Mittelstreifens zweibahniger Straßen. In „Grundlagen der Straßentrassierung", Bonn-Bad Godesberg, Kirschbaum-Verlag, 1968.
14. Forschungsgesellschaft für das Straßenwesen: Begriffsbestimmungen; Teil: Straßenplanung und Straßenverkehrstechnik. Köln, Ausgabe 1978.
15. Forschungsgesellschaft für das Straßenwesen: Merkblatt über Straßengriffigkeit und Verkehrssicherheit bei Nässe. Ausgabe 1968.
16. Forschungsgesellschaft für das Straßenwesen: Richtlinien für die Anlage von Landstraßen (RAL), Teil I: Querschnitte (RAL-Q). Bonn-Bad Godesberg, Kirschbaum-Verlag, Ausgabe 1974.
17. Forschungsgesellschaft für das Straßenwesen: Richtlinien für die Anlage von Landstraßen (RAL), II. Teil: Linienführung (RAL-L), Fassung 1963. Straße und Autobahn H. 9, 1963.
18. Forschungsgesellschaft für das Straßenwesen: Richtlinien für die Anlage von Landstraßen (RAL), Teil II: Linienführung (RAL-L), Abschnitt 1: Elemente der Linienführung (RAL-L-1). Bonn-Bad Godesberg, Kirschbaum-Verlag, Ausgabe 1973.

19. Forschungsgesellschaft für das Straßenwesen: Richtlinien für die Anlage von Landstraßen (RAL), Teil II: Linienführung (RAL-L), Abschnitt 2: Räumliche Linienführung (RAL-L-2). Bonn-Bad Godesberg, Kirschbaum-Verlag, Ausgabe 1970.
20. Forschungsgesellschaft für das Straßenwesen: Richtlinien für die Anlage von Landstraßen (RAL), Teil III: Knotenpunkte (RAL-K), Abschnitt 1: Plangleiche Knotenpunkte (RAL-K-1). Bonn-Bad Godesberg, Kirschbaum-Verlag, Ausgabe 1976.
21. Forschungsgesellschaft für das Straßenwesen: Richtlinien für die Anlage von Landstraßen (RAL), Teil III: Knotenpunkte (RAL-K), Abschnitt 2: Planfreie Knotenpunkte (RAL-K-2). Bonn-Bad Godesberg, Kirschbaum-Verlag, Ausgabe 1976.
22. Forschungsgesellschaft für das Straßenwesen: Richtlinien für die Anlage von Landstraßen (RAL), Teil: Straßennetzgestaltung (RAL-N). Bonn-Bad Godesberg, Kirschbaum-Verlag, Ausgabe 1977.
23. Forschungsgesellschaft für das Straßenwesen: Richtlinien für die Anlage von Stadtstraßen (RAST), Teil: Linienführung (RAST-L). Bonn-Bad Godesberg, Kirschbaum-Verlag, Ausgabe 1973.
24. Freising, F.: Wird ein neues Linienelement beim Trassieren erforderlich. Straße und Autobahn, H. 9, 1957.
25. Freising, F.: Optische Eigenschaften der Linienelemente. 1.) Dissertation TH Stuttgart, 1949. 2.) gekürzt in Neumann, E.: Neuzeitlicher Straßenbau, Berlin, Springer-Verlag, 4. Auflage 1959.
26. Geißdörfer, G.: Der Perspektivfilm in der Autobahnplanung. Der Straßenbau, H. 8, 1965.
27. Generalinspektor für das deutsche Straßenwesen: Bauanweisung für die Reichsautobahnen — Trassierungsgrundsätze (BAURAB TG). Volk und Reich Verlag, Berlin, Ausgabe November 1942.
28. Generalinspektor für das deutsche Straßenwesen: Vorläufige Richtlinien für den Ausbau der Landstraßen RAL 1937. Berlin, Volk und Reich Verlag, 1937.
29. Gengenbach, W.: Das Verhalten von Kraftfahrzeugreifen auf trockener und insbes. nasser Fahrbahn. Dissertation, Universität Karlsruhe 1967.
30. Gnadler, R.: Das Fahrverhalten von Kraftfahrzeugen bei instationärer Kurvenfahrt mit verschiedener Anordnung der Hauptträgheitsachsen und der Rollachse. Dissertation, Universität Karlsruhe 1971.
31. Guhlmann, E.: Die Anwendung der Schleppkurve bei der Projektierung von Straßen. Straßentechnik, H. 9, 1959. Beilage zu Bauplanung und Bautechnik, H. 9, 1959.
32. Heinemann, R.: Schleppkurven — Funktionale Erfassung und Anwendung auf die Fahrbahngeometrie. Veröffentlichungen des Instituts für Straßenbau und Eisenbahnwesen der Universität Karlsruhe, H. 9, 1972.
33. Heinemann, R.: Straßeneigenschaften im Hinblick auf den Aquaplaning-Effekt. Veröffentlichungen des Instituts für Straßenbau und Eisenbahnwesen der Universität Karlsruhe, H. 6, 1971.
33a. Herring, H. E.: Das Kräftespiel zwischen Fahrzeug und Fahrbahn. Veröffentlichungen des Instituts für Straßenbau- und Eisenbahnwesen der Universität Karlsruhe. H. 6, 1971.
34. Hiersche, E. U.: Die Bedeutung und Ermittlung der Sichtweiten von Straßen. BMV, Bonn, Straßenbau und Straßenverkehrstechnik, H. 67, 1968.
35. Kalender, U.: Querneigung und Fahrsicherheit, mögliche Einflüsse der negativen Querneigung. BMV, Bonn, Straßenbau und Straßenverkehrstechnik, H. 173, 1974.
36. Klöckner, J. H.: Einfluß der Länge von Steigungsstrecken auf das Unfallgeschehen einbahniger Landstraßen. BMV, Bonn, Forschungsauftrag Nr. 3.080 G 77 F, Karlsruhe 1977.
37. Klöckner, J. H.: Einsatzgrenzen für Gehwege an zweispurigen Straßen (außerhalb geschlossener Ortschaften). BMV, Bonn, Forschungsauftrag Nr. 2.036 G 77 K, Karlsruhe, im März 1978.
37a. Köppel, G.: Die Neufassung der Richtlinien für die Anlage von Landstraßen, Teil: Linienführung; Abschnitt: Entwurfselemente; RAL-L-1, Ausgabe 1973. Straße und Autobahn, H. 4, 1973.
38. Köppel, G.; Bock, H.: Kurvigkeit, Stetigkeit und Fahrgeschwindigkeit. Straße und Autobahn, H. 8, 1970.
39. Köppel, G.; Bock, H.: Fahrgeschwindigkeit in Abhängigkeit von der Kurvigkeit. BMV, Bonn, Straßenbau und Straßenverkehrstechnik H. 269 (voraussichtlich) 1979
39a. Lamm, R.: Herring, H. E.: Radialer Kraftschlußbeiwert und Geschwindigkeit aus Geschwindigkeit, Fahrdynamik, Sicherheit. Veröffentlichung des Instituts für Straßenbau- und Eisenbahnwesen der Universität Karlsruhe. H. 6, 1971.
40. Lamm, R.: Fahrdynamik und Streckencharakteristik. Veröffentlichungen des Instituts für Straßenbau und Eisenbahnwesen der Universität Karlsruhe, H. 11, 1973.
41. Leutner, R.: Fahrraum und Fahrverhalten. Veröffentlichungen des Instituts für Straßenbau und Eisenbahnwesen der Universität Karlsruhe, H, 12, 1974.

42. Litzka, J.: Die Anordnung der Fahrbahnverwindung bei Straßen ohne Übergangsbogen. Straße und Autobahn, H. 2, 1973.
43. Litzka, J.: Die Ausbildung von Kehren. Band 1 und 2, Dissertation TH Wien, 1970.
44. Lorenz, H.: Optische Führung. Straßen- und Tiefbau, H. 10, 1951.
45. Lorenz, H.: Trassierung und Gestaltung von Straßen und Autobahnen. Wiesbaden und Berlin, Bauverlag, 1971.
46. Lugner, P.: Untersuchungen über die Kurvenfahrt eines Kraftfahrzeuges. Dissertation Wien 1969.
47. Mitschke, M.: Dynamik der Kraftfahrzeuge. Berlin, Heidelberg, New York, Springer-Verlag, 1971.
48. Müller, E.: Ein neues Trassierungsverfahren im Höhenplan. Straße und Autobahn, H. 10, 1976.
49. Naumann, H.: Entwicklung eines Programmsystems zur Herstellung von computererzeugten Perspektivfilmen. Veröffentlichungen des Instituts für Straßenbau und Eisenbahnwesen der Universität Karlsruhe, H. 17, 1977.
50. Petrović, P.: Die Kehre im Gebirgsstraßenbau. Wien, New York, Springer-Verlag, 1967.
51. Ranke, V. J. Chr. v.: Einfaches Rüstzeug für die Berechnung von Straßenentwürfen. Straßenbauamt Weilheim, 1950.
52. Schoss, W.: Automatische Aufdeckung von Mängeln in der optischen Wirkung der Linienführung von Straßen. BMV, Bonn, Straßenbau und Straßenverkehrstechnik, H. 190, 1975.
53. Schoss, W.: Räumliche Linienführung. Straße und Autobahn, H. 10, 1975.
54. Schweizer Normenvereinigung SNV: Kehren (Wendeplatten). Normblatt SNV 40 198, Juni 1957.
55. Simon, E.; Jonscher, G.: Die Fahrbahnverbreiterung in der Kurve. Straße und Autobahn, H. 5, 1963.
56. Trapp, K. H.: Untersuchungen über den Verkehrsablauf auf Landstraßen. BMV, Bonn, Straßenbau und Straßenverkehrstechnik, H. 113, 1971.
57. Trapp, K. H.; Oellers, F. W.: Streckencharakteristik — Fahrverhalten auf zweispurigen Landstraßen. BMV, Bonn, Straßenbau und Straßenverkehrstechnik, H. 178, 1974.
58. Volquardts, H.: Feldmessen, Teil 2. Stuttgart, Teubner, 1963.
59. Wehner, B.: Anforderungen an die Griffigkeit von Straßen und Flugplatzpisten. Mitteilungen des Instituts für Baumaschinen und Baubetrieb der Rhein.-Westfäl.-Techn.-Hochschule Aachen, H. 9, 1966.
60. Zentralstelle zur Unfallauswertung, Bock, H.: Unfälle 1976 auf Autobahnen in Bayern. Oberste Baubehörde i. Bayer. Staatsmin. d. Innern (unveröffentlicht) München, 1978.
61. Zuberbühler, C.: Kurvengestaltung und Fahrverhalten. Straße und Verkehr, H. 8, 1970.

13. Effizienzanalyse im Straßenwesen

U. Kalender

Inhalt

13.1. Grundlagen der Effizienzanalyse

13.1.1. Bedeutung der Effizienzanalyse für die Investitionsplanung

Auf Grund der begrenzten Haushaltsmittel kann auch im Straßenbau nur ein Teil der erforderlichen Maßnahmen realisiert werden. Die Investitionsplanung stellt daher stets das Ergebnis einer *Auswahl* dar. Als ein geeignetes Kriterium für die diesbezüglichen Auswahlentscheidungen wird die „Effizienz" angesehen. Das *Effizienzdenken* setzt die bestmögliche Erfüllung des Planungsziels mit den geringstmöglichen Mitteln voraus, wobei das Maß der Zielerfüllung aus den entsprechend dem Planungsziel definierten „Nutzen" hervorgeht. Die Effizienz einer Maßnahme ergibt sich somit aus der Gegenüberstellung der zur Realisierung der Maßnahme aufzuwendenden Kosten (Inputs) zu den aus dieser Maßnahme zu erwartenden Nutzen (Outputs) und ist nur im Rahmen einer umfassenden Analyse, die mit dem Rahmenbegriff „*Effizienzanalyse*" bezeichnet wird, zu beurteilen.

Die kennzeichnenden Elemente der Effizienzanalyse sind:

— das exogen vorgegebene *Ziel* der Planung,

— eine *Modellvorstellung* in bezug auf die zielgerechte Definition und die Quantifizierung der Nutzen,
— ein Bündel von Maßnahmen, die jeweils *Alternativen* zur Erreichung des Ziels darstellen,
— eine *Entscheidungsregel,* wonach das Effizienzmaß der jeweiligen Alternative ermittelt und der Bewertung bzw. der Auswahl zugrunde gelegt wird,
— die *iterative* Durchführung der Analyse unter wiederholter Infragestellung und ggf. Ergänzung der getroffenen Annahmen usw.

Für die explizite Definition der *übergeordneten,* sozioökonomischen Zielsetzung der öffentlichen Investitionen und somit auch der Straßenplanung bestehen heute zwei Konzepte: (1) Das eindimensionale Ziel der gesellschaftlichen „Wohlfahrtserhöhung"; die Eindimensionalität ist allein dadurch bedingt, daß die Wohlfahrtserhöhung monetär gemessen und damit an die Bedingung der „Wirtschaftlichkeit" geknüpft wird, und (2) das Ziel der „Erhöhung der Lebensqualität" das sich nur als ein multidimensionales, aus mehreren untergeordneten Zielen bestehendes Zielsystem darstellen läßt und je nach den gegebenen Verhältnissen erst konkretisiert werden muß.

Infolgedessen verwendet die Effizienzanalyse im Straßenwesen zwei unterschiedliche Modellvorstellungen:

— Die *Wirtschaftlichkeitsrechnung* — auch als Nutzen-Kosten-Modell bezeichnet —, die allein die monetär quantifizierbaren Nutzen in Rechnung stellt und die Effizienz aus dem — durch die Maßnahme zu erzielenden — monetären Nutzenüberschuß definiert,
— Das *Nutzwertmodell,* das von einem multidimensionalen Zielsystem ausgeht und die Effizienz aus dem nicht monetären Maß der Zielerreichung ermittelt; als eine Variation des Nutzwertmodells ist das *Kosten-Wirksamkeits-Modell* zu bezeichnen.
An das Nutzwertmodell lehnt sich auch die vereinfachende Bewertung der Straßen nach der sog. *Kennzahlmethode* an.

Die Effizienzanalyse betrifft stets ein vorgegebenes Bündel von Maßnahmen, wobei dieses aus Varianten eines Einzelprojektes oder aber aus voneinander unabhängigen, sich nicht gegenseitig ausschließenden Einzelprojekten bestehen kann. Die Entscheidungsregel bezieht sich daher, abgesehen von der gemeinsamen Fragestellung nach der Zweckmäßigkeit (*Bauwürdigkeit*) der Alternativen, je nach der Art des Maßnahmenbündels, entweder auf die Frage nach der „besten" Variante (*Variantenvergleich*) oder auf die Frage nach der Rangfolge des Projekts im Vergleich zu den weiteren Projekten des Maßnahmenbündels (*Prioritätsreihung*).

Die Effizienzanalyse ist grundsätzlich *subjektiv* gerichtet; die „Objektivität" ist hier nur auf das Verfahren, nicht jedoch auf das Ergebnis zu beziehen. Denn die Analyse ist stets, unabhängig von dem verwendeten Effizienzmodell, durch heuristisches Vorgehen gekennzeichnet und gestattet dem Analytiker einen erheblichen Spielraum für Annahmen, Vorhersagen, Beurteilungen usw., deren Einfluß auf das Ergebnis, das als ein Auswahl*vorschlag* aufgefaßt werden muß, durch die iterative Gestaltung der Analyse zu verdeutlichen wäre.

Insoweit kann die Effizienzanalyse nur *Entscheidungshilfen* liefern und den Entscheidungsprozeß selbst nicht ersetzen. Der Entscheidungsträger, d.h. die für die Investitionsplanung in der politischen Szene verantwortliche Person oder Gruppe, wird bei der Entscheidungsfindung auch andere Kriterien als die analytisch erfaßte Effizienz berücksichtigen müssen. Als solche Kriterien wären u.a. die politischen, administrativen, legislativen und auch die finanziellen Randbedingungen zu nennen, die in das formal-abstrakte Planungsziel und somit in die entsprechend definierte Effizienz nicht einzubeziehen sind. Die Bedeutung der Effizienzanalyse liegt daher in erster Linie darin, daß durch sie die komplexen Entscheidungssituationen, die sonst vom Entscheidungsträger nur intuitiv bewältigt werden müßten, im Rahmen eines nachvollziehbaren Verfahrens und auf nachprüfbaren Grundlagen strukturiert werden. Dies führt zur wesentlichen Verbesserung des Informationsstandes des Entscheidungsträgers und ermöglicht dadurch eine systematische und transparente Gestaltung der Entscheidungsfindung.

Den gesetzlichen Eingang in den Entscheidungsprozeß bei der Planung öffentlicher Investitionen in der Bundesrepublik Deutschland fand die Effizienzanalyse durch die Haushaltsreform 1970: Nach der Bundeshaushaltsordnung (BHO [1]) sowie nach dem Gesetz über die Grundsätze des Haushaltsrechts des Bundes und der Länder (HGrG [2]) sind für „geeignete Maßnahmen von erheblicher finanzieller Bedeutung" stets „Nutzen-Kosten-Untersuchungen" durchzuführen. Obwohl dabei ursprünglich von der Wirtschaftlichkeitsrechnung (Nutzen-Kosten-Modell) ausgegangen worden war, umfaßt die gegenwärtig geltende Definition der „Nutzen-Kosten-Untersuchungen" auch das Nutzwertmodell bzw. gilt als Synonym für die Effizienzanalyse.

13.1.2. Analyseverfahren

Die Effizienzanalyse besteht aus mehreren, miteinander zum Teil in Wechselwirkung befindlichen Schritten — sog. Bausteine der Analyse — die je nach der konkreten Aufgabenstellung unterschiedliche Bedeutung haben, entfallen oder hinzukommen können. Infolgedessen erhebt die folgende Zusammenstellung der Bausteine keinen Anspruch auf Allgemeingültigkeit oder Vollständigkeit; davon abgesehen läßt sich daraus, nicht zuletzt wegen der wechselseitigen Kopplungen der Bausteine, auch kein schematisierbarer Ablauf, d.h. kein „Stufenplan" abstrahieren (vgl. Bild 13.1):

— *Problemformulierung:* Beschreiben der Aufgabenstellung und des exogenen Ziels/Zielsystems; Abgrenzung der Entscheidungssituation,
— *Zielanalyse:* Operationalisierung des Zielsystems bzw. Bestimmung der relevanten Nutzenelemente,
— *Modellbildung:* Wahl des Effizienzmodells und dessen Konkretisierung durch Festlegung der Modellparameter (wie Analysezeitraum, Kriterien der Nutzenmessung, Aktualisierungsfaktoren usw.) und der Entscheidungsregel,
— *Analyse des Datenfeldes:* Definition und — soweit im voraus verfügbar — Zusammenstellung der zur Nutzenmessung und zur Kostenabschätzung erforderlichen Daten,
— *Durchführbarkeitsanalyse* (Feasibility-Study): Insbesondere bei umfangreichen Maßnahmenbündeln wird versucht, die offensichtlich nicht durchführbaren, also ohne weiteres als außerhalb der gegebenen Möglichkeiten erkennbaren Maßnahmen vorab auszusondern, wodurch eine erste Auswahl getroffen wird. Der Rahmen der Möglichkeiten kann dabei, gemäß jeweiliger Entscheidungssituation, durch politische, rechtliche, konjunkturelle, finanzielle, aber auch durch technologische Restriktionen gegeben sein.
— *Prognose:* Wahl und Konkretisierung der Prognosemodelle, Prognostizieren der der Nutzenmessung zugrunde liegenden — verkehrlichen oder sonstigen — Auswirkungen der Alternativen für eine vorgegebene Betriebsdauer (Analyse-

zeitraum; meistens — wegen der Probleme der Prognose — auf 10 bis 20 Jahre beschränkt),

— *Nutzenmessung:* Quantifiziêrung der Nutzen aus den prognostizierten Auswirkungen der Alternativen, Beschreiben der nicht quantifizierbaren — intangiblen — Nutzen,

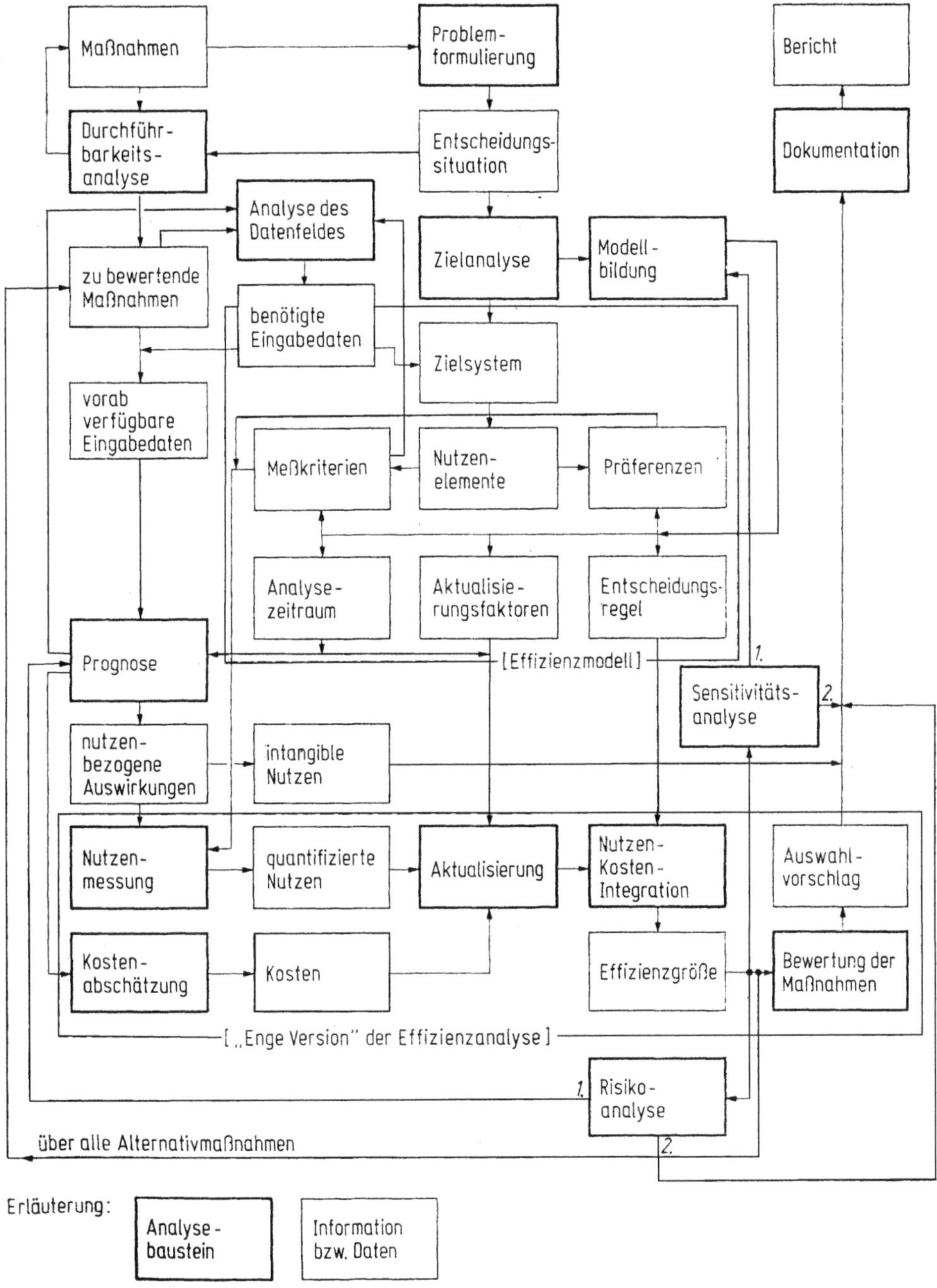

Bild 13.1. Vereinfachtes Verfahren der Effizienzanalyse.

— *Kostenabschätzung:* Abschätzen der zur Realisierung der jeweiligen Alternative erforderlichen Investitionen sowie der innerhalb des Analysezeitraums anfallenden weiteren Ausgaben,
— *Aktualisierung:* Da die Nutzen- und Kostenströme zu unterschiedlichen Zeiten anfallen, sind sie — um die Vergleichbarkeit zu gewährleisten — in bezug auf einen gemeinsamen Zeitpunkt zu aktualisieren.
— *Nutzen-Kosten-Integration:* Quantifizieren der durch die Entscheidungsregel definierten Effizienz jeweiliger Alternativen aus den aktualisierten Nutzen und Kosten.
— *Bewerten:* Auf der Grundlage jeweiliger Effizienzmaße sind die Alternativen miteinander zu vergleichen und zu bewerten.
— *Sensitivitätsanalyse:* Das Effizienzmaß einer Alternative hängt u.a. von den zugrunde gelegten Größen der Modellparameter ab bzw. ist eine Variable der dabei getroffenen Annahmen. Die diesbezügliche Sensitivität des Bewertungsergebnisses ist durch die Variierung der Modellparametergrößen und durch Feststellung der entsprechenden Änderungen der Effizienzmaße zu untersuchen und dem Entscheidungsträger mitzuteilen (für die Analysetechnik siehe [40, 51]).
— *Risikoanalyse:* Bei den Prognosen werden in der Regel die „wahrscheinlichsten" Entwicklungen zugrunde gelegt; durch zusätzliche Berücksichtigung der „pessimistischsten" und der „optimistischsten" Entwicklungen, die bestimmten Eintrittswahrscheinlichkeiten entsprechen, sollen die diesbezüglichen Variationen der Effizienzmaße ermittelt bzw. die daraus resultierenden „Risiken" für das Bewertungsergebnis abgeschätzt werden (für die unterschiedlichen Analysetechniken siehe [40, 51], als ein Beispiel [54]).
— *Dokumentation:* Der Auswahlvorschlag ist in einem — auch für den Entscheidungsträger — transparenten Bericht zu beschreiben und zu erläutern (Entscheidungssituation, Bewertungsmethode, Bedeutung der grundsätzlichen Restriktionen für das Ergebnis, dessen Sensitivität und Risiko, intangible Nutzen usw.).

13.1.3. Abgrenzung gegenüber den weiteren Entscheidungsinstrumenten

Wie angedeutet, wird mit der *Effizienzanalyse* die *Sub*optimierung der Investitionsentscheidungen in einem Teilbereich des sozioökonomischen Systems — hier im Bereich der Straßenplanung — angestrebt, und zwar auf der Grundlage eines vorgegebenen Planungsziels und der jeweils vorliegenden Alternativen. Damit stehen hier die Fragen nach *„ob überhaupt"* (Bauwürdigkeit) und *„welche"* (beste Variante, Priorität) im Vordergrund, ohne daß das Planungsziel selbst in Frage gestellt oder etwa nach weiteren — effizienteren — Maßnahmen als solche, die in dem vorliegenden Maßnahmenbündel enthalten sind, gesucht wird; die Auswahl stellt lediglich eine „Risikosituation" in Rechnung, bei der die für die Bewertung maßgeblichen Entwicklungen mit als bekannt vorausgesetzten Wahrscheinlichkeiten eintreten (vgl. Bausteine „Prognose" und „Risikoanalyse").

Deshalb wird die Effizienzanalyse mitunter als eine reduzierte Systemanalyse bezeichnet. Die *Systemanalyse* geht, anstelle des Effizienzdenkens, vom „Effektivitätsdenken" aus, das sich auf das sozioökonomische System insgesamt bezieht und eine iterative Ziel-Mittel-Adaptation als Basis der *Optimierung* von Investitionsentscheidungen voraussetzt: sowohl die konkreten Ziele als auch die Aufstellung der Zielerreichungsstrategien sowie die Auffindung entsprechender Planungsalternativen sind also Gegenstände der Systemanalyse; sie schließt die Effizienzanalyse als ein quantitatives, der Ziel-Mittel-Adaptation dienendes Bewertungsinstrument ein, geht aber, indem sie auch die Frage nach dem „*Was*“ zu beantworten versucht, darüber weit hinaus. Außerdem erstreckt sich die Entscheidungsvorbereitung hier auch auf die „Unsicherheitssituationen“, bei denen über die Eintrittswahrscheinlichkeiten der relevanten Entwicklungen keine Informationen vorliegen (Näheres zur Systemanalyse z.B. in [45, 46], zur Unsicherheitsanalyse in [40, 57]).

Bei den Investitionsentscheidungen bleibt die Verfügbarkeit der Finanzmittel bzw. deren haushaltstechnische Absicherung meistens unberücksichtigt: denn die notwendigerweise langfristige Investitionsplanung überschreitet den jeweiligen Budgethorizont (in der Regel ein Jahr), so daß über die künftige Mittelzuweisung keine verbindlichen Angaben möglich sind. Als Konsequenz daraus geht die Bewertung durch die Effizienzanalyse von unbegrenzt verfügbaren Mitteln aus und unterstellt damit eine flexible Anpassung der künftigen Mittelzuweisung an die Investitionsentscheidungen; dadurch bleibt auch die Frage nach dem Zeitpunkt der Realisierung einer — geeigneten — Maßnahme ausgeklammert (zur Bedeutung der Finanzierungsprobleme bei den Investitionsentscheidungen siehe [42]).

Die Integration der Investitionsplanung mit der Haushaltsplanung ist eines der Ziele des „*Planning, Programming, Budgeting System* (*PPBS*)“. Das PPBS kann, von seinem Anspruch her, als ein komplexes, die Öffentliche Verwaltung in ihrer Gesamtheit erfassendes Entscheidungsinstrument definiert werden, das folgende Planungsphasen enthält:

— Die Identifikation und Auswahl der Planungsziele sowie die Entwicklung entsprechender Zielerreichungsstrategien in Form von Programmstrukturen (*Planning*),
— Konkretisierung dieser Strategien durch einzelne Alternativprogramme und -maßnahmen (*Programming*), Durchführung der Effizienzanalyse zur Auswahl geeigneter Alternativen,
— Die Übertragung der ausgewählten Alternativen in einem mehrjährigen, Output-orientierten und nach Programmen — die die Aktivitäten jeweils verschiedener Verwaltungsbereiche umfassen können — gegliederten Haushaltsplan („Programmbudget“) bzw. die Absicherung der erforderlichen Mittel (*Budgeting*).

Das wesentliche Merkmal des PPBS stellen die Vor- und Rückkopplungen zwischen den einzelnen Planungsphasen dar: so können z.B. die mittelfristigen Restriktionen bei der Budgetierung zur Umdenkung der langfristigen Planungsziele und der entsprechenden Programmstrukturen und damit letzlich zur Aufstellung neuer Alternativen führen. Insoweit ist das PPBS als Systemanalyse *und* Programmbudgetierung zu kennzeichnen (durch die letztere wird, zusätzlich zu den bisher behandelten Fragen, auch die Frage nach dem „*Wann*“ beantwortet).

Allerdings wurde der systemanalytische Aspekt des PPBS, an dem bei seiner Einführung durch die Bundesexekutive in den USA (1965) große Erwartungen geknüpft worden waren, durch die Praxis in den Hintergrund gedrängt und durch eine „programmbezogene“ Effizienzanalyse ersetzt. Die mit dem PPBS verbundenen organisatorischen Voraussetzungen führen zu einer starken Beschränkung der Anwendung dieses Instruments; davon abgesehen sind auch die Erfolge des PPBS nicht unumstritten (Näheres zum PPBS in [47, 48, 49] zum PPBS im Straßenwesen in [41]).

Die Effizienzanalyse sollte auch einem weiteren Entscheidungsinstrument, dem *Operations Research* gegenüber, abgegrenzt werden. Bei dem letzteren steht die Suboptimierung der Entscheidungen in der Realisierungsphase der Investitionen und damit die Frage nach dem „*Wie*“ im Vordergrund (Ablaufplanung, Terminplanung, Kostenminimierung usw.). Auch ein anderes Merkmal des Operations Research, die extensive Anwendung der mathematischen Modelle, trifft für die Effizienzanalyse nicht zu. Allerdings wird der Begriff „Operations Research“ mitunter sehr weit definiert und dadurch auch auf die Effizienzanalyse erstreckt (wie z.B. in [50]).

Im Zusammenhang mit der inhaltlichen Abgrenzung der Effizienzanalyse ist festzustellen, daß die diesbezügliche Sprachregelung nicht frei von Widersprüchen ist: die einzelnen Begriffe der Effizienzanalyse sind, meistens in den USA, bei verschiedenen öffentlichen Planungsbereichen bzw. im Zuge von voneinander getrennten Entwicklungen geprägt worden, so daß sie einer Systematik entbehren. Hinzu kommt, daß deren Übersetzungen ins Deutsche nicht selten mehr auf die sprachlich richtige als auf die inhaltliche Wiedergabe Rücksicht nehmen.

So z.B. ist der Begriff „Nutzen-Kosten-Modell“ geeignet, Mißverständnisse zu erzeugen, weil hierdurch nur ein bestimmtes Merkmal des Modells, die monetäre Nutzenmessung, in Anlehnung an das Kriterium der „Wirtschaftlichkeit“ umschrieben werden soll. Im Prinzip kann aber, ungeachtet der Art der Nutzenmessung, jedes Effizienzmodell praktisch zugleich als ein *Nutzen-Kosten*-Modell aufgefaßt werden, soweit diese beiden Elemente, die Nutzen und die Kosten, in der Effizienzgröße vertreten sind; und dies ist, bis auf einige Versionen des Kennzahlmodells, stets der Fall (derartige, die Kosten außer acht lassende Kennzahlmodelle dürften streng genommen nicht zu den Effizienzmodellen gerechnet werden).

Mitunter wird mit dem Begriff „Analyse“ lediglich die formale Anwendung eines Effizienzmodells bezeichnet (z.B. Kosten-Wirksamkeits-*Analyse*, Nutzen-Kosten-*Analyse* usw.), d.h. die Messung der Nutzen anhand vorgegebener Prognosewerte (Auswirkungen), Aktualisierung der Nutzen und Kosten sowie Bestimmung der Effizienzgröße, die dann einer schematischen Bewertung der Alternativen zugrunde liegt. Zur Unterscheidung von der umfassenden, iterativen Effizienzanalyse können diese inhaltlich beschränkten Anwendungen der Effizienzmodelle — hierzu zählen auch die „standardisierten Verfahren“, z.B. [30] — als „enge Version der Effizienzanalyse“ definiert werden (Bild 13.1); zu beachten ist, daß die „enge Version“ der Analyse nur Anhaltspunkte liefern kann, deren Plausibilität sich nicht ohne weiteres überprüfen läßt.

Im folgenden werden hauptsächlich die mit den Effizienzmodellen unmittelbar verbundenen Fragen sowie die diesbezüglichen Bausteine der Effizienzanalyse behandelt, und zwar beschränkt auf die Investitionsmaßnahmen im Straßenwesen; die hier dargestellten Grundsätze sind aber auch auf weitere Bereiche der öffentlichen Investitionsplanung übertragbar, wenn u.a. die Unterschiede in der Definition und Messung der Nutzen berücksichtigt werden.

13.2. Wirtschaftlichkeitsrechnung (Nutzen-Kosten-Modell)

13.2.1. Grundlagen

Die Anfänge der Wirtschaftlichkeitsrechnung in der Verkehrswegeplanung reichen bis in die Mitte des 19. Jahrhunderts zurück (Pferdefuhrwerksstraßen, Eisenbahnen) [41]. In die neuzeitliche Straßenplanung wurde dieses Effizienzmodell 1952 durch „Road User Benefit Analysis for Highway Improvements“ von AASHO, USA, eingeführt [31]; das AASHO-Konzept, das in einer bis heute nicht abgeschlossenen Entwicklung ständig verbessert und erweitert wird, basiert formal auf der „*Benefit-Cost-Analysis*“, die für die wasserwirtschaftliche Infrastrukturplanung der dreißiger Jahre in den USA entwickelt worden ist.

13.2.1.1. Modellkonzept

Die Öffentliche Hand als Baulastträger der Straßenprojekte erwartet von ihren Investitionen in der Regel keine direkten Einnahmen, so daß für die Effizienz eines Straßenprojektes Überlegungen zur betriebswirtschaftlichen Rentabilität nicht relevant sind. Die wirtschaftlichen Vorteile aus der Nutzung der Straße, die als ein „Kollektivgut“ [7] gilt, kommen vielmehr den unterschiedlichsten Wirtschaftssubjekten oder allgemein der Gesellschaft zugute. Sie sind eine Folge der durch das Projekt verbesserten Straßen-, Verkehrs- und Umweltbedingungen.

Die wirtschaftlichen *Nutzen* eines Projekts lassen sich in zwei Kategorien ordnen:

1. *Direkte*, auf die Straßennutzer bezogene Nutzen:

— Ersparnisse an Kfz-Betriebsmaterial, wie Kraftstoff, Reifen usw.,
— Verkürzung der Reisezeiten,
— Erhöhung von Fahr- und Reiseannehmlichkeit,
— Erhöhung der Verkehrssicherheit bzw. Verringerung der durch Verkehrsunfälle verursachten volkswirtschaftlichen Verluste.

2. *Indirekte* (externe) Nutzen:

— Verringerung der Umweltschäden,
— Verbesserung der Produktionsbedingungen als Folge der von Straßenprojekten ausgehenden Wachstums- und Erschließungseffekte
— Positive Auswirkungen auf die Preise der Produktionsfaktoren,
— u.m.a.

Die Nutzen eines Projekts sind nur durch den *Vergleich* des *Nullzustandes* mit dem *Alternativzustand* erfaßbar. Dem Nullzustand liegt das vorhandene — und *ohne* Realisierung des Projekts fortbestehende —, dem Alternativzustand das *mit* dem Projekt geänderte Straßennetz zugrunde („With-or-without-concept“ [4]), wobei jeweils von dem gesamten Einflußbereich des Projekts auszugehen ist, in dem Verkehrsverlagerungen bzw. durch sie bedingte Auswirkungen auftreten. Der Alternativzustand kann u.U. mit „Verlusten“ in den einzelnen Nutzenkomponenten verbunden sein, die dann als *negative* Nutzen in Rechnung gestellt werden müssen.

Ein Projekt wird dann als „wirtschaftlich“ angesehen, wenn es zu einem *Überschuß* der — monetär anzugebenden — Nutzen über die Kosten der Öffentlichen Hand führt, und zwar ungeachtet dessen, daß dieser Nutzenüberschuß nicht dem Baulastträger selbst, sondern den privaten Wirtschaftssubjekten zufließt.

Bei der monetären Ermittlung der Nutzen eines Projekts müssen für jedes Nutzenelement zunächst vorliegen:

— eine (naturale) Nutzeneinheit als Meßkriterium,
— der monetäre Wert dieser Nutzeneinheit,
— die durchschnittliche Anzahl der (naturalen) Nutzeneinheiten je zugeordneter Mengeneinheit, z.B. Fahrzeug, Person usw.,
— das Mengengerüst, d.h. die Anzahl der von den betrachteten Nutzen betroffenen Mengeneinheiten.

Die größten Probleme der Nutzenermittlung liegen in der Prognose der Mengengerüste und in der monetären Bewertung der (naturalen) Nutzeneinheiten. Zur Bewertung sollen die geltenden *Marktpreise* zugrunde gelegt werden. Diese kommen aber nur für wenige direkte Nutzenelemente in Frage, so z.B. für die Ersparnisse an Kraftfahrzeugbetriebsmaterial oder für die Verringerung der Sachschäden durch Reduzierung der Verkehrsunfälle. Bei den übrigen Nutzenelementen, die nicht „marktfähig" bzw. keinem Preismechanismus unterworfen sind, müssen deshalb sog. *Schattenpreise* (shadow prices) als Ersatzgrößen dienen.

Eines der bekanntesten Verfahren zur Bestimmung derartiger Ersatzgrößen ist die „Willingness-to-pay"-Methode, mit der versucht wird, jenen Preis festzustellen, den die Nutznießer im Falle einer Vermarktung der Nutzen zu zahlen bereit wären. Diese Methode, deren Anwendung das Vorhandensein echter Alternativen mit jeweils unterschiedlichen Nutzen *und* Preisen voraussetzt, käme in erster Linie für die Bewertung der Reisezeitverkürzung und der Erhöhung von Fahr- und Reiseannehmlichkeit in Betracht.

Zum Bewerten der Nutzen aus einer Verringerung der Umweltschäden wird als ein geeignetes Verfahren u.a. die „Methode der speziellen Prohibitivausgaben" vorgeschlagen [8]. Hierbei dient die *soziale* Zahlungsbereitschaft zum Vermeiden bzw. Eindämmen der Umweltschäden, die sich z.B. in den potentiellen Ausgaben für die gesetzlich vorgeschriebenen Maßnahmen äußert, als Bewertungsgrundlage. Zu beachten ist jedoch, daß die Kosten der Prohibitivmaßnahmen nicht identisch sind mit den volkswirtschaftlichen Verlusten, die durch entsprechende Belastungen als Folgen gesundheitlicher Schäden usw. auftreten.

Eine umfassende Bewertung der externen Nutzen von Straßenprojekten, einschließlich der Nutzen aus der Verringerung von Umweltschäden, scheiterte bisher an den noch unzureichenden methodischen Grundlagen sowie an der Unvollständigkeit des Datenmaterials. Die externen Nutzen werden deshalb bei Wirtschaftlichkeitsrechnungen vorläufig als *intangibles* unberücksichtigt gelassen, so daß lediglich die direkten Nutzen — häufig jedoch ohne das Nutzenelement „Fahr- und Reiseannehmlichkeit" — in der Rechnung erscheinen.

Die Ermittlung der direkten Nutzen erfolgt über eine *Kosten*ermittlung. Hierzu sind — nach Transformation der Nutzeneinheiten in die entsprechenden Kosteneinheiten — zunächst die in dem jeweiligen Nutzenelement anfallenden Gesamtkosten (Kraftfahrzeugbetriebskosten, Zeitkosten, Unfallfolgekosten — zusammengefaßt als *Straßennutzerkosten*) zu bestimmen. Die (monetären) *Nutzen* ergeben sich dann als Differenz der Straßennutzerkosten im Nullzustand und im Alternativzustand. Umgekehrt bestehen die *Kosten* des Projekts aus der Differenz der *Straßenkosten* des Alternativ- und des Nullzustandes.

13.2.1.2. Theoretischer Ansatz

Obwohl ihre Bedeutung als ein praxisbezogenes Entscheidungsmodell heute unumstritten sein dürfte, ist die Wirtschaftlichkeitsrechnung einer zunehmenden Kritik ausgesetzt, die ihre theoretischen Grundlagen und damit letztlich ihre wirtschaftstheoretische Relevanz betrifft. Daher sollen diese Grundlagen vereinfacht dargestellt werden (Literatur z.B. [41, 43, 44].)

Die Wirtschaftlichkeitsrechnung basiert auf der Wohlfahrtstheorie, die die gesellschaftliche Wohlfahrt aus den individuellen Nutzen ableitet: eine Veränderung in der Wirtschaftsorganisation, sei es z.B. durch eine Straßenbauinvestition, bedeutet für die Gesellschaft dann eine Wohlfahrtserhöhung, wenn es hierdurch zumindest einem Mitglied der Gesellschaft besser geht, ohne daß überhaupt jemand schlechter gestellt wird (nach Pareto genanntes Kriterium der Wohlfahrt). Die Bedingung, daß es keinem schlechter gehen darf, ist eine weitreichende Restriktion, die praktisch nie eingehalten werden kann: bei jeder Änderung sind neben den Nutznießern („Gewinnern") — z.B. jenen, die aus den Vorteilen einer neuen Straße profitieren —, stets auch Benachteiligte („Verlierer") vorhanden, so z.B. jene, die durch die neue Straße einer zusätzlichen Umweltbelastung ausgesetzt werden und nicht unbedingt mit den „Gewinnern" identisch sein müssen.

Daher wird heute von einem modifizierten, sog. *potentiellen* Pareto-Kriterium ausgegangen: eine Änderung bedeutet dann eine Wohlfahrtserhöhung, wenn daraus bei den betroffenen Mitgliedern der Gesellschaft insgesamt ein Nutzenzuwachs resultiert, d.h. wenn die Nutzen der Gewinner die Verluste der Benachteiligten wertmäßig übersteigen; dabei wird unterstellt, daß die Benachteiligten entschädigt bzw. die Verluste durch die Übertragungen seitens der Gewinner kompensiert werden *können*.

Die Messung der Nutzen bzw. der Verluste anhand der Kostenersparnisse geht von dem Konzept der *Konsumentenrente* aus, das auf folgender Prämisse basiert: wenn jemand für ein Produkt oder für eine Leistung — z.B. eine Fahrt von i nach j — einen bestimmten Preis (hier die Straßennutzerkosten als die Fahrtkosten) bezahlt, so bedeutet dies, daß er seinen Nutzen daraus mindestens so hoch wie den Preis einschätzt. Je mehr er jedoch konsumiert, einen desto geringeren Nutzen würde für ihn die jeweils letzte konsumierte Einheit bedeuten und damit einen desto geringeren Preis würde er für diese letzte Einheit zahlen wollen, also für die zweite Fahrt weniger als für die erste, für die dritte Fahrt weniger als für die zweite usf. Daraus ergibt sich die individuelle Nachfragekurve (Grenzbewertungskurve), die hier als linear angenommen werden soll (Bild 13.2.a).

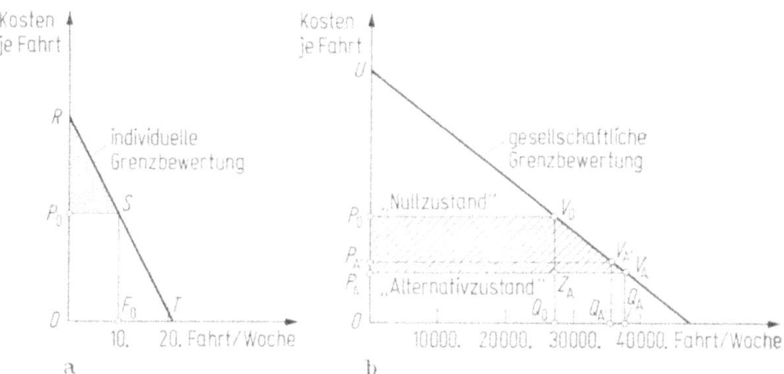

Bild 13.2. Modelle: (a) für eine individuelle, (b) für die gesellschaftliche Grenzbewertung der Nutzen aus Fahrten.

Wenn nun die tatsächlichen Fahrtkosten den Betrag P_0 ausmachen sollten, dann wird der Konsument — gemäß seiner Wertschätzung — wöchentlich F_0 Fahrten unternehmen, so daß sein Nutzen aus der letzten, F_0ten Fahrt die Kosten P_0 für diese Fahrt noch aufwiegt. Er zahlt aber auch für die vorhergehenden Fahrten jeweils den gleichen Betrag P_0 (also insgesamt entsprechend der Fläche OP_0SF_0 in Bild 13.2*a*), obwohl er die Nutzen daraus höher bewertet und somit auch einen höheren Preis (für F_0 Fahrten insgesamt die Fläche $ORSF_0$) zu zahlen bereit wäre. Die Differenz der beiden Gesamtbeträge (Fläche P_0RS) entspricht daher seinen Nutzen aus den F_0 Fahrten (Konsumentenrente).

Aus der Summe der bei jedem gegebenen Preis P von den einzelnen Mitgliedern der Gesellschaft nachgefragten Mengeneinheiten ergibt sich die gesellschaftliche Nachfragekurve: bei den Fahrtkosten P_0 werden also, nach Bild 13.2b, Q_0 Fahrten auftreten (Q_0 als Summe von $F_0(k)$ aller Betroffenen k). Die gesellschaftlichen Nutzen daraus lassen sich durch die Fläche P_0UV_0 als Konsumentenrente quantifizieren. Diese ist als der Höchstbetrag zu interpretieren, den die Gesellschaft zu zahlen bereit wäre, um Q_0 Fahrten mit je P_0 DM/Fahrt durchführen zu können.

Sollten sich die Fahrtkosten, als Folge der Investition, von P_0 im Null-Zustand auf P_A im Alternativzustand verringern, dann würde sich, bei gleichbleibender Nachfragekurve, die Konsumentenrente erhöhen (nunmehr die Fläche $P_A U V_A$), wobei gleichzeitig ein „*Neuverkehr*" auftritt, u.a. durch Realisierung der latenten, bisher wegen hoher Fahrtkosten unterdrückten Nachfrage. Die Differenz der Konsumentenrenten des Alternativ- und des Nullzustandes entspricht also dem monetären Wert der gesellschaftlichen Nutzen aus der Benutzung der neuen Straße. Für das Verkehrsaufkommen des Nullzustandes läßt sich dieser Wert aus der Multiplikation der Kostenersparnis $(P_0 - P_A)$ als Nutzeneinheit mit Q_0 als Mengengerüst bestimmen (Rechteck $P_A P_0 V_0 V_A$); die Nutzen aus dem Neuverkehr $(Q_A - Q_0)$ müßten mit der Hälfte der Nutzeneinheit quantifiziert werden (Dreieck $Z_A V_0 V_A$).

Der Neuverkehr wird jedoch wegen Prognoseschwierigkeiten in den meisten Fällen vernachlässigt: dem Null- sowie dem Alternativzustand werden jeweils dasselbe Verkehrsaufkommen — hier Q_0 — zugeordnet, prognostiziert auf Grund von Status-quo-Modellen. Die Abweichung von den tatsächlichen, den Neuverkehr in Rechnung stellenden Nutzen dürfte jedoch gering sein; denn infolge des Neuverkehrs würden sich die auf der Basis von Q_0 geschätzten Verkehrsverhältnisse verschlechtern bzw. die Straßennutzerkosten des Alternativzustandes erhöhen und lediglich $P_{A'} > P_A$ betragen (Bild 13.2b). Somit könnte die vereinfachende Annahme, daß die Nutzen des Neuverkehrs durch Nutzenverringerungen beim übrigen Verkehr aufgezehrt werden, eine Rechtfertigung für die Vernachlässigung des Neuverkehrs bieten [9]. Für das vorliegende Beispiel bedeutet dies, daß hierdurch die Gleichheit der Flächen $P_A P_0 V_0 Z_A$ und $P_{A'} P_0 V_0 V_{A'}$ vorausgesetzt wird (zu bemerken ist, daß die gesellschaftliche Nachfragekurve ein Gedankenmodell darstellen soll und sich nicht ohne weiteres konkretisieren läßt, um daraus etwa den Neuverkehr zu prognostizieren; abgesehen davon könnte die hier unterstellte elastische, d.h. kostenabhängige Nachfrage nach den Fahrten, insbesondere beim Personenverkehr, nur beschränkt gelten).

Die auf das Modell der Wirtschaftlichkeitsrechnung gerichtete Kritik bezieht sich zunächst auf das (potentielle) Pareto-Kriterium: die Entschädigung der Verlierer durch die Gewinner wird hier lediglich als eine Möglichkeit hingestellt; da es sich nicht bestimmen läßt, ob und inwieweit diese Entschädigung überhaupt erfolgt, könnte ein Nutzenüberschuß („Wirtschaftlichkeit") u.U. nur eine einseitige Bevorzugung der Gewinner bzw. der betroffenen gesellschaftlichen Gruppen bedeuten, ohne daß daraus eine Wohlfahrtserhöhung für die gesamte Gesellschaft erwachsen muß.

Bei der Nutzenmessung (Konsumentenrente) werden die Einkommenseffekte bzw. die der Investition folgenden Preisänderungen bei anderen Gütern und somit die dadurch bedingte Änderung der Nachfragekurve nicht in Rechnung gestellt. Außerdem bleibt die Einkommensverteilung unberücksichtigt: die Nutzen aus den Kostenersparnissen werden für jedes Mitglied der Gesellschaft als gleich angenommen. Dies kann bei der Planung zu einer zusätzlichen Benachteiligung der unterprivilegierten Gruppen führen, für die sonst die „Nutzen" aus z.B. 1 DM Kostenersparnis tatsächlich erheblich mehr betragen könnten, als die anderen Gruppen aus einer — nominal — gleichgroßen Kostenersparnis ableiten würden.

Analog gilt dies auch bei den regionalen Unterschieden: durch Gleichsetzung der monetären Nutzeneinheiten können die Planungen in den strukturell besser entwickelten Gebieten, bei denen die Nutzen — auf Grund der größeren Verkehrsaufkommen bzw. Mengengerüste — in der Regel ohnehin, auch nominal, größer ausfallen, eine vom sozioökonomischen Ziel her nicht gerechtfertigte Priorität erhalten.

Schließlich ist darauf hinzuweisen, daß sich die Nutzenmessung im Rahmen der Wirtschaftlichkeitsrechnung praktisch auf die Quantifizierung der „Gewinne" beschränkt; die externen Effekte der Investitionen (Umwelt!), die nicht selten zu „negativen" Nutzen, d.h. zu Verlusten führen, müssen wegen der Probleme, sie zu quantifizieren, häufig außer acht bleiben. Insoweit ist die entsprechende „Bilanz" unvollständig; der Beurteilung der *intangiblen* Nutzen kommt daher bei der Entscheidungsfindung eine große Bedeutung zu.

Ob und inwieweit die Steueranteile bei den einzelnen Kostenarten, die der Nutzenmessung zugrunde liegen, zu berücksichtigen sind, wird unterschiedlich beurteilt (siehe [4, 20, 43, 53]).

13.2.2. Quantifizierung der Straßennutzerkosten

13.2.2.1. Kraftfahrzeugbetriebskosten

Die Betriebskosten eines Kraftfahrzeugs setzen sich aus folgenden Komponenten zusammen:

1. Kraftstoffkosten,
2. Reifenverschleißkosten,
3. Öl- und Schmiermittelkosten,
4. Reparatur- und Unterhaltungskosten,
5. Abschreibungskosten.

Sie sind von Art und Typ des Fahrzeugs sowie von den Straßen- und Verkehrsbedingungen abhängig. Man wählt deshalb aus dem Gesamtkollektiv der von dem Projekt betroffenen Kraftfahrzeuge für jede der drei Gruppen (Pkw, Lkw einschließlich Busse, Lastzüge) ein *Repräsentativfahrzeug*, dessen Betriebskosten als Durchschnittswert der Gruppe gelten sollen. Die Wahl der Repräsentativfahrzeuge basiert auf Fahrzeugkenngrößen (Hubraum, Leistung usw.). Die Gruppe Krafträder bleibt wegen ihrer geringen Bedeutung bei den Wirtschaftlichkeitsrechnungen meistens unberücksichtigt.

Von den Komponenten der Betriebskosten kommt die größte Bedeutung dem Kraftstoffverbrauch zu. Zunächst wird — z.B. mit Hilfe von Motorfeldkennlinien — in Abhängigkeit von der frei wählbaren Geschwindigkeit der „Basisverbrauch" der Repräsentativfahrzeuge ermittelt, das ist der Verbrauch bei „*ausgezeichneten*" Straßen- und Verkehrsbedingungen (Straße ohne Steigung, sehr guter Fahrbahnzustand, keine Sichtbehinderungen oder örtliche Engpässe, keine Verkehrsbehinderungen). Um den Kraftstoffverbrauch unter den *vorliegenden* Straßen- und Verkehrsbedingungen zu bestimmen, wird der jeweilige „Basisverbrauch" um die Summe der entsprechenden Zuschläge erhöht.

Analog hierzu werden die Reifenverschleißkosten ermittelt. Die Öl- und Schmiermittelkosten können näherungsweise als Prozentsatz der Kraftstoffkosten angegeben werden. Dies gilt auch für einen Teil der Reparatur- und Unterhaltungskosten sowie der Abschreibungskosten; sie enthalten aber auch von den Straßen- und Verkehrsverhältnissen unabhängige Anteile.

Dieses hier kurz dargestellte Verfahren basiert auf einer Untersuchung von Wehner [10]. Danach bemessen sich die Zuschläge infolge Abweichung von „ausgezeichneten" Straßenbedingungen beim Kraftstoffverbrauch in erster Linie nach der mittleren Streckenneigung, der Deckenklasse und dem Deckenzustand. Beim Reifenverschleiß wird zusätzlich ein Zuschlag für Krümmungen in Rechnung gestellt. Der Zuschlag für Verkehrsbehinderungen wird auf der Grundlage zweier charakteristischer Geschwindigkeiten bestimmt. Es sind dies: 1. die *Grundgeschwindigkeit*; das ist die mittlere, gleichbleibende Geschwindigkeit aller Fahrzeuge einer Gruppe auf einem längeren Streckenabschnitt mit ähnlichen Straßenverhältnissen und für den Fall, daß keine Verkehrsbehinderungen auftreten, und 2. die *Verkehrsgeschwindigkeit*, das ist der Durchschnittswert der mittleren Geschwindigkeiten aller Fahrzeuge einer Gruppe unter den vorhandenen Straßen- und Verkehrsbedingungen eines Streckenabschnitts.

Je mehr die Verkehrsgeschwindigkeit gegenüber der Grundgeschwindigkeit absinkt, um so größer wird der Kraftstoffverbrauch (Bild 13.3). Dabei wird vorausgesetzt, daß die Verringerung der Verkehrsgeschwindigkeit auf häufige Verzögerungs- und Beschleunigungsvorgänge zurückzuführen ist.

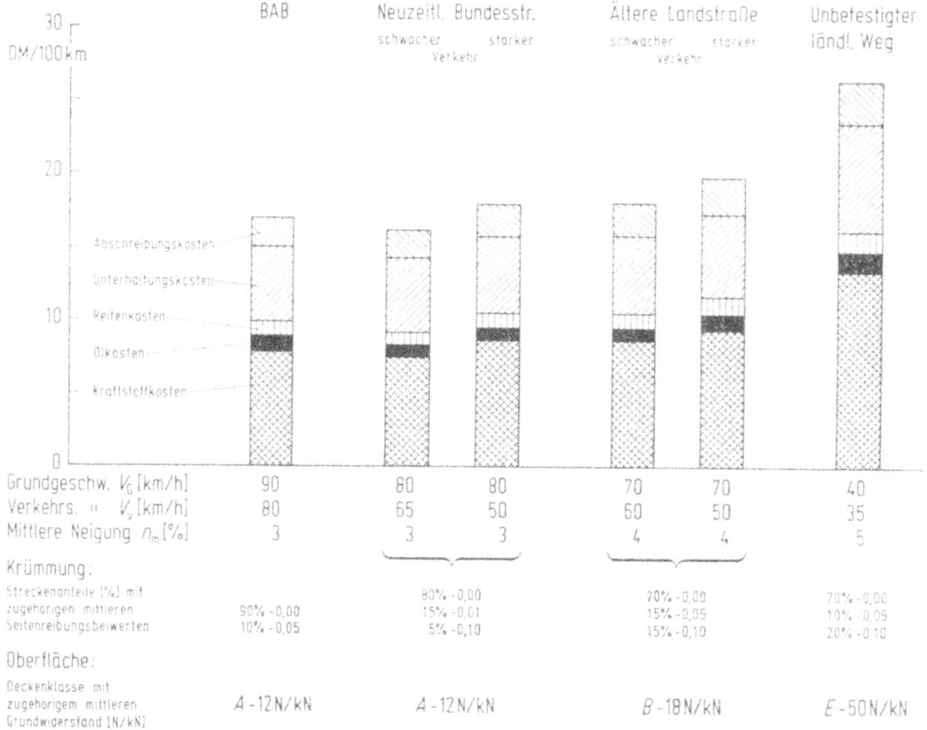

Bild 13.3. Betriebskosten für einen Pkw (Typ: Opel Ascona, 68 PS) in Abhängigkeit von den Straßen- und Verkehrsbedingungen, bezogen auf den Preisindex von 1972 [11].

Die Kraftfahrzeugbetriebskosten werden — wie die weiteren Elemente der Straßennutzerkosten — im allgemeinen zunächst für Jahresperioden ermittelt und dann — nach Aktualisierung — über den Analysezeitraum aufsummiert. Erhebliche Probleme bereitet allerdings das Abschätzen der Verkehrsgeschwindigkeiten, die von der Verkehrsstärke wesentlich beeinflußt werden. Hierzu können z.B. die für die bestehenden Strecken empirisch ermittelten *Fundamentaldiagramme* [12, 13] benutzt werden, die — bezogen auf die Straßenbedingungen — die Abhängigkeit der Verkehrsgeschwindigkeit von der Verkehrsstärke erkennen lassen (siehe auch [62]).

Allerdings unterliegen die stündlichen Verkehrsstärken und somit die Verkehrsgeschwindigkeiten erheblichen Schwankungen. Außerdem sind die Beziehungen zwischen Verkehrsstärke und Verkehrsgeschwindigkeit sowie zwischen Verkehrsgeschwindigkeit und Betriebskosten nicht linear. Daher müssen bei der Ermittlung der Betriebskosten zunächst eine *repräsentative* Verkehrsstärke und die zugeordnete repräsentative Verkehrsgeschwindigkeit bestimmt werden. Als repräsentative Verkehrsgeschwindigkeit gilt jene Geschwindigkeit, die in Verbindung mit der *mittleren* stündlichen Verkehrsstärke zu mittleren stündlichen Betriebskosten über eine Jahresperiode führt.

Die repräsentative Verkehrsstärke kann nur näherungsweise und empirisch festgelegt werden. Es wird z.B. von England berichtet, daß sie auf den dortigen Landstraßen etwa 50% über der jeweiligen mittleren stündlichen Verkehrsstärke liegen dürfte [32].

Steigungsstrecken haben für die Betriebskosten in den Gruppen Lkw und LZ eine eminente Bedeutung. Deshalb wird häufig empfohlen, bei Strecken mit größeren Längsneigungen den Kraftstoffverbrauch in diesen Gruppen unter Anwendung des Δt-Verfahrens (siehe Kapitel 12) zu bestimmen. Jedoch erfordert dies einen erheblichen Aufwand, der bei längeren Strecken ohne Anwendung der EDV nicht zu bewältigen wäre.

13.2.2.2. Zeitkosten

Im gewerblichen Bereich (Güterverkehr und Fahrten während der Ausübung einer beruflichen Tätigkeit) werden die Zeitkosten auf der Grundlage der entsprechenden Lohnsätze ermittelt. Angenommen wird dabei, daß mit der Reisezeitverkürzung stets eine Einkommenserhöhung bzw. Reduzierung der Personalkosten bei Transportunternehmen verbunden ist. Die Bemühungen, auch die Kapitalbindungsdauer der transportierten Güter und die Umschlaghäufigkeit in die Bewertung der Reisezeit einzubeziehen, führten bisher zu keiner eindeutigen Lösung [16].

Im konsumptiven Bereich haben Reisezeitersparnisse eine Verlängerung der *verfügbaren* Freizeit zur Folge, ohne jedoch mit Einkommenserhöhungen verbunden zu sein. Ihre wirtschaftliche Relevanz erscheint daher zunächst fraglich. Jürgensen [15] weist aber darauf hin, daß diese Reisezeitersparnisse die gleiche Wirkung haben wie eine *Investition* im gewerblichen Bereich, die erforderlich wäre, um — bei konstantem Ertrag pro Zeiteinheit — die Arbeitszeit zu verkürzen und damit die Freizeit zu verlängern.

Die Notwendigkeit, Reisezeitersparnisse auch im konsumptiven Bereich als Nutzen zu betrachten und in Rechnung zu stellen, ist heute allgemein anerkannt. Gleichwohl sind die entsprechenden Kostensätze umstritten; denn diese beruhen nur auf Wertschätzungen, da für sie kein objektives Datenmaterial existieren kann: die Freizeit erscheint nicht im Sozialprodukt. Sie ist aber ein Einflußfaktor des Wohlstandes [15].

Das in den USA zur Schätzung derartiger Kostensätze angewandte Verfahren, die „Willingness-to-pay"-Methode, basiert auf den Entscheidungen der Verkehrsteilnehmer bei der Wahl des Verkehrsweges — gebührenfreie oder gebührenpflichtige Straße — oder bei der Wahl des Verkehrsmittels: Wählt der Verkehrsteilnehmer die „teurere" Alternative und nimmt damit Mehrkosten hin, so wird vorausgesetzt, daß er die Mehrkosten durch die erzielte Reisezeitersparnis zumindest als kompensiert ansieht [16, 17]. Entsprechende Untersuchungen sind in Europa u.a. auf den italienischen (gebührenpflichtigen) Autobahnen durchgeführt worden [11].

Eine Übertragung der so ermittelten Kostensätze auf ein anderes Land ist jedoch nicht nur aus Gründen, die den „richtigen“ Wechselkurs betreffen [5], problematisch; denn solche Schätzungen sind außer von dem Wohlstandsniveau auch von den gesellschaftsspezifischen Wertrelationen abhängig. Da es in der Bundesrepublik Deutschland gebührenpflichtige Straßen nicht gibt, wird versucht, die „Willingness-to-pay“-Methode dahingehend zu modifizieren, daß die Kostensätze für die Reisezeit durch direktes Befragen der Verkehrsteilnehmer nach ihrer Schätzung dafür ermittelt werden können [18]. Eine weitere Modifizierung stellt die Methode der Geschwindigkeitswahl dar (siehe in [5, 19]).

Die primär auf Personen bezogenen Kostensätze werden in der Regel — über den mittleren Besetzungsgrad der Fahrzeuge — auf Fahrzeugeinheiten transformiert, so daß bei den Zeitkosten dasselbe Mengengerüst wie bei den Kraftfahrzeugbetriebskosten zustande kommt. Allerdings ist dabei zu beachten, daß bei der auf der Differenz der Zeitkosten basierenden Nutzenermittlung der monetäre Wert der *Zeitersparnis* als dem Zeitwert gleich angenommen wird. Diese Voraussetzung würde aber, zumindest im gewerblichen Verkehr, nur dann gelten, wenn sich die Reisezeitersparnisse stets in disponierbare Reisezeiten umwandeln lassen. Dies dürfte jedoch streng genommen erst bei großen Zeitersparnissen je Fahrzeug der Fall sein. Eine weitere Unsicherheit liegt in den Methoden der Schätzung. Sie gehen davon aus, daß die Verkehrsteilnehmer stets über die jeweiligen Vor- und Nachteile hinreichend informiert sind und sich allein von wirtschaftlichen Überlegungen leiten lassen.

Zusammenfassend ist also festzustellen, daß die monetäre Quantifizierung der Reisezeitersparnisse auf groben, stark vereinfachenden Annahmen basiert. Man wird dieser Tatsache zweckmäßig dadurch Rechnung tragen, daß man den Einfluß der Bewertung der Reisezeitersparnisse auf das Ergebnis der Wirtschaftlichkeitsrechnung gesondert herausstellt.

13.2.2.3. Unfallfolgekosten

Die Quantifizierung der Unfallfolgekosten basiert in der Regel auf vier durchschnittlichen Kostensätzen, nämlich dem Kostensatz für Sachschäden — bezogen auf einen Unfall oder ein Unfallfahrzeug — sowie weiteren drei personenbezogenen Kostensätzen, nämlich für Leichtverletzte, Schwerverletzte und Tote. Während die durchschnittlichen Sachschäden, die die gerichtlichen Aufwendungen usw. einschließen, sich bei Vorhandensein entsprechenden Datenmaterials relativ genau abschätzen lassen, ruft die Bewertung von Personenschäden, besonders die Bewertung tödlich Verletzter, vielfältige Bedenken hervor — in ethischer wie auch in wirtschaftstheoretischer Hinsicht.

Den ethisch begründeten Einwänden wird mit dem Hinweis begegnet, daß hier nicht das menschliche Leben an sich, sondern lediglich die mit Personenschäden verbundenen volkswirtschaftlichen Verluste bewertet werden sollen. Dazu wird der Mensch als ein „Produktionsfaktor“ betrachtet, bei dessen frühzeitigem „Verlust“ durch einen Unfall z.B. die „noch nicht abgeschriebenen“ Kosten (für Ernährung, Ausbildung usw.) oder aber die „ausbleibenden Erträge“ (repräsentiert durch Zukunftseinkommen abzüglich Zukunftskonsum) in Rechnung zu stellen wären. Bei den Leicht- und Schwerverletzten werden dagegen — neben Heilkosten — nur die Folgen der „Produktionsausfälle“ berücksichtigt [20].

Die bisher für Unfalltote in der Bundesrepublik Deutschland angegebenen Kostensätze (u.a. DM 49412 (1962) [21], DM 119388 (1964) [22], DM 308200 (1968) [23], DM 200000 (1972) [20]) variieren erheblich. Derartige Werte, die auch nach Kentner „aus theoretischer und empirischer Sicht nie wisenschaftlich exakt abzusichern“ wären [20], müssen jedoch in erster Linie als (monetäre) Gewichtungsfaktoren aufgefaßt werden. Sie schaffen jeweils eine bestimmte, subjektive Präferenzordnung für die Unfallfolgekosten und die weiteren Elemente der Straßennutzerkosten; anders ausgedrückt: ein Sicherheitsgewinn fällt in dem Ergebnis einer Wirtschaftlichkeitsrechnung um so mehr ins Gewicht, je höher die zugeordneten Kostensätze sind.

Aus methodischer Sicht dürfte es daher zweckmäßiger sein, bei der Wirtschaftlichkeitsrechnung nur die „objektiven" Unfallfolgekosten aus Sachschäden zu berücksichtigen. Die Nutzen aus der Reduzierung von Personenschäden könnten dann — im Rahmen entsprechender Präferenzordnungen — in die Nutzwertanalyse einbezogen werden (Abschnitt 13.3.). Unabhängig hiervon muß das jeweilige Mengengerüst des stochastischen Unfallsgeschehens prognostizierbar sein. Dies wäre u.a. dann der Fall, wenn die Unfallhäufigkeit in Abhängigkeit von den Straßen- und Verkehrsbedingungen angegeben werden könnte. Hierzu gibt es jedoch bisher kein gesichertes Datenmaterial, abgesehen von den globalen Angaben über die durchschnittlichen Unfallraten auf Autobahnen usw., die jedoch bei detaillierten Betrachtungen keine geeignete Grundlage darstellen können. Diesbezüglich könnte somit gegenwärtig nur von sehr groben Vereinfachungen ausgegangen werden (für neuere Untersuchungen vgl. [52]).

13.2.3. Straßenkosten (Bau- und Betriebskosten)

Straßenkosten, häufig auch als Baulastträgerkosten bezeichnet, setzen sich aus den (einmaligen) Investitionen und den (periodischen) Unterhaltungs- und Betriebskosten der Straße zusammen. Die Investitionen lassen sich in folgende Komponenten aufgliedern [24, 25]:

1. Kosten für den Grunderwerb einschließlich Entschädigungen und Kosten für die Vermessung und Vermarkung;
2. Baukosten (Untergrund, Unterbau, Entwässerung, Oberbau, Kunstbauten, sonstige Bauwerke, Straßenausstattung) sowie Kosten für die nach [59] erforderlichen Schallschutzmaßnahmen an Straßen bzw. für entsprechende Entschädigungen;
3. Kosten für die Entwurfsarbeiten, für Bauaufsicht und für Abrechnung;
4. Kosten für die evtl. erforderlichen Umleitungen des Verkehrs;
5. Kosten für die innerhalb des Analysezeitraumes erforderlichen Erneuerungen.

Investitionen sind *künftige* Ausgaben, entsprechend der Fragestellung, ob die vorgesehenen Kosten gerechtfertigt sind. Die vergangenen Ausgaben, die der geplanten Maßnahme zugute kommen könnten — z.B. beim Straßenausbau: die Investitionen für die bestehende Straße — gelten als „verlorene Kosten" [4] und werden nicht berücksichtigt. Folgerichtig weist der Nullzustand keine Investitionen auf, es sei denn, diese werden auch für den Nullzustand erforderlich (z. B. Schallschutzmaßnahmen an bestehenden Straßen bei entsprechenden gesetzlichen Bestimmungen und/oder Investitionen für den Nullzustand, die beim Verzicht auf die Realisierung des Alternativzustandes unumgänglich werden).

Eine Nutzung der Investitionsobjekte ist oft auch über den gewählten Zeithorizont hinaus möglich. Daher wären die entsprechenden Investitionen für den Analysezeitraum nur *anteilig* in Rechnung zu stellen. Hierzu dient die *Abschreibung*: Die Investitionen werden, auf der Grundlage der Nutzungsdauer, in jährliche Amortisationskosten umgewandelt, und diese werden über den Analysezeitraum aufsummiert.

Die Nutzungsdauer ist die Zeitspanne, in der das Objekt einwandfrei *funktionsfähig* ist; sie kann somit erheblich kürzer sein als die (physikalisch bedingte) Lebensdauer (Tabelle 13.1). Für Investitionen, die keine realen Anlagen betreffen, z.B. Entschädigungen, hat die Nutzungsdauer nur eine formale Bedeutung.

Tabelle 13.1. Nutzungsdauer verschiedener Investitionsobjekte (siehe auch in [4] und [30])

Investitionsobjekt		Nutzungsdauer (Jahre)
Entwurfsarbeiten, Bauaufsicht, Abrechnung		AN[a]
Vermessung und Vermarkung		AN[a]
Kosten für Verkehrsumleitungen		AN[a]
Grunderwerb		∞
Entschädigungen		AN[a] bis ∞
Erdarbeiten		80—100
Entwässerungs- und Frostschutzmaßnahmen		80—100
Tragschichten einschließlich Binderschichten		80—100
Fahrbahndecken (einschließlich Randstreifen):	Zementbeton	25— 30
	Asphaltbeton	10— 15
	Gußasphalt	20— 25
Seitenstreifen		15— 25
Kunstbauwerke:	Durchlässe	80—100
	Brücken	50— 80
	Stützmauern	80—100
Straßenausstattung (z.B. Leiteinrichtungen, Verkehrszeichen)		5— 10

[a] AN: Bei Investitionen ohne realen Gegenwert wird als Nutzungsdauer der Analysezeitraum AN (Jahre) vorgeschlagen.

Die Abschreibung kann nach unterschiedlichen Methoden erfolgen [4]. Häufig wird „degressiv" abgeschrieben. Dies bedeutet: Die Gegenwartswerte der mit Hilfe eines Kapitalrückflußfaktors (vgl. Bild 13.4) in jährlich uniformen Reihen ermittelten Amortisationskosten nehmen im Laufe der Nutzungsdauer ab. Dadurch entfällt, verglichen mit der „lineraren" Abschreibung — sie geht von hinsichtlich ihrer Gegenwartswerte konstanten jährlichen Amortisationskosten aus —, ein *größerer* Anteil der Investitionen auf den Analysezeitraum (sofern die Nutzungsdauer über den Analysezeitraum hinausgeht).

Die Unterhaltungs- und Betriebskosten umfassen:

1. Erhaltungs- und Instandsetzungskosten der Straßenanlagen;
2. Betriebskosten der Sonderbauten, wie z.B. Tunnel und der Lichtsignalanlagen;
3. Kosten des Winterdienstes;
4. Verwaltungsausgaben einschließlich der Verkehrssicherungskosten der Polizei.

Die Höhe der Unterhaltungs- und Betriebskosten kann schwerlich im voraus bestimmt werden, so daß man hier auf grobe *Erfahrungswerte* angewiesen ist. Es ist anzunehmen, daß diese Kosten im Laufe des Analysezeitraums steigen, da u.a. die mit zunehmender Verkehrsbelastung verbundene stärkere Beanspruchung der Anlagen mit ihrem fortschreitenden Nutzungsalter zusammenfällt. Dennoch werden der Einfachheit halber meist jährlich gleichbleibende Unterhaltungs- und Betriebskosten zugrunde gelegt.

Die Abschätzung der Straßenkosten wird in der Analysepraxis nicht selten — und ungerechtfertigterweise — als ein zweitrangiges Problem behandelt. Der Grund dürfte in den erheblichen Schwierigkeiten der Nutzenprognose und -quantifizierung liegen, die die Aufmerksamkeit des Analytikers voll beanspruchen. Zu bedenken ist jedoch, daß bei größeren Abweichungen auch zwischen den abgeschätzten und den tatsächlich anfallenden Straßenkosten die Bewertung bzw. die darauf basierende Entscheidung nachträglich in Frage gestellt werden könnte. Die Kostenabschätzung darf daher nicht nur als eine überschlägliche Kalkulation gehandhabt werden. Es sind hierbei auch die Auswirkungen jener kostenrelevanten Faktoren zu untersuchen, denen bei öffentlichen Investitionen eine besondere Bedeutung zukommt. Als solche Faktoren wären, außer den technologischen Schwierigkeiten bei Großprojekten, zu nennen: voraussehbare gesetzgeberische Initiativen (z.B. bezüglich des Umweltschutzes) und Änderungen der entwurfs- und bautechnischen Richtlinien, organisatorisch, gesetzlich oder verwaltungstechnisch bedingte Verzögerungen oder — kostenerhöhende — Restriktionen des Bauablaufs u.m.a. (Risikoanalyse!). Der Einfluß der hinsichtlich der Nutzungsdauer getroffenen Annahmen ist gesondert zu untersuchen (Sensitivitätsanalyse!).

13.2.4. Aktualisierung der Nutzen und Kosten

Bei der Ermittlung von Kosten und Nutzen wird stets von den *Gegenwartspreisen* ausgegangen und dadurch für den gesamten Analysezeitraum ein konstantes Preisniveau vorausgesetzt; Preisänderungen bleiben also außer Betracht. Da sich *inflatorische* Preissteigerungen bei den Kosten wie bei den Nutzen auswirken, kann die *Inflation* — gesamtwirtschaftlich gesehen — das Ergebnis einer Wirtschaftlichkeitsrechnung nicht wesentlich beeinflussen [28]; davon abgesehen ist eine Abschätzung der künftigen Inflationsrate auch sehr problematisch.

Kosten und Nutzen eines Projektes fallen zu unterschiedlichen Zeiten an. Sie müssen daher auf einen gemeinsamen Zeitpunkt — häufig: das Jahr der Verkehrsübergabe — bezogen und dadurch *vergleichbar* gemacht werden. Dies geschieht durch *Aktualisierung* der Kosten und Nutzen (Bild 13.4) mit Hilfe eines Kalkulationszinsfußes, dessen Höhe jedoch nur subjektiv festgelegt werden kann. Der Kalkulationszinsfuß bei öffentlichen Projekten hat nämlich nicht dieselbe Bedeutung, die er im privatwirtschaftlichen Bereich bei der Ermittlung der „Kapitalkosten" für aufgenommene Kredite hat. Straßenprojekte werden größtenteils durch Haushaltsmittel und nicht durch Kredite finanziert.

Für die Aktualisierung der Kosten ist maßgebend, daß die Investitionen dem sofortigen Konsum oder einer anderweitigen — insbesondere: effektiveren — Verwendung entzogen werden. Es tritt also ein „Verlust" ein; ihm wird durch *Auf*zinsung der Kosten Rechnung getragen. Die (künftigen) Nutzen werden dagegen durch *Ab*zinsung reduziert, weil Güter, die erst in der Zukunft konsumierbar sind, von der Gesellschaft im allgemeinen *geringer* bewertet werden als die gegenwärtig verfügbaren („gesellschaftliche Zeitpräferenz"). Allerdings kann eine auf der gesellschaftlichen Bewertung basierende „soziale Rate der Zeitpräferenz", die als Kalkulationszinsfuß bei der Aktualisierung zugrunde zu legen wäre, schwerlich exakt quantifiziert werden [8]. Man ist deshalb auf Anhaltswerte angewiesen. Als solche werden u.a. herangezogen: der Kapitalmarktzins, der Zinsfuß der Staatsanleihen, die Ertragsrate der privaten Investitionen [8, 14; auch in: 26, 27].

Zu beachten ist jedoch, daß die Höhe des Kalkulationszinsfußes das Ergebnis der Wirtschaftlichkeitsrechnung ganz wesentlich beeinflußt. Bei Annahme eines niedrigen Zinsfußes wird den künftigen Nutzen ein *größeres* Gewicht beigemessen; bei Annahme eines hohen Zinsfußes ist das Ergebnis den künftigen Nutzen gegenüber um so unempfindlicher, je später sie anfallen (Bild 13.5; Sensitivitätsanalyse!).

13.2.5. Entscheidungsregeln

Die Wirtschaftlichkeit eines Straßenprojekts wird am häufigsten auf der Grundlage entweder der Differenz der (aktualisierten) Nutzen und Kosten oder aber des Quotienten aus ihnen beurteilt. Die entsprechenden Effizienzgrößen, von denen

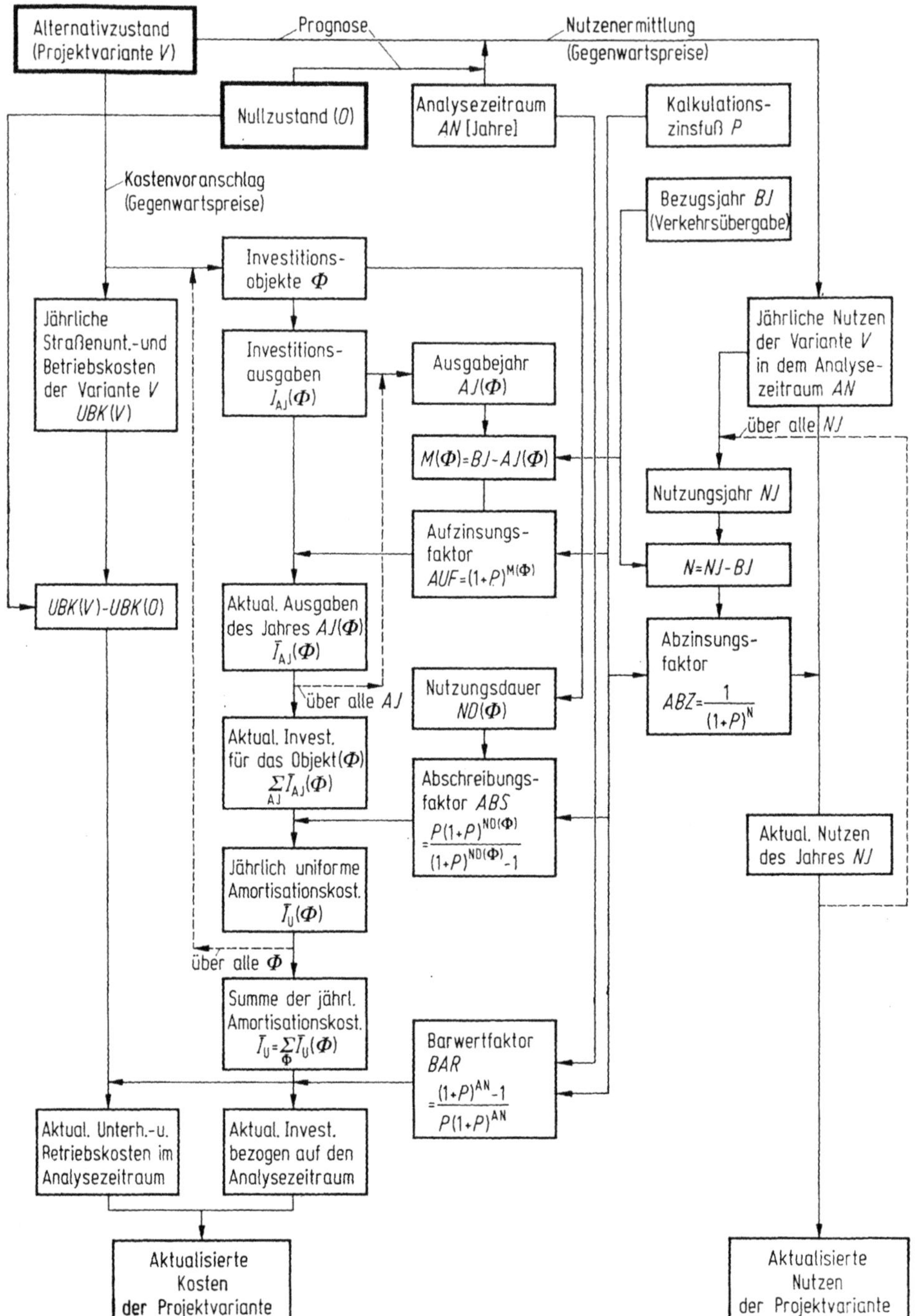

Bild 13.4. Arbeitsschritte bei der Aktualisierung der Kosten und Nutzen.

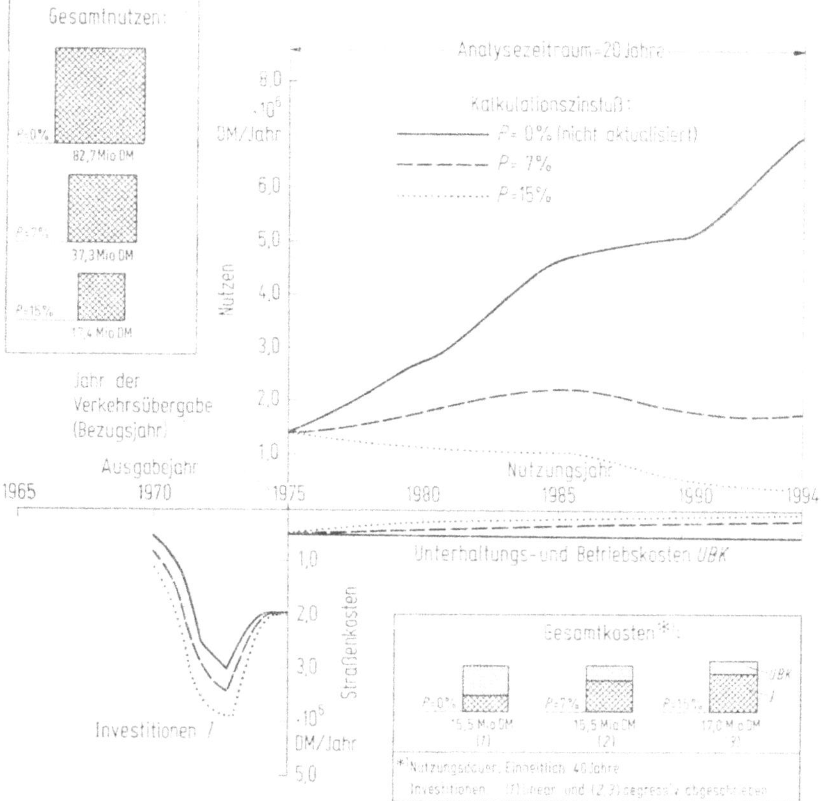

Bild 13.5. Einfluß der Höhe des Kalkulationszinsfußes auf die aktualisierten Kosten und Nutzen (Beispiel).

einige in Anlehnung an die betriebswirtschaftlichen Rentabilitätsanalysen abgeleitet worden sind [4, 21, 29], lassen sich deshalb in zwei Gruppen zusammenfassen:

1. Differenzgrößen

Der *Kapitalwert* („present value“) als die Differenz der Nutzen und Kosten gibt, in Geldeinheiten, den im Analysezeitraum zu erwartenden gesamtwirtschaftlichen „Ertrag“ an. Dieser kann auch auf ein Jahr bezogen werden (*Annuität*), wobei dann die in äquivalente uniforme Reihen transformierten jährlichen Nutzen und Kosten zugrunde liegen müssen. Ein Projekt mit einem (positiven) „Ertrag“ gilt als bauwürdig; die Variante mit dem größten „Ertrag“ wird als die wirtschaftlichste Lösung angesehen.

Als eine weitere Differenzgröße wird der *interne Zinsfuß* aufgefaßt. Darunter ist derjenige, iterativ zu berechnende Zinsfuß zu verstehen, der Nutzen und Kosten, mit ihm aktualisiert, auf gleiche Höhe bringt (Kapitalwert Null). Wirtschaftlichkeit würde dann vorliegen, wenn der interne Zinsfuß größer ist als der nach anderen Überlegungen (z.B. gesellschaftliche Zeitpräferenz) für die Aktualisierung anzunehmende Kalkulationszinsfuß oder ihm zumindest gleichkommt. Die Variante mit dem größten internen Zinsfuß gilt als die vorteilhafteste. Der interne Zinsfuß findet allerdings wegen des mit der Iteration verbundenen erheblichen Rechenaufwandes nur in seltenen Fällen Anwendung.

2. Verhältnisgrößen

Das *Nutzen-Kosten-Verhältnis* („Benefit-Cost-Ratio") gilt als ein Maß für die Effizienz des Projekts und kann auf einer Brutto- oder aber einer Nettorechnung basieren. Im ersten Fall wird der Quotient aus den (Gesamt-)nutzen und -kosten gebildet. Bei der Nettorechnung werden dagegen zunächst die laufenden Kosten — d.h. die zusätzlichen Unterhaltungs- und Betriebskosten des Alternativzustands —, die hier als negative Nutzen angesehen werden, von den (Gesamt-)nutzen abgezogen. Die so ermittelten „Nettonutzen" des Alternativzustands werden dann lediglich auf die fixen Kosten, also auf die erforderlichen Investitionen, bezogen. Das Nutzen-Kosten-Verhältnis nach Nettorechnung wird auch als *Rendite* bezeichnet.

Mit dem Nutzen-Kosten-Verhältnis, nach Brutto- oder nach Nettorechnung, sind eng verbunden:

— der *Nutzeffektkoeffizient*,
— die *Rentabilität*.

Beide gelten als Kennzahlen der „Ertragswirtschaftlichkeit". Bei der ersten Größe wird der „Ertrag" (Kapitalwert) auf die (Gesamt-)kosten, bei der zweiten nur auf die Investitionen bezogen.

Die Bauwürdigkeit eines Projekts liegt erst bei einem Nutzen-Kosten-Verhältnis von größer als eins bzw. bei einer „Ertragswirtschaftlichkeit" von größer als Null vor. Als die wirtschaftlichste Variante eines Projekts gilt diejenige mit der maximalen Verhältnisgröße.

Tabelle 13.2. Prioritätsreihung nach unterschiedlichen Effizienzkriterien der Wirtschaftlichkeitsrechnung (Beispiel)

Alternative	Nutzen: N	Kosten: K	Kapitalwert KW = N − K;	r^a	Nutzen-Kosten-Verh. (Brutto) NKV(B) = N/K;	r^a
		in: Mio DM				
A	140	90	50	1	1,55	3
B	135	100	35	2	1,35	6
C	40	10	30	3	4,00	1
D	80	50	30	4	1,60	2
E	75	50	25	5	1,50	4
F	70	50	20	6	1,40	5
G	50	40	10	7	1,25	7
H	90	110	−20	uw[b]	0,82	uw[b]

[a] r = Rangfolge der Alternative nach dem jeweiligen Kriterium
[b] uw = unwirtschaftlich

Über die Relevanz bzw. den Anwendungsbereich dieser Effizienzgrößen besteht keine einheitliche Auffassung, zumal sie — beim Variantenvergleich wie bei der Prioritätsreihung — zu unterschiedlichen Ergebnissen führen können (Tab. 13.2). Vielfach wird als die „beste" Variante eines Projekts die mit dem größten Gesamtertrag (Kapitalwert) angenommen; wenn diese wegen finanzieller Beschränkungen nicht realisiert werden kann, ist auf die Variante mit dem zweitgrößten (dem drittgrößten, usf.) Kapitalwert auszuweichen. Weisen mehrere Varianten mit unterschiedlichen Kosten den gleichen Kapitalwert auf, wird das Nutzen-Kosten-Verhältnis als eine subsidäre Effizienzgröße zur Bestimmung jener Variante, die zu größten Nutzen je aufzuwendende Kosteneinheit führt, herangezogen.

Bei der Prioritätsreihung käme die Verwendung des Kapitalwertes als Effizienzgröße dann in Betracht, wenn — bei unbegrenzten Finanzierungsmitteln — die *Anzahl* der zu realisierenden Projekte beschränkt wäre: Sind z.B. nur drei Projekte auszuwählen, dann müßten diese die mit den drei größten Kapitalwerten sein, um den Gesamtertrag zu maximieren. Eine derartige Auswahlsituation ist jedoch nicht realistisch. Vielmehr kommen in der Regel finanzielle Beschränkungen zum Tragen. Dann muß die Auswahl einer — dem vorgegebenen Gesamtvolumen der Investitionen entsprechenden — Kombination von Einzelprojekten auf der Grundlage einer Verhältnisgröße erfolgen. Nach Tab. 13.2 würde z.B. bei einer Beschränkung des Gesamtvolumens der Straßenkosten auf 200 Mio DM die Kombination der Projekte C-D-A-E (Rangfolge des Nutzen-Kosten-Verhältnisses: 1 bis 4) zu größeren Nutzen führen als die der Rangfolge der Kapitalwerte entsprechende Kombination A-B-C (wegen der diesbezüglichen Bedeutung der Budgerestriktionen siehe [14]).

Bei dem standardisierten Modell der *RWS* (Richtlinien für Wirtschaftliche Vergleichsrechnungen im Straßenwesen, 1971—1972 [30]) liegt dem Variantenvergleich das sog. Verkehrskosten-Minimum-Kriterium zugrunde: die Variante mit der geringsten Summe aus den Straßennutzerkosten und den Straßenkosten gilt als die „beste" Variante. Es läßt sich zeigen, daß dieses Kriterium die gleichen Ergebnisse liefert wie das Kapitalwert-Kriterium. Die Prioritätsreihung wird anhand der „Dringlichkeitszahl *D*", die identisch ist mit dem Nutzeffektkoeffizienten, vorgenommen (RWS legt den Analysezeitraum mit 20 Jahren und den Kalkulationszinsfuß mit 7% fest; die Straßennutzerkosten bestehen aus den Zeitkosten und den Kraftfahrzeugbetriebskosten auf der durchgehenden Strecke sowie aus den — infolge erzwungener Halte an Kreuzungen usw. entstehenden — „Zusatzkosten"; da die Modellansätze demnächst geändert werden sollen [53], wird hier auf diese Richtlinien nicht näher eingegangen).

13.3. Nutzwertmodell

13.3.1. Grundlagen

Dem Nutzwertmodell liegt der entscheidungstheoretische Ansatz zugrunde. Die Bewertung erfolgt auf der Grundlage eines komplexen, multidimensionalen *Zielsystems*, das — neben den wirtschaftlichen — auch raumordnerische, gesellschaftspolitische, konjukturelle, verkehrstechnische und andere Zielelemente enthält, die als Teilziele einer übergeordneten, sozioökonomischen Zielsetzung — diese wurde oben (13.1.1.) mit dem abstrakten Rahmenbegriff „Erhöhung der Lebensqualität" beschrieben — anzusehen sind. Damit gestattet das Nutzwertmodell eine wesentlich differenziertere Bewertung von Alternativmaßnahmen als dies bei der Wirtschaftlichkeitsrechnung bzw. bei der Beschränkung allein auf das Kriterium der „Wirtschaftlichkeit" möglich sein könnte.

Eine wesentliche Bedeutung kommt hier der Konkretisierung des Zielsystems zu, derart, daß daraus einzelne, direkt *meßbare Zielkriterien*, die als Nutzenelemente gelten, abgeleitet werden können. Denn, anders als bei der Wirtschaftlichkeitsrechnung, die in der Regel stets von denselben Nutzenelementen ausgeht, müssen bei dem Nutzwertmodell die relevanten Nutzenelemente nicht unbedingt im voraus bekannt sein. Diese können je nach dem Projektbündel unterschiedlich sein und müssen dann mit Hilfe der hierarchischen Strukturierung des zugeordneten, spezifischen Zielsystems jeweils gesondert bestimmt werden.

Häufig reichen die mit einem Projektbündel verbundenen allgemeinen Zielvorstellungen zunächst nur zur Festlegung der übergeordneten Elemente (*Oberziele*) des Zielsystems aus, die jedoch in der Regel ohne weitere Detaillierung nicht meßbar und somit für eine (quantitative) Nutzenermittlung nicht brauchbar sind (solche Oberziele wären z.B. „Umweltschutz", „Erschließung des Raumes" usw.). Erst die hierarchische Untergliederung dieser Oberziele führt zur Angabe von Meßkriterien. Darüberhinaus erleichtert ein hierarchisch strukturiertes Zielsystem die Aufstellung der Präferenzordnung bzw. die Festlegung der Gewichte von Nutzenelementen und das Erkennen der im System eventuell enthaltenen Zielkonflikte.

Zur Aufstellung der *Zielhierarchie*, auch als Zielbaum bezeichnet, werden die Oberziele auf der Basis der *Zweck-Mittel-Beziehungen* in eine von Stufe zu Stufe zunehmende Anzahl untergeordneter Zielelemente aufgefächert, deren inhaltlicher Umfang bei jeder Stufe geringer und dadurch einer Messung in steigendem Maße zugänglicher wird (z.B. Oberziel „Umweltschutz": Die direkt zugeordneten Zielelemente wären „Erhaltung des Landschaftsbildes" und „Verringerung der Immissionen"; letzteres müßte weiter untergliedert werden in „Verringerung der Abgasimmission" und „Verringerung der Lärmimmission"). Wichtig ist hier, daß das jeweilige übergeordnete Zielelement (Zweck) durch die zugeordneten Zielelemente der nächstniedrigeren Stufe (Mittel, d.h. Aktivitäten zur Erreichung des Zwecks) dem Inhalt nach stets in vollem Umfang abgedeckt wird.

Ein so entstandener Zielbaum enthält mehrere *Zielketten*, das sind Reihen miteinander verbundener Zielelemente, die auf unterschiedlichen, hierarchisch geordneten *Zielebenen* (Gesamtziel, Oberziele, Zwischenziele, Unterziele, Teilziele [39]) liegen. Gesamtziel (z.B. „Zweckmäßigster Einsatz von Investitionen") als gemeinsamer Anfangspunkt aller Zielketten des Zielsystems hat dabei eine meist nur formale Bedeutung und beschreibt die Summe der Oberziele, denen sich die Aufmerksamkeit des Entscheidungsträgers stets primär zuwendet. Eine Zielkette endet dann, wenn das letzte Element der Kette als direkt meßbar und somit als ein Zielkriterium bzw. als ein Nutzenelement gilt.

Über die Anzahl der zu einer Zielhierarchie benötigten Zielebenen ist eine allgemein gültige Angabe nicht möglich. Sie hängt von den Oberzielen ab. Dabei können auch die einzelnen Zielketten ein und derselben Zielhierarchie unterschiedlich lang sein. Während z.B. ein Oberziel, das einen geringeren inhaltlichen Umfang hat (Beispiel: „Niedrige Straßenkosten") schon selbst als ein — direkt meßbares — Zielkriterium gelten und somit den Endpunkt einer Zielkette darstellen kann, muß ein anderes Oberziel des Systems erst in mehrere Ebenen aufgefächert werden, um dieses Oberziel vollständig durch meßbare Nutzenelemente abzudecken (Bild 13.6).

In der Regel kommt den einzelnen Nutzenelementen nicht die gleiche Bedeutung zu, so daß sie mit Gewichten versehen werden müssen, bevor die „Nutzen" zur Effizienzbetrachtung zusammengefaßt werden können. Die Festlegung dieser Gewichte erfolgt im Rahmen einer *Präferenzordnung*, die nur subjektiv — denn hierfür gibt es keine objektiven Maßstäbe — und nur von dem Entscheidungsträger selbst festgelegt werden kann; sie wird bei Straßenbauinvestitionen, wie bei den übrigen Investitionen der Öffentlichen Hand, in erster Linie *politisch* motiviert sein. Dabei kommt es hauptsächlich auf das Aufteilen eines absoluten (Gesamt-)gewichts von 1 bzw. 100% auf die Oberziele an, derart, daß durch das jeweilige Gewicht die Bedeutung des zugeordneten Oberziels relativiert und die ihm — im Vergleich zu den übrigen Oberzielen — beigemessene Wichtigkeit quantitativ ausgedrückt wird. Das (absolute) Gewicht eines jeden Oberziels muß dann, nach demselben Prinzip und von Stufe zu Stufe fortgesetzt, auf die Zwischenziele, Unterziele usw. gesplittet werden (Bild 13.6).

Die Präferenzordnung kann, selbst bei ein und derselben Zielhierarchie, je nach dem betrachteten Projektbündel unterschiedlich festgelegt werden, nämlich

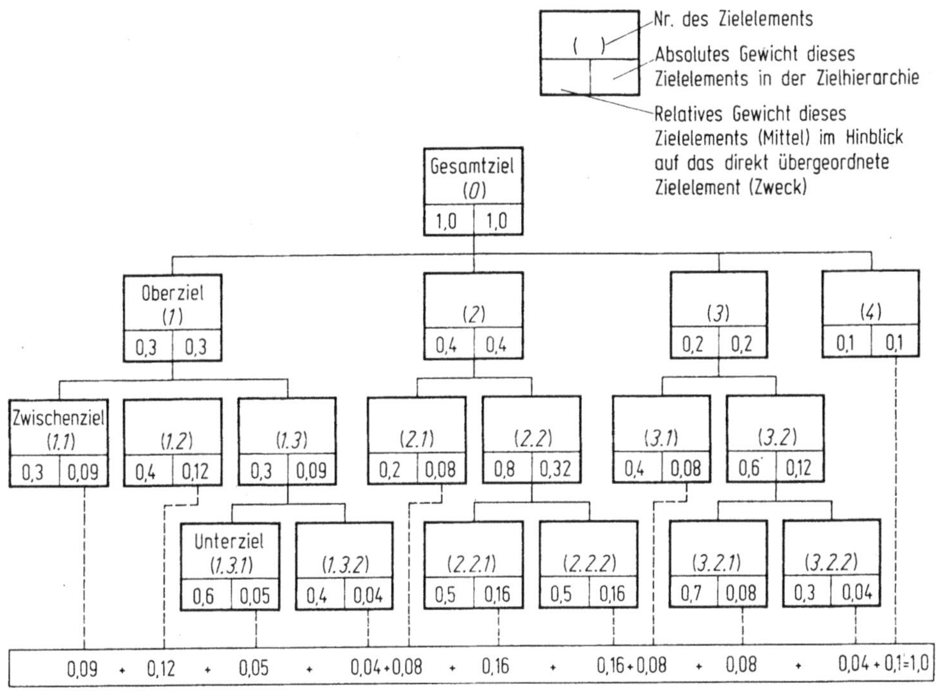

(0) Zweckmäßigster Einsatz der Investition
- (1) Befriedigung der Verkehrsbedürfnisse
  - (1.1) Entlastungseffekt
  - (1.2) Verkehrssicherheit
  - (1.3) Ausbauwertigkeit aus der Sicht der Verkehrsteilnehmer
    - (1.3.1) "Level of Service"
    - (1.3.2) Bewertung der Linienführung
- (2) Verringerung der Umweltbeeinträchtigung
  - (2.1) Erhaltung des Landschaftsbildes
  - (2.2) Verringerung der gesundheitsschädlichen Auswirkungen (Immissionen)
    - (2.2.1) Verringerung der Lärmimmission
    - (2.2.2) Verringerung der Abgasimmission
- (3) Erschließung des Raumes
  - (3.1) Erschließung neuer Erholungsgebiete
  - (3.2) Wirtschaftliche Erschließung des Gebiets
    - (3.2.1) Erschließung neuer Standorte
    - (3.2.2) Verbesserung der Verbindungen zu den wirtschaftlichen Zentren
- (4) Niedrige Straßenkosten

Bild 13.6. Beispiel für die Zielhierarchie eines Nutzwertmodells und die stufenweise Bestimmung der Gewichtsungfaktoren von Zielelementen (Präferenzordnung) — siehe auch in [11,34, 36].

dann, wenn bestimmte Zielvorstellungen bzw. Oberziele z.B. auf Grund der regionalen Gegebenheiten stärker betont werden sollen als in anderen Fällen. Bei Investitionsmaßnahmen in einem strukturell unterentwickelten Gebiet würde beispielsweise dem Oberziel „Erschließung des Raumes“ ein relativ größeres Gewicht zugeordnet werden, als dem Oberziel „Niedrige Straßenkosten“, jeweils verglichen mit den Präferenzordnungen der Maßnahmen in besser entwickelten Gebieten.

Abgesehen davon unterliegen die Präferenzordnungen dem zeitlichen Wandel, so wie die Zielsysteme selbst, die durch Heranziehen neuer Oberziele oder durch spätere inhaltliche Erweiterung schon bestehender Oberziele ergänzt werden können.

Die Anwendung des Nutzwertmodells setzt umfangreiche Prognosen voraus. die über die Prognose lediglich der Verkehrsstärken weit hinausgehen und nur in interdisziplinärer Arbeit zu bewältigen sind. Es geht darum, für den Analysezeitraum die *Auswirkungen* der betrachteten Projekte in bezug auf die einzelnen Nutzenelemente, d.h. die *Zielwirkungen*, und die entsprechenden Mengengerüste zu prognostizieren. Hierzu müssen aber für jedes Nutzenelement zunächst ein Meßkriterium und die zugeordnete Mengeneinheit definiert werden (z.B. Nutzenelement „Verringerung der Abgasimmission"; als Meßkriterium käme die „CO-Emission", als Mengengerüst die „Netzlänge" oder die „Anzahl der betroffenen Personen" in Betracht).

13.3.2. Nutzenmessung

Der Begriff der *Nutzen* bezieht sich auf das *Maß* der Zielwirkung bei dem betrachteten Nutzenelement, wobei dieses eine auf den Nullzustand bezogene oder eine davon unabhängige Aussage beinhalten kann. Bei dem Nutzenelement „Verringerung der Abgasimmission" z.B. wären die Nutzen auf der Basis der Differenz der Luftverunreinigung im Alternativ- und im Nullzustand zu ermitteln. Insoweit besteht hier eine Parallele zu dem Nutzenbegriff der Wirtschaftlichkeitsrechnung.

Anders ist dies jedoch bei einem absoluten Zielinhalt, so z.B. bei dem Nutzenelement „Niedrige Straßenkosten". Die Zielwirkung ist in diesem Fall vom Nullzustand unabhängig. Für die Nutzenermittlung muß daher als Bezugsgrundlage eine *hypothetische* Alternative aufgestellt werden, etwa durch Angabe „Optimaler Straßenkosten" (Ermittlung der Straßenkosten: 13.2.3.).

Die Nutzenmessung umfaßt die Messung der Zielwirkung, deren Bewertung und schließlich Gewichtung. Für die Messung kämen unterschiedliche Meßniveaus in Frage: Eine *kardinale* Messung ist nur bei solchen Nutzenelementen möglich, für die ein in absoluten Größen erfaßbares Meßkriterium angegeben werden kann (z.B. „Lärmimmission": Messung des Schallpegels). Die Messung auf dem *ordinalen* Niveau hingegen könnte nur zur Bestimmung der Rangordnung führen (z.B. die betrachtete Zielwirkung ist bei der Variante B am größten, bei der Variante D am zweitgrößten usw.). Das schwächste Niveau, das *nominale*, beschränkt sich auf eine verbale Unterscheidung der Zielwirkung (z.B. „Landschaftsbild": beeinträchtigt, nicht beeinträchtigt).

Im allgemeinen wird angestrebt, die Messung der Zielwirkungen kardinal, also auf dem stärksten Niveau durchzuführen. Die Zielhierarchie kann aber auch solche Nutzenelemente enthalten, die nicht kardinal meßbar sind, entweder weil für sie kein entsprechendes Meßkriterium angegeben werden kann oder weil diesbezüglich kein differenziertes Datenmaterial vorliegt. Dann muß auf ein schwächeres Niveau ausgewichen werden.

Die Messung der Zielwirkungen kann auf objektiven Grundlagen oder aber auf subjektiven Schätzungen (Ergebnisse von Befragungen, Beurteilung durch Expertenteams usw.) basieren, muß aber für die Bestimmung der Gesamteffizienz stets auf einem — für die sämtlichen Zielwirkungen geltenden — *einheitlichen* Meßniveau erfolgen. Dies bedeutet, daß jene Zielwirkungen, die nur auf einem schwächeren Niveau als diesem einheitlichen — bei jeder Analyse gesondert festzulegenden — Meßniveau meßbar sind, in die Effizienzbetrachtung nicht einbezogen werden können, ebenso nicht die entsprechenden Nutzenelemente. Ein stärkeres Meßniveau kann zwar stets in ein schwächeres transformiert werden (z.B. eine kardinale Aussage in die ordinale Aussage), nicht jedoch umgekehrt. Somit bietet — ähnlich der Wirtschaftlichkeitsrechnung — auch die Nutzwertanalyse keine Gewähr dafür, daß sämtliche relevanten Nutzen berücksichtigt werden können.

Zur Bewertung der gemessenen Zielwirkungen müssen jeweils ein *Anspruchsniveau* als optimale Zielerreichung und ein zugeordneter *Nullpunkt* der Skalierung festgelegt werden (z.B. „Level-of-service": die zu erreichende oder beste Betriebsstufe als 100%, die zu vermeidende oder schlechteste Betriebsstufe als 0%). Nach einer *Nutzwertfunktion*, die nur subjektiv aufzustellen ist und deren Verlauf zwischen diesen beiden Punkten nicht unbedingt linear sein muß, wird dann der — der gemessenen Zielwirkung zugeordnete — *Zielerreichungsgrad* ermittelt, anzugeben in einer einheitlichen Dimension (z.B. % oder Punktezahl).

Der Zielerreichungsgrad läßt sich häufig nur unabhängig von dem dem Nutzenelement zugeordneten Mengengerüst bestimmen. Nun können sich z.B. die Varianten eines Projektes hinsichtlich jedes der Nutzelemente nicht nur im Zielerreichungsgrad, sondern auch im Mengengerüst unterscheiden. Dies wäre, bezogen auf das Kriterium „Verminderung der Lärmimmission", z.B. dann der Fall, wenn der Zielerreichungsgrad, etwa gemessen auf der Basis der durchschnittlichen Abnahme des äquivalenten Dauerschallpegels je betroffene Wohnung, bei einer Variante A nur 50 Punkte beträgt, sich aber auf 330 Wohnungen auswirkt, bei einer Variante B dagegen zwar 90 Punkte aufweist, jedoch nur 250 Wohnungen betrifft.

Die Ungleichheit der Mengengerüste ist in einem zweiten Bewertungsschritt, durch den der *Zielertrag* je Nutzelement bestimmt werden soll, in Rechnung zu stellen. Eine Möglichkeit bietet hier die — den jeweiligen Mengengerüsten entsprechende — Gewichtung der Zielerreichungsgrade; die Voraussetzung ist die Festlegung einer Gewichtstungskala (0% das geringste, 100% das größte noch zu bewertende Mengengerüst). Dabei kann durch die degressive Gewichtung des zunehmenden Mengengerüsts der im Zusammenhang mit der Wirtschaftlichkeitsrechnung angedeutete Nachteil, die einseitige Bevorzugung der sich auf größere Mengengerüste erstreckenden Maßnahmen, abgeschwächt werden (Bild 13.7.).

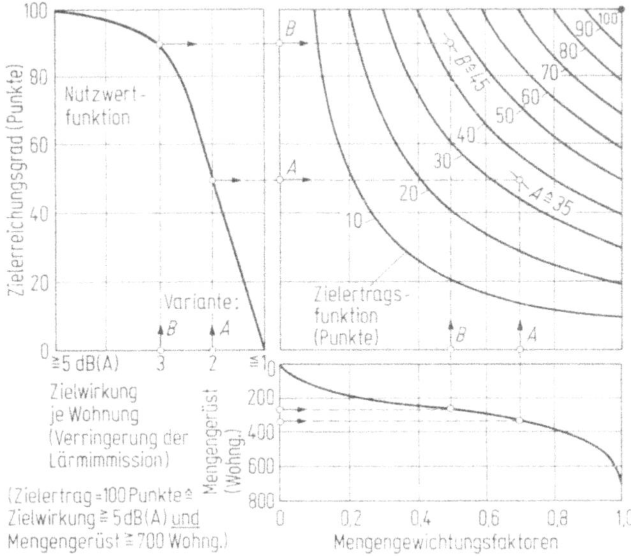

Bild 13.7. Beispiel für die Ermittlung des Zielerreichungsgrads und des Zielertrags.

Die Zielerträge, gewichtet mit den Faktoren, die nach der dem Zielsystem zugeordneten Präferenzordnung bestimmt worden sind, bilden die *Zielwerte* (jedem Nutzenelement wird dadurch ein Zielwert zugeordnet); diese wären als *Teilnutzen* aufzufassen, die bei den betreffenden Nutzenelementen von der jeweiligen Alternative zu erwarten sind.

Der *Nutzwert* als Maß der Gesamtnutzen einer Alternative ergibt sich aus der Summe der Teilnutzen (Zielwerte) (Bild 13.8) und ist u.a. gegenüber der Nutzenmessung und der Präferenzordnung sehr empfindlich (Risiko- und Sensitivitätsanalyse!).

13.3.3. Entscheidungsregeln

13.3.3.1. „Klassisches" Nutzwertmodell

Das „klassische" Nutzwertmodell verwendet als Effizienzgröße allein den Nutzwert („je größer, desto besser"); dieser hat in erster Linie eine ordnende Eigenschaft und kann daher nur beim Variantenvergleich und bei der Prioritätsreihung zugrunde gelegt werden, wobei sämtliche Alternativen als „bauwürdig" vorauszusetzen sind. Die Bauwürdigkeit ließe sich explizit nur dann feststellen, wenn sie an die Bedingung des Erreichens eines Mindest-Nutzwertes geknüpft werden könnte; die Festlegung eines anstrebenden Mindestmaßes für den Nutzwert ist jedoch nicht unproblematisch (vgl. 13.3.3.2.).

Der Nutzwert des „klassischen" Modells schließt, gemäß der Zielwirkung beim Kriterium „Niedrige Straßenkosten", die „Nutzen" aus der jeweiligen Höhe der Straßenkosten ein (Bild 13.6). Insoweit besteht zwischen diesem Nutzwert und einer der Effizienzgrößen der Wirtschaftlichkeitsrechnung, nämlich dem Kapitalwert (13.2.5.) eine *formale* Ähnlichkeit: beide Größen lassen nur den „Gesamtertrag" (Nutzwert: z.B. in Punkten, Kapitalwert monetär) in Rechnung stellen, wobei die entsprechenden Straßenkosten in den Hintergrund treten.

Ein Vergleich der Nutzen mit den Kosten, etwa analog dem Nutzen-Kosten-Verhältnis der Wirtschaftlichkeitsrechnung, ist hier nur dann möglich, wenn der Nutzwert vorher von dem aus der Bewertung der Straßenkosten herrührenden Teilnutzen bereinigt wird. Anderenfalls müßte eine solche Gegenüberstellung zur doppelten Bewertung der Straßenkosten — implizit im Nutzwert, explizit im Nutzwert-Kosten-Verhältnis — führen und damit die Ergebnisse verzerren.

Statt der nachträglichen Bereinigung des Nutzwertes von dem oben genannten Kostenanteil können die Straßenkosten von vornherein als eine externe Größe aufgefaßt bzw. von der Bewertung im Rahmen des Zielsystems ausgeschlossen werden, so daß der sich dann ergebende Nutzwert ohne weiteres mit den entsprechenden Straßenkosten ins Verhältnis gesetzt werden kann. Zur Unterscheidung von dem „klassischen" Modell wird die entsprechende Modellvorstellung von der Effizienz als „Kosten-Wirksamkeits-Modell" bezeichnet.

13.3.3.2. Kosten-Wirksamkeits-Modell

Das Kosten-Wirksamkeits-Modell (Cost-Effectiveness Analysis) wurde in den USA im militärischen Bereich entwickelt und basiert auf der Gegenüberstellung der Kosten zu den nichtmonetären Nutzen. Die Nutzen ergeben sich — nach dem ursprünglichen Konzept — aus einem eindimensionalen Ziel; insoweit wäre das Nutzenmaß „Wirksamkeit" als Synonym für eine — kardinal gemessene — Ziel*wirkung* (13.3.2.) aufzufassen. Als Effizienzgröße dient dabei das Wirksamkeits-Kosten-Verhältnis als Maß der je Kosteneinheit erreichten Nutzen („je größer, desto besser").

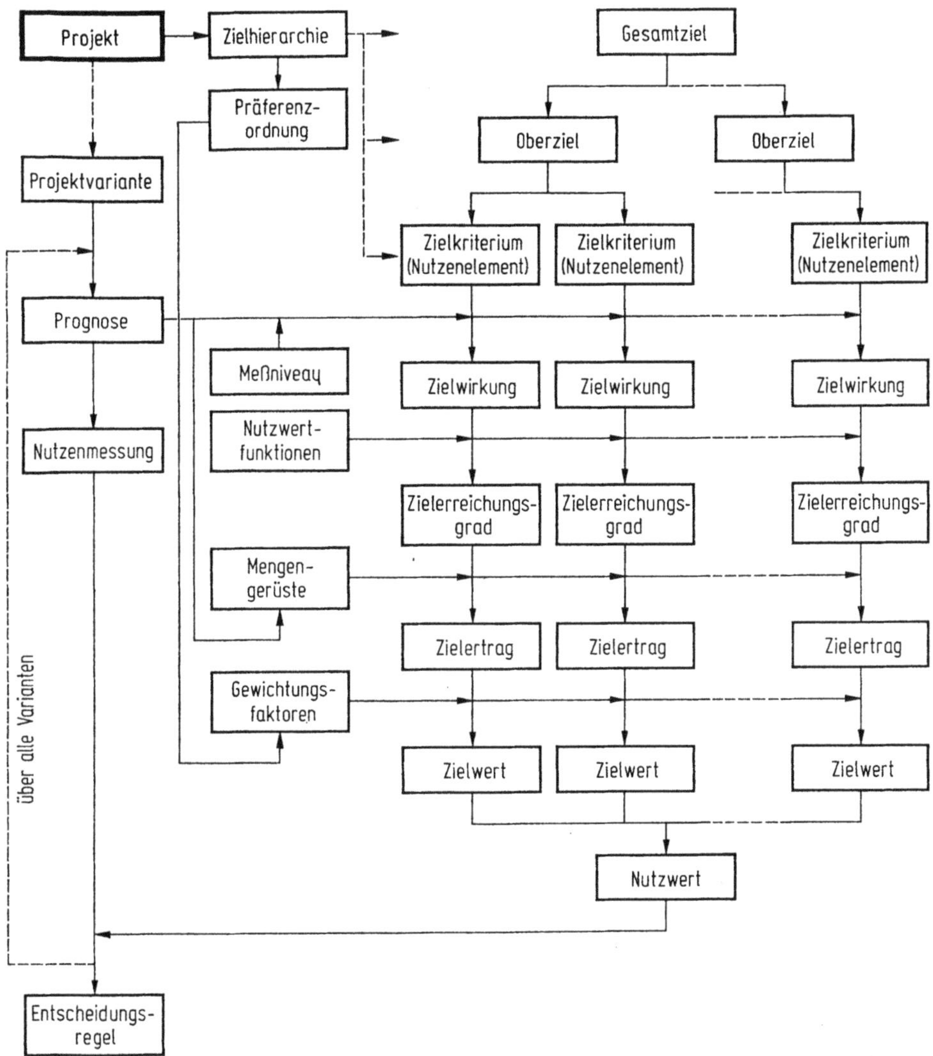

Bild 13.8. Arbeitsschritte des Nutzwertmodells im Straßenwesen.

Allerdings sollte die Bedeutung dieser Effizienzgröße nicht überschätzt werden; denn die Effizienzmaximierung kann sowohl bei sehr geringen Nutzen — in Verbindung mit sehr geringen Kosten — oder aber bei sehr hohen Kosten — verbunden mit entsprechend hohen Nutzen — vorkommen. Daher muß das Wirksamkeits-Kosten-Verhältnis stets im Zusammenhang mit den jeweiligen Nutzen und Kosten bewertet werden. Dazu ist zunächst, anhand der angestrebten Mindest-Wirksamkeit und der akzeptierbaren Maximalkosten, ein „Durchführbarkeitsbereich" zu definieren, so daß nur die Maßnahmen, die eine größere Wirksamkeit bzw. geringere Kosten aufweisen, zu berücksichtigen wären.

Bei der Übertragung dieses ursprünglichen Konzepts [55, 56] auf ein multidimensionales Zielsystem, wie es auch die Straßenplanung voraussetzt, ergeben sich mehrere Probleme. Diesbezüglich ist zunächst die Ermittlung der Gesamtnutzen zu erwähnen.

Der Versuch, die — eindimensionalen — Zielwirkungen durch gesondert festgelegte Kopplungsgrößen zu „monetärisieren“ [56], durchgeführt z.B. in [36], und dadurch miteinander und mit den Kosten vergleichbar zu machen, wirft die Frage nach der Relevanz der „Schätzungspreise“ für die grundsätzlich nicht marktfähigen Nutzen auf (vgl. 13.2.1.). Auch ein anderes Verfahren, das als Entscheidungsgrundlage statt eines Gesamtnutzenmaßes die lexikographische Ordnung [57] der Zielwirkungen verwendet, liefert keine adäquaten Ergebnisse.

Die Lösung wird heute in der Nutzwertsynthese gesehen. Hierdurch wird das Kosten-Wirksamkeits-Modell identisch mit dem Nutzwertmodell, dessen Hauptmerkmal in der Aggregation der Zielwirkungen — über Punktezuordnung und Gewichtung — zu einem Gesamtnutzenmaß (Nutzwert) liegt; die Behandlung der Kosten, ob im Rahmen des Zielsystems oder extern, ist dabei ohne Bedeutung. Dennoch hat sich in der gegenwärtigen Sprachregelung die Trennung zwischen dem — oben als „klassisch“ bezeichneten — Nutzwertmodell (Nutzwert schließt die Bewertung der Kosten ein; Effizienzgröße: Nutzwert) und dem Kosten-Wirksamkeits-Modell (Wirksamkeit entspricht einem die Kostenbewertung ausschließenden Nutzwert; Effizienzgröße: Wirksamkeits-Kosten-Verhältnis) durchgesetzt.

Ein weiteres Problem betrifft die Festlegung des Durchführbarkeitsbereichs, d.h. des Bauwürdigkeitsbereichs. Eine anzustrebende Mindest-Wirksamkeit läßt sich nur für ein eindimensionales Ziel ohne weiteres angeben, so z.B. für das Zielkriterium „Verbesserung der Verkehrssicherheit“: wenn hier nicht nur eine Verbesserung an sich, sondern ein bestimmtes Maß dieser Verbesserung als Voraussetzung für das Realisieren der Maßnahme hingestellt wird, gilt das entsprechende Maß (z. B. nach der Forderung: Verringerung der gegenwärtigen Unfallzahlen auf die Hälfte) als die Mindest-Wirksamkeit.

Bei multidimensionalen Zielsystemen jedoch, also wenn die Wirksamkeit — nach dem Postulat der „Wertkonstanz“ der Teilnutzen (13.3.4.) — aus der Nutzwertsynthese hervorgeht, könnte die Angabe eines derartigen Mindest-Maßes nur intuitiv erfolgen. Eine andere, wenn auch wenig praktikable Möglichkeit bestünde in der Aufstellung einer „sowohl-als -auch“-Kombination von Einzel-Schwellenwerten, zumindest für die wichtigsten Zielkriterien: nur dann, wenn eine Maßnahme bei allen betrachteten Zielkriterien zu jeweils größeren Teilnutzen führte als die entsprechenden Mindest-Maße (Einzel-Schwellen), würde die diesbezügliche Bauwürdigkeit angenommen werden.

Bei der kostenbezogenen Begrenzung des Bauwürdigkeitsbereichs ist die Frage zu beantworten welche Kosten für eine Maßnahme noch akzeptiert werden könnten, um erstens das angestrebte Mindest-Maß der Wirksamkeit (bzw. die wirksamkeitsbezogene Bauwürdigkeit) zu gewährleisten und um zweitens bei dieser Maßnahme die größtmögliche Wirksamkeit, die modellgemäß mit 100 Punkten begrenzt ist, zu erreichen. Daraus ergeben sich die unteren und oberen Kostengrenzen (Bild 13.9.).

Das ursprüngliche Modellkonzept sieht nur eine einzige Kostengrenze vor, die bei Mindest- wie bei Maximal-Wirksamkeit gelten soll [56]. Dies wäre nur dann zu rechtfertigen, wenn die kostenbezogene Bauwürdigkeit an die „verfügbaren Finanzmittel“ angeknüpft werden soll; die Bewertung im Rahmen der Effizienzanalyse geht jedoch von unbegrenzt verfügbaren Mitteln aus (13.1.3.). Abgesehen davon: der Bezug auf die verfügbaren Mittel könnte nur beim Variantenvergleich nicht jedoch bei der Prioritätsreihung relevant sein.

Die hier vorgeschlagene, von der Höhe der Wirksamkeit abhängige und damit variable Begrenzung der Kostengrenze zielt darauf, daß die Kosten für eine Maßnahme um so weniger gerechtfertigt sind, je geringer die zu erwartenden Nutzen ausfallen. Die Notwendigkeit einer derartigen exogenen Kostenbegrenzung ergibt sich daraus, daß das Kosten-Wirksamkeits-Modell keine „Wertkonstanz" zwischen den Nutzen-(Wirksamkeits-) und den Kosteneinheiten impliziert; bei der Wirtschaftlichkeitsrechnung ist dies der Fall, da hier die — monetären — Nutzen als den Kosten gleichwertige „Einnahmeströme" gelten und damit der „Einnahmeüberschuß" ohne weiteres als Kriterium der Bauwürdigkeit dienen kann (13.2.5.).

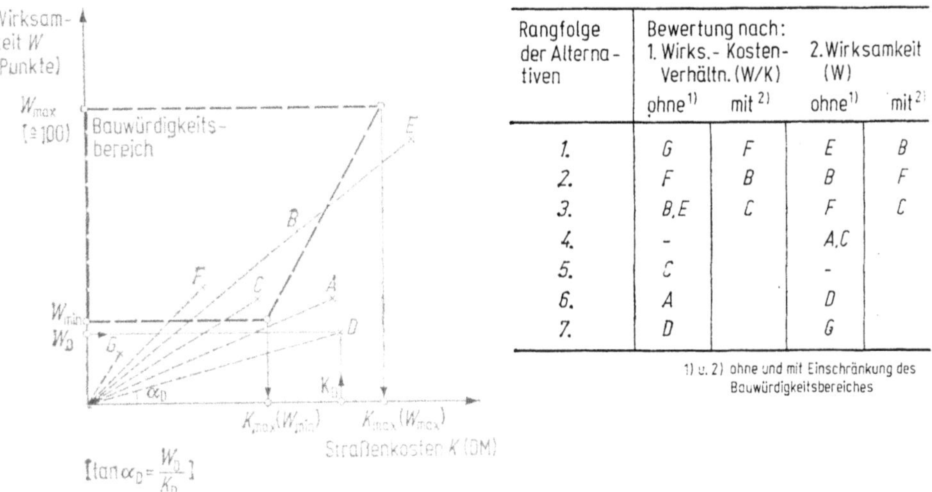

Rangfolge der Alternativen	Bewertung nach: 1. Wirks.-Kosten-Verhältn. (W/K) ohne[1]	mit[2]	2. Wirksamkeit (W) ohne[1]	mit[2]
1.	G	F	E	B
2.	F	B	B	F
3.	B,E	C	F	C
4.	-		A,C	
5.	C		-	
6.	A		D	
7.	D		G	

1) u. 2) ohne und mit Einschränkung des Bauwürdigkeitsbereiches

Bild 13.9. Bewertung nach dem Kosten-Wirksamkeits-Modell (Beispiel).

Allerdings ist zu bemerken, daß, zumindest innerhalb des festgelegten Bauwürdigkeitsbereichs, durch Verwendung des Wirksamkeits-Kosten-Verhältnisses als Effizienzgröße eine derartige Wertrelation angenommen wird: Wenn z.B. eine Variante B, die mit 4,5 Mio DM Kosten verbunden ist und eine Wirksamkeit von 90 Punkten aufweist, einer Variante A mit 4,0 Mio DM Kosten und 75 Punkten Wirksamkeit — auf Grund des größeren Wirksamheits-Kosten-Verhältnisses — vorgezogen wird, dann bedeutet dies, daß die Mehr-Kosten von 0,5 Mio DM durch die Mehr-Wirksamkeit von 15 Punkten wenigstens als kompensiert gelten.

Eine „bauwürdige" Variante könnte u.U. selbst bei einem größeren Wirksamkeits-Kosten-Verhältnis als ungeeignet angesehen werden, nämlich dann, wenn ihre Wirksamkeit im Vergleich zu den weiteren Varianten zu gering ist. Daher ist es zweckmäßig, neben dem Wirksamkeits-Kosten-Verhältnis, das Maß der Wirksamkeit als eine subsidäre Effizienzgröße heranzuziehen (Bild 13.9.). Außerdem muß der Einfluß des festgelegten Bauwürdigkeitsbereichs auf das Bewertungsergebnis — dieser Einfluß ist dadurch bedingt, daß bestimmte Maßnahmen von der Bewertung ausgeschlossen werden — gesondert untersucht werden (Sensitivitätsanalyse!).

Für die Prioritätsreihung setzt das erläuterte Verfahren, wegen der möglicherweise sehr unterschiedlichen Größenordnungen der im Maßnahmenbündel enthaltenen Einzelprojekte, voraus, daß die Kosten wie die Wirksamkeiten bzw. die entsprechenden Begrenzungen des Bauwürdigkeitsbereichs auf die Längeneinheit (je km Straße) bezogen werden. Problematisch wird dies jedoch, wenn das Zielsystem auch Kriterien enthält, bei denen die Zielwirkung von der Länge des Projekts unabhängig gemessen werden muß (z.B. Kriterium: „Verbesserung des Verkehrsablaufs auf dem bestehenden Netz").

13.3.4. Besondere Probleme der Nutzwertsynthese

Unter den Problemen, die bei dem Nutzwertmodell eine besondere Beachtung verdienen, ist zunächst die Aufstellung des Zielsystems (Zielanalyse!) zu erwähnen, für die u.a. die Anwendung der *Delphi-Methode* (siehe z.B. in [45, 55]) vorgeschlagen wird. Zu bedenken ist hier, daß die Handhabung der Zweck-Mittel-Relationen oft mit großem Spielraum verbunden sein wird: je nach dem Zielinhalt, der dem betreffenden Oberziel zugesprochen wird, lassen sich für diese unterschiedliche Zielkriterien angeben. Abgesehen davon wird bei der Wahl der Zielkriterien nicht selten die *Meßbarkeit* der Zielwirkungen maßgebend sein: diesbezügliche Daten müssen bereits vorliegen bzw. mit einem vertretbaren Aufwand gewonnen werden können. Außerdem sind die Zielkriterien derart zu wählen, daß die entsprechenden Zielwirkungen auf die Variierung der Projekteigenschaften genügend empfindlich reagieren. Nur dann lassen sich die Nutzenunterschiede bei den verschiedenen Alternativen herausstellen.

Insoweit wird ein allgemeingültiger Konsens über die selbst ein und demselben Oberziel zuzuordnenden Zielkriterien schwerlich zu erreichen sein. Dies ist nicht unbedingt ein Nachteil: die Möglichkeit, das Zielsystem der jeweiligen Entscheidungssituation und der Datenbasis flexibel anzupassen, muß eher als ein Vorteil des Nutzwertmodells aufgefaßt werden. Es wird daher auch abzuwarten sein, ob die gegenwärtigen Ansätze für ein „Standard-Zielsystem für die Straßenplanung“ praktikable Lösungen bieten werden.

Die Teilnutzen aus den einzelnen Zielkriterien lassen sich nur dann additiv zu einem Nutzwert zusammenfassen, wenn der Beitrag jedes Kriteriums zu den Gesamtnutzen als eigenständig bzw. als von den anderen unabhängig gelten kann Das Zielsystem darf also keine Nutzeninterdependenzen enthalten, sei es in Form konkurrierender oder aber in Form komplementärer Zielkriterien. Bei konkurrierenden Zielkriterien führt die größere Zielwirkung eines Kriteriums zwangsläufig zur Verringerung der Zielwirkung des anderen Kriteriums. Solche *Zielkonflikte* können z.B. oft zwischen den auf die Leistungsfähigkeit oder Verkehrssicherheit bezogenen Kriterien einerseits und einigen Kriterien bezüglich des Umweltschutzes („Stadtbild...“ bzw. „Landschaftsbild...“) andererseits auftreten.

Gleichgerichtete, komplementäre Abhängigkeiten bestehen dann, wenn die größere Zielwirkung eines Kriteriums bei einem anderen Kriterium ebenfalls eine größere Zielwirkung bedingt; mit Einschränkung gilt dies z.B. für die Zielkriterien „Verbesserung des Verkehrsablaufs“ und „Verringerung der Abgasimmissionen“.

Nutzeninterdependenzen sind — in Abstimmung mit dem Entscheidungsträger — nach Möglichkeit zu vermeiden. Nicht in allen Fällen kann dies gelingen; dann ist der Analytiker gezwungen, das Prinzip der Nutzenunabhängigkeit zu ignorieren bzw. das Zielsystem in praktischer Hinsicht als konsistent vorauszusetzen. Eine gesonderte Berücksichtigung der noch vorhandenen Abhängigkeiten, z.B. dadurch, daß je nach dem, ob sie gleich- oder entgegengerichtet sind, der Nutzwert verringert bzw. vergrößert wird [57], dürfte mangels der Möglichkeit, derartige Regeln zu konkretisieren, kaum praktikabel sein.

Erhebliche Bedeutung kommt auch der Präferenzordnung zu. Bei der Nutzwertsynthese wird nämlich stets die „*Wertkonstanz*“ der Teilnutzen, die aus den — entsprechend der Präferenzordnung — gewichteten Zielerträgen hervorgehen, vorausgesetzt: Bei der Bewertung gelten die Teilnutzen aus unterschiedlichen Kriterien als gleichwertig und somit als *vertauschbar*, sofern diese Teilnutzen gleiche Größenordnungen (z.B. Punkte) aufweisen. Mit anderen Worten: die Alternative mit dem größeren Nutzwert ist deshalb auch besser, weil es gleichgültig ist, welche Teilnutzen hierbei dominieren.

Nun können jedoch Planungsfälle (Prioritätsreihung!) vorkommen, bei denen diese „Wertkonstanz“ zweifelhaft wird, so z.B. wenn ein Teil der Maßnahmen hauptsächlich zur „Beseitigung der Engpässe“ und der andere Teil hauptsächlich zur „Erschließung des Raumes“ geplant worden ist. Eine gemeinsame Bewertung dieser Maßnahmen nach einer einheitlichen Präferenzordnung könnte dazu führen, daß die Auswahl einseitig, also zugunsten der nur nach diesem oder nur nach jenem hauptsächlichen Oberziel geplanten Maßnahmen ausfällt. In entscheidungstheoretischer Hinsicht wäre diese Auswahl zwar gerechtfertigt: es hieße dann, daß — bei dem vorliegenden Zielsystem und der gegebenen Präferenzordnung — die ausgewählten Maßnahmen bzw. diesbezügliche Planungsintentionen größere Nutzen versprechen würden als andere.

In der Planungspraxis würde dies jedoch zu Widersprüchen führen. Daher ist es zweckmäßiger, in solchen Fällen das Gesamtbündel der Maßnahmen nach den vorherrschenden Oberzielen in Teilbündel zu zerlegen und diese mit unterschiedlichen Präferenzordnungen, die die jeweilige Bedeutung des entsprechenden hauptsächlichen Oberzieles in Rechnung stellen, zu bewerten. Da die nach verschiedenen Zielsystemen und/oder Präferenzordnungen ermittelten Nutzwerte miteinander nicht vergleichbar sind, wären dann dem Entscheidungsträger die einzelnen, sich jeweils auf ein Teilbündel beziehenden Bewertungsergebnisse getrennt vorzulegen; die *zusammenfassende* Auswahl der Maßnahmen aus den unterschiedlichen Teilbündeln müßte dann im Rahmen der endgültigen Entscheidungsfindung und auf der Grundlage weiterer, durch das Nutzwertmodell nicht erfaßter Kriterien erfolgen.

Bei dem Nutzwertmodell werden die Nutzen häufig nur für ein bestimmtes Jahr — z.B. das letzte Jahr des Analysezeitraums — ermittelt, so daß die Nutzenaktualisierung hier gegenstandslos wird; lediglich die Straßenkosten wären entsprechend zu aktualisieren. Hierdurch wird jedoch unterstellt, daß die zeitlichen Entwicklungen der Zielerträge bei allen Alternativen gleichartig sind. Wenn jedoch der Zielertrag eines Kriteriums bei einer Alternative A gleich nach der Verkehrsübergabe auftritt und sich bis zum Zeithorizont der Analyse kontinuierlich entwickelt, bei einer Alternative B aber erst gegen Ende des Analysezeitraums vorkommt, würde das Verhältnis der einjährigen Zielerträge (Maßnahme A/Maßnahme B im Bezugsjahr) die Relation der tatsächlichen Nutzen nicht mehr richtig abbilden.

Dann ist es angebracht, die Nutzenermittlung auf den gesamten Analysezeitraum zu erstrecken und die jährlichen Teilnutzenströme, ähnlich wie bei der Wirtschaftlichkeitsrechnung, zu aktualisieren — mit dem Unterschied, daß hieranstelle der monetären Beträge, die Punktbeträge diskontiert werden müssen. Dies ist allerdings nur bei kardinaler Nutzenmessung möglich, auf der auch die dargestellte Art der Zielertragsermittlung (13.3.2.) basiert.

Bei ordinaler Nutzenmessung — als Zielwirkungen werden dann lediglich die Rangplätze der Alternativen angegeben — treten dagegen erhebliche Schwierigkeiten auf; nur unter bestimmten Voraussetzungen können aus den ordinalen Skalen entsprechende quasi-kardinale „Zielerträge“ definiert werden [50], die sich zwar für die Nutzwertsynthese, nicht jedoch für die Aktualisierung eignen. Bei ordinaler — wie auch bei nominaler — Nutzenmessung wird daher u.a. empfohlen [57], die Zeit, unter Verzicht auf die Aktualisierung, als eine dritte Dimension der Analyse (neben den Nutzen und Kosten als die beiden Analysedimensionen) zu betrachten.

13.4. Vereinfachende Bewertung von Straßen mit Kennzahlen

Umfassende Effizienzanalysen sind sehr zeit- und kostenaufwendig, da sie stets mit umfangreichen Vorarbeiten — darunter: Aufstellung der Vorentwürfe — verbunden sind. Sie eignen sich daher in erster Linie für die Anwendung auf dem partialanalytischen Gebiet, also dann, wenn einzelne Projekte untersucht werden (Bauwürdigkeit, Variantenvergleich) oder wenn nur eine geringe Anzahl von Projekten hinsichtlich ihrer Rangordnung zur Disposition stehen (Prioritätsreihung).

Bei der „totalen“ Investitionsplanung dagegen, die sich auf die Feststellung des Finanzbedarfs und die Verteilung der Mittel für einen relativ langen Zeitraum bezieht und die auf dem *gesamten* relevanten Maßnahmenkatalog eines großräumigen Netzes (Neubaumaßnahmen, Ausbaumaßnahmen) basieren muß, lassen sich derartige detaillierte Untersuchungen nicht durchführen. *Bedarfsermittlung* und *Prioritätsreihung* müssen dann mit möglichst geringem Aufwand bzw. mit Hilfe relativ einfach anwendbarer Bewertungsverfahren bestimmt werden. Als ein hierfür geeignetes Bewertungsverfahren wird die *Kennzahlenmethode* angesehen.

Ihre Arbeitsschritte ähneln in groben Zügen jenen des Nutzwertmodells; allerdings wird auf die Aufstellung differenzierter Zielhierarchien und Präferenzordnungen verzichtet und die Nutzenmessung weitgehend vereinfacht. Im Vordergrund stehen empirisch aufgestellte Bewertungs*formeln,* in denen die für die ausgewählten Zielkriterien (*Bewertungskriterien*) relevanten Meßgrößen — meistens gewichtet — als multiplikative und/oder additive Einflußfaktoren enthalten sind. Nach ihrer Messung, die auch auf Grund subjektiver Schätzungen erfolgen kann, und Einsetzung in die Bewertungsformel, ermittelt man eine *Kennzahl,* die auf die relative Bedeutung der Maßnahme hinweisen soll und als ein „Nutzwert“ anzusehen wäre.

Hierbei ist jedoch zwischen der Bewertung von Ausbau- und von Neubaumaßnahmen grundsätzlich zu unterscheiden. Bei der Bewertung vorhandener Straßen sind die möglichen *Ausbaumaßnahmen* nicht im voraus definiert: es muß als erstes der *Bedarf* festgestellt werden. Da diese Entscheidungssituation keine Alternative bietet, ist aber zunächst als Vergleichsgrundlage ein „Idealzustand“ zu definieren, bei dem die sämtlichen betrachteten Bewertungskriterien „optimale“ Erträge (Sollgrenzen) aufweisen würden. Als Bewertungskriterien kämen u.a. in Frage: verkehrliche Auslastung, Verkehrssicherheit, baulicher Zustand, Fahrtkomfort. Die Sollgrenze bei dem Kriterium „Verkehrssicherheit“ könnte z.B. in einer Unfallrate von Null oder aber in einer mittleren, für das gesamte Netz geltenden Unfallrate bestehen. Je weniger die vorliegende Situation dem „Idealzustand“ nahekommt, d.h. je *kleiner* die Kennzahl wird, desto dringlicher ist der Ausbau des betrachteten Straßenabschnitts.

Eine der bekanntesten Kennzahlenmethoden ist die in den USA angewendete und als „Sufficiency Rating“ bezeichnete Methode: Nach einem Punktesystem werden die Verkehrssicherheit, der bauliche Zustand und der Fahrtkomfort getrennt „benotet“ und additiv zu einer Kennzahl zusammengezogen, die maximal 100 Punkte betragen kann. Als unbedingt ausbaubedürftig werden Strecken mit einer geringeren Punktezahl als etwa 60 bis 70 angesehen [4]. Bei einigen Modifikationen dieser Methode wird zusätzlich ein Korrekturfaktor in Rechnung gestellt, um unterschiedliche Verkehrsstärken bzw. die verkehrliche Bedeutung der Strecke zu berücksichtigen [32] (weitere Beispiele siehe [61]).

In *RBS 1968* (Vorläufige Richtlinien für die verkehrliche und bauliche Bewertung von Straßen) [37] wird von *zwei* getrennt zu betrachtenden Kennzahlen ausgegangen: die verkehrliche Ausbauwertigkeit und die bauliche Ausbauwertigkeit. Erstere ist als das Verhältnis zwischen der (theoretischen) Leistungsfähigkeit der

Straße, vermindert durch einen Unfallbeiwert, und der vorhandenen Verkehrsstärke definiert. Nach der neuen, z.Z. in Vorbereitung befindlichen Fassung der RBS soll die Verkehrssicherheit durch eine dritte Kennzahl gesondert berücksichtigt werden (vgl. auch [58]).

Die Bewertung der vorliegenden Situation an Hand der gegenwärtigen Verkehrsstärken usw. dient zunächst einer Bestandsaufnahme, die u.a. bei verkehrspolitischen Entscheidungen eine Rolle spielen könnte. Die Bewertung im Rahmen

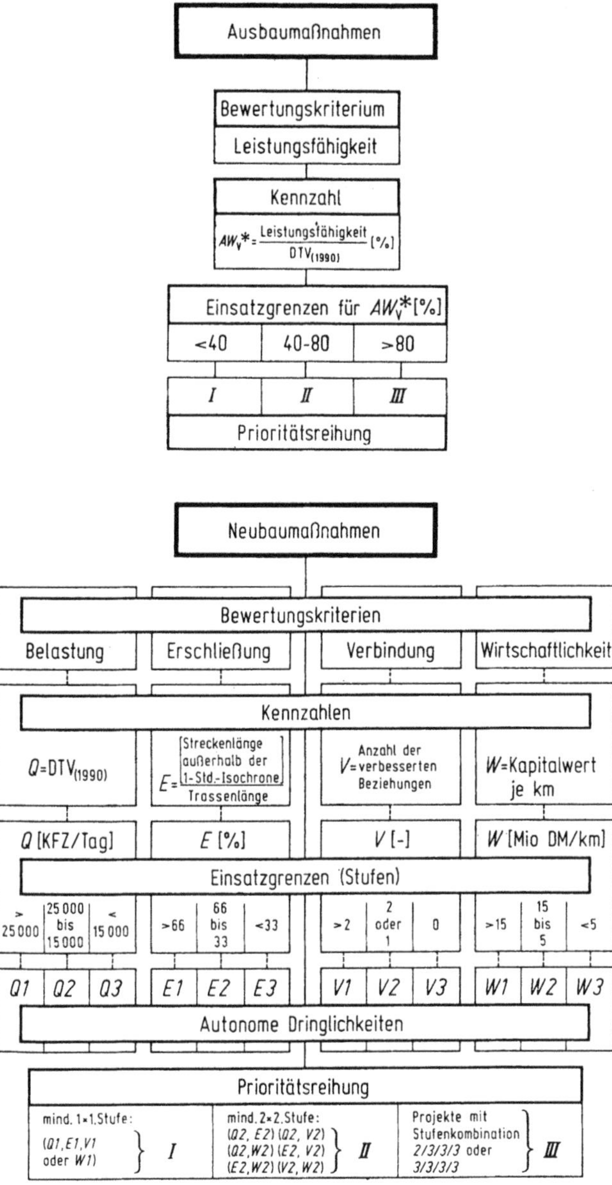

Bild 13.10. Beispiel für die Bewertung mit Kennzahlen (Prioritätsreihung, angewandt beim Ausbauplan für die Bundesfernstraßen 1971–1985 [38] (AW* vereinfacht angeben).

der — auf die Zukunft gerichteten — Investitionsplanung muß sich jedoch an ein Prognoseziel, d.h. an den künftigen Verkehrsstärken orientieren, wie dies bei dem Neuen Ausbauplan für die Bundesfernstraßen 1971—1985 praktiziert wurde (Prognoseziel 1990). Dabei ergab sich auch, daß für die Dringlichkeitsstufung der Ausbaumaßnahmen (Bild 13.10) fast ausnahmslos allein die Kennzahl „Verkehrliche Ausbauwertigkeit" entscheidend war [38].

Bei *Neubaumaßnahmen* sind die *Auswirkungen* geplanter Projekte hinsichtlich allgemeiner, mit der Netzplanung verknüpfter Zielvorstellungen zu bewerten. Demnach würde eine Neubaumaßnahme um so dringlicher, je *größer* die Auswirkung bzw. je größer die zugeordnete Kennzahl ist. Auch hier kann von mehreren, getrennt zu behandelnden Bewertungskriterien bzw. Kennzahlen ausgegangen werden. So werden z.B. bei dem genannten Neuen Ausbauplan der Bundesfernstraßen *vier* Kriterien zugrunde gelegt: 1. die für 1990 prognostizierte Verkehrsstärke, 2. der Erschließungseffekt der Neubaumaßnahme, bezogen auf Zentren mit mehr als 50000 Einwohnern — als Kennzahl gilt der Anteil der Streckenlänge außerhalb der 1-Stunde-Isochrone der Zentren in der gesamten Baulänge —, 3. der Verbindungseffekt zwischen benachbarten Zentren mit über 50000 Einwohnern — Kennzahl ist die Anzahl der verbesserten Beziehungen (als verbesserungsbedürftig gelten die Beziehungen bei einem Verhältnis „ideale Reisezeit (Luftlinie)/reale Reisezeit" von größer als 0,50); ferner für einen Teil der Neubaumaßnahmen, 4. die Wirtschaftlichkeit, deren Ermittlung jedoch von einem sehr vereinfachenden Modell ausgeht — Kennzahl ist der Kapitalwert je km Baulänge.

Auf eine Gewichtung dieser vier Kennzahlen und auf deren Zusammenfassung zu einem „Gesamtnutzwert" wurde verzichtet. Stattdessen erfolgte für jedes der Kriterien eine autonome Dringlichkeitsstufung in drei Stufen. Anschließend wurde, unter der Annahme der Einsatzgrenzen der jeweiligen 1. Stufe als „kritischen Grenzwert", die endgültige Dringlichkeitsreihung durchgeführt [38] (Bild 13.10).

Bei der ersten Überprüfung (1976) des daraus abgeleiteten Bedarfsplanes lagen geänderte Kriterien bzw. Kennzahlen zugrunde; diesbezüglich wurden ausgewählt

— Auslastung 1973, Engpässe 1985, Verkehr 1985 (Gruppe: *Verkehr*)
— Erschließung, Anbindung, bedeutsame Achsen, Zonenrandgebiet (Gruppe: *Raumordnung*)
— Umweltentlastung, internationale Verbindungen, Verkehrssicherheit (Gruppe: *Sonstiges*)

Nach Ermittlung der jeweiligen Kennzahlen werden diese durch Punktevergabe bewertet und anschließend gewichtet. Der Dringlichkeitswert eines Projekts ergibt sich aus dem Verhältnis der erreichten Gesamtpunktezahl und den Kosten (Bild 13.11.).

Dieses Vorgehen lehnt sich formal in einem stärkeren Maße an das Nutzwertmodell an und wird daher auch an diesbezüglichen Veröffentlichungen als eine „Kosten-Wirksamkeits-Analyse" beschrieben [60]. Der Unterschied zu dem oben (13.3.) definierten Nutzwertmodell liegt u.a. in der Operationalisierung des Zielsystems bzw. in der Nutzenmessung: bedingt durch die vorliegende, eine differenzierte Nutzenmessung nicht zulassende Datenbasis bestehen hier die Nutzenelemente nicht aus eindimensionalen Zielkriterien, sondern aus komplexen Indikatoren (Kennzahlen), die aus additiv/multiplikativer Zusammenfassung mehrerer Faktoren hervorgehen und damit eine vergleichsweise wesentlich geringere Transparenz aufweisen. So setzt sich z.B. die Kennzahl für die „Umweltentlastung" einer Ortsdurchfahrt zusammen aus: Verkehrsstärke und Güterverkehrsanteil außerorts, Anteil des Durchgangsverkehrs und Länge der Ortsdurchfahrt.

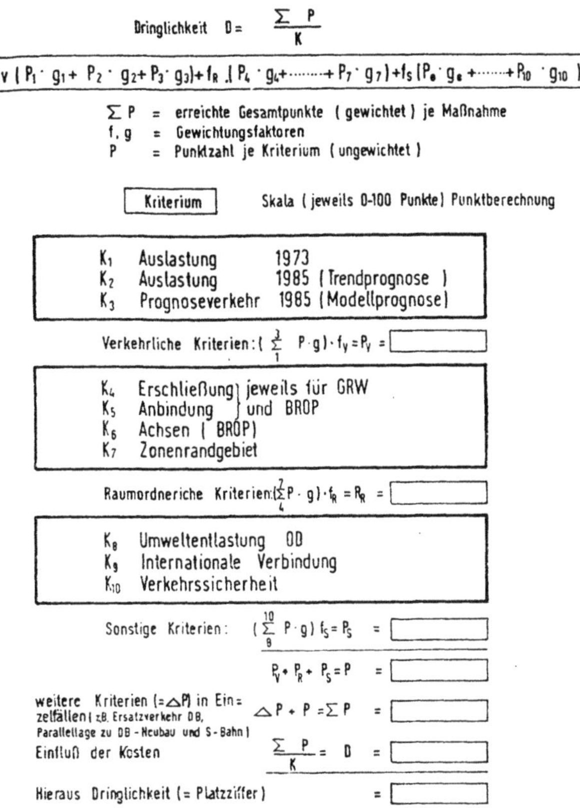

Bild 13.11. Dringlichkeitsreihung bei der ersten Überprüfung des Bedarfsplanes für die Bundesfernstraßen [60] (Abkürzungen: GRW: 4. Rahmenplan der Gemeinschaftsaufgabe „Verbesserung der regionalen Wirtschaftsstruktur"; BROP: Bundesraumordnungsprogramm; OD: Ortsdurchfahrten).

Abschließend sollte darauf hingewiesen werden, daß trotz aller Vereinfachungen der Arbeitsaufwand auch bei der Bewertung nach einem Kennzahlenmodell nicht unterschätzt werden darf, da die zu bewertenden Maßnahmenbündel in der Regel einen erheblichen Umfang haben.

13.5. Literatur

1. Bundeshaushaltsordnung (BHO) vom 19. August 1969, § 7, Abs. 2; Bundesgesetzblatt I 1969, S. 1284.
2. Gesetz über die Grundsätze des Haushaltsrechts des Bundes und der Länder (Haushaltsgrundsätzegesetz-HGrG) vom 19. August 1969, § 6, Abs. 2; Bundesgesetzblatt I 1969, S. 1273.
3. Kuhn, T. E.: Economic Concepts of Highway Planning. HRB, Bulletin 306 (Studies in Highway Engineering) 1961, S. 81–121.
4. Winfrey, R.: Economic Analysis for Highways. Scranton/Penn. International Textbook Company 1969.
5. Schellhaass, H.-M.: Preis- und Investitionspolitik für Autobahnen. Berlin: Duncker & Humblot, 1972.
6. Beth, H.-L.: Ökonomische Grundlagen der Planung von Straßen. Berlin: Duncker & Humblot, 1966.
7. Spary, P.: Wachstums- und Wohlstandseffekte als Entscheidungskriterien bei öffentlichen Straßenbauinvestitionen. Berlin: Duncker & Humblot, 1968.

8. Kentner, W.: Planung und Auslastung der Verkehrsinfrastruktur in Ballungsräumen Düsseldorf: Verlag Handelsblatt GmbH, 1972.
9. Kalender, U.: Wirtschaftliche Bedeutung der Stadtautobahnen. In: Stadtautobahnen. Hrsg. E. Oehm. Wiesbaden, Berlin: Bauverlag 1973, S. 489—500.
10. Wehner, B.; Schreiber, K.; Utech, J.: Die Kraftfahrzeug-Betriebskosten in Abhängigkeit von den Straßen- und Verkehrsbedingungen. Berlin, München: Verlag von Wilhelm Ernst & Sohn, 1964.
11. Wehner, B.: Straßenplanung im Wandel. Straße und Autobahn 23 (1972) Nr. 12, S. 615—625.
12. Harder, G.; Linker, H.; Franz, H.-D.: Untersuchungen über Reisegeschwindigkeit und Verkehrsmenge als Beitrag zur Ermittlung und Programmierung verkehrstechnischer Grundlagen für Nutzen-Kosten-Analysen, Teil I. Straßenverkehrstechnik 16 (1972) Nr. 4, S. 133—135.
13. Beckmann, H.; u.a.: Das Fundamentaldiagramm, eine Zusammenstellung bisheriger Erkenntnisse. Forschungsarbeiten aus dem Straßenwesen, Heft 89. Bad Godesbeberg: Kirschbaum Verlag, 1973.
14. Georgi, H.: Cost-benefit-analysis als Lenkungsinstrument öffentlicher Investitionen im Verkehr. Göttingen: Vandenhoeck & Ruprecht, 1970.
15. Jürgensen, H.: Der Zeitnutzen im Straßenverkehr. Gutachten, erstattet dem Kuratorium „Wir und die Straße", Hamburg 1963.
16. Geiger, M.: Ermittlung des Zeitgewinns im Verkehr und seine volkswirtschaftliche Bewertung. Forschungsbericht: Institut für Verkehrswirtschaft und öffentliche Wirtschaft der Universität Münster, November 1971.
17. Thomas, T. C.; Thompson, G. I.: The Value of Time for Commuting Motorists as a Function of their Income Level and Amount of Time Saved. HRR, Nr. 314 (Cost and Benefits of Transportation Planning), 1970, S. 1—15.
18. Meewes, V.: Zur Bewertung der Zeit im Straßenverkehr. Straßenverkehrstechnik 16 (1972) Nr. 4, S. 120—126.
19. Aldrup, D.: Theorie der Straßenplanung, Forschungen aus dem Institut für Verkehrswissenschaft an der Universität Münster, Bd. 15, Göttingen 1963.
20. Kentner, W.: Die Verkehrssicherheit als wirtschaftliche Planungsgröße. Straße und Autobahn 23 (1972) Nr. 12, S. 642—647.
21. Willeke, R.; Bögel, H.-D.; Engels, K.: Möglichkeiten einer Wirtschaftlichkeitsrechnung im Straßenbau unter besonderer Berücksichtigung der Unfallkosten. Düsseldorf: Verlag Handelsblatt GmbH, 1967.
22. Niklas, J.: Nutzen-Kosten-Analysen von Sicherheitsprogrammen im Bereich des Straßenverkehrs, Schriftenreihe des Verbandes der Automobilindustrie (VDA), Nr. 7, Frankfurt am Main 1970 (Zitiert nach [20]).
23. Helms, E.: Ökonomische Grundlagen zur Erfassung von Unfallfolgekosten im Straßenverkehr. Diss. Bonn 1971 (Zitiert nach [20]).
24. AKS (Anweisung zur Kostenberechnung für Straßenbauvorhaben), Aufgestellt: BMV vom 15. Febr. 1973, Veröff.: VkBl. (27) 1973, H. 6, S. 175—190.
25. Baldock, R. H. (Discussion: H. W. Hansen): The Annual Cost of Highways. HRR, Numb. 12 (Highway Economics), 1963.
26. Grant, E. L.; Oglesby, C. H.: Economy Studies for Highways, HRB Bulletin 306 (Studies in Highway Engineering Economy), 1961, S. 23—38.
27. Haney, D. G.: Problems, Misconceptions and Errors in Benefit-Cost-Analyses of Transit Systems, HRB No. 314 (Cost and Benefits of Transportation Planning), 1970, S. 98—113.
28. Lee, R. R.; Grant, E. L.: Inflation and Highway Economy. Studies. HRB No. 100 (Engineering Economy), 1965, S. 20—36.
29. Dorfwirth, J. R.: Ökonomische Entscheidungskriterien für Straßenbauinvestitionen. Hrsg. Bundesministerium für Bauten und Technik der Republik Österreich, Wien 1971.
30. RWS (Richtlinien für wirtschaftliche Vergleichsrechnungen im Straßenwesen) 1971, Ergänzung 1972. Aufgestellt und herausgegeben: Forschungsgesellschaft für das Straßenwesen, Köln.
31. Loutzenheiser, D. W.; u.a.: Resume of AASHO Report on Road User Benefit Analyses. HRB Spec. Report 56 (Economic Analysis in Highway Programming ...) 1959, S. 36—42.
32. Wells, G. R.: Highway Planning Techniques—The Balance of Cost and Benefit. London: Charles Griffin & Co. Ltd., 1971.
33. Zangemeister, C.: Nutzwertanalyse in der Systemtechnik. München: Wittemansche Buchhandlung, 1970.
34. Fischer, L.: Die Berücksichtigung raumordnungspolitischer Zielsetzungen in der Verkehrsplanung. Straßenbau und Straßenverkehrstechnik, Heft 115, 1971. Hrsg. v. Bundesminister für Verkehr, Bonn.

35. Fischer, L.: Nutzen-Kosten-Untersuchungen als Mittel zur Beurteilung von Verkehrsinvestitionen. Straßen- und Tiefbau 27 (1973) Nr. 6, S. 394—397.
36. Bundesverkehrswegeplan, 1. Stufe. Deutscher Bundestag, 7. Wahlperiode; Drucksache 7/1045.
37. RBS (Vorläufige Richtlinien für die verkehrliche und bauliche Bewertung von Straßen) 1968. Aufgestellt: Bundesminister für Verkehr u.a.
38. Ausbauplan für die Bundesfernstraßen 1971—1985. Hrsg.: Der Bundesminister für Verkehr, Bonn.
39. Behrendt, V.; u.a.: Begriffdefinition für komplexe Systeme mit besonderer Berücksichtigung der Zustands- und Zielanalyse. analysen und prognosen (1974), September 1974, S. 27—30.
40. Fabrycky, W. J.; Thuesen, G. J.: Economic Decision Analysis. Englewood Cliffs, New Jersey: Prentice-Hall, Inc., 1974.
41. Winfrey, R.; Zellner, C.: Summary and Evaluation of Economic Consequences of Highway Improvements. HRB, NCHRP Report 122. Wash. D.C., 1971.
42. Aberle, G.: Finanzierungsprobleme des Verkehrswegebaues. In: Gesamtwirtschaftliche Bedeutung der Verkehrwegeplanung. Schriftenreihe der DVWG. Reihe B: Seminar Köln 1973.
43. Mishan, E. J.: Elemente der Kosten-Nutzen-Analyse. Frankfurt, New York: Campus Verlag, 1975.
44. Pearce, D. W.: Cost-Benefit-Analysis. London-Basingstoke: The MacMillan Press Ltd., 1971.
45. Lee, A. M.: System Analysis Frameworks. London: MacMillan, 1970.
46. Benton, J. B.: Managing, the Organisational Decision Process. Lexington-Mass., Toronto, London: D.C. Hearth and Comp., 1973.
47. Novick, D. (Hrsg.): Current Practice in Programme Budgeting (PPBS). London: Heineman, 1973.
48. Cutt, J.: A Planning, Programming und Budgeting Manual. New York: Praeger Publishers 1974.
49. Reinermann, H.: Programmbudgets in Regierung und Verwaltung. Baden-Baden: Nomos Verlagsgesellschaft, 1975.
50. Frerich, J.; u.a.: Die Methoden des Operations Research und ihre Anwendungsmöglichkeiten auf die Investitionsplanung im Straßenbau. Straßenbau und Straßenverkehrstechnik, Heft 159, 1974. Hrsg. v. Bundesminister für Verkehr, Bonn.
51. De Garmo, E. P.; Canada, J. R.: Engineering Economy. London: Collier-MacMillan Publishers, 1973.
52. Frerich, J.: Möglichkeiten und Grenzen der Einbeziehung der Unfallkosten in die Richtlinien für wirtschaftliche Vergleichsrechnungen im Straßenwesen (RWS). Forschungsbericht FA 1.007; im Auftrage des Bundesministers für Verkehr, Bonn, 1974.
53. Mewes, V.; Rothengatter, W.: Neufassung der Zeitkosten- und Betriebskostensätze für wirtschaftliche Vergleichsrechnungen im Straßenwesen. Straßenverkehrstechnik 20 (1976), Nr. 4, S. 117—122.
54. Weinspach, K.: Investitionsrisiken im Straßenbau. Straße und Autobahn 26 (1975), Nr. 4, S. 134—140.
55. English, J. M. (Hrsg.): Cost-Effectiveness. New York: John Wiley & Sons, Inc., 1968.
56. Seiler, K.: Introduction to Systems Cost-Effectiveness. New York, London: Wiley-Interscience, 1969.
57. Meyke, U.: Cost-Effectiveness-Analysis als Planungsinstrument. Göttingen: Vandenhoeck & Ruprecht, 1973.
58. Weinspach, K.; Hiersche, E.-U.: Erkenntnisse aus der verkehrlichen und baulichen Bewertung der Bundesstraßen für das Jahr 1970. Straßenbau und Straßenverkehrstechnik, Heft 177, 1974. Hrsg. v. Bundesminister für Verkehr, Bonn.
59. Bundes-Immisionsschutzgesetz (BImschG). Bundesgesetzblatt I 1974, S. 721ff.
60. Huber, H. J.: Neuer Bedarfsplan für die Bundesfernstraßen ab 1976. Bayer, P.; Eckert,K.; Niemann, D.: Verfahren und Durchführung der Maßnahmenbewertung bei der Überprüfung des Bedarfsplans für die Bundesfernstraßen. Auffenberg, A.: Beseitigung von Engpässen und Hebung der Verkehrssicherheit als wesentliche Grundlagen für die verkehrliche Bewertung bei der Überprüfung des Bedarfsplanes für die Bundesfernstraßen. Straße und Autobahn 27 (1976), Nr. 3, S. 82—121.
61. Wöhner, H.: Verfahren zur Planung und Bewertung der Struktur von Straßennetzen. Straßenbau und Straßenverkehrstechnik, Heft 197, 1976. Hrsg. v. Bundesminister für Verkehr, Bonn.
62. Gerz, U.; Meewes, V.: Verkehrsablauf auf Straßen mit und ohne Richtungstrennung — ein methodischer Ansatz zur Ermittlung der Betriebs- und Zeitkosten der Straßenbenutzung und zur Bewertung von Straßen. Straßenverkehrstechnik 21 (1977) Nr. 1, S. 1—10.

14. Straße und Umwelt

K. Krell, G. Reinhold

Inhalt

14.1. Das Problem der sachgerechten Abwägung der positiven und negativen Wirkungen von Straßen auf die Umwelt

Straßen dienen der Befriedigung gesellschaftlicher Bedürfnisse (Bild 14.1). Sie erschließen die Umwelt und machen sie für den Menschen zugänglich und nutzbar. Allerdings nehmen sie dabei die Umwelt auch in Anspruch und tragen zu deren Belastung bei. Bei der Befriedigung des Bedürfnisses nach neuen, leistungsfähigeren und sicheren Straßen stößt man in hochentwickelten Ländern zunehmend an Grenzen, welche die Möglichkeiten der weiteren Inanspruchnahme und Belastung der Umwelt setzen. Mit der Intensität der Entwicklung eines Landes gewinnt deshalb das in Bild 14.1 an zweiter Stelle aufgelistete Ziel „Abbau umweltrelevanter Mängel an vorhandenen Straßen" zunehmend an Bedeutung gegenüber dem klassischen, aus raumordnerischen Vorstellungen abgeleiteten Ziel, „Erschließung und Zugänglichmachung der Umwelt".

Versteht man Straßenplanung als Umweltplanung, dann gilt es, die große Zahl der in Bild 14.1 aufgeführten Ziele gegeneinander abzuwägen und im Einzelfall eine volkswirtschaftlich vorteilhafte, umweltverträgliche und für die Betroffenen akzeptable Lösung zu finden. Wegen der Vielzahl der Ziele und Zielkonflikte erweist sich dabei der Einsatz systemtechnischer Methoden als zweckmäßig, die nicht nur sicherstellen, daß alle Ziele in den Abwägungsprozeß einbezogen werden, sondern daß die getroffenen Bewertungen auch von Dritten nachvollzogen werden können.

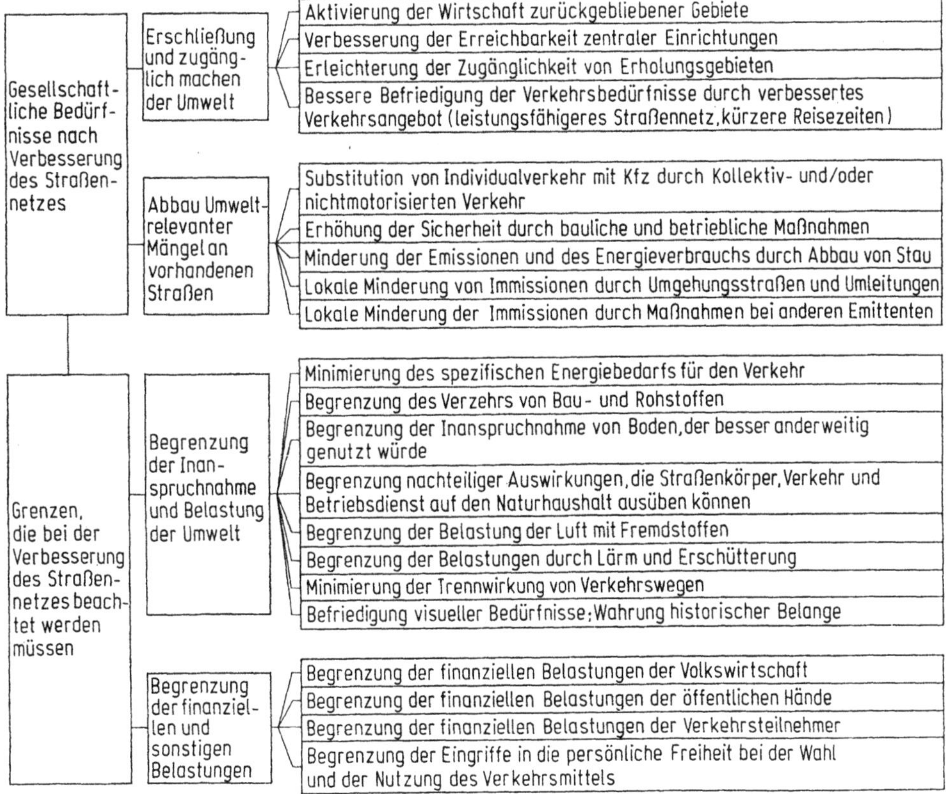

Bild 14.1. Ziele, die bei der Verbesserung des Straßennetzes gegeneinander abzuwägen sind.

Geht man davon aus, daß durch Einhaltung bestimmter von der Gesellschaft festgelegter Grenzwerte sichergestellt ist, daß von einer Straße keine Gefahren, erhebliche Nachteile oder erhebliche Belästigungen ausgehen (solche Grenzwerte sind z.Z. noch nicht für alle Beeinträchtigungen festgelegt), dann ist nach der Bundeshaushaltsordnung und der in Bild 14.1 unten angesprochenen Randbedingung, „Begrenzung der finanziellen Belastungen der Volkswirtschaft" eine *Nutzen-Kosten-Abschätzung* für die Auswahl der besten Lösung aus mehreren *Alternativen* durchzuführen.

Bauliche und betriebliche Maßnahmen am Straßennetz haben danach der Forderung zu genügen, daß die Gesamtkosten möglichst gering und in jedem Falle kleiner als der Nutzen der Maßnahmen sein sollen. Für eine neue Straße gilt z.B.:

$$(K_{SV} + K_{SB}) + (K_{TN} + K_{BN}) + K_{UN} + K_{UM} = \text{Minimum} < \text{Nutzen}$$

Dabei ist:		Kostenträger:
K_{SV}	Kosten für die Straßenvorhaltung	öffentl. Hand
K_{SB}	Kosten für den Straßenbetrieb und die Verkehrssicherung	
K_{TN}	Zeitkosten der Straßenbenutzer	Straßenbenutzer
K_{BN}	Betriebskosten beim Straßenbenutzer	
K_{UN}	Unfallkosten	Straßenbenutzer und öffentl. Hand
K_{UM}	Kosten für Umweltbeeinträchtigungen	öffentl. Hand und Straßenbenutzer

Dem Straßenplaner stehen derzeit noch keine Tabellen zur Verfügung, aus denen er unangreifbare Daten für die einzelnen Nutzen- und Kostenelemente entnehmen könnte. Die „Richtlinien für wirtschaftliche Vergleichsrechnungen (RWS)" [40] helfen zwar bezüglich den erstgenannten Kosten, enthalten aber noch keine Angaben über die Kosten für Umweltbeeinträchtigungen. Da Belästigungen durch Lärm, die Vernichtung von Brutstätten einer bestimmten Vogelart, d.h. die *Folgekosten*, nicht ohne weiteres in Geld bewertet werden können, hilft man sich häufig mit dem Ansatz der sogenannten *Vermeidungskosten*, d.h. den Kosten die für Techniken aufzuwenden sind, welche bestimmte Folgen vermeiden.

Bild 14.2 zeigt am Beispiel der *Immissionen* (Lärm, Schadstoffe, die auf Betroffene einwirken) den Verlauf der Folge- und Vermeidungskosten über der Stärke der Immission. Es ist zu beachten, daß beide Kurven einen gegensinnigen

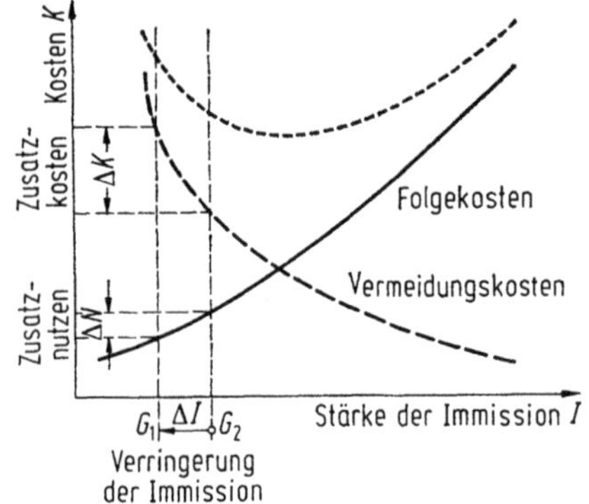

Bild 14.2. Folge- und Vermeidungskosten in Abhängigkeit von der Stärke der (zulässigen) Immission.

Verlauf haben. Wenn bestimmte Folgen nicht völlig vermieden werden, verbleiben neben den aufzuwendenden Vermeidungskosten noch gewisse Folgekosten. Zu systemfehlerfreien Lösungen kommt man nur dann, wenn man in solchen Fällen mit der Summe der Vermeidungs- und Folgekosten rechnet. Diese Kostensumme weist in der Darstellung des Bildes 14.2 ein Minimum auf.

Wegen der Schwierigkeiten der monetären Quantifizierung positiver und negativer Wirkungen von Straßen wird häufig auf Punktsysteme wie *Kosten-Wirksamkeits-Abschätzungen* oder *Nutzwert-Abschätzungen* ausgewichen. In [108] und [112] sind entsprechende Bewertungsverfahren formalisiert worden.

Als wesentliche Schwäche von Punktsystemen sieht Arnold [3] an, daß

— bei Einsatz vorgegebener Finanzmittel die Nutzenstiftung in den verschiedenen Bereichen öffentlicher Tätigkeit nicht miteinander verglichen werden kann, mit anderen Worten: daß damit nur relative Abwägungen zwischen verschiedenen Trassenvarianten vorgenommen werden können und daß
— Einkommensbeschränkungen der Betroffenen nicht berücksichtigt werden, denn es geht letztlich nicht in die Punktbewertung ein, was der einzelne zu zahlen bereit ist, sondern was er gerne haben möchte.

Bei der Punktvergabe durch Fachleute verschiedener Richtungen muß damit gerechnet werden, daß der einzelne Fachmann das von ihm vertretene Gebiet besonders hoch bewertet. Durch die Auswahl der Fachleute kann somit die Bewertung manipuliert werden.

Die unter dem Ziel ,,Begrenzung der Inanspruchnahme und Belastung der Umwelt“ in Bild 14.1 zusammengestellten Teilziele stehen nicht nur mit den unter den drei übrigen Zielen angeführten Teilzielen in Zielkonflikt, sondern es bestehen auch unter ihnen selbst erhebliche Zielkonflikte.

Die sich aus den acht Teilzielen zur Begrenzung der Inanspruchnahme und Belastung der Umwelt ergebenden Folgerungen für bauliche und betriebliche Maßnahmen an Straßen werden in den folgenden Abschnitten näher behandelt. Auf politische Zielvorstellungen wird dabei nicht eingegangen. Es wird unterstellt, daß es grundsätzlich bei der freien Wahl des Verkehrsmittels bleibt.

14.2. Minimierung des spezifischen Energiebedarfs für den Verkehr

Der Straßenverkehr mit Pkw und Lkw verbrauchte 1977 insgesamt mehr Energie zur Erbringung eines Personen- oder Tonnenkilometers als die Bahn [78]. Im Hinblick auf die zu erwartende Verknappung der nicht regenerierbaren Energieträger und das damit verbundene Ansteigen der Energiepreise muß der Straßenverkehr seinen spezifischen Energiebedarf senken. Neben fahrzeugtechnischen Maßnahmen — von denen bei den Pkw eine Senkung des Energieverbrauchs auf etwa $^2/_3$ der Werte des Jahres 1977 erwartet wird — und einer besseren Auslastung der Fahrzeuge muß im Rahmen von baulichen und betrieblichen Maßnahmen an Straßen folgendes angestrebt werden:

1. Täglich wiederkehrender Stau sollte nach Möglichkeit durch eine ausreichende Zahl Fahrstreifen bzw. durch Verkehrsbeeinflussung [70] abgebaut werden. Bild 14.3 läßt erkennen, wie sich Stau auf den Kraftstoffverbrauch und damit verbunden auch auf die Abgasemissionen auswirkt. Es besteht ein Ziel konflikt zwischen der Bereitstellung einer ausreichenden Zahl Fahrstreifen und dem Teilziel, möglichst wenig Boden für Straßen in Anspruch zu nehmen.

2. Extreme Umwege sind zu vermeiden, weil somit die durch Abbau von Stau erzielte Kraftstoffeinsparung wieder verloren geht und weil mehr Boden in Anspruch genommen wird.

Auch hier besteht häufig ein Zielkonflikt mit der Forderung nach Kleinhaltung der Immissionen, nach der Straßen in weitem Abstand um Bebauungen herumgeführt werden sollten.

3. Abschnitte stärkerer Steigungen, die bei künftig schwächer motorisierten Fahrzeugen zu starkem Geschwindigkeitsabfall führen würden, „verlorene Steigungen" und verkehrlich nicht nötige Haltevorgänge an Straßenknoten sollten vermieden werden. Dies ist auch für die Lärm- und Schadstoffemission von Vorteil.

4. Bevor allein aus Gründen des Immissionsschutzes Tunnel oder teilabgedeckte Tröge vorgesehen werden, ist der laufende Energieverbrauch für Beleuchtung und Belüftung abzuschätzen [77]. Unter der Erde geführte Straßen sind bezüglich der Inanspruchnahme von Boden, der Immissionen, der Trennwirkung und des Landschafts- und Stadtbildes positiv zu beurteilen. Sie erfordern allerdings höhere Kosten.

5. Auch der Energieaufwand für die Herstellung, Erneuerung und Unterhaltung einer Straße ist in die Energiebetrachtung einzubeziehen. Dabei darf aber der Energieaufwand für die Aufbereitung von Abfallstoffen zu umweltverträglichen Straßenstoffen außer Betracht bleiben, wenn dadurch ein Beitrag zur Lösung des allgemeinen Abfallproblems geleistet wird und gleichzeitig knappe Baustoffe eingespart werden.

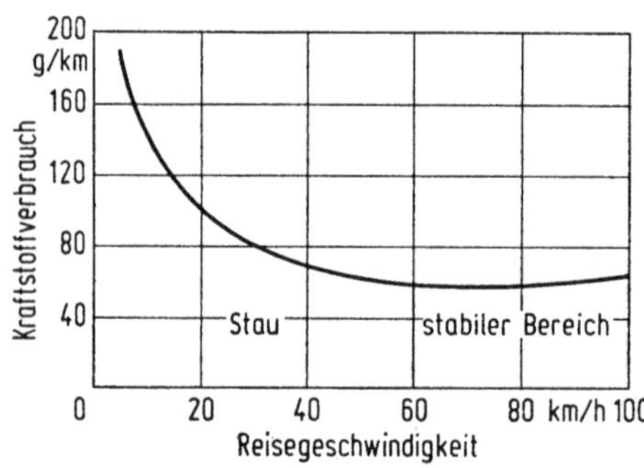

Bild 14.3. Anstieg des Kraftstoffverbrauchs mit sinkender, staubedingter Reisegeschwindigkeit.

14.3. Begrenzung des Verzehrs von Bau- und Rohstoffen

In manchen Gegenden werden Bau- und Rohstoffe, die sowohl für andere Zwecke als auch für den Straßenbau Verwendung finden, knapp. Unter Umständen können auch Seitenentnahmen nicht vorgesehen werden, weil sie aus Gründen des Naturschutzes nicht zugelassen werden. Der Einsatz von Ersatzbaustoffen ist schon bei der Trassierung (Höhenfestlegung) und bei der Wahl der Tragkonstruktionen zu berücksichtigen. Wünschenswert ist der Einbau von ungiftigen Abfallstoffen in Straßendämme [39]. Müssen wegen des Einsatzes weniger geeigneter Baustoffe die Böschungen flacher ausgeführt werden, dann führt dies im allgemeinen zu ästhetisch ansprechenden Lösungen, aber es entsteht möglicherweise ein Zielkonflikt mit der Forderung nach möglichst geringer Inanspruchnahme von Boden.

14.4. Begrenzung der Inanspruchnahme von Boden, der besser anderweitig genutzt würde

Boden ist nach dem Bundesnaturschutzgesetz [19] sparsam zu nutzen. Das Straßennetz nimmt zwar weniger als 3% der Bodenfläche der Bundesrepublik Deutschland in Anspruch [78], aber Straßen werden vorwiegend dort benötigt, wo die Nachfrage nach anderweitiger Nutzung von Boden im allgemeinen hoch ist.

Die Inanspruchnahme von Boden durch notwendige Straßen ließe sich grundsätzlich gering halten durch

— sparsame Breitenbemessung der Fahrbahn und der Zusatzstreifen (befestigte Flächen) und
— geringe Breite der Bankette, Böschungen und Schutz-(Mittel-)streifen.

Gegen eine zu geringe Breite der befestigten Straßenfläche und der Schutzstreifen sprechen

— die Gewährleistung der Funktion der Straße [42],
— die Forderungen der Sicherheit [74], (der Einsatz des RQ 26 [43] ist z.B. nur zulässig, wenn nur wenige breite Fahrzeuge (Lastkraftwagen) verkehren),
— die Forderung nach Vermeidung von täglich wiederkehrendem Stau und
— die Lebensbedingungen für Pflanzen im Mittelstreifen.

Die Breite des Banketts wird weitgehend vom Platzbedarf für Straßenausstattungsgegenstände und vom Ausweichweg angefahrener Schutzplanken bestimmt. Lärmschirme erfordern unter Umständen Bankettverbreiterungen (s. Abschnitt 14.9.).

Aus diesen Gründen empfiehlt es sich nicht, von den in [43] nach langen Abwägungsprozessen festgelegten Regelquerschnitten abzuweichen.

Die Böschungsbreite hängt zum einen davon ab, wie geländenah die Gradiente geführt werden kann, zum anderen von der Neigung und Ausformung der Böschung.

Die auch aus Gründen des Landschaftsbildes erwünschte gute Anschmiegung der Fahrbahn an das Gelände führt in bewegtem und gebirgigem Gelände zu einem Zielkonflikt mit der Forderung nach flüssigem und energiesparendem Verkehr. Allerdings stellt sich bei den Streckenabschnitten, die auf Dämmen und Brücken geführt werden und in den Übergangsbereichen auch das Problem der Beeinträchtigung der Sicherheit durch Wind.

Die maximale Böschungsneigung ist erdstatisch bedingt. Neigungen steiler als 1:1,5 erfordern i. d. R. zusätzliche Böschungssicherungen. Steile und gleichbleibende nur wenig ausgerundete Böschungen oder gar längere, hohe Stützmauern sind aus Gründen des Landschaftsbildes unerwünscht.

Grundsätzlich ist in Staatengemeinschaften mit landwirtschaftlicher Überproduktion die Frage zu stellen, ob es richtig ist, den Grunderwerb für eine Straße möglichst zu minimieren. Solange es nicht gelingt, die von Straßen ausgehenden Belastungen der an die Straße angrenzenden Räume mit Schadstoffen und Lärm an der Quelle selbst auf vernachlässigbare Werte zu vermindern, kann die Absorption der Schadstoffe im Straßenbegleitgrün auf straßeneigenem Boden eine umweltgerechte Lösung sein. Dadurch kann im allgemeinen auch das Landschaftsbild und unter Umständen die Lärmimmission verbessert werden. Unter Einbeziehung des Flächenbedarfs für absorbierendes Begleitgrün müssen Straßen auf Dämmen oder in Einschnitten nicht zu höherem Flächenbedarf führen als geländenahe Straßen. Dabei ist allerdings zu bedenken, daß die absorbierende Wirkung von Pflanzen auf Dämmen anders zu beurteilen sein wird als in Einschnitten und bei geländenahen Straßen. Wo breite Grünstreifen verfügbar sind, lassen sich im übrigen auch Rastplätze leichter unterbringen.

Straßen auf gut gestalteten Brückenkonstruktionen können bei besonders wertvollem Boden am Platz sein. Sie sind jedoch teuer in der Vorhaltung, begünstigen häufig die Bildung von Eisglätte bei Temperaturen um 0°C und können die Verkehrsgefahren durch Wind vergrößern. Es besteht somit ein Zielkonflikt mit der Verkehrssicherheit.

Auch die Wahl bestimmter Knotentypen [44] und ihrer Größe ist unter den Aspekten der Bodeninanspruchnahme vorzunehmen. Kompaktknoten (bei Autobahnen das „Kleeblatt" mit angepaßten Rampen) sind zu wählen, wenn keine anderen Gesichtspunkte dagegen sprechen.

Die vorübergehende Inanspruchnahme von Boden durch Seitenentnahmen (Abgrabungsflächen) und Deponien ist im allgemeinen weniger kritisch, da die Auflagen für solche Flächen in der Regel ihre spätere anderweitige Nutzung sicherstellen.

14.5. Begrenzung nachteiliger Auswirkungen, die der Straßenkörper, der Verkehr und der Betriebsdienst auf den Naturhaushalt ausüben

Nach § 1 des Bundesnaturschutzgesetzes [19] sind Natur und Landschaft" so zu schützen, zu pflegen und zu entwickeln, daß

1. die Leistungsfähigkeit des Naturhaushaltes,
2. die Nutzungsfähigkeit der Naturgüter,
3. die Pflanzen- und Tierwelt sowie
4. die Vielfalt, Eigenart und Schönheit von Natur und Landschaft

als Lebensgrundlage des Menschen und als Voraussetzung für seine Erholung in Natur und Landschaft nachhaltig gesichert sind."

Es ist somit nicht im Sinne des Bundesnaturschutzgesetzes, nur konservierenden Umweltschutz zu betreiben oder gar die Kulturlandschaft wieder in eine Naturlandschaft zurückzuführen. Straßenplanung als Umweltplanung hat aber sicherzustellen, daß von Straßen auf Dauer keine erheblichen Nachteile für die Natur und die Landschaft und damit für die Allgemeinheit ausgehen. Es wäre z.B. wenig umweltgerecht, ein zu Fuß erreichbares Naherholungsgebiet durch eine Straße zu entwerten, damit ein ferner liegendes Erholungsgebiet besser mit dem Kraftfahrzeug erreicht werden kann.

Auf Grund der Umweltanalyse sind nachteilige Auswirkungen des Straßenkörpers, des Straßenverkehrs (einschließlich unvermeidlicher Unfälle) sowie des Straßenbetriebsdienstes auf Natur und Landschaft so gering wie möglich, in jedem Falle aber unterhalb kritischer Größen zu halten. Umweltgerechte Straßenplanung erfordert aber auch die vorsorgliche Analyse von besonderen Gefahren für den Straßenverkehr, die lokal von Natur und Landschaft ausgehen (z.B. Nebelhäufigkeit, Überschwemmungsgefahr, Windböen, Glatteisgefahren, ungünstige winterliche Bedingungen) und die Minimierung dieser Gefahren.

Für den Straßenplaner ergibt sich bei der Lösung dieser Aufgabe die Frage, wo er seine Straße im Lage- und Höhenplan am besten führen soll, wenn er den vielfältigen Umweltforderungen gerecht werden will.

Grundsätzlich ist geschützten oder schützenswerten Landschaftsräumen oder Landschaftsbestandteilen (Naturdenkmale, landschaftsprägende Raumstrukturen, wertvolle Baumbestände usw.) sowie Wassergewinnungsgebieten nach Möglichkeit auszuweichen.

Noch vor wenigen Jahren war die Antwort auf die Frage, welchen Boden eine Straße in Anspruch nehmen sollte, klar: Möglichst keinen landwirtschaftlich genutzten Boden. Die Trasse wurde in Ödland, Moor- und Waldgebiete verwiesen, obwohl z.B. Moor besonderen Aufwand für die Gründung der Straße erfordert und eine Straße im Wald wegen der besonderen Wasser- und Eisglättegefahr

Sicherheitsprobleme aufwirft. Heute genießen Mischwald, Ödland und Feuchtgebiete nicht nur als Lebensraum (*Biotop*) seltener und wichtiger Pflanzen und Tiere, sondern auch als Regulator des Klimas und des Wasserhaushalts stärkeren Schutz. Trassen neuer Verkehrswege werden deshalb heute eher in Ackerland abgedrängt. In neuerer Zeit verweist man Straßen auch gern in das Gebiet ehemaliger Mülldeponien, weil man erwartet, daß die Straße unter erheblichem Mehraufwand für den Straßenbauträger eine entwertete Landschaft wieder aufwertet.

Führt der Bau einer Straße dazu, daß ein naturräumlich zusammenhängendes Gebiet verkleinert oder geteilt wird, dann ist im Einzelfall folgendes zu bedenken und vorzusehen:

— Die verbleibenden Lebensräume müssen für bestimmte Arten noch ausreichend groß sein.
— Die Trennung von Lebensräumen durch eine Straße kann zur Tötung von Tieren führen, welche auf dem Weg zum anderen Teil ihres Lebensraumes die Straße kreuzen. Damit werden möglicherweise auch Gefahren für den Verkehr geschaffen. Kann eine solche Trennung nicht vermieden werden, dann sind Kreuzungsbauwerke für Wild (in Verbindung mit Wildsperrzäunen) und/oder Amphibien vorzusehen. Allerdings nehmen nicht alle Tiere die ihnen zugedachten Überwege an.
— Von Wunden, welche beim Bau einer neuen Straße entstehen, können fortschreitende Zerstörungen ausgehen. Zum Beispiel kann es zu einer fortschreitenden Lockerung des Gesteinsgefüges mit Gesteinsabgängen, andauernden Rutschungen, Fließen von Boden, der zufolge der Baumaßnahme der Wassereinwirkung ausgesetzt ist, kommen.
— Nach dem Schlagen einer Wald-Schneise werden Gehölze der Sonne und dem Wind ausgesetzt, die vorher von den Nachbargehölzen vor solchen Einwirkungen geschützt waren. Dadurch kann es bei flachwurzelnden Bäumen (z.B. Fichten) zu Windwurf kommen. Durch Beschneiden der Baumkronen der exponierten Bäume kann die Windwurfgefahr allerdings gemindert werden. Sonneneinwirkung kann bei glattrindigen Bäumen zum Rindenbrand — Auf- und Abplatzung der Rinde und damit Absterben — führen. Zur Minderung der Gefahr vor Austrocknung, aber auch als Kulisse vor astlosen hohen Stämmen empfiehlt es sich, rasch eine Vorpflanzung vorzunehmen.

Die Straßenplanung hat in besonderem Maße auf die Erhaltung eines intakten Wasserhaushalts und die Gewährleistung der Trinkwasserversorgung Rücksicht zu nehmen.

— Mit Rücksicht auf Schadstoffe, die bei Unfällen freiwerden, auf Stoffe des Betriebsdienstes, Abrieb, Schadstoffniederschläge usw. sind Straßen in Wassergewinnungsgebieten entweder gar nicht (engere Wassergewinnungszone) zulässig, oder mit Vorkehrungen auszustatten, die Unfällen vorbeugen, Unfallfolgen gering halten und das Einsickern von unerwünschten Stoffen in das Grundwasser verhindern [45],
— Straßen sind nicht so dicht an Gewässer zu legen, daß eine Uferbefestigung mit Beton erforderlich wird, weil dadurch die Selbstreinigungskraft des Gewässers herabgesetzt wird. Ufer von Gewässern und insbesondere solche, die zufolge von Seitenentnahmen (Abgrabungsflächen) entstehen, sollten nach Bild 14.4 ausgebildet werden. (Bei seitlichen Bodenentnahmestellen, die später als Freizeit- und Erholungsbereiche genutzt werden sollen, ergibt sich ein Zielkonflikt zwischen dem Anliegen aus Transportgründen die Seitenentnahmestellen möglichst nahe an der Straße zu wählen, und dem Wunsch, Erholungsbereiche in großen Abständen von Straßen anzulegen.)

— Werden Straßen neben Wasserläufen, die häufig über die Ufer treten, auf Dämmen verlegt, dann ist zu bedenken, daß dadurch unter Umständen Wasserspeicherräume und Wasserinfiltrationsräume verkleinert werden, die für bestimmte Arten lebenswichtig sind.

Neben diesen negativen -Zwangspunkten und -bereichen, die sich aus Einflüssen der Straße auf Natur und Landschaft ergeben, müssen aber auch die Einflüsse der Natur auf die Straße und den Straßenverkehr bei der Linienführung berücksichtigt werden. So sind Bereiche häufiger Nebel- oder Glatteisbildung nach Möglichkeit zu meiden.

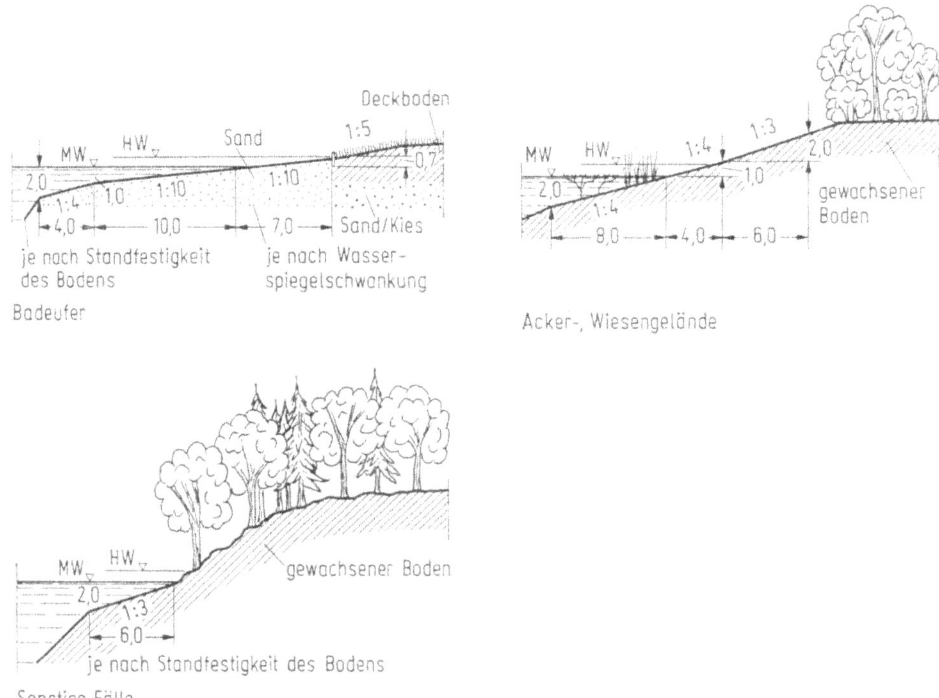

Bild 14.4. Naturgerechte Ausbildung von Uferböschungen. (Nach Richtlinien derBundesländer).

Die Beeinträchtigung des Naturhaushaltes durch eine Straße hängt auch von ihrer Lage zum Gelände, d.h. vom Höhenplan, ab. In Bild 14.5 sind mögliche Beeinträchtigungen für verschiedene Höhenlagen dargestellt.

In den Skizzen ist auch der Aufwand für Kreuzungsbauwerke für Wild oder Amphibien angedeutet.

Straßendämme oder Lärmschirme in Tälern können den Kaltluftfluß stören. Dies kann zu einer unzureichenden Durchlüftung von Baugebieten, zu erhöhter Frostgefahr für landwirtschaftliche und gärtnerische Kulturen und auch zu vermehrter Reifglättebildung auf der Straße und damit zu erhöhter Unfallgefahr für den Verkehr führen. Als Abhilfemaßnahme gegen Kaltluftstau empfiehlt es sich in solchen Fällen die Straße nicht auf einen Damm, sondern auf ein Brückenbauwerk, das den Kaltluftfluß nicht behindert, zu legen.

Höhenlage der Straße	Flächenbedarf	Wahrscheinlichkeit für Wildunfälle	Mögliche Beeinträchtigung des Naturhaushaltes durch		
			den Straßenkörper	das Straßenoberflächenwasser	Landschaftsbild
 Auf Damm (Kaltluftstau)	wächst mit Breite der Böschungen	gering	Behinderung der Kaltluftzirkulation und des Grundwasserflusses	durch Wasser, das über die Böschung abläuft und durch Sprühfahnen	Damm und Verkehr fallen i.a. weithin ins Auge Einbindung mit Pflanzen möglich
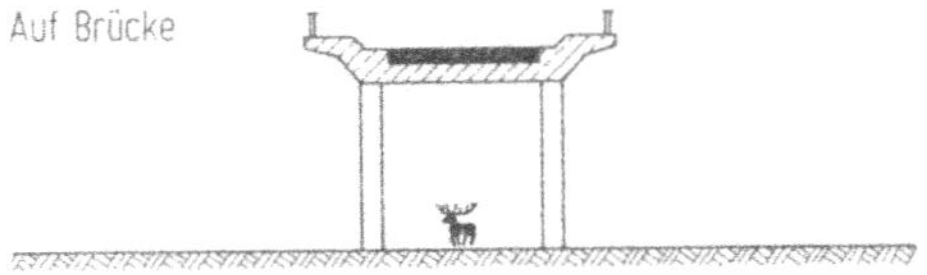 Auf Brücke	gering	Null	Schattenwurf und Abschirmung gegen Niederschläge	durch Sprühfahnen	Bauwerk auffallend, kann aber bei guter Gestaltung Landschaft bereichern
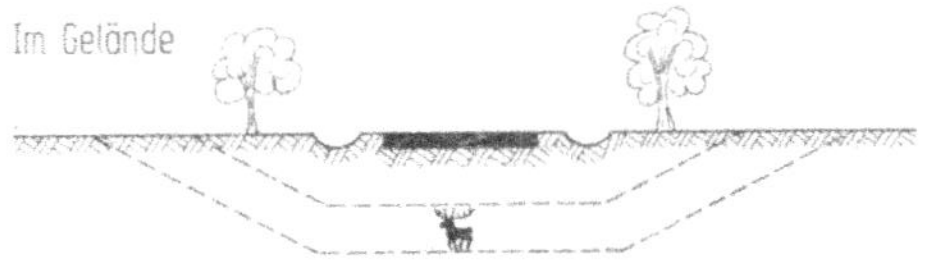 Im Gelände	wächst mit Breite der seitlichen Grünstreifen	erheblich		durch Sprühfahnen oder wenn gesammeltes Wasser abgeleitet wird	Straßenkörper wenig auffällig aber Verkehr kann störend wirken, sofern er nicht durch Pflanzen abgeschirmt wird
 Im Einschnitt	wächst mit Breite der Böschungen	erheblich	Senkung des Grundwasserspiegels beim Bau oder bleibend	in tiefen Einschnitten keine, wenn gesammeltes Wasser abgeleitet wird	Straße und Verkehr fallen weniger ins Auge
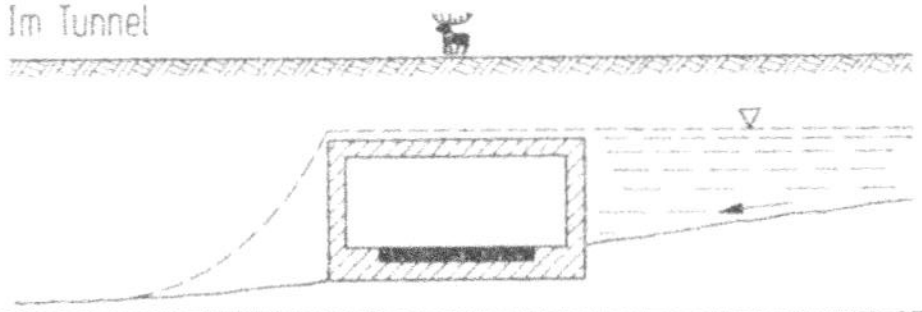 Im Tunnel	nur im Rampenbereich	Null	Senkung des Grundwasserspiegels beim Bau, bleibender Grundwasserstau	keine	keine

Bild 14.5. Mögliche Beeinträchtigungen des Naturhaushaltes und des Landschaftsbildes durch Straßen in Abhängigkeit von deren Höhenlage.

Das Bemühen um große Geländenähe einer Straße darf — besonders in ebenem Gelände — nicht dazu führen, eine Straße geländegleich anzuordnen. Aus Gründen der Sicherheit (Sichtbehinderung durch Getreide in Kurven, wilde Zufahrten), der Entwässerung und des Winterdienstes sollte die Fahrbahnoberfläche etwa 0,5 m über Gelände angeordnet werden.

Tiefliegende Straßen können den Grundwasserspiegel vorübergehend (beim Bau) oder bleibend verändern. Unter Umständen kann es auch zu Grundwasserstau durch den Straßenkörper (Tunnel, Wanne) kommen. Veränderungen des Grundwasserstandes können zwar Gehölze, die ihr Wurzelwerk auf den früheren Grundwasserstand ausgerichtet hatten, zum Absterben bringen, Neubepflanzungen können aber durchaus erfolgreich sein.

Mit den in Bild 14.5 dargestellten *möglichen* Beeinträchtigungen ist allerdings nur in bestimmten Fällen zu rechnen. Es wäre daher falsch, etwa grundsätzlich wegen Gefahr von Kaltluftstau alle Dämme durch Brücken zu ersetzen.

Das Anschneiden von Grundwasser, das der Trinkwasserversorgung dient, durch Einschnitte oder Abgrabungsflächen ist unzulässig. Baustoffe, von denen eine Vergiftung des Grundwassers ausgehen könnte, sind nicht einzusetzen.

Grundsätzlich sollte Regenwasser dem Boden nicht entzogen werden. Aus diesem Grund sind Lärmschutzwand-Lösungen entwickelt worden, die eine Straßenentwässerung unter der Wand hindurch ermöglichen (s. 14.9.). Bei der notwendigen Wasserableitung ist offenen, begrasten Mulden im allgemeinen der Vorzug vor Rohren zu geben. Es ist aber zu bedenken, wohin die vom Verkehr emittierten Feststoffniederschläge, Abriebstoffe, Auftaustoffe und unter Umständen die Pflanzenbehandlungsmittel des Betriebsdienstes — insbesondere die feindispersen Stoffe — im Laufe der Zeit mit dem Straßenoberflächenwasser gelangen können. Nach den örtlichen Gegebenheiten ist deshalb zu prüfen, ob das Straßenoberflächenwasser wegen seiner Verschmutzungen gefaßt und in dichten Gerinnen (Rohren) — erforderlichenfalls nach Reinigung — in den nächsten Vorfluter eingeleitet werden soll.

Einer planmäßigen Austrocknung von Feuchtgebieten zur Sicherung von Straßen steht die Forderung des Bundesnaturschutzgesetzes entgegen, daß Wasserflächen zu erhalten und zu vermehren sind (§ 2 (6)).

Die Erfüllung der Forderungen des Bundesnaturschutzgesetzes bereitet derzeit noch Schwierigkeiten, weil

— die Wirkzusammenhänge des Naturhaushaltes noch nicht ausreichend erforscht sind und somit unangreifbare Kriterien und Wichtungen nicht vorliegen,
— für die Bewertung der Schönheit von Natur und Landschaft (vgl. 14.6.) keine allgemein anerkannten Maßstäbe gelten,
— der Erholungswert verschiedener Naturräume nicht in Maß und Zahl angegeben werden kann,
— *Landschaftspläne*, wie sie das Bundesnaturschutzgesetz fordert, noch nicht überall vorliegen und die für die notwendigen Abwägungen erforderlichen Landschafts- und Naturdaten erst noch erhoben werden müssen.

Für die Straßenplaner ist es deshalb notwendig, schon im frühen Stadium der Planung mit den Natur- und Landschaftsbehörden und -gremien zusammenzuarbeiten. Schon im Stadium der Voruntersuchungen und Linienbestimmung sollten die Fachleute des Natur- und Landschaftsschutzes Aussagen über die *Umweltverträglichkeit* der ins Auge gefaßten Trassenvarianten machen und Angaben über die Vermeidung bzw. die Minimierung nachteiliger Beeinträchtigungen von Natur und Landschaft machen.

Ob es sich empfiehlt, zur leichteren Handhabung der Daten in Rechenanlagen den Landschaftsraum in quadratische Raster von 100 bis 150 m Kantenlänge einzuteilen [4] oder ob allein die Parzellen, die für die Planfeststellung ohnehin bedeutsam sind, mit den erforderlichen Daten belegt werden, ist im Einzelfall zu prüfen. Für die Planung benötigt werden Daten der Landnutzung, schutzwürdige Flächen und Objekte, Freizeit- und Erholungsgebiete mit Zuwegung, Mindestgrößen für bestimmte Biotrope, Empfindlichkeiten aller Art.

Können die landschaftspflegerischen Maßnahmen nicht in ausreichendem Maße in den Straßenbauplänen dargestellt werden, dann ist ein *landschaftspflegerischer Begleitplan* samt Erläuterungsbericht zu erstellen. In jedem Falle ist ein landschaftspflegerischer Begleitplan aufzustellen, wenn von der geplanten Straße tiefgreifende Auswirkungen auf den Naturhaushalt und das Landschaftsbild ausgehen können oder Maßnahmen zur Erhaltung besonders schutzwürdiger Bereiche notwendig sind. Im landschaftspflegerischen Begleitplan sind auch die in § 8 des Bundesnaturschutzgesetzes geforderten Ausgleichs- und Ersatzmaßnahmen festzulegen. Der landschaftspflegerische Begleitplan muß selbstverständlich sicherstellen, daß die Ziele des Landschaftsrahmenplans und des Landschaftsplanes bei der Straßenplanung berücksichtigt sind.

14.6. Schonung der landschaftscharakteristischen und historischen Substanz, Berücksichtigung visueller Bedürfnisse

Landschaftsprägende Strukturen, Naturdenkmale, wertvolle Baumbestände und wertvolle historische Substanz, Einzelobjekte oder ganze Ensembles sollten durch Straßen möglichst nicht entwertet werden [113a].

Die Berücksichtigung der visuellen Bedürfnisse des Menschen darf sich bei allen Umweltmaßnahmen aber nicht nur auf die Straßenanlieger und Fußgänger beschränken. Auch die visuellen Bedürfnisse der Straßenbenutzer in Fahrzeugen sind angemessen zu berücksichtigen. Es wäre unmenschlich, sie nur in Einschnitten, zwischen Wällen und Wänden oder gar nur in künstlich beleuchteten Tunnels fahren zu lassen. Wo immer es möglich ist, sollten den Straßenbenutzern in den Fahrzeugen Ausblicke in Natur und Landschaft ermöglicht werden.

Straßen sollen als Teil der Kulturlandschaft möglichst ästhetisch ansprechend in die vorgegebene Raumstruktur eingefügt und dem Geländeverlauf möglichst gut angepaßt werden (siehe auch Kap. 15). Landschaftsgerecht trassierte und gestaltete Straßen können zu einer Bereicherung des Landschaftsbildes beitragen. Im Einzelfall ist zu entscheiden, ob sich das Bauwerk Straße dem Landschaftsbild optisch über-, ein- oder unterordnen soll. Besondere Bedeutung kommt dabei der Linienführung zu (siehe auch Kap. 12). Die sich aus der Funktion der Straße [42] ergebenden Anforderungen an die Linienführung begrenzen allerdings die Anpassungsmöglichkeiten. Die aus Sicherheits- und Verkehrsflußgründen zu beachtenden Gesichtspunkte — insbesondere für die optische Führung — sind in [46] zusammengestellt. Grundsätzlich erfordern Ebenen bei der Linienführung Großzügigkeit, enge Täler Beschränkung. Dies ist bei der Wahl der Entwurfsgeschwindigkeit zu beachten. Erhaltenswerter vorhandener Bewuchs sollte als vorgegebene Randbedingung aufgefaßt werden. Einzelbäume und Gehölzgruppen können einer Straße ein besonderes Profil verleihen. Alleereste, die beim Ausbau von Straßen zufolge Streckung der Linie abgetrennt werden, können mit Junggehölzen unterpflanzt nicht nur die Funktion eines markanten Bewuchsmotives, sondern auch eines schattenspendenden Park- und Rastplatzes übernehmen. Bei Straßenverbreiterungen sollte eine Alleeseite erhalten bleiben. Ist es nicht möglich, eine geschlossene Baumreihe zu erhalten, dann sollten möglichst viele gesunde Restbäume erhalten werden. Die volle Erhaltung von Baumgruppen ist nicht immer die beste Lösung. Mit einer Durchschneidung kann oft eine eindrucksvolle Torwirkung erzielt werden.

Aus Gründen des Landschaftsbildes sollen im allgemeinen harte Konturen vermieden werden. Dies läßt sich durch abwechslungsreich gestaltete, gerundete und flache Böschungen (Bild 12.77) sowie durch landschaftsadäquate Kunstbauten in einer guten Linienführung erreichen. Planungen, die von vornherein eine schlechte Gestaltung des Straßenkörpers in Kauf nehmen, weil sie davon ausgehen, daß alle gestalterischen Mängel später durch Pflanzen verdeckt werden, finden heute in der Regel keine Zustimmung.

Straßenbegleitgrün ist nicht nur als Mittel zur Böschungssicherung und zur besseren Einbindung von Straßen in die Landschaft, sondern auch als Schadstoffabsorber, Mittel der optischen Führung und der vorbewußten Geschwindigkeitsregelung, als Hinweis auf Knotenpunkte, als Schnee- und Windschutz sowie als Schirm gegen visuelle Beeinträchtigungen durch den Verkehr einzusetzen. Gehölze, die im allgemeinen weniger Pflegeaufwand als Grasflächen erfordern, sind unter Berücksichtigung der Standortgerechtigkeit, der Resistenz gegen Tausalze und Schadstoffe, der aktiven Sicherheit (Aufrechterhaltung der Sichtweiten) und der passiven Sicherheit (keine jähen Verzögerungen für die Insassen auffahrender Fahrzeuge) anzuordnen. Da Straßen aus den unter 14.5. erläuterten Gründen möglichst nicht in Talsohlen geführt werden sollen, muß zwangsläufig die Hanglage gewählt werden. Dabei ist im Hinblick auf die Immissionen die Hauptwindrichtung zu beachten. Eine Gebirgsstraße in Hanglage sollte — außer bei bleibend standfestem Fels — im allgemeinen nicht „in den Hang hinein gesprengt" werden. Unter Umständen ist eine Staffelung der Fahrbahnen vorteilhaft. Bänke von verwitterungsbeständigem Fels sollten nicht zu geometrisch stetigen Böschungsneigungen abgesprengt werden. Wo Lebendverbau nicht zur Sicherung ausreicht, sind landschaftsgerecht gestaltete Stützmauern oder Brückenkonstruktionen einzusetzen. Bild 14.6 zeigt eine Lösung, bei der die Straße in Hanglage sowohl optisch als auch lärmtechnisch gegen die im Tal befindlichen Bebauungen abgeschirmt ist. Der abschirmende Wall ist dabei entsprechend dem Relief der vorgegebenen Landschaft modelliert worden. Wo Lärmschutz nicht erforderlich wird und Fahrzeuge auf der Straße nicht störend wirken, ist den Bedürfnissen der Fahrzeuginsassen nach Ausblick in die Landschaft Rechnung zu tragen.

Ebenso wie Straßen unter Beachtung der Maßstäblichkeit und des Landschaftsbildes nur nach sorgfältiger Abwägung in vorgegebene Landschaften einzufügen

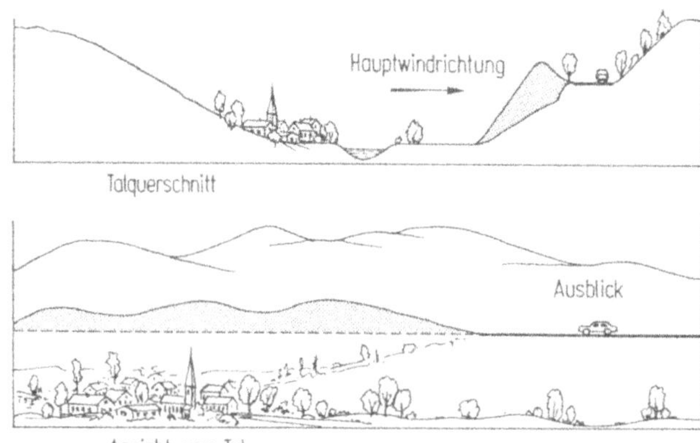

Bild 14.6. Beispiel einer am Hang geführten Straße mit Lärmschutzwall.

Höhenlage der Stadtstraße	Trennwirkung	Visuelle Beeinträchtigung des Stadtbildes
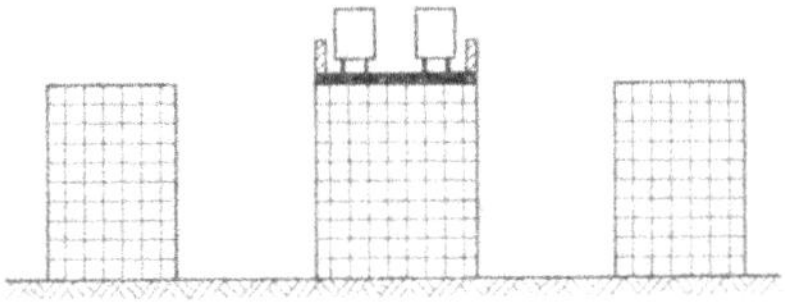 a auf Gebäudezeile	tritt nicht in Erscheinung	unbedeutend
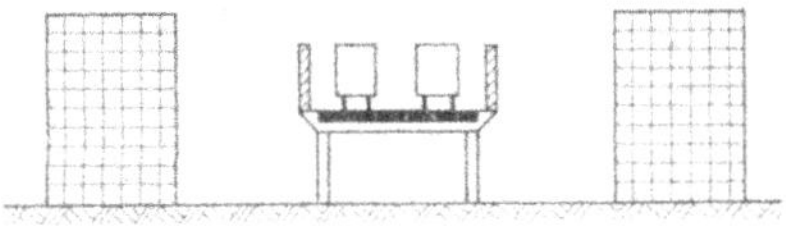 b auf Brückenkonstruktion	gering	unter Umständen erheblich
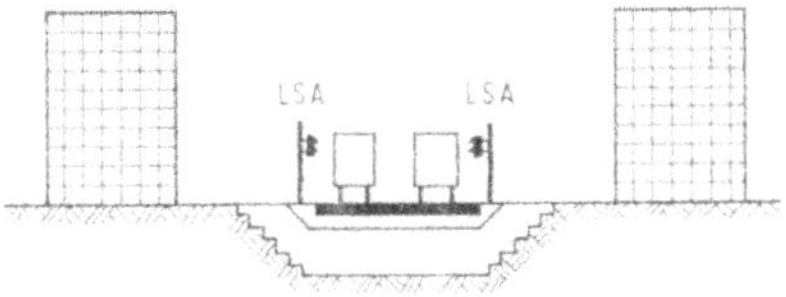 c im Gelände (LSA)	bei starkem Verkehr erheblich Abbau durch: Signalanlagen, Unterführungen	durch den Verkehr
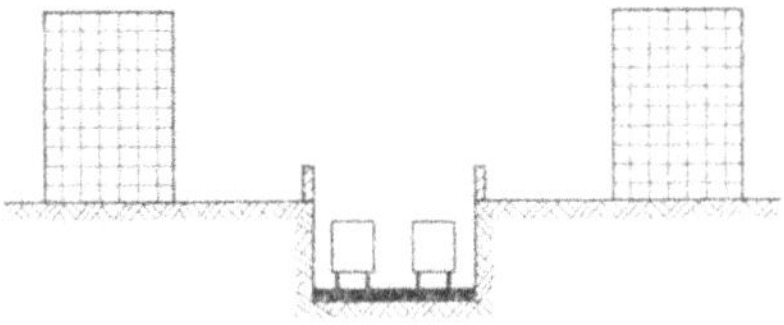 d im offenen Einschnitt	erheblich	gering (aus der Ferne) bis erheblich (aus der Nähe)
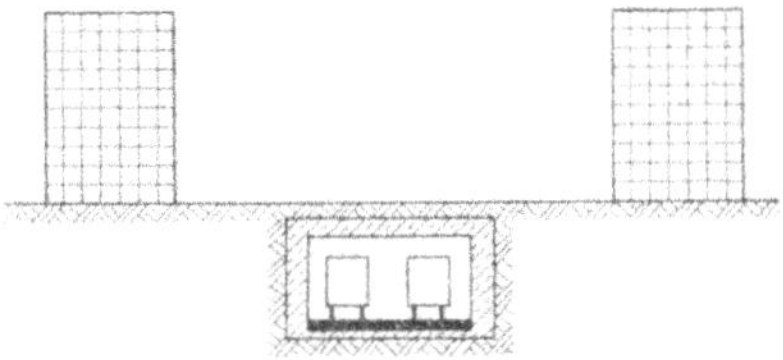 e im Tunnel	keine	keine
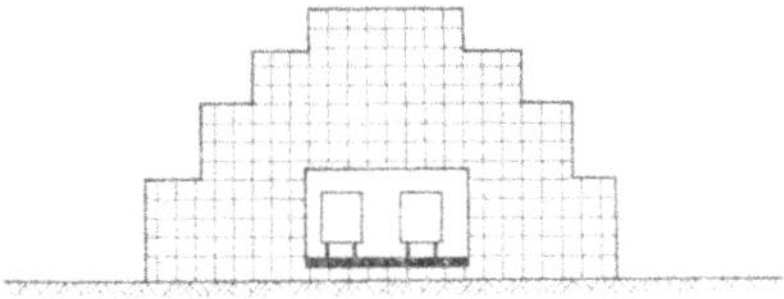 f im Gebäude	tritt nicht in Erscheinung	keine

Bild 14.7. Trennwirkung und mögliche visuelle Beeinträchtigungen durch Stadtstraßen in Abhängigkeit von deren Höhenlage.

sind (vgl. 14.5.), erfordert ihre Einfügung in bebaute Gebiete viel Einfühlungsvermögen. Das Orts- und Stadtbild sollte möglichst wenig Schaden leiden und nach Möglichkeit sogar verbessert werden.

Nachteilige visuelle Beeinträchtigungen, die durch mangelnde Harmonie des Bauwerks Straße, durch Verlust an Privatsphäre — der zu erwarten ist, wenn nachträglich gebaute Hochstraßen Einblicke in Wohnungen ermöglichen —, Schattenwurf von Hochstraßen und Begünstigung von Schmutzecken sind zu bedenken und nach Möglichkeit zu vermeiden. Bild 14.7 gibt Hinweise auf mögliche visuelle Beeinträchtigungen bei unterschiedlichen Höhenlagen einer Straße.

In bebauten Gebieten sollte Grün als Schadstoffabsorber Bindeglied zur Natur, Schattenspender und Gestaltungselement in verstärktem Maße eingesetzt werden. Deshalb sind die Straßengestaltung, die Befestigung der Flächen sowie der Betriebs- und Winterdienst von vornherein auf die Bedürfnisse der Pflanzen abzustellen.

14.7. Minimierung der Trennwirkung

Straßen für den Kraftverkehr haben in Längsrichtung für den Menschen eine verbindende Funktion. In Querrichtung können sie sich dagegen trennend auf die menschliche Kommunikation auswirken. (Auf die ökologischen Trennwirkungen wurde bereits unter 14.5. eingegangen.) Die Stärke der Trennwirkung hängt dabei von

— der Stärke und Schnelligkeit des Kraftverkehrs ab, der die jederzeitige Nutzung der Fahrbahn für nichtmotorisierte Menschen nicht zuläßt und von
— der Lage der Fahrbahn zur Bebauung und der Höhenlage der Fahrbahn ab.

Straßen, von denen Trennwirkungen ausgehen können, sind deshalb im Lageplan nach Möglichkeit dort zu führen, wo auch unter Berücksichtigung raumordnerischer Zukunftsplanungen mit geringen menschlichen Kommunikationen in Straßenquerrichtung zu rechnen ist. Dies ist vor allem dort der Fall, wo bereits bleibende natürliche (z.B. Flüsse oder schwer passierbare Höhenzüge) oder künstliche (z.B. Kanäle oder Eisenbahnen) Trennwirkungen vorhanden sind. Legt man beispielsweise außen neben eine Eisenbahn, die am Fluß entlang führt, eine Straße, dann wird dadurch die Trennwirkung kaum noch zusätzlich erhöht.

In Bild 14.7 ist die Trennwirkung einer Straße in Abhängigkeit von ihrer Höhenlage dargestellt. Straßen, die nicht in Erscheinung treten (dies ist bei a, e und f der Fall), haben selbstverständlich die geringste Trennwirkung. In der Abbildung sind auch Gegenmaßnahmen angedeutet: Bei Hochlagen Durchgänge, bei Tieflagen ebenerdige Brücken. In diesen Fällen ergeben sich für Fußgänger und Radfahrer nur Umwege. Bei ebenerdiger Straße ergeben sich zusätzlich zu Umwegen entweder Erschwernisse durch Vertikalwege bei Unterführungen (und mehr noch bei Überführungen), oder Wartezeiten an den Signalanlagen. Die in Bild 14.7 vorgenommene Bewertung gilt nicht in Rampenbereichen.

In reinen Wohngebieten versucht man neuerdings die Trennwirkung von Straßen dadurch zu mindern, daß die Trennung der Verkehrsarten, die in der unterschiedlichen Ausbildung von Fahrbahn und Bürgersteigen zum Ausdruck kommt, aufgegeben wird. Der gesamte Straßenraum wird Fußgängern, Radfahrern und Kraftfahrern ohne jegliche bauliche Trennung zur Verfügung gestellt. Voraussetzung für diese Konzeption ist die Verdrängung jeden Kraftverkehrs, der nicht Ziel oder Quelle in der betreffenden Straße hat, und die Durchsetzung einer Höchstgeschwindigkeit von 30 km/h oder weniger für den verbleibenden Kraftverkehr.

14.8. Begrenzung der Belastung der Luft mit Fremdstoffen

14.8.1. Beeinträchtigungen durch Luftfremdstoffe, Grenzwerte

Die Verbrennungsmotoren der Kraftfahrzeuge emittieren eine Vielzahl von Stoffen (Bild 14.8.), die in unterschiedlichen Konzentrationen in der Luft feststellbar sind. Der Anteil dieser Stoffe wird in Gewicht pro Kubikmeter Luft (z.B. mg/m^3), und gelegentlich auch noch in Teilchen pro 1 Million Luftteilchen ppm oder gar in Teilchen pro 1 Milliarde (im englischen Sprachraum pro Billion) ppb angegeben. Maßgebend für die Emission dieser Luftfremdstoffe sind nicht nur die Verkehrsstärken (Zahl der Quellen) und die Verkehrszusammensetzung (Größe — Lkw) schwere oder leichte Pkw — und Art der Quellen — Diesel- oder Ottomotor —, sondern auch die Betriebsbedingungen. Bild 14.9 läßt beispielsweise erkennen, daß im Stadtverkehr die auf 100 m Straße bezogenen Emissionen von Kohlenmonoxid (CO) und von Kohlenwasserstoffen (CH) zunimmt, je zähflüssiger (langsamer) der Verkehr wird. Besonders hohe Werte ergeben sich im Stau. Die Emission von Stickoxiden (NO_x) nimmt dagegen zu, je flüssiger der Verkehr wird.

Die zutreffende Messung der in der Luft neben Straßen vorhandenen Fremdstoffe, d.h. die Messung der Immissionskonzentrationen ist wegen der geringen Konzentration bei einzelnen Fremdstoffkomponenten schwierig und z.T. nur in weiten Genauigkeitsgrenzen möglich. Man hilft sich daher häufig mit der meßtechnischen Erfassung sogenannter Leitkomponenten.

Die Immissionskonzentrationen hängen stark von den Witterungsbedingungen ab. Bei starkem Luftaustausch (Wind, Verwirbelung) sind die Konzentrationen

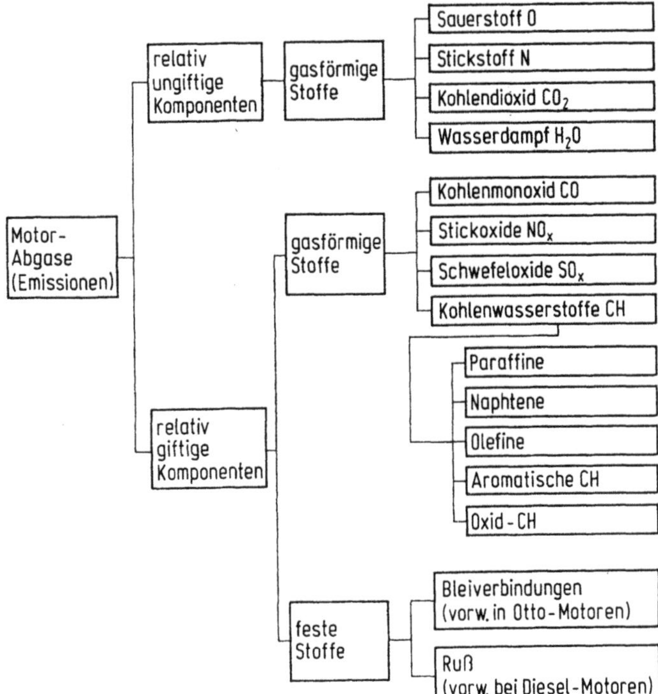

Bild 14.8. Übersicht über die von Kraftfahrzeugen emittierten Luftfremdstoffe.

niedriger als bei austauscharmen Wetterlagen. Besonders ungünstige Situationen ergeben sich bei Windstille und Inversionswetter. Bei gleicher Emission können sich deshalb die Immissionskonzentrationen um den Faktor 5 unterscheiden.

Die Beantwortung der Frage, welche Wirkungen von den Luftfremdstoffen in geringer Konzentration auf Gesundheit und Wohlbefinden des Menschen ausgehen [75] ist nicht ohne weiteres möglich. Da die schädigende Wirkung von Luftfremdstoffen von ihrer Konzentration abhängt und da die auf den Kraftverkehr zurückgehenden Immissionen im allgemeinen gering sind, ist in Bild 14.8 nach relativ giftigen (in höheren Konzentrationen absolut giftigen) und relativ ungiftigen Stoffen unterschieden worden.

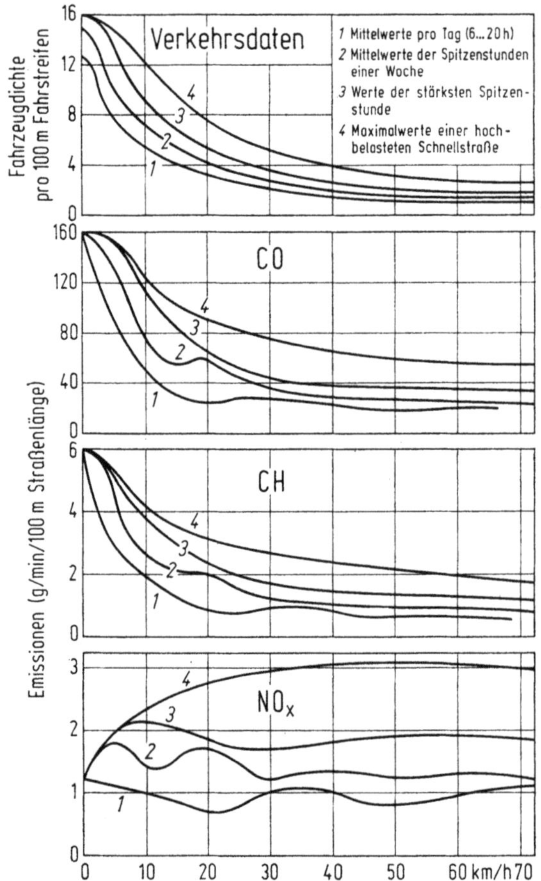

Bild 14.9. Einfluß der Verkehrsbedingungen auf die Schadstoffemission pro 100 m Straßenlänge. Nach [22a]).

Zu bedenken sind sowohl die direkten Einwirkungen auf die Haut und die Atmungsorgane als auch die indirekten Einwirkungen, wie Aufnahme von Schadstoffniederschlägen über die Nahrungskette, großräumige Klimaveränderungen durch Anreicherung von Luftfremdstoffen in höheren Luftschichten und lokale Smogbildung bei ungünstigem Wetter. Feste Schwebstoffe wie Ruß, können, wenn sie selbst auch nicht giftig sind, als Transportmittel für giftige (z. B. karzinogene Kohlenwasserstoffe) Stoffe fungieren.

Bei der Bewertung der Wirkungen ist zu bedenken, daß sich Luftfremdstoffe aus Industrie, Hausbrand und Verkehr überlagern. Die Konzentration der einzelnen Komponenten verändert sich im Laufe der Zeit erheblich. Der Mensch ist bei seiner Tätigkeit, beim Rauchen, beim Durchfahren von Tunnels usw. stark unterschiedlichen Konzentrationen ausgesetzt. Hierzu kommt eine große Variationsbreite der Empfindlichkeiten. Es ist daher schwierig, nach Abwägung von Wünschenswertem und technisch wirtschaftlich Machbarem Grenzwerte festzulegen.

Der Gesetzgeber hat für die Schadstoff-Immissionen im Straßenbereich noch keine verbindlichen Grenzwerte für Luftfremdstoff formuliert. Er bemüht sich aber, die Schadstoffemissionen der Kraftfahrzeugantriebe Zug um Zug durch Vorschriften für die Begrenzung der Schadstoffemissionen der neu in den Verkehr kommenden Fahrzeuge zu senken [73].

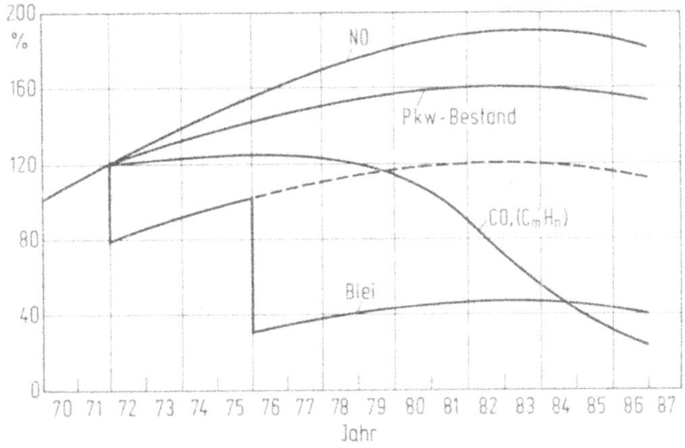

Bild 14.10. Voraussichtliche Entwicklung des Pkw-Bestandes und der von den Pkw insgesamt emittierten Schadstoffe unter Berücksichtigung der bis 1978 wirksam gewordenen Abgasgesetzgebung in der Bundesrepublik Deutschland. (Nach [87]).

Für die wesentlichen Schadstoffe wird die Senkung der Emissionen auf $^1/_{10}$ der Werte des Jahres 1969 angestrebt. Maßgebend ist dabei die Emission beim Durchfahren eines repräsentativen Stadtfahrzyklus (Europazyklus). Die bis 1978 wirksam gewordenen Maßnahmen zur Emissionsbegrenzung haben gemäß Bild 14.10 bereits dazu geführt, daß die Emission von Kohlenmonoxid (CO) und von Kohlenwasserstoffen (CH) trotz zunehmender Kraftfahrzeugzahl und wachsender Hubräume insgesamt rückläufig ist und weiter abnimmt, weil sich Maßnahmen an Neufahrzeugen erst nach etwa 10 Jahren (Ersatz der alten Fahrzeuge durch neue) voll auswirken. Bild 14.10 zeigt auch die drastische Reduzierung der Bleiemissionen durch Vorschrift über die Reduzierung des Bleianteils im Kraftstoff. Da bisher für Stickoxide keine Beschränkungen galten, sind die NO_x-Emissionen angestiegen. Die bereits verabschiedeten Vorschriften für eine weitere Minderung der Emissionen der Kraftfahrzeugantriebe wird auch die NO_x in die Grenzwerte einbeziehen.

In Ergänzung zum Bundes-Immissionsschutzgesetz hat die öffentliche Hand in der „Technischen Anleitung-Luft (TA-Luft)“ [14] für verschiedene Luftfremdstoffkomponenten aus gewerblichen Anlagen pragmatisch Grenzwerte festgelegt. Diese gelten jedoch nicht für Immissionen des Kraftverkehrs. Auch die Meßvorschrift — nämlich die Feststellung von Immissionsmittelwerten über einer bestimmten Fläche (z. B. 1 km²) — spricht gegen die Anwendung dieser Grenzwerte auf die Linienquelle Straße. Dennoch hat die TA-Luft für den Straßenplaner Bedeutung: Wo Industrie und Heizanlagen die Immissionsgrenzwerte der TA-Luft bereits voll ausgeschöpft haben, ist für einen weiteren Emittenten, z. B. eine neue Straße, kein Raum mehr. Besonders in Industriegebieten ergeben sich so negative Zwangsbereiche für neue Straßen, die entweder Zusatzmaßnahmen bei anderen Emittenten (Industrie, Heizanlagen) oder Tunnellösungen mit Entgiftung der Abluft im Entlüftungssystem erfordern können.

14.8.2. Möglichkeiten zur Minderung der Luftfremdstoffemissionen durch straßenbauliche und -betriebliche Maßnahmen

Der Straßenplaner kann die Emission von Schadstoffen in gewissen Grenzen durch planerische und betriebliche Maßnahmen beeinflussen. Wo die vom Straßenverkehr ausgehenden CO- und CH-Konzentrationen z. B. wegen Überlagerung mit entsprechenden Industrie- und Heizanlagen Emissionen besonders gemindert werden müssen, sind Betriebszustände zu vermeiden, die zu hohen Fahrzeugdichten (Fahrzeuge pro Kilometer Straße) führen und bei denen die Fahrer besonders viel Gas geben (Bild 14.9). Solche Betriebszustände sind an nicht ausreichend bemessenen Straßenabschnitten, längeren starken Steigungen und Straßenknoten, an denen viele Fahrzeuge anhalten müssen, zu erwarten. Im Einzelfall ist abzuwägen, ob die unerwünschten Anhaltevorgänge an Knoten durch kreuzungsfreien Ausbau des Knotens oder mit Hilfe von Signalanlagen vermieden werden können.

14.8.3. Möglichkeiten zur Minderung der Luftfremdstoffimmissionen durch straßenbauliche und -betriebliche Maßnahmen

Die Möglichkeiten, mit denen der Straßenplaner die von einer Straße ausgehenden Schadstoffimmissionen mindern kann, sind in Bild 14.11 dargestellt.

- Vergrößerung des Abstands
- Sorge für gute Durchlüftung des Straßenraumes
- Führung der Straße im Tunnel.

In einem dicht besiedelten Land, aber auch aus verkehrlichen und anderen Umweltgründen sind die Möglichkeiten, die Immissionen durch Abstandsvergrößerung zu senken, beschränkt. Für generelle Abschätzungen der Minderung bestimmter Schadstoff-Konzentrationen mit Vergrößerung des Abstandes von der Straße kann das Diagramm des Bildes 14.12 [58] verwendet werden. Auch die Feststoff-Niederschläge nehmen offenbar in gleicher Weise mit der Entfernung von der Straße [35] ab. Bei freier Ausbreitung kann derzeit noch nicht gesagt werden, ob die Hochlage einer Straße einer Gleich- oder Tieflage vorzuziehen ist, wenn etwa in 40 m von einer Straße die Schadstoff-Immissionen auf vorgegebene Werte reduziert werden sollen. Messungen von Esser [35] (Bild 14.13) geben zwar gewisse Hinweise, aber im Hinblick auf die großen Streuungen der Meßwerte kann eine bestimmte Höhenlage noch nicht empfohlen werden.

Die bisherigen Forschungen stimmen darin überein, daß Bäume und Büsche neben den Straßen dazu beitragen, die Immissionen und die Niederschläge spürbar zu vermindern. Aus Bild 14.13 geht die mindernde Wirkung von Wald auf die NO_x-Immissionen hervor. Bild 14.14 zeigt die Minderung der Bleiniederschläge durch eine relativ schmale Buschreihe [62].

Bei Stadtstraßen, vor allem in Straßenschluchten, kann es bei bestimmten Witterungsbedingungen wegen mangelnder Durchlüftung zu höheren Schadstoffkonzentrationen kommen (Bild 14.11b). Bei der Straßen- und Stadtplanung sollte deshalb auf gute Durchlüftung des Straßenraums geachtet werden.

Tunnels sollten als bauliches Mittel zur Verminderung der Schadstoffimmissionen (Bild 14.11c) nur in Sonderfällen in Betracht gezogen werden. Da man in Tunnels höhere Schadstoffkonzentrationen zuläßt, weil die Fahrzeuginsassen im allgemeinen diesen Konzentrationen nur kurzzeitig ausgesetzt sind, enthält die Tunnelabluft, die aus den Entlüftungsbauwerken austritt, mehr Schadstoffe als dort bei nicht abgekapselter Straße auftreten würden. Der Abstand der Entlüftungsbauwerke von Räumen, in denen sich Menschen längere Zeit aufhalten, muß deshalb entsprechend größer gewählt werden. Tunnel können also die Schadstoffe nur in gewissen Grenzen räumlich umverteilen. Die Gesamtbelastung der

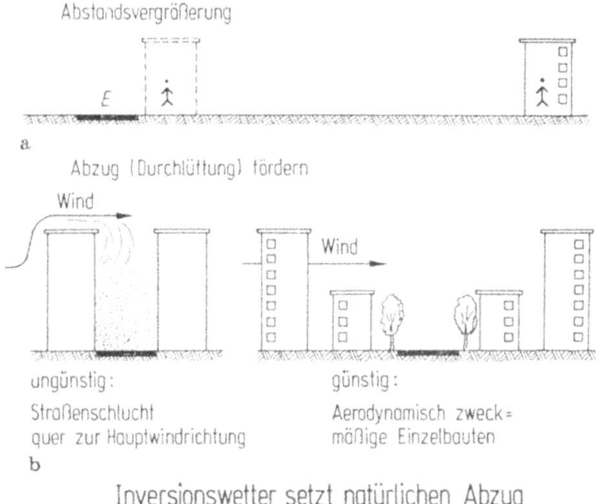

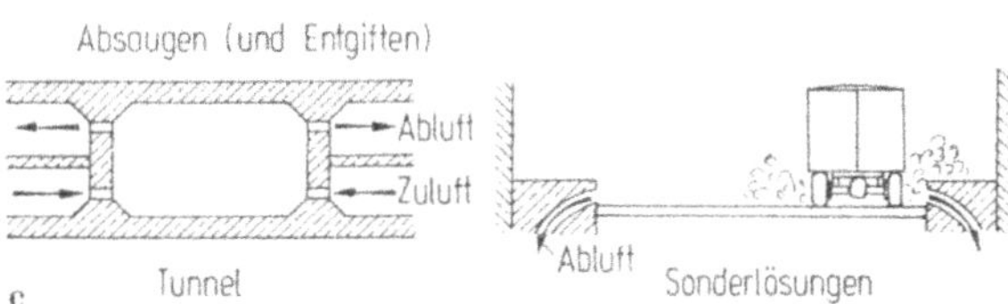

Bild 14.11. Bauliche (planerische) Möglichkeiten zur Minderung der Schadstoffimmissionen i bei gleichbleibender Emission E.

Bild 14.12. Relative Abklingfunktion ξ_{rel} für die Schadstoffimmission für zwei Anströmungsrichtungen in Abhängigkeit von der Entfernung von der Autobahn. (Aus [58]).

Luft — etwa die Gefahr von Smog-Bildung — kann durch Tunnel nur dann erreicht werden, wenn die Tunnel-Abluft entgiftet wird. Praktische Erfahrungen mit solchen Lösungen, der zusätzliche Aufwand und der zusätzliche Energiebedarf liegen allerdings noch nicht vor. Gegen Tunnellösungen sprechen der laufende Energiebedarf für Beleuchtung und Lüftung, die visuellen Bedürfnisse der Verkehrsteilnehmer auf der Straße und die Kosten. Es ist im übrigen zu bedenken, daß mittelfristig die Schadstoffbelastung der Umwelt durch den Straßenverkehr, durch verbesserte Antriebe der Fahrzeuge weiter reduziert wird. Eine grundsätzliche Lösung des Problems wird langfristig von neuen Antrieben und Energieträgern erwartet. Sonderlösungen, wie sie in Bild 14.11c rechts angedeutet worden sind, dürften wohl kaum jemals praktische Bedeutung erlangen.

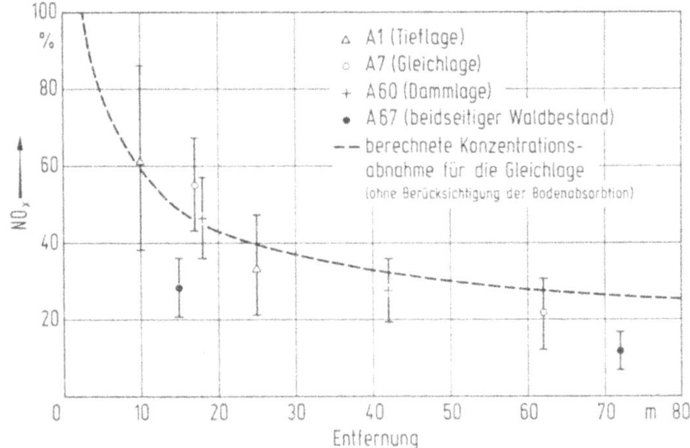

Bild 14.13. Prozentuale Abnahme der NO_x-Konzentration mit der Entfernung von der Autobahn bei unterschiedlichen Höhenlagen. Nach Esser [35].

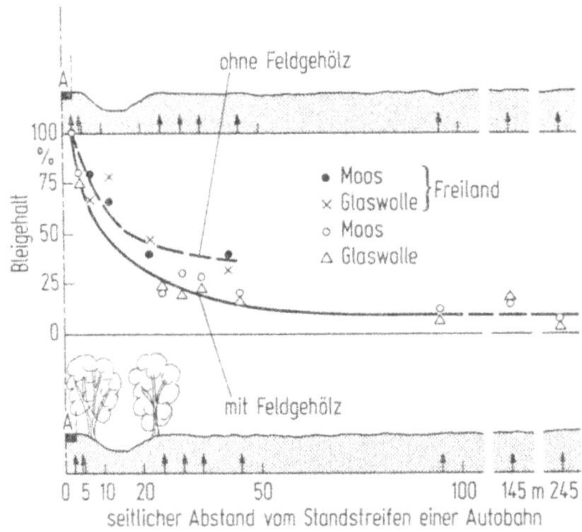

Bild 14.14. Relative Bleigehalte in Abhängigkeit von der Entfernung von der Autobahn ohne und mit absorbierendem Feldgehölz. Nach [62].

14.9. Schallschutzmaßnahmen an Straßen

14.9.1. Zusammenhänge zwischen Lautstärkeempfindung und physikalischen Meßgrößen

Geräusche, die von Kraftfahrzeugen ausgehen, haben vor allem in hochentwickelten Ländern zu einer wachsenden Opposition gegen Straßen und Kraftfahrzeuge, die man nicht selbst benutzt, geführt. Dabei wurden in der Vergangenheit die Forderungen nach Schutz vor Straßenverkehrsgeräuschen weniger an die Hersteller von Fahrzeugen (verantwortlich für Antriebs- und Karosseriegeräusche) und Reifen (mitverantwortlich für Rollgeräusche) sowie an die Fahrer (verantwortlich für besonders geräuschvolles Verhalten bei der Benutzung von Kraftfahrzeugen) gerichtet, sondern in erster Linie an die Verantwortlichen für den Bau und Betrieb von Straßen. Der Straßenplaner ist somit in besonderem Maße gefordert, Straßen so zu planen und zu betreiben, daß von ihr keine erheblichen Belästigungen ausgehen. Die Frage stellt sich dabei, auf welche objektive Bewertungsgrößen die erforderlichen Schutzmaßnahmen abgestellt werden sollen.

Die Festlegung eines „zulässigen" Immissionswertes stößt auf erhebliche Schwierigkeiten, weil derselbe Lärm von verschiedenen Menschen und sogar von denselben Menschen zu verschiedenen Zeiten und bei verschiedenen Gegebenheiten unterschiedlich störend empfunden wird. Es gibt Menschen, die sich bereits von kaum hörbarem Lärm belästigt fühlen, während andere nicht einmal gehörschädigenden Lärm störend empfinden. Auch eine positive oder negative Vorinformation kann dazu beitragen, ob Lärm (unerwünschter Schall) als lästig oder störend empfunden wird. Dennoch kann man generell davon ausgehen, daß Lärm umso eher als störend empfunden wird, je größer seine Lautstärke ist.

Rein physikalisch äußert sich Lärm durch Zustände der Verdichtung und Verdünnung der Luft, die sich von der Lärmquelle (Kraftfahrzeug) aus mit bestimmten Frequenzen (Tonhöhe) rhythmisch als Wellen fortpflanzen. Die Schallenergie oder die Schallintensität I in W/m² und die Schallfrequenzen sind objektiv meßbar. Will man die Wirkung des Schalles auf den Menschen durch eine Größe kennzeichnen, dann muß man berücksichtigen, daß nach dem „Weber-Fechnerschen Empfindungsgesetz" die Empfindung annähernd linear ansteigt, wenn der sie auslösende Reiz (die Schallintensität I) logarithmisch zunimmt. Der dimensionslose „*Schallpegel*" L_x ist deshalb wie folgt definiert worden:

$$L_x \text{ in dB} = 10 \cdot \lg \frac{I_x}{I_0} \,. \tag{14.1}$$

I_0 ist die Schallintensität, von der ab der Mensch Schall überhaupt wahrnimmt ($I_0 = 10^{-12}$ W/m², Hörschwelle). Der Faktor 10 ist eingeführt worden, weil der Schallpegel aus praktischen Erwägungen nicht in der Einheit „Bel", sondern in „Dezibel" (dB) angegeben wird.

Da sich bei Vorhandensein mehrerer Schallquellen die einzelnen Schallintensitäten I_i addieren, kann der auftretende Gesamtpegel L_g (s. Gl. (14.1)) *nicht* aus der Summe der Einzelschallpegel L_i errechnet werden. Es ergibt sich vielmehr:

$$L_g = 10 \cdot \lg \left[\frac{1}{I_0} \sum I_i\right] = 10 \cdot \lg \sum 10^{0,1 \cdot L_i} \tag{14.2}$$

Demzufolge ist der Gesamtschallpegel L_g bei gleichzeitiger Wirkung von n gleichlauten Schallquellen mit den Einzelschallpegeln

$$L_g = L_0 + 10 \cdot \lg n = L_0 + \Delta L \tag{14.2a}$$

Aus der folgenden Tabelle kann man entnehmen, daß in diesem Fall eine Verdoppelung der Zahl der Schallquellen (z.B. Verdoppelung der Verkehrsstärke, $n = 2$) den Schallpegel L_0 nur um 3 dB anhebt. Diese Differenz ist gerade wahrnehmbar. Eine Pegelerhöhung um 10 dB würde eintreten, wenn die Verkehrsstärke bei sonst gleichen Bedingungen auf das Zehnfache anwächst.

Zahl der gleichlauten Schallquellen	1	2	3	4	5	8	10
Pegelerhöhung in dB	0	3	5	6	7	9	10

Wirkt gleichzeitig mit einer Schallquelle eine andere, die *leiser* ist, dann ergibt sich folgendes:

Schallpegelunterschied zwischen beiden Schallquellen in dB	0	1	2	4	5	10	über 10
Pegelerhöhung gegenüber der lauteren Schallquelle in dB	3	2,5	2	1,5	1	0,5	0

Da die gleiche Schallintensität bei verschiedenen Frequenzen unterschiedlich laut empfunden wird, muß für den „Lautstärkepegel“ eine Frequenzbewertung vorgenommen werden. Es ist üblich, Verkehrslärm nach der sogenannten A-Kurve gemäß DIN 45633 (Bild 14.15) zu bewerten und 1000 Hz (1 kHz) als Bezugsfrequenz zu verwenden.

Der so bewertete Schallpegel wird in dB(A) (Dezibel-A) angegeben. (Eine ähnliche, etwas kompliziertere Frequenzbewertung führte zum DIN-Phon. Diese Einheit wird heute nicht mehr verwendet.) Meßgeräte mit eingebauten Bewertungsfiltern zeigen den Lautstärkepegel unmittelbar an.

Die oben angeführten Tabellen und die Gl. (14.2) gelten auch für den A-bewerteten Schallpegel.

Generell kann gesagt werden, daß eine Erhöhung des Lautstärkepegels um jeweils 10 dB(A) etwa einer Verdoppelung der subjektiv empfundenen Lautstärke entspricht. Umgekehrt bewirkt eine Verminderung des Lautstärkepegels um 10 dB(A), daß der Lärm nur noch halb so laut empfunden wird.

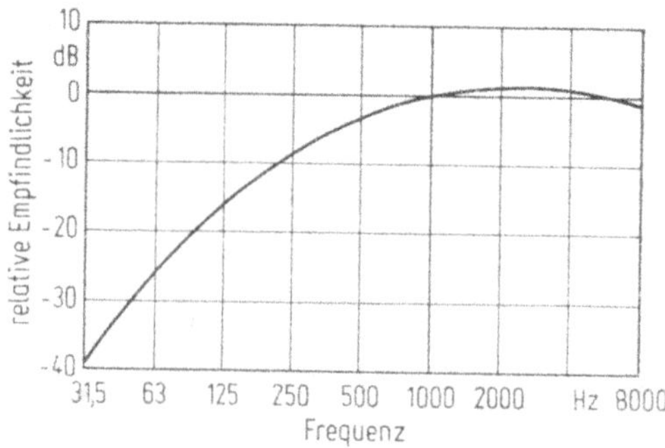

Bild 14.15. A-Kurve zur Bewertung unterschiedlicher Frequenzen.

Verkehrslärm weist im allgemeinen starke Pegelschwankungen auf. Als Maßzahlen für die Störwirkung im Beurteilungs- oder Meßzeitraum $t_2 - t_1$ braucht man deshalb einmal eine Angabe über das mittlere Lärmniveau, zum anderen Angaben über die Pegelspitzen, die vor allem nachts Aktivierungsreaktionen auslösen können.

Das mittlere Lärmniveau wird im allgemeinen durch den Mittelungspegel L_m in dB(A) oder L_{Am} in dB (früher: „energieäquivalenten Dauerschallpegel")

$$L_m = 10 \cdot \lg \left[\frac{1}{t_2 - t_1} \int_{t_1}^{t_2} 10^{0,1 \cdot L(t)} \, dt\right] \tag{14.3}$$

gekennzeichnet.

Der Kennzeichnung des zeitlichen Pegelverlaufs dienen folgende Pegelwerte:

— der in 95% der Zeit $t_2 - t_1$ überschrittene Pegelwert (Grundgeräusch) L_{95}
— der in 50% der Zeit $t_2 - t_1$ überschrittene Pegelwert (Medianwert) L_{50}
— der in 5% der Zeit $t_2 - t_1$ überschrittene Pegelwert (mittlere Pegelspitzen) L_5
— der in 1% der Zeit $t_2 - t_1$ überschrittene Pegelwert (Pegelspitzen) L_1
— die mittlere Pegelschwankung $L_5 - L_{95}$ $\overline{\Delta L}$

L_m und die oben genannten Pegelwerte können mit besonderen Meßeinrichtungen direkt ermittelt werden. Näherungsweise gilt

$$L_m \approx L_{50} + 0{,}01(\overline{\Delta L})^2. \tag{14.4}$$

14.9.2. Kennzeichnung der Störwirkung von Verkehrsgeräuschen, Grenzwerte

Bedenkt man, daß dieselben Menschen einerseits freiwillig Musikdarbietungen anhören und genießen, deren Lautstärke fast an die Schmerzgrenze (etwa 120 dB(A)) heranreicht oder als Fahrer schneller Fahrzeuge das 85—90 dB(A) laute Dröhnen und Pfeifen *ihres* Autos als Musik empfinden, andererseits als Straßenanlieger gegen Geräusche des Straßenverkehrs protestieren, die weit weniger laut sind, dann wird deutlich, daß die Lautstärke allein kein hinreichendes Kriterium für die Kennzeichnung der Wirkung von Verkehrsgeräuschen auf den Menschen ist.

Eine ganz entscheidende Rolle für das Zustandekommen eines Lästigkeitsempfindens spielt die — oft sogar situationsbedingte — Einstellung des Menschen zur Schallquelle. Nur unerwünschte Geräusche gelten als Lärm. Lärm kann deshalb als negativ bewerteter und das Wohlbefinden beeinträchtigender Schall definiert werden. Je mehr dem Menschen Lärm als gesundheitsgefährdete Einwirkung bewußt gemacht wird, um so mehr wird er negativ erlebt. Im übrigen weist auch die Empfindlichkeit der Bevölkerung gegen Lärm eine große Variationsbreite auf. Sie kann durch Faktoren, die von der Lärmeinwirkung unabhängig sind, um 10 dB und mehr verändert werden. Etwa 10% der Bevölkerung unseres Landes fühlt sich bereits von Lärm belästigt, dessen Intensität die Hörgrenze gerade überschreitet. Dabei ist zu bedenken, daß auch ohne Straßenlärm das Grundgeräusch, d.h. das überall vorhandene Geräusch, durch Pegel von 25—35 dB gekennzeichnet ist.

Die Begrenzung der Lärmemission der Fahrzeuge bewirkt trotz relativ hoher Grenzwerte, daß bei Anwohnern von Straßen nicht mit Gehörschäden zu rechnen ist [65]. Versucht man die störende Wirkung von Lärm zu objektivieren, dann kann Lärm zu

— Belästigungsreaktionen
— Beeinträchtigung von Schlaf und Entspannung und
— Beeinträchtigung der akustischen Kommunikation

führen.

Belästigung äußert sich als Unlustgefühl, Verärgerung, Erregung und Unbehagen.

Der Grad der empfundenen Belästigung kann nicht im Labor in Hörversuchen ermittelt werden.

Sozialwissenschaftliche Befragungen in den Wohnungen in Verbindung mit Geräuschmessungen gelten heute als die beste Methode, um Zusammenhänge zwischen physikalisch gemessenen Lärmimmissionen und negativen Wirkungen von Verkehrslärm zu gewinnen. Bei diesen Befragungen werden die Fragen zum Thema „Lärm" im allgemeinen in Fragen nach den allgemeinen Lebensbedingungen eingebettet. Psychophysische Persönlichkeitsvariablen, Attitüden und geprägte Meinungen sowie die Belastungsvorgeschichte werden berücksichtigt.

Die Frage stellt sich dabei, mit welchen physikalisch meßbaren Größen die Befragungsergebnisse am besten korrelieren. Immer wieder wird vermutet, daß den Pegelschwankungen eine besondere Störwirkung zukomme, deshalb müsse ihnen ein besonderes Gewicht beigemessen werden. Wenn das so wäre, müßten die starken Pegelschwankungen an schwach belasteten Straßen und der Ersatz vieler Pkw durch wenige Straßenbahnen oder Omnibusse besonders ungünstig zu Buche schlagen und Eisenbahnlärm besonders ungünstig bewertet werden.

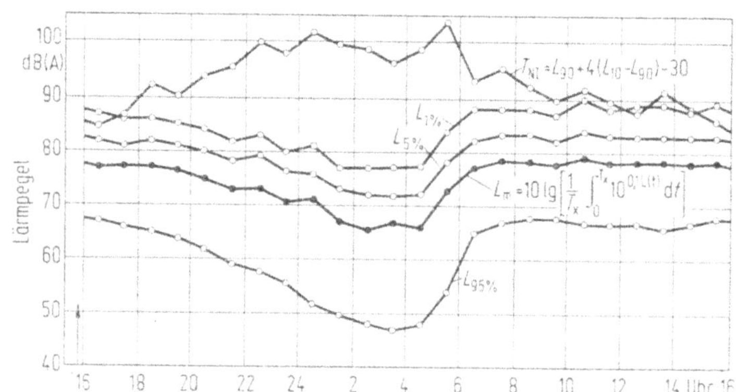

Bild 14.16. Ganglinien für verschiedene Bewertungsgrößen desselben Lärms. Nach [10]. Düsseldorf, Mecumstr. 30 / 31. 3. 1976.

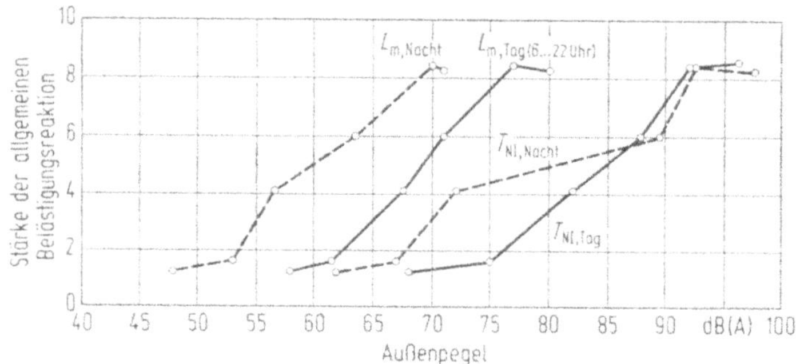

Bild 14.17. Zusammenhang von subjektiv erlebter Lärmbelästigung und dem gemessenen Mittelungspegel bzw. dem Traffic-Noise-Index T_{NI} in 1 m Abstand von den Gebäuden. Nach [10].

Bild 14.16 [10] zeigt an einem Beispiel verschiedene Bewertungsgrößen für denselben Verkehrslärm. Der Traffic-Noise Index, der die Pegelschwankungen bei dem schwächeren Nachtverkehr stärker bewertet, weicht erwartungsgemäß zur Nachtzeit deutlich von den anderen Bewertungsgrößen ab.

Buchta und Kastka haben in [10] festgestellt, daß die allgemeinen Belästigungsreaktionen der Befragten statistisch gesehen sehr gut mit dem Mittelungspegel, der am Tag (6.00 bis 22.00 Uhr) bzw. bei Nacht (22.00 bis 6.00 Uhr) vor den Gebäuden der Befragten herrscht, korrelieren (Bild 14.17). Bei anderen Bewertungsgrößen, welche die Pegelschwankungen stärker bewerten, ist kein so klarer Zusammenhang gegeben. Diese Untersuchungen sind auch durch andere Forschungen bestätigt worden.

Das Auftreten der dem Verkehrslärm zugeschriebenen emotionalen und vegetativsomatischen Störungen beginnt offenbar erst bei einer bestimmten Höhe des tags bzw. nachts draußen vor dem Fenster meßbaren Mittelungspegels. So zeigt sich beispielsweise in Bild 14.17 ein Anstieg der Belästigungsreaktion etwa ab 62 dB(A) bei Tag. Derartige Anstiege der Belästigungsreaktionen wurden auch von anderen Forschern gefunden. Sie wurden für den Tageslärm im Bereich zwischen 55 dB(A) und 68 dB(A) festgestellt.

Aus Bild 14.17 geht hervor, daß bezüglich des Verkehrslärms bei Nacht (22.00 bis 6.00 Uhr) der Anstieg der allgemeinen Belästigungsreaktion bereits bei einem L_m von 53 dB(A) beginnt und daß die Belästigungskurve für den Verkehrslärm bei Nacht im Vergleich zur analogen Kurve für den Verkehrslärm bei Tag um 8 bis 10 dB(A) auf der Außerpegelskala in Richtung auf niedrigere Lärmbelastungen verschoben ist. Glücklicherweise ist der Außenpegel auf den meisten Straßen nachts auch etwa um diese Größenordnung niedriger.

Obwohl Menschen, die in festen Gebäuden neben Straßen wohnen, wissen, daß ein sich durch einen Pegelanstieg ankündigendes Fahrzeug für sie keine Gefahr bedeutet und keine Aktivierung erfordert, werden bei vielen Menschen noch Schlaf und Entspannung durch Aktivierungsreaktionen beeinträchtigt.

Trotz einer großen Zahl von Forschungen liegen aber noch keine allgemein anerkannten Beziehungen zwischen Störungen von Schlaf und Entspannung und physikalisch gemessenen Lärmpegeln vor. Stark schwankende und impulshaltige Geräusche gelten für die Störung von Schlaf und Entspannung generell als ungünstiger als gleichmäßige Geräusche. Klosterkötter [65] hat in seinen Grenzwertvorschlägen unterstellt, daß die Lärmpegel, die in besonders leisen Wohngegenden nachts am Ohr des Schläfers herrschen, nämlich Mittelungspegel zwischen 30 und 35 dB(A) im besonders schlafgünstigen Bereich liegen.

Verkehrslärm kann von einer bestimmten Lautstärke an dazu führen, daß verbale Äußerungen von Menschen, die sich im gleichen Raum befinden, Radio- oder Fernsehsendungen usw. nicht mehr einwandfrei verstanden werden. Bild 14.18 zeigt die hierzu in den USA [131] gefundenen Zusammenhänge zwischen Satzverständlichkeit und Schallpegel im *Raum*. Da die Lautstärke mit der Entfernung von der Quelle abnimmt, muß die Sprecher-Hörer-Distanz berücksichtigt werden. Bild 14.18 zeigt den Einfluß dieser Distanz auf die Satzverständlichkeit. Danach ist bei leisem Sprechen und einer Sprecher-Hörer-Distanz von 2 m hundertprozentige Satzverständlichkeit (SV) gegeben, wenn der Schallpegel nicht höher als 40 dB liegt.

Die vorstehenden Untersuchungen und Überlegungen haben Klosterkötter veranlaßt [65], *wünschenswerte* Lärmgrenzwerte für Wohngebiete herzuleiten, Bild 14.19. Danach sollen für den Tag (6.00—22.00 Uhr) und die Nacht (22.00 bis 6.00 Uhr) außen vor den Fenstern verschiedene Grenzwerte gelten.

Für Situationen in Wohngebieten, in denen die Lärmimmission nicht durch Maßnahmen an der Straße (aktive Maßnahmen), sondern nur durch Maßnahmen an den zu schützenden Gebäuden (Lärmschutzfenster — passive Schutzmaßnahmen) gemindert werden kann, ergeben sich die um 10 dB(A) höheren Grenzwerte (Mittelungspegel) 65 dB(A) für den Tag und 55 dB(A) für die Nacht. Diese Werte sind aufgebaut auf einen Innenpegel von 30 dB(A) (schlafgünstiger Bereich) für die Nacht und 40 dB(A) (keine Störung der verbalen Kommunikation bei leisem Sprechen) für den Tag. Die Außenpegel ergeben sich unter Berücksichtigung einer Pegelminderung um 25 dB(A) durch ein geschlossenes, normales Fenster.

Die Grenzwerte für Wohngebiete in Situationen, in denen aktiver Schallschutz möglich ist, hat Klosterkötter für die Nachtzeit auf einen Innenpegel von 35 dB(A) (schlafgünstiger Bereich bei leicht geöffnetem Fenster) und einer Pegelminderung von 10 dB(A) durch ein leicht geöffnetes Normalfenster abgestellt. Der Grenzwert für den Tag in Außenwohnbereichen (Gärten, Terrassen, Balkone) ist auf Unter-

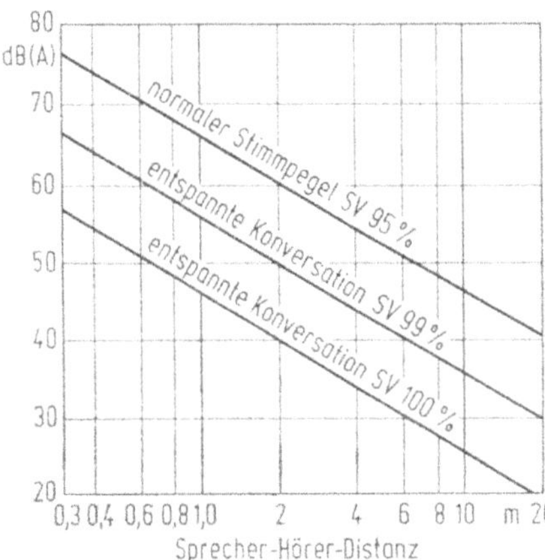

Bild 14.18. Beziehungen zwischen prozentualer Satzverständlichkeit (SV) bei verschiedenen Mittelungspegeln in Abhängigkeit von der Sprecher-Hörer-Distanz. Nach [131].

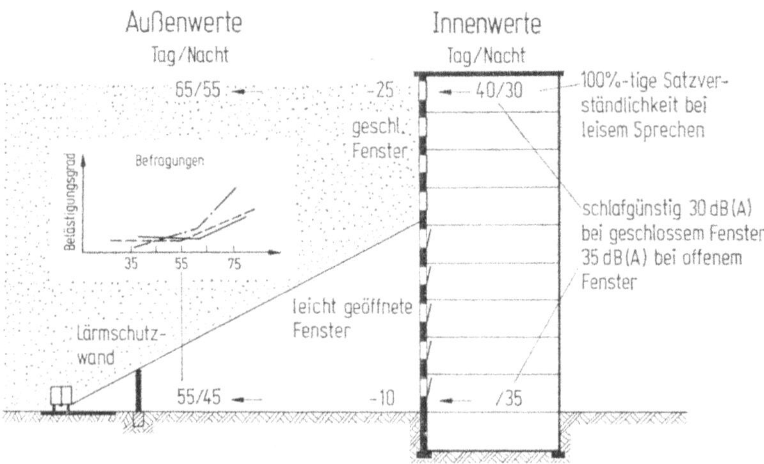

Bild 14.19. Lärmgrenzwerte für den Mittelungspegel in dB (A), die Klosterkötter für Wohngebiete als wünschenswert vorgeschlagen hat. [65].

suchungen analog Bild 14.17 abgestützt. Aus mehreren Untersuchungen wurde diejenige ausgewählt, bei der der Anstieg der Belästigungsreaktion bei dem niedrigsten Pegelwert liegt.

Das Bundesverwaltungsgericht hat die in Bild 14.19 zusammengefaßten Vorschläge von Klosterkötter für reine Wohngebiete „einleuchtend" bezeichnet. Es hat aber auch entschieden, daß Lärmvorbelastungen berücksichtigt werden müssen.

In Misch- und Industriegebieten können die für Wohngebiete wünschenswerten Pegel wegen der Lärmvorbelastung nicht erreicht werden. Üblicherweise sind dort die Grenzwerte um 5 dB(A) (Mischgebiete) oder 10 dB(A) (Industriegebiete) höher anzusetzen. Auch bei vorhandenen Straßen muß von höheren Grenzwerten ausgegangen werden.

Nach der Abwägung zwischen Wünschenswertem und technisch-wirtschaftlich Machbarem und der Abwägung verschiedener Umweltschutzziele hat der Gesetzgeber im Entwurf 1978 des Verkehrslärmschutzgesetzes [18] für den Außenlärm in Wohngebieten nur die Tag/Nacht-Grenzwerte 65/55 dB(A) aufgenommen. Offenbar soll vermieden werden, die Umwelt allzusehr mit Lärmschirmen zu belasten (Flächeninanspruchnahme, Beeinträchtigung des Naturhaushaltes und des Stadt- bzw. Landschaftsbildes, Trennwirkung). Vielfach wird auch erwartet, daß von diesen für die Straßenplanung geltenden Grenzwerten ein Druck auf die Reduzierung des Lärms an der Quelle (d. h. auf Fahrzeug- und Reifenhersteller, Straßendeckenbauer und Fahrer) ausgeübt wird, der mittel- und langfristig durch Senkung der Lärmemissionen zu niedrigeren Immissionspegeln führt. Bei Redaktionsschluß befand sich der Gesetzentwurf allerdings noch in der politischen Diskussion.

14.9.3. Minderung der Lärmemissionen durch Maßnahmen des aktiven Lärmschutzes

Bei dem von Kraftfahrzeugen ausgehenden Lärm können drei Geräuschanteile unterschieden werden: die Rollgeräusche, die Aggregatgeräusche und die Geräusche von Fahrzeug- und Ladungsteilen.

Das Geräusch, das durch Schwingen, Klappern und Schlagen von Fahrzeugteilen, Ladungsteilen, Türen usw. hervorgerufen wird, hängt in erster Linie vom Halter bzw. Benutzer eines Fahrzeugs (Unterhaltungsmängel, nachlässige Befestigung von Ladungsteilen und losen Fahrzeugteilen, Rücksichtslosigkeit usw.), aber auch von der Unebenheit der Fahrbahn (Schlaglöcher, Kopfsteinpflaster, Oberflächenwellen usw.) ab. Der Straßeningenieur kann seinen Teil zur Bekämpfung dieser Geräusche durch Herbeiführung einer ausreichenden Straßenebenheit beitragen.

Unter Rollgeräusch versteht man das Geräusch, das entsteht, wenn sich das Fahrzeug auf der Straße bewegt, ohne daß vom Motor oder Getriebe Geräusche ausgehen (Fahrt mit ausgeschaltetem und ausgekuppeltem Motor ohne daß Bremsen betätigt werden). Die dabei emittierten Geräusche entstehen durch das Abrollen der Reifen auf der Fahrbahn (Luftwechsel unter dem Reifenlatsch und Schwingung des Reifens) [130] und durch Luftströmungen an der Karosserie. Die Strömungsgeräusche sind bei gut gestalteten Fahrzeugen im allgemeinen vernachlässigbar.

Das Aggregatgeräusch geht auf die Antriebs- und Bremsaggregate zurück. Im Vordergrund des aktiven Schallschutzes steht dabei das Motorgeräusch.

Im Gegensatz zu den Abgasemissionen, die für einen repräsentativen Fahrzyklus festgestellt werden, wird die Lärmemission bei Erteilung der Betriebserlaubnis nur bei beschleunigter Vorbeifahrt in 7,5 m Entfernung gemessen. Dieser maximal zulässige Emissionspegel kann daher nicht ohne weiteres zur Bestimmung der allgemeinen Lärmemission durch einen Fahrzeugstrom verwendet werden, weil in einem Fahrzeugstrom nicht alle Fahrzeuge gleichzeitig voll beschleunigen.

Messungen der Vorbeifahrtpegel von Ullrich [115, 125] zeigen die in Bild 14.20 dargestellten Zusammenhänge: Im Geschwindigkeitsbereich über 40 km/h liegen bei Pkw die Motorgeräusche bei lärmgerechter Fahrweise unter den Rollgeräuschen. Das Gesamtgeräusch nimmt mit sinkender Geschwindigkeit ab. Bei Geschwindigkeiten um 30 km/h — die in sogenannten verkehrsberuhigten Zonen gefahren werden sollen — führt das höhere Motorgeräusch des 2. Ganges allerdings zu einem Wiederanstieg des Gesamtgeräuschpegels.

Bei den Lkw liegen die Rollgeräusche grundsätzlich höher als bei den Pkw. Die Motorgeräusche liegen zudem noch über den Rollgeräuschen. Sie bestimmen bei den Lkw das Gesamtgeräusch. Eine Geschwindigkeitsreduzierung führt nur in bestimmten Bereichen zur Minderung des Gesamtgeräusches.

Da nach 14.9.1. beim Zusammenwirken zweier Geräusche ein um wenige dB höheres Geräusch den Lärmpegel bestimmt, geht aus Bild 14.20 hervor, wie stark die Fahrer durch Fahren in niedrigeren Gängen die Lärmemissionen beeinflussen können. Dabei ist allerdings zu beachten, daß die in der Abbildung aufgeführten Vorbeifahrtpegel nicht ohne weiteres dem Mittelungspegel gleichzusetzen sind.

Für Minderung der Geräuschemission an der Quelle liegen technische Lösungen vor, die das Motorgeräusch durch andere Motorgestaltung um 3 bis 4 dB(A) und durch Motorkapselung um 8 bis 10 dB(A) senken können [81]. Die Kapselung führt dabei zu thermischen Problemen in der Kapsel und gewissen Erschwernissen bei der Wartung. Die Senkung der Motorgeräusche wäre bei den ohnehin lauten Lkw eine besonders umweltgerechte Maßnahme. Sie kann aber nur mit Hilfe internationaler Vorschriften durchgesetzt werden. Bei den Pkw ist im Geschwindigkeitsbereich über 60 km/h unter der Voraussetzung lärmgerechter Fahrweisen eine erhebliche Senkung der Gesamtgeräuschemissionen nur durch spürbare Senkung des Rollgeräusches zu erwarten. Im Bereich von 30 bis 60 km/h würde allerdings auch hier allein die Senkung der Motorgeräusche Vorteile bringen.

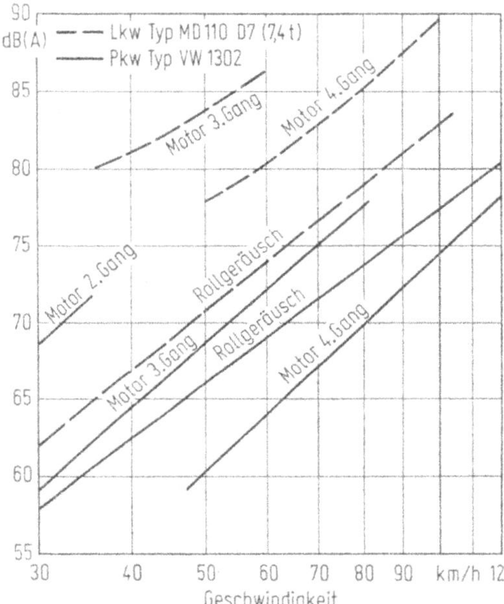

Bild 14.20. Beispiel für den Zusammenhang zwischen Rollgeräuschen, Motorgeräuschen und Fahrgeschwindigkeit für Pkw und Lkw nach Ullrich (Vorbeifahrtpegel). Vorbeifahrt in 7,5 m Entfernung. Betondecke, Normalreifen. [115] [125]

Reifenhersteller und Straßenbauer bemühen sich darum, die Rollgeräusche zu senken. Allerdings fehlt noch die Basis für eine zielsichere Entwicklung: Die Kenntnis des Mechanismus der Entstehung der Rollgeräusche. Die Sorge, daß lärmarme Straßendeckschichten weniger griffig (sicher) sein müssen, hat Essers [37] durch Untersuchungen zerstreut. Auf Grund von Lärmmessungen an vorhandenen Straßendecken ergibt sich zwar, daß bituminöse Deckschichten im Mittel etwa 1 bis 2 dB(A) geringere Rollgeräusche ergeben als Betondecken, aber im Einzelfall muß der Ersatz einer Betondecke durch eine bituminöse Decke nicht unbedingt zu einer Senkung der Rollgeräusche führen. Der Ersatz von Pflasterdecken oder Decken mit Riffelung durch einwandfreie Beton- oder bituminöse Decken ist in jedem Falle ein bautechnisches Mittel zur Minderung der Rollgeräusche und unter Umständen auch zur Minderung der Teilegeräusche, die durch Klappern von Fahrzeug- und Ladeteilen entstehen.

Aus Bild 14.20 geht hervor, daß *Geschwindigkeitsbeschränkungen* auf Außerortsstraßen die Geräuschemission der Pkw hörbar senken können. Wo aber das Gesamtgeräusch von lauteren Lkw bestimmt wird (Lkw-Anteil von 10% und höher), kommt diese Maßnahme den Betroffenen kaum zugute. Will man die Lärmemission mit Geschwindigkeitsbeschränkungen vermindern — und ist dies rechtlich möglich — dann müssen unter Umständen für Pkw und Lkw unterschiedliche Höchstgeschwindigkeiten durchgesetzt werden. Anzumerken ist, daß durchgesetzte Geschwindigkeitsbeschränkungen auf Außerortsstraßen vor allem die Pegelspitzen abbauen. Die Minderung des Mittelungspegels beträgt im allgemeinen nur wenige dB(A). Geschwindigkeitsbeschränkungen auf 30 km/h in Wohngebieten sind im allgemeinen keine Maßnahmen zur Minderung der Lärmemission.

Gerinfügige Verminderungen der Verkehrsstärken sind im allgemeinen nicht geeignet, den Geräuschpegel spürbar zu senken. Nach 14.9.1. führt die Verminderung der Verkehrsstärke auf die Hälfte bei sonst gleichbleibenden Verkehrsbedingungen nur zu einer kaum hörbaren Pegelminderung von 3 dB(A). Erst die Verminderung des Verkehrs auf ein Zehntel vermindert den Lärmpegel um 10 dB(A), d.h. auf etwa halbe Lautstärke.

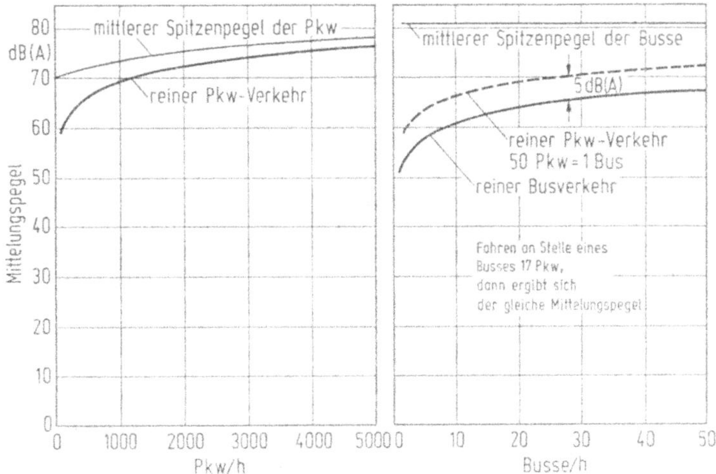

Bild 14.21. Mittelungspegel und mittlerer Spitzenpegel bei reinem Personenverkehr und Verkehrsabwicklung mit Pkw oder Bussen in Stadtstraßen. (Entfernung 10 m, $V = 50$ km/h, Pegelerhöhung durch Reflexion: 3 dB (A)).

Aus Bild 14.21 geht hervor, daß bei reinem Personenverkehr der Ersatz der Pkw durch Straßenbahnen und Busse nur zu einer Senkung des Mittelungspegels um etwa 5 dB(A) führt. Die Pegelschwankungen nehmen dabei allerdings zu. Der Einsatz besonders leiser Fahrzeuge (Flüsterbusse) wirkt sich jedoch lärmgünstig aus.

Eine spürbare Senkung der Störwirkung durch Straßenverkehrslärm ist dort zu erwarten, wo der Schwerverkehr den Lärmpegel bestimmt, wenn es gelingt, störenden Schwerverkehr weit genug abzudrängen. Recht und die Aufrechterhaltung der Verkehrsbedienung setzen solche Maßnahmen allerdings Grenzen. Es dürfte sich in solchen Fällen empfehlen, Schwerfahrzeuge nicht nach zulässigem Gesamtgewicht, sondern nach ihrer Lärmemission abzudrängen. Dabei ist zu prüfen, inwieweit Anreize für den Einsatz sehr leiser, besonders gekennzeichneter Schwerfahrzeuge geschaffen werden können.

An Kreuzungen und Einmündungen (Straßenknoten) können die Anhaltevorgänge und das kraftvolle Wiederanfahren zu einer Erhöhung der Belästigungswirkung des Verkehrslärms führen, die im gemessenen Mittelungspegel nicht immer voll zum Ausdruck kommt. Bei der Gestaltung und Regelung der Knoten sollte deshalb versucht werden, die Störwirkung durch Anhalte- und Anfahrvorgänge so gering wie möglich zu halten. Bei starkem Verkehr ist hier die koordinierte Steuerung der Straßenknoten (Grüne Welle) hilfreich. Bei schwachem Verkehr können Anforderungsschaltungen für den Querverkehr bei Dauergrün für die stärkere Verkehrsrichtung oder bei etwa gleich starkem Verkehr aus den verschiedenen Richtungen Anforderungsschaltung aus Alles-Rotphasen (keine langen Zwischenzeiten) oder — sofern aus Gründen der Verkehrssicherheit zulässig — das Abschalten von Lichtsignalanlagen vorteilhaft sein.

Bei Steigungen unter 7% kann bei in Gegenverkehr befahrenen Straßen durch Reduzierung der Steigung im allgemeinen der Mittelungspegel nicht spürbar vermindert werden.

14.9.4. Minderung der Lärmimmissionen

14.9.4.1. Straßenseitige Möglichkeiten zur Minderung der Lärmimmissionen

Bild 14.22 gibt die grundsätzlichen Möglichkeiten wieder, mit denen bei vorgegebenen Emissionen die Lärmimmission vermindert werden kann:

Abstandsvergrößerung,
Abschirmung,
Abkapselung der Straße.

(Die ebenfalls dargestellte Abkapselung der Anlieger gehört zu den sogenannten passiven Maßnahmen.) Die Maßnahmen sind in der Reihenfolge dargestellt, wie sie nach dem Immissionsschutzgesetz in Betracht gezogen werden sollen [20]. Diese sehen für den Bau und die wesentlichen Änderungen öffentlicher Straßen folgendes vor:

- Straßen müssen in der Planung schon so trassiert werden, daß schädliche Umwelteinflüsse durch Verkehrsgeräusche auf die ausschließlich oder überwiegend dem Wohnen dienenden Gebiete sowie auf sonstige schutzbedürftige Gebiete soweit wie möglich vermieden werden (§ 50 BImSchG).
- Kann bei der Planung (Trassierung) dem Lärmschutz nicht ausreichend Rechnung getragen werden — was natürlich immer dann der Fall sein wird, wenn die Verkehrswege notwendigerweise durch Wohngebiete oder dicht an ihnen vorgeführt werden müssen — so sind die notwendigen Lärmschutzmaßnahmen

beim Bau oder bei wesentlichen Änderungen der Straßen zu treffen, wie z.B. Lärmschutzwälle, -wände und -zäune, notfalls Tunnelung, die möglich sind, um nach dem Stand der Technik die schädlichen Verkehrsgeräusche zu vermeiden (§ 41 Abs. 1 BImSchG).

— Nur wenn die für die Lärmschutzmaßnahmen aufzuwendenden Kosten außer Verhältnis zu dem angestrebten Schutzzweck stehen würden, kann von Lärmschutzmaßnahmen an der Straße abgesehen werden. In diesen Fällen ist aber der Träger der Baulast verpflichtet, den durch den Lärm Betroffenen eine angemessene Entschädigung für Schallschutzmaßnahmen an den Wohngebäuden in Höhe der erbrachten notwendigen Aufwendungen in Geld zu leisten, es sei denn, daß die Beeinträchtigung für den Betroffenen zumutbar ist (§ 42 Abs. 2 BImSchG).

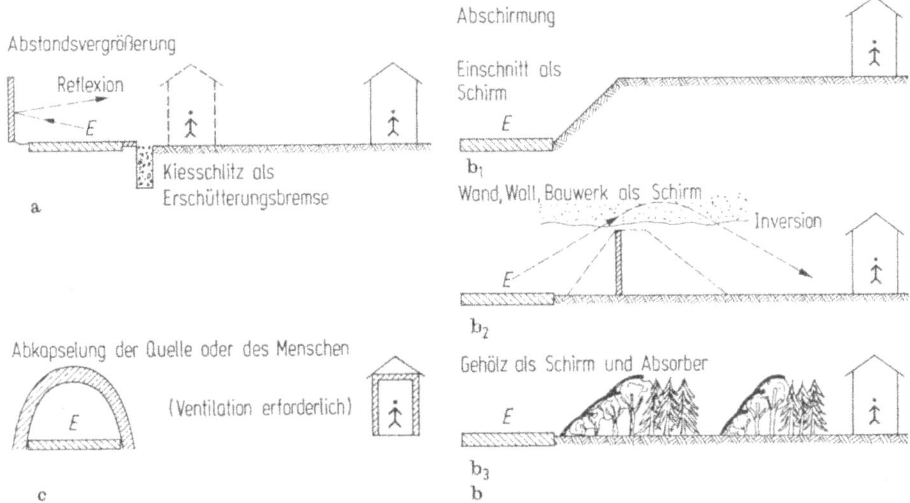

Bild 14.22. Bauliche (planerische) Möglichkeiten zur Verminderung der Lärmimmission i bei gleichbleibender Emission E.

Der systemfehlerfreie Einsatz dieser Möglichkeiten bei vorgegebenen Immissionsgrenzwerten setzt die Kenntnis der Immissionspegel ohne und mit bestimmten Maßnahmen voraus. Das heißt für eine geplante Straße muß aufgrund der Vorausschätzung des Verkehrs zunächst ermittelt werden, welcher Lärmpegel vor schutzwürdigen Bebauungen zu erwarten ist. Ergibt sich ein zu hoher Pegel, dann ist zunächst zu prüfen, ob eine Abstandsvergrößerung möglich ist. Würde dadurch die Lärmbelastung für alle Betroffenen ungünstiger (Heranrücken an andere Bebauungen) oder stehen andere Umweltgründe bzw. unüberwindliche Zwänge dem entgegen, dann sind Abschirmmaßnahmen ins Auge zu fassen. Eine Straße sollte im Hinblick auf den laufenden Energiebedarf für Beleuchtung und Belüftung, die visuellen Bedürfnisse der Fahrzeuginsassen und die Kosten allein aus Lärmschutzgründen nur nach eingehender Prüfung in einen Tunnel verlegt werden [77].

14.9.4.2. Ermittlung der Lärmimmission bei langer, gerader Straße und freier Schallausbreitung

a) Maßgebende Witterungssituation

Die in einem bestimmten Bereich an einer Straße auftretende Lärmimmission hängt — besonders in Entfernungen über 200 m — stark von den Witterungsbedingungen ab. So können zum Beispiel in größeren Entfernungen von Straßen bei unterschiedlichen Windrichtungen Pegeldifferenzen von 10 dB(A) und mehr auftreten, obwohl die Lärmemission gleich bleibt. Die Ursache für diese Differenzen ist darin zu suchen, daß sich bei bestimmten Wetterlagen der Schall nicht mehr geradlinig, sondern gewissermaßen bogenförmig ausbreitet. Bei „Mitwind" oder bei mit der Höhe ansteigender Temperatur erfolgt die Schallausbreitung dabei auf konvex gekrümmtem Wege, d. h. Bodenabsorption oder Abschirmungen können unwirksam werden. Umgekehrt ist es bei „Gegenwind" oder bei mit der Höhe abnehmender Temperatur: die Schallausbreitung erfolgt auf konkav gekrümmten Bahnen, ab einer bestimmten Entfernung bildet sich dabei eine „Schattenzone" aus, in die nur noch gestreuter Schall gelangen kann (Bild 14.23)

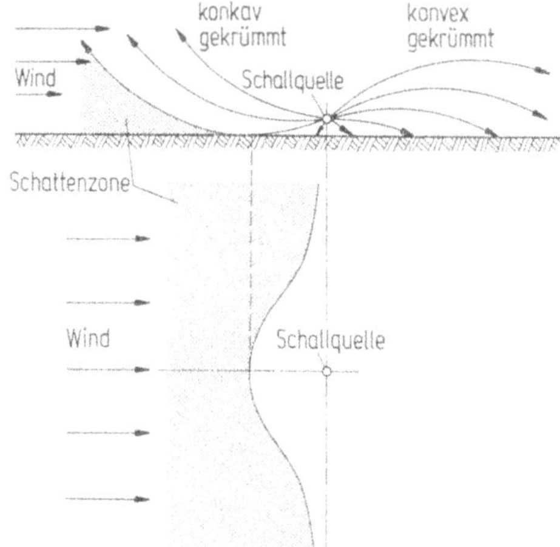

Bild 14.23. Möglicher Einfluß von Wind und Temperaturgradient auf die Schallausbreitung.

Zur Feststellung, ob vor einem schutzwürdigem Gebäude ein bestimmter Immissionspegel überschritten wird und zur Bemessung von Schutzmaßnahmen bedarf es deshalb einer Vereinbarung über die maßgebende Witterungssituation. Im Interesse der von Lärm Betroffenen geht man dabei üblicherweise von dem ungünstigen Fall aus, daß Wind mit 2 bis 3 m/s rechtwinklig von der Straße auf den Immissionspunkt weht und daß sich dabei der Schall bogenförmig von der Straße zum Immissionsort fortpflanzt. Es wird dabei unterstellt, daß den „Schallstrahlen" in Windrichtung ein Radius von 5000 m zuzuordnen ist, und daß deshalb Bodeneffekte (Bodenabsorption) mehr oder weniger außer Betracht bleiben können. Nach unserem heutigen Wissen treten für die Betroffenen ungünstigere Situationen nur selten ein. Eine höhere Lärmbelastung an wenigen Tagen des Jahres wird nach Abwägung der verschiedenen Umweltziele für zumutbar gehalten.

Da in den meisten Fällen Lärmmessungen zu niedrigeren Pegeln führen würden, als sie bei der maßgebenden Witterungssituation zu erwarten wären, und da bei Neubaumaßnahmen Messungen des künftigen Verkehrs nicht möglich sind, sieht das Verkehrslärmschutzgesetz grundsätzlich nur die Berechnung der Lärmimmission vor.

Ausgangsgröße aller lärmtechnischen Berechnungen ist nach DIN 45642 [27] der in 25 m von der Fahrbahnmitte, bei Straßen mit mehreren Fahrbahnen von der Mitte der nächstgelegenen Fahrbahn, zu erwartende Mittelungspegel $L_m^{(25)}$. Dieser Pegel repräsentiert in gewisser Weise den Emissionspegel.

b) Mittelungspegel

Nach dem Entwurf „Gesetz zum Schutz gegen Verkehrslärm von Straßen und Schienenwegen — Verkehrslärmschutzgesetz — (VLärmSchG)“ sind an Straßen der Mittelungspegel $L_{m,T}$ für den Tag (6 bis 22 Uhr) und der Mittelungspegel $L_{m,N}$ in dB(A) für die Nacht (22 bis 6 Uhr) unter Verwendung der durchschnittlichen täglichen Verkehrsstärke (DTV) nach folgenden Gleichungen zu berechnen:

$$L_{m,T} = L_{m,T}^{(25)} + \Delta L_s + \Delta L_{\mathrm{StrO}} + \Delta L_v + \Delta L_B \qquad (14.5\mathrm{a})$$

$$L_{m,N} = L_{m,N}^{(25)} + \Delta L_s + \Delta L_{\mathrm{StrO}} + \Delta L_v + \Delta L_B \qquad (14.5\mathrm{b})$$

Die Mittelungspegel $L_{m,T}^{(25)}$ und $L_{m,N}^{(25)}$ werden aus Bild 14.24 entnommen. Die maßgebende stündliche Verkehrsstärke M und der maßgebende Lkw-Anteil p werden nach Tab. 14.1 berechnet, sofern keine geeigneten projektbezogenen Untersuchungsergebnisse vorliegen, die unter Berücksichtigung der Verkehrsentwicklung im Prognosezeitraum zur Ermittlung

a) der stündlichen Verkehrsstärke M (in Kfz/h),

b) des mittleren Lkw-Anteils p (über 2,8 t zulässiges Gesamtgewicht in % am Gesamtverkehr)

für den Zeitraum zwischen 6 und 22 Uhr bzw. 22 und 6 Uhr als Mittelwert für alle Tage des Jahres herangezogen werden können.

Tabelle 14.1. Maßgebende Verkehrsstärke M in Kfz/h und maßgebende Lkw-Anteile p (über 2,8 t zul. Gesamtgewicht) in %

Straßengattung	tags (6 bis 22 Uhr)		nachts (22 bis 6 Uhr)	
	M	p	M	p
	Kfz/h	%	Kfz/h	%
1 Bundesautobahn	0,06 DTV	25	0,014 DTV	45
2 Bundesstraßen	0,06 DTV	20	0,011 DTV	20
3 Landes-, Kreis- und Gemeindeverbindungsstraßen	0,06 DTV	20	0,008 DTV	10
4 Gemeindestraßen	0,06 DTV	10	0,011 DTV	3

Beim Neubau von Straßen ist von dem der Planung zugrunde liegenden prognostizierten DTV-Wert, bei der Ausweisung neuer Baugebiete im Bereich bestehender Straßen von den gegenwärtigen DTV-Werten unter Berücksichtigung der Verkehrsentwicklung auszugehen.

Es bedeuten:

ΔL_s Korrektur nach Bild 14.25 (durchgezogene Kurve) für unterschiedliche Entfernungen zwischen Straße (Mitte der nächstgelegenen Fahrbahn) und der zu schützenden baulichen Anlage

ΔL_{StrO} Korrektur nach Tab. 14.2 für unterschiedliche Straßenoberflächen

ΔL_v Korrektur nach Tab. 14.3 für besondere verkehrliche Bedingungen (unterschiedliche Geschwindigkeiten, Kreuzungen und Einmündungen)

ΔL_B Korrektur nach den Abschn. 14.9.4.3. bis 14.9.4.5. und für topografische und bauliche Gegebenheiten sowie bauliche Maßnahmen, die schallverändernde Wirkung haben.

Tabelle 14.2. Korrektur ΔL_{StrO} in dB (A) für unterschiedliche Straßenoberflächen

Straßenoberfläche	ΔL_{StrO}
1 nicht geriffelte Gußasphalt-Fahrbahndecke	0
2 Asphaltbeton-Fahrbahndecke	−0,5
3 Beton- oder geriffelte/gewalzte Gußasphalt-Fahrbahndecke	+1,0
4 Pflaster-Fahrbahndecke	+4,0

Nur die Mittelungspegel $L_{m,T}$ und $L_{m,N}$ sind auf ganze dB(A)-Werte aufzurunden.

Wenn detaillierte Angaben über die Verkehrsstärke, die Verkehrszusammensetzung und die mittleren Geschwindigkeiten vorliegen, so können die Berechnungen — eventuell mit Hilfe programmierbarer Kleinrechner — wie folgt vorgenommen werden (Werte in dB(A)):

$$L_{m,T,N} = L_{m,\mathrm{Pkw}} + 10 \cdot \lg\left[M(1 + Ap)\right] + \Delta L_s + \Delta L_B \qquad (14.6\,\mathrm{a})$$

$$A = \left[10^{0,1(L_{m,\mathrm{Lkw}} - L_{m,\mathrm{Pkw}})} - 1\right]/100 \qquad (14.6\,\mathrm{b})$$

$$L_{m,\mathrm{Pkw}} = 27{,}2 + 10 \cdot \lg\left[1 + (0{,}02 \cdot v_{\mathrm{Pkw}})^3\right] + \Delta L_F \qquad (14.6\,\mathrm{c})$$

$$L_{m,\mathrm{Lkw}} = 34{,}2 - 15{,}5 \cdot C + (5 + 10 \cdot C) \cdot \lg v_{\mathrm{Lkw}} \qquad (14.6\,\mathrm{d})$$

Es bedeuten:

$L_{m,\mathrm{Pkw}}$ Grundwert für Pkw
$L_{m,\mathrm{Lkw}}$ Grundwert für Lkw
M maßgebende Verkehrsstärke in Kfz/h
p Anteil der Lkw über 2,8 t zul. Ges. Gew. in %
C Faktor für den Anteil des Schwerlastverkehrs (≥ 9 t) am Gesamt-Lkw-Verkehr (für 100% Schwerlastverkehr: $C = 1$)
v_{Pkw} mittlere Geschwindigkeit der Pkw in km/h
v_{Lkw} mittlere Geschwindigkeit der Lkw in km/h
ΔL_F Korrektur für verschiedene Straßenoberflächen (nur bei $L_{m,\mathrm{Pkw}}$):

Straßenoberfläche	ΔL_F in dB (A)
Gußasphalt	0
Beton	+2
Asphaltbeton	−1,5
Pflaster	6

Die Teilwerte $L_{m,T}^{(25)}$ und $L_{m,N}^{(25)}$ nach den Gln. (14.5a) und (14.5b) sowie nach Diagramm Bild 14.24 gelten für folgende Bedingung:

Gußasphalt Straßenoberfläche

$v_{\mathrm{Pkw}} = 100$ km/h
$v_{\mathrm{Lkw}} = 80$ km/h
$C = 0{,}7$

Tabelle 14.3. Korrektur ΔL_v in dB (A) für besondere verkehrliche Bedingungen (unterschiedliche Geschwindigkeiten, Kreuzungen und Einmündungen)

Verkehrliche Bedingungen	ΔL_v
1 zulässige Geschwindigkeit $\geqq$115 km/h	+0,5
2 zulässige Geschwindigkeit =100 km/h	0
3 zulässige Geschwindigkeit = 80 km/h	−1,0
4 zulässige Geschwindigkeit = 70 km/h	2,0
5 zulässige Geschwindigkeit = 60 km/h	−3,0
6 zulässige Geschwindigkeit = 50 km/h	−4,0
7 Höhengleiche Kreuzungen und Einmündungen	
Abstand von Kreuzung oder Einmündung bis 50 m	+2,0
Abstand von Kreuzung oder Einmündung über 50 bis 100 m	+1,0

Die Korrekturen ΔL_{StrO} und ΔL_v nach den Tab. 14.2 und 14.3 sind mittlere Werte, wobei für die verschiedenen Straßengattungen folgende Bedingungen angenommen wurden:

Straßengattung	C	v_{Pkw}	v_{Lkw}
BAB	0,7	110	80
Bundesstraßen	0,5	100	80
Landes-, Kreis- und Gemeinde-Verbindungsstraßen	0,4	90	70
Gemeindestraßen	0,2	50	50

Die Berechnungen der Werte $L_{m,\text{Pkw}}$ und $L_{m,\text{Lkw}}$ nach den Gln. (14.6b) und (14.6c) beziehen sich auf eine 4-streifige Straße mit Mittelstreifen in 25 m Entfernung von der Mitte der nächsten Richtungsfahrbahn.

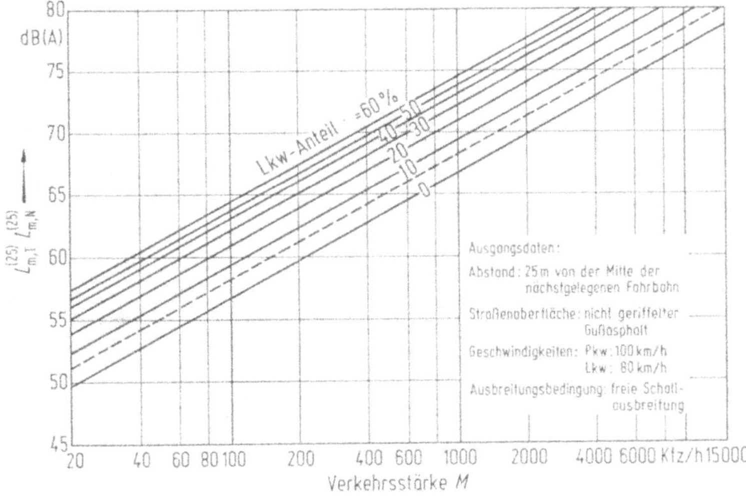

Bild 14.24. Diagramm zur Ermittlung des (Emissions-)Mittelungspegels $L_{mT}^{(25)}$ und $L_{mN}^{(25)}$ in 25 m Entfernung von der Mitte der nächsten Fahrbahn.

Sollen die Berechnungen für einzelne Fahrstreifen getrennt durchgeführt werden, so erhöhen sich die Grundwerte $L_{m,\mathrm{Pkw}}$ und $L_{m,\mathrm{Lkw}}$ um 0,5 dB für eine Entfernung von 25 m von der Mitte des betrachteten Fahrstreifens. Bei der Zusammenfassung der für verschiedene Fahrstreifen ermittelten Einzelpegel $L_{m,T,N,i}$ gemäß Gl. (14.6) sind dann die Korrekturen $\Delta L_{s,i}$ ebenfalls getrennt zu berücksichtigen.

Wegen der im Verkehrslärmschutzgesetz vorgenommenen Vereinfachungen kann die detaillierte Rechnung unter Umständen zu Ergebnissen führen, die um 1 bis 2 dB von den nach dem Verkehrslärmschutzgesetz berechneten Werten abweichen.

Die Kurven in Bild 14.25 gelten für die maßgebende Witterungssituation und für eine Ebene, die 4 m über der Mitte der Bezugsfahrbahn liegt. Die Kurve für den Mittelungspegel kann mit folgender Formel berechnet werden:

$$\Delta L_s = 13{,}5 - 6{,}7 \cdot \lg s - 2{,}1\,(\lg s)^2 \qquad (14.7)$$

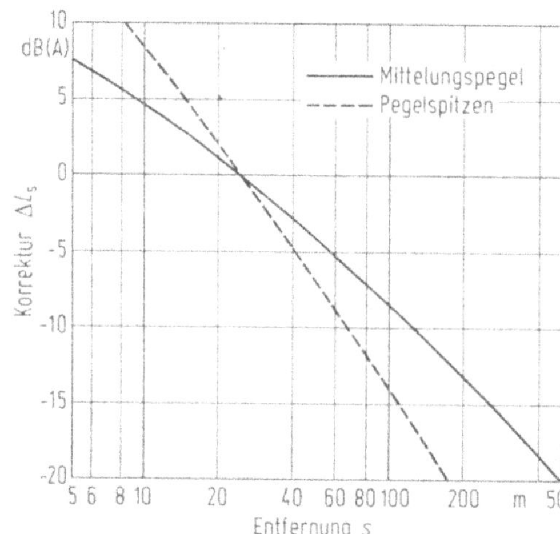

Bild 14.25. Diagramm zur Umrechnung der in 25 m Entfernung von der Mitte der nächsten Fahrbahn ermittelten Mittelungspegel und Pegelspitzen auf andere Entfernungen.

c) *Abschätzung der Pegelspitzen und der Pegelschwankung*

An Immissionsorten direkt an der Straße und vor allem bei schwachem Verkehr (z.B. nachts) machen sich bei Vorbeifahrt der einzelnen Fahrzeuge Pegelspitzen unangenehm bemerkbar (Aufweckgefahr).

Die von den einzelnen Schallquellen (einzelnen Fahrzeugen) verursachten Pegelspitzen nehmen mit der Entfernung stärker ab als der von einem Fahrzeugstrom ausgehende Lärm. Statt mit einer Abnahme von etwa 4 dB bei einem Fahrzeugstrom kann man bei den Pegelspitzen mit einer Abnahme von etwa 7 dB je Entfernungsverdoppelung rechnen. Dadurch wird die mittlere Pegelschwankung mit der Entfernung schnell geringer. Die von einzelnen besonders lauten Fahrzeugen herrührenden hohen Pegelspitzen machen sich deshalb vor allem im Nahbereich der Straßen (bis etwa 100 m Entfernung) bemerkbar.

Zur Abschätzung des Wertes für die mittleren Pegelspitzen bei geringen Verkehrsstärken (etwa dem L_1-Wert entsprechend) wird zunächst der Wert für eine Entfernung von 25 m aus Bild 14.26 abgelesen und für eine beliebige Entfernung $e \neq 25$ m eine Korrektur gemäß Bild 14.25 (gestrichelte Kurve) berücksichtigt. Der so ermittelte Wert für L_1 kann natürlich nicht kleiner als der Wert für L_m sein.

Hohe Pegelspitzen können bei frei fließendem Verkehr auch an Lücken in einer sonst geschlossenen Bebauung auftreten. Brems-, Anfahr- und Beschleunigungsvorgänge, d. h. zeitweise erhöhte Aggregatanstrengungen bewirken vor allem stärkere Pegelschwankungen. Analoges gilt für Steigungen.

Zur Berücksichtigung der Störwirkung von Anfahrvorgängen an höhengleichen Straßenkreuzungen und Einmündungen, die im Mittelungspegel nicht zum Ausdruck kommen, ist bei den Beratungen des Straßenlärmschutzgesetzes vereinbart worden, zum Gesamtmittelungspegel, der sich unter Einwirkung aller Verkehrsströme der betreffenden Kreuzung oder Einmündung ergibt, je nach Entfernung des Immissionsortes einen Zuschlag von 1 oder 2 dB(A) in Rechnung zu stellen. Die Höhe des Zuschlags kann aus Tab. 14.3 entnommen werden.

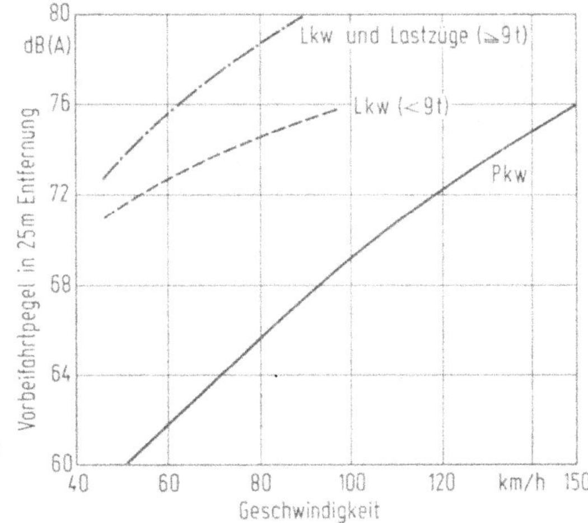

Bild 14.26. Diagramm zur Abschätzung der mittleren Pegelspitzen.

14.9.4.3. *Einfluß von Reflexionen, Notwendigkeit lärmabsorbierender Verkleidungen*

Schallreflexionen an flächenhaften Objekten in der Nähe von Straßen können an einem Immissionsort zu Pegelerhöhungen führen.

In Bild 14.27 ist der einfache Fall dargestellt, in dem von einem bestimmten Straßenabschnitt direkt einfallender Schall und zusätzlich der an einem gegenüberliegenden Bauwerk — z. B. an einer ausgedehnten Häuserfront — reflektierter Schall einfällt. Man kann sich zur Vereinfachung der Berechnung die Schallquelle „Straße“ an der reflektierenden Fläche gespiegelt vorstellen, also hinter der Reflexionsfläche eine „virtuelle“ Straße mit gleicher Verkehrsbelastung annehmen.

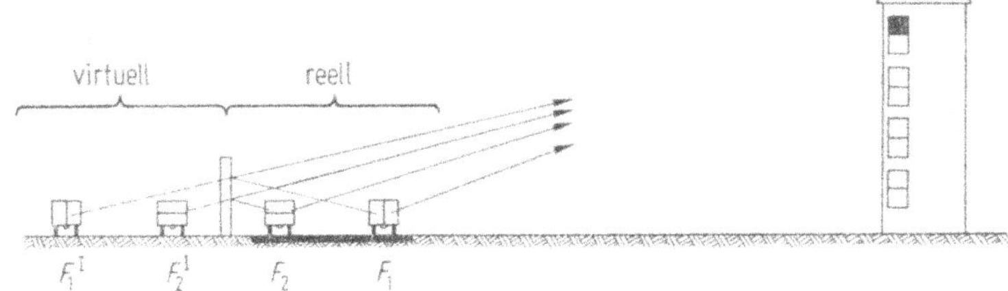

Bild 14.27. Schallreflexion an einer nicht absorbierenden, ebenen Wandfläche, virtuelle Schallquelle.

Außer der größeren Entfernung, die der reflektierte Schall überwinden muß, ist noch der Reflexionsverlust zu berücksichtigen, der an der reflektierenden Fläche entsteht. Er beträgt an einer glatten, nur wenig strukturierten Wandfläche etwa 1 dB, an einer aufgelockerten Wandfläche — z.B. Häuserfront mit Balkonen usw. — etwa 2 dB. Die Erhöhung des Mittelungspegels durch die auftretende Reflexion wird deshalb im allgemeinen gering sein, weil die Pegelerhöhung höchstens 3 dB(A) betragen würde, wenn der reflektierte Schall mit der direkten Schallenergie gleich wäre.

Wesentlich stärker kann sich die Schallreflexion auswirken, wenn Mehrfachreflexionen zwischen parallelen Wänden auftreten. Dies ist z.B. in engen Häuserschluchten oder an Straßen in Tieflagen mit seitlichen Stützmauern (Troglagen) der Fall. In Tunnels mit reflektierenden Wänden und Decken kann sich der Pegel durch Mehrfachreflexionen um bis zu 15 dB(A) erhöhen [119].

Während Einfachreflexionen dort wo direkt einfallender Schall und reflektierter Schall sich überlagern im allgemeinen hinnehmbar sind, weil die Reflexion den Pegel nur geringfügig erhöht, können Reflexionen dort unangenehm werden, wo Schall nicht direkt einfallen kann, wohl aber reflektierter Schall und somit der Lärmpegel in erster Linie von reflektiertem Schall bestimmt wird. In Bild 14.28

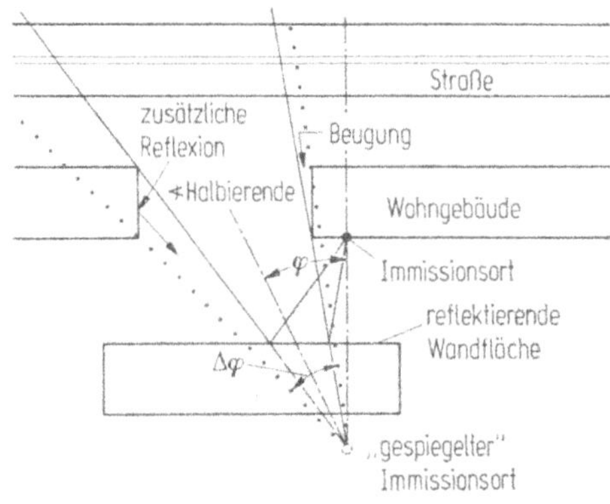

Bild 14.28. Immissionsort, an den vorwiegend reflektierter Schall gelangt.

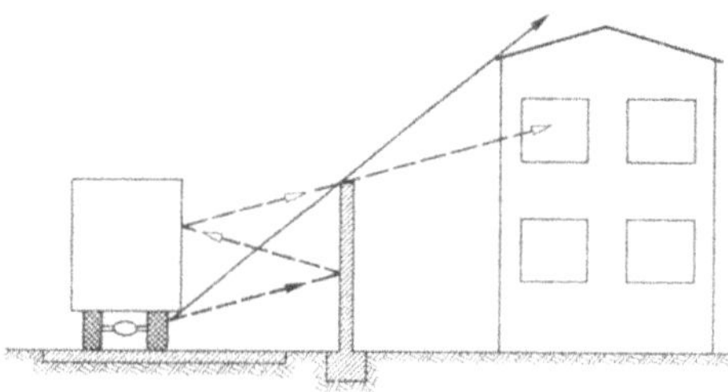

Bild 14.29. Mögliche Reflexion an Fahrzeugaufbauten und -ladungen.

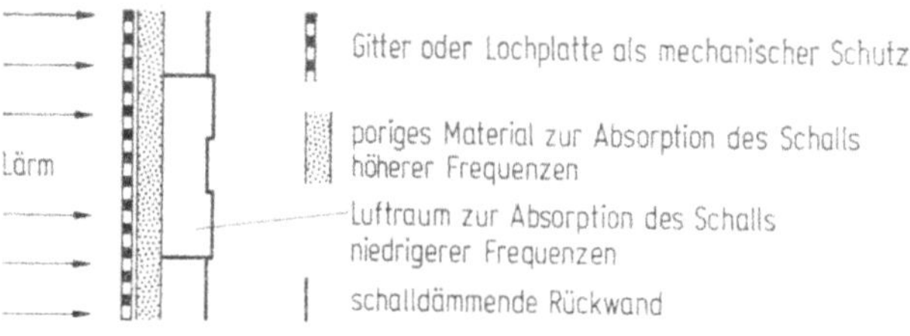

Bild 14.30. Prinzipieller Aufbau eines leistungsfähigen Absorptionselements.

ist ein solcher Fall dargestellt. In diesem Fall ist es zweckmäßig, sich nicht die Schallquelle, sondern den Immissionsort an der reflektierenden Fläche gespiegelt vorzustellen. (Durch punktierte Linien wird angedeutet, wie der Lärmanteil aus diesem Sektor gemäß Abschnitt 14.9.4.4. vereinfacht erfaßt wird.)

Bei direkt an der Straße stehenden Lärmschutzwänden kann bei größerem Anteil von Schwerverkehr mit hohen reflektierenden Aufbauten die in Bild 14.29 dargestellte Reflexion an den Fahrzeugaufbauten zu unerwarteten Schalleinstrahlungen führen.

Wo störende Pegelerhöhungen durch Reflexionen nicht auf andere Weise (z. B. Vergrößerung der Abschirmung) vermindert werden können, kommt eine absorbierende Verkleidung von Wänden in Frage (Bild 14.30).

14.9.4.4. Hindernisse im Schallausbreitungsweg, die eine Teilabschirmung bewirken

Befinden sich zwischen Straße und Immissionsort Hindernisse, dann können Pegelminderungen durch Teilabschirmung auftreten. Der Effekt von Teilabschirmungen ist geringer, als vielfach erwartet wird. Eine Abschirmung durch eine Hausreihe mit einem Haus-Lücke-Verhältnis von 1:1, oder die Abkapselung der halben wirksamen Straßenlänge durch einen Tunnel, bewirkt nach 14.9.1. nur eine Minderung des bei freier Schallausbreitung entstehenden Mittelungspegels von 3 dB. Kleinere Hindernisse im Schallausbreitungsweg wie Einzelhäuser, Maste, Schilder, Einzelbäume usw. können deshalb im allgemeinen vernachlässigt werden.

Für eine Berechnung der Minderungswirkung hoher und breiter Hindernisse im Schallausbreitungsweg zeichnet man gemäß Bild 14.28 vom Immissionspunkt aus in den Lageplan die Sektoren ein, aus denen Lärm von der Straße direkt oder auch nach Reflexion an einer Wand einfallen kann. Die Geraden, welche die Sektoren begrenzen, sollten dabei durch die Hindernisecken gelegt werden, welche die kürzeste Breite der Teilabschirmungen ergeben (punktierte Linien in Bild 14.28). Damit wird den stets auftretenden Beugungen und Reflexionen des Schalls Rechnung getragen. Eine genaue Berechnung aller Schallanteile aus freier Schallausbreitung, Reflexion und Beugung (vgl. Bild 14.28) ist bei den im allgemeinen geringen Pegelanteilen meistens nicht erforderlich.

Für die Berechnung des zum Immissionsort gelangenden Lärms geht man vom Immissionspegel $L_{m,T,N}$ nach Abschnitt 14.9.4.2. aus, der bei freier Ausbreitung des Schalls von einer unendlich langen Straße entstehen würde und mindert diesen

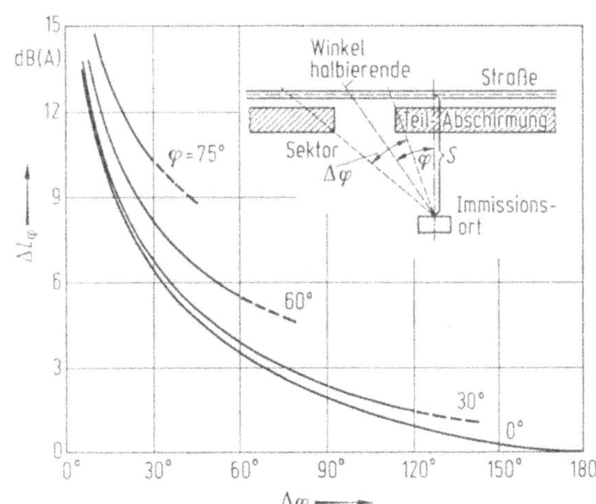

Bild 14.31. Diagramm zur Ermittlung der Korrekturgröße $\Delta L_{\varphi i}$.

Schall je nach Sektorbreite $\Delta\varphi_i$ und Winkel φ_i ab. Der Lärmanteil eines Sektors i wird dann nach folgender Beziehung berechnet [120]:

$$L_{m},\varphi_i = L_{m,T,N} - \Delta L\varphi_i \tag{14.8}$$

$\Delta L\varphi_i$ wird dabei aufgrund der Eingangsdaten Sektoröffnungswinkel $\Delta\varphi_i$ und Winkel φ_i der Winkelhalbierenden dieses Sektors zur Senkrechten des Immissionsortes auf die Straße aus Bild 14.31 abgelesen.

Die Lärmanteile aus verschiedenen Sektoren sind energetisch gemäß Gl.(14.2) zu addieren. Die energetische Addition kann auch mit Hilfe des Bildes 14.32 vor-

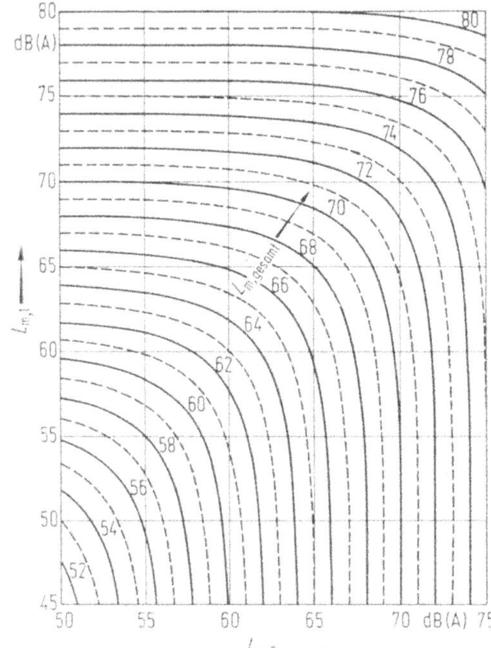

Bild 14.32. Diagramm zur energetischen Addition zweier Schallpegel.

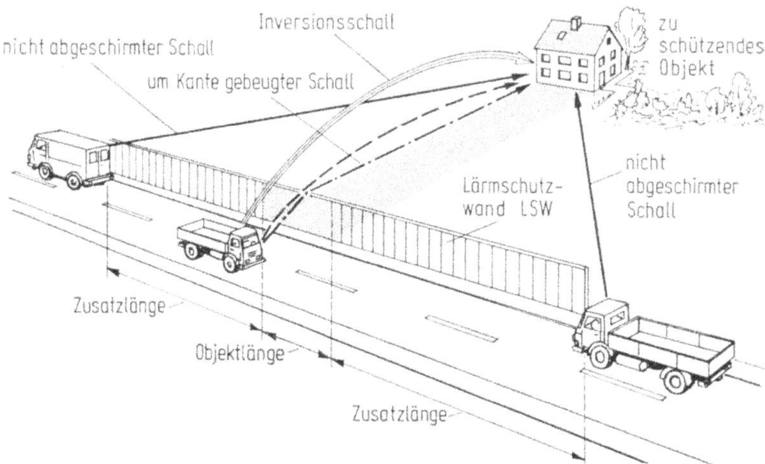

Bild 14.33. Ursachen der begrenzten Leistungsfähigkeit von Lärmschirmen.

genommen werden, indem man jeweils zwei Einzelpegel zu einem resultierenden Pegel zusammenfaßt und dann einen weiteren Einzelpegel mit dem so ermittelten resultierenden Pegel überlagert usw. Bei der energetischen Addition wird deutlich, daß weit abliegende Straßenstücke und geringe Lärmanteile den Gesamtpegel kaum verändern.

Aus Bild 14.33 geht auch hervor, über welche Länge eine Straße vom Immissionsort einsehbar sein muß, damit der nach Gl. (14.5) und (14.6) berechnete Immissionspegel der auf eine unendlich lange gerade Straße abgestellt ist, noch ohne Korrekturen anwendbar ist. Zeichnet man vom Immissionsort im Lageplan die Senkrechte zur Straßenachse und sind die einsehbaren Straßenstücke zu beiden Seiten des Auftreffpunktes jeweils länger als der zweifache Abstand des Immissionsortes von der Straße, dann ist der wahre Immissionspegel höchstens 1 dB(A) niedriger als im Falle einer nach beiden Seiten unendlich lang einsehbaren Straße.

Für genaue Berechnung — insbesondere auch bei gekrümmten Straßen — ist der gesamte Winkelbereich, von dem aus Schall auf den Immissionsort einfallen kann, in Sektoren einzuteilen, aus denen direkt von der Straße kommender Schall, reflektierter Schall, und um vertikale Kanten gebeugter Schall kommt. Die einzelnen Schallanteile sind energetisch zu addieren. Je nach Höhe und Schalldichtigkeit der Hindernisse muß unter Umständen auch noch Schall berücksichtigt werden, der über die Hindernisoberkanten gebeugt wird bzw. der das Hindernis durchdringt (z. B. Bewuchsriegel).

Ein analoges Verfahren zur Ermittlung des Einflusses von Teilabschirmungen arbeitet nicht mit den Winkeln, sondern mit hinreichend kleinen Straßenstücken, die als „Punktschallquelle“ ihren Lärmanteil auf den Immissionsort übertragen.

14.9.4.5. Schalltechnische Berechnung von Lärmschirmen

Kann die von einer Straße ausgehende Lärmimmission nicht durch ausreichenden Abstand zwischen Straße und Immissionsort auf bestimmte Lärmpegelwerte gesenkt werden, dann ist zu prüfen, ob die erforderliche Pegelminderung durch Abschirmmaßnahmen an der Straße bewirkt werden kann.

Es handelt sich dabei um Hindernisse, die planmäßig im Ausbreitungsweg des Lärms angeordnet werden. Sie sollen verhindern, daß Lärm direkt auf zu schützende Objekte fällt. Zur Lärmabschirmung werden eingesetzt:

Wälle, Wände, Einschnittsböschungen, Stützmauern von Einschnitten (Tröge) sowie lärmunempfindliche, lange Gebäude und Wald. Wald kann jedoch nicht wie ein weitgehend lärmundurchlässiger Schirm berechnet werden. Die nachstehenden Berechnungen gelten daher nicht für Wald.

Der lärmtechnischen Berechnung der Schirmabmessungen ist die gleiche maßgebende Witterungssituation zugrunde zu legen, wie für die Berechnung der Immissionen ohne Lärmschirm (Berechnung des „Einfügungsdämmaßes“). Für die Bemessung von Lärmschirmen wird deshalb davon ausgegangen, daß der Schall sich rechtwinklig zur Straße bogenförmig mit einem Radius von 5000 m ausbreitet.

Bild 14.33 zeigt am Beispiel einer Lärmschutzwand, daß die Wirkung von Lärmschirmen naturgemäß begrenzt ist. Selbst bei unendlich langen Schirmen gelangt Lärm wegen der unvermeidlichen Beugungseffekte an der Schirmoberkante in den zu schützenden Bereich. Da der erreichbare Minderungseffekt dabei frequenzabhängig ist, verändert sich das Frequenzspektrum des in den zu schützenden Bereich gelangenden Lärms. Wie aus Bild 14.34 hervorgeht, ist der Lärmpegel hinter dem Schirm insgesamt geringer und gleichmäßiger (stärkere Minderung der Pegelspitzen und der hohen Frequenzen). Die Beugungseffekte treten auch bei bogenförmiger Schallausbreitung auf. In ungünstigen Situationen kann der sich bogenförmig ausbreitende Lärm jedoch auch ungemindert [96] in den zu schützenden Bereich gelangen.

Der Abbau der Schallenergie mit der Entfernung wird auch benutzt, um die Zusatzlänge von Lärmschirmen festzulegen. Im allgemeinen soll der Lärm, der durch Beugung an das zu schützende Objekt gelangt, etwa den gleichen Pegel ergeben wie der Lärm, der vom Ende des Schirms einfällt.

Zur Vermeidung von Schall- und Seitenwindstößen ist das Ende von Lärmschutzwänden in einer Neigung 1:8 bis 1:16 abzusenken. Die Absenkung kann auch in Stufen (Fertigteilhöhe) vorgenommen werden.

Die Pegelminderung durch Lärmschirme ist um so größer, je größer der Umweg ist, den der Schall über die Begrenzung von LSW hinweg zurücklegen muß. Für die Ermittlung des Abschirmeffekts geht man zunächst von geradliniger Schallausbreitung aus. Mit den Bezeichnungen in Bild 14.35 ergibt sich für den Umweg

$$Z \text{ in m} = A + B - C \approx \frac{h_{eff}^2}{2}\left(\frac{1}{a} + \frac{1}{b}\right) \qquad (14.7\text{a})$$

Es ist vereinbart worden, die Lärmquelle 0,5 m über der Straßenoberfläche anzunehmen.

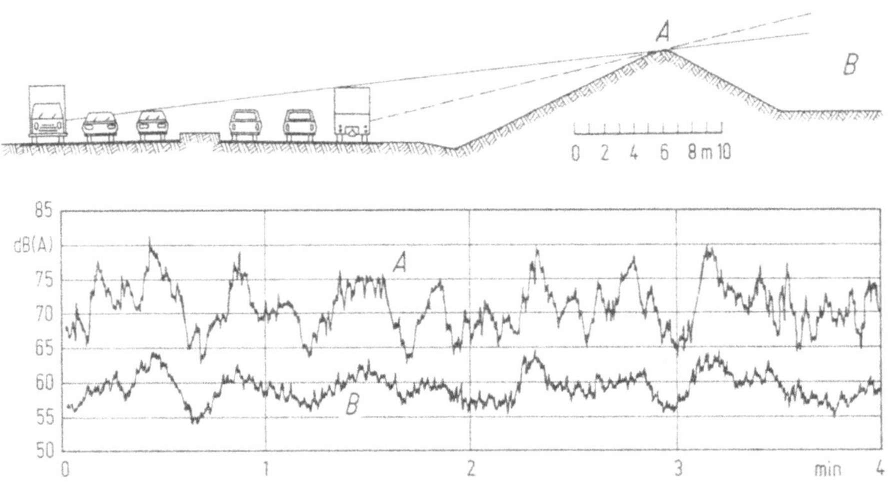

Bild 14.34. Effekt von Abschirmungen: Gleichzeitig aufgenommene Pegelverläufe an den Meßpunkten A und B zeigen die Minderung des Mittelungspegels und Abbau von Pegelschwankungen.

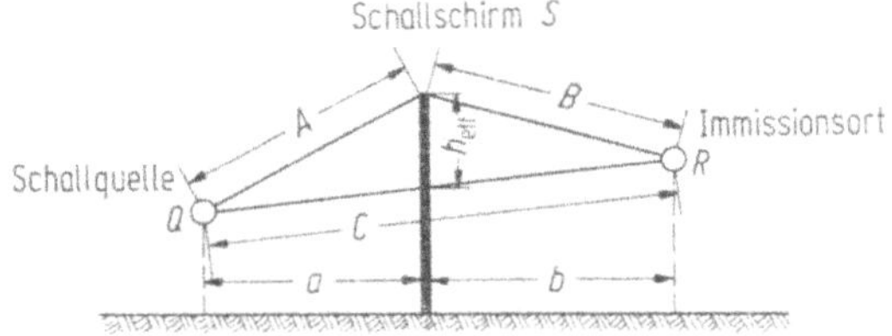

Bild 14.35. Ermittlung des Umweges, den gebeugter Schall bei Lärmschirmen zurücklegen muß.

Die in der Gleichung unter Verwendung der „effektiven" Schirmhöhe h_{eff} angeführten Näherung ist für Lärmschirme an Straßen in der Regel ausreichend genau. Mit Hilfe des Wertes Z, der auch „Schirmwert" genannt wird, läßt sich die zu erwartende Pegelminderung für ein Einzelfahrzeug (für eine punktförmige

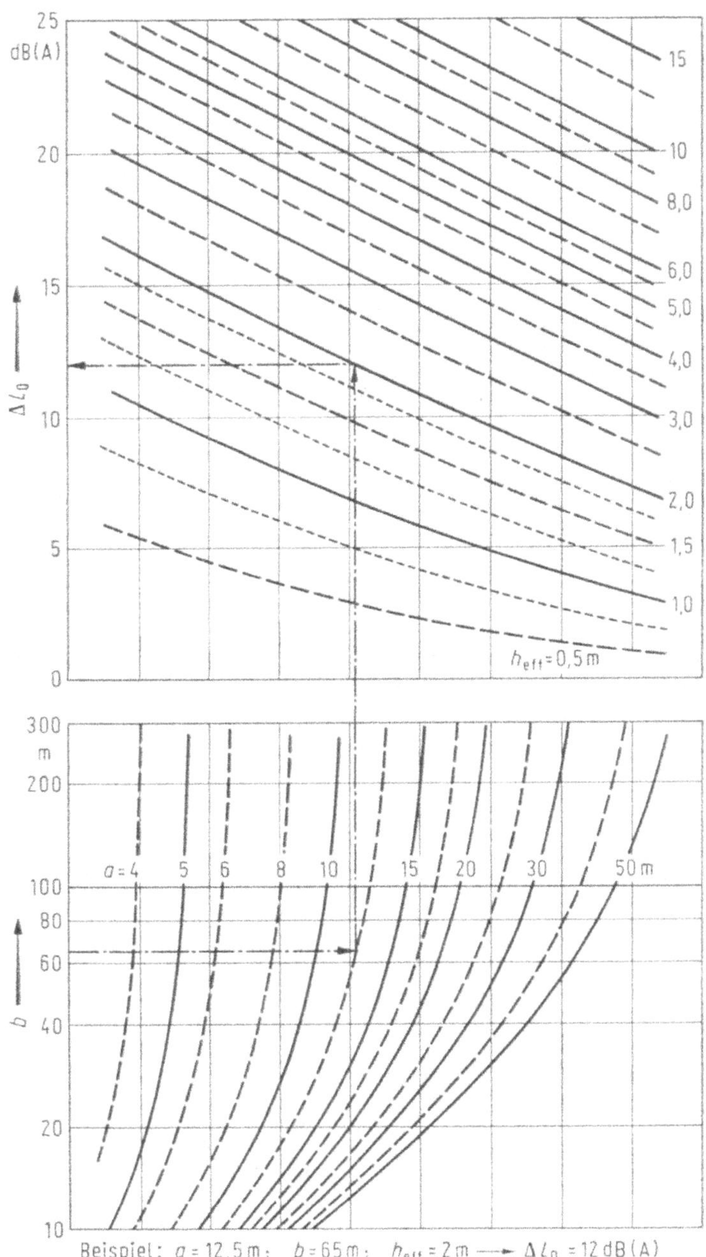

Bild 14.36. Nomogramm zur Berechnung der Pegelminderung ΔL_0.

Schallquelle an der Straßenoberfläche) und einen langen Lärmschirm wie folgt berechnen:

$$\Delta L_0 \text{ in dB(A)} = 10 \cdot \lg (1 + 80 \cdot Z) \tag{14.9}$$

Aus dem Nomogramm in Bild 14.36 kann der Wert für ΔL_0 leicht ermittelt werden. Der Schirmwert Z wird in Gl. (14.9) in m eingesetzt, wobei in der Praxis Werte bis etwa 3 m auftreten. Die Minderung des Mittelungspegels $\Delta L_{m,i}$ für die Folge der auf einem Fahrstreifen i fahrenden Fahrzeuge kann mit Hilfe des Wertes ΔL_0 und der Beziehung

$$\Delta L_{m,i} \text{ in dB(A)} = 0{,}8 \cdot \Delta L_0 - 0{,}1 \sqrt{K_0} \tag{14.10a}$$

berechnet werden. Dabei berücksichtigt der Faktor

$$K_0 \text{ in m}^2 = h_{\text{eff}} \cdot (a + b) \tag{14.10b}$$

die Krümmung der „Schallstrahlen" bei der maßgebenden Witterungssituation.

Für Straßen mit mehreren Fahrstreifen genügt es in der Praxis, die Berechnungen für den nächstliegenden (Index 1) und für den entferntesten (Index 2) Fahrstreifen getrennt durchzuführen. Die beiden Teilwerte für die Pegelminderung ΔL_{m1} und L_{m2} werden mit der Gleichung

$$\Delta L_{m,\text{gesamt}} = 3 - 10 \cdot \lg [10^{-\Delta L_{m1/10}} + 10^{-\Delta L_{m2/10}}] \tag{14.11}$$

oder mit Hilfe des Diagramms in Bild 14.37 zu einem Gesamtwert für die Minderung des Mittelungspegels zusammengefaßt. Die so errechnete Pegelminderung tritt nur ein, wenn der Lärmschirm nach beiden Seiten über das zu schützende Objekt hinaus um die Zusatzlänge d_0 (vgl. Bild 14.33) verlängert wird.

Diese Zusatzlänge läßt sich ermitteln aus der Beziehung

$$d_0 = b \cdot F$$

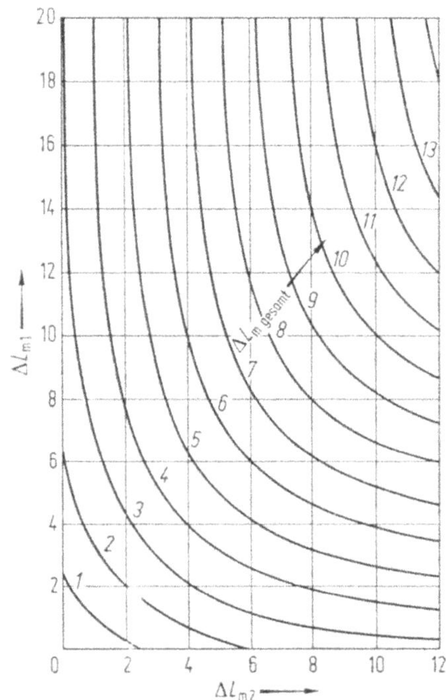

Bild 14.37. Diagramm zur Bestimmung der Gesamt-Pegelminderung aus zwei Teil-Pegelminderungen.

Dabei kann der Faktor F dem Diagramm des Bildes 14.38 entnommen werden.

Kann aus zwingenden Gründen diese Länge nicht eingehalten werden, so reduziert sich die erreichbare Minderung des Mittelungspegels angenähert auf

$$\Delta L_{m,x} = \Delta L_{m,\text{gesamt}} \cdot \sqrt{d_x/d_0}\,, \tag{14.12}$$

wobei d_x die tatsächliche Schirmlänge ist. Es gilt

$$d_0 \geq d_x \geq 0{,}4\ d_0$$

Bei der Berücksichtigung mehrerer Fahrstreifen ist im Diagramm des Bildes 14.38 für ΔL_0 und dem Faktor $K_0 = h_{\text{eff}} \cdot (a + b)$ von gemittelten Werten auszugehen. Die Gl. (14.12) gilt für gleich lange Zusatzlängen $d_x \geq d_0$ nach beiden Seiten.

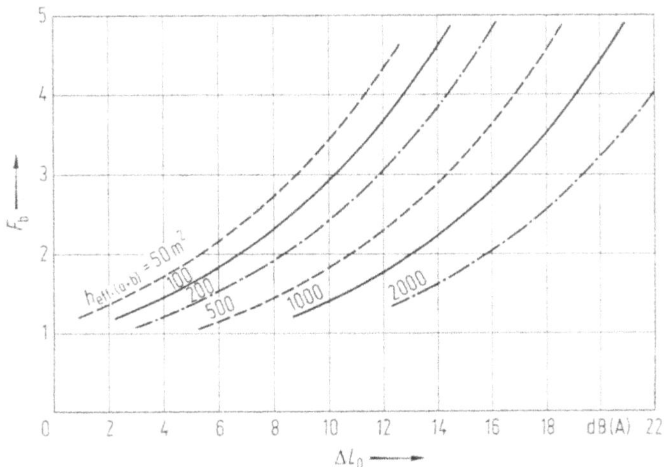

Bild 14.38. Faktor zur Ermittlung der Zusatzlänge.

Bei unterschiedlichen Zusatzlängen sind nach der Gl. (14.12) zwei Teilwerte $\Delta L_{m,x,\text{links}}$ und $\Delta L_{m,x,\text{rechts}}$ zu berechnen. Beide Werte müssen dann mit Hilfe des Diagramms in Bild 14.37 bzw. nach der Gl. (14.11) zusammengefaßt werden.

Die „Richtlinie für den Schallschutz an Straßen" [13] enthält zahlreiche Diagramme, die es gestatten, für bestimmte erforderliche Pegelminderungen direkt die erforderlichen Abmessungen von Lärmschutzwällen und -wänden abzulesen. Die Diagramme sind auf einen Regelabstand (Richtzeichnungen, herausgegeben vom Bundesminister für Verkehr) der Lärmschirme vom Rand der befestigten Fahrbahn abgestellt.

Die Richtlinie enthält auch Vorschläge für die Darstellung von Lärmpegeln in Lärmkarten oder Lärmkatastern. Lärmkataster sind — vor allem an bestehenden Straßen — für die Schallschutzstrategie von Bedeutung.

Zur Erforschung der Schallausbreitung bei komplizierten Abschirm- und Reflexionsverhältnissen (bebaute Gebiete, spezielle Lärmschirme, Wirkung von Absorptionen usw.) werden Untersuchungen in Modellhallen durchgeführt [82, 122]. Die jeweilige Situation wird dabei im Maßstab 1:10 bis 1:100 in der schallabsorbierend ausgekleideten Halle nachgebildet. Mit kleiner werdenden Modellen muß die Modell-Frequenz ansteigen. Zur Minderung der Luftabsorption muß dabei die Luft im Modellraum getrocknet werden. Da es nicht möglich ist, bestimmte Witterungssituationen nachzubilden, gelten die Ergebnisse für geradlinige Schallausbreitung, d. h. nur für den Nahbereich bis etwa 200 m in der Natur. Die Ergebnisse stimmen mit ±2 dB mit Messungen in der Wirklichkeit überein. Bild 14.39 zeigt das Ergebnis einer derartigen Modelluntersuchung.

Bei komplizierten baulichen Situationen, bei denen vor allem mit Mehrfachreflexionen und Beugungen um vertikale Kanten gerechnet werden muß, empfiehlt es sich, die Immissionen und die Abmessungen der erforderlichen Schallschirme mit inzwischen entwickelten Programmen [113] auf Großrechnern zu berechnen. Für Abschätzungen sind auch Beispielsammlungen [86] hilfreich.

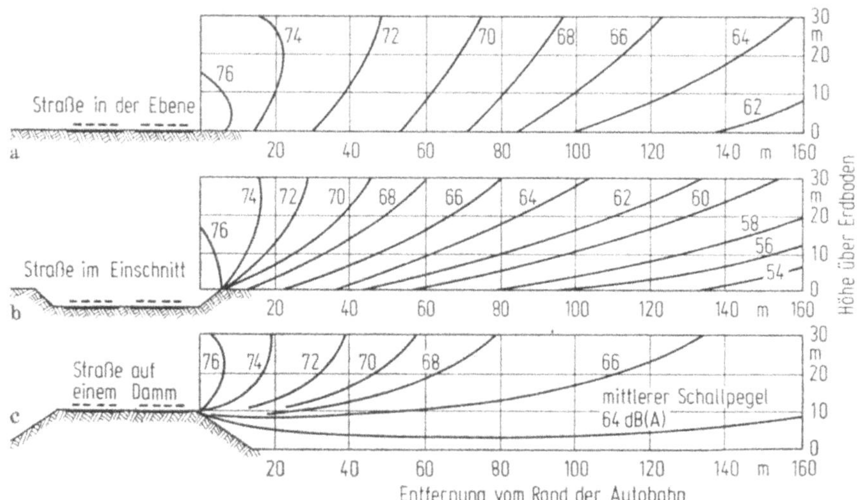

Bild 14.39. Kurven gleicher Lautstärke an Autobahnen nach Modelluntersuchungen von Rapin. Verkehrsstärke 5000 Fz/h.

14.9.4.6. Anordnung und Gestaltung von Lärmabschirmungen

Bei der Lärmabschirmung ergeben sich zahlreiche Zielkonflikte mit anderen Umweltzielen und mit dem Ziel der Erhöhung der Verkehrssicherheit. Diese Zielkonflikte können je nach Höhenlage der Straße zum Gelände unterschiedlich sein.

An Hand der Beispiele der Bilder 14.40 und 14.41 sei zunächst einmal der Einfluß der Höhenlage in Verbindung mit Schallschirmen auf die Schallimmission betrachtet. Ist, wie in Bild 14.40 dargestellt, nur auf einer Seite der Straße Bebauung gegen Lärm zu schützen, dann ist die Straße auf einen 6,3 m hohen Damm mit einer 3 m hohen Lärmschutzwand (Bild 14.40a) im Nahbereich weit lärmgünstiger als ein 6,3 m tiefer Einschnitt (Bild 14.40c).

Im Nahbereich ist der Einschnitt auch dann noch lärmtechnisch ungünstiger, wenn er mit einer 3 m hohen Lärmschutzwand ausgestattet wird. Selbst eine im Gelände liegende Straße (Bild 14.41b) mit einer 3 m hohen Lärmschutzwand ist im Nahbereich dem 6,3 m tiefen Einschnitt überlegen.

Muß — wie dem Bild 14.41 zugrunde gelegt — auf beiden Seiten der Straße eine gleichartige Bebauung geschützt werden, dann ergibt sich folgendes:

Die Straße in Hochlage mit 3 m hohen Lärmschutzwänden (Bild 14.41a) ist der Tieflage ohne Absorption (Bild 14.41c) überlegen und sogar der Tieflage mit Teilabdeckung, jedoch ohne Absorption (Bild 14.41d), gleichwertig. Die im Gelände liegende Straße mit beidseitig 6 m hohen absorbierenden Wänden (Bild 14.41b) ist der Tieflage mit Teilabdeckung und absorbierender Wandverkleidung ebenbürtig.

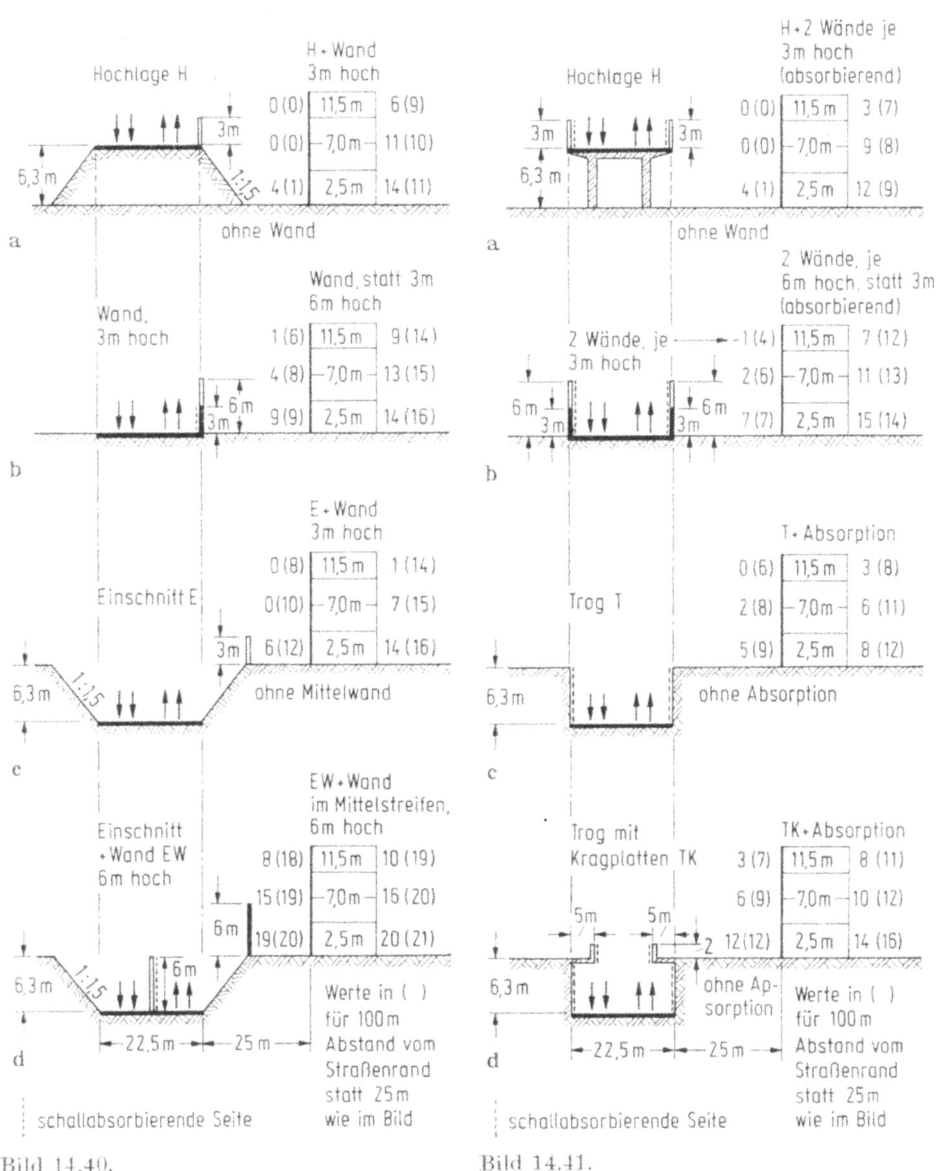

Bild 14.40. Beispiel für den Einfluß der Höhenlage einer Straße auf die Lärmimmission und der Effekt zusätzlicher Abschirmungen, wenn Lärmschutz nur für eine Straßenseite erforderlich ist. Minderung des Mittelungspegels in dB(A).

Bild 14.41. Beispiel für den Einfluß der Höhenlage einer Straße auf die Lärmimmission und der Effekt zusätzlicher Abschirmungen, wenn gleicher Lärmschutz für beide Straßenseiten erforderlich wird. Minderung des Mittelungspegels in dB(A).

Generell läßt sich sagen, daß die lärmabschirmende Wirkung von Tieflagen meist überschätzt wird. Tieflagen sind lärmtechnisch vor allem bei größerem Abstand der zu schützenden Bebauung von der Straße von Vorteil. Unter Berücksichtigung aller Umweltgesichtspunkte haben sie aber den Vorteil, daß Straße und Verkehr nicht so ins Auge fallen und daß durch sie die Luftzirkulation nicht behindert wird. Auf ihre möglichen Nachteile für das Grundwasser ist bereits unter 14.5. hingewiesen worden.

Vielfach entscheidet der verfügbare Platz über die Art der Abschirmung. Wo immer es möglich ist, sollte *Wald als Lärmschutz* genutzt werden (Schutzwald). Als besonders günstig gilt dabei die riegelförmige Anordnung geeigneter Bäume und Sträucher [8a] (vgl. Bild 14.22 Mitte). Bäume und Sträucher sind — insbesondere nach Abfall des Laubes — nicht als lärmdichter Schirm anzusehen [13]. Der besondere Vorteil von Bewuchs liegt in der Schadstoffabsorption und der psychologischen Wirkung bezüglich der Abschirmung.

Wo Wald nicht möglich ist, sollte an *Lärmschutzwälle* gedacht werden, die landschaftsgerecht modelliert werden können. Wälle kommen auch bei Straßen in Dammlage in Frage. In Sonderfällen (Bild 14.42) kann durch Anheben der Straße bei Wällen mit der Böschungsneigung 1:1,5 eine Einsparung von Breite erreicht werden.

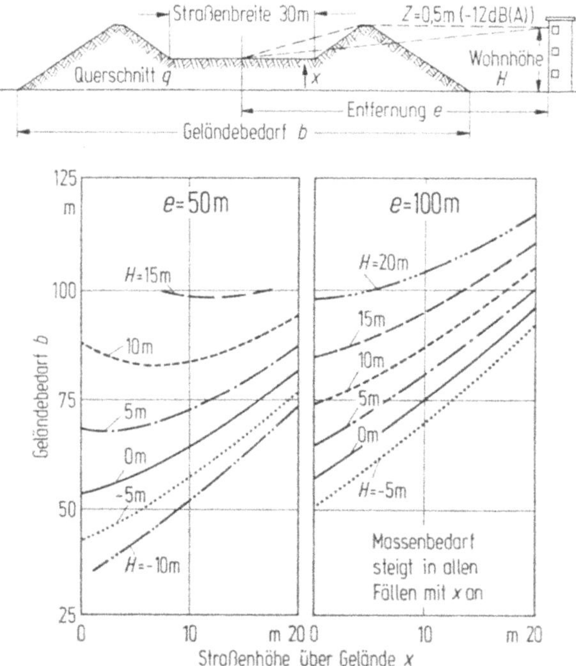

Bild 14.42. Beispiel für den Geländebedarf bei Lärmabschirmung durch Wälle in Abhängigkeit von der Höhenlage der Straße über Gelände.

Wälle sollen aus lärmtechnischen Gründen so dicht wie möglich an die Straße herangerückt werden und zur Straße hin so steil wie möglich ausgebildet werden. Für die straßenseitigen Fußausbildungen ist das bei Wällen immer notwendige Entwässerungssystem maßgebend.

Die Wallkrone soll gemäß Bild 14.43 1 m breit sein. Wird auf dem Wall eine Lärmschutzwand angeordnet, dann soll die Kronenbreite 2 m betragen (Bild 14.44). Wälle mit aufgesetzter Wand sollen aber nur gewählt werden, wenn Wall und Wand jeweils mindestens 2 m hoch sind. Vorschriften über die bautechnische Ausführung von Wällen enthält [16]. Wälle sollen da, wo die Sichtweiten auf der Straße dies zulassen, mit Gehölzen bepflanzt werden, die die Wallkronen zur Vermeidung von Schalleinstreuungen nicht wesentlich überragen sollten.

Die Wallkosten hängen stark vom Bodenpreis ab. Schüttmaterial fällt in der Regel an, weil Straßen zunehmend in die Tieflage gedrängt werden. Wälle wären auch geeignet, ungiftige Abfallstoffe aufzunehmen.

Wo der Platz für einen Wall mit natürlicher Böschung nicht zur Verfügung steht, werden sogenannte Steilwälle eingesetzt, bei denen die Erd- oder Humusfüllung von Fertigteilkonstruktionen so gehalten wird, daß steile Böschungsneigungen unter Umständen sogar vertikale Außenflächen entstehen lassen. In Bild 14.46 ist links nur ein Beispiel der zahlreichen Steilwall-Lösungen dargestellt. Die etagenförmige Begrünung der Steilwälle ist das besondere Kennzeichen der Steilwälle. Sie werden deshalb auch oft als städtebauliches Gestaltungselement eingesetzt. Wie Bild 14.45 erkennen läßt, kann allerdings auf dem gleichen Platz

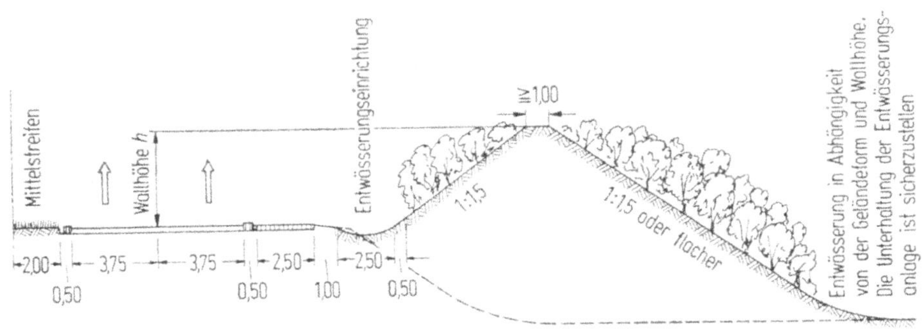

Bild 14.43. Anordnung und Gestaltung von Lärmschutzwällen.

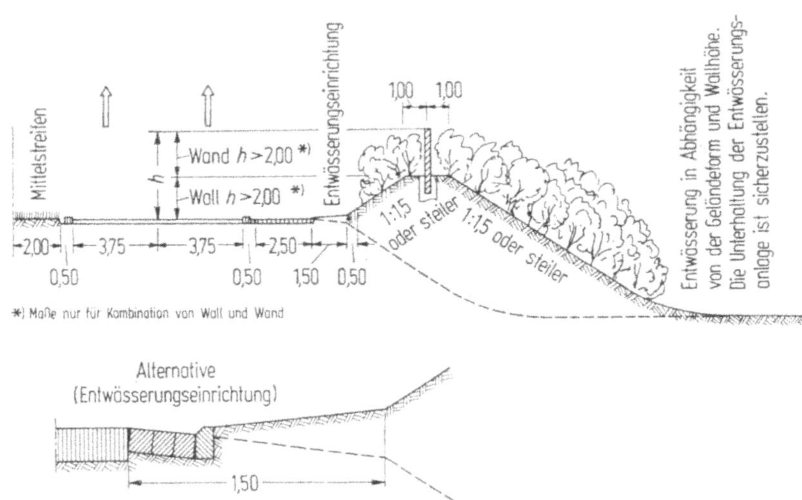

Bild 14.44. Anordnung und Gestaltung von Lärmschutzwällen mit aufgesetzter Lärmschutzwand (beengte Platzverhältnisse).

auch eine massive Wand mit beiderseitiger Bepflanzung angeordnet werden, dabei entfällt das Problem der Wasserversorgung der Pflanzen in Steilwällen. Die Kosten für Steilwälle sind in der Regel höher als für Lärmschutzwände.

Lärmschutzwände kommen vor allem an bestehenden Straßen, bei beengten Platzverhältnissen und an Straßen in Hochlage — insbesondere auf Brücken — aber auch zur Aufhöhung von Lärmschutzwällen in Betracht. Wenn sie unmittelbar an der Straße stehen, sollen sie im Regelfall 2,5 m (auf Brücken 1,75 m) vom Rand der befestigten Fahrbahn angeordnet werden. Je nach Höhe und Gestaltung stehen sie im Zielkonflikt mit der Verkehrssicherheit [1, 79] (Verschattung mit Begünstigung von Schneeansammlungen, Wasser- und Eisglätte, optisch wirksames und gefährliches seitliches Hindernis) dem Naturhaushalt (Behinderung des Luftaustausches), der Minimierung der Trennwirkung und der Befriedigung visueller Bedürfnisse. Die ästhetisch ansprechende Gestaltung von Lärmschutzwänden ist noch eine wichtige Aufgabe. Bepflanzungen, die dazu beitragen Lärmschutzwände in die Landschaft einzubinden und zu verdecken, sollten überall dort vorgesehen werden, wo es möglich ist. Wo Bäume und Sträucher die Lärmschutzwände wesentlich überragen, muß allerdings wegen Schalleinstreuung mit Pegelerhöhungen im Schutzbereich gerechnet werden.

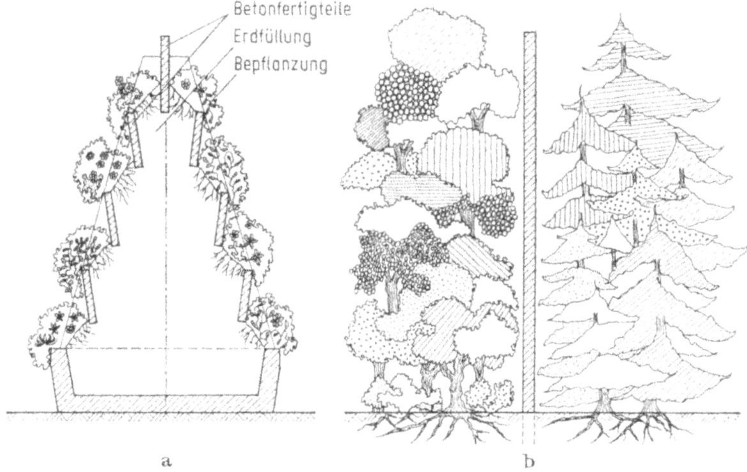

Bild 14.45. Platzbedarf a) eines Steilwalles (Austrocknungsgefahr ?) und b) einer Lärmschutzwand mit Vorpflanzungen.

Vor Lärmschutzwänden, die als gefährliches seitliches Hindernis gelten, sind nach den „Richtlinien für abweisende Schutzeinrichtungen“ Schutzplanken anzuordnen.

Bild 14.46 zeigt die Regelanordnung einer Lärmschutzwand an einer bestehenden Autobahn. Diese Lösung sieht eine Entwässerung unter der Wand hindurch vor. Damit soll erreicht werden, daß dem Naturhaushalt nicht unnötig Wasser entzogen wird.

Bild 14.47 zeigt eine Lösung, bei der das Wasser gesammelt abgeführt wird. Solche Lösungen sind in Wasserschutzgebieten erforderlich. Außerhalb von Wasserschutzgebieten sollten die Flächen zwischen Straße und Wand nicht befestigt, sondern begrünt werden. Dammverbreiterungen sollten nur nach eingehender Prüfung vorgenommen werden.

Bei der nachträglichen Anordnung von Lärmschutzwänden auf Brücken können sich Probleme der Abtragung der Windlasten ergeben. Entweder müssen Brückenkappen verankert werden (Bild 14.48), oder es sind Sonderkonstruktionen erforderlich. Aus Gründen der passiven Sicherheit sind auf Brücken bei 1,75 m Abstand der Wand von der Fahrbahn einfache Distanzschutzplanken und eine Drahtseilsicherung in einem Rohr an der Lärmschutzwand erforderlich. Außerdem ist jedes Element der Lärmschutzwand mit einer Absturzsicherung

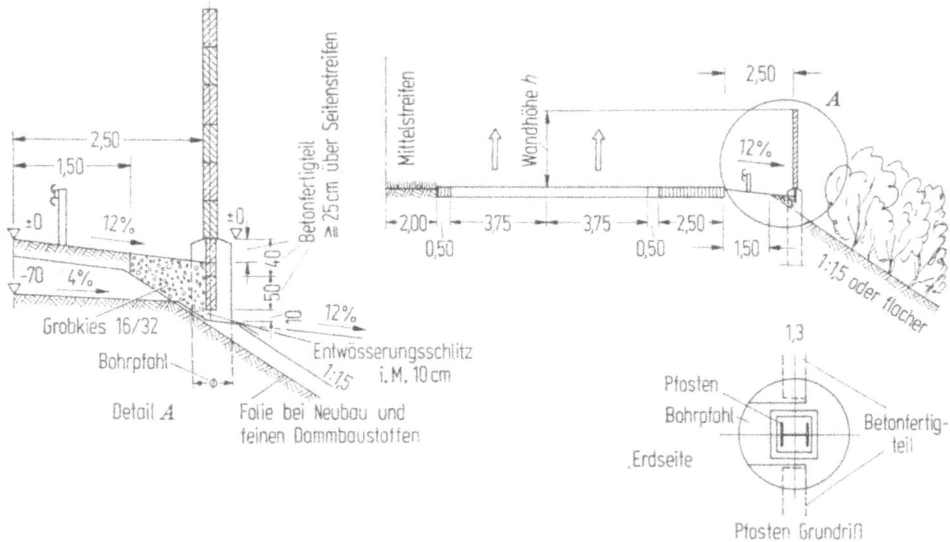

Bild 14.46. Regelanordnung einer Lärmschutzwand an bestehenden Autobahnen.

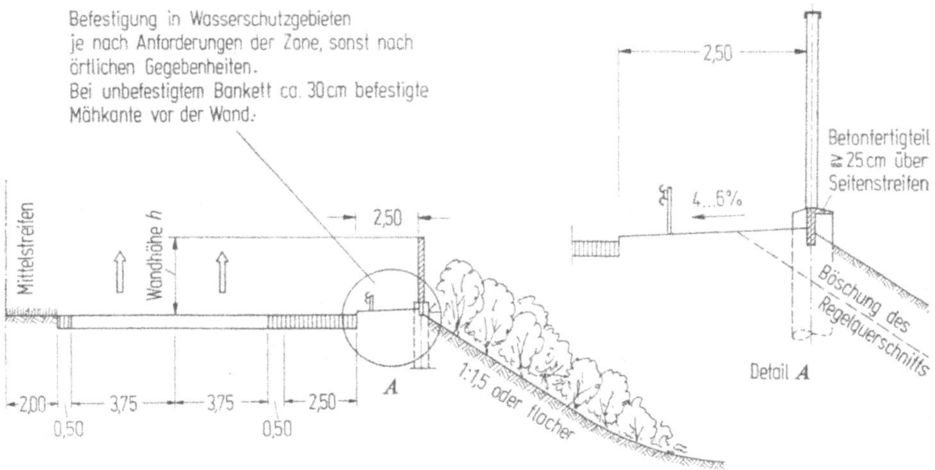

Bild 14.47. Anordnung einer Lärmschutzwand bei gesammelter Wasserabführung. (Für Wasserschutzgebiete erforderlich).

zu versehen, wenn durch abstürzende Teile Gefahren für den Bereich unter der Brücke bestehen. Bei hohen Brücken, an die der Brückenunterhaltungsdienst nicht von unten heran kann, sind Vorkehrungen für die Brückenunterhaltung (z.B. Demontierbarkeit) zu treffen.

Wegen der geringen zusätzlichen lärmmindernden Wirkung und den hiermit verbundenen Schwierigkeiten und Gefahren sollen Lärmschutzwände im Mittelstreifen nur in ganz besonderen Ausnahmefällen aufgestellt werden. Ist eine Lärmschutzwand im Mittelstreifen unabdingbar, soll dafür der Mittelstreifen bei neuen Straßen auf eine Mindestbreite von 5 m gebracht werden. Falls dies nicht möglich ist, sind Lärmschutzwandsonderkonstruktionen einzusetzen, die den Anforderungen der passiven Sicherheit genügen. Außerdem ist die Anordnung einer Geschwindigkeitsbeschränkung zu prüfen. Bei Lärmschutzwänden im Mittelstreifen müssen die Lärmschutzelemente nach beiden Seiten vollabsorbierend sein und zur Verringerung der Gefahren bei Kollisionen zusätzliche Befestigungen erhalten.

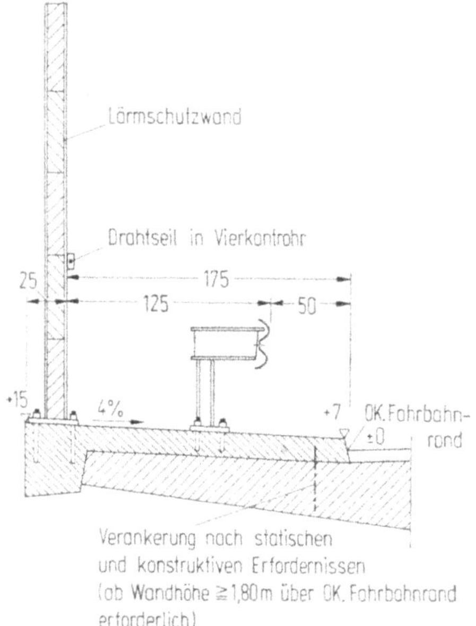

Bild 14.48. Anordnung einer Lärmschutzwand auf vorhandenen Brücken, wenn die Brückenkappe (ggf. nach Verankerung) die Windlasten übertragen kann.

Lärmschutzwände müssen ausreichend schalldicht sein. Sie müssen den Straßenlärm um wenigstens 25 dB bleibend dämmen. Werden Lärmschutzwände nur an einer Straßenseite vorgesehen, so sind in der Regel absorbierende Ausführungen nicht erforderlich. Nur wo Pegelerhöhungen durch Reflexionen (siehe 14.9.4.2.) bemerkbar werden können, sind Lärmschutzwände absorbierend auszubilden. Dies gilt vor allem dort, wo an beiden Seiten der Straße Wände notwendig werden und ganz besonders für Troglagen mit Teilabdeckung, bei denen die Pegelerhöhungen im Trog durch Mehrfachreflexionen beträchtlich sein können.

Die „Vorläufigen Richtlinien für Lärmschutzwände an Straßen“ [15] unterscheiden zwischen *teilabsorbierenden* und *vollabsorbierenden Wänden*. Da eine Verbesserung der Absorptionswerte — je nach System — teilweise nicht unerhebliche Aufwendungen erfordert (Kosten) und hochabsorbierende Systeme oft empfindlicher gegen äußere Einwirkungen sind (Dauerhaftigkeit), sollten überhöhte Anforderungen an die Schallabsorption vermieden werden. Es sollen dabei folgende Fälle unterschieden werden:

a) Keine Absorption ist erforderlich, wenn sich nur an einer Straßenseite schutzbedürftige Bereiche befinden und wenn sich auf der gegenüberliegenden Straßenseite keine größeren reflektierenden Flächen befinden (z.B. Stützmauern oder Fabrikhallen).

b) Teilabsorption ist erforderlich, wenn in schutzbedürftige Bereiche sowohl direkt von den Fahrzeugen ausgehender, als auch reflektierter Schall im wesentlichen ungehindert einfallen können, oder wenn der reflektierte Schall denselben zusätzlichen Minderungseffekt erleidet wie der direkte Schall.

c) Vollabsorption ist erforderlich, wenn direkter Schall um mehr als 5 dB gemindert wird, reflektierter Schall jedoch im wesentlichen ungehindert einfallen kann.

Bei beidseitig angeordneten Lärmschutzwänden oder bei Straßen in Tieflagen mit Stützmauern sind — je nach Bebauungsabstand und -höhe — die Fälle b) oder c) gegeben.

Lärmschutzwände sind nach den Windlasten der neuen DIN 1055 zu berechnen. Das heißt in weiten Gebieten unseres Landes ist von einer Windlast 1,45 kN/m² — bei Brücken auch von höheren Werten — auszugehen. Wenn dies statisch zu ungünstigeren Verhältnissen führt, ist eine 25prozentige Wasserfüllung der Elemente anzusetzen.

Vielfach ist die Lebensdauer der Wände noch unbefriedigend. Angeboten werden Wände oder Wandelemente aus Asbestzement, Beton, Glas, Holz, Kunststoffen, Metallen (Aluminium und Stahl) und Steinen. Nicht alle Systeme erreichen die geforderte Mindestlebensdauer von 20 Jahren ohne erheblichen Unterhaltsaufwand. Absorbierende Systeme sind nach den bisherigen Erfahrungen offenbar anfälliger als reflektierende. Bei der Konstruktion von Lärmschutzwänden und bei der Montage ist auf die Sicherstellung eines ausreichenden und unbeschädigten Korrosionsschutzes zu achten. Dies gilt besonders für die Pfosten von Lärmschutzwänden, die besonders langlebig (40 bis 60 Jahre) sein sollen, und rechtfertigt unter Umständen aufwendige Lösungen in der Übergangszone zwischen Boden und Luft (vgl. Bild 14.46 und 14.47).

Lärmschutzwände aus brennbaren Teilen müssen unempfindlich (schwer entflammbar) gegen Verbrennen von Gras, Stroh und Zeitungen vor der Lärmschutzwand sein. Sollten sie durch eine große Brandlast z.B. durch einen brennenden Tankzug in Brand geraten, dann dürfen sie außerhalb der Brandlast nicht weiterbrennen.

In vielen Fällen sind *Standard-Lärmschutzwände* am Platz. Sie bestehen in der Regel aus stählernen (St 360/2) Pfosten, aus IPBI 160, IPB 160 oder IPBv 160 (je nach statischen Erfordernissen) zwischen die schalldicht austauschbare Fertigteilelemente verschiedenster Hersteller und Materialien eingesetzt werden können. Ob die Elemente reflektierend oder absorbierend auszubilden sind, richtet sich nach den lärmtechnischen Erfordernissen. Die Länge dieser Elemente ist auf folgende Abstände der stählernen Pfosten abgestellt:

Regelfall: 4 m Achsabstand der IPB.

Sonderfall: (z.B. Brücken) 2 m Achsabstand.

Pfosten aus Stahlbeton oder anderem Material müssen Einschubnuten aufweisen, die den IPB 160 entsprechen. Die Achsabstände solcher Pfosten sind so zu wählen, daß die Fertigteil-Elemente ohne Änderungen in sie eingeschoben werden können.

Zwischen Elementen aus Holz, Kunststoff, Metall und dem Boden sollen wenigstens 0,25 m Beton oder Mauerwerk (Sockel) angeordnet werden. Der Sockel muß schalldicht an den Boden und an die Pfosten angeschlossen werden, wobei eine ausreichende Entwässerung zu gewährleisten ist. Bodensetzungen sind zu berücksichtigen.

Es müssen Höhenabstufungen der Standard-Lärmschutzwände von 0,25 m möglich sein. Dies kann auch durch Abstufung der Beton- oder Mauerwerksockel erreicht werden. Die Anzahl der Stufen ist möglichst gering zu halten. z. B. durch Anpassung der Elementneigung an die Straßenlängsneigung oder — bei großer Elementhöhe und geringer Straßenlängsneigung — durch eine durchlaufende obere Abdeckung.

Die Lärmschutzelemente sind so auszubilden, daß sie bleibend schalldicht mit dem darunter befindlichen Beton oder Mauerwerk, den darüber und darunter angeordneten Elementen und den Pfosten verbunden werden können. Der schalldichte Anschluß muß auch dann sichergestellt werden, wenn die Elemente zur stufenlosen Anpassung an Längsneigungen auf die Elementhöhe um 2 cm aus der Vertikalen geneigt montiert werden müssen. (0,50 m hohe Elemente müssen die Anpassung an 4% Längsneigung erlauben). Der schalldichte Anschluß ist so zu verstehen, daß an der Fuge bleibend die für das eigentliche Element geforderte Schalldämmung vorhanden sein muß. Die Elemente müssen jederzeit zerstörungsfrei demontiert werden können.

Die für Standard-Lärmschutzwände entwickelten Grundgedanken gelten weitgehend auch für andere Lärmschutzwände. Weitere Hinweise werden in [17] gegeben.

In Lärmschutzwänden sind Service-Türen dort anzuordnen, wo andere öffentliche Verkehrswege direkt erreicht werden. Dies ist in der Regel an Brücken der Fall. Nach Möglichkeit ist eine Kombination mit den ohnehin notwendigen Dienstwegen für die Brückenüberwachung und -prüfung vorzusehen. Die Abstände der Türen untereinander sollten nicht größer als 500 m sein. Service-Türen müssen von beiden Seiten ohne Schlüssel zu öffnen sein, nach außen aufschwingen und von selbst zuschlagen.

Schutzplanken müssen im Bereich der Service-Türen kraftschlüssig durchgeführt werden.

Bei Standard-Lärmschutzwänden ist die Service-Tür zwischen zwei Pfosten anzuordnen. Die Tür soll ein Rohbau-Richtmaß von 2,00 m $\times$ 0,75 m haben.

Service-Türen sollen die gleiche Lärmdämmung wie die Wand haben und schalldicht sein (Doppelfalz, Dichtungsbänder). Es ist nicht erforderlich, daß Service-Türen in absorbierenden Wänden absorbierend ausgebildet werden.

Verkehrsteilnehmern auf der Straße, an der die Lärmschutzwand angeordnet ist, soll in Abständen von etwa 50 m der Weg zur nächsten Service-Tür durch in der Wandebene angebrachte Hinweispfeile angezeigt werden. Die Tür braucht farblich nicht hervorgehoben werden.

Müssen hochliegende Straßen durch den oder die Lärmschirme einer unten liegenden Straße geführt werden, kann es notwendig werden, die Lärmabstrahlung durch die so entstehende Lücke zu verhindern. Dabei soll aber Fußgängern der Blick von der oben liegenden Straße auf die unten liegende Straße nach Möglichkeit erhalten bleiben.

Ist die Lücke im Lärmschirm nicht höher als etwa 1,2 m, dann ist eine lärmdichte (unter Umständen außen lärmabsorbierend ausgebildete) Geländer-Brüstung in Betracht zu ziehen.

In anderen Fällen kommen Lösungen nach Bild 14.49 in Form von Lärmschutzwällen oder Lärmschutzwänden in Betracht. In beiden Fällen ist das Ende des zusätzlichen Lärmschirms so auszubilden, daß keine gefährlichen Seitenwindstöße für die Fahrzeuge auf der oben liegenden Brücke entstehen.

Bei Geh- und Radwegbrücken kann die Lücke im Lärmschirm unter Umständen durch eine parallele, überlappende Abschirmung geschlossen werden (Bild 14.50).

Der Übergang von der im allgemeinen niedrigeren Lärmschutzwand zur Wallkrone soll mit möglichst geringem Aufwand und wenig Elementen mit Sondermaßen (Paßstücke) vorgenommen werden. Am Knickpunkt der Wand wird in der Regel ein zusammengeschweißter Eckpfosten auf einem Bohrpfahl angeordnet. Im Bereich des Walles können die Wandpfosten auf einer Betonscheibe oder auf Bohrpfählen gegründet werden. Elemente, die in das Erdreich einbinden, müssen aus Beton bestehen.

Bild 14.49. Maßnahmen zur Verhinderung von Lärmeinfall, wenn eine hochliegende Straße einen Lärmschirm durchschneidet.

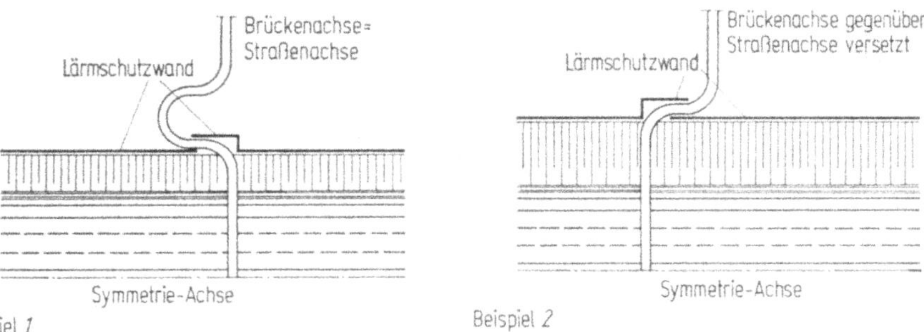

Bild 14.50. Maßnahmen zur Verhinderung von Lärmeinfall, wenn ein hochliegender Geh- oder Radweg einen Lärmschirm durchschneidet.

Ende 1977 haben die Hersteller von Lärmschutzwänden angegeben, daß bei vernünftigen Vertragsbedingungen, gutem Boden, ebenem Gelände und Wandhöhen bis etwa 3 m eine Investition von 140 bis 210 DM/m² Wandfläche (ohne Mehrwertsteuer) erforderlich ist. Der Gesamtpreis setzt sich bei normalen Verhältnissen etwa aus folgenden Preisanteilen zusammen:

30—35% Gründung
12—15% Haltekonstruktion
50—60% absorbierende Lärmschutzelemente

Der Anteil der Gründung kann jedoch bei schwierigen Verhältnissen erheblich höher sein.

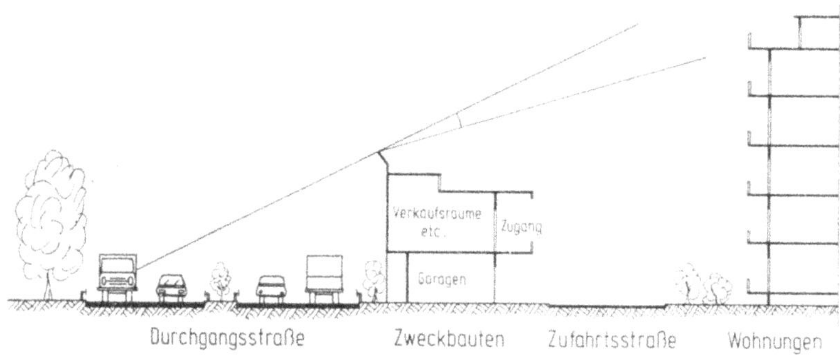

Bild 14.51. Lärmabschirmung durch ein lärmunempfindliches Gebäude.

Lange und hohe lärmunempfindliche Gebäude neben der Straße wie Parkhäuser, Lagerhäuser, Geschäfte, klimatisierte Gebäude sind der städtebaulich beste Lärmschutz (Bild 14.51). Muß eine neue Straße durch eine vorhandene Bebauung geführt werden, dann ist anzustreben, vorhandene, für die Lärmabschirmung geeignete Gebäude zu nutzen. Lärmtechnisch ungünstig ist es, eine Straße so zu führen (oder Gebäude so zu errichten), daß lange Wohngebäude mit ihrem Giebel zur Straße stehen, weil dann beide Längsseiten etwa gleich starkem Lärm ausgesetzt sind [86]. Die lärmtechnisch günstigste Gebäudeanordnung ist allerdings nicht immer die für die Schadstoffimmissionen günstigste. Im Zusammenhang mit der Verbesserung der Wärmedämmung an Gebäuden ist vorgeschlagen worden, die Mehrfachreflexionen in engen Straßenschluchten dadurch abzubauen, die wärmedämmende Verkleidung der Fassaden analog Bild 14.29 als Lärmabsorber auszubilden.

14.9.4.7. Abkapselung der Straße

Es wird immer wieder gefordert, Straßen aus Lärmschutzgründen mit Einhausungen oder Tunnel völlig abzukapseln. Solche Kapselungen haben bei ausreichender Lärmdämmung zwar lärmtechnisch den Vorteil, daß im Kapselbereich kein Schall austritt. Der von den Enden solcher Kapseln einfallende Schall ist aber unter Umständen wegen Mehrfachreflexionen in den Kapseln geringfügig höher. Einhausungen und Tunnel haben den erheblichen Nachteil des bleibenden Energiebedarfs für Beleuchtung und Belüftung. Oberirdische Lamellentunnel, die keine künstliche Belüftung erfordern, erfordern im allgemeinen einen hohen Aufwand, sie mindern den Lärm aber nur wenig mehr als Lärmschirme. Geländenah geführte Straßen, die mit einer langen Halle eingehaust werden, sind aus mehreren

Umweltgründen abzulehnen. Etwas günstiger sind Straßenführungen in anderweitig genutzten Gebäuden zu sehen (Bild 14.8 unten). Wenn Kapselungen oder Teilabdeckungen vorgesehen werden müssen, sollte immer geprüft werden, ob dann nicht ein unterirdischer Tunnel, über dem der Boden normal genutzt werden kann, die bessere Lösung ist. Wegen des laufenden Energiebedarfs sollten Straßen jedoch nur in Ausnahmefällen in Tunnel (Kapseln) geführt werden [77].

14.9.5. Passive Schallschutzmaßnahmen an Gebäuden

Wo Lärmschirme technisch nicht möglich sind (z.B. an Straßen mit unmittelbarer Randbebauung), oder wo die Kosten für straßenseitige Maßnahmen außer Verhältnis zum angestrebten Schutzzweck stehen, kommt sogenannter passiver Lärmschutz in Frage [130a]. Darunter versteht man

— die lärmgerechte Nutzung der Räume innerhalb von Gebäuden, die vorwiegend von einer Seite mit Lärm beaufschlagt werden und
— den Einbau von besonders lärmdämmenden Fenstern sowie unter Umständen die Verbesserung der Lärmdämmung der Fassaden.

Bei der lärmgerechten Nutzung von Wohnungen werden Küche, Bad, WC und — wenn nötig — auch das Wohnzimmer an der lauteren Straßenseite eingerichtet. Bei Räumen, die vom wachen Menschen genutzt werden, kann das normalerweise aus Lärmgründen geschlossene Fenster zum Durchlüften geöffnet werden (Stoßlüftung). Bei Schlafräumen und bei Kinderzimmern, in denen die Kinder in der Regel auch schlafen, sollte eine Dauerlüftung (leicht geöffnetes Fenster) sichergestellt sein. Solche Räume werden deshalb an der leiseren Gebäudeseite eingerichtet.

Für die Lärmdämmung von Fenstern ist wesentlich, daß sie besonders dicht und die Scheiben möglichst dick sind. Wird eine höhere Schalldämmung gefordert, dann sind die Fenster mit zwei unterschiedlich dicken Scheiben, die wenigstens

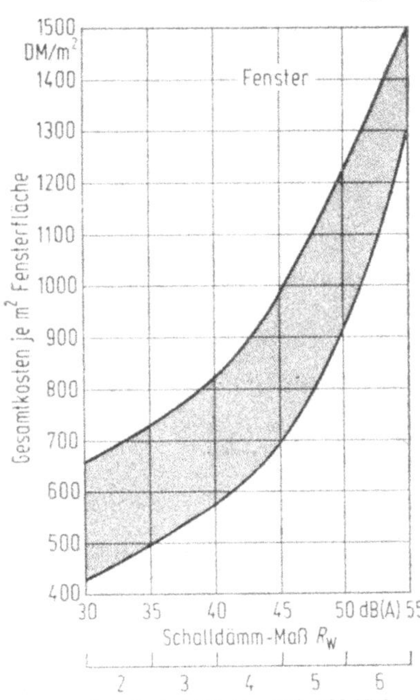

Bild 14.52. Kosten für Schallschutzfenster. Nach [130a].

6 cm Abstand voneinander haben, auszustatten. Nach VDI-Richtlinie 2719 werden Lärmschutzfenster in verschiedene Schutzklassen eingeteilt. Mit ihnen ist es möglich, den Außenlärm um bis zu 50 dB(A) zu mindern. Die Erfahrung hat gezeigt, daß bei zu starker Dämmung der Außengeräusche, die Geräusche in den Gebäuden (Nachbarschaftslärm) zu stark hervortreten.

Je dichter Fenster werden, um so mehr unterbinden sie den „normalen" Luftaustausch. Sehr dichte Fenster erfordern deshalb besondere Be- und Entlüftungssysteme (VDI-Richtlinie 2715). Diese können in das Fenster integriert werden oder es sind Sonderlüftungssysteme vorzusehen. Je nach Anforderungen und Aufwand für Lüftungseinrichtungen muß mit einer Investition von 420,— bis 1500,— DM/m^2 Lärmschutzfenster gerechnet werden (Bild 14.52). Im Hinblick auf den Energiebedarf und die künftigen Energiekosten sollte sehr sorgfältig geprüft werden, ob es zweckmäßig ist, allein aus Lärmschutzgründen Räume zu klimatisieren und mit normalerweise nicht zu öffnenden Fenstern zu versehen. Da man davon ausgehen kann, daß das Problem der Belastung der Umwelt durch Kraftfahrzeugabgase mittel- bzw. langfristig durch Maßnahmen am Kraftfahrzeug selbst gelöst wird, ist auch zu prüfen, ob der Aufwand zur Heranführung von schadstoffarmer Luft von der straßenabgewandten Gebäudeseite erforderlich ist.

14.10. Begrenzung von Erschütterungen

Im Gegensatz zum Schienenverkehr gehen von Pkw und Lkw mit ordnungsgemäß ausgewuchteten, luftgefüllten Reifen auf Fahrbahnen, die den Ebenheitsvorschriften entsprechen (6 mm Abweichung von einer auf die Deckschicht aufgelegten 4 m langen Meßlatte, bei allmählichem Übergang der Oberfläche von Höhen zu Tiefen) normalerweise keine Erschütterungen aus, die für Menschen lästig oder für einwandfreie Gebäude gefährlich werden können [6, 138]. Im Zusammenhang mit Straßen können Erschütterungen nur in Ausnahmefällen und nur durch Resonanzeffekte kritisch werden. Erschütterungen können entstehen:

1. Durch Bauarbeiten (Sprengen, Raumarbeiten, Abbrucharbeiten mit Hämmern und Meißeln) sowie bei Verdichtungsarbeiten mit stoßenden und schlagenden Geräten [84].

2. Bei ungünstigen Bodenverhältnissen durch wenig gedämpfte moderne Brücken (die vom Verkehr zu Eigenschwingungen angeregt werden), wenn die Brückenschwingungen über Stützen, Widerlager und Erdkörper sowie Fundamente, benachbarte Gebäude zu Eigenschwingungen anregen.

3. Bei ungünstigem Boden, wenn schlecht verfüllte Leitungsgräben, Schächte usw. erhebliche Höhenunterschiede zur Deckschicht haben und die Fahrzeuge deshalb stoßartig ihre Last auf die Straße übertragen.

4. Bei extrem ungünstigen Bodenverhältnissen und ungünstiger Charakteristik der Straßenoberflächenebenheit.

Erfahrungsgemäß werden Erschütterungen erst für den Menschen unzumutbar, ehe es zu Schäden an vorschriftsmäßig erstellten Gebäuden kommt. Die DIN 4150 und die VDI-Richtlinie 2057 geben Richtwerte für die Belästigung des Menschen durch Erschütterungen (K-Werte) in Abhängigkeit von physikalisch meßbaren Schwingungsgrößen an. Für die Belästigungswirkung spielen auch die Dauer und die Häufigkeit der Erschütterungsereignisse sowie die Tageszeit eine Rolle. Belästigungen von Menschen durch Erschütterungen in Gebäuden werden überwiegend durch Resonanzen im Gebäude oder in Teilen der Gebäude sowie durch Klappergeräusche und Klirren von harten Gegenständen hervorgerufen. Während die Bewohner durch Gebäuderesonanzen direkt gestört werden können, erwecken Klapper- und Klirrgeräusche häufig nur den Anschein übermäßiger Schwingungsbeanspruchung.

Zur Beurteilung von Gebäudeerschütterungen durch Sprengungen und seltene Stöße wird im allgemeinen die größte resultierende Schwinggeschwindigkeit am Fundament herangezogen. Sie darf bei gut ausgesteiften Gebäuden 10 bis 40 mm/sec, bei Ruinen oder unter Denkmalschutz stehenden Gebäuden nur höchstens 2 mm/sec betragen. Die Richtwerte gelten nur für Frequenzen zwischen 8 Hz und 80 Hz und selten auftretende Erschütterungen. Bei häufiger auftretenden Erschütterungen (mehr als zweimal pro Tag) sind sie auf $^2/_3$ ihres Wertes herabzusetzen. Die Richtwerte gelten nur, wenn Setzungen und Verschiebungen im Baugrund ausgeschlossen sind. Die Richtwerte können auch für eine grobe Abschätzung der Wirkung von Verkehrserschütterungen herangezogen werden. Im allgemeinen liegen bei Straßenbauarbeiten die Schwinggeschwindigkeiten an Fundamenten unter 2 mm/sec, wenn der Abstand zur Arbeitsstelle mehr als 4 m beträgt. Sie können aber durch Resonanzen in den Häusern auf den doppelten Wert ansteigen. Werden bei Bauarbeiten Bauwerk- oder Bauteilschwingungen festgestellt oder soll die Erschütterungswirkung von Vibrationsrammen und Rüttelgeräten beurteilt werden, so sind zusätzliche Messungen nötig, welche die Resonanz- und Ermüdungserscheinungen an Decken und Wänden abzuschätzen gestatten.

Zur Vermeidung kritischer Erschütterungen bestehen folgende Möglichkeiten:

a) Wahl eines anderen Bauverfahrens

b) Wahl eines Brückensystems, dessen Eigenschwingungsverhalten benachbarte Gebäude nicht zu Schwingungen anregt. Unter Umständen Dämpfung (Verstimmung) vorhandener Brücken

c) Beeinflussung der Fortpflanzung von Schwingungen an der Erdoberfläche durch Gräben oder Schlitze (s. auch Bild 14.22 oben links). Nach [31] können Bodenschlitze die Übertragung von Oberflächenwellen um etwa 80% vermindern, wenn die Schlitztiefe gleich der Wellenlänge ist. Nach [8] wurde mit Gräben von 60 cm Breite und 280 cm Tiefe eine Reduzierung der Schwingungsamplituden um 50% erreicht. In einem anderen Fall gelang die Verminderung um 90%.

d) Ständige Vorsorge für eine ausreichende Ebenheit der Straße

e) Umleitung von Schwerverkehr.

14.11. Literatur

1. Antweiler, H.: Gesundheitsgefährdung des Menschen durch verkehrsbedingte Immissionen. DVWG-Schriftenreihe H. 35, (1977) S. 127–136.
2. Apel, D.: Ein Beitrag zur Bewertung der vom Kraftfahrzeugverkehr beeinflußten Umweltqualität von Stadtstraßen. Von der Fakultät für Bauwesen der Rhein.-Westf. TH Aachen genehmigte Dissertation.
3. Arnold, V.: Methoden der Entscheidungsfindung. Finanzarchiv N.F. (1976) Bd. 33, S. 418ff.
4. Arnold, F. u.a.: Gesamtökologischer Bewertungsansatz für einen Vergleich von zwei Autobahntrassen. Schriftenreihe für Landschaftspflege und Naturschutz H. 16 (1977).
5. Aubree, D.: Enquête accustique et soziologique permettant de définir une échelle de la gêne éprouvée par l'homme dans son logement du fait des bruits de train. Centre Scientifique et Technique du Batiment, Juni 1973.
6. Baum G.: Straße und Umwelt — Abschnitt Erschütterungen. Beitrag zum AIPCR-Weltstraßenkongreß 1975 in Mexico-City, erhältlich bei der Forschungsgesellschaft für das Straßenwesen, Köln.

7. Baum, G.: Zur Formänderungsanalyse der Straßenbefestigungen. Straße und Autobahn, H. 7 (1970).
8. Bausch, W.: Fahrbahn- und Gebäudeerschütterungen. Z. tech. Phys. Nr. 12 (1935).
8a. Beck, G.: Immissionsschutzpflanzungen. Neue Landschaft (1969) H. 4, S. 163–173.
9. Buchta, E.: Die Verteilung der Verkehrsgeräusche im Straßenraum einer Großstadt mit Lärmkarte von Düsseldorf. Forschungslaboratorium für Medizinische Akustik der HNO-Universitätsklinik Düsseldorf 1969.
10. Buchta, E.; Kastka, J.: Beziehungen des Lästigkeitsgrades von Verkehrsgeräuschen zu deren physikalischen Regelwerten. Forschungsbericht für den Bundesminister für Verkehr, (1977) (noch unveröff.).
11. Buchta, E.; Schlipköter: Eignung des energieäquivalenten Dauerschallpegels (Mittelungspegel) zur Kennzeichnung des Verkehrslärms. Forschungsbericht F. A. G 30 (21/72) für den Bundesminister für Verkehr (1976).
12. Bürck, W.: Kausalverhältnis zwischen Umwelt und Mensch bei der Beurteilung von Geräuschen. Kampf dem Lärm 15 (1968) H. 5, S. 116.
13. Bundesanstalt für Straßenwesen und Forschungsgesellschaft für das Straßenwesen: Richtlinie für den Schallschutz an Straßen (zu beziehen von der Geschäftsstelle der Forschungsgesellschaft für das Straßenwesen, e.V. Maastrichter Str. 45, 5000 Köln 1).
14. Bundesminister des Innern: Erste Allgemeine Verwaltungsvorschrift zum Bundes-Immissionsschutzgesetz (Technische Anleitung zur Reinhaltung der Luft — TA Luft —) vom 28. 8. 1974 (GMBI S. 426) veröffentlicht am 4. 9. 1974.
15. Bundesminister für Verkehr: Vorläufige Richtlinien für Lärmschutzwände an Straßen (RLSW). Verkehrsblatt (Amtlicher Teil) Heft 9 (1975) S. 244–249.
16. Bundesminister für Verkehr: Zusätzliche Technische Vorschriften und Richtlinien für Arbeiten im Erdbau.
17. Bundesminister für Verkehr: Zusätzliche Technische Vorschriften und Richtlinien für Lärmschirme (Entwurf).
18. Bundesminister für Verkehr: Entwurf eines Gesetzes zum Schutz gegen Verkehrslärm an Straßen und an Schienenwegen. Verkehrslärmschutzgesetz. (VLärmSchG) vom 23. 3. 1978 Bundesdrucksache 8 (1971).
18a. Bundesminister für Verkehr: Landschaftspflege an Verkehrsstraßen. Straßenbau und Straßenverkehrstechnik, H. 69 (1968).
19. Bundesrepublik Deutschland: Gesetz über Naturschutz und Landschaftspflege, Bundesnaturschutzgesetz vom 28. 12. 1976, Bundesgesetzblatt (1976) T. 1, S. 3574–3582.
20. Bundesrepublik Deutschland: Gesetz zum Schutz vor schädlichen Umwelteinwirkungen durch Luftverunreinigungen, Geräusche, Erschütterungen und ähnlichen Vorgängen (Bundes-Immissionsschutzgesetz — BImSchG) vom 15. 3. 1977. Bundesgesetzblatt T. 1974 S. 721–743.
21. Casanova-Martinez, S.; Thomassen, H. G.: Berücksichtigung von meteorologischen Einflüssen auf die Schallausbreitung bei der Beurteilung von Schallpegelmessungen. Techn. Überwachung 16 (1975) Nr. 2, S. 45–48.
22. Deimel, M.: Schadstoffbelastungen im innerstädtischen Bereich. Abgasimmissionsbelastungen durch den Kraftfahrzeugverkehr in Ballungsgebieten und im Nahbereich verkehrsreicher Straßen. Bericht über ein Kolloquium des Bundesministers für Forschung und Technologie und des Technischen Überwachungs-Vereins Rheinland 1977.
22a. Delsey, J.: Assessing and predicting the emissions of gaseous pollutants. OECD-Bericht 1975 "Roads and the urban environment".
23. Deuber, A.: Belastungsmodelle für stark befahrene Straßenzüge. Abgasimmissionsbelastungen durch den Kraftfahrzeugverkehr in Ballungsgebieten und im Nahbereich verkehrsreicher Straßen. Bericht über ein Kolloqiuum des Bundesministers für Forschung und Technologie und des Technischen Überwachungs-Vereins Rheinland 1977.
24. DIN 4150: Vornorm Erschütterungen im Bauwesen. Teil 1: Grundsätze, Vorermittlung und Messung von Schwingungsgrößen; Teil 2: Einwirkungen auf den Menschen in Gebäuden; Teil 3: Einwirkungen auf bauliche Anlagen.
25. DIN 4109: Schallschutz im Hochbau. Teil 1 bis 4 (September 1962); Teil 5 (April 1963); Ergänzende Bestimmungen zu DIN 4109: Richtlinien für bauliche Maßnahmen zum Schutz gegen Außenlärm (Sept. 1975).
26. DIN 45641: Mittelungspegel und Beurteilungspegel zeitlich schwankender Schallvorgänge (Febr. 1975).
27. DIN 45642: Messung von Verkehrsgeräuschen (Okt. 1974).
28. DIN 45645: Einheitliche Ermittlung des Beurteilungspegels für Geräuschimmissionen. (Sept. 1976).
29. DIN 52210: Luft- und Trittschalldämmung. Teil 2: Meßverfahren (Juli 1975); Teil 3: Prüfstände (Dez. 1974); Teil 5: Luftschalldämmung von Fenstern (Okt. 1976).
30. DIN 52212: Bestimmung des Schallabsorptionsgrades (Jan. 1961).

31. Dolling, H.-J.: Die Abschirmung von Erschütterungen durch Bodenschlitze, 2 Teile. Die Bautechnik, H. 5 u. 6 (1970).
32. Dreyhaupt, F. J.: Vergleich der Emissionssituation in verschiedenen Ballungsgebieten, dargestellt an den Luftreinhaltegebieten Rheinschiene Süd und Ruhrgebiet West, Abgasimmissionsbelastungen durch den Kraftfahrzeugverkehr in Ballungsgebieten und im Nahbereich verkehrsreicher Straßen. Bericht über ein Kolloquium des Bundesministers für Forschung und Technologie und des Technischen Überwachungs-Vereins Rheinland 1977.
33. Ehrenstein, W.: Die Wirkung eines permanenten Straßenverkehrslärms auf die Schlafstadienkurve des Menschen. Kampf dem Lärm 23 (1975) H. 2, S. 33–40.
34. Eisenberg, A.: Schalldämmung von Fenstern und Außenwänden. Kampf dem Lärm 20 (1973) H. 4, S. 84–98.
35. Esser, J.: Untersuchung über die Abgaskonzentration in Abhängigkeit von der Lage der Straße und vom angrenzenden Bewuchs bei lockerer und abgesetzter Randbebauung (noch unveröffentlicht).
35a. Esser, J.: Stickoxid-, Kohlenmonoxid- und Bleiimmissionsmessungen neben Autobahnen in Abhängigkeit von trassen- und verkehrsspezifischen Parametern sowie den meteorologischen Bedingungen. Abgasimmissionsbelastungen durch den Kraftfahrzeugverkehr in Ballungsgebieten und im Nahbereich verkehrsreicher Straßen. Bericht über ein Kolloquium des Bundesministers für Forschung und Technologie und des Technischen Überwachungs-Vereins Rheinland 1977.
36. Esser, J.; Ullrich, S.: Anteil des Rollgeräusches am Gesamtgeräusch bei Pkw und Lkw. Fortschritte der Akustik, VDI-Verlag (1973) S. 287–290.
37. Essers, U.; Liedl, W.: Muß eine leise Reifen-Fahrbahn-Kombination einen Verlust an Sicherheit bedeuten? Entwicklungslinie in der Kraftfahrzeugtechnik, Verlag TÜV Rheinland GmbH, S. 514–530.
38. Floss, R.; Sauer, G.: Schutz des Straßenumfeldes beim Abfluß des Oberflächenwassers. Symposium on Road Drainage Bern 1978, Report OECD, Paris 1978.
39. Floss, R.; Toussaint, G.: Abfallstoffe und industrielle Nebenprodukte im Erd- und Straßenbau. Straße und Autobahn (1976) H. 8, S. 303–313.
40. Forschungsgesellschaft für das Straßenwesen, Köln: Richtlinien für wirtschaftliche Vergleichsrechnungen im Straßenwesen (RWS) 1971.
41. Forschungsgesellschaft für das Straßenwesen, Köln: Richtlinien für die Anlage von Straßen und Landschaftsgestaltung RAS-LG — Ausgabe 1978.
42. Forschungsgesellschaft für das Straßenwesen, Köln: Richtlinien für die Anlage von Landstraßen (RAL), Teil: Straßennetzgestaltung (RAL-N), Ausgabe 1977.
43. Forschungsgesellschaft für das Straßenwesen, Köln: Richtlinien für die Anlage von Landstraßen (RAL), Teil I: Querschnitte (RAL-Q) Ausgabe 1974.
44. Forschungsgesellschaft für das Straßenwesen, Köln: Richtlinie für die Anlage von Landstraßen (RAL), Teil III: Knotenpunkte (RAL-K), Ausgabe 1976.
45. Forschungsgesellschaft für das Straßenwesen, Köln: Merkblatt für bautechnische Maßnahmen in Wasserschutzgebieten.
46. Forschungsgesellschaft für das Straßenwesen, Köln: Richtlinien für die Anlage von Landstraßen (RAL), Teil II: Linienführung (RAL-L), Ausgabe 1970.
47. Fortak, H.: Die Verifikation von simulierten Immissionen, Klimatologien in verschiedenen Städten — Bremen, Düsseldorf und Frankfurt. Abgasimmissionsbelastungen durch den Kraftfahrzeugverkehr in Ballungsgebieten und im Nahbereich verkehrsreicher Straßen. Bericht über ein Kolloquium des Bundesministers für Forschung und Technologie und des Technischen Überwachungs-Vereins Rheinland 1977.
48. Frietzsche, G.: Geräuschmessungen an Kraftfahrzeugen unter verschiedenen Betriebsbedingungen. Kampf dem Lärm 18 (1971) H. 4, S. 94–103.
49. Gerberding-Wiese, L.: Mittel der Stadtplanung zum Schutz von Wohngebieten gegen Störung aus Industrie, Gewerbe und Verkehr. Kampf dem Lärm 20 (1973) H. 2, S. 33 bis 36.
50. von Gierke, H. E.: Noise — how much is too much? Noise Control Engineering 5 (1975) S. 25–34.
51. Glück, K.; Skaliks, D.: Analyse der Zusammenhänge zwischen Verkehrsaufkommen, Verkehrszusammensetzung und Umfang der Lärmbelastung. Teilstudie I.1.1 der EG-Enquête „Untersuchung der Umweltbelästigung und Umweltschädigung durch den Straßenverkehr in Stadtgebieten.
52. Griefahn, B.: Die Wirkung von Schallreizen auf den schlafenden Menschen. Kampf dem Lärm 23 (1976) H. 5, S. 115–118.
53. Guski, R.: Eine Inhaltsanalyse von Lärmbeschwerden, die bei „Umwelttelefonen" eingehen. Kampf dem Lärm 23 (1976) H. 5, S. 119–126.

53a. Heinze, G. W.: Verkehr und Raumentwicklung in neuerer Sicht. Jahrbuch für Naturschutz und Landschaftspflege, Bd. 2, ABN, Bonn-Bad Godesberg 1977.
54. Hickmann, A. J.: Atmospherie pollution messurements in West London. TRRL Laboratory Report 709.
54a. Institut für Naturschutz und Tierökologie der Bundesforschungsanstalt für Naturschutz und Landschaftsökologie, Bonn-Bad Godesberg: Tierwelt und Straße. Problemübersicht und Planungshinweise. Jahrbuch für Naturschutz und Landschaftspflege, Bd. 26, ABN, Bonn-Bad Godesberg 1977.
55. Jokiel, V.: Lärmminderung durch Beschränkung des Straßenverkehrs. Zusammenfassende Darstellung von Möglichkeiten, Beispielen und Erfahrungen. Kampf dem Lärm 25 (1978) Nr. 3, S. 80—92.
56. Jokiel, V.: Schutz vor Lärm und Abgasen. VDI-Nachrichten, Nr. 48/2.12. (1977) und Nr. 52/30.12. (1977).
57. Jost, D.: Überwachung kraftfahrzeugbedingter Immissionen in Meßnetzen. Abgasimmissionsbelastungen durch den Kraftfahrzeugverkehr in Ballungsgebieten und im Nahbereich verkehrsreicher Straßen. Bericht über ein Kolloquium des Bundesministers fur Forschung und Technologie und des Technischen Überwachungs-Vereins Rheinland 1977.
58. Jost, P.: Ausbreitungsverhältnisse im Nahbereich von Autobahnen/Prognosemodell. Abgasimmissionsbelastungen durch den Kraftfahrzeugverkehr in Ballungsgebieten und im Nahbereich verkehrsreicher Straßen. Bericht über ein Kolloquium des Bundesministers für Forschung und Technologie und des Technischen Überwachungs-Vereins Rheinland 1977.
59. Jud, S.: Zumutbare Lärmgrenzen. Kampf dem Lärm 23 (1976) H. 4, S. 87.
60. Junker, A.: Immissionsmeßprogramme zur Überwachung der Luftqualität in Ballungsräumen. Abgasimmissionsbelastungen durch den Kraftfahrzeugverkehr in Ballungsgebieten und im Nahbereich verkehrsreicher Straßen. Bericht über ein Kolloquium des Bundesministers für Forschung und Technologie und des Technischen Überwachungs-Vereins Rheinland 1977.
61. Kastka, J.; Buchta, E.: Zum Inhalt der Belästigungsreaktion auf Straßenverkehrslärm, Kampf dem Lärm 24 (1977) Nr. 6, S. 158—166.
62. Keller, Th.: Verkehrsbedingte Luftverunreinigungen und Vegetation. Z. Garten und Landschaft 1974, 84. Jahrg. H. 10, S. 547—550.
63. Klosterkötter, W.: Kritische Anmerkungen zu einer „Zumutbarkeitsgrenze" für Beeinträchtigungen durch Straßenverkehrslärm. Kampf dem Lärm 21 (1974) H. 2, S. 29—39.
64. Klosterkötter, W.: Kriterien zur Gewinnung eines einheitlichen Beurteilungsverfahrens für Verkehrs- und Gewerbelärm aus medizinischer Sicht. VDI-Berichte 234 (1975) S. 27.
65. Klosterkötter, W.: Die Situation der Lärmbelästigung durch Verkehr aus medizinischer Sicht — Schlußfolgerungen für die Durchführung des Bundes-Immissionsschutzgesetzes. Vortrag auf der Fachtagung „Lärm in der Stadt" vom 29./30. 11. 1976 in Essen (vom Deutschen Institut für Urbanistik veröffentlicht).
66. Koch, H. W.; Matre, W.: Die Verkehrslärmbelastung bei Stadtschulen. Akustik und Schwingungstechnik, VDE-Verlag GmbH (1972) S. 402—405.
67. Koch, H. W.: Ich brauche ein schalldämmendes Fenster. Kampf dem Lärm 21 (1974) H. 2, S. 46—49.
68. Köppel, G.: Straße und Umwelt, Abschnitt „Einordnung von Straßen in die freie Landschaft". Deutscher Beitrag zum AIPCr-Weltstraßenkongreß 1975 in Mexico-City, erhältlich bei der Forschungsgesellschaft für das Straßenwesen, Köln.
69. Krane, D.: Vorstellung der Behörden über eine einfache Kontrollmöglichkeit zur Beurteilung von Lärmimmissionen unter Berücksichtigung grundlegender Witterungsbedingungen. Kampf dem Lärm 23 (1976) H. 5, S. 131—134.
70. Krell, K.: Effizienz und Wirtschaftlichkeit von Verkehrsbeeinflussungsmaßnahmen. Veröffentlichung der Forschungsgesellschaft für das Straßenwesen 1979.
71. Krell, K.: Probleme des aktiven Schallschutzes an Verkehrswegen. Internationales Verkehrswesen, 2. Heft März/April (1978) S. 127—130.
72. Krell, K.: Planung und Umwelt, Abschnitt 34 des Handbuches für Straßenbau- und Straßenverkehrstechnik (1977) „DER ELSNER".
73. Krell, K.: Verminderung der Verkehrsimmissionen. Straße und Autobahn 28 (1977) Nr. 9, S. 357—364.
74. Krell, K.: Die Effizienz verkehrstechnischer Einrichtungen am Fahrbahnrand. Bericht zur 12. Internationalen Studienwoche in Belgrad vom 2.—7. 9. 1974 Sonderheft.
75. Krell, K.: Technische und medizinische Probleme der Umweltbelastung durch den Verkehr. Schriftenreihe der Deutschen Verkehrswissenschaftlichen Gesellschaft e.V. (DVWG), Reihe B, B. 35 „Verkehr und Umwelt" 1977.

76. Krell, K.: Verkehr und Energiebedarf. VDI-Berichte Nr. 250, Aktuelle Wege zu verbesserter Energieanwendung, VDI-Tagung Düsseldorf 1975, Gruppe 1 — Verkehr. VDI-Verlag, Düsseldorf.
77. Krell, K.: Tunnel sind nur als Ausnahme die Regel. Zeitschrift des deutschen Consulting, Beratende Ingenieure 7/8 (1978) S. 22—25.
78. Krell, K.: Die Kosten für den Schutz der Umwelt und ihre Bedeutung für das Verkehrssystem Straße. Internationales Verkehrswesen, Tetzlaff-Verlag GmbH, Darmstadt, H. 6 (1976) S. 338—345.
79. Krell, K.: Techniken und Probleme der Abschirmung von Straßenverkehrslärm. Straße und Autobahn 28 (1977) Nr. 5, S. 180—187.
80. Krén, V.: Landschaftspflegerischer Begleitplan — A 31 — Teilstrecke Hexbachtal. Garten und Landschaft (1976) H. 11, S. 663—667.
81. Kropp, L.: Zeitliche und räumliche Abhängigkeit der Immissionen, abgeleitet aus emissionsseitigen und meteorologischen Bedingungen. Abgasimmissionsbelastungen durch den Kraftfahrzeugverkehr in Ballungsgebieten und im Nahbereich verkehrsreicher Straßen. Bericht über ein Kolloquium des Bundesministers für Forschung und Technologie u. des Technischen Überwachungs-Vereins Rheinland 1977.
81a. Kühn, E.: Straße und Landespflege. Stellungnahme des Deutschen Rates für Landespflege zu den Auswirkungen des Straßenverkehrs und des Straßenprogramms der Bundesregierung auf die Umwelt. Jahrbuch für Naturschutz und Landschaftspflege, Bd. 26 ABN, Bonn-Bad Godesberg 1977.
82. Kürer, R.: Möglichkeiten und Anwendungen von Lärmminderungsmaßnahmen an Fahrzeugen. Referat zur Fachtagung „Lärm in der Stadt“, Essen, November 1976, Bericht des Deutschen Instituts für Urbanistik.
82a. Kürer, R.: Akustische Modelltechnik. Forschungsbericht 1977, TU Berlin, Fachbereich 21 — Umwelttechnik, Institut für technische Akustik.
83. Kurtze, G.; Schmidt, H.; Westphal, W.: Physik und Technik der Lärmbekämpfung. Verlag G. Braun 1975.
84. Lakatos, B.; Reiher, H.: Maßnahmen gegen die Ausstrahlung von Lärm und Erschütterungen auf Baustellen. Gesundheitsingenieur, Jahrg. 88 (1967) H. 11.
85. Leisen, P.: Windkanaluntersuchungen zur Simulation von Immissionssituationen in verkehrsreichen Straßenschluchten. Abgasimmissionsbelastungen durch den Kraftfahrzeugverkehr in Ballungsgebieten und im Nahbereich verkehrsreicher Straßen. Bericht über ein Kolloquium des Bundesministers für Forschung und Technologie und des Technischen Überwachungs-Vereins Rheinland 1977.
86. Machtemes, A.: Schallschutz im Städtebau, Beispielsammlung. Herausgegeben vom Institut für Landes- und Stadtentwicklungsforschung des Landes Nordrhein-Westfalen (ILS) im Auftrage des Innenministers NW.
87. May, H.; Hattingen, U.: Immissionssituation durch den Kraftfahrzeugverkehr in der Bundesrepublik Deutschland. Schriftenreihe des Vereins für Wasser- und Luft-Hygiene, Band 42.
88. Moll, W.: Dämmung des Außenlärms durch Fenster. Kampf dem Lärm 21 (1974) H. 5, S. 136—142.
89. Moll, W.; Vogt, H.: Über die erforderliche Schalldämmung leichter Trennwände. Kampf dem Lärm 21 (1974) H. 2, S. 55—59.
90. Moritz, R.: Ein vereinfachtes Meßverfahren zur Ermittlung des Mittelungspegels L_m bei schwankenden Schallpegeln, speziell bei Verkehrsgeräuschen. Straßenverkehrstechnik H. 1 (1976) S. 22—27.
91. Müller, W.: Lärmbelastung in städtischen Wohngebieten zur Nachtzeit. Kampf dem Lärm 24 (1977) Nr. 5, S. 132—135.
91a. Olschowy, G.: Straße und natürliche Umwelt. Ökologische Gesichtspunkte beim Straßenbau. Jahrbuch für Naturschutz und Landschaftspflege, Bd. 26 ABN, Bonn-Bad Godesberg 1977.
91b. Pflug, W.: Naturschutz und Straße. Jahrbuch für Naturschutz und Landschaftspflege, Bd. 26 ABN, Bonn-Bad Godesberg 1977.
92. Reinhold, G.: Größen zur Kennzeichnung der Lärmsituation an Straßen. VDI-Fortschritt-Berichte, Reihe 11, Nr. 8, 1970.
93. Reinhold, G.; Burger, W.: Die funktionelle und betriebliche Erprobung absorbierender Lärmschutzwände an einer Autobahn. Straße und Autobahn 22 (1971) H. 1, S. 35—43.
94. Reinhold, G.: Die Wirkung von Abschirmeinrichtungen zur Lärmminderung an Straßen. Straßenbau und Straßenverkehrstechnik (1974) H. 157.
95. Reinhold, G.: Die schalltechnischen Anforderungen an Lärmschutzwände. Kampf dem Lärm 22 (1975) H. 2, S. 36—43.
96. Reinhold, G.: Über die Wirksamkeit von Schallschirmen an Straßen unter Berücksichtigung meteorologischer Einflüsse. Kampf dem Lärm 22 (1975) H. 6, S. 162—166.

97. Reinhold, G.: Erfahrungen mit Lärmschutzwänden an Straßen. Kongreß-Publikation (Teil III) der Association Intern. Contre le Bruit (AICB). Budapest (1976) S. 128–133.
98. Reinhold, G.: Die Beurteilung der Störwirkung von Straßenverkehrsgeräuschen. Kampf dem Lärm 23 (1976) H. 6, S. 153–158.
98a. Röth, R.: Straße und Landschaftsgestaltung. Probleme des Arbeitsausschusses „Landschaftsgestaltung“ der Forschungsgesellschaft für das Straßenwesen. Jahrbuch für Naturschutz und Landschaftspflege, Bd. 26 ABN, Bonn-Bad Godesberg 1977.
98b. Rümmler, R.: Landschaftspflegerische Ausgleichsmaßnahmen im Straßenbau — fachliche Aspekte. Jahrbuch für Naturschutz und Landschaftspflege, Bd. 26 ABN, Bonn-Bad Godesberg 1977.
99. Sälzer, E.: Praktische Statistik von Immissionen des Straßenverkehrslärmes. Kampf dem Lärm 25 (1978) Nr. 2, S. 40–45.
100. Sälzer, E.: Städtebaulicher Schallschutz. Bauverlag Wiesbaden u. Berlin.
101. Schreiber, L.: Zur Berechnung und Optimierung von Lärmschutzwänden und Lärmschutzwällen an Straßen. Forschungsbericht Nr. 5497 — herausgegeben vom Bundesminister für Raumordnung, Bauwesen und Städtebau 1977.
102. Schreiber, L.: Grenzen der Wirksamkeit von Schallschutzwällen und Abschirmwänden. Akustik und Schwingungstechnik, S. 394–397, VDI-Verlag 1972.
102a. Schröter, H. W.: Aus Recht und Verwaltung. Fragen des Schallschutzes beim Straßenbau, Konsequenzen der Urteile des Bundesverwaltungsgerichts vom 21. 5. 1976 für die Bundesfernstraßenplanung. Straße und Autobahn (1976) H. 10, S. 403–406.
102b. Schubert, G.: Verkehr und Region. Darstellung der Probleme zwischen Verkehr und anderen Raumansprüchen auf regionaler Ebene am Beispiel Bonn. Jahrbuch für Naturschutz uud Landschaftspflege, Bd. 26 ABN, Bonn-Bad Godesberg 1977.
103. Schwartz, K. G.: Hoher Schallschutz bei Wohngebäuden. Kampf dem Lärm 21 (1974) H. 2, S. 39–46.
104. Seifert, B.; Ullrich, W.; Dulson, W.: Erfassung von kraftfahrzeugbedingten Kohlenwasserstoffimmissionen. Abgasimmissionsbelastungen durch den Kraftfahrzeugverkehr in Ballungsgebieten und im Nahbereich verkehrsreicher Straßen. Bericht über ein Kolloquium des Bundesministers für Forschung und Technologie und des Technischen Überwachungs-Vereins Rheinland 1977.
105. Siebiges, H. K.: Lärmschutz in der Bauleitplanung. Kampf dem Lärm (1973) H. 6, S. 149.
106. Sobottka, H.: Meßtechnische Erfassung von Immissionssituationen in verkehrsreichen Straßenschluchten Abgasimmissionsbelastungen durch den Kraftfahrzeugverkehr in Ballungsgebieten und im Nahbereich verkehrsreicher Straßen. Bericht über ein Kolloquium des Bundesministers für Forschung und Technologie und des Technischen Überwachungs-Vereins Rheinland 1977.
107. Steven, H.: Emissionsmeßverfahren für Kraftfahrzeuge unter Berücksichtigung typischer Betriebsvorgänge und der dadurch entstehenden Immissionen. Vortrag auf dem VDI-Kolloquium „Möglichkeiten zur Minderung der Außengeräusche von Kraftfahrzeugen“ am 2. 6. 1977 in Düsseldorf.
108. Stolz, M.: Berücksichtigung von Umweltgesichtspunkten bei der Verkehrsplanung. Straßenbautagung Mainz 1976, Kirschbaum-Verlag Bonn-Bad Godesberg, S. 46–52.
109. Stüber, C.: Schienenverkehrslärm. Kampf dem Lärm 21 (1974) H. 3, S. 71–75.
110. Technischer Überwachungs-Verein Rheinland, Köln: Programm zur Berechnung der Schallausbreitung in bebauten Gebieten.
111. Teichgräber, W.: Schallschutzmaßnahmen an Straßen. Internationales Verkehrswesen (1978) H. 1, S. 9–14.
112. Tiefenthaler, H.: a) Bewertung und Auswahl von Hochleistungsstraßen in Ballungsräumen unter dem Gesichtspunkt der Umweltqualität. b) Die Zielgewichtung der Umweltbelastung von städtischen Hochleistungsstraßen in der Nutzwertanalyse. Schriftenreihe der Universität Innsbruck, Institut für Straßenbau und Verkehrsplanung H. 6 (a) und 9 (b).
113. Thomassen, H. G.: Vorausberechnung von Geräuschsituationen mittels EDV — Grundlagen und Methoden —. VDI-Berichte 206 „Lärmminderung in Planung und Konstruktion“, (1973) S. 35.
113a. Topp, H.: Verkehrsplanung und Denkmalschutz. Internationales Verkehrswesen 1976, H. 3, S. 97–101.
114. Ullrich, S.: Der Einfluß von Fahrzeuggeschwindigkeit und Straßenbelag auf den energieäquivalenten Dauerschallpegel des Lärms an Straßen. Acustica, Band 30 (1974) H. 2.
115. Ullrich, S.: Zum Verhältnis Rollgeräusch zu Fahrgeräusch bei Lastkraftwagen. Kampf dem Lärm 22 (1975) H. 5, S. 125–128.
116. Ullrich, S.; de Veer, H.: Statistische Ermittlung der Geräuschemissionen von Lastkraftwagen in verschiedenen Betriebszuständen. Kampf dem Lärm 23 (1976) H. 4, S. 99–104.

117. Ullrich, S.; de Veer, H.: Statistische Erfassung der Geräuschemission von Pkw in verschiedenen Betriebszuständen. ATZ 79 (1977) H. 6, S. 241—245.
118. Ullrich, S.: Schallmessungen in Straßentunneln. Straße-Brücke-Tunnel 9 (1974) S. 240 bis 243.
119. Ullrich, S.: Erhöhung des Mittelungspegels des Lärmes in Straßentunneln. Fortschritte der Akustik: Plenarvorträge und Kurzreferate der DAGA 75 (1975) in Braunschweig, Physik Verlag, GmbH, Weinheim, S. 219—222 und in: Technische Überwachung 16 (1975) H. 6, S. 179—180.
120. Ullrich, S.: Methoden zur Berechnung des energieäquivalenten Dauerschallpegels des Lärms von kurzen Straßenstücken. Kampf dem Lärm 22 (1975) H. 2, S. 43—49.
121. Ullrich, S.: Der Mittelungspegel des Lärmes an Straßen mit frei fließendem Verkehr. Technische Überwachung 17 (1976) H. 9, S. 308—312.
122. Ullrich, S.: Zur Berechnung der Schutzwirkung von Trogbauwerken gegen Straßenverkehrsgeräusche. Straßen- und Tiefbau 31 (1977) H. 6, S. 12—16.
123. Ullrich, S.; Reinhold, G.; de Veer, H.: Das Verkehrsgeräusch von Straßenoberflächen mit eingeschnittenen Rillen. Straßenverkehrstechnik 17 (1973) H. 3, S. 82—85.
124. Ullrich, S.: Zur Berechnung des Lärm-Mittelungspegels an bergaufführenden Bundesstraßen und Autobahnen. Fortschritte der Akustik, DAGA 76 in Heidelberg, Dezember 1976.
125. Ullrich, S.: Zum Verhältnis Roll- zu Fahrgeräusch bei Personenkraftwagen. Kampf dem Lärm 19 (1972) H. 5, S. 131—136.
126. Ullrich, S.: Ermittlung von charakteristischen Pegelwerten aus den Ergebnissen statistischer Messungen an Straßen. Fortschritte der Akustik, VDI-Verlag 1973, S. 303—306.
127. Ullrich, S.: Fahrgeräuschpegel von Pkw und Lkw an einer 7%igen Steigungs- und Gefällestrecke. Kampf dem Lärm 20 (1973) H. 4, S. 105—109.
128. Ullrich, S.; de Veer, H.: Zur Frage der Lärmreduzierung durch Geschwindigkeitsbeschränkung auf Schnellstraßen. Straßenverkehrstechnik 18 (1974) H. 3, S. 69—71.
129. Ullrich, S.: Zur Ausbreitung des Mittelungspegels von Straßenverkehrsgeräuschen in horizontalem unbebautem Gelände, Kampf dem Lärm 24 (1977) H. 6, S. 168—173.
130. Ullrich, S.: Zum Einfluß der Fahrbahndecke und ihrer Oberflächentextur auf das Rollgeräusch von Pkw, Straße und Autobahn 29 (1978) Nr. 7, S. 266—270.
130a. Umweltbundesamt: Lärmschutz an Gebäuden (1978), Erich-Schmidt-Verlag, Berlin.
131. US-Environmental protection agency: Information on levels of environmental noise requisite to protect Public Health and Welfare with an adequate margin of safety März 1974, 550/9—74—004.
132. Vosberg, W.; Krahforst, W.: Bau von Lärmschutzanlagen an der BAB A 15 bei Köln. Straßenverkehrstechnik 19 (1975) H. 3, S. 73—78.
133. VDI 2573: Schutz gegen Verkehrslärm (Febr. 1974).
134. VDI 2714: Schallausbreitung im Freien (Entwurf Dezember 1976).
135. VDI 2718: Schallschutz im Städtebau. Hinweise für die Planung (Entwurf Juni 1975).
136. VDI 2719: Schalldämmung von Fenstern (Okt. 1973).
137. Waldeyer, H.: Die Darstellung des Kraftfahrzeugverkehrs als Linienquelle-Bereitstellung der erforderlichen Basisdaten. Abgasimmissionsbelastungen durch den Kraftfahrzeugverkehr in Ballungsgebieten und im Nahbereich verkehrsreicher Straßen. Bericht über ein Kolloquium des Bundesministers für Forschung und Technologie und des Technischen Überwachungs-Vereins Rheinland 1977.
138. Whiffin, A. C.; Leonard, D. R.: A survey of traffic — induced vibrations Road Research Laboratory Report LR 418, Crowthorne, Berkshire — England 1971.
139. Winkelbrandt, A.: Landschaftsplanung und Straßenplanung. Planungsorganisatorische Kooperation zwischen der Behörde für Naturschutz und Landschaftspflege und der Straßenbauverwaltung. Jahrbuch für Naturschutz und Landschaftspflege, Bd. 26 ABN, Bonn-Bad Godesberg 1977.

15. Straße und Landschaft

G. Peschl

Inhalt

15.1. Die Einheit von Straße und Landschaft

Erdgeschichtliches Geschehen von Jahrmillionen und menschliche Tätigkeit von Jahrtausenden formten die ursprüngliche Naturlandschaft in die Kulturlandschaft, die sich in unseren Räumen in abwechslungsreicher Vielfalt an Bodenformen, Pflanzenkleid und Menschenwerk zeigt.

In den letzten hundert Jahren des technischen Zeitalters vollzog sich in beängstigender Geschwindigkeit eine Wandlung und Umgestaltung unserer Landschaft. Nicht selten wurde in dieser Epoche durch unbedachte Eingriffe der Haushalt der Natur gestört und damit weite Landstriche verunstaltet.

Die sprunghaft steigende Motorisierung verwandelte den menschlichen Lebensstil. Gebieterisch forderte der motorisierte Massenverkehr technisch vollkommene

Straßen, die in der verlangten Breite und Zügigkeit gewaltige Flächen erfordern und somit in besonderem Maße in das Gefüge der Landschaft eingreifen. Unverantwortlicher Landverbrauch und -zerstörung, Luftverschmutzung, Bodenvergiftung und Lärmbelästigung sind heute die Schlagwörter, mit denen der Straßenbauer täglich konfrontiert wird.

Um so wichtiger ist daher die Aufgabe des modernen Straßenbauers, sein Werk organisch in die Landschaft einzuordnen, ohne dabei die technischen Grundgebote außer acht zu lassen. Mit Fachkenntnissen allein können diese konkurrierenden Forderungen nicht erfüllt werden. Es bedarf vielmehr des Wissens um das Wesen der Landschaft und der Achtung vor den Gesetzen der Natur.

Wer mit dieser Einstellung an die Trassierung einer Straße geht, wird kaum Gefahr laufen, sich in der rein technischen Aufgabe zu verlieren und die Straße isoliert als technisches Werk ohne Bezugnahme auf die Landschaft zu entwerfen. Es wird ihm vielmehr zur Selbstverständlichkeit, Straße und Landschaft zur gewünschten Einheit zu verschmelzen [1].

Dabei gilt es, das alte Landschaftsbild möglichst zu erhalten und die Wunden, die trotz sorgfältigster Trassenwahl beim Bau der Straße in die Natur geschlagen werden, durch Wiederbegrünung und Bepflanzung zu heilen.

15.2. Geschichtliches

Sicherlich waren unsere alten Chausseen schon zu kurfürstlichen Zeiten mit Bäumen bestanden. „Bepflanzungsrichtlinien“ können Anfang des 19. Jahrhunderts nachgewiesen werden, so besagt eine anonyme Belehrung aus dem Jahre 1836: „Der Hauptzweck der Bepflanzung der Straßen ist ohnstreitig ein staatsbürgerlicher, und besteht einerseits in der Verschönerung des Landes, andererseits in den Vortheilen, welche die Reisenden durch den Schutz gegen Hitze, Stürme usw. genießen. Noch wenig berücksichtigt sind die vortheilhaften Wirkungen, welche die Baumbepflanzungen auf die Beschaffenheit des Klimas und daher auf die Vegetation ausüben, indem sie die Heftigkeit der Winde mäßigen, die Austrocknung des Bodens vermindern und überhaupt die Verflüchtigung der luftförmigen, düngenden Substanzen, welche sich beständig aus dem Boden entwickeln, verhindern.“

Leitsätze aus der Postkutschenzeit, die auch heute noch ihre Berechtigung haben!

Die Notwendigkeit der landschaftlichen Eingliederung von Autostraßen wurde frühzeitig in den Vereinigten Staaten erkannt. Das Bureau of Public Roads gewährte bereits 1928 über die Bundesregierung Beihilfen für die landschaftliche Ausgestaltung von Autostraßen und führte im Jahre 1933 verbindlich bei allen Straßenbaubehörden eigene Abteilungen für landschaftliche Gestaltung unter Leitung von Landschaftsarchitekten ein.

Die Erfahrung bei der Bepflanzung der amerikanischen Highways wurde in Deutschland beim Bau der Reichsautobahnen aufgegriffen und weiterentwickelt, Dr. Todt gab hierzu den Anstoß.

Ein früher Wegbereiter für zeitgemäßes Planen und Bauen unter Anpassung an die landschaftlichen Verhältnisse war Arthur Freiherr von Kruedener, der Begründer der biologischen Forschungsstelle für die damaligen Reichsstraßen [17]. Hermann Schurhammer, Landschaftspfleger und Straßenbauer zugleich wirkte richtungweisend im landschaftsgestaltenden Straßenbau im Schwarzwald [1].

In entscheidender Weise beeinflußte Professor Alwin Seifert den deutschen Autobahnbau; wir verdanken ihm und seinen Mitarbeitern schließlich die heutige „Autobahnlandschaft“ [18].

Mit zu den profiliertesten Straßenbauern zählt Dr.-Ing. E. h. Hans Lorenz, der sich vor allem nach dem Krieg um die Ästhetik der Straße verdient gemacht hat [2]. Außer diesen Altmeistern gibt es noch eine Reihe gleichgesinnter Männer, die im Arbeitsausschuß „Landschaftsgestaltung“ der Forschungsgesellschaft für das Straßenwesen die Grundsätze übernommen haben und sie in Richtlinien weiter entwickeln [7, 10, 11, 12, 15, 16].

15.3. Landschaftsgebundene Planung

15.3.1. Räumliche Linienführung

Die Bemühungen des Straßenbaus um eine der Landschaft angepaßte zügige Linienführung [2, 3], die Unstetigkeit wie geometrische Starre meidet und auch in der perspektivischen Verkürzung frei von Verzerrungen ist, decken sich erfreulicherweise mit den fahrpsychologischen Geboten.

Die Linie der Straße ist eine Raumkurve und sollte bereits bei der Planung als solche gesehen werden, wenn auch Lage- und Höhenplan in getrennter Darstellung (vgl. Kapitel 12) bearbeitet werden. Beide Pläne müssen in ihrer Raumwirkung aufeinander abgestimmt werden [4]. Aus der Überlagerung ergeben sich die Raumelemente. Inwieweit sich die Überlagerung von Lage- und Höhenplan in der Verkürzung der Perspektive auswirken kann, soll durch nachstehende Erläuterungen aufgezeigt werden:

a) Die Gerade ist im weiten, ebenen Gelände selbst für längere Abschnitte durchaus angebracht. Sie bietet sich auch im Hügelgelände für Verkehrsentflechtungen aus Gründen der Übersichtlichkeit an, sollte aber dort in die Wanne gelegt werden, um ihre Starrheit zu mildern (Bild 15.1). Allzu lange Geraden verleiten den Kraftfahrer zur überhöhten Geschwindigkeit; Ermüdungs- und Blendgefahr sowie erschwertes Abschätzen der Fahrzeugabstände sind weitere nicht zu unterschätzende Nachteile.

b) Im Verhältnis kurze Geraden zwischen gleichgerichteten Bögen im Lageplan (Bild 15.2) sowie kurze Wannen zwischen langen Strecken mit konstanter Längsneigung wirken als Knick (Bild 15.3).

c) Weist die Trasse im Lageplan weniger Wendepunkte als im Höhenplan auf, ohne daß dabei eine Sichtschattenstrecke auftritt, so entsteht die Aufwölbung (Bild 15.4); können mehrere Aufwölbungen überblickt werden, so ergibt dies ein Flattern (Bild 15.5).

d) Folgt die Trasse Bodenerhebungen in der Weise, daß die Straßenstrecke nicht einsehbar ist, so entsteht der Eindruck des Tauchens (Bild 15.6); schwingt die Trasse beim Tauchen stärker aus, so entsteht der Eindruck des Springens (Bild 15.7)

e) Bei einem großzügigen Höhenplan und kleinlichem Lageplan entsteht ein übertriebenes Schlängeln (Bild 15.8).

f) Waagerechte Brücken zwischen Gefällstrecken wirken steif wie ein Brett. Brückenbauwerke sollten sich zwar der Linienführung der Straße unterordnen, was aber nicht ausschließt, sie in das Sichtfeld des Fahrers zu rücken (Bilder 15.9 und 15.10).

g) Kuppen sollten in Krümmungen gelegt werden, wobei eine Mindestrichtungsänderung von 3,5 gon innerhalb der Sichtweite anzustreben ist, um dem Fahrer noch rechtzeitig den Richtungssinn aufzeigen zu können (Bild 15.11).

h) Eine ideale räumliche Kombination wird durch die Überdeckung der Wendepunkte im Lage- und Höhenplan erreicht. Kuppen, Wannen und Kurven weisen dann die gleichen Längen auf. Im anzustrebenden geschwungenen Straßenverlauf werden unter Einschaltung von Übergangsbögen die erforderlichen Richtungsänderungen weich und flüssig vollzogen (Bilder 15.12 und 15.13).

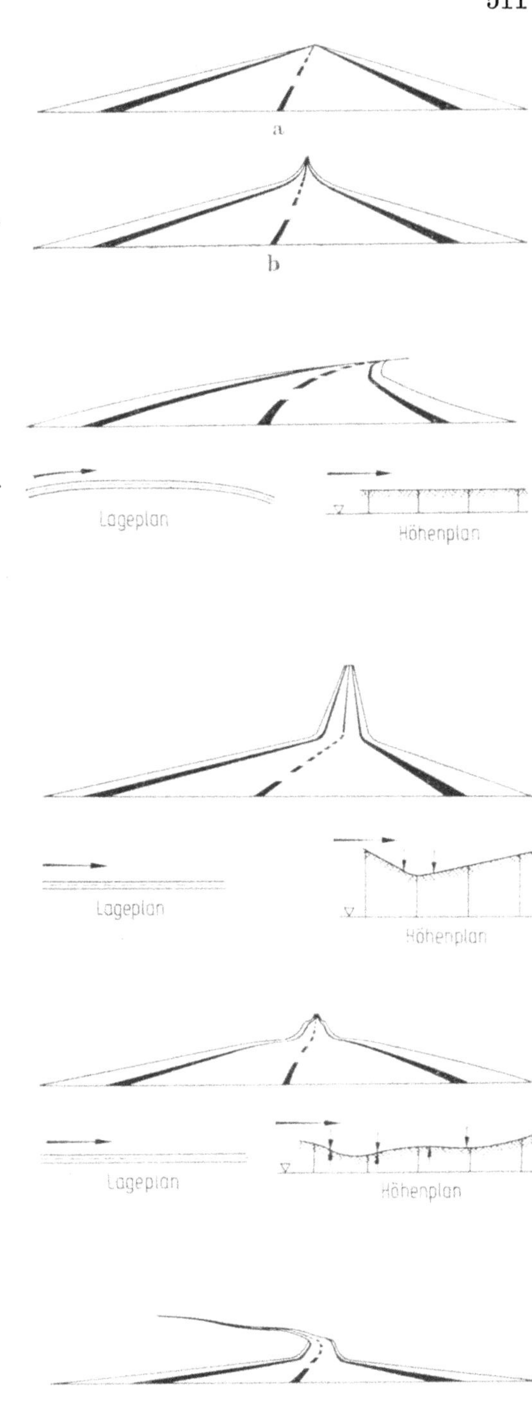

Bild 15.1. a) Gerade in der Ebene [4]. b) Gerade in der Wanne [4].

Bild 15.2. Knick durch kurze Zwischengerade [4].

Bild 15.3. Knick durch kurze Ausrundung [4].

Bild 15.4. Aufwölbung [4].

Bild 15.5. Flattern [4].

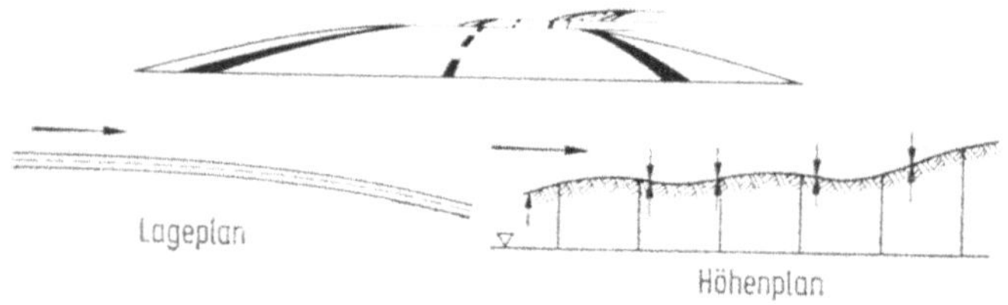

Bild 15.6. Tauchen [4].

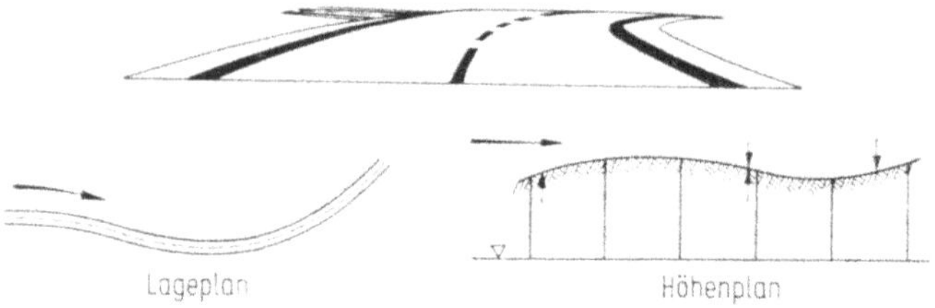

Bild 15.7. Springen [4].

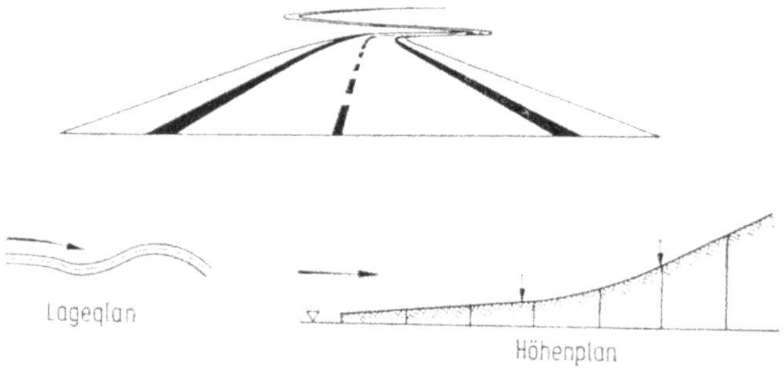

Bild 15.8. Schlängeln [4].

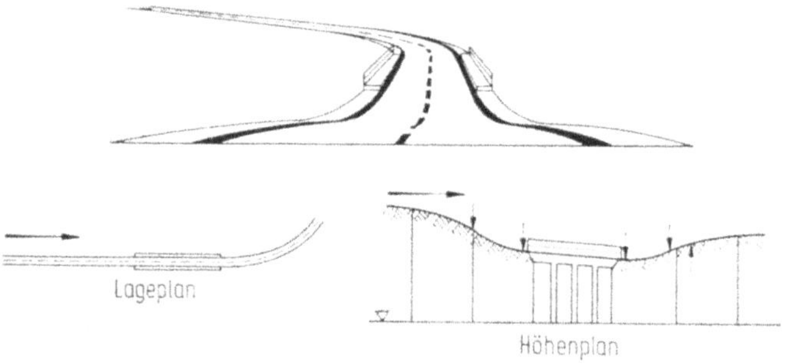

Bild 15.9. Brettwirkung [4].

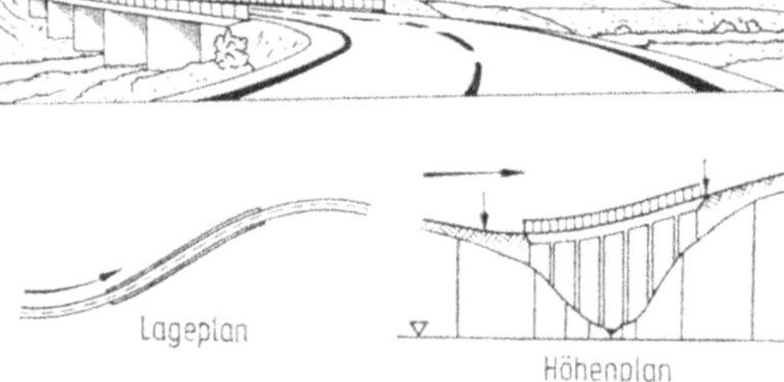

Bild 15.10. Brücke dem Linienfluß untergeordnet [4].

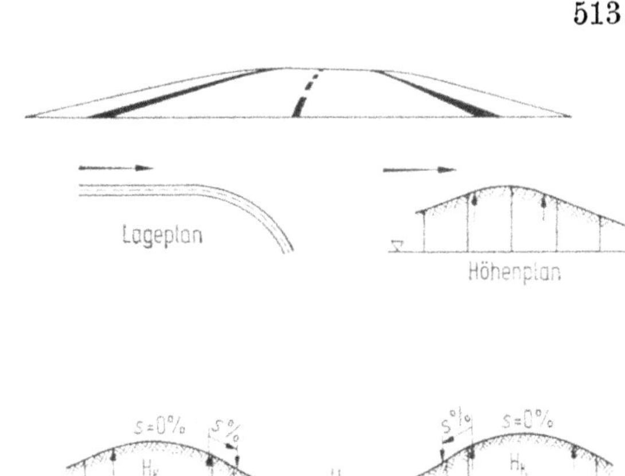

Bild 15.11. Kurvenbeginn im Kuppenbereich [4].

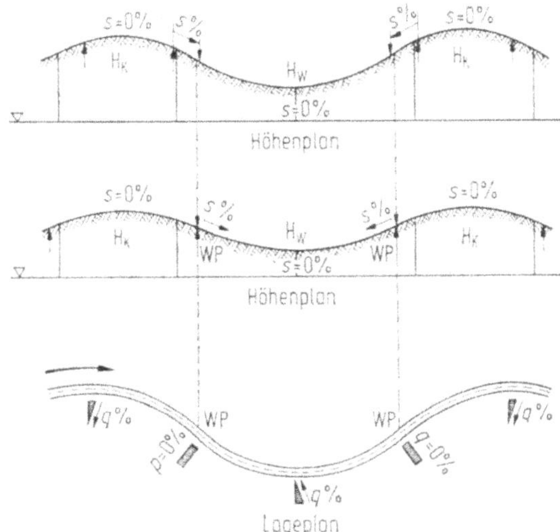

Bild 15.12. Überdeckung der Wendepunkte [4].

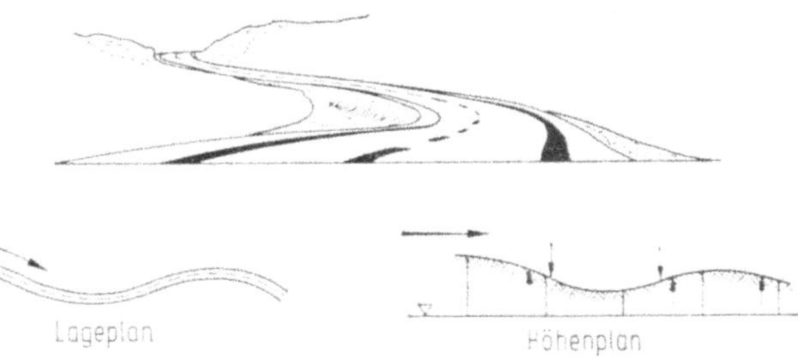

Bild 15.13. Ideale Raumkurve [4].

Bild 15.14. Torwirkung im Klothoiden-S.

Bei Berücksichtigung dieser Erfahrungen findet der Ingenieur zweifellos eine befriedigende Linienführung, die den technischen Erfordernissen entspricht. Ob er aber die beste Lösung findet, bleibt immer seinem Einfühlungsvermögen in das Wesen der Landschaft überlassen. Das Suchen nach einer Torwirkung (Bild 15.14), das Anlehnen an eine Baumgruppe oder an einen in der Landschaft dominierenden Einzelbaum, die Fernwirkung nach einem, wenn auch nur vermeintlichen Ziel, das Ausweichen vor einem unüberwindlich erscheinenden Rücken und das sanfte Anschmiegen an einen Bachlauf — das alles sind rein schöpferische Aufgaben des Trassierenden, die mit Ingenieurkenntnissen allein nicht zu meistern sind. Je nach Verkehrsforderung schmiegt sich die Trasse an das Gelände, mit einem Minimum an Erd- und Kunstbauten die Landschaftsräume durchmessend, oder sie muß sich absetzen und kann dann nur noch dem größeren Rhythmus der Landschaft folgen mit einer Anzahl von Geländeeingriffen und Bauwerken. In jedem einzelnen Fall muß versucht werden, der Landschaft und dem Verkehr gleichermaßen gerecht zu werden.

15.3.2. Querschnittsgestaltung

In der Querschnittsgestaltung [5] stehen dem Ingenieur weit größere, leichter erfaßbare und vor allem erlernbare Möglichkeiten zur Landschaftsgestaltung offen als bei der Linienführung selbst. Der Querschnitt besteht aus Fahr- und Nebenstreifen, deren Abmessungen durch den Verkehrszweck fest vorgeschrieben sind (im einzelnen siehe Kapitel 12). Die Gestaltung der übrigen Querschnittsflächen wie Bankette, Mulden und Böschungen sind keinem technischen Diktat mehr unterworfen. Diese Flächen verbinden nur noch die Fahrbahn mit dem natürlichen Gelände.

Einige Empfehlungen zur Querschnittsgestaltung:

a) Je bewegter das Gelände und großzügiger die Trassenführung, um so einschneidender sind die Eingriffe. Hohe Dämme und tiefe Einschnitte werden durch variierte Böschungsneigungen in ihrer störenden Wirkung gemildert. Die Anwendung der variierten Böschungsneigungen widerspricht in landschaftlich bevorzugten Gegenden keineswegs den neuen Richtlinien RAL-Q 73 [5], die Ausnahmen gegenüber der Regelneigung 1:1,5 gestattet.

Flachgezogene weite Ausrundungen der Böschungskanten ermöglichen eine sanfte Angleichung an die gegebene Geländeform. Von Ausrundungen ist natürlich dann abzusehen, wenn es um die Erhaltung wertvollen Bewuchses geht.

b) Straßengräben zum Ableiten des Oberflächenwassers trennen die Straße unnatürlich vom Gelände. Flache, breite Rasenmulden erfüllen denselben Zweck und verbinden Straße und Gelände.

c) Bei welligem Gelände und leichten Einschnitten soll statt einer konstanten Böschungsneigung das Prinzip der konstanten Böschungslänge angewandt werden. Der Einschnitt verliert damit seine mathematische Starrheit.

Bild 15.15. a) Harter Einschnitt. b) Ausschlitzung.

d) Die Härte des technischen Eingriffs läßt sich in vielen Situationen vorteilhaft mildern, wenn die Talseite kleinerer Einschnitte ausgeschlitzt und — sofern kein Altbewuchs zu schützen ist — vollkommen abgetragen wird, so daß der Eindruck einer Anlehnung an den Hang entsteht (Bild 15.15).

e) Eine weitere Gestaltungsmöglichkeit des Einschnittes ist das Versetzen desselben, die Gleichmäßigkeit und Beengung der Einfahrt wird durch das gegenseitige Versetzen der Böschungskegel unterbrochen; verschiedene Böschungsneigungen erhöhen noch die natürliche Wirkung.

f) Gute Böschungsausformungen gelingen durch das freie Modellieren im Sinne der Formen des vorhandenen Landschaftstyps. Man bearbeitet die Böschungen noch viel zu glatt und ebenflächig. Das Modellieren bedeutet nichts anderes als die jeweilig vorhandene Geländeform nachzuahmen.

g) Geometrische und harte Böschungsneigungen sind besonders an Anschlußstellen zu vermeiden. Damm- und Einschnittsflächen sollten ineinander verfließen, so daß durch die Verschneidungen bewegte, lebendige Zwischenflächen entstehen.

h) Um im Bergland die Eingriffe zu mildern, wird bei zweibahnigen Straßen die Fahrbahn in verschiedener Höhenlage gestaffelt. Durch völlige Trennung beider Bahnen in ihrer Linienführung können landschaftliche Besonderheiten geschützt werden.

i) Zur Schonung und Sicherheit des Hanges ist bei Steilhängen die Achse so weit talwärts zu verschieben, daß nur geringe bergseitige Anschnitte entstehen. Starke Einschnitte können gegebenenfalls durch Anheben der Gradiente vermieden werden.

k) In felsdurchsetztem Gelände soll die Strukturlinie der geologischen Formation herausgearbeitet werden. Die unregelmäßig von Felsbändern durchzogene Böschung löst reizvolle Wirkungen aus. Beim Felsanschnitt fordert jede Felsart je nach Lagerung und tektonischer Störung eine unterschiedliche Böschungsneigung; gesunder Fels kann steil, brüchiger Fels muß abgetragen und flach geböscht werden.

15.3.3. Optische Entwurfskontrolle

Verschiedene Verfahren ermöglichen die optische Kontrolle der geplanten Trasse, geben Aufschluß über die Einbindung des Straßenbandes in die Geländeform und erleichtern den Vergleich von Wahllinien.

a) *Perspektiven* können aus den Konstruktionsplänen gerechnet und gezeichnet werden. Sie zeigen die Fahrbahn einschließlich der Böschung jeweils nur von einem Standpunkt aus. Die elektronische Datenverarbeitung ermöglicht nunmehr die Rechnung und Aufzeichnung von Perspektiven, allerdings vorerst nur aus der Fahrersicht, unter geringstem Zeitaufwand (vgl. Kapitel 20). Bei enger Wahl der Standpunkte ergibt die Vielzahl der Bilder aneinandergereiht einen Perspektivfilm, der die Fahrt auf der künftigen Trasse räumlich aufzeigt.

b) Zur Veranschaulichung des geplanten Straßenverlaufs in der vorhandenen Landschaft dienen *Schaubilder*. Mit Hilfe des Perspektographen nach V. J. Ch. von Ranke können die Konturen in der Landschaft auf einer Glasplatte nachgezeichnet werden. So gewonnene Landschaftsskizzen müssen mit der gerechneten Straßenperspektive zur genauen Überdeckung gebracht werden [6].

c) Ähnliche Möglichkeiten bieten Photomontagen und Stereophotomontagen, bei denen jedoch die geplante Trasse nicht in das Bild eingerechnet werden kann; stattdessen müssen Trassenpunkte in der Landschaft ausgesteckt und mitphotographiert werden.

d) Mit Hilfe von *Gradientenmodellen* kann die dreidimensionale Linienführung auf weite Streckenabschnitte von jedem beliebigen Standpunkt überprüft werden. Auf einer Faserplatte wird der Lageplan aufgezeichnet und der mit Wellkarton ausgeschnittene Höhenplan senkrecht zur Linie im Lageplan aufgeklebt. Mit einem dem Querschnitt entsprechenden Kartonstreifen wird dann das Straßenband dargestellt.

e) Noch besseren Aufschluß bieten allerdings *Geländemodelle.* Man sollte bei komplizierten Anschlußstellen mit Brückenbauwerken und bei sehr schwierigen Geländeverhältnissen viel mehr als bisher von Modellen Gebrauch machen. Oft genügt schon ein mit minimalem Kostenaufwand gefertigtes Modell aus Styroporplatten und Pappkarton, um dem Trassierenden besseren Aufschluß geben zu können. Zeichner mit handwerklichem Geschick können aus Styroporplatten die Höhenschichtlinien ausschneiden, die dann aufeinandergeklebt das Gelände aufzeigen.

Aber auch die Erstellungskosten präzise durchgearbeiteter Modelle aus der Modellwerkstatt stehen in keinem Verhältnis zu den Ausgaben für Bodenuntersuchungen, Verkehrsprognosen und dergleichen, deren Notwendigkeit allseits anerkannt wird.

Genauso selbstverständlich sollten die verschiedenen Möglichkeiten der Entwurfskontrollen ausgeschöpft werden; es macht sich im Hinblick auf den erzielten Effekt reichlich bezahlt. Eine schlechte Decke kann ersetzt, Rutschungen können saniert werden, eine falsch angelegte Trasse bleibt ein stetes Ärgernis sowohl für die Verkehrsteilnehmer, als auch für den Unterhaltungspflichtigen.

15.4. Bepflanzung

15.4.1. Aufgaben der Bepflanzung

Die Bepflanzung [7] dient in gleicher Weise dem Verkehr wie der Landschaft. Sie erfüllt *bautechnische Belange* durch die Befestigung der Erdbauten, wodurch Rutschungen, Erosionen und Steinschlag vermindert werden.

In *verkehrstechnischer Hinsicht* helfen Schutzpflanzungen, die Blendwirkung und Schneeverwehung zu mildern und Fahrzeuge vor gefährlichen Seitenwinden zu schützen; sie wirken ferner als Lärm- und Staubfilter und schirmen Wohnanlagen ab.

Die durch die Begleitpflanzung erzielte optische Führung bringt in *fahrpsychologischer Hinsicht* erhebliche Vorteile. Der Verlauf der Straße wird auf weite Sicht durch Kurven und über Kuppen angezeigt. Bei schlechten Wetterbedingungen wie Nebel und Schneetreiben sowie bei Nacht kann die raumgestaltende Bepflanzung jeder mechanischen Leiteinrichtung überlegen sein. Die geschlossene Bepflanzung schafft den Straßenraum, bringt Tiefengliederung, gibt Maßstäbe und bewahrt damit den Kraftfahrer vor überhöhter Geschwindigkeit und Ermüdung.

Weiter helfen Baum und Strauch, die *landschaftlichen Aufgaben* zu erfüllen, wie die Einbindung — gleichsam das nahtlose Einwachsen des Straßenkörpers in die Landschaft —, die Umgestaltung von Landschaftsbildern, die Schaffung neuer Motive.

Nicht zuletzt sorgt die dichte Gehölzpflanzung für die *biologische und klimatische Anpassung.* Sie bietet Nistgelegenheit für Schädlingsvertilger und schafft die Voraussetzung für ein günstiges Kleinklima.

15.4.2. Einplanung des vorhandenen Bewuchses

Die Erhaltung und Ausnutzung des vorhandenen Bewuchses muß als gestalterisches Grundmaterial in die Planung einbezogen werden. Landschaftlich wertvolle Einzelbäume und Gehölzgruppen bieten die günstigste Gelegenheit, der Straße von Anbeginn ein typisches Profil im Raum zu verleihen. Der Altbestand ist jeder Neupflanzung um Jahrzehnte voraus und ist weder Wachstumsrisiken ausgesetzt, noch bedarf er großer Pflegearbeiten.

Aufzulassende Straßen mit alten Alleebäumen sollten sinnvoll neben dem neuen Straßenband als Wirtschaftswege oder schattenspendende Park- und Abstellplätze ausgebaut werden. Bei Straßenverbreiterungen ist zu versuchen, zumindest *eine* Alleereihe zu erhalten. Dabei muß darauf geachtet werden, jeweils *die* Reihe zu entfernen, auf deren Seite ohnehin durch Bewaldung oder Bebauung räumliche Gewichte vorhanden sind (Bild 15.16). Bietet sich diese Gelegenheit nicht an, so muß durch Neupflanzung auf der Gegenseite die gestörte Raumproportion wiederhergestellt werden, in jedem Fall muß aber ein Mindestabstand von 2 m zum neuen Fahrbahnrand gewahrt werden.

Läßt die Linienstreckung die Erhaltung geschlossener Baumreihen nicht zu, so ist trotzdem für den Verbleib einzelner Bäume Sorge zu tragen. Durch Unterpflanzung der Restbestände und Gruppenpflanzung auf der gegenüberliegenden Seite unter Verwendung einiger Großgehölze läßt sich der Eindruck einer zerstückelten Allee mildern. In einigen Jahren kann dadurch ein vollkommen neues Landschaftsmotiv geschaffen werden (Bild 15.17).

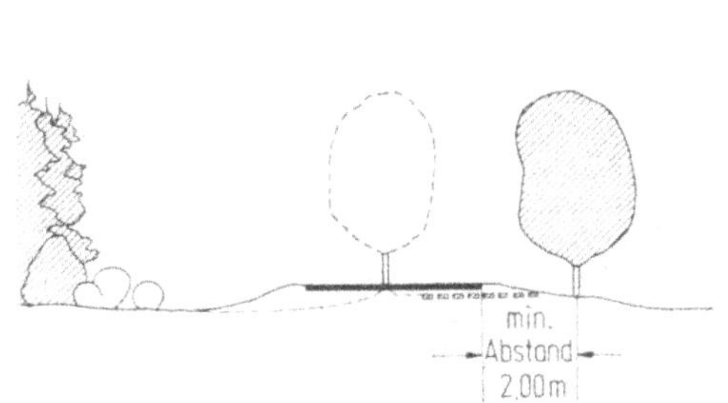

Bild 15.16. Erhaltung einer Alleereihe.

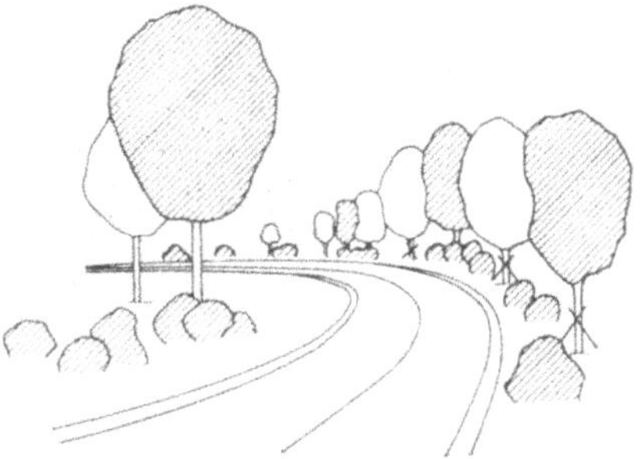

Bild 15.17. Optische Führung durch Neupflanzung an der Kurvenaußenseite.

Die volle Erhaltung von Baumgruppen ist nicht immer Allheilmittel; mit einer Durchschneidung werden oft eindrucksvolle Torwirkungen erzielt. Andererseits kann auch die Gruppe oder eine kleine Waldparzelle im verbreiterten Mittelstreifen willkommene Abwechslung bringen.

Der Uferbewuchs an Flüssen und Seen ist ein landschaftsbestimmendes Element und sollte unter allen Umständen erhalten bleiben. Werden Bäche und Flüsse von der Straße gekreuzt, so muß alles getan werden, die Lücke durch kräftige Bepflanzung wieder zu schließen. Bei Bachverlegungen kann der ehemalige Bachlauf mit dem Altbewuchs als Altwasser und zugleich Vorfluter verbleiben.

15.4.3. Wälder

Das biologische Gefüge eines Waldes wird sowohl beim Durchqueren als auch beim Anschneiden empfindlich gestört; Rindenbrand, Schneebruch und Windwurf sind vielfach unausbleibliche Folgen.

Sind Durchschneidungen nicht zu vermeiden, sollten die verbleibenden Waldteile wenigstens so groß sein, daß sich das biologische Gleichgewicht wieder einstellen kann. Eingestreute Laubbäume können sich als Durchstoßstelle anbieten. Desgleichen sollten bei der Durchfahrung, die wegen der besseren Raumführung in der Krümmung und nie in der Gerade vorzusehen ist, vorhandene Waldlichtungen genützt werden (Bild 15.18).

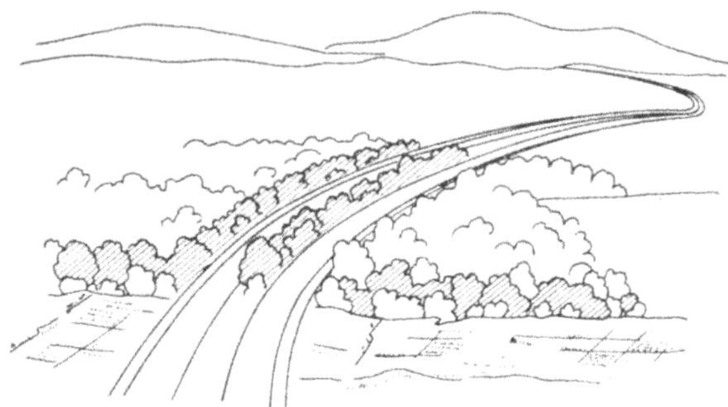

Bild 15.18. Walddurchschneidung mit verbreitertem Mittelstreifen [7].

Es ist darauf zu achten, den Waldrand auf der Windseite so weit zurückzunehmen, daß fallende Bäume den Verkehr nicht gefährden; ebenso muß die Vereisungsgefahr durch Schattenwurf bedacht werden.

Bild 15.19. a) Aufgeschnittener Nadelwald [7]. b) Vorpflanzung mit Laubgehölz [7].

Aufgeschnittener Nadelwald bedarf einer kräftigen Vorpflanzung, die, um Eintönigkeit zu vermeiden in ihrer Breite und in der Pflanzenart variieren soll (Bild 15.19).

15.4.4. Wuchs- und Pflanzformen

Wenn auch die Planung, Überwachung und Ausführung der Bepflanzung prinzipiell beim Landschaftsarchitekten liegt, so müßte sich doch der Straßenbauer einige Fachkenntnisse seines Partners aneignen. Er sollte sich vertraut machen mit den Gehölzarten und ihren Standortbedingungen, Wuchs- und Pflanzformen (siehe Tab. 19.1). Welche Abwechslung liegt allein schon im äußeren Erscheinungsbild der schlankwachsenden Birke und der breitkronigen Eiche; welch weitere Belebung bringt das bunte Farbspiel von Blüte und Laub im Ablauf der Jahreszeiten (Bild 15.20).

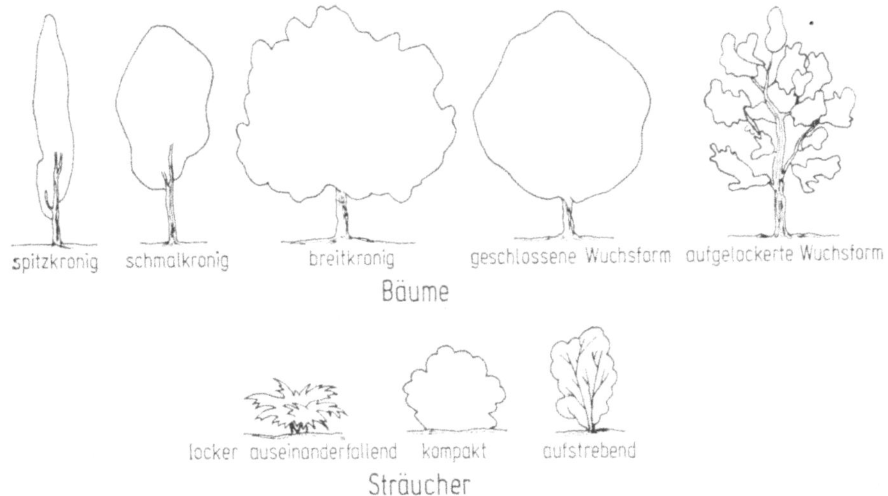

Bild 15.20. Wuchsformen [7].

Die Eigenart der jeweiligen Landschaft kann durch die richtige Artenwahl in Verbindung mit der geeigneten Pflanzform unterstrichen werden. Verspielte, idyllische Gartenmotive sind in der freien Landschaft unangebracht.

Der Kraftfahrer durchmißt in Minuten kilometerlange Fahrstrecken; nur durch die großzügig angelegte Bepflanzung können ihm dabei bleibende Eindrücke vermittelt werden.

Einzelbaum, Gruppe, Baumreihe, Allee, Hecke und waldartige Bepflanzung sind die Anordnungen, in denen Sträucher und Bäume gepflanzt werden. Bei allen Pflanzungen an Straßen ist die Verkehrssicherheit primär zu berücksichtigen. Die Einhaltung von Sicherheitsabständen vom Fahrbahnrand sowie die Freihaltung von Sichtflächen bei Kreuzungen, Einmündungen und an Kurveninnenseiten sind unbedingt erforderlich.

Die gebräuchlichste Pflanzform ist wohl die Gruppen- oder Mischpflanzung mit ihrem aufgelockerten, parkartigen Erscheinungsbild. Wie bei allen Pflanzungen in der freien Landschaft muß berücksichtigt werden, daß die Jungpflanzen gegenüber der Baumschule besonders schweren Wachstumsbedingungen ausgesetzt sind. Der Ausfall kann nach Jahren noch beträchtlich sein, so daß viel mehr gepflanzt werden muß, als im Endbestand erwünscht ist. Die generelle Pflanzdichte liegt bei einem Stück pro m², das Mengenverhältnis Baum zu Strauch sollte mit 1:9 gewählt werden.

Sowohl die Hainpflanzung als auch die Aufforstung an weiten Böschungsflächen wird im Hinblick auf die geringe Pflege gegenüber Rasenflächen größere Bedeutung gewinnen. Die Pflanzweiten richten sich nach der Artenwahl, wobei auch das Ausmaß der ausgewachsenen Holzart zu berücksichtigen ist.

Die Mittelstreifenbepflanzung, der bisher wirksamste Blendschutz, ist durch die Verwendung von Auftausalzen im Winterdienst und durch die Anordnung der viel Raum beanspruchenden Distanzschutzplanke problematisch geworden. Versuche über salzresistente Pflanzen und Auftausalze, die für Pflanzen weniger schädlich sind, werden zwar seit geraumer Zeit durchgeführt; einschneidende Verbesserungen konnten jedoch noch nicht erzielt werden. Wirksamstes Gegenmittel ist

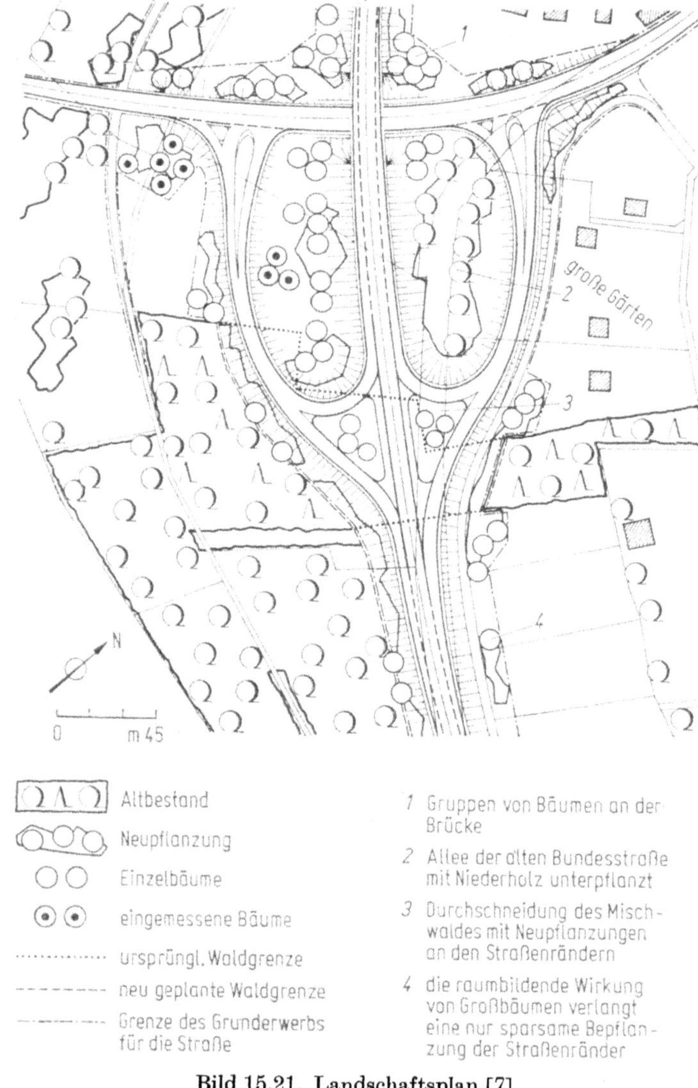

Bild 15.21. Landschaftsplan [7].

hier nur die Verbreitung des Mittelstreifens, so daß sich die Bepflanzung außerhalb des Sprühbereiches des Salzwassers entwickeln kann.

Die freiwachsende Hecke wird sich für Wind-, Schall- und Blendschutz nach wie vor anbieten. Hingegen wird die Schnitthecke ob ihres erhöhten Unterhaltungsaufwandes nur noch im Vorfeld von Großstädten ihre Berechtigung haben, wo um jeden Quadratmeter Grunderwerb gegeizt werden muß.

Die Allee in ihrem strengen, straffen Rhytmus ist der Inbegriff landschaftsgestalterischer Pflanzform. Sie ist zu Unrecht in Mißkredit geraten, da ihre von Interessenverbänden so propagierte Gefährlichkeit für den Verkehr erst bei zu geringer Fahrbahnnähe eintritt. Die Neupflanzung von Alleen beschränkt sich heute allerdings auf Ausnahmefälle. So kann beispielsweise im Vorfeld einer Großstadt der nahtlose Übergang von der freien Landschaft über das Stadtrandgebiet in das Stadtgrün durch Anordnen einer Allee vermittelt werden. Für den Kraftfahrer ist dies ein informationspsychologischer Hinweis — ein „grünes Verkehrszeichen" — für eine neue Situation im Verkehrsgeschehen [8].

15.4.5. Aufstellung des Landschafts- und Bepflanzungsplanes

Nach den Richtlinien [9] ist bereits mit dem Straßenvorentwurf ein Landschaftsplan im Maßstab 1:5000 aufzustellen, der einer Bestandsaufnahme der Landschaft gleichkommt und in großen Zügen die beabsichtigten Veränderungen und die Neugestaltung mit dem Flächenbedarf zu erkennen gibt. Der später zu erstellende spezifizierte Landschaftsplan im Maßstab 1:1500 zeigt die Details auf — die Erhaltung und Ergänzung des Bewuchses, die Sicherstellung und Lagerung des Mutterbodens, eventuelle Maßnahmen des Lebendverbaues an Dämmen und Einschnitten, die Gestaltung von Entnahmestellen sowie die Einhaltung sichtfreier Flächen (Bild 15.21).

Meist wird in der Praxis der Pflanzplan erst nach Beendigung der Erdarbeiten aufgestellt; die sorgfältigste Planung schließt Überraschungen im Baubetrieb nicht

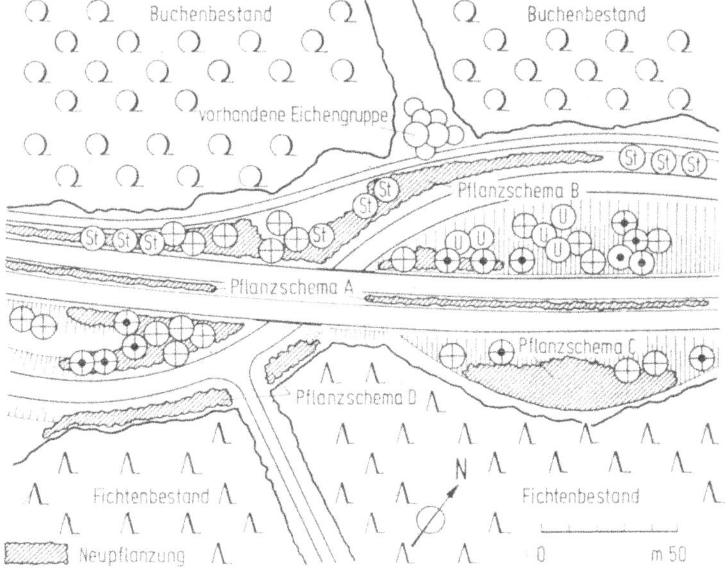

Bild 15.22.

aus, unvorhergesehene Änderungen der Erdausformung bringen neue Aspekte für die Detailpflanzung (Bild 15.22, Tab. 15.1).

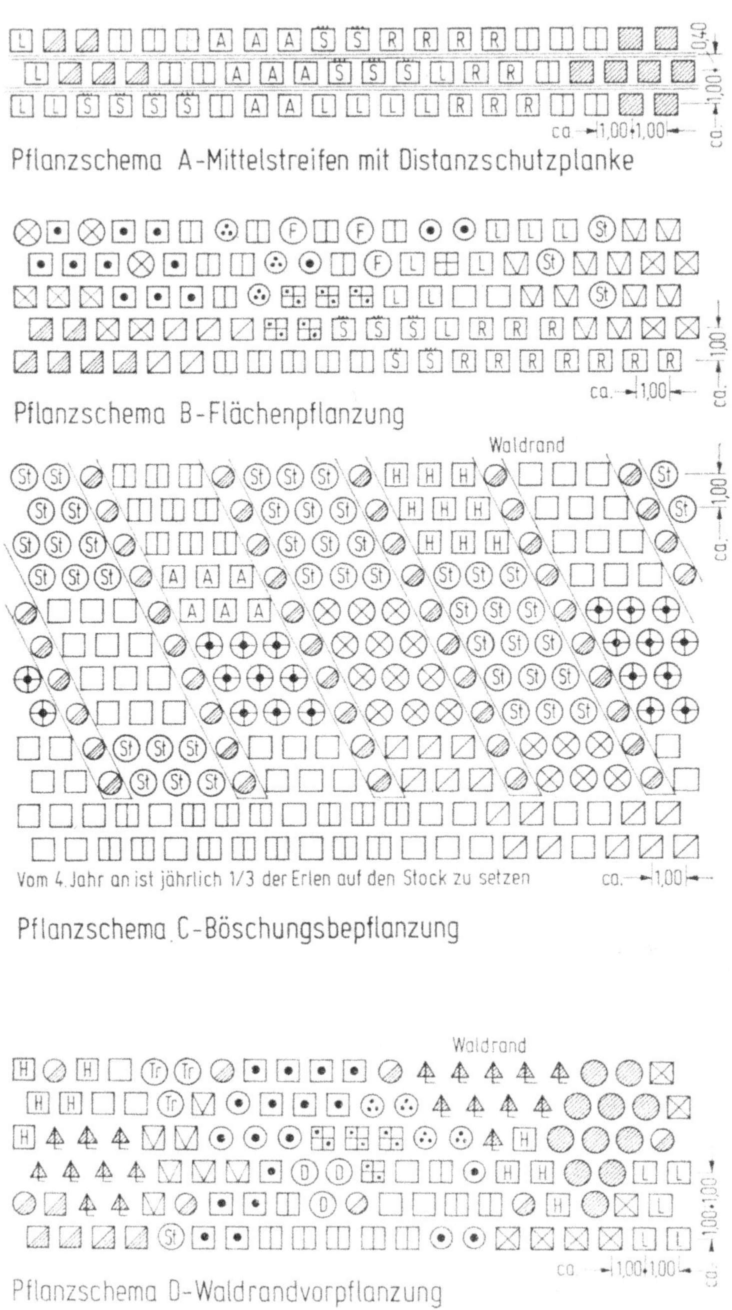

Bild 15.22. Pflanzplan mit Pflanzschemata A, B, C, D (Pflanzenarten siehe Tab. 15.1).

Tabelle 15.1. Pflanzenarten

Gehölzart			Wuchsform	Pflanzform	Verwendungszweck
Plansignatur	Botanischer Name	Deutscher Name	a) Wuchshöhe in m b) schlankwüchsig c) breitwachsend d) raschwachsend e) langsamwachsend f) ausschlagfähig	a) Allee b) Hain c) Gruppe d) Einzelstellung e) Hecke	a) Lebendverbau b) Pionierpflanze c) Optische Führung d) Blendschutz e) Wind-, Sicht- und Lärmschutz f) Bienenweide
A	Acer campestre	Feldahorn	a 15, c, d, f	c	e
	Acer pseudoplatanus	Bergahorn	a 30, b, d	a, b, c, d	a, c, e, f
	Alnus glutinosa	Schwarzerle	a 20, b, d, f	a, c	a, b, c, e
	Betula pendula	Sandbirke	a 20, b, d	a, b, c, d	a, b, c, e
	Carpinus betulus	Hainbuche	a 20, c, e, f	b, c	c, d, e
	Cornus sanquinea	Hartriegel	a 3, c, d, f	c, e	a, e, f
H	Corylus avellana	Hasel	a 6, c, d, f	c	e, f
	Crataegus monogyna	Weißdorn	a 5, c, e, f	c, e	a, c, d, e, f
	Fagus silvatica	Rotbuche	a 30, b, e	b, c, d	c, e
L	Ligustrum vulgare	Liguster	a 3, c, d, f	c, e	d, e, f
	Lonicera xylosteum	Rote Heckenkirsche	a 2,5 c, d, f	c, e	a, e
D	Prunus avium	Vogelkirsche	a 20, b, d	a, b, c, d	c, e, f
	Prunus spinosa	Schlehe	a 3, c, e, f	c	b, d, e, f
St	Quercus pedunculata	Stieleiche	a 30, c, e, f	a, b, c, d	c, d, e, f
Tr	Quercus petraea	Traubeneiche	a 30, c, e, f	a, b, c, d	c, d, e
	Rhamnus frangula	Faulbaum	a 5, b, d, f	c	e, f
C	Rosa canina	Hundsrose	a 3, c, d, f	c, d	a, d, e, f
R	Rosa rugosa	Apfelrose	a 3, c, d, f	c, d, e	b, d, e, f
S	Salix caprea	Salweide	a 4, b, d, f	c, d	a, b, e, f
	Sambucus nigra	Holunder	a 6, c, d, f	c, d	e
	Sambucus racemosa	Roter Holunder	a 3, c, d, f	c	e
	Sorbus aucuparia	Vogelbeere	a 15, b, d, f	a, b, c	a, b, c, e
	Tilia cordata	Winterlinde	a 25, b, e, f	a, b, c, d	c, e, f
	Tilia platyphyllos	Sommerlinde	a 35, b, e, f	a, b, c, d	c, e, f
U	Ulmus glabra	Bergulme	a 30, b, d, f	a, b, c, d	c, e
	Viburnum lantana	Wolliger Schneeball	a 4, c, e, f	c, d	e
	Picea abies	Fichte	a 30, b, d	b, c, d	c, e, f

15.4.6. Ausführung, Pflege und Unterhaltung

Die beste Voraussetzung für das Gelingen einer Pflanzung [10, 11] ist die sorgfältige Behandlung des Mutterbodens, der mit seinem Gehalt an Humus und Nährstoffen, Bodenleben und Krümelstruktur für das Gedeihen der Gehölzpflanzungen bürgt. Bei der Ansaat niedriger Rasen für Bankette, Mittelstreifen und sichtfreie

Flächen sollte man allerdings vor starken Mutterbodenandeckungen — entgegen früheren Vorstellungen — abraten. Der anzustrebende pflegearme und trotzdem widerstandsfähige Magerrasen kann nur auf einem nährstoffarmen Boden in seiner Wuchshöhe niedrig gehalten werden. Die Ansaat auf Rohböden weist hier vielleicht neue Wege auf, nachdem die Anwendung von Schotterrasen und Betongittersteinen für befahrbare Rasen doch nur in beschränktem Ausmaß wirtschaftlich vertretbar erscheint.

Im allgemeinen wird man dazu übergehen, die bisher mit Rasen begrünten Böschungsflächen mit Gehölzen zu bepflanzen, um den Pflegeaufwand zu verringern. Das untere Drittel muß aus Sichtgründen frei bleiben.

Vielleicht könnte auch die Hainpflanzung mit Obstbäumen den Anliegern Anreiz bieten, für unentgeltliche Nutzung die Pflege zu übernehmen.

Bei der Ausführung von Gehölzpflanzungen ist auf die sortengerechte Lieferung des Pflanzgutes aus der Baumschule (Bild 15.23) zu achten. Die Pflanzen müssen auf der Baustelle eingeschlagen werden, um sie vor dem Austrocknen durch Wind und Sonne zu schützen.

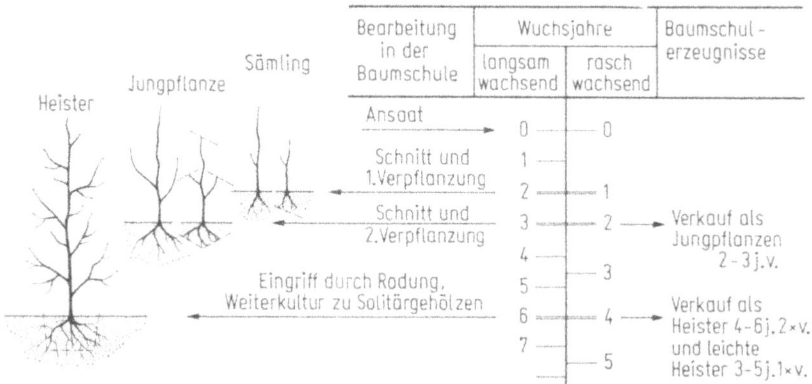

Bild 15.23. Entwicklung und Bearbeitung von Baumschulpflanzen [10].

Auf die oft mit einer Decksaat aus einjährigen Leguminosen versehenen Pflanzflächen werden die Pflanzen ausgelegt und nach Mängelrückschnitt eingepflanzt. Nach der Einpflanzung erfolgt das Angießen, das Auslichten, das Verankern und Pfählen von größeren Heistern und Bäumen; in manchen Fällen ist noch ein Schutz vor Wildverbiß nötig.

Häufig können auch Gehölze im Baufeld, die gedankenloserweise der Rodung und Fällung anheimfallen, wiederverwendet werden. Größere Bäume müssen mit Ballen unter Anwendung besonderer Sorgfalt verpflanzt werden (Bild 15.24).

Die Pflege der Neupflanzung soll auf die Dauer von zwei Jahren der ausführenden Landschaftsbaufirma übertragen werden, die damit gleichzeitig eine Gewähr für Sortenechtheit und Anwachsen übernehmen muß. Die Pflege nach der Gewährleistungszeit durch den Straßenbaulastträger ist für die weitere Entwicklung und Gestaltungsabsicht der Pflanzung nicht minder notwendig.

Dabei sind alle Möglichkeiten zur Rationalisierung durch Maschineneinsatz voll auszuschöpfen, während chemische Mittel, zumindest Herbizide, für Wuchsdämmung nicht ohne gewissen Vorbehalt angewendet werden sollten. Der Pflegeplan (Tab. 15.2) zeigt die Vielfalt der anfallenden Arbeiten, wobei außer der Rasenpflege die Sichtfreihaltung und das „Aufstocksetzen" zur Freistellung wertvollen Aufwuchses (Bild 15.25) besondere Beachtung verdient.

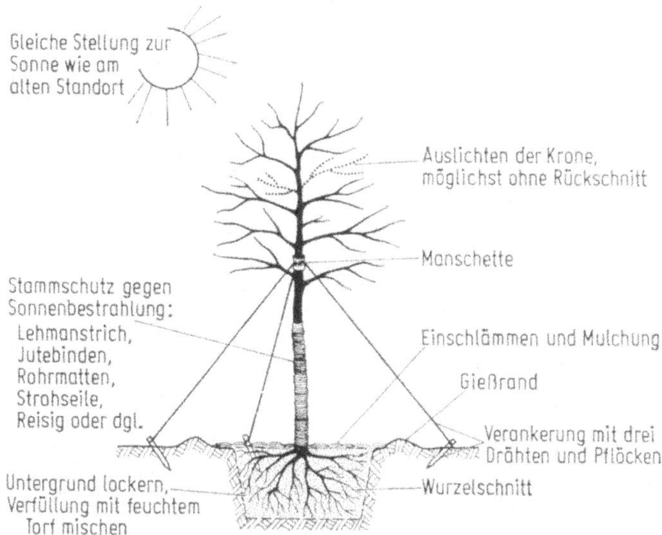

Bild 15.24. Verpflanzung von Großgehölzen [10].

Tabelle 15.2. Pflegeplan

Jan.	Feb.	März	April	Mai	Juni	Juli	Aug.	Sept.	Okt.	Nov.	Dez.	Art der Arbeiten
												Pflege u. Ordnungsschnitt der Gehölze Verdrängen der Pioniergehölze „Aufstocksetzen"
												Chemische Unkrautbekämpfung
												Chemische Graswuchshemmung (mit Vorbehalt)
												Ausbesserung der Rasenflächen durch Neuansaat
												Auslichten durch Entnahme von Pflanzen
												Untersaaten
												Mechanische Unkrautbekämpfung, Wässern, Düngen, Mulchen, Pfählen und Binden
												Grasschnitt, Schädlingsbekämpfung
												Heckenschnitt
												Nacharbeiten der Wildschutzzäune, Mäusebekämpfung
												Baumkontrolle
												Wildschadenverhütung

Pflegeplan

Bild 15.25. a) Pioniergehölze behindern den Endbestand. b) „Aufstocksetzen“ der Pioniergehölze.

15.5. Lebendverbau

Unter Lebendverbau [12, 13], in der Literatur auch als Grünverbau und biologische Verbauung bekannt, versteht man den Einbau von Pflanzenteilen sowie bewurzelter Pflanzen zur Sicherung gefährdeter Rohböden, die auf herkömmliche Weise mittels Mutterbodenandeckung und Einsaat nicht mehr begrünt werden können. Es ist der Bau mit lebendem Material, gleichsam die „biologische Armierung“ der Erdbauwerke. Die Pflanze durchdringt mit ihren Wurzeln den Boden, verleiht ihm dadurch den erforderlichen Halt und entzieht ihm schädliches Sicker- und Quellwasser. Durch die Vegetationsdecke werden die Erosion durch Wasser und Wind sowie Rutschungen und Steinschlag verringert, der Wasserhaushalt wird ausgeglichen und das Kleinklima verbessert.

15.5.1. Bauliche Voraussetzungen

Voraussetzungen für die Wirksamkeit des Lebendverbaues sind:

a) Die richtige Ausformung der Erdbauten unter Berücksichtigung der hydrologischen und geologischen Verhältnisse sowie der bodenmechanischen Eigenschaften der anstehenden Bodenarten.

b) Die Regelung des Wasserabflusses auf den zu sichernden Flächen. Zur gefahrlosen Ableitung des Tagwassers ist rechtzeitig das notwendige System von Abfangmulden und Abflußrinnen, für Sickerwasser Drainagen und Sickerungen anzulegen (Bild 15.26), vgl. auch Kapitel 16.

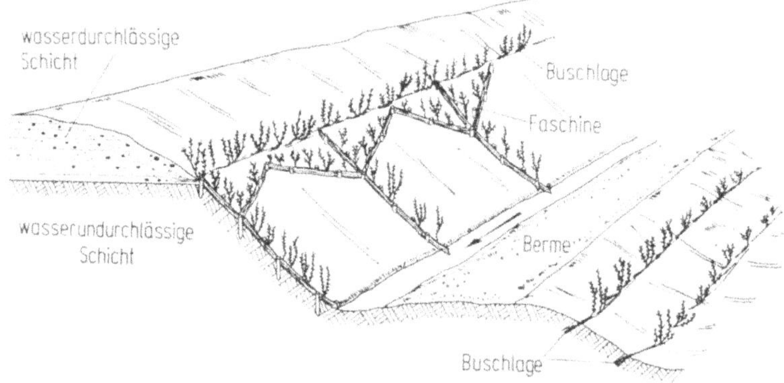

Bild 15.26. Regelung des Wasserabflusses [12].

c) Für die Erhaltung wertvoller Bodenschichten muß vorgesorgt werden. Desgleichen ist die sorgfältige Behandlung des anfallenden Mutterbodens unumgänglich.

d) Art, Menge und Zusammensetzung des Pflanzmaterials sollte durch pflanzensoziologische Untersuchungen gründlich vorbereitet werden.

Bei der fachgemäßen Abstimmung und Ausführung sowohl des Erdbaues als auch des Lebendverbaues können Rutschungen, Abschwemmungen und Steinschlag vermieden werden und so manche kostspielige Ingenieurbauwerke, wie Stützmauern, eingespart bzw. auf eine Mindesthöhe beschränkt werden (Bild 15.27).

Bild 15.27. a) Unruhiger Stützmauerverlauf. b) Durch Einbau von Buschlagen reduzierte Stützmauerhöhe.

15.5.2. Bauweisen

Die Bauweisen sind zu zahlreich, als daß sie alle aufgeführt werden könnten. Allgemein gebräuchlich und bekannt ist die Abdeckung besonders gefährdeter Stellen mit Fertigrasen. Die früher übliche Gewinnung von Rasensoden auf der Baustelle mit Zwischenlagerung ist bei unserer heutigen Mechanisierung nur noch in Ausnahmefällen und bei sofortiger Wiederverwendung möglich. Meist ist es zweckmäßiger und wirtschaftlicher, Rollrasen in Form von Gittern, Bändern oder schachbrettartig zu verlegen und die Zwischenräume mit Mutterboden anzudecken.

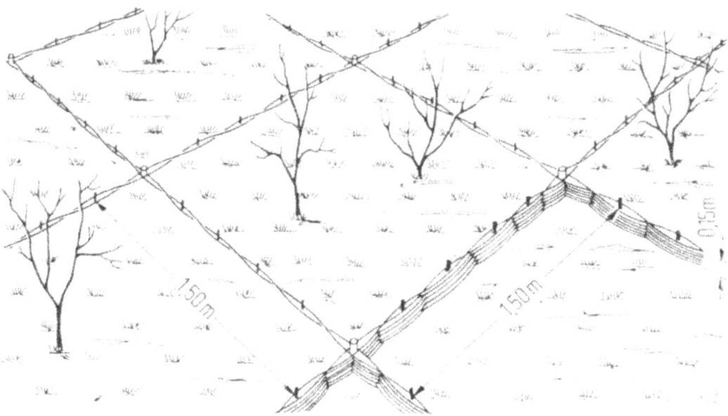

Bild 15.28. Flechtwerk.

Zur Stützung der Humusandeckung und der Pflanzung können die aus dem Wasserbau bekannten Faschinen, besser aber Flechtwerke, in den Hang eingebaut werden. Das Flechtwerk, bestehend aus Weidenruten, die mit Pflöcken und Spiekern gehalten und im Längs- oder Kreuzverband angeordnet werden, kann allein keine dauerhafte Sicherung sein. Es ist nur eine behelfsmäßige Verbauung, mit dessen Hilfe der Mutterboden und die aufwachsende Pflanze geschützt werden (Bild 15.28).

Im Gegensatz zu den Flechtwerken können *Buschlagen* eher als endgültige Sicherung angesehen werden. Sie haben sich vor allem für die Rohbodensicherung bei mangelndem Mutterboden bewährt und bestehen aus unbewurzelten, lebenden Zweigen verschiedener Baum- und Straucharten. Bei der Ausführung auf der Böschung wird, von unten beginnend, eine Stufe von 50 bis 60 cm Breite ausgehoben; dann werden die Weidensteckhölzer in entsprechender Länge rechtwinkelig zur Höhenlinie eingelegt. Unmittelbar nach dem Einlegen ist die Stufe mit dem Aushubmaterial der darüber anzulegenden Stufe zu schließen. Der Abstand beträgt je nach Hangneigung, Bodenart und Erosionsgefährdung 1 bis 1,50 m (Bild 15.29).

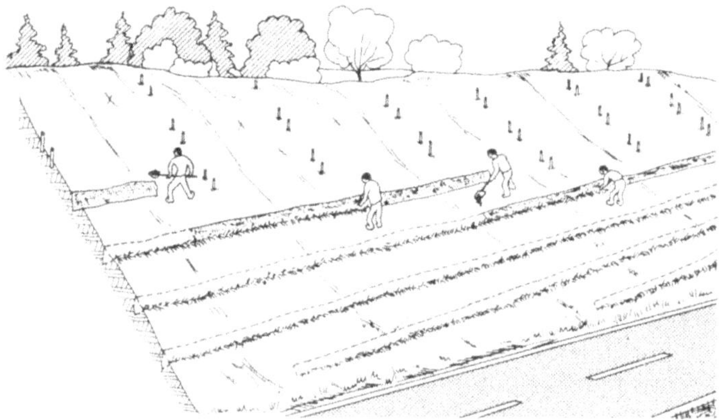

Bild 15.29. Buschlageneinbau.

Die Rohbödenbegrünung an Böschungen mittels Anspritzverfahren sollte nur dann angewandt werden, wenn tatsächlich kein Mutterboden vorhanden ist, oder wenn der Mutterboden nur unter äußerst schwierigen Verhältnissen aufgetragen oder mit den üblichen, biologischen Stützmaßnahmen nicht gehalten werden kann.

Bei den verschiedenen Verfahren, die derzeit zur Anwendung kommen, wird zumeist eine breiige Masse, bestehend aus standortgemäßen Pflanzsämereien, Düngemittel, ggf. Torfmull und Feinerde unter Zugabe eines Haft- und Klebemittels, durch ein Spezialgerät unter Druck aufgespritzt.

In Hochlagen, wo der Einsatz des schweren Misch- und Spritzaggregates wegen mangelnder Zufahrt nicht möglich ist, hat sich die Saat auf Strohdeckschicht bewährt. Die Hangfläche wird mit gehäckseltem Ballenstroh dicht abgedeckt. Darauf wird eine Samenmischung gesät und gleichzeitig granulierter Volldünger ausgestreut. Zur Vermeidung der Windverwehung wird durch ein tragbares Spritzgerät eine Bitumenemulsion oder ein anderes Haftmittel aufgesprüht. Die Strohdeckschicht beschleunigt die Keimung und schützt den Boden vor Verkrustung und Erosion durch Schlagregen, so daß nach zwei bis drei Wochen bereits eine Rasendecke erzielt werden kann.

15.5.3. Felsbegrünung

Abtragsarbeiten im felsdurchsetzten Gelände und im Fels müssen mit besonderer Sorgfalt ausgeführt werden. Schon bei der Wahl der Böschungsneigung ist die Felsart entsprechend ihrer Witterungsbeständigkeit, Festigkeit und Schichtung zu berücksichtigen (vgl. Abschnitt 15.3.2.).

Bei Sprengarbeiten sind Ladung und Sprengstoffart so zu wählen, daß das verbleibende Gestein nicht gelockert wird. Wenn nötig, müssen die letzten Schichten an der Sohle und Böschung von Hand mit Kompressor oder Brecheisen abgetragen werden. Der vorhandene Bewuchs ist vor Sprengschäden mit geeigneten Vorkehrungsmaßnahmen wie Holzverschalung und elastischen Netzen zu schützen [7].

Wenn auch die geologischen Voraussetzungen für eine standfeste Felsböschung gegeben sind, so kommt es doch durch die Einwirkung von Temperaturschwankungen, Wasser und Frost primär an ungeschützten Rissen und Klüften zur Gesteinslockerung und damit zur Steinschlaggefahr. Dieser Gefahr kann, abgesehen von oft notwendigen ingenieurmäßigen Sicherungsmaßnahmen, wie Sperr- und Auffangmauern, Stahlbetonzugbänder, Steinschlagschutzgitter u.ä., mit den Bauweisen des Lebendverbaues wirtschaftlich und wirksam begegnet werden. Ein dichter Pflanzenbewuchs „versiegelt" die Wundstellen und verhindert Erosion und Gesteinsabgänge.

Weiches und brüchiges Gestein (z.B. mergeliger Kalkstein, Schiefergestein), das zur Verwitterung neigt, muß abgebaut und wie Weichboden geböscht und begrünt werden. Wird in Sonderfällen steiler geböscht, so sollten zur Sicherung des Mutterbodens Derbstangen, Faschinen oder Flechtwerk in den Hang eingebaut weden. An sehr hohen Böschungen, die über die Grenzen der technisch möglichen Förderhöhe hinausgehen, kann die Begrünung mit dem Anspritzverfahren eingeleitet werden. Andere Begrünungsarten in exponierten Lagen werden mit der Bauweise „Saat auf Strohdeckschicht" aufgezeigt.

Felsböschungen im gesunden, harten und somit verwitterungsbeständigen Gestein (z.B. Tiefengestein wie Granit, Syenit) bedürfen keiner Begrünung, da ihre Standhaftigkeit auch bei steilstem Wandabbau gewährleistet ist. Etwa anstehende Mulden, Nischen oder großflächige Bermen können auf herkömmliche Art unter Verwendung von Mutterboden bepflanzt werden.

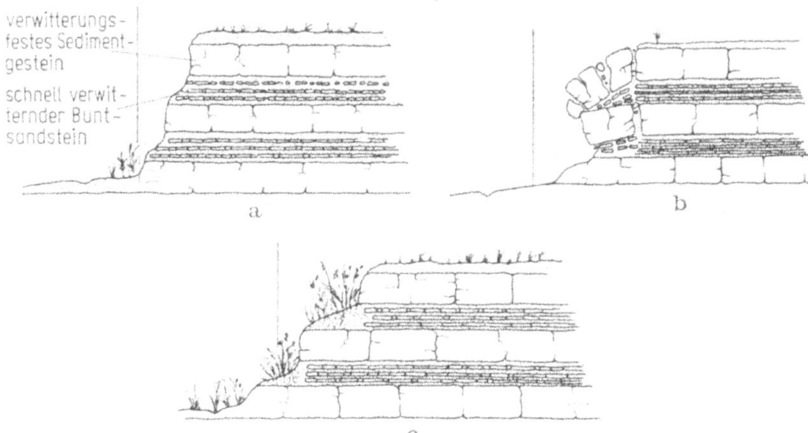

Bild 15.30. Gebankter Fels [12]. a) Falscher Abbau. b) Durch Auswitterung Gesteinsabbruch. c) Durch Zurücksetzen der Bank und Abböschung der Zwischenschichten einschließlich Begrünung erwünschte Standfestigkeit.

Zwischen den vorgenannten extremen Gesteinsarten wie bröckeliges Weichgestein oder kompaktes Hartgestein gibt es noch eine Vielzahl von Gesteinsarten und Übergängen. So kann ursprünglich kompkater Fels (z.B. Gneis) durch tektonische Störungen Verwerfungszonen aufweisen und somit verwitterungsanfällig sein. Klüftiges und rissiges Gestein muß nach Abräumen des losen und gelockerten Materials mit den verschiedenen Bauweisen des Lebendverbaues begrünt und bepflanzt werden.

Bei horizontal bis schwach geneigtem Fels (z.B. Sedimentgestein) sollten verwitterungsfeste Bänke belassen und mit Rasen abgedeckt werden. Dazwischenliegende, schnell verwitternde Schichten (z.B. Buntsandstein) müssen hingegen flach abgeböscht und bepflanzt werden. Zur Sicherung der Standfestigkeit wird ein Zurücksetzen der Bänke erforderlich sein (Bild 15.30).

Je nach Gesteinsart und Lagerung werden die bautechnischen Sicherungsmaßnahmen und die Begrünungsarten des Lebendverbaues differenziert sein. Es wird aber immer zweckmäßig sein, das Einzugsgebiet gefährdeter Hänge mit unterholzreichem Mischwald aufzuforsten oder schütteren Bestand durch Unterpflanzung zu ergänzen.

Weiterhin wird durch Anlegen einer dichten Schutzpflanzung zwischen Hangfuß und Straße eine Gefahrenminderung erreicht. Die Breite der Schutzpflanzung hängt von der Höhe des Hanges und der Art des zum Steinschlag neigenden Materials ab.

15.6. Kunstbauten

Brücken, Stützmauern, Durchlässe, Brüstungen, Lehnengewölbe und Tunnels prägen mit das Gesicht der Straße. Wenn schon die Erstellung der Erdbauwerke dem Ingenieur ein großes Maß an Sorgfalt abverlangt, so gilt dies in vermehrtem Maße für die Gestaltung und landschaftliche Einbindung der Kunstbauten. Nach dem Maßstab der Landschaft richtet sich die Architektur der Bauwerke; Formgestaltung, Wahl und Bearbeitung des Materials müssen mit dem Landschaftsbild in Einklang gebracht werden.

15.6.1. Brücken

Die alten Bogenbrücken aus Naturstein sind für uns heute noch der Inbegriff von Brückenbaukunst. Der zur Verfügung stehende Werkstoff war Naturstein, die konstruktive Möglichkeit je nach Zeitepoche und technischen Erkenntnissen der Kreis-, Segment- und Korbbogen. Bauwerke von erhabener Schönheit entstanden unter diesen bescheidenen technischen Voraussetzungen. Handwerkliche Beherrschung des Materials, ausgeprägte Formvorstellung und statisches Gefühl vereinten sich bei den damaligen Baumeistern in einer Person.

In Verbindung mit den neuen Baustoffen Stahl und Beton entwickelten sich vollkommen neue Bauformen; denn Spannweiten waren im Vergleich zum historischen Steinbogen kaum noch Grenzen gesetzt. Der technische Fortschritt im Stahlbau und Spannbetonbau wird weiterhin neue, immer noch kühnere Bauformen und Systeme hervorbringen.

Ein Grundgebot bleibt allerdings unveränderlich: Ausschlaggebend für die gute Wirkung einer Brücke sind die „wohlabgewogenen Proportionen“, die richtigen Maßverhältnisse zwischen Überbau, Spannweite, Bauhöhe, Stützen und Widerlager.

Niedrig über der Wasserfläche liegende Flußbrücken verlangen massige Widerlager und Pfeiler, hohe Talbrücken hingegen schlanke Stützen und zurückgesetzte Widerlager, deren Flügel genügend weit in das Gelände einzubinden sind.

Bei Mehrfeldkonstruktionen ist eine ungerade Zahl von Öffnungen anzustreben; das günstigste Stützweitenverhältnis bei drei Feldern ist 1:1,25:1. Dieses Verhältnis gilt sinngemäß bei steigender Felderzahl; die Abminderung sollte sich auf die letzten Felder beschränken. Die Trägerhöhe nimmt dabei von den Widerlagern zur Hauptöffnung stetig zu.

Mit der Wahl des Brückensystems verbindet sich die Wahl und Behandlung des Materials.

Bei kleinen und mittleren Bauwerken empfiehlt sich weiterhin die Verwendung des in der Landschaft vorkommenden Natursteins. Die Steinverkleidung erstreckt sich bei Gewölbebrücken auf die ganze Fläche einschließlich der Brüstungsmauer, bei Balkenbrücken zumindest auf die Widerlager. Werkgerechtes Sichtflächenmauerwerk setzt flächige Steinbehandlung, guten Steinschnitt und enge, durchlaufende Lagerfugen voraus.

Fugen dürfen nicht nachgezogen werden und sollten ebenflächig zu den Steinkanten verrieben werden. Die Farbe des Mörtels sollte mit der Tönung des hellsten Steines übereinstimmen.

Die derzeitige Verfahrenstechnik in der Sichtflächenbehandlung ermöglicht nunmehr auch, den Betonflächen Struktur und Belebung zu verleihen, sei es durch Schalungsart oder steinmetzartige Bearbeitung bei entsprechend lebhafter Kornzusammensetzung.

Großbrücken mit hochentwickelten technischen Formen wirken durch ihre Dimensionen und benötigen keine ins Detail gehende Sichtbehandlung.

15.6.2. Durchlässe

Auch das kleinste Durchlaßbauwerk bedarf sorgfältiger Gestaltung. Ausgezogene Parallelflügel sind Schrägflügeln vorzuziehen. Eine Erdüberschüttung durch das Mehrfache der Konstruktionshöhe ergibt die beste Wirkung. Läßt aber die Konstruktionshöhe eine Erdüberdeckung nicht zu, so bringt nur die Steinbrüstung, die durch einen Grünstreifen in Bankettbreite von der Fahrbahn abgesetzt ist, eine befriedigende Lösung. Sehr hohe Schrammborde und Stabgeländer sind in der freien Landschaft abzulehnen.

Rohrdurchlässe müssen mit einem Böschungsstück versehen werden, wenn sie schon nicht durch ein Böschungspflaster mit Erdfugen eingebunden werden.

Stahlwellblechdurchlässe sollten nur an nicht einsehbaren Stellen eingebaut werden. Beton- oder Steinverblendungen können bei einer gewissen Größenordnung zu keinem befriedigenden Abschluß führen. Das Allheilmittel heißt hier nur Zupflanzen, und zwar möglichst dicht.

15.6.3. Stützmauern

Stützmauern können durch biologische Verbauung in ihrer Höhe und Länge reduziert, in manchen Fällen sogar gänzlich eingespart werden. Bergseitige Stützmauern im bewaldeten Gebirge sollen zur Erhaltung des schützenden Hangbewuchses in der Regel die Höhe von 2 m nicht überschreiten; die daraus resultierende größere Höhe der Talmauer ist in Anbetracht der Sicherheit für Straße und Verkehr in Kauf zu nehmen. Vom landschaftlichen Standpunkt aus verschwindet die Talmauer in der Frontalansicht sowieso hinter dem bestehenden Waldmantel.

Die ansprechendste Ansicht bietet bei der bergseitigen Stützmauer die langgezogene Trapezform; die Kronenkante soll mit der Straßengradiente parallel laufen.

Die ideale Mauerwerksart für Stützmauern ist und bleibt die Trockenmauer aus lagerhaft gesetzten, unregelmäßigen Steinen, die mit kleineren Steinen verzwickt werden.

Bei gut spaltbaren Gesteinsvorkommen wird, allerdings nur in Ermangelung geschulter Bruchsteinmaurer, das regelmäßige Schichtmauerwerk bevorzugt. Die Fugen verlaufen mit der Gradiente, die Steinhöhen verjüngen sich nach oben; der Mauerabschluß sollte entsprechend der Geländeform in leichter Abwicklung in die Böschung einbinden.

Schalungsrauhe Betonstützmauern sind in der freien Landschaft grundsätzlich abzulehnen. Wenn schon kein brauchbarer Stein angetroffen wird, muß der Beton zumindest steinmetzmäßig behandelt werden. Kräftig und tief gespitzter Vorsatzbeton mit grober Kornzusammensetzung erhöht die strukturelle Oberflächenwirkung.

15.6.4. Tunnels

Tunnel waren bislang Ausnahmeerscheinungen und sollten es auch, trotz Linienstreckung und Steigungsminderung, bleiben. Je anspruchsloser der Tunnelmund gestaltet, je unauffälliger der Übergang vom Fels zur Tunnelleibung vollzogen wird, um so besser ist die Wirkung und landschaftliche Einbindung. Wie schon mehrmals betont, ist die Eingrünung die beste Landschaftsarchitektur; nur bei Steinschlag- und Felssturzgefahr im tektonisch stark gestörten Felsgestein ist das vorgezogene Tunnelportal mit ausgereifter Formgebung und Flächenbehandlung angebracht.

15.7. Nebenanlagen

15.7.1. Rastplätze

Der Reisende soll an landschaftlich bevorzugte Stellen herangeführt und durch ausreichende Park- und Rastplätze zum Verweilen oder durch Raststätten und Motels zum Verbleiben eingeladen werden. Desgleichen ist für Tankstellen, Campingplätze und Karavanabstellplätze überall da zu sorgen, wo die Wasser- und Abwasserfrage gelöst ist. Die Auswahl des geeigneten Terrains und die Ausgestaltung dieser Anlagen — nicht nur bei Autobahnen — bedürfen allerdings großer Sorgfalt. Architekt, Ingenieur und Landschaftsgärtner haben hier die Chance, mit der glücklichen Gestaltung dieser Verkehrsanlagen den Stil der umliegenden Bebauung und die Atmosphäre der Landschaft gleichsam einzufangen und dem „Autowanderer" konzentriert zu vermitteln. Die Forderung nach Ausspannung und kurzer Erholung ist bei der ständig zunehmenden Reiselust nur zu berechtigt [16] (Bild 15.31).

15.7.2. Nebenanlagen des Betriebes

Bauliche Anlagen, die der Straßenunterhaltung dienen, wie Straßenmeistereien, Wartungsstützpunkte, Wärter- und Werkzeughütten sowie Streusalzsilos, sollten sich in gebotener Bescheidenheit in die Landschaft einfügen. In umgekehrtem Verhältnis zur Platzwahl bei Rastplätzen sind landschaftlich reizlose Abschnitte abseits der Straße aufzusuchen und mit Einpflanzung neu zu gestalten.

15.7.3. Entnahmestellen

Das althergebrachte Gesetz des Massenausgleichs hat heute nicht mehr die allein maßgebende Gültigkeit; zusätzliches brauchbares Material muß aus Entnahmestellen gewonnen und unbrauchbares Material in Absatzkippen untergebracht werden.

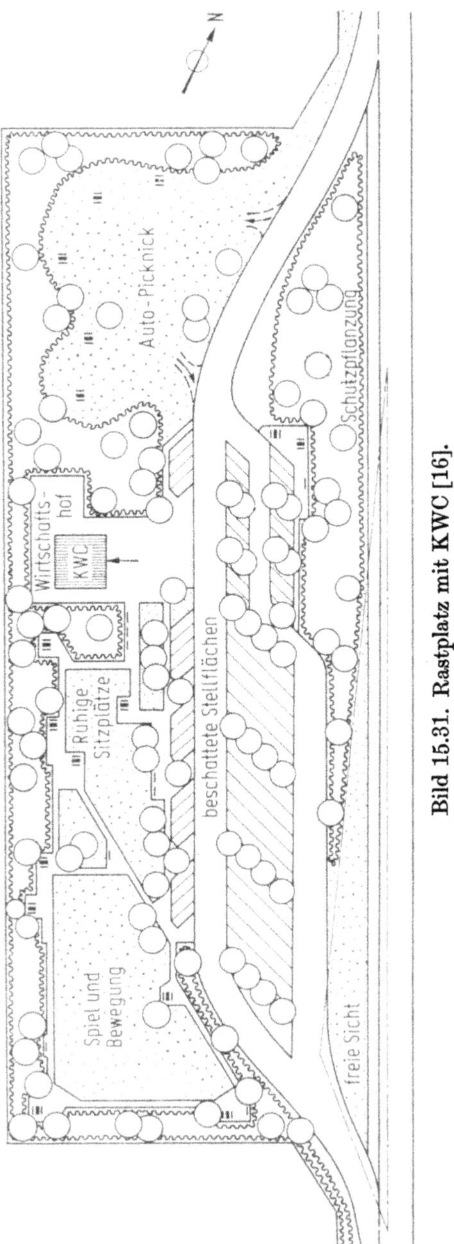

Bild 15.31. Rastplatz mit KWC [16].

Entnahmestellen im Grundwasserbereich ermöglichen eine Umgestaltung zu Badeseen. Ausbeutungsflächen lassen sich zu Rast- und Parkplätzen verwenden, können aufgeforstet oder durch Andecken von Mutterboden landwirtschaftlichen Zwecken zugeführt werden, wobei der Mutterboden bei Baubeginn sicherzustellen ist. In jedem Falle muß dafür gesorgt werden, Entnahmestellen nach Beendigung der Baumaßnahme einzugrünen und nicht durch Privatbetriebe weiter ausbeuten zu lassen.

15.8. Literatur

1. Schurhammer, H.: „Straße und Landschaft“. Bielefeld: Kirschbaum-Verlag, 1955.
2. Lorenz, H.: „Trassierung und Gestaltung von Straßen und Autobahnen“. Wiesbaden: Bauverlag GmbH, 1969.
3. Landgrebe, H.: „Landschaftsgestaltung im Straßenbau“. In: Lämmlein: Straßenbau Taschenbuch. Stuttgart: Frankh'sche Verlagshandlung, 1964.
4. Richtlinien für die Anlage von Landstraßen (RAL), Teil II: Linienführung (RAL-L), Abschnitt 2: Räumliche Linienführung. Forschungsgesellschaft für das Straßenwesen e. V., Köln, 1970.
5. Richtlinien für die Anlage von Landstraßen (RAL), Teil I: Querschnitte (RAL-Q), Forschungsgesellschaft für das Straßenwesen e. V., Köln, 1973.
6. Ranke, V. Ch. von; Niebler, H.: Perspektive im Ingenieurbau. Wiesbaden: Bauverlag GmbH, 1961.
7. Richtlinien für Straßenbepflanzung, Teil 1; Entwurf von Straßenbepflanzungen, RPf 1. Forschungsgesellschaft für das Straßenwesen e. V., Köln, 1960.
8. Landschaftspflege an Verkehrsstraßen, Deutscher Rat für Landespflege, Heft 9, Bonn: Buch- und Verlagsdruckerei Ludw. Leopold, 1968. Beiträge von Bitzl, Landgrebe, Roemer, Olschowy.
9. Richtlinien für die Entwurfsgestaltung im Straßenbau, RE 1966. Bergen-Enkheim b. Frankfurt/M.: Verlag H. König.
10. Richtlinien für Straßenbepflanzung, Teil 2; Ausführung von Straßenpflanzungen, RPf 2. Forschungsgesellschaft für das Straßenwesen e. V., Köln, 1964.
11. Richtlinien für Straßenbepflanzung, Teil 3; Pflege und Nacharbeiten an Straßenpflanzungen RPf 3. Forschungsgesellschaft für das Straßenwesen e. V., Köln, 1969.
12. Richtlinien für den Lebendverbau an Straßen (RLS). Forschungsgesellschaft für das Straßenwesen e. V., Köln, 1971.
13. Lorenz, H.; Heubling, W.: Grünverbau im Straßenbau. Forschungsarbeiten aus dem Straßenwesen, Heft 51. Bad Godesberg: Kirschbaum Verlag, 1962.
14. Schiechtl, H. M.: Sicherungsbauten im Landschaftsbau. München: Callway-Verlag, 1974.
15. Richtlinien zum Schutz von Bäumen und Sträuchern im Bereich von Baustellen (RSBB). Forschungsgesellschaft für das Straßenwesen e. V., Köln, 1973.
16. Richtlinien für die Anlage und Gestaltung von Rastplätzen an Straßen (RR). Forschungsgesellschaft für das Straßenwesen e. V., Köln, 1974.
17. von Kruedener, A.: Ingenieur-Biologie. München, Basel: Ernst Reinhardt Verlag, 1951.
18. Seifert, A.: Ein Leben für die Landschaft. Düsseldorf, Köln: Eugen Dieterichs Verlag, 1962.

16. Straßenentwässerung

F. Willigerod, K. Roske, K. Stief

Inhalt

16.1. Aufgaben und Grundsätze

Mit dem Begriff Straßenentwässerung werden alle baulichen und betrieblichen Maßnahmen erfaßt, durch die Wasser von der Straße ferngehalten und/oder von ihr ab- und fortgeleitet wird. Für die Verkehrssicherheit, aber auch für die Erhaltung der Straße als Baukörper ist die Straßenentwässerung von entscheidender

Bedeutung. Wasser muß daher zuverlässig und schnell von der Straßenoberfläche abgeleitet und schadlos aus dem Bereich der Straße fortgeleitet werden.

Die baulichen Maßnahmen der Straßenentwässerung kann man unterteilen in:
— Entwässerungsanlagen,
— Entwässerungseinrichtungen,
— Entwässerungsgegenstände.

Als Entwässerungsanlage bezeichnet man ein System von Entwässerungseinrichtungen, mit dem für einen begrenzten Straßenabschnitt die Entwässerung sichergestellt wird. Entwässerungseinrichtungen sind mehrere, direkt zueinander gehörige Entwässerungsgegenstände, das sind z.B. Einlaufroste von Straßenabläufen, Schlammfänge, Anschlußleitungen, Sickerrohrleitungen.

Der Entwurf der Entwässerungsanlagen, die Wahl von Entwässerungseinrichtungen und die Bemessung der Entwässerungsgegenstände ist von folgenden Faktoren abhängig:
— Topographie des Geländes,
— Geologie der Umgebung (Bodenarten, Mächtigkeit der Schichten, Schichtenneigung),
— Pflanzenbewuchs (abflußverzögernd, erosionsmindernd),
— Grundwasserverhältnisse,
— Meteorologische und klimatische Verhältnisse (Regenspenden, Regenhäufigkeit, Verdunstungsanteil).

Die Entwässerungsanlagen von Stadtstraßen, Landstraßen und Autobahnen sind wegen der genannten Einflüsse, aber auch wegen der unterschiedlichen Verkehrsgeschwindigkeiten und Verkehrsbelastungen teilweise recht unterschiedlich.

Für den Entwurf und den Bau von Entwässerungsanlagen sollten folgende Grundsätze gelten:

1. Die Entwässerungseinrichtungen sollen möglichst für die Lebensdauer der gesamten Straßenanlage leistungsfähig und, ständige Instandhaltung und Wartung vorausgesetzt, betriebssicher bleiben.

2. Werden Entwässerungsgegenstände während des Betriebes unbrauchbar (z.B. Sickerrohrleitungen durch Verockerung oder Versandung), so müssen sie mit möglichst geringem bautechnischen und finanziellen Aufwand und möglichst ohne Verkehrsbeeinträchtigung erneuert oder instandgesetzt werden können.

3. In Wirtschaftlichkeitsrechnungen sind die Verkehrssicherheit und der Gewässerschutz einzubeziehen.

16.2. Planungsunterlagen und Vorarbeiten

Um die örtlichen Gegebenheiten bei der Planung umfassend zu berücksichtigen, sind topographische Karten (z.B. Meßtischblätter), geologische Karten, Wetter- und Klimakarten, Grundwasserhöhenpläne, Bodenaufschlüsse u.a. als Planungsunterlagen heranzuziehen. Aus diesen Unterlagen, die im Merkblatt für die Entwässerung von Straßen [22] noch näher spezifiziert sind, kann der planende Ingenieur ersehen, welche Entwässerungsmaßnahmen in welchem Umfang erforderlich werden.

Steht kein ausreichendes Kartenmaterial zur Verfügung, so sollten Hydrologen, Geologen und Botaniker zur Beurteilung der hydrologischen Verhältnisse herangezogen werden. Besonders aus der Art und dem Wuchs der Pflanzen lassen sich oft recht sichere Schlüsse ziehen.

In jedem Fall sind die zuständigen Behörden, meist die Wasserwirtschaftsämter, in die Planungsvorbereitungen einzubeziehen, da durch die Entwässerungsanlagen ein erheblicher Eingriff in den Grundwasserhaushalt vorgenommen wird und die Ableitung des Wassers in natürliche oder künstliche Gewässer nur im Rahmen der wasserwirtschaftlichen Planungen vorgenommen werden kann.

Schon beim Straßenentwurf ist zu bedenken, daß die Wahl der Trasse von außerordentlicher Bedeutung für die Größe und die Wirksamkeit der Entwässerungsanlagen ist. Hanglage, Einschnitte, Geländetiefpunkte erfordern bei ungünstigen Grundwasser- und Bodenverhältnissen besonders aufwendige Entwässerungsanlagen. Wassergewinnungsgebiete sind möglichst zu umgehen, oder es werden besondere bauliche Maßnahmen erforderlich [18].

Entwässerungseinrichtungen sind schon im Vorentwurf für die Straße so darzustellen, daß sowohl die technische Durchführbarkeit der Entwässerungsmaßnahmen überprüft werden kann, als auch die für die Aufstellung von Kostenvoranschlägen notwendigen Details erkennbar sind. Der Bauentwurf muß alle Entwässerungseinrichtungen bis zur Vorflut in baureifer Vollständigkeit enthalten [22]. Folgende Pläne sollten beigefügt werden:

- Lageplan M 1:1000,
- Entwässerungsplan M 1:1000/100,
- Deckenhöhenplan Höhenschichtlinien mit M 1:250,
- Details der Entwässerungseinrichtungen im Straßenquerschnitt M 1:50.

16.3. Berechnungsgrundlagen

16.3.1. Ermittlung der Wassermengen

16.3.1.1. Niederschlagswasser

Für die Oberflächenentwässerung sind nur Regen und Schnee von Bedeutung. Zur Bemessung der Entwässerungsgegenstände müssen aus der Vielzahl der sich nach Regenhöhe und Regendauer unterscheidenden zufälligen Regenereignisse geeignete Bemessungsregen ausgewählt werden. Es ist unwirtschaftlich Entwässerungsgegenstände für den größten jemals beobachteten oder den größten zu erwartenden Regen zu bemessen. Deshalb wird der Bemessungsregen auf Grund statistisch ausgewerteter Regenbeobachtungen nach bestimmten Regeln ermittelt.

Die Abflüsse, die bei der Schneeschmelze auftreten, sind wegen der langsamen Schmelzvorgänge für die Bemessung der Abflußquerschnitte nicht maßgebend. Schnee kann aber Einlaufquerschnitte blockieren und dadurch den Abfluß des Schmelzwassers be- oder sogar verhindern. Das muß durch konstruktive Maßnahmen verhindert werden [23].

Regenspenden

Bei Regenmessungen werden die Regenhöhen N und die Dauer T der Regen registriert. Aus diesen beiden Größen kann die *Regenstärke* i berechnet werden

$$i = \frac{N}{T} = \frac{\text{Regenhöhe in mm } (= \text{l/m}^2)}{\text{Regendauer in min}}. \tag{16.1}$$

Für die Ermittlung der Regenwasserabflüsse ist eine Umrechnung der Regenstärke in die *Regenspende* r zweckmäßig:

$$r = \frac{10\,000}{60}\,\frac{N}{T} = 166{,}7 \cdot i \text{ [l/s ha]}. \tag{16.2}$$

Regenhöhe und Regendauer werden vorzugsweise mit Schreibregenmessern gemessen. Die Messungen sollten über längere Zeiträume — möglichst über mehr als

20 Jahre — erfolgen. Geeignete Auswertungsmethoden sind von Reinhold [2, 3] veröffentlicht worden. Für Gebiete, in denen keine Regenaufzeichnungen gemacht wurden, können Auswertungen, die Reinhold für viele deutsche Städte im Jahre 1940 veröffentlicht hat [3], als Hilfsmittel herangezogen werden.

Werden die Regenbeobachtungen unter Berücksichtigung der statistischen Regenhäufigkeit n durchgeführt, die angibt, wie oft ein Regen gleicher Dauer und gleicher Regenspende im statistischen Durchschnitt jährlich erreicht oder überschritten wird, so erkennt man, daß Regen gleicher Häufigkeit bei kürzerer Regendauer eine höhere Regenspende haben als Regen längerer Dauer.

Der gesetzmäßige Zusammenhang zwischen der Regenspende r, der Regenhäufigkeit n und der Regendauer T, den Reinhold gefunden hat [3], lautet

$$r = r(T, n) = r_{15} \cdot \frac{38}{T + 9} \cdot \left(\frac{1}{\sqrt[4]{n}} - 0{,}369 \right) \tag{16.3}$$

oder näherungsweise

$$r = r_{15} \cdot \frac{24}{T + 9} \cdot \frac{1}{n^{0{,}35}}. \tag{16.4}$$

Für die Regenhäufigkeit $n = 1$ [1/a] (a für annum) vereinfacht sich diese Beziehung zu

$$r = r_{15} \cdot \frac{24}{T + 9}. \tag{16.5}$$

Darin ist mit $r_{15} = r\ (15, 1)$ der Regen bezeichnet, der an dem betreffenden Ort, an dem die Regenaufzeichnungen vorgenommen wurden, für eine Regendauer von $T = 15$ min und die Regenhäufigkeit $n = 1$ [1/a] ermittelt wurde. Die Regenspenden r_{15} nach Reinhold können aus Bild 16.1 entnommen werden.

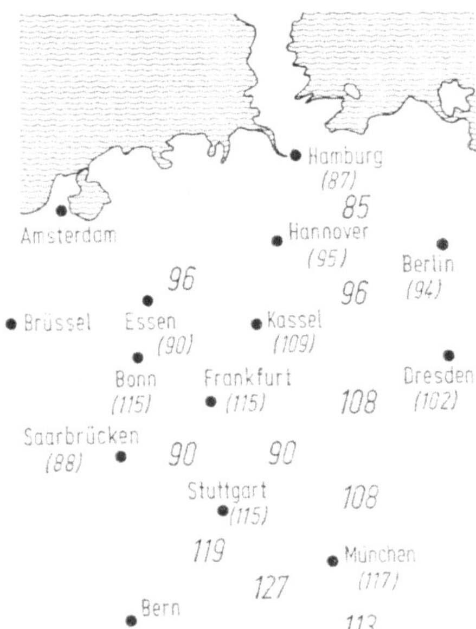

Bild 16.1. Jährlich einmal überschrittene Regenspenden l/(s · ha) für eine Regendauer $T = 15$ min nach Reinhold [3].

Als Regenreihen oder Regenspendenlinien bezeichnet man die Regenspenden, die sich aus Gleichung (16.3) für $n = \text{const}$ errechnen lassen. Führt man in Gleichung (16.3) den Zeitbeiwert φ ein, so ergibt sich

$$r = r_{15} \cdot \varphi \tag{16.7}$$

mit

$$\varphi = \frac{38}{T+9} \cdot \left(\frac{1}{\sqrt[4]{n}} - 0{,}369 \right). \tag{16.8}$$

Die Zeitbeiwertlinien sind in Bild 16.2 dargestellt.

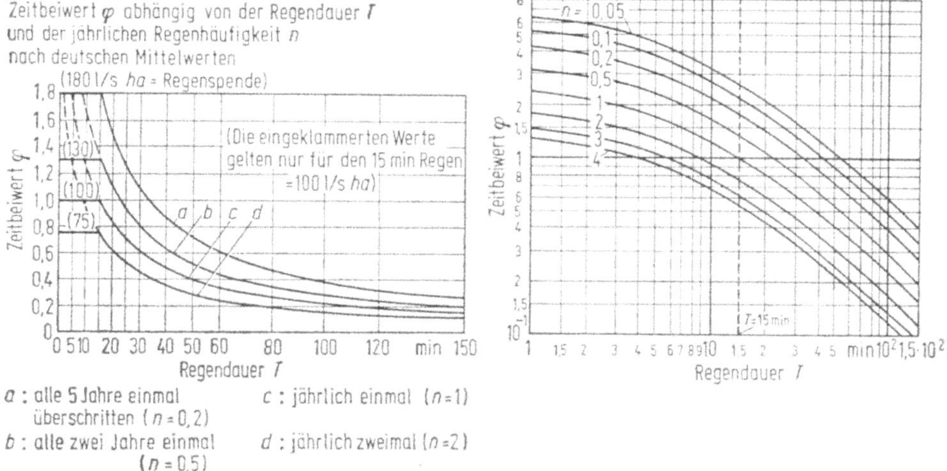

Bild 16.2. Zeitbeiwertlinien bzw. Regenreihen nach Reinhold [3].

Da in den letzten Jahren häufig Regenspenden beobachtet wurden, die größer als die von Reinhold ermittelten sind, sollten, wenn irgend möglich, neuere Messungen verwendet werden.

Abflußbeiwert

Die Größe des Oberflächenabflusses hängt nicht nur von der Regenspende, sondern auch von der Beschaffenheit der Oberfläche, auf die der Regen niedergegangen ist, ab. Erhebliche Anteile des Regens verdunsten, versickern oder werden in Vertiefungen zurückgehalten, so daß nur ein Teil der Regenspende als Abflußspende zum Abfluß kommt. Der Quotient aus Abflußspende und Regenspende wird als Abflußbeiwert (Spitzenabflußbeiwert) ψ_s bezeichnet.

$$\psi_s = \frac{\text{Abflußspende}}{\text{Regenspende}} = \frac{q \text{ in l/s ha}}{r \text{ in l/s ha}}. \tag{16.9}$$

Je nach der Art der zu entwässernden Flächen müssen unterschiedliche Spitzenabflußbeiwerte angesetzt werden. In der Bundesrepublik Deutschland und in der Schweiz gebräuchliche Werte sind in den Tab. 16.1 und 16.2 zusammengestellt.

Neuere Untersuchungen [7] haben ergeben, daß der Abflußbeiwert maßgeblich beeinflußt wird durch

— den Anteil der befestigten Flächen,
— die Geländeneigung,
— die Regenspende.

Für die Berechnung des Speicherinhalts von Regenrückhaltebecken, von Förderkosten u.a. ist der Gesamtabflußbeiwert ψ_g maßgebend, der die Gesamtabflußmenge und nicht die kurzzeitige Abflußspitze berücksichtigt. Der Gesamtabflußbeiwert wurde bisher größer als der Spitzenabflußbeiwert angegeben [5, 6]. Neuere Untersuchungen zeigen aber, daß $\psi_g \leq \psi_s$ ist [7]. Danach liegt man mit der Annahme $\psi_g = \psi_s$ auf der sicheren Seite.

Tabelle 16.1. Abflußbeiwerte ψ nach DIN 1986

Art der angeschlossenen Fläche	Abflußbeiwert
Dachflächen	1,00
Pflaster mit Fugenverguß, Schwarzdecken oder Beton	0,90
Pflaster ohne Fugenverguß und Holzpflaster	0,85
Fußwege mit Platten oder Schlacke	0,60
ungepflasterte Straßen, Höfe und Promenaden	0,50
Spiel- und Sportplätze	0,25
Vorgärten	0,15
größere Vorstadgärten und Hintergärten	0,10
Parks, Schreber- und Siedlungsgärten	0,05
Parks und Anlageflächen am Wasser	0,00

Tabelle 16.2. Abflußbeiwerte ψ nach SNV 640351

Oberflächenbeschaffenheit des Bodens	ψ
Wald	0,1
Wiesen und Ackerland	0,2
Rebberge, nicht bewachsene Erde	0,5
Fels	0,7
Straßen ohne Belag	0,7
Straßen mit Belag	0,9
Dörfer, Dächer	0,9

Die Wahl des Abflußbeiwerts bringt eine beachtliche Unsicherheit in die Berechnung der Abflußmengen, da diese linear vom Abflußbeiwert abhängen. Besondere Charakteristika, wie z.B. Neigung der Fläche, Ebenheit, Bodenbeschaffenheit, Temperatur usw. sind in dem Abflußbeiwert nicht explizit enthalten. Für wirtschaftlich bemessene und trotzdem zuverlässige Entwässerungseinrichtungen ist es notwendig, die Zuverlässigkeit der Abflußbeiwerte zu kennen. Ohne diese Kenntnis sollten die Abflußbeiwerte besser zu groß als zu klein gewählt werden.

Berechnungsregen

Der Berechnungsregen ist der Regen einer Regenreihe, dessen Regenspende $r(T, n)$ aus technisch-wirtschaftlichen Gründen als die größte zu berücksichtigende Spende dieser Reihe festgelegt worden ist. Für Regen mit kürzerer Regendauer wird somit die gleiche Regenspende angenommen wie für den Berechnungsregen, obwohl dies der Gesetzmäßigkeit der Regenreihen widerspricht (siehe auch Bild 16.1).

Die Wahl des Berechnungsregens hängt direkt von den Gefahren und Unannehmlichkeiten ab, die eine Überschwemmung oder Überstauung der Straße verursachen würden. Faktoren für die Festlegung des Berechnungsregens können sein:

- Entwurfsgeschwindigkeit der Straße,
- Verkehrsstärke,
- Längsneigung,
- Querneigung,
- Speicherkapazität der an die Straße grenzenden Kanäle, Mulden, Gräben usw.

Bei der Festlegung des Berechnungsregens müssen zwei Parameter gewählt werden:

- die Dauer des Regens (T),
- die Regenhäufigkeit (n).

Feste Regeln sind nicht vorhanden. Aus Gründen der Verkehrssicherheit wird man an Straßen von übergeordneter Bedeutung und mit hoher Entwurfsgeschwindigkeit eine Regendauer von 3 bis 5 Minuten und eine Regenhäufigkeit zwischen 0,5 und 0,1 [1/a] wählen. Für die Bemessungen von Tunnels und Unterführungen sind Regenhäufigkeiten zwischen 0,2 und 0,05 [1/a] zu empfehlen.

Die schweizerische Normenvereinigung (SNV) [8] schlägt die in Tab. 16.3 angegebenen Werte vor. Darin wird die Entwurfsgeschwindigkeit offensichtlich nicht berücksichtigt.

Tabelle 16.3. Regenhäufigkeiten für Bemessungsregen in Abhängigkeit von der Art der Straße nach SNV 640350

Art der Straße	Innerhalb Ortschaften	Außerhalb Ortschaften
Hochleistungsstraße	$\frac{1}{n} = 10$ Jahre	$\frac{1}{n} = 10$ Jahre
Hauptstraße	10 Jahre	5 Jahre
Sammelstraße	10 Jahre	5 Jahre
Erschließungsstraße	10 Jahre	5 Jahre.

Bemessungsregen

Für die Bemessung eines Abflußquerschnitts ist aber nicht immer der Berechnungsregen maßgebend, sondern der Regen, dessen Dauer gleich der Fließzeit des Abflusses bis zu diesem Querschnitt ist. Dieser Regen wird Bemessungsregen genannt.

Ist die Fließzeit bis zum Bemessungsquerschnitt jedoch kürzer als die Dauer des Berechnungsregens, so wird die Regenspende des Berechnungsregens auch für den Bemessungsregen angenommen. Für die Bemessung von Entwässerungseinrichtungen an Straßen wird im allgemeinen der Berechnungsregen gleichzeitig der Bemessungsregen sein, da die Fließzeit bis zu den Entwässerungseinrichtungen und in den anschließenden Rohrleitungen und Kanälen, die unmittelbar zur Straße gehören, sehr kurz ist.

Die Dauer des Bemessungsregens berechnet sich nach den Schweizer Normen aus Fließzeit im Kanal (t_f) und der Anlaufzeit auf der Straße (t_a).

$$T = t_f + t_a.$$

Für die Berechnung der Anlaufzeit wird eine Näherungsformel vorgeschlagen:

$$t_a = \frac{12 \cdot L_A}{\psi^{5/3} \cdot K^{2/3} \cdot I} + 5; \tag{16.10}$$

t_a Anlaufzeit in Minuten,
L_A Abflußlänge in m,
ψ Abflußbeiwert,
K Koeffizient abhängig von der Gegend und der Regenhäufigkeit n und proportional der Regenspende,
I mittleres Gefälle entlang der Abflußstrecke (Falliniengefälle) in %.

Die Mindestanlaufzeit beträgt demnach 5 Minuten.

Die K-Werte liegen für eine Regenhäufigkeit von $n = 0{,}1$ [1/a] zwischen 2000 und 10000. Für ein Gefälle $I = 1\%$, einen Abflußbeiwert von $\psi = 1{,}0$ und die Abflußlänge $L = 10$ m ergeben sich Anlaufzeiten von 5 + 7,5 bis 5 + 0,26 Minuten. Für die Bundesrepublik Deutschland sind dem K-Wert entsprechende Beiwerte nicht ermittelt worden. Indirekt sind sie enthalten in den gemessenen, regional verschiedenen Regenspenden für den 15minütigen Regen mit der Regenhäufigkeit $n = 1$ und durch die Abhängigkeit der Regenreihen von der Regenhäufigkeit (Bilder 16.1 und 16.2).

16.3.1.2. Bodenwasser

Der gemeinsame Begriff für die Erscheinungsformen des Wassers im Boden ist Bodenwasser. Das im Boden vorhandene Wasser tritt auf als:

Sickerwasser
Grundwasser } (ungebundenes Bodenwasser)
Schichtwasser
Haftwasser (gebundenes Bodenwasser).

Mengenmäßige Abflußprobleme werden nur durch ungebundenes Bodenwasser verursacht.

Für die Einrichtungen der Straßenentwässerung sind die als direkte Folge von Niederschlägen auftretenden unterirdischen Abflüsse nur dann von Bedeutung, wenn in dem hydrologischen Einzugsgebiet der Straße durch undurchlässige Schichten das Versickern in den Untergrund verhindert wird, und das Wasser der Straße zufließt oder sich im Bereich der Straße staut. In diesen Fällen sollten die bei der Dränung angewendeten Verfahren zur Berechnung bzw. Abschätzung der anfallenden Wassermengen Verwendung finden [37, 38, 39]. Die Gestaltung und Bemessung von Sickereinrichtungen ist zum großen Teil gleich der von Einrichtungen zur Dränung. Beide haben die unterirdische Entwässerung zur Aufgabe.

Für Fließvorgänge im Boden gilt das Darcy-Gesetz:

$$v_f = k_f \cdot I. \tag{16.11}$$

Darin sind:

v_f Filtergeschwindigkeit,
k_f Durchlässigkeitsbeiwert,
I Grundwasserspiegelgefälle.

Der k_f-Wert des Bodens kann in Laboruntersuchungen, durch Pumpversuche oder näherungsweise durch die Auswertung von Sieblinien des Bodens ermittelt werden [5, 35]. Für natürliche Böden mit einem Ungleichförmigkeitsgrad $U \geq 5$ gilt nach Hazen die Abhängigkeit [5, 35]:

$$k_f = 0{,}0116 \cdot d_w^2, \tag{16.12}$$

d_w wirksamer Korndurchmesser in mm,
d_w nach Hazen $= d_{10} =$ Korndurchmesser bei 10% Siebdurchgang.

Eine andere Beziehung gibt Seelheim an [35]:

$$k_f = 0{,}00357 \cdot d_{50}^2, \tag{16.13}$$

d_{50} Korndurchmesser bei 50% Siebdurchgang.

Der Abfluß Q errechnet sich nach dem Kontinuitätsgesetz aus der Filtergeschwindigkeit und der Durchflußfläche F zu

$$Q = v_f \cdot F \ [\mathrm{m^3/s}]. \tag{16.14}$$

Besonders bei Straßen, die im Einschnitt verlaufen, wird — durch das Anschneiden zeitweilig oder ständig wasserführender Schichten — Grund- oder Schichtwasser den Sickereinrichtungen zuströmen. Diese Zuflüsse sind auf Grund langjähriger Beobachtungen und Messungen abzuschätzen, da sie rechnerisch kaum zu erfassen sind.

16.3.2. Ableitung des Wassers

Die Berechnung der Abflußquerschnitte von Rinnen, Mulden, Gräben, Sickerleitungen und Kanälen erfolgt nach den in der Hydraulik gebräuchlichen Formeln. Für offene Querschnitte wird die Fließformel von Manning-Strickler, für geschlossene Querschnitte die Formel von Prandtl-Colebrook, aber auch die von Manning-Strickler angewendet. Die Berechnung des Abflusses in kreisförmigen Rohren ist nach den heutigen Erkenntnissen mit der Formel von Prandtl-Colebrook am genauesten möglich. Die Anwendung dieser Formel ist aber, wenn keine Nomogramme vorhanden sind, rechentechnisch sehr aufwendig. Deshalb wird vielfach die leichter zu handhabende Fließformel von Manning-Strickler vorgezogen, s. auch Bild 16.3.

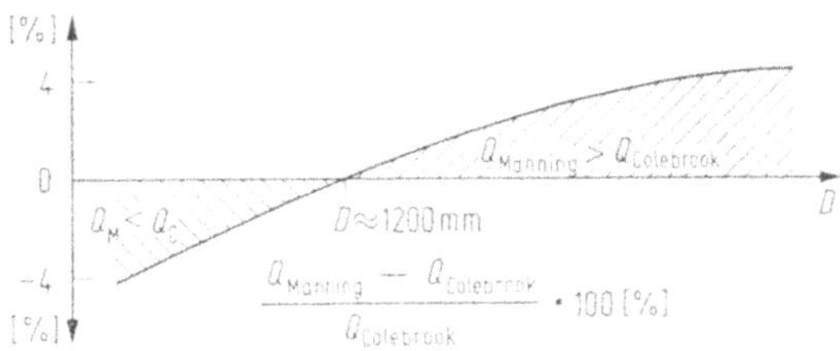

Bild 16.3. Prinzipielle Darstellung der Abweichungen bei Berechnung der Durchflüsse nach den Fließformeln von Manning-Strickler bzw. nach Prandtl-Colebrook.

Die früher gebräuchliche Kutter-Formel wird wegen der zu großen Ungenauigkeit nicht mehr verwendet.

16.3.2.1. Fließformel von Manning-Strickler

Die Fließgeschwindigkeit errechnet sich nach Manning-Strickler zu

$$v = k_s \cdot R^{2/3} \cdot I^{1/2}. \tag{16.15}$$

Der Abfluß Q errechnet sich aus

$$Q = v \cdot F_D \ [\mathrm{m^3/s}]. \tag{16.16}$$

Darin sind:

v Fließgeschwindigkeit in m/s,

$R = F_D/U =$ hydraulischer Radius in m,

Tabelle 16.4. Rauhigkeitsbeiwerte k zur Berechnung nach Manning-Strickler in Abhängigkeit vom Graben- oder Rohrmaterial [11]

	k [$m^{1/3}$ /s]
a) Natürliche Wasserläufe	
Natürliche Flußbetten mit fester Sohle, ohne Unregelmäßigkeiten	40
Natürliche Flußbetten mit mäßigem Geschiebe	33—35
Natürliche Flußbetten, verkrautet	30—35
Natürliche Flußbetten mit Geröll und Unregelmäßigkeiten	30
Natürliche Flußbetten, stark geschiebeführend	28
Wildbäche mit grobem Geröll (kopfgroße Steine) bei ruhendem Geschiebe	25—28
Wildbäche mit grobem Geröll bei in Bewegung befindlichem Geschiebe	19—22
b) Erdkanäle	
Erdkanäle in festem Material, glatt	60
Erdkanäle in festem Sand mit etwas Ton oder Schotter	50
Erdkanäle mit Sohle aus Sand und Kies mit gepflasterten Böschungen	45—50
Erdkanäle aus Feinkies, etwa 10/20/30 mm	45
Erdkanäle aus mittlerem Kies, etwa 20/40/60 mm	40
Erdkanäle aus Grobkies, etwa 50/100/150 mm	35
Erdkanäle aus scholligem Lehm	30
Erdkanäle mit groben Steinen ausgelegt	25—30
Erdkanäle aus Sand, Lehm oder Kies, stark bewachsen	20—25
c) Felskanäle	
Mittelgrober Felsausbruch	25—30
Felsausbruch bei sorgfältiger Sprengung	20—25
Sehr grober Felsausbruch, große Unregelmäßigkeiten	15—20
d) Gemauerte Kanäle	
Kanäle aus Ziegelmauerwerk, Ziegel, auch Klinker gut gefugt	80
Hausteinquader	70—80
Sorgfältiges Bruchsteinmauerwerk	70
Kanäle aus Mauerwerk (normal)	60
Normales (gutes) Bruchsteinmaurwerk, behauene Steine	60
Grobes Bruchsteinmauerwerk, Steine nur grob behauen	50
Bruchsteinwände, gepflasterte Böschungen mit Sohle aus Sand und Kies	45—50
e) Betonkanäle	
Zementglattstrich	100
Beton bei Vererndung von Stahlschalung	90—100
Glattverputz	90—95
Beton geglättet	90
Gute Verschalung, glatter, unversehrter Zementputz, glatter Beton mit hohem Zementgehalt	80—90
Beton bei Verwendung von Holzverschalung, ohne Verputz	65—70
Stampfbeton mit glatter Oberfläche	60—65
Alter Beton, saubere Flächen	60
Betonschalen mit 150—200 kg Zement je m³, je nach Alter und Ausführung	50—60
Grobe Betonauskleidung	55
Ungleichmäßige Betonflächen	50
f) Holzgerinne	
Neue, glatte Gerinne	95
Gehobelte, gut gefügte Bretter	90
Ungehobelte Bretter	80
Ältere Holzgerinne	65—70
g) Blechgerinne	
Glatte Rohre mit versenkten Nietköpfen	90—95
Neue gußeiserne Rohre	90
Genietete Rohre, Niete nicht versenkt, im Umfang mehrmals überlappt	65—70
h) Sonstige Auskleidungen	
Walzgußasphalt-Auskleidung der Werkkanäle	70—75

F_D Fläche des wassergefüllten Querschnitts in m²,
U benetzter Umfang in m,
I Gefälle der Energielinie (kann in den meisten Fällen gleich dem Sohlengefälle angenommen werden),
k_s Rauhigkeitsbeiwert in $m^{1/3}/s$.

Rauhigkeitsbeiwerte k_s für Gerinne, die in der Straßenentwässerung vorkommen, sind in Tab. 16.4 zusammengestellt. Für die Berechnung geschlossener Sickerleitungen wird für alle gängigen Rohrmaterialien der auch in der Abwassertechnik gebräuchliche Wert $k_s = 75\ m^{1/3}/s$ empfohlen [37].

Tabelle 16.5. Maximale Geschwindigkeiten in Gräben in Abhängigkeit vom Bodenmaterial [11]

Bodenmaterial	max v_m [m/s] bei klarem Wasser	bei schlamm- und geschiebeführendem Wasser
Schlamm	0,10	0,15
Loser, noch nicht abgelagerter Lehm	0,25	0,20
Feiner Sand (0,02—0,2 mm)	0,30	0,40
Mittlerer Sand (0,2—0,5 mm)	0,35	0,50
Sandiger Lehm (gewachsener Boden)	0,40	0,60
Grober Sand (0,5—2 mm)	0,45	0,65
Feiner Kies (2—5 mm), auch Kies mit hohem Sandgehalt	0,60	0,80
Fest gelagerter Lehm (gewachsener Boden)	0,70	1,00
Mittlerer Kies (5—20 mm)	0,80	1,15
Sehr fester Kleiboden (gewachsen)	1,00	1,30
Grober Kies oder feiner Geröll (20—50 mm)	1,40	1,60
Mittleres Geröll (50—75 mm)	1,70	1,80
Grobes Geröll (75—100 mm)	1,90	2,00
Gut verwurzelter Böschungsrasen	1,80	1,80
Betonauskleidung bei nennenswertem Sandgehalt des Wassers		2,0—2,5
Betonauskleidung, ohne Sandgehalt des Wassers	4,0	
Bruchsteinpflaster in Zementmörtel	5,0	

In Abhängigkeit vom Böschungsmaterial von Gräben, Mulden usw. werden größte zulässige Geschwindigkeiten empfohlen (Tab. 16.5). Die minimalen Geschwindigkeiten sollten, da immer mit sandhaltigem Wasser gerechnet werden muß, über 0,5 m/s liegen, da sonst erhebliche Sandablagerungen auftreten können. Zur Ermittlung der Abflüsse Q werden zweckmäßig Nomogramme verwendet. Bild 16.4 gilt für offene Gerinne, Bild 16.5 für Rohre mit kreisförmigem Querschnitt.

Zur schnellen Berechnung kreisförmiger Kanäle mit dem Rechenschieber können als Ausgangswerte die sogenannten Q-Hundert-Werte (Tab. 16.6) verwendet werden, die den Durchfluß bei einem Gefälle $I = 1:100$ angeben. Die Umrechnung vom Gefälle $I = 1:100$ auf das Gefälle $I = 1:x$ erfolgt mit den Formeln

$$Q_x = Q_{100} \cdot \sqrt{\frac{100}{x}} = \frac{Q_{100}}{\sqrt{\frac{x}{100}}}, \tag{16.17}$$

$$v_x = v_{100} \cdot \sqrt{\frac{100}{x}} = \frac{v_{100}}{\sqrt{\frac{x}{100}}}. \tag{16.18}$$

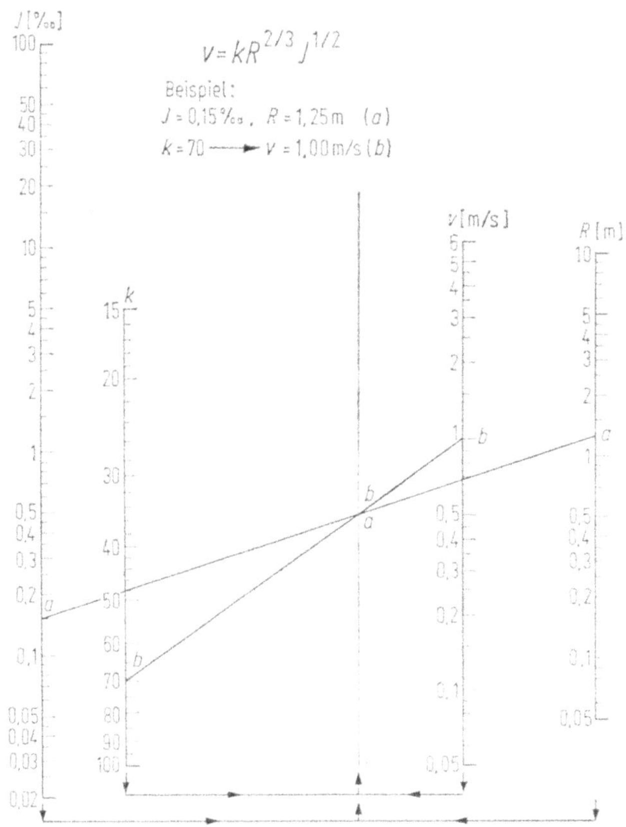

Bild 16.4. Nomogramm zur hydraulischen Bemessung offener Gerinne nach Manning-Strickler [11].

Tabelle 16.6. Q- und v-Werte in Kreisquerschnitten beim Gefälle $I = 1{:}100$ und $k = 75\ m^{1/3}/s$ [5]

Kreisquerschnitt		
Nennweite [mm]	v 1:100 [m/s]	Q 1:100 [l/s]
100	0,65	5
150	0,85	15
200	1,02	32
250	1,19	58
300	1,34	94
400	1,62	204
600	2,12	599
800	2,56	1280
1000	2,98	2325
1200	3,36	3800

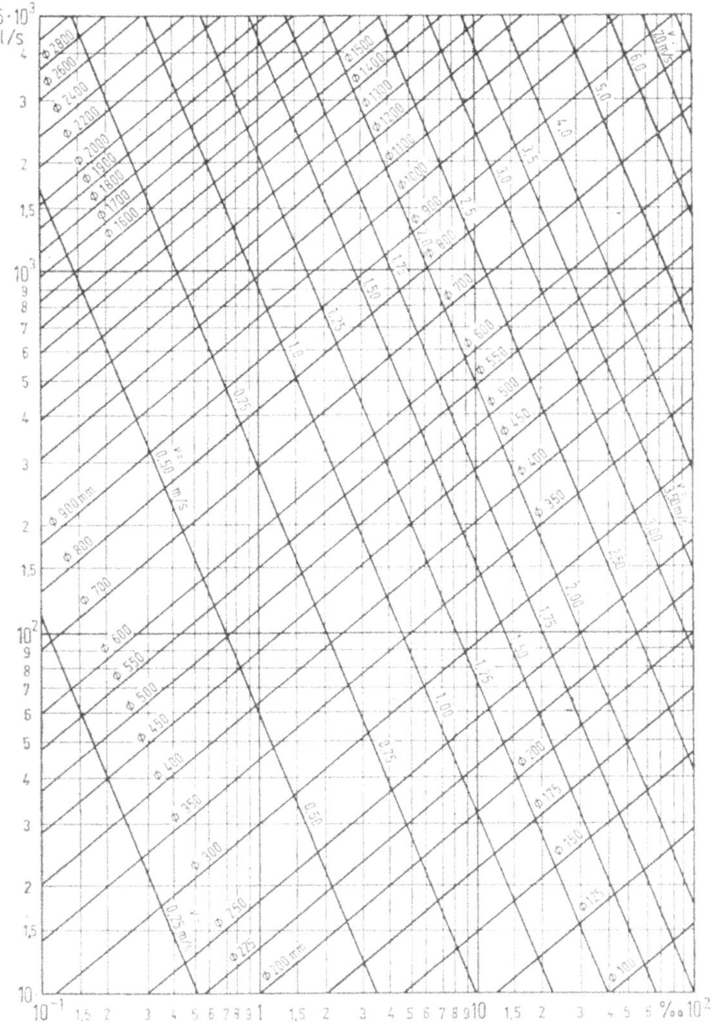

Bild 16.5. Nomogramm zur hydraulischen Bemessung kreisförmiger Kanäle nach Manning-Strickler mit $k = 75\ \mathrm{m^{1/3}/s}$ [5].

16.3.2.2. Fließformel von Prandtl-Colebrook

Die Fließgeschwindigkeit errechnet sich zu

$$v = -2 \cdot \lg\left(\frac{2{,}51 \cdot \nu}{D\sqrt{2 \cdot g \cdot I \cdot D}} + \frac{k_c}{3{,}71 \cdot D}\right) \cdot \sqrt{2 \cdot g \cdot I \cdot D}\,. \tag{16.19}$$

Der Abfluß errechnet sich aus:

$$Q = \frac{\pi \cdot D^2}{4} \cdot v\,. \tag{16.20}$$

Darin sind:

ν kinematische Zähigkeit [m²/s] (meist gleich $1{,}31 \cdot 10^{-6}$ m²/s),

D Rohrinnendurchmesser [m],

J Energieliniengefälle (kann bei drucklosen Rohren gleich dem Sohlgefälle angenommen werden), [—]

k_e natürliche Rauhigkeit [m],
g Fallbeschleunigung = 9,81 [m/s²].

Für die praktische Berechnung wird empfohlen, die natürliche Rauhigkeit k_e, die meist von den Rohrherstellern angegeben wird, durch die betriebliche Rauhigkeit k_b (Tab. 16.7) zu ersetzen.

Tabelle 16.7. Betriebliche Rauhigkeiten k_b [mm] nach ATV-Richtlinien [5]

Kanalart	Ausführungsart	
	übliche	sorgfältige Kanalverlegung Rohre mit kleinem k_0, $v_0 \geq 1$ m/s
normale Kanäle	1,50	0,40
gerade Kanalstrecken, z. B. Drosselstrecken und Druckrohrleitungen	1,00	0,25

Einer betrieblichen Rauhigkeit k_b = 1,5 mm entspricht etwa einem Rauhigkeitswert nach Manning-Strickler von $k_s = 75\,m^{1/3}/s$ (siehe auch Abschnitt 16.3.2.1.). Aus dem Nomogramm gemäß Bild 16.6 können die Bemessungsgrößen abgelesen werden.

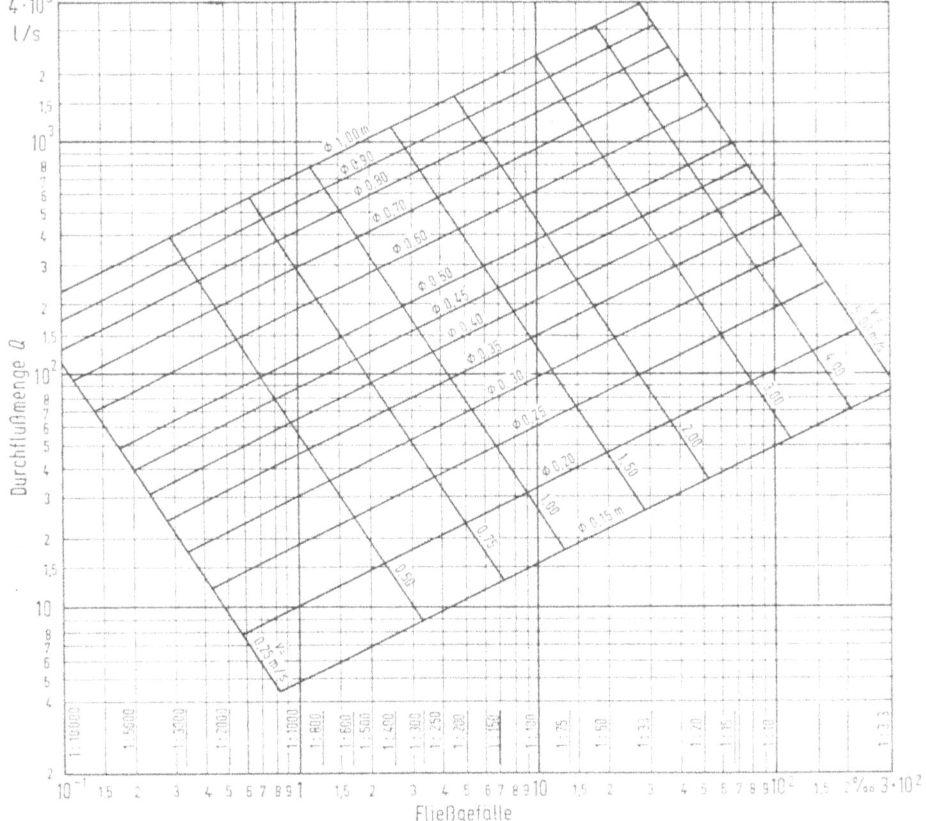

Bild 16.6. Nomogramm zur hydraulischen Bemessung kreisförmiger Kanäle nach Prandtl-Colebrook mit der betrieblichen Rauhigkeit k_b = 1,5 mm für mittlere und große Wassermengen [6].

16.4. Kies- und Sandfilter, Rohrmaterialien

Die Sickereinrichtungen müssen gegen das Eindringen von Bodenmaterial aus den wasserführenden Bodenschichten geschützt werden. Mit Sand- oder Kiesfiltern, die filterstabil sind, wird erreicht, daß aus dem Boden nur in begrenztem Maße Feinanteile ausgespült werden können. Dadurch wird sowohl das Zuschlämmen der Sickereinrichtungen, als auch das Ausspülen der angrenzenden Bodenschichten verhindert.

Ein Kriterium für die Filterstabilität von Sand- und Kiesfiltern ist die Filterregel von Terzaghi. Danach darf der D_{15} der Kornverteilungskurve des Filtermaterials höchstens viermal so groß sein wie der d_{85} der ungünstigsten Sieblinie des anstehenden Bodens, und der D_{15} der Sieblinie des Filtermaterials muß mindestens viermal so groß sein wie der d_{15} des anstehenden Bodens (Bild 16.7) [33].

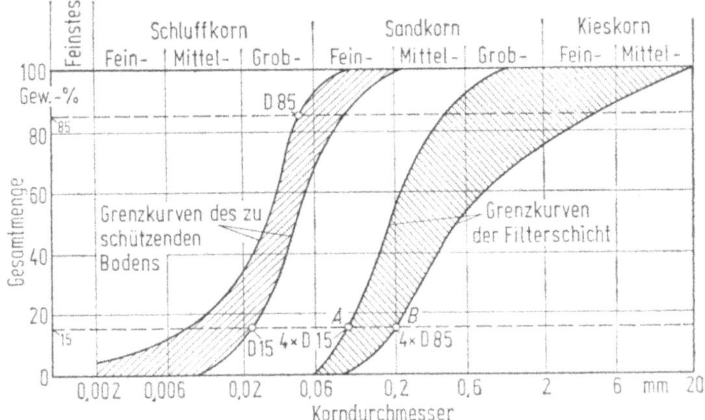

Bild 16.7. Filteraufbau nach der Filteregel von Terzaghi [33].

Die Wahl des d_{85} des anstehenden Bodens als maßgebender Durchmesser für die Festlegung des Filterkorns ist nicht bei allen Böden sinnvoll. Der maßgebende Durchmesser, der auch als Kennkorn bezeichnet wird, liegt für natürliche Böden zwischen d_{90} und d_{60} der Sieblinie des Bodens. Im allgemeinen wird er im „Knick" der Sieblinie angenommen [35].

Der Filterkörper kann ein- oder mehrstufig aufgebaut werden. Ein mehrstufiger Filter wird notwendig bei sehr feinkörnigen Böden, weil dann der maßgebende Durchmesser der ersten Filterstufe so klein ist, daß die Filterkörner in die Sickerrohre eingespült werden könnten. Für die Abstufung von Filterschichten untereinander ist der D_{50} der Sieblinie der Filterschüttungen der maßgebende Korndurchmesser.

Die Filterschichten sollen aus bautechnischen Gründen mindestens 20 cm dick sein. Gegen das Eindringen von Oberflächenwasser sind die Sickeranlagen gegebenenfalls mit mehr als 20 cm bindigem Boden abzudecken [34].

Sickerrohre werden aus Kunststoff (PVC, PE), Beton, Steinzeug und Ton hergestellt. Die Güteeigenschaften der Sickerrohre sind in DIN-Vorschriften festgelegt.

Der Wassereintritt in die Rohre ist durch die Rohrstöße, durch Schlitze oder Löcher in den Rohrwandungen möglich. Die günstigste Schlitzbreite beträgt 0,6 bis 0,8 mm. Die Eintrittsfläche soll mindestens 50 cm² je Meter Rohr betragen. Bei Betonrohren aus Einkornbeton ist der Wassereintritt über den ganzen Umfang möglich. Beton-, Steinzeug- und Tonrohre mit geschlossener Wandung werden stumpf gestoßen. Das Wasser tritt ausschließlich an den Rohrstößen ein. Gegen Sandeintritt werden die Stöße mit Pappe oder Filtermaterial abgedeckt. Beton- und Steinzeugrohre haben auch runde oder langlochförmige Öffnungen. Je nach Größe der Löcher müssen die Sand- und Kiesfilterschichten ein- oder mehrstufig aufgebaut sein.

16.5. Verunreinigung der Oberflächenabflüsse und Maßnahmen zum Gewässerschutz

Die Beschaffenheit des von der Straße abfließenden Niederschlagswassers ist bestimmt durch die Verunreinigungen, die es auf den Straßenflächen aufnimmt. Art und Menge der Verschmutzungen sind unterschiedlich je nachdem, ob es sich um Stadt- oder Landstraßen handelt, ob die Straßen in Wohn- oder Gewerbegebieten liegen, und sind abhängig von der Verkehrsstärke und davon wie die Randstreifen befestigt sind und wie häufig die Straße gereinigt wird.

16.5.1. Beschaffenheit der Abflüsse

Die Verschmutzungen können aus organischen und anorganischen Substanzen herrühren. Die hier in Frage kommenden organischen Substanzen sind [42]: Kraftstoffe, Verbrennungsrückstände der Kraftstoffe, Schmierfette, Schmieröle, Zusätze zu Kraft- und Schmierstoffen, Gummiabrieb, Waschmittelreste, Konservierungsmittel, Straßenabrieb und organische Vergällungsmittel von Auftausalzen, die aus Kohlenwasserstoffen, Metallseifen (z.B. Zink- und Bariumseifen), Tensiden, Wachsen, Silikonen, Teeren und Bitumina sowie ihren Abbauprodukten bestehen.

Zu den anorganischen Substanzen rechnen Auftausalze und deren anorganische Präparierungs- und Vergällungsmittel sowie korrosionshemmende Zusätze, Teile des Straßenabriebs, anorganische Verbrennungsrückstände der Kraftstoffe und Korrosionsprodukte von Kraftfahrzeugen, die aus Natriumchlorid (z.B. Auftausalze bis zu 98%), Magnesium-, Calcium- und Silicium-Verbindungen, Phosphaten, Kohlendioxid, Stickoxiden sowie aus Blei- und anderen Schwermetallverbindungen bestehen.

Zur Beurteilung der Belastung oder Verunreinigung von Grund- und Oberflächengewässern können insbesondere Standards für die Beurteilung von Wasservorkommen für die Trinkwasserversorgung herangezogen werden [44, 45].

Ungelöste Stoffe, z.B. Sand, Mutterboden, Kot und Abfälle aller Art, geben dem Wasser ein schmutziges, trübes Aussehen und können zur Verschlammung der Abflußleitungen und der Gewässer führen. Gelöste Stoffe, z.B. Salze, Schwermetallverbindungen, Öle, Benzine, verursachen oft eine Verfärbung, verderben den Geschmack des Wassers und können die Lebensgemeinschaft der Mikroorganismensowie der höheren Tiere und Pflanzen in den Gewässern stören oder vernichten. Biologisch abbaubare organische Inhaltsstoffe stellen ein zusätzliches Nahrungsangebot in den Gewässern dar, wodurch sich die Stoffwechselaktivitäten und die Vermehrung einiger oder mehrere Gruppen von Lebewesen in den Gewässern erhöhen. Die Folge kann u.a. erhöhter Sauerstoffbedarf sein, der durch die natürliche Belüftung nicht mehr gedeckt werden kann; das Gewässer „kippt um“.

16.5.2. Beispiele für die Verunreinigung des Oberflächenabflusses

Die Verschmutzung des Oberflächenabflusses von Straßenflächen ist mehrfach untersucht worden [12, 41, 42, 43]. Erfassen die Untersuchungen über die Verschmutzung von Regenwasserabflüssen von Straßen die Abwasserbeschaffenheit am Ende der Kanalisation, d.h. an den Regenüberläufen, Kläranlagen oder direkten Einleitungen in die Gewässer [13, 14], so erlauben die Ergebnisse keine Aussage über den Anteil der Verschmutzung, der von den Straßenflächen kommt.

Eine Untersuchung des Ruhrverbandes an Fernstraßen im Ruhrtal [12] ergab, daß im Oberflächenabfluß folgende Inhaltsstoffe enthalten waren:

ungelöste Stoffe mineralisch	145 mg/l
organisch	78 mg/l,
absetzbare Stoffe	3 mg/l,
$KMnO_4$-Verbrauch	89 mg/l,
BSB_5	18 mg/l,
petrolätherlösliche Stoffe	22 mg/l,
Chloride	346 mg/l.

Die Werte für den $KMnO_4$-Verbrauch, den BSB_5 und die absetzbaren Stoffe entsprechen den Werten der Abflüsse von vollbiologischen Kläranalagen. Die anderen Werte, insbesondere für die petrolätherlöslichen und für die Chloride, sind sehr viel höher als bei häuslichem Abwasser.

Untersuchungen im Gebiet des Frankfurter Flughafens, im Taunus (Großer Feldberg) und in Hanau über die Auswirkungen des Straßenverkehrs auf das Grundwasser ergaben, daß die Konzentrationen der Verschmutzungen von der Verkehrsstärke (DTV), von der Löslichkeit der Stoffe, vom Reinigungsvermögen der Bodenschichten und von der Verdünnung im anstehenden Grundwasser abhängen. Als straßenspezifische Indikatoren für die Grundwasserbelastung wurden Kohlenwasserstoffe, Natriumchlorid und Schwermetalle ausgewählt. Unter anderem wurde ermittelt, daß der Chloridgehalt des Grundwassers im Unterstrom der Straßen am Frankfurter Flughafen zeitweise um bis zu 120 mg/l infolge von Auftausalzen erhöht war (der für Trinkwasser empfohlene obere Grenzwert für Chloride liegt bei 600 mg/l) und der Bleigehalt des Bodens im Frankfurter Stadtwald örtlich um bis zu mehreren 100 ppm (parts per million) gegenüber der Grundlast ansteigen kann.

Eine umfassende Untersuchung über die Verschmutzung von Abflüssen von Straßen in Stadtgebieten wurde in einem 4 ha großen Wohngebiet in Chicago (USA) durchgeführt [15]. Durchschnittlich fand man in Geschäftsgebieten 2300 g Straßenschmutz/100 m Bordsteinlänge und Tag und in Wohngebieten 1180 g/100 m und Tag. Menge und Beschaffenheit des Straßenabfalls sind abhängig von der Bebauung, Einwohnerdichte, Verkehrsstärke u.a. Die tatsächliche Menge hängt hauptsächlich ab von der Häufigkeit und der Wirksamkeit der Straßenreinigung. Auf 1 km Bordsteinlänge bezogen, errechnete sich eine BSB-Menge von 1120 g/d, das entspricht dem ungereinigten häuslichen Abwasser von 20 Einwohnern.

Besonders nach langen Trockenzeiten und schlechter Straßenreinigung kann der BSB (Biochemischer Sauerstoffbedarf) des Oberflächenabflusses das Zwei- bis Sechsfache dessen von häuslichem Abwasser betragen.

Bezüglich des Verschmutzunsgrades von Schnee gilt in der Schweiz die Faustregel, daß Schnee, der zwei bis drei Tage auf oder neben einer stark befahrenen Straße liegt, einen Verschmutzungsgrad aufweist, der demjenigen eines häuslichen Abwassers gleichkommt [23].

16.5.3. Reinigungsvermögen des Bodens

Unter natürlicher Selbstreinigung versteht man allgemein die Summe physikalischer, biochemischer, chemischer und biologischer Vorgänge, die zur Abnahme der Konzentration schädlicher oder zumindest nicht erwünschter Inhaltsstoffe im

Wasser führen, ohne daß besondere künstliche Maßnahmen getroffen werden (z.B. Änderung des pH-Wertes, Zugabe von Fällungs- oder Flockungsmitteln, künstliche Belüftung usw.).

Das Reinigungsvermögen des Boden wird zurückgeführt auf

- Verdünnung,
- chemische Ausfällungen und Mitfälleffekte,
- Adsorption und Ionenaustausch,
- mikrobiellen Abbau.

Dieses Reinigungsvermögen kann sich im Laufe der Zeit und bei zu hoher Belastung auch kurzfristig erschöpfen.

Das Reinigungsvermögen von Bodenschichten kann bestimmt werden, wenn folgende Bodenkennwerte bekannt sind:

- Korngrößenverteilung,
- Gehalt an organischen Kohlenstoff,
- pH-Wert,
- S-Wert (Maß für die Basenaustauschkapazität),
- (T-S)-Wert (Maß für die Wasserstoff-Ionenaustauschkapazität),
- Schwefelgehalt,
- Stickstoffgehalt,
- Humusgehalt,
- Kohlenstoff/Stickstoff-Verhältnis (Maß für die mikrobielle Aktivität des Bodens).

16.5.4. Selbstreinigung der Gewässer

Unter der natürlichen Selbstreinigung in Oberflächengewässern versteht man die Tatsache, daß die Lebensgemeinschaft von Mikroorganismen, Krebsen, Fischen, Algen, höheren Pflanzen usw. den Gewässern Stoffe als Nahrung entzieht, die gemeinhin als Belastung oder Verschmutzung angesehen werden. Durch stoßweise Einleitungen, z.B. bei verstärkten Abflüssen von Straßen nach Niederschlägen, können Störungen der Selbstreinigungsvorgänge in Gewässern verursacht werden. Solche Störungen können u.a. sein:

- Sauerstoffmangel durch schlagartig erhöhte Lebenstätigkeit im Gewässer infolge erhöhten Nahrungsangebotes;
- Vergiftung der Organismen durch Einleitung toxisch wirkender Abwässer, z.B. als Folge von Straßenverkehrsunfällen;
- Verhinderung der Sauerstoffaufnahme an der Oberfläche des Gewässers durch einen Öl- oder Leichtstoffilm;
- Versalzung durch Einleitung gelösten Streusalzes.

16.5.5. Gewässerschutz

Ober- und unterirdische Gewässer müssen vor Verunreinigungen geschützt werden. Besonders schutzwürdig sind die Trinkwasservorräte. Im Bereich von Trinkwasserfassungen werden von den Wasserbehörden Trinkwasserschutzgebiete ausgewiesen [16, 17].

Im Merkblatt für bautechnische Maßnahmen an Straßen in Wassergewinnungsgebieten [18] ist festgelegt, daß der Oberflächenabfluß von den Fahrbahnen nicht gesammelt versickern darf (weitere Schutzzone III B) oder überhaupt nicht in den Untergrund eindringen darf (weitere Schutzzone III A, engere Schutzzone und Fassungsbereich). Damit ist unter Berücksichtigung des Reinigungsvermögens des

Bodens, insbesondere bei Porengrundwasserleitern, eine große Sicherheit gegeben. Auf Grund der ermittelten Untersuchungsergebnisse [41, 42] wird angenommen, daß eine 2 bis 4 m dicke sandig-schluffige oder sandige, im oberen Teil humose Schicht mit Grasbewuchs, einen erheblichen Schutz des Grundwassers gegen Verunreingungen aus Oberflächenabflüssen von der Fahrbahn darstellt.

In dem genannten Merkblatt werden außerdem auch Planungsgrundsätze, bautechnische Maßnahmen, Maßnahmen bei Baustelleneinrichtungen und Baudurchführung sowie die Bemessung und Ausführung von Ölabscheidern behandelt. Zum Schutz der Gewässer kann es notwendig werden, weitere Maßnahmen vorzusehen, so z.B. Regenwasserspeicherbecken, Regenwasserrückhaltebecken, Regenwasserklärbecken.

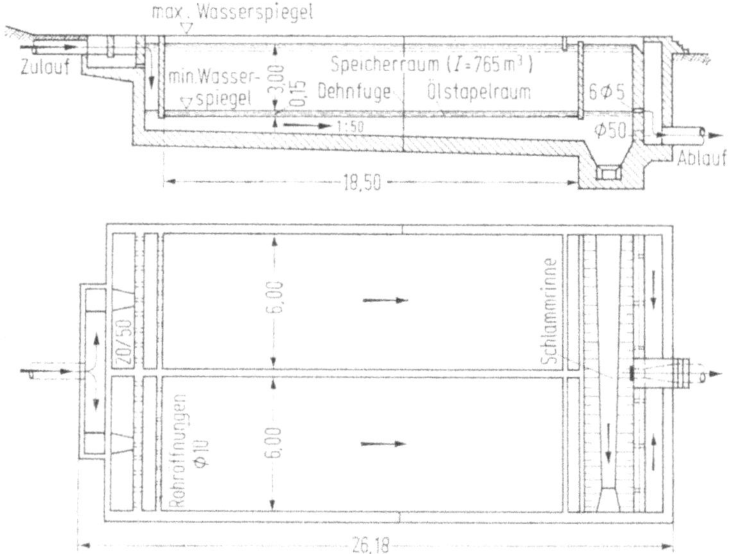

Bild 16.8. Rückhaltebecken Gehrenbachtal [19].

Regenwasserrückhaltebecken werden häufig so ausgebildet, daß auch Öl oder Leichtstoffe (meist eine Tankwagenfüllung) aufgenommen werden können [18, 19, 21] (Bild 16.8). Als Bemessungsregen wird üblicherweise eine Regenspende $r(15, 1)$ gewählt. Die Aufenthaltsdauer t_A im Becken richtet sich nach der Hauptaufgabe:

Ölabscheidung	$t_A > 10$ min,
Regenwasserklärung	$t_A > 30$ min,
Regenwasserrückhalt	t_A abhängig von der Wasserführung des Vorfluters.

Regenwasserbecken können nach dem Verfahren von Annen und Londong berechnet werden [20]. Wegen der Frostgefahr empfiehlt es sich, konstruktive Maßnahmen, z.B. Eisschrägen, vorzusehen (Bild 16.9).

Die Beseitigung des Oberflächenabflusses in Versickerungsanlagen bringt für die Wasserversorgung erhebliche Gefahren und muß in der Regel abgelehnt werden. Die Versickerung wird deshalb nur in Sonderfällen anzuwenden sein, wo eine Verunreinigung des Grundwassers, das zu Versorgungszwecken benötigt wird, ausgeschlossen ist. Ist es trotz aller Bedenken erforderlich, Versickerungsanlagen vorzusehen, so darf auf eine Vorreinigung und einen Kontrollschacht auf keinen Fall verzichtet werden.

Bild 16.9. Eisschräge an einem Rückhaltebecken [19].

16.6. Beschaffenheit des ungebundenen Bodenwassers und Auswirkungen auf die Entwässerungseinrichtungen

Bei der Entwässerung des Untergrundes sind andere Eigenschaften und Inhaltsstoffe des Wassers für die Entwässerungsgegenstände, wie z.B. Filterschichten und Rohre, von Bedeutung, als beim Oberflächenabfluß.

Chemische und biologische Vorgänge im Boden sind häufig pH-abhängig. Aggressives Bodenwasser mit einem pH < 7 fördert die Korrosion metallischer Rohrmaterialien.

Die Leistungsfähigkeit von Sickerrohrleitungen kann durch Versanden, Verschlammen, Verockern und Versintern erheblich vermindert werden. In ungünstigen Fällen kann der Abfluß vollständig verhindert werden. Versanden tritt auf, wenn Feinsandanteile des Bodens in die Sickerrohrleitungen eingespült werden. Verschlammen wird hauptsächlich durch die Schluffanteile des Bodens verursacht.

Verockern kann chemische und biologische Ursachen haben und ist in erheblichem Maße von der Wasserbeschaffenheit, aber auch vom Rohrmaterial, vom Filtermaterial und vom Boden abhängig. Die chemische Verockerung ist, stark vereinfacht, eine Folge der Umwandlung des im Wasser gelösten zweiwertigen Eisens in unlösliche dreiwertige Eisenverbindungen unter Einwirkung von Sauerstoff. Gerade bei flachliegenden Sickereinrichtungen hat diese Art der Verockerung eine große Bedeutung. Die biologische Verockerung ist dagegen die Folge der Stoffwechseltätigkeit von Eisen- und Manganbakterien. Durch die Abscheidungen der Bakterien und durch sie selbst können die Filteröffnungen verstopfen und auch die Rohrquerschnitte zugesetzt werden. Für die biologische Verockerung sind vier Voraussetzungen erforderlich [40]:

— Eisen -und Manganbakterien müssen vorhanden sein.
— Der Gehalt an zweiwertigem Eisen im Wasser muß 0,2 bis 0,5 mg/l übersteigen.
— Das Wasser muß ein bestimmtes Redoxpotential haben.
— Die Fließgeschwindigkeit im Filter muß gegenüber derjenigen Grundwasserleiter stark erhöht sein.

Versintern nennt man das Verkrusten der Filter und Sickerrohrleitungen durch Kalkabscheidungen, hauptsächlich Calciumkarbonat, des Wassers.

16.7. Oberflächenentwässerung

16.7.1. Fahrbahnentwässerung und Verkehrssicherheit

Wasser auf der Fahrbahn setzt den Kraftschluß Reifen/Fahrbahn herab oder hebt ihn im ungünstigsten Falle völlig auf (Aquaplaning); die Gefahr wächst mit zunehmender Fahrgeschwindigkeit und zunehmender Dicke des Wasserfilms auf der

Fahrbahn (Näheres siehe Kapitel 9). Durch Fahrzeuge und Fahrtwind hochgeschleudertes und zerstäubtes Wasser (Sprühfahnen) kann erheblich die Sicht behindern. Aus Gründen der Verkehrssicherheit muß daher

— das im Einzugsbereich der Straße oberirdisch anfallende Niederschlagswasser (Regen- oder Schmelzwasser) von der Straße ferngehalten,
— die Fahrbahnoberfläche selbst so wirksam wie möglich entwässert,
— das abfließende Wasser in entsprechenden Entwässerungseinrichtungen zuverlässig aufgefangen und fortgeleitet

werden.

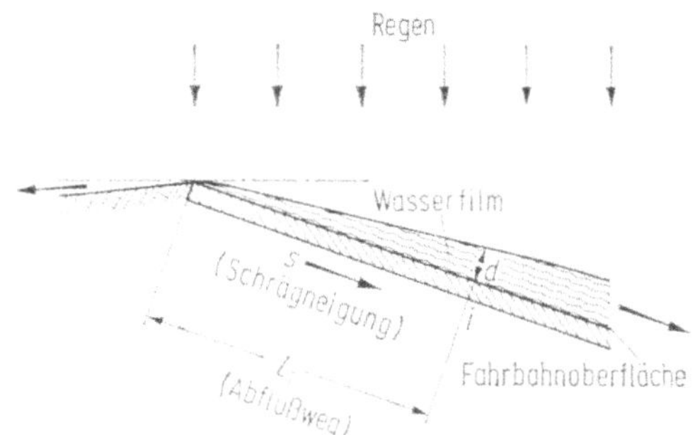

Bild 16.10. Abfluß des Regenwassers auf einer ebenen Fahrbahnoberfläche [46, 47].

Die Wasserfilmdicke, die sich bei Regen auf der Fahrbahn einstellt, hängt hauptsächlich von der Regenstärke, der Fahrbahnneigung, der Oberflächentextur (Grobrauheit) der Fahrbahn sowie von der Länge des Abflußweges — in Richtung der Fallinie bis zum betrachteten Punkt — ab (Bild 16.10) [46, 47]. Auf rauhen Oberflächen versteht man unter der Wasserfilmdicke die Dicke oberhalb der Rauhspitzen. Da die Rauhspitzen aber nicht genau in einer Ebene liegen, bedarf es einer zusätzlichen Definition, z.B. gemäß Bild 16.11.

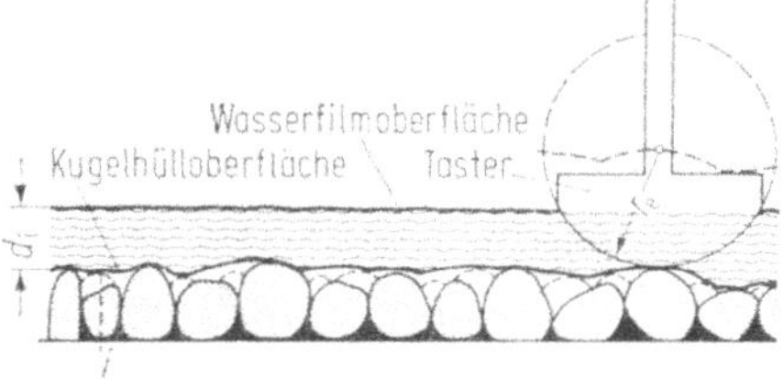

Bild 16.11. Definition der Wasserfilmdicke bei Verwendung der Kugelhüllfläche als untere Begrenzungsfläche des Wasserfilms [46, 47].

Mehrere Arbeiten der letzten Jahre befaßten sich mit der experimentellen und theoretischen Ermittlung der Wasserfilmdicke auf der Fahrbahn in Abhängigkeit von den genannten Faktoren und unter der vereinfachenden Annahme ebener und von Störeinflüssen (Wind, Fahrzeuge) freier Oberflächen [47, 52, 53]. Kalender [47] gibt ein Nomogramm zum Bestimmen der Wasserfilmdicke bei gegebenen Eingangsgrößen, wobei für die Oberflächentextur vier durch Modelloberflächen charakterisierte Rauheitsklassen unterschieden werden (Bild 16.12).

Um die Wasserfilmdicke bei Regen auf den Fahrbahnen möglichst gering zu halten, sind entwurfstechnische und bautechnische Gesichtspunkte der Fahrbahnausbildung zu beachten.

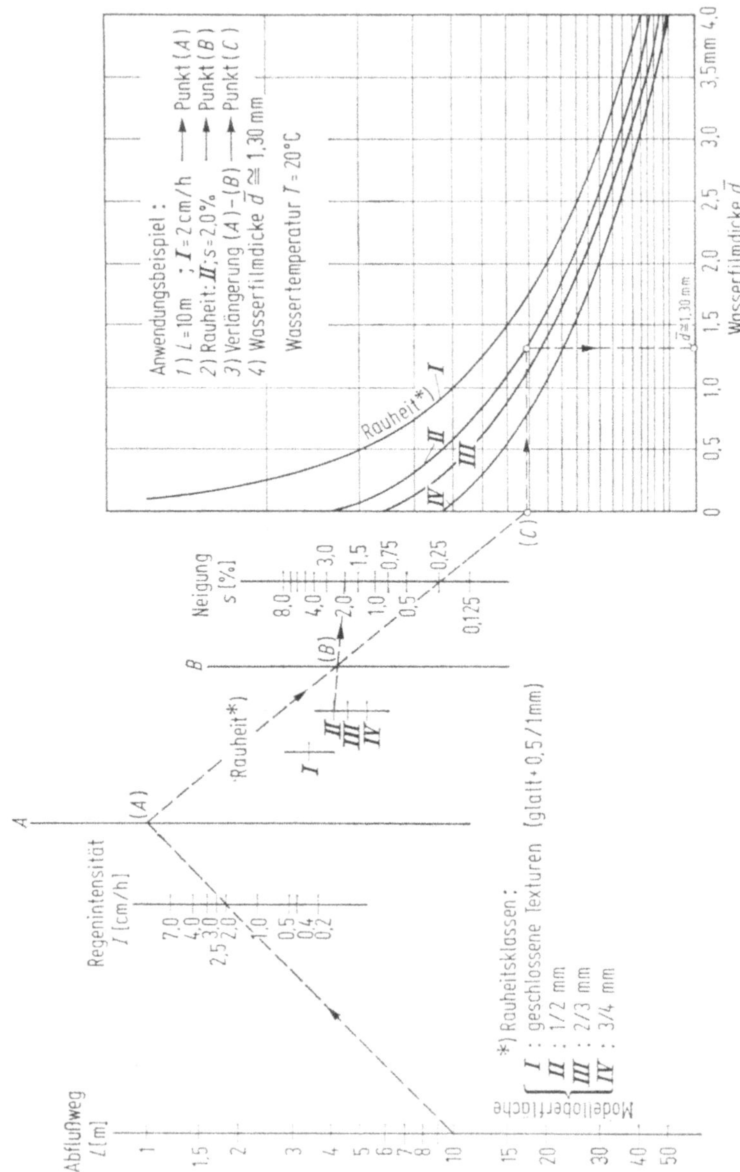

Bild 16.12. Nomogramm zur Ermittlung der Wasserfilmdicken auf ideal-ebenen Fahrbahnoberflächen in Abhängigkeit von der Länge des Abflußweges, der Regenintensität, der Neigung (= resultierenden Neigung) und der Rauheit der Fahrbahnoberfläche [47].

16.7.1.1. Entwurfstechnische Maßnahmen

Durch Erhöhen der Neigung kann die Wasserfilmdicke nur bis zu einem Neigungsmaß von 2,5 bis 3,0% wesentlich verringert werden; bei Vergrößerung der Neigung über 3% hinaus nimmt die Wasserfilmdicke nur noch geringfügig weiter ab. Als Mindestquerneigung in Bögen — gleichzeitig Regelquerneigung in Geraden — gilt heute allgemein und unabhängig von der Befestigungsart (Zementbeton oder bituminöse Bauweisen) ein Maß von 2,5%; bei Pflasterdecken, die keine zusammenhängende ebene Fahrbahnoberfläche bilden, ist ein Maß von 3,0% üblich [22].

Die Abflußwege des Regenwassers verlaufen auf nichtgekrümmten, ebenen Fahrbahnen geradlinig. Ihre Länge, mit der die Wasserfilmdicke — wenn auch degressiv — zunimmt (vgl. Bild 16.10), hängt von der Fahrbahnneigung (resultierenden Neigung) und vor allem von der Fahrbahnbreite ab. Besonders breite Fahrbahnen mit gleichsinnig geneigter Oberfläche finden sich bei Richtungsfahrbahnen mit mehr als zwei Fahrspuren und, infolge Spurenaddition, in Knotenpunktbereichen.

Außerordentliche Probleme hinsichtlich der Entwässerung der Fahrbahnoberfläche werfen die Querneigungsübergänge (Verwindungsstrecken) zwischen gegensinnig gekrümmten Kurven auf. In diesen Bereichen, in denen die Fahrbahn (im Falle der heute fast nur noch angewendeten Einseitneigung) die Querneigung $q = 0\%$ durchläuft, bilden die Abflußwege des Wassers stark gekrümmte Linien (Hyperbeläste), deren Längen wesentlich von der Längsneigung der Fahrbahnachse, der Fahrbahnbreite und der Anrampungsneigung bestimmt werden [46, 47, 48, 52, 53]. Die geometrische Ausbildung der Verwindungsstrecken bedarf daher besonderer Sorgfalt, um Wasseransammlungen auf der Fahrbahn so weit wie möglich zu verringern. Geometrische Möglichkeiten hierzu sind die Anwendung der „negativen" Querneigung (nur in Bögen mit großen Radien) [47] sowie der (in den Richtlinien bisher nicht vorgesehene) Querneigungsübergang mit Diagonalgrat [53]. Wegen näherer Angaben siehe Kapitel 12.

16.7.1.2. Bautechnische Maßnahmen

Erhebliche Bedeutung für den Wasserabfluß von der Fahrbahn haben die Fahrbahnunebenheiten, die beim Einbau der Decke toleriert werden, und insbesondere jene, die unter Verkehrseinwirkung entstehen (z.B. Spurrinnen). Sie können den Abfluß des Regenwassers mehr oder weniger behindern; tiefe Spurrinnen wirken als „Auffangbecken" auf der Fahrbahn. Unebenheiten sind besonders dort zu vermeiden oder zu beseitigen, wo die Faktoren, die die Wasserfilmdicke bestimmen, ungünstige Werte annehmen.

Aufgelegte (erhabene) Fahrbahnmarkierungen haben einen ungünstigen Einfluß auf die Entwässerung der Fahrbahnoberfläche: sie stellen künstlich aufgebrachte „Schwellen" dar, die zum Stau und zum konzentrierten Abfluß führen. Man sollte sie zumindest dort vermeiden, wo ohnehin die Entwässerung der Fahrbahnoberfläche Schwierigkeiten bereitet.

Der Einfluß der Rauheit der Fahrbahnoberfläche auf die Wasserfilmdicke ist zwar je nach der Regenstärke unterschiedlich; eine gröbere, rauh aussehende Textur führt aber unter sonst gleichen Bedingungen bei geringen Regenstärken, wie sie am häufigsten vorkommen, zu geringeren Wasserfilmdicken als eine mehr geschlossene Oberfläche [47]. Eine dauerhafte Beeinflussung der Wasserfilmdicken über die Oberflächentextur ist allerdings nur bedingt möglich, weil eine einmal vorhandene Textur unter Verkehrseinwirkung mehr oder weniger verändert wird (vgl. auch Kapitel 9).

Stärkster Einfluß auf die Wasserfilmdicken wird durch das Einschneiden von Rillen in die Deckenoberfläche genommen, vorzugsweise ausgeführt mit Diamantwerkzeugen. Rillen in größeren Abständen (z.B. 0,5 oder 1,0 m), angeordnet in einem geeigneten Winkel zur Fallinie, können die Abflußwege des Wassers verkürzen und im Rahmen ihres Fassungsvermögens Wasser ableiten. Damit werden unter sonst gleichen Bedingungen die Wasserfilmdicken verringert. Rillen in dichtem Abstand, vorzugsweise quer zur Fahrtrichtung angeordnet (typische Abmessungen: 6 mm tief, 6 mm breit, Abstand von Rillenmitte zur Rillenmitte 25 bis 30 mm), haben neben der Verringerung der Wasserfilmdicken den Zweck, die

Wasserverdrängung unter dem Reifen (dynamische Dränage) zu unterstützen (siehe Kapitel 9).

Das Verfahren der dichten Rillung (engl. grooving) ist, zuerst in den USA, hauptsächlich auf Start- und Landebahnen von Flughäfen angewendet worden [49], kommt aber auch für Straßen an besonderen Gefahrenstellen (z.B. Verwindungsstrecken) in Betracht [50] — vorzugsweise bei Betondecken (siehe auch Kapitel 30), weniger bei bituminösen Decken (geringere Dauerhaftigkeit). Neben dem nachträglichen Einschneiden von Rillen sind Anwendungen bekannt, bei denen neue Betondecken sogleich mit Rillen versehen wurden (Flugpisten Paris Charles de Gaulle [54], Zürich-Kloten; Verwindungsstrecken der Bundesautobahn Oldenburg—Wilhelmshaven). Im letzteren Beispiel wurden Längsrillen gefräst, die bei Straßen fertigungstechnisch günstiger sind als Querrillen (weniger Umsetzungen der Schneidgeräte); vgl. auch [49].

Eine zugunsten der Entwässerung der Fahrbahnoberfläche grundlegend geänderte Konzeption des bituminösen Deckenaufbaus besteht darin, eine wasserdurchlässige, makadamartige Deckschicht auf eine wasserundurchlässige Unterlage zu legen, auf deren (etwas stärker geneigter) Oberfläche das Wasser abfließt [24, 51]. Deckenausführungen dieser Art befinden sich auf Flugpisten oder Straßen in den USA („friction course“), in Großbritannien und Holland im Versuchsstadium. Die Bewährung unter starkem und schwerem Verkehr sowie unter häufigen Frost-Tau-Wechseln bleibt abzuwarten. Den Beobachtungen zufolge läßt die wasserabführende Wirkung derartiger Deckschichten im Laufe der Jahre nach [55]; auch muß außergewöhnlicher Wert auf den Polierwiderstand des Gesteins gelegt werden, weil die groben Gesteinskörner solcher Deckschichten infolge des Fehlens von Mörtelflächen zwischen ihnen der Polierwirkung der Fahrzeugreifen besonders stark ausgesetzt sind.

16.7.2. Entwässerungseinrichtungen zum Auffangen und Fortleiten des Niederschlagswassers

Entwässerungseinrichtungen zum Auffangen und Fortleiten des Niederschlagswassers sind:

- Straßenmulden,
- Straßengräben,
- Abfanggräben,
- Straßenrinnen,
- Straßenabläufe.

Straßenabläufe werden nur verwendet, wenn das Niederschlagswasser nicht direkt in offene Gerinne abgeleitet werden kann. Das ist vorwiegend im Stadtstraßenbau der Fall, aber auch allgemein bei der Entwässerung von Tunnel- und Brückenbauwerken.

Straßenrinnen sind zweckmäßig, wenn die Anlage von Straßenmulden und -gräben aus Platzgründen nicht möglich ist, z.B. an Hangböschungen, oder prinzipiell unzweckmäßig wäre, wie im Stadtstraßenbau. Das Abflußvermögen der Straßenrinnen ist gering. Deshalb werden sie meist in Verbindung mit Straßenabläufen angewendet, über die die Abflüsse einem leistungsfähigeren, unter der Erdoberfläche verlegten Kanal zugeleitet werden.

Wegen der wirtschaftlicheren Herstellung, der einfacheren Wartung und der Zweckmäßigkeit bei der Schneeräumung werden Straßenmulden oder Straßengräben gegenüber Straßenrinnen oder geschlossenen Kanälen bevorzugt.

16.7.2.1. *Straßenmulden und Straßengräben*

Straßenmulden werden, wegen der geringeren Unfallgefahr für von der Fahrbahn abkommenden Fahrzeuge, den Straßengräben vorgezogen. An Dammböschungen ist die Anlage von Gräben oder Mulden nur dann erforderlich, wenn das Wasser nicht ungeregelt dem Unterlieger zugeleitet werden kann.

Die Sohlneigung bei Gräben und Mulden ist meist gleich der Längsneigung der Straße, soll jedoch nicht kleiner als 0,3% (1:333) und ohne besondere Befestigungsmaßnahmen für Böschung und Sohle nicht größer als 3% sein. Kann das Mindestgefälle nicht eingehalten werden, so ist der Abflußquerschnitt mit hydraulisch „glatten" Materialien, wie Beton- oder Steinzeugschalen, auszukleiden oder auszupflastern, um einen Abfluß zu ermöglichen. Andernfalls besteht die Gefahr, daß die Mulden und Gräben versumpfen (Bilder 16.13, 16.14).

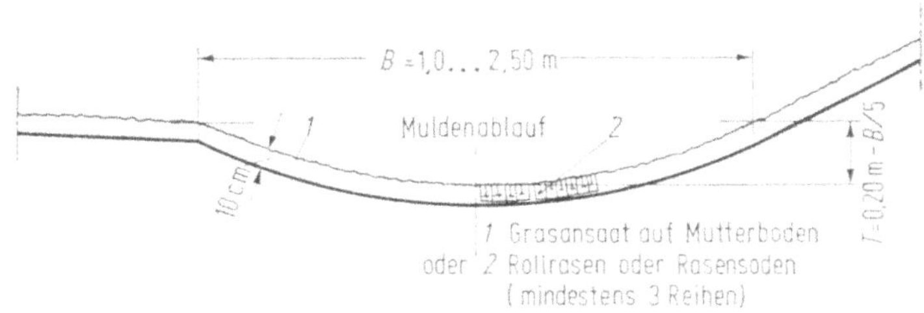

Bild 16.13. Straßenmulde (Rasenmulde) [22]. Regelform, für I = 1 bis 3%.

Bild 16.14. Straßengraben (ohne Sohlbefestigung) [22]. Regelform, für I = 0,3 bis 3%.

Die Abmessungen werden auf Grund von Erfahrungswerten festgelegt. Folgende Werte sind einzuhalten [22]:

	Tiefe m	Breite m	Böschung
Straßenmulden	0,20 bis B/5	1,0 bis 2,50	—
Straßengräben	<0,5	0,5 (Sohle)	≥1:1,5

Einzelheiten sind [22] zu entnehmen.

In wichtigen Fällen sollten hydraulische Berechnungen durchgeführt werden. Dabei ist das gesamte Einzugsgebiet unter Berücksichtigung der Abflußbeiwerte zu erfassen. Wegen des Einflusses auf den Geschwindigkeitsbeiwert (k-Wert nach Manning-Strickler) ist die Beschaffenheit der Böschungen und der Sohle besonders zu beachten. Für große Einzugsgebiete kann es zweckmäßig sein, das Unit-Hydrograph-Verfahren oder abgeleitete Methoden anzuwenden, die besonders geeignet sind, die Abflüsse von unregelmäßig beschaffenen Einzugsgebieten zu ermitteln [11].

Abfanggräben haben die Aufgabe, oberhalb der Straßenböschung das Hangwasser abzufangen und abzuleiten, um zu große Abmessungen für die Straßenmulden und -gräben zu vermeiden (Bild 16.15). Die Versickerung des Wassers aus den Mulden oder Gräben ist zu verhindern, wenn dadurch die Standfestigkeit der Böschungen gefährdet werden würde. Bei Straßengräben und Straßenmulden wird gegen die Versickerung meist nichts unternommen, obwohl das abfließende Wasser, besonders nach Unfällen so verunreinigt sein kann, daß das Grundwasser erheblich gefährdet wird (z.B. durch Chemikalien, Öle). Wegen bautechnischer Maßnahmen an Straßen in Wasserschutzgebieten siehe [18].

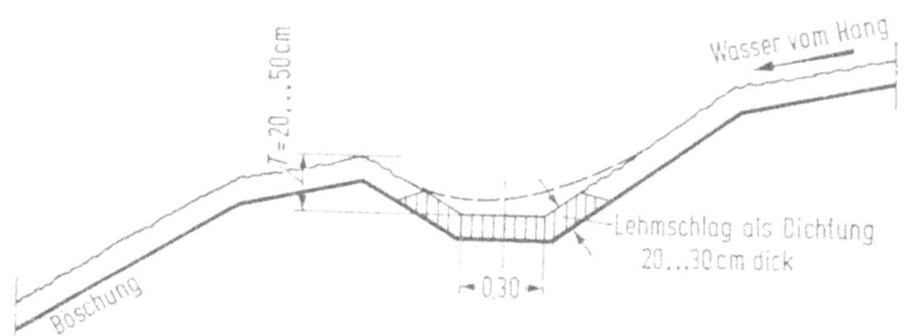

Bild 16.15. Abfanggraben [22].

16.7.2.2. *Straßenrinnen*

Straßenrinnen nehmen in der Regel nur den Oberflächenabfluß von den Verkehrsflächen auf. Sie werden entlang oder zwischen Verkehrsflächen angelegt. Man unterscheidet offene und überwiegend geschlossene Rinnen.

Offene Rinnen werden üblicherweise nicht hydraulisch berechnet. Ein ausreichender Abfluß ist bei offenen Rinnen gewährleistet, wenn das Sohlgefälle $\geq 0{,}5\%$ ist. Zweckmäßig wird das Sohlgefälle gleich dem Längsgefälle des Randes der Verkehrsfläche gewählt, an der die Rinne angeordnet ist. Reicht das Längsgefälle nicht aus, so kann die Querneigung der Rinne zum Straßenablauf hin vergrößert werden. Man spricht dann von einer Pendelrinne (Bild 16.19). Offene Rinnen haben die Form von Bordrinnen (Bild 16.16), Spitzrinnen (Bild 16.17) oder Muldenrinnen (Bild 16.18).

Bordrinnen und Spitzrinnen werden durch einen Hochbord begrenzt. Während die Bordrinne die gleiche Querneigung wie die Fahrbahn erhält und auch die gleiche Straßendecke, hat die Spitzrinne üblicherweise eine größere Querneigung als die Fahrbahn und soll sich auch hinsichtlich der Befestigungsart deutlich von der Fahrbahn abheben. Die Muldenrinne liegt zwischen unterschiedlichen Verkehrsflächen und wird so ausgebildet, daß die Trennung der Verkehrsflächen hervorgehoben wird und die Rinne gut überfahrbar ist. Sie wird meist gepflastert.

Geschlossene Rinnen sind Kastenrinnen oder Schlitzrinnen. Kastenrinnen sind mit Rosten oder gelochten Platten abgedeckt; Schlitzrinnen besitzen im Scheitel des sonst geschlossenen Querschnittes einen Schlitz, durch den das Wasser zulaufen kann. Beide Arten werden nur in Sonderfällen, z.B. bei der Entwässerung sehr großer, nur gering geneigter Flächen angewendet (z.B. Flugplatzentwässerung) [34]. Geschlossene Rinnen müssen hydraulisch berechnet werden. Die Sohlneigung ist in gewissen Grenzen unabhängig von der Längsneigung der Straße, daß die Rinnen unterhalb der Fahrbahnoberfläche eingebaut werden. Die Herstellungskosten werden wegen der unterschiedlichen Profilgestaltung höher als die offener Rinnen.

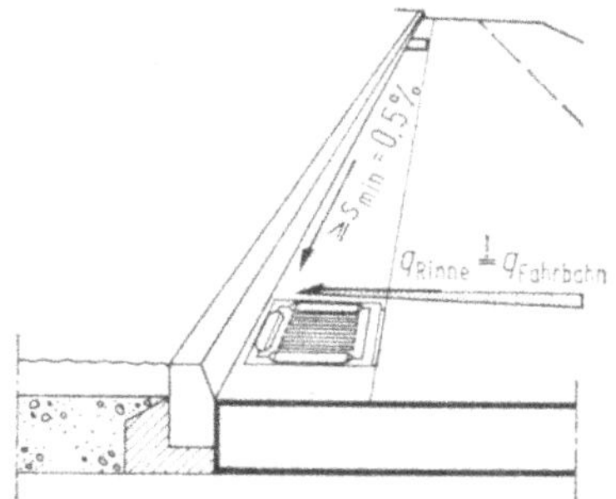

Bild 16.16. Bordrinne [22].

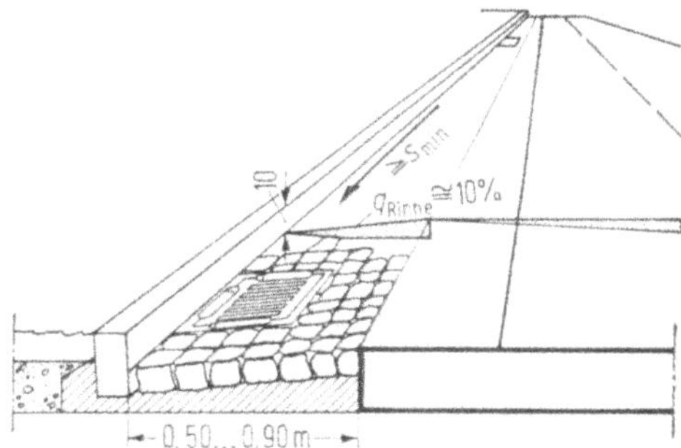

Bild 16.17. Spitzrinne [22].

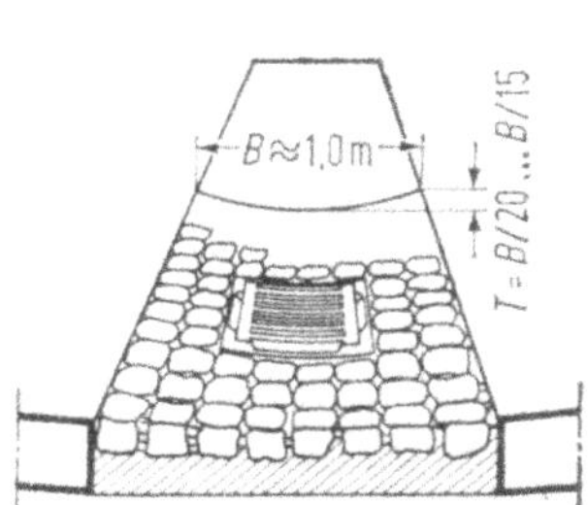

Bild 16.18. Muldenrinne [22].

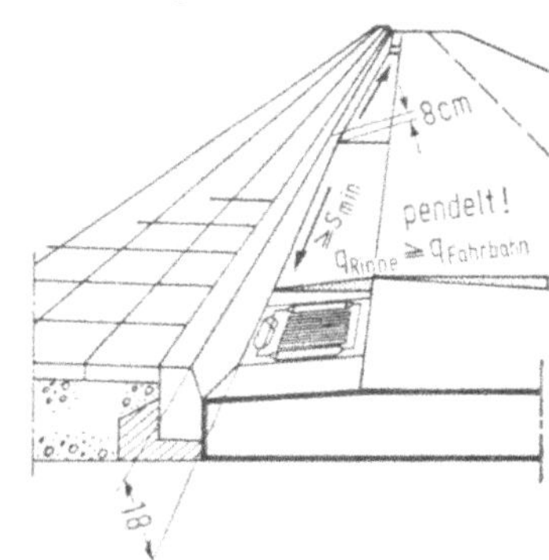

Bild 16.19. Pendel-Bordrinne [22].

16.7.2.3. Straßenabläufe

Straßenabläufe sollen das von den Straßenflächen ablaufende Wasser aufnehmen. Zusätzlich wird über die Straßenabläufe, wie auch über die Schachtabdeckungen, eine Belüftung der Kanalisation erreicht. Das Abwasser im Kanal soll frisch und nicht faulig sein. Das bedeutet, daß aerobe Abbauvorgänge im Abwasser angestrebt werden und keine übelriechenden Faulgase entstehen sollen.

Straßenabläufe haben, wenn die nötige Bauhöhe vorhanden ist, Schlammfangeinrichtungen. Man unterscheidet Einrichtungen für Trockenschlamm und solche für Naßschlamm. Der Trockenschlamm wird meistens in Eimern zurückgehalten, die an der Mantelfläche Schlitze haben. Der Schlamm besteht hauptsächlich aus Schmutz, Laub, Papier, Sand und Steinen, Ästen u.ä. Feinere Stoffe werden sofort mit dem Regenwasserabfluß in den Kanal gespült. Vorteilhaft ist, daß in den Eimern fast keine Faulprozesse entstehen, weil die zurückgehaltenen Stoffe leicht austrocknen können.

Der Naßschlamm sammelt sich im Schlammsumpf des Straßenablaufs. Dieser Sumpf hat keinen Abfluß und muß deshalb entleert werden. Die Wirksamkeit bzw. die Schädlichkeit dieser Abläufe wird durch die Häufigkeit der Entleerung bestimmt. Dem Vorteil, daß auch feine Schmutzstoffe zurückgehalten werden, steht der Nachteil gegenüber, daß im Schlammsumpf Faulprozesse entstehen. Das Faulwasser wird mit den Regenwasserabflüssen ausgespült und stört die aeroben Abbauprozesse in den Gewässern erheblich.

Für die Auswahl und die Anzahl der Straßenabläufe ist das Schluckvermögen wesentlich. Trotzdem gibt es nur wenige Angaben hierüber. Als Entwurfsgrundlage gilt üblicherweise, daß 200 bis 400 m² Straßenfläche an einen Ablauf angeschlossen werden können und daß zwischen zwei Abläufen der Abstand nicht mehr als 35 bis 40 m betragen soll [22, 25]. Als Richtwert für das praktische Schluckvermögen wird $Q_S = 3{,}5$ l/s angegeben [25].

Das erforderliche Schluckvermögen errechnet sich aus

$$Q_S > Q_R = \frac{r(T, n) \cdot \psi_S \cdot B \cdot a}{10^4},$$

Q_S Schluckvermögen [l/s],
Q_R Abfluß [l/s],
$r(T, n)$ Bemessungsregen [l/s ha],
ψ_S Abflußbeiwert [—],
B Breite der Straßenfläche [m],
a Abstand der Straßeneinläufe [m].

Das Schluckvermögen der Straßenabläufe hängt ganz erheblich von der strömungstechnischen Ausbildung der Einlaufgitter ab [26], wobei die Längs- und Querneigung der Straße und die Anordnung des Ablaufs am Bordstein eine große Rolle spielen. In Gefällestrecken ist es oft zweckmäßig, zwei Einläufe hintereinander anzuordnen.

Straßenabläufe sollten stets vor Straßeneinmündungen und -kreuzungen vorgesehen werden, damit die Fußgängerüberwege wasserfrei bleiben.

16.8. Entwässerung des Untergrundes

Um den schädlichen Einfluß von Grund-, Schicht- und Sickerwasser also von ungebundenem Bodenwasser, auf den Straßenkörper und die Böschungen zu vermeiden oder zu vermindern, werden Sickereinrichtungen vorgesehen. Man unterscheidet linienförmige Sickerstränge und flächenförmige Sickerschichten.

16.8.1. Sickerstränge

Sickerstränge dienen zum Abfangen des Sicker- oder Schichtwassers, das durch die Sickerschichten oder direkt aus dem Untergrund zufließt (Bild 16.20), und zum Ableiten dieses Wassers zu einer Vorflut. Sie bestehen aus Gräben, die mit filterstabilem Material (siehe Abschnitt 16.4.) aufgefüllt sind und in denen meist eine Sickerrohrleitung verlegt ist. Die Sickerrohrleitung erhöht die hydraulische Leistungsfähigkeit des Sickerstrangs beträchtlich. Sickerstränge mit Sickerrohrleitungen werden im Grundriß geradlinig angeordnet und enden in einem Schacht oder in einem offenen Vorfluter. Die geradlinige Linienführung ist für die Überwachung und Instandhaltung außerordentlich wichtig. Das Sohlgefälle der Sickerstränge soll 0,3% nicht unterschreiten, damit Sandablagerungen vermieden werden.

Für Sickerstränge mit Sickerrohrleitung ist eine Breite $\geq 0{,}80$ m zu wählen, und die Sickerrohrleitungen sollen mit dem Scheitel mindestens 20 cm unter der Sohle der zu entwässernden Schicht liegen. Der Durchmesser glattwandiger Sickerrohre soll $\geq$ 8 cm, anderer Rohre ≥ 10 cm betragen.

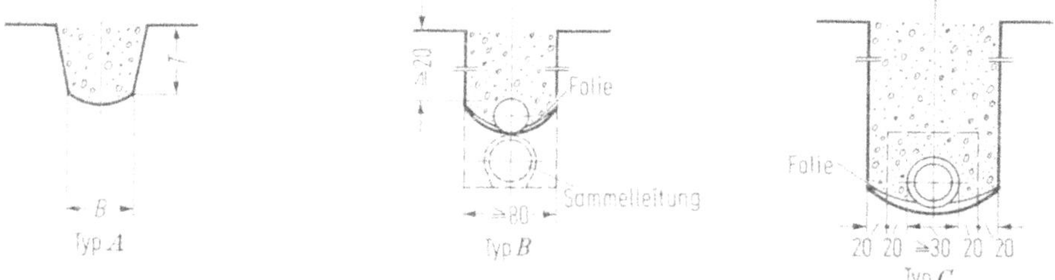

Bild 16.20. Sickerstrang [22]. a) ohne Sickerrohrleitung, Filter einstufig; b) mit Sickerrohrleitung, Filter einstufig; c) mit Sickerrohrleitung, Filter mehrstufig.

16.8.2. Sickerschichten

Sickerschichten haben die Aufgabe, ungebundenes Bodenwasser aufzunehmen. Je nach Lage und Anordnung werden sie als Frostschutzschicht, Auflastsickerschicht, Sickerstützscheibe oder Tiefensickerschicht bezeichnet.

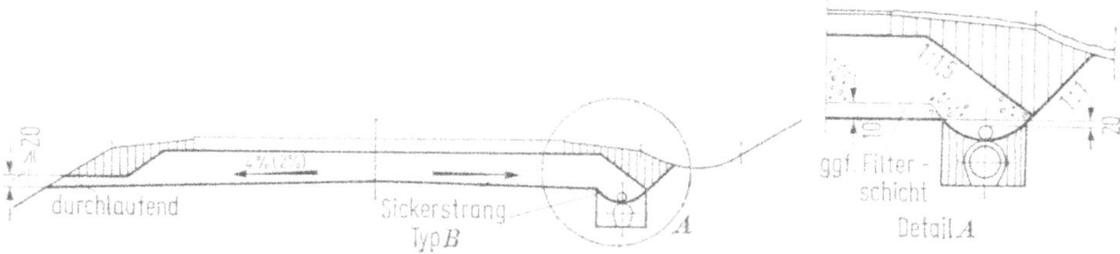

Bild 16.21. Frostschutzschicht [22].

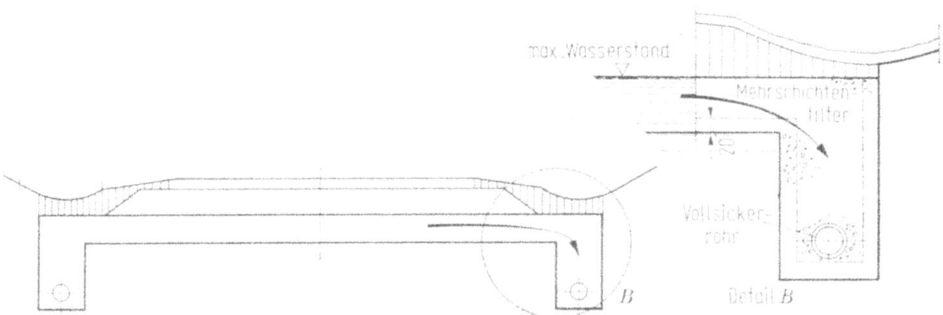

Bild 16.22. Auflastsickerschicht [22].

Horizontale Sickerschichten, die unter dem Straßenkörper liegen, sind die Frostschutzschicht und die Auflastsickerschicht (Bilder 16.21, 16.22). In der Frostschutzschicht soll das durch die Straßendecke eingedrungene Niederschlagswasser den parallel zur Straße angeordneten Sickersträngen zufließen. Dazu erhält das Erdplanum, auf dem die Frostschutzschicht aufgebracht ist, eine Querneigung von 2% (bzw. 4% bei nicht verfestigtem und nicht abgedichtetem Erdplanum). Außerdem hat die Frostschutzschicht die Aufgabe, den Kapillarsaum zu brechen.

Eine Auflastsickerschicht wird unter der Frostschutzschicht angeordnet, wenn wegen eines zu hohen Grundwasserstandes die Gefahr besteht, daß ein hydraulischer Grundbruch eintritt. Der Kornaufbau der Auflastsickerschicht muß gegenüber der Frostschutzschicht wie auch gegenüber dem Erdplanum filterstabil sein. Die Dicke darf 50 cm nicht unterschreiten.

Böschungssickerschichten, Sickerstützscheiben und Tiefensickerschichten (Bilder 16.23, 16.24, 16.25) schützen den Straßenkörper gegen seitlich zuströmendes Wasser. Eine Erosion der Böschung kann verhindert werden, wenn das Schichtwasser aus der Böschung von der Böschungssickerschicht aufgenommen wird und in ihr unschädlich abgeleitet wird. Bei der Böschungssickerschicht, die bei starkem Wasserandrang aus mehreren Quellhorizonten Verwendung findet, wird das Filtermaterial in einer mindestens 50 cm dicken Schicht in die Böschung eingebaut und mit dem der Straße parallelen Sickerstrang verbunden.

Sickerstützscheiben werden in Abständen von 12 bis 20 m zur Erhöhung der Standfestigkeit rutschgefährdeter Böschungen in der Böschungsfallinie angeordnet. Sie sollen bis unter die Gleitfläche der Böschung gezogen werden. Um die stützende Wirkung der Scheibe zu erreichen, wird als Filtermaterial Porenbeton verwendet. Auf beiden Seiten der Sickerstützscheibe sind Filterschichten erforderlich, und wenn die Breite der Stützscheibe mehr als 1,20 m beträgt, muß an der Unterseite ein Vollsickerrohr angeordnet werden.

Der Aufbau der Tiefensickerschicht entspricht Sickersträngen mit mehrstufigem Filter und mit Sickerrohrleitung. Die Tiefe richtet sich nach der Tiefenlage der wasserführenden Schicht. Die Breite soll $\geq 1{,}0$ m sein.

Alle Sickerschichten sind mit einer 20 cm dicken Schicht aus bindigem Mutterboden gegen das Eindringen von Oberflächenwasser zu schützen.

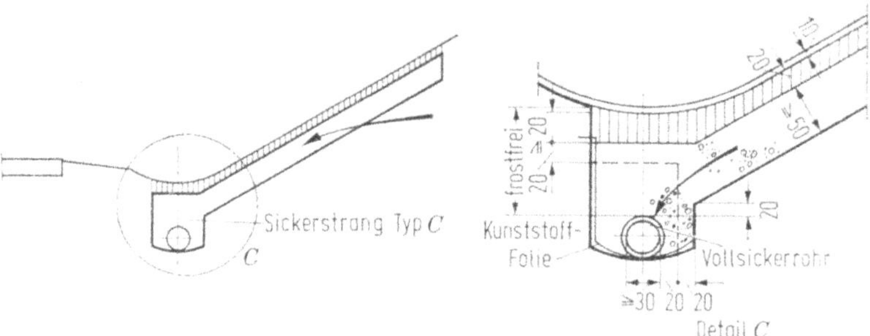

Bild 16.23. Böschungssickerschicht [22] (bei starkem Wasserandrang aus mehreren Quellhorizonten).

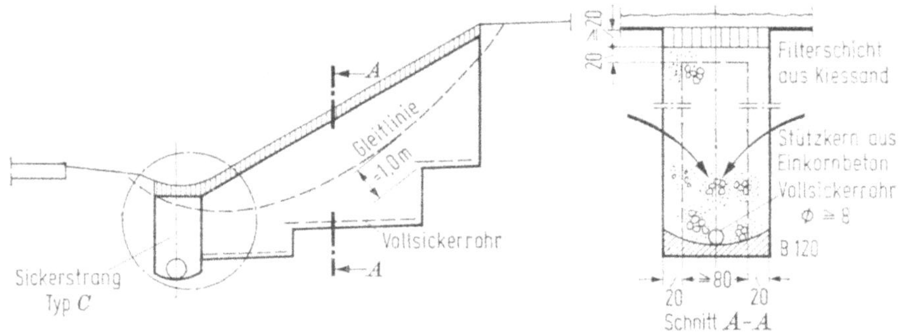

Bild 16.24. Sickerstützscheibe [22] (bei rutschgefährdeten Böschungen in der Fallinie der Böschung angeordnet).

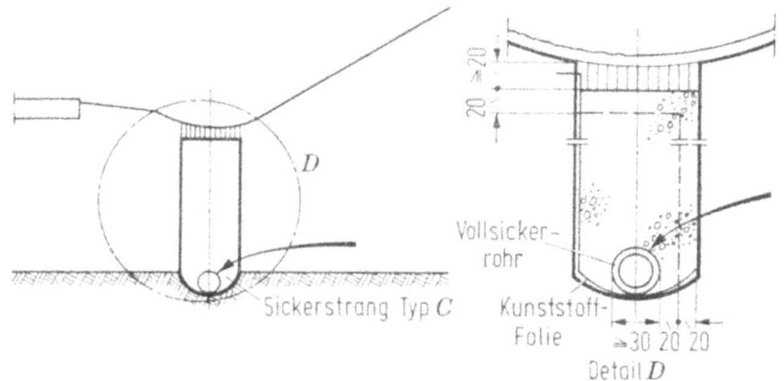

Bild 16.25. Tiefensickerschicht [22] (bei tiefliegendem Wasserandrang parallel zur Straße angeordnet).

16.9. Fortleitung des Wassers

Das Wasser, das bei der Oberflächen- und Untergrundentwässerung anfällt, wird natürlichen oder künstlichen Vorflutern zugeleitet. Natürliche Vorfluter sind alle Gewässer, die zur Aufnahme der Wassermengen aus der Entwässerung geeignet sind. Als künstliche Vorfluter werden Pumpwerke, große Sammelkanäle oder städtische Kanalisationen bezeichnet.

Rohrleitungen müssen frostsicher verlegt werden. Außerdem hängt die Tiefenlage des Rohrscheitels von den notwendigen Anschlüssen anderer Rohrleitungen und von der Lage des Vorfluters ab. Bei der statischen Berechnung sind die möglichen Verkehrsbelastungen zu berücksichtigen.

Als Rohrmaterialien kommen, wie im Kanalisationsbau Beton, Stahlbeton, Steinzeug oder Kunststoffe zur Anwendung. Die Wahl des Rohrmaterials, der Querschnittsformen (Kreis-, Ei-, Maulprofil) hängt von der Beschaffenheit des Wassers, von der Verkehrsbelastung, der abzuleitenden Wassermenge und den Ergebnissen einer Wirtschaftlichkeitsrechnung ab.

Ablagerungen können vermieden werden, wenn die Fließgeschwindigkeit über 0,5 m/s beträgt. Um eine rationelle Reinigung zu ermöglichen, sollen nur Rohre von mindestens NW 250 verwendet werden, und die Rohrleitung soll im Grund- und im Aufriß geradlinig verlegt sein. Die Anordnung und Konstruktion von Reinigungs- und Prüfschächten, Sonderbauwerken, z.B. Absturzbauwerke, Düker usw., können dem Merkblatt für die Entwässerung von Straßen [22] und der Literatur über Kanalisation [5, 25, 27] entnommen werden. Die hydraulische Bemessung wird entsprechend den Berechnungsgrundlagen (Abschnitt 16.3.) vorgenommen.

Für Rohrleitungen, in denen die Fließzeit t_f länger ist als die Dauer des Berechnungsregens T_R, ist der Bemessungsregen derjenige Regen, dessen Dauer T_B gleich der Fließzeit t_f bis zu dem zu bemessenden Querschnitt ist. Brauchbare Verfahren zur Berechnung von Rohrleitungen, die auf dem dargestellten Grundsatz beruhen, sind das Zeitbeiwertverfahren und das Summenlinienverfahren [5, 27]. Das Zeitbeiwertverfahren wird angewendet, wenn die Abflüsse in der Rohrleitung proportional zur Rohrleitungslänge zunehmen. Das Summenlinienverfahren ist auch bei unregelmäßigen Zuflüssen anwendbar.

16.10. Unterhaltung

Die ständige und sorgfältige Wartung und Unterhaltung aller Entwässerungseinrichtungen ist für den Bestand der Straße und für die Sicherheit des Verkehrs auf der Straße von besonderer Wichtigkeit. Hierzu gehört die regelmäßige Überprüfung des Zustands aller Entwässerungsanlagen (Rohrleitungen, Schächte, Straßenabläufe, Rinnen, Mulden, Gräben usw.), ihre regelmäßige Reinigung (besonders die Leerung der Schlammeimer und Absetzräume) sowie die Pflege der unbefestigten Seitenstreifen, damit stets ein ungehinderter Abfluß des Niederschlagswassers gewährleistet ist. Dies ist besonders wichtig vor Beginn und nach Ende des Winters.

Alle Entwässerungseinrichtungen müssen deshalb so geplant und ausgeführt werden, daß die Wartung und Unterhaltung mit dem geringsten Aufwand durchführbar ist und ohne Gefährdung des Personals und ohne große Störung des Verkehrs auf der Straße geschehen kann. Darauf ist bei der Planung der gesamten Entwässerungseinrichtungen besonders zu achten.

16.11. Literatur

Sammel- oder Standardwerke sind durch Unterstreichung gekennzeichnet

1. Richtlinien für die hydraulische Berechnung von Abwasserkanälen, Arbeitsblatt A 110, Okt. 1965, ATV, KfK, Wasserwirtschaft — Abwasser —, Vertrieb ZfGW-Verlag GmbH.

2. Anweisung zur Auswertung von Schreibregenmesseraufzeichnungen für wasserwirtschaftliche Zwecke (AAR 1936) der Abwasserfachgruppe der Deutschen Gesellschaft für Bauwesen e. V. Gesundheits-Ingenieur 60 (1937) Nr. 2, S. 22—26; Nr. 3, S. 40—45; Nr. 4, S. 55—61.
3. Reinhold, F.: Regenspenden in Deutschland. Archiv für Wasserwirtschaft (1940) Nr. 56.
4. Braun, H.: Beitrag zur Beurteilung und Ermittlung von Oberflächenabflüssen auf unbebauten Siedlungsflächen. Diss. TH Braunschweig, Fak. für Bauwesen 1961.
5. Gerlach, E.; Roske, K.: Siedlungswasserwirtschaft. In: Taschenbuch der Wasserwirtschaft Hrsg. von H. Press, 5. Aufl. Hamburg: Verlag Wasser und Boden (1971) S. 801—984.
6. Imhoff, K.: Taschenbuch der Stadtentwässerung, 22. Aufl. München: Oldenbourg 1969.
7. Pecher, R.: Der Abflußbeiwert und seine Abhängigkeit von der Regendauer. In: Berichte aus dem Institut für Wasserwirtschaft und Gesundheitswesen, Technische Hochschule München. Hrsg. von Müller-Neuhaus, H. 2, 1969.
8. Schweizerische Normenvereinigung (SNV) Normblatt SNV 640350: Oberflächenentwässerung von Straßen, Regenintensität. Mai 1969.
9. Normblatt SNV 640351: Oberflächenentwässerung von Straßen, Anlaufzeit. März 1970.
10. Normblatt SNV 640352: Oberflächenentwässerung von Straßen, Abflußmengen. März 1970.
11. Press, H.: Taschenbuch der Wasserwirtschaft, 5. Aufl. Hamburg: Verlag Wasser und Boden 1971.
12. Imhoff, K. R.: Ölabscheidebecken für Fernstraßen im Ruhrtal. Gas- und Wasserfach (Wasser—Abwasser) 108 (1967) 43—45.
13. Kurzweil, H. E.: Über die Zulässigkeit der Einleitung von Niederschlagswässern aus dem Kanalnetz in den Vorfluter. Diss. Hochsch. f. Bodenkultur, Wien, 1961.
14. Kurzweil, H. E.: Die Verschmutzung des abfließenden Regenwassers im Bereich städtischer Siedlungen. Gesundheits-Ingenieur 85 (1964) 178.
15. Water Pollution Aspects of Urban Runoff. Final Report on the Causes and Remedies of Water Pollution from Surface Drainage of Urban Areas — Res. Proj. No. 120 of the Fed. Water Pollution Control Admin., U. S. Department of the Interior by the American Public Works Assoc. Contract No. WA 66—23, January 1969.
16. DVGW, Richtlinien für Trinkwasserschutzgebiete, I. Teil: Schutzgebiete für Grundwasser, Arbeitsblatt W 101, Nov. 1961, ZfGW-Verlag GmbH.
17. DVGW, Richtlinien für Trinkwasserschutzgebiete, II. Teil: Schutzgebiete für Trinkwassertalsperren. Arbeitsblatt W 102, Sept. 1959, ZfGW-Verlag GmbH.
18. Merkblatt für bautechnische Maßnahmen an Straßen in Wassergewinnungsgebieten. Forschungsgesellschaft für das Straßenwesen, Ausgabe 1971.
19. Annen, G.: Zur Gestaltung von Rückhaltebecken bei der Entwässerung von Fernstraßen. GWF (Wasser—Abwasser) 108 (1967) 46—48.
20. Annen, G.; Londong, D.: Vergleichender Beitrag zu Bemessungsverfahren von Rückhaltebecken. Techn.-wissenschaftliche Mitteilungen der Emschergenossenschaft und des Lippe-Verbandes 1960, H. 3.
21. Krauel, A.: Ölrückhalt in Regenwasserpumpwerken und Regenbecken. GWF (Wasser—Abwasser) 108 (1967) 48—51.
22. Merkblatt für die Entwässerung von Straßen, Forschungsgesellschaft für das Straßenwesen, Ausgabe 1971.
23. Winterdienst und Gewässerschutz beim Straßenunterhalt (Auszug aus der Mitt. Nr. 11 d. Eidg. Amtes f. Umweltschutz, v. Aug. 1974). Straße u. Verkehr 60 (1974) Nr. 12, S. 617.
24. Cedergren, H. R.: Drainage of Highway and Airfield Pavements. New York, London usw.: Wiley, 1974.
25. Lautrich, R.: Der Abwasserkanal, 2. Aufl. Hamburg: Verlag Wasser u. Boden 1966.
26. Nemecek, E. P.: Die Entwicklung stromtechnisch günstiger Einlaufgitter. Österreichische Abwasser-Rundschau, Sonderdruck, Folge 2, 1967.
27. Lehr- und Handbuch der Abwassertechnik, Band I (Kanalisation). Hrsg. v. d. Abwassertechnischen Vereinigung e. V., Berlin: Ernst & Sohn 1969.
28. Code de bonne pratique pour la protection des travaux routiers contre les effects de l'eau. Centre de Recherches Routières, Bruxelles, 1966; Recommendations C.R.R. - R 28/65 du Comité Technique des Sols et Foundations du C.R.R.
29. Kirschmer, D.: Tabellen zur Berechnung von Entwässerungsleitungen nach Prandtl-Colebrook. Heidelberg: Straßenbau, Chemie und Technik Verlagsges. mbH. 1966.
30. Kirgis, L.: Tiefbau-Taschenbuch. Stuttgart: Franckh'scheVerlagshandlung, 13. Aufl., 1966.
31. Entwässerungsprobleme an Straßen: Mitteilungen des Lehrstuhls für Straßenwesen, Erd- und Tunnelbau der Rheinisch-Westf. Techn. Hochschule Aachen, H. 3, 1964.
32. Merkblatt für das Zufüllen von Leitungsgräben. Forschungsgesellschaft für das Straßenwesen, Ausgabe 1970.
33. Kastl, J.: Der Straßenbau, Teil I, 2. Aufl. Leipzig: Teubner 1968.

34. Merkblatt zur Entwässerung von Flugplätzen. Forschungsgesellschaft für das Straßenwesen, Ausgabe 1971.
35. Bieske, E.: Handbuch des Brunnenbaus, Bd. II. Berlin: Rudolf Schmidt 1965.
36. Hinweise zur Verhütung der biologischen Verockerung. In: DVGW-Regelwerk, Merkblatt W 131, Januar 1970, Frankfurt: ZfGW-Verlag.
37. Billib, H.: Landwirtschaftlicher Wasserbau. In: Taschenbuch der Wasserwirtschaft. Hrsg. von H. Press, 5. Aufl. Hamburg: Wasser und Boden 1971.
38. Billib, H.: Regelung des Wasserhaushaltes. In: Taschenbuch der Wasserwirtschaft. Hrsg. von H. Press, 5. Aufl. Hamburg: Wasser und Boden 1971.
39. DIN 1185: Dränung. 1971.
40. Hässelbarth, U.; Lüdemann, D.: Die biologische Verockerung von Brunnen durch Massenentwicklung von Eisen- und Manganbakterien. In: Bohrtechnik—Brunnenbau—Rohrleitungsbau, Heft 10 und 11, Berlin: Rudolf Schmidt, 1967.
41. Golwer, A.: Beeinflussung des Grundwassers durch Straßen. Z. Dt. Geol. Ges. 124 (1973) 435—446.
42. Golwer, A.; Schneider, W.: Belastung des Bodens und des unterirdischen Wassers durch Straßenverkehr. GWF 114 (1973) Nr. 4, S. 154—165.
43. Tiemann, K. H.: Die Auswirkungen des Straßenverkehrs auf Boden, Pflanzen und Wasser. Z. f. Kulturtechnik u. Flurbereinigung 13 (1972) 90—108.
44. Einheitliche Anforderungen an die Beschaffenheit, Untersuchung und Beurteilung von Trinkwasser in Europa. 2. Aufl., Schriftenreihe d. Ver. f. Wasser-, Boden- und Lufthygiene 146. Stuttgart: Fischer 1971.
45. Deutsche Einheitsverfahren zur Wasser-, Abwasser- und Schlammuntersuchung, 3. Aufl. Weinheim/Bergstr.: Verlag Chemie 1960.
46. Kalender, U.: Einflußfaktoren auf die Wasserfilmdicke. In: Straßenbautagung Berlin 1970. Forschungsgesellschaft für das Straßenwesen, Köln, Bonn—Bad Godesberg: Kirschbaum 1971, S. 162—168.
47. Kalender, U.: Querneigung und Fahrsicherheit — Mögliche Einflüsse der negativen Querneigung. Straßenbau und Straßenverkehrstechnik, Heft 173, 1974.
48. Richtlinien für die Anlage von Landstraßen, Teil II: Linienführung, Abschnitt 1: Elemente der Linienführung. RAL-L-1. Ausgabe 1973. Bonn—Bad Godesberg: Kirschbaum.
49. Pavement Grooving and Traction Studies. Hrsg. v. d. NASA (National Aeronautics and Space Administration), Hampton, Va., 1968.
50. Hakelberg, F.: Künstliche Rillen zur Verringerung der Aquaplaning-Gefahr. Straßenbau-Technik 26 (1973) 39—41.
51. Pervious bitumen-macadam surfacing laid to reduce splash and spray at Stonebridge Brown. TRRL Report 563, 1973. (Gekürzte u. bearbeitete dt. Übersetzung von W. Peffekoven: Bitumen 36 (1974) Nr. 1, S. 19/20.)
52. Höcker, H. J.: Die Oberflächenentwässerung von Fahrbahnen und ihre Bedeutung für den Fahrbahnentwurf. Straßenbau und Straßenverkehrstechnik, H. 118, 1971.
53. Lehnert, D.: Untersuchungen zur Querschnittsgestaltung von Straßen im Bereich von Wendelinien mit besonderer Berücksichtigung der Abführung des Niederschlagswassers. Diss. TH Darmstadt 1974.
54. Slama, R.: La glissance des pistes d'aviation. Rev. Gén. des Routes et des Aerodromes 39. (1968) Nr. 443, S. 83ff.
55. Stichting Studie Centrum Wegenbouw, Arnhem, Int. Symp. on Porous Asphalt Amsterdam 31 May—2 June 1976.
56. Drainage of Asphalt Pavement Structures, The Asphalt Institute Building, College Park, Maryland, 20740, 1966, First Edition.
57. Ministry of Transport, Specification for Road and Bridge Works London, Her Majesty's Stationery Office, 1963.
58. Stichting Studie-Centrum Wegenbouw, Drainage van de Weg Voorlopige beschouwingen, 1961, Secretaris: 's-Gravenhage, Badhuiskade 21.
59. Studie Centrum Wegenbouw, Werkgroep "Drainage van het Weglichaam", Rapport Orienterend Onderzoek, Bureau: Jansbuitensingel 14A, Arnheim.
60. SNV: 40 530 Straßenentwässerung: Begriffe.
40 532 Straßenentwässerung: Leitungen,
40 535 Straßenentwässerung: Grabarbeiten. Beschlossen: 1965.
61. Richtlinien für Heilquellenschutzgebiete, Länderarbeitsgemeinschaft Wasser, 1965.

17. Entwicklungsphasen des Straßenentwurfs

W. Durth

Inhalt

Bei einem als Strecke begrenzten Projekt für einen Straßenzug nimmt der Entwurf zwischen der Planungsabsicht und der gebauten Straße eine zentrale Stellung ein. Das Straßenprojekt ist Teil eines Netzes. Am Anfang stehen daher Verkehrsuntersuchungen, die auf Grund verkehrstechnischer, verkehrsplanerischer und wirtschaftlicher Entscheidungskriterien Vorschläge für Straßensysteme mit einer Bemessung der Straßen und Knoten nach der gewünschten Leistungsfähigkeit enthalten. Auf dieser Grundlage formulieren Bund, Länder und Gemeinden als Baulastträger ihrer Straßen den politischen Willen zur Gestaltung des Netzes in Verkehrswegeplänen, die mit der Flächennutzungsplanung Teil der Siedlungsentwicklungsplanung sind. Als Ausbaupläne des Bundes, als Landesentwicklungspläne, Regionalpläne und Generalverkehrspläne sollen sie aufeinander abgestimmt sein und — auch in ihrer schrittweisen zeitlichen Realisierung — eine durchdachte Planhierarchie bilden.

Diese Pläne weisen der zu entwerfenden Straße eine bestimmte Netzfunktion [1] zu und legen mit der prognostizierten Verkehrsbelastung einen bestimmten Straßentyp [2] fest. Aus Netzfunktion und Straßentyp ergeben sich die Größe des Querschnitts und über die Grundgeschwindigkeit die ersten Anforderungen an die Entwurfsgeschwindigkeit, d.h. an die Güte der Linienführung. Sie begleiten den Straßenentwurf in allen seinen Entwicklungsphasen bis zu seiner Verwendung für die Baudurchführung.

Zwischen Voruntersuchung und Baudurchführung hat der Straßenentwurf viele Aufgaben zu erfüllen:

1. Er soll jedem verständlich die Straße selbst und die Eingriffe des Straßenprojekts in seine bisher ungestörte Umgebung erkennen lassen und die Maßnahmen zur Einpassung zeigen.

2. Er bildet mit dem Kostenvoranschlag die Grundlage für die Einstellung des Straßenbauvorhabens in Ausbaupläne und den öffentlichen Haushalt.

3. Er dient als Unterlage der landesplanerischen und städtebaulichen Abstimmung des Projekts und der Erlangung des Baurechts im Raumordnungs-, Planfeststellungs- oder Bebauungsplanverfahren.

4. Auf der Grundlage des Entwurfs wird der Grund und Boden für die Straße erworben.

5. Schließlich ist der Entwurf die prüfbare technische Unterlage für die Baudurchführung.

Diese Anforderungen können nicht in einem Arbeitsgang erfüllt werden, sondern nur Schritt für Schritt. Für ein Straßenprojekt werden hintereinander drei Entwürfe aufgestellt (Bild 17.1), die eng mit der rechtlichen Bauvorbereitung verknüpft sind. Der *Linienentwurf* soll die raumordnerischen Belange des Projektes in einem bisher meist behördeninternen Verfahren klären helfen. Mit dem *Vorentwurf* wird das Genehmigungsverfahren durchgezogen und die Einstellung der Maßnahme in den Haushalt beantragt. Der Vorentwurf und der Bauentwurf geben die Unterlagen für das Bebauungsplan- oder Planfeststellungsverfahren ab. Der *Bauentwurf* ist eine mehr handwerkliche, ausführliche Ausarbeitung im De-

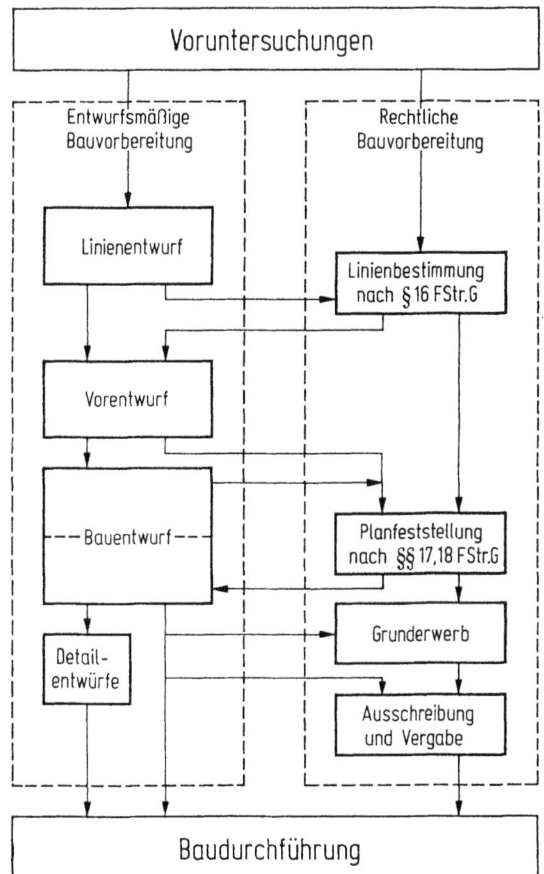

Bild 17.1. Der Straßenentwurf im Projektablauf (Beispiel Bundesfernstraße).

tail, die dem Grunderwerb, der Ausschreibung und endlich der Baudurchführung dient.

Wie Bild 17.1 zeigt, ist der Fortgang der entwurfsmäßigen Bauvorbereitung immer wieder von der Erledigung einzelner Schritte der rechtlichen Bauvorbereitung abhängig. Das Ergebnis dieser Rechtsverfahren nimmt direkt und erheblich Einfluß auf die Entwurfsgestaltung. Linienbestimmung und Planfeststellung müssen insofern an mehreren Stellen in die Entwicklungsphasen des Straßenentwurfs einbezogen werden.

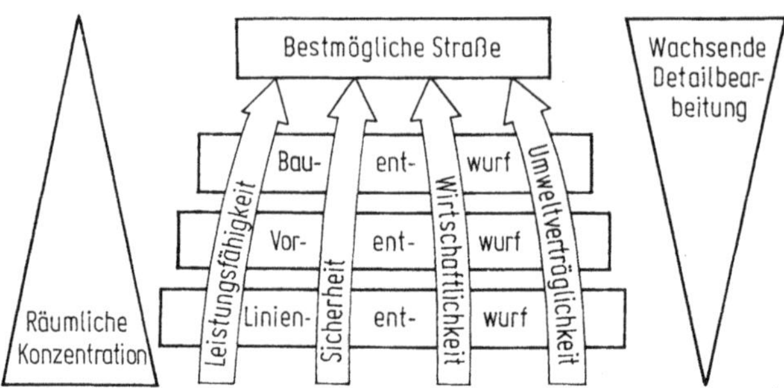

Bild 17.2. Entwicklungsphasen des Straßenentwurfs.

Die Bearbeitungsfolge Linienentwurf — Vorentwurf — Bauentwurf stellt daneben einen iterativen Optimierungsprozeß dar. Sein Ziel ist es, einen bestmöglichen Kompromiß aus vier Teiloptimierungen zu erreichen. Diese vier Teiloptima entsprechen den vier Kriterien der Entwurfsbewertung (Bild 17.2):

Leistungsfähigkeit,
Sicherheit,
Wirtschaftlichkeit,
Umweltverträglichkeit.

Die Entwicklungsphasen des Straßenentwurfs bestehen nun darin, den Entwurf nach ihnen und nach ihrer gegenseitigen Abhängigkeit über drei Stufen hinweg auszuarbeiten. Im Verlauf dieser Bearbeitung werden im ursprünglich breiten Planungskorridor (Bild 17.3) die weniger geeigneten Varianten nach und nach ausgeschieden und die beste in Lage- und Höhenplan optimiert, bis Trasse und Gradiente ihre endgültige Lage erreicht haben. Einher geht damit eine wachsende Detailbearbeitung. Je weiter der Optimierungsprozeß fortschreitet, um so mehr verfeinert er sich. Die Zahl der im Entwurf zu lösenden Einzelaufgaben steigt vom Linienentwurf zum Bauentwurf ganz erheblich an.

17.1. Der Linienentwurf

17.1.1. Linienentwurf und Raumordnung

Um für die Bevölkerung wertgleiche Lebensbedingungen zu schaffen, haben Bund, Länder und Gemeinden nach den Raumordnungsgesetzen für ihre Gebiete Raumordnungs- und Flächennutzungspläne aufgestellt. Mit ihnen wollen sie die langfristige Entwicklung in den Bereichen Landschaft, Wasser, Bodenschätze, gewerbliche Wirtschaft, Landwirtschaft, Forstwirtschaft, Verkehr, Energie, Kultur- und Schulwesen, Wohnungs- und Siedlungswesen, Sozialwesen und Verteidigung steuern. Neben den Planungen der Verkehrsträger Schiene, Wasser, Luft und Leitungen gehört auch die Straßenplanung zu den raumbedeutsamen Fachplanungen. Zur ihrer Abstimmung, Sicherung und Durchsetzung ist daher ein raumordnerisches Verfahren notwendig, in dem alle öffentlichen Planungsträger die Linienführung der geplanten Straße anerkennen und sie in ihren eigenen Plänen berücksichtigen.

Zur Durchführung dieses Verfahrens gehören Planunterlagen, aus denen die Linienführung selbst, der Querschnitt und die Knotenpunkte der geplanten Straße ersichtlich sind (Bild 17.3), sowie Erläuterungen, die die Auswirkungen auf den Verkehrsfluß, die Unfallentwicklung und die Umwelt angeben.

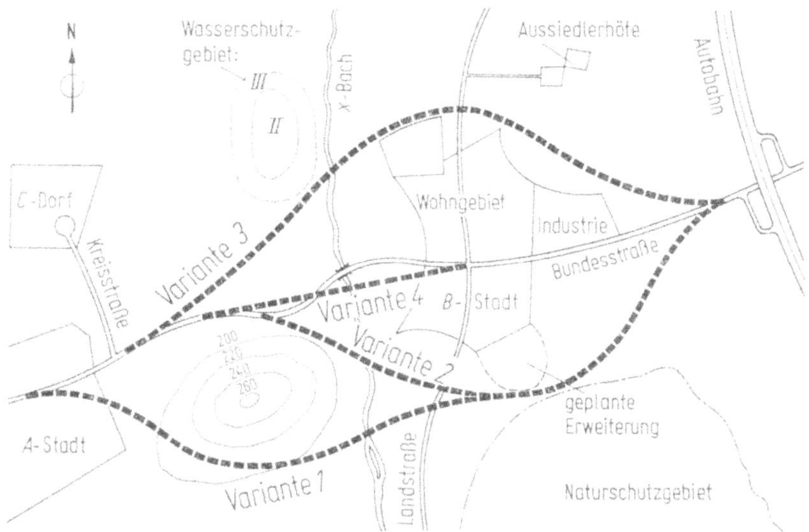

Bild 17.3. Linienuntersuchung einer Umgehungsstraße.

Für eine Bundesfernstraße bestimmt der Bundesminister für Verkehr in Abstimmung mit den zuständigen Landesministerien die Linie nach § 16 FStrG. Für Landesstraßen enthalten Landesstraßen- oder Landesraumordnungsgesetze entsprechende Regelungen. In den Gemeinden kann die Straßenplanung in den Flächennutzungsplänen nach Bundesbaugesetz gesichert werden. In einem späteren Planfeststellungs- oder Bebauungsplanverfahren sind alle öffentlichen Planungsträger an die Festlegungen des Linienentwurfs im Raumordnungsverfahren gebunden.

17.1.2. Arbeitsschritte des Linienentwurfs

(Bild 17.4). Jeder Linienentwurf beginnt mit einer Zusammenstellung aller Unterlagen (vgl. Kapitel 18, Abschnitt 18.2.), die die vorhandene Situation des Planungsgebiets ausreichend genau beschreiben, und einer Sammlung der Planungsabsichten, die hier andere Planungsträger bereits verfolgen. Linienentwürfe werden in Karten nach dem neuesten Stand in den Maßstäben 1:50000 bis 1:5000 angefertigt. Am besten eignet sich für ländliche Gebiete die topografische Karte 1:25000 (Meßtischblatt) oder ihre Vergrößerung 1:10000, für stadtnahe oder städtische Gebiete der Maßstab 1:5000 der deutschen Grundkarte. Zwangspunkte (schutzwürdige Einzelobjekte), Zwangslinien (Wasserläufe, Verkehrswege, Leitungen) und Zwangsflächen (Bebauungs-, Wasserschutz-, Überschwemmungs-,

Naturschutzgebiete, Flugplätze, Friedhöfe usw.) sind in die Karten einzutragen. Absolute Zwangspunkte gibt es selten. Die Sicherheit des Verkehrs und die Wirtschaftlichkeit eines Straßenbaus dürfen nicht hinter dem Widerstand anderer Träger öffentlicher Belange und privater Interessen zurückstehen. Zwangspunkte und Trassierungsnachteile sind daher zunächst in eine wertmäßige Rangfolge zu bringen, der eine Beurteilung der technischen und finanziellen Möglichkeiten zugrunde liegt. Die politische Realität und die Zielsetzung, mit der Linienfestlegung überhaupt voranzukommen, erzwingen jedoch manchmal Kompromisse in dieser Rangfolge.

Außer den Zwangsbereichen sollte besonders für stadtnahe Planungen auch eine Karte der Flächennutzungen angefertigt werden, um frühzeitig die zu erwartenden Grunderwerbsverhältnisse abschätzen zu können. Die mit den Voruntersuchungen und Netzfestlegungen ausgearbeiteten Verkehrsunter-

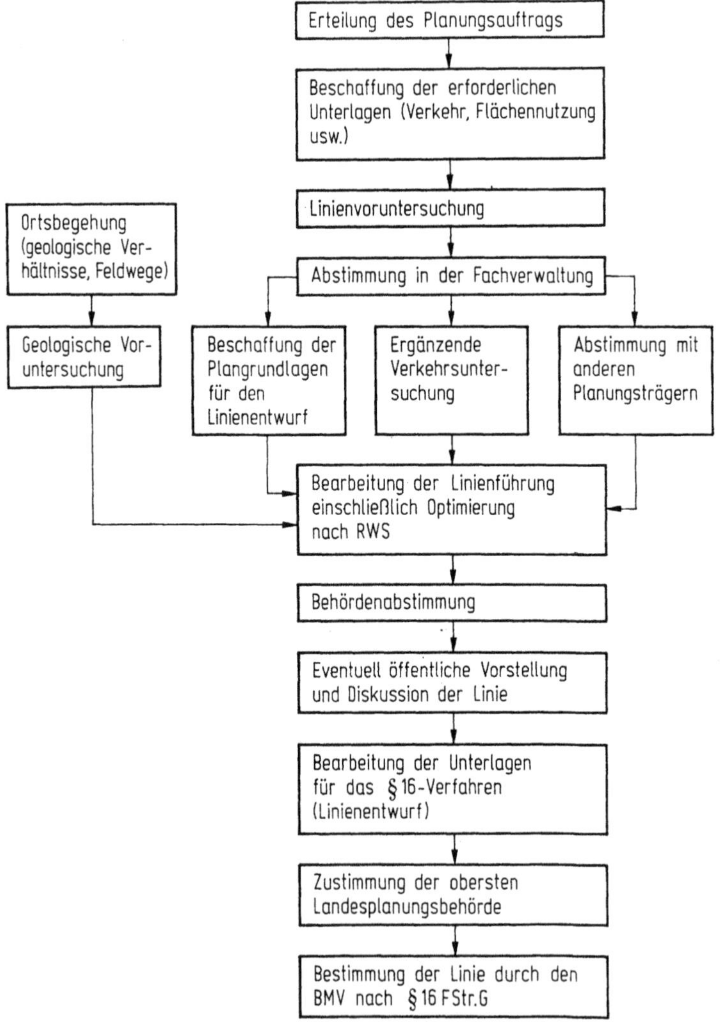

Bild 17.4. Arbeitsschritte des Linienentwurfs am Beispiel einer Bundesfernstraße.

suchungen reichen häufig nicht aus und bedürfen einer Ergänzung oder Abstimmung mit benachbarten jüngeren oder älteren Untersuchungen, damit frühzeitig nicht nur die Verknüpfungspunkte der geplanten Straße mit dem vorhandenen Netz bekannt und geklärt sind, sondern auch schon Lage und Größenordnung dieser Knotenpunkte beurteilt werden können. Eine geologische Karte 1:25000 gehört ebenso zu den ersten Unterlagen für die Linienfindung.

Zwangsbereiche ergeben sich nicht nur aus der Siedlungstätigkeit des Menschen, sondern auch aus der natürlichen Topografie. Sie können sehr unterschiedlich sein. Auch ohne greifbare Zwänge muß der Entwerfende mit dem Landschaftsrelief behutsam umgehen. Die freie und intakte Landschaftsstruktur wird durch hohe Dämme und tiefe Einschnitte einer Straße auf Dauer gestört und in ihrer Gesamtheit durchschnitten. Wenn es sich vermeiden läßt, sollten Täler nicht mit hohen Dämmen durchquert, sondern es müßte möglichst eine anschmiegsame Hinab- und Hinaufführung der Straße an den Talrändern mit flacher Talquerung gewählt werden. Eine andere Alternative ist ein großes Talbauwerk.

Landschaftlich günstig ist auch die Anlehnung der Trasse an Reliefknicke (Talsohlenrand), bestehende Nutzungsgrenzen (Waldrand) oder vorgegebene Verkehrslinien (Kanal, Bahn). Weitere Empfehlungen enthält Kapitel 15. Die Berücksichtigung von Lärmschutzmaßnahmen beim Straßenentwurf ist in Kapitel 14 behandelt.

Die Linienvoruntersuchung kann nach der Beschaffung der erforderlichen Unterlagen auf der mit den notwendigen Eintragungen versehenen Karte beginnen. Unter bestmöglicher Umgehung der örtlichen Zwänge wird eine Freihandlinie gesucht oder im Maßstab 1:10000 und größer ein Biegestab so ausgelegt, daß die Mindestradien der Grundgeschwindigkeit aus Netzfunktion und Straßentyp eingehalten werden [3]. Auch die Verhältnisse der Radien aufeinanderfolgender Bögen bedürfen schon einer Sichtung. Zwischen den vorgegebenen Endpunkten sollten mehrere Trassen eingetragen werden, die in diesem Stadium mehr als Entwurfskorridore zu verstehen sind, um die tatsächlich beste finden zu können. Die Achsen der gefundenen alternativen Trassen werden grafisch stationiert. Sie bilden die Grundlage für die Geländelängsschnitte, die nach den Höhenschichtlinien der Karte aufzutragen sind.

Das von der Trasse durchschnittene Wege- und Gewässernetz des Planungsgebietes muß neu geordnet werden. Daraus ergeben sich die Zwangspunkte im Höhenplan, die in den Geländelängsschnitt als Wasserspiegel, Standorte und lichte Höhen von Bauwerken, Weganschlüssen usw. eingetragen werden. Ebenso wie im Lageplan wird nun im Höhenplan ein Biegestab ausgelegt und unter Beachtung der Geländeform und der Zwangspunkte eine zweckmäßige Gradiente, möglichst in mehreren Varianten gesucht. Im Höhenplan lassen sich sodann die Dammhöhen und Einschnittstiefen ablesen, die Bauwerkslängen vorläufig eintragen und damit auch der Flächenbedarf im Lageplan mit Straßen, Brücken, Damm- und Einschnittsböschungen überschläglich ermitteln. Die Linienvoruntersuchung kann nun mit einer Diskussion der untersuchten Wahllinien abgeschlossen werden.

Für eine vergleichende Übersicht der untersuchten Linien haben sich folgende Beurteilungsmerkmale bewährt:

1. Streckenlänge (km)
2. Linenführung
   a) minimaler Radius, min R (m)
   b) maximale Längsneigung, max s (%)

3. Kunstbauwerke
   a) Talbrücken (m)
   b) Brücken (Anzahl)
   c) Tunnel (m)
   d) Stützmauern (m)
4. Abbruch von Gebäuden
   a) Wohngebäude (Ort und Anzahl)
   b) Sonstige Gebäude (Ort und Anzahl)
5. Bedarf an Waldflächen (ha)
6. Bedarf an landwirtschaftlichen Nutzflächen (ha)
7. Baugebiete (Immissionen)
   a) Ort
   b) Länge des Immissionsbereiches (m)
   c) Mindestabstand (m)
8. Wasserschutzgebiete (Anzahl)
   a) Schutzzone
   b) Durchschneidungslänge (m)
9. Landschafts- und Naturschutzgebiete
   a) Name
   b) Durchschneidungslänge (m)
10. Sonstige schutzwürdige Objekte
   a) Name
   b) Mindestabstand (m)
11. Raumordnerischer Nutzen
   (Erläuterung der Vor- und Nachteile der Linien)
12. Verkehrswirksame Teilabschnitte
13. Bauzeit (Jahre)
14. Kosten (Mio DM)

Auf dieser Beurteilungsgrundlage werden die weniger geeigneten Varianten ausgeschieden. Die Abstimmung innerhalb der Fachverwaltung des Straßenbaus sollte eine überzeugende oder, wenn mehrere, dann nahezu gleichwertige Linien in der Entwurfsbearbeitung zum Ziel haben, die in einer Ortsbesichtigung mit Feldvergleich, auch in einer ersten örtlichen geologischen Erkundung, abgegangen werden.

Danach können geologische Begutachtungen in Auftrag gegeben, genaue Karten der Bebauungs-, Wasserschutzgebiete usw. besorgt, gegebenenfalls weitere Verkehrsuntersuchungen angesetzt und ergänzende Auskünfte bei anderen Planungsträgern eingeholt werden. Sobald diese vorliegen, beginnt die eigentliche Bearbeitung des Linienentwurfs einschließlich der Optimierung von Trasse und Gradiente nach den Richtlinien für wirtschaftliche Vergleichsrechnungen im Straßenwesen (RWS) [4].

Als Ergebnis enthält der Linienentwurf neben Erläuterungsbericht und Querschnitt der geplanten Straße den grundsätzlichen Verlauf, ihre ungefähre Lage zu berührten und benachbarten Ortschaften und schutzbedürftigen Punkten und Bereichen. Die Verknüpfungen mit dem vorhandenen und geplanten Straßennetz sind ebenfalls grundsätzlich eingetragen.

Dieser Entwurf wird im Linienfeststellungsverfahren allen in ihren Belangen von der geplanten Straße berührten Behörden zugeleitet, um eine verkehrs- und bautechnisch einwandfreie sowie wirtschaftlich vertretbare Lösung zu finden, die den Erfordernissen der Raumordnung Rechnung trägt. Die allseitige Abstimmung der Linie kann in einem Behördentermin geschehen, an dem neben dem Entwurfsaufsteller und der Straßenbaubehörde das Regierungspräsidium, der Kreis, Städte, Gemeinden, Bahn, Post, Forst, Versorgungsunternehmen, Wasserwirtschafts-, Landwirtschafts-, Flurbereinigungsbehörden, der Landeskonservator usw. teilnehmen.

Die gesetztliche Regelung sieht bisher nur eine verwaltungsinterne Abstimmung der Linie vor, und die Straßenbaubehörden haben sich bisher meist daran gehalten. Die Beteiligung privater Betroffener ist nur indirekt über die Beteiligung der Gemeinden gegeben, durch deren Gemarkung die Trasse verlaufen soll. Wenn Private später im Planfeststellungsverfahren direkt beteiligt werden, ist die Linie bereits festgelegt. Diese Regelung ist für beide Seiten, die planende Behörde wie den betroffenen Bürger, unbefriedigend. Die Behörde sieht durch den unvermutet starken Einspruch ihre bis dahin schon erhebliche Planungs- und Entwurfsarbeit gefährdet; der Bürger hingegen fühlt sich in seinem Einspruchsrecht stark eingeschränkt, wenn er die Linie der geplanten Straße nicht mehr in Frage stellen darf. Es wird daher heute im Gegensatz zu früheren Zeiten von vielen für richtig gehalten, den Linienentwurf nicht nur verwaltungsintern sondern auch öffentlich zu diskutieren. Damit wird sozusagen ein Frühwarnsystem eingeschaltet, das die folgenden Verwaltungsverfahren und Entwurfsarbeiten risikoärmer macht und vergebliche Mehrfachplanungen bis zur Ausführungsreife rechtzeitig verhindert.

Den weitgestreuten Nutznießern der künftigen Straße stehen wenige, aber oft hart betroffene Anlieger gegenüber. Sie organisieren sich, um die vorgesehene Straße zu verhindern oder eine Umplanung zu erreichen. Diese Organisationen pflegen in Presse, Rundfunk und Fernsehen die öffentliche Meinung zu beeinflussen, während die Entwurfsaufsteller traditionsgemäß mit solcher Öffentlichkeitsarbeit nicht vertraut sind. Durch die vorwiegend einseitige Unterrichtung, insbesondere der politischen Öffentlichkeit, entsteht nach einiger Zeit oftmals der allgemeine Eindruck, das es sich bei der im Entwurf vorliegenden Straßenplanung um eine „Fehlplanung" handele.

Die Beteiligung des „mündigen Bürgers" an Straßenplanung und -entwurf ist ein ungelöstes Problem. Denn was geplant und entworfen wird, wurde von den politischen Gremien in langfristigen Programmen und großflächigen Plänen bereits — wenn auch sehr abstrakt — festgelegt. Wie geplant wird, ist in vielen Vorschriften und Richtlinien niedergelegt, an die die Verwaltung gebunden ist. Wie die Planung im Planfeststellungsverfahren durchgesetzt wird, ist in Straßengesetzen festgelegt. Die Straßenbauverwaltung hat darüber hinaus bei der gegebenen Rechtslage und Verwaltungsorganisation nur einen kleinen Gestaltungsspielraum.

Der Widerstand der Anlieger gegen einen Planfeststellungsbeschluß oder einen Bebauungsplan hängt eng mit der Berücksichtigung von Immissionsschäden durch Lärm, Abgase und visuelle Beeinträchtigungen zusammen. Für diese Probleme gibt es bisher aber technisch und verwaltungsmäßig wenig verbindliche Aussagen. So verzögern sich die Verfahren zur Erlangung des Baurechts häufig, schleppen sich über Gutachten und Gegengutachten hin und enden manchmal in jahrelangen Verwaltungsstreitverfahren.

In seiner Planungs- und Entwurfsarbeit für Straßen muß sich der Ingenieur gesellschaftspolitischen Problemen stellen, die er von hause aus nicht sucht. Er greift im Rahmen der Daseinsvorsorge der öffentlichen Hand mit seinen Plänen in eine gewachsene Bevölkerungs- und Gebietsstruktur ein, um einen Nachteil, z.B. einen Engpaß im Verkehr, zu beseitigen. Zugleich entstehen dadurch aber am Ort seines Projektes unvermeidbare Folgeprobleme, meist als nachteilige Umweltschäden. Der Bürger und viele Politiker bezweifeln nun, daß der in seinem Planen und Entwerfen weitgehend unkontrollierte Ingenieur berechtigt ist, solche Nachteile umzuschichten. Der betroffene Bürger fühlt sich durch das späte Bekanntwerden der Planung — wie es das Gesetz im Planfeststellungsverfahren vorsieht — übervorteilt und geprellt und reagiert mit einem großen Vertrauensschwund in die Verwaltung. Der entwerfende Ingenieur steht dadurch mehr und mehr vor dem Risiko, durch sein Handeln Konflikte zu provozieren, die seine weitere Handlungsfähigkeit stark beeinträchtigen. Er ist in diesen Konflikten relativ hilflos, da er nur innerhalb der konstitutionellen Ordnung zu arbeiten gewohnt ist: Die Begegnung mit den Betroffenen spielt sich nämlich heute nicht mehr allein in den Anhörungsverfahren der Planfeststellung ab, auch wenn diese heute in einer früher nicht gekannten Härte ablaufen. Entscheidungen, die seine Projekte betreffen, werden vielmehr in Institutionen vorbereitet und anschließend politisch wirksam, die außerhalb seines gewohnten Handlungsrahmens liegen, z.B. in Versammlungen von Bürgerinitiativen und öffentlichen Hearings politischer Parteien. Daher ist die öffentliche und politische Entscheidung für oder gegen eine Linie um so besser, je früher sie fällt. Folgerichtig sollte der verwaltungsinternen Abstimmung des Linienentwurfs dessen Vorstellung und Diskussion in der Öffentlichkeit folgen und deren Meinungsbildung damit in einer möglichst frühen Phase der Entwurfsentwicklung liegen.

Wenn die verwaltungsinterne Abstimmung und öffentliche Diskussion keine neue Linie und damit die Wiederholung früherer Entwurfsschritte ergibt, werden die Anregungen und Änderungswünsche in den Linienentwurf eingearbeitet und dieser zur Festlegung an die zuständigen örtlichen Gremien, Landesplanungsbehörden oder schließlich an den Bundesminister für Verkehr als Linienfestlegungsbehörde für die Bundesfernstraßen weitergeleitet. Mit der Festlegung oder Bestimmung der Linie hat der Linienentwurf seine Aufgabe erfüllt. Die Entwurfsarbeit kann sich einer neuen Stufe zuwenden.

17.2. Der Vorentwurf

17.2.1. Optimierungskriterien des Vorentwurfs

Während die planerischen Voruntersuchungen aus den Ergebnissen der Verkehrsuntersuchung mit Querschnitts- und Knotenpunktfestlegungen die Leistungsfähigkeit der geplanten Straße bestimmen, war die Umweltverträglichkeit — im weiteren Sinne der Raumordnung und engeren Sinne der Einpassung in die Straßenumgebung der Anlieger — der Arbeitsschwerpunkt des Linienentwurfs. Mit dem Vorentwurf treten nun die scheinbar gegensätzlichen Arbeitsziele Wirtschaftlichkeit und Sicherheit in den Vordergrund, wobei die Wirtschaftlichkeit über die Kosten eng mit den drei anderen Kriterien verknüpft ist. Der Vorentwurf steht in der Mitte zwischen dem überwiegend grafisch bearbeiteten Linienentwurf und dem überwiegend rechnerisch bearbeiteten Bauentwurf. Die Entwurfsoptimierung sollte beim Vorentwurf möglichst quantitativ verfolgt werden.

Unter Wirtschaftlichkeit in der Straßenplanung versteht man landläufig: „Mit möglichst wenig Geld möglichst viele Straßen bauen". Diese zwei Superlative möchten die Aufgabe zwar treffen, sind aber ein logischer Unsinn. Eine wirtschaftliche Straßenplanung besteht aus zwei Aufgaben, die der obige Satz zusammenfaßt:

1. Mit einer bestimmten Menge Geldes ein möglichst wirksames Straßenangebot schaffen.

2. Ein bestimmtes Straßenprojekt mit möglichst wenig Geld verwirklichen.

Die erste Aufgabe wird in Ausbauplänen, Bauprogrammen usw. durch Dringlichkeitsreihungen ausgewählter, voneinander unabhängiger Projekte angegangen. Die Reihung erfolgt nach Quotientenkriterien wie Kosten/Nutzen, Kosten/Wirksamkeit usw. (vgl. Kapitel 13). Die zweite Aufgabe ist die hier im Straßenentwurf angesprochene Kostenminimierungsaufgabe. In ihr sind die Linienführung — als Festlegung der Straße durch geometrische Elemente in Lageplan, Höhenplan und Querschnitt — und davon abhängig die Baukosten wesentliche Faktoren, die bei der Entwurfsbearbeitung in Maß und Zahl entwickelt werden.

Das Kriterium der Sicherheit im Straßenentwurf ist nach landläufiger Meinung erfüllt, wenn auf der geplanten Straße später keine entwurfsbedingten Unfälle auftreten. Das ist aber weder vorhersehbar noch später nachweisbar oder meßbar. Im Gegensatz zur Leistungsfähigkeit, die über Stauungen, elektronisch simulierte Verkehrsabläufe usw. wissenschaftlich quantitativ erfaßt wurde, können zur Quantifizierung der Sicherheit weder Unfälle noch vorausgehende Fahrabläufe auf der Strecke beobachtet oder im Labor nachgeahmt werden. Sie sind in statistischem Sinne seltene Ereignisse, deren Ursache nicht allein bei der vielleicht falsch entworfenen Straße, sondern bei mehreren Faktoren gleichzeitig liegt: Primär bei Fahrer, Fahrzeug und Straße, sekundär bei der gewählten Geschwindigkeit, dem umgebenden Verkehr, der Witterung usw. Man ist auf die nachträgliche Analyse von Einzelfällen oder die Untersuchung von Unfallkollektiven angewiesen. Die Ergebnisse gehen meist nicht über Vermutungen hinaus; mathematisch praktikabel für die Straßenentwurfsbearbeitung ist hier noch nichts.

Daher muß die Sicherheitsoptimierung mehr auf die Einhaltung fahrdynamischer Grenzwerte, bewährter Relationen der Trassierungselemente untereinander, Verbesserung der Sichtweiten und die nur qualitativ bewertbare Fahrbahnband- und Fahrraumgestaltung ausgerichtet sein. Ein quantitativer Variantenvergleich der zusammengefaßten Ergebnisse aus Wirtschaftlichkeit und Sicherheit scheidet weitgehend aus.

Anders ist es mit dem Kriterium der Umweltverträglichkeit. Es kann über den einzigen gemeinsamen Nenner der Kosten quantitativ erfaßt und so gleichsam in das Kriterium der Wirtschaftlichkeit zum Trassenvergleich einbezogen werden. Das gilt nicht nur für die umweltbedingten Kosten etwa der Lärmschutzmaßnahmen, die den Baukosten zugeschlagen werden; auch die erreichte Lärmminderung oder Herabsetzung der Abgaskonzentration andernorts können positiv in den Kostenvergleich eingehen.

Obwohl es für Wirtschaftlichkeit, Sicherheit und Umweltverträglichkeit keine getrennten Entwicklungsphasen des Straßenentwurfs gibt, sondern sie bei Änderungen und Verbesserungen von Entwurfsteilen immer zusammen und interdependent behandelt werden, ist es an dieser Stelle zweckmäßiger, sie zunächst aufeinanderfolgend darzustellen.

17.2.2. Entwurfsoptimierung zur Wirtschaftlichkeit

Die Entscheidungen über die Wirtschaftlichkeit eines Straßenentwurfs leiden unter dem Nachteil, daß die schwerwiegenden von ihnen nach überschläglichen Kostenschätzungen im Linienentwurf getroffen werden und die weniger bedeutsamen nach genauen Kostenermittlungen im Bauentwurf. Dem unrealistischen Wunsch, Linienentscheidungen auf Bauentwurfsgrundlagen treffen zu können, kommt die Bearbeitung im Vorentwurf am nächsten. Sie geht zunächst von den reinen Baukosten und Grunderwerbskosten aus.

Topografie, Bodenverhältnisse und Zwangspunkte (Bild 17.5) geben die Arbeitsgrundlage für die Suche nach der wirtschaftlich besten räumlichen Trasse. Das Raumband der Straße wird in den drei Ebenen Lageplan, Höhenplan und Querschnitt dargestellt, in denen die Straße durch ihre geometrischen Elemente (Kapitel 12) festgelegt wird. Ähnlich der Arbeit im Linienentwurf wechseln Lageplan- und Höhenplanbearbeitung bei der iterativen Bearbeitung des Entwurfs einander ab. In Bild 17.6 ist eine Höhenplansituation mit kreuzenden Verkehrswegen, Gewässern, ungeeignetem Boden usw. dargestellt, in die eine Gradiente trassiert werden soll. Früher geschah das durch Variation von Steigungstangenten, heute wird als erste Näherung eine Biegestablinie vorgezogen, deren minimale Kuppen- und Wannenausrundungen und maximale Steigungen auf Einhaltung der Grenzwerte kontrolliert werden müssen.

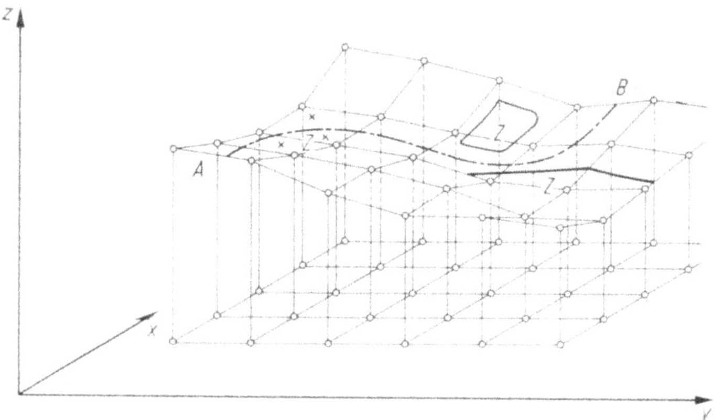

Bild 17.5. Topografie und Zwangsbereiche einer Straße von A nach B in der Darstellung eines digitalen Modells.

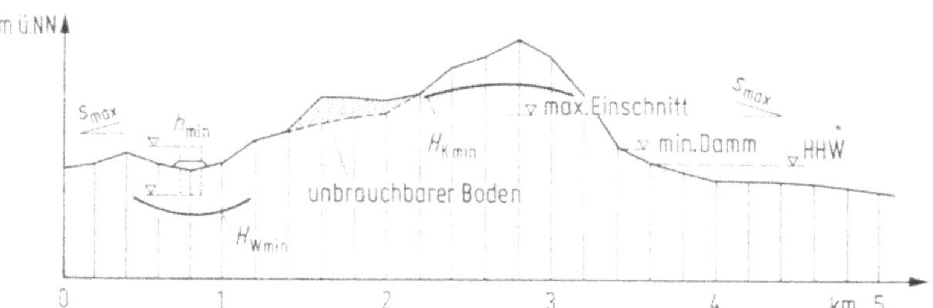

Bild 17.6. Gradientenoptimierung zwischen Restriktionen.

Danach werden die lichten Weiten der Bauwerke eingetragen und eine Massensummenlinie errechnet. Sie beherrschte früher die Wirtschaftslichkeitsüberlegungen im Entwurf als praktisches Hilfsmittel, um einen Massenausgleich zu erreichen. Nachdem die Beurteilung der Bodenquantität hinter die der Bodenqualität zurückgetreten ist, haben der Massenausgleich und die Massensummenlinie viel von ihrer Bedeutung verloren. Der Massenausgleich steht neben drei anderen möglichen Minimierungskriterien der Gradientenuntersuchung in einer Reihe. Mit Hilfe der Elektronischen Datenverarbeitung (vgl. Kapitel 20, Abschnitt 20.4.) lassen sich Wunschlinien finden für:

1. Minimale Dammassen
   (Schüttmaterial ist teuer zu gewinnen oder zu beschaffen, wenn Einschnitte fehlen oder unbrauchbares Material liefern)
2. Minimale Einschnittmassen
   (Einschnitte in Fels)
3. Minimale Massensumme
   (Teurer oder erschwerter Transport)
4. Minimale Differenz zwischen Damm- und Einschnittmassen (Massenausgleich anzustreben).

Aus den Massenuntersuchungen allein läßt sich jedoch ein Baukostenminimum nicht ableiten; es müssen weitere Teiloptimierungen hinzutreten:

5. Vergleichsrechnungen zwischen Erdbau und Brückenbau legen über Widerlagerhöhenoptimierung verfeinert die Talbrückenlängen fest (Bild 17.7)

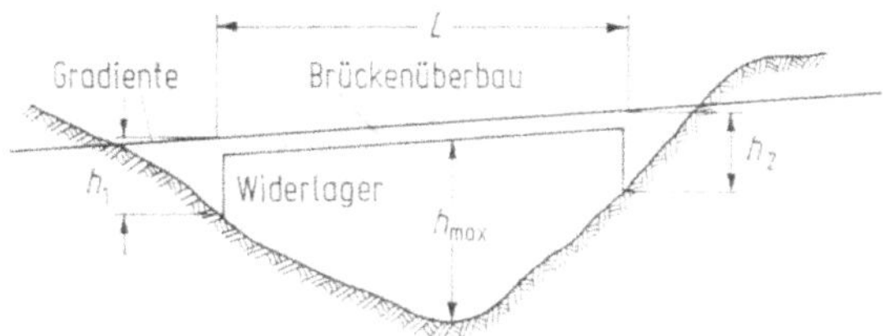

Bild 17.7. Abmessungen zur Brückenoptimierung.

6. Wirtschaftliche Einbeziehung der Nebentrassierungen für kreuzende Wege. Straßen, Einmündungen, Gewässerverlegungen usw. Besondere Aufmerksamkeit verdient die Festlegung der Bauhöhe der Kreuzungsbauwerke in Abhängigkeit von ihrer lichten Weite.

7. Weitere Vergleichsrechnungen zwischen Erdbau und konstruktivem Ingenieurbau für Stützmauern und Hangbrücken (Bild 17.8).

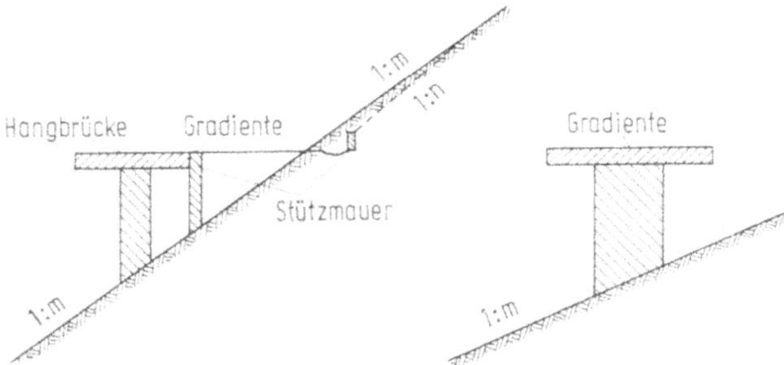

Bild 17.8. Lage- und Höhenoptimierung einer Hängebrücke.

8. Bei Unterschreitung der Lkw-Grenzgeschwindigkeit in der vorliegenden Gradiente: Kostenuntersuchung der Alternativen Steigerungsermäßigung mit höheren Dämmen und tieferen Einschnitten oder zusätzlicher Fahrstreifen in der steileren Steigungsstrecke.

Über diese oder örtlich andere oder zusätzliche Untersuchungen kann sich der entwerfende Ingenieur unter abwechselnder Lage- und Höhenplanvariation in Wiederholungsrechnungen an das Baukostenminimum herantasten. Wie empfindlich die Rechnungen in der Gradiente sind, zeigt als Beispiel der Schnitt zweier Ebenen in Dachform als idealisiertes Gelände, in das eine übliche Kuppe einer Straße mit geläufigem Querschnitt gelegt wird (Bild 17.9).

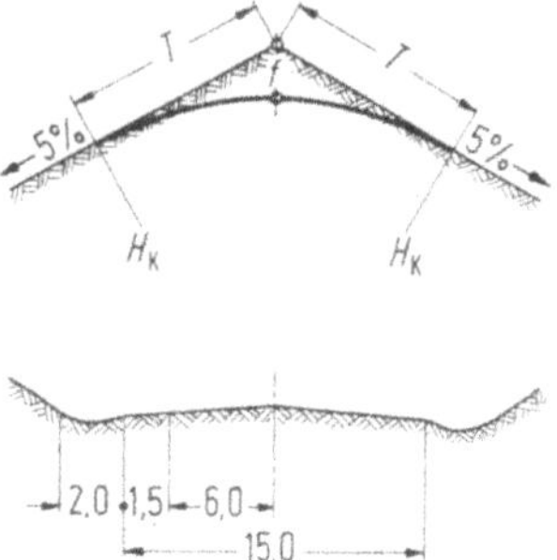

H_K m	T m	f m	M m^3	Kosten bei 5 DM/m^3
5 000	250	6,25	20 900	0,115 Mio
10 000	500	12,50	135 600	0,678 Mio
20 000	1 000	25,00	725 400	3,627 Mio
40 000	2 000	50,00	4 031 600	20,158 Mio
60 000	3 000	75,00	13 235 600	66,178 Mio

Bild 17.9. Variation der Erdbaukosten einer Kuppe durch Änderung des Ausrundungshalbmessers.

Nach den Richtlinien für wirtschaftliche Straßengestaltung reicht eine Betrachtung der Baukosten und ihrer Teiloptima nicht aus. Zur Minimierung der Straßennutzerkosten (vgl. Kapitel 13) können bei der Gradientenoptimierung mit Hilfe der EDV weitere Minimierungskriterien eingeführt werden:

1. Minimale Fahrzeit
   (Hin- und Rückfahrt, Pkw, Lkw)
2. Minimaler Kraftstoffverbrauch.

Sie bestimmen nach den RWS den Verlauf der künftigen Trasse noch stärker als die Baukosten. Weniger ins Gewicht fallen die ebenfalls entwurfsabhängigen Unterhaltungskosten der künftigen Straße, die aber in Einzelvergleichen zwischen Stützmauer und großen zu erwerbenden und zu unterhaltenden Böschungsflächen ebenfalls anfallen. Ebenso könnte man in Bergstrecken eine Gradiente minimalen Winterdienstes suchen.

Die Aufzählung der Vergleichsrechnungen und Möglichkeiten und die am Beispiel gezeigte Empfindlichkeit einzelner Varianten führt die Problematik des Trassierens auf das Ziel Wirtschaftlichkeit hin deutlich vor Augen. Die Teilprobleme schlagen sich aber unterschiedlich stark in den Kosten nieder. Das wird durch Proberechnungen in einer Sensivitätsanalyse ermittelt. Ihr folgt eine Gewichtung der Trassierungsprobleme und Berücksichtigung lediglich der maßgeblichen.

Auch die über die Stufe Baukosten hinaus verbreiterte Kostenpyramide führt in der Addition der Unterhaltungs- und Betriebskosten zu den Straßenkosten, dem Hinzufügen der Straßennutzerkosten, dann Umweltverträglichkeitskosten (Erschließung, Entlastung anderer Straßen und Wohngebiete, Lärmschutz, Sichtschutz, Trennwirkung) zu einer immer breiteren aber auch unsichereren Beurteilungsgrundlage. Es wird jeweils von der Bedeutung des Projekts abhängen, an welcher Stelle solche teuren und zeitraubenden Untersuchungen zu begrenzen sind. Bild 17.10 versucht das Beziehungsgeflecht aufzuzeigen, in dem sich Änderungen in Lageplan, Höhenplan und Querschnitt auswirken können.

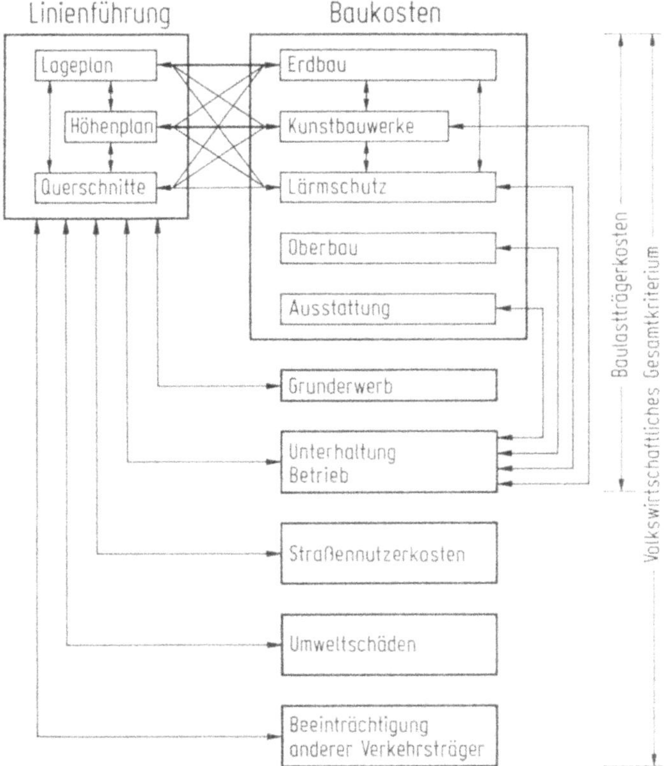

Bild 17.10. Beziehungsgeflecht Trassierung und Kosten.

17.2.3. Entwurfsoptimierung zur Sicherheit

Der Straßenentwurf muß in zweierlei Hinsicht den Sicherheitsanforderungen der künftigen Straße genügen. Erstens muß die aus Grundtabelle und Rahmentabelle der RAL-N hervorgegangene und an Topografie und Zwangspunkten weiter gefestigte oder geänderte Entwurfsgeschwindigkeit über alle geometrischen Entwurfselemente der Straßentrasse, Gradiente und Querschnitte hinweg eingehalten sein und so eine fahrdynamisch sichere Fahrt auf der künftigen Straße ermöglichen (vgl. Kapitel 12). Das ist eine notwendige aber nicht hinreichende Bedingung, weil der Fahrer nicht mit konstanter Entwurfsgeschwindigkeit fährt, sondern seine Geschwindigkeit, verzögernd und beschleunigend, dem optischen räumlichen Erscheinungsbild der Straße anpaßt. Erst wenn dies ebenfalls überprüft und für in Ordnung befunden ist, wird eine sichere Fahrt über die künftige Straße nicht nur ermöglicht, sondern vom Entwurf her gewährleistet.

Nach den Richtlinien für die Anlage von Landstraßen Teil II Linienführung Abschnitt 1 [3] wird die Straße trassiert und bemessen. Während der iterativen Entwurfsarbeit ergeben sich aber zwangsläufig Änderungen der Erstkonzeption. Sie sind nun nicht nur daraufhin zu überprüfen, daß die fahrdynamischen Grenzwerte eingehalten werden, sondern es soll nach Möglichkeit im Interesse der Sicherheit eine weitere Verbesserung der räumlichen Linienführung erreicht werden. Abschnitt 2 „Räumliche Linienführung" der oben angeführten Richtlinien [3] ist dabei ergänzend anzuwenden (vgl. auch Kapitel 15). In dieser Entwicklungphase des Straßenentwurfs sind neben den genannten Gesichtspunkten der räumlichen Linienführung entsprechend dem Übergang von der Grenzwerttrassierung zur Relationstrassierung zu überprüfen:

Im Lageplan:

Maximale Geradenlänge
minimale Geradenlänge zwischen gleichsinnigen Kurven
minimaler Kreisbogenradius
Radienrelationen $R_1:R_2$ (auch bei Eilinien und Korbbögen)
min A des Übergangsbogens
Parameterrelation bei Wendeklotoiden $A_1:A_2$
min R ohne Übergangsbogen

Höhenplan:

Maximale Längsneigung
minimale Ausrundungshalbmesser H_K und H_w
minimale Tangentenlängen
Damm- und Einschnittshöhen

Überlagerung von Lage- und Höhenplan:

Zuordnung der Wendepunkte
Überprüfung der Entwässerung in Verwindungsbereichen
Vorprüfung der Sichtweiten (Haltesicht, Anteil Überholsicht)

Abstimmung:

Wechselstrecken der Entwurfsgeschwindigkeit (besonders sorgfältige Radienrelationen)
Nebentrassierungen kreuzender und einmündender Straßen
(gute Sichtweiten)
Knotenpunkte (übersichtliche Lage, ausreichender Gestaltungsraum).

Fahrdynamisch richtige Bemessung, optisch stetige Darbietung des Fahrbahnbandes und eindeutige Fahrraumgestaltung im Sinne gleichbleibender oder bewußt wechselnder Streckencharakteristik sind die Ziele dieser Bearbeitung.

17.2.4. Entwurfsoptimierung zur Umweltverträglichkeit

Die Einpassung der Straße in ihre landschaftliche, städtebauliche und soziale Umwelt beschränkt sich heute auf landschaftsbauliche und Lärmschutzmaßnahmen. Kapitel 14 und 15 geben Auskunft über die in den einzelnen Entwurfsstufen zu erledigenden Arbeiten.

17.2.5. Arbeitsschritte des Vorentwurfs

(Bild 17.11). Bei der Gestaltung des Vorentwurfs nach den oben diskutierten Kriterien Wirtschaftlichkeit, Sicherheit und Umweltverträglichkeit ist der Ingenieur nicht frei, sondern an einen Richtlinienrahmen gebunden. Die Richtlinien sind durch die Forschungsgesellschaft für das Straßenwesen herausgegeben und größtenteils durch die Straßenbaulastträger eingeführt. Es sind dies materielle Entwurfsrichtlinien für Land- und Stadtstraßen:

RAL-N [1], RAL-Q [2], RAL-L [3], RWS [4], RAL-K [5] RASt-Q [6], RASt-L [7], RASt-K [8], RASt-E [9], RASt-Ö [10].

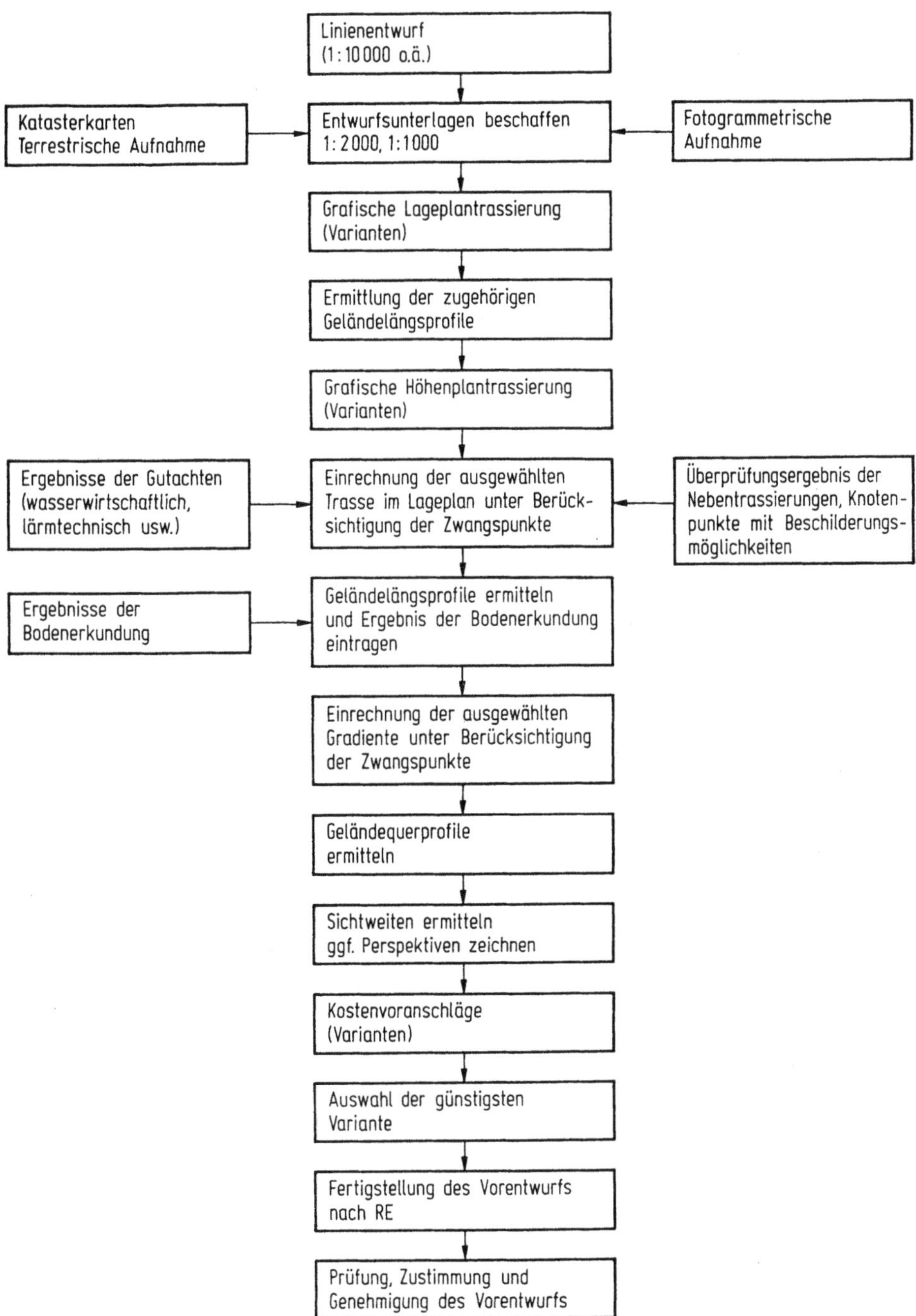

Bild 17.11. Arbeitsschritte des Vorentwurfs.

Zusätzlich gibt es die Formvorschrift RE [11]. Die RE schreiben folgende Bestandteile des Vorentwurfs vor:

1. Erläuterungsbericht nach einheitlicher Gliederung
2. Übersichtskarte
3. Kostenvoranschlag
4. Finanzierungsplan
5. Bemessung und Plan des Ausbauquerschnitts
6. Lageplan
7. Höhenplan
8. Bodenerkundung
9. Sonderpläne (Knoten-, Landschaftspläne usw.)
10. Kunstbauwerke.

Der erste Schritt auf dem Wege, einen vollständigen Vorentwurf zu erreichen, ist die Beschaffung genauer Karten. Ihre räumliche Begrenzung ergibt sich aus dem vorliegenden Linienentwurf. Terrestrische und photogrammetrische Aufnahmen ergänzen das Material der Katasterämter wie es in den Kapiteln 18 und 19 sowie in Kapitel 16, Abschnitt 16.2. beschrieben ist. Mögliche Maßstäbe der daraus erarbeiteten Karten sind in den RE genannt. Zweckmäßig sind 1:2000, 1:1000 für einfache Verhältnisse, 1:500 für Ortsdurchfahrten und besiedelte Streckenabschnitte, aber auch die deutsche Grundkarte 1:5000 ist noch weithin in Gebrauch.

In einem zweiten Arbeitsschritt wird die Trasse aus dem Linienentwurf übertragen. Dafür müssen zunächst die festliegenden Anschlußstrecken in der Regel als Gerade oder Kreisbogen bestimmt und die Zwangsbereiche kenntlich gemacht werden. Alsdann wird die Straßenachse im Lageplan mit dem Biegestab trassiert. Durch Anlegen von Kreiskurvenlinealen wird die Biegestablinie auf erzielbare Trassierungselemente überprüft. Die vermutlichen Elementfolgen werden markiert, die Radien angeschrieben. Schon jetzt können folgende Fragen beantwortet werden:

1. Wird die Entwurfsgeschwindigkeit gewährleistet (Einhaltung der Grenzwerte)?
2. Ist die Streckencharakteristik einheitlich (Kurvigkeit)?
3. Ist die Linienführung im Lageplan stetig (Einhaltung der Radienrelationen)?

Notwendige Änderungen werden nun nicht von Anfang her auf das Ende hin trassiert, sondern in der Hierarchie der Zwangsbereiche aus der stärksten Zwangspunktbindung heraus auf die Anschlußstrecken hin bearbeitet.

Beim grafischen Trassieren ist es praktisch, sich vermutete Wendelinien auf Transparentblätter aufzutragen und auf den Radien und Geraden des ursprünglichen Biegelinienzuges zu so verschieben, bis sie günstig zwischen den Zwangspunkten liegen. Dann können die Elementenstoßpunkte mit Nadeln auf die Karte durchgestochen werden. Wendelinien- und Eilinienparameter können günstig über Osterlohsche Nomogramme [12] gesucht werden. Das grafische Trassieren kann durch die Datenverarbeitung ergänzt oder weitgehend ersetzt werden (s. Kapitel 20).

Für die gefundene Trasse und mögliche Varianten wird wiederum das zugehörige Längsprofil ermittelt. Die Höhenzwangspunkte werden eingetragen. Planungsrichtlinien und Zwangspunkte geben die Restriktionen, in denen Gradientenvarianten mit dem Biegestab gesucht werden. Auch an dieser Stelle sollte von der Elektronischen Datenverarbeitung Gebrauch gemacht werden, die von nun an die weitere Entwurfsarbeit ganz wesentlich bestimmt. Sie erleichtert das Auffinden der günstigsten Raumlinie für die Straße, weil die enorme Rechenarbeit beim Pendeln zwischen Lageplanvariation — Höhenplanvariation — Lageplanvariation usw. mit mehrmaligem Einrechnen der Trasse und Gradiente auf kurze Zeiten schrumpft.

In diese laufend rückgekoppelte Bearbeitung gehen die Ergebnisse der generellen geologischen und bodenmechanischen Erkundung (vgl. Kapitel 25, Abschnitt 25.1.1.) sowie der wasserwirtschaftlichen und lärmtechnischen Gutachten ein. Über Nebentrassierungen und die Form der Knotenpunkte wird entschieden, letztere werden im größeren Maßstab trassiert und ausgearbeitet; auch die Beschilderungsmöglichkeiten der Haupt- und Nebenstrecken werden untersucht und das Ergebnis in den Entwurfslageplan übertragen.

Der Achsfestlegung folgen die wassertechnischen Berechnungen für Durchlässe, Gräben und Rinnen, die Vervollständigung des Lageplans mit Fahrbahnrändern, Kronenkanten, Böschungen, Entwässerungseinrichtungen, neuem Wegenetz usw.

Die anschließende Überprüfung der Sichtverhältnisse kann eine erneute Änderung der Trassierung erfordern. Auch der Höhenplan wird nun durch Kurven-, Querneigungs- und Sichtweitenband ergänzt. Wenn die Bemessung des Oberbaus vorliegt, kann auch der Regelquerschnitt gezeichnet werden.

Schon während der Variationsrechnungen wurden Massen ermittelt. Sie müssen jetzt zusammengestellt und ergänzt werden. Sie bilden eine Grundlage des Kostenvoranschlages, der auch einige Varianten enthalten kann.

Mit ihm kann die haushaltsmäßige Behandlung geklärt werden einschließlich der eventuellen Beteiligung Dritter; dabei wird die günstigste Ausführungsalternative des Vorentwurfs endgültig ausgewählt. Das Ergebnis wird im Finanzierungsplan niedergelegt.

Wenn alle wesentlichen Merkmale des Straßenentwurfs festliegen und auch schon eine zeitliche Vorstellung über die Realisierung und deren Ablauf besteht, muß im Erläuterungsbericht nochmals in Worten eine zusammenfassende Darstellung des Projektes gegeben werden. Er soll möglichst knapp auf alle mit dem Straßenentwurf zusammenhängenden Probleme und deren Lösungen eingehen und in der Regel so gegliedert sein:

1. Allgemeines
   - Lage des Bauvorhabens
   - Einordnung in Bauprogramme
   - Umfang des Bauvorhabens
   - Kosten, Kostenträger
2. Straßen- und Verkehrsverhältnisse
   - Gegenwärtiger Zustand
   - Verkehrstechnische Bemessung des Bauvorhabens
   - Künftiger Zustand
3. Begründung des Entwurfs
   - Alternativen
   - Ausführungsalternative
4. Entwurfseinzelheiten
   - Entwurfselemente
   - Querschnitte
   - Kreuzungen, Einmündungen
   - Kunstbauwerke
   - Baugrund, Entwässerung
   - Öffentliche Verkehrs- und Versorgungsanlagen

- Umweltverträglichkeit, Umweltschutz
- Straßenausstattung
- Nebenanlagen, Nebenbetriebe

5. Durchführung des Bauvorhabens
   - Baustufen
   - Planfeststellung, Bebauungsplan
   - Grunderwerb
   - Bauzeiten
   - Verkehrsregelung während der Bauzeit
   - Besondere Schwierigkeiten

6. Verzeichnis der Anlagen

Der letzte Arbeitsschritt besteht aus den Prüfungs-, Zustimmungs- oder Genehmigungsverfahren des jeweiligen Baulastträgers. Weitere Ausführungen zur Praxis der Entwurfsbearbeitung enthalten [13, 14, 15].

17.3. Der Bauentwurf

17.3.1. Der Bauentwurf zwischen Planung und Realisierung

Mit der Genehmigung des Vorentwurfs ist offiziell der Weg zur weiteren Entwurfsarbeit frei. Der Bauentwurf stellt die baureife Ausarbeitung der geplanten und im Vorentwurf festgelegten Baumaßnahme dar. Bodengutachten für den Erdbau und die Kunstbauwerke werden jetzt in Auftrag gegeben (siehe Kapitel 25, Abschnitt 25.1.2.). Die genaue und vollständige Bearbeitung beginnt mit der Rückgabe des Vorentwurfs — Vorarbeiten eventuell schon früher —, kommt vor dem Baubeginn zu einem gewissen Abschluß, endet aber erfahrungsgemäß sehr spät während der Bauzeit, weil die Ausführungsunterlagen in der Regel einer Änderung oder Ergänzung bedürfen.

Die genauen Entwurfsunterlagen werden zuerst für das Planfeststellungsverfahren (Kapitel 2, Abschnitt 2.2.3.) oder die Erlangung des Baurechts im Bebauungsplanverfahren nach Bundesbaugesetz gebraucht, das einen parzellenscharfen Entwurf voraussetzt. Wenn der Vorentwurf mit eingerechneter Achse und mit bereits weitgehender Ausarbeitung etwa im Maßstab 1:2000 oder 1:1000 in der freien Strecke eindeutig festliegt und geeignet erscheint, kann auch in ihn das Ergebnis der weiteren Bearbeitung, der wassertechnischen Berechnungen usw. nachgetragen und mit ihm das Planfeststellungsverfahren bestritten werden. Diese Übung wird aber wegen der immer höheren Anforderungen an die Verfahrensunterlagen seltener. Es besteht die Gefahr, daß sie in einem Verwaltungsstreitverfahren den Vollständigkeits- und Genauigkeitserwartungen nicht entsprechen.

Die Unterlagen für die Verfahren zur Erlangung des Baurechts sollten so genau und vollständig wie nötig, aber so knapp wie möglich ausgearbeitet werden. Änderungen, die sich im Verfahren ergeben, zwingen regelmäßig zur Umarbeitung des Entwurfs und damit zur Doppelarbeit. Der Bauentwurf kann erst nach dem Erörterungstermin freizügig und fast uneingeschränkt bearbeitet werden. In der Bearbeitung des Bauentwurfs zeichnen sich gemäß den zwei Zielen Baurecht und Baudurchführung auch zwei Arbeitsphasen ab.

17.3.2. Planfeststellungsunterlagen

Nach dem Verwaltungsverfahrensgesetz § 73 (1) und dem Bundesfernstraßengesetz §§ 17 und 18 besteht der Plan eines Planfeststellungsverfahrens aus Zeichnungen und Erläuterungen. Einzelheiten sind in den Planfeststellungsrichtlinien [16] festgelegt. Die Planunterlagen müssen so klar sein, daß jeder aus ihnen erkennen kann, ob und gegebenenfalls wie weit er durch das Straßenbauvorhaben in seinen Belangen berührt wird. Im einzelnen sind folgende Unterlagen zu bearbeiten:

1. Erläuterungsbericht

Der Erläuterungsbericht des Vorentwurfs ist so umzuarbeiten, daß er für den betroffenen Bürger leicht verständlich wird und bevorzugt die ihn interessierenden Probleme enthält:

— Die möglichen und geprüften Alternativen der Linienführung, ihre Vor- und Nachteile, die gegeneinander abzuwägen sind.
— Die Notwendigkeit und Zweckmäßigkeit der gewählten Linie ist zu begründen. Art und Umfang der Umweltbeeinträchtigung benachbarter bewohnter Grundstücke sind darzulegen und anzugeben, ob und welche Schutzmaßnahmen notwendig und wo solche aus welchem Grund nicht errichtet werden.

2. Übersichtskarte

Die Übersichtskarte soll neben der Straßendarstellung nach RE auch Überschwemmungs-, Wasserschutz- und Naturschutzgebiete usw. enthalten. Gemarkungsgrenzen sind nach dem Stand der Neugliederung der Gemeinden farblich anzugeben.

3. Lageplan

Im Lageplan sind Anfang und Ende der Planfeststellungsabschnitte anzugeben. Die Anbindung der Wege und Straßen ist gemäß den Absprachen mit den Baulastträgern und sonstigen Beteiligten (Gemeinden, Landwirtschaftsämter, Verbände) einzutragen.

4. Höhenplan

Der Höhenplan soll nicht nur Dämme, Einschnitte und Bauwerke enthalten, sondern auch die Rohrdurchlässe und Leitungen. Für schwierige Straßen- und Wegeeinmündungen sowie Zufahrten sollen Höhenpläne gemäß den Absprachen beigefügt werden.

5. Markante Querschnitte

Für Bereiche, in denen das Straßenbauvorhaben in Querschnitten beurteilt wird, sind diese den Planunterlagen beizufügen. Das gilt besonders für bebaute Gebiete, Anschlußstraßen usw.

6. Bauwerksverzeichnis

Im Bauwerksverzeichnis werden alle bemerkenswerten Einzelheiten (z.B. Bauwerke, kreuzende Leitungen, Wege usw.) in der Reihenfolge des Streckenverlaufs numeriert und beschrieben und die vorgesehene bauliche und finanzielle Regelung dargelegt. Auch die notwendigen Wasserbucheintragungen werden ausgewiesen.

7. Grunderwerbsverzeichnis

Der Beteiligte muß aus dem Grundstücksverzeichnis erkennen, wie er betroffen wird; daher sind möglichst genaue Flächen zu benennen.

8. Grunderwerbsplan

Der Grunderwerbsplan muß in Übereinstimmung mit dem Grunderwerbsverzeichnis eindeutig ausweisen, wie und in welchem Umfang die Grundstücke in Anspruch genommen werden. Es ist zu unterscheiden zwischen dauernd, vorübergehend in der Bauzeit und für Dritte in Anspruch zu nehmende Flächen.

9. Wassertechnische Unterlagen

Die im Einvernehmen mit den Wasserwirtschaftsämtern aufgestellten Pläne und Berechnungen sind vollständig beizufügen. Sie enthalten die Lösung dreier wassertechnischer Aufgaben:

a) Behandlung kreuzender Wasserläufe
b) Streckenentwässerung (s. Kapitel 16)
c) Sondermaßmahmen bei Wasserschutzgebieten.

Aus der Aufstellung lassen sich bereits die vielen Verhandlungen ablesen, die in dieser Phase zur Abklärung und rechtlichen Absicherung des Bauentwurfs und des Straßenbaus geführt werden müssen. Dazu einige Hinweise, die für die Entwurfsarbeit wichtig sind: Feldwege und Gemeindeverbindungsstraßen sollten die neue Straße möglichst rechtwinklig kreuzen. Bei planfreier Lösung sollte das Kreuzungsbauwerk in einer nicht zu kurzen Geraden liegen, damit eventuelle spätere Umplanungen, wie Auflösung der Widerlager, nicht in die anschließenden Krümmungen fallen. Für spätere Verbreiterungen kreuzender Wege müssen frühzeitig die Brückenquerschnitte der Überführungen und die lichten Weiten der Unterführungen sowie die Trägerschaft der eventuellen Zusatzkosten breiterer Brücken abgeklärt werden. Bei Rohrdurchlässen sollte über die hydraulische Notwendigkeit hinaus zur leichteren Reinigung nach Möglichkeit ein Mindestdurchmesser von einem Meter oder noch besser ein entsprechendes Rechteckprofil vorgesehen werden. Streckenentwässerungen sollten zu größeren Abschnitten zusammengefaßt in leistungsfähige Vorfluter, gegebenenfalls unter Vorschaltung von Rückhaltebecken, geführt werden, wenn sich bei kleinen Vorflutern ungünstigere Folgelasten in deren Ausbau und Unterhaltung abzeichnen. Besondere Aufmerksamkeit verdient die Höhenverträglichkeit kreuzender alter und neuer Leitungen im Straßenbereich.

17.3.3. Ausführungsunterlagen

Die baureife Bearbeitung des Entwurfs ist die mathematisch exakte Erfassung aller für die Baudurchführung erforderlichen Daten. Daraus ergibt sich direkt die Bedeutung der Elektronischen Berechnungsverfahren, die in Kapitel 20 behandelt sind. Sie haben in den letzten Jahren auch die Form der Ausführungsunterlagen gewandelt. Der elektronische Blattschreiber und der Plotter haben den technischen Zeichner weitgehend verdrängt: Höhenplan und Querschnitte werden maschinell gezeichnet oder überhaupt nur in Tabellenform ausgedruckt als Erdkörperabstecktabellen für den Erdbau und als Deckenbuch für den Deckenbau sowie Tabellen der Entwässerungsleitungen. Diese Erleichterungen haben den Entwurf schwieriger Straßenoberflächen noch nicht erreicht: In plangleichen Knoten sind die Bereiche um Tropfen und Dreiecke, in planfreien die Trennspitzen der Anschlußstellen durch Schichtlinienuntersuchungen und Handrechnungen in den Höhen zu kontrollieren und so festzulegen, daß der Wasserabfluß gewährleistet ist, ohne daß fahrdynamisch bedenkliche Neigungen entstehen. Pläne mit Höhenangaben im Maßstab 1:250 bis 1:100 sind das Arbeitsergebnis. Eine Checkliste zur Überprüfung der Vollständigkeit der Entwurfsarbeit findet sich bei Langenhahn [15].

17.3.4. Arbeitsschritte des Bauentwurfs

Die in Bild 17.12 beschriebenen Arbeitsschritte des Bauentwurfs ähneln der Aufstellung des Vorentwurfs und sind weitgehend eine Wiederholung bei ausführlicherer Ausarbeitung. Soweit die Datenverarbeitung Platz greift, und das ist sehr stark der Fall, sind die Arbeiten im Kapitel 20, Abschnitt 20.3., eingehend behandelt.

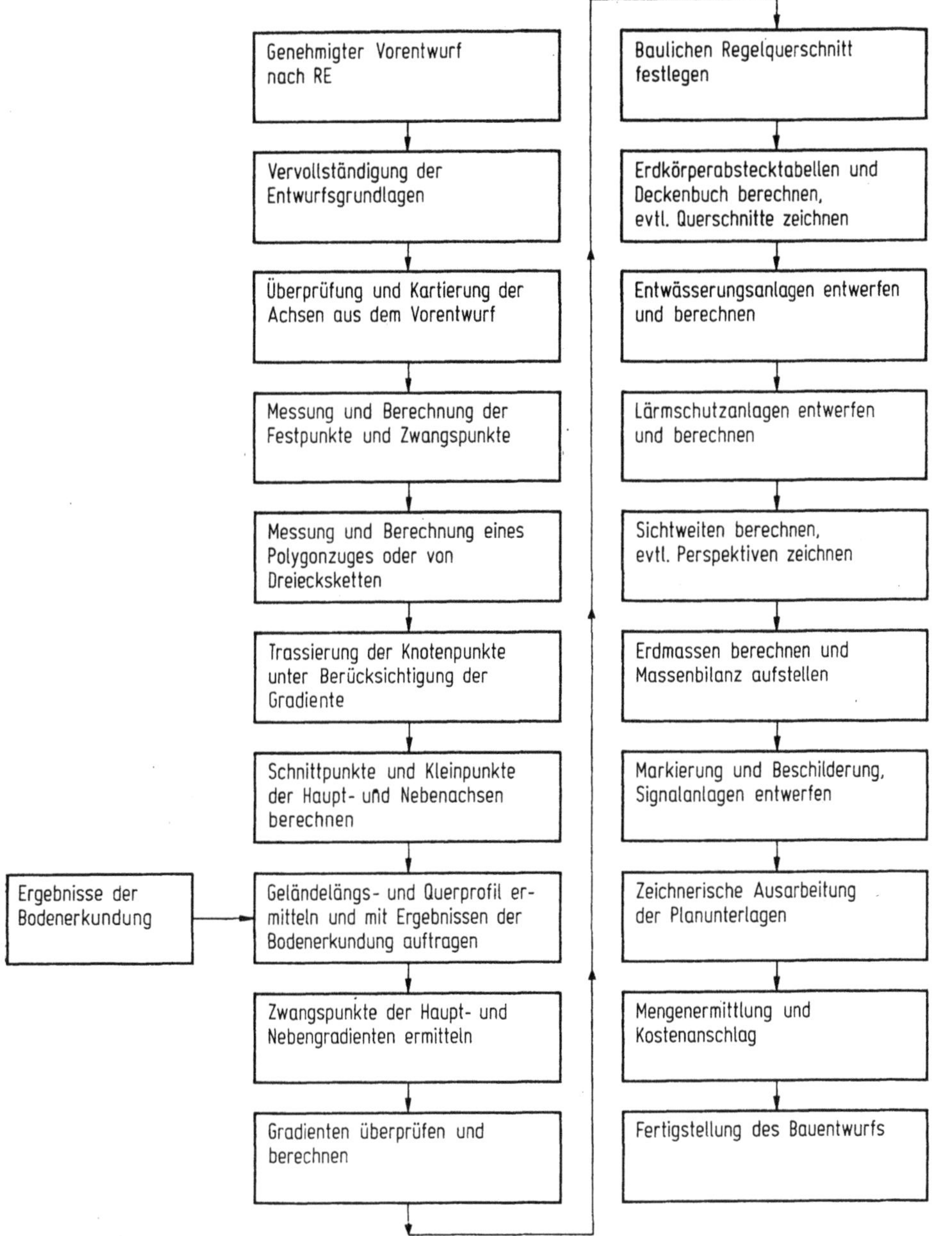

Bild 17.12. Arbeitsschritte des Bauentwurfs.

Nach der Massen- und Mengenberechnung und der Aufstellung des Kostenanschlags kann der Bauentwurf zusammengestellt werden. Er bildet die Grundlage der Ausschreibung und Vergabe der Baumaßnahme. Abgeschlossen ist damit die Bearbeitung der Ausführungsunterlagen noch nicht. Die Vielfalt der Natur in Topografie und Baugrund, die unvorhersehbaren Hindernisse, die bei den Anliegern und sonstigen von der Baumaßnahme Betroffenen auftreten, ja sogar neue Bauweisen und Organisationsbedingungen der Ausführungsfirmen erzwingen regelmäßig Änderungen und Ergänzungen der im Bauentwurf niedergelegten Absichten des Entwurfsingenieurs. Je mehr Zeit zwischen Entwurfsaufstellung und Bauausführung verstreicht, um so bedeutsamer sind sie. Mit Recht kann man daher sagen, daß die Phase des Bauentwurfs wegen der nachzuliefernden Unterlagen erst mit dem Bau selbst zu Ende geht und der Entwurfsingenieur dem Projekt auch so lange zur Verfügung stehen muß.

17.4. Literatur

1. Richtlinien für die Anlage von Landstraßen. Teil: Nestzgestaltung (RAL-N). Köln, Forschungsgesellschaft für das Straßenwesen. Entwurf 1970.
2. Richtlinien für die Anlage von Landstraßen. Teil: Querschnitte (RAL-Q). Köln, Forschungsgesellschaft für das Straßenwesen. Ausgabe 1974.
3. Richtlinien für die Anlage von Landstraßen. Teil: Linienführung (RAL-L), Abschnitt 1: Elemente der Linienführung (RAL-1-L). Köln, Forschungsgesellschaft für das Straßenwesen. Ausgabe 1973; Abschnitt 2: Räumliche Linienführung (RAL-L-2). Ausgabe 1970.
4. Richtlinien für wirtschaftliche Vergleichsrechnungen im Straßenwesen (RWS). Köln, Forschungsgesellschaft für das Straßenwesen. Ausgabe 1971 und RWS-Ergänzung 1972.
5. Richtlinien für die Anlage von Landstraßen. Teil: Knotenpunkte, Abschnitt 1: Plangleiche Knotenpunkte. Bonn- Bad Godesberg: Kirschbaum-Verlag, 1976.
6. Richtlinien für die Anlage von Stadtstraßen. Teil: Querschnittsgestaltung (RAST-Q). Köln, Forschungsgesellschaft für das Straßenwesen. 1968.
7. Richtlinien für die Anlage von Stadtstraßen. Teil: Linienführung (RAST-L). Köln, Forschungsgesellschaft für das Straßenwesen. 1973.
8. Richtlinien für die Anlage von Stadtstraßen. Teil: Knotenpunkte (RAST-K). Abschnitt 1: Plangleiche Knotenpunkte. Köln, Forschungsgesellschaft für das Straßenwesen. 1973.
9. Richtlinien für die Anlage von Stadtstraßen. Teil: Erschließung (RAST-E). Köln, Forschungsgesellschaft für das Straßenwesen. 1971.
10. Richtlinien für die Anlage von Stadtstraßen. Teil: Anlagen des öffentlichen Personennahverkehrs (RAST-Ö). Bonn-Bad Godesberg: Kirschbaum-Verlag, 1961.
11. Richtlinien für die Entwurfsgestaltung im Straßenbau (RE). Bergen-Enkheim: Kartographisches Institut und Verlag König, 1966.
12. Osterloh, H.: Straßenplanung mit Klotoiden, Wiesbaden: Bauverlag, 1977.
13. Lorenz, H.: Trassierung und Gestaltung von Straßen und Autobahnen, Wiesbaden: Bauverlag GmbH, 1971.
14. Oehm, E.: Stadtautobahnen. Wiesbaden: Bauverlag GmbH, 1973.
15. Langenhan, R.: Arbeitsmethoden beim Entwurf von Straßen, Straßen- und Tiefbau, 30 (1976) Nr. 4, S. 13—16.
16. Richtlinien für die Planfeststellung nach dem Bundesfernstraßengesetz (Planfeststellungsrichtlinien — PlafeR —) Verkehrsblatt 30 (1976) Nr. 1, S. 32—51.

18. Geodätische Arbeiten

K. Linkwitz

Inhalt

18.1. Einige Vorbemerkungen über das Gesamtkonzept geodätischer Arbeiten beim Entwurf; Grundbegriffe und Definitionen

18.1.1. Übersicht über die vermessungstechnischen Arbeiten und Berechnungen bei Entwurf und Bauausführung

Im Gesamtablauf eines Straßenprojektes — angefangen von den ersten skizzenhaften Entwürfen in einer topographischen Karte 1:25000 bis zur Übergabe der fertigen Straße an den Verkehrsteilnehmer — finden wir etwa die nachstehenden vermessungstechnischen Aufgaben:

- Herstellen von Planungsunterlagen in mittleren und größeren Maßstäben durch terrestrische oder photogrammetrische Aufnahmen eines Geländestreifens beiderseits der geplanten Trasse und durch Darstellung dieser Geländeaufnahme in Karten, Plänen, digitalen Geländemodellen und ausgezeichneten Vertikalschnitten.
- Ausgehend von graphischen Entwürfen und Konstruktionen Bestimmung der Lage- und Höhenkoordinaten aller zur geometrischen Festlegung des Entwurfs notwendigen Punkte durch die analytische Einrechnung von Achsen, Querschnitten und sonstigen wesentlichen Linien und Punkten.
- Auf Grund der Ergebnisse der analytischen Einrechnungen: Berechnen von Absteckdaten, bezogen auf in der Örtlichkeit vorhandene oder neu zu schaffende Festpunkte; Zeichnen von Absteckplänen.
- Übertragung des Entwurfs in die Natur durch örtliche Absteckungen vor und während der Bauausführung.
- Aufnahme des fertigen Bauwerks zur Kontrolle auf Übereinstimmung mit dem Entwurf und zur Leistungsfeststellung als Grundlage für die Abrechnung.
- Terrestrische oder photogrammetrische Schlußvermessung zur Übernahme der veränderten Eigentumsverhältnisse in Kataster, Grundbuch und amtliche Kartenwerke.
- Berechnung und Herstellung — gegebenenfalls in Zeichenautomaten — besonderer graphischer Darstellungen zur Veranschaulichung der geometrischen Gestalt des Entwurfs, wie Perspektiven, Anaglyphenbilder, usw.

Nach Schätzungen der L.H.O. (Leistungs- und Honorarordnung der Ingenieure i.d. Fassung v. 1. 6. 69) beträgt der Anteil der unmittelbaren Vermessungsarbeiten — Planherstellung, Achseinrechnung — 35% der gesamten Entwurfsarbeiten und kann in einzelnen Fällen bis zu 75% anwachsen.

18.1.2. Spezielle Straßenbauvermessung?

Die Vermessungen und Berechnungen im Straßenbau werden generell nicht anders angelegt als die üblichen Vermessungen für Landeskartenwerke, amtliche Zwecke oder andere technische Aufgaben. Die Krümmung der Erdoberfläche braucht bei Lagebestimmungen nur selten berücksichtigt zu werden. Sie sind in einer Reihe von Lehrbüchern, gegliedert nach geodätischen Gesichtspunkten, zusammenfassend dargestellt [1, 2, 3]. Es kommt jedoch darauf an, diese Arbeiten in den Gesamtablauf der Projektierung und der Bauausführung einer Straße einzugliedern und sie insbesondere mit den Nachbargebieten Photogrammetrie und Datenverarbeitung zu verknüpfen, welche in den letzten Jahren entscheidend dazu beigetragen haben, die Technik der Entwurfsbearbeitung zu verändern. Die wichtigsten Grundprogramme der Datenverarbeitung sind gleichermaßen aus Aufgaben des geodätischen Rechnens — Achseinrechnungen, Querschnittsberechnungen,

Berechnung von Perspektiven — wie aus bautechnischen Rechnungen — Massenberechnung, fahrdynamische Berechnung — hervorgegangen.

In den folgenden Abschnitten werden deshalb übliche vermessungstechnische Arbeiten aus dem Blickwinkel des Entwurfsingenieurs dargestellt. Grundbegriffe und Definitionen werden dabei nur soweit gegeben, als sie zur Beurteilung vermessungstechnischer Arbeiten erforderlich sind. Dies gilt insbesondere für die mit der Erdkrümmung zusammenhängenden Fragen, welche im allgemeinen — jedoch nicht immer! — vernachlässigt werden können.

18.1.3. Bezugsflächen und Definitionen

Bezugsfläche für großräumige geodätische Messungen und Berechnungen ist das Geoid. Dies ist diejenige Niveaufläche — jede auf ihr errichtete Flächennormale ist identisch mit der Richtung der Schwerkraft in diesem Punkt — welche die ruhende Meeresoberfläche enthält und die man sich unter dem Festland in einem System unterirdischer, mit dem Meer verbundener Kanäle realisiert vorstellen kann. Wegen Massenunregelmäßigkeiten ist das Geoid keine regelmäßige Fläche. Es wird deswegen für geometrische geodätische (jedoch nicht für dynamische geodätische) Rechnungen durch ein abgeplattetes Rotationsellipsoid ersetzt, dessen Abmessungen und Orientierung man so bestimmt, daß es sich dem Geoid im Ganzen — Erdellipsoid — oder in begrenzten Teilen — Referenzellipsoid — möglichst gut anpaßt. Für Ausschnitte von der Größe eines kleineren Landes wählt man eine sich dem Ellipsoid möglichst gut anpassende Kugel; wenn das Vermessungsgebiet 10 km im Quadrat nicht überschreitet, ersetzt man die Kugel durch ihre Tangentialebene und erhält damit eine ebene Bezugsfläche für kleinere Lagemessungen.

Für die weiteren Überlegungen denken wir uns die Bezugsfläche als Kugel und fragen, wann wir ihre Krümmung, d.h. den Abstand zwischen Kugel und Tangentialebene und die unterschiedlichen Richtungen der Normalen auf Ebene und Kugel bei ingenieurtechnischen Vermessungen berücksichtigen müssen.

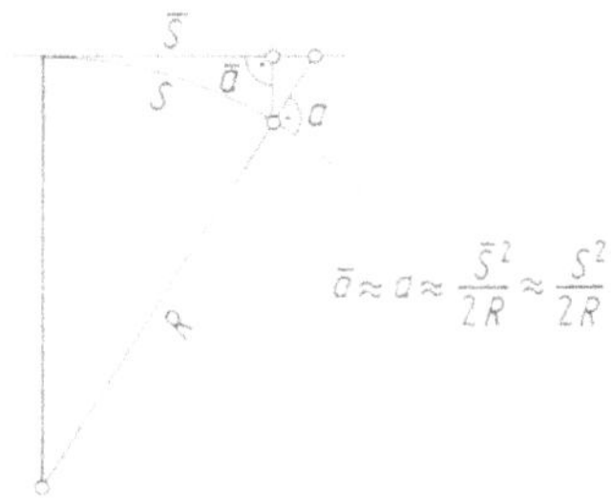

Bild 18.1. Abstand der Tangentialebene von der Kugel.

Bei der Höhenmessung muß die wirkliche Krümmung der Bezugsfläche praktisch immer berücksichtigt werden. Der Abstand zwischen Tangentialebene und Erdkugel beträgt in einem Kilometer Entfernung vom Berührpunkt 7,85 cm und nimmt zu mit dem Quadrat der Entfernung: er ist 7,85 m in 10 km Entfernung und wächst auf 100 m in 35,7 km Abstand an. Das Nivellement als wichtigstes Höhenmeßverfahren berücksichtigt die wirkliche Krümmung automatisch, wenn das Instrument jeweils symmetrisch, in der Mitte zwischen zwei Latten, aufgestellt wird. Bei den immer unsymmetrischen Aufstellungen der trigonometrischen Höhenmessung muß jedoch der Einfluß von Erdkrümmung und Refraktion berücksichtigt werden.

Zur Auswertung von Lagemessungen muß die Erdkrümmung bei kleinen Vermessungsgebieten nur unter bestimmten Umständen in Rechnung gestellt werden.

Auf die vereinfachenden Verhältnisse der Kugel übertragen definiert man nämlich als Horizontalentfernung zwischen P_1 und P_2 die Länge des Bogens $F_1F_2 = s_{1,2}$ im Meeresniveau. Alle aus amtlichen Koordinaten berechneten Entfernungen beziehen sich auf dieses Niveau bzw. auf das Niveau der jeweiligen Landesvermessung. Will man aus Koordinaten die wahre Länge $\bar{s}^*_{1,2}$ in der mittleren Meereshöhe H_1 einer Baustelle ableiten, so muß man $s_{1,2}$ um

$$\Delta s_{1,2} = \frac{s_{1,2} \cdot H_1}{R}$$

vergrößern.

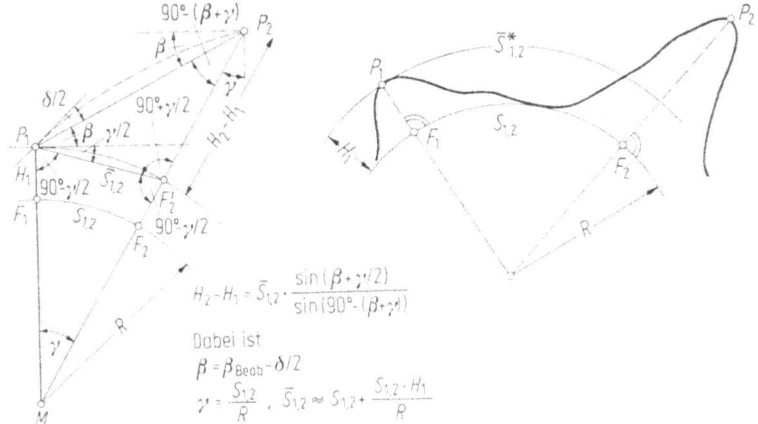

Bild 18.2. Definition der horizontalen Entfernung und praktische Anwendung bei den geometrischen Beziehungen bei der Höhenmessung über größere Entfernungen.

Bei großräumigen Straßenprojekten — in überseeischen Gebieten — ist meistens eine ebene Berechnung der geodätischen Grundlagen nicht zulässig. In diesen Fällen ist auch das Festpunktnetz nach den geodätischen Methoden der Landesvermessung zu schaffen.

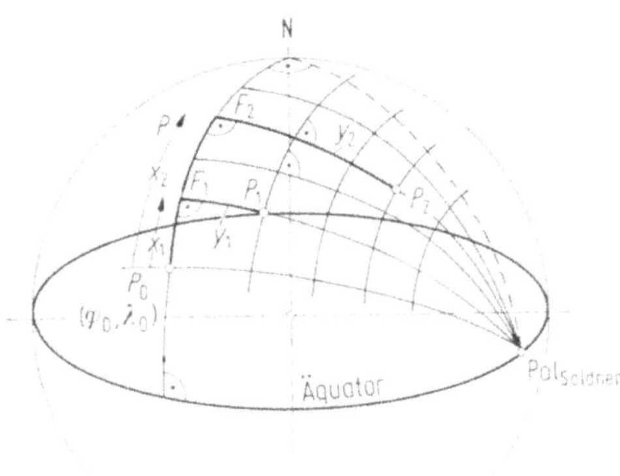

Bild 18.3. Örtliches Soldner-Koordinatensystem auf der Kugel mit P_0 (geographische Länge λ_0, geographische Breite φ_0) als Ursprung. Die Linien x = const sind Großkreise, die sich im „Soldnerpol" auf dem Äquator schneiden. Die Linien y = const sind Parallelkreise zur Meridianebene durch P_0. Der Radius p der Parallelkreise wird mit wachsendem Abstand y vom Meridian durch P_0 kleiner.

Der Verkehrswegebauer begegnet in den Gebieten des ehemaligen Deutschen Reiches in Karten und Festpunktverzeichnissen zwei Koordinatensystemen: Das Wesen der ebenen *Soldner-Koordinaten* besteht darin, daß rechtwinklig sphärische bzw. rechtwinklig ellipsoidische Koordinaten ohne jede Änderung in die Ebene übertragen und als eben behandelt werden. Durch diese einfache Art der Abbildung der Kugel in die Ebene entstehen mit wachsender Entfernung vom Hauptmeridian des jeweiligen Soldner-Systems Strecken- und Richtungsverzerrungen gegenüber dem Urbild. Überschreitet die mittlere Entfernung des Vermessungsgebietes vom Hauptmeridian 100 km, dann müssen auch Kleintriangulationen und Polygonzüge u. U. sphärisch berechnet werden!

Ebene *Gauß-Krüger-Koordinaten* entsprechen konformen Abbildungen von je 3° breiten Meridianstreifen des Erdellipsoids in die Ebene. Ihre Verzerrungen sind so klein, daß sie praktisch immer vernachlässigt werden dürfen und eine einfache ebene Rechnung zulässig ist.

Bei zwei weiteren Fragen kommt der Ingenieur mit dem Problem der Bezugsflächen in Berührung, nämlich

— bei der Definition von Flächen,
— bei der Definition von Längen.

1. Definition von Flächen

Im Liegenschaftskataster wird als Flächeninhalt eines Grundstückes die Fläche der orthogonalen Projektion in eine horizontale Bezugsebene definiert. Im Hinblick auf die Nutzung des Grundstücks durch Bebauung und Kultivierung mit Pflanzen ist das richtig: Die Abmessungen eines Hauses im Grundriß werden mit horizontalen Maßen festgesetzt; Pflanzen brauchen untereinander einen horizontalen Mindestabstand, um gedeihen zu können.

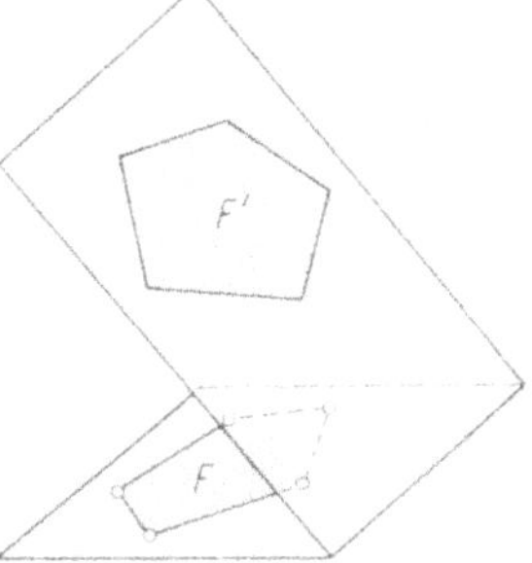

Bild 18.4. Fläche in einer geneigten Ebene und ihre Orthogonalprojektion in die horizontale Bezugsebene.

Horizontale Maße genügen nicht unbedingt, wenn z.B. im Straßenbau das Volumen der Mutterbodenandeckung zu bestimmen ist (Bild 18.5): Ist die Fläche in ihrer lotrechten Projektion oder abgewickelt zu bestimmen? Und weiter: Ist die Mutterbodendicke lotrecht oder in Richtung der Flächennormalen zu messen (Bild 18.6)?

Wichtig ist in solchen Fällen, daß Bauherr und Auftragnehmer den Unterschied rechtzeitig erkennen und für sich verbindlich regeln.

2. Definition von Längen: Kilometrierung

In der üblichen Projektbearbeitung bestimmt man die Stationierung dadurch, daß in der Grundrißprojektion der Achse Entfernungen zwischen ausgewählten Punkten entlang der gekrümmten Linie bestimmt werden. Die Grundrißprojektion erhält man durch senkrechte Projektion aller Achspunkte auf die Bezugsfläche, nämlich die Oberfläche der Erdkugel. Bei kurzen Straßenstücken kann der Ausschnitt aus der Erdkugel genügend genau durch eine Ebene approximiert werden. Bei längeren Straßenstücken jedoch sind die geometrischen Verhältnisse komplizierter. Die Grundrißprojektion der Achse ist eine gekrümmte Linie auf der ebenfalls gekrümmten Bezugsfläche „Kugel", also eine Raumkurve. Daraus enthält man die übliche Darstellung im Höhenlinienplan, indem man die Raumkurve der Grundrißprojektion rektifiziert und als horizontale Gerade aufträgt. Die Höhen der Achspunkte — in der Natur die senkrechten Abstände von der gekrümmten Erdoberfläche — werden dann senkrecht zur horizontalen Geraden im Höhenplan abgetragen. Die ebene Darstellung des Höhenplanes ist somit durch zweimaliges Verebnen entstanden: Zunächst wird die Raumkurve der Grundrißprojektion in die horizontale Grundrißebene abgewickelt; man erhält eine ebene, gekrümmte Kurve. Danach wird die ebene Kurve aus der Grundrißebene in die Aufrißebene des Höhenplanes abgewickelt.

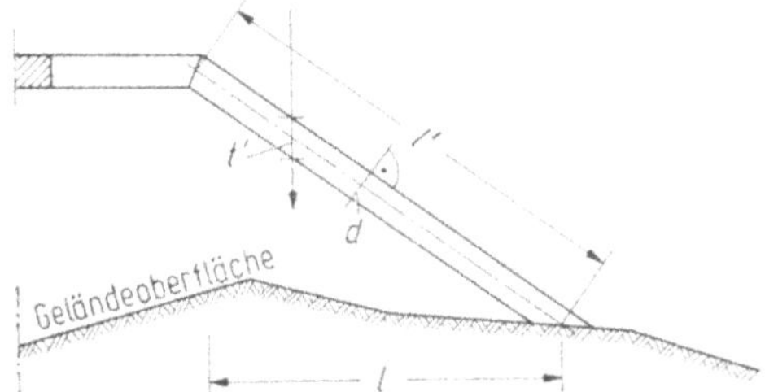

Bild 18.5. Mutterbodenandeckung in einer Dammböschung.

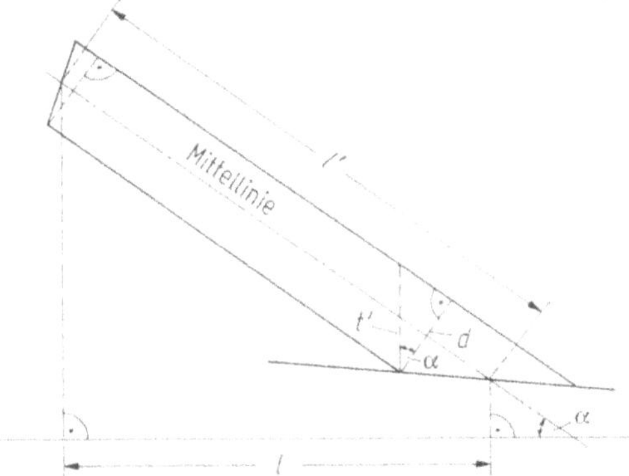

Bild 18.6. Detail zur Bestimmung des Volumens der Mutterbodenandeckung: Die Fläche des Querschnitts ergibt sich zu $F = l' \cdot d = l \cdot t'$.

Die praktische Konsequenz ist, daß die Achslänge aus der Stationierung gegenüber der Länge der räumlichen Achse in der Natur immer — wenn auch geringfügig — zu kurz erhalten wird.

Die Erdmassen werden jedoch dadurch nicht zu klein erhalten, da die Querprofile senkrecht zur Bezugsfläche gemessen werden. Bei der Berechnung der tatsächlich hergestellten Straßenoberfläche — etwa durch den Ansatz „Straßenlänge × Breite" — tritt das gleiche Problem auf wie bei der Ermittlung der Andeckungsfläche in Böschungen.

18.1.4. Über Festpunktnetze für Straßenbauvermessungen

Das vom Straßenbau in Anspruch genommene Gelände ist ein langgestreckter, schmaler Streifen. Daher bietet sich der Polygonzug als Methode der Festpunktbestimmung für terrestrische Aufnahmen, photogrammetrische Paßpunktbestimmungen und Absteckungen besonders an. Zur Ausschaltung grober Messungsfehler wird er an das bestehende Landesdreiecksnetz angeschlossen. In der Praxis werden jedoch häufig die auftretenden Abschlußwidersprüche nicht ausgeglichen; der Zug wird nur einseitig angeschlossen. Dadurch möchte man vermeiden, daß die Spannungen des Landesnetzes auf die lokale Messung übertragen werden. Lokales und übergeordnetes Netz sind dann mit wachsendem Abstand vom Anschlußpunkt gegenseitig unverträglich.

Es empfiehlt sich jedoch, den Aufnahmepolygonzug und überhaupt jedes lokale Aufnahmenetz, wenn immer möglich, nach den üblichen Regeln der Vermessungstechnik in das Landesnetz einzubinden:

- Die gegenseitigen geometrischen Beziehungen einer großen Baumaßnahme lassen sich nur in einem übergeordneten, auf alle Einzelgewerke übergreifenden Koordinatensystem eindeutig festlegen. Die Arbeiten an Teilbaustellen können gleichzeitig begonnen werden. Bei der Zerstörung lokaler Festpunkte können diese — ausgehend von Landespunkten — einfach wiederhergestellt werden. Ebenso ist eine flächenhafte Erweiterung des Netzes — etwa zur photogrammetrischen Paßpunktbestimmung — leicht möglich.
- Die spätere Absteckung hat große Freiheitsgrade. Die Absteckpunkte und Absteckliniennbrauchen nicht mit dem ursprünglichen Aufnahmepolygon identisch zu sein. Sie können den jeweiligen örtlichen Gegebenheiten der Baustelle entsprechend beliebig neu festgelegt werden. Die tatsächlichen Absteckwerte werden — auf dem Umweg einer Koordinateneinrechnung ins Landessystem — von Fall zu Fall für die momentan gültigen Absteckpunkte berechnet.
- Nur durch ein homogenes Festpunktfeld ($\triangleq$ Paßpunktfeld) lassen sich Örtlichkeit und photogrammetrischer Plan mit photogrammetrischen Daten einander gegenseitig zuordnen.

Man muß also von Fall zu Fall entscheiden, ob das lokale Netz in das übergeordnete Landesnetz einbezogen werden soll und dazu untersuchen, welche Ursachen große Abschlußwidersprüche hervorgerufen haben können:

1. Ungenauigkeiten bei der Messung des Polygonzuges

Besonders bei der Messung der Distanzen mit Latten oder Meßbändern unterlaufen Ungeübten größere systematische Fehler. Abhilfe bringt die elektromagnetische oder elektrooptische Distanzmessung. Eine weitere Vorsichtsmaßnahme ist die Winkelmessung mit Zwangszentrierung.

2. Vernachlässigung des Einflusses der Erdkrümmung und der Projektion

Aus amtlichen Koordinaten berechnete Horizontalstrecken beziehen sich auf das Nullniveau der Landesvermessung.

Eine in größerer Höhenlage direkt gemessene Strecke ist immer länger als die gleiche aus Koordinaten gerechnete Distanz. Zur Abhilfe müssen entweder die gemessenen Strecken ins Meeresniveau reduziert werden — dies geschieht mit genügender Genauigkeit automatisch bei der Verteilung der Koordinatenwidersprüche — oder die amtlichen Koordinaten müssen ins Baustellenniveau umgerechnet werden.

In den Randbereichen von Soldner-Koordinatensystemen können bei ebener Berechnung große Projektionsverzerrungen auftreten.

3. Große Spannungen im Landesnetz

Liegt die Genauigkeit des lokalen Netzes deutlich höher als die des Landessystems, muß man entweder auf den Anschluß verzichten oder kann versuchen, durch eine „Helmert-Transformation" beide Systeme miteinander zu verknüpfen. Bei dieser Ähnlichkeitstransformation wird das eine der beiden Systeme durch Änderung des Maßstabes und durch Drehung so in das andere eingepaßt, daß die Summe der quadratischen Abstände zwischen identischen, in beiden Systemen gegebenen Punkten zum Minimum wird.

18.2. Planungsunterlagen für den Straßenentwurf

Durch den Bau eines Verkehrsweges verändert der Ingenieur in einem schmalen Geländestreifen die natürliche Erdoberfläche und bezieht sie gleichzeitig in ihrer topographischen Beschaffenheit und geometrischen Gestalt als Ausgangsgröße in seinen Entwurf ein. Er benötigt somit Arbeitsunterlagen, welche ihn in jeder Entwurfsphase in geeigneter Weise über die Topographie unterrichten.

Der Geodät hat verschiedene Möglichkeiten, einen topographischen Ausgangszustand aufzunehmen und kann ihn in Form von Karten und Plänen in verschiedenen Maßstäben, digitalen Geländemodellen sowie Längs- und Querprofilen darstellen. Welche Unterlagen sind geeignet; nach welchen Gesichtspunkten sollen sie ausgewählt werden?

Datenverarbeitung und Photogrammetrie haben das digitale Geländemodell und das im Analogauswertegerät erzeugte Stereomodell als Planungsunterlage zur Verfügung gestellt. Sind dadurch die klassischen Unterlagen Karte und Plan überflüssig geworden?

Diese Fragen muß der Entwurfsingenieur bei Entscheidungen im hier behandelten Aufgabenkomplex immer wieder unabhängig überdenken.

18.2.1. Karten und Pläne

Unter Karte sei im folgenden die verebnete, maßstäblich verkleinerte, generalisierte und durch Signaturen und Beschriftungen erläuterte kartographische Darstellung natürlicher Sachverhalte von Ausschnitten der Erdoberfläche verstanden. Wird zusätzlich oder für sich allein ein angestrebter, künstlich zu schaffender Zustand dargestellt, so spricht man vom Plan: Lageplan, Höhenplan.

18.2.1.1. Gesichtspunkte zur Auswahl eines geeigneten Kartenmaßstabes

Projektierungsphase Die Anforderungen an Maßstab und Genauigkeit des Kartenmaterials sind abhängig von der Projektierungsphase: Je überschlägiger und summarischer die entwurfstechnische Bearbeitung, um so kleiner darf der Maßstab und entsprechend ungenauer die Karte, und je detaillierter und exakter die bautechnische Durcharbeitung, um so exakter muß die Karte und um so größer der Maßstab sein. Bewährt haben sich für erste Voruntersuchungen und vergleichende Variantenuntersuchungen — Linienentwurf — topographische Karten im Maßstab 1:25000; sie werden, damit im Entwurf Details noch zeichnerisch dargestellt werden können, auf 1:10000 vergrößert. Den graphischen Entwurf — Vorentwurf — konstruiert man in Originalkarten in Maßstäben zwischen 1:5000 bis 1:2000. Diese Kartenwerke stehen amtlich nicht überall zur Verfügung; sie müssen dann neu hergestellt werden. Beim baureifen Entwurf benötigt man Unterlagen im Originalmaßstab 1:2000 oder 1:1000, in Knotenpunktbereichen meist 1:500. Sie müssen fast immer neu hergestellt werden.

Geländecharakter Durch den Geländecharakter werden vor allem die Maßstäbe der Karten für die Voruntersuchung und das Vorprojekt beeinflußt. Je komplizierter die Topographie ist, um so größer müssen die Maßstäbe gewählt werden. Im Hochgebirge zieht man für den graphischen Entwurf den Maßstab 1:1000 oder 1:2000 dem Regelmaßstab 1:5000 vor. Einfaches Gelände beeinflußt die Maßstabszahlen in entgegengesetzter Richtung. Allerdings sind kleinere Maßstäbe als 1:5000 für den Vorentwurf selten geeignet. Die Zeichengenauigkeit reicht dann nicht mehr aus, um Eingabedaten für eine Achseinrechnung oder Ausgangswerte für eine direkte Absteckung im Feld ausreichend genau der Karte zu entnehmen.

Zeichnerische Darstellung von Details Die für baureife Planungen gelegentlich geforderten großen Maßstäbe 1:500 oder 1:250 sind im allgemeinen für die Darstellung der Topographie keine echten Originalmaßstäbe. Sie werden nur deshalb so groß gewählt, damit zeichnerische Details im Entwurf noch einwandfrei dargestellt werden können. Sie lassen sich für diesen Zweck wirtschaftlicher durch Vergrößern von Karten 1:1000 herstellen. Auch der in Voruntersuchungen übliche Maßstab von 1:10000 ist so zu werten, daß meistens die absolute Genauigkeit der topographischen Karte 1:25000 bereits ausreicht. Zeichnung und Projektbearbeitung sind jedoch bequemer in der Vergrößerung durchzuführen.

Generalisierung des Karteninhalts Großmaßstäbige Karten im Maßstab 1:1000 und 1:5000 sind zu unhandlich, um darin die Voruntersuchung einer längeren Straße zu bearbeiten. In den tatsächlich für diese Arbeiten verwendeten Karten 1:25000 ist jedoch die Fläche zur Aufnahme des Karteninhalts so zusammengeschrumpft, daß eine maßstabsgetreue Grundrißdarstellung vieler Gegenstände nicht mehr möglich ist. Der Maßstab 1:10000 läßt ein Haus mit den Abmessungen 10×10 m zum quadratischen Klecks mit den Seitenlängen 1 mm werden und verengt einen Fußweg von 3 m Breite auf einen Strich von 0,3 mm Stärke. Deshalb wird in Karten mit Maßstäben kleiner als 1:5000 der Karteninhalt durch sinnvolle Vereinfachungen und Verzerrungen generalisiert. Flüsse, Straßen und Eisenbahnen sind im Kartenbild gegenüber einer maßstabsgetreuen Kartierung deformiert. Die Straßenbreite wird vergrößert und die Kurvigkeit geglättet; dadurch erhält man die Länge gegenüber der Wirklichkeit verkürzt. In Städten und Dorflagen ändert sich das Flächenverhältnis von bebautem und unbebauten Areal, da das Verkehrs- und Gewässernetz mit zu großen Breitenabmessungen dargestellt werden muß. Einzelne wichtige Objekte schrumpfen bis zum Symbol oder genormten Grundrissen zusammen: Kirchen, Schlösser, Brücken.

Die Generalisierung ist jedoch kein Mangel; im Gegenteil: nur durch graphischfigürliche Vereinfachung, durch Übertreiben, Weglassen und Stilisieren läßt sich das Wesentliche beim vereinfachenden Umformen großmaßstäbiger Originalkarten in kleinmaßstäbige, abgeleitete Karten übertragen.

Der Planer darf jedoch aus diesen Karten keine Maße entnehmen wollen, die durch die Generalisierung verfälscht wurden. Diese Gefahr ist verhältnismäßig klein, wenn die Raumnot des Kartenzeichners dem in der Karte 1:25000 oder 1:50000 entwerfenden Ingenieur unmittelbar zum Bewußtsein kommt. Schwieriger werden die Verhältnisse jedoch, wenn man aus Mangel an geeigneten Unterlagen gezwungen ist, Karten in mittleren Maßstäben aus solchen kleinerer Maßstäbe durch Vergrößerungen herzustellen. Für den Vorentwurf und die Voruntersuchung wird häufig die Karte 1:25000 auf 1:10000 oder sogar 1:5000 vergrößert und dann als Planungsunterlage verwendet. Hier ist größte Vorsicht geboten. Die so hergestellte Karte 1:5000 enthält nicht die Einzelheiten, die man in originalen Grundkarten 1:5000 findet. Zusätzlich werden alle Generalisierungsungenauigkeiten mitvergrößert. Diese können bis auf 2 mm im Maßstab 1:25000 ansteigen. Das entspricht 50 m in der Natur oder 1 cm im Maßstab 1:5000 und 0,5 cm im Maßstab 1:10000.

18.2.1.2. Zum Inhalt der Planungsunterlagen

Die amtlichen Karten sind in Grundriß- und Höhendarstellung vollständig und zum universellen Gebrauch gedacht. Eine intensive Bautätigkeit läßt jedoch amtliche Karten dicht besiedelter Gebiete rascher veralten als früher. Eine Luftaufnahme gibt dann den aktuellen Stand wieder; damit können amtliche Karten im eigentlichen Projektierungsgebiet ergänzt oder berichtigt werden. Bei der Neuherstellung großmaßstäbiger Planungsunterlagen überdenke man den notwendigen Planinhalt: Eine vollständige Kartenunterlage besteht aus Grundriß- und Höhendarstellung; in Siedlungsgebieten kann der ober- und unterirdische Baubestand so entscheidend für die Wahl der Linienführung sein, daß seine Aufnahme und Darstellung zunächst wichtiger ist als eine vollständige Höhendarstellung. Diese kann — da sie für den baureifen Entwurf unerläßlich ist — später, wenn die Linienführung im Grundriß festgelegt ist, im engsten Trassenbereich nachgeholt werden.

Auch Orthophotokarten lassen sich durch Höhenlinien (Schichtlinien) oder Höhenkoten vervollständigen und u.U. wirtschaftlicher herstellen als konventionelle Kartenunterlagen. Schließlich können auch digitale Geländemodelle überwiegend höhen- oder grundrißbetont sein.

18.2.1.3. Hinweise auf die wichtigsten Methoden zur Kartenherstellung und Geländedarstellung

Terrestrische Aufnahme oder Photogrammetrie? Sofern für das Projekt keine vorhandenen Karten benutzt werden können, steht der Projektingenieur vor der Frage, mit welcher Methode er Karten ergänzen oder neu herstellen will. Die zuerst zu treffende Entscheidung, nämlich terrestrische Aufnahmen oder Anwendung der Photogrammetrie?, läßt sich untergliedern in:

— *Ist das Gelände genügend aus der Luft einsehbar?* Dichter Wald verhindert die photogrammetrische Herstellung genauer großmaßstäbiger Karten, da die Meßmarke im Auswertegerät nicht auf dem Boden aufgesetzt werden kann. Terrestrische Methoden verbleiben als einzige Möglichkeit. Wie soll man entscheiden, wenn durch unregelmäßigen oder schütteren Bewuchs die Geländeoberfläche nur teilweise sichtbar ist? Häufig läßt dünner Baumbestand bei einer Befliegung im zeitigen Frühjahr oder späten Herbst noch eine genaue Auswertung zu.

  Kasper [7] untersuchte den Einfluß eines dichten, niedrigen Bewuchses von Gras, Getreide und anderen Kulturpflanzen auf die Höhengenauigkeit. Er kommt zu dem Schluß, daß dm-Genauigkeiten erreichbar sind, wenn die mittlere Bewuchshöhe zum Aufnahmezeitpunkt örtlich ermittelt und zur Reduktion der sich auf die Bewuchsoberfläche beziehenden photogrammetrischen Höhen verwendet wird.

  Legt man zur Schonung von Kultur- und Bauland Verkehrswege in Waldgebiete, so ist dies zunächst ein ernstliches Hindernis für die Anwendung der Photogrammetrie. Sie kann jedoch später nach Ausholzen der Schneisen für die Bauausführung zur laufenden Leistungsfeststellung eingesetzt werden.

— *Größe und Lage des Vermessungsgebietes.* In Europa mit seinem dichten Netz von Flugplätzen und seiner großen Anzahl leistungsfähiger Luftbildunternehmer können auch flächenmäßig kleine Gebiete wirtschaftlich beflogen und aufgenommen werden. Praktisch jeder Ort läßt sich ohne vorherige eigene Überführung des Bildflugzeuges anfliegen; Überfliegungsverbote sind selten. Wenn Überführungskosten und Wartezeiten in keinem Verhältnis zu den eigentlichen Bildflugkosten stehen, wie in überseeischen Gebieten, nimmt man kleine, entlegene Gebiete wirtschaftlicher terrestrisch auf.

In extremen Hochgebirgen schließlich sieht man sich Situationen gegenüber, in denen die zur Erzielung eines genügend großen Bildmaßstabs einzuhaltenden Flughöhen aus Sicherheitsgründen nicht geflogen werden können: Das obere Chenabtal im indischen Himalaya hat eine mittlere Höhe von 2000 m die umgebende Gipfelflur im Mittel von 6000 m. Rechnet man nur mit 500 m zusätzlicher Sicherheitshöhe, so kann das Bildflugzeug nicht niedriger als 6500 m fliegen. Die verbleibende Höhe von 4500 m über Grund reicht nicht aus zur photogrammetrischen Herstellung großmaßstäbiger Karten für ein Straßenprojekt. Hier ist man auf terrestrische Methoden — auch die terrestrische Photogrammetrie — angewiesen.

— *Vorzüge der Photogrammetrie.* Wenn die Anwendung der Photogrammetrie durch äußere Bedingungen nicht eingeschränkt ist, sollte man sie terrestrischen Verfahren vorziehen:
Luftbilder geben dem Ingenieur gleichzeitig ein Bild des Geländes, welches anschaulicher und detailreicher ist, als die beste Karte. Sie ergänzen die Karte nicht nur sondern haben darüber hinaus eigenständigen Aussagewert. Allgemeine und geologisch-morphologische Interpretation vermitteln eine Fülle von Informationen über den neuesten Bebauungszustand, die Wasserverhältnisse, die landwirtschaftliche Nutzung des Gebietes und andere aktuelle Gegebenheiten, die aus der Karte nicht zu entnehmen sind.
Luftbilder sind auch ein objektives Dokument über den Urzustand vor der Baumaßnahme. Sie lassen sich im Fall von Streitigkeiten an verschiedenen unabhängigen Stellen auswerten.

Die morphologische Formtreue photogrammetrisch direkt nachgefahrener Schichtlinien ist der tachymetrischer, indirekt durch Interpolation abgeleiteter Schichtlinien überlegen.

Photogrammetrische Daten lassen sich — jedenfalls bisher — umfassender direkt registrieren und automatisch erfassen als vergleichbare terrestrische Messungen.

Über terrestrische Aufnahmemethoden. An terrestrischen Verfahren stehen — da Meßtischaufnahmen fast immer ausscheiden — Tachymeter-, Profil- und Rasteraufnahmen zur Wahl:

— *Tachymeteraufnahme.* Die Schwierigkeit einer guten Tachymeteraufnahme wird häufig unterschätzt: sie ist eine Kunst, die zu beherrschen man nur durch viel Übung lernt. Eine fachmännische Aufnahme ist dadurch gekennzeichnet, daß das Gelände mit möglichst wenigen Punkten an charakteristischen Stellen, entsprechend Topographie, Genauigkeit und Maßstab, erfaßt wird. Das setzt geschulten Blick für Geländeformen und Erfahrungen mit der Aufnahmetechnik voraus.

Als Unterlage zur korrekten Interpretation der Feldaufnahme durch den kartographischen Zeichner muß der Feldingenieur eine morphologisch richtige Kartenskizze (Kroki) führen. Sie gibt Aufschluß darüber, welche geomorphologisch korrekten Formen von den zunächst punktweise interpolierten und dann kontinuierlich konstruierten Schichtlinien wiedergegeben werden müssen.

Auch eine Automatisierung der Tachymeteraufnahme ist teilweise möglich. Beim Einsatz selbstregistrierender elektronischer Tachymeter für die Feldaufnahme können die Geländedaten ohne den Zwischenschritt des manuellen

Ablochens direkt im Rechner ausgewertet werden. Die Arbeitsgeschwindigkeit der Aufnahme hängt dann entscheidend von der Einweisung und der Anzahl der Lattenträger sowie von der begrenzten Schnelligkeit, mit der ein Kroki skizziert werden kann, ab.

Neuere Untersuchungen und ihre Ergebnisse zeigen, daß auch das Problem der automatischen Interpolation und Zeichnung geomorphologisch richtiger Schichtlinien in naher Zukunft gelöst sein wird. Lediglich zur Darstellung des Formenreichtums des Hochgebirges wird man dann noch die künstlerische Detailzeichnung durch den Kartographen benötigen.

— *Profilaufnahme.* Häufig wird das Gelände in der Weise aufgenommen, daß zunächst ein trassennaher Polygonzug angelegt wird und senkrecht zu diesem Querprofile aufgenommen werden. Durch diese Methode wird die Punktauswahl schematisiert, sie ist entsprechend leicht durchzuführen. Ihr haften jedoch zunächst wesentliche Mängel an: Bei schematischen Profilaufnahmen werden Aufnahmetreue und Genauigkeit durch eine übermäßig große Punktdichte im Profil selbst überbetont und durch große gegenseitige Abstände der Profile in Richtung der Polygon- bzw. Straßenachse unterbetont. Punktabständen von wenigen Metern innerhalb des Profils stehen gegenseitige Abstände der Profile von 20, 25 und 50 m gegenüber. Eine homogenere Punktverteilung erzielt man dann, wenn man die (schematische) Punktdichte im Profil *und* die Profilabstände untereinander gleichermaßen Geländecharakter und Genauigkeitsforderungen anpaßt. Die Profilaufnahme verdichtet sich dann zu einer Rasteraufnahme; die Rasterachsen ändern sich mit den Polygonseiten. Praktisch hat man damit ein rasterförmiges digitales Geländemodell aufgenommen, welches spätere Umprofilierungen nach der tatsächlichen Achse leicht erlaubt.

18.2.2. Digitale Geländemodelle

In digitalen Geländemodellen wird die graphisch-analoge Darstellung einer Karte durch im Computer gespeicherte Zahlenangaben ersetzt. Dadurch läßt sich in Verbindung mit der Datenverarbeitung ein Teil der Entwurfsbearbeitung vereinfachen. Das wird sofort deutlich, wenn wir uns die ersten Entwurfsphasen vergegenwärtigen. Dabei werden innerhalb eines Interessenstreifens (Korridors) von 300 bis 500 m, manchmal bis 1000 m Breite, in dem die zukünftige Straße liegen soll, mehrere Wahllinien miteinander verglichen. Zu den Vergleichskriterien gehören auch die für jede Wahllinie anfallenden Erdmassen. Man berechnet sie bisher aus auf die Straßenachse bezogenen Geländeprofilen. Somit muß zu jeder Wahllinie ein neuer Satz Querprofile — terrestrisch in der Örtlichkeit, photogrammetrisch nach Kartierung der Achse oder graphisch aus Schichtlinienkarten — gemessen werden.

Das digitale Geländemodell ermöglicht es, das Gelände im Interessenstreifen ein für allemal aufzunehmen, und zwar ganz unabhängig von der Lage der späteren Achse. Danach leitet man für jede Achse die Profile rechnerisch aus der generellen Aufnahme ab. Durch die zahlenmäßige Darstellung des Geländes im Rechner ist es auch möglich, weitere für die Entwurfsbearbeitung wesentliche Informationen aus dem Geländemodell abzurufen. Es lassen sich Schichtlinien berechnen und automatisch zeichnen oder Linien größten Gefälles als Unterlage für die Projektierung der Entwässerung ermitteln und darstellen. Geländemodelle unterschiedlicher Informationsdichte über die Topographie können damit für vergleichende, überschlägige Untersuchungen in den frühen Projektphasen und für genaue Detailprojektierungen im Stadium des Bauentwurfs verwendet werden.

Das zum digitalen Geländemodell gehörende Programmsystem hat meistens drei Hauptbestandteile, nämlich
— Erfassung, Aufbereitung und Organisation der Geländedaten;
— Mathematische Darstellung der Geländefläche und Interpolation von Zwischenpunkten;
— Zugehörige Entwurfsprogramme.

18.2.2.1. Erfassung, Aufbereitung und Organisation der Geländedaten

Im Hinblick auf die spätere rechnerische Interpolation von Zwischenpunkten fordern die meisten Geländemodelle eine bestimmte Punktanordnung für die Geländeaufnahme. Im MIT-Modell 1960 mußte das Gelände in Profilen rechtwinklig zu einer aus Geraden und Kreisbögen bestehenden Referenzlinie aufgenommen werden. In Schweden zog man die Aufnahme nach Geländebruchlinien vor, und in Finnland überzog man das Aufnahmegebiet mit einem Netz gleichseitiger Dreiecke.

Günstiger ist jedoch, die Methoden und Punktanordnungen für die Datenerfassung ganz von der Datenorganisation des digitalen Modells im Rechner zu trennen. Dann läßt sich nämlich die rechnerinterne Organisation der Punkte so einrichten, daß Zwischenpunkte besonders schnell interpoliert, die Speicher kompakt besetzt und Suchprozesse und Datentransporte möglichst zeitsparend bewerkstelligt werden. In Vorprogrammen werden die Daten der jeweiligen Geländeaufnahme durch eine Vorinterpolation in die rechnerinterne Organisation umgeformt.

18.2.2.2. Mathematische Darstellung der Geländefläche und Interpolation von Zwischenpunkten

Bei der Entwurfsbearbeitung mit Hilfe eines digitalen Geländemodells sind drei Grundaufgaben der Interpolation zu lösen, nämlich:

1. Zu einem im Grundriß vorgegebenen Punkt des Entwurfs soll die Höhe interpoliert werden.

2. Zu einem im Grundriß durch Punkt und Richtung vorgegebenen Profil im Entwurf soll eine Folge von Profilhöhen interpoliert werden (dies entspricht der Bestimmung des Schnitts einer senkrechten Ebene mit dem Gelände).

3. Ausgehend von einem durch Höhe und Lagekoordinaten vorgegebenen Punkt des Entwurfs — z.B. in der Böschungskante — soll der Durchstoßpunkt einer durch drei Richtungscosinus räumlich festgelegten Geraden mit dem Gelände interpoliert werden.

Zur Lösung dieser Hauptaufgaben gibt es zwei prinzipielle Möglichkeiten, je nachdem, ob die Originaldaten der Geländeaufnahme zur direkten Interpolation benützt, oder ob zunächst aus den Originaldaten ein rechnerinternes Geländemodell aufgebaut und erst danach interpoliert wird.

In den meisten digitalen Geländemodellen werden zur Interpolation direkt die aufgenommenen Geländepunkte verwendet. Man interpoliert dann zwischen Bruchlinien oder in durch drei Punkte gegebene Ebenen, oder man legt eine Fläche zweiter Ordnung durch Punkte in der Nachbarschaft des zu interpolierenden Punktes. Dazu müssen zunächst im Rechner die Punkte aufgesucht werden, welche bei der Interpolation mitverwendet werden dürfen. Diese Suchprozesse beanspruchen Zeit, und deswegen können diese Geländemodelle bestimmte Grenzen an Rechenzeit nicht unterschreiten.

In Modellen indirekter Interpolation erzeugt man aus den — zunächst beliebig aufgenommen und angeordneten — Originalgeländepunkten ein quadratisches oder dreiecksförmiges Raster. In Gebieten einfacher Topographie kann es weitmaschig, in Ausschnitten mit komplizierten Oberflächenformen muß es feinmaschig sein: die Maschenweite ist eine Funktion des Formenreichtums der Oberfläche und der geforderten Genauigkeit. Für die Vorinterpolation des Rasters kann man die gleichen Methoden wie in der ersten Grundaufgabe heranziehen. Zusätzlich aber gibt es Methoden, die sich zur Interpolation solcher Rasterfelder besonders eignen: Interpolation nach kleinsten Quadraten, mit Hilfe der Ausgleichungsrechnung u.a. Danach ersetzt das interpolierte Raster das wirkliche Gelände. Für die Interpolation von Zwischenpunkten kann man wegen der nunmehr regelmäßigen Anordnung der Ausgangspunkte sehr einfache nichtlineare oder lineare Interpolationsflächen verwenden, außerdem kommt man mit kurzen Zeiten für die Suchprozesse aus. Diese Modelle zeichnen sich daher durch hohe Rechengeschwindigkeiten aus, wenn einmal das Raster vorinterpoliert worden ist.

Ein gewisses Problem ergibt sich dann, wenn komplizierte Oberflächenformen nicht genügend genau durch das Raster dargestellt werden können und zusätzliche Punkte oder Geländebruchlinien in den Rasterelementen bei der Interoplation berücksichtigt werden müssen. Die Schnelligkeit der Interpolation wird dann herabgesetzt.

18.2.2.3. Zugehörige Entwurfsprogramme

Damit bei der Entwurfsbearbeitung zur Interpolation von Höhen und Schnitten nicht die Koordinaten jedes einzelnen Punktes eingegeben werden müssen, gehören zum Geländemodell Programme zur Koordinatenrechnung auf Grund vorgegebener Entwurfsparameter. Ferner sind Anpassungen notwendig an Programme zur Massenberechnung, zur Berechnung und automatischen Zeichnung von Perspektiven, zu Optimierungsberechnungen, zu Entwässerungsuntersuchungen u.a. (vgl. auch Kapitel 20).

18.2.3. Ausgezeichnete Schnitte: Längs- und Querschnitte

Bei der Entwurfsbearbeitung im Detail bevorzugt der Ingenieur eine Geländedarstellung längs ausgezeichneter Linien. Das Längsprofil ist ein Vertikalschnitt durch die Erdoberfläche längs der Achse der Straße, ein Querprofil ein Vertikalschnitt, welcher rechtwinklig auf der Achse steht. Maßstäblich aufgetragen — die Höhen werden dabei überhöht gezeichnet — und mit Stationierung und Höhenangaben versehen ist das Längsprofil Grundlage für Entwurf, Konstruktion und Berechnung der Gradiente. Die meistens im Maßstab 1:100 gezeichneten Querprofile sind — ergänzt durch den Kunstkörper — Grundlage zur Beurteilung und Verbesserung des Entwurfs an topographisch schwierigen Stellen und zur Massenberechnung nach dem Querschnittsverfahren. Je nach dem Entwurfsstadium, der geforderten Genauigkeit und dem Verwendungszweck werden Längs- und Querprofile auf verschiedene Weise beschafft.

18.2.3.1. Graphische Entnahme aus Karten

Zur graphischen Entnahme von Profilen aus Karten wird die Achse mit den aufzunehmenden Querprofilen im Plan kartiert: entweder durch eine Konstruktion mit Kreisbogen- und Klothoidenlinealen oder durch Kartierung der Koordinaten bereits eingerechneter Achsen und Profile. Dann entnimmt man die aus den Schichtlinien interpolierten Profilhöhen. Die Methode ist nur für mittlere Genauigkeitsansprüche geeignet und kann nur Grundlage für frühe Entwurfsstudien und überschlägige Massenermittlungen sein.

18.2.3.2. Entnahme aus dem digitalen Geländemodell

Die Ermittlung der Höhen in Längs- und Querprofilen ist wesentliche Aufgabe digitaler Geländemodelle. Eingabedaten sind entweder die Ergebnisse einer Achseinrechnung, die Stationspunkte, in denen Querprofile aufgenommen werden sollen und die Abstände der Punkte untereinander auf den Profilen oder nur die Eingangsdaten einer Achseinrechnung, Stationspunkte und Abstände. In Abhängigkeit von der Dichte der dem Geländemodell zugrunde liegenden Einzelpunkte lassen sich die Profilhöhen mit hoher Genauigkeit berechnen.

18.2.3.3. Photogrammetrische Profilmessung

Für eine genaue photogrammetrische Profilmessung — weitere photogrammetrisch-technische Details finden sich in Kap. 5.2.5.2.1 — benötigt man die Haupt- und Kleinpunkte der eingerechneten Achse und photogrammetrische Paßpunkte in einem einheitlichen Koordinatensystem. Achse und Paßpunkte werden in großem Maßstab — 1:1000 — in fortlaufenden Zeichenblättern kartiert. Zur Messung orientiert man das zu den jeweiligen Zeichenblättern gehörende Stereomodell mit Hilfe der kartierten Paßpunkte absolut und hat damit eine eindeutige optisch-mechanische Zuordnung der Punkte im Stereomodell und im Zeichenblatt. Die photogrammetrische Messung von Profilpunkten ist dann eine Umkehrung der üblichen photogrammetrischen Auswertung. Bei letzterer setzt der Auswerter die Meßmarke auf einem Geländepunkt auf und kartiert auf dem angekoppelten Zeichentisch den zugehörigen Grundriß. Bei der Profilmessung dagegen setzt der Auswerter den Zeichenstift auf die kartierten Profilpunkte im Zeichenblatt. Die mit dem Zeichenstift gekoppelte Meßmarke erscheint dann im Stereomodell jeweils über oder unter dem zugehörigen Geländepunkt. Durch Nachstellen der Höhe wird die Meßmarke auf dem Gelände aufgesetzt. Die Punkthöhen lassen sich am Höhenzählwerk ablesen, direkt drucken oder registrieren. Die Abstände der Punkte von der Achse mißt man entweder in der Kartierung oder berechnet sie aus Modellkoordinaten. Als Ergebnis der Profilmessung erhält man eine zahlenmäßige Darstellung in der gleichen Form, als wenn die Profile terrestrisch gemessen worden wären.

18.2.3.4. Aufnahme von Längs- und Querprofilen im Feld

Für die Feldaufnahme von Profilen bestehen prinzipiell zwei verschiedene Möglichkeiten, nämlich

1. Fall: Ein trassennaher Polygonzug vertritt die Straßenachse als Bezugslinie für die Querprofile. Die späteren, auf die Achse bezogenen Querprofile gewinnt man durch zeichnerisches oder rechnerisches Umprofilieren. Dabei verliert man durch die notwendige Interpolation an Genauigkeit; weiter stehen die Polygonseitenprofile nicht senkrecht auf der Straßenachse. Man muß also bei einer Geländeaufnahme durch Profile die Punkte sehr dicht legen, um sie als Ausgangsmaterial für ein digitales Geländemodell verwenden zu können.

2. Fall: Bei einer achsbezogenen Aufnahme von Längs- und Querprofilen — etwa als Grundlage einer späteren Massenberechnung für die Abrechnung — wird zunächst die Achse abgesteckt und in allen Kleinpunkten, Stationspunkten, Bogenhauptpunkten, Geländebrechpunkten, Schnittpunkten mit Wegen, Wasserläufen usw. durch bodengleich geschlagene Pfähle vermarkt. Alle Punkte erhalten einen Signalisierungspflock, auf dem die Stationierung angeschrieben ist. Zur Höhenaufnahme werden alle Messungspflöcke auf mm einnivelliert; das Längsnivellement wird an gegebene Höhenfestpunkte angeschlossen. Beim Aufstellen des Nivellierinstrumentes achtet man darauf, daß man sich in der Mitte zwischen den 100-m-Pfählen befindet, damit letztere als Wechselpunkte mit gleichen Zielweiten verwendet werden können. Als Vorbereitung für spätere weitere Höhenaufnahmen werden auch in der Nähe befindliche Festpunkte, Kilometersteine, Treppen, Mauern und Durchlässe mit einnivelliert. Die Querprofile steckt man senkrecht zur Achse ab, ihre seitliche Ausdehnung schwankt zwischen 20 und 70 m, die Dichte der Punkte innerhalb des Profils ist abhängig vom Geländecharakter. Man mißt die seitlichen Entfernungen vom Achspunkt auf halbe dm und trägt sie in einen unmaßstäblichen Handriß ein. Gleichzeitig dazu werden die Höhen mit einem Baunivellier gemessen, welches möglichst so aufgestellt wird, daß das ganze Profil von einem Standpunkt aus eingemessen werden kann.

18.3. Geodätisch-geometrische Berechnungen beim Entwurf

18.3.1. Übersicht und Formelzusammenstellung

Am Ende der Bearbeitungsphase „graphische Lösung“ liegt der Entwurf in seinen wichtigen geometrischen Abmessungen zeicherisch konstruiert vor. Ausgehend von graphisch ermittelten Zahlen als Rohwerte werden in nachfolgenden analytischen Berechnungen die Koordinaten ausgewählter Punkte in der Achse, in Profilen und in der Fahrbahn ermittelt mit dem Ziel, diese Koordinaten und die durch sie darstellbaren Verbindungslinien zu benützen für die

— Berechnung von Absteckungsdaten für die Achse, für Straßenränder, Böschungsfüße usw.
— Flächen- und Massenberechnung
— Berechnung von Ausgangsdaten zur automatischen Zeichnung von Grundrissen, Längsschnitten, Profilen usw.
— Berechnung von Perspektiven und ausgezeichneten Schnitten zur nachfolgenden automatischen Zeichnung.

Die bei diesen analytischen Berechnungen benötigten mathematischen Hilfsmittel sind alle in der elementaren ebenen Geodäsie zu finden und in der nachstehenden Formelsammlung auszugsweise zusammengestellt. Ihre Anwendung wird am Beispiel von Achseinrechnungen und Berechnungen im Querschnitt exemplarisch demonstriert.

18.3.1.1. Formelsammlung geodätischer Grundaufgaben

Grundaufgabe 1

Geodätisches Koordinatensystem (Bild 18.7).

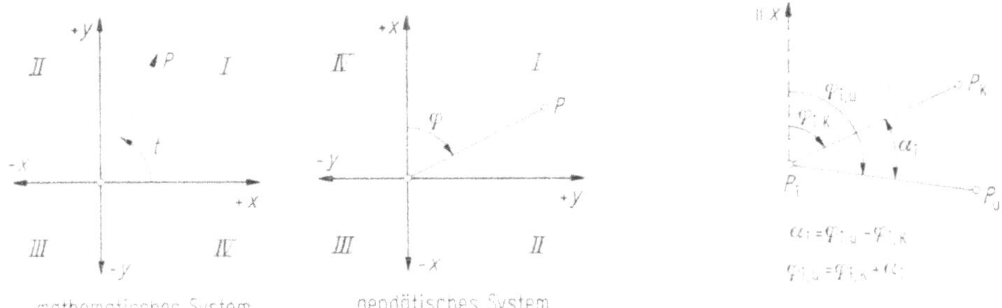

Bild 18.7. Ebenes mathematisches und geodätisches Koordinatensystem, Richtungswinkel und Richtungswinkeldifferenzen (Grundaufgabe 1).

Die positive x-Achse zeigt nach oben, die positive y-Achse nach rechts. Der Richtungswinkel wird im Uhrzeigersinn von der positiven x-Achse ausgehend gezählt und durchläuft nacheinander die Quadranten I bis IV. Die positive y-Achse hat den Richtungswinkel $\varphi_y = 100$ gon. Die Zuordnung von Achsrichtungen und Richtungswinkeln stimmt mit der des mathematischen Systems überein; deshalb bleiben alle aus der Mathematik bekannten Formeln der analytischen Geometrie im geodätischen Koordinatensystem gültig.

Grundaufgabe 2

Länge und Richtungswinkel der Strecke zwischen zwei Punkten („1. Hauptaufgabe") (Bilder 18.8, 18.9).

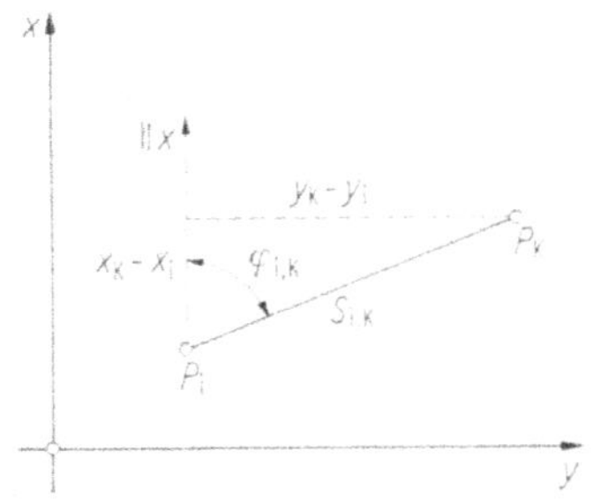

Bild 18.8. Strecke und Entfernung aus Koordinaten (Grundaufgabe 2 und 3).

$y_2 - y_1$	$x_2 - x_1$	Quadrant
+	+	I
+	−	II
−	−	III
−	+	IV

Bild 18.9. Vorzeichenregel zu Grundaufgabe 2 und 3.

Gegeben: $P_i(x_i, y_i)$ und $P_K(x_K, y_K)$

Gesucht: Strecke $s_{i,K}$, Richtungswinkel $\varphi_{i,K}$:

$$s_{i,K} = \sqrt{(x_K - x_i)^2 + (y_K - y_i)^2} = \frac{x_K - x_i}{\cos \varphi_{i,K}} = \frac{y_K - y_i}{\sin \varphi_{i,K}}$$

$$= (x_K - x_i) \cdot \cos \varphi_{i,K} + (y_i - y_K) \cdot \sin \varphi_{i,K}$$

$$\tan \varphi_{i,K} = \frac{x_K - x_i}{y_K - y_i}, \quad \varphi_{K,i} = \varphi_{i,K} \pm 200 \text{ gon}$$

Grundaufgabe 3

Polares Absetzen mit Strecke und Richtungswinkel („2. Hauptaufgabe") (Bilder 18.8 und 18.9).

Gegeben: $P_i(x_i, y_i)$, $s_{i,K}$, $\varphi_{i,K}$

Gesucht: $P_K(x_K, y_K)$

$$x_K = x_i + s_{i,K} \cdot \cos \varphi_{i,K}$$

$$y_K = y_i + s_{i,K} \cdot \sin \varphi_{i,K}$$

Grundaufgabe 4

Koordinatentransformation (Bild 18.10).

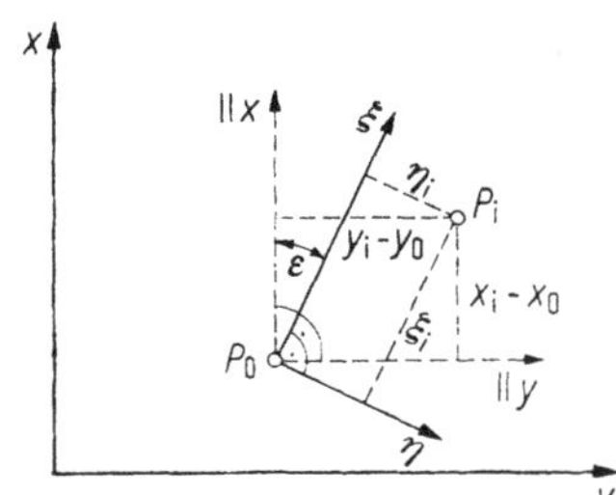

Bild 18.10. Koordinatentransformation (Grundaufgabe 4).

Übergeordnetes x, y-System, nachgeordnetes ξ, η-System mit Ursprung $P_0(x_0, y_0)$ bzw. $\xi_0 = 0, \eta_0 = 0$

$$x_i - x_0 = \xi_i \cdot \cos \varepsilon - \eta_i \cdot \sin \varepsilon$$
$$y_i - y_0 = \eta_i \cdot \cos \varepsilon + \xi_i \cdot \sin \varepsilon$$
$$\xi_i = (x_i - x_0) \cdot \cos \varepsilon + (y_i - y_0) \cdot \sin \varepsilon$$
$$\eta_i = (y_i - y_0) \cdot \cos \varepsilon - (x_i - x_0) \cdot \sin \varepsilon$$

Anwendung, wenn beide Systeme den gleichen Maßstab haben und der Drehwinkel ε bekannt ist.

Grundaufgabe 5

Einige spezielle Koordinatentransformationen (Bild 18.11).

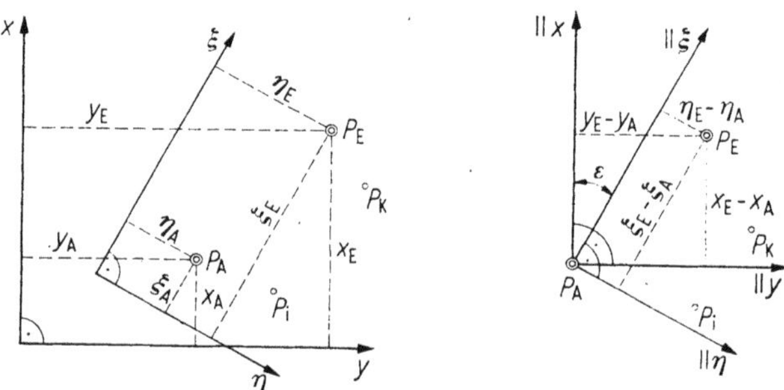

Bild 18.11. Koordinatentransformation bei zwei identischen Punkten (Grundaufgabe 5).

Beide Systeme haben einen unterschiedlichen Maßstab.

Gegeben: In *beiden* Systemen $P_A(x_A, y_A)$ und (ξ_A, η_A)

$P_E(x_E, y_E)$ und (ξ_E, η_E)

Nur im ξ, η-System: $P_1(\xi_1, \eta_1), P_i(\xi_i, \eta_i), \ldots P_n(\xi_n, \eta_n)$

Gesucht: Koordinaten der Punkte $P_1 \ldots P_n$ im x, y-Systen.

$$x_i = x_A + (\xi_i - \xi_A)\, m \cdot \cos \varepsilon - (\eta_i - \eta_A) \cdot m \cdot \sin \varepsilon$$
$$y_i = y_A + (\eta_i - \eta_A) \cdot m \cos \varepsilon + (\xi_i - \xi_A) \cdot m \cdot \sin \varepsilon$$

wobei

$$m \cdot \sin \varepsilon = \frac{(y_E - y_A)(\xi_E - \xi_A) - (x_E - x_A)(\eta_E - \eta_A)}{(\xi_E - \xi_A)^2 + (\eta_E - \eta_A)^2}$$

$$m \cdot \cos \varepsilon = \frac{(y_E - y_A)(\eta_E - \eta_A) + (x_E - x_A)(\xi_E - \xi_A)}{(\xi_E - \xi_A)^2 + (\eta_E - \eta_A)^2}$$

Maßstabsfaktor

$$(m \cdot \sin \varepsilon)^2 + (m \cdot \cos)^2 = m^2 = \frac{(x_E - x_A)^2 + (y_E - y_A)^2}{(\xi_E - \xi_A)^2 + (\eta_E - \eta_A)^2}$$

Grundaufgabe 6

Sonderfall Kleinpunktberechnung (Bild 18.12).

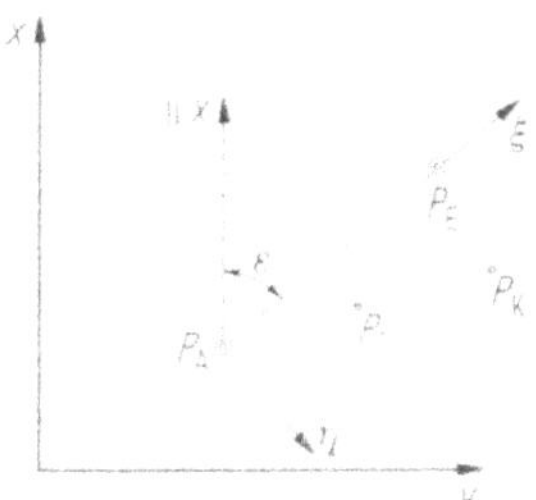

Bild 18.12. Sonderfall Grundaufgabe 5: Kleinpunktberechnung (Grundaufgabe 6).

Das untergeordnete ξ, η-System hat seinen Ursprung in P_{A} ($\xi_{\mathrm{A}} = 0$, $\eta_{\mathrm{A}} = 0$), und P_{E} liegt auf der ξ-Achse ($\eta_{\mathrm{E}} = 0$).

Dann gelten die Formeln von Grundaufgabe 5; die Transformationskonstanten sind jedoch

$$m \cdot \sin \varepsilon = \frac{(y_{\mathrm{E}} - y_{\mathrm{A}})}{\xi_{\mathrm{E}}} \qquad m \cdot \cos \varepsilon = \frac{(x_{\mathrm{E}} - x_{\mathrm{A}})}{\xi_{\mathrm{E}}}$$

Grundaufgabe 7

Transformation vom übergeordneten ins untergeordnete System.

Für die Umkehrung der Grundaufgabe 5 gilt:

Gegeben: In *beiden* Systemen $P_{\mathrm{A}}(x_{\mathrm{A}}, y_{\mathrm{A}})$ und $(\xi_{\mathrm{A}}, \eta_{\mathrm{A}})$

$P_{\mathrm{E}}(x_{\mathrm{E}}, y_{\mathrm{E}})$ und $(\xi_{\mathrm{E}}, \eta_{\mathrm{E}})$.

Nur im x, y -System: $P_1(x_1, y_1), \cdots P_n(x_n, y_n)$

$$\xi_i = \xi_{\mathrm{A}} + (x_i - x_{\mathrm{A}}) \frac{1}{m} \cdot \cos \varepsilon + (y_i - y_{\mathrm{A}}) \cdot \frac{1}{m} \cdot \sin \varepsilon$$

$$\eta_i = \eta_{\mathrm{A}} + (y_i - y_{\mathrm{A}}) \frac{1}{m} \cdot \cos \varepsilon - (x_i - x_{\mathrm{A}}) \cdot \frac{1}{m} \cdot \sin \varepsilon$$

wobei

$$\frac{1}{m} \cdot \sin \varepsilon = \frac{(y_{\mathrm{E}} - y_{\mathrm{A}})(\xi_{\mathrm{E}} - \xi_{\mathrm{A}}) - (x_{\mathrm{E}} - x_{\mathrm{A}})(\eta_{\mathrm{E}} - \eta_{\mathrm{A}})}{(x_{\mathrm{E}} - x_{\mathrm{A}})^2 + (y_{\mathrm{E}} - y_{\mathrm{A}})^2}$$

$$\frac{1}{m} \cdot \cos \varepsilon = \frac{(y_{\mathrm{E}} - y_{\mathrm{A}})(n_{\mathrm{E}} - \eta_{\mathrm{A}}) + (x_{\mathrm{E}} - x_{\mathrm{A}})(\xi_{\mathrm{E}} - \xi_{\mathrm{A}})}{(x_{\mathrm{E}} - x_{\mathrm{A}})^2 + (y_{\mathrm{E}} - y_{\mathrm{A}})^2}$$

Grundaufgabe 8

Höhe und Höhenfußpunkt im Dreieck (Bild 18.13.)

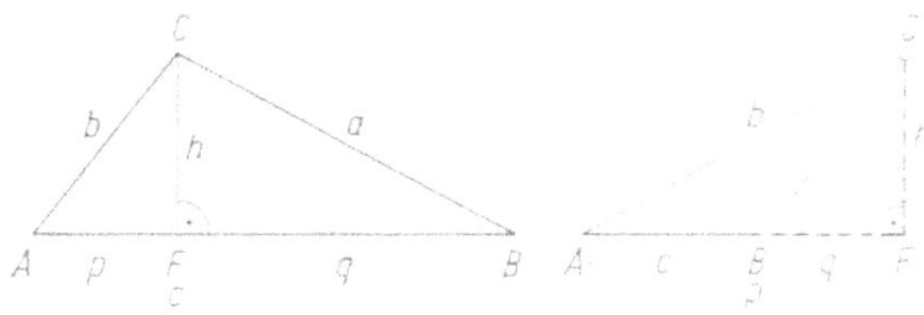

Bild 18.13. Höhe und Höhenfußpunkt im Dreieck (Grundaufgabe 8).

Gegeben: a, b, c

Gesucht: p, q, h

$$\left.\begin{aligned} \frac{p+q}{2} &= \frac{c^2}{2c} \\ \frac{p-q}{2} &= \frac{b^2-a^2}{2c} \end{aligned}\right\} \Rightarrow \begin{aligned} p &= \frac{c^2+(b^2-a^2)}{2c} \\ q &= \frac{c^2-(b^2-a^2)}{2c} \end{aligned}$$

Grundaufgabe 9

Polygonzugberechnung (Bild 18.14).

Bild 18.16. Polygonzug (Grundaufgabe 9).

Gegeben: $P_0(x_0, y_0)$, $P_1(x_1, y_1)$, β_i, s_i, $(i = 1, 2, \ldots n-1)$

Gesucht: $P_2(x_2, y_2) \cdots P_n(x_n, y_n)$

Die Richtungswinkel sind:

$$\varphi_{0,1} = \arctan\frac{y_1 - y_0}{x_1 - x_0}, \quad \begin{aligned} \varphi_{1,2} &= \varphi_{0,1} + \beta_1 \pm 200^g \\ \varphi_{2,3} &= \varphi_{1,2} + \beta_2 \pm 200^g. \text{ usw.} \end{aligned}$$

Die Koordinaten findet man durch fortgesetzte Anwendung von Grundaufgabe 3.

$$x_2 = x_1 + s_{1,2} \cdot \cos\varphi_{1,2} \qquad y_2 = y_1 + s_{1,2} \cdot \sin\varphi_{1,2}$$

$$x_3 = x_2 + s_{2,3} \cdot \cos\varphi_{2,3} \qquad y_3 = y_2 + s_{2,3} \cdot \sin\varphi_{2,3} \quad \text{usw.}$$

Grundaufgabe 10

Vorwärtseinschnitt mit Richtungswinkeln (Bild 18.15).

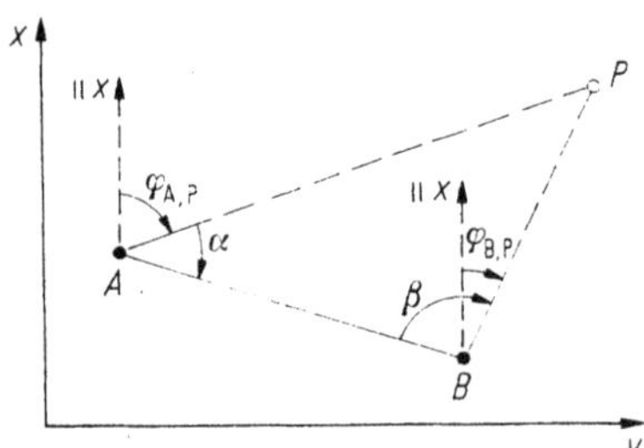

Bild 18.15. Vorwärtseinschnitt mit Richtungswinkeln (Grundaufgabe 10).

Gegeben: $A(x_A, y_A)$, $B(x_B, y_B)$, α, β

Gesucht: $P(x, y)$ (Bild 18.15).

$\varphi_{A,B}$ und $\varphi_{B,A}$ nach Grundaufgabe 2

$$\varphi_{A,P} = \varphi_{A,B} - \alpha, \quad \varphi_{B,P} = \varphi_{B,A} + \beta$$

$$x_P = x_A + \frac{(y_B - y_A) - (x_B - x_A) \cdot \tan \varphi_{B,P}}{\tan \varphi_{A,P} - \tan \varphi_{B,P}} .$$

$$y_P = y_A + (x_P - x_A) \cdot \tan \varphi_{A,P}$$

Grundaufgabe 11

Geradenschnitt (Bild 18.16).

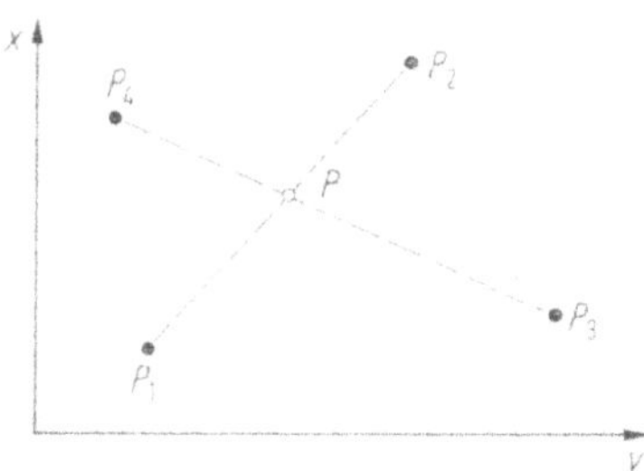

Bild 18.16. Geradenschnitt (Grundaufgabe 11).

Gegeben: $P_1(x_1, y_1)$, $P_2(x_2, y_2)$, $P_3(x_3, y_3)$, $P_4(x_4, y_4)$
(x_3, y_3)

Gesucht: P

$$m_{1,2} = \frac{y_2 - y_1}{x_2 - x_1}; \qquad m_{3,4} = \frac{y_4 - y_3}{x_4 - x_3},$$

entsprechend Grundaufgabe 2, dann analog Grundaufgabe 10:

$$x_P = x_1 + \frac{(y_3 - y_1) - (x_3 - x_1) \cdot m_{3,4}}{m_{1,2} - m_{3,4}}$$

$$y_P = y_1 + (x_P - x_1) \cdot m_{1,2}.$$

18.3.2. Achseinrechnungen

18.3.2.1. Vorbemerkungen; die älteren Methoden der Einrechnung und Absteckungsberechnung

Bis zur Anwendung von Datenverarbeitung und Photogrammetrie waren Achseinrechnung und Absteckungsberechnung ein und derselbe Arbeitsschritt. Die Berechnung sämtlicher Absteckwerte erfolgte dabei direkt auf Grund der in einem großmaßstäbigen Plan kartierten graphischen Lösung, in der alle Radien und Klothoidenparameter festgelegt waren und die auch den Aufnahmepolygonzug enthielt. Zunächst konstruierte man die Haupttangentenschnittpunkte und ermittelte ihre Koordinaten im System des Polygonzugs: diese Punkte wurden graphisch orthogonal auf die Polygonseiten aufgewinkelt und unter Benutzung der abgegriffenen Maße in einer Kleinpunktberechnung ins Polygonzugsystem transformiert. Aus den Koordinaten ermittelte man anschließend die Tangentenlängen und Tangentenschnittwinkel. Der damit festgelegte Haupttangentenzug und die ebenfalls graphisch festgelegten Radien und Parameter sind dann Ausgangsgrößen für die Einrechnung jeweils einer Folge von Klothoiden und Kreisbögen in zwei aufeinanderfolgenden Tangenten.

Bei dieser Art der Einrechnung hat man jedoch zu viele festgelegte Ausgangsgrößen; die Berechnung ist überbestimmt. Die Längen der Tangenten zwischen aufeinanderfolgenden Schnittpunkten ergeben sich nämlich doppelt: einmal aus den Koordinaten des Tangentenpolygons und einmal aus der Elementeinrechnung bei vorgegebenen Schnittwinkeln im Tangentenpolygonzug. Als Ergebnis erhält man auf jeder Haupttangente entweder eine kurze (unerwünschte) Zwischengerade oder eine Überschneidung der aufeinanderfolgenden Klothoidenäste.

Praktisch mußte man nach der Einrechnung jeder Elementfolge den tatsächlich erzielten Anschluß an die vorausgehende Elementfolge prüfen und gegebenenfalls einen oder mehrere Trangentenschnittpunkte so lange verschieben, bis die Zwischengeraden und Überschneidungen genügend klein waren. Eine glatte Linie ließ sich mit dieser Probiermethode nicht erreichen.

Als Ergebnis erhält man unmittelbar die Absteckdaten der Elementfolgen, bezogen auf den Haupttangentenzug. Bei der nachfolgenden Feldabsteckung müssen in einem ersten Schritt die Tangentenschnittpunkte vom Aufnahmepolygonzug aus abgesetzt werden. In einem nachfolgenden zweiten Schritt steckt man — jetzt ausgehend von den Haupttangenten — die Haupt- und Kleinpunkte ab. Die zweistufige Absteckung läßt sich bei dieser manuellen Berechnungsweise nicht umgehen, denn

- nur in bezug auf ihre Tangenten lassen sich orthogonale oder polare Absteckmaße für verschiedene Kreisbögen und Klothoiden vorausberechnen und vertafeln,
- die Transformation direkt auf ein beliebiges Absteckpolygon ist bei einer manuellen Berechnung zeitraubend.

Anstoß zur Abänderung dieses Berechnungsverfahrens gaben Datenverarbeitung und photogrammetrische Profilmessung. Bei letzterer wird die Absteckung der Achse im Feld ersetzt durch die Kartierung der Achse im Plan. Dazu hätte man — in Analogie zur Absteckung — zunächst den Polygonzug zu kartieren, von diesem ausgehend den Haupttangentenzug zu konstruieren und von den Tangenten ausgehend schließlich die Achskleinpunkte abzusetzen. Aus dem Wunsche nach Verbesserung dieser umständlichen Methoden entstanden die ersten Rechenprogramme zur Achseinrechnung. Sie liefern als Ergebnis unmittelbar die Lagekoordinaten der Kleinpunkte, so daß der Umweg über die Kartierung der Tangenten entfällt.

18.3.2.2. Hauptpunktberechnungen

Definitionen und Grundbegriffe.
Die Straßenachse sei im Grundriß aus den geometrischen Elementen Gerade, Kreis und Klothoide so zusammengesetzt, daß eine ebene, glatte Kurve entsteht. Insbesondere sei an den Stoßpunkten die Tangente des vorausgegangenen Elementes gleich der Tangente des nachfolgenden Elements. Anfangs- und Endpunkte der Elemente heißen „Hauptpunkte". Ihre Koordinaten — in einem lokalen oder übergeordneten System — sowie die Tangenten und Elementlängen bestimmt man in der „Hauptpunktberechnung". „Kleinpunkte" sind auf der Achse in regelmäßigen Abständen — 20 m, 25 m, 50 m — angeordnete Punkte, in welchen die Achse im Detail abgesteckt wird und in denen häufig auch die Querprofile angeordnet werden. Die Koordinatenermittlung geschieht in der Kleinpunktberechnung. Unter der „Stationierung" versteht man die Ermittlung

der Entfernungen der Haupt- und Kleinpunkte von einem vorgegebenen Anfangspunkt aus, gemessen entlang dem Grundriß der Achse. Als Ausgangsdaten benützt man die in der Hauptpunktberechnung ermittelten Längen der geometrischen Elemente.

Hauptpunktberechnung einzelner Elementfolgen.

Die Hauptpunktberechnung einzelner Elementfolgen ist die klassische Aufgabe der älteren Methode der Achseinrechnung. Vereinfacht läßt sie sich in folgendes Schema bringen:

Gegeben sind immer zwei Tangenten, in die ein oder mehrere Bogenelemente eingerechnet werden sollen, und die Elemente durch ihren Radius oder Parameter.

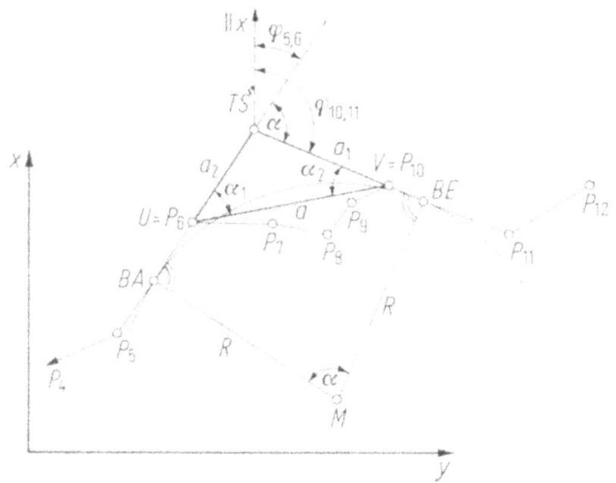

Bild 18.17. Allgemeiner Fall der Hauptpunktberechnung für den Kreisbogen.

Die Tangenten können entweder einen „zugänglichen" oder „unzugänglichen" Schnittpunkt haben; die letztgenannte Aufgabe läßt sich verallgemeinern. Im Polygonzug $P_4 \cdots P_{12} \cdots$ (Bild 18.17) werden die Seiten s_5 und s_{10} als Tangenten für eine Bogenabsteckung ausgewählt. Die Aufgabe ist sofort auf die bekannte Aufgabe „unzugänglicher Tangentenschnitt" zurückgeführt, wenn das Dreieck $U = P_6$, TS, $V = P_{10}$ bekannt ist. Aus den Polygonzugkoordinaten findet man in elementarer Rechnung

— die Seite a des Hilfsdreiecks nach Grundaufgabe 2 aus den Koordinaten von P_{10} und P_6,

— die zur Bestimmung der Basiswinkel α_1 und α_2 notwendigen Richtungswinkel $\varphi_{5,6}$, $\varphi_{10,11}$, $\varphi_{6,10}$ nach Grundaufgabe 2

— die Winkel α_1 und α_2 aus Differenzen von Richtungswinkeln nach Grundaufgabe 1

$$\alpha_1 = \varphi_{6,10} - \varphi_{5,6}; \quad \alpha_2 = \varphi_{11,10} - \varphi_{10,6}$$

— die Seiten a_1 und a_2 mit dem Sinussatz

$$a_1 = \frac{a \sin \alpha_1}{\sin (\alpha_1 + \alpha_2)}, \quad a_2 = \frac{a \sin \alpha_2}{\sin (\alpha_1 + \alpha_2)}$$

— den Tangentenschnittwinkel α als Differenz von zwei Richtungswinkeln nach Grundaufgabe 1.

Typische Elementfolgen sind: ein einzelner Kreisbogen, ein Kreisbogen mit zwei Klothoiden, eine Korbklothoide, ein Korbbogen usw. Ihre Berechnung ist — bei vorgegebenen Tangenten — in der Literatur ausführlich behandelt [4, 5, 6].

Die Hauptpunktberechnung kontinuierlicher, glatter Straßenachsen.
Zur Theorie der Berechnung eindeutig bestimmter Achsen wird hier anschaulich nur grundsätzliches mitgeteilt; für eine vertiefte Einarbeitung ziehe man die Spezialliteratur heran [11, 16, 4].

Die Berechnung glatter, kontinuierlicher Achsen ohne Zwischengeraden und ohne Elementüberschneidungen fand erst mit dem Einsatz der elektronischen Datenverarbeitung Eingang in die Praxis, da die Rechenarbeiten für einen Tischrechner sehr umfangreich sind. Eine der ersten Methoden war die der „festen" und „losen" Kreise („Festelemente" — „Pufferelemente"), deren Prinzip leicht verständlich ist.

Grundaufgabe: die kontinuierliche Achse aus Kreisbögen

Zur Vereinfachung und um das charakteristische dieser Berechnungsweise noch deutlicher herauszuschälen, betrachten wir zunächst eine Achse, die nur aus Kreisbögen ohne Zwischengeraden besteht (Bild 18.18).

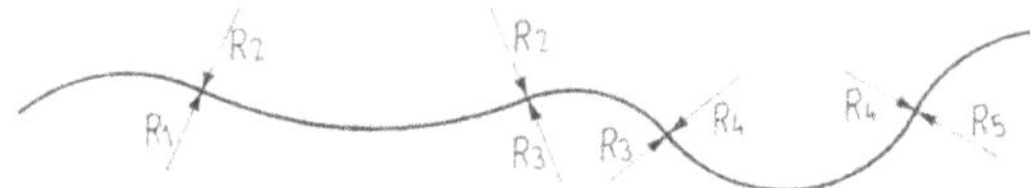

Bild 18.18. Vereinfachte Straßenachse, nur aus Kreisbögen bestehend.

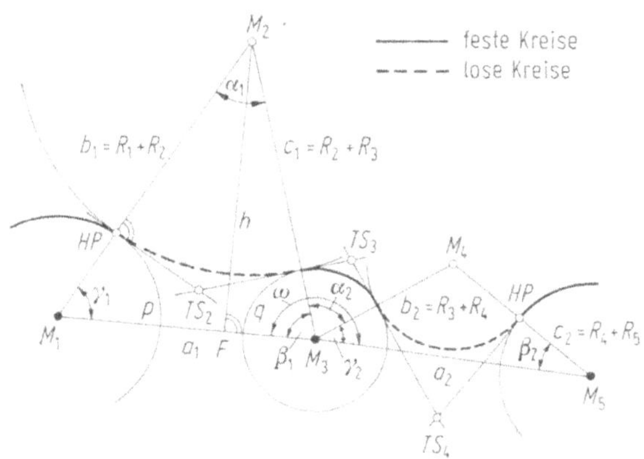

Bild 18.19. Geometrische Beziehungen zu Bild 18.18.

Wir ergänzen die Figur durch Einzeichnen der Mittelpunkte und der vollen Kreise (Bild 18.19). Nun denken wir uns die Mittelpunkte M_1, M_3, M_5 der festen Kreise fest vorgegeben oder indirekt durch Entnahme der Koordinaten von je zwei Punkten auf den Kreisbogen festgelegt. Die Mittelpunkte M_2, M_4 der losen Kreise ergeben sich dann wegen der gemeinsamen Tangenten in den Berührpunkten in eindeutiger Weise als Spitzen der „Blockdreiecke" $M_1M_2M_3$, $M_3M_4M_5$, $M_5M_6M_7$, usw. Denn $a_1 = M_1M_3$ ist durch die festen Kreismittelpunkte bekannt; $b_1 = R_1 + R_2$, $c_1 = R_2 + R_3$ ergeben sich als Summen der ebenfalls vorgegebenen Radien.

Aus dieser Grundaufgabe lassen sich drei Sonderfälle ableiten, die sich ebenso eindeutig geometrisch konstruieren lassen wie die Grundaufgabe; zur Übersetzung der geometrischen Konstruktion in analytische Rechenverfahren benötigt man nur die Grundformeln der ebenen Koordinatenrechnung, wie sie in der niederen Geodäsie angewendet werden.

Die Sonderfälle sind:

— Der lose Kreis hat die gleiche Richtungsänderung wie der vorausgehende und der nachfolgende Kreis: Man erhält einen (doppelten) Korbbogen.

— Ein loser Kreis wird zur Geraden ($R = \infty$); dies entspricht der Einführung einer Zwischengeraden.

— Ein fester Kreis wird zur Geraden (R_1 oder $R_3 = \infty$); dies entspricht dem Anschluß der Achse an eine vorgegebene Richtung.

Der Berechnungsgang sei anhand der Grundaufgabe skizziert: Gegeben sind alle Radien $R_1, R_2, \ldots$, die Berechnung läuft dann wie folgt ab (Bilder 18.19 und 18.20):

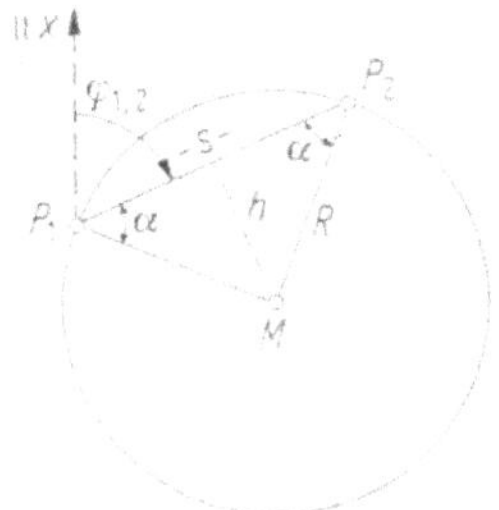

Bild 18.20. Indirekte Entnahme der Koordinaten des Mittelpunktes M.

1. Entnahme der Koordinaten der „festen" Mittelpunkte M_1, M_3, M_5 aus dem Plan, entweder direkt oder indirekt über die Entnahme zweier Punkte auf dem Bogen, etwa in der Reihenfolge

— Berechnung der Strecke s aus Koordinaten, desgleichen der beiden Richtungswinkel $\varphi_{1,2}$, $\varphi_{2,1}$

— Berechnung von h und α

$$h = \sqrt{R^2 - \frac{s^2}{4}}, \qquad \cos\alpha = \frac{s}{2R}$$

— Berechnung der Koordinaten von M, entweder als Kleinpunkt von P_1P_2 aus nach den Formeln

$$x_M = x_1 + \frac{s}{2} \cdot \cos\varphi_{1,2} - h \cdot \sin\varphi_{1,2}$$

$$y_M = y_1 + h \cdot \cos\varphi_{1,2} + \frac{s}{2} \cdot \sin\varphi_{1,2}$$

— oder durch trigonometrische Berechnung, nämlich

$$\varphi_{1,M} = \varphi_{1,2} + \alpha$$

$$x_M = x_1 + R \cdot \cos\varphi_{1,M}$$

$$y_N = y_1 + R \cdot \sin\varphi_{1,M}$$

2. Berechnung der Blockdreiecke $M_1M_2M_3$, $M_3M_4M_5 \ldots$ und der Koordinaten der losen Mittelpunkte, z.B. für das erste Blockdreieck

— Ermittlung des Abstandes $a = M_1M_3$ aus Koordinaten,

— Ermittlung der Höhe $FM_2 = h$ und der Höhenabschnitte p und q nach der Grundaufgabe 8 „Höhe und Höhenfußpunkt im Dreieck", wobei die Seiten des

Dreiecks sind

$a = M_1M_3$

$b = R_1 + R_2$

$c = R_2 + R_3$.

— Berechnung von M_2 als seitwärts liegender Punkt

$x_{M_2} = x_{M_1} + p \cdot \cos \varphi_{M_1M_3} + h \cdot \sin \varphi_{M_1M_3}$

$y_{M_2} = y_{M_1} - h \cdot \cos \varphi_{M_1M_3} + p \cdot \sin \varphi_{M_1M_3}$.

Diese Koordinatenrechnung kann wieder trigonometrisch kontrolliert werden; für die Winkel an der Basis des Blockdreiecks gilt

$$\cos \gamma_1 = \frac{b_1^2 + a_1^2 - c_1^2}{2a_1b_1}$$

$$\cos \beta_1 = \frac{a_1^2 + c_1^2 - b_1^2}{2a_1c_1}$$

und über die Richtungswinkel

$$\varphi_{M_1M_2} = \varphi_{M_1M_3} - \gamma_1$$

bzw.

$$\varphi_{M_3M_2} = \varphi_{M_3M_1} + \beta_1$$

findet man sofort die Koordinaten

$$x_{M_2} = x_{M_1} + b_1 \cdot \cos \varphi_{M_1M_2}$$
$$y_{M_2} = y_{M_1} + b_1 \cdot \sin \varphi_{M_1M_2}.$$

3. Berechnung der Zentriwinkel, der Bogen und Tangentenwinkel

— für die losen Kreise ist $\alpha_1 = 200 - (\beta_1 + \gamma_1)$
— für die festen Kreise $\alpha_2 = \omega - (\beta_1 + \gamma_2)$
— Die Bogen- und Tangentenlängen findet man zu

$$b = R\frac{\alpha^g}{\varrho^g}; \qquad t = R \tan\frac{\alpha}{2}$$

4. Berechnung der Koordinaten der Hauptpunkte und der Tangentenschnittpunkte. Man rechnet am einfachsten den Polygonzug

$$M_1 - HP - TS\,2 - TS\,3 - TS\,4 - HP - M\,5$$

Verallgemeinerung der Hauptpunktberechnung. Die Achse aus Kreisbögen und Klothoiden ohne Zwischengeraden. Man sieht leicht ein, daß das Grundprinzip dieser Einrechnung, nämlich die Berechnung von Blockdreiecken, deren Eckpunkte die Mittelpunkte von zwei festen und einem losen Kreis sind, auch dann beibehalten werden, wenn zwischen je zwei aufeinanderfolgenden Kreise zwei

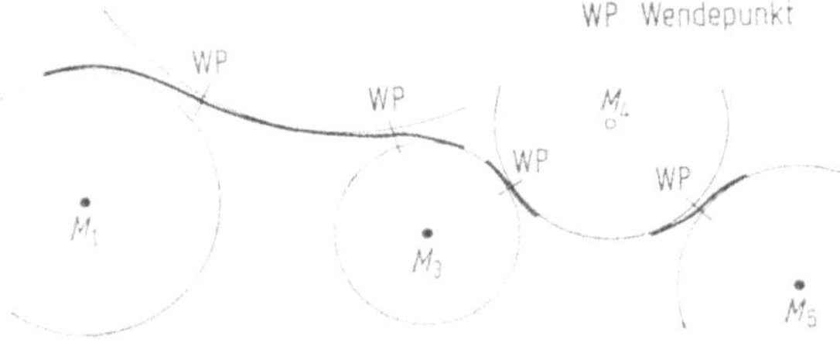

Bild 18.21. Vollständige Straßenachse mit Übergangsbögen (Wendelinien).

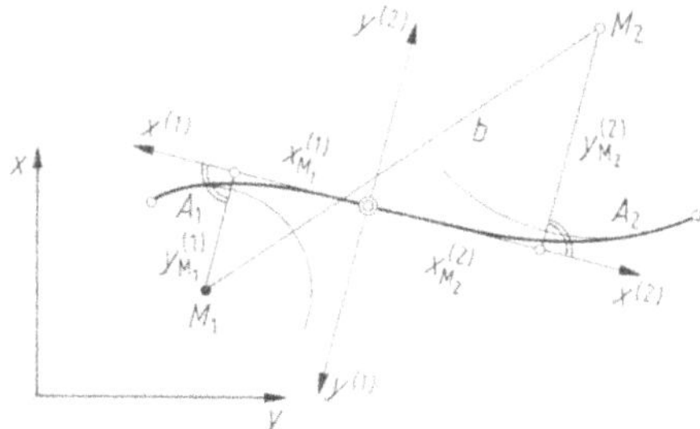

Bild 18.22. Geometrische Beziehungen zu Bild 18.21. (Ausschnitt) und lokale Koordinatensysteme.

Klothoiden als Wendelinie eingefügt werden. Wir stellen uns vor, daß die Mittelpunkte der festen Kreise unverändert bleiben, die losen Kreise in Bild 18.19 aber so weit nach oben geschoben werden, daß die Wendelinien Platz finden (Bild 18.21). Bei vorgegebenen Radien und Klothoidenparametern liegen aber dann auch die Abstände aufeinanderfolgender Mittelpunkte und damit die Seiten der Blockdreiecke fest: Wir betrachten die Teilfigur M_1M_2 (Bild 18.22) und erkennen, daß die Seiten der Blockdreiecke sich nun ergeben zu

$$a = M_1M_3 \text{ (fest)}$$

$$b = \sqrt{(x^{(1)}_{M_1} + x^{(2)}_{M_2})^2 + (y^{(1)}_{M_1} + y^{(2)}_{M_2})^2}$$

und die Berechnung damit sinngemäß wie oben verlaufen kann.

Alle weiteren Kombinationen — doppelte Eilinie, kombinierte Ei/Wendelinie u.a. — lassen sich aus der Grundaufgabe nach dem gleichen Prinzip herleiten.

Die hier skizzierte Einrechnung geht von einfachen und anschaulichen geometrischen Vorstellungen aus und übersetzt diese mit Hilfe der Grundformeln der analytischen Geometrie in eine Berechnungsmethode. Einen anderen Weg ist man in Japan gegangen: Hier wird das gleiche Problem — ohne auf die Anschauung zurückzugreifen — von vornherein analytisch gelöst. Entscheidendes Hilfsmittel dazu ist die Einführung und Definition der „Klothoidenfunktionen" „Sinusclothoide sincl" und „Kosinusclothoide coscl". Weitere Hinweise findet man in [4 und 11].

18.3.3. Querschnittsberechnungen

Die Grundaufgaben des geodätischen Rechnens lassen sich auch heranziehen, um alle zur analytischen Festlegung eines Querschnittes notwendigen Berechnungen durchzuführen. Dazu legen wir in jeden Querschnitt ein rechtwinkliges h,a-System, dessen h-Achse in die Lotrichtung fällt und die Straßenachse enthält und dessen Ursprung in einer runden Höhe unter dem Profil, im Bezugshorizont, liegt (Bild 18.23).

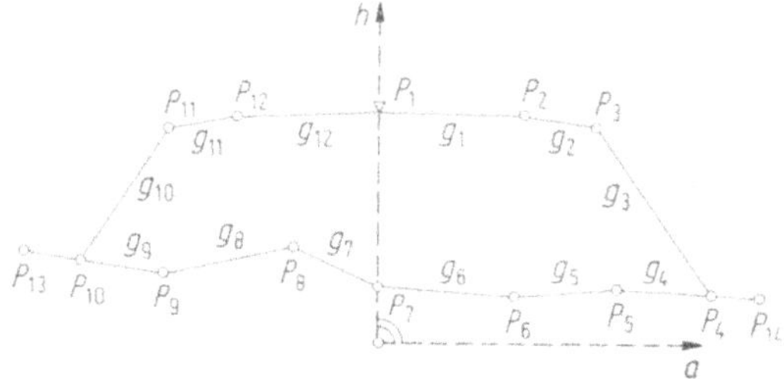

Bild 18.23. Koordinatensystem und Bezeichnungen zur Querschnittsberechnung.

Sind g_i die zwischen den Knickpunkten P_i, P_{i+1} liegenden Geradenstücke des Querprofils, so lassen sich die h, a-Koordinaten aller Profilpunkte durch fortgesetzte Anwendung der Grundaufgabe 9 nach einer der Polygonzugberechnung analogen Berechnung finden; denn es können nur folgende Fälle auftreten:

— die Profilpunkte sind ursprüngliche Geländepunkte (P_5, $P_6 \cdots P_9$); dann ergeben sich ihre Koordinaten durch Reduktion auf den Profilhorizont unmittelbar aus der Profilaufnahme,

— die Profilpunkte sind Punkte des Kunstkörpers (P_1, P_2, P_3 und P_{11}, P_{12}). Aus dem Regelquerschnitt kennt man die (geneigte) Länge g_i der die Punkte verbindenden Geradenstücke und ihre Querneigung p_i bzw. $1:m_i$; die Koordinate h_1 des Anfangspunktes P_1 entnimmt man der Gradiente. Zur Querneigung p_i gehöre der Neigungswinkel $\bar{\alpha}_i$, welcher in der rechten Querschnittshälfte von einer Parallelen zur positiven a-Achse, in der linken Profilhälfte von der negativen a-Achse aus gezählt wird. Der geodätische Richtungswinkel α_i, der hier für die Rechnung benützt werden soll, zählt jedoch *immer* von der positiven h-Achse aus rechtsdrehend. Da der Querneigung der Tangens des Neigungswinkels entspricht, gilt

$$\tan \bar{\alpha}_i = \frac{p_i}{100} = \frac{1}{m_i}$$

und man verifiziert leicht die Umrechnung in die Winkelfunktionen des fortlaufend zählenden Richtungswinkels α_i

$$\sin \alpha_i = \frac{1}{\sqrt{1 + \tan^2 \bar{\alpha}_i}}, \qquad \cos \alpha_i = \frac{\tan \bar{\alpha}_i}{\sqrt{1 + \tan^2 \bar{\alpha}_i}},$$

$$\tan \alpha_i = \frac{1}{\tan \bar{\alpha}_i}$$

Die Vorzeichen der Funktionen sind Bild 18.24 zu entnehmen.

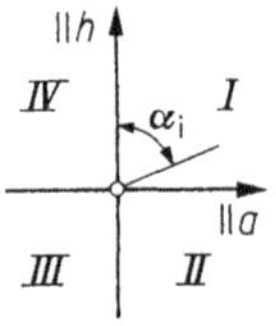

Profilhälfte		Quadr.	$\sin \alpha_i$	$\cos \alpha_i$	$\tan \alpha_i$
rechte Profilhälfte	steigt	I	+	+	+
	fällt	II	+	–	–
linke Profilhälfte	fällt	III	–	–	+
	steigt	IV	–	+	–

Bild 18.24. Vorzeichen der Winkelfunktionen im Querprofil.

Mit den g_i und α_i berechnet man nun nach Grundaufgabe 1 bzw. 2 alle Punktkoordinaten.

— Die Profilpunkte sind Schnittpunkte zwischen der Geländelinie (P_5, P_{14}) und einer Geraden (g_3) des Kunstkörpers. P_4 läßt sich als Geradenschnitt oder als Vorwärtseinschnitt nach den Grundaufgaben 10 und 11 bestimmen, denn bekannt sind (Bild 18.25):

$$P_5(h_5, a_5), \quad P_{14}(h_{14}, a_{14})$$

aus der Geländeaufnahme, somit nach Grundaufgabe 2 auch $\alpha_{5,14}$, $P_3(h_3, a_3)$ aus der vorangegangenen Berechnung und m_3 aus dem Entwurf, damit auch $\alpha_3 = \alpha_{3,4}$ bzw. $\tan \alpha_3 = \tan \alpha_{3,4}$. Nach Grundaufgabe 11 findet man dann sofort die Koordinaten von P_4.

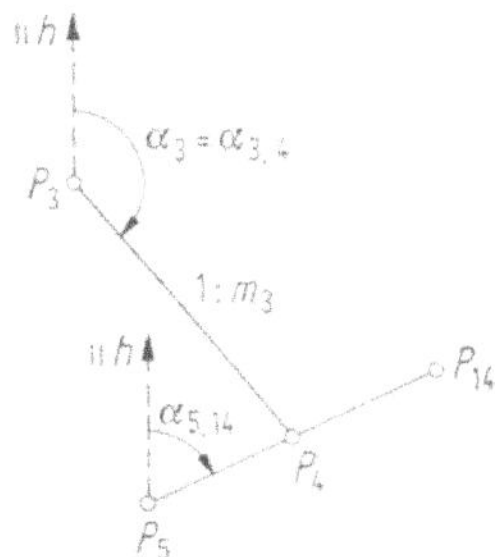

Bild 18.25. Detail zur Profilpunktberechnung.

Diese Berechnungsweise läßt sich auch konsequent beibehalten, wenn das Kunstprofil im Bogen zusätzlich um die Querneigung q [%] gedreht wird: Einer Rechtsdrehung entspricht eine *Vergrößerung* der Richtungswinkel der betroffenen Geradenstücke um den gleichen Winkel $\beta = \arctan(q/100)$; einer Linksdrehung eine Verkleinerung aller Richtungswinkel. Mit den um β abgeänderten Richtungswinkeln — die Geländepunkte bleiben unberührt — findet man analog zu oben die zum gedrehten Profil gehörenden Koordinaten von Profil- und Durchstoßpunkten.

18.4. Geodätische Arbeiten bei der Bauausführung

18.4.1. Absteckungen

18.4.1.1. Methode und Planung von Absteckungen

Durch die Absteckung wird das im Plan entworfene und durch die analytischen Einrechnungen in ausgezeichneten, koordinierten Punkten fixierte Bauwerk in die Natur übertragen. Damit das ohne Behinderung des Bauablaufs geschehen kann, muß geklärt bzw. festgelegt werden:

— Wie gliedert sich die Absteckung ins Baugeschehen ein?
— Welche Absteckungshilfsmittel stehen zur Verfügung?
— Von welchen Festpunkten aus soll abgesteckt werden?

Eingliederung der Absteckung in das Baugeschehen. Die Absteckung muß so vorausschauend geplant werden, daß die zur Ausführung oder Kontrolle des Bauwerks notwendigen Punkte während des Bauablaufs immer rechtzeitig und zuverlässig verfügbar sind. Hinter dieser scheinbar selbstverständlichen Feststellung verbirgt sich die anspruchsvolle Forderung an den Geodäten, seine Arbeiten in die Baustellenarbeiten zu integrieren und an den Bauingenieur, die dazu notwendigen Hilfsmittel zur Verfügung zu stellen. Bei der Einschätzung des für die Baustellenvermessung notwendigen Aufwands muß der verantwortliche Ingenieur sich vergegenwärtigen, welche Schäden der Baustelle durch nicht rechtzeitige oder unzuverlässige Absteckungen erwachsen können. Wichtiges Hilfsmittel zur Gewährleistung der Absteckung ist der rechtzeitige Entwurf und in der Örtlichkeit die Realisierung eines Festpunktfeldes, welches die gesamte Baumaßnahme in sich einschließt und in einem einheitlichen Koordinatensystem berechnet ist. Unter dieser Voraussetzung können die von verschiedenen Unternehmen gleichzeitig in Angriff genommenen Einzelarbeiten ohne Klaffungen und Überschneidungen nahtlos zum Gesamtbauwerk zusammenwachsen. Im Straßenbau müssen besonders die zur Absteckung der Brücken notwendigen Einzelsysteme in das Gesamtsystem eingeordnet werden.

Absteckungshilfsmittel. Absteckungshilfsmittel und Methode hängen eng miteinander zusammen. Den geringsten Geräteaufwand hat man bei einer Orthogonalabsteckung: Fluchtstäbe, Meßband und Winkelprisma genügen. Teurere Geräte müssen bei polaren Absteckungen mit elektromagnetischen oder elektrooptischen Entfernungsmessern eingesetzt werden. Auf großen Erdbaustellen muß das Festpunktnetz trotz sorgfältiger Vorausplanung ständig wiederhergestellt und ergänzt werden; hier ermöglicht ein Tischcomputer die Neupunktberechnung fast simultan zur Feldmessung.

Wesentlich ist es, die Absteckung so zu planen und durch Schaffen von Festpunkten die Voraussetzung dafür herzustellen, daß die Bauhandwerker selbst Detailpunkte abstecken, wiederherstellen und kontrollieren können. Die damit delegierte Verantwortung wird von Polieren, Einschalern, Beton- und Erdbauern gern angenommen, und der Geodät zersplittert sich nicht in einer überwältigenden Fülle von Kleinabsteckungen sondern gewinnt Zeit für die immer notwendigen Überwachungen durch unabhängige Kontrollen.

18.4.1.2. Absteckungsberechnungen

Eine Absteckungsberechnung ist immer als Koordinatentransformation deutbar. Sind P_K, P_{K+1} zwei aufeinanderfolgende Polygonpunkte in einem Absteckungspolygon (Bild 18.26) und ξ_i, η_i die gesuchten rechtwinkligen Absteckmaße für den

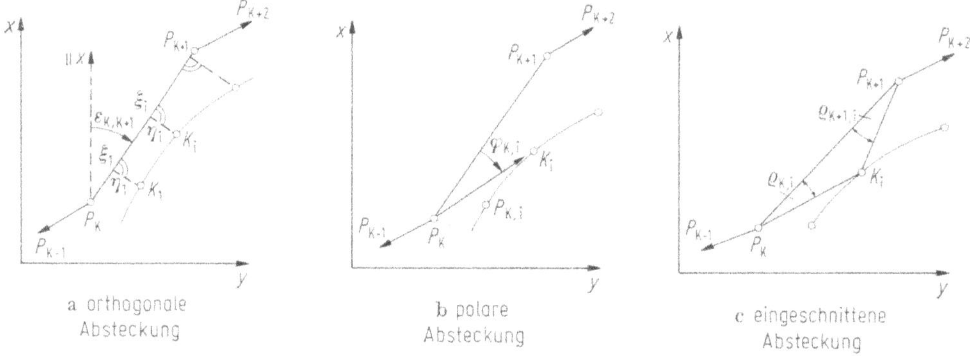

Bild 18.26. Methoden der Absteckung.

Punkt K_i, bezogen auf die Polygonseite $s_K = P_K P_{K+1}$, so faßt man P_K als den Ursprung eines lokalen ξ, η-Systems mit $P_K P_{K+1}$ als Richtung der ξ-Achse auf. Der Drehwinkel $\varepsilon_{K,K+1}$ des Systems ergibt sich nach Grundaufgabe 2 zu

$$\tan \varepsilon_{K,K+1} = \frac{y_{K+1} - y_K}{x_{K+1} - x_K}$$

und man berechnet die Absteckkoordinaten nach Grundaufgabe 4 zu

$$\xi_i = (x_{K_i} - x_{P_K}) \cdot \cos \varepsilon_{K,K+1} + (y_{K_i} - y_{P_K}) \cdot \sin \varepsilon_{K,K+1}$$

$$\eta_i = (y_{K_i} - y_{P_K}) \cdot \cos \varepsilon_{K,K+1} - (x_{K_i} - x_{P_K}) \cdot \sin \varepsilon_{K,K+1}$$

Liegt der Bezugshorizont für das übergeordnete x, y-System wesentlich tiefer als das wirkliche Baustellenniveau, so sind die Absteckwerte durch Multiplikation mit dem Maßstabsfaktor m, welcher sich leicht aus dem Vergleich von gemessener und gerechneter Strecke s_K ergibt (siehe auch Grundaufgabe 5) ins Baustellenniveau umzurechnen. Die polaren Absteckwerte $\varphi_{K,i}$ und $p_{K,i}$ (Bild 18.26b) findet man nach Grundaufgabe 2 zu

$$\tan \varphi_{K,i} = \frac{\eta_i}{\xi_i}; \quad p_{K,i} = \sqrt{\eta_i^2 + \xi_i^2}$$

Berechnet man schließlich in analoger Weise auch die polaren Absteckwerte von P_{K+1}, so kann man den Punkt K_i durch einen Vorwärtseinschnitt von P_K und P_{K+1} aus abstecken (Bild 18. 26c).

Durch Rechenanlagen und Tischcomputer ist es möglich geworden, orthogonale und polare Absteckwerte nahezu gleichzeitig zu berechnen und Absteckungslisten zu drucken, so daß man bei der Absteckung in der Örtlichkeit alle Möglichkeiten offen hat. Ein Absteckplan, in dem das Festpunktnetz, Absteckungsmethode und -maße zeichnerisch dargestellt sind, ist durch diese Listen teilweise überflüssig geworden. Insbesondere aber hat die Absteckung durch die Datenverarbeitung so an Flexibilität gewonnen, daß sie den wechselnden Bedürfnissen der Baustelle dynamisch angepaßt werden kann.

Absteckungen in der Örtlichkeit. Die bei der praktischen Absteckung anzuwendenden Methoden der Detailpunktabsteckung, ihre Vor- und Nachteile und das jeweils notwendige Instrumentarium sind in vielen Lehr- und Handbüchern der Vermessungskunde erschöpfend beschrieben und sollen hier nicht wiederholt werden.

Wegen der schwerwiegenden Konsequenzen falscher Absteckungen muß die Richtigkeit der Absteckung immer unabhängig nachgewiesen werden. Das geschieht durchgreifend und allgemein gültig dadurch, daß die abgesteckten verpflockten Punkte unabhängig mit einer anderen als der Absteckmethode aufgenommen und als Istzustand in das übergeordnete Koordinatensystem transformiert werden. Beim Vergleich von Soll- und Istwerten werden Fehler aufgedeckt und Korrekturmaße abgeleitet.

Zu dieser allgemeinen Kontrolle kommt im Verkehrswegebau eine hinzu, welche gewährleistet, daß die durch Ungenauigkeiten bei der Absteckung verursachten besonders schädlichen Querabweichungen mit großer Empfindlichkeit aufgedeckt werden: Das Winkelbild einer Kurve zeigt Querabweichungen in großer Deutlichkeit, und im Nalenzverfahren besitzt man ein Hilfsmittel zum glättenden Korrigieren nicht sauber abgesteckter Achsen (zum Winkelbildverfahren siehe Kapitel 12).

18.4.2. Leistungsfeststellung durch Aufmaß

Von der Methode her unterscheiden sich Vermessungsarbeiten zur Leistungsfeststellung zunächst nicht von denjenigen der Geländeaufnahme zur Planung. Es kommen jedoch zwei Gesichtspunkte hinzu.

Durch den immer größer werdenden Einsatz von Baumaschinen und eine industriemäßige Rationalisierung des Baubetriebs sind die Bauleistungen im Vergleich zu früher gewachsen. Für die Leistungsfeststellung maßgebende Zwischenzustände liegen häufig nur einen kurzen Zeitraum offen und sind dann durch den Baufortschritt nicht mehr zugänglich und einmeßbar. Damit werden an die *Schnelligkeit* von Messungen zur Leistungsfeststellung große Anforderungen gestellt.

Die im Aufmaß festgestellten Zahlen sind Unterlagen für die Abrechnung; sie müssen glaubwürdig, möglichst sogar zu Beweiszwecken rekonstruierbar sein. Durch das gemeinsame Aufmaß von Ausführendem und Bauherrn soll die Korrektheit des Aufmaßes sichergestellt werden. Ein geeignetes Mittel zur Beweissicherung ist die Photogrammetrie: Im Zweifelsfall können die Photos von Dritten unabhängig ausgewertet werden. Hier liegen Möglichkeiten zur Entwicklung neuer Abrechnungssysteme, in denen die Photogrammetrie als Aufnahmemethode, das digitale Geländemodell zur Geländeerfassung und der Computer zur Auswertung eingesetzt werden. Mit Hilfe automatischer Zeichenanlagen können Zwischenergebnisse anschaulich graphisch dargestellt werden.

18.5. Amtliche Schlußvermessung

Die Schlußvermessung zur Übernahme des veränderten topographischen Zustandes in das amtliche Kartenwerk und der veränderten Eigentumsverhältnisse in Liegenschaftskataster und Grundbuch ist eine hoheitliche Aufgabe des Staates und den dafür zuständigen Stellen,— den staatlichen und kommunalen Vermessungsämtern und den öffentlich bestellten Vermessungsingenieuren — vorbehalten. Eine fachlich korrekte Baustellenvermessung trägt dazu bei, diese Aufgabe zu erleichtern. Zum Beispiel können alle wichtigen Festpunkte bereits im Hinblick auf die Schlußvermessung ausgewählt und vermarkt werden. Bei photogrammetrischen Befliegungen zur Leistungsfeststellung können auch amtliche Punkte signalisiert werden, so daß die Luftaufnahmen später für Zwecke der Schlußvermessung mitverwendet werden können.

18.6. Literatur

Lehr- und Handbücher, Tafelwerke

1. Jordan, Eggert, Kneißl: Handbuch der Vermessungskunde, Band 2, Feld- und Landmessung, Absteckungsarbeiten. Stuttgart: J.B. Metzlersche Verlagsbuchhandlung, 1963.
2. Großmann, W.: Vermessungskunde, Band 1 bis 3. Sammlung Göschen Berlin, New York: Walter de Gruyter & Co., 1971.
3. Näbauer, M.: Vermessungskunde, Berlin, Göttingen, Heidelberg: Springer-Verlag, 1949.
4. Kasper, Schürba, Lorenz: Die Klothoide als Trassierungselement. Bonn, Hannover, München: Dümmler-Verlag, 1968.
5. Heyink, J.: Absteсktafeln für Kreisbogen im Städte- und Straßenbau. Düsseldorf: Werner Verlag, 1965.
6. Krenz, Osterloh: Klothoiden-Taschenbuch für Entwurf und Absteckung. Wiesbaden, Berlin: Bauverlag, 1964.
7. Kasper, H.: Hinweise für die Anwendung der Photogrammetrie bei der Entwurfsbearbeitung im Straßenbau. Bad Godesberg: Kirschbaum-Verlag, 1971.
8. Förstner, R.: Normalien für die Vermessungsarbeiten im Straßenbau. Bonn-Bad Godesberg: Kirschbaum-Verlag, 1970.

Abhandlungen

9. Eckhard, Kubik: Automatische Berechnung digitaler Höhenlinien. Zeitschrift für Vermessungswesen 100 (1971) Nr. 6.
10. Kraus, K.: Interpolation nach kleinsten Quadraten in der Photogrammetrie. Zeitschrift für Vermessungswesen 99 (1970) Nr. 9.
11. Kamiya, R., Kuroiwa, G., Nakamura, H.: A study on electronic computation of clothoidal alignment. Trans. of ISCE No. 120 (1964).
12. Linkwitz, K., Benner, E.: Mathematische Grundlagen digitaler Geländemodelle und Vorschläge für ihre Verwirklichung. Straßenbau und Straßenverkehrstechnik, Heft 127, 1972. Hrsg. v. BMV, Abt. Straßenbau, Bonn.
13. Linkwitz, K.: Digitale Geländemodelle. Bildmessung und Luftbildwesen 45 (1970) Nr. 1.
14. Linkwitz, K.: Elektronisches Rechnen im Vermessungswesen. Allgemeine Vermessungs-Nachrichten 81 (1969) Nr. 5, S. 176—203.
15. Linkwitz, K.: Die Photogrammetrie im Straßenbau. Der Straßenbau 52 (1961) Nr. 10, S. 610—625.

16. Linkwitz, K., Benner, E., Profke, L.: Untersuchung von Rechenprogrammen für die Entwurfsbearbeitung im Straßenbau. Straßenbau und Straßenverkehrstechnik, Heft 83 (1969). Hrsg. v. BMV, Abt. Straßenbau, Bonn.
17. Linkwitz, K., Schwenkel, D.: Die Approximation von Freihandlinien mit Kreisen und Klothoiden durch eine ersatzweise Ausgleichung im Winkelbild. Zeitschrift für Vermessungswesen 101 (1972) Nr. 9.
18. Linkwitz, K., Schwenkel, D.: Ein Rechenverfahren zur Approximation von Freihand- und Biegestablinien durch Kreisbögen und Klothoiden. Straße und Autobahn 23 (1972) Nr. 10, S. 538—540.
19. Linkwitz, K.: Bild- und Auswertemaßstäbe in der Ingenieurphotogrammetrie. Bildmessung und Luftbildwesen 37 (1962) Nr. 4.

19. Anwendung der Photogrammetrie

W. Blaschke

Inhalt

19.1. Begriffe und Zusammenhänge

19.1.1. Photogrammetrische Begriffe

19.1.1.1. Photogrammetrie

Photogrammetrie oder Bildmessung ist eine Bezeichnung für alle Vermessungsmethoden, bei denen Lage, Form und Größe eines Gegenstandes aus photographischen Bildern ermittelt werden. Für die Zwecke des Straßenbaus wird überwiegend die Luftbildmessung angewandt, bei der Senkrechtaufnahmen der Erdoberfläche aus der Luft bild- und meßtechnisch verarbeitet werden.

Die Aufnahmen werden aus einem Flugzeug mit Hilfe einer Reihenmeßkammer mit einem Aufnahmeformat von 23 cm mal 23 cm auf maßhaltigem Film gemacht. Die in geraden Bildstreifen aufeinanderfolgenden und sich mit 60% ihrer Fläche überdeckenden Luftbilder ermöglichen im Überdeckungsgebiet benachbarter Bilder die Herstellung eines stereoskopischen Modells, das im Stereokartiergerät meßtechnisch ausgewertet werden kann. Sind zur Deckung größerer Flächen zwei oder mehrere parallele Bildstreifen nötig, so müssen sich diese quer zur Flugrichtung mit 20 bis 30% ihrer Fläche überlappen.

Die terrestrische Photogrammetrie oder Erdbildmessung ist ein Verfahren, bei dem Objekte von zwei Standpunkten auf der Erde aus im Aufriß aufgenommen und ausgewertet werden, wobei die optische Achse der Aufnahmekammer waagerecht steht. Dieses Verfahren wird im Straßenbau nur gelegentlich zum Erfassen der Bewegung von Bauwerken und rutschenden Hängen angewandt.

19.1.1.2. Luftbildinterpretation

Als Luftbildinterpretation bezeichnet man die Deutung von Luftbildern. Sie besteht aus dem Erkennen bestimmter Gegenstände, dem Herausfinden von Zusammenhängen, dem sogenannten Luftbildlesen, und der deduktiven Lösung gewisser, dem Zweck der Interpretation entsprechender Aufgaben.

Messung und Interpretation von Luftbildern sind nicht voneinander zu trennen. Durch die Messung werden die interpretierten Gegenstände geometrisch bestimmt und lokalisiert. Die sorgfältige, zweckgerichtete Interpretation des Luftbildes ist eine notwendige Voraussetzung der photogrammetrischen Messung.

19.1.1.3. Luftbild und Bildflug

Das Luftbild ist ein Speicher von Informationen über die Erdoberfläche und alle dort befindlichen, aus der Luft sichtbaren Gegenstände.

Die photographische Aufnahme von Luftbildern nennt man Bildflug. Eine Reihenmeßkammer mit senkrecht zur Erdoberfläche gerichteter Aufnahmeachse photographiert durch ein Loch im Boden eines Flugzeugs das Gelände in gleichen Zeitabständen, die die erforderliche Überdeckung aufeinanderfolgender Luftbilder in Flugrichtung von 60% ihrer Fläche garantieren. Die Überdeckungsregelung erfolgt mit Hilfe eines besonderen Gerätes weitgehend automatisch.

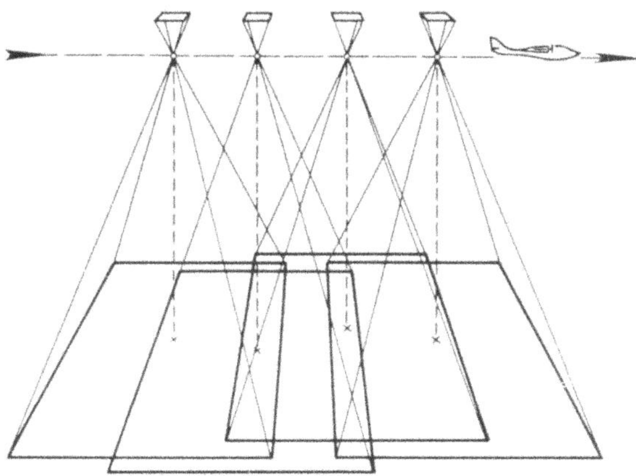

Bild 19.1. Luftbilder in einem Flugstreifen mit 60%iger Längsüberdeckung.

Zur Deckung des Baugeländes mit Luftbildern genügt beim Straßenbau im allgemeinen jeweils ein einfacher Bildstreifen (Bild 19.1). Sind hierzu aber zwei oder mehrere parallele Bildstreifen erforderlich, z.B. im Bereich von Knotenpunkten (Bild 19.2), dann müssen sich diese quer zur Flugrichtung mit 20 bis 30% ihrer Fläche überdecken. Diese Querüberdeckung wird ebenso wie die präzise Streifenlage einzelner Bildstreifen durch die Sichtnavigation an Hand einer Flugkarte im Flugzeug sichergestellt. Um eine Verkantung der Luftbilder eines Bildstreifens gegeneinander infolge der Abtrift des Flugzeugs durch Seitenwind zu vermeiden, wird die Aufnahmekammer um ihre senkrechte Achse um den Triftwinkel gedreht. Unter Triftwinkel ist der Winkel zu verstehen, um den die Längsachse des Flugzeugs zum Ausgleich des Seitenwindes von der Flugrichtung abweicht.

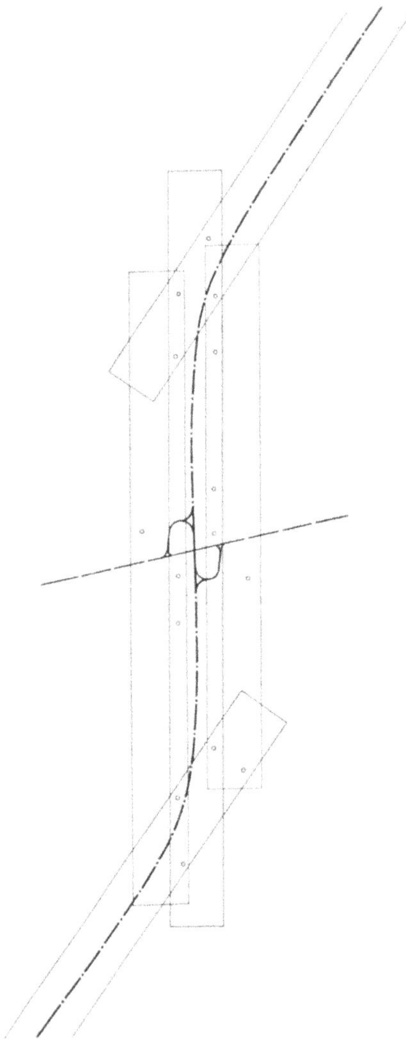

Bild 19.2. Deckung des Geländes mit Bildstreifen im Bereich eines Knotenpunktes.

Das Luftbild ist wie jede photograhische Aufnahme eine Zentralperspektive. Alle Bildstrahlen gehen durch das optische Zentrum, den Hauptpunkt des Aufnahmeobjektivs. Punkte verschiedener Höhe im Gelände werden daher in ihrer Lage zueinander mit Verzerrungen in radialer Richtung vom Bildhauptpunkt aus abgebildet. Eine Karte, auch eine Bildkarte (siehe Abschnitt 19.1.4.2.), ist eine in allen Teilen maßstabtreue Darstellung des Geländes. Sie entspricht einer im Rahmen der graphischen Darstellungsgenauigkeit verzerrungsfreien Orthogonalprojektion. Die Aufgabe der Photogrammetrie im geometrischen Sinne ist es, aus der Zentralperspektive des Luftbildes eine orthogonalprojektive Darstellung aller im Luftbild sichtbaren Gegenstände herzustellen. Diese Aufgabe ist unabhängig davon, ob die photogrammetrischen Ergebnisse Strichkarten, Bildkarten oder digitale Karten, d.h. in digitaler Form registrierte Koordinaten von Punkten und Codeziffern für beschreibende Angaben sind.

19.1.1.4. Stereomodell

Eine Voraussetzung, die Photogrammetrie in rationeller Arbeitsweise zu betreiben, ist die physiologische Fähigkeit des Menschen auch dann räumlich zu sehen, wenn jedem Auge des Betrachters je eines der Luftbilder eines Bildpaares dargeboten wird. Als Bildpaar sind zwei benachbarte Luftbilder aus einem Bildstreifen zu verstehen, die sich mit 60% ihrer Fläche in Flugrichtung überdecken. Die beiden Bilder zeigen also auf je zwei Dritteln ihrer Fläche denselben, von zwei verschiedenen Punkten vom Flugzeug aus aufgenommenen Geländeausschnitt (Bild 19.3). Je größer das Verhältnis der Aufnahmebasis B (das ist der Abstand der beiden Aufnahmen, also der zwischen den Aufnahmen zurückgelegte Flugweg) zur Entfernung vom aufgenommenen Gegenstand (also zur Flughöhe) ist, desto besser ist die Tiefenwahrnehmung durch den Betrachter.

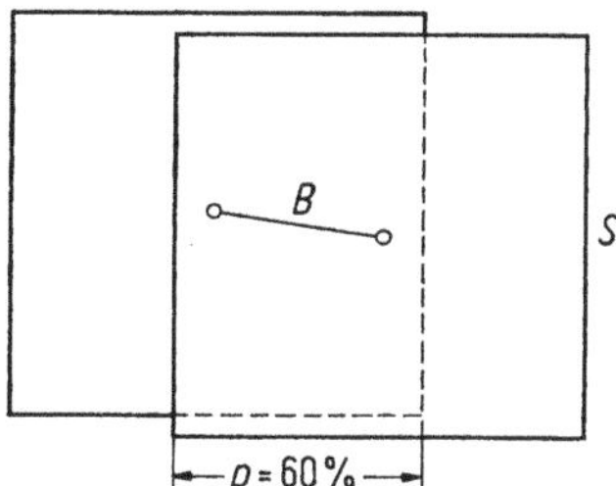

Bild 19.3. Vom Überdeckungsgebiet zweier benachbarter Luftbilder entsteht ein stereoskopisch meßbares räumliches Modell des Geländes. Die Überdeckung p wird in Prozenten der Bildfläche angegeben. Die Entfernung der Bildhauptpunkte heißt Aufnahmebasis B.

Wird ein Bildpaar in ein photogrammetrisches Auswertegerät, ein Stereokartiergerät, eingelegt, und werden die beiden Bilder so orientiert, daß sie genau die gleiche Lage zueinander erhalten wie bei der Aufnahme im Flugzeug, dann schneiden sich alle Projektionsstrahlen durch idente Bildpunkte der beiden Luftbilder in *einer* Projektionsebene, und es entsteht ein Stereomodell des Geländes. Dieses räumlich betrachtbare und mit einer mechanisch in drei Dimensionen beweglichen Meßmarke ausmeßbare Modell des Geländes ist beim heutigen Stand der Entwicklung der Aufnahme- und Meßgeräte, des Meßfilms und der phototechnischen Verfahren praktisch verzerrungsfrei, fachgerechte Orientierung und Messung des Modells vorausgesetzt.

Die Orientierung eines Stereomodells umfaßt zwei Schritte. Durch die *gegenseitige Orientierung* werden zwei Luftbilder einander so geometrisch zugeordnet, daß in der eben erwähnten Weise ein Stereomodell entsteht. Durch die darauffolgende *absolute Orientierung* wird das nun schon fehlerfreie, gegenseitig orientierte

Modell auf den vorgeschriebenen Maßstab und in die Beziehung zum Koordinatensystem der Karte gebracht.

Als Folgebildanschluß bezeichnet man das Hinzuorientieren eines Bildes zu einem unverändert bleibenden, breits absolut orientierten Bild eines Bildpaares.

19.1.2. Photographische Begriffe

Das Luftbild ist eine photographische Aufnahme auf Film. Die photographische Qualität der Luftbilder beeinflußt maßgeblich ihre Meß- und Interpretierbarkeit. Daher sollten dem Benutzer von Luftbildern auch einige photographische Begriffe geläufig sein.

19.1.2.1. Dichte, Kontraste, Auflösungsvermögen

Die Unterscheidung und Erkennbarkeit von Gegenständen ist durch Kontraste zwischen hell und dunkel möglich, verursacht durch die Verteilung von Licht und Schatten in der Natur. Auf der Filmschicht bewirken das Licht und der Entwicklungsvorgang Rückstände und damit eine Schwärzung auf dem durchsichtigen Schichtträger je nach der Intensität der Belichtung. Die *Dichte* dieser Schwärzung des Filmnegativs wird in Stufen eines Graukeils zwischen den Extremwerte weiß und schwarz angegeben. Die photographische Verarbeitung von Meßfilmen erfolgt grundsätzlich mit präzisen Dichtemessungen, die der Kontrolle des Kontrastumfanges dienen. Unter Kontrastumfang eines Luftbildes versteht man die Spanne zwischen den im Bild vorkommenden kleinsten und größten Dichtewerten. Der optimale Kontrastumfang von Luftbildern kann nach ihrem Verwendungszweck (z.B. Ausmessung im Stereokartiergerät oder Herstellung einer Bildkarte) verschieden sein und läßt sich während der photographischen Verarbeitung diesem Zweck in Grenzen anpassen. Ein qualitativ für Messung und Interpretation geeignetes Luftbild soll einen Kontrastumfang zwischen Dichtewerten von etwa 0,3 und 1,1 haben. Zur Herstellung von Bildkarten, deren Vervielfältigung meistens über ein gerastertes Diapositiv geschieht, soll das Originalnegativ einen noch größeren Kontrastumfang von mindestens 1,0 haben, weil durch die Aufrasterung Kontrast verlorengeht.

Die Fähigkeit der Aufnahmeoptik und der Filmemulsion, kleinste Kontraste zwischen schwarz und weiß wiederzugeben, nennt man ihr Auflösungsvermögen. Es wird in Linien pro Millimeter angegeben, was bedeutet, daß auf einer Strecke von einem Millimeter Länge noch die angegebene Anzahl feinster Kontraste zwischen schwarz und weiß sichtbar gemacht werden kann. Der für Straßenbauzwecke verwendete Fliegerfilm ist fast ausschließlich panchromatischer Film mit einem Auflösungsvermögen von etwa 100 Linien pro Millimeter.

19.1.2.2. Filmarten, Empfindlichkeit, Filter

Man verwendet bisher in der Photogrammetrie vornehmlich Schwarz-Weiß-Film, der in der Verarbeitung wirtschaftlicher ist als Farbfilm. Farbfilme und infrarotemfindliche Filme eignen sich für spezielle Interpretationszwecke. Der Infrarotfilm in Schwarz-Weiß und in Farbe, letzterer wird auch Falschfarbenfilm genannt, ist für die unsichtbare Infrarotstrahlung im Bereich der Wellenlängen von etwa 700 bis 900 Nanometer besonders sensibilisiert und dient vor allem der Interpretation hydrologischer und botanischer Merkmale. Durch starke Emission im photographischen Infrarot zeichnen sich z.B. gesunde Pflanzen aus, aber auch Bodenfeuchtigkeit wird deutlich unterschieden von ihrer trockeneren Umgebung abgebildet. Pflanzenbiologische Schäden durch Abgase von Fahrzeugen am Straßenrand und bodenkundliche Informationen können daher für die Zwecke des Straßenbaus durch Interpretation von Infrarotluftbildern gewonnen werden.

Die Filmempfindlichkeit ist ein Maß dafür, wie schnell oder wie kurz die Belichtung erfolgen kann, um ein Bild guter photographischer Qualität bei guten Lichtverhältnissen zu erhalten. Die Empfindlichkeit ist von der Dicke der lichtempfindlichen Schicht und deren Korngröße abhängig. Sie wird in DIN, ASA oder AFS, eine in den USA verwendete Norm, angegeben. Eine relativ hohe Empfindlichkeit des Fliegerfilms ist notwendig, um Bewegungsunschärfen durch das schnellfliegende Bildflugzeug in niedrigen Flughöhen zu vermeiden. Ganz allgemein gilt: je dünner die Emulsion und je kleiner das Korn, desto besser ist das Auflösungsvermögen. Die für die Zwecke des Straßenbaues verwendeten Fliegerfilme haben bei einem maximalen Auflösungsvermögen von etwa 100 Linien pro Millimeter eine Empfindlichkeit von 21 bis 24 DIN und eine Dicke von etwa 0,1 mm, wovon etwa ein Fünftel auf die Emulsion und vier Fünftel auf den Schichtträger entfallen.

Die *spektrale Empfindlichkeit* des panchromatischen Schwarz-Weiß-Fliegerfilms ist über den ganzen sichtbaren Bereich etwa gleichbleibend. Beim Infrarotfilm ist sie im Grünbereich zwischen etwa 500 und 600 Nanometer gering.

Die photographische Aufnahme aus der Luft erfordert immer die Verwendung von *Vorsatzfiltern*. Anders als bei der Photographie auf dem Erdboden ist aus größeren Flughöhen der spektrale Anteil an Blaulicht wesentlich größer. Die Wahl und die Relationen von Filtern und Belichtungszeit erfordern beim Bildflug, insbesondere mit Farbfilm, großes Fachwissen und viel Erfahrung.

Materialien und Technik in der Photographie werden ständig weiterentwickelt, und die nutzbringende Verwendung von Farbfilm ist für die Anwendung der Photogrammetrie im Ingenieurbau in Zukunft nicht auszuschließen. Gleiches gilt für die Nutzung von Infrarotbildern als Träger besonderer Informationen, die photographisch oder mit multispektralen Abtastgeräten hergestellt werden.

19.1.3. Meßtechnische Begriffe

19.1.3.1. Maßstäbe von Luftbild und Karte

Der Bildmaßstab M_B ergibt sich als das Verhältnis der Brennweite f des Aufnahme objektivs zur Gegenstandsweite, also zur Flughöhe H über dem Gelände:

$$M_B = f/H$$

sein Reziprokwert ist die Bildmaßstabszahl

$$m_B = H/f.$$

Beide Größen sind dimensionslos.

Der Bildmaßstab wird im Hinblick auf den Zweck des Bildfluges gewählt. Dabei kann entweder die gewünschte Auflösung kleiner Details, z.B. für die Messung des Straßeninhaltes in Stadtgebieten aus einem Bildmaßstab 1:3000, oder die gewünschte hohe Genauigkeit der Höhenmessung, z.B. zur Massenberechnung beim Bauentwurf aus einem Bildmaßstab 1:4000, primär maßgebend sein.

Viel kleinere Bildmaßstäbe — etwa zwischen 1:10000 und 1:20000 — wählt man, um mit einem Streifen von Luftbildern einen breiten Geländestreifen zu decken, in dem dann alle wesentlichen Informationen für die Wahl der Linienführung in der Vorentwurfsphase im Luftbild interpretiert und lokalisiert werden können.

Als Kriterium der Auflösung für das Erkennen und Messen kleiner Gegenstände darf als Rechengröße nicht das Auflösungsvermögen des Films herangezogen werden, da diese Angabe sich auf extreme Kontraste zwischen Schwarz und Weiß bezieht, die es in dieser Schärfe an den zu messenden Gegenständen im Luftbild normalerweise nicht gibt. Daher sollte für die Wahl des Bildmaßstabes vor allem die Erfahrung des Fachmannes maßgebend sein.

Die sechsfache Vergrößerung eines guten Luftbildes ist die Grenze, bis zu der durch Bildvergrößerung Vorteile für die Interpretation des Bildes ohne Verlust kleinster Bilddetails durch Zerfall der Konturen erreicht werden können.

Als Kriterium der Höhenmeßgenauigkeit kann das Unterscheidungsvermögen des Auswerters am photogrammetrischen Meßgerät für Höhenunterschiede gelten. Bei Aufnahmen für straßenbautechnische Aufgaben kann man mit einem mittleren Fehler m_h im Unterscheidungsvermögen des Auswerters für das Aufsetzen seiner Meßmarke auf das Gelände bis zu etwa einem Zehntausendstel der Flughöhe rechnen:

$$m_h = \frac{H}{10000} = \frac{m_B f}{10000}.$$

Da für Luftbilder zur Höhenmessung fast immer ein Aufnahmeobjektiv mit einer Brennweite $f = 15$ cm verwendet wird, kann dieser Richtwert auch mit

$$m_h = \frac{1{,}5\, m_B}{1000} \quad [\text{cm}]$$

angegeben werden. Bei einem Bildmaßstab von 1:4000 wäre $m_h = 6$ cm. Der Richtwert gilt für gut definierte Punkte. Für nicht signalisierte Geländepunkte ist er etwa doppelt so groß, also etwa 0,2 Promille der Flughöhe H oder

$$m_h = \frac{3\, m_B}{1000}.$$

Die hier und im folgenden angegebenen Genauigkeiten sind mathematisch wie mittlere quadratische Abweichungen wiederholter Einzelbeobachtungen vom Mittelwert

$$m = \pm \sqrt{\frac{[vv]}{n-1}}$$

zu verstehen. Im Rahmen der gesetzmäßigen Streuung können vereinzelt größte Abweichungen vorkommen, die etwa das Zweieinhalbfache der mittleren Abweichung betragen.

Während der Bildmaßstab für die erreichbare Genauigkeit bei der Lage- und Höhenmessung und auch für die Erkennbarkeit der zu interpretierenden Einzelheiten im Luftbild maßgebend ist, bezeichnet man als *Kartenmaßstab* M_K den Maßstab, in dem die Meß- und Interpretationsergebnisse graphisch als Strichzeichnung oder photographisch als Bildkarte dargestellt werden.

Auch bei der Bildkarte gilt als Richtwert, daß eine mehr als sechsfache Vergrößerung des Bildmaßstabes nicht vorteilhaft ist, weil dann kleinste Kontraste bereits verlorengehen können. Die digitale Karte auf einem Datenträger oder im Speicher eines Rechners ist ohne Maßstab im herkömmlichen Sinn der darstellenden Kartographie, doch sind auch bei dieser Art der Registrierung photogrammetrischer Meßdaten Art und Dichte der Informationen, aber auch die Genauigkeit der Höhenmessung, vom Maßstab der verwendeten Luftbilder abhängig.

19.1.3.2. Paßpunkte

Der Maßstab von Luftbildern ist zunächst nur grob aus der während der Aufnahme eingehaltenen Flughöhe über Grund bekannt. Zur genauen Maßstabsbestimmung des Stereomodells und für dessen präzise Orientierung nach Lage und

Höhe ohne verbleibende Restfehler müssen in jedem Modell einige gut identifizierbare und einwandfrei einstellbare Punkte mit ihren Lagekoordinaten und ihrer Höhe bekannt sein. Man nennt sie Paßpunkte, weil man sie kartieren und das optische Modell in diesen geometrischen Rahmen einpassen kann.

Man unterscheidet Lage- und Höhenpaßpunkte, je nachdem, ob sie für die Orientierung des stereoskopischen Modells im Auswertegerät der Lage oder der Höhe nach benötigt werden. Für die Zuordnung vom Raummodell und Gelände sind pro Modell mindestens fünf Lagepaßpunkte zur vollen Kontrolle der Einpassung erforderlich. Außerdem benötigt man mindestens sechs Höhenpaßpunkte, von denen vier in der Nähe der Modellecken und in der Überlappungszone dreier Luftbilder liegen und möglichst auch in den benachbarten Modellen sichtbar sein sollen.

Alle Paßpunkte müssen im Luftbild abgebildet und durch Kontrastwirkung zur Umgebung deutlich erkennbar sein. Sie dürfen nicht durch benachbarte höhere Gegenstände, etwa Bäume oder Häuser, in einem der Bilder verdeckt oder im Schlagschatten unsichtbar sein.

Die Lage der Paßpunkte ist durch terrestrische Vermessung oder durch Aerotriangulation, ihre Höhe wegen der beim Straßenbau erwünschten hohen Anforderungen an die Höhengenauigkeit immer durch terrestrische Messung zu bestimmen.

19.1.3.3. Aerotriangulation

Aerotriangulation ist ein Verfahren zur photogrammetrischen und rechnerischen Bestimmung der zur Modellorientierung benötigten Paßpunkte. Dabei werden die Koordinaten dieser Punkte im jeweiligen örtlichen System des einzelnen Modells gemessen und durch ein universelles Rechenprogramm nach den Grundsätzen der Ausgleichungsrechnung über wenige, im Landeskoordinatensystem gegebene Paßpunkte in dieses transformiert. Da beim Straßenbau meistens nur einfache Bildstreifen vorhanden sind (vgl. Bild 19.1), ist die Paßpunktbestimmung durch Aerotriangulation auf die Überbrückung einiger Modelle in einem Bildstreifen beschränkt.

Für den Bauentwurf muß entlang der künftigen Straßenachse im Gelände ein Polygonzug gemessen werden, um Bezugspunkt für die Bauabsteckung zu schaffen. Handelt es sich dabei um ein Langstreckenpolygon mit Seitenlängen von 2 bis 3 km, das mittels elektromagnetischer Distanzmessung bestimmt wurde, dann ist die Überbrückung von vier bis fünf Modellen durch Aerotriangulation zur photogrammetrischen Paßpunktbestimmung sinnvoll und wirtschaftlich. Bei herkömmlicher Polygonisierung mit kleinen Seitenlängen ist die Anwendung der Aerotriangulation dagegen im allgemeinen unwirtschaftlich.

Höhenpaßpunkte entlang der Achse müssen zumal einige von ihnen auch als Höhenfestpunkte für den Bau benötigt werden, immer mit hoher Genauigkeit durch Nivellement bestimmt werden. Seitliche Höhenpaßpunkte fernab der Straßenachse kann man hingegen vorteilhaft durch Aerotriangulation mittels Streifenausgleichung bestimmen. Hierauf wird am Abschnitt 19.2.1.2. noch näher eingegangen.

19.1.3.4. Photogrammetrische Lücken

In Waldgebieten, vornehmlich im Nadelwald, ist die Erdoberfläche im Luftbild nicht sichtbar und nicht ausmeßbar. Auch durch dunkle Schlagschatten an Waldrändern wird manchmal die photogrammetrische Meßbarkeit des Geländes beeinträchtigt. Solche Lücken der photogrammetrischen Geländeaufnahmen müssen durch terrestrische Tachymetrie geschlossen werden. Es ist vorteilhaft, zur einwandfreien Einpassung solcher Tachymeteraufnahmen Anschlußpunkte am Rande der photogrammetrisch aufgenommenen freien Flächen, also noch außerhalb der Waldränder, zu signalisieren und die terrestrische Aufnahme an diese Punkte anzuschließen.

19.1.4. Kartographische Begriffe

19.1.4.1. Die topographische Karte

Die topographische Karte als Darstellung des Baugeländes wird — in verschiedenen Maßstäben — in allen Phasen des Entwurfs benötigt. Zum Messen und Darstellen der Geländeformen durch Höhenlinien (Schichtlinien) — topographische Strichkarte — eignet sich die Photogrammetrie besonders gut. Durch das Abfahren des Stereomodells mit einer Meßmarke mit konstanter Höheneinstellung in dauernder visueller Betrachtung ist wie bei keinem anderen Meßverfahren eine vollkommene Erfassung aller Kleinformen des Geländes durch Höhenlinien möglich. Durch die Darstellung aller sonstigen charakteristischen Linien des Geländes, z.B. von Bruch- und Böschungslinien, wird das Höhenlinienbild der Geländeformen noch vervollständigt. Die vollständige naturgetreue Erfassung der Geländeformen bleibt auch dann erhalten, wenn die das Gelände definierenden Linien automatisch in Punkte wählbaren Abstandes zerlegt und mit ihren Koordinaten digital registriert werden.

In die topographische Karte für den Bauentwurf trägt man die Eigentumsgrenzen aus dem Liegenschaftskataster und später auch den Entwurfsgrundriß ein. Der Plan dient dann als Nachweis der durch den Bau beanspruchten Grundstücke bei der Planfeststellung. Das Einpassen der Katastersituation muß deshalb sehr sorgfältig geschehen. Vorteilhaft ist auch das Einkopieren eines maßstabtreuen photographischen Halbtonbildes des Baugeländes in den festzustellenden Plan. Dadurch können die Grundeigentümer alle in der Natur vorhandenen Details im Zusammenhang mit dem Bauentwurf ersehen, und es herrscht von vornherein Klarheit über das durch den Bau beanspruchte Gelände.

19.1.4.2. Die Bildkarte

Karten, die ein maßstabtreues photographisches Bild des Geländes enthalten, nennt man Bildkarten. Zum Unterschied vom photographischen Bild im landläufigen Sinne, das geometrisch eine Zentralperspektive und daher mit Verzerrungen behaftet ist, die durch unterschiedliche Höhen von Bildteilen entstehen, ist die Bildkarte eine im Rahmen graphischer Genauigkeit in allen Teilen maßstabtreue photographische Darstellung der Erdoberfläche. Diese Maßstabtreue kann im flachen Gelände bereits durch Einzelbildentzerrung, in hügeliger und gebirgiger Landschaft durch Entzerrung von Bildteilen auf ein mittleres Niveau und Montage oder durch differentielle automatische Entzerrung im sogenannten Orthophotoverfahren erreicht werden. Auf welche Weise die Bildkarte hergestellt wurde, ist für den Straßenbauingenieur unerheblich. Ihre Maßstabtreue ist für ihn jedoch sehr wichtig, da die Bildkarte die metrische Ermittlung aller luftsichtbaren Einzelheiten erlaubt und damit die Vorzüge der Strichkarte mit denen des vollinterpretierbaren photographischen Luftbildes vereinigt. Sie ist ein sowohl photographisches als auch meßtechnisches Produkt und im Straßenbau beim Entwurf, bei der Bauausführung und als Bestands- und Betriebsplan nützlich.

Bildkarten für Straßenbauaufgaben werden fast immer mit eingedruckten oder einkopierten Höhenlinien angefertigt; sie sind dann den topographischen Strichkarten an Informationsinhalt und Aussagekraft überlegen. Neben den geometrischen Informationen der Strichkarte enthält das photographische Bild sehr viele, besonders den Entwurfsingenieur interessierende Informationen über die Beschaffenheit der Erdoberfläche, des Untergrundes und des Bewuchses, die in ihrer Vielfalt in einer Strichkarte weder dargestellt noch beschrieben werden können. Die Unterscheidung zahlreicher Merkmale ist im photographischen Bild möglich, weil sie unterschiedliche spezifische Kontraste und Kontrastfolgen aufweisen. Die Gliederung eines Luftbildes in verschiedene größere Bereiche von unterschiedlicher Kontrastwirkung, etwa in besiedeltes und landwirtschaftlich genutztes Gebiet, nennt man seine Struktur. Als Textur hingegen bezeichnet man die spezifische Folge kleinerer Kontraste, die eine Unterscheidung der Nutzungsart oder Beschaffenheit der Oberfläche und des Bewuchses einzelner Bildteile ermöglichen.

Da die Bildkarte die Vorzüge der geometrischen Genauigkeit der Strichkarte *und* des Informationsreichtums des Luftbildes in sich vereinigt ist ihre Verwendung in ständigem Zunehmen.

19.1.4.3. Die digitale Karte

Als digitale Karte bezeichnet man alle mit ihren Koordinaten und mit Kennziffern für beschreibende Angaben auf einem Datenträger digital registrierten charakteristischen Einzelpunkte, die zur lückenlosen Erfassung der Topographie und Morphologie des Geländes benötigt werden. Die digitale Karte dient zur Weiterverarbeitung mit entsprechenden Rechenprogrammen in einem automatischen Entwurfssystem und als Eingabe für die graphische Darstellung durch automatisches Zeichen (siehe auch Kapitel 20).

Alle Daten der digitalen Karte, die zur Bestimmung der Geländeform benötigt werden, bilden das Ausgangselement des digitalen Geländemodells. Als digitales Geländemodell bezeichnet man zum Unterschied von einem körperlichen oder optischen Modell der Erdoberfläche eine Beschreibung des Geländes in digitaler Form durch Zahlenkoordinaten einer Menge charakteristischer Punkte, die man auch als Stützpunkte (engl. primary points) bezeichnet. Durch die gemessenen, digital registrierten und gespeicherten Stützpunkte wird die Geometrie der Geländeoberfläche für den beabsichtigten Verwendungszweck des Modells, z.B. für den Bauentwurf, ausreichend genau erfaßt. Mit Hilfe eines sinnvollen Rechenprogrammes können dann beliebig viele und beliebig angeordnete weitere Geländepunkte zwischen diesen Stützpunkten interpoliert und zur Weiterverarbeitung dieser Daten beim Entwurf hinreichend genau bestimmt werden. Der Begriff des digitalen Geländemodells umfaßt daher nicht nur die das Gelände charakterisierenden Stützpunkte, sondern auch die unendlich große Menge rechenautomatisch interpolierbarer Punkte und ist somit eine lückenlose und der Natur mit einer dem Verwendungszweck entsprechenden Genauigkeit angepaßte Wiedergabe der Geländeoberfläche.

Die Kernaufgabe des digitalen Geländemodells für den Bauentwurf ist die Berechnung von Längs- und Querprofilen und der Verschneidungen von Böschungsflächen der Baukörper mit dem Gelände. Das digitale Geländemodell benötigt als Eingabe nur diejenigen Informationen aus der die gesamte Topographie enthaltenden digitalen Karte, die die geometrische Form der Geländeoberfläche bestimmen, nämlich die Koordinaten der Stützpunkte.

Digitale Karten haben keinen Maßstab im herkömmlichen Sinne. Sie können daher in jedem beliebigen Maßstab dargestellt werden und gemeinsam mit anderen, in gleicher Weise gespeicherten Daten sichtbar gemacht, d.h. automatisch zusammen gezeichnet werden. Das gilt besonders für die gemeinsame Darstellung des Bauentwurfs mit der topographischen Karte des Baugeländes und mit der vorher digitalisierten und rechenautomatisch auf die maßstabtreue Bild- und Strichkarte entzerrten Katasterkarte. Eine solche Entzerrung der Katasterkarte zur Anpassung an die maßstabtreue topograpische Karte ist meistens erforderlich, weil die Katasterkarten infolge der Fortführung von Veränderungen des Eigentumsbestandes mit unterschiedlichen Methoden über Jahrzehnte häufig bereichsweise mit der Lage der Eigentumsgrenzen in der Natur nicht übereinstimmen.

Wegen der zunehmenden digitalen Weiterverarbeitung photogrammetrischer Meßdaten wurden besondere, der Anwendung beim Straßenbau angepaßte Methoden der Datenerfassung entwickelt. Da die Photogrammetrie automationsfreundlich ist, eignet sie sich besonders gut für die Erfassung digitaler Geländedaten. Während der Messung am stereoskopischen Modell des Geländes erfolgt durch den Auswerter eine visuelle Kontrolle der Richtigkeit der Messung, einerseits bereits durch die Modellorientierung ohne relevante Restfehler, andererseits bei der Messung selbst, also beim Einstellen und Führen der Meßmarke im Gelände unter gleichzeitiger Beobachtung der Umgebung des Meßbereiches und ständiger Überprüfung der Glaubwürdigkeit der Interpretation aller gemessenen Gegenstände und ihrer Zusammenhänge. Alles übrige, nämlich die Abnahme der numerischen Punktkoordinaten unmittelbar von den Gewindespindeln des Meßgerätes und ihre Registrierung auf Magnetband, geschieht vollautomatisch. Dies gilt auch für das Zerlegen gemessener Linien in Einzelpunkte beliebiger Dichte und deren Registrierung mit dreidimensionalen Koordinaten. Die einfachste Form des digitalen Geländes bilden die punktweise erfaßten Querprofile senkrecht zur Straßenachse, die am Stereokartiergerät auf Lochstreifen registriert und als Eingabe für die Massenberechnung beim Entwurf seit langem benutzt werden.

19.2. Die photogrammetrischen Arbeiten für den Straßenbau

Die Ergebnisse der Photogrammetrie sind Informationen über das Baugelände und die dort sichtbaren Objekte in Form graphischer Karten oder digitaler Daten. Beim Straßenbau benötigt man topographische und morphologische Informationen über das Gelände in ausreichender Dichte, so daß alle für den Bau wesentlichen Gegenstände und Kleinformen vollständig erfaßt werden. Daher legt man bei der graphischen und bei der digitalen Karte für straßenbautechnische Zwecke besonderen Wert auf die Ermittlung der Geländehöhen, was durch die photogrammetrische Technik präzise und wirtschaftlich möglich ist. Besondere thematische Angaben und deren Darstellung, z.B. Eigentumsgrenzen, erfolgen meistens in Verbindung mit der topographischen Karte.

Beim Vorentwurf dienen als Planungsunterlage am häufigsten topographische Karten im Maßstab 1:5000. Dies gilt vor allem dort, wo solche Karten bereits vorhanden sind. Ist das nicht der Fall, benutzt man vielfach auch die topographische Karte im Maßstab 1:10000. Zum Herstellen topographischer Karten in diesen Maßstäben benötigt man Luftbilder in Maßstäben zwischen 1:12000 und 1:30000. Aus Gründen der Wirtschaftlichkeit greift man für die Trassenfindung in der Vorentwurfsphase gern auf vorhandenes Kartenmaterial zurück.

Für den Bauentwurf benötigt man (als Unterlage) topographische Karten mit Höhenlinien in größeren Maßstäben, 1:1000 oder 1:2000, im Bereich von Knotenpunkten auch 1:500. Die Maßstäbe der zur Herstellung dieser Karte benötigten Luftbilder liegen zwischen 1:3000 und 1:6000.

Die Photogrammetrie wird darüberhinaus für die Katastereinpassung in die Baupläne zur Erleichterung des Grunderwerbs, für die Katasterschlußvermessung, zum Herstellen von Bestands- und Betiebsplänen, für Zwecke der Bauabrechnung und deren Kontrolle sowie zum Überprüfen der planrichtigen Bauausführung und auch für Verkehrsuntersuchungen angewandt. Bei letzteren handelt es sich im wesentlichen um die Interpretation, Zählung und Ortung des ruhenden und fließenden Straßenverkehrs.

Mehr und mehr bedient man sich der Datenverarbeitung und verwendet digitale topographische Daten des Baugeländes als Eingabe für die Rechenprogramme. Ziel dieser Entwicklung ist die rechnergestützte Arbeitsweise beim Entwurf, wobei das Sichtbarmachen, die Kontrolle und die Korrektur sowie die Ergänzung der Eingabedaten und der Rechenergebnisse über den interaktiven Bildschirm und durch schnelle automatische Zeichengeräte erfolgen. Optimale Bauentwürfe in kurzer Zeit und damit ein Gewinn an Wirtschaftlichkeit beim Bau und Betrieb der neuen Straßen sind der Zweck der rechnergestützten Entwurfstechnik. Die Einführung dieser Technik ist wie auf vielen Anwendungsgebieten im Zuge der Umstellung auf digitale Arbeitsverfahren und mit zunehmender Praxis im Umgang mit Datenkarteien auch im Straßenbau in naher Zukunft zu erwarten. Die Photogrammetrie ist wegen ihrer Automationsfreundlichkeit ein fester Bestandteil dieser Entwurfstechnik, indem sie durch die photogrammetrische Erfassung und Bereitstellung der digitalen Informationen über das Baugelände einen wesentlichen Teil der Eingabedaten liefert.

Im folgenden werden die photogrammetrischen Arbeiten für den Straßenbau beschrieben. Die Beschreibung, wie die Ergebnisse der Photogrammetrie in das entwurfs- und bautechnische Arbeitssystem eingefügt werden, bleibt dem Kapitel 20 vorbehalten und kann hier nur angedeutet werden.

19.2.1. Die Herstellung von Luftmeßbildern

19.2.1.1. Vorbereitende Maßnahmen

Die photogrammetrische Geländeaufnahme für entwurfs- und bautechnische Aufgaben gliedert sich in mehrere Arbeitsgänge. Zunächst müssen das photographisch aus der Luft aufzunehmende Gebiet und die photogrammetrisch auszuwertenden Flächen festgelegt und in eine Karte kleinen Maßstabes, z.B. 1:25000, eingetragen werden. Auch die in Aussicht genommene ungefähre Linienführung der künftigen Straße ist in dieser Karte sichtbar zu machen. Die Karte wird zur Planung des Bildfluges und der für die Ausmessung notwendigen Feldarbeiten benötigt. Zu diesen Feldarbeiten gehört die Signalisierung von Bodenpunkten, die Paßpunktbestimmung sowie die in der Natur vorzunehmende Prüfung der Vollständigkeit der photogrammetrischen Ausmessung und deren Ergänzung durch terrestrische Aufnahme nicht luftsichtbarer Einzelheiten und bewaldeter Gebiete.

19.2.1.2. Signalisieren von Bodenpunkten

Vor der Durchführung des Bildfluges müssen im Gelände eine Reihe von Bodenpunkten signalisiert, d.h. luftsichtbar gemacht werden. Hierzu gehören zunächst die Paßpunkte (Lage- und Höhenpaßpunkte), die benötigt werden, um das Stereomodell dem Gelände zuordnen zu können; meist signalisiert man aber auch alle sonstigen Festpunkte, wie trigonometrische Punkte, Polygonpunkte und Höhenfestpunkte, ferner Gegenstände, deren genaue Ausmessung besonders interessiert. Zu den letzteren rechnen auch Grenzpunkte des Eigentumskatasters, die der Einpassung der Katasterkarte in die Entwurfspläne dienen.

Für die erforderliche Lagegenauigkeit der Auswertung ist im allgemeinen die Zeichengenauigkeit der Karten maßgebend, die auf Grund der Auswertung hergestellt werden sollen und die etwa 0,2 mm beträgt. Die Paßpunkte müssen daher mit einer Toleranz identifiziert sein, die etwa einem Zehntel der Maßstabszahl der photogrammetrisch hergestellten Karten in Millimetern entspricht. Natürliche Geländepunkte verwendet man als Paßpunkte nur für kleinere Kartenmaßstäbe als 1:2000 und auch nur dann, wenn sie eindeutig, genau einstellbar und unveränderlich sind. Höhenpaßpunkte müssen der Höhe nach gut einstellbar sein. Das ist dann der Fall, wenn die natürliche Erdoberfläche gut definierbare Kontraste aufweist. Polygonpunkte, die gleichzeitig Höhenpaßpunkte sind, müssen daher immer im Niveau des sie umgebenden Geländes liegen.

Als Signale werden beim Straßenbau meistens kreisrunde oder quadratische Kunststoffscheiben verwendet. Um Verwechslungen mit im Luftbild ähnlich aussehenden Gegenständen zu vermeiden, benutzt man Hinweisstreifen, meistens ebenfalls aus Kunststoff, die rechtwinklig oder von drei Seiten auf das Signal weisen (Bild 19.4). Die Größe der Signale ist vom Bildmaßstab abhängig; bei den üblichen Bildmaßstäben für das Herstellen von Unterlagen für den Bauentwurf genügt eine Signalgröße von etwa 15 bis 20 cm Durchmesser oder Seitenlänge. Allgemein gilt die Regel, daß der Durchmesser d einer runden Signalscheibe oder die Seitenlänge einer quadratischen Scheibe etwa so groß wie die Bildmaßstabszahl dividiert durch 300 in Zentimetern sein soll:

$$d = \frac{m_B}{300} \ [\text{cm}].$$

Eine Länge der Hinweisstreifen von etwa 50 cm reicht aus, wobei ihr Abstand vom Signal mindestens 50 cm betragen sollte. An Stelle von Kunststoff ist auch ein Anstrich mit weißer Ölfarbe oder Straßenmarkierungsfarbe möglich, besonders wenn auf befestigten Straßenflächen signalisiert werden muß. Vorteilhaft und schnell ist das Aufbringen der Farbe mit Schablonen und einer Spritzpistole, insbesondere auf rauher Oberfläche. Eventuelle Höhenunterschiede zwischen den Kopfflächen der Signale und dem Boden müssen gemessen und bei der Auswertung berücksichtigt werden. Im allgemeinen aber wird angestrebt, Höhenfestpunkte bodengleich zu vermerken und zu signalisieren.

Bild 19.4. Signalisierte Paßpunkte mit Hinweisstreifen.

Im Zuge der Paßpunktsignalisierung können auch Objekte, die für die Trassierung von besonderer Bedeutung sind, z.B. Einlaufschächte, Sockel elektrischer Leitungsmasten usw., mit weißer Ölfarbe besser luftsichtbar gemacht werden.

Alle signalisierten Punkte trägt man zweckmäßigerweise in eine Katasterkarte ein und macht die Art der Punkte durch verschiedenfarbige Bezeichnung und fortlaufende Numerierung kenntlich.

Zum Entzerren einzelner Luftbilder oder auch zum Herstellen von Bildmontagen aus Luftbildteilen, die besonders in flacherem Gelände an Stelle von Karten Verwendung finden, genügen im allgemeinen als Paßpunkte luftsichtbare Punkte, die in vorhandenen Karten identifiziert und deren Lagekoordinaten aus der Karte entnommen werden können.

Die Anzahl der benötigten Paßpunkte beträgt zur vollen Kontrolle, wie schon erwähnt, in jedem Modell, dessen Fläche dem Überdeckungsgebiet zweier aufeinanderfolgender Luftbilder entspricht, mindestens fünf, davon drei bis vier signalisierte Lagepaßpunkte. Höhenpaßpunkte müssen entlang der Trasse in Modellmitte und auch an den Rändern des Modells außerhalb der auszuwertenden Fläche bestimmt werden.

Mehr signalisierte Paßpunkte als zum Herstellen einer topographischen Karte werden bei der punktweisen Messung und Registrierung von Koordinaten in Querprofilen oder für digitale Karten benötigt. Besonders in Trassennähe sollte man dann noch zusätzliche Höhenpunkte signalisieren, was einen Gewinn an Genauigkeit der Profilhöhen bringt.

19.2.1.3. Die Paßpunktbestimmung

Die Bestimmung der Paßpunkte geschieht entsprechend ihrem Verwendungszweck als Lage- *oder* Höhenpaßpunkte oder als solche, die der Einpassung des Stereomodells nach Lage *und* Höhe dienen. Als Lagepaßpunkte verwendet man beim Straßenbau im allgemeinen Polygonpunkte entlang der Trasse, möglichst außerhalb des beim Bau beanspruchten Geländestreifens. Diese Punkte liegen dann etwa in der Mitte des Bildstreifens. Ihre Lage wird durch Messung eines Streckenzuges bestimmt, dessen Seitenlängen nicht größer als etwa 200 m sind und die vorteilhaft elektromagnetisch oder elektrooptisch gemessen werden. Die dadurch erzielte hohe Lagegenauigkeit dieser Punktbestimmung ist weniger für die Benutzung der Polygonpunkte als photogrammetrische Paßpunkte von Bedeutung als für ihre Verwendung als Ausgangspunkte (Festpunkte) für die spätere Bauabsteckung, insbesondere für die Absteckung der Hauptpunkte der auf den Polygonzug eingerechneten Straßenachse, die während des Baues öfters erneuert werden muß. Festpunkte müssen luftsichtbar sein und müssen vermarkt werden. Die Vermarkung von Höhenfestpunkten muß frostsicher sein. Während des Baues sind Festpunkte vor Beschädigungen zu schützen. Von den Festpunkten aus soll zur Trasse hin gute Sicht vorhanden sein, um die während des Baues immer wieder notwendige Achs- und Bauwerksabsteckung zu erleichtern.

Für alle Festpunkte sind Einmeßskizzen anzufertigen, damit die Punkte jederzeit leicht aufzufinden sind. Als Einmeßskizzen eignen sich auch Ausschnittvergrößerungen aus Luftbildern, in die die Maße zu luftsichtbaren Punkten eingetragen werden.

Höhenfestpunkte und Höhenpaßpunkte werden ausreichend genau durch ein Ingenieurnivellement bestimmt. Ihre trigonometrische Bestimmung durch Messen von Zenitdistanzen auf nivellierten Punkten ist zulässig. Dies gilt besonders für seitliche Höhenpaßpunkte in schwer zugänglichem Gelände. Die Entfernung dieser Punkte vom Ausgangspunkt der Messung kann auch während der Auswertung photogrammetrisch ermittelt werden. In bergigem Gelände läßt sich auf diese Weise an Aufwand für terrestrische Vermessung sparen.

Die photogrammetrische Bestimmung von Paßpunkten durch Aerotriangulation setzt voraus, daß eine kleine Anzahl von Paßpunkten im Gelände bestimmt wurde (siehe Abschnitt 19.1.3.3.). Es genügt, in einer Reihe von etwa zehn Stereomodellen im ersten und letzten Modell je drei bis fünf Lagepaßpunkte und in jedem dritten oder vierten Modell je zwei Punkte terrestrisch zu bestimmen. Bei Verwendung elektromagnetischer Distanzmesser bringt dies eine wesentliche Einsparung an Aufwand im Gelände. Die zur Höheneinpassung der Modelle erforderlichen Höhenpaßpunkte in Trassennähe werden durch Nivellement bestimmt. Man spricht dann von einer „gestützten Aerotriangulation“, auch wenn die benötigten seitlichen Höhenpaßpunkte an den Modellrändern durch räumliche, dreidimensionale Aerotriangulation photogrammetrisch-rechnerisch bestimmt werden [8, 11].

In den Meßdiapositiven soll man die bei der Stereomessung verwendeten Höhenpunkte und die Übertragungspunkte von Modell zu Modell mittels eines Punktübertragungsgerätes markieren.

Die Ergebnisse der Paßpunktbestimmung benötigt man zur Auswertung der Luftbilder und stellt sie in folgender Form bereit:

- Kontaktabzüge der Luftbilder mit gestochenen Paßpunkten, die je nach ihrer Art farbig gekennzeichnet und numeriert wurden,
- eine Beschreibung der Paßpunkte mit dem Verzeichnis ihrer Lagekoordinaten und Höhen,
- die Bildmittenübersicht,
- die Feldbücher und Rechenunterlagen sowie alle sonstigen, die Ergänzungsmessungen im Gelände betreffenden oder für die Auswertung der Luftbilder wichtigen Hinweise und Bemerkungen.

19.2.1.4. Der Bildflug

Beim Bildflug, der photographischen Aufnahme senkrechter Meßbilder des Geländes aus einem Flugzeug (Bild 19.5), wird eine Reihenmeßkammer für Film verwendet, die ein Hochleistungsobjektiv mit einer maximalen radialen Verzeichnung von $\pm 0{,}01$ mm und einen Verschluß für mindestens 1/500 s besitzt.

Bild 19.5. Bildflugzeug „Aero Commander 680 F" und Aufnahmekammern mit Objektiven verschiedener handelsüblicher Brennweiten von 8,5 cm bis 60 cm. (Aufnahme: Hansa. Luftbild GmbH, Münster/Westf.).

Da für das Herstellen von Entwurfsunterlagen wegen der hohen Anforderungen an die Höhengenauigkeit dieser Karten beim Bildflug fast ausnahmslos eine Weitwinkelkammer mit 15 cm Brennweite und Bildformat 23×23 cm verwendet wird, sind hierfür im folgenden einige einfache Merkmale angegeben, die dem Entwurfsingenieur im Umgang mit dem Luftbild und bei seinen Dispositionen für den Projektablauf helfen können.

Die Breite A eines aufgenommenen Bildstreifens ist abhängig von der Bildmaßstabszahl m_B

$$A = 0{,}2\, m_B \text{ [m]}.$$

Die mittlere Flughöhe über Grund H errechnet sich ebenfalls aus der Bildmaßstabszahl

$$H = 0{,}15\, m_B \text{ [m]}.$$

Die Aufnahmebasis B entspricht dem Abstand zweier benachbarter und sich zu 60% überdeckender Luftbilder

$$B = 0{,}09\, m_B \text{ [m]}.$$

Beim Straßenbau verwendet man in den verschiedenen Planungs- und Bauphasen je nach dem Anwendungszweck der aus den Luftbildern durch Photogrammetrie oder Photointerpretation zu gewinnenden Ergebnisse und Informationen Bildmaßstäbe, die eine Spanne von 1:3000 bis 1:30000 umfassen. Die häufigste Anwendung von Luftbildern geschieht für Zwecke des Bauentwurfs, der Bauabrechnung und der Bestandsaufnahme nach Fertigstellung des Bauvorhabens mit Bildmaßstäben zwischen 1:3000 und 1:6000.

Zu diesem Zweck wird die Straßentrasse mit geradlinigen Bildstreifen so gedeckt, daß beiderseits der künftigen Straßenachse ein mindestens 300 m breiter Geländestreifen ausgewertet werden kann. Im Bereich von Knotenpunkten muß das Gelände oft mit nebeneinanderliegenden, parallelen Bildstreifen gedeckt werden, deren mittlerer Abstand D im Gelände

$$D = 0{,}17\, m_B \text{ [m]}$$

betragen soll.

Schlechte Bildflugergebnisse verschlechtern die Qualität und erhöhen den Aufwand der Auswertung. Daher ist eine getrennte Vergabe von Bildflug und Auswertung zu vermeiden. Die sachkundige Ausführung des Bildfluges mit voll tauglichen Flug-, Navigations- und Aufnahmegeräten ist für die einwandfreie Qualität der Ergebnisse wichtig. Daneben sind auch im Hinblick auf die geometrischen Forderungen bei der Aufnahme von Meßbildern, die meteorologischen Bedingungen und damit die Wahl des Zeitpunktes für den Bildflug von großem Einfluß auf das Ergebnis. Die günstigste Jahreszeit für Bildflüge für den Straßenbau ist März bis Mai, die Zeit vor dem Ausschlagen der Laubbäume und Sträucher sowie vor dem Aufwuchs von Gras und Getreide. Auch die Zeit von Mitte September bis Mitte November ist ein Zeitraum, in dem die Behinderung der Luftsichtbarkeit des Geländes durch Laub und Getreide gering ist. Obwohl im Herbst die Lichtbedingungen schlechter als im Frühjahr sind, lassen sich in den Mittagsstunden auch in dieser Jahreszeit Bildflüge für straßenbautechnische Zwecke durchführen.

Bildfliegen kann man nur bei völlig wolkenlosem Himmel oder unter einer dünnen Hochbewölkung. Die letztere Wetterlage ist für Bildflüge in großen Bildmaßstäben wegen des Fehlens von Schlagschatten besonders günstig, aber leider selten. Wolkenloses, aber stark böiges Wetter, das besonders im Frühjahr verhältnismäßig häufig auftritt, ist für Bildflüge unggeeignet, da die geringen Toleranzen für Neigungen und Verkantungen von Meßbildern bei turbulenter Wetterlage kaum einzuhalten sind. Da ideales Bildflugwetter namentlich in Industriegebieten und im bewaldeten Bergland selten ist, andererseits die Aufrechterhaltung der Paßpunktsignalisierung über längere Zeiträume Aufwand verursacht, aber auch behördliche Genehmigungen und Auflagen bei Bildflügen beachtet werden müssen, kann der Flugzeitpunkt meistens nur durch einen günstigen Kompromiß bestimmt werden.

Zur Vorbereitung des Bildfluges gilt, wie schon erwähnt, eine topographische Karte im Maßstab 1:25000, in der die künftige Straßentrasse aus Vorplanung oder Vorentwurf und das auszuwertende, mit Luftbildern vollständig zu deckende Gebiet eingetragen wurde. An Hand dieser Karte lassen sich die Achsen der geraden Flugstreifen festlegen, mit denen das angegebene Gebiet am günstigsten und vollständig im gewünschten Bildmaßstab und mit gewünschter Querüberlappung nebeneinanderliegender Streifen gedeckt werden kann. Die Mittellinie der Flugstreifen trägt man dann in eine *Navigations- oder Flugkarte* ein, die dem Navigator des Flugzeuges die exakte Einhaltung der gewünschten Streifenlage ermöglicht.

Der Navigator am Navigationsteleskop gibt einerseits dem Flugzeugführer die Weisungen für das Ansteuern und präzise Halten des Kurses über der gewünschten Mittellinie des Bildstreifens und andererseits dem Photographen die Kommandos zum Ein- und Ausschalten der Reihenmeßkammer. Für deren Funktionieren und für die Bedienung, für die Wahl der Belichtungszeiten, Blenden und Filter, die Horizontierung, Einstellung der Überdeckungsregelung, den Triftausgleich und den Kassettenwechsel ist der Photograph selbst verantwortlich.

19.2.1.5. Die photographischen Arbeiten

Der belichtete Film wird sachkundig entwickelt, getrocknet und orientiert. Als Filmorientierung bezeichnet man die Übertragung aller Bildmittelpunkte in eine Karte 1:25000. Dabei wird gleichzeitig die Bildqualität, die Streifenlage entsprechend der Flugplanung und die Bildüberdeckung geprüft. Dann fertigt man eine Deckpause zur Karte 1:25000 oder 1:50000 mit dem Kartengitter, den Umrissen der Ortschaften als Orientierungshilfe und mit allen Bildmittelpunkten sowie Streifen- und Bildnummern an. Diese Darstellung der Bildflugdaten heißt *Bildmittenübersicht* (Bild 19.6). Die Bildmittenübersicht ist für die Freigabe der Luftbilder durch die Sicherheitsbehörden und für die Weiterverarbeitung und sonstige Nutzung der Luftbilder auch durch den Straßenbauingenieur erforderlich. Sie dient vor allem der raschen Lokalisierung der einzelnen Luftbilder.

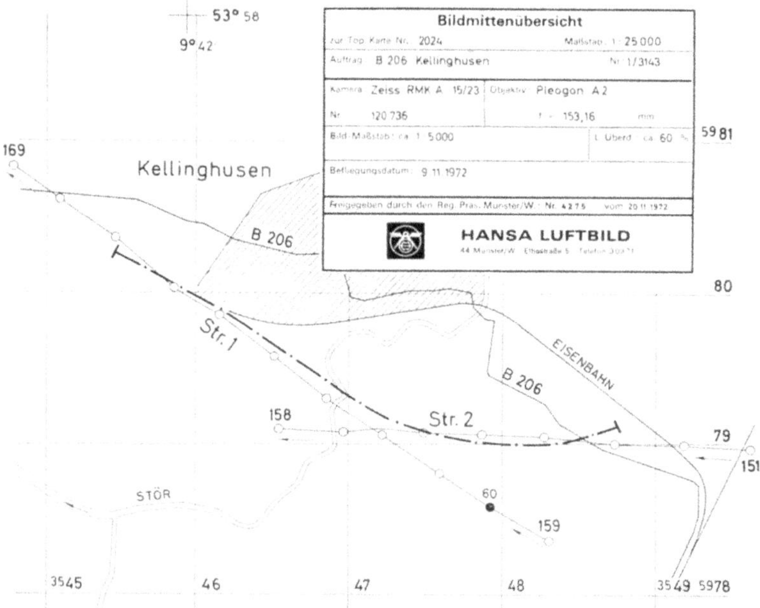

Bild 19.6. Bildmittenübersicht eines Bildfluges zur Aufnahme des Baugeländes entlang einer Straßentrasse.

Unmittelbar nach dem Bildflug wird die Bildmittenübersicht und ein Satz Kontaktabzüge aller Luftbilder hergestellt. Die Kontaktabzüge braucht man während der Entwurfsbearbeitung und für den Feldvergleich, bei dem die Vollständigkeit der photogrammetrischen Ausmessung im Gelände überprüft und Ergänzungen vorgenommen werden. Neben mehreren Sätzen von Kontaktabzügen sind auch andere phototechnisch hergestellte Planungsunterlagen in Benutzung:

- Vergrößerungen und Entzerrungen von Einzelbildern, meistens im Maßstab der Entwurfspläne auf Photopapier oder als lichtpausfähige Diapositive,
- maßstabtreue Bildpläne oder Bildskizzen, die durch Montage aus entzerrten Bildteilen zusammengefügt werden, ebenfalls auf Photopapier oder als gerasterte lichtpausfähige Diapositive,
- Bildkarten, die mit Kartenrand, Kartengitter und oft auch mit Höhenlinien ausgestattet sind. Sie können im Flachland durch Einzelbildentzerrung, im Bergland als montierter Bildplan oder mit Hilfe der Orthophototechnik hergestellt werden [3, 13].

Kontaktabzüge, Bildpläne und Bildkarten dienen der Interpretation des Geländes und der dort befindlichen Gegenstände sowie zu deren Lokalisierung und zur visuellen Ermittlung von Zusammenhängen. Dadurch spart man den aufwendigen Lokalaugenschein und Messungen im Gelände, und die Zusammenhänge für lokale Dispositionen der Bauplanung lassen sich weit besser überblicken als in der Natur. Das photographische Bild im Halbtondiapositiv kann im transparenten Licht sehr gut bis ins letzte Detail interpretiert werden und andererseits ist die Herstellung billiger Lichtpausen als Arbeitsunterlage für die Entwurfsbearbeitung, in der alle Details des Geländes sichtbar sind, sehr vorteilhaft.

Für den Vorentwurf ist die Bildkarte 1:5000 mit Höhenlinien — wie sie mancherorts als amtliche Planungskarte neben der Deutschen Grundkarte hergestellt wird — eine ideale Planungskarte [12]. Bereits für die Festlegung der Trassenführung im Vorentwurfsstadium ist in einer solchen Bildkarte das Gelände mit allen Einzelheiten auf dem Zeichentisch des Entwurfsingenieures sichtbar, wodurch viel Zeit und Aufwand für die Erkundung in der Natur gespart und die Beunruhigung der Grundeigentümer vor der endgültigen Festlegung der Trassenführung vermieden wird.

Großmaßstäbige Bildkarten fertiger Straßenbauten, meistens im Maßstab 1:1000, verwendet man als Bestands- und Betriebspläne [3].

19.2.2. Die meßtechnische Auswertung der Luftbilder

19.2.2.1. Die Herstellung topographischer Karten

Die topographische Karte mit Höhenlinien wird im Straßenbau vor allem als Entwurfskarte benutzt. Solche Karten in Maßstäben 1:5000 oder 1:10000 dienen zur Planung und Festlegung der Trassenführung. Alle für diesen Zweck wichtigen Einzelheiten und Höhenlinien mit einem gleichmäßigen Abstand von 1 m, 2,5 m oder 5 m werden aus Luftbildern in Maßstäben zwischen 1:10000 und 1:30000 photogrammetrisch kartiert. Die Erkundung und Signalisierung von Paßpunkten vor dem Bildflug ist hierfür nicht erforderlich. Als Paßpunkte können nachträglich eindeutig luftsichtbare Punkte in den Luftbildern ausgewählt werden, deren Lage und Höhe entweder aus vorhandenen Karten abgegriffen oder in der Natur bestimmt wird, wodurch der Aufwand für die Erkundung und Signalisierung der Paßpunkte vor dem Bildflug entfällt.

Die im Waldgebiet nur unsicher meßbaren Höhenlinien sind gestrichelt darzustellen. An Innenbeschriftung enthält die Karte lediglich Höhenzahlen von Schichtlinien und Höhenknoten sowie Orts- und Flußnamen. Nach der Auswertung in Bleistift am Zeichentisch des Auswertegerätes wird die Situation sauber hochgezeichnet oder hochgeritzt. Wenn auf Gravurfolie gearbeitet wird, können die Höhenlinien direkt am Auswertegerät während der Messung geritzt werden. Das Höhenlinienbild, das am Stereokartiergerät entsteht, ist optisch nicht so glatt und ansprechend wie eine Reinzeichnung, erfaßt aber die Kleinformen des Geländes besser und sollte daher vom Entwurfsingenieur einer geglätteten Reinzeichnung vorgezogen werden.

Das gleiche gilt für die beim Bauentwurf als Unterlage benötigten topographischen Karten 1:1000 oder 1:2000, die aus Luftbildern in Maßstäben 1:4000 bis 1:6000 hergestellt werden. Vor der Stereoauswertung ist es zweckmäßig, wenn der Entwurfsingenieur in den Kontaktabzügen der Luftbilder oder in Vergrößerungen im Entwurfsmaßstab die auszuwertenden Flächen und alle besonderen Details, auf deren Auswertung er Wert legt, mit Farbstift kennzeichnet. Im allgemeinen enthalten die Entwurfskarten neben dem Koordinatengitter und den eingetragenen Festpunkten alle Angaben zur Kenntlichmachung der Geländeform, alle Kunstbauten, Verkehrsanlagen, Wasserläufe und stehenden Gewässer, die Versorgungs- und Entwässerungsleitungen, die Grenzen der Bodennutzung, geologisch bedeutsame Details, einzelnstehende Bäume und Hecken und auch diejenigen Objekte, die beim Bau geschont werden sollen. Die Geländeform wird durch Höhenlinien je nach Geländeneigung mit Äquidistanzen von 0,5 m in flachem bis maximal 5 m in sehr steilem Gelände sowie durch Höhenknoten an Kuppen, Wannen, Sattelflächen, Böschungskanten, Geländebruchlinien, Wegkreuzungen usw. dargestellt.

Wegen der für den Bauentwurf relativ hohen Forderung an Höhengenauigkeit der Luftbildauswertung ist eine sehr präzise Orientierung der Stereomodelle im Auswertegerät notwendig. Das einzelne Modell wird über die im Luftbild einwandfrei identifizierbare Lagepaßpunkte und sechs bis acht Höhenpaßpunkte absolut orientiert. Dabei sollen Unstimmigkeiten möglichst nicht durch Weglassen fehlerhaft erscheinender Paßpunkte, sondern durch Nachmessen dieser Punkte in der Natur beseitigt werden. Der Maßstab des Modells wird über mindestens drei Lagepaßpunkte ermittelt und in Zweifelsfällen durch Folgebildanschluß überpüft. Restabweichungen von den Sollwerten der Paßpunkte bei der Modellorientierung stellt man in Fehlerdiagrammen dar und fügt diese als Nachweis ausreichend genauer Messung den Meßergebnissen bei.

Die zu erreichende Genauigkeit der photogrammetrischen Messung läßt sich — wie auch in der Geodäsie üblich — als mittlerer quadratischer Fehler m aller Meßpunkte in Funktion des Bildmaßstabes angeben. Die folgenden Genauigkeitsangaben sind vielfach experimentell ermittelte und heute allgemein gebräuchliche Erfahrungswerte:

Für die Lage signalisierter Meßpunkte:

$$m_L = \pm \frac{1{,}5\, m_B}{1000},$$

für die Höhe signalisierter Punkte ebenfalls:

$$m_H = \pm \frac{1{,}5\, m_B}{1000};$$

für die Höhe gut erkennbarer, nicht signalisierter Geländepunkte:

$$m_H = \pm \frac{2\, m_B}{1000}.$$

für Höhenschichtlinien:

$$m_H = \pm \frac{3\, m_B}{1000},$$

m_B steht für die Bildmaßstabszahl.

Nicht luftsichtbare und für den Bauentwurf wichtige Einzelheiten müssen in der Natur gemessen und in die photogrammetrischen Karten nachgetragen werden. Gleichzeitig ist durch Feldvergleich zu überprüfen, ob die photogrammetrische Messung vollständig ist. Dabei sind Durchlässe mit ihren lichten Weiten und erkennbare unterirdische Leitungen aufzunehmen und die richtige Interpretation der im Luftbild durch den Auswerter nicht eindeutig erkennbaren Objekte zu prüfen.

Die Ergebnisse des Feldvergleichs mit allen Ergänzungsmessungen werden mit dem Ergebnis der Luftbildmessung am photogrammetrischen Auswertegerät, der sogenannten Maschinenzeichnung, in einheitlicher kartographischer Bearbeitung zusammengezeichnet. Während dieser Reinzeichnung nimmt man auch meistens die graphische Einpassung der Katasterkarten in die photogrammetrische topographische Karte vor. Das geschieht bereichsweise über signalisierte und ausgewertete Grenzpunkte (die Eigentumsgrenzen betreffend), deren Identität mit der Katasterkarte festgestellt worden ist und die bei der Auswertung der Luftbilder besonders gekennzeichnet wurden. Für die Baupläne muß die maßstabtreue photogrammetrische Messung maßgebend sein. Für die im Abschnitt 19.1.4.3. bereits erwähnte Einpassung der Katasterkarte in die photogrammetrische Karte ist Geschick und Sachkenntnis nötig. Als Einpaßmarken dienen die signalisierten Grenzpunkte, die im Luftbild und in der Katasterkrate identifiziert worden sind.

Für die kartographische Ausarbeitung der Entwurfskarten wird häufig zu viel Aufwand verlangt und getrieben. Kartographische Aufwendungen für die Reinzeichnung der topographischen Situation, die Glättung gemessener Höhenlinien, die Beschriftung usw. — für gedruckte Kartenwerke durchaus üblich und gerechtfertigt —, erhöhen nur die Kosten und den Zeitbedarf für die Herstellung von Entwurfskarten und sind ohne jeden Vorteil für die Qualität des Entwurfs. Aus dem gleichen Grund soll die Beschriftung der Entwurfskarte auf das Nötigste beschränkt bleiben, im wesentlichen auf:

— die Namen von Orten, Gewässern, Gemarkungen und Fluren,
— die Höhenangaben von Schichtlinien und Koten,
— die Grundstücksnummern,
— die Bezeichnung klassifizierter Straßen und anderer Verkehrswege mit der Kennzeichnung „von ... nach ...“ am Blattrand,
— die Bezeichnungen wichtiger Gebäude sowie ober- und unterirdischer Leitungen.

Beim Entwurf von Knotenpunkten fordert die Vielfalt der Details und die Notwendigkeit, auf relativ kurze Entfernungen ein Optimum der Linienführung mit Rücksicht auf zahlreiche bau- und verkehrstechnische Faktoren zu finden, einen großen Maßstab der photogrammetrischen Karte. Die deswegen meist erhobene Forderung nach dem Maßstab 1:500 beim Knotenpunktentwurf entspringt aber weniger dem Bedürfnis nach genauer Erfassung der Geländeformen als vielmehr dem Wunsch nach Zeichenfläche für die Darstellung vieler Einzelheiten. Daher ist es vertretbar und aus Gründen der Wirtschaftlichkeit zu empfehlen, die Karten für Knotenpunktbereiche aus den gleichen Bildmaßstäben und im gleichen Maßstab wie die Entwurfskarte der freien Strecke herzustellen und vor der Reinzeichnung photographisch auf 1:500 zu vergrößern.

19.2.2.2. Die punktweise Messung und Registrierung von Zahlenkoordinaten

Neben der topographischen Karte verwendet man in immer größerem Umfang beim Straßenbau auch numerische photogrammetrische Meßergebnisse. Dabei handelt es sich um Zahlenkoordinaten von Meßpunkten, die, auf einem Datenträger registriert, als Eingabe für die rechenautomatische Weiterverarbeitung dienen.

a) *Profilmessung*

Die Bereitstellung dreidimensionaler Zahlenkoordinaten von Geländepunkten in Profilen durch die Photogrammetrie ist schon lange in Gebrauch. Seit Entwürfe und Bauabrechnung elektronisch berechnet werden, benutzt man hierfür auch schon photogrammetrisch gemessene und digital registrierte Eingaben. Die photogrammetrische Profilmessung hat gegenüber der Geländeaufnahme in der Natur den Vorteil, daß die Abstände der Querprofile und die Abstände der Meßpunkte im Profil ohne wesentliche Kostensteigerung eng gewählt werden können und dadurch eine genauere und bessere Erfassung der Geländeform möglich ist. Dieser Vorteil entsteht dadurch, daß die Orientierung der Stereomodelle ein fester Zeit- und damit Kostenfaktor ist, gegenüber dem die zusätzliche Messung einiger Profile oder einiger Dutzend Geländepunkte pro Modell kaum ins Gewicht fällt. Wegen der insbesondere für die Querprofilmessung wichtigen Höhengenauigkeit sollen hier einige Hinweise für die Einhaltung und Kontrolle dieser Genauigkeit gegeben werden:

— Profile, die im Überdeckungsbereich zweier Modelle liegen, soll man möglichst in beiden Modellen messen und die Ergebnisse vergleichen und gewichtet mitteln. Die Gewichte sind von der Entfernung der Profile von der Modellmitte abhängig. Dem Profil in Modellmitte kann gegenüber dem am Modellrand das doppelte Gewicht gegeben werden.
— Photogrammetrisch und terrestrisch gemessene Profile sind zum Schließen von Lücken infolge Bewuchs über identische Höhenpunkte zusammenzufügen, die — etwa an Waldrändern — vor dem Flug gut luftsichtbar erkundet und signalisiert wurden.
— Die Transformation der Profildaten aus sogenannten Maschinenkoordinaten in Achskoordinaten — Abstand des Meßpunktes von der Achse und seine Höhe über NN — soll mit Hilfe der Datenverarbeitung geschehen.
— Die Doppelmessung von Profilen oder doppeltes Einstellen der Höhe von Geländepunkten bringt erfahrungsgemäß keinen Gewinn an Genauigkeit und ist bei sachkundiger Arbeitsweise erfahrener Auswerter überflüssig. Die Sorgfalt des Auswerters erfordert jedoch die Überprüfung der Modellorientierung vor und nach jeder Profilmessung durch Einstellen der benachbarten Höhenpaßpunkte.
— Systematische Fehler der Höheneinstellung von Geländepunkten, verursacht durch Bewuchs mit Gras oder Getreide, lassen sich nur dadurch vermeiden, daß im Auswertegerät die Bewuchsoberfläche eingestellt und gemessen wird. Unmittelbar nach dem Bildflug ermittelt man in der Natur die Bewuchshöhen, trägt diese in die Kontaktabzüge der Luftbilder ein und berichtigt bei der Auswertung die auf der Bewuchsoberfläche gemessenen Punkthöhen um die in den Kontaktabzügen vermerkten Bewuchshöhen [9].

Punktweise gemessen und numerisch registriert werden außer Profilpunkten alle signalisierten Fest- und Paßpunkte sowie alle nicht eingemessenen signalisierten Punkte von Bedeutung. Zu letzterer Punktgruppe gehören diejenigen Punkte, die für das photogrammetrische Meßverfahren, aber auch für bau- oder entwurfstechnische Belange und für die Einpassung der Katasterkarte besondere Bedeutung haben und daher photogrammetrisch eingemessen werden sollen. Für die Photogrammetrie wichtige Punkte sind vor allem Modellpaßpunkte und Übertragungspunkte für den Zusammenschluß mehrerer Modelle, die photogrammetrisch gemessen und durch Aerotriangulation bestimmt werden sollen [1]. Zu den bau- und entwurfstechnisch wichtigen Punkten gehören die Zwangspunkte der Linienführung und der Gradiente, aber auch andere, bei der Projektierung besonders zu berücksichtigende Einzelheiten im Gelände, die vor dem Bildflug signalisiert werden, um sie photogrammetrisch bestimmbar zu machen oder die, wenn das nicht geschehen ist, nach dem Bildflug von signalisierten Festpunkten aus in der Natur eingemessen werden müssen. Ferner sind die für die Katastereinpassung erforderlichen Grenzpunkte (Grenzmarken) zu berücksichtigen.

b) *Die digitale Karte, das digitale Geländemodell und das automatische Zeichnen*

Die Entwicklung elektronischer Geräte für die Erfassung photogrammetrischer Daten und für deren Weiterverarbeitung bietet die Möglichkeit einer vielfältigen automatischen Nutzung der photogrammetrischen Geländedaten. Gegenüber der bisherigen Koordinatenregistrierung einzelner Meßpunkte ist es nun möglich, auch Punkte in kleinen Abständen, entlang von Meßlinien, mit ihren drei Koordinaten automatisch zu registrieren. Dadurch können nicht nur charakteristische, besonders ausgesuchte Geländepunkte, sondern auch topographische Linien, Höhenlinien ebenso wie Böschungskanten und andere Bruchlinien des Geländes, mit der Meßmarke abgefahren und automatisch digital registriert werden. Die Vorteile der linienhaften Abtastung eines Analogmodells unter Nutzung der spezifischen Beurteilung der Kleinformen durch den Auswerter und der damit gerade für die bautechnische Anwendung so wichtige Gewinn an Naturtreue der Geländeaufnahme lassen sich auf diese Weise mit den Vorteilen einer digitalen Weiterverarbeitung der Meßdaten kombinieren. An die Stelle der bisher einerseits graphisch am Zeichentisch des Auswertegerätes hergestellten Entwurfskarten und andererseits numerisch registrierten Profile für den Bauentwurf tritt nun das auf Magnetband digital registrierte Gelände, die sogenannte digitale Karte. Ihre Genauigkeit ist durch den Maßstab der verwendeten Luftbilder bestimmt.

Zum Unterschied zu digital registrierten Profildaten ist die digitale Karte ein universell verwendbarer Teil eines automatischen Entwurfssystems und Ausgangselement für verschiedene Prozesse der automatischen Weiterverarbeitung topographischer Daten. Die wichtigsten Arten dieser Weiterverarbeitung sind das digitale Geländemodell und das automatische Zeichnen. Die Weiterverarbeitung bestimmt weitgehend die Anordnung der Meßwerte und Kennziffern auf dem Datenträger während der photogrammetrischen Datenerfassung am Auswertegerät und soll daher kurz umrissen werden.

Mit Hilfe des digitalen Geländemodells ermittelt man durch Interpolation zwischen den zugriffsbereit mit ihren Koordinaten abgespeicherten morphologischen Bestimmungspunkten der Geländeoberfläche, die dem Rechner eingelesen wurden, die Höhen beliebiger anderer Punkte, die im Grundriß als einzelne Punkte oder auf Konstruktionslinien des Straßenkörpers gegeben sind, sowie die räumlichen Verschneidungen von Konstruktionsoberflächen mit dem Gelände. Die benötigte Höhengenauigkeit der Interpolation ist nur dann gegeben, wenn die zur Beschreibung der Geländeoberfläche gemessenen Stützpunkte richtig und in ausreichender Menge ausgewählt wurden und das Interpolationsprogramm so elastisch ist, daß bereichsweise verschiedene Stützpunktdichten berücksichtigt werden können. Nur dann ist es möglich, die für den Bauentwurf wichtigen Kleinformen der Geländeoberfläche ausreichend genau zu erfassen.

Neben der automatischen Weiterverarbeitung der digitalen Geländedaten für entwurfs- und bautechnische Berechnungen müssen diese Daten aus vielen Gründen auch visuell in ihrem Zusammenhang sichtbar gemacht werden. Die Gründe dafür sind u.a. die Kontrolle der digital registrierten Daten auf Richtigkeit und

Vollständigkeit, ihre Korrektur und Ergänzung sowie ihre dauerhafte graphische Darstellung als Karte im herkömmlichen Sinn oder als Auszug aus einer solchen. Dieses Sichtbarmachen geschieht auf einem Bildschirm und durch automatisches Zeichnen. Schon das am photogrammetrischen Auswertegerät hergestellte Magnetband der digitalen Karte muß auf einem Bildschirm oder durch einen schnellen Zeichenautomaten sichtbar gemacht werden, um überprüfen zu können, ob die Messung und Registrierung richtig und vollständig erfolgte und um notwendige Ergänzungen der photogrammetrischen Auswertung durch terrestrische Meßergebnisse oder aus vorhandenen Karten und anderen, in digitale Form gebrachten Unterlagen vornehmen zu können. Für das Sichtbarmachen und die gleichzeitige Korrektur der digitalen Topographie, ebenso wie der digitalen Ergebnisse der Entwurfsberechnung, verwendet man zweckmäßig den interaktiven Bildschirm, auf dem gewünschte Veränderungen der Ergebnisse im Dialog mit dem Rechner vorgenommen werden können (siehe auch Kapitel 20, Abschnitt 20.1.2.). Solche Geräte werden bald zum Handwerkszeug bei der rechnergestützten Entwurfstechnik gehören.

Die dauerhafte graphische Darstellung von Meß- und Rechenergebnissen ist nach wie vor notwendig und durch automatische Zeichentechnik zufriedenstellend möglich. Auch hierfür eignet sich die photogrammetrische Datenerfassung besonders gut. Sie hat in der mancherorts schon weitgehend automatisierten Straßenentwurfstechnik ihren festen Platz. Für die semiautomatische Herstellung von Entwurfskarten, direkt von dem am photogrammetrischen Auswertegerät registrierten Magnetband, gibt es bereits einwandfrei arbeitende Systeme [4, 14].

Ein Vorteil des automatischen Zeichnens digitaler Karten ist die Möglichkeit der Darstellung in beliebigen Maßstäben und auch in Verbindung mit anderen digitalen Karten und Plänen. Ein Beispiel hierfür ist die Darstellung des Bauentwurfsgrundrisses in Verbindung mit der topographischen Karte und den Eigentumsgrenzen aus der Katasterkarte. Das Zusammenzeichnen der drei Karten geschieht automatisch. Die Zeichnung kann wahlweise auf einer einzigen Folie oder auf getrennten Folien erfolgen.

Im System digitaler Arbeitsverfahren für bautechnische Aufgaben lassen sich photogrammetrische Datenerfassung und Registrierung mit den hierfür erforderlichen Geräten etwa folgendermaßen skizzieren:

Die digitale Karte entsteht am photogrammetrischen Auswertegerät. Dieses muß hierzu mit einem System von Vorrichtungen für digitale Registrierung der Meßdaten ausgerüstet sein. Das Gerätesystem besteht aus der Abnahmevorrichtung der Meßdaten von den Gewindespindeln des Auswertegerätes, einem möglichst freipogrammierbaren Prozeßrechner, der über ein Interface an das photogrammetrische Auswertegerät und an einen Digitalisiertisch angeschlossen ist, ferner aus einem Plattenspeicher, einer Vorrichtung für zusätzliche Eingaben und einer Magnetbandausgabe. Das Magnetband enthält die Meßdaten als Zahlenkoordinaten sowie Codeziffern, die die Sortierung dieser Daten für ihre Weiterverarbeitung ermöglichen. Die Zahlenkoordinaten dienen hierbei der Lokalisierung, die Codeziffern der Beschreibung der Meßpunkte. Dieses Kollektiv topographischer Daten wird bereits als digitale Karte bezeichnet. Es ist jedoch noch unvollständig, vielleicht auch noch fehlerhaft, und muß daher vor der Weiterverarbeitung weiteren Arbeitsgängen unterzogen werden.

Ähnlich wie die graphische Rohauswertung, die sogenannte Maschinenzeichnung, bedarf die digitale Karte der Korrektur, der Vervollständigung und Ergänzung. Hierfür ist für die in der oben geschilderten Weise ausgestatteten Auswertegeräte der Zugang zum Prozeßrechner mit Arbeitsspeicher, ein interaktiver Bildschirm sowie ein Digitalisiertisch für die Ergänzung der digitalen Karte durch Angaben aus bestehenden graphischen Karten erforderlich. Mit einer solchen Ausrüstung an Geräten und mit einer Programmbibliothek für alle zur Erfassung und Vorbereitung der Weiterverarbeitung der Meßdaten notwendigen Sortier- und Rechenvorgänge ist ein photogrammetrischer Betrieb in der Lage, alle zum Straßenbau an die digitale Karte gestellten Anforderungen zu erfüllen.

Auf dem Anwendungssektor Straßenbau bestehen bisher nur wenige praktische Erfahrungen mit dem Betrieb von Gerätesystemen, mit denen digitale Geländedaten erfaßt, registriert, aufbereitet und automatisch weiterverarbeitet werden können. In Kanada und in den Niederlanden bestehen funktionierende semiautomatische Systeme, die photogrammetrische Meßdaten automatisch über einen rechnergesteuerten Zeichentisch zu Straßenentwurfskarten verarbeiten [14].

19.2.2.3. Die Herstellung von Bestands- und Betriebsplänen

Ein Anwendungsgebiet der Photogrammetrie ist auch die Herstellung von Bestands- und Betriebsplänen fertiger Straßenbauten. Solche Pläne, die meistens im Maßstab 1:1000 verwendet werden, entstehen durch Stereoauswertung von Luftbildern in Bildmaßstäben 1:3000 oder 1:4000. In den letzten Jahren ist man zunehmend dazu übergegangen, diese Pläne als Bildkarten aus Luftbildern zu gewinnen, die mit Objektiven mit langer Brennweite aufgenommen wurden. Die Bildkarte hat den Vorteil, daß fast alle für den Betrieb und die Instandhaltung wichtigen Details der Straße deutlich sichtbar sind. Auch ohne Signalisierung können in den großmaßstäbigen Bildern Einlaufschächte, Leiteinrichtungen, Fahrbahnmarkierungen, Wegweiser, Stützmauern, Durchlässe und viele andere Einzelheiten erkannt und genau lokalisiert werden. Besonders einzeichnen muß man lediglich unterirdische Leitungen und die Eigentumsgrenzen aus der Katasterkarte mit den Flurstücknummern der Nachbargrundstücke. Die lange Brennweite des Aufnahmeobjektivs, möglichst 60 cm als längste für Fliegerkammern verwendete Brennweite bewirkt, daß bei Entzerrung des Luftbildes auf das Fahrbahnniveau auch senkrechte Stützmauern und andere Bauwerksteile noch weitgehend verzerrungsfrei abgebildet werden und der Plan als metrische Grundlage für betriebliche Maßnahmen und ähnliche Aufgaben verwendet werden kann. Im Bergland mit großen Höhenunterschieden benutzt man zur Darstellung des Straßenkörpers an Stelle der entzerrten Einzelbilder Orthophotos [3].

Der Bildflug für die Herstellung von Bestandsplänen kann vorteilhaft auch für andere Aufgaben verwendet werden, z.B. für die photogrammetrische Straßenschlußvermessung [1], für die Kontrolle der planrichtigen Bauausführung, zur Planung oder Feststellung gärtnerischer Maßnahmen im Bereich der Straße und anderes.

19.2.2.4. Die Anwendung der Photogrammetrie bei der Bauabrechnung

Zur Erdbauabrechnung oder deren Kontrolle ist beim heutigen Stand der photogrammetrischen Technik die Anwendung dieses Verfahrens möglich und zweckmäßig. Sie bringt Zeitgewinn und andere Vorteile, die besonders in Verbindung mit der Datenverarbeitung wirksam werden. Das Prinzip der photogrammetrischen Datenerfassung für die Bauabrechnung beruht auf der Messung der Oberfläche der fertigen Baukörper, die mit ihrer Grundfläche, dem Gelände, in exakte geometrische Beziehung gebracht werden muß.

Der Nutzeffekt der photogrammetrischen Aufmessung läßt sich wesentlich steigern, wenn das Abrechnungsverfahren von den herkömmlichen Methoden der

Massenermittlung gelöst und nach neuen Überlegungen aufgebaut wird. Beim üblichen Abrechnungsverfahren über Querprofile des Baukörpers, die über den Urprofilen im Gelände abgsteckt und in der Natur gemessen wurden, ist in vielen Fällen die geometrische Beziehung zur ursprünglichen Geländeaufnahme nicht mehr genau wiederherstellbar. Diese Tatsache wird meistens nicht offenkundig, wenn die sich dadurch ergebenden Massenfehler im Rahmen üblicher Toleranzen bleiben. Jede Änderung der Fahrbahnachse während des Baugeschehens, in Knotenpunkten eher Regel als Ausnahme, erschwert die Zuordnung der Abrechnungsprofile zu den Urprofilen.

Die Anwendung der Photogrammetrie läßt die Messung von Abrechnungsprofilen in beliebiger Dichte und genau dort zu, wo die Formen der Baukörper dies erfordern. Sie ermöglicht aber auch, insbesondere wenn das Gelände als digitale Karte gespeichert wurde, die vollautomatische Berechnung der zugeordneten Urprofile. Es steht außer Zweifel, daß die Regeln für die Bauabrechnung diesen vorteilhaften Möglichkeiten der Leistungsfeststellung anzupassen sein werden, zumal die Anwendung der DV bei der Bauabrechnung bereits Routine ist.

Man mißt die photogrammetrischen Abrechnungsprofile aus Luftbildern, die den fertigen Baukörper zeigen, und führt die bei der Abnahme der Bauleistungen mit Zentimetergenauigkeit aufgenommenen Fahrbahnflächen und Bauwerke mit ihren Planhöhen in die Berechnung ein. Um die zu kontrollierenden Erdbaumengen zu erhalten, bringt man die Dicke der Fahrbahndecke und der Frostschutzschicht, die während des Baues laufend auf planrichtige Ausführung kontrolliert wurde, von der Gesamtkubatur des Baukörpers in Abzug. *Es ist für die Anwendung der Photogrammetrie wichtig, für beide Bildflüge (vor und nach dem Bau) dieselben Festpunkte und Paßpunkte zu verwenden, die mit stabiler Vermarkung die Bauzeit überdauert haben und vor den Bildflügen einwandfrei signalisiert wurden.*

Für das schnelle photogrammetrische Aufmaß zur Bauabrechnung sind gut einstellbare und genau bestimmte Höhenpaßpunkte in Trassennähe erforderlich. Auch die Wahl des Bildmaßstabes ist für die Meßgenauigkeit der Abrechnungsprofile von großer Bedeutung. Der Bildmaßstab sollte für diesen Verwendungszweck 1:3000 sein.

Die in mehreren Arbeitsphasen vom Entwurf bis zur Bauabrechnung benötigten Fest- und Paßpunkte in Trassennähe sollen mit großer Sorgfalt und zuverlässigen Geräten, wie elektromagnetischen Entfernungsmessern, Sekundentheodoliten und automatischen Nivellieren bestimmt und vor jedem Bildflug eindeutig signalisiert werden. Die dann erreichbare Höhenmeßgenauigkeit von einem Zehntel Promille der Flughöhe ergibt sich bei einem Bildmaßstab von 1:3000 und einer Flughöhe von 450 m mit rund ± 5 cm. Sie reicht aus, um die Stereomodelle für die Profilmessung und Massenermittlung zur Abrechnungskontrolle ausreichend genau orientieren zu können.

Versuche haben ergeben, daß die erreichbare photogrammetrische Genauigkeit zur Kontrolle der Bauabrechnung und der planrichtigen Bauausführung bei weitem ausreicht und die der terrestrischen Messung nicht unterschreitet [10]. Man kann zur Anwendung der Photogrammetrie in dieser Phase vorteilhaft zusätzliche Höhenpaßpunkte auf der Fahrbahndecke und an Bauwerkskanten signalisieren, deren genaue Höhe von der Abnahmevermessung her bereits bekannt ist, oder man bestimmt diese Paßpunkte durch Nivellement. Auf Fahrbahndecken ohne ausgeprägte Oberflächenstruktur ist die Aufsetzgenauigkeit der Meßmarke bei der photogrammetrischen Auswertung geringer als im Gelände. Man kann dort die Nivellementhöhen der Deckenabnahme in die Berechnung der photogrammetrisch aufgenommenen Erdkörper einbeziehen und auf diese Weise das Ergebnis der Massenberechnung des Baukörpers verbessern.

Bei komplizierten Erdkörpern, z.B. in Knotenpunkten, ist die Massenermittlung der Baukörper aus photogrammetrischen Höhenschichten genauer als aus Querprofilen, was ebenfalls durch Untersuchungen nachgewiesen worden ist [10].

Die Kontrollmessung von Profilpunkten durch doppelte Einstellung ist praktisch überflüssig. Bei Versuchen wurde aus den Differenzen solcher Kontrollmessungen ein mittlerer Höhenfehler von ± 5 cm ermittelt, der praktisch der inneren Genauigkeit dieser Meßmethode entspricht. Eine Steigerung dieser Genauigkeit ist in wirtschaftlicher Weise kaum mehr möglich und auch nicht notwendig.

Auch die mittleren Höhenfehler, die aus Differenzen von Modellanschlüssen herrühren, liegen nach der Beseitigung von Restfehlern aus systematischen Anschlußdifferenzen in der gleichen, nicht mehr relevanten Größenordnung. Es ist ferner erwiesen, daß die systematischen Fehler photogrammetrisch gemessener Profile im Mittel nur bei etwa einem Viertel der durch natürliche Bodenwellung oder Oberflächenrauheit infolge von Klein- und Kleinstformen der Erdoberfläche liegen und daher für die Repräsentation der Gesamtfläche unerheblich sind [10].

Für die Zwecke der Bauabrechnung werden die Baukörper ohne jeden Bewuchs gemessen. Der große Bildmaßstab 1:3000 sowie die Sorgfalt bei der Paßpunktbestimmung und während der Auswertung am Gerät gehen direkt in die Genauigkeit der Meßergebnisse ein, die dadurch besser und vor allem in ihrem Einfluß auf die Ergebnisse der Massenberechnung günstiger werden als bei Anwendung terrestrischer Verfahren.

19.2.2.5. Die photogrammetrische Katasterschlußvermessung

Zur Katasterschlußvermessung (vgl. Kapitel 18) ist die Anwendung der Photogrammetrie vorteilhaft und spart Zeit und Kosten. Besonders trifft das dann zu, wenn bereits vor dem Bau ein Bildflug durchgeführt wurde und zur Einpassung der Katasterkarte in den Bauentwurf in Trassennähe Katastergrenzpunkte bereits identifiziert, signalisiert und ihre Koordination photogrammetrisch ermittelt wurden. Noch günstigere Voraussetzungen können geschaffen werden, wenn die Auswahl dieser Grenzpunkte vor dem Entwurf bereits im Hinblick auf die nach dem Bau in einigen Jahren beabsichtigte photogrammtrische Katasterschlußvermessung geschieht. Die in ihrem Umfang je nach Güte des Katasters unterschiedlichen katastertechnischen Arbeiten im Gelände, die der einwandfreien Zuordnung der aus dem Luftbild gemessenen Situation in der Natur zur Katasterkarte dienen, können dann in der Zeitspanne zwischen den beiden Bidflügen vor und nach dem Bau ohne Eile ausgeführt werden.

Vor beiden Bildflügen müssen dieselben Grenzpunkte gut signalisiert werden, um über diese Punkte die Zuordnung beider Bildflüge zueinander und zur Katasterkarte zu ermöglichen. Vor dem zweiten Bildflug signalisiert man zusätzlich das bereits vermarkte Grenzpolygon der Eigentumsgrenze des neuen Straßengrundstücks und bestimmt die Polygonpunkte mit ihren Koordinaten photogrammetrisch Die Transformation dieses Grenzpolygons in die Katasterkarte, die Ermittlung der Schnittpunkte der Polygonseiten mit den Parzellengrenzen der Nachbargrundstücke und auch aller Absteckmaße erfolgt rechenautomatisch. Hierbei sind geeignete Rechenprogramme mit automatischer Minimierung der Differenzen benachbarter Absteckmaße nützlich. Dadurch erhält man in raschem und wirtschaftlichem Arbeitsablauf ein homogenes und absteckbares Punktefeld. Durch zahlreiche praktische Versuche und Anwendungen wurden bereits die Vorteile dieser Methoden nachgewiesen [1, 17].

19.3. Aspekte für die künftige Anwendung photogrammetrischer Datenerfassung bei rechnergestützter Arbeitsweise

Im Zuge des technischen Fortschritts und der Nutzung der DV zeichnet sich im Straßenbau eine Entwicklung ab, an deren Ende ein System nahtlos aneinandergefügter DV-Anwendungen steht. In einem solchen System wird der automatische Ablauf nur durch die Eingabe vorgegebener und gewählter Bestimmungsgrößen und die Ausgabe von Ergebnissen zu deren Sichtbarmachen, Kontrolle, Korrektur und Weiterverarbeitung unterbrochen. Bei der Behandlung der digitalen Karte wurde auf diese Arbeitsweise bereits eingegangen. Der umfangreichest Teil der Eingabe sind Informationen, die das Baugelände betreffen, das die wichtigste vorgegebene Bestimmungsgröße für die Entwurfsberechnung darstellt. Dieses gilt für die Entwurfsphase, aber auch für die Lösung anderer Aufgaben während und nach dem Bau, bei denen zur Erfassung der Erdoberfläche dann noch die Geometrie der Baukörper hinzukommt.

Bei einem rechnergestützten System, das mehrere Arbeitsphasen umfaßt, muß zwangsläufig die Erfassung, Registrierung und Eingabe der Geländedaten diesem System angepaßt sein und weitgehend automatisch in digitaler Form erfolgen. Wie das durch die Photogrammetrie möglich ist, wurde schon beschrieben.

Es gibt jedoch einige Voraussetzungen, die für die nutzbringende Anwendung eines solchen Systems, dessen hoher Wirkungsgrad für die schnelle Aufstellung und Ausführung guter Projekte und damit auch für die Wirtschaftlichkeit und Sicherheit der Straßenbauten außer Zweifel steht, erst noch zu schaffen sind. Die Notwendigkeit organisatorischer Voraussetzungen für die wahrscheinlich nur überregional rationell und wirtschaftlich anwendbare rechnergestützte Arbeitsweise sei hier nur angedeutet. Solche Bedingungen können wohl nur in Abstimmung mit der stufenweisen Entwicklung der DV auf breiter Basis geschaffen werden. Sicherlich ist jedoch als Aufgabe der nächsten Zukunft die vorausschauende Aufstellung eines in allen Teilen koordinierten Systems rechnergestützter Arbeitsgänge beim Entwurf, bei der Kontrolle und Abrechnung der Bauleistungen und für viele andere Nebenaufgaben aktuell. Dieses System wird frühzeitig geräte- und programmtechnisch mit der übergeordneten DV-Planung abzustimmen und in diese einzugliedern sein. Im Zuge dieser Entwicklung ist das Gelände in digitaler Form, die digitale Karte auf dem Magnetband und in einem Speicher des Rechners ein wichtiger Baustein.

Mehr als zwei Drittel der Erdoberfläche in Mitteleuropa sind ohne Bewuchs, und die Geländeoberfläche läßt sich dort photogrammetrisch erfassen, wobei die Meßdaten digital registriert, kontrolliert, ergänzt und datenorganisatorisch für die Weiterverarbeitung aufbereitet werden. Für diesen gesamten Arbeitsablauf sind im Rahmen eines Entwicklungsprogrammes für ein rechnergestütztes Entwurfssystem noch einige Untersuchungen erforderlich. Ihr Ziel wird in erster Linie die Aufstellung von Regeln für die Anordnung und die Dichte der photogrammetrischen Meßpunkte zur vollständigen und dennoch wirtschaftlichen Erfassung der Geländeformen sein. Die gleichen Untersuchungen wird man für die terrestrische Aufnahme der photogrammetrischen Lücken durchführen müssen. Bei der Aufstellung von Regeln für die Punktanordnung werden für Geländeklassen verschiedener Schwierigkeitsgrade unterschiedliche Richtwerte aufzustellen sein. Da diese Werte auch von der Flexibilität des Interpolationsprogrammes des verwendeten digitalen Geländemodells abhängig sind, ist die Schaffung und Einführung eines solchen Standardmodells besonders für den Bauentwurf eine Voraussetzung.

Weitere Probleme ergeben sich aus der Verwendung unterschiedlicher automatischer Zeichengeräte für die graphische Darstellung der Meß- und Rechenergebnisse in Karten und Plänen. Auch die Ergänzung der digitalen Karte durch terrestrisch aufgenommene Meßwerte und digitalisierte Angaben aus graphischen Karten, z.B. das Eigentumskataster betreffend, wird zu untersuchen und zu regeln sein.

Wenn aber diese Voraussetzungen für ein universelles und in allen Teilen koordiniertes System rechnergestützter Arbeitsgänge geschaffen sein werden, steht der automatischen Optimierung der Projekte nichts mehr im Wege.

19.4. Literatur

1. Ackermann, F.; et al.: Numerische Photogrammetrie. Erfahrungen mit neuen Rechenprogrammen. Manuskript des Kontaktstudium-Lehrgangs an der Technischen Akademie Eßlingen, Jan. 1971. Nachr. a. d. Karten- u. Verm.
2. Albertz, J.; Kreiling, W.: Photogrammetrisches Taschenbuch. Karlsruhe: Wichmann 1972.
3. Blaschke, W.: Application of Orthophotomaps in Highway Work. Invited Paper. XII. International Congress for Photogrammetry, Ottawa 1972.
4. Boyle, A. R.: Automatic cartography, special problems of hydrographic charting. Intern. Hydrographic Review, July 1971.
5. Boyle, A. R.: Computer Aided Map Compilations, NRC Seminar Report on Man/Machine Communications, Ottawa 1971.
6. Bulletin No. 27: Société Française de Photogrammétrie. IGN, Saint-Mandé 1967.
7. Lehmann, G.: Photogrammetrie. Sammlung Göschen. Band 1188/1188a. Berlin: de Gruyter.
8. Kasper, H.: Hinweise für die Anwendung der Photogrammetrie bei der Entwurfsbearbeitung im Straßenbau. Bonn—Bad Godesberg: Kirschbaum 1971.
9. Kasper, H.: L'essai Controlé International „Wiesentheid". Bulletin No. 27. Société Française de la Photogrammétrie, Juli 1967.
10. Kasper, H.: Erprobung der Luftbildmessung für die Bauabrechnung. Bericht zum Forschungsvorhaben 3.27 des Bundesministers für Verkehr, Bonn 1968.
11. Kasper, H.; Blaschke, W.: Luftbildmessung und Straßenbau. Brücke und Straße (1960) Nr. 1, 2, 3.
12. Krauss, G.: Herstellung von Luftbildkarten. Karlsruhe: Wichmann 1972.
13. Linkwitz, K.: Digitales Geländemodell. Straßenbau und Straßenverkehrstechnik, 1972. Hrsg. v. BMV, Abt. Straßenbau, Bonn.
14. MacLeod, M. H.: Semi Automated Large Scale Mapping. Presented Paper at the XII. International Congress for Photogrammetry, Ottawa 1972.
15. Schwidefsky, K.: Einführung in die Luft- und Erdbildmessung. Stuttgart: Teubner.
16. Ternryd, C. O.; Lundin, E.: Mätningstechnik och fotogrammetri. Göteborg: Akademiförlaget Gumperts 1966.
17. Forschungsbericht des Landschaftsverbandes Westfalen-Lippe: Einsatz der Photogrammetrie bei der Straßenschlußvermessung. Hrsg. v. BMV, Abt. Straßenbau, Bonn 1969.
18. Reference Guide Outline-Specifications for Aerial Surveys and Mapping by Photogrammetric Methods for Highways (3rd Ed.). Superintendent of Documents. Washington, D. C.: US Government Printing Office 1968.

20. Datenverarbeitung (DV) beim Entwurf

P. Saam

Inhalt

20.1. Übersicht

20.1.1. Entwicklungsstufen

Die ersten Schritte zur Anwendung der Datenverarbeitung (DV) beim Straßenentwurf reichen zurück bis in die fünfziger Jahre. Die Anfänge finden wir in verschiedenen Ländern, so in den USA und in Schweden. In der Bundesrepublik Deutschland erschien im Jahre 1963 als Ergebnis eines Forschungsauftrages des Bundesministers für Verkehr die „Anleitung für die Anwendung des elektronischen Rechnens bei der Entwurfsbearbeitung im Straßenbau" (ARE) [1]; sie stellt erstmals umfassend die zum damaligen Zeitpunkt gegebenen Anwendungsmöglichkeiten der Datenverarbeitung beim Straßenentwurf dar. Etwa zur selben Zeit entstanden bei mehreren Stellen weitere Rechenprogramme, und die Datenverarbeitung fand mehr und mehr Eingang in die Entwurfspraxis.

Beeinflußt durch die schnelle Weiterentwicklung der DV-Anlagen, wobei sich in der zweiten Hälfte der sechziger Jahre der Übergang von der sogenannten zweiten zur dritten Maschinengeneration vollzog, begann mit den ersten breiteren Anwendungen eine nicht weniger schnelle Weiterentwicklung der Entwurfsprogramme. Dabei wurden auch Einzelprogramme zu Programmsystemen verbunden, so daß sich die verschiedenen Berechnungen aneinanderfügen: Resultate einer Berechnung bilden einen Teil der Eingabe folgender Berechnungen.

So stehen heute Programme oder Programmsysteme zur Verfügung, die sich in vielen Einzelheiten hinsichtlich Berechnungsmethoden und Leistungsfähigkeit sowie Eingabedaten und Ergebnissen unterscheiden [1, 2, 3]. Eingehende Untersuchungen mehrerer Programmsysteme weisen auf diese Unterschiede hin, ergaben aber zugleich, daß alle diese Programme für die Entwurfsbearbeitung angewendet werden können [4]. Einen Überblick über viele Grundlagen und Grundzüge vermittelt hierzu immer noch die ARE (mit der 1. Ergänzung 1970) [1], während sie als teilweise überholt gelten muß, soweit es um programmbeschreibende Einzelheiten oder um die Vollständigkeit der Anwendungsmöglichkeiten der DV geht.

Diese „erste Stufe" der Automatisierung im Straßenentwurf begnügt sich im Prinzip damit, die bei der herkömmlichen Entwurfsbearbeitung anfallenden Routineberechnungen und -zeichnungen weitgehend der DV-Anlage und zugeordneten automatischen Zeichengeräten zu übertragen. Die einzelnen Rechenprogramme sind auf Stapelverarbeitung ausgerichtet, d.h. die Daten werden in einem Arbeitsvorgang eingelesen, z.B. in Form eines Lochkartenstapels, und anschließend selbständig (programmgesteuert) verarbeitet. Diese Stufe stellt im wesentlichen die heutige Praxis dar und wird deshalb in diesem Kapitel ausführlich behandelt.

Eine „zweite Stufe" — noch am Anfang der Entwicklung [12] — wäre der sogenannte rechnergestützte oder rechnerunterstützte Straßenentwurf (computer aided design) durch interaktive Arbeitsweise. Darunter wird hier der unmittelbare Dialog des Entwurfsingenieurs mit einem Rechner und einem zugeordneten Datenspeicher über ein Bildschirm-Terminal im Wege der Datenfernverarbeitung (online-teleprocessing) verstanden. Im Gegensatz zu Stapelverarbeitungsprogrammen kann hier der Entwurfsingenieur die Verarbeitung in einem fortwährenden Dialog mit dem Rechner steuern. Er wird dadurch in die Lage versetzt, sich die Auswirkungen einer Entwurfsentscheidung sofort zugänglich, auch auf dem Bildschirm sichtbar, zu machen — und sogleich darauf seine nächste Entwurfsentscheidung aufzubauen (man-machine-communication). Mit der Entwicklung dieser Anwendungsart der DV wird zugleich eine Erweiterung der Berechnungs- und Darstellungsmöglichkeiten im Straßenentwurf einhergehen.

Der Übergang von der ersten zur zweiten Entwicklungsstufe automatisierter Entwurfsbearbeitung kann sich nur schrittweise vollziehen, in dem einen Entwurfsbereich oder Entwurfsstadium schneller, in dem anderen langsamer.

20.1.2. Anwendungsbereiche heutiger Programmsysteme

Die vorhandenen Programmsysteme lassen etwa folgende charakteristische Anwendungsbereiche erkennen (Bild 20.1):

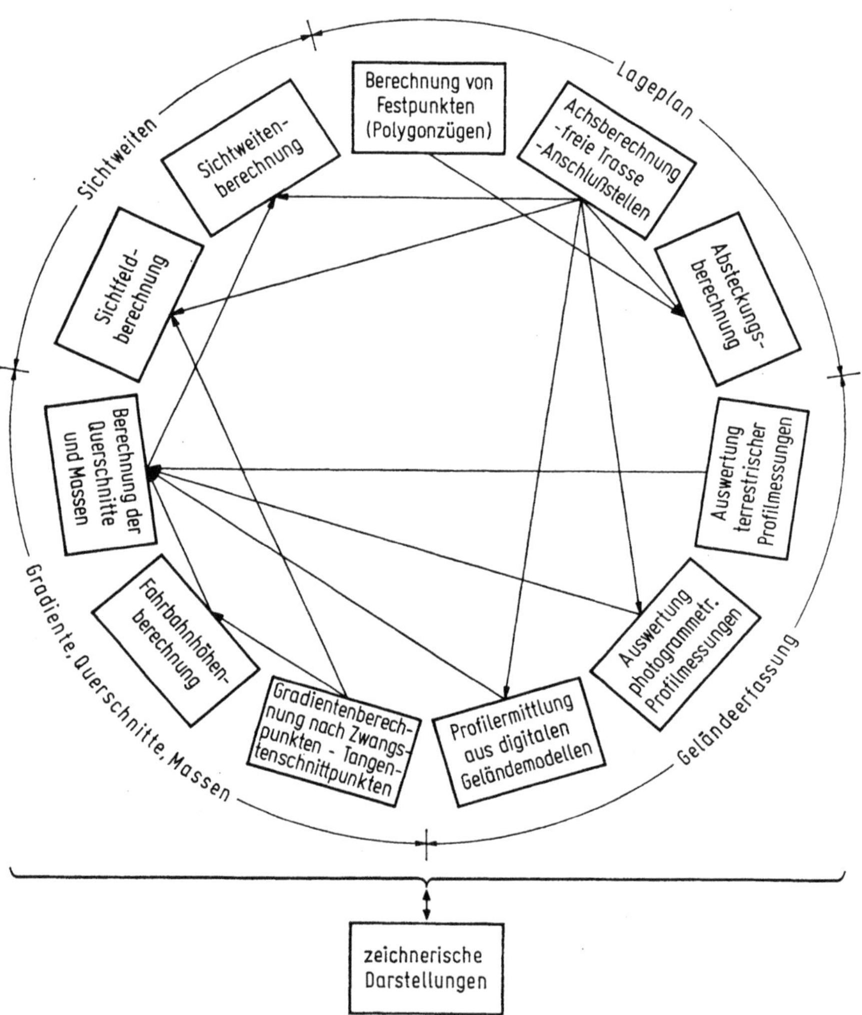

Bild 20.1. Anwendungsbereiche von DV-Programmen im Straßenentwurf.

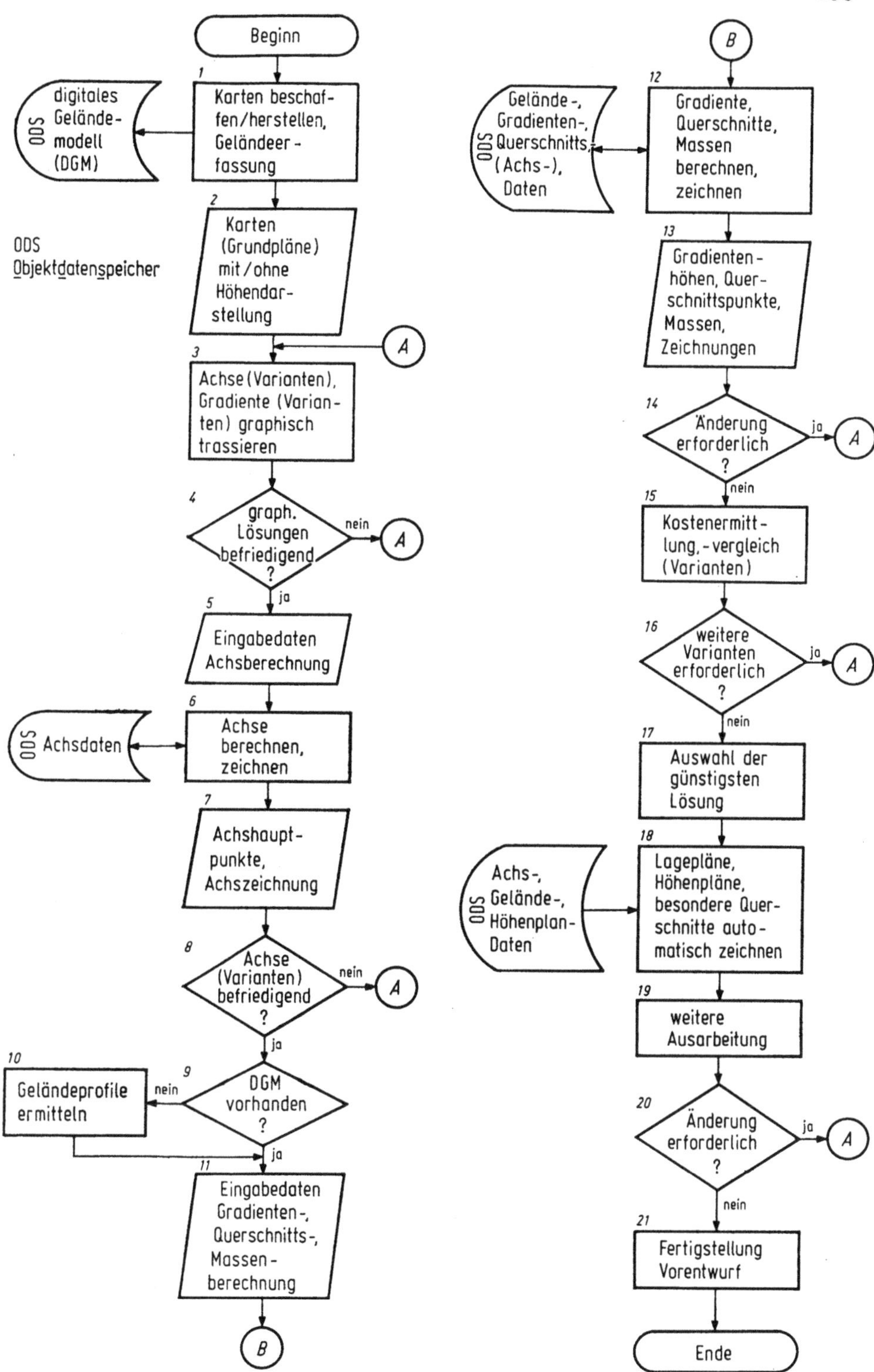

Bild 20.2. Ablaufdiagramm Vorentwurf.

Berechnung von Festpunkten (Polygonzügen)
Ausgehend von den Meßwerten (Winkel, Strecken) werden mit einem Rechenprogramm die Koordinaten der Polygonpunkte von Zügen oder Dreiecksketten ermittelt. Die Ergebnisse werden zugleich als Teileingabe für die spätere Absteckungsberechnung sowie die automatische Lageplanzeichnung bereitgestellt. Auf eine Reihe weiterer „vermessungstechnischer Standardprogramme", beispielsweise für Netzausgleichungen, Kleinpunkt- und Schnittpunktberechnungen, Koordinatenumformungen (s. Kapitel 18) sei hingewiesen.

Achsberechnung
Die Rechenprogramme ermitteln insbesondere die Koordinaten der Achshauptpunkte von freien Trassen und Knotenpunkten. Ausgangsdaten sind Radien, Längen, Klotoidenparameter und Koordinaten beliebiger Achspunkte des graphischen Entwurfs; auch Zwangspunkte können vorgegeben werden. Zusätzliche Programme ermöglichen die Ermittlung der Abstände zweier Achsen sowie der Abstände seitlicher Zwangspunkte.

Die Ergebnisse stehen als Teileingabe für Folgeberechnungen (Absteckung, Geländeerfassung, Sichtweiten) und die automatische Lageplan- und Höhenplanzeichnung zur Verfügung.

Absteckungsberechnung
Ausgehend von den Koordinaten der Festpunkte und Achshauptpunkte, die bei entsprechender DV-Anwendung bereits als Eingabedaten bereitstehen, werden mit einem Rechenprogramm die Absteckwerte (Strecken- und Winkelmaße) ermittelt, die für die Übertragung der Achse in die Örtlichkeit nach den bekannten Absteckverfahren (Orthogonal- und Polarverfahren, Sehnen-Winkel-Methode oder Pfeilhöhenmethode) erforderlich sind.

Auswertung terrestrischer Gelände-Profilaufnahmen
Aus den Meßwerten (Abstände und Höhendifferenzen zu Bezugspunkten) terrestrischer Profilaufnahmen ermittelt das DV-Programm die Koordinaten (Abstand von der Achse und Höhe ü. NN) der Geländeprofilpunkte. Zusätzliche Bodenhorizonte können mit erfaßt und ausgewertet werden. Die Koordinaten können als Teileingabe für die Querschnitts- und Massenermittlung sowie für automatische Höhenplan- und Querschnittszeichnungen weiterverwendet werden.

Auswertung photogrammetrischer Gelände-Profilmessungen
Aus den bei der Luftbildauswertung am Stereomodell gewonnenen Modellkoordinaten und den auf das Landeskoordinatensystem bezogenen Paßpunkten s. Kapitel 19) können mit einem Rechenprogramm zunächst die Transformationskonstanten zur Umrechnung der Modellkoordinaten in Landeskoordinaten ermittelt werden. Ein weiteres Programm berechnet über die Landeskoordinaten und die eingegebenen Achshauptpunkte die auf die Achse bezogenen Querprofilpunkte (Abstand und Höhe ü. NN). Sie stehen in gleicher Weise wie die terrestrischen Auswerteergebnisse für eine DV-Weiterverwendung zur Verfügung.

Profilermittlung aus einem digitalen Geländemodell
Aus einem digitalen Abbild des Geländes (Geländemodell) — hervorgegangen nach bestimmten Gesichtspunkten aus terrestrischen oder photogrammetrischen Verfahren oder aus Höhenlinien(Schichtlinien-)plänen und zugriffsbereit für ein Rechenprogramm gespeichert — werden mit Hilfe der Achshauptpunkte nach bestimmten Interpolationsmethoden die Koordinaten der auf die Achsen bezogenen Geländequerprofilpunkte ermittelt. Die Ergebnisse stehen für die DV-Weiterverwendung bereit.

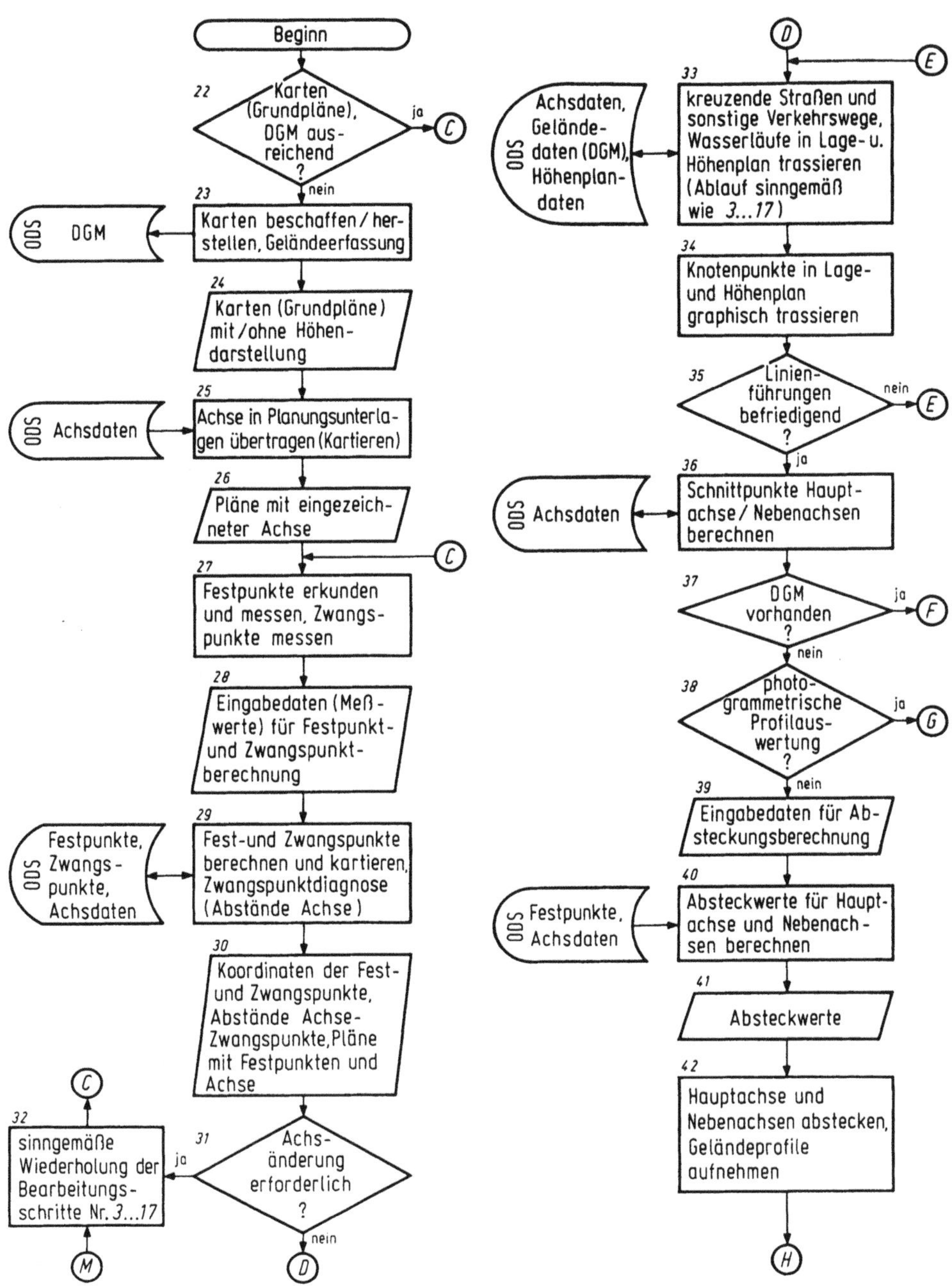

Bild 20.3. Ablaufdiagramm Bauentwurf.

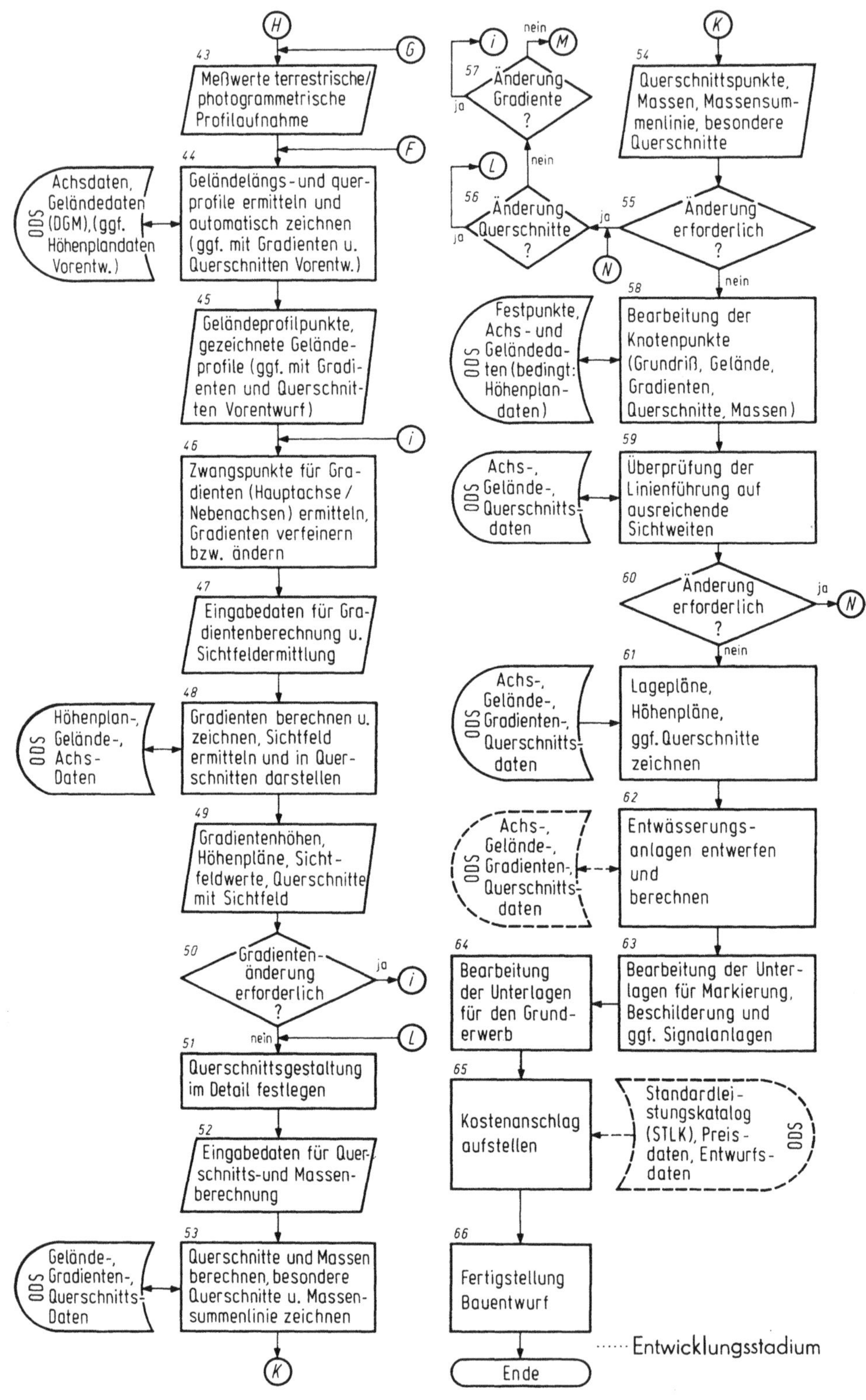

H
G
43
Meßwerte terrestrische/ photogrammetrische Profilaufnahme
F
44
Geländelängs- und querprofile ermitteln und automatisch zeichnen (ggf. mit Gradienten u. Querschnitten Vorentw.)
ODS Achsdaten, Geländedaten (DGM), (ggf. Höhenplandaten Vorentw.)
45
Geländeprofilpunkte, gezeichnete Geländeprofile (ggf. mit Gradienten und Querschnitten Vorentwurf)
i
46
Zwangspunkte für Gradienten (Hauptachse / Nebenachsen) ermitteln, Gradienten verfeinern bzw. ändern
47
Eingabedaten für Gradientenberechnung u. Sichtfeldermittlung
48
Gradienten berechnen u. zeichnen, Sichtfeld ermitteln und in Querschnitten darstellen
ODS Höhenplan-, Gelände-, Achs-Daten
49
Gradientenhöhen, Höhenpläne, Sichtfeldwerte, Querschnitte mit Sichtfeld
50
Gradientenänderung erforderlich ?
ja
i
nein
L
51
Querschnittsgestaltung im Detail festlegen
52
Eingabedaten für Querschnitts- und Massenberechnung
53
Querschnitte und Massen berechnen, besondere Querschnitte u. Massensummenlinie zeichnen
ODS Gelände-, Gradienten-, Querschnitts-Daten
K
i
nein
M
57
Änderung Gradiente ?
ja
nein
L
56
Änderung Querschnitte ?
ja
ja
N
K
54
Querschnittspunkte, Massen, Massensummenlinie, besondere Querschnitte
55
Änderung erforderlich ?
nein
58
Bearbeitung der Knotenpunkte (Grundriß, Gelände, Gradienten, Querschnitte, Massen)
ODS Festpunkte, Achs- und Geländedaten (bedingt: Höhenplandaten)
59
Überprüfung der Linienführung auf ausreichende Sichtweiten
ODS Achs-, Gelände-, Querschnittsdaten
60
Änderung erforderlich ?
ja
N
nein
61
Lagepläne, Höhenpläne, ggf. Querschnitte zeichnen
ODS Achs-, Gelände-, Gradienten-, Querschnittsdaten
62
Entwässerungsanlagen entwerfen und berechnen
ODS Achs-, Gelände-, Gradienten-, Querschnittsdaten
63
Bearbeitung der Unterlagen für Markierung, Beschilderung und ggf. Signalanlagen
64
Bearbeitung der Unterlagen für den Grunderwerb
65
Kostenanschlag aufstellen
ODS Standardleistungskatalog (STLK), Preisdaten, Entwurfsdaten
66
Fertigstellung Bauentwurf
Ende
······ Entwicklungsstadium

Aus dem einmal erfaßten digitalen Geländemodell eines bestimmten Interessenstreifens können im Wege der Datenverarbeitung die Profilpunkte zu beliebig vielen Achsvarianten errechnet werden.

Gradientenberechnung nach Zwangspunkten
Aus einer Folge vorgegebener Gradientenzwangspunkte werden unter Berücksichtigung ebenfalls vorgegebener zulässiger Abweichungen von diesen Punkten und bestimmter Trassierungsbedingungen (minimale Ausrundungshalbmesser, maximale Steigungen) die Tangentenschnittpunkte (Station, Höhe ü. NN) und die Ausrundungshalbmesser der Gradiente ermittelt. Das Ergebnis kann als Teileingabe für die Gradientenberechnung nach Tangentenschnittpunkten oder für die Fahrbahnhöhenberechnung weiterverwendet werden.

Gradientenberechnung nach Tangentenschnittpunkten
Ausgehend von Tangentenschnittpunkten (Station, Höhe ü. NN) und den Ausrundungshalbmessern für Kuppen und Wannen werden im gewünschten Stationsabstand und an zusätzlich vorgegebenen Stationen die Gradientenhöhen berechnet. Das Ergebnis der Berechnung weist ferner Stationen und Gradientenhöhen für Ausrundungsanfang und -ende, Tangentenneigungen und das jeweilige Stichmaß an den Tangentenschnittpunkten aus. Gradientendaten sind Teileingabe für die Fahrbahnhöhen-, Querschnitts- und Massenberechnung sowie für die automatische Höhenplanzeichnung.

Fahrbahnhöhenberechnung
Mit Hilfe von Gradientendaten sowie Querneigungs- und Fahrbahnbreitenangaben werden die Fahrstreifenrand- und Fahrbahnrandhöhen berechnet. Das Ergebnis ist zugleich Teileingabe für die weitere Querschnitts- und Massenberechnung. Ein Teil der Eingabedaten kann auch für die automatische Höhenplanzeichnung weiterverwendet werden.

Querschnitts- und Massenberechnung
Ausgehend von den Gelände- und Farbahnhöhendaten sowie mit Hilfe von Angaben zum Regelquerschnitt (Planum, Bankett, Böschung usw.) werden sämtliche relevanten Querschnittspunkte des Straßenkörpers berechnet. Das Rechenprogramm ermittelt hierbei mit Hilfe der Eingabedaten auch die Art des Querschnitts (Damm/Einschnitt). Die Querschnittsdaten werden unmittelbar überführt in die anschließende Massenberechnung, wobei über die Querschnittsflächen die Auftrags- und Abtragsmassen und die Massenbilanz ermittelt werden.

Die Querschnittsdaten stehen zugleich als Teileingabe für die automatische Querschnitts- und für die Lageplanzeichnung zur Verfügung.

Sichtfeldberechnung
Ausgehend von Daten der Achse (Hauptpunktkoordinaten, Elemente) und der Gradiente (Tangentenschnittpunkte, Ausrundungshalbmesser), die bei vorangegangener DV-Anwendung bereits als Teileingabe vorliegen, wird auf Grund der Anforderungen an die Sicht (geforderte Sichtweite von dem durch Achsabstand und Augenhöhe festgelegten Fahrerstandpunkt auf einen durch Achsabstand und Höhe definierten Ziel-(Hindernis-)Punkt) entlang der Achse von Station zu Station in Form von Querschnittspunkten die *Sichtfeldbegrenzungslinie*, d.h. das für die geforderte Sichtweite freizuhaltende Sichtfeld, für jeden Querschnitt ermittelt. Das Ergebnis kann als Teileingabe für ein automatisches Zeichengerät zum Herstellen entsprechender Querschnittszeichnungen weiterverwendet werden.

Sichtweitenberechnung
Mit den Achs-, Geländeprofil- und Querschnittsdaten, die bei vorausgegangener DV-Anwendung als Teileingabe bereits vorliegen, sowie an Hand definierter Beob-

achterstandpunkte und gegebenenfalls zusätzlicher Sichthindernisangaben werden die vorhandenen Sichtweiten ermittelt.

Bei der Sichtweitenermittlung werden Perspektivbildkoordinaten berechnet, die für eine automatische Perspektivbildzeichnung weiterverwendet werden können.

Zeichnerische Darstellungen
Die aus den vorgenannten DV-Anwendungen gewonnenen Ergebnisse werden mit Hilfe von Zeichenprogrammen aufbereitet, so daß mit dem automatischen Zeichengerät Lagepläne, Höhenpläne, Querschnitte und Perspektivbilder erstellt werden können.

Zusammenfassend betrachtet, läßt sich die damit umrissene erste Entwicklungsstufe der Datenverarbeitung im Straßenentwurf wie folgt charakterisieren: Im wesentlichen wurden die im Bauentwurf angewandten manuellen Berechnungen der Linienführung und Massenermittlung mit Hilfe von Rechenprogrammen der DV-Anlage übertragen. In Anpassung an die fortschreitende Entwicklung der DV-Technik befindet sich jedoch auch die Datenverarbeitung im Straßenentwurf bereits auf Wegen, die über die von der manuellen Arbeitsweise her bekannten Verfahren hinausführen. Eine erste anwendungsreife Entwicklung in dieser Richtung ist die

Optimierung der Gradiente
Das Programmsystem ermöglicht es, für eine im Grundriß festgelegte Linie unter Einhaltung bestimmter vorgegebener Trassierungs- und anderer Entwurfsbedingungen die Gradiente hinsichtlich der Massen und Baukosten sowie nach fahrdynamischen Gesichtspunkten zu optimieren. Der Höhenplan der Optimalgradiente kann mit dem automatischen Zeichengerät dargestellt werden.

20.1.3. Einbeziehen der Datenverarbeitung in den Ablauf der Entwurfsarbeiten

Daß in den skizzierten Anwendungsbereichen der DV beim Straßenentwurf entwicklungsbedingt unterschiedliche Systeme zur Wahl stehen, mag für den noch nicht mit der DV vertrauten Entwurfsingenieur zunächst etwas verwirrend sein. In der Praxis hat sich jedoch auf Grund personeller, maschineller und organisatorischer Voraussetzungen eine gewisse Ausrichtung der Anwender oder Anwendergruppen auf das eine oder andere System eingestellt. Für die konkrete Anwendung oder für detaillierte Informationen stehen die Benutzerhandbücher und Dokumentationen der jeweiligen Programmautoren zur Verfügung.

Wesentlich ist dabei jedoch das richtige Verständnis für die Anwendung: Die Datenverarbeitung soll den Entwurfsingenieur bei seiner Aufgabe unterstützen — sie kann ihn nicht ersetzen. Deshalb soll in den folgenden Abschnitten die Anwendung der DV in direkter Beziehung zum technischen Ablauf der Entwurfsbearbeitung prinzipiell erläutert und auf einige dazu notwendige organisatorische Voraussetzungen hingewiesen werden, unterstützt durch Ablaufdiagramme (Bilder 20.2, 20.3). Eine Beschreibung der im einzelnen unterschiedlichen DV-Programme kann sich in diesem Rahmen auf in den Grundzügen weitgehend ähnliche Merkmale (z.B. bei Eingabedaten und Ergebnissen) beschränken. Zugleich wird auf einige laufende oder notwendige Weiterentwicklungen hingewiesen, deren Bedeutung sich in diesem Zusammenhang besonders erkennen läßt.

Eine umfassende Einbeziehung der DV in die Entwurfsbearbeitung muß sich an dem charakteristischen Merkmal orientieren, daß die Entwicklung des Entwurfs einer Straße ein iterativer und komplexer Prozeß ist, der sich unter Beachtung der zugeordneten Richtlinien [5] von den groberen Festlegungen im kleineren Planmaßstab bis hin zu den Detailfestlegungen im größeren Planmaßstab über eine Vielzahl rechnerischer und zeichnerischer Arbeitsschritte mit Rückkopplungen erstreckt. Die Entwurfsbearbeitung — in der Regel in den beiden Phasen „Vorentwurf“ und „Bauentwurf“ — ist somit als ein Ganzes zu betrachten: es vollzieht sich eine systematische Verdichtung und Verfeinerung von Daten, bis letztlich mit dem Bauentwurf die Baumaßnahme hinreichend beschrieben und festgelegt ist (s. auch Kapitel 17).

Die derzeit vorhandenen DV-Programme sind in erster Linie für die letzte Phase der Entwurfsentwicklung, den Bauentwurf, ausgelegt. Dennoch ist auch bereits in der Vorentwurfphase bis zu einem gewissen Grad ihre Anwendung möglich. Es lassen sich damit die ersten wirksamen Schritte in Richtung auf eine Einbeziehung der DV in die gesamte Entwurfsentwicklung vollziehen.

20.2. Datenverarbeitung beim Vorentwurf

(Bild 20.2)

20.2.1. Planungsunterlagen

20.2.1.1. Beschaffung und Aufbereitung des Kartenmaterials

Schon in dem vorbereitenden Stadium der Beschaffung und Aufbereitung der Planungsunterlagen für die Entwurfsbearbeitung (Schritte 1, 2) — hierbei handelt es sich am häufigsten um Karten im Maßstab 1:5000 für den Vorentwurf und um Karten im Maßstab 1:1000 für den baureifen Entwurf (s. Kapitel 18 und 19) — kann die Datenverarbeitung im Zusammenwirken mit den terrestrischen und photogrammetrischen Meßverfahren von erheblichem Nutzen und grundlegend für die nachfolgenden Bearbeitungsschritte sein.

Zunächst wird auf das amtliche Kartenwerk (Topographische Karten, Katasterkarten) zurückgegriffen. Es können jedoch für die besonderen Belange des Straßenentwurfs zusätzliche Maßnahmen notwendig werden, wie Umarbeitung der Unterlagen in den erforderlichen Maßstab, ergänzende örtliche Erkundungen, Messungen und Kartierungen, teilweise auch eine Neuherstellung von Planungsunterlagen. Hier ergibt sich dann für den Entwurfsingenieur immer wieder das Problem, Genauigkeit und Aufwand für die Planungsunterlagen in ein vertretbares Verhältnis zueinander zu bringen. Dazu haben sich eine Reihe rationeller Methoden und Hilfsmittel herausgebildet.

Als erstes ist hier auf die Herstellung von Karten (man findet auch die Bezeichnung „Grundpläne“) aus Luftbildaufnahmen mit den Geräten, Auswertemethoden und DV-Programmen der Photogrammetrie hinzuweisen (s. Kapitel 19). Im Falle eines weitgehend festgelegten, auf wenige hundert Meter Breite begrenzten Planungsbereichs sollte man im übrigen auch bei der photogrammetrischen Aufnahme erwägen, bereits in diesem Stadium durch geeignete Wahl der Flughöhe und damit des Bildmaßstabs Grundpläne des Maßstabs 1:2000 oder 1:1000 herstellen zu lassen, die für den Vorentwurf wie für den späteren Bauentwurf gleichermaßen verwendet werden können.

Für die Auswertungs- und Kartierungsaufgaben an Hand der Meßwerte aus terrestrischen Meßverfahren kann hier nur auf die zahlreichen DV-Programme aus dem Bereich des Vermessungswesens, z.B. für Geländeaufnahmen, Festpunktbestimmungen, Netzausgleichungen, Kleinpunkt- und Schnittpunktberechnungen, Koordinatenumformungen, hingewiesen werden. Die Meßwerte werden dabei aus den im Felde geführten Formularen auf maschinenlesbare Datenträger (Lochkarte, Lochstreifen, Magnetband) übertragen. In zunehmendem Maße werden aber bei der Feldaufnahme selbstregistrierende elektronische Tachymeter eingesetzt: Während der Aufnahme erfaßt ein im Gerät eingebauter Datenträger (Lochstreifen, Magnetband), der der DV-Anlage unmittelbar zugeführt werden kann, die Meßwerte. Besondere Zeichenprogramme ermöglichen schließlich die Darstellung der errechneten Punkte im automatischen Zeichengerät. Auch Höhenlinien können auf diese Weise automatisch gezeichnet werden.

Im Gange befindliche Entwicklungen haben die weitgehend automatische Grundplanzeichnung zum Ziel.

20.2.1.2. Aufbau eines Objektdatenspeichers

Da auf die Vielzahl der bei Kartenbeschaffung und -herstellung gewonnenen Festpunkt- und Geländekoordinaten in der Folge stets zurückgegriffen werden muß, ist es naheliegend, diese Daten bereits in geeigneter Weise digital für eine Weiterverarbeitung zu speichern. Diese Funktion übernimmt ein sogenannter Objektdatenspeicher (ODS).

Der Objektdatenspeicher kann im einfachsten Fall aus einer Aufbewahrung der Lochkarten mit den Daten bestehen, was sich jedoch in größeren Anwendungsbereichen (beispielsweise der Straßenbauverwaltung eines Bundeslandes) als problematisch, wenn nicht undurchführbar erweist. Nachteilig ist auch, daß die Lochkarten manuell herausgesucht und zusammengestellt werden müssen. Erst das Magnetband, insbesondere aber die Magnetplatten der heutigen Großrechenanlagen, eröffnen die Voraussetzungen, die Objektdaten so aufzubewahren, daß sie programmgesteuert schnell und sicher den Folgeberechnungen als Ausgangswerte zugeführt werden können.

Speicher- und Verwaltungsprogramme für den Aufbau des Objektdatenspeichers in diesem Entwurfsstadium sind vorhanden für Festpunktkoordinaten (Festpunktspeicher). Programme zur Digitalisierung und Speicherung von Karteninhalten sind in der Entwicklung. Ein besonders rationelles Verfahren ist gegeben, wenn bereits photogrammetrische Auswertungen unmittelbar für den Aufbau eines Objektdatenspeichers ausgerichtet werden (s. Kapitel 19).

Der Objektdatenspeicher, der somit im Anfangsstadium der Entwurfsarbeiten zunächst digitalisierte Planungsunterlagen beinhaltet, nimmt schließlich im weiteren Enwurfsablauf die jeweils anfallenden Projektdaten auf, um bei nachfolgenden Arbeitsschritten wieder schnell darüber verfügen zu können. Hierfür sind teilweise unterschiedlich strukturierte Systeme verhanden, beispielsweise ein Steuerungs- und Verwaltungsprogrammsystem, das — in Verbindung mit einem die erwähnten Anwendungsbereiche (siehe Abschnitt 20.1.2.) umfassenden Programmsystem — die Speicherung (auf Magnetplatte) und integrierte Verarbeitung von Projektdaten (Eingabe- und Ergebnisdaten) ermöglicht [15].

Ungeachtet des noch unterschiedlichen Aufbaues und Realisierungsgrades bei einzelnen Anwendern oder Anwendergruppen soll der Objektdatenspeicher im Rahmen der weiteren Darlegungen vor allem das integrierende Prinzip des Ineinandergreifens intellektueller manueller und automatisierter Bearbeitungsschritte im Entwurfsablauf verdeutlichen.

20.2.1.3. Geländeerfassung für ein digitales Geländemodell (DGM)

Mit den Vorarbeiten der Grundplanherstellung und des Aufbaues eines Objektdatenspeichers ist auch bereits die Geländeerfassung für ein digitales Geländemodell (DGM) möglich. Digitale Geländemodelle sollen ein Kernstück der Anwendung der DV im Straßenentwurf bilden.

Das allgemeine Prinzip besteht darin, die Koordinaten X, Y, Z charakteristischer Geländepunkte des Geländestreifens im Trassenbereich nach den üblichen

Meßverfahren (s. Kapitel 18) oder auch aus Höhenlinienplänen zu ermitteln und in der DV-Anlage zugriffsbereit zu speichern. Mit Hilfe von Auswerteprogrammen können dann nach bestimmten Interpolationsverfahren beliebige dazwischenliegende Geländepunkte bestimmt werden. Auf diese Weise ist es möglich, unter Verwendung der (später) ebenfalls zugriffsbereit gespeicherten Lagekoordinaten und Stationen der Achspunkte die Geländelängs- und -querprofile zu errechnen. Ein besonderer Vorteil dieser Methode liegt für den Straßenentwurf darin, daß bei Trassenverschiebungen oder bei der Untersuchung verschiedener Trassenvarianten jede neue Profilermittlung vollautomatisch und schnell in der DV-Anlage durchgeführt wird, so daß die früher nötigen erneuten aufwendigen Profilmessungen entfallen.

Die Herstellung eines digitalen Geländemodells ist somit bereits im Zusammenhang mit der Bearbeitung der Grundpläne für den Vorentwurf zu überlegen, wenn gewisse Voraussetzungen gegeben sind. Sie können beispielsweise vorliegen, wenn

- ein nicht zu breiter Geländestreifen (wenige 100 Meter) als Planungsbereich ausreicht und wenn
- ohnehin eine weitgehende Neuherstellung von Grundplänen, insbesondere nach photogrammetrischen Methoden, erforderlich ist.

Dabei kann wie bei der Grundplanherstellung bereits bei der Disposition der Aufnahmemethode eine hinreichende Genauigkeit des digital erfaßten Geländes für den späteren Bauentwurf ins Auge gefaßt werden. Über die bereits praktikablen Lösungen hinaus sind durch weitere Entwicklungen Verbesserungen der Genauigkeit und Wirtschaftlichkeit digitaler Geländemodelle (Datenerfassung, Datenverarbeitung) zu erwarten.

20.2.2. Rechnerische Untersuchungen zur Linienführung

An Hand der Grundpläne, die insbesondere ein analoges Geländemodell (Punkte, Höhenlinien) enthalten, kann die konstruktive Entwurfsbearbeitung des Straßenprojektes beginnen. Am Anfang steht die iterative Entwicklung einer oder mehrerer graphischer Lösungen (Schritte 3, 4) (s. Kapitel 17). Die graphischen Lösungen sind sodann durch rechnerische Untersuchungen zu untermauern, bevor eine einigermaßen zuverlässige Auswahl und Festlegung einer oder mehrerer Trassen getroffen werden kann. Dabei sollen mehr oder weniger auch schon Aussagen über die Lage der Trasse zu Zwangsgegebenheiten, wie zu vorhandenen Verkehrswegen (Kreuzungspunkte), Bebauung, Untergrund, land- oder forstwirtschaftlich genutzten Flächen usw., möglich sein.

Zu diesem Zweck müssen bereits Achspunkte, Gradientenhöhen und Querprofilpunkte berechnet und schließlich auch Flächen und Massen bestimmt werden. Berechnungen dieser Art sind einerseits sehr aufwendig; andererseits ergeben sich aus der Bearbeitung selbst und aus der Abstimmung mit den Planungsbeteiligten immer wieder Abänderungen, die eine Beschränkung des rechnerischen Aufwandes geboten erscheinen lassen. Mußte früher im Rahmen des Vorentwurfs — auch aus Termingründen — auf an sich notwendige umfassendere Berechnungen verzichtet werden, so ist die DV imstande, diese Berechnungen zu übernehmen, aussagekräftige Rechenergebnisse in Form von Listen und Zeichnungen auszuwerfen und damit die Qualität der Vorentwurfsunterlagen wesentlich zu verbessern. Entsprechende Rechenprogramme liegen vor.

20.2.2.1. Achsberechnung

Die Achsberechnung umfaßt Berechnungen zur koordinatenmäßigen Festlegung der Achse oder von Achsvarianten (Schritte 5, 6, 7).

Die Elemente Gerade, Kreis und Klotoide einer Trasse in allen praktisch sinnvollen Kombinationen können eingerechnet werden. Zu berechnen sind dabei in erster Linie die Anfangs- und Endpunkte der einzelnen Elemente (Hauptpunkte).

Die *Eingabedaten* liefert die graphisch entworfene Achse im Lageplan. Dem Plan werden dabei Radien, Längen, Klotoidenparameter und die Lagekoordinaten beliebiger Punkte auf der Achse entnommen. Genau bekannte Zwangspunkte auf oder seitwärts der Trasse können ebenfalls eingegeben werden. Zu beachten ist, daß mit den Eingabedaten die Achse auch eindeutig bestimmt sein muß.

ENTWURF UND VERMESSUNG **ACHSBERECHNUNG FREIER TRASSEN**

Projekt: ______ Aufgestellt von ______ Blatt-Nr. ______ von ______ Bl.

ACHSELEMENTE

KA 030 031 032	Lfd. Nr.	Anfangsstation oder Achssprung D 1	Achssprung D 2	Länge oder seitlicher Abstand	Radius links – / rechts +	Nachfolgende Klotoiden Parameter A 1	Parameter A 2	Koordinaten Punkt 1 Rechtswert Y 1	Hochwert X 1	Koordinaten Punkt 2 Rechtswert Y 2	Hochwert X 2
		± m	± m	± m	± m	m	m	± m	± m	± m	± m
1 2 3	4 5	6 7 8 9 10	11 12 13 14 15	16 17 18 19 20 21	22 23 24 25 26 27 28 29 30	31 32 33 34 35 36 37	38 39 40 41 42 43 44	45 46 47 48 49 50 51 52 53	54 55 56 57 58 59 60 61 62	63 64 65 66 67 68 69 70 71	72 73 74 75 76 77 78 79 80
0 3 0	0 1										

KA (Kartenart): 030 = Festelemente, 031 = Koppelelemente (ohne Koordinaten) oder Schwenkelemente (mit Koordinaten), 032 = Pufferelemente
Lfd. Nrn. in Spalte 4–5 sind in ununterbrochener aufsteigender Reihenfolge einzutragen.

HZD Form. TAEA 01 22/1

Bild 20.4. Muster eines Ablochbelegs für die Achsberechnung.

Bei der Zusammenstellung der Eingabedaten in bestimmten Ablochbelegen (Bild 20.4) sind verschiedene, vom Umfang der jeweils programmierten Rechenverfahren abhängige und in den Programmbeschreibungen angegebene Regeln zu beachten. Die Rechenverfahren unterscheiden eine Reihe von Fällen oder Grundaufgaben, die mit der Art der Eingabedaten angesprochen und kombiniert werden können. In Abhängigkeit von diesen Fällen und den jeweiligen Eingabedaten können vom Programm die Elemente so lange verschoben (eingepuffert) oder verschwenkt werden, bis deren gesuchte Anfangs- und Endpunkte (Hauptpunkte) in der vom graphischen Entwurf her gewünschten Form festliegen. Beispielsweise liegen den vorhandenen Programmen in mehr oder weniger modifizierter und ausgebauter Form folgende Fälle und Definitionen zugrunde:

a) *Pufferelement*

Zur Erläuterung soll die Elementenfolge Festelement — Pufferelement — Festelement — (Pufferelement — Festelement usw.) dienen (Bild 20.5). Jeweils zwischen zwei Festelementen ist ein Pufferelement angegeben. Festelemente und Pufferelemente sind Gerade oder Kreisbogen mit bestimmtem Radius. Das Festelement wird in seiner Lage durch zwei angegebene Peripheriepunkte (Punkt *auf* dem Element) oder durch den Kreismittelpunkt starr festgelegt. Die beiden für die Eingabe ausgewählten Peripheriepunkte müssen nicht unbedingt auf dem zum Linienzug gehörenden Teil des Elementes liegen.

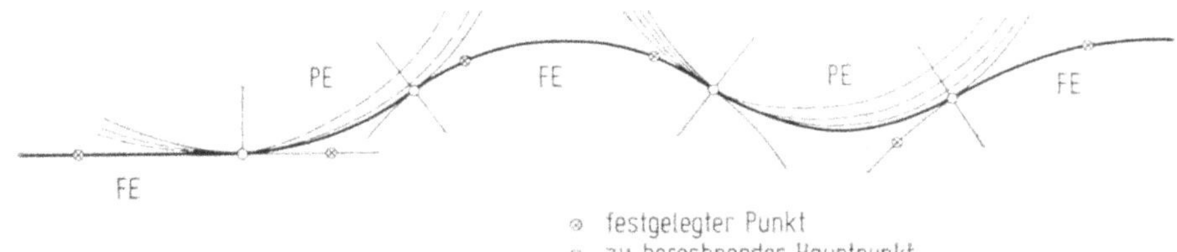

Bild 20.5. Achsberechnung: Elementenfolge Festelement (FE) — Pufferelement (PE) — Festelement (— Pufferelement — Festelement usw.) (aus [1]).

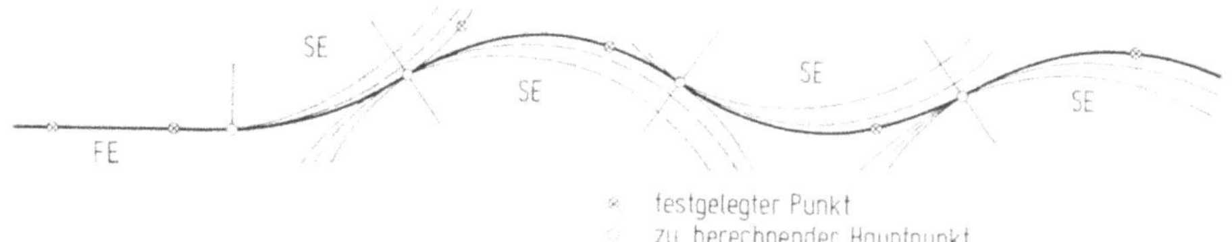

Bild 20.6. Achsberechnung: Elementenfolge Festelement (FE) — Schwenkelement (SE) — Schwenkelement (— Schwenkelement usw.) (aus [1]).

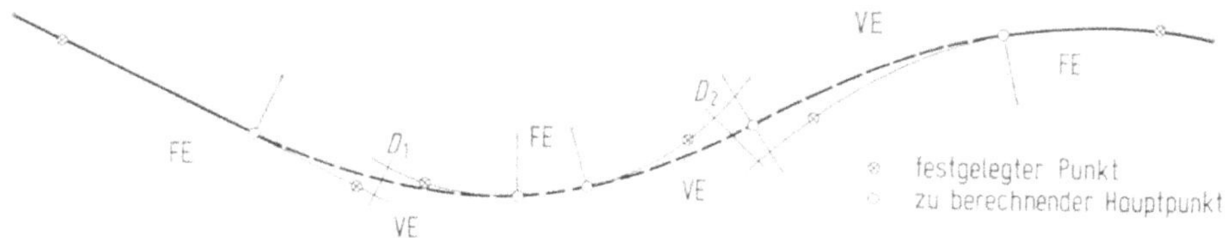

Bild 20.7. Achsberechnung: Elementenfolge Festelement (FE) — Festelement (— Festelement usw.); zwischen den Festelementen sind Verbindungselemente (VE) eingefügt (aus [1]).

Die Lage des Pufferelementes ergibt sich durch die beiden benachbarten Festelemente, indem es so lange verschoben wird, bis es zwischen die Festelemente paßt. Ein oder zwei zusätzlich angegebene Peripheriepunkte für das Pufferelement sollen lediglich als Näherungspunkte der Lagebestimmung dienen. Das dargestellte Prinzip ändert sich nicht, wenn — wie im Regelfall — zwischen Festelement und Pufferelement auch noch Klotoiden mit bestimmten Parametern als Übergangsbögen eingeführt werden: Das Pufferelement wird so eingepaßt, daß der durch die Klotoidenparameter vorgegebene Abstand D (s. auch Bild 20.7) zwischen Festelement und Pufferelement eingehalten wird. Falls die Klotoidenparameter nicht vorgegeben werden, können diese auch zunächst unter Verwendung der Näherungspunkte des Pufferelementes ermittelt und gegebenenfalls zum nächsten Normparameter gerundet werden.

b) *Schwenkelement*

Zur Erläuterung soll die Elementenfolge Festelement — Schwenkelement — (Schwenkelement — Schwenkelement usw.) dienen (Bild 20.6). Das erste Element der Folge wird als Festelement wie unter a) erläutert festgelegt. Die folgenden Elemente sind Schwenkelemente. Dabei handelt es sich ebenfalls um Geraden oder Kreisbogen mit bestimmtem Radius.

Das Schwenkelement wird in seiner Lage zunächst nur unvollständig durch *einen* Peripheriepunkt festgelegt, d.h. es kann um diesen Punkt noch geschwenkt werden, bis es zum vorausgehenden Element paßt.

Ein weiterer vor diesem Punkt liegender Peripheriepunkt soll lediglich als Näherungspunkt der Lagebestimmung dienen. Von dem Festelement ausgehend ist somit die Lage des ersten Schwenkelementes festlegbar. Dieses gilt dann für das nächste Schwenkelement als Festelement. Zwischen Festelement und Schwenkelement sowie zwischen Schwenkelement und Schwenkelement können ebenfalls sinngemäß, wie unter a) erläutert, Klotoiden als Übergangsbögen eingefügt sein, ohne daß sich das dargestellte Prinzip ändert.

c) *Verbindungselement*

Zur Erläuterung soll die Elementenfolge Festelement — Festelement — (Festelement usw.) dienen (Bild 20.7). Jedes Element der Folge wird als Festelement wie unter a) erläutert festgelegt. Zwischen den Festelementen sind Verbindungselemente in Form von Klotoiden einzufügen. Durch die Lage der Festelemente ist ein Abstand D vorgegeben, mit dem der Parameter der Klotoide ermittelt wird.

Die aufgezeigten Fälle sind in den verschiedenen Programmen noch unterschiedlich erweitert. So können beispielsweise auch sogenannte *Koppelelemente* in einer Elementenfolge definiert und bei der Berechnung berücksichtigt werden. Bei einem Koppelelement handelt es sich um eine Gerade oder einen Kreisbogen festgelegter Länge. Seine Lage wird dadurch bestimmt, daß es tangential an das Nachbarelement (Gerade, Kreis oder Klotoide) angeschlossen wird. Anschlußpunkt ist der zweite Punkt des in Berechnungsrichtung vorausgehenden Elementes.

Des weiteren können bei manchen Programmen auch Klotoiden als Fest- oder Schwenkelemente definiert werden. Bei Anschlüssen an eine vorhandene Achse kann auch ein gegebenes Seitenmaß berücksichtigt werden; der Anfangs- bzw.

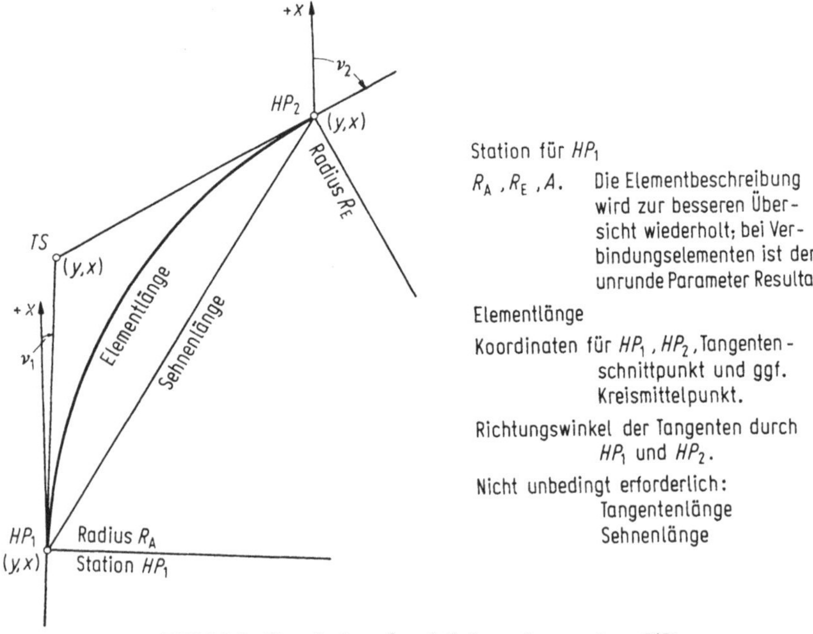

Bild 20.8. Ergebnisse der Achsberechnung (aus [1]).

Endpunkt der neuen Achse liegt dann um diesen Betrag seitlich verschoben (Achssprung).

Das *Ergebnis* der Achsberechnung besteht in erster Linie aus den Stationswerten und Koordinaten der Achshauptpunkte, den Richtungswinkeln der Tangenten in den Hauptpunkten sowie den Radius- und Parameterwerten der Elemente des Linienzuges (Bild 20.8). Diese Ergebnisdaten werden in Listen ausgedruckt und zugleich auf Datenträgern für spätere Berechnungen (z.B. der Absteckungsberechnung) festgehalten (Objektdatenspeicher). Die Ergebnislisten enthalten auch noch eine Reihe weiterer Daten von sekundärer Bedeutung, wie beispielsweise Tangentenlängen, Koordinaten der Tangentenschnittpunkte und Brechungswinkel der Tangenten, Sehnenlängen und Richtungswinkel der Sehnen usw.

Es kann auch mit der Achsberechnung eine Kontrolle der Lage der Achse zu seitlich gelegenen Zwangspunkten, deren Koordinaten eingegeben wurden, durchgeführt werden. Als Ergebnis dieser sogenannten *Zwangspunktdiagnose* erhält man den jeweiligen Abstand dieser Punkte von der Achse.

Neben den numerischen Ergebnissen kann auch die zeichnerische Darstellung der Ergebnisse mit Hilfe programmgesteuerter Zeichengeräte erfolgen. Dabei werden die Berechnungsergebnisse über ein besonderes Zeichenprogramm diesem Gerät zugeführt. Der auf diese Weise hergestellte Plan enthält die Achse mit den notwendigen Elementen-, Stations- und Punktnummernangaben. Die somit stets schnell herstellbare automatische Zeichnung dient der fachlichen Beurteilung der Rechenergebnisse und auch als Kontrolle für die richtige Berechnung — eine sich im übrigen prinzipiell für die gesamte iterative Entwurfsarbeit vom Vorentwurf bis zum Bauentwurf bietende vorteilhafte Anwendungsmöglichkeit des automatischen Zeichengerätes.

Der Entwurfsingenieur kann nun die berechnete und gezeichnete Achse mit seiner graphischen Lösung vergleichen (Schritt 8). Eventuelle aus der Beurteilung sich ergebende Korrekturen führen zu einer sinngemäßen Wiederholung der Bearbeitungsschritte 3 bis 7, bis das Ergebnis der rechnerischen Trassierung den Vorstellungen entspricht. Gegebenenfalls kann auch bereits die eine oder andere Variante aus der weiteren Entwurfbearbeitung ausgeschieden werden. Die Korrekturschritte gestalten sich verhältnismäßig einfach, da weitgehend auf die Eingabedaten der vorausgegangenen Berechnungen zurückgegriffen werden kann, die im Objektdatenspeicher aufbewahrt sind. Mit den Korrekturberechnungen kann der Entwurfsingeneur durch entsprechende Angaben gleichzeitig sicherstellen, daß im Objektdatenspeicher immer *die* Daten zur Verfügung stehen, die dem neuesten Stand seiner Trassierung entsprechen; nicht mehr benötigte Daten werden gelöscht.

Die Weiterentwicklung der Datenverarbeitung für die Achsberechnung, die bereits im Gange ist, wird u.a. auf eine Erweiterung der Berechnungsmethoden gerichtet sein [13]. Dabei geht es auch darum, aus vorgegebenen Punktfolgen vom Programm die Elementenfolge, d.h. die Elementwerte und Hauptpunkte, bestimmen zu lassen. Verbunden damit wird sein, die Koordinaten der anzugebenden Punktfolgen durch Abfahren der graphisch entworfenen Achse (z.B. Biegestablinie Freihandlinie) mit besonderen Koordinatenerfassungsgeräten unmittelbar einen für die Weiterverarbeitung geeigneten Datenträger mit den erforderlichen Eingabekoordinaten zu erstellen.

20.2.2.2. Geländeerfassung

Für eine oder mehrere Lösungen der Grundrißführung der Trasse werden zur weiteren Beurteilung, Entscheidung und Ausarbeitung Berechnungsergebnisse für

Gradiente, Querschnitte, Massen und gegebenenfalls Sichtweiten benötigt. Grundlage dazu ist die Erfassung des Geländes in Längs- und Querprofilen — in der Vorentwurfsphase oftmals ein erhebliches Problem. Die Geländeerfassung soll zwar ausreichend sein, der Aufwand muß jedoch angesichts der noch ständig möglichen Achsänderungen und eventuell mehrerer Varianten in Grenzen bleiben. Dafür gibt es verschiedene Möglichkeiten, die den weiteren Arbeitsablauf bestimmen.

Falls im Objektdatenspeicher ein digitales Geländemodell vorhanden ist (siehe Abschnitt 20.2.1.3.) bringt die Datenverarbeitung ganz entscheidende, bisher nicht gekannte Vorteile (Schritte 9, 11): Ohne weitere belastende Eingabedatenermittlungen können mit den Auswerteprogrammen des digitalen Geländemodells in Verbindung mit den ebenfalls gespeicherten Achsdaten die Geländelängs- und -querprofile für jede interessierende Achse automatisch ermittelt und unmittelbar zusammen mit den Eingabedaten für die folgenden Berechnungen im Höhenplan weiter verarbeitet werden.

Ist ein DGM nicht vorhanden, müssen allerdings Geländelängs- und -querprofile erst aus den Höhenlinien oder auch aus den punktweisen Höhenangaben in den Grundplänen unter Verwendung der kartierten Achse manuell ermittelt und in besonderen Erfassungsbelegen unter Angabe von Station, Abstand von der Achse und Höhe der Profilpunkte zusammengestellt werden. Die ermittelten Profildaten werden dann auf maschinenlesbare Datenträger übernommen und zusammen mit den Eingabedaten für die folgenden Berechnungen im Höhenplan der Weiterverarbeitung zugeführt (Schritte 10, 11).

Wenn es von Genauigkeit, Aufwand, technischen Voraussetzungen und anderen Gesichtspunkten her erforderlich oder vertretbar erscheint, können auch auf die Datenverarbeitung zugeschnittene tachymetrische oder photogrammetrische Geländeaufnahmeverfahren, wie sie im Abschnitt über den Bauentwurf erwähnt werden, bereits hier zur Anwendung kommen. Trassenabsteckungen und anschließende Profilmessungen sind jedoch in der Regel für den Vorentwurf weder von der Genauigkeit her erforderlich noch hinsichtlich des Aufwandes und wegen möglicher Achsänderungen vertretbar.

Der Umfang der Geländeerfassung in diesem Entwurfsstadium ist in erster Linie abhängig von den Genauigkeitsforderungen, die man an die Ergebnisse der Berechnungen im Höhenplan stellt. Es erscheint deshalb für eine richtige Abschätzung der Möglichkeiten der Datenverarbeitung der Hinweis angebracht, daß im einfachsten Falle die Angabe dreier Geländepunkte je Profilstation (in der Achse sowie links und rechts davon) bereits genügt, um mit den Rechenprogrammen unter Verwendung von Gradienten- und Regelquerschnittsdaten überschlägliche Massenermittlungen durchzuführen.

20.2.2.3. Gradienten-, Querschnitts- und Massenberechnung

Gradienten-, Querschnitts- und Massenberechnungen in der Phase des Vorentwurfs haben noch nicht zum Ziel, exakte detaillierte Ergebnisse für die Bauausführung bereitzustellen. Es sind jedoch eine Reihe von Fragestellungen, die der Entwurfsingenieur trotz überschläglicher Betrachtungsweise durch aufwendige, teils kombinierte rechnerisch-graphische Arbeitsverfahren zu beantworten hat. Im Mittelpunkt stehen dabei überschlägliche Massenermittlungen als Kostenkriterium. Aber auch die mit Gradiente und Querschnitten mögliche Beurteilung der Lage der Trasse im Gelände und zu Trassierungszwangspunkten erfordert — zumindest an gewissen Stellen — rechnerische Untersuchungen.

Unter Beachtung dieser Zielsetzung wird es in der Regel immer zweckmäßig sein, auch hier schon (statt nur beim Bauentwurf) die zur Verfügung stehenden DV-

Programme anzuwenden (Schritte 11, 12, 13). Sie sollen deshalb bereits an dieser Stelle näher erläutert werden. Viele der nachfolgend dargestellten detaillierten Angaben und Möglichkeiten kommen natürlich erst in der Phase des Bauentwurfs voll zur Anwendung; aber ihre Kenntnis ist Voraussetzung, um eine den Erfordernissen des Vorentwurfs angepaßte sinngemäße Anwendung mit entsprechend reduzierten Daten zu ermöglichen.

Die Aufgabe besteht darin, die Gradiente sowie Querschnittspunkte der Fahrbahn, des übrigen Bereiches der Straßenkrone, des Planums und der Böschungen zu berechnen; aus den Querschnittspunkten sind die Querschnittsflächen und daraus schließlich die Erdmassen zu ermitteln.

Die Lösung dieser Gesamtaufgabe übernehmen eine Reihe von Einzelprogrammen. Sie sind in den verschiedenen vorhandenen Programmsystemen unterschiedlich aufgebaut und miteinander verbunden. Daraus ergeben sich auch sehr unterschiedliche Regeln und Bedingungen für die Zusammenstellung der Eingabedaten, mit denen zugleich weitgehend der Berechnungsablauf gesteuert wird. Einzelheiten der Datenermittlung in besonderen Ablochbelegen, der Programm-Möglichkeiten und Verarbeitungsorganisation sind den jeweiligen Programmbeschreibungen zu entnehmen. Die folgenden Darlegungen müssen sich auf im wesentlichen gleichartige oder ähnliche Grundzüge der Programmsysteme beschränken, wobei vorwiegend ein bestimmtes Programmsystem (IBM [3]) als Beispiel dient.

Allen Programmsystemen liegt mehr oder weniger das Prinzip einer integrierten Datenverarbeitung von der Gradientenberechnung über die Fahrbahnhöhen- und Querschnittsberechnung bis hin zur Massenermittlung zugrunde, nämlich die Ergebnisse eines Rechenganges als Eingabedaten in den nächsten Rechengang zu überführen — sei es, daß dies durch Lochkartenausgabe und manuelles Wiedereinfügen in den Eingabestrom des nächsten Rechenganges, sei es, daß es unmittelbar programmgesteuert über die verschiedenen Datenspeicher der DV-Anlage erfolgt. Dieses Prinzip der Integration bei unterschiedlichen Verarbeitungsformen ist im Ablaufschaubild durch den Objektdatenspeicher abstrahiert. Der Objektdatenspeicher soll zugleich auch die vorhandenen, ebenfalls unterschiedlichen Möglichkeiten der unmittelbaren Verbindung der Rechenergebnisse mit dem automatischen Zeichnen symbolisieren.

a) *Gradientenberechnung*

Für die Gradientenberechnung sind als *Eingabedaten* die Stationen und Höhen der Tangentenschnittpunkte und die Ausrundungshalbmesser der Kuppen und Wannen anzugeben, die den zeichnerischen Lösungen entommen werden (Bild 20.9). Ferner müssen die Stationen benannt werden, an denen die Gradientenhöhen berechnet werden sollen; dies erfolgt durch Angabe eines Stationsintervalles sowie gegebenenfalls zusätzlich interessierender Stationen.

KA	Kenn. Nr.	Station m	Höhe TS ü. NN m	R_A m	KE	KE = 00 Ausrundung mit quadratischer Parabel KE = 01 Ausrundung mit kubischer Parabel, lange Tangente vor TS KE = 02 Ausrundung mit kubischer Parabel, lange Tangente hinter TS
021		0	25085	0	00	
021		140	25763	9000	00	
021		440	26875	3000	00	
021		800	252	8000	00	
021		1375	2196	15000	00	
021		1700	20503	0	00	
999						

Bild 20.9. Beispiel eines Ablochbelegs für die Gradientenberechnung.

Bei der Berechnung werden — wie bei der manuellen Bearbeitung — die Kreise der Kuppen- und Wannenausrundungen durch quadratische Parabeln angenähert. Das *Ergebnis* in Listenform besteht im wesentlichen aus den Gradientenhöhen an den gewünschten Stationen, Stationen und Höhen von Ausrundungsanfang und -ende, Tangentenneigungen und Stichmaßen an den Tangenten-Schnittpunkten (Bild 20.10).

GRADIENTENBERECHNUNG

STATION	HOEHE	NEIGUNG	LAENGE	RADIUS	TANG V	TANG H	DH
25.000	252.061	4.843	115.00	0.0	0.0	0.0	0.0
50.000	253.271						
75.000	254.482						
88.871	255.154	AA					
100.000	255.686						
125.000	256.831						
140.000	257.485	3.707	300.00	-9000.00	51.13	51.13	-0.145
150.000	257.907						
175.000	258.913						
191.129	259.525	AE					
200.000	259.854						
225.000	260.781						
250.000	261.707						
275.000	262.634						
300.000	263.561						
314.608	264.102	AA					
325.000	264.469						
350.000	265.205						
375.000	265.733						
400.000	266.052						
425.000	266.163						
440.000	266.129	-4.653	360.00	-3000.00	125.39	125.39	-2.621
450.000	266.066						
475.000	265.760						
500.000	265.246						
525.000	264.523						
550.000	263.592						
565.392	262.916	AE					
575.000	262.469						

Bild 20.10. Ergebnisse der Gradientenberechnung (Beispiel).

Die Gradientendaten können auch unmittelbar zur Darstellung des Höhenplanes mit Hilfe eines automatischen Zeichengerätes (Bild 20.11) weiterverarbeitet werden; die Geländedaten werden dazu aus dem Objektdatenspeicher (Digitales Geländemodell oder Geländeprofile) zur Verfügung gestellt. Sie werden ferner für die nachfolgende Querschnittsberechnung weiterverwendet.

Enthält eine Gradiente viele Zwangspunkte, so können daraus mit einem *anderen Programm* vorher auch die Ausrundungshalbmesser (Kuppen und Wannen) und die Lage der Tangentenschnittpunkte berechnet werden. Dazu sind als Eingabedaten neben den Zwangspunkten mit gewissen Höhentoleranzen die minimalen Halbmesser der Kuppen- und Wannenausrundungen sowie die maximale Tangentenneigung als Randbedingungen anzugeben. Als Ergebnis erhält man Stationen und Höhen der Tangentenschnittpunkte sowie die Ausrundungshalbmesser. Eine erste Durchrechnung führt möglicherweise noch nicht zu einem befriedigenden Ergebnis; die Anwendung des Programms kann jedoch eine gewisse Unterstützung bei der Gradientenentwicklung bringen. Ist das Rechenergebnis zufriedenstellend, kann es als unmittelbare Eingabe für das oben erläuterte Programm zur Gradientenhöhenberechnung verwendet werden.

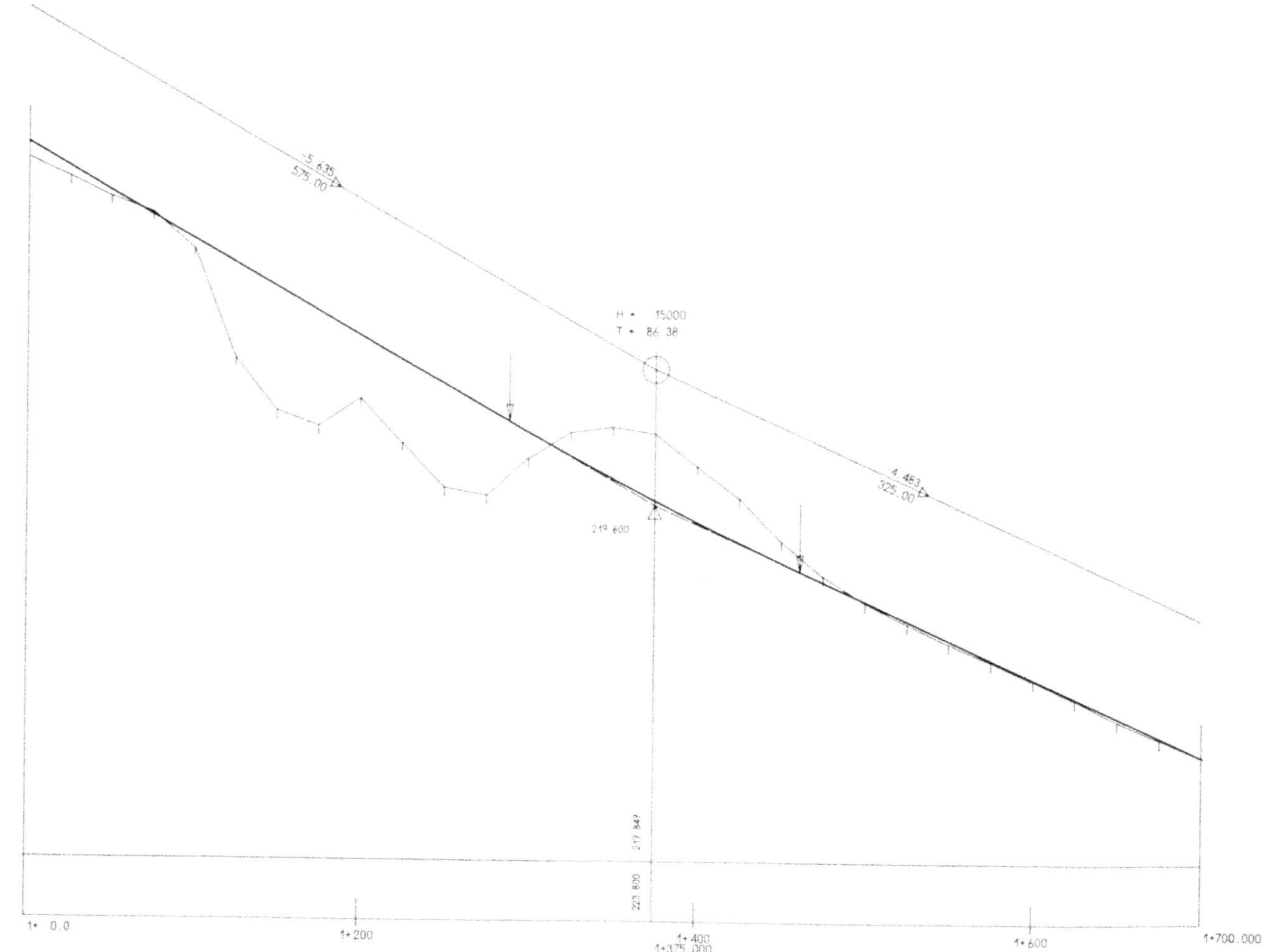

-5.635
575.00
H = 15000
T = 86.38
4.483
325.00
219.600
219.849
223.800
HOEHEN DER
STRASSENACHSE
GELAENDEHOEHEN
NN 195.00
1+ 0.0
1+200
1+400
1+375.000
1+600
1+700.000

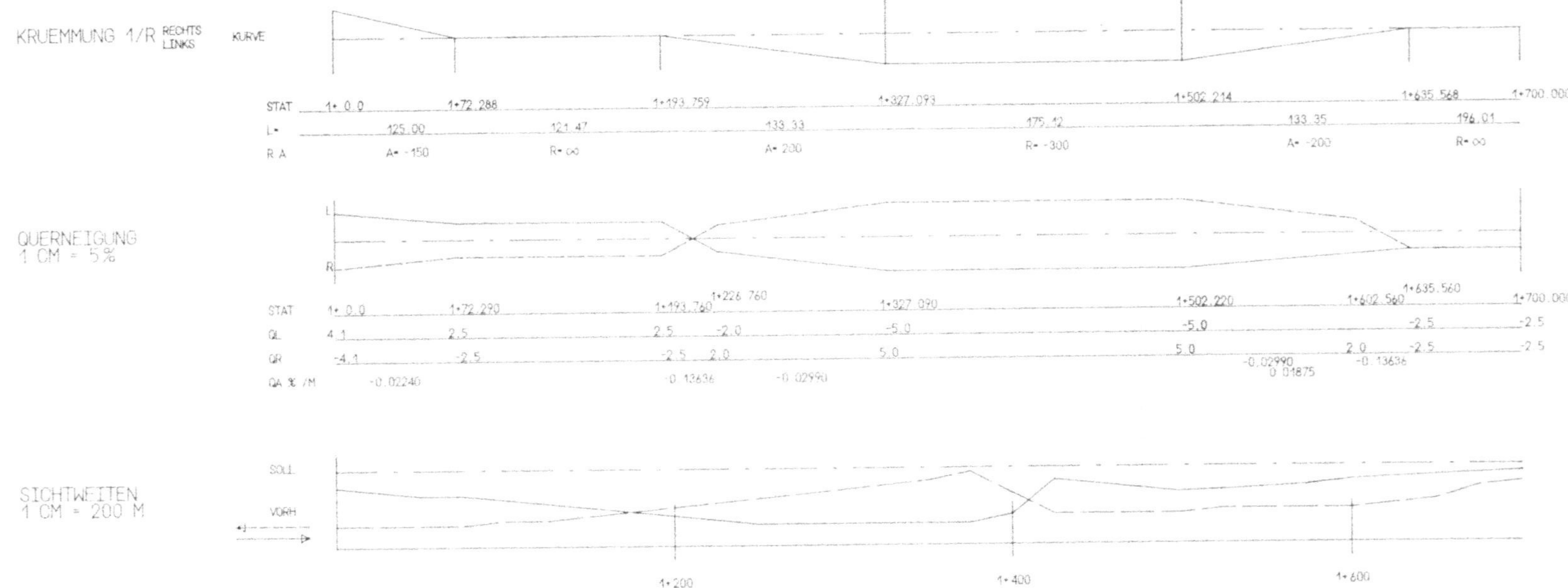

Bild 20.11. Automatisch gezeichneter Höhenplan.

Die Datenverarbeitung bietet auch die Möglichkeit zur *Optimerung der Gradiente.* Dafür steht ein besonderes Programmsystem zur Verfügung, das vor allem für den Vorentwurf geeignet ist (siehe Abschnitt 20.4.).

b) *Fahrbahnhöhenberechnung*
Ausgehend von den Gradientendaten kann anschließend die Berechnung der Fahrbahnhöhen vorgenommen werden. *Weitere Eingabedaten* sind die Querneigungen (Rampenband) einschließlich eventueller Ausrundungshalbmesser für die Anrampungen (Bild 20.12), die Breiten von Haupt- und Nebenspuren einschließlich eventueller Verziehungen, eventuelle Bordhöhen und das Stationsintervall. Mit diesen Angaben werden für die gewünschten Stationen die Fahrbahnhöhen an den Fahrstreifen- bzw. Fahrbahnrändern berechnet und in *Ergebnislisten* (Bild 20.13) ausgedruckt; sie enthalten ferner auch Fahrstreifenbreiten und Querneigungen.

Die Ergebnisse der Fahrbahnhöhenberechnung werden in die weitere Querschnittsberechnung überführt.

RAMPENBAND

KA	Karten Nr	Station	Querneigung 1	Ausrundung R1	Querneigung 3	Ausrundung R3	Querneigung 5	Ausrundung R5	Querneigung 7	Ausrundung R7	Querneigung 9	Ausrundung R9
	± 1	m	± %	m	± %	m	± %	m	± %	m	± %	m
0 2 2	− 1	0	-2 5									
0 2 2	− 1	25 76	-2 5									
0 2 2	− 1	58 76	2									
0 2 2	− 1	105 76	3 5									
0 2 2	− 1	18 18	3 5									
0 2 2	− 1	255	2									
0 2 2	− 1	285	-2									
0 2 2	− 1	332 97	-4									
0 2 2	− 1	528 11	-4									
0 2 2	− 1	585	-2									
0 2 2	− 1	615	2									
0 2 2	+ 1	0	2 5									
0 2 2	+ 1	25 76	2 5									
0 2 2	+ 1	58 76	-2									
0 2 2	+ 1	105 76	-3 5									
0 2 2	+ 1	181 80	-3 5									
0 2 2	+ 1	255	-2									
0 2 2	+ 1	285	2									
0 2 2	+ 1	332 97	4									
0 2 2	+ 1	528 11	4									

Bild 20.12. Beispiel (Ausschnitt) eines Ablochbelegs für das Rampenband (Fahrbahnhöhenberechnung).

c) *Querschnittsberechnung*
Die vollständige Berechnung der Querschnitte erfolgt mit den Fahrbahnhöhen, weiteren Eingabedaten aus dem Regelquerschnitt sowie mit den Geländequerprofilen. Fahrbahnhöhen und Geländequerprofile liegen in einer zur Weiterverarbeitung geeigneten Form bereits vor, wobei hier noch einmal auf den Vorteil eines digitalen Geländemodells hinzuweisen ist. Eventuelle zusätzliche Bodenhorizonte (Fels, unbrauchbarer Boden) für die spätere Massenermittlung werden durch entsprechende ergänzende Angaben zu den Geländequerprofildaten erfaßt.

Die weiteren Eingabedaten zum Regelquerschnitt umfassen im wesentlichen die Breiten und Neigungen der übrigen Querschnittsteile der Straßenkrone, die Dicke des Fahrbahnoberbaus, die Mindestdicke und seitliche Begrenzung der Frostschutzschicht (im Bereich der Seitenstreifen, Mulden und gegebenenfalls im Mittelstreifen), die Mindestquerneigungen des Planums, Breite und Tiefe seitlicher Mulden oder Gräben sowie die Dicke der Mutterbodenandeckung für Böschungen,

	LINKE SEITE						RECHTE SEITE				
STATION	HOEHE 9	HOEHE 8	HOEHE 6	HOEHE 4	HOEHE 2	HOEHE 0	HOEHE 2	HOEHE 4	HOEHE 6	HOEHE 8	HOEHE 9
STAT-DIFF	B 9	B 7	B 5	B 3	B 1		B 1	B 3	B 5	B 7	B 9
		HOEHE 7	HOEHE 5	HOEHE 3	HOEHE 1		HOEHE 1	HOEHE 3	HOEHE 5	HOEHE 7	
	Q 9	Q 7	Q 5	Q 3	Q 1		Q 1	Q 3	Q 5	Q 7	Q 9
200.000	259.971	259.971	259.971	259.971	259.971	259.854	259.737	259.737	259.737	259.737	259.737
25.000	0.0	0.0	0.0	0.0	3.750		3.750	0.0	0.0	0.0	0.0
		259.971	259.971	259.971	259.971		259.737	259.737	259.737	259.737	
	0.0	0.0	0.0	0.0	3.127		-3.127	0.0	0.0	0.0	0.0
225.000	260.879	260.879	260.879	260.879	260.879	260.781	260.683	260.683	260.683	260.683	260.683
25.000	0.0	0.0	0.0	0.0	3.750		3.750	0.0	0.0	0.0	0.0
		260.879	260.879	260.879	260.879		260.683	260.683	260.683	260.683	
	0.0	0.0	0.0	0.0	2.615		-2.615	0.0	0.0	0.0	0.0
250.000	261.786	261.786	261.786	261.786	261.786	261.707	261.628	261.628	261.628	261.628	261.628
25.000	0.0	0.0	0.0	0.0	3.750		3.750	0.0	0.0	0.0	0.0
		261.786	261.786	261.786	261.786		261.628	261.628	261.628	261.628	
	0.0	0.0	0.0	0.0	2.102		-2.102	0.0	0.0	0.0	0.0
275.000	262.609	262.609	262.609	262.609	262.609	262.634	262.659	262.659	262.659	262.659	262.659
25.000	0.0	0.0	0.0	0.0	3.750		3.750	0.0	0.0	0.0	0.0
		262.609	262.609	262.609	262.609		262.659	262.659	262.659	262.659	
	0.0	0.0	0.0	0.0	-0.667		0.667	0.0	0.0	0.0	0.0
300.000	263.462	263.462	263.462	263.462	263.462	263.561	263.659	263.659	263.659	263.659	263.659
14.608	0.0	0.0	0.0	0.0	3.750		3.750	0.0	0.0	0.0	0.0
		263.462	263.462	263.462	263.462		263.659	263.659	263.659	263.659	
	0.0	0.0	0.0	0.0	-2.625		2.625	0.0	0.0	0.0	0.0

Bild 20.13. Ergebnisse der Fahrbahnhöhenberechnung (Beispiel).

Seiten- und eventuell Mittelstreifen. Ferner sind die Böschungsneigungen sowie Tangentenlängen der Böschungsausrundungen und gegebenenfalls eine Reihe weiterer Angaben zur Böschungsgestaltung, wie Bermen, Stützmauern, seitliche Ausschlitzungen und Auffüllungen, sowie die seitliche Begrenzung von Auskofferungen bei unbrauchbarem Boden erforderlich (Bild 20.14).

STRASSENKRONE

KA	Karten Nr.	Station	Mittelstreifen-Breite ab Achse	Leitstreifen-Breite innen	Leitstreifen-Breite außen	Sicherheitsstreifen-Breite	Sicherheitsstreifen-Höhendiff	Radweg-Breite	Radweg-Höhendiff	Bankett-Breite	Bankett-Höhendiff	Mubo-andeckung	Graben- oder Mulden-Breite	Mulden-Tiefe (flache Form)	Graben-Tiefe
		m	m	m	m	m	± m	m	± m	m	m	m	m	m	m
011	-1	0								150	-021	005	2	030	
011	+1	0								150	-009	005	2	030	

FROSTSCHUTZSCHICHT

KA	Karten Nr.	Station	nur für Absätze im Mittelstreifen der BAB				Nebenspur-Deckendicke i.	Leitstreifendicke innen	Hauptspur-Deckendicke	Leitstreifendicke außen	Nebenspur-Deckendicke a	nur für Absätze am Außenrand			
			Dicke	Neigung	Breite	Höhendiff						Höhendiff	Breite	Neigung	Dicke
		m	m	1/n	m	± m	m	m	m	m	m	± m	m	1/n	m
011	-2	0							022			022	050	1	020
011	+2	0							022			022	050	1	

OBERKANTE PLANUM

KA	Karten Nr.	Station	Planums-Code	Frostschutzschicht-Dicke	Querneigungen des Rohplanums im Bereich						Abstand Planumsscheitel	Abstand Fußpunkt Einschn.-Böschg.	Abstand Schnittp. Gelände
					Mittelstreifen	Nebenspur innen	Hauptspur innen	Hauptspur außen	Nebenspur außen	Nebenplanum außen			
		m	1 2 3 4 5	m	%	%	%	%	%	± %	m	m	m
011	-3	0	10011	048			4	4		-6			10
011	+3	0	10011	048			4	4		-12			10

BÖSCHUNGSAUSGESTALTUNG

KA	Karten Nr.	Station	Böschungs-Code	Mubo-abhub	Mubo-andeckung	Abstand für Sonderfälle	Neigung Sonderböschung	Neigung Stützmauer	Neigung Ausschlitzung	Neigung Auffüllung	Bermen-Breite	Bermen-Prüfhöhe	Tangentenläng. f. Ausrundgn.		
													Dammfuß	Einschn. bis 6 m Tiefe	Einschn. über 6 m Tiefe
		m	1 2 3 4 5	m	m	m	1/n	1/n	1/n	1/n	m	m	m	m	m
011	-4	0	55300	025	010								1	1	1
011	+4	0	55300	025	010								1	1	1

Bild 20.14. Beispiel eines Ablochbelegs für den Regelquerschnitt (Querschnitts- und Massenberechnung).

Der Bereich, in dem diese Regelquerschnittsangaben gelten, wird durch Stationsangaben definiert. Auf diese Weise können in einem Entwurfsabschnitt (Berechnungsabschnitt) beliebige Veränderungen einzelner Regelquerschnittselemente oder des gesamten Regelquerschnittes berücksichtigt werden.

Ausgehend von den Gradienten- und Fahrbahnrandhöhen werden über jedem eingegebenen Geländequerprofil die Querschnittspunkte des Straßenkörpers berechnet, die durch die jeweiligen Regelquerschnittsangaben definiert sind. Dabei wird vom Programm durch Prüfen der Lage bestimmter Querschnittspunkte zum Gelände insbesondere auch die Entscheidung getroffen, ob es sich um ein Damm- oder Einschnittprofil handelt (Bilder 20.15, 20.16). Zunächst wird der Schnittpunkt Planum/Rohböschung (Böschung ohne Mutterbodenandeckung) untersucht; liegt dieser Punkt (PD = Prüfpunkt Damm = Planumsrand) über dem Rohboden (Gelände nach Mutterbodenabtrag), handelt es sich um ein Dammprofil. Liegt der Punkt PD unter der Rohbodenlinie, wird zur weiteren Untersuchung noch der Ausgangspunkt (B) der Einschnittböschung herangezogen; liegt auch der Punkt B unter dem Rohboden, handelt es sich um ein Einschnittprofil. Nach der Entscheidung „Damm oder Einschnitt“ können mit den jeweiligen Böschungsangaben die Böschungspunkte (Durchstoßpunkte Rohboden, eventuelle Knickpunkte, Ausrundungen) berechnet werden.

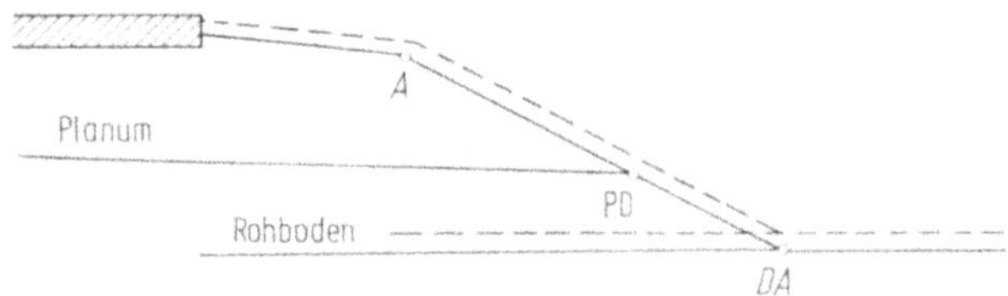

Bild 20.15. Querschnittsentwicklung: Entscheidung „Damm".

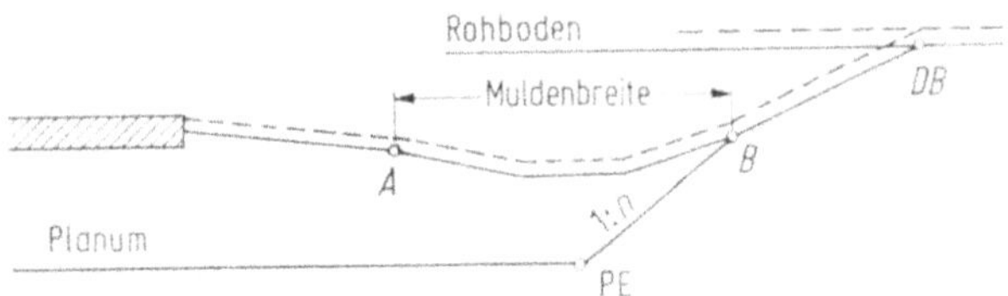

Bild 20.16. Querschnittsentwicklung: Entscheidung „Einschnitt".

Die Entscheidung „Damm oder Einschnitt" und die zugehörige Böschungsausbildung wird schwieriger, wenn die Rohbodenlinie *zwischen* den Punkten *PD* und *B* verläuft. Bei einer manuellen Bearbeitung würde man hier von Fall zu Fall eine unterschiedliche seitliche Gestaltung des Querschnitts vornehmen. Einige Möglichkeiten sind in den Programmen vorgesehen. Beispielsweise wird dann die Planumslinie über *PD* hinaus verlängert, bis ein Schnittpunkt mit der Rohbodenlinie entsteht; ist der Abstand zwischen der Kronenkante (*A*) und diesem Schnittpunkt kleiner (oder gleich) bzw. größer als ein vorzugebender Abstand, erfolgt jeweils eine besondere Begrenzung des Querschnitts (wie in Bild 20.17 bzw. 20.18 dargestellt); diese Sonderfälle werden in der Ergebnisliste gekennzeichnet, um gegebenenfalls nachträglich Korrekturen anbringen zu können.

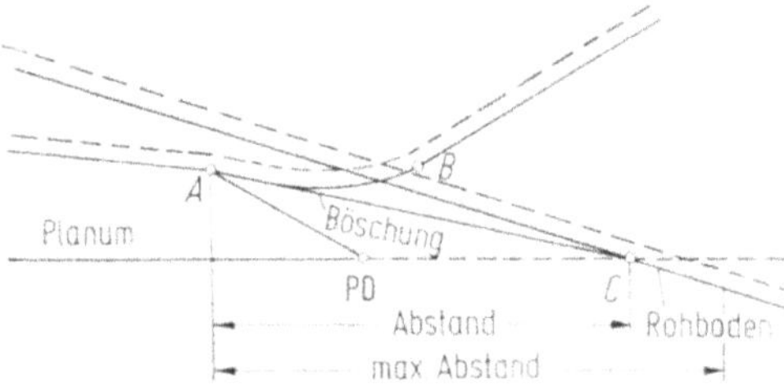

Bild 20.17. Querschnittsentwicklung: Rohboden liegt zwischen PD und B; Schnittpunkt Planum/Rohboden (*C*) liegt ***innerhalb*** eines durch „max. Abstand" von *A* vorgegebenen Bereichs: Querschnittsbegrenzung durch Böschungslinie *A*—*C*.

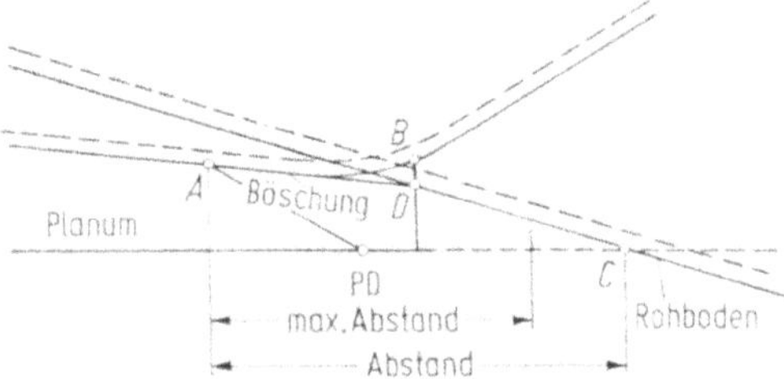

Bild 20.18. Querschnittsentwicklung: Rohboden liegt zwischen *PD* und *B*; Schnittpunkt Planum/Rohboden (*C*) liegt ***außerhalb*** eines durch „max. Abstand" von *A* vorgegebenen Bereichs: Querschnittsbegrenzung durch Senkrechte vom Punkt *B* zum Planum und durch Böschungslinie *A*—*D*.

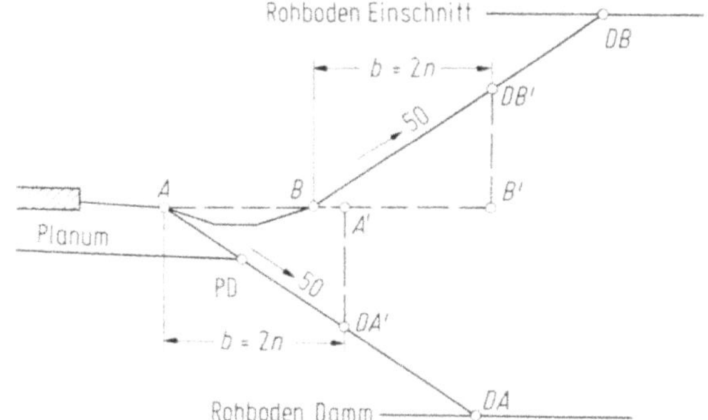

Bild 20.19. Querschnittsentwicklung: Entscheidung „Damm-Einschnitt" bei Böschungsgestaltung nach RAL-Q 1974 [6].

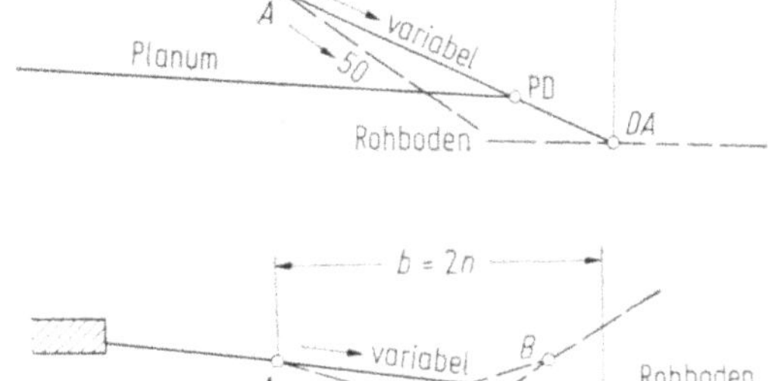

Bild 20.20. Querschnittsentwicklung im Falle „Damm" mit konstanter Böschungsbreite nach RAL-Q 1974, wenn Rohboden *unter* Planum liegt: Planumsbegrenzung durch Schnitt zwischen Böschung und (Damm-)Planumsverlängerung [6].

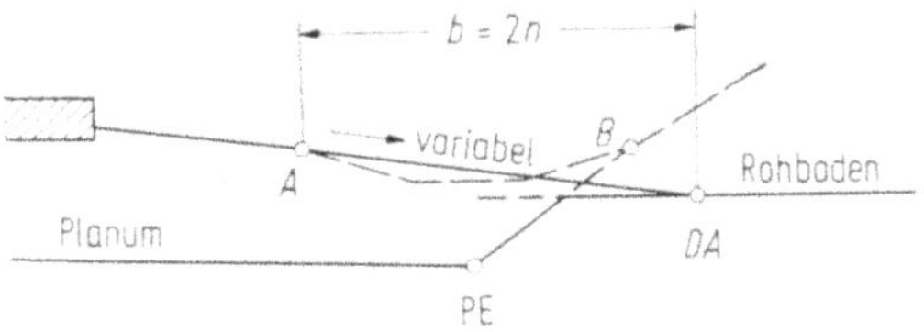

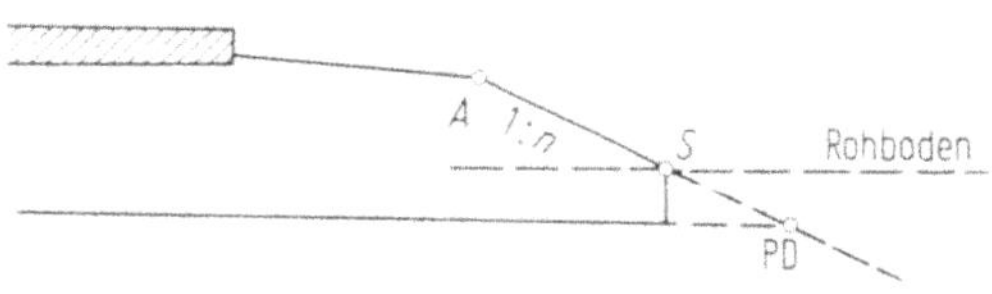

Bild 20.21. Querschnittsentwicklung im Falle „Damm" mit konstanter Böschungsbreite nach RAL-Q 1974, wenn Rohboden *über* Planum liegt: Planumsbegrenzung durch Schnitt zwischen Rohboden und (Einschnitt-)Planumsabschluß (*PE*—*B*) [6].

Bild 20.22. Querschnittsentwicklung im Falle „Damm" ohne konstante Böschungsbreite, unter 2 m Böschungshöhe (einheitliche Böschungsneigung $1:n$), wenn Rohboden über Planumsrand *PD* liegt: lotrechte Begrenzung des Querschnittes vom Schnittpunkt *S* Rohboden/Böschung zum Planum.

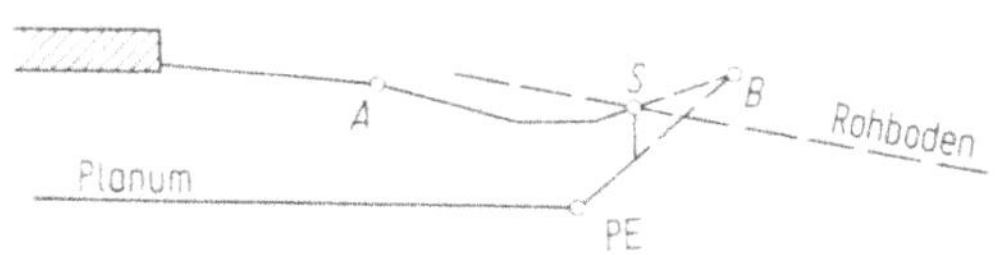

Bild 20.23. Querschnittsentwicklung im Falle „Einschnitt" ohne konstante Böschungsbreite, unter 2 m Böschungshöhe, wenn Rohboden zwischen *A* und *B* verläuft und *PE innerhalb A* liegt: Querschnittsbegrenzung am Schnittpunkt *S* Rohboden/Mulde [6].

Bild 20.24. Querschnittsentwicklung im Falle „Einschnitt" ohne konstante Böschungsbreite, unter 2 m Böschungshöhe, wenn Rohboden zwischen *A* und *B* verläuft und *PE außerhalb A* liegt: lotrechte Querschnittsbegrenzung vom Schnittpunkt *S* Rohboden/Mulde zum Planum [6].

Neuere Überlegungen [6] sollen bei einer Fortentwicklung der Programme u.a. auch zu einer noch besseren Anpassung an Richtlinien und praktische Erfordernisse der *seitlichen* Querschnittsausbildung in Abhängigkeit von der programmgesteuerten Entscheidung „Damm oder Einschnitt" führen:

Bei einer Böschungsgestaltung nach RAL-Q 1974 [14] (einheitliche Böschungsneigung $1:n$ bei Böschungshöhen über 2 m, konstante Böschungsbreite $b = 2n$ und damit variable flachere Böschungsneigung bei Böschungshöhen unter 2 m) ist Prüfpunkt für diese Entscheidung der Punkt A' als Teil einer sich danach ergebenden Testlinie „Einschnittböschung — DB' — B' — A' — DA' — Dammböschung", deren äußerster Schnittpunkt mit dem Rohboden den Durchstoßpunkt DA bzw. DB der Böschung festlegt (Bild 20.19): Liegt der Rohboden unter A', wird ein Dammprofil, liegt er über A', wird ein Einschnittprofil ausgebildet; liegt der Rohboden zugleich unter DA' bzw. über DB', erhält die Böschung die einheitliche Neigung $1:n$ (in Bild 20.19 mit dem Parameter „50" bezeichnet); verläuft er hingegen über DA' bzw. über B', so ergibt sich die Böschungsneigung durch die konstante Böschungsbreite ($b = 2n$). Im Bereich der konstanten Böschungsbreite ist jedoch für DV-Programme noch weiter zu differenzieren: im Falle „Damm" hinsichtlich der Planumsbegrenzung, also je nachdem, ob der Rohboden unter (Bild 20.20) oder über (Bild 20.21) dem Planum liegt; im Falle „Einschnitt" ergibt sich, sofern der Rohboden unter B' liegt, eine verkürzte, horizontale „Böschung" (wie sich aus Bild 20.19 erkennen läßt).

Soll hingegen auch bei Böschungshöhen unter 2 m eine einheitliche Böschungsneigung $1:n$ ausgeführt werden (also keine konstante Böschungsbreite), so wird als Prüfpunkt für die Entscheidung „Damm oder Einschnitt" der Punkt A als Teil einer sich danach ergebenden Testlinie „Einschnittböschung—B—Mulde—A—Dammböschung" herangezogen (Bild 20.19): Liegt der Rohboden unter A, wird ein Dammprofil, liegt er über A, wird ein Einschnittprofil entwickelt. Liegt jedoch im Falle „Damm" der Schnittpunkt S des Rohbodens mit der Böschung über dem Planumsrand PD, so wird die Querschnittsentwicklung am Punkt S abgebrochen und bis zum Planum lotrecht begrenzt (Bild 20.22). Ergibt sich im Einschnitt ein Schnittpunkt S des Rohbodens mit der Mulde oder dem Graben (Punkt PD liegt über dem Rohboden), dann wird ebenfalls die Querschnittsentwicklung am Punkt S abgebrochen (Bild 20.23) und, falls der Planumsrand PE außerhalb A liegt, bis zum Planum lotrecht begrenzt (Bild 20.24).

Die Programme zur Querschnittsberechnung ermitteln somit die aus der Lage der Gradiente zum Gelände und den Regelquerschnittsvorgaben sich ergebenden Straßenquerschnitte. Die Definitionen der Regelquerschnitte in den Programmen sind so gehalten, daß weitgehend alle gebräuchlichen Regel- und Sonderquerschnitte in den Eingabebelegen beschrieben und schließlich bearbeitet werden können.

Die ausgedruckten *Ergebnislisten* (Bilder 20.25, 20.26) der automatischen Querschnittsberechnung enthalten die Koordinaten (Achsabstand und Höhe ü. NN) aller interessierenden Querschnittspunkte, insbesondere der Frostschutzschicht, des Planums und der Böschungen.

Die Ergebnisse der Querschnittsberechnung können mit einem Zeichenprogramm in einem automatischen Zeichengerät aufgetragen werden (Bild 20.27). Bei diesen Querschnittszeichnungen kann man sich allerdings auf besonders interessierende Stellen des Entwurfsabschnittes beschränken, da die ausführlichen numerischen Listen die bei manueller Bearbeitung übliche detaillierte Querschnittszeichnung ersetzen und deshalb unnötiger Zeichenaufwand vermieden werden sollte.

	STATION	A1 B1 C1 D1		A2 B2 C2 D2		K D3	1/N	A4 B4 C4	K D5	1/N	A6 B6 C6 D6		A7 B7 C7 D7	
	225.000	7.25	260.69	3.75	260.88			260.78			3.75	260.68	7.25	260.37
10		6.26	260.03	3.75	260.18			260.03			3.75	259.88	6.09	259.60
		9.60	261.53	8.60	261.59	E	0.67	260.86	E	0.67	8.55	261.24	9.55	261.27
	250.000	7.25	261.60	3.75	261.79			261.71			3.75	261.63	7.25	261.32
11		6.26	260.93	3.75	261.09			260.94			3.75	260.79	6.04	260.51
		9.28	262.28	8.28	262.28	E	0.67	261.76	E	0.67	8.38	262.07	9.38	262.13
	275.000	7.25	262.30	3.75	262.61			262.63			3.75	262.66	5.17	262.52
12		5.90	261.40	3.75	261.66			261.81			3.75	261.96	6.26	261.81
		9.59	263.24	8.59	263.19	E	0.67	262.46*	E	0.14	6.95	262.27	0.0	0.0

Bild 20.25. Ergebnisse der Querschnittsberechnung (Beispiel).

Die in Frage kommenden Querschnittspunkte der Fahrbahnhöhen- und Querschnittsberechnung können ferner über den Objektdatenspeicher in geeigneter Form für die automatische Lageplanzeichnung bereitgestellt sowie in die nachfolgende Massenberechnung überführt werden.

Die Erfahrungen der seitherigen Entwicklung und Anwendung der DV für die Querschnittsberechnung zeigten, daß die vorhandenen Programme noch weitere Details möglicher Querschnittsgestaltungen berücksichtigen sollten; sie ergaben aber zugleich, daß eine einheitliche Definition aller Elemente und Parameter der gebräuchlichen Regel- und Sonderquerschnitte für eine datenverarbeitungsgerechte Erfassung und Verarbeitung erforderlich ist [6].

Derartige Parameterfestlegungen ermöglichen die vom jeweiligen Projekt her erforderliche detaillierte Beschreibung und Erfassung von Mittelstreifen, Fahrbahnen, befestigten Seitenstreifen, Trennstreifen, Nebenfahrbahnen, Rad- oder Gehwegen, Mulde/Graben, Böschung, Damm- bzw. Hanggraben und schließlich Auskofferungen. Sie sollen die Grundlage für die weitere Programmentwicklung, insbesondere auf der Basis einheitlicher Eingabeformulare für die gebräuchlichen Regel- und Sonderquerschnitte, darstellen. Zugleich kann damit die — bisher noch nicht mögliche — Verwendung von Entwurfsprogrammen für die Bauabrechnung ermöglicht werden.

	linke Straßenseite				Mitte	rechte Straßenseite				
Station	A1	A2			A4			A6	A7	Fahrbahnpunkte
	B1	B2			B4			B6	B7	Planumspunkte
	C1	C2	K	1/N	C4	K	1/N	C6	C7	Durchstoßungspunkte
	D1	D2	D3			D5		D6	D7	Böschungsknicke

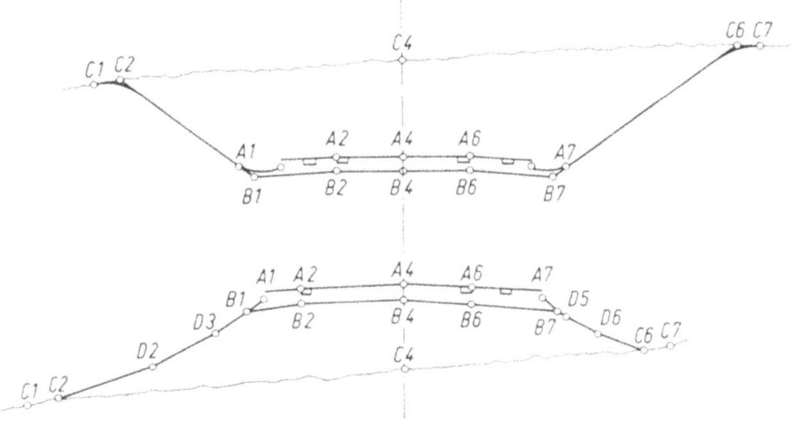

K = Kennzeichen für Damm (D)
Einschnitt (E)
Ausschlitzung (AS)
Auffüllung (AF)
Fußmauer (FM)
Stützmauer (SM)
senkrecht abbrechen (SA)

1/N Reziprokwert der Böschungsneigung (bei RAL Dammböschungen Neigung des obersten Teiles, bei RAL-Einschnittsböschungen Neigung des untersten Teiles)

Bild 20.26. Erläuterung zur Ergebnisliste Querschnittsberechnung gemäß Bild 20.25 ([3], IBM).

d) *Massenberechnung*

Die berechneten Querschnittspunkte werden, wie bereits erwähnt, direkt (programmgesteuert) in die Flächen- und Massenberechnung überführt, der das allgemein übliche, auch bei der manuellen Berechnung angewandte Querschnittsverfahren zugrunde liegt: Mit den Querschnittspunkten werden zunächst die

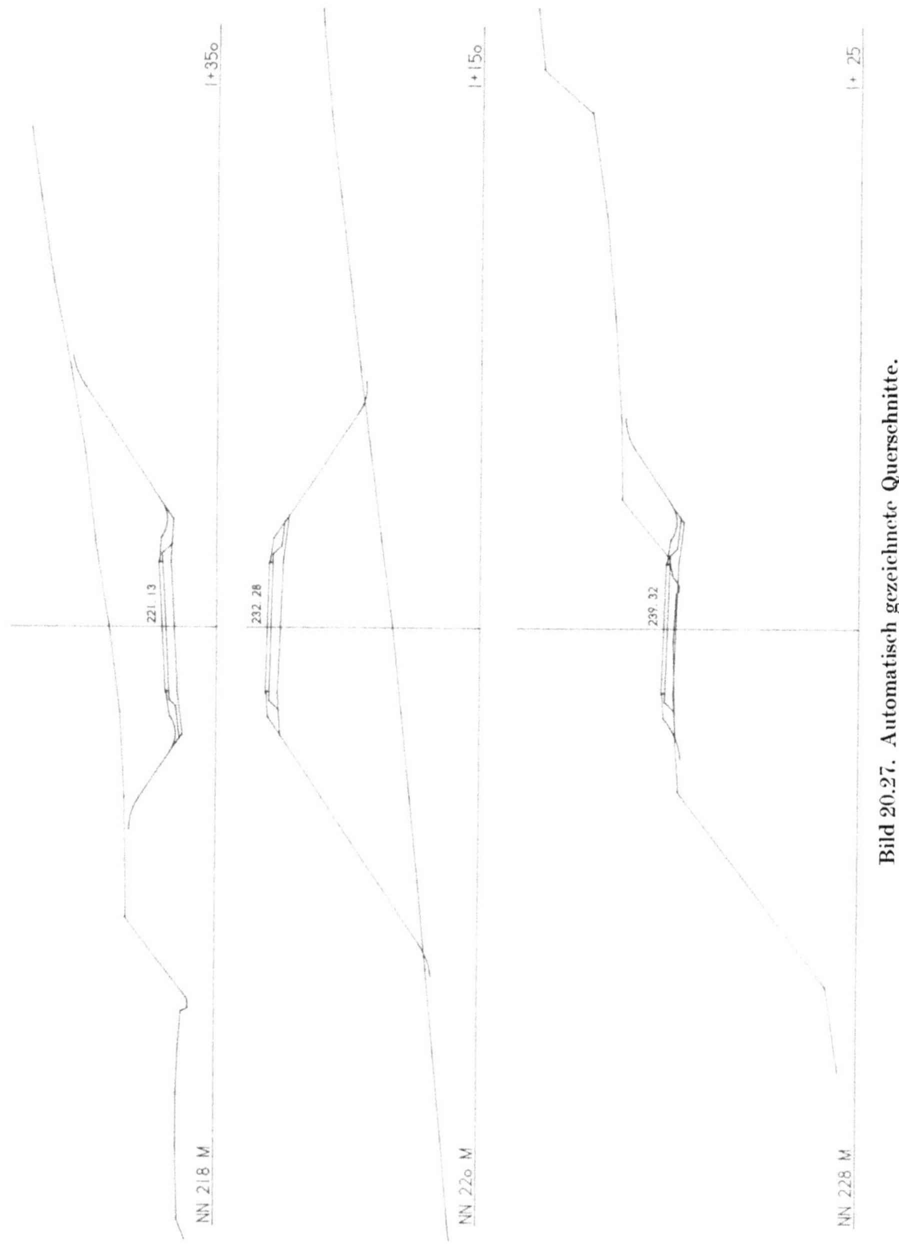

Bild 20.27. Automatisch gezeichnete Querschnitte.

Querschnittsflächen berechnet, und die Masse M_T einesvon zwei Querschnitten (F_1 und F_2) begrenzten Teilerdkörpers ist näherungsweise nach der Säulenformel

$$M_T = \frac{1}{2}(F_1 + F_2) \cdot l;$$

(l = Abstand der Querschnitte F_1 und F_2). Die Summe der Massen der Teilerdkörper ergibt die Gesamtmassen eines bestimmten Abschnittes. Zusammen mit der Eingabe für die Querschnittsberechnung können bereits Korrekturfaktoren für

Volumenänderungen infolge Auflockerung und Verdichtung eingegeben werden. Die Bereiche von Brückenbauwerken, die bei der Massenberechnung unberücksichtigt bleiben sollen, werden durch die Angabe von „Gelände-Nullprofilen“ ausgespart. Mit der Massenberechnung für jeden Teilerdkörper zwischen zwei Profilen werden zugleich die Auftrags- und Abtragsmassen unter Berücksichtigung des Querausgleichs zur Massenbilanz (Massensummenlinie) aufsummiert.

Die ausgedruckten *Ergebnislisten* (Bild 20.28) enthalten an jeder Querschnittsstation die Auftrags- und Abtragsmassen (Teilmassen) und die Massenbilanz. Die Listen weisen ferner die Querschnittsflächen und die weitere Aufgliederung der Massen nach Erde, Fels, unbrauchbarem Boden sowie Frostschutzmaterial und Mutterboden aus.

Weiterhin kann aus dem Ergebnis des dargestellten Beispiels (Bild 20.28) die Tendenz eventueller Gradientenkorrekturen abgelesen werden. Dazu wird an jeder Querschnittsstation näherungsweise die Änderungsmasse ermittelt, die sich bei einem „Heben“ oder „Senken“ der Gradiente um ein bestimmtes Maß ergeben würde.

Mit den Ergebnissen der Massenberechnung kann unter entsprechenden, im Entwurfsstadium möglichen Vorgaben (z.B. Begrenzung der Transportwege) zusätzlich auch ein Massenverteilungsplan zum Abschätzen der Baukosten berechnet werden. Es ist naheliegend, die als Ergebnis der Massenberechnung numerisch vorliegende Massensummenlinie (Massenbilanz) und gegebenenfalls den Massenverteilungsplan unmittelbar mit entsprechenden Zeichenprogrammen in einem automatischen Zeichengerät auftragen zu lassen. Für eine Anwendung auf breiter Basis bedarf es hier noch weiterer Programmentwicklungen, um mit den zeichnerischen Darstellungen, neben einer gewissen Kontrollmöglichkeit der Rechenergebnisse, eine zusätzliche Beurteilungsmöglichkeit des Entwurfs und — mit den genaueren Ausgangsdaten in der Bauentwurfsphase — übersichtliche Unterlagen für Bauvorbereitung und Baudurchführung bezüglich Kalkulation und Organisation zu erhalten.

Die Datenverarbeitung eröffnet aber auch Wege zu einem *neuen Berechnungsverfahren*. Dabei wird der Straßenkörper nicht mehr in von Querschnitten begrenzte Teilkörper aufgeteilt. Er wird stattdessen durch zwei in Achsrichtung durchlaufende Teilkörper mit einer gemeinsamen Bezugsebene repräsentiert und durch exakte Integration als Ganzes erfaßt (Bild 20.29). Der eine Teilkörper besteht aus dem Kunstkörper, der ab der Verschneidungslinie Böschung/Gelände senkrecht zur Bezugsebene begrenzt wird; der andere Teilkörper wird durch das Gelände, die seitlichen senkrechten Begrenzungsflächen und die Bezugsebene definiert (Restkörper). Die Massenermittlung wird dadurch vor allem genauer und schneller [7]. Das bereits vorliegende und durch ein Testprogramm untermauerte Verfahren bedarf noch der Entwicklung auf die Praxis ausgerichteter, anwendungsreifer Programme.

Die Vielfalt an Eingabedaten und Rechenergebnissen wird wie schon erwähnt in der Regel erst beim Bauentwurf voll ausgeschöpft werden. Im Vorentwurf sind allzu detaillierte Ausgangsdaten weder vorhanden noch erforderlich. Die Anwendung der Rechenprogramme, insbesondere für Massenermittlungen, kann und soll diesem Umstand angepaßt werden. Man kann sich daher in Abhängigkeit von der Geländebeschaffenheit und der Genauigkeitsforderung überschläglicher Ermittlungen mit weitgehend generalisierten Geländeeingaben begnügen. Eingabedaten der Gradiente können aus der zeichnerischen Lösung abgegriffen oder abgelesen und im Eingabebeleg er faßt werden. Die Angaben zum Regelquerschnitt schließlich werden ebenfalls einfach, wenn man sich fürs erste beispielsweise auf einen

ERD- UND FELSMASSENBILANZ

STATION	DAMM FLAECHE	ERDE	EINSCHNITTS-FLAECHEN LEICHT.FELS	SCHW.FELS	WASS.BOD.				KORREKTUR -MASSEN	HEBEN DH=1M
INTERVALL	AUFTRAG MASSE	ERDE	ABTRAGS-MASSEN LEICHT.FELS	SCHW.FELS	WASS.BOD.	QUER-TRANSPORT	MASSE AUFTRAG	MASSE ABTRAG	BEDARF BESITZ	SENKEN DH=1M
175.000	0.160	10.034	0.0	0.0	0.0				0.0	423.882
25.000	2.0	257.9	0.0	0.0	0.0	2.0	0.0	255.9	1518.4	348.906
200.000	0.000	10.598	0.0	0.0	0.0				0.0	443.014
25.000	0.0	278.8	0.0	0.0	0.0	0.0	0.0	278.8	1797.2	368.031
225.000	0.0	11.705	0.0	0.0	0.0				0.0	460.206
25.000	82.4*	296.3	0.0	0.0	0.0	0.0	0.0	296.3	2093.5	385.191
250.000	0.0	11.996	0.0	0.0	0.0				0.0	440.063
25.000	0.0	279.0	0.0	0.0	0.0	0.0	0.0	279.0	2372.5	365.064
275.000	0.0	10.323	0.0	0.0	0.0				0.0	420.809
25.000	0.9	227.9	0.0	0.0	0.0	0.9	0.0	227.0	2599.5	345.825
300.000	0.074	7.911	0.0	0.0	0.0				0.0	475.146
25.000	13.4	163.1	0.0	0.0	0.0	13.4	0.0	149.7	2749.2	356.166
325.000	1.000	5.140	0.0	0.0	0.0				0.0	468.657
25.000	28.8	107.5	0.0	0.0	0.0	28.8	0.0	78.8	2828.0	349.670
BLATTSUMME	45.1	1610.5				45.1				
GES. SUMME	125.5	2953.5				125.5				

Bild 20.28. Ergebnisse der Massenberechnung.

trapezförmigen generalisierten Querschnitt über den ganzen Berechnungsabschnitt beschränkt.

Mit den Ergebnissen der Querschnittsberechnungen ergibt sich zusammen mit den im Objektdatenspeicher ebenfalls bereits zugriffsbereit enthaltenen Achsdaten die Möglichkeit, über ein entsprechendes Zeichenprogramm einen ersten ausführlichen Lageplan im automatischen Zeichengerät herstellen zu lassen, soweit dies für die weitere Beurteilung sowie von der Genauigkeit der Ausgangsdaten der Berechnungen her zweckmäßig und angemessen erscheint.

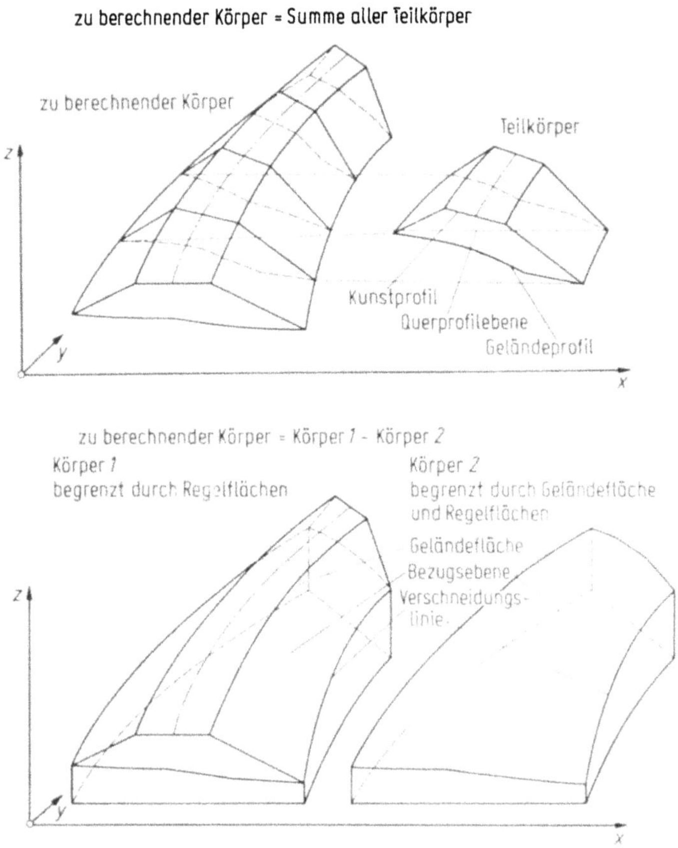

Bild 20.29. Neues Massenberechnungsverfahren: An Stelle der durch Querschnitte begrenzten Teilkörper werden zwei in Achsrichtung durchlaufende Teilkörper mit einer gemeinsamen Bezugsebene zugrunde gelegt [7].

Der Entwurfsingenieur beurteilt die auf die dargelegte Weise im Wege der DV bereitgestellten Rechenergebnisse und Zeichnungen über die Linienführung im Höhenplan, über Querschnitte und Massenbilanz der betreffenden Lageplanvariante (Schritt 14). Dabei stellt sich heraus, ob eine bisher von der Achsberechnung und -kartierung sowie der graphisch entwickelten Gradiente her brauchbar erschienene Lösung bestätigt oder ausgeschieden wird oder der Änderung bedarf.

Korrigierende Wiederholungen von Bearbeitungsschritten (Rücksprung nach *A* im Ablaufdiagramm Bild 20.2) können sich auf den Lageplan und den Höhenplan erstrecken oder auf den Höhenplan allein. Sie lassen sich unter Verwendung gespeicherter Daten aus den vorangegangenen Berechnungen in der Regel gezielt, einfach und schnell durchführen.

Am Ende dieser iterativen Bearbeitungsphase stehen eine oder mehrere technisch brauchbare Entwurfslösungen, die in einer ersten Beurteilung an Hand der Massenbilanzen auch vom Kostenaufwand her vertretbar erscheinen.

20.2.3. Kostenermittlung und -vergleich, Auswahl der günstigsten Trasse, Ausarbeiten und Fertigstellen des Vorentwurfs

Für die als technisch möglich erkannten Lösungen müssen nun umfassendere Kostenschätzungen durchgeführt werden (Schritt 15). Aus den bisherigen Bearbeitungsschritten stehen dafür ausreichende Unterlagen zur Verfügung. Das seitherige Problem, dabei möglichst angemessene Einheitspreise für die einzelnen Bauleistungen in Ansatz zu bringen, wird mehr und mehr durch die Bereitstellung von „Preislisten" gelöst; sie sind ein Ergebnis der mit Hilfe der DV ausgewerteten „Preisspeicher", die wiederum im Zuge der Automatisierung der Ausschreibung von Bauleistungen mittels Datenverarbeitung entstehen (s. Kapitel 36). Im Mittelpunkt der weiteren Entwicklung auf diesem Gebiet steht das Bestreben, auch den Kostenanschlag weitgehend durch entsprechende Rechenprogramme vornehmen zu lassen.

Hier wird ein besonderer Vorteil der Anwendung der DV bereits beim Vorentwurf deutlich: genauere Massenermittlungen und genauere Einheitspreise ermöglichen genauere Kostenermittlungen; dadurch werden zum Beispiel keine infolge zu hoher Kostenschätzungen unnötigen Geldmittel über einen längeren Zeitraum gebunden und ihre bessere Verteilung gewährleistet.

Weitergehende Kostenermittlungen schließen nicht nur die Baukosten ein, sondern die gesamten Baulastträgerkosten und die Straßennutzerkosten (DV-Verfahren für wirtschaftliche Vergleichsrechnungen im Straßenbau [11]). Die vorteilhafteste Variante ist dann jene, für die die Summe der Baulastträger- und Straßennutzerkosten ein Minimum wird (s. auch Kapitel 13).

Im Rahmen dieser Kostenermittlungen ist auch zu beurteilen, ob nach weiteren, kostengünstigeren Lösungen zu suchen ist (Schritt 16). Dieser Frage kann der Entwurfsingenieur jetzt in stärkerem Maße seine Aufmerksamkeit widmen, da eine Wiederholung von Bearbeitungsschritten unter Anwendung der Rechen- und Zeichenprogramme gegenüber manueller Bearbeitung wesentlich weniger zeitraubend ist.

Die gewonnenen Unterlagen der Entwurfslösungen erlauben schließlich eine sichere vergleichende Wertung, Beurteilung und letztlich die Auswahl der günstigsten Trasse (Schritt 17).

Für die ausgewählte Trasse können nun Lagepläne, Höhenpläne und ausgezeichnete Querschnitte mit Hilfe der im Objektdatenspeicher aufbewahrten Daten der vorausgegangenen Berechnungen und der entsprechenden Zeichenprogramme weitgehend automatisch hergestellt werden (Schritt 18). Vom Entwurfsingenieur sind dazu lediglich einige allgemeine, im wesentlichen Maßstab, Blattformat und Beschriftung betreffende Angaben zu machen.

Eine, insbesondere hinsichtlich der Beschriftung, vollständig automatisierte Planherstellung wäre bei dem derzeitigen Stand automatischer Zeichengeräte zwar technisch möglich, aber von der wirtschaftlichen Seite her wenig sinnvoll. Im Zeichengerät kann zunächst nur das in eine Zeichnung umgesetzt werden, was an Daten in irgendeiner Form vom Verarbeitungsprozeß der Rechenprogramme her zur Verfügung steht. Weitere Daten, die zum Informationsgehalt eines Planes gehören, wie z.B. bestimmte Signaturen, Schriftzeichen, Maßstabsangaben, gewisse Texte u.dgl. müssen entweder in das Zeichenprogramm eingebaut oder als zusätzliche Daten eingegeben werden. Hier gibt es eine am „Erforderlichen" ausgerichtete Grenze. Das Zeichnen (Schreiben) von Zahlen, Buchstaben und vielfältigen Signaturen ist trotz hoher Arbeitsgeschwindigkeit der Geräte verhältnismäßig zeitaufwendig, abgesehen davon, daß in dem einen oder anderen Punkt eine manuelle Ergänzung schneller geht und der Plangestaltung dienlicher ist. Daher wird mit den Zeichenprogrammen ein vertretbares Minimum an Beschriftung und zeichenzeitaufwendigen Signaturen — wie der Böschungsschraffur, die man beispielsweise durch ein „D" für Damm und ein „E" für Einschnitt hinreichend ersetzen kann — angestrebt.

Die automatisch erstellten Pläne sind also noch manuell zu ergänzen und vor allem im Sinne der Richtlinien für einheitliche Entwurfsgestaltung [5] weiter auszuarbeiten (Schritt 19). Dazu gehört u.a. auch die Einarbeitung der vorwiegend überschläglichen, zeichnerischen Untersuchungen und Darstellungen über kreuzende Wege, Knotenpunkte, Bauwerke, Bodenaufschlüsse usw., die teilweise schon mit den vorausgehenden Bearbeitungsschritten, teilweise auch erst in diesem Stadium durchgeführt werden können. Ferner sind auch die Kostenermittlungen entsprechend zu ergänzen. Dabei können die erläuterten Rechenprogramme für eventuelle einzelne Berechnungen Unterstützung bieten.

Falls sich im Zuge dieser Ausarbeitung oder der weiteren Abstimmung mit den an der Planung zu beteiligenden Stellen keine Änderungen mehr ergeben (Schritt 20), kann schließlich der Vorentwurf mit allen notwendigen Plänen und Beschreibungen fertiggestellt werden (Schritt 21).

20.3. Datenverarbeitung beim Bauentwurf

(Bild 20.3.)

In der Phase des Bauentwurfs sind die baureifen Unterlagen der im Vorentwurf weitgehend festgelegten Trassenführung zu erstellen. Der Umfang der Arbeit ergibt sich aus der Forderung der Bauausführung nach einem Höchstmaß an Genauigkeit und Vollständigkeit im Detail. Die wie im Vorentwurf gleichfalls iterative Entwurfsbearbeitung vollzieht sich im großen Planmaßstab und in rechenintensiven Arbeitsschritten. Im Prinzip wird die mit dem Vorentwurf begonnene und zu einem Teilabschluß gebrachte Arbeit fortgesetzt.

Die zur Verfügung stehenden DV-Programme sind neben einigen weiteren die gleichen, wie sie bereits im Abschnitt über den Vorentwurf erläutert wurden, jedoch wird jetzt durch differenzierte und genauere Eingabedaten die Vielfalt der in den Programmen enthaltenen Berechnungsmöglichkeiten ausgeschöpft.

In dem Ablaufschaubild (Bild 20.3) ist ein Weg der DV-Anwendung im Ablauf der Bearbeitung des Bauentwurfes aufgezeigt; er wird in dem einen oder anderen Bearbeitungsschritt nach jeweiligen projektabhängigen Erfordernissen sinngemäß abzuwandeln sein. So wird in der Praxis eines Entwurfsteams die Bearbeitung von Entwurfsteilen natürlich nicht streng in der dargestellten Reihenfolge der Bearbeitungsschritte erfolgen, sondern es wird eine gewisse Parallelbearbeitung vor sich gehen, beispielsweise beim Entwurf von Über- oder Unterführungen und Knotenpunkten oder durch frühzeitigen Beginn der Geländeerfassung, nachdem die Achse festliegt.

20.3.1. Überprüfung und weitere Ergänzung der Planungsunterlagen

Der Entwurfsingenieur prüft und entscheidet, ob die Karten (Grundpläne) und Geländedaten, gegebenenfalls als digitales Geländemodell (DGM), aus dem Vorentwurf für die Bearbeitung der baureifen Unterlagen ausreichen (Schritt 22).

Wenn ja, können einige aufwendige Arbeiten (Schritte 23 bis 26) entfallen. Hier wird deutlich, wie vorteilhaft bereits zu Beginn des Vorentwurfs vorausschauende Überlegungen hinsichtlich des Einsatzes der DV und der Photogrammetrie sind, indem nicht selten, zumindest teilweise, schon die Voraussetzungen für die nachfolgenden Arbeitsschritte geschaffen werden (siehe Abschnitt 20.2.1.).

Genügen die Karten nach Maßstab (1:1000 oder 1:2000), Genauigkeit und Informationsgehalt nicht den Anforderungen, werden zunächst die Grundpläne möglichst durch Anwendung der Photogrammetrie, ansonsten durch terrestrische Messungen, hergestellt oder ergänzt. Zugleich kann gegebenenfalls eine genauere Erfassung des Geländes als digitales Geländemodell erfolgen (Schritte 23, 24).

In die nunmehr genaueren Grundpläne größeren Maßstabes ist die Achse des Vorentwurfs als Grundlage und Ausgangspunkt für die weiteren Arbeiten zu kartieren (Schritte 25, 26). Diese vor allem wegen der erforderlichen Genauigkeit manuell aufwendige Zeichenarbeit erledigt das mit Hilfe eines entsprechenden Zeichenprogramms gesteuerte (automatische) Zeichengerät schneller und genauer. Die dazu benötigten Daten stehen aus der Achsberechnung des Vorentwurfs im Objektdatenspeicher bereit.

20.3.2. Bestimmung von Fest- und Zwangspunkten und Überprüfung der Achse des Vorentwurfs

An Hand der kartierten Achse und des aus dem Vorentwurf bekannten Interessenstreifens des Geländes können die für die spätere Absteckung erforderlichen Festpunkte örtlich erkundet und eingemessen werden. Zugleich erfolgt die Messung von Zwangspunkten (Schritt 27); aus den Meßwerten sind die Koordinaten dieser Punkte zu berechnen und im Lageplan zu kartieren.

Wie schon bei ähnlichen Aufgaben des Vorentwurfs bringen hierfür die vorhandenen Vermessungsprogramme eine wesentliche Unterstützung (Schritte 28, 29, 30). An dieser Stelle besonders hervorzuheben sind die Programme zur *Festpunktberechnung*:

— Die *Eingabedaten* für Festpunkt- und Zwangspunktberechnungen bestehen aus den Meßwerten (Winkel, Strecken) der „Neupunkte“ und aus den gegebenen Koordinaten von Festpunkten des Landesnetzes (oder eines sontigen Bezugssystems).
— Das *Ergebnis* der Berechnungen sind die Koordinaten der Neupunkte und der Zwangspunkte, die in übersichtlichen Listen ausgedruckt und zugleich im Objektdatenspeicher für die Weiterverarbeitung aufbewahrt werden.

In einem weiteren Berechnungsschritt werden mit den im Objektdatenspeicher enthaltenen Achsdaten und Zwangspunktkoordinaten die Abstände zwischen Achse und Zwangspunkten zur Überprüfung der Linienführung ermittelt (Zwangspunktdiagnose). Das automatische Zeichengerät stellt schließlich Achse, Festpunkte und Zwangspunkte im Lageplan dar.

Die Überprüfung der berechneten und jetzt im größeren Maßstab dargestellten Lage der Achse zu den Zwangspunkten kann erneut zu Trassenänderungen führen (Schritte 31, 32). Dies wird allerdings umso weniger der Fall sein, je intensiver und relativ genauer — mit Hilfe der DV — der Vorentwurf bearbeitet wurde. Dennoch erforderliche Änderungen sind bei konsequenter Anwendung der Datenverarbeitung für den Entwurfsingenieur weitaus weniger aufwendig als bei manueller Arbeitsweise. Je nach Umfang der Änderungen werden dabei verschiedene Arbeitsschritte (aus 3 bis 17 und ab 27) *sinngemäß* wiederholt, allerdings jetzt gezielter, von genauren Anhaltspunkten und Unterlagen ausgehend sowie unter weitgehender Verwendung bereits im Objektdatenspeicher vorhandener Werte.

20.3.3. Graphische und rechnerische Bearbeitung von kreuzenden Verkehrswegen und Knotenpunkten

Liegt die Achse nach dieser Überprüfungsphase fest, kann die erforderliche neue Führung kreuzender Straßen, Wege, Wasserläufe u.dgl. in einer ersten Entwicklungsphase im Lage- und Höhenplan entworfen werden (Schritt 33). Dabei entspricht der Ablauf der Bearbeitung jeder dieser Folgemaßnahmen (Nebentrassen), soweit es sich um Straßen handelt, im Prinzip den Vorentwurfsschritten (3 bis 17) für die Haupttrasse — allerings nicht in der für die Haupttrasse notwendigen ausgeprägten Form und mit unterschiedlichem Aufwand bei den einzelnen Folgemaßnahmen. Dies gilt sinngemäß auch für die Anwendung der dargeleten DV-Programme. Die anfallenden Lageplan- und Höhenplandaten der Folgemaßnahmen stehen schließlich ebenfalls im Objektdatenspeicher für die weitere Entwurfsbearbeitung bereit.

Der erreichte Stand der Entwurfsbearbeitung für die Haupttrasse und die Nebentrassen (kreuzende Verkehrswege) ermöglicht im weiteren den zunächst graphischen Entwurf der Knotenpunkte im Lage- und Höhenplan (Schritt 34), wobei deren Lage und Form und gewisse sich daraus ergebende Einflüsse bei den vorausgegangenen Arbeitsschritten bereits berücksichtigt wurden.

Eine zusammenschauende Beurteilung der Trassierungen im Knotenpunktbereich (Schritt 35) führt gegebenenfalls zu einer iterativen Anpassung der Nebentrasse an die weitgehend festliegende Haupttrasse, bis eine zunächst zufriedenstellende Lösung erreicht ist. Sodann können, im wesentlichen unter direkter Verwendung der im Objektdatenspeicher vorhandenen Achsdaten, die Schnittpunkte zwischen Haupt- und Nebenachsen berechnet werden (Schritt 36).

20.3.4. Geländeerfassung

Die Wahl des Verfahrens für die Ermittlung der zur weiteren Ausarbeitung des Bauentwurfs benötigten Geländedaten hängt davon ab, ob von den früheren Arbeitsphasen der Beschaffung und Erstellung der Grundpläne her im Objektdatenspeicher ein digitales Geländemodell vorhanden ist (Schritt 37) oder ob die Möglichkeit photogrammetrischer Profilauswertung gegeben ist (Schritt 38).

20.3.4.1. Achsabsteckung und Auswertung terrestrischer Profilaufnahmen

Ist kein digitales Geländemodell vorhanden und ist auch eine photogrammetrische Profilmessung nicht (oder nur teilweise) möglich, müssen Haupt- und Nebenachsen im Gelände abgesteckt und anschließend Geländelängs- und -querprofile aufgenommen werden. Dazu müssen zunächst die Absteckwerte berechnet werden.

a) *Absteckungsberechnung*
An Stelle umfangreicher, trotz Tischrechenmaschine sehr zeitaufwendiger Rechenarbeit bei herkömmlicher manueller Bearbeitung wird mit besonderem Vorteil für die *Absteckungsberechnung* das diesbezügliche DV-Programm angewendet (Schritte 39, 40, 41); dies gilt vor allem, wenn die vorausgegangenen Festpunkt- und Achsberechnungen ebenfalls im Wege der DV durchgeführt worden sind. In diesem Falle — der die Regel sein sollte — stehen die meisten benötigten *Eingabedaten*, nämlich die Koordinaten der Achshauptpunkte und des Festpunktsystems (z.B. des Polygonzuges), im Objektdatenspeicher bereits zur Verfügung; zusätzlich sind vom Entwurfsingenieur lediglich noch das sog. Absteckungsintervall zur Definition der Stationen der abzusteckenden Kleinpunkte, gegebenenfalls die Stationen besonderer Punkte (z.B. Schnittpunkte) sowie einige weitere spezielle Daten zum

jeweiligen Absteckungsverfahren (Orthogonal-, Polarmethode, Sehnen-Winkelmethode, Pfeilhöhenmethode) anzugeben.

Hier wird der Vorteil einer konsequenten Anwendung des Programmsystems für den Lageplan sichtbar. Würde man beispielsweise Achs- und Festpunktberechnungen manuell durchführen, müßten die Koordinaten für die Absteckungberechnung erst in Eingabebelegen ermittelt und auf Datenträger übernommen werden; das bedeutet Mehraufwand und zusätzliche Fehlerquellen.

Die *Ergebnislisten* enthalten neben den Koordinaten der Kleinpunkte sämtliche Absteckwerte (Strecken- und Winkelmaße), die für die Übertragung der Achse in das Gelände nach den genannten Absteckungsverfahren erforderlich sind. Die Anwendung des Rechenprogramms ermöglicht es dem Ingenieur, gegebenenfalls abschnittweise, das nach Geländebedingungen und Genauigkeit geeignetste Absteckungsverfahren heranzuziehen.

b) *Achsabsteckung und Geländeaufnahme*

Mit den Absteckwerten erfolgt die Absteckung der Haupt- und Nebenachsen im Gelände sowie die Geländeerfassung in Form von Längs- und Querprofilen (Schritt 42). Die Anwendung moderner Meßinstrumente mit automatischer Übertragung der Meßwerte auf Datenträger bringt eine Rationalisierung der zeit- und personalaufwendigen Feldarbeiten.

c) *Auswertung terrestrischer Profilaufnahmen*

Für die Berechnung der Längs- und Querprofilhöhen aus den Profilmessungen stehen wiederum DV-Programme zur Verfügung (Schritte 43, 44, 45). *Eingabedaten* sind die Meßwerte (Abstände, Höhendifferenzen, Bezugspunkte) und einige allgemeine Angaben des angewendeten Profilaufnahmeverfahrens (Nivellement, Staffelmessung, Tachymetermessung). Die gemessenen Werte können unmittelbar aus den Feldbuchformularen abgelocht werden oder stehen bei Anwendung entsprechender Meßinstrumente bereits auf weiterverarbeitbaren Datenträgern zur Verfügung. Mit den Geländeeingabedaten können auch — soweit schon bekannt — die Meßwerte für zusätzliche Bodenhorizonte (Abstände von der Achse und Höhendifferenzen (Bohrtiefen) zwischen Gelände und Bodenhorizonten) erfaßt werden.

Das Ergebnis der Berechnung besteht aus den Koordinaten der Profilpunkte (Abstand von der Achse und Höhe ü. NN), die in übersichtlichen Listen ausgedruckt werden; sie stehen zugleich in geeigneter Form als Eingabedaten für nachfolgende Querschnitts-, Massen- und Sichtweitenberechnungen zur Verfügung.

20.3.4.2. *Auswertung photogrammetrischer Profilmessungen*

Die besonderen Auswertegeräte und Verfahren der Photogrammetrie können — ausgehend von den Stereomodellen aus Luftbildaufnahmen und der kartierten Achse im Lageplan — dem Entwurfsingenieur Listen mit den Achsabständen und Höhen (ü. NN) der Profilpunkte liefern. In diesem Falle müssen die Ergebnisse der Profilauswertung für eine DV-Weiterverarbeitung (Berechnungen, automatische Herstellung der Profilzeichnungen) auf Datenträger übertragen werden, wozu häufig vorher erst die Daten in besondere Ablochbelege einzutragen sind. Bei manueller Weiterbearbeitung müssen Geländelängsprofil und gegebenenfalls Querprofile aus den photogrammetrisch gewonnenen Profillisten aufgetragen werden.

Eine zweifellos rationellere Methode ergibt sich aus der systematischen Verbindung der photogrammetrischen Profilauswertung mit der Datenverarbeitung. Vorhandene Rechenprogramme verarbeiten die Meßwerte (Modellkoordinaten) zu sog. Baukoordinaten (Achsabstände und Höhen ü. NN) der Profilpunkte

(Schritte 43, 44, 45). Dabei werden in einer ersten Programmphase die Beziehungen zwischen dem Modellkoordinatensystem (Stereomodell) und dem Landeskoordinatensystem über die sog. Paßpunkte ermittelt (Photogrammetrische Modelltransformation). Eingabedaten sind somit im wesentlichen die Modellkoordinaten und die Landeskoordinaten der Paßpunkte. Das wichtigste Ergebnis sind die Transformationskonstanten für die Umrechnung von Modellkoordinaten in Landeskoordinaten.

Mit Hilfe der Transformationskonstanten können in einer weiteren Programmphase schließlich die Modellkoordinaten aller im Stereomodell erfaßten Geländepunkte zu Landeskoordinaten umgerechnet werden. Aus den in Profillinien zusammengefaßten Modellpunkten und den im Objektdatenspeicher bereits enthaltenen oder zusätzlich eingegebenen Achshauptpunkten ermittelt das Programm letztlich die auf die Achse bezogenen Koordinaten der Querprofilpunkte (Photogrammetrische Profiltransformation).

Die *Ergebnisse* dieser photogrammetrisch-DV-technischen Profilauswertung werden, nach Achsstationen geordnet, in Listenform ausgegeben und stehen ferner in der für die DV-Weiterverarbeitung erforderlichen Form zur Verfügung.

20.3.4.3. Profilermittlung aus einem digitalen Geländemodell

Wesentlich vorteilhafter gegenüber den terrestrischen oder photogrammetrischen Profilaufnahmeverfahren ist die sie ersetzende Profilermittlung aus einem im Objektdatenspeicher vorhandenen digitalen Geländemodell (Schritte 44, 45). Hierzu sei auch auf die Ausführungen zum Vorentwurf verwiesen. Der Entwurfsingenieur braucht nur noch wenige allgemeine Daten, wie z.B. die Auswertungsbreite der Profile, einzugeben. Mit den ebenfalls im Objektdatenspeicher vorhandenen Achsdaten berechnen Auswerteprogramme aus dem Geländemodell die Geländeprofile.

Die Programme zur photogrammetrischen Profilauswertung können in gleicher Weise durch photogrammetrische Punktauswertung auch der Erstellung des Geländemodells dienen. Auch wird die als wirtschaftliches Meßverfahren bekannte tachymetrische Geländeaufnahme in Zusammenhang mit einem DGM in ihrer Anwendungsmöglichkeit für den Straßenentwurf entscheidend verbessert; denn die über die zeichnerische Darstellung aufwendige und ungenaue manuelle Profilauswertung von Tachymeteraufnahmen schränkte die Anwendung dieses Verfahrens erheblich ein.

20.3.4.4. Zeichnerische Darstellungen

Die Ergebnisse der vorstehend aufgezeigten Verfahren der Geländeerfassung sind die numerischen Werte der Profilpunkte des Geländes. Bei herkömmlich-manueller Entwurfsbearbeitung werden diese Werte benötigt, um Geländelängs- und querprofile zu zeichnen; über diesen Profilen wird der Straßenkörper schließlich im Höhenplan und in Querschnitten entwickelt und dargestellt; mit den Querschnitten erfolgt im weiteren die Massenermittlung.

Bei einer Entwurfsbearbeitung mit Hilfe der DV übernehmen Rechenprogramme die Querschnittsentwicklung und Massenberechnung. Insofern sind die ermittelten Profilpunkte in der ausführlichen numerischen Form vor allem Vorstufe für die Weiterverwendung bei der späteren elektronischen Querschnitts- und Massenberechnung während der Entwurfsingenieur in diesem Stadium primär an der zeichnerisceh Darstellung des Geländelängsprofils und gegebenenfalls von Querprofilen an bestimmten Stellen des Entwurfsabschnittes interessiert ist. Diese Planungsunterlagen liefert das automatische Zeichengerät, wobei die Ergebnisse der

Rechenprogramme unmittelbar den Zeichenprogrammen zugeführt werden (Schritte 44, 45).

Durch die vorangegangene Anwendung der DV bereits bei der Bearbeitung der Haupt -und Nebentrassen im Vorentwurf stehen teilweise auch schon Gradientendaten und Querschnittsdaten in einer weiterverarbeitbaren Form im Objektdatenspeicher bereit. So kann sich der Entwurfsingenieur vom automatischen Zeichengerät mit den Geländelängsprofilen zugleich auch die Gradienten und gegebenenfalls an bestimmten Stellen mit den Geländequerprofilen auch den Straßenkörper auftragen lassen und damit gute Ausgangsunterlagen für den nächsten Bearbeitungsschritt schaffen.

20.3.5. Festlegen der Gradienten und Herstellen der Höhenpläne

Der nächste Arbeitsschritt besteht darin, aus den Geländelängsprofilen und den Höhenplänen (mit der Gradiente des Vorentwurfes) die genauen Zwangspunkte für die Gradienten der Haupt- und Nebentrassen, u.a. auch an Hand der Ergebnisse der Bodenuntersuchungen, zu ermitteln, um die Gradienten zu überprüfen und gegebenenfalls im Detail zu verbessern oder zu verfeinern (Schritt 46). Anschließend ist die im Plan verbesserte Gradiente rechnerisch zu kontrollieren.

Bei manueller Arbeitsweise ist der Entwurfsingenieur zugleich bestrebt, die zeitaufwendigen Zeichnungen für die endgültigen Höhenpläne so früh wie möglich in Angriff zu nehmen, obwohl diese Arbeiten noch nicht kontinuierlich ausgeführt werden können, weil an der einen oder anderen Stelle, beispielsweise im Bereich von Knotenpunkten, noch Angaben fehlen und sogar Änderungen noch nicht ausgeschlossen sind.

Bei konsequenter Anwendung der Datenverarbeitung ist es nicht mehr nötig, nach frühzeitiger Inangriffnahme der endgültigen Höhenplanzeichnungen zu streben. Die Gradientenberechnung und das Zeichnen der Höhenpläne, hier zunächst vorläufiger Höhenpläne zur Zwischenbeurteilung (Schritt 50), werden — mit den jetzt genaueren Eingabedaten aus den verbesserten Planunterlagen — dem entsprechenden Rechen- und Zeichenprogramm übertragen (Schritte 47, 48, 49) (s. die Erläuterungen zu den Programmen im Abschnitt über den Vorentwurf). Die Geländedaten dazu stehen im Objektdatenspeicher bereit.

Die endgültigen Höhenplanzeichnungen werden dann erst später, in der Endphase des Bauentwurfs, durch das automatische Zeichengerät hergestellt, zu einem Zeitpunkt also, zu dem keine Änderungen mehr zu erwarten sind. Dies gilt sinngemäß auch für die endgültigen Lagepläne, und, soweit erforderlich, für die Querschnitte.

Hier wird die besonders vorteilhaft veränderte Disposition und Arbeitsweise im Entwurfsablauf deutlich, die sich durch die Datenverarbeitung unter Hinzuziehung des schnellen automatischen Zeichengerätes ergibt.

In diesem Entwurfsstadium, in dem es um die endgültige Festlegung der Gradienten und nachfolgend um die Querschnittsgestaltung geht, ist eine weitere Anwendungsmöglichkeit der DV von Bedeutung, für die es keinen vergleichbaren Arbeitsschritt bei der herkömmlichen manuellen Entwurfsbearbeitung gibt: Mit einem vorhandenen Rechenprogramm können *Sichtfeldberechnungen* durchgeführt werden (Schritte 47, 48, 49). Als Sichtfeld wird der durch Querschnittsflächen beschreibbare Bereich längs der geplanten Straße verstanden, der, um ausreichende Sichtweiten zu bieten, keine Sichthindernisse enthalten darf.

Das Programm liefert somit Sollwerte zur Fahrersicht, und zwar in einem Entwurfsstadium, in dem teilweise noch die Linienführung, insbesondere aber die Festlegungen bezüglich Querschnittsgestaltung und Kunstbauwerke noch in Bearbeitung sind, so daß die Sichtwerte dabei berücksichtigt werden können. Dadurch werden manche entwurfsbedingte Sichtmängel von vornherein vermieden, die sich sonstbei der erst später an Hand des praktisch fertigen Entwurfs möglichen genaueren Sichtweitenüberprüfung herausstellen und dann oftmals nur schwer und mit erheblichem Änderungsaufwand zu beseitigen sind. Unter Umständen kann sogar die Anwendung dieses Programms bereits in der Vorentwurfsphase zweckmäßig sein.

Eingabedaten, zu entnehmen dem Objektdatenspeicher, sind die Ergebnisse der Achshauptpunktberechnung (Koordinaten, Elemente) und die Gradientendaten (Tangentenschnittpunkte, Ausrundungshalbmesser), die den Straßenverlauf beschreiben. Vom Entwurfsingenieur sind die geforderte Sichtweite, Abstand und Höhe des Beobachterstandpunktes (des Fahrers) sowie des Zielpunktes von bzw. über der Achse, das Stationsintervall der Querschnitte und die Zahl der pro Querschnitt zu berechnenden Sichtfeldpunkte anzugeben (Bild 20.30).

KA	NA	Anfangsstation des Bereichs / Sichtweitenberechnung Anfangsstation	Endstation des Bereichs / Endstation	Stationsintervall der Straßenquerschnitte, an denen Durchdringungspunkte berechnet werden	Geforderte Sichtweite	seitlicher Abstand des Beobachterstandpunkts	Höhe des Beobachterpunktes über der Achse	seitlicher Abstand des Objektpunktes von der Achse	Höhe des Objektpunktes über der Achse	NB	NB = Anzahl der Durchdringungspunkte je Querschnitt (max. 20)
018	1	100	1400	100	100	175	100	175	0	20	
018											
018											

Bild 20.30. Beispiel eines Ablochbelegs für die Sichtfeldberechnung.

STATION	QUERPROFIL GRAD.HOEHE							
ABSTAND	DH	HOEHE	ABSTAND	DH	HOEHE	ABSTAND	DH	HOEHE
300.000	263.561							
1.72	0.05	263.610	1.66	0.10	263.660	1.55	0.15	263.710
1.42	0.19	263.756	1.27	0.24	263.796	1.10	0.27	263.832
0.92	0.30	263.864	0.73	0.33	263.895	0.56	0.36	263.925
0.40	0.39	263.955	0.28	0.43	263.987	0.19	0.46	264.023
0.14	0.50	264.062	0.15	0.55	264.107	0.22	0.60	264.159
0.36	0.66	264.219	0.58	0.73	264.287	0.88	0.81	264.366
1.27	0.90	264.457						
400.000	266.052							
1.16	-0.03	266.023	0.63	-0.05	266.001	0.15	-0.06	265.989
-0.26	-0.07	265.985	-0.60	-0.06	265.989	-0.89	-0.05	266.002
-1.10	-0.03	266.023	-1.26	-0.00	266.052	-1.35	0.04	266.090
-1.38	0.08	266.135	-1.35	0.14	266.189	-1.26	0.20	266.252
-1.10	0.27	266.322	-0.89	0.35	266.401	-0.60	0.44	266.489
-0.26	0.53	266.584	0.15	0.64	266.688	0.62	0.75	266.801
1.15	0.87	266.922						

Bild 20.31. Ergebnisse der Sichtfeldberechnung (Beispiel).

Das Programm simuliert bei der Sichtfeldermittlung den Vorgang, bei dem sich der Fahrzeugfahrer (Beobachter) schrittweise auf der Straße bewegt und ein Objekt (Zielpunkt) in konstanter Entfernung (geforderte Sichtweite) voraus auf der Straße betrachtet. Die Verbindungslinie vom jeweiligen Beobachterstandpunkt zum Zielpunkt, die Blickrichtung, durchdringt dabei die durch das Stationsintervall definierten (beispielsweise als Scheiben vorstellbaren) Querschnittsflächen, die zwischen Beobachter und Zielpunkt liegen. Berechnet werden die Koordinaten der durch die Blicklinie erzeugten Durchdringungspunkte der Querschnitte. Die

Schrittweite, mit der sich der Beobachter über den Berechnungsabschnitt bewegt, wird vom Programm aus der vorgegebenen Anzahl der gewünschten Durchdringungspunkte pro Querschnitt ermittelt. Auf diese Weise ergeben sich in jedem Querschnitt Punkte, die auf der Sichtfeldbegrenzungslinie liegen und damit das von Sichthindernissen freizuhaltende Sichtfeld beschreiben.

Die *Ergebnisliste* der Berechnung enthält für jede Querschnittsstation die Koordinaten der Sichtfeldpunkte, d.h. Abstand von der Fahrbahnachse und Höhe über der Fahrbahnachse sowie die NN-Höhen (Bild 20.31); die Ergebnisse können insbesondere aber zusammen mit den Geländequerprofildaten unmittelbar im automatischen Zeichengerät mit einem entsprechenden Zeichenprogramm als Querschnittszeichnung dargestellt werden. Damit sind zusätzliche instruktive Unterlagen zur Berücksichtigung von Sichtbedingungen bei der weiteren Entwurfsbearbeitung gewonnen.

20.3.6. Querschnitts- und Massenberechnung

Die Entwicklung und Darstellung des Straßenkörpers in Querschnitten über den Geländequerprofilen erfolgt, ausgehend von den Gradientenhöhen, an Hand des sog. Regelquerschnittes. Die Querschnitte dienen einerseits der Flächen- und Massenermittlung, andererseits der Absteckung und Herstellung des Straßenkörpers. Der Regelquerschnitt enthält deshalb alle Regelmaße und -neigungen für Fahrbahn, unbefestigte Seitenstreifen, Frostschutzschicht, Planum, Damm- und Einschnittböschungen sowie einige weitere Einzelheiten zur Fahrbahnbefestigung und Entwässerung (Schritt 51). Zusätzlicher Festlegungen bedarf es in Bereichen der Trasse, in denen eine vom Sollquerschnitt abweichende Ausführung, beispielsweise durch Fahrbahnverbreiterung, andere Böschungsformen (Bermen), seitliche Auffüllungen und Ausschlitzungen, Stützmauern usw., notwendig oder zweckmäßig ist.

An Stelle der zeitaufwendigen manuellen, teils rechnerischen, teils zeichnerischen Bearbeitung kommen nun erneut die schon beim Vorentwurf besprochenen Rechenprogramme für Fahrbahnhöhen-, Querschnitts- und Massenberechnung zur Anwendung, jetzt aber mit genaueren und ins einzelne gehenden Ausgangsdaten (Schritte 52, 53, 54).

Die übersichtlichen Ergebnislisten enthalten alle für die Bauausführung benötigten Koordinaten der Querschnittspunkte sowie die Flächen- und Massenwerte. Auf umfangreiche Querschnittszeichnungen wie bei der manuellen Arbeitsweise kann verzichtet werden; die Darstellung von Querschnitten mit der automatischen Zeichenanlage unter direkter Verwendung der Rechenergebnisse kann sich auf ausgewählte oder besondere Stellen für Beurteilung und Kontrolle beschränken. Als Ergebnis der Querschnittsberechnung stehen ferner im Objektdatenspeicher die für nachfolgende Sichtweitenberechnungen relevanten Querschnittspunkte zur Verfügung.

Die Massensummenlinie für die Haupttrasse, die ebenfalls mit Hilfe der Rechenergebnisse automatisch gezeichnet werden kann, bildet eine weitere instruktive Unterlage für die Bauvorbereitung und -ausführung. Ein Abschluß der DV-Entwicklung, auch hinsichtlich der Massenverteilung, ist hier noch nicht erreicht.

Mit den Ergebnissen der Querschnitts- und Massenberechnung einschließlich der zeichnerischen Darstellungen hat der Entwurfsingenieur die Möglichkeit einer umfassenden Zwischenbeurteilung des Entwurfs, gegebenenfalls unterstützt durch automatisch gezeichnete Lagepläne (Schritte 55, 56, 57). Sind Änderungen erforderlich, werden Bearbeitungsschritte sinngemäß und in dem notwendigen Umfang wiederholt. Mit besonderem Vorteil wird dabei auf im Objektdatenspeicher aufbewahrte Daten früherer Arbeitsschritte zurückgegriffen.

20.3.7. Weitere Ausarbeitung und Überprüfung des Bauentwurfs

20.3.7.1. Knotenpunkte

In der Bearbeitung des Bauentwurfs folgt die genaue Ausarbeitung der Knotenpunkte auf der Grundlage der graphischen Entwürfe (Schritt 58). Knotenpunkte und freie Strecken beeinflussen sich gegenseitig. Insofern ist eine gewisse iterative Parallelbearbeitung teils erforderlich, teils zweckmäßig; sie ist abhängig von den Projektbedingungen (z.B. Bedeutung des Knotenpunktes) und dem Ermessen des Entwurfsingeneurs. Haupttrasse und Nebentrasse des kreuzenden Verkehrsweges sollten aber schon so weitgehend untersucht und ausgearbeitet sein, daß die besonders aufwendige Entwurfsarbeit für Knotenpunkte nicht unnötig durch Trassenänderungen vergrößert wird.

Unter dieser Voraussetzung entsprechen die Schritte zur Bearbeitung von Lageplan, Geländeerfassung, Gradienten, Querschnitten und Massenermittlungen bei Knotenpunkten im Prinzip und sinngemäß den Schritten und Entscheidungen bei freien Strecken, allerdings unter Berücksichtigung zusätzlicher Zwangsbedingungen. Weitgehend und im Ablauf ähnlich wie bei den freien Strecken kann für Festpunkt-, Achs- und Absteckungsberechnungen und für die Geländeprofilauswertungen auf die dargelegten Rechenprogramme sowie die zugeordneten Zeichenprogramme zurückgegriffen werden. Ergänzende Programme übernehmen die Berechnung der senkrechten Abstände zweier Achsen (z.B. in den Anschlußbereichen der Knotenpunktäste an die Hauptfahrbahnen), die Berechnung der Scnnittpunkte von Achsen oder Achsparallelen (z.B. Trenninselspitzen) und die Berechnung der Normalenschnitte zweier Achsen (z.B. für korrespondierende Querprofile der Knotenpunktäste).

Bei der Trassierung und Berechnung der Gradienten, der Querschnittsbearbeitung und der Massenermittlung aus Querschnitten hingegen ist die Verwendung der auf die freie Strecke ausgerichteten Programme nur begrenzt möglich; die besonderen Zwangsbedingungen für die Höhenplantrassierung, die sich aus der Lage der Hauptfahrbahnen, aus der gegenseitigen Abhängigkeit der Knotenpunktäste, aus ihrem Anschluß an die Hauptfahrbahnen und aus Gesichtspunkten der Entwässerung ergeben sowie die flächenhaften Erdkörper erfordern noch die Entwicklung geeigneter zusätzlicher, aufeinander abgestimmter Programme. Diese Programme müssen vor allem in der Lage sein, aus den durch Punkte, Neigungen und Ausrundungselementen beschriebenen Zwangsbedingungen die zweckmäßigen Gradienten der Knoten punktäste zu entwickeln.

20.3.7.2. Sichtweitenberechnung

Der Stand des Bauentwurfs ermöglicht nun auch die Überprüfung vor allem der Haupttrasse auf ausreichende Sichtweiten — eine für die Verkehrssicherheit und damit für die Qualität des Entwurfs bedeutsame Untersuchung, obwohl bei der Trassierung Sichtverhältnisse schon berücksichtigt werden. Diese Überprüfung kann oftmals wegen des Aufwandes nur in begrenztem Umfang und mit verminderter Genauigkeit vorgenommen werden. Wieder können hier vorhandene DV-Programme die Überprüfung wesentlich erleichtern (Schritt 59), wie im fogenden am Beispiel des Sichtweitenprogramms eines Programmsystems (IBM [3]) deutlich wird.

Die Zusammenstellung der *Eingabedaten* erfordert nur wenig Aufwand, wenn bei den vorausgegangenen Entwurfsschritten die Datenverarbeitung konsequent

Beobachtungsstandpunkte KA 016
Sichthindernisse KA 017

016 KA 017	NR	KA 016 → Station ← KA 017 →	seitlicher Abstand des Beobachters – Punkt 1 Abstand (±) m	Beobachterhöhe über Fahrbahn – Höhe m	seitlicher Abstand des Hindernisses – Punkt 2 Abstand (±) m	Hindernishöhe über Fahrbahn – Höhe m	Zielweite – Punkt 3 Abstand m	Maximale Sichtweite – Höhe m	Standpunktintervall – Punkt 4 Abstand m	Bildmaßstabfaktor – Höhe m	Überführung ins Bild – Punkt 5 Abstand m	Höhe m
016	1	25	175	100	-175	100	25	525	25	1	1	
016	1	1700	175	100	-175	100	25	525	0	1	1	

Bild 20.32. Beispiel eines Ablochbelegs für die Sichtweitenberechnung.

SICHTWEITENBERECHNUNG

BLICKRICHTUNG IN STATIONIERUNGSRICHTUNG

STANDPUNKTSTATION	ABSTAND V.ACHSE	BLICK-HORIZONT	ABSTAND ZIELPUNKT	HOEHE ZIELPUNKT	SICHT-WEITE	URSACHE		AN STATION	%-SICHT-WEITE
25.000	1.75	253.10	-1.75	262.75	200.00	GELAENDEPROFIL	RECHTS	125.000	38.1%
50.000	1.75	254.26	-1.75	263.62	200.00	GELAENDEPROFIL	RECHTS	125.000	38.1%
75.000	1.75	255.44	-1.75	265.40	225.00	GELAENDEPROFIL	RECHTS	175.000	42.9%
100.000	1.75	256.63	-1.75	267.09	300.00	GELAENDEPROFIL	LINKS	350.000	57.1%
125.000	1.75	257.77	-1.75	267.09	275.00	BOESCHUNGSPROFIL	LINKS	325.000	52.4%
150.000	1.75	258.84	-1.75	267.09	250.00	BOESCHUNGSPROFIL	LINKS	325.000	47.6%
175.000	1.75	259.85	-1.75	267.09	225.00	BOESCHUNGSPROFIL	LINKS	325.000	42.9%
200.000	1.75	260.80	-1.75	267.09	200.00	GELAENDEPROFIL	LINKS	350.000	38.1%
225.000	1.75	261.73	-1.75	267.09	175.00	GELAENDEPROFIL	LINKS	350.000	33.3%
250.000	1.75	262.67	-1.75	267.00	175.00	GELAENDEPROFIL	LINKS	350.000	33.3%
275.000	1.75	263.64	-1.75	267.00	150.00	GELAENDEPROFIL	LINKS	350.000	28.6%
300.000	1.75	264.61	-1.75	266.69	150.00	GELAENDEPROFIL	LINKS	400.000	28.6%
325.000	1.75	265.54	-1.75	266.18	150.00	BOESCHUNGSPROFIL	LINKS	425.000	28.6%
350.000	1.75	266.27	-1.75	265.45	150.00	BOESCHUNGSPROFIL	LINKS	450.000	28.6%
375.000	1.75	266.80	-1.75	264.53	150.00	BOESCHUNGSPROFIL	LINKS	450.000	28.6%
400.000	1.75	267.12	-1.75	263.43	150.00	BOESCHUNGSPROFIL	LINKS	475.000	28.6%
425.000	1.75	267.23	-1.75	262.31	150.00	BOESCHUNGSPROFIL	LINKS	500.000	28.6%
450.000	1.75	267.14	-1.75	256.57	250.00	STRASSENKRONE	LINKS	575.000	47.6%
475.000	1.75	266.83	-1.75	254.24	275.00	BOESCHUNGSPROFIL	RECHTS	675.000	52.4%
500.000	1.75	266.32	-1.75	254.24	250.00	BOESCHUNGSPROFIL	RECHTS	675.000	47.6%
525.000	1.75	265.59	-1.75	255.42	200.00	GELAENDEPROFIL	LINKS	750.000	38.1%

Bild 20.33. Ergebnisse der Sichtweitenberechnung (Beispiel).

angewendet wurde. Dann stehen die Achsdaten, die Geländeprofildaten und die Daten der Straßenquerschnitte zur Weiterverarbeitung im Sichtweitenprogramm schon bereit. Zusätzlich können besondere Sichthindernisse (z.B. seitlicher Bewuchs, Brückenbauwerke, vorhandene Bebauung) durch Koordinaten von Eckpunkten (Abstand von der Achse und Höhe ü. NN) ihrer Umrißlinien erfaßt werden. Ferner sind die Beobachterstandpunkte (Station, Achsabstand, Höhe über Fahrbahn, Standpunktintervall) und — falls der Berechnung nicht nur die Sicht auf die Fahrbahn zugrundeliegen soll — der Zielpunkt (Hindernispunkt) anzugeben (Bild 20.32).

Die Berechnung ermittelt vom Beobachterstandpunkt aus eine zentralperspektivische Abbildung der Straße. Dabei werden in jedem „angepeilten" Querschnitt die Koordinaten der Querschnittsbrechpunkte in das Perspektivbild-Koordinatensystem transformiert. Sie bilden als „Bildkoordinaten" die Eckpunkte eines Polygonzuges. Nun wird, von Querschnitt zu Querschnitt fortschreitend, der Polygonzug des angepeilten Querschnitts mit dem des vorausgegangenen verglichen und korrigiert, so daß er die Geländeumrißlinie (Sichtfeldbegrenzungslinie) im Perspektivbild darstellt; liegt der Zielpunkt (Fahrbahnachspunkt, Hindernispunkt) im Querschnitt oberhalb der Sichtfeldbegrenzungslinie oder innerhalb (falls die Sichtfeldbegrenzungslinie wie bei Brücken eine Schleife bildet), so ist die erforderliche Sicht auf diesen Punkt vorhanden und der nächste Querschnitt wird angepeilt. Andernfalls wird die Stationsdifferenz zwischen dem Standpunkt und dem davorliegenden Querschnitt, der als letzter die Sichtbedingungen erfüllte, als vorhandene Sichtweite ausgegeben. Anschließend wird die Untersuchung mit dem nächsten Beobachterstandpunkt fortgesetzt.

Die übersichtliche *Ergebnisliste* enthält u.a. für jeden Beobachterstandpunkt die vorhandene Sichtweite und gegebenenfalls einen Hinweis auf die Ursache der Sichtbehinderung (z.B. Böschungsprofil, Geländeprofil) (Bild 20.33).

Mit den bei der Sichtweitenberechnung ermittelten Perspektivbildkoordinaten können durch das Zeichengerät auch Perspektivbilder hergestellt werden.

Die Bearbeitung der Knotenpunkte und die Überprüfung der Sichtbedingungen können erneut Änderungen an Querschnitten, Gradienten oder Achsen und Wiederholungen vorausgeganger Arbeitsschritte erfordern (Schritt 60).

20.3.7.3. Bauentwurfspläne, Kostenanschlag, sonstige Unterlagen

Schließlich stehen aus den vorausgegangenen DV-Berechnungen alle Daten zur Verfügung, mit denen durch die automatische Zeichenanlage die endgültigen Lagepläne, Höhenpläne und ausgezeichneten Querschnitte hergestellt werden können (Schritt 61). Wieder wird der besondere Vorteil deutlich, den die weitgehende Integration von Rechenanlage und Zeichenanlage, d.h. die unmittelbare Weiterverwendung und Aufbereitung der Rechenergebnisse für die Zeichenanlage bietet (Bid 20.34). Dazu gehört ein besonderer Arbeitsgang, der die Ergebnisse der Vermessungs- und Entwurfsprogramme für das automatische Zeichnen aufbereitet und in ein Magnetband mit den Zeichnungsdaten überführt. Dieses wird dann an der Zeichenanlage eingelegt, und in Verbindung mit den entsprechenden Zeichenprogrammen entsteht die Zeichnung (Bild 20.35: Beispiel eines Lageplanes), die, wie schon erwähnt, noch gewisser manueller Ergänzungen bedarf.

An Hand der Pläne und Berechnungsergebnisse folgen einige weitere Schritte:

— Entwerfen und Berechnen der Entwässerungsanlagen für die Straße (Schritt 62), vor allem die Lage und Bemessung der Leitungen und Gräben umfassend;

- Aufstellen der Markierungs- und Beschilderungspläne;
- Berechnungen für Signalanlagen (Schritt 63);
- Aufstellen von Plänen und Verzeichnissen für den Grunderwerb (Schritt 64).

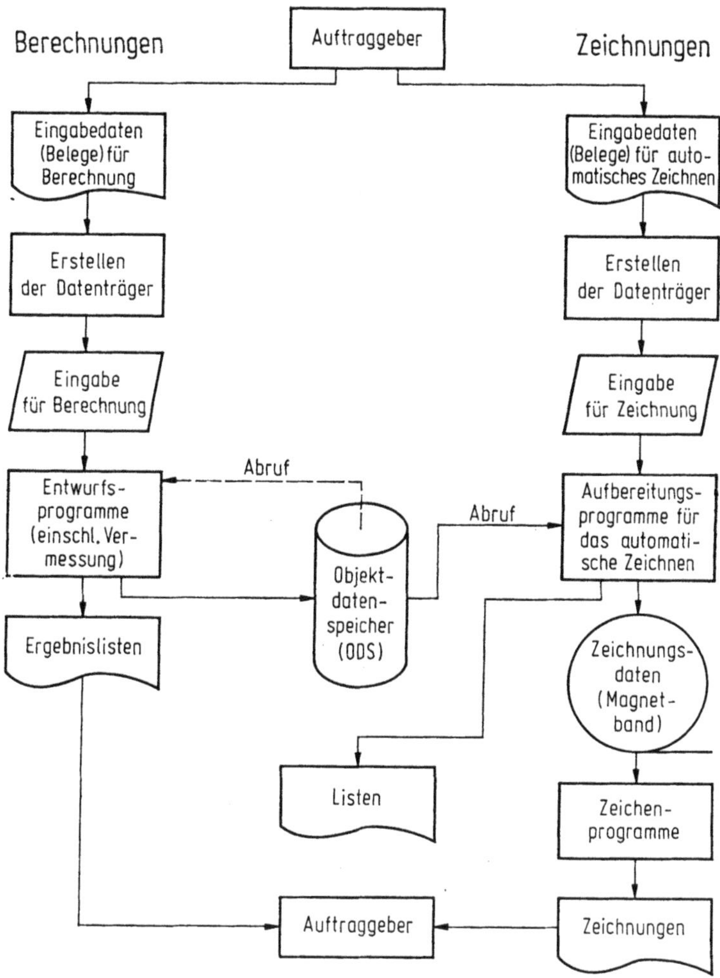

Bild 20.34. Datenfluß „Automatisches Zeichnen".

Mit allen ausgearbeiteten Unterlagen kann schließlich der Kostenanschlag aufgestellt werden (Schritt 65). Die Anwendung der DV für diese letzte Phase zur Fertigstellung des Bauentwurfs (Schritt 66), möglichst unter Rückgriff auf die bereits gespeicherten Daten für Lageplan, Gradiente, Querschnitte sowie auf die Daten einer Preisdokumentation, befindet sich noch in der Entwicklung.

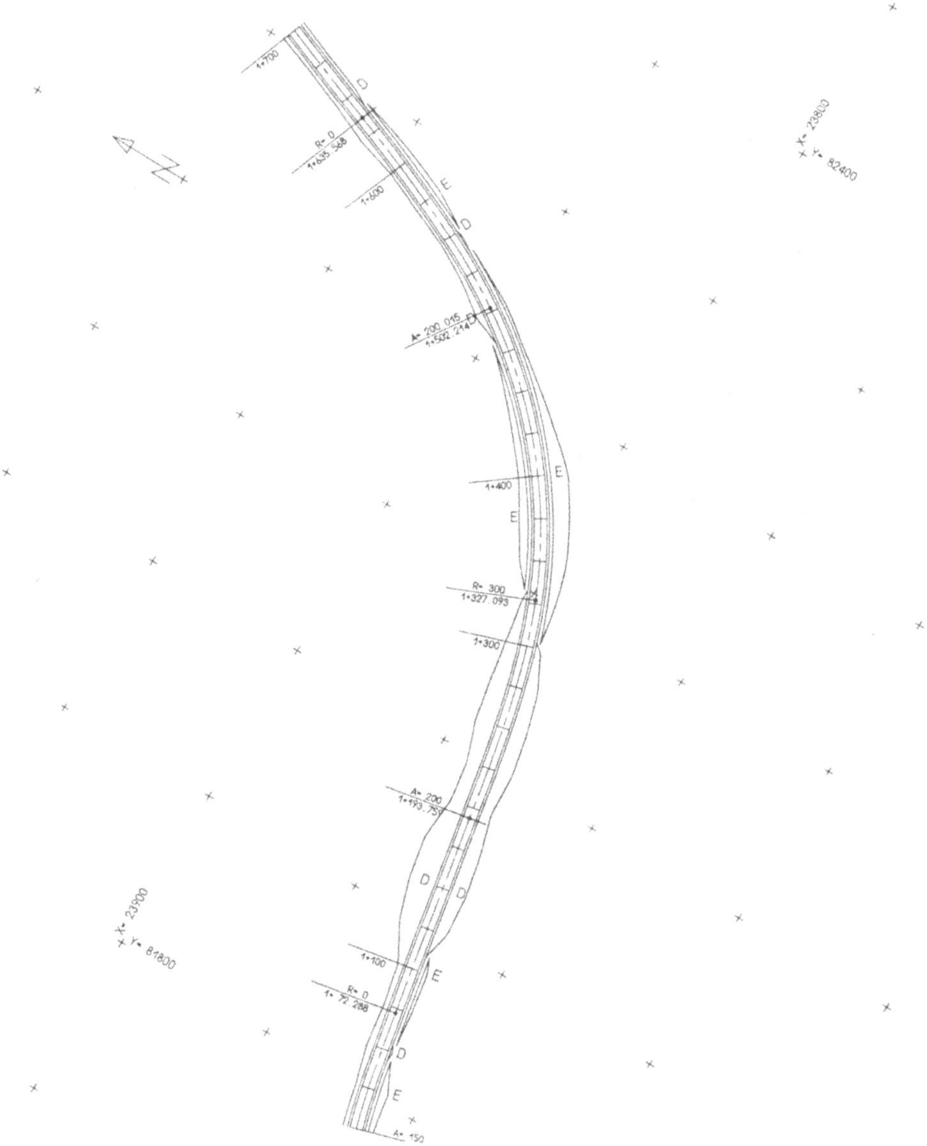

Bild 20.35. Automatisch gezeichneter Lageplan.

20.4. Programmsystem zur Optimierung des Straßenentwurfs

Die in den vorhergehenden Abschnitten beschriebenen Programmsysteme für den Straßenentwurf sind im wesentlichen auf die Durchführung der Routineberechnungen im Rahmen der üblichen Entwurfsbearbeitung ausgerichtet. Ihre systematische und wiederholte Anwendung ermöglicht es dem Entwurfsingenieur, der günstigsten Trassenführung näherzukommen. Die Rechengeschwindigkeit und das Speichervermögen heutiger DV-Anlagen bieten jedoch auch die Möglichkeit für Berechnungen, an die bisher vom Aufwand her überhaupt nicht zu denken war und deren Ergebnisse deshalb völlig neue Maßstäbe für eine objektive Betrachtungsweise bei der Entwurfsbearbeitung setzen. Die Nutzbarmachung dieser Möglichkeiten für den Straßenentwurf wird von der Zielvorstellung geleitet, von Rechenprogrammen die — im Rahmen vorgegebener Grenzen — „optimale" Linienführung entwickeln zu lassen.

Programmsysteme für derartige Aufgaben sind in der Entwicklung und in einem ersten Teilbereich, der zunächst die Gradiente umfaßt, bereits anwendbar [8, 9]. Dabei wird vom Programmsystem für eine im Grundriß festgelegte Achse die Gradiente nach bautechnischen und fahrdynamischen Gesichtspunkten optimiert. Das für das Verfahren entwickelte stochastische mathematische Modell simuliert — vereinfacht gesagt — den manuellen, formal durch die Benutzung des Biegestabes im Höhenplan gekennzeichneten Entwurfsvorgang. Die Gradiente wird als eine Folge von Polynomen der Form

$$p(x) = c_0 + c_1 x + \cdots + c_k x^k = \sum_{i=0}^{k} c_i x^i$$

dargestellt; die ganzen Zahl k gibt den Grad an (Gerade $k = 1$, Parabel 2. und 3. Grades $k = 2$ und $k = 3$). Im allgemeinen reichen Gerade und Parabel 2. Grades zur Darstellung der Gradiente aus.

Das Programmsystem greift im wesentlichen auf folgende Entwurfsgrundlagen als *Eingabedaten* zurück:

a) *Geländeoberfläche*
— Geländelängsprofil,
— Geländequerprofile.

b) *Grundlagen für Querschnitts-, Massen- und Kostenberechnungen*
— Regelquerschnittselemente (u. a. Kronenbreite, Kriechspurbreite, mittlere Gesamtdicke der Straßenbefestigung, mittlere Böschungsneigung für Damm und Einschnitt),
— mittlerer Auflockerungsfaktor für Damm-Massen,
— Einheitspreise zur Berechnung der Baukosten.

c) *Entwurfsbedingungen*
— Entwurfsgeschwindigkeit und Trassierungsgrenzwerte (maximale und minimale Längs- und Schrägneigung, Mindestwerte für Kuppen- und Wannenausrundung) nach den Richtlinien,
— Polynomabschnitte der Gradiente (Polynomgrad, Bereiche der verschiedenen Polynome),
— Höhen-, Steigungs- und Krümmungsrestriktionen (Festwerte, obere und untere Grenzwerte),
— Grenzwerte für Erdkörper und Kunstbauwerke (u. a. Maximalhöhe für Damm- und Einschnittböschungen, Maximalhöhe für Stützmauern, Höhe der Gradiente über Gelände, von der ab Talbrücken erforderlich sind, vorgegebene Brückenabschnitte),

— Zusatzfahrspur-Kriterien (u.a. Grenzgeschwindigkeit, Mindestlänge) zur Einrechnung von Kriechspuren für den langsamen Schwerverkehr,
— Lage und Größenordnung von Seitenentnahmestellen und Aussatzkippen.

Neben einigen Steuerungsangaben umreißen diese Festlegungen die Bedingungen und Grenzen, nach denen die Optimierung vorzunehmen ist.

Das Programmsystem besteht aus

— einem Vorprogramm, mit dem insbesondere aus den eingegebenen Geländedaten die gemittelten Geländequerneigungen errechnet und die Daten für das Zeichnen des Geländelängsschnittes aufbereitet werden,
— dem Optimierungsprogramm zur Berechnung der optimalen Gradientenführung,
— dem Zeichenprogramm für das automatische Aufzeichnen des Höhenplanes mit Krümmungsband, (Gelände-) Querneigungsband, Fahrspurband sowie der Massensummenlinie,
— verschiedenen Auswerte- und Hilfsprogrammen (insgesamt acht), u.a. zur Ermittlung der sog. Trendlinie, Nachrechnung einer vorgegebenen Gradiente, Zusammenstellung von Ergebnistabellen, Optimierung der Transportkosten.

Aus der Gliederung des Programmsystems ist in groben Zügen auch bereits der Ablauf einer Optimierung zu erkennen. Im ersten Schritt werden die Geländequerneigungen ermittelt. Der anschließende Optimierungsvorgang bestimmt in einer ersten Phase (Voroptimierung) mit einem Hilfsprogramm aus den Geländedaten und Entwurfsrestriktionen die „Trendlinie“ und trägt sie mit dem Zeichenprogramm automatisch auf. Die Trendlinie stellt eine erste Grobgradiente dar, die sich aus der Minimierung der Summe der Abstände zum Gelände ergibt und sich somit bestmöglich an den Geländeverlauf anschmiegt. Ihr kann als weitere Eingabe für die eigentliche Optimierung die ungefähre Lage der Kuppen und Wannen (die Bereiche der verschiedenen Polynome) entnommen werden. Anstatt von der Voroptimierung Gebrauch zu machen, kann aber die ungefähre Lage der Kuppen- und Wannenausrundungen auch auf der Grundlage einer Freihandlinie im Höhenplan bestimmt werden.

Mit dem Optimierungsprogramm selbst wird dann die eigentliche Optimierung der Gradiente nach den folgenden Optimierungskriterien (Zielfunktionen) durchgeführt:

Minimierung

— der Damm-Massen,
— der Einschnitts-Massen,
— der Massendifferenz,
— der Massensumme,
— der Fahrzeit,
— des Kraftstoffverbrauchs,
— der Brückenfläche,
— der Baukosten.

Beim Optimierungsprozeß werden mit Hilfe eines Zufallsgenerators (Monte-Carlo-Verfahren) n Zufallsgradienten erzeugt (n = Umfang der „Serie“, bestimmt durch wählbare Steuerungsdaten). Eine Zufallsgradiente muß zunächst allen Restriktionen sowie den Trassierungsgrenzwerten genügen, anderenfalls wird sie als unzulässig verworfen. Ist sie in diesem Sinne zulässig, wird für sie unter Berücksichtigung weiterer Bedingungen und Grenzwerte ermittelt, welchen Wert jedes der acht Optimierungskriterien annimmt (hierzu führt das Programm die notwendigen fahrdynamischen, Flächen-, Kosten- und Massenberechnungen aus).

Die erste zulässige Zufallsgradiente ist, da noch ohne Vergleich, die „günstigste“ bezüglich jedes der Optimierungskriterien. Ihre acht Zielfunktionswerte sowie alle zu ihrer Identifizierung notwendigen Daten werden abgespeichert und festgehalten. Für jede nachfolgende Zufallsgradiente wird nun bezüglich jedes der acht Kriterien geprüft, ob sie günstiger ist als die bisher bezüglich des betreffenden Kriteriums „günstigste". Ist das der Fall, wird sie bezüglich des betreffenden Kriteriums zur nunmehr „günstigsten", und ihre acht Zielfunktionswerte sowie alle zu ihrer Identifizierung notwendigen Daten werden abgespeichert und festgehalten.

Das Ergebnis eines Optimierungslaufes sind acht Gradienten; jede von ihnen ist im Rahmen der vorgegebenen Bedingungen bezüglich eines der acht Kriterien „optimal", d.h. die betreffende Zielfunktion hat den kleinsten Wert von allen Zufallsgradienten der Serie angenommen. Die Ergebnistabelle (Bild 20.36) enthält für jede der acht Gradienten die Werte aller acht Zielfunktionen sowie — je nach der Art der Gelände- und Entwurfsbedingungen — weitere Summenwerte für Böschungsfläche, Grunderwerbsfläche, Talbrückenflächen, Stützmauerfläche, Hangbrückenfläche. Daneben werden noch eine Reihe aufschlußreicher Daten über den Optimierungsablauf und dabei gegebenen Abhängigkeiten zwischen Restriktionen und Zielfunktionen ausgegeben.

Falls keine der Lösungen den Entwurfsingenieur befriedigt, wird er mit abgewandelten Eingangsbedingungen in einem neuen Optimierungslauf bessere Lösungen anstreben. Er kann sich dazu auch die eine oder andere Gradiente mit dem Zeichenprogramm automatisch aufzeichnen lassen und/oder sich über Hilfsprogramme weitere Entscheidungsmerkmale über die inneren Zusammenhänge zwischen der Lage einer Gradiente und der Größe der Kostenkomponenten angeben lassen.

Ein Nachrechnungsprogramm vervollständigt die schließlich gewählte Lösung durch Angaben für Steigungen, Ausrundungshalbmesser, Lage von Kunstbauwerken, Transport- und Überschußmassen sowie Massensummenlinie. Mit den Ergebnissen kann zugleich der ausführliche Höhenplan automatisch gezeichnet werden.

Das Nachrechnungsprogramm eignet sich in Verbindung mit einem weiteren Hilfsprogramm auch dazu, eine nach herkömmlicher Trassierungsmethode gewonnene, also nicht aus einem Optimierungsprozeß hervorgegangene Gradiente zu behandeln. Eingabedaten sind entweder die Stationen und Höhen der Übergangspunkte der Gradientenelemente nebst den Ausrundungshalbmessern oder die Daten des Tangentenbandes, also die Stationen der Tangentenbrechpunkte, die Steigungen und die Ausrundungshalbmesser.

Die erfolgreiche Anwendung des Programmsystems, das für das Vorentwurfsstadium als anwendungsreif gelten kann, setzt die Kenntnis der Programm-Möglichkeiten und eine gründlich überlegte Zusammenstellung der Eingabedaten voraus. Dem Entwurfsingenieur stehen dafür gut verständliche, ausreichende Programmbeschreibungen und Entscheidungshilfen zur Verfügung.

Die Weiterentwicklung hat als Hauptziel die Einbeziehung der Linienführung im Lageplan in die Optimierung. Dazu bedarf es der Bereitstellung der Geländedaten durch ein digitales Geländemodell und der Hinzunahme weiterer Baukostenkomponenten als Zielfunktionen. Von grundlegender Bedeutung für den Ausbau des Systems sind auch Kenntnis und mathematische Definition der funktionalen Zusammenhänge zwischen Entwurfsbedingungen und Optimierungskriterien; Entwicklungsergebnisse liegen bereits vor [10]. Durch genauere und detailliertere Erfassung des Geländes (digitales Geländemodell) und des Querschnittes werden schließlich auch größere Anforderungen an den Genauigkeitsgrad der Berechnungen in den späteren Optimierungsstadien gestellt werden können bis hin zur Auftellung des baureifen Entwurfs. Auch die graphische Datenverarbeitung mit Hilfe interaktiver Bildschirmgeräte wird in das System einzubeziehen sein und seine Wirksamkeit erheblich steigern.

MINIMIERUNG NACH	DAMMASSEN	EINSCHN. MASSEN	MASSEN-DIFFERENZ	MASSEN-SUMME	FAHRZEIT	VERBRAUCH	BRUECKEN FLAECHE	BAUKOSTEN
DAMMASSEN (CBM)	-266933.	-409282.	-363634.	-363634.	-300248.	-336937.	0.	-363634.
EINSCHNITTSMASSEN (CBM)	531149.	335228.	362029.	362029.	476709.	395586.	0.	362029.
MASSENDIFFERENZ (CBM)	264216.	-74054.	-1604.	-1604.	176461.	58649.	0.	-1604.
MASSENSUMME (CBM)	798081.	744510.	725663.	725663.	776957.	732523.	0.	725663.
FAHRZEIT (SEC)	1102.	1104.	1104.	1104.	1101.	1104.	0.	1104.
VERBRAUCH(CCM)	11171.	11322.	11216.	11216.	11186.	11111.	0.	11216.
BRUECKENFL.GES. (QM)	0.	0.	0.	0.	0.	0.	0.	0.
BAUKOSTEN (DM)	26619008.	25246352.	24590976.	24590976.	26014928.	24985568.	0.	24590976.
BOESCHUNGSFL.DAMM (QM)	32242.	48863.	43843.	43843.	36161.	40771.	0.	43843.
BOESCHUNGSFL.EINSCHN. (QM)	55925.	36018.	38723.	38723.	50729.	41748.	0.	38723.
GRUNDERW.-FLAECHE (QM)	482318.	480330.	478214.	478214.	481458.	478081.	0.	478214.
TALBRUECKENFL.BER. (QM)	0.	0.	0.	0.	0.	0.	0.	0.
TALBRUECKENFL.VOR. (QM)	0.	0.	0.	0.	0.	0.	0.	0.
STUETZMAUERFL. (QM)	0.	0.	0.	0.	0.	0.	0.	0.
HANGBRUECKENFLAECHE (QM)	0.	0.	0.	0.	0.	0.	0.	0.

Bild 20.36. Ergebnistabelle (Entscheidungstabelle) eines Optimierungslaufs (Beispiel).

20.5. Zusammenarbeit Entwurfsbüro—Rechenzentrum

Die aufgezeigten Anwendungsmöglichkeiten der DV bei der Entwurfsentwicklung sind geeignet, unter Entlastung des Entwurfsingenieurs schneller zu besseren Entwürfen zu gelangen. Die dazu notwendigen Programmsysteme erfordern das Speichervermögen und die Verarbeitungsgeschwindigkeit großer Rechenanlagen. Zwar lassen sich für einzelne Berechnungen, beispielsweise einer Achse, einer Gradiente oder der Fahrbahnhöhen auch kleinere Rechner mit entsprechenden Programmen einsetzen; doch ergeben sich mit zunehmendem Integrationsbedürfnis, wie beispielsweise die der iterativen Entwurfsentwicklung angepaßte Speicherung und Verwaltung von Entwurfsdaten der verschiedenen Bearbeitungsschritte für Folgeberechnungen und für die Aufbereitung zu Zeichnungsdaten, die zusammenhängende Verarbeitung mehrerer Einzelberechnungen, die umfassende Anwendung digitaler Geländemodelle oder die Durchführung von Optimierungsberechnungen, von der Leistungsfähigkeit her Grenzen. Eine wirtschaftliche Nutzung großer Rechenanlagen mit ihrem hohen Leistungsvermögen ist nur möglich, wenn ein entsprechend großer Benutzerkreis mit vielen Anwendungsgebieten für eine ständige Auslastung und damit einen kostengünstigen Betrieb sorgt. Das aber führt zu zentralen Rechenzentren und damit schließlich zu dem Problem der zweckmäßigsten Kommunikation zwischen Benutzern und Rechenzentrum.

Die DV im Straßenentwurf im aufgezeigten Sinne bedarf daher neben den Programmen auch einer sorgfältig organisierten Zusammenarbeit zwischen Entwurfsbüro und Rechenzentrum im weitesten Sinne. Es ist selbstverständlich, daß die zweckmäßigste konkrete Lösung dieses Problems im Einzelfalle nur in Abhängigkeit von den bestehenden Organisationsformen und den damit zusammenhängenden übergeordneten Aufgabenstellungen und Zielsetzungen auf der einen wie der anderen Seite gefunden und entwickelt werden kann. Einige Hinweise sollen jedoch zu praktischen Lösungen in den unterschiedlich gelagerten Fällen beitragen.

Die Entscheidung, in welchem Umfange die DV bei der Aufstellung eines Entwurfs angewendet wird, liegt letztlich beim Entwurfsingenieur. Er muß deshalb die Einsatzmöglichkeiten der Programme für seine anstehende Aufgabe umfassend erkennen und schließlich die notwendigen Datenermittlungen (Eingabebelege) möglichst fehlerfrei vornehmen können. Dazu sind ausreichende und eindeutige Programmbeschreibungen in Form von Benutzerhandbüchern (Arbeitsanleitungen) erforderlich. Besonders bewährt hat sich die zusätzliche umfassende Unterweisung in Lehrgängen, in denen vor allem der Zusammenhang des Programmsystems am praktischen Beispiel aufgezeigt und zugleich das notwendige Verständnis für die Datenverarbeitung gefördert wird.

Eine Reihe organisatorischer Maßnahmen muß schließlich auf eine schnelle und geordnete Abwicklung der vom Entwurfsbüro ausgehenden Rechen- und Zeichenaufträge gerichtet sein. Dabei ist zu berücksichtigen, daß ein zentrales Rechenzentrum mit seinen Großrechenanlagen einen Produktionsbetrieb darstellt, der es mit den verschiedenartigsten Anwendungsgebieten zu tun hat; von den Systembedienern (Operatoren) können deshalb keine speziellen Kenntnisse dieser Anwendungsgebiete bzw. der jeweiligen Benutzerprogramme erwartet werden. Andererseits erfordern Anwendungsgebiete wie der Straßenentwurf komplexe Programmsysteme mit einer Vielfalt an Berechnungsmöglichkeiten, womit naturgemäß auch der Umfang der Fehlermöglichkeiten wächst. Dies führt dazu, daß häufig erst mehrere Rechenläufe auf Grund notwendiger Fehlerkorrekturen für eine bestimmte Aufgabe zum Ergebnis führen. Die Rückgabe der Unterlagen an das

Entwurfsbüro in solchen Fällen würde angesichts der in der Regel doch erheblichen Entfernungen zu großen Zeitverlusten führen und die Vorteile der DV einschränken. Es ist deshalb zweckmäßig und hat sich in der Praxis bereits bewährt, wenn zwischen Entwurfsbüro und Rechenzentrum eine zentrale Auftragsbearbeitung eingerichtet wird, die möglichst nahe am Rechenzentrum gelegen ist. Diese Auftragsbearbeitung ist mit Fachkräften besetzt, die einerseits die notwendigen Kenntnisse im Straßenentwurf, andererseits ein umfangreiches Wissen über die Möglichkeiten des Programmsystems besitzen und durch die Erfahrungen der laufenden Anwendung weiter vertiefen. Sie sind in der Lage, erforderliche Korrekturen auf Grund von Fehlerhinweisen umgehend durchzuführen — unter Umständen durch eine kurze, gezielte telefonische Rückfrage beim Entwurfsbüro einerseits oder beim Rechenzentrum andererseits — und insgesamt für eine schnelle Auftragsabwicklung Sorge zu tragen. Eine Rückgabe von Unterlagen an das Entwurfsbüro zwecks Fehleraufklärung bleibt damit die Ausnahme (Beispiel Bild 20.37). Auf diese Weise wird einer kontinuierlichen Projektbearbeitung weitgehend Rechnung getragen, vor allem wenn noch eine entsprechend abgestimmte Arbeitsdisposition im Entwurfsbüro hinzukommt.

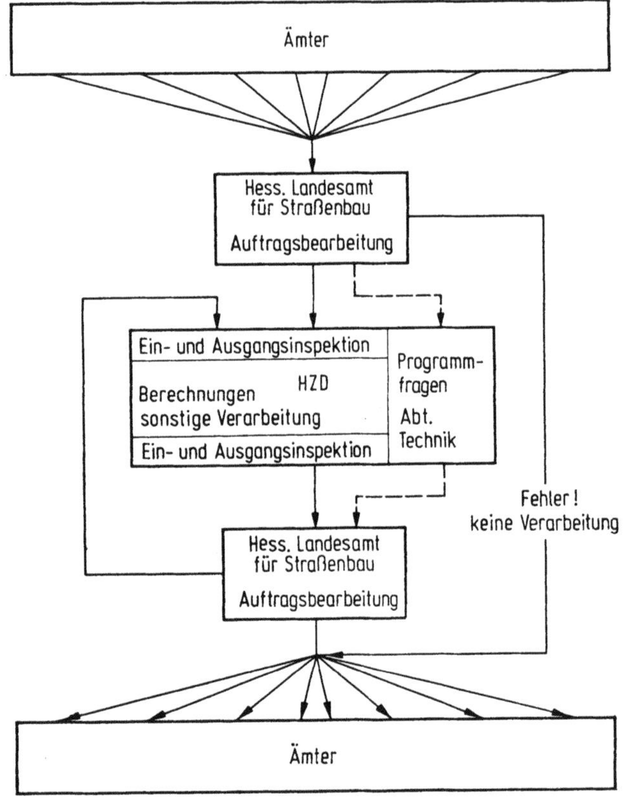

Bild 20.37. Organisation der DV im Straßenentwurf zwischen der Hessischen Straßenbauverwaltung und der Hessischen Zentrale für Datenverarbeitung (HZD). In der Regel ist hier der Entwurfsingenieur innerhalb weniger Tage nach Absendung seiner Eingabedaten im Besitz der erforderlichen Ergebnisse.

Zu einer bestmöglichen Kommunikation zwischen Entwurfsbüro, Auftragsbearbeitung und Rechenzentrum trägt in entscheidendem Maße auch die Art der internen, auf den Rechenzentrumsbetrieb mit Großanlagen ausgerichteten Verarbeitungsorganisation der Programmsysteme bei. Sie muß Speichervermögen und Verarbeitungsgeschwindigkeit der Großanlagen für den Aufbau und die Verwaltung von Objektdatenspeichern ausnutzen und im Zusammenwirken mit diesen Dateien weitgehend automatische Verarbeitungsabläufe, d.h. mit möglichst wenig manuellen Eingriffen bis hin zum automatischen Zeichnen ermöglichen (Beispiel [15]).

Dies ist im übrigen auch Voraussetzung für einen künftig möglichen Einsatz der Datenfernverarbeitung. Sie ermöglicht die direkte Kommunikation zwischen Entwurfsingenieur und Rechenanlage, vermag deshalb die aufgezeigten Probleme der räumlichen Entfernung und schnellen Fehlerbeseitigung bestmöglich zu lösen, bringt — möglicherweise mit Bildschirmeingabe und -ausgabe — sozusagen die Rechenanlage an den Arbeitsplatz des Entwurfsingenieurs. Hier ist allerdings noch eine auf Programme, Organisation und Kosten/Nutzenbetrachtungen sich erstreckende Entwicklungsarbeit zu leisten. In Verbindung mit entsprechend weiterentwickelten komplexen Programmen (siehe auch Abschnitt 20.6.) wird dabei auch die Bildung zentraler Entwurfsteams zu erwägen sein; sie könnten, mit den notwendigen Fach- und DV-Kenntnissen sowie den entsprechenden gerätemäßigen Hilfsmitteln ausgestattet (z.B. Datenstationen mit der Möglichkeit, gewisse Rechenoperationen selbständig, darüber hinausgehende im Wege der Datenfernverarbeitung auf der Großrechenanlage auszuführen, Bildschirmgeräte, automatische Zeichenanlagen, Vervielfältigungsgeräte), eine bestmögliche Bearbeitung von Straßenentwürfen, d.h. ein Höchstmaß an „rechnerunterstütztem Entwerfen" praktizieren.

20.6. Ausblick

Der heutige Stand der DV im Straßenentwurf bietet dem Entwurfsingenieur bereits viele Möglichkeiten zur besseren Bearbeitung und Gestaltung seiner Entwürfe. An verschiedenen Stellen in diesem Kapitel wurde die Notwendigkeit eines weiteren Ausbaus aufgezeigt, der teilweise auch schon im Gange ist. Insgesamt lassen sich für die Weiterentwicklung und Ergänzung folgende Gesichtspunkte unterscheiden:

a) *aus der Sicht der Entwurfsbearbeitung*
Erweiterung der Berechnungs- und Darstellungsmöglichkeiten zur Lösung konstruktiver Teilaufgaben unter Berücksichtigung einer integrierten Behandlung. Problembereiche dafür sind z.B. die Achsgrundrißtrassierung, die Querschnittsentwicklung, die Massenermittlung, die Trassierung von Knotenpunkten in Lage- und Höhenplan, die Berechnung der optisch fehlerfreien räumlichen Linienführung, der Entwurf von Entwässerungsanlagen, die Aufstellung von Kostenanschlägen;

Erweiterung von Beurteilungskriterien (z.B. Mengen, Bau- und Verkehrskosten, Sichtmerkmale, farhdynamische Größen, Lärmausstrahlung) und Optimierungsverfahren innerhalb eines Datenverarbeitungssystems zur besseren Entwurfsentwicklung, insbesondere auch in den Phasen der Voruntersuchung und des Vorentwurfs;

Bereitstellung erforderlicher Entwurfsgrundlagen in digitaler und analoger Form innerhalb eines Datenverarbeitungssystems. Problembereiche dafür sind z.B. das Geländerelief (digitales Geländemodell), weitere Geländeinformationen (wie Bodennutzungsarten und Eigentumsverhältnisse, geologische und hydrologische

Merkmale, Verkehrswege und Versorgungsleitungen, Bebauung, Schutzzonen), Informationen der überörtlichen Planung;

b) *aus der Sicht der Datenverarbeitung*
Aufbau strukturierter Objektdatenspeicher (Strukturdaten, Projektdaten), u.a. durch Verbindung zu anderen Datenbanken (z.B. Straßendatenbank, Grundstücksdatenbank, Topographische Datenbank);

Ausbau der Informationsumwandlung analog-digital (z.B. mit Hilfe von Digitalisierungsgeräten, Bildschirmgeräten) und digital-analog (z.B. mit automatischen Zeichengeräten, Bildschirmgeräten, durch Mikroverfilmung) sowie der direkten Kommunikation zwischen Entwurfsingenieur und Datenverarbeitungsanlage (man-machine-communication);

Entwicklung einer übergeordneten, integrierten Programmstruktur und der erforderlichen Vorarbeitungsprogramme.

Diese Zielvorstellungen der Anwendung der Datenverarbeitung führen zu einem *integrierten Informations- und Berechnungssystem im Straßenentwurf* [16]. Es soll dem Entwurfsingenieur im Rahmen der iterativen Entwurfsentwicklung von der Voruntersuchung bis zum Bauentwurf ermöglichen, sich Informationen über das Planungsgebiet in anschaulicher Form zu verschaffen, konstruktive Berechnungen durchzuführen und geeignete Beurteilungswerte dafür zu erhalten. Es soll ferner durch entsprechende Modifizierung den verschiedenartigen speziellen Aufgabenstellungen vom Entwurf einer Autobahn bis hin zum Ausbau einer Ortsdurchfahrt angepaßt sein.

Zunächst wird es darauf ankommen, diese Vorstellungen weiter zu vertiefen und zu konkretisieren mit dem Ziel, inhaltlich wie organisatorisch das „Design" für ein solches Datenverarbeitungssystem festzulegen, d.h. die Basis für eine koordinierte, stufenweise Weiterentwicklung zu schaffen. Die technologische Entwicklung zum DV-System am Arbeitsplatz mit den dadurch gegebenen verschiedenen Arbeitsformen dezentraler und zentraler Datenverarbeitung ist dabei zu beachten. Dazu bedarf es umfangreicher Forschung und der koordinierten Zusammenarbeit aller interessierten Stellen. Nicht zuletzt ist in kritischen Kosten-Nutzen-Betrachtungen zu untersuchen, was in der Praxis erforderlich, wirtschaftlich vertretbar und anwendungsorganisatorisch realisierbar ist.

20.7. Literatur

1. Anleitung für die Anwendung des elektronischen Rechnens bei der Entwurfsbearbeitung im Straßenbau, ARE. Hrsg. vom Bundesminister für Verkehr, Abt. Straßenbau 1963 (1. Ergänzung 1970).
2. Merkblatt für die Anwendung des elektronischen Rechnens bei der Entwurfsbearbeitung im Straßenbau. Köln: Forschungsgesellschaft für das Straßenwesen e. V. 1966.
3. Programmbeschreibungen von IBM, von RIB (Stuttgart) und von Siemens.
4. Linkwitz, K.; Benner, E.; Profke, L.: Untersuchung von Rechenprogrammen für die Entwurfsbearbeitung im Straßenbau. Straßenbau und Straßenverkehrstechnik H. 83/1969. Hrsg. vom Bundesminister für Verkehr, Abt. Straßenbau, Bonn.
5. Richtlinien für die Entwurfsgestaltung im Straßenbau, RE; 1966.
6. Parameter des Straßenquerschnitts für die Datenverarbeitung (DV-Q). Köln: Forschungsgesellschaft für das Straßenwesen e. V. 1974.
7. Linkwitz, K.; Nakamura, H.; Profke, L.: Mathematische Grundlagen digitaler Geländemodelle und Vorschläge für ihre Verwirklichung.
   Benner, E.: Ein neues Verfahren der Erdmassenberechnung durch exakte Integration mittels elektronischer Datenverarbeitungsanlagen. Straßenbau und Straßenverkehrstechnik H. 127/1972. Hrsg. vom Bundesminister für Verkehr, Abt. Straßenbau, Bonn.
8. Hintzen, J.; Boesefeldt, J.; Spies, G.: Elektronische Berechnung der optimalen Gradientenführung im Straßenbau. Straßenbau und Straßenverkehrstechnik H. 68/1968. Hrsg. vom Bundesminister für Verkehr, Abt. Straßenbau, Bonn.

9. Amkreutz, J.; Boesefeldt, J.; Kreska, O.; Spies, G.: Programmsystem zur Optimierung des Straßenentwurfs, Teil II, Baukosten als Zielfunktion für die optimale Gradientenführung. Straßenbau und Straßenverkehrstechnik H. 129/1972. Hrsg. vom Bundesminister für Verkehr, Abt. Straßenbau, Bonn
10. Amkreutz, J.; Boesefeldt, J.: Programmsystem zur Optimierung des Straßenentwurfs, Teil III, Funktionale Zusammenhänge der Entwurfs- und Optimierungskriterien. Straßenbau und Straßenverkehrstechnik H. 187/1975. Hrsg. vom Bundesminister für Verkehr, Abt. Straßenbau, Bonn.[1]
11. Richtlinien für wirtschaftliche Vergleichsrechnungen im Straßenwesen (RWS). Köln: Forschungsgesellschaft für das Straßenwesen 1971 (Ergänzung 1972).
12. Benner, E.; Domsch, H.-J.: Studie über den Einsatz eines interaktiven Bildschirmsystems im Straßenentwurf. Institut für Anwendungen der Geodäsie im Bauwesen der Universität Stuttgart. (Schlußbericht eines Forschungsauftrages des Bundesministers für Verkehr, 1974).
13. Klumpp, R.: Achsberechnungen mit Hilfe der Ausgleichungs- und Optimierungsrechnung, München: Verlag der Bayerischen Akademie der Wissenschaften 1973.
14. Richtlinien für die Anlage von Landstraßen (RAL), Teil I: Querschnitte (RAL-Q), Köln: Forschungsgesellschaft für das Straßenwesen e. V. 1974.
15. Dokumentation des Programmsystems Objektvermessung und Entwurf (OBVENT) der Hessischen Zentrale für Datenverarbeitung (HZD) in Wiesbaden (Anmerkung: Bestandteil von OBVENT sind die IBM-Anwendungsprogramme [3]).
16. Linkwitz, K.; Benner, E.; Boesefeldt, J.: Entwicklung eines Konzepts zur Entwurfsbearbeitung im Straßenbau beim Einsatz von DV-Anlagen und Aufstellung eines Realisierungsplanes (Schlußbericht eines Forschungsauftrages des Bundesministers für Verkehr, 1975).

[1] Der Entwicklungsstand des Programmsystems ist in 5 weiteren Schlußberichten von Forschungsaufträgen des Bundesministers für Verkehr, 1976, dokumentiert.

Sachverzeichnis

www.ingramcontent.com/pod-product-compliance
Ingram Content Group UK Ltd.
Pitfield, Milton Keynes, MK11 3LW, UK
UKHW061655190726
13853UKWH00008B/2221
9783642869839